U0161726

国家出版基金项目
NATIONAL PUBLICATION FOUNDATION

棉纺织手册

上　卷

中国纺织工程学会　江南大学　编

高卫东　主编

中国纺织出版社有限公司

内 容 提 要

本书分上下两卷,系统介绍了纺织纤维原料、纱线品种及其质量检验、机织物品种及其质量检验、纺织生产经济核算、纺织企业信息化管理、棉纺织厂生产公用工程、纤维制条、环锭纺纱、新型纺纱、纱线后加工、织前准备、喷气织造、剑杆织造、织物整理等内容,同时以附录的形式介绍了与棉纺织密切相关的国家标准和行业标准,以及行业常用的计量单位及换算。

本书可供棉纺织企业工程技术人员、管理人员、操作人员、维护保养人员以及营销人员查阅,也可供纺织专业师生参考。

图书在版编目(CIP)数据

棉纺织手册. 上卷/中国纺织工程学会,江南大学编;高卫东主编. -- 北京:中国纺织出版社有限公司,2021.7

国家出版基金项目

ISBN 978-7-5180-8285-8

Ⅰ.①棉⋯ Ⅱ.①中⋯ ②江⋯ ③高⋯ Ⅲ.①棉纺织—手册 Ⅳ.①TS11-62

中国版本图书馆 CIP 数据核字(2020)第 257289 号

策划编辑:孔会云 范雨昕
责任编辑:范雨昕 朱利锋 孔会云 沈 靖 陈怡晓
责任校对:寇晨晨 责任印制:何 建

中国纺织出版社有限公司出版发行
地址:北京市朝阳区百子湾东里 A407 号楼 邮政编码:100124
销售电话:010—67004422 传真:010—87155801
http://www.c-textilep.com
中国纺织出版社天猫旗舰店
官方微博 http://weibo.com/2119887771
北京新华印刷有限公司印刷 各地新华书店经销
2021 年 7 月第 1 版第 1 次印刷
开本:787×1092 1/16 印张:88.5 插页:13
字数:1961 千字 定价:680.00 元

《棉纺织手册》编委会

《棉纺织手册》编写人员

第 一 篇　纺织纤维原料

　　高卫东　郭明瑞　王 蕾　孙丰鑫　蔡 赟　王利平

第 二 篇　纱线品种及其质量检验

　　周晔珺　范琥跃　季 承　缪梅琴　许海燕

第 三 篇　机织物品种及其质量检验

　　张建祥　朱文青　刘桂杰　耿彩花　胡瑞花

第 四 篇　纺织生产经济核算

　　陈 忠　王昌宏　张进武　于拥军　陈金花　王 竹

第 五 篇　纺织企业信息化管理

　　丁志荣　潘如如　朱如江　钱忠云　刘礼均　葛陈鹏　李忠健

第 六 篇　棉纺织厂生产公用工程

　　黄 翔　徐 阳　林光华　汪虎明　王 磊　李 帆　吴子才
　　高 龙

第 七 篇　纤维制条

　　任家智　邢明杰　史志陶　苏玉恒　贾国欣　冯清国　孙丰鑫

第 八 篇　环锭纺纱

　　戴 俊　吕立斌　刘必英　陆荣生　乐 峰　王前文　卜启虎
　　崔 红　郭岭岭　郭明瑞

第 九 篇　新型纺纱

　　汪 军　裴泽光　徐惠君　洪新强

第　十　篇　纱线后加工

牛建设　徐　阳　史祥斌　杨艳菲

第十一篇　织前准备

王鸿博　高卫东　周　建　刘建立　王文聪　朱　博　黄豪宇
王正虎

第十二篇　喷气织造

赵志华　高卫东　蔡永东　卢雨正　蔡　赟　周　祥　马顺彬
许金玉　瞿建新

第十三篇　剑杆织造

赵志华　高卫东　蔡永东　卢雨正　周　祥　马顺彬　瞿建新
姜为民　吴学平

第十四篇　织物整理

范雪荣　王树根　张洪玲　周　建　潘　磊

附　　录

高卫东　周　建　范雪荣　王　蕾

序

我国的纺织工业已经形成了全球规模最大、最完备的产业体系。纺织行业的支柱产业地位保持稳固，民生产业的作用更加突出，国际化发展优势地位明显，在支持经济发展、创造就业空间、促进文化繁荣和带动三农发展方面发挥了无可替代的作用。

中国是世界上规模最大的纺织品服装生产国、消费国和出口国，是纺织产业链门类最齐全的国家。棉纺织作为纺织工业的前端，为纺织品服装的生产提供基础材料，承担着承前启后的重担与责任，在纺织工业中占据重要地位。国家统计局数据显示，2019年中国棉纺织行业主营业务收入为11062亿元，占全国纺织服装行业的22.38%，其中棉纺加工主营业务收入为7484亿元，棉织加工主营业务收入为3578亿元。

进入21世纪以来，棉纺织行业正在由成本优势转向技术优势、由劳动密集型转向自动化与智能化生产模式发展，绿色化越来越成为纺织业可持续发展的焦点，互联网与传统棉纺织的融合成为棉纺织行业关注的重点。鉴于此，在中国纺织出版社有限公司的推动下，由中国纺织工程学会和江南大学牵头组织编写的《棉纺织手册》，以满足新形势下纺织行业的需求为己任，为棉纺织行业广大技术人员提供知识更新和资料参考。

《棉纺织手册》作为棉纺织行业的大型工具书，系统地介绍了国内外的装备和工艺技术，并吸收融入近年来棉纺织领域的新材料、新工艺、新技术与新装备，充分反映了棉纺织生产生态化、产品功能化、装备智能化的发展方向，具有一定的启迪性。编写过程中注重内容体系的实用性、科学性和先进性，将原有的《棉纺手册》和《棉织手册》体系整合为一部《棉纺织手册》，更便于使用与系统性查阅，对行业发展具有较好的推动作用。

希望《棉纺织手册》的出版能为我国棉纺织工作者提供切实的帮助,也感谢广大棉纺织科技人员和企业为行业发展所做出的不懈努力和卓越贡献,企盼我国棉纺织行业的快速拓展和进步。

中国棉纺织行业协会会长　朱北娜

中国纺织工程学会棉纺织专业委员会主任　董奎勇

2020 年 12 月

前言

  《棉纺手册》和《棉织手册》首次于 1976 年出版,第二版于 1987 年修订出版,第三版于 2004 年修订出版,对棉纺织行业技术人员的产品设计、工艺设计、设备维护、质量控制和技术管理起到了重要的参考作用,深受广大纺织科技工作者的欢迎,曾两次被评为全国优秀纺织图书。第三版出版发行至今,历经了创新空前活跃、科技突飞猛进的 16 个春秋,随着科学技术进一步发展,棉纺织行业的新材料层出不穷,新技术发展蔚为大观,新产品不断涌现,智能装备日趋完善,我国棉纺织生产发生了显著变化,呈现科技、时尚和绿色的时代特征。

  为了适应新形势下棉纺织行业的需求,在中国纺织出版社有限公司的推动下,由中国纺织工程学会和江南大学牵头组织编写大型工具书《棉纺织手册》。在编委会和广大编写人员的共同努力下,编写工作自 2019 年 5 月启动,现已圆满完成编写任务。《棉纺织手册》的编写以实用性、科学性和先进性为宗旨,根据棉纺织行业的生产实际需求,将棉纺和棉织两大领域加以整合,形成了一个有机整体。全书分为十四篇,既包括纺织全流程的工艺技术内容,也涉及密切相关的纤维原料、产品品种、质量检验、经济核算、信息化管理、生产公用工程等内容,力求适应广大棉纺织行业实际生产实践,为棉纺织科技工作者的生产运营、技术改造、新产品开发和科技创新工作提供参考。

  本手册在编写过程中得到各有关方面的支持,有力推进了编写工作的顺利进行。感谢国家出版基金对《棉纺织手册》编写和出版工作的资助。中国纺织工程学会棉纺织专业委员会、江南大学纺织科学与工程学院精心组织了编写工作,参加编写的还有东华大学、西安工程大学、青岛大学、南通大学、内蒙古工业大学、中原工学院、河南工程学院、绍兴文理学院、盐城工学院、江苏工程职业技术学院、沙洲职业工学院、盐城工业职业技术学院、无锡一棉纺织集团有限公司、江苏悦达纺织集团、江苏大生集团有限公司、鲁泰纺织股份有限公司、江苏联发纺织股份有限公司、南通纺织控股集团纺织染有限公司、黑牡丹(集团)股份有限公司、高邮经纬纺织有限公司、扬州九联纺织有限公司、江苏格罗瑞节能科技有限公司、江苏精亚集团、山东金信空调设备集团有限公司、无锡市一星热能装备有限公司、洛瓦空气工程(上海)有限公司、无锡兰翔胶业有限公司、江阴祥盛纺印机械有限公司等。

　　本手册保留了《棉纺手册》(第三版)和《棉织手册》(第三版)中的一些内容,特向两手册的编委会和编写人员表示感谢。此外,许多单位为《棉纺织手册》的编写工作提供了支持,恕不一一列出,特此一并致谢。

　　最后对《棉纺织手册》各编写单位和全体编写人员的支持和奉献表示感谢!

　　由于水平、时间和条件所限,在编写内容方面难免存在不足之处,欢迎广大读者指正。

《棉纺织手册》编委会
2020 年 10 月

目录

第一篇 纺织纤维原料

第二篇　纱线品种及其质量检验

第三篇　机织物品种及其质量检验

第四篇　纺织企业生产经济核算

第五篇　纺织企业信息化管理

第六篇　棉纺织厂生产公用工程

第七篇　纤维制条

第一篇　纺织纤维原料

第一章　天然纤维素纤维

第一节　棉纤维

一、棉花的分类、性能和用途

(一)棉花的分类和性状

棉花品种中具有重要经济和栽培价值的有三大类,即陆地棉、海岛棉和亚洲棉。目前陆地棉为世界主要棉种,约占种植面积的85%;其次为海岛棉;亚洲棉由于纤维粗短,使用价值不高,仅在印度和巴基斯坦等地零星种植。三大类棉花品种的主要性状特征见表1-1-1。

表1-1-1　三大类棉花品种的主要性状特征

类别	原产地	按纤维特性分类	籽棉棉瓣特征	纤维		长度/mm	卜氏强力/(千磅/英寸²)	天然扭曲/(转数/cm)	马克隆值	纤维直径/μm	纤维阔度/μm
				色征	手感						
陆地棉	墨西哥中美洲	细绒棉	较大、肥厚、蓬松	色精白或乳白、有光泽	柔软	23~33	72~100	45~85	3.3~5.6	15~19	18~25
海岛棉	南美洲	长绒棉	高蓬松、部分棉瓣上有皱纹	色白、乳白或淡棕色,有丝质光泽	纤细、柔软	32~40	95~110	80~120	2.8~3.8	12~15	14~22

续表

类别	原产地	按纤维特性分类	籽棉棉瓣特征	纤维		长度/mm	卜氏强力/（千磅/英寸²）	天然扭曲/（转数/cm）	马克隆值	纤维直径/μm	纤维阔度/μm
				色征	手感						
亚洲棉	印度东亚	粗绒棉	紧密而较小	色白或呆白、略有光泽	粗硬、有弹性	13~25	—	18~40	6.2~10	16~22	20~30

(二)棉纤维的形态、构造和组成

1. 棉纤维的形态(表1-1-2和图1-1-1)

表1-1-2　棉纤维的形态

形态	特征
截面	管状单细胞,胞壁由许多"日轮"纤维素同心层组成,中有腔道,约占全长的85%,同品种纤维的外圆周长基本一致 成熟纤维胞壁厚,中腔小,干涸后呈腰圆形;未成熟纤维胞壁薄,中腔明显,腔宽大于胞壁厚度,形态很不规则
纵向	外形具有转曲,兼有左旋或右旋。纤维基部开口略细,中部微粗,梢部封闭,较细,呈圆锥形。长度为宽度的1000~3000倍 成熟纤维有许多绳状转曲,中部较多,梢部最少;未成熟纤维呈扁平带状,有极少折转

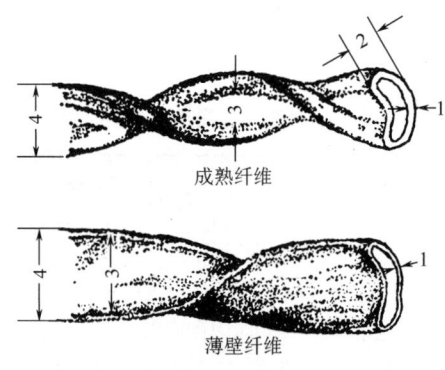

图1-1-1　显微镜下观察到的中段纤维形态

1—胞壁厚度　2—双层壁厚度　3—中腔道可见宽度　4—棉纤维宽度

2. 棉纤维的构造(表1-1-3和图1-1-2)

粗纤维生长前期为伸长期,后期为加厚期,各需25~30天,前后两期间有一段时间交叉。棉花在吐絮前后产生转曲。

表1-1-3　棉纤维的构造

结构	特征
表皮层	外层薄膜，厚度约为0.1μm，组成物质为蜡质、脂肪、树脂、果胶等。某些棉花表层含有较多糖分
初生层	原始皮层，伸长期形成，厚度为0.1~0.2μm，组成物质为纤维素伴生果胶、脂肪。约占纤维总重量的2.5%
次生层	亚积层，加厚期形成，厚度为1~4μm，组成物质为纤维素。占纤维总量90%以上
中腔	最内部空隙，其大小由成熟程度决定，遗有原生质残留物（蛋白质、矿物盐、色素物质等）

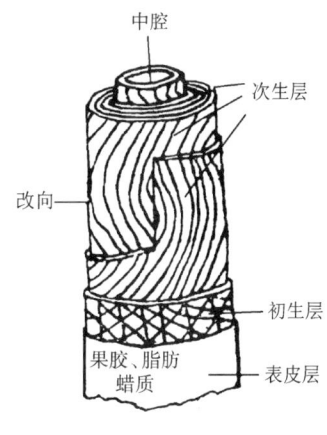

图1-1-2　棉纤维结构

3. 棉纤维的组成与棉纤维素分子结构

棉纤维元素成分和分子结构见表1-1-4，棉纤维素共生物及其含量见表1-1-5。

表1-1-4　棉纤维元素成分和分子结构

元素成分/%	碳	44.4	分子式	$(C_6H_{10}O_5)_n$
	氢	6.2	聚合度	10000~15000
	氧	49.4	分子量	200000左右

表1-1-5　棉纤维素共生物及其含量(%)

组分	纤维素	蜡质脂肪	果胶物质	含氮物质	糖类物质	灰分	其他
成熟纤维	93~95	0.3~1.0	1.0~1.5	1.0~1.5	0.1~0.5	0.8~1.8	0.8~1.0
未成熟纤维	66~76	2.3~5.5	6.0~10.0	8.0~12.0	1.5~2.0	2.8~4.0	3.0~4.0

（三）棉纤维的化学性质（表1-1-6）

表1-1-6　棉纤维的化学性质

项目	性质
水的作用	膨化，但不溶解，横截面增大40%~50%，长度增加1%~2%，脱脂纤维吸水性增强
水解作用	在酸的水溶液或高温水作用下，纤维水解，聚合度下降，强力下降
酸的作用	无机酸如硫酸、盐酸、硝酸对棉纤维有腐蚀作用，在热稀酸和冷浓酸中纤维溶解；有机酸如甲酸等作用较弱。酸对棉纤维的作用随着温度、浓度、时间的不同而改变
碱的作用	在常温下，纤维对稀碱稳定，在18%烧碱处理时可产生丝光作用，与浓碱作用生成碱纤维素

项目	性质
氧化作用	纤维素经氧化剂处理和长时间蒸汽作用下,分子链产生断裂,纤维素分解
光的作用	光照使纤维素大分子破坏,其中紫外线破坏力强,纤维聚合度下降,强力降低,纤维发脆,曝晒100日,纤维强力下降40%
热的作用	100℃吸收水分蒸发,160℃纤维脱水,240℃纤维破坏变黄,400~450℃纤维炭化
微生物作用	含水率大于9%,相对湿度在75%以上时,纤维素易被微生物分解,棉纤维易受霉菌作用
染料作用	棉纤维吸色性强,一般染料均可染色
有机溶剂作用	有机溶剂一般不溶解纤维素,可溶解纤维素中的共生物质。纤维在苯、凡士林油中膨化最小,可利用它测定棉纤维的密度

(四)棉纤维(细绒棉)的物理性质(表1-1-7)

表1-1-7 棉纤维的物理性质

项目	一般范围	项目	一般范围
纤维长度/mm	23~33	外圆直径/μm	15~19
外圆周长/μm	50~56	纤维阔度/μm	18~25
纤维横截面积/μm²	85~145	中腔横截面积/μm²	11~27
比表面积/(1/μm)	0.33~0.42	双层胞壁厚度/μm	5~8
天然转曲/(个/cm)	45~85	纤维线密度/dtex	2.22~1.43
单纤维强力/cN	2.3~4.9	断裂伸长率/%	7~12
断裂长度/km	20~28	相对强度/(cN/tex)	17.8~31.2
极限强度/(daN/mm²)	29.5~39.3	日照强度(强力降低50%的小时数)	940
抗压性/%	80~84	压缩能回复系数/%	38
扭转刚度/(μN/cm²)	0.4~0.6	剪切强度/(kN/cm²)	12.9
初始模量/(g/tex)	612~837	定伸长(伸长2%)回弹率/%	74
回潮率/%	7.0~9.5	密度/(g/cm³)	1.50~1.55
比热/[J/(g·℃)]	1.21~1.34	传热系数/[kJ/(m·℃·h)]	0.21(0℃), 0.26(20℃)
摩擦系数 棉与棉	0.22~0.29		
摩擦系数 棉与皮革	0.28~0.35	双折射率$(n_e~n_0)$	0.040~0.043
摩擦系数 棉与钢	0.26~0.33	击穿电压/(kV/mm)	4.5
质量比电阻/(Ω·g/cm²)	$2.29×10^7$	介电常数(60Hz、20℃、65%相对湿度时)	7.7

（五）棉花的一般用途

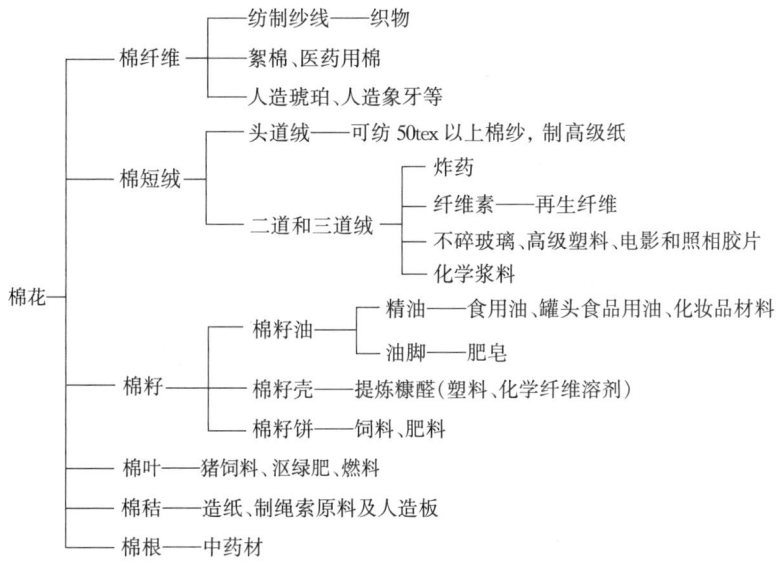

二、我国棉花的品种、品质、标准和检验

（一）我国主要产棉区分布

我国棉花种植带大致分布在北纬18°～46°、东经76°～124°。根据生态条件，我国棉花种植带主要划分为四大棉区，即黄河流域、长江流域、西北内陆和北部特早熟棉区。四大棉区生态条件、棉花品种熟性、遗传和生产品质见表1-1-8。

表1-1-8　四大棉区生态条件、棉花品种熟性、遗传和生产品质

棉区		黄河流域	长江流域	西北内陆（新疆棉区）	北部特早熟棉区
棉花生长期平均温度/℃	播种期	12～23	13～24	10～21	99～20
	开花期	25～29	27～31	25～27	24～27
	全年	11～15	14～18	6～12	6～10
无霜期/d		180～230	230～290	150～200（东疆250～270）	159～170
全年降雨量/mm		400～750	750～1500	200以下	400以下（辽宁省500～700）
全年日照/h		2200～2800	1800～2400	2800～3000	2400～2800

续表

棉区		黄河流域	长江流域	西北内陆 （新疆棉区）	北部特早熟棉区
棉花品种熟性		中熟:黄淮平原 中早熟:华北平原 早熟:麦套短季棉	晚熟:江汉平原、洞庭湖 中熟:长江下游 早熟:长江岗地	晚熟:东疆(陆地棉、海岛棉) 中早熟:南疆(陆地棉、海岛棉) 早熟:北疆(陆地棉、海岛棉)	早熟:辽宁、晋中盆地 特早熟:陕北
棉花品种遗传品质	长度/mm	27~31	27~31	27~29	25~27
	强度/(cN/tex)	18~25	17~22	17~22	18~20
	马克隆值	3.4~5.6	4.1~5.3	3.7~4.6	3.5~4.0
棉花生产品质	僵烂花比例/%	5~10	20	—	—
	霜死花比例/%	20~30	10月20日前占70	20~30	30左右
棉花的品质感官检验综述		棉花颜色洁白和乳白参半,有光泽,比强度较高,平均为21.9cN/tex	棉花颜色乳白为主,乳色稍深,黄度为9.9,有光泽,成熟度好,马克隆值偏高	棉花颜色洁白和乳白参半,光泽好,平均反射率为77.4%,比强度略低,并含有不同程度的外糖	棉花颜色洁白为主,少光泽,棉纤维长度偏短

（二）我国棉花的品种和品质

1. 细绒棉主要推广品种和品质（表1-1-9）

表1-1-9　细绒棉主要推广品种和品质

序号	品种	长度/mm	马克隆值	比强度/ (cN/tex)	序号	品种	长度/mm	马克隆值	比强度/ (cN/tex)
1	中棉12	29.7	4.5	21.9	8	中棉36	28.5	4.5	22.6
2	中棉19	29.3	4.6	21.5	9	鲁棉6号	29.3	4.0	19.5
3	中棉23	27.4	4.8	19.6	10	鲁棉14	30.7	4.4	21.7
4	中棉16	29.4	4.3	20.5	11	豫棉16	28.1	4.9	21.3
5	中棉29	29.0	4.8	24.2	12	豫棉19	30.9	4.5	21.4
6	中棉30	29.2	4.7	21.5	13	冀棉14	27.9	4.3	20.8
7	中棉35	30.2	4.3	22.3	14	冀棉19	28.9	4.4	17.9

序号	品种	长度/mm	马克隆值	比强度/ （cN/tex)	序号	品种	长度/mm	马克隆值	比强度/ （cN/tex)
15	冀棉11	29.4	4.5	22.5	28	湘棉10号	29.5	4.7	17.2
16	石远321	29.0	4.8	19.2	29	湘杂棉2号	30.2	4.7	20.9
17	皖棉10号	29.2	4.7	21.3	30	晋棉10号	29.5	4.1	20.4
18	泗棉2号	29.2	4.4	21.7	31	晋棉12	28.1	4.4	19.6
19	泗棉3号	31.2	4.7	22.0	32	辽棉15	29.3	4.4	21.4
20	新棉33B	29.8	4.4	21.4	33	辽棉14	29.6	4.5	20.5
21	鄂棉18	27.8	5.0	17.9	34	苏棉8号	27.4	4.7	20.5
22	鄂棉21	31.1	4.8	23.6	35	苏棉16	28.9	4.8	21.9
23	鄂棉22	27.6	5.1	21.3	36	军棉1号	29.5	4.1	19.5
24	鄂抗1号	29.3	4.3	20.8	37	新陆早1号	29.0	3.9	20.3
25	鄂抗3号	31.5	4.4	21.6	38	新陆早5号	27.5	5.0	21.4
26	川杂棉9号	30.1	4.3	20.5	39	新陆早7号	29.7	4.0	19.3
27	川棉56	30.9	4.7	19.4	40	新陆早8号	28.0	3.4	19.4

2. 新疆长绒棉主要推广品种和品质（表1-1-10）

表1-1-10 新疆长绒棉主要推广品种和品质

序号	品种	长度/mm	马克隆值	比强度/ （cN/tex)	序号	品种	长度/mm	马克隆值	比强度/ （cN/tex)
1	军海1	37.9	3.0	28.0	7	新海11	35.6	3.6	25.5
2	新海3	38.2	3.4	24.4	8	新海13	36.5	3.7	34.3
3	新海6	35.6	3.6	27.2	9	新海14	37.3	3.8	30.1
4	新海7	36.7	3.4	26.9	10	新海15	36.4	3.8	33.3
5	新海8	35.8	3.1	30.3	11	新海16	35.8	3.7	32.7
6	新海10	38.2	3.2	24.7					

3. 我国天然彩色棉花品种和品质

我国主要种植棕色和绿色两类棉种,产地是四川、湖南、甘肃、新疆。两类彩色棉花品种的品质特征见表1-1-11。

表 1-1-11　两类彩色棉花品种的品质特征

类型	长度/mm	整齐度/%	比强度/(cN/tex)	伸长率/%	马克隆值	反射率/%	黄色深度(+b)
棕棉	27.6	49.1	19.5	7.7	4.2	74.7	8.6
绿棉	26.7	45.1	14.6	7.1	2.7	74.8	8.6

(三)我国的棉花标准和检验

1. 细绒棉标准和检验(参照 GB 1103—2012《棉花　细绒棉》)

(1)棉花颜色级。依据棉花黄色深度,将棉花划分为白棉、淡点污棉、淡黄染棉、黄染棉 4 种类型。依据棉花明暗程度,将白棉分 5 个级别,淡点污棉分 3 个级别,淡黄染棉分 3 个级别,黄染棉分 2 个级别,共 13 个级别。白棉 3 级为颜色级标准级。棉花颜色级文字描述见表 1-1-12,轧工质量分档条件和参数指标分别见表 1-1-13 和表 1-1-14。

表 1-1-12　棉花颜色级文字描述

颜色级	颜色特征	对应的籽棉形态
白棉一级	洁白或乳白,特别明亮	早、中期优质白棉,棉瓣肥大,有少量的一般白棉
白棉二级	洁白或乳白,明亮	早、中期好白棉,棉瓣大,有少量雨锈棉和部分的一般白棉
白棉三级	白或乳白,稍亮	早、中期一般白棉和晚期好白棉,棉瓣大小都有,有少量雨锈棉
白棉四级	色白略有浅灰,不亮	早、中期失去光泽的白棉
白棉五级	色灰白或灰暗	受到较重污染的一般白棉
淡点污棉一级	乳白带浅黄,稍亮	白棉中混有雨锈棉、少量僵瓣棉,或白棉变黄
淡点污棉二级	乳白带阴黄,显淡黄点	白棉中混有部分早、中期僵瓣棉或少量轻霜棉,或白棉变黄
淡点污棉三级	灰白带阴黄,有淡黄点	白棉中混有部分中、晚期僵瓣棉或轻霜棉,或白棉变黄、霉变
淡黄染棉一级	阴黄,略亮	中、晚期僵瓣棉、少量污染棉和部分霜黄棉,或淡点污棉变黄
淡黄染棉二级	灰黄,显阴黄	中、晚期僵瓣棉、部分污染棉和霜黄棉,或淡点污棉变黄、霉变
淡黄染棉三级	暗黄,显灰点	早期污染僵瓣棉、中晚期僵瓣棉、污染棉和霜黄棉,或淡点污棉变黄、霉变
黄染棉一级	色深黄,略亮	比较黄的籽棉
黄染棉二级	色黄,不亮	较黄的各种僵瓣棉、污染棉和烂桃棉

表1-1-13 轧工质量分档条件

轧工质量分档	外观形态	疵点种类及程度
好	表面平滑,棉层蓬松、均匀,纤维纠结程度低	带纤维籽屑少,棉结少,不孕籽、破籽很少,索丝、软籽表皮、僵片极少
中	表面平整,棉层较均匀,纤维纠结程度一般	带纤维籽屑多,棉结较少,不孕籽、破籽少,索丝、软籽表皮、僵片很少
差	表面不平整,棉层不均匀,纤维纠结程度较高	带纤维籽屑很多,棉结稍多,不孕籽、破籽较少,索丝、软籽表皮、僵片少

表1-1-14 轧工质量参考指标

轧工质量分档	索丝、僵片、软籽表皮/(粒/100g)	破籽、不孕籽/(粒/100g)	带纤维籽屑/(粒/100g)	棉结/(粒/100g)	疵点总粒数/(粒/100g)
好	≤230	≤270	≤800	≤200	≤1500
中	≤390	≤460	≤1400	≤300	≤2550
差	>390	>460	>1400	>300	>2550

注 1. 疵点包括索丝、软籽表皮、僵片、破籽、不孕籽、带纤维籽屑及棉结七种。

2. 轧工质量参考指标仅作为制作轧工质量实物标准和指导棉花加工企业控制加工工艺的参考依据。

3. 疵点检验按GB/T 6103—2006执行。

(2)棉纤维长度。棉纤维长度以1mm为级距,28mm为长度标准级。五级棉花长度大于27mm,按27mm计。棉纤维长度分级范围见表1-1-15。

表1-1-15 棉纤维长度分级范围

长度/mm	25	26	27	28	29	30	31	32
长度范围/mm	25.9及以下	26.0~26.9	27.0~27.9	28.0~28.9	29.0~29.9	30.0~30.9	31.0及以上	32.0及以上

(3)棉纤维马克隆值。棉纤维马克隆值分三级,即A级、B级和C级,B级为马克隆值标准级。棉纤维马克隆值分级范围如图1-1-3所示。

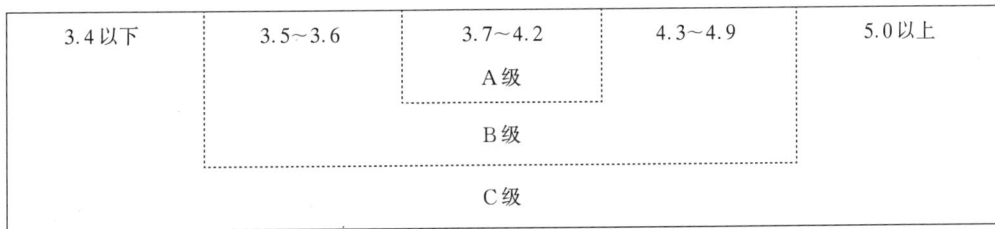

图1-1-3 棉纤维马克隆值分级范围

（4）棉花回潮率和含杂率。棉花回潮率和含杂率规定见表 1-1-16。

表 1-1-16　棉花回潮率和含杂率规定

项目	规定标准
回潮率	棉花公定回潮率为 8.5%,棉花回潮率最高限度为 10.0%
含杂率	皮辊棉为 3.0%,锯齿棉为 2.5%

（5）危害性杂物。棉花中严禁混有危害性杂物,棉花中如混有异性纤维、色纤维及其他危害性杂物,必须挑拣干净。

（6）棉花品质检验（表 1-1-17）。

表 1-1-17　棉花品质检验

检验项目	仪器、工具	检验要点	计算指标
抽样	开包钳	1. 从棉包包身上部开包后,去掉棉包表层棉花,抽取完整成块样品约 300g,供品级、长度、马克隆值、异性纤维和含杂检验 2. 再深入棉包内 10～15cm 深处,抽取回潮率检验样品,装入取样筒内密封	每 10 包抽取 1 包,不足 10 包的按 10 包计算
颜色级	1. 实物标准 2. 纤维快速测试仪	1. 对照颜色级实物标准结合颜色级文字描述确定颜色级 2. 颜色级检验应在棉花分级室进行,分级室应符合 GB/T 13786—1992 标准 3. 逐样检验颜色级。检验时,正确握持棉样,使样品表面密度和标准表面密度相似,在实物标准旁进行对照确定颜色级,逐样记录检验结果 4. 用颜色级纤维快速测试仪,按 GB/T 20392—2006 对抽取的检验用样品逐样检验	按批检验时,计算批样中各颜色级的百分比(结果修约到一位小数)。有主体颜色级的,要确定主体颜色级;无主体颜色级的,确定各颜色级所占百分比。逐包检验时,逐包出具反射率、黄色深度、颜色级检验结果
长度	1. 棉花长度实物标样 2. 纤维专用尺 3. 黑绒板	1. 棉花长度检验用手扯尺量法 2. 检验时,取有代表性棉样双手平分,抽取纤维,反复整理成没有丝团、杂物和游离纤维的平直棉束,约 60mg,棉束宽度约 20mm,置于黑绒板上 3. 尺量棉束,以两端切线不露黑绒板为准,量取结果保留一位小数(以 1mm 为单位),逐样记录结果 4. 棉花长度实物标样作为校准手扯尺量长度的依据	计算批样中各试样长度的算术平均值及各长度级的百分比,保留一位小数。长度平均值对应的长度级定为该批棉花的长度级

检验项目	仪器、工具	检验要点	计算指标
马克隆值	1. 天平（精度为称量值的±0.2%） 2. 气流仪	1. 按批样逐样测试马克隆值 2. 检验方法按 GB/T 6498—2008 执行，见表 1-1-54	计算批样中各马克隆值级所占的百分比，其中百分比最大的马克隆值级为该批棉花的主体马克隆值级
异性纤维		1. 各环节中异性纤维检验采用手工挑拣法 2. 发现混有异性纤维或色纤维的，根据数量作降级处理	
断裂比强度	1. 强力仪 2. 天平（称量 200mg，分度值 10mg）	检验方法按 GB/T 13783—1992 执行，见表 1-1-56	
短纤维率	Y111 型罗拉式长度分析仪	1. 检验方法按 GB/T 6098—2018 执行，见表 1-1-53，但仅检验短纤维率时，每个试验试样可一次将罗拉分析仪指针摇到与蜗轮第 16 刻度重合处，然后用二号夹子夹取未被夹持的纤维两次，第三次可再夹去露出整齐端的游离纤维，将纤维分成 16mm 及以下和 16mm 以上两组，分别称重 2. 每个试验室样品制作一根试验棉条，每根棉条重复试验两个试样，若两个试样结果的差异小于等于 0.7 个百分点，则以两次结果的平均值作为该实验室样品的短纤维率结果，否则须试验第三个试样	短纤维率 S_r $$S_r = \frac{m_1}{m_1 + m_2} \times 100\%$$ 式中：m_1——16mm 及以下纤维质量，mg； 　　　m_2——16mm 以上纤维质量，mg 备注 1. 品级标准级以上的棉花短纤维率应小于或等于12%，最高不得超过18% 2. 品级标准级及下一级棉花短纤维率应小于或等于15%，最高不得超过20% 3. 其他品级棉花不作要求 4. 短纤维率超出范围部分按规定作相应扣减结算重量
棉结	天平	检验按 GB/T 6103—2006 执行，见表 1-1-59，但只检验每百克棉结粒数。每个实验室样品重复试验两个试样，若两个试样结果之间的差异小于等于 100 粒/100g，则以其平均值作为该实验室样品的棉结结果；当差异大于 100 粒/100g 时，需增加测试第三个试验试样	计算锯齿棉试样每百克棉结粒数 备注 1. 品级标准级以上锯齿棉每百克棉结不超过 500 粒 2. 品级标准级每百克棉结不超过 700 粒 3. 品级标准级以下棉花不作要求 4. 棉结含量超过限量的棉花，品级顺降一级

检验项目	仪器、工具	检验要点	计算指标
含杂率	1. Y101 型原棉杂质分析仪 2. 天平（称量 200mg，分度值 10mg）	1. 检验方法按 GB/T 6499—2012 执行 2. 检查风扇阀门和尘笼挡板位置以及仪器运转情况 3. 棉样 50g，撕松，拣出粗大杂质，均匀喂棉，机械分析，收集杂质，分别将收集的杂质与拣出的粗杂称重，精确至 0.01g	1. 含杂率 Z $$Z = \frac{F+C}{S} \times 100\%$$ 式中：F——分析杂质重量，g； 　　　C——拣出粗杂重量，g； 　　　S——试样重量，g 2. 平均含杂率 $\overline{Z}$ $$\overline{Z} = \frac{\sum\limits_{i=1}^{n} Z_i}{n} \times 100\%$$ 式中：n——试验试样个数
回潮率	1. 电测器 2. 烘箱	1. 回潮率批样取样后即验或密封后待验，待验须在 24h 内完成 2. 回潮率检验使用电测法或烘箱法，以烘箱法为主 3. 回潮率检验方法按 GB/T 6102.1—2006 或 GB/T 6102.2—2012 执行	1. 试样回潮率 R_i $$R_i = \frac{G_i - G_{i0}}{G_{i0}} \times 100\%$$ 式中：R_i——第 i 个试样回潮率； 　　　G_i——第 i 个试样湿重，g； 　　　G_{i0}——第 i 个试样干重，g 2. 平均回潮率 R $$R = \frac{\sum\limits_{i=1}^{n} R_i}{n} \times 100\%$$ 式中：n——试验试样个数 计算结果修约至两位小数

2. 新疆长绒棉标准和检验

参照 DB/6500B 32014—1989《长绒棉》，如颁布长绒棉国家标准，以新标准为准。

（1）棉花品级。根据棉花品种的色泽特征分为白棉和黄棉两种类型，各种类型棉花根据其外观色泽特征（亮度和色度）、成熟程度、轧工质量和参考内在品质综合评定为一至五级，共五个级别，三级为品级标准级。棉花品质参考指标见表 1-1-18，棉花品级实物标准及文字条件说明分别见表 1-1-19 和表 1-1-20。

表 1-1-18 棉花品质参考指标

级别	一级	二级	三级	四级	五级
强力/cN(不低于)	4.2	4.0	3.8	3.6	3.4
成熟系数(不低于)	1.8	1.7	1.6	1.5	1.4
线密度/tex	0.133~0.143	0.125~0.133	0.111~0.125	0.1~0.111	0.1 以上

表 1-1-19 棉花品级实物标准

项目	内容
产生	1. 品级实物标准每年更新一次,根据等效于国家品级实物标准原本的工作标本,修饰染污块、杂质和轧工 2. 更新后的品级实物标准为当年 9 月 1 日开始生效,有效期一年 3. 品级实物标准允许实际生产的主要类型制作品种实物标准
种类	品级实物标准分籽棉标准、皮辊棉标准两类
定级	1. 不同类型、不同品种的品级实物标准均为底线,其色泽虽由该类型品种而定,但品质程度要求一致 2. 籽棉标准作为指导生产中四分 * 使用,皮辊棉标准作为购销双方交接评定品级的依据

＊ 四分是指分开采摘、分开晾晒、分开储存、分开交售。

表 1-1-20 棉花品级实物标准文字条件说明

级别	内容
一	纤维成熟良好,富有弹性和光泽,无霜棉,叶屑稍显,轧工质量良好
二	纤维成熟正常,有弹性和光泽,稍有轻霜棉,叶片、叶屑较少,轧工质量较好
三	纤维成熟一般,稍有弹性和光泽,夹有少量霜棉和僵片,叶片、叶屑较多,轧工质量一般
四	纤维成熟较差,弹性和光泽较差,稍有阴黄,夹有霜棉,带光块片,糟绒较显,并稍有软白棉和僵瓣片,叶片、叶屑稍多,轧工质量较差
五	纤维成熟差,弹性和光泽差,阴黄、阴红稍显,有滞白棉、霜棉及软棉,带光块片,糟绒较显著,叶片、叶屑等夹杂物很多,轧工质量很差

(2)棉纤维长度。棉纤维长度分三个长度级,级距为2mm,用组中值表示,33mm 为基本计价长度。品级一至三级的长度,长于 37mm 的按 37mm 计;品级四至五级的长度,长于 33mm 的一律按 33mm 计。棉纤维长度分级范围见表 1-1-21。

表 1-1-21 棉纤维长度分级范围

长度/mm	33	35	37
长度范围/mm	32~34	34~36	36 以上

（3）棉花含水率和含杂率。棉花含水率和含杂率规定见表1-1-22。

表1-1-22　棉花含水率和含杂率规定

项目	规定标准
含水率	含水率标准为10%，最高限度为12%，超过最高限度时由卖方摊晒整理
含杂率	含杂率标准为3%，最高含杂率不得超过6%，超过部分加倍扣除

（4）危害性杂物。棉花中不准混入危害性杂物或人为掺杂。如有发现，除扣减混入杂物的双倍重量外，还须追究责任。

（5）棉花品质检验（表1-1-23）。

表1-1-23　棉花品质检验

检验项目	仪器、工具	检验要点	计算指标
抽样	开包钳	1. 用随机抽样方法，从总体中抽取代表性样品代表一批棉花 2. 在棉花中部纵面剪断2~3道包索，去掉棉花表层，在10~15cm深处抽取检验样品每份300~500g 3. 检验含水率项目的样品应迅速装入密封容器内	每10包抽取1包，不足10包的按10包计算 100包以上，每增加20包抽1包，不足20包按20包计；500包以上每增加50包抽取1包，不足50包按50包计
品级	实物标准	1. 对照实物标准，结合品级条件确定品级 2. 检验品级应在模拟昼光或北窗光线分级室进行 3. 检验品级时，应使棉样面积的密度与品级实物标准表面密度相当，在实物标准旁进行对照	检验样品在对照标准时，在某等级标准范围即定为该级
长度	长度标准棉样、纤维专用尺、黑绒板	1. 棉花长度检验用手扯尺量法 2. 检验时，取有代表性棉样双手平分，抽取纤维，反复整理成没有丝团、杂物和游离纤维的平直棉束，尺量切线以两端不露黑绒板为准 3. 经常用长度标准棉样校准手法	同一批棉花的平均长度在哪一级范围内，就定为哪一级长度

续表

检验项目	仪器、工具	检验要点	计算指标
含水率	电测器	试验方法按 GB/T 6102.2—2012 标准执行	$$W = \frac{G_0 - G_1}{G_0} \times 100\%$$ 式中：G_0——湿纤维重量；G_1——干纤维重量
含杂率	Y101 型原棉杂质分析仪、天平	试验方法按 GB/T 6499—2012 标准执行，检验要点参照表1-1-17 陆地棉含杂率测定方法	$$含杂率 = \frac{乙类杂质 + 机拣杂质}{棉花样品的重量} \times 100\%$$ 乙类杂质包括棉籽、破籽等
成熟度	1. 生物显微镜 2. Y147 型棉纤维偏振光成熟度仪	检验方法按 GB 6099—2008 执行，检验要点参照表1-1-57 棉纤维成熟度检验方法	计算指标参照表1-1-57 棉纤维成熟度试验方法
线密度	1. Y171 型纤维切断器 2. 显微镜或投影仪	试验方法按 GB/T 6100—2007 标准执行，检验要点参照表1-1-55 棉纤维线度试验方法	计算指标参照表1-1-55 棉纤维线密度试验方法
力	Y162 型束纤维强力仪	试验方法按 GB/T 6101—1985 标准执行，检验要点参照表1-1-56 棉纤维强度检验方法	计算指标参照表1-1-56 棉纤维强力束纤维试验方法

(四)棉纺纤维常用测试仪器名称和用途

表1-1-24 仅供选用参考。

表1-1-24 棉纺纤维常用测试仪器一览表

仪器名称	用途	生产单位
Y101 型原棉杂质分析仪	测试原棉含杂率	太仓宏大纺织仪器有限公司
YG041 型原棉杂质分析仪	测试原棉含杂率	太仓宏大纺织仪器有限公司
Y111A 型罗拉式纤维长度分析仪	测试主体长度、品质长度、长度均匀度、基数、短绒率	太仓宏大纺织仪器有限公司 常州分公司

续表

仪器名称	用途	生产单位
Y121 型梳片式纤维长度分析仪	测试平均长度、主体长度、上四分位长度、整齐度、短绒率(韦氏法),制成一整齐平直的纤维长度图,作图分析求得平均长度、有效长度短绒率、长度差异率及整齐度(拜氏法)	太仓宏大纺织仪器有限公司常州分公司
Y146 型、Y146J 型、Y146-3B 型光电式纤维长度分析仪	测出照影机曲线,求得平均长度、上半部平均长度、整齐度	太仓宏大纺织仪器有限公司
XJ107(KCZ-SN)型自动光电长度仪	测出照影机曲线,求得平均长度、上半部平均长度、整齐度	陕西省机械研究院
530 型、630 型、730 型纤维长度照影仪	测出照影机曲线,求得平均长度、上半部平均长度、整齐度	瑞士 Zellweger Uster 公司
AlmeterAL101 型纤维长度试验仪(电容式)	测试棉、毛、化纤按截面和重量加权平均的长度、主体长度、短绒率、长度变异系数等指标	瑞士 peyer 公司
YG081 型电容式纤维长度仪		太仓宏大纺织仪器有限公司
Y171 型中段纤维切断器	测试纤维公制支数、每毫克纤维根数	太仓宏大纺织仪器有限公司常州分公司
YG231 型纤维切断器	在规定张力下,将纤维切成 10mm、15mm、25mm、30mm、40mm 长度	太仓宏大纺织仪器有限公司常州分公司
Y145 型动力气流式纤维细度仪	测试棉纤维线密度	太仓宏大纺织仪器有限公司常州分公司
XD-1 型振动式细度仪	快速测量纤维线密度,可与 XQ-1 型联机计算纤维比强度、模量和断裂功等指标	东华大学
Y145C 型马克隆值测定仪	测定原棉马克隆值	太仓宏大纺织仪器有限公司常州分公司
Y175 型棉纤维气流仪(马克隆值仪)	测定原棉马克隆值	太仓宏大纺织仪器有限公司常州分公司
Y1051 型静电激振式纤维细度仪	测试各种纤维的线密度	太仓宏大纺织仪器有限公司
ZG-146 型全自动棉花马克隆值测定仪	测定原棉马克隆值	上海宝鼎电子有限公司

续表

仪器名称	用途	生产单位
SJ-175型棉纤维气流仪	测量线密度、马克隆值	陕西省机械研究院
YG053型化纤细度仪	用气流法测定化纤线密度	太仓宏大纺织仪器有限公司常州分公司
Y174-Ⅲ型棉纤维偏光成熟度仪	利用偏振光通过棉纤维所产生光程差与纤维双层壁厚成正比原理,测试光程差不同显现干涉色差,测得纤维成熟度系数	太仓宏大纺织仪器有限公司
IIC型锡莱细度成熟度测试仪	测量棉纤维线密度和成熟度(符合 ISO 10306:2014 规定)	英国锡莱研究院
XJ-1A型棉纤维细度、成熟度测试仪	测试棉纤维线密度、成熟度	陕西省机械研究院
Y161型单纤维强力仪	利用等速牵引方法测试纤维断裂强力	太仓宏大纺织仪器有限公司常州分公司
YG001N型电子单纤维强力仪	利用等速牵引方法测试纤维断裂强力	太仓宏大纺织仪器有限公司常州分公司
YG001A型电子单纤维强力仪	利用等速牵引方法测试纤维断裂强力	太仓宏大纺织仪器有限公司如皋分公司
Y162型束纤维强力仪	测试束纤维断裂强力,折算单纤维修正强力	太仓宏大纺织仪器有限公司常州分公司
YG011型、YJ103型斯特洛束纤维强伸度仪	测试3.3mm隔距强伸度指标	太仓宏大纺织仪器有限公司
Y163型卜氏束纤维强力仪	测试0和3.2mm(1/8英寸)两种隔距卜氏强力指数及极限强度	太仓宏大纺织仪器有限公司常州分公司
XQ-1型纤维强伸度仪	利用等速牵引方法测试纤维断裂强力、断裂强度、断裂伸长率等指标	东华大学
LLY-06型电子单纤维强力仪		莱州电仪厂
LG001N型电子单纤维强力仪		南通宏大实验仪器有限公司
YG004A型电子单纤维强力仪		常州市第二纺织机械厂
YG362A型纤维卷曲弹性仪	测试纤维卷曲数(个/10mm)、卷曲率、卷曲弹性率、卷曲回复率	太仓宏大纺织仪器有限公司
YG321型纤维比电阻仪	测试纤维在标准填充度下的电阻值,再算出纤维的比电阻	太仓宏大纺织仪器有限公司常州分公司

续表

仪器名称	用途	生产单位
Y151 型纤维摩擦系数测定仪	测试纤维与纤维、纤维与金属的动摩擦系数、静摩擦系数	太仓宏大纺织仪器有限公司常州分公司
Y412A/B 型原棉水分测定仪 BD-M6A 型微机原棉水分测定仪	测定棉花回潮率	太仓宏大纺织仪器有限公司
XJ101 型微计算机电测仪		陕西省机械研究院
MSS 型系列棉花水分速测分析仪		陕西省机械研究院
Y172 型纤维切片器(哈氏切片器)	将纤维或纱线切成横截面薄片	太仓宏大纺织仪器有限公司常州分公司
ZB-08 型棉花色度仪	定量测定棉花色泽	常州市第二纺织机械厂
D75 型棉花分级室照明装置	用于棉花检验分级室照明	太仓宏大纺织仪器有限公司
NATA 型棉结杂质测试仪	测试原棉、生条、精梳条中的棉结、杂质	MASDAN、KEISOKKI 公司
USTER AFIS PRO 型单纤维测试系统	测试棉结数量、种类和大小,测试纤维长度、成熟度和短纤维率等,测试异物、微尘和杂质大小、数量	瑞士 Zellweger Uster 公司
USTER HVI 型大容量测试仪可选配 SPECTRUM(基本配置) SPECTRUM Ⅰ 型 SPECTRUM Ⅱ 型	测试纤维长度、长度均匀度、短纤维指数、回潮率、强力、伸长率、马克隆值、成熟度指数,按国际贸易标准完成对棉包取样、分析并评定等级 Ⅰ型还可以评定棉花色泽等级、Ⅱ型有两套长度、强力、回潮率、色泽和杂质模块及马克隆和成熟度模块,供选择的棉结模块	瑞士 Zellweger Uster 公司
USTER720 型棉结测试仪	测试原棉、生条和精梳条中的棉结,可作 HVI 的选择件	瑞士 Zellweger Uster 公司
USTER730 型照影仪	测量 2.5%跨距长度、50%跨距长度及长度均匀度、短纤维含量等	瑞士 Zellweger Uster 公司
USTER775 型马克隆仪	测量原棉的马克隆值	瑞士 Zellweger Uster 公司
USTER750 型测色仪	测量原棉反射率和黄度,评定棉花的色泽等级,并由此控制配棉色差	瑞士 Zellweger Uster 公司
USTER380 型纤维荧光仪	测定纤维荧光性能数据,控制染色性能差异	瑞士 Zellweger Uster 公司
PRETIER 型棉结测试仪	测试纤维棉结等指标	印度 PRETIER 公司
PRETIER 型全自动棉花测试仪	测试棉花有关物理指标	印度 PRETIER 公司

三、世界主要产棉国棉花的品种、品质、标准和检验

(一)美国

美国是世界棉花主要生产、消费和出口大国,棉花产量仅次于中国,居世界第二位。

1. 美国主要棉区分布

美国棉花种植在北纬30°~38°的南部16个州,根据生态条件,主要划分为西部、西南部、中南部和东南部四大棉区(表1-1-25)。

表1-1-25 美国四大棉区所属产棉州

棉区	产棉州
西部	加利福尼亚州、亚利桑那州、新墨西哥州
西南部	得克萨斯州、俄克拉荷马州
中南部	田纳西州、路易斯安那州、阿肯色州、密苏里州、密西西比州
东南部	北卡罗来纳州、佛罗里达州、南卡罗来纳州、弗吉尼亚州、佐治亚州、亚拉巴马州

2. 美国棉花品种和品质(表1-1-26)

表1-1-26 美国陆地棉品种和品质

品种	长度/英寸	马克隆值	比强度/(cN/tex)
Acala 1517-88	$1\frac{1}{8} \sim 1\frac{3}{16}$	3.0~4.0	28~32
All-TexAtlas	$\frac{31}{32} \sim 1\frac{1}{32}$	3.2~4.6	25~28
CPCSD Acala Maxxa	$1\frac{3}{32} \sim 1\frac{5}{32}$	3.6~4.6	26~30
Deltapine Nucotton33	$1\frac{3}{32} \sim 1\frac{5}{32}$	3.8~4.6	23~26
Deltapine Nucotton35	$1\frac{3}{32} \sim 1\frac{5}{32}$	3.8~4.6	23~26
Deltapine50	$1\frac{3}{32} \sim 1\frac{5}{32}$	3.8~4.8	24~27

续表

品种	长度/英寸	马克隆值	比强度/(cN/tex)
Deltapine51	$1\frac{3}{32} \sim 1\frac{5}{32}$	3.8~4.8	25~28
Deltapine20	$1\frac{1}{16} \sim 1\frac{1}{8}$	4.0~5.0	26~30
Deltapine DP5415	$1\frac{3}{32} \sim 1\frac{5}{32}$	3.8~4.6	24~27
Deltapine Acala 90	$1\frac{3}{32} \sim 1\frac{5}{32}$	3.8~4.8	26~30
Deltapine DP5409	$1\frac{3}{32} \sim 1\frac{5}{32}$	3.8~4.8	26~30
Deltapine DP5690	$1\frac{3}{32} \sim 1\frac{5}{32}$	3.8~4.6	26~30
Hyperformer HS46	$1\frac{1}{16} \sim 1\frac{1}{8}$	3.8~4.8	26~30
Paymaster HS26	$1 \sim 1\frac{3}{32}$	3.2~4.6	26~29
Paymaster HS200	$1 \sim 1\frac{3}{32}$	3.2~4.6	26~29
Paymaster 145	$\frac{31}{32} \sim 1\frac{1}{16}$	3.2~4.6	23~26
Stoneville ST474	$1\frac{1}{16} \sim 1\frac{1}{8}$	4.0~4.8	25~28
Stoneville ST132	$1\frac{1}{16} \sim 1\frac{1}{8}$	3.7~4.7	25~28
Stoneville LA887	$1\frac{3}{32} \sim 1\frac{5}{32}$	3.8~4.8	27~31
Stoneville ST453	$1\frac{1}{16} \sim 1\frac{1}{8}$	3.7~4.7	24~27
Suregrow 125	$1\frac{1}{32} \sim 1\frac{3}{32}$	4.0~4.7	25~28
Suregrow 501	$1\frac{3}{32} \sim 1\frac{5}{32}$	3.8~4.8	28~32
Tamcot CAB-CS	$1 \sim 1\frac{1}{16}$	3.0~4.6	22~25

根据 2019 年的统计报告,美国棉花主要品种有陆地棉种的爱字棉、斯字棉、岱字棉、柯字棉、佩马斯特棉以及兰卡特等六个类型 40 多个品种和海岛棉的比马 S-5、比马 S-6 两个品种。20 世纪 90 年代以来,美国运用生物技术育种,打破物种界限,将其有利基因克隆移入棉花基因组中成功培育出转基因棉种。主要栽培转基因棉种见表 1-1-27。美国长绒棉品种和品质见表 1-1-28。

表 1-1-27 美国主要栽培转基因的棉种

棉区		品种名称	占当地植棉面积/%
东南部	南卡罗来纳州	Deltapine DP655 B/RR	13
	佐治亚州	Deltapine DP90 B/RR	9
	佛罗里达州	Deltapine DP655 B/RR	13
中南部	路易斯安那州	Deltapine Nucotton 33B	21
	密西西比州	Deltapine DP451 B/RR	27
	田纳西州	Paymaster 1228 BG/RR	51
西南部	得克萨斯州	Paymaster PM 2326RR	26
	俄克拉荷马州	Deltapine DP655 B/RR	13
西部	亚利桑那州	Deltapine Nucotton 33B	26

注 B 为转基因抗棉铃虫,RR 为转基因抗草甘膦。

表 1-1-28 美国长绒棉品种和品质

品种	长度/mm	比强度/(cN/tex)	马克隆值
Pima S-7	35.1~35.6	30.2~31.8	3.8~4.0
DP HTO Pima	35.1~35.6	31	3.8~4.0
DP White Pima	35.1~35.6	31	3.7~3.9

3. 美国棉花标准

(1)美国陆地棉标准。美国陆地棉标准分为五大类型,即白棉(white)、淡点污棉(light spotted)、点污棉(spotted)、淡黄染棉(tinged)和黄染棉(yellow stained),有 25 个正级和 5 个等外级,其中 15 个品级有实物标准,其他则为文字标准。美国陆地棉各类型品级符号见表1-1-29,陆地棉品级实物标准见表 1-1-30。

表 1-1-29　美国陆地棉各类型品级符号一览表

类型	品级名称	符号	代码	类型	品级名称	符号	代码
白棉	Good middling *	GM	11	点污棉	Good middling	GM Sp	13
	Strict middling *	SM	21		Strict middling *	SM Sp	23
	Middling *	M	31		Middling *	M Sp	33
	Strict low middling *	SLM	41		Strict low middling *	SLM Sp	43
	Low middling *	LM	51		Low middling *	LM Sp	53
	Strict good ordinary *	SGO	61		Strict good ordinary *	SGO Sp	63
	Good ordinary *	GO	71		Bellow good ordinary	BGO Sp	83
	Bellow good ordinary *	BGO	81	淡黄染棉	Strict middling	SM Tg	24
淡点污棉	Good middling	GM LtSp	12		Middling *	M Tg	34
	Strict middling	SM LtSp	22		Strict low middling *	SLM Tg	44
	Middling	M LtSp	32		Low middling *	LM Tg	54
	Strict low middling	SLM LtSp	42		Bellow good ordinary	BGO Tg	84
	Low middling	LM LtSp	52	黄染棉	Strict middling	SM Ys	25
	Strict good ordinary	SGO LtSp	62		Middling	M Ys	35
	Bellow strict good ordinary	BSGO LtSp	82		Bellow good ordinary	BGO Ys	85

＊为实物标准，其他均为文字标准，代码 81、82、83、84 和 85 均为等外级。

表 1-1-30　美国陆地棉品级实物标准

项目	内容
产生	1. 美国棉花品级实物标准由美国农业部棉花处设在孟菲斯的棉花标准科负责制作 2. 棉花标准保存本每 3 年制作一次 3. 棉花品级实物标准（参考本）每年仿制一次，有效期自当年 7 月 1 日至次年 6 月 30 日
种类	棉花标准分保存本、副本、工作本和参考本四种
制作	1. 鉴于棉样色征与产区、品种密切相关，每盒同级 6 块棉样包含了美国四大棉区的棉花外观特征，按序分别为西部、中南部、东南部和西南部排列 2. 每盒 6 块棉样不论产地、品种不同，其色征均在同一等级的水平内 3. 每盒标准的盒盖壁上均粘贴有 6 块棉样照片，用以校对棉样表面状态和叶屑位置
定级	鉴定棉样的色征与标准盒内的任何一块相似，从色征因素上定为该级

美国于 1948 年正式确定陆地棉长度实物标准,以 $\frac{1}{32}$ 英寸为单位。美国陆地棉长度标准见表 1-1-31。

表 1-1-31 美国陆地棉长度标准

长度/英寸	$\frac{13}{16}$ 以下	$\frac{13}{16}$	$\frac{7}{8}$	$\frac{29}{32}$	$\frac{15}{16}$	$\frac{31}{32}$	1	$1\frac{1}{32}$	$1\frac{1}{16}$	$1\frac{3}{32}$
代码	24	26	28	29	30	31	32	33	34	35
长度/英寸	$1\frac{1}{8}$	$1\frac{5}{32}$	$1\frac{3}{16}$	$1\frac{7}{32}$	$1\frac{1}{4}$	$1\frac{9}{32}$	$1\frac{5}{16}$	$1\frac{11}{32}$	$1\frac{3}{8}$ 及以上	
代码	36	37	38	39	40	41	42	43	44 及以上	

美国陆地棉长度均匀度指数是棉纤维平均长度与上半部平均长度的比值,以百分比表示,分级范围见表 1-1-32。

表 1-1-32 美国陆地棉长度均匀度指数分级范围

HVI 仪测定的长度均匀度指数/%	大于 85	83~85	80~82	77~79	小于 77
均匀程度	很高	高	中等	低	很低

美国陆地棉比强度是拉断 1tex 的纤维所需的力,分级范围见表 1-1-33。

表 1-1-33 美国陆地棉比强度分级范围

HVI 仪测定的比强度/(cN/tex)	31 以上	29~30	26~28	24~25	23 以下
强度评价	很强	强	平均	中等	弱

美国陆地棉马克隆值是纤维线密度和成熟度的量度,分级范围如图 1-1-4 所示。

图 1-1-4 美国陆地棉马克隆值分级范围

美国陆地棉的棉花叶屑分为 1~7 级,均有实物标准,等外级是文字性的。美国陆地棉叶屑等级代码见表 1-1-34。

表 1-1-34　美国陆地棉叶屑等级代码

叶屑等级名称	符号	HVI 仪测定的杂质所占面积百分比/%	代码	叶屑等级名称	符号	HVI 仪测定的杂质所占面积百分比/%	代码
叶屑等级 1	LG 1	0.12	1	叶屑等级 5	LG 5	0.68	5
叶屑等级 2	LG 2	0.20	2	叶屑等级 6	LG 6	0.92	6
叶屑等级 3	LG 3	0.33	3	叶屑等级 7	LG 7	1.21	7
叶屑等级 4	LG 4	0.50	4				

(2)美国长绒棉标准。美国长绒棉(美国比马棉)分为 1~6 级,均有品级实物标准,另有一个文字性的低级别。美国长绒棉品级代码见表 1-1-35。

表 1-1-35　美国长绒棉品级代码

品级	1	2	3	4	5	6	7(低级别)
符号	AP1	AP2	AP3	AP4	AP5	AP6	AP7
代码	10	20	30	40	50	60	70

美国于 1948 年正式确定长绒棉长度实物标准,以 $\frac{1}{16}$ 英寸为单位。美国长绒棉长度标准见表 1-1-36。

表 1-1-36　美国长绒棉长度标准

纤维长度/英寸	$1\frac{1}{4}$ 及以下	$1\frac{5}{16}$	$1\frac{3}{8}$	$1\frac{7}{16}$	$1\frac{1}{2}$	$1\frac{9}{16}$	$1\frac{5}{8}$
代码	40	42	44	46	48	50	52

4. 美国棉花检验

(1)美国陆地棉检验。美国农业部在各产棉区设有 13 个分级室,负责全国棉花产量 98% 的检验任务。这些分级室使用大容量快速仪器 HVI 测定棉纤维长度、长度均匀度、比强度、马克隆值、色泽和叶屑,HVI 改进型仪器还能快速测定棉纤维成熟度、回潮率、短纤维含量和棉结等重要指标;另外,由资格分级员根据棉花色征、叶屑和轧工质量三要素,对照棉花品级实物标准确定棉花品级,采用手扯尺量法确定棉纤维长度级别。

美国棉花色泽等级由反射率（Rd）和黄色深度（简称黄度，$+b$）决定。反射率显示一个样品明亮或暗淡程度，而黄色深度则显示颜色沉积的程度。采用一个两位数的色泽代码，通过美国陆地棉的尼克逊—亨特（Nickerson—Hunter）棉花色征图上找出 Rd 和 $+b$ 数值的交叉点来决定色泽等级代码，如图 1-1-5 所示，图中的色泽等级代码××，第一位数表示棉花等级，第二位数表示棉花类型。

（2）美国长绒棉检验。美国长绒棉与陆地棉的检验过程基本相似，即采用快速仪器测定和人工感官检验来评定棉花质量，只是由于美国长绒棉的颜色比陆地棉颜色更黄，因此使用的等级标准也就不同。美国长绒棉色征图如图 1-1-6 所示。

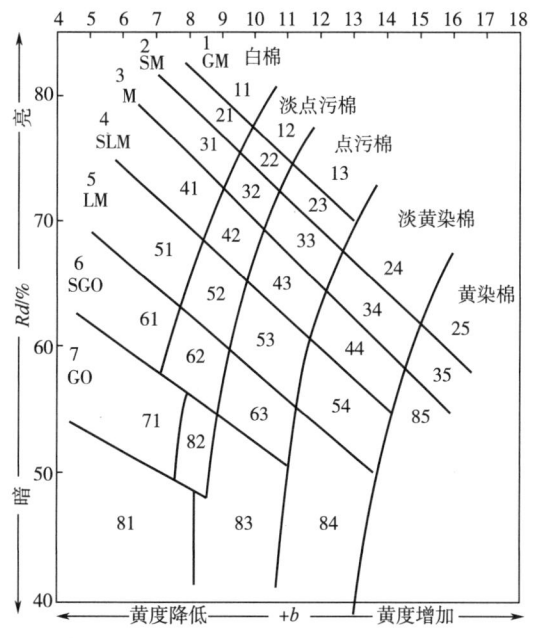

图 1-1-5　美国陆地棉尼克逊—亨特色征图

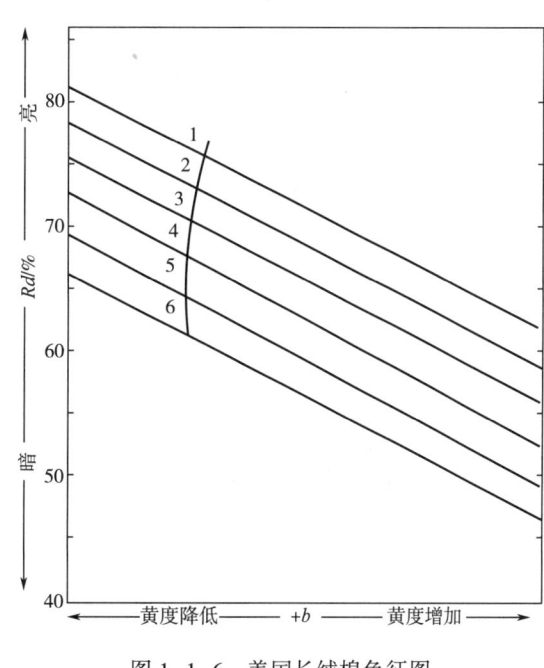

图 1-1-6　美国长绒棉色征图

（3）美国 HVI 原棉分级卡。美国农业部为棉花提供的质量证书原棉分级卡，称为"绿卡"（图 1-1-7），目前美国棉农和经销商之间的结算全凭"绿卡"。棉农可以通过计算机通信网络直接获取各棉花分级室提供的详尽的检验数据。

HVI 原棉分级卡（绿卡）中各项内容简述如下：

Gin number——轧花厂编号

Gin bale number——轧棉包号

Producer account number——棉农生产者标示编号

图 1-1-7 美国农业部现行 HVI 原棉分级卡

Grade——根据美国陆地棉标准评定的等级

Length——棉纤维上半部平均长度,以$\frac{1}{32}$英寸为单位

Mike——马克隆值

Grade remarks——棉花分级备注意见栏,专供人工感官分级判定降级或特殊问题原棉状态

Strength——棉纤维比强度

Color——色泽等级

Trash grade——杂质等级

Mean length——棉纤维平均长度

Length uniformity——棉纤维长度整齐度

Warehouse bale No. ——仓库棉包编号

Date——日期

(二)印度

印度是世界上主要产棉大国,仅次于中国和美国,居世界第三位。

1. 印度主要棉区分布

印度棉花主要种植在北部、中部和南部三大棉区,见表 1-1-37。

表 1-1-37 印度主要棉区分布

棉区	产棉地区
北部	哈里亚纳邦、拉贾斯坦邦
中部	古吉拉特邦、马哈拉施特拉邦、中央邦
南部	卡拉塔卡邦、安得拉邦、泰米尔纳德邦

2. 印度棉花分类和主要品种

印度棉花按纤维长度分为三类,即短纤维(印度土种棉)、中长纤维(美种陆地棉)和特长纤维(陆地棉和埃及棉杂交品种棉),见表1-1-38。

表1-1-38　印度各类棉花主要品种

类型	特长纤维(海岛棉)	中长纤维(陆地棉)	短纤维
长度范围/$\frac{1}{32}$英寸	40~52	28~39	18~27
主要品种	Varlaxmi DCH32 NHB12 HB224 DHB105 TCHB213 MCU-5	H4MG JKHy1 H6 PKVHy2 NHH44 Savita H8 MECH CICRHH1 Fateh Dhantaxmi Maruviksa Omshankar DKvHy3 DKvHy4 DHH11	Wagad Bengal Desi

3. 印度棉花标准和检验

印度棉花标准由东印度棉花协会根据1952年期货合同法制定,包括不同棉区和品种的27个说明,每个说明有五个品级,见表1-1-39。

表1-1-39　印度棉花品级名称

品级	优级	特上级	上级	全中级	中级
名称	Extra super fine	Super fine	Fine(标准级)	Fully good	Good

印度棉花实物标准每年制定一次,一式两套,一套用作仲裁,另一套封存作为参考标准。印度棉花品级检验,根据棉花色泽、杂质和轧工质量三要素,对照实物标准评定品级。

(三)巴基斯坦

巴基斯坦是亚洲主要产棉国之一,其棉花产量居世界第五位。

1. 巴基斯坦棉花产区、品种和品质

巴基斯坦棉花主要种植在信德和西北边区省,其品种为美种陆地棉和土种粗绒棉两类,见表1-1-40。

表1-1-40　巴基斯坦棉花主要品种和品质

类型	棉花品种	长度/mm	长度整齐度/%	卜氏强力/(千磅/英寸^2)	马克隆值
土种粗绒棉	Desi	12.7~15.9	—	79.5	7.0~10.0
美种陆地棉	B557	28.3	47.6	93.1	4.5
	MNH-93	28.7	48.9	92.6	4.6

续表

类型	棉花品种	长度/mm	长度整齐度/%	卜氏强力/ (千磅/英寸^2)	马克隆值
美种陆地棉	NT	25.7	49.5	93.4	4.5
	K-68-9	26.7	42.5	90.8	4.0
	Qallandani	27.4	45.0	96.0	4.0
	Samast	27.8	44.5	93.3	3.3
	Deltapine	27.0~28.6	—	78.0~90.0	3.8~4.7

2. 巴基斯坦棉花标准和检验

按棉花品种和轧工类型分别制定,除粗绒棉(Desi)外,还分地区制定,见表1-1-41和表1-1-42。

表1-1-41　巴基斯坦陆地棉品级名称

类型	品级	名称	简称	类型	品级	名称	简称
陆地棉	优级	Choice	—	陆地棉	全中级	Fully good	F.G
	特上级	Super fine	S.F		全中级~中级	Good to fully good	G/F.G
	特上级~上级	Fine to super fine	F/S.F		中级	Good	G
	上级	Fine(标准级)	F		低级	Fair	—
	上级~全中级	Fully good to fine	F.G/F				

表1-1-42　巴基斯坦粗绒棉品级名称

类型	地区	品级	名称	简称
粗绒棉 (Desi)	信德省	高一级	Choice	—
		标准级	Super fine	S.F
		低半级	Fine to super fine	F/S.F
	巴哈瓦尔普德省	高一级	Super fine	S.F
		标准级	Fine(标准级)	F
		低半级	Fully good to fine	F.G/F

巴基斯坦棉花品级检验,根据棉花色泽、轧工和杂质三要素,对照实物标准评定品级。

(四)澳大利亚

澳大利亚棉花主要种植在昆士兰和新南威尔士两个州,棉花品种为美国岱字棉和斯字棉品系,见表1-1-43。

表1-1-43 澳大利亚棉花主要品种和品质

品种名称	长度/英寸	比强度/(cN/tex)	马克隆值
Sicala	$1\frac{5}{32}$	30	4.1
Sicot 189	$1\frac{5}{32}$	29	4.1
Siokrav-15	$1\frac{5}{32}$	30	3.8

(五)埃及

埃及以盛产优质长绒棉著称于世,长绒棉产量居世界第一位。

1. 埃及主要棉区分布

埃及棉花主要种植在尼罗河三角洲地区(下埃及)和尼罗河上游流域(上埃及),见表1-1-44。

表1-1-44 埃及主要棉区分布

区域	产棉区
尼罗河三角洲(下埃及)	达曼荷尔、马哈拉、库勃拉、曼苏拉、坦他、紫亚脱、班喀、扎加什
尼罗河上游流域(上埃及)	法尤姆、贝尼苏韦夫、米尼亚、代鲁特、艾斯尤特

2. 埃及棉花分类和主要品种

埃及棉花根据品种和纤维长度的不同分为特长纤维、长纤维和中长纤维三类,各类主要品种名称及品质概况分别见表1-1-45和表1-1-46。

表1-1-45 埃及棉花各类主要品种名称

类型	长度范围/mm	主要品种
特长纤维	35 以上	吉扎45,吉扎70,吉扎88
长纤维	32~35	吉扎75,吉扎86,吉扎89
中长纤维	32 以下	吉扎80,吉扎83,吉扎81,吉扎82,吉扎85

表 1-1-46　埃及棉花主要品种品质

序号	品种名称	长度/英寸	比强度/(cN/tex)	卜氏强力/(千磅/英寸²)	马克隆值
1	吉扎 45	$1\frac{3}{8}$	34.9	121000	3.2
2	吉扎 70	$1\frac{3}{8}$	34.7	123000	3.9
3	吉扎 86	$1\frac{5}{16}$	33.1	120000	4.1
4	吉扎 75	$1\frac{7}{32}$	31.5	108000	4.4
5	吉扎 89	$1\frac{1}{4}$	30.2	113000	4.3
6	吉扎 85	$1\frac{3}{16}$	29.9	109000	4.0
7	吉扎 80	$1\frac{3}{16}$	28.2	102000	4.2
8	吉扎 83	$1\frac{3}{16}$	28.7	100000	4.0

3. 埃及棉花标准和检验

埃及棉花品级标准由埃及现货市场委员会(半官方)根据 1954 年政府第 311 号法令在亚历山大的敏纳尔—贝塞尔(Minet El Basal)交易所按品种分别制定 6 个全级和 5 个半级的棉花实物标准,见表 1-1-47,这些标准用于向农民收购棉花和制定国内棉价的计价基础。

表 1-1-47　埃及棉花品级名称

品级	全级品级名称	简称	1/2 级品级名称	简称
特级	Extra	EX	Fully good to extra	F. G/EX
一级	Fully good	F. G	Good to fully good	G/F. G
二级	Good	G	Fully good fair to good	F. G. F/G
三级	Fully good fair	F. G. F	Good fair to fully good fair	G. F/F. G. F
四级	Good fair	G. F		
五级	Fully fair	F. F	Fully fair to good fair	F. F/G. F

埃及棉花检验由埃及棉花仲裁与检验总局及其设立的分支机构承担,采用传统的感官检验和 HVI 仪快速检验相结合。棉花品级检验根据棉花色泽、染污、叶屑和死纤维多少进行评定。

(六)苏丹

苏丹是世界上长绒棉主要生产国之一,其长绒棉产量仅次于埃及,居世界第二位。

1. 苏丹棉花产区、品种和品质

苏丹棉花主要种植在青、白尼罗河之间的狭长地带,即格齐拉(Gegira)地区,其棉花产量占全国 70% 左右,其余的棉花种植在苏丹西部地区。苏丹棉花根据品种和纤维长度分为长绒棉、中绒棉(陆地棉)和粗绒棉三大类,见表 1-1-48。

表 1-1-48 苏丹各类棉花主要品种和品质

类型	品种	长度/$\frac{1}{32}$英寸	卜氏强力/(千磅/英寸^2)	马克隆值
长绒棉	Barakat(B)	40	106	3.9
	Maryoud(M)		102	3.4
	Shambart(SH)	42	96	4.3
中绒棉	Acala	35~37	90~111	3.2~4.4
粗绒棉	Nuba	26~32	—	—

2. 苏丹棉花标准和检验

苏丹棉花标准由格齐拉局(Gegira Board)根据棉花类型、品种和轧工方式分别制定,棉花品级标准符号见表 1-1-49。

表 1-1-49 苏丹棉花品级标准符号

类型	长绒棉			中绒棉		粗绒棉
品种	B 棉	M 棉	SH 棉	锯齿棉	皮辊棉	
品级符号	XGB	XGM	XGSH			
	GB	GM	GSH			
	XG2B	XG2M	XG2SH			
	G2B	G2M	G2SH			
	XG3B	XG3M	XG3SH			
	G3B	G3M	G3SH	1SG	1G 1M	1A 2A 3A
	XG4B	XG4M	XG4SH	2SG	2G 2M	1B 2B 3B
	G4B	G4M	G4SH	3SG	3G 3M	1C 2C 3C
	XG5B	XG5M	XG5SH	4SG	4G 4M	1D 2D 3D
	G5B	G5M	G5SH			
	XG6B	XG6M	XG6SH			
	G6B	G6M	G6SH			
	CG6B	CG6M	CG6SH			
	DG6B	DG6M	DG6SH			
备注	苏丹长绒棉品级符号构成: G(格齐拉局经营出口的棉花)+等级+品种简称 X 表示长度长于本级,而强力稍好 6级以下的 C(clean)表示清洁的棉花,D(dirty)则表示不洁的棉花			中绒棉按轧工方式不同分为锯齿棉4个品级,皮辊棉2等4级,G 表示品质良好,M 表示品质中等		粗绒棉分3等4级 A 级长度为1英寸, B 级长度为$\frac{15}{16}$英寸, 3级长度为$\frac{7}{8}$英寸, D 级长度为$\frac{13}{16}$英寸

苏丹长绒棉除品级标准外,根据不同品种、品级制备手扯长度标样供作长度检验依据。

苏丹棉花品级检验根据棉花色泽、叶屑、成熟度、铃壳、染污和轧工疵点等因素,对照品级实物标准综合评定。

(七)秘鲁

秘鲁是世界主要长绒棉生产国之一,特别是其种植的中长绒棉,即坦及斯棉(Tanguis),是一种特殊的品种,棉纤维线密度极大,适宜和羊毛混纺。

1. 秘鲁棉花产区和品种

秘鲁棉花几乎全部种植在狭长的海岸地带,按其地域分为北部沿海、中部内陆、中部沿海和南部沿海四大棉区。

秘鲁棉花按纤维长度分为长绒棉、中长绒棉和中绒棉三类,见表1-1-50。

表1-1-50　秘鲁各类棉花主要品种和品质

类型	品种	长度/$\frac{1}{32}$英寸	马克隆值	卜氏强力/(千磅/英寸^2)
长绒棉	Pima	45	3.5	95
	Supima	41	—	—
	Del Cerro	44	3.8	95
中长绒棉	Tanguis	38	4.6~5.8	85
中绒棉	Aspero	33	6.5	—

2. 秘鲁棉花标准

秘鲁棉花品级标准按类型和品种分别制定,见表1-1-51。

表1-1-51　秘鲁棉花品级标准

类型	品种	品级
长绒棉	Pima Supima	特级,1级,$1\frac{1}{4}$级,$1\frac{1}{2}$级,$1\frac{3}{4}$级,2级
中长绒棉	Tanguis	2级,$2\frac{1}{2}$级,3级,$3\frac{1}{2}$级,4级,5级,6级,7级

四、棉纤维的物理性能测试

(一)常规仪器测试棉纤维的物理指标

1. 棉纤维试验取样和试样准备

参照GB/T 6097—2012《棉纤维试验取样方法》。试样抽取和准备是棉纤维物理性能试验的首要工作,与试验结果密切相关。目前采用最多的是多级取样法,棉纤维试验取样和试验制备流程如图 1-1-8 所示,纤维牵伸器罗拉隔距的选定见表 1-1-52。

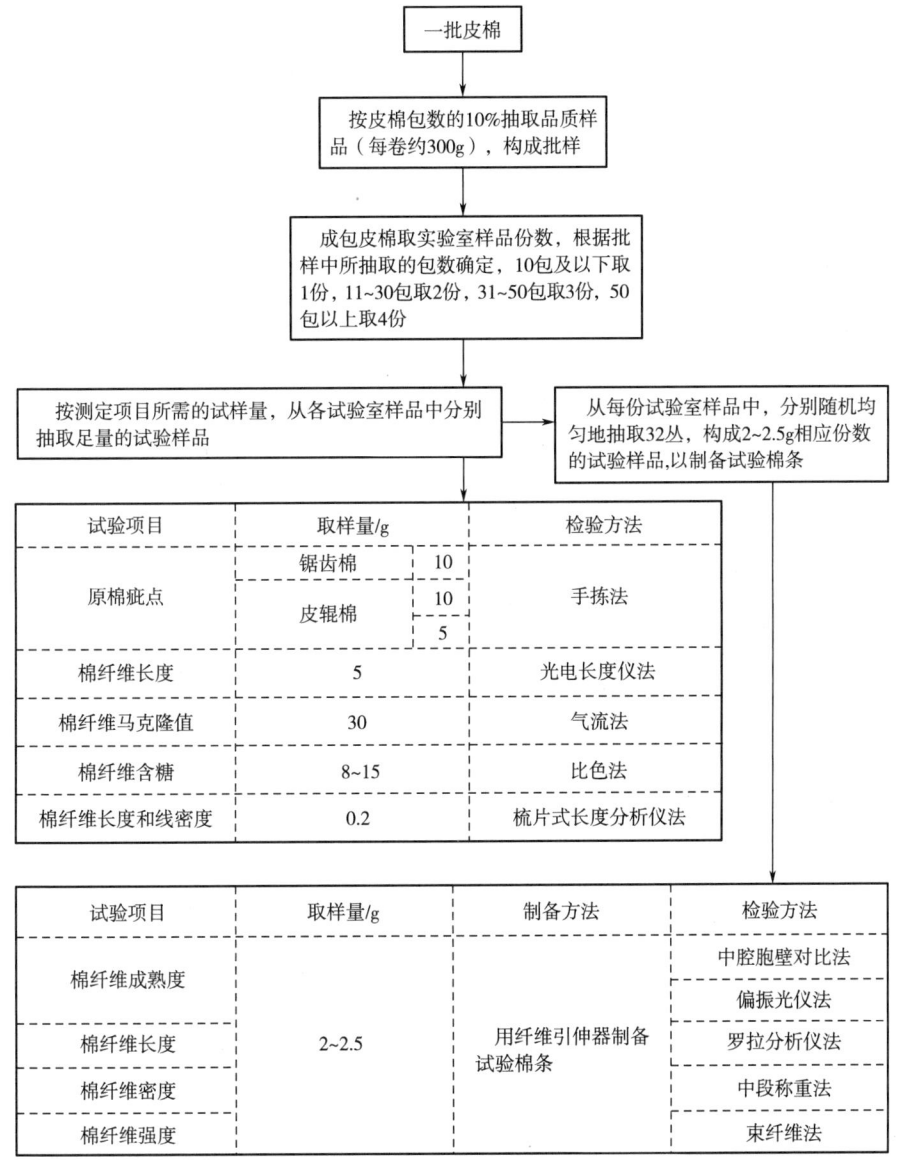

图 1-1-8　棉纤维试验取样和试验制备流程图

表 1-1-52　纤维牵伸器罗拉隔距的选定

手扯长度/mm	27 及以下	29~31	33 及以上
罗拉隔距/mm	手扯长度+6	手扯长度+8	手扯长度+10

2. 棉纤维长度检验

参照 GB/T 6098—2018《棉纤维长度试验方法 罗拉式分析仪法》、GB/T 13779—2008《棉纤维 长度试验方法 梳片法》和 GB/T 13781—1992《棉纤维长度(跨距长度)和长度整齐度的测定》的实验方法很多,大致可归纳为逐根测量法、分组测量法和不分组测量法三种,后两种测量法的检验要点见表 1-1-53。

表 1-1-53　棉纤维长度测试方法

试验方法	仪器设备	检验要点	计算指标
分组测量法	Y111型罗拉式长度分析仪	1. 从试验棉条的纵向或横向任选一种方法取出适量纤维,在限制器绒板上排列棉束,梳下的游离纤维仍要放入棉束内,其中短于9mm的纤维另行收集 2. 将分析器的盖子揭开,使蜗轮上的第9刻度与指针重合,将棉束移置分析器沟槽罗拉上,放下带压辊的盖子 3. 放下溜板,转动手柄一周,蜗轮上第10刻度与指针重合,罗拉将纤维送出1mm;夹取10.5mm以下纤维,与短于9mm的纤维一并收集,构成一组10.5mm以下的纤维 4. 第二组开始,每2mm夹取一组纤维,逐组称重,精确至0.05mg,并要修正为真实质量。真实质量可依据经验式;计算式如下: $w_j = 0.17w'_{j-1} + w'_j + 0.37w'_{j+1}$ 式中:w_j——第 j 组纤维的真实质量,mg; w'_j——第 j 组纤维的称见质量,mg; w'_{j-1}——第 $j-1$ 组纤维的称见质量,mg; w'_{j+1}——第 $j+1$ 组纤维的称见质量,mg 真实质量总质量与称见质量总质量相差不应超过±0.1mg	1. 主体长度 L_m(mm) $$L_m = L_n - 0.5d + \dfrac{d(W_n - W_{n-1})}{(W_n - W_{n-1}) + (W_n - W_{n+1})}$$ 式中:L_n——最重纤维组的长度(组中值),mm; d——组距,1mm 或 2mm; W_n——最重纤维组的质量,mg; W_{n-1}——最重纤维组的上一组纤维的质量,mg; W_{n+1}——最重纤维组的下一组纤维的质量,mg; n——最重纤维组顺序数 2. 品质长度 L_p(mm) $$L_p = L_n + \dfrac{\sum\limits_{j=n+1}^{k}(j-n)dW_j}{Y + \sum\limits_{j=n+1}^{k}W_j}$$ $$Y = \dfrac{(L_n + 0.5d) - L_m}{2d}W_n$$ 式中:Y——L_m 所在组中,长于 L_m 部分纤维的质量,mg; k——最长纤维组顺序数 3. 短纤维率 R(%) $$R = \dfrac{\sum\limits_{j=1}^{i}W_j}{\sum\limits_{j=1}^{k}W_j} \times 100\%$$ 式中:i——短纤维界限组顺序数 4. 质量平均长度 L(mm) $$L = \dfrac{\sum\limits_{j=1}^{k}L_j W_j}{\sum\limits_{j=1}^{k}W_j}$$ 式中:L_j——第 j 组纤维长度的组中值,mm

续表

试验方法	仪器设备	检验要点	计算指标
	Y111型罗拉式长度分析仪		5. 长度标准差 σ(mm) $$\sigma = \sqrt{\dfrac{\sum\limits_{j=1}^{k} W_j L_j^2}{\sum\limits_{j=1}^{k} W_j} - L^2}$$ 6. 长度变异系数 CV(%) $$CV = \dfrac{\sigma}{L} \times 100\%$$
分组测量法	Y121型梳片式长度分析仪	1. 从试验棉条纵向或横向任选一种方法分取三份50mg试样,其中一份备用 2. 将整理好的棉束在两组梳片间交替梳理移放 3. 棉束梳理清晰,一端平齐后移置黑绒板上 4. 按纤维由长至短排列,将同组长度收集在一起称重,精确至0.05mg 5. 以3mm分组,质量不需修正 6. 长绒棉短纤维界限为20mm,测量19.01~22.00mm组时,应分成两小束,一束为19.01~20.00mm,另一束为20.01~22.00mm 7. 每份试样共测定两次,如上四分位长度两次差异超过平均数的4%,应增加试验一次,取三次试验结果的算术平均值	1. 上四分位长度 $L_{1/4}$(mm) $$L_{1/4} = L'_{1/4} - 0.5d + \dfrac{(W_A + W_B)d}{W_{1/4}}$$ 式中:$L'_{1/4}$——$L_{1/4}$ 所在组的长度组中值,mm; 　　　d——相邻两组之间长度差值,$d=3$mm; 　　　W_A——自最长纤维组至 $L_{1/4}$ 所在组的各组质量之和,mg; 　　　W_B——试样总质量的 1/4,mg; 　　　$W_{1/4}$——$L_{1/4}$ 所在组的质量,mg 2. 质量平均长度 L(mm) $$L = \dfrac{\sum\limits_{j=1}^{k} L_j W_j}{\sum\limits_{j=1}^{k} W_j}$$ 式中:L_j——第 j 组纤维长度的组中值,mm; 　　　W_j——第 j 组纤维的质量,mg; 　　　k——最长纤维组顺序数 3. 长度标准差 σ(mm) $$\sigma = \sqrt{\dfrac{\sum\limits_{j=1}^{k} W_j L_j^2}{\sum\limits_{j=1}^{k} W_j} - L^2}$$ 4. 长度变异系数 CV(%) $$CV = \dfrac{\sigma}{L} \times 100\%$$ 5. 短纤维率 R(%) $$R = \dfrac{\sum\limits_{j=1}^{i} W_j}{\sum\limits_{j=1}^{k} W_j} \times 100\%$$ 式中:i——短纤维界组顺序数

续表

试验方法	仪器设备	检验要点	计算指标
不分组测量法	Y146型光电式长度分析仪	1. 从实验室样品中抽取5g构成试验样品,整理成棉条,再从棉条中顺序取出正好够一次测试用棉纤维,整理成束,均匀地分布在两把梳子上 2. 将梳子安放在梳子架上,复上光源,此时电表指针应指在表盘左边的红绿蓝"品"字形区域的某处 3. 逆时针转动手轮,试样逐渐上升,电表指针随之向右偏移,当指针指在表盘右边的红绿蓝"品"字形区域的相应位置,即可从长度刻度盘上直接读出该试样的光电长度	以三次试验结果的算术平均值作为该试样的光电长度值
	530型纤维长度照影仪	1. 将梳夹放在取样器上抓取纤维须丛 2. 刷去浮游纤维,并使纤维伸直平行后,开动仪器进行扫描 3. 从仪器的数字显示器或打印机上直接读出对应于选定的纤维数量百分数的跨距长度,废弃那些取样数量超出仪器要求上下极限的观测值	1. 跨距长度:照影仪测定棉纤维长度时,试验棉须中任选一个指定百分率的纤维所跨越的距离(以扫描起始点的纤维数量读数定为100%),称为这个指定百分率的跨距长度 2. 对于各选定的纤维数量百分数,计算每个样品2或4次试验的平均跨距长度 3. 长度整齐度比U_R(%) $$U_R = \frac{SL_1}{SL_2} \times 100\%$$ 式中:SL_1——较短的跨距长度(通常指50%跨距长度); SL_2——较长的跨距长度(通常指2.5%跨距长度)

注 实验证明,2.5%跨距长度与纤维手扯长度和主体长度有良好的相关,常作为确定棉纺罗拉中心距的依据。

3. 棉纤维马克隆值检验

参照GB/T 6498—2008棉纤维马克隆值试验方法,见表1-1-54。

表1-1-54 棉纤维马克隆值试验方法

仪器设备	检验要点	计算指标
Y145型动力气流式纤维马克隆仪	1. 从实验室样品中取出至少32丛纤维,约20g,构成试样 2. 试样经原棉杂质分析机开松除杂,称取2~3份试样(每份约5g,称重精度为试样质量的±0.2%) 3. 用覆盖待测样品范围的高、中、低三种不同马克隆值的校准棉样校准仪器,允差为±0.10 4. 将试样分几次均匀地装入试样筒,切勿丢失纤维。插入压缩活塞锁在固定位置上 5. 使气流以适当的流量或压力通过试样,在仪器流量计或压力计的刻度尺上记下数据,精确至±1%左右 6. 一份样品试验两个试样,如果两个试样的马克隆值差异超过0.10,则用同一样品再试验一个,由三个试样计算平均值	马克隆值,保留一位小数

4. 棉纤维线密度检验

参照 GB/T 6100—2007《棉纤维线密度试验方法 中断称重法》和 GB/T 17686—2008《棉纤维线密度试验方法 排列法》,见表 1-1-55。

表 1-1-55 棉纤维线密度试验方法

试验方法	仪器设备	检验要点	计算指标
中段称重法	Y171 型纤维切断器、显微镜或投影仪	1. 从试验棉条中取出 8~10g 的棉纤维构成试样 2. 试样经反复整理使纤维排列成平行伸直、一端整齐、宽 5~6mm 的棉束 3. 根据棉花的类别不同,梳去短于 16mm (细绒棉)或 20mm(长绒棉)的纤维 4. 将棉束平放在中段切断器上下夹板中间且与切刀垂直。整齐端露出夹板 5mm (细绒棉)或 7mm(长绒棉),切断全部纤维中段纤维长度为 10mm 5. 称取棉束中段纤维的质量,精确至 0.02mg 6. 将中段纤维均匀排列在涂有薄层甘油或水的载玻片上,并放在 150~200 倍显微镜或投影仪下计数	线密度 Tt(mtex) $$Tt = \frac{m_1}{L \times n} \times 10^6$$ 式中:m_1——中段纤维质量,mg; L——切断纤维长度,$L = 10$mm; n——纤维根数
排列法	Y121 型梳片式长度仪、显微镜或投影仪	1. 测试线密度的试样与 GB/T 13779 方法中测试长度的是同一只试样。用 GB/T 13779 方法制备各长度组,丢弃 5.5mm 及以下(组中值)和轻于 1mg 的长度组 2. 从最长一组开始,将各长度组棉束分别纵向分离出一束 100 根左右的纤维,将各纤维束称重,精确至 0.01mg 3. 夹持棉束一端,将纤维均匀排列在涂有甘油或水的载玻片上 4. 每长度组制备一块载玻片,试样准备完毕 5. 从最长一组开始,将载玻片依次放在 150~200 倍显微镜或投影仪下计数	1. 某长度组线密度 Tt_i(mtex) $$Tt_i = \frac{W_i}{N_i \times L_i} \times 10^6$$ 式中:W_i——第 i 排长度组中的纤维质量, mg; N_i——第 i 排长度组中的纤维根数; L_i——第 i 排长度组中的长度,mm 2. 平均线密度 Tt(mtex) $$Tt = \frac{\sum\limits_{i=1}^{n} M_i}{\sum\limits_{i=1}^{n} \dfrac{L_i \times M_i \times N_i}{W_i}} \times 10^6$$ $$= \frac{\sum\limits_{i=1}^{n} M_i}{\sum\limits_{i=1}^{n} \dfrac{M_i}{T_i}}$$ 式中:M_i——第 i 排长度组纤维的质量,mg; n——组数

5. 棉纤维强力检验

参照 GB/T 6101—1985《棉纤维断裂强力试验方法　束纤维法》和 GB/T 13783—1992《棉纤维断裂比强度测定　平束法》,见表 1-1-56。

表 1-1-56　棉纤维强力试验方法(束纤维法)

仪器设备	检验要点	计算指标
Y162 型束纤维强力仪	1. 从试验棉条中抽取 30mg(细绒棉)或 35mg(长绒棉)的试样 2. 调整仪器至规定值 3. 在限制器绒板上排列棉纤维成一端整齐、层次分明、宽度为 32mm 的棉束 4. 梳去短于 16mm(细绒棉)或 20mm(长绒棉)的纤维 5. 将梳理好的 32mm 宽度的棉束分成 5 小束(可多分两束以备用),每束重(3.0±0.3)mg,要求在 4~5mm 之间断裂 6. 把小束伸直平行,宽度为 4~11mm,夹紧在上下夹持器中 7. 扳动手柄,使下夹持器下降,待小束断裂后记下断裂强力,读数精确到 10cN,将 5 个断裂小束分别或合并称重,读数记录至 0.05mg	五束合并称重计算 1. 修正前平均单纤维断裂强力 F_s(cN) $$F_s = \frac{\sum_{i=1}^{n} P_i}{WM}$$ 式中:P_i——第 i 小束的断裂强力,cN; 　　　W——五小束的质量和,mg; 　　　M——每毫克纤维根数,根; 　　　n——试验小束数,$n=5$ 2. 修正后平均单纤维断裂强力 F(cN) $$F = \frac{F_s}{0.675}$$ 五束分别称重计算 1. 各小束修正前单纤维的断裂强力 f_i(cN) $$f_i = \frac{P_i}{W_i M}$$ 式中:W_i——第 i 小束的纤维质量,mg 2. 各小束修正后单纤维的断裂强力 F_i(cN) $$F_i = \frac{f_i}{0.675}$$ 3. 修正后平均单纤维断裂强力 F(cN) $$F = \frac{\sum_{i=1}^{n} F_i}{n}$$ 4. 标准差 S(cN) $$S = \sqrt{\frac{\sum_{i=1}^{n}(F_i - F)^2}{n-1}}$$ 5. 变异系数 CV(%) $$CV = \frac{S}{F} \times 100\%$$ 6. 断裂长度 L_R(km) $$L_R = 0.001 F N_m = \frac{F}{Tt}$$ 式中:N_m——公制支数; 　　　Tt——线密度,tex

仪器设备	检验要点	计算指标
斯特洛束纤维强力伸长仪（Stelometer）	1. 从充分混合的实验室样品中随机抽取试样并制成一份棉束，纵向将棉束分成 4 小束，整理每小束棉纤维。对仪器规定 3.2mm 隔距试验而言，应梳去短于 20mm 的纤维制成宽度为 6mm 的平直棉束 2. 调整仪器至规定值 3. 将整理好的 6mm 宽度小束夹入夹持器中，切除露出夹持器外的纤维 4. 将夹有试样的夹持口装入仪器，松开扳柄，强力指针和伸长指针就会在标尺上移动，待试样纤维断裂后，读出力的刻度，精确至 0.1N，如果读出的断裂负荷小于 30N，舍去该试样，重新试验 5. 取出断裂的全部纤维并称重，精确至 0.01mg	对于 3.2mm 隔距长度试验 1. 修正前的断裂比强度 P_t（cN/tex） $$P_t = \frac{F_r \times 150}{m}$$ 式中：F_r——断裂负荷，N； 　　　m——棉束质量，mg 计算结果精确到一位小数 2. 平均断裂比强度 $\bar{P}_t$ 计算结果精确到一位小数 3. 修正后的断裂比强度 T（cN/tex） $$T = K \times P_t$$ 式中：K——修正系数（K = 校准棉样标准值/校准棉样测值） 4. 断裂伸长率 由记录的各试样断裂伸长率计算平均伸长率，计算平均伸长率修正系数，再计算修正后的平均伸长率，精确到一位小数
卜氏纤维强力仪（Pressley）	1. 试样制备步骤基本同斯特洛束纤维强力伸长仪相似，对仪器规定零隔距试验而言，应梳去短于 15mm 的纤维 2. 调整仪器至规定值 3. 将整理平直宽度约 6mm 的小束放入夹持器中部，使小束整理端露出夹持器外约 4mm，夹紧并切除露出夹持器外的纤维 4. 左手将折断器秤杆尾部抬起，右手将夹持器放入前端的咬口内，左手轻轻放下秤杆 5. 右手将秤杆右端的称锤闸刀抬起，释放滑锤，纤维断裂时滑锤即落下停止，读出折断强力数 6. 取出夹持器内断裂的纤维并称重，精确至 0.01mg	对于零隔距长度试验 1. 卜氏指数 I $$I = \frac{F_a}{g}$$ 式中：F_a——断裂强力，磅； 　　　g——小棉束质量，mg 2. 断裂应力（千镑/英寸^2） $$\sigma = \frac{F_a \times 10.81}{g}$$ 3. 断裂比强度 P_s（cN/tex） $$P_s = \frac{F_a \times 5.36}{g}$$ 4. 修正系数 = $\dfrac{校准棉样标定值}{校准棉样实测值}$ 5. 修正后的测定结果为每实测小棉束的结果乘以修正系数（修正系数通常不应超过 0.90~1.10）

6. 棉纤维成熟度检验

参照 GB/T 6099—2008《棉纤维成熟系数试验方法》和 GB/T 13777—2006《棉纤维成熟度试验方法　显微镜法》，见表 1-1-57。

表 1-1-57　棉纤维成熟度试验方法

试验方法	仪器设备	检验要点	计算指标
中腔胞壁对比法	生物显微镜	1. 从试验棉条中取出 4~6mg 的样品，整理成一端整齐的小棉束，梳去短于 16mm（细绒棉）或 20mm（长绒棉）的纤维，舍弃棉束两旁纤维，留下中间部分 180~220 根纤维 2. 载玻片一端边缘粘上一些胶水，将棉束均匀排列在载玻片上，待胶水干后，用挑针将纤维整理平直，并用胶水粘牢纤维另一端。在载玻片中部画两条间距 2mm 的蓝线 3. 将排列好的纤维载玻片放在显微镜下，逐根观察纤维中段，测量纤维的腔壁比，纤维外观形态如图 1-1-9 所示，确定的成熟系数见表 1-1-58 4. 每根试验棉条试验两个试样，试验结果的差值应符合精密度的规定	1. 平均成熟系数 M $$M = \frac{\sum M_i n_i}{\sum n_i}$$ 式中：M_i——第 i 组纤维的成熟系数，i 为实测成熟系数，按表 1-1-58 系列分组的顺序数； 　　　n_i——第 i 组纤维的根数 2. 成熟系数的标准差 σ（mm）$$\sigma = \sqrt{\frac{\sum n_i M_i^2}{\sum n_i} - M^2}$$ 3. 成熟系数的变异系数 CV（%）$$CV = \frac{\sigma}{M} \times 100\%$$
显微镜法	400 倍显微镜	1. 从试验棉束中取出纤维，组成两份各约 10mg 的试样 2. 两份试样分别由两个试验人员整理成一端整齐的棉束，梳去短于 16mm（细绒棉）或 20mm（长绒棉）的纤维，然后纵向分成大致相等的 5 个试验小样，各约 2mg 3. 整理试验小样，舍弃两旁纤维，留下中间 100 根或以上纤维，平行排列在一端粘有胶水的载玻片上，使纤维均匀伸直 4. 用 18% 氢氧化钠溶液浸润每根纤维，使其膨化，在显微镜下逐根观察载玻片上纤维的中间部分，按成熟度比或成熟纤维百分率，测定棉纤维成熟度，并分别记录每个试验小样的各类纤维根数	1. 成熟度比 M $$M = \frac{N - D}{200} + 0.7$$ 式中：N——正常纤维的平均百分数； 　　　D——死纤维的平均百分数 最后计算两个试验人员的平均成熟度比 2. 成熟度纤维百分率 P_M（%）$$P_M = \frac{M'}{T} \times 100\%$$ 式中：M'——成熟纤维根数； 　　　T——纤维总根数 成熟度比修正至两位小数 成熟纤维百分率修正至一位小数

续表

试验方法	仪器设备	检验要点	计算指标
偏光仪法	Y147 型棉纤维偏光成熟度仪	1. 由于棉纤维具有双折射的性质,成熟度不同的纤维在平面偏振光中产生的干涉色彩也不同,从而可以间接测定棉纤维的成熟度 2. 从试验棉条中纵向取出约 25mg 的试样或用一号夹子将试验棉条一端扎齐,夹取一薄层宽度为 25~32mm 的棉纤维丛 3. 整理纤维试样,梳去短于 16mm(细绒棉)或 20mm(长绒棉)的纤维,平均分成 5 个小棉束(其中两个备用),整理小棉束成一端整齐、纤维平直均匀、宽度为 25~32mm 的纤维束 4. 将纤维束放在距离载玻片纵向一端 5mm 位置上,纤维几何轴与载玻片长度方向垂直,盖上载玻片,剪去露出载玻片两侧的纤维 5. 调整仪器至规定值 6. 将夹有纤维载玻片的夹子插入试样插口中,显示的纤维量应在 55~65μA 范围内。将偏振片推入光路,由电表指示试样的纤维量和透过检偏振片后的光强度	专用计算尺求得试样的成熟系数,计算结果修正至两位小数
	Y147 计算机型棉纤维偏光成熟度仪	1~5 操作步骤同 Y147 型棉纤维偏光成熟度仪 6. 将夹有纤维载玻片的夹子插入试样插口中,显示的纤维量应在 55~65μA 范围内。将偏振片推入光路,由数码管显示试样的纤维量和透过检偏振片后的光强度	由计算机进行数据处理后显示出细绒棉的成熟系数、成熟比、成熟纤维百分率和长绒棉的成熟系数 成熟系数修正至两位小数 成熟度比修正至三位小数 成熟纤维百分率修正至一位小数
	Y147 计算机 Ⅱ型棉纤维偏光成熟度仪	操作步骤同 Y147 计算机型棉纤维偏光成熟度仪	由计算机进行数据处理,显示并打印出细绒棉和长绒棉的成熟系数、成熟比、成熟纤维百分率以及同一试样几次试验结果的标准差和变异系数 成熟系数修正至两位小数 成熟度比修正至三位小数 成熟纤维百分率修正至一位小数

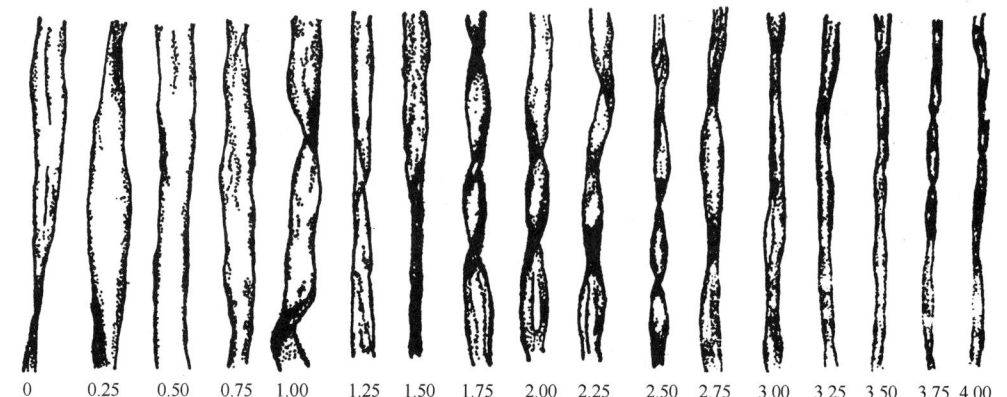

| 0 | 0.25 | 0.50 | 0.75 | 1.00 | 1.25 | 1.50 | 1.75 | 2.00 | 2.25 | 2.50 | 2.75 | 3.00 | 3.25 | 3.50 | 3.75 | 4.00 |

图 1-1-9　各种成熟系数棉纤维的形态

表 1-1-58　棉纤维成熟系数与腔壁比值对照

成熟系数	0	0.25	0.50	0.75	1.00	1.25
腔宽壁厚比值	30~22	21~13	12~9	8~6	5	4
成熟系数	1.50	1.75	2.00	2.25	2.50	2.75
腔宽壁厚比值	3	2.5	2	1.5	1	0.75
成熟系数	3.00	3.25	3.50	3.75	4.00	5.00
腔宽壁厚比值	0.5	0.33	0.2	0	不可觉察	

7. 棉花疵点检验

参照 GB/T 6103—2006《原棉疵点检验方法》,见表 1-1-59。

表 1-1-59　原棉疵点检验方法

仪器设备	检验要点	计算指标
天平:最大称量 200g 一台,分度值 0.01g 扭力天平:最大称量 100mg 和 10mg,各一台,分度值分别为 0.2mg 和 0.02mg	1. 从实验室样品中分别抽取锯齿棉试样 10g 一份或皮辊棉试样 10g 和 5g 各一份。剔除棉籽或特殊杂质,其重量由实验室样品补偿 2. 从锯齿棉 10g 试样中,用镊子拣取破籽、不孕籽、棉索、软籽表皮和僵片,分别计数和称重 3. 将拣过上述疵点的试样均匀混合后,随机称取 2g 试样,拣取带纤维籽屑和棉结,分别计数和称重 4. 从皮辊棉 10g 试样中,用镊子拣取破籽、不孕籽、软籽表皮和僵片,分别计数和称重 5. 将拣过上述疵点的试样均匀混合后,随机称取 2g 试样,拣取带纤维籽屑,计数和称重 6. 从皮辊棉 5g 试样中拣取黄根并称重	1. 分别计算 10g 锯齿棉试样所含各项疵点的每百克粒数和重量百分率 2. 分别计算 2g 锯齿棉试样所含各项疵点的每百克粒数和重量百分率 3. 计算锯齿棉试样所含各项疵点的每百克总粒数和总重量百分率 4. 分别计算 10g 皮辊棉试样所含各项疵点的每百克粒数和重量百分率 5. 分别计算 2g 皮辊棉试样所含疵点的每百克数和重量百分率 6. 计算皮辊棉试样所含各项疵点的每百克总粒数和总重量百分率 7. 计算 5g 皮辊棉试样中黄根重量百分率

8. 棉纤维含糖检验

棉纤维含糖有内糖(即自身含有的"生理糖类")和外糖(即附着表面的外源物质糖类)之别,内糖的含量受棉花品种遗传特性的影响,而外糖的含量则受棉蚜、白蝇等昆虫排泄物污染和棉叶蜜腺分泌物的影响。棉纤维含糖将会在纺纱过程中产生黏性,严重影响可纺性和产品质量。目前我国测定棉纤维含糖的试验方法有分光光度法(GB/T 16258—2018),该方法简便实用,使用广泛,其试验方法见表1-1-60。

表1-1-60　棉纤维含糖试验方法(分光光度法)

仪器设备	检测要点	计算指标
分光光度计(波长 = 425nm) 1cm 玻璃比色皿 电子天平(量程≥100g,分度值0.001g) 恒温水浴振荡器 真空抽气泵等	1. 空白试验。吸取 0.005%脂肪醇聚氧乙烯醚溶液 1.0mL,注于 25mL 比色管中,作为空白溶液;将比色管置于 70℃恒温水浴锅中,快速加入 3,5-二羟基甲苯-硫酸溶液 2.0mL,摇匀,继续置于水浴锅中 40min,取出,加入 0.005%脂肪醇乙烯醚溶液 20mL,摇匀,冷却至室温,用 0.005%脂肪醇聚氧乙烯醚溶液定容至刻度;待其静置 30min,倒入 1cm 玻璃比色皿,放入调整好的分光光度计,在 425nm 波长处测定吸光度 2. 工作曲线制作。分别配置糖标准储备溶液(浓度 2.0mg/mL 的 D-果糖溶液)和糖标准工作溶液(基于糖标准储备溶液配置浓度 0.02~0.20mg/mL 的溶液,浓度间隔 0.02mg/mL);以糖标准工作溶液浓度为横坐标,校正吸光度为纵坐标绘制糖标准工作曲线 3. 试样测定。将试样用 0.005%脂肪醇聚氧乙烯醚溶液充分润湿后用玻璃砂芯坩埚抽滤得到 3 份试样溶液;然后吸取溶液各 1.0mL 按照第一步中的方法进行吸光度测试	校正吸光度 A $$A = A_s - A_b$$ 式中: A_s——试验样品中测得的吸光度; A_b——空白样品中测得的吸光度 试样含糖率 X(%) $$X = \frac{200 \times c}{m \times 1000} \times 100\%$$ c——通过工作曲线计算出试样溶液中糖的浓度值,mg/mL; m——试样质量,g

(二)快速仪器测试棉纤维的物理指标

1. HVI 大容量纤维测试仪

自 1980 年起,美国思彬莱(Spinlab)公司和美西爱(MCI)公司分别开发了多种型号的 HVI 大容量纤维测试仪,其中 HVI900 型测试仪仍在广泛使用,该仪器的试验方法于 1995 年列入美国 ASTM 标准。20 世纪 90 年代以来,兹路韦基·乌斯特(Zellweger Uster)有限公司先后兼并了思彬莱公司和美西爱公司,并成功研制了多款 HVI 改进型仪器,1999 年推出 HVI

SPECTRUM 型大容量快速光谱纤维测试系统,2007 年,乌斯特公司展出 HVI/1000 型大容量纤维检测仪。

乌斯特 HVI SPECTRUM 型大容量快速光谱纤维测试仪采用先进的模块设计系统,提供三种配置:HVI S 基本型、HVI S Ⅰ 型和 HVI S Ⅱ 型。HVI S Ⅱ 型仪有两套长度/强度、色泽/杂质和回潮率测试模块;一套棉结和荧光测试模块;另一套马克隆值/成熟测试模块。HVI SPECTRUM Ⅱ 型测试仪的测试方法要点见表 1-1-61,HVI S Ⅱ 型测试仪指标缩写和数据格式见表 1-1-62。

表 1-1-61　乌斯特 HVI SPECTRUM Ⅱ 型测试仪的测试方法要点

仪器设备	检验要点	测试指标
条码阅读器、键盘	通过条码阅读器或键盘输入试验样品标签	
马克隆值/成熟指数测试模块,天平称,两只标定高和低马克隆值的校准棉样	1. 通过触摸屏幕监视器或鼠标点击输入选择校准程序,对仪器进行硬件和软件校准至标定值 2. 用同样方法输入选择测试程序 3. 从实验室样品中抽取试样,除去明显、大块非纤维物质,称取一只在 8.5~11.5g 范围内的试验小样,拉松小样,纤维以便消除棉块 4. 将小样塞入仪器样品筒内,盖上盖板,仪器自动进行测试,测定马克隆值和成熟指数,马克隆值传递给长度/强度测试模块	1. 马克隆值 2. 成熟指数
长度/强度测试模块,两只标定长和短的国际校准棉样,色泽/杂质测试模块一套,标有 Rd 和 +b 值的五块校准瓷板,一块杂质校准瓷板	1. 通过触摸屏幕监视器或鼠标点击输入选择校准程序,对仪器进行硬件和软件校准至标定值 2. 用同样方法输入选择测试程序 3. 从实验室样品中抽取两块棉花样品,分别放在多孔取样板上和样品窗口上并足以盖满 4. 同时按下操作台前面的两个热敏启动按钮,取样臂压迫样品,棉纤维通过取样板孔洞,空梳夹在取样板下方移动,抓取棉纤维生成一排棉纤维束,经分梳器梳理伸直,并将梳夹自动置入长度/强度测试模块测定长度、强度指标,由于色泽/杂质测试模块的取样臂内置测湿传感器,在压迫样品的瞬间测定试验样品的回潮率,回潮率和马克隆值对所需测定的强度进行修正,与此同时,测定色泽和杂质指标	1. 长度 2. 长度整齐度指数 3. 比强度 4. 伸长率 5. 色泽等级 6. 杂质颗粒数 7. 杂质占实样百分比 8. 杂质等级 9. 回潮率 10. 短于 12.7mm 的纤维含量

仪器设备	检验要点	测试指标
荧光,棉结测试模块,荧光校准瓷板,两只标定高低值校准棉样	1. 通过触摸屏幕监视器或鼠标点击输入选择校准程序,对仪器进行硬件和软件校准至标定值 2. 用同样方法输入选择测试程序 3. 从实验室样品中抽取一只试验小样,塞入并紧贴荧光测试板 4. 从实验室样品中抽取一只试样,除去明显、大块非纤维物质,称取1g重的试验小样,将其扯松整理成一根棉条逐渐通过喂棉罗拉送入棉结测试模块	1. 荧光差异值 2. 每克棉结数
控制器	对全部数据进行汇总处理、打印和输出	计算出纺纱一致性指数 $SCI = -414.67 + 2.9 \times Str - 9.32 \times Mic + 1.94 \times Len(mm) + 4.74 \times Un + 0.65 \times Rd + 0.36 \times (+b)$

注　1. 荧光性(UV)是由光电管测定棉花样品反射出紫外光波的数量。棉花荧光的测定没有任何单位数据仅供做比较的荧光水平。棉花荧光在很大程度上受其收摘期的气候条件的影响,另外棉花储存数月的过长时间也会增加荧光。

　　2. 棉结是测定棉花样品中纤维缠结成结点的数量。测试结果为每克的棉结数,并与 AFIS 棉结测试结果有较好的相关。

表1-1-62　HVI S Ⅱ 型测试仪指标缩写和数据格式

测试结果	格式	缩写
纺纱一致性指数(spinning consistency index)	×××	SCI
马克隆值(micronaire)	×.×	Mic
成熟度指数(maturity index)	×.××	Mat
上半部平均长度(upper half mean length)	×.××(英寸) ××.×(mm)	Len
均匀度指数(uniformity index)	××.×	Unf
短纤维指数(short fiber index)	××.×	SFI
强度(strength)	××.×	Str
伸长率(elongation)	××.×	Elg

续表

测试结果	格式	缩写
回潮率（moisture）	×.×	Moist
反射率（reflectance）	××.×	*Rd*
黄色深度（yellowness）	××.×	+*b*
色泽等级（color grade）	××.×	C Grade
杂质数（trash count）	×××	TC
杂质面积（trash area）	×.××	TA
杂质等级（trash grade）	×	Tr Grade
荧光（fluorescence）	×××	UV
棉结（neps）	×××	Nep

HVI SⅡ型仪测试值评定见表1-1-63。

表1-1-63　HVI SⅡ型仪测试值评定

项目	很低	低	一般	高	很高
长度整齐度指数/%	77以下	77~79	80~82	83~85	86及以上
短于12.7mm的短纤维指数/%	6以上	6~9	10~13	14~17	18及以上
3.175mm隔距的断裂比强度/（cN/tex）	21及以下	22~24	25~27	28~30	31及以上
断裂伸长率/%	5.0及以下	5.0~5.8	5.9~6.7	6.8~7.6	7.7及以上
马克隆值	3.0以下 （很细）	3.0~3.6 （细）	3.7~4.7 （正常）	4.8~5.9 （粗）	6.0及以上 （很粗）
成熟指数	0.7以下 （不常见）	0.70~0.85 （不成熟）	0.86~1.00 （成熟）	1.00以上 （非常成熟）	—
回潮率	4.5以下 （很低）	4.5~5.6 （低）	6.5~8.0 （正常）	8.0~10 （高）	10及以上 （很高）

棉纤维上半部平均长度是指较长一半纤维的平均长度，见表1-1-64。

表 1-1-64 棉纤维上半部平均长度及代码

纤维长度		上半部平均长度		代码
mm	英寸	mm	英寸	
<20.6	$<\dfrac{13}{16}$	<20.1	<0.79	24
20.6	$\dfrac{13}{16}$	20.1~21.6	0.80~0.85	26
22.2	$\dfrac{7}{8}$	21.8~22.6	0.86~0.89	28
23	$\dfrac{29}{32}$	22.9~23.4	0.90~0.92	29
23.8	$\dfrac{15}{16}$	23.9~24.1	0.93~0.95	30
24.6	$\dfrac{31}{32}$	24.4~24.9	0.96~0.98	31
25.4	1	25.1~25.8	0.99~1.01	32
26.2	$1\dfrac{1}{32}$	25.9~26.4	1.02~1.04	33
27	$1\dfrac{1}{16}$	26.7~27.2	1.05~1.07	34
27.8	$1\dfrac{3}{32}$	27.4~27.9	1.08~1.10	35
28.6	$1\dfrac{1}{8}$	28.2~28.7	1.11~1.13	36
29.4	$1\dfrac{5}{32}$	29.0~29.7	1.14~1.17	37
30.2	$1\dfrac{3}{16}$	30.0~30.5	1.19~1.20	38
31	$1\dfrac{7}{32}$	30.7~31.2	1.21~1.23	39
31.8	$1\dfrac{1}{4}$	31.5~32.0	1.24~1.26	40
32.5	$1\dfrac{9}{32}$	32.3~32.8	1.27~1.29	41
33.3	$1\dfrac{5}{16}$	33.0~33.5	1.30~1.32	42
34.1	$1\dfrac{11}{32}$	33.8~34.3	1.33~1.35	43
35	$1\dfrac{3}{8}$	>35.0	>1.38	44

2. 乌斯特 AFIS PRO 单纤维测试系统

乌斯特 AFIS PRO 单纤维测试系统(以下简称 AFIS 仪)采用模块设计,以适用于不同的需要。基本单元 AFIS 可以与一个组件或多个组件结合构成测试系统。AFIS 仪测试指标和组合方式见表 1-1-65,测试方法要点见表 1-1-66。AFIS 仪测试样品数量推荐值见表 1-1-67。AFIS 仪常规试验周期、测试指标见表 1-1-68、表 1-1-69。

表 1-1-65　AFIS 仪测试指标和组合方式

常用组合	测试指标
AFIS N	棉结的数量和大小
AFIS L&M	棉纤维长度、成熟指数和直径
AFIS N L&M	棉结、纤维长度、成熟指数和直径
AFIS L&M T	其中 T 模块为测定异物、微尘和杂质颗粒的数量和大小

表 1-1-66　AFIS 仪测试方法要点

仪器设备	适用范围	检验要点	测试指标
AFIS N、AFIS L&M、AFIS N L&M、AFIS L&M T、天平、打印机	原棉、棉条和粗纱	1. 从实验室样品中称取一只 0.5g 试样,通过喂棉罗拉喂入开松梳理器,也可从棉条或粗纱样品中称取 0.5g 试样,须一正一反成对喂入开松梳理器 2. 原棉、棉条或粗纱在纤维分离装置中经过开松、梳理分离成单根纤维,同时杂质和微尘颗粒也被分离出来,气流把纤维和棉结传送到光电传感器中测试,该传感器将产生一个特征的波形,而杂质和微尘颗粒则由另一个传感器测试 3. 微处理机将接收到的电子测试信号进行鉴别、处理、统计和计算,通过屏幕显示或打印机打印输出,见表 1-1-69	1. 1g 棉结数和棉结大小的平均值(μm) 2. 平均长度(mm)和变异系数(%),长度短于 12.7mm 的百分率(%),上四分位长度(mm) 3. 成熟比和其变异系数(%),未成熟纤维百分率(%)和其变异系数(%),棉纤维线密度(mtex)和其变异系数(%) 4. 每克试样的杂质和微尘总数量、重量百分率(%)和杂质大小的平均值(μm)

表 1-1-67　AFIS 仪测试样品数量推荐值

测试指标	试样个数	试样重量或根数
棉结	原棉 5,棉条 6	0.5g/个
棉纤维长度、成熟指数和直径	原棉、棉条各 5	棉纤维长度 0.5g/个,成熟指数和直径至少 3000 根/个
杂质和微尘	原棉、棉条各 10	0.5g/个

表 1-1-68　AFIS 仪常规试验周期

测试材料	周期	试样个数
原棉	每月(或更换原料时)一次	1
清花筵棉	每品种每月一次	1
生条	每台每月一次	3
精梳条	每台每月一次	3
并条	每台每月一次	3
粗纱	在优选工艺时	

表 1-1-69　AFIS 仪测试指标

指标	棉结	棉籽壳	重量加权长度	重量加权短纤维率	重量加权上四分位长度	根数加权长度	根数加权短纤维率
代号	Nep	SCN	$L(w)$	$SFC(w)$	$UQL(w)$	$Len(n)$	$SFC(n)$
单位	粒/g	粒/g	英寸	%	英寸	英寸	%
指标	根数加权 5.0%长度	线密度	未成熟纤维百分率	成熟比	小于 500μm 尘埃	大于 500μm 杂质	可见异物含量
代号	Len 5.0%	Fine	IFC	Mat Rat	Dust	Trash	VFM
单位	英寸	mtex	%	%	粒/g	粒/g	%

五、配棉与混棉

(一)常规产品的配棉参考指标(表 1-1-70)

表 1-1-70　常规产品的配棉参考指标

配棉类别	平均品级范围	最低品级	平均长度范围/mm	长度差异/mm	产品
特细	长绒棉	—	35 以上	—	6tex 以下精梳纱线、高速缝纫线、商标布、丝光巾、揩镜头布、特种用纱等
特细甲	长绒棉或 1.2~1.8 细绒棉	2	长绒棉或 31.0~33.0 细绒棉	—	6~10tex 精梳纱、精梳全线府绸、精梳全线卡其、高档手帕、高档针织品、高档薄型织物、绣花线、羽绒布、巴里纱缝纫线、特种工业用纱等
细特	1.5~2.0	3	29.0~31.0	2	10~20tex 精梳纱、精梳府绸、精梳横贡、高密织物、提花织物、高档汗衫、涤/棉混纺织物、刺绣底布

续表

配棉类别	平均品级范围	最低品级	平均长度范围/mm	长度差异/mm	产品
细甲	2.1~2.6	4	28.5~30.5	2	半线府绸、半线直贡、府绸、羽绸、丝光平绒、割绒、汗衫棉毛衫、色织、被单、薄型牛仔布、伞布、绉纱布、烤花绒、麦尔纱、化纤混纺染色要求较高的产品等
细乙	2.3~2.8	4	28.0~30.0	2	半线织物(平布、哔叽、华达呢、卡其)的经纱、平布、斜纹、直贡、麻纱、细帆布、纱罗、透孔布、泡泡纱、印花布、漂白布等
中甲	2.3~2.8	4	27.5~29.5	4	府绸、纱罗、织物起绒、灯芯绒纬纱、牛仔布、割绒、汗衫棉毛衫、薄型卫生衫、化纤混纺、深色布、轧光和染色要求高的产品等
中乙	2.5~3.0	4	27.0~29.0	4	半线织物(哔叽、华达呢、卡其、直贡)的纬纱、平布、斜纹、哔叽、华达呢、卡其、直贡、色织被单、毛巾、鞋布、中帆布、原色布等
中丙	3.0~3.5	5	26.5~28.5	4	纱布、蚊帐布、夹里布、面粉袋布、篷盖布、稀密布、印花布、漂白布等
粗甲	2.6~3.1	5	25.5~27.5	4	半线织物(府绸、华达呢、卡其)的纬纱、高档粗平府绸织物起绒、针织起绒牛仔布、被单、床罩、深色布等
粗乙	3.0~3.8	5	25.0~27.0	4	平布、斜纹、哔叽、华达呢、卡其、直贡、服装帆布、纱布疏松织物、印花布等
粗丙	4.1~4.8	5	24.5~26.5	6	工作服、面粉袋布、粗帆布、底布、基布、垫布、劳动手套贴墙布、食糖袋布等
细中(低)	3.5~4.8	5	27.0~29.0	6	家具布、窗帘布、装饰布、绒布、低档帆布、印花布
粗(低)	4.5~5.5	6	25.0~27.0	6	绒毯、毛巾、低档粗布、漆布、箱布、色布等
副牌	5.0~7.0	7	23.0~27.0	6	副牌58tex纱、打包布、低档棉毯、日用绳索等

　　注　1. 经纱、纬纱分列时,经纱棉花长度宜长,纬纱棉花品级宜高。

　　　　2. 超细、低成熟的棉花,甲类及以上配棉不宜混用,乙类配棉中应控制比例使用。

　　　　3. 产品有特殊要求的安排专配专纺。

　　　　4. 配棉类别应符合用户及质量考核要求。

(二)配棉分类和排队

1. 配棉分类安排考虑的因素(表1-1-71)

表1-1-71 配棉分类安排考虑的因素

考虑因素	内容
纺纱粗细	特细、细、中、粗、低档、副牌、专纺、重点产品等
纺纱用途	经纱、纬纱、绞纱、筒纱、精梳、半精梳、普梳、股线、针织、编织、起绒、烧毛、混纺、特种纱线等,织造和染整等要求
资源情况	棉花产地、数量、质量、到棉趋势和棉季变动
气候特点	高温、寒流、雨季、旱季、霉季和突变等温湿度变化
工艺技术	混棉方法、工艺流程、工艺设计,采用新技术、新设备,改变主要机件规格、工艺参数等
生产任务	配棉指标、产品质量、产量、成本等水平和具体要求
棉花质量	地区、品级、长度、包装、水分、杂质、轧花方法、工艺性能、试纺质量、含糖、可纺性等

注 每批检验的棉花,初步评定其使用价值,根据各种考虑因素,分类安排到各产品中,准备排队配棉。

2. 配棉排队接替考虑的因素(表1-1-72)

表1-1-72 配棉排队接替考虑的因素

考虑因素	内容
生产计划	各品种纱线产量,各品种纱线每月、每班原棉耗用量
原棉存量	整批原棉包数和重量,逐日结余批次原棉包数和重量,原棉堆放仓间包数和重量
特殊棉花	质量特差的低强、多疵、超细棉花;色泽特殊的雨湿、剥桃、霜僵棉花;夹有霉烂、水渍、火焦、三丝、油污、棉短绒、不孕籽等棉花;含水、含杂、含糖特别高、包装过紧或过松的棉花等
回花再用棉	各品种纱产生数量、质量情况、处理方法、回用比例
混棉条件	混棉方法选择、配棉队数安排、预处理设备能力、运转管理水平等
配棉衔接	混棉成分变动的间隔天数和变动率,天与天之间原棉抽调后的实际配棉平均质量,本期与上期原棉接替后的配棉质量差异
一般接替范围 (以中特纱为例)	1. 地区相同或相近,一次变动不超过15% 2. 品级相同或相差一级,混合棉的平均差异同期内不超过0.3级;色泽、品种相同或相近 3. 长度相同或相差1mm,混合棉的平均差异同期内不超过0.4mm,短纤维率接近 4. 轧花方法相同,不同轧花一次变动不超过15%;包装体积相似,密度接近 5. 含杂接近,混合棉的平均差异同期内不超过0.5%;疵点接近,水分接近 6. 纤维线密度、强力、成熟指数接近,混合棉的断裂强度与同期差异不大 7. 单唛试纺细纱断裂强度、棉结杂质粒数接近

注 已经分类的原棉,按地区、质量、类型基本接近的批次集中一起,参照考虑因素,对混合棉的平均质量进行综合平衡。确定排队配棉成分后,将原棉依次排列成队,计算使用期限,等待接替。

（三）配棉工作注意事项(表1-1-73)

表1-1-73　配棉工作注意事项

项目	内容
质量依据	1. 手感目测、仪器检验、单唛试纺三结合检验的数据 2. 场地检查、逐包检查、群众检查的情况核实汇总
原棉存量	1. 存量充足时要统筹兼顾,留有余地 2. 存量较少时要考虑质量,防止波动 3. 重点产品要有一定存量,均衡使用
安排顺序	1. 配棉时先安排特细、细特纱,后安排中、粗特低档纱 2. 配棉时先安排特种用纱,后安排一般用纱
配棉排队	1. 抓棉机混棉时,队数宜多 2. 棉花产区辽阔、棉种复杂时,队数宜多 3. 原棉质量差异过大时,队数宜多 4. 产品色泽等要求较高时,队数宜多 5. 棉纱质量易引起波动时,队数宜多
配棉接替	1. 配棉中选择原棉性质相近的作主体成分,避免各半使用 2. 配棉中选择适当的辅助成分,如粗中夹细、短中夹长等方法 3. 注意配棉地区稳定,接替不同产地、品种的棉花时,质量控制宜严 4. 接替时注意少变、慢变、勤调的原则 5. 接替时注意取长补短、分段增减、交叉抵补的方法
成分调整	1. 产品质量不符合用户或产品要求或各种纱线之间不平衡时 2. 生产上有显著变化或波动时 3. 成本、节约等方面有矛盾时 4. 产品用途更改或重点产品与一般产品不协调时 5. 工艺、设备有新的变动和改进时
回花再用棉	1. 注意产生的数量和质量变化 2. 注意处理方法和处理机械的状态 3. 注意使用比例,一般不超过10%,注意打包后使用及混合均匀 4. 对染色要求较高的品种应控制不用或少量使用(<5%)
零包使用	1. 产品质量较稳定或要求较低时,零包分类归并、顶替使用 2. 产品质量要求较高时,零包搭用或外加少量成分使用 3. 原棉质量特差的零包,使用时控制宜严,应降等使用

项目	内容
资料汇总	1. 汇总棉花检验资料,每次配棉接替时计算混合棉平均质量 2. 收集原棉成本、用棉量、回花、再用棉、落棉、下脚等资料 3. 收集纱和布主要质量、生产情况、用户意见 4. 必要时定期试织小布样,观察质量情况
其他方面	1. 注意进口棉中的高含杂和轧工特别差的低含杂原棉 2. 注意进口棉的吸浆、吸色等性能 3. 注意进口棉的"三绕""三丝""斑点"和"糖分" 4. 注意进口棉的棉包规格、刷唛颜色、包装材料等

(四)纺纱线密度和纺纱工艺、用途对原棉质量的要求(表1-1-74)

表1-1-74　纺纱线密度和纺纱工艺、用途对原棉质量的要求

项目	内容
纺纱线密度	1. 纺细线密度纱:纱条截面纤维根数少,疵点容易显露,对强力、疵点、条干要求较高;选择色泽洁白有丝光、品级高、长度长、整齐度好、细而柔软、强力高、未成熟纤维和疵点少、轧工好的原棉 2. 纺中、粗线密度纱:选择色泽略次、长度较短、整齐度一般、纤维较粗、强力略低、未成熟纤维和疵点较多、轧工稍差的原棉
经纱	经过工序多,疵点去除机会多,纱的结构要求紧密结实、弹性好、强力高、毛羽少。可选择色泽略次、长度较长、整齐度好、细而柔软、富有弹性、强力高、疵点稍多、轧工一般的原棉。织物组织经向浮于布面的色泽、棉结杂质要求较高
纬纱	直接纬纱疵点去除机会少,易产生捻缩;平纹织物纬向易显露;纱的结构要求丰满、条干均匀、外观疵点少。可选择色泽洁白光亮、长度略短、整齐度好、纤维略粗、强力较低、未成熟纤维和疵点少、轧工较好的原棉
针织	针织品要求柔软、丰满、条干与强力均匀,细节、疵点、棉结少。可选择色泽乳白有丝光、长度一般、整齐度好、短纤维少、纤维柔软、强力较高、未成熟纤维和疵点少、轧工良好的原棉。原色针织品色泽要求更高
股线	股线经并合后条干有改善,纤维强力利用率高,疵点显露率低,光泽和弹性增强,一般对纤维要求较低。可选择色泽略次、长度一般、整齐度略次、强力中等、未成熟纤维和疵点稍多、轧工较低的原棉
精梳	一般为高档产品,质量要求较高。精梳可大量排除短纤维和部分杂质性疵点,但对排除棉结比较困难。可选择色泽乳白有丝光、长度长、弹性好、线密度中等、强力较高、未成熟纤维和棉结少、疵点一般、轧工良好的原棉
混纺	混纺产品中因化纤的疵点少,原棉疵点易暴露,对原棉的外观要求较高。可选择色泽和工艺性能接近化纤、未成熟纤维和疵点少、轧工好、短纤维少的原棉

续表

项目	内容
转杯纺	1. 转杯纺适纺 28~100tex 纱,可用长度较短、线密度较粗的原棉 2. 转杯纺一般品种可适当多用回花、再用棉
特种纱线	1. 对强力有特殊要求的,如缝纫线、强捻纱线、低捻纱线、丝光纱线等,可选择长度长、线密度细、成熟好、强力高的原棉 2. 对外观有特殊要求的,如绣花线、薄型府绸、提花织物、高档针织品等,可选择疵点少、含杂低、色泽洁白光亮的原棉
副牌	1. 副牌产品质量要求低,一般选择再用棉和下脚等 2. 副牌产品中混用低级原棉,一般达到可纺性稳定和满足后工序要求即可
染整	1. 印花和漂白布,一般色彩、条花、疵点影响不大,可选择色泽略次、长度一般、整齐度略次、强力较好、未成熟纤维和疵点稍多、轧工较差的原棉。漂白布还应注意原棉中油污和麻丝等 2. 浅色布对条干、疵点的布面外观要求高,可选择色泽洁白光亮、短纤维少、整齐度好、纤维柔软、未成熟纤维和疵点少、无异性纤维、油污少、轧工较好的原棉 3. 深色布对疵点、白星和吸色均匀方面要求高,可选择色泽略次、长度和整齐度一般、线密度中等、强力较好、未成熟纤维和棉结以及疵点和白丝等少、轧工好的原棉

(五)原棉品质与成纱质量的关系

1. 原棉质量与成纱强力(表1-1-75)

表1-1-75　原棉质量与成纱强力

项目	内容
纤维线密度	1. 线密度细而柔软的原棉,手感好、富有弹性、色泽柔和,成纱后纤维间抱合良好、强力较高 2. 线密度虽细但缺乏弹性的原棉,成纱强力提高较少;纤维过细、成熟差,成纱强力下降 3. 纺粗特纱时,线密度较细的原棉,成纱强力增加不显著 4. 线密度较粗、手感硬糙、色泽呆滞或灰暗的原棉,成纱强力偏低
单纤维强力	1. 单强高,纤维本身断裂困难,成纱强力相应提高 2. 纤维过粗或富有刚性,单强虽高,因纱条截面中纤维根数减少,成纱强力增高较少 3. 单强低或强力不匀率大,成纱中弱环片段增多,成纱强力降低 4. 单强虽偏低而天然转曲、抱合力等正常,线密度适中时,对成纱强力影响较小
长度	1. 长度长、整齐度好、短纤维少,成纱后纤维间摩擦力大,滑脱困难,纱条光洁、毛羽少、强力高 2. 长度较长的纤维,纺细特纱时,对提高成纱强力的作用显著 3. 平均长度较短时,长度稍有增加,成纱强力提高较为显著 4. 锯齿棉短纤维少,当轧工良好时,成纱强力比皮辊棉为高

续表

项目	内容
成熟指数	1. 纤维成熟,色泽形态饱满,手感好,成纱强力高 2. 成熟系数过高、转曲少、抱合力差的纤维,对成纱强力不利 3. 成熟系数虽稍低,但色泽正常而线密度显著偏细时,对成纱强力有利 4. 成熟系数差而单强下降显著时,对成纱强力不利
产地、品种	1. 棉花产地的生长环境,如日照多、温度高、无霜期长、病虫害少等,对成纱强力有利 2. 选种、育种、田间管理好,品种纯、色泽匀,成纱强力高 3. 灰棉一般成纱强力偏低 4. 淡霜黄棉适当搭用,因纤维较细对成纱强力有帮助

2. 原棉质量与成纱棉结杂质(表1-1-76)

表1-1-76　原棉质量与成纱棉结杂质

项目	内容
成熟指数	1. 纤维成熟,手感富有弹性或稍觉粗硬时,成纱棉结杂质少 2. 成熟系数低,纤维缺乏回挺力,纤维容易扭结,成纱棉结多 3. 成熟系数低,杂质薄而脆弱,与纤维粘连力大,不易梳理,容易分裂,成纱杂质多 4. 成熟差、虫害严重、品级低、杂质含量高,不易充分排除,成纱棉结杂质多
疵点	1. 疵点少、棉花匀净清晰,成纱棉结杂质少 2. 带纤维籽屑、带短绒籽屑的杂质较轻,不易清除,而容易碎裂,成纱杂质增多 3. 一般受病虫害或气候影响产生的软籽表皮、僵片等,这类杂质脆薄,不易清除,成纱棉结杂质多 4. 不孕籽、带纤维破籽清除比较容易,对成纱质量影响较小 5. 采摘中产生的杂质(茎叶、小棉枝、铃片、尘杂、泥沙等)以及轧棉过程中产生的杂质、籽尖、棉籽、棉仁等,容易清除,对成纱杂质影响较小
轧工	1. 轧工好,棉层匀整清晰,成纱棉结杂质少 2. 轧工差,产生的索丝、棉结,特别是紧棉索、紧棉结,梳理排除困难,成纱棉结增多 3. 轧棉过程中产生的短绒、黄根等疵点,对成纱棉结不利 4. 皮辊棉轧工好,成纱棉结少
回潮率	1. 回潮率适当或略低,对开松、分梳、除杂有利,成纱棉结杂质少 2. 回潮率过高,纤维间粘连力大、刚性低,容易扭结,杂质不易排除,成纱棉结杂质增多 3. 回潮率过低,杂质容易碎裂,成纱杂质增多

3. 原棉质量与成纱条干(表1-1-77)

表1-1-77　原棉质量与成纱条干

项目	内容
纤维线密度	1. 线密度细、线密度不匀率低,纱线截面中纤维根数多,分布均匀,成纱条干均匀 2. 线密度较粗,纺细特纱时,成纱条干显著恶化 3. 线密度过细,外观疵点较多,工艺处理困难,成纱条干差 4. 线密度相同时,纺的纱越粗,条干均匀度越好
疵点	1. 疵点多,干扰牵伸过程中纤维的正常位移,造成成纱条干不匀 2. 疵点过大,容易产生粗节和条干不匀等纱疵 3. 成纱棉结杂质多,被包卷在纱条内外层,直接影响成纱条干
短纤维	1. 短纤维多,牵伸过程中纤维运动不易控制,成纱条干差;短纤维越短,成纱条干越差 2. 长度整齐、短纤维少,牵伸运动正常,成纱条干均匀
成熟指数	1. 纤维成熟,手感柔软,成纱条干较均匀 2. 成熟系数稍低,线密度较细时,对成纱条干均匀有利 3. 成熟系数低,短绒和疵点多,线密度虽细,成纱条干差

(六)混棉方法

1. 常用混棉方法及其特征

中华人民共和国成立初期,我国普遍采用棉堆混棉、小量称重混棉、混棉给棉机组混棉、末道清棉机棉卷混棉等落后的混棉方法。目前,一般都采用自动抓包机混棉、棉箱机械混棉、多仓混棉、棉条混棉为主的混棉方法。常用混棉方法及其特征见表1-1-78。

表1-1-78　常用混棉方法及其特征

混棉方法	主要作用	特征
棉包混棉	利用网盘或往返抓棉机抓取原棉混合	棉块混合成分不够精确
棉箱混棉	通过横铺直取及棉箱机械作用在棉箱中混合	在抓棉机初步混合的基础上进行再混合,棉箱容量大对混合有好处
多仓混棉	利用多仓混棉机各仓进棉时差达到混合作用	能增强纤维的混合作用,减少成品色差效果较好
小量称重混棉 (重量混棉)	经人工或自动称量机称重,堆放在混棉帘子上混合	可实现按重量混合,但操作麻烦、劳动强度高、用工多
棉卷混棉	棉箱平帘喂入棉卷混合	仅用作再用棉处理后混用
棉条混棉	在头道并条机喂入棉条混合	混合细致精确,适用清梳不同处理的棉条混合
棉网混棉	并卷机棉层间混合	纤维间混合充分,但管理复杂

2. 常用组合混棉方法及其适用品种

上述混棉方法常按品种要求不同组合使用,见表1-1-79。

表1-1-79 常用组合混棉方法及其适用品种

组合混棉方法	适用品种	组合示例
棉包混棉及棉箱混棉组合	一般品种	FA002A,FA017
棉包和多仓混棉组合	混合要求较高的产品	FA002A,FA028,FA002A,FA022,FA006,FA028
棉包、多仓及棉条混棉组合	1. 混合要求高的品种,如色纺、棉和多种化纤的混纺产品 2. 混纺产品中原料单独纺纱有困难的品种,如A纤维可纺性很差,可与可纺性好的B纤维混合制成生条后再与B纤维的生条混合	用棉包和多仓混棉组合制成的生条,再在头道并条机上进行棉条混棉

3. 不同混棉方法的注意事项(表1-1-80)

表1-1-80 不同混棉方法的注意事项

混棉方法	注意事项
抓棉机棉包混棉	1. 掌握棉包长度、宽度、高度(包括松包后高度)、密度、棉包平均重量和差异。棉包体积、重量、密度相差太大,需重新打包处理 2. 结合棉包台规格,估算配棉容纳棉包数 3. 确定棉包分配数,再次核算配棉成分 4. 制订棉包装箱排列图(定包定位) 5. 横向棉包的平均质量要相对均匀,相同性质的棉包要交叉摆开,特殊棉包放在中间 6. 装箱后统一高度,高包削平填缝,低包松高,向大面积看齐 7. 运转时注意棉包在台底、台面上的成分准确 8. 回花、再用棉经打包后放在中间
混棉帘子小量混棉	1. 混棉帘子的单位长度(5m)内,规定混棉总重量一般为50kg,运转率为85% 2. 结合配棉成分,按混棉总重量计算各批原棉的称见重量 3. 棉包排列在帘子旁,逐包称取重量 4. 用人工或机械撕松棉块,均匀平铺帘子上,逐批叠层放置,回花等放置中层
并条机棉条混棉	1. 按棉花质量的差异,结合数量,确定配棉比例和清梳工艺的分别处理方法 2. 质量特别低下的原棉安排在一起,单独制成棉卷、生条 3. 容易"三绕"的原棉不宜集中在同一棉卷中使用 4. 一般按头道棉条的并合数,进行不同棉条的根数搭配 5. 棉条混入时的排列,一般结杂多的宜放在中间,若两根棉条质量相同时,一般应隔开混入

(七)低级棉性能和使用

1. 低级棉工艺性能(表1-1-81)

表1-1-81　低级棉工艺性能

项目	内容
品级	1. 品级参差,好次混杂,其中部分较好纤维可适当利用 2. 低级棉由染污、僵片、枯黄等混杂组成,色泽、轧工等差异极大,严重影响纺织染成品的总效果
长度	1. 长度比正常棉花短,一般在23mm以上,尚能适宜工艺处理 2. 短纤维很多,整齐度极差,成纱条干较差
线密度	1. 纤维线密度偏细,对成纱强力有利 2. 线密度过细,单纤维强度又低,对成纱棉结不利,宜少打轻打,减少纤维翻滚,梳理过程中要保持转移良好
成熟指数	1. 成熟系数较低,蜡质脂肪含量较大,带电性低,对牵伸运动尚能适应 2. 成熟系数过低,天然转曲少,抱合力差,成纱强力极弱,染色效果极差
水分杂质	1. 低级棉回潮率高,纤维吸湿量大,宜降低回潮率,提高开松、梳理等效能 2. 轧工差,杂质多,棉结索丝多,疵点多,宜加强开松除杂
刚性弹性	1. 纤维刚性低,容易变形和伸直,纱条可塑性大,容易加捻 2. 纤维弹性不足,半制品成形差,容易产生粘连

2. 低级棉使用(表1-1-82)

表1-1-82　低级棉使用

项目	内容
5级	一般在中丙配棉及粗特、低档、副牌等产品中搭用一部分,也可用5级棉为主体成分进行专纺
6级	属絮用棉。根据产品质量要求,一般在低档或副牌等配棉中搭用一部分,也可用6级棉为主体成分进行废纺
7级	属絮用棉。一般对产品无染色和外观等要求时,在副牌配棉中搭用一部分,也可以7级棉为主体成分进行废纺

(八)回花、再用棉、下脚的性质和使用

1. 回花、再用棉、下脚的性质(表1-1-83)

表1-1-83 回花、再用棉、下脚的性质

名称		产生车间	来源	含纤维	短纤维	杂质疵点	一般处理方法
回花	回卷	清棉	棉卷头、尾坏棉卷、轻重卷	同混用原棉	比混用原棉微增	略有杂质	扯碎后回用
	回条	梳棉、并条、粗纱	接头棉条、坏棉网、坏棉条	同混用原棉	比混用原棉略增	少量疵点	扯断后回用
	粗纱头	粗纱、细纱	接头粗纱、坏粗纱	接近混用原棉	比混用原棉略增	少量疵点	粗纱头机处理
	皮辊花	细纱	断头吸棉花、罗拉皮辊花	接近混用原棉	比混用原棉略增	微量回丝	皮辊花机处理
再用棉	统破籽	清棉	各种打手、尘棒下落杂	20%~40%	15%~35%	60%~80%	废棉处理机处理
	盖板落棉	梳棉	锡林、盖板分梳后盖板上剥下棉花	65%~80%	25%~35%	8%~15%	废棉处理机处理
	抄针棉	梳棉	锡林、道夫抄针时剥下棉花	30%~50%	20%~30%	25%~40%	废棉处理机处理
	精梳落棉	精梳	精梳梳理后排除的短纤维	75%~90%	55%~75%	微量疵点	直接回用
下脚	破籽	清棉	统破籽处理后落杂,按质量分档	—	少量	杂质为主	废棉处理机处理
	地弄	清棉	尘笼中排除的短绒	—	短绒为主	尘屑极多	再生纤维等原料
	车肚	梳棉	刺辊、锡林、道夫下落棉	少量	30%~50%	35%~55%	废棉处理机处理
	绒辊	梳棉	给棉罗拉上积附短绒	—	短绒为主	尘屑较多	再生纤维等原料

注 1. 回花、盖板落棉、抄针棉、精梳落棉按配棉类别或纺纱线密度分档。

2. 除精梳落棉外,一般再用棉均需处理后才能少量回用。

2. 回花、再用棉、下脚的处理和使用(表1-1-84)

表1-1-84　回花、再用棉、下脚的处理和使用

名称	处理和使用
回花	1. 前道工序回花比后道工序回花的纺纱性能好 2. 回花一般在本品种中按生产的比例均匀回用
盖板落棉、抄针棉	1. 盖板落棉和抄针棉的纤维长度比混用原棉短,整齐度差,短纤维、杂质和棉结含量很大 2. 盖板落棉和抄针棉经废棉处理机处理后,杂质数量减少,疵点粒数增多,颗粒变小 3. 盖板落棉质量比抄针棉质量好 4. 盖板落棉质量较好时,可在细甲、中甲以下等配棉中少量搭用;较差时可降至较粗特或在副牌、废纺纱中使用 5. 用于粗特纱或低级配棉时可不经过处理均匀搭用
精梳落棉	1. 精梳落棉中含短纤维率很高、棉结多 2. 一般控制一定的混用比例,在中丙、粗特、低级棉、药棉专纺等配棉中使用
下脚	1. 下脚一般经打包后交付仓储统一使用 2. 车肚、绒板、特绒辊、油花,包括统破籽等经拣净、开松、除杂后,按一定搭配比例,在低粗、副牌、废纺等产品中使用,以统破籽的使用价值较大

(九)棉花中异性纤维的抽检和处理

棉花中的异性纤维是棉花在采摘、摊晒、交售、打包、运输加工等过程中,由于方法和管理不善,导致混入原棉中的三丝(指麻丝、发丝、草丝)、丙纶丝、塑料丝(布)、锦纶丝、布开花等非棉类纤维和色纤维。这些异性纤维质量轻、混入在棉包的不同方位,在纺织加工中很难排除,严重影响产品外观质量和染色差异,造成危害和损失,甚至产生大面积的产品索赔纠纷,已成为当前较大的公害。

1. 异性纤维的抽检和分类(表1-1-85)

表1-1-85　异性纤维的抽检和分类

抽检数量	1. GB 1103 棉花标准规定:在整批棉花成包过程中,每10包抽取一次,每次随机抽取不少于2kg样品,合并后作为该批棉花异性纤维含量的检测批样 2. 一般工厂常按1%棉包进行抽检,或由交易有关方面协商确定抽检数量
抽检方法	GB 1103 棉花标准规定:用手工挑拣法。实际操作时可在检验场地安装一定数量的黑光灯(紫外光灯),以不同纤维的荧光状态来鉴别异性纤维
重量分类	一般可按每吨皮棉异性纤维重量(g)分为四类,即无(<0.001)、低(<0.30)、中(0.30~0.70)、高(>0.70)
处理方法	GB 1103 棉花标准规定:专业纤维检验机构发现混有异性纤维的做降级处理。另外,工厂可向卖方收取检验费和分拣费

2. 异性纤维的去除方法(表1-1-86)

表1-1-86　异性纤维的去除方法

方法分类	使用品种	主要内容
重点手工挑拣法	一般品种	手工对有异性纤维较多或严重的棉包,逐层撕拆成小块,目测挑拣异性纤维,收集在一起
全数手工挑拣法	军工、特品	先用抓包机将棉包开松,把棉花输送到输棉平台上,按次序挑拣,可结合采用黑光灯鉴别
清棉流程中安装异性纤维检测及分离装置	各种品种	能将异性纤维自动检测并分离排除
使用能去除异性纤维的高性能电子清纱器	各种品种	能将纱线中的异性纤维切除

(十)原棉的仓储、检验和守关

1. 原棉仓储工作(表1-1-87)

表1-1-87　原棉仓储工作

项目	内容
棉花存量	1. 保持合理的、足够的仓储数量 2. 保持按品种、按质量均匀储存 3. 注意到棉趋势、地区、数量、质量
业务验收	1. 棉花应分批、分唛、过称、刷重、除皮、测水、验杂后验收数量,结算标准重量 2. 核对棉花产地、唛头、品种、检验品级、长度后,验收质量,结算价格 3. 对霉烂、水渍、火焦、三丝(麻丝、发丝、棕丝等)、油污、棉短绒、不孕籽和无唛散包等棉花,进行查验,另行堆放处理
收付制度	1. 设置收付、存账册报表 2. 健全交接、收付、结算、领用等制度 3. 定期盘存清点,做到账、卡、物相符
堆放保管	1. 不同产地、品种、批次、唛头、轧工、包装的原料应分别堆放,桩头做出标记 2. 堆桩应符合安全、整齐、防潮、防霉、防火等要求 3. 仓库应加强安全保卫工作

2. 原棉验配工作(表1-1-88)

表1-1-88　原棉验配工作

项目	内容
检验方法	1. 贯彻手感目测、仪器检测、单唛试纺三结合检验 2. 贯彻专业检验和群众检验相结合,做好场地、逐包、上车检查 3. 选择性能好、试验准、操作快的仪器,提高检验效率
配棉工作	1. 根据仓储原棉数量和质量,参照不同品种、用途、区别对待的原则,做好分类排队工作 2. 根据瞻前顾后、全面安排、合理使用的方针,拟订配棉成分,满足最后成品质量要求 3. 接替抽调掌握"分批、小量、多唛"的方法
会议制度	1. 混棉会议:汇报原料资源,根据生产要求,统一思想,确定配棉成分、混棉方法和相应措施 2. 清梳专业会议:讨论配棉变动,分析当前质量、生产、节约工作,落实技术措施 3. 车间碰头会议:互通情况,检查原棉使用,巡视车间生产,改进工作
注意事项	1. 注意执行"先检验、后投产"的原则,配棉变动较大时,应先进行试纺 2. 注意原棉到货来源、使用情况和用户反映 3. 注意棉花对成品色泽和性能的影响,配棉变动过大时,应全面翻改

3. 车间原棉的守关(表1-1-89)

表1-1-89　车间原棉的守关

项目	内容
质量守关	1. 逐包检查原棉质量,做好三查工作(查唛头质量、查色印油污、查夹杂物) 2. 注意混棉排包和工艺处理是否合理,半制品和落棉等是否正常 3. 做好棉包升级、降级、搭用、代用、转号、整理、退栈等工作
棉包管理	1. 棉包进车间:加强验收、数据准确、账物相符 2. 棉包堆放时:划区固定、标记明显、桩脚整齐 3. 棉包混用前:先进先用、松包待用、记录领用
回花、下脚	1. 回花、再用棉要有正确数量记录,固定堆放地点,规定处理方法 2. 回花、再用棉混棉时,要定期检查质量,规定混用方法和按比例使用 3. 各类下脚要有数量记录,按规定办法处理
运转管理	1. 按照有关混棉等工作法操作,保证混棉成分准确 2. 做好原棉预烘、预湿、预处理,原棉接替、抽调、翻改;棉卷定工艺、定机台等工作 3. 配棉变动较大时,做好半制品先做先用,成品先进先出工作

第二节　麻纤维

麻纤维多属于双子叶草本植物,主要有苎麻、亚麻、黄麻、汉(大)麻、槿(洋)麻、苘麻(青麻)、红麻、罗布麻等。亚麻纤维在 8000 年前的古埃及就被人类发现并使用,是人类最早开发利用的天然纤维之一。

一、麻纤维的化学组成

麻纤维的主要组成物质为纤维素,还有半纤维素、糖类物质、果胶、木质素、脂、蜡质、灰分等物质,各组成物质的比例因麻纤维的品种而异。麻纤维的化学成分虽然与棉纤维相似,但其非纤维素成分含量较高。麻纤维中的半纤维素、木质素对纤维力学性能和染色效果都有较大的影响。麻纤维的化学组成见表 1-1-90。

表 1-1-90　麻纤维的化学组成(%)

组成成分	苎麻	亚麻	汉麻
纤维素	65~75	70~80	58.16
半纤维素	14~16	12~15	18.16
木质素	0.8~1.5	2.5~5	6.21
果胶	4~5	1.4~5.7	6.55
脂蜡质	0.5~1.0	1.2~1.8	2.66
灰分	2~5	0.8~1.3	0.81

二、麻纤维种类

(一)苎麻

苎麻是苎麻科苎麻属多年生草本植物,又名"中国草",是中国独特的麻类资源,种植历史悠久,且我国的苎麻产地占世界 90% 以上,主要产地有湖南、四川、湖北、江西、安徽、贵州、广西等地区。

1. 苎麻纤维结构

苎麻纤维是由单细胞发育而成,纤维细长,两端封闭,有胞腔,胞壁厚度与麻的品种和成熟程度有关。苎麻纤维的纵向外观为圆筒形或扁平形,没有转曲,纤维外表面有的光滑,有的有明显的条纹,纤维头端钝圆。苎麻纤维的横截面为椭圆形,且有椭圆形或腰圆形中腔,胞壁厚度均匀,有辐射状裂纹。图1-1-10为苎麻纤维截面形态及纵向外观。苎麻纤维初生胞壁由微原纤交织成疏松的网状结构,次生胞壁的微原纤互相靠近形成平行层。苎麻纤维截面有若干圈的同心圆状轮纹,每层轮纹由直径为0.25~0.4μm的巨原纤组成,各层巨原纤的螺旋方向多为S形,平均螺旋角为8°15′。苎麻纤维结晶度达70%,取向因子为0.913。

图1-1-10　苎麻纤维横截面形态和纵向外观

2. 苎麻纤维主要性能

(1)纤维规格。苎麻纤维的线密度与长度明显相关,一般越长的纤维越粗,越短的纤维越细。苎麻纤维的长度较长,一般可达20~250mm。纤维宽度为20~40μm,传统品种线密度为6.3~7.5dtex,细纤维品种的线密度有3.0~5.5dtex,最细品种的线密度可达2.5~3.0dtex。

(2)断裂比强度与断裂伸长率。苎麻纤维的强度是天然纤维中最高的,但其伸长率较低。苎麻纤维平均比强度为6.73cN/dtex,平均断裂伸长率为3.77%。

(3)初始模量。苎麻纤维硬挺,刚性大,具有较高的初始模量。因此,苎麻纤维纺纱时纤维之间的抱合力小,纱线毛羽较多。苎麻纤维初始模量为170~210cN/dtex。

(4)弹性。苎麻纤维的强度和刚性虽高,但是伸长率低,断裂功小,加之苎麻纤维弹性回复性较差,因此苎麻织物抗皱性和耐磨性较差。苎麻纤维在1%定伸长拉伸时的平均弹性回复率为60%,伸长2%时的平均弹性回复率为48%。

(5)光泽。苎麻纤维具有较强的光泽。原麻呈白、青、黄、绿等深浅不同的颜色,脱胶后的精干麻色白且光泽好。

(6)密度。苎麻纤维胞壁密度与棉相近,为1.54~1.55g/cm³。

(7)吸湿性。苎麻纤维具有非常好的吸湿、放湿性能,在标准状态下的纤维回潮率为13%。润湿的苎麻织物3.5h即可阴干。

(8)耐酸碱性。苎麻与其他纤维素纤维相似,耐碱不耐酸。苎麻在稀碱液下极稳定,但在浓碱液中,纤维膨润,生成碱纤维素。苎麻可在强无机酸中溶解。

(9)耐热性。苎麻纤维的耐热性优于棉纤维,当达到200℃时,其纤维开始分解。

(10)染色性。苎麻纤维可以采用直接染料、还原染料、活性染料、碱性染料等染色。

3. 苎麻纤维初加工

苎麻收割后,经过剥皮、刮青(刮去表皮细胞、厚角细胞和薄壁细胞)、晒干后成丝状或片状原麻(生苎麻),再经过脱胶处理后得到色白而有光泽的精干麻。原麻的公定回潮率为12%,含胶率为20%~28%,精干麻含胶率约为2%。

4. 苎麻精干麻分等技术要求

(1)苎麻精干麻分等。按单纤维线密度分为一等、二等、三等,低于三等为等外。分等规定见表1-1-91。

表1-1-91　苎麻精干麻分等规定

等别		一等	二等	三等
纱线规格	线密度/dtex	$X \leq 5.56$	$5.56 < X \leq 6.67$	$6.67 < X \leq 8.33$
	公支	$X \geq 1800$	$1500 \leq X < 1800$	$1200 \leq X < 1500$

注　X表示测定值。

(2)苎麻精干麻分级。按外观品质和技术要求分为一级、二级、三级,低于三级为级外。外观品质见表1-1-92,技术要求见表1-1-93。

(3)以上述规定的外观品质条件和技术要求为定级依据,以其中最低的一项定级。

(4)成包中精干麻的最高回潮率不得超过13%。

(5)各等级苎麻精干麻不允许掺夹杂物。

(6)根据表1-1-92规定的外观品质条件中的外观特征制作标准样品。

表1-1-92　苎麻精干麻外观品质

级别	外观特征		分级符合率/%
	脱胶	疵点	
一级	色泽及脱胶均匀,纤维柔软松散,硬块、夹生、红根极少	斑疵、油污、铁锈、杂质、碎麻极少	一级≥90
二级	色泽及脱胶较均匀,纤维较柔软松散,硬块、夹生、红根较少	斑疵、油污、铁锈、杂质、碎麻较少	二级以上≥90
三级	色泽及脱胶稍差,纤维欠柔软松散,硬块、夹生、红根稍多	斑疵、油污、铁锈、杂质、碎麻稍多	三级以上≥90

表 1-1-93 苎麻精干麻分级技术要求

级别	技术要求				
	束纤维断裂强度/ (cN/dtex)	残胶率/%	含油率/%	白度/度	pH
一级	≥4.50	≤2.50	0.60~1.00		
二级	≥4.00	≤3.50	0.50~1.20	≥50	6.0~8.5
三级	≥3.50	≤4.50	0.50~1.50		

(二)亚麻

亚麻是亚麻科亚麻属一年生草本植物。亚麻分为纤维用、油纤兼用和油用三类,我国传统称谓纤维用亚麻为亚麻,油纤兼用和油用亚麻为胡麻。亚麻适宜种植地区为北纬45°~55°,亚麻的主要产地在俄罗斯、波兰、法国、比利时、德国、中国等。我国的亚麻种植主要集中在黑龙江、吉林、甘肃、宁夏、河北、四川、云南、新疆、内蒙古等省区。目前,我国亚麻产量居世界第二位。

亚麻植物由根、茎、叶、花、蒴果和种子组成,纤维用亚麻茎基部没有分支,上部有少数分支,茎高一般为 60~120cm。叶为绿色,下部叶小,上部叶细长,中部叶为纺锤形。亚麻植株花为圆盘形,呈蓝色或白色。结 3~4 个蒴果,蒴果为桃形,成熟时为黄褐色,每个蒴果可结 8~10 粒种子。

1. 亚麻纤维结构

亚麻茎的结构由外向内分为皮层和芯层。皮层由表皮细胞、薄壁细胞、厚角细胞、维管束细胞、初生韧皮细胞、次生韧皮细胞等组成;芯层由形成层、木质层和髓腔组成。亚麻纤维横截面形态和纵向外观如图 1-1-11 所示。韧皮细胞集聚形成纤维束,有 20~40 束纤维环状均匀分布在麻茎截面外围,一束纤维中有 30~50 根单纤维,由果胶等粘连成束。每一束中的单纤维两端沿轴向互相搭接或侧向穿插。麻茎中皮层占 13%~17%,皮层中麻纤维含量占 11%~15%。在

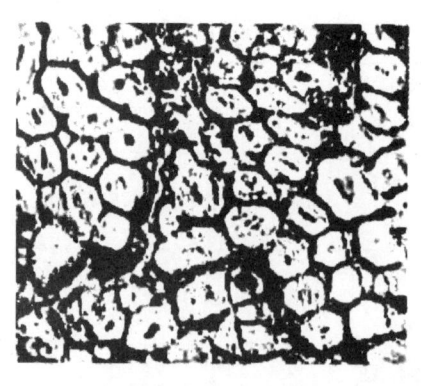

图 1-1-11 亚麻纤维横截面形态和纵向外观

皮层和芯层之间有几层细胞为形成层,其中一层细胞具有分裂能力,这层细胞向外分裂产生的细胞可以逐渐分化成新的次生韧皮层;向内分裂产生的细胞则逐渐分化成次生木质层。木质层由导管、木质纤维和木质薄壁细胞组成,木质纤维很短,长度只有0.3~1.3mm。木质层占麻茎的70%~75%。髓部由柔软易碎的薄壁细胞组成,是麻茎的中心,成熟后的亚麻麻茎在髓部形成空腔。

亚麻单纤维包括初生麻纤维细胞和次生切皮纤维细胞,纵向中间粗,两端尖细,中空,两端封闭无转曲。纤维截面结构随麻茎部位不同而存在差异,麻茎根部纤维截面为圆形或扁圆形,细胞壁薄,中腔大而层次多;麻茎中部纤维截面为多角形,纤维细胞壁厚,纤维品质优良;麻茎梢部纤维束松散,细胞细。亚麻纤维横截面细胞壁有层状轮纹结构,轮纹由原纤层构成,厚度为0.2~0.4μm,原纤层由许多平行排列的原纤以螺旋状绕轴向缠绕,螺旋方向多为左旋,平均螺旋角为6°18′,原纤直径为0.2~0.3μm。亚麻纤维结晶度约为66%,取向因子为0.934。

2. 亚麻纤维主要性能

(1)纤维规格。亚麻单纤维的长度差异较大,麻茎根部纤维最短,中部次之,梢部最长。单纤维长度为10~26mm,最长可达30mm。宽度为12~17μm,线密度为1.9~3.8dtex。纱线用工艺纤维湿纺长度为400~800mm,线密度为12~25dtex。

(2)断裂比强度与断裂伸长率。亚麻纤维有较好的强度,断裂比强度约为4.4cN/dtex,断裂伸长率为2.50%~3.30%。

(3)初始模量。亚麻纤维刚性大,具有较高的初始模量。亚麻单纤维的初始模量为145~200cN/dtex。

(4)色泽。亚麻纤维具有较好的光泽。纤维色泽与其脱胶质量有密切关系,脱胶质量好,打成麻后呈现银白或厌白色;次者呈厌黄色、黄绿色;再次为暗褐色,色泽萎暗,同时其纤维品质较差。

(5)密度。亚麻纤维胞壁的密度为1.49g/cm³。

(6)吸湿性。亚麻纤维具有很好的吸湿、导湿性能,在标准状态下的纤维回潮率为8%~11%,公定回潮率为12%。润湿的亚麻织物4.5h即可阴干。

(7)抗菌性。亚麻纤维对细菌具有一定的抑制作用。古埃及时期人们用亚麻布包裹尸体,制作木乃伊。第二次世界大战时,人们将剪碎的亚麻布蒸煮,然后用蒸煮液代替消毒水给伤员冲洗伤口。亚麻布对金黄色葡萄球菌的抗菌率可达94%,对大肠杆菌抗菌率达92%。

3. 亚麻纤维初加工

亚麻茎的直径为1~3mm,木质部不甚发达,因此不能采用一般的剥皮方式获取纤维。亚麻初加工工艺为:亚麻原茎→选茎→脱胶→干燥→入库养生→干茎→碎茎→打麻→打成麻。打成麻是亚麻干茎经过碎茎打麻后取得的长纤维。打成麻中的亚麻纤维为工艺纤维,工艺纤维是由果胶黏结的细纤维束,截面有10~20根亚麻单纤维,工艺纤维线密度为2.2~3.5tex。

4. 精细亚麻分等技术要求

精细亚麻按纤维分裂度分为三类,按纤维长度、短纤维率、断裂强度、硬并丝率、含杂率、白度等质量指标分等。分为一等、二等、三等,低于三等为等外。精细亚麻分等质量要求见表1-1-94。

表1-1-94　精细亚麻分等质量要求

类别	分裂度/公支(dtex)	等别	长度/mm(不小于)	短纤维率/%(不大于)	断裂强度/(cN/dtex)(不小于)	硬并丝率/%(不大于)	含杂率/%(不大于)	白度/度(不小于)
一类	$X \geqslant 3000$ ($X \leqslant 0.33$)	一等	30	20	4.8	5.0	1.0	
		二等	26	24	4.5	8.0	1.5	
		三等	24	28	4.2	8.0	2.0	
二类	$2500 \leqslant X < 3000$ ($0.33 < X \leqslant 0.40$)	一等	30	22	4.5	5.0	1.0	50
		二等	25	26	4.3	8.0	1.5	
		三等	22	30	4.0	8.0	2.0	
三类	$2000 \leqslant X < 2500$ ($0.40 < X \leqslant 0.50$)	一等	28	25	4.5	5.0	1.0	
		二等	25	28	4.3	8.0	15	
		三等	22	31	4.0	8.0	2.0	

注　原色麻不考核白度,X表示测定值。

以上述规定质量要求为定等依据,以其中最低的一项定等。精细亚麻公定回潮率为12.0%。

(三)汉麻

汉麻(无毒大麻)属大麻科大麻属,为一年生草本植物。大麻品种有高毒性大麻(Marijuana,Hashish,Cannabis,四氢大麻酚含量极高,为5%~17%,属于毒品)和低毒(四氢大麻酚含量0.3%以下)或无毒(四氢大麻酚含量0.1%以下)大麻,无毒大麻不属于毒品,可以工业应用。我国历史上曾广泛种植大麻。20世纪80年代开始逐步培育出了无毒大麻,目前世界各国正在逐步推广。

1. 汉麻纤维结构

传统汉麻雌雄异株,雄株开花不结籽,俗称花麻,雌株授粉后可以结籽,俗称籽麻。汉麻茎直立,高度为2~5m,茎有绿色、淡紫色和紫色等。茎下部为圆形,茎上部为四棱形或六棱形,茎上均有凹的沟纹,且呈四方形或六棱形,茎的表面粗糙有短腺毛。一般雄株的节间较长,节数较少;雌株的节间较短,节数较多。雌麻的茎径较粗,分支多,成熟期晚,出麻率低;雄麻的茎径较细,分支少,木质部不发达,出麻率高。目前已培育出雌雄同株品种。

汉麻茎截面由表皮层、初生韧皮层、次生韧皮层、形成层、木质层和髓部组成,表皮层中表皮细胞下为厚角细胞、薄壁细胞和内皮细胞,如图1-1-12所示。汉麻纤维分为初生麻纤维和次生麻纤维。初生麻纤维在麻株为幼株时开始在皮层生长,次生麻纤维在麻株拔节初期开始生长。一般纤维束层的最外一层为初生麻纤维,次生麻纤维位于韧皮内层。初生麻纤维的平均长度为5~55mm,平均长度为20~28mm;次生麻纤维的平均长度为12~18mm,平均宽度为17μm。

汉麻工艺纤维束截面以10~40个单纤维成束分布在韧皮层中,束内纤维与纤维之间,分布着果胶和木质素,汉麻中约含7%的果胶,含量高于苎麻和亚麻。汉麻韧皮约含59%的纤维素,聚集成原纤结构,在原纤的空隙中,充填着木质素和果胶。随着汉麻的生长,它们分层淀积,组成纤维的胞壁。汉麻纤维主要由细胞壁和细胞空腔组成,细胞壁又由细胞膜、初生壁和次生壁组成。初生壁的木质素含量较多,纤维素分子排列无规则,并倾向于垂直纤维轴

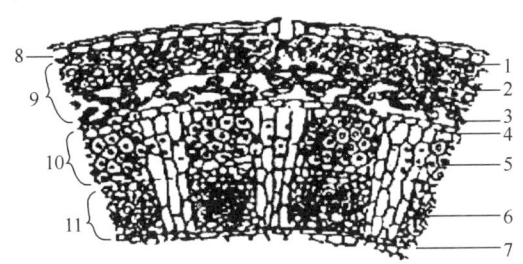

图1-1-12　汉麻茎皮层截面示意图

1—表皮鳞片状角质细胞　2—厚角细胞　3—初生薄壁细胞
4—内薄壁细胞　5—初生麻纤维细胞　6—次生麻纤维细胞
7—形成层　8—表皮膜层　9—表皮组织
10—初生韧皮细胞　11—次生韧皮细胞

向排列。次生壁的木质素含量较少,且其还可以分为三层,纤维素分子以不同方向和角度螺旋排列。汉麻纤维的结晶度约为44%。

汉麻纤维细胞间木质素不易分解,一般成束存在,横截面多为不规则的三角形、四边形、六边形、扁圆形、腰圆形或多角形等。中腔呈椭圆形,中腔较大,占截面积的1/3~1/2。纤维纵向有许多裂纹和微孔,并与中腔相连。

2. 汉麻纤维主要性能

(1)纤维规格。单纤维长度较短,平均长度为16~20mm,最长可达27mm。汉麻单纤维在麻类纤维中是较细的,纤维平均宽度为18μm。汉麻与其他麻纤维的细度与长度比较见表1-1-95。

表 1-1-95　汉麻纤维与苎麻、亚麻纤维规格比较

纤维种类	单纤维中段细度/μm			单纤维长度/mm		
	最粗	最细	平均	最长	最短	平均
苎麻	80	20	29	600	20	60
亚麻	18	12	17	30	10	21
汉麻	30	10	18	27	12	18

（2）断裂比强度与断裂伸长率。汉麻纤维线密度较细，但是纤维断裂强度优于亚麻，低于苎麻。单纤维平均断裂比强度为 4.8~5.4cN/dtex，断裂伸长率为 2.2%~3.2%。汉麻与其他麻类单纤维的力学性能比较见表 1-1-96。

表 1-1-96　汉麻与苎麻、亚麻单纤维力学性能比较

纤维种类	纤维线密度/dtex	断裂比强度/（cN/dtex）	断裂伸长率/%	拉伸比模量/（cN/dtex）
亚麻	3.0~3.6	4.1~5.2	2.3~3.9	150~205
苎麻	3.5~5.5	5.4~7.7	3.5~4.5	150~195
汉麻	2.2~3.8	4.8~5.4	2.2~3.2	160~210

（3）密度。汉麻单纤维胞壁密度为 $1.52g/cm^3$。

（4）吸湿性。汉麻纤维表面有许多纵向条纹，这些条纹深入纤维中腔，可以产生优异的毛细效应，因此汉麻纤维具有很好的吸湿透气性。国家纺织品质量监督检测中心检测，汉麻帆布的吸湿速率达 7.34mg/min，散湿速率可达 12.6mg/min，汉麻纤维的公定回潮率为 12%。当空气湿度为 95% 时，汉麻纤维的回潮率可达 30%。

（5）光泽与颜色。汉麻纤维横截面的形状为不规则的腰圆形或多角形等。光线照射到纤维上，一部分形成多层折射或被吸收，大量形成了漫反射，使汉麻纤维光泽自然柔和。汉麻纤维的颜色因收获期早晚及脱胶状况不同而有差异，多呈黄白色、灰白色，同时还有青白色、黄褐色和灰褐色。

（6）抗菌性。汉麻具有天然抗菌性，在其生长过程中几乎不需要使用农药。汉麻织物对不同微生物（如金黄色葡萄球菌、绿脓杆菌、大肠杆菌、白色念珠菌、肺炎克雷伯菌等）的抗菌率均达 99% 以上。

（7）抗静电性。由于汉麻纤维的吸湿性能很好，质量比电阻小于苎麻，大于亚麻和棉纤维，其纺织品能避免静电积累，即具有较好的抗静电性能。汉麻纤维与其他天然纤维素纤维的比电

阻的测试结果见表1-1-97。

表1-1-97　天然纤维素纤维的比电阻

纤维种类	体积比电阻/$(\Omega \cdot cm^2)$	质量比电阻/$(\Omega \cdot g/cm^2)$
亚麻	1.67×10^8	2.59×10^8
汉麻	3.31×10^8	5.31×10^8
苎麻	4.25×10^8	6.58×10^8
棉	2.46×10^8	3.82×10^8

注　测试条件:试验环境温度为23℃,相对湿度为65%。试验仪器为YG321型纤维比电阻仪。

（8）耐热性。汉麻纤维具有良好的耐热性,纤维素的分解温度为300~400℃,高于苎麻纤维。

（9）抗紫外线性能。汉麻纤维截面多种多样,纤维壁随生长期的不同其原纤排列取向不同,并且分为多个层次,因此汉麻纤维光泽柔和。汉麻韧皮中的化学物质种类繁多,有许多σ-π价键,使其具有吸收紫外线辐射的功能。

3. 汉麻纤维初加工

汉麻单纤维长度短,整齐度差,原麻的果胶、半纤维素、木质素的含量高,因此,纤维脱胶较苎麻等困难,有效成分的利用也不及苎麻、亚麻。汉麻传统的化学脱胶工艺为:原麻扎把→装笼→浸酸→水洗→煮练→水洗→敲麻→漂白→水洗→酸洗→水洗→脱水→开松→装笼→给油→脱油水→烘干→精干麻。新工艺采用物理、生物工程、机械、化学脱胶方法复合显著提高了效率。

4. 汉麻原麻分等技术要求

（1）分等规定。

a. 大麻原麻分为一等、二等、三等,达不到三等者为等外。

b. 大麻原麻以感官特征、麻束断裂比强度和麻束有效长度为评等条件,并以其中最低一项定等。

水沤大麻、干剥大麻、鲜剥大麻分等规定分别见表1-1-98~表1-1-100。

表1-1-98　水沤大麻分等规定

项目	一等	二等	三等
感官特征	麻束呈浅黄色,有光泽,脱胶适度、均匀,手感柔软,纤维通顺整齐,偶见斑疵	麻束呈浅黄色,稍有绿色,光泽稍差,脱胶中等,手感尚柔软,纤维通顺,略有斑疵	麻束呈棕褐色,光泽较差,脱胶较差,手感粗硬或疲软,斑疵较明显
麻束断裂比强度/(cN/dtex)	≥1.10	≥1.00	≥0.90
麻束有效长度/m	1.20~2.00	2.01~2.50	—

· 71 ·

表 1-1-99　干剥大麻分等规定

项目	一等	一等	三等
感官特征	麻片呈浅黄棕色,有光泽,剥制均匀,纤维通顺,偶见斑疵	麻片呈棕色,稍有绿色,光泽稍差,剥制较均匀,略有斑疵	麻片呈棕褐色或青灰色,光泽差,剥制较差,手感粗硬,斑疵较明显
麻束断裂比强度/(cN/dtex)	≥1.10	≥1.00	≥0.90
麻束有效长度/m	1.20~2.00	2.01~2.50	—

表 1-1-100　鲜剥大麻分等规定

项目	一等	二等	三等
感官特征	麻束呈青绿色、暗绿色或黄绿色,剥制均匀,纤维通顺,基本无青皮及非正常夹杂物,偶见斑疵	麻束呈暗绿色或青灰色,剥制均匀,纤维基本通顺,略有青皮及斑疵	麻束呈棕褐色、灰黄色等,均匀度较差,纤维通顺度较差,有青皮及较明显斑疵
麻束断裂比强度/(cN/dtex)	≥1.10	≥1.00	≥0.90
麻束有效长度/m	1.20~2.00	2.01~2.50	—

（2）回潮率。大麻原麻公定回潮率为 12%,实际回潮率应不大于 15%。麻批实测回潮率超过 15%时,应晾干后交售。

（3）含杂率。

a. 大麻原麻公定含杂率为 3%。

b. 水沤大麻含杂率一等应不大于 3%,二等应不大于 4%,三等应不大于 5%。

c. 干剥大麻含杂率各等应不大于 3%。

d. 鲜剥大麻含杂率一等应不大于 3%,二等应不大于 4%,三等应不大于 5%。

e. 大麻原麻含杂率过高时,应先行除杂,符合要求后交售。

第二章　蛋白质纤维

第一节　毛纤维

天然动物毛的种类很多,主要有绵羊毛、山羊绒、马海毛、骆驼绒、兔毛、牦牛毛等。毛纤维是纺织工业的重要原料,它具有许多优良特性,如弹性好、吸湿性好、保暖性好、不易沾污、光泽柔和等。

一、毛纤维的分类

按纤维粗细和组织结构分类,可分为细绒毛、粗绒毛、刚毛、发毛、两型毛、死毛和干毛。

(1)细绒毛。直径为 $8\sim30\mu m$(上限随不同品种有差异,如骆驼细绒毛上限为 $40\mu m$),无髓质层,鳞片多呈环状,油汗多,卷曲多,光泽柔和,异质毛中的底部绒毛,也为细绒毛。

(2)粗绒毛。直径为 $30\sim52.5\mu m$,无髓质层。

(3)刚毛。直径为 $52.5\sim75\mu m$,有髓质层,卷曲少,纤维粗直,抗弯刚度大,光泽强,也可称为粗毛。

(4)发毛。直径大于 $75\mu m$,纤维粗长,无卷曲,在一个毛丛中经常突出于毛丛顶端,形成毛辫。

(5)两型毛。一根纤维上同时兼有绒毛与刚毛的特征,有断断续续的髓质层,纤维粗细差异较大,我国没有完全改良好的羊毛多是含有这种类型的毛纤维。

(6)死毛。除鳞片层外,整根羊毛充满髓质层,纤维脆弱易断,枯白色,没有光泽,不易染色,无纺纱价值。

(7)干毛。接近于死毛,略细,稍有强力。绵羊毛纤维有髓腔,在 500 倍显微镜投影仪下观察,髓腔长达 25mm 以上、宽为纤维直径的 1/3 以上的为腔毛。粗毛和腔毛统称为粗腔毛。

二、毛纤维的分子结构

毛纤维大分子是由许多种 α-氨基酸用肽键连接构成的多缩氨酸链为主链。在组成毛纤维的二十多种 α-氨基酸中,以二氨基酸(精氨酸、松氨酸)、二羟基酸(谷氨酸、天冬氨酸)和含硫氨基酸(胱氨酸)等的含量最高,因此在毛纤维角蛋白大分子主链间能形成盐式键、二硫键和氢键等空间横向联键。毛纤维大分子间,依靠分子引力、盐式键、二硫键和氢键等相结合,呈较稳定的空间螺旋形态。

三、毛纤维的形态结构

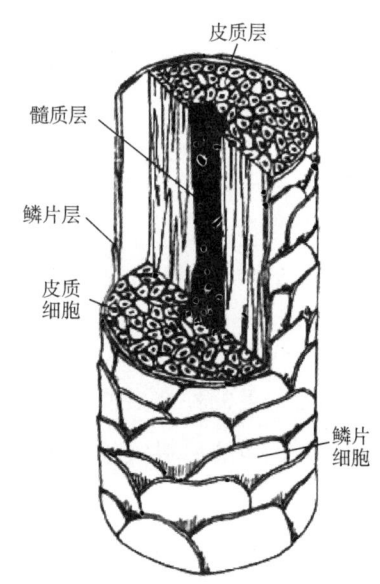

在组织学构造上,各种毛纤维都是由角质细胞(细胞变性,细胞壁中大分子间交联,细胞死亡、失水、硬化称为角质化,动物的角、蹄、指甲等均是)堆砌而成的细长物体,它分为鳞片层、皮质层和髓质层。细毛纤维没有髓质层,仅有鳞片层、皮质层。部分品种的毛纤维髓质层细胞破裂、贯通呈空腔形式(如羊驼羔毛等)。毛纤维的基本形态结构如图1-2-1所示。

图1-2-1　粗羊毛结构及鳞片层构造

(一)鳞片层

鳞片层居于羊毛纤维表面,由方形圆角或椭圆形扁平角质蛋白细胞组成,它覆盖于毛纤维的表面。由于外观形态似鱼鳞,故称为鳞片层。鳞片的上端伸出毛干,且永远指向毛尖,鳞片底部与皮质层紧密相连。鳞片是角质蛋白细胞,每一个细胞的平均高度为 $37.5 \sim 55.5 \mu m$,宽度为 $35.5 \sim 37.6 \mu m$,厚度为 $0.3 \sim 2.0 \mu m$。鳞片细胞由根向梢层层叠置,在每毫米长度内,一般叠置34~40层。

鳞片细胞与所有细胞一样,最外层为磷酯分子和甾醇分子平行排列双分子层薄膜,即细胞表皮薄膜。毛纤维鳞片细胞表皮膜基础成分是磷酯(包括卵磷脂、神经鞘磷酯等以磷酸基团的一端为头端向外,两根14~20碳的碳氢链长尾为另一端向内的分子)的长尾分子和甾醇分子(包括胆甾醇、类甾醇、羊毛甾醇等碳氢化合物)按1:1平行排列的分子层,两层尾对尾衔接。极性基团向外结合氨基酸及蛋白质颗粒。膜层嵌有蛋白质分子团块,成为某些物质的细胞内外通道。膜本身具有很强的憎水性和化学稳定性,但这些蛋白质团块成为液体和离子的通道,如图1-2-2所示。薄膜的厚度约3.0~4.0nm,在氯水或溴水中会被剥离。

在鳞片表皮细胞薄膜下面依次是鳞片外层与鳞片内层。它们是鳞片细胞角质化后的细胞壁,厚度分别为 $0.15 \sim 0.5 \mu m$ 和 $0.2 \sim 1.3 \mu m$。鳞片外层由a、b两个微层组成,a层的胱氨酸含量比b层高,角蛋白分子排列呈不规则状态,为无定形结构。鳞片内层,胱氨酸含量极低,化学稳定性较差,易被酸、碱、氧化剂、还原剂降解和解肽酶酶化。鳞片外层和鳞片内层间,局部有细

图 1-2-2　细胞壁表层膜结构示意图

胞腔,且这些细胞腔内有残余细胞核与细胞原生质干涸后的残余物。

(二)皮质层

皮质层位于鳞片层的里面,由稍扁的截面细长的纺锤状细胞组成,它在毛纤维中沿着纤维的纵轴排列,皮质细胞紧密相连,细胞间由细胞间质黏结。皮质细胞和大部分蛋白质纤维的基本组成物质是蛋白质。它们是由 25 种 α-氨基酸(H_2N—CHR—COOH)缩合的大分子堆砌而成。侧向基团 R 上只有碳、氢元素的属中性 α-氨基酸,R 带有氨基或羟基的,属碱性氨基酸,R 带有羧基的,称酸性氨基酸,此外还有带有硫桥、硫醇和硫氢(巯)基的 α-氨基酸。

皮质细胞是毛纤维的主要组成部分,也是决定毛纤维物理化学性质的基本物质。皮质细胞间及其与鳞片层之间由细胞间质紧密联结。皮质细胞的平均长度为 $80\sim100\mu m$,宽度为 $2\sim5\mu m$,厚度为 $1.2\sim2.6\mu m$。细胞间质也是蛋白质,含有少量胱氨酸,约占羊毛纤维重量的 1%,厚约 150nm,充满细胞的所有缝隙,易被酸、碱、氧化剂、还原剂降解和酶解。

皮质细胞按结构不同,分为正皮质细胞、偏皮质细胞和间皮质细胞。毛纤维的所有皮质细胞的堆砌,经历了纤维结构的各复杂层次,由单分子、基原纤、微原纤、原纤、巨原纤到细胞壁的多个层次。

对于绵羊毛皮质细胞中原纤的结构,60 多年来许多科学家都做过系统研究,特别是最近 30 年借助扫描电子显微镜、透射电子显微镜、原子力显微镜和电子密度分布分析技术等对其各层次原纤进行了详细地测试、分析与计算,建立了绵羊毛皮质细胞结构模型,其中最典型的有两种。

绵羊毛第一种结构模型(1985 年由 Eichner 提出)如图 1-2-3 所示,2 根二聚体平行排列形成基

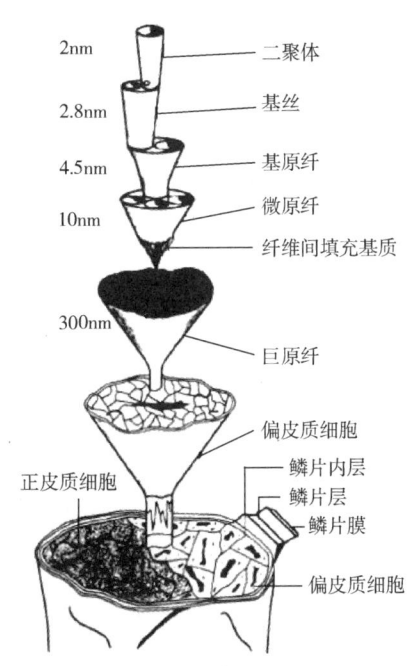

图 1-2-3　毛纤维第一种结构模型

丝,2 根基丝平行排列形成基原纤,4 根基原纤平行排列结合成微原纤,500 根左右微原纤平行排列,其间填充基质形成巨原纤。巨原纤平行排列及基质填充形成偏皮质细胞壁。细胞壁外层有磷酯与甾醇的双分子层膜。细胞之间由细胞间质黏合。细胞中心有角质化后干缩的空腔,其中保留着原生长过程中的细胞原生质、细胞核等。正皮质细胞的结构层次与偏皮质细胞类似,只是巨原纤内基质较少,堆砌紧密;巨原纤之间基质较多。绵羊毛皮质层中原纤占 41.1%,基质占 44.4%,细胞原生质及细胞核残余等占 14.5%。

　　绵羊毛第二种典型结构模型(由澳大利亚联邦科学院的 Robert C. Marshall 绘制)如图 1-2-4 所示。9 根二聚体围成圆圈,中心由二聚体、基质等平行排列形成微原纤,微原纤依靠基质黏附堆砌成巨原纤。巨原纤平行堆砌成细胞壁,外有细胞膜,中有残余细胞原生质、细胞核的中腔。

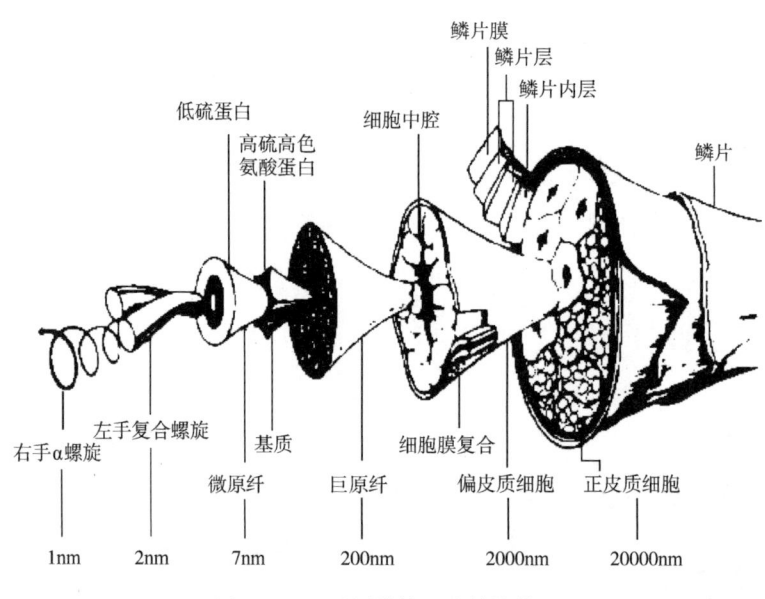

图 1-2-4　毛纤维第二种结构模型

　　正皮质细胞、偏皮质细胞及间皮质细胞堆砌成毛纤维皮质细胞壁。美利奴种绵羊毛的正皮质细胞和偏皮质细胞分别集合呈现双侧分布,如图 1-2-3 与图 1-2-4 所示,偏皮质细胞由水湿到干缩中收缩率显著大于正皮质细胞,双侧分布收缩率不平衡,使毛纤维产生卷曲,而且正皮质细胞在卷曲的外侧。黑面绵羊、安哥拉山羊等的细绒毛正皮质细胞分布于中心部位,偏皮质细胞环形分布在截面的四周(皮芯分布);林肯种绵羊等的细绒毛正皮质细胞环形分布于截面四周,偏皮质细胞分布于中心部位。因此,以上这些品种动物毛很少卷曲。但也有一些动物毛纤维的正皮质细胞呈星点分布于纤维截面中。

（三）髓质层

毛纤维髓质细胞的共同特点是薄壁细胞，椭球形或圆角立方形，中腔大。髓质细胞壁中 α-氨基酸成分与皮质细胞、鳞片细胞有重大差异，其含有较多的羊毛硫氨酸、鸟氨酸、瓜氨酸等，因此有髓毛和无髓毛的组成就有较明显的差异。髓质细胞外有细胞膜、细胞壁，同时它们也是由巨原纤维砌而成，但壁内面有较多巨原纤须丛，形成似"毛绒"的表面。又由于细胞壁空腔较大，所以细胞原生质、细胞核残余等，均黏附在其内表面上。

髓质细胞一般分布在毛纤维的中央部位，绵羊、山羊、骆驼、牦牛、狐、貂、貉、藏羚羊等的细绒毛，一般没有髓质细胞。它们的粗绒毛中，髓质细胞呈断续分布。它们的刚毛中髓质细胞呈连续分布。它们的死毛中几乎没有皮质细胞，只有鳞片层和髓质层，且髓质细胞连续，但髓质细胞的细胞壁极薄，一般加工中，其细胞壁均破裂，形成中心连续孔洞。

四、毛纤维的品质特征

（一）物理特征

1. 长度

由于天然卷曲的存在，毛纤维长度可分为自然长度和伸直长度。一般用毛丛的自然长度表示毛丛长度，用伸直长度来评价羊毛品质。自然长度是指不伸直纤维，且保留天然卷曲的纤维两端的直线距离。自然长度指标主要用于养羊业鉴定绵羊育种的品质。把羊毛纤维的天然卷曲拉直，用尺测出其基部到尖部的直线距离，称为伸直长度。伸直长度指标主要用于考核计数平均长度、计重平均长度及其变异系数和短纤维率。细绵羊毛的毛丛长度一般为 6~12cm，半细绵羊毛的毛丛长度为 7~18cm。长毛种绵羊毛丛长度为 15~30cm。

2. 细度

毛纤维截面近似圆形，一般用直径大小来表示它的粗细，称为细度，单位为微米（μm）。细度是确定毛纤维品质和使用价值的重要指标。绵羊毛的细度，随着绵羊的品种、年龄、性别、毛的生长部位和饲养条件的不同，有相当大的差别。在同一只绵羊身上，毛纤维的细度也不同，如绵羊的肩部、体侧、颈部、背部的毛较细，前颈、前腿、臀部和腹部的毛较粗，喉部、腿下部、尾部的毛最粗。最细的细绒毛直径约 7μm，最粗的刚毛直径可以达 240μm。绵羊毛平均直径越粗，它的细度变化范围也越大。正常的细绒毛横截面近似圆形，截面长宽比在 1~1.2，不含髓质层。刚毛含有髓质层，随着髓质层增多，横截面呈椭圆形，截面长宽比在 1.1~2.5。死毛横截面是扁圆形截面，长宽比可达 3 以上。绵羊毛的细度指标有平均直径、线密度、公制支数和品质支数。

绵羊毛平均直径为 11~70μm，直径变异系数一般为 20%~30%，相应的线密度为

1.25~42dtex。绵羊毛的品质支数简称"支数",在 1875 年在英国勃来德福(Bradford)召开的国际纺织大会上,决定把各种绵羊毛纤维可能纺制成精梳毛纱的最细支数(可纺支数)命名为绵羊毛纤维细度。130 多年来,纺织工业有了长足的进步,可以用较粗的纤维纺制更细的纱线;另外,人类对毛纱线的各种要求(包括强度、条干等)显著提高。当前绵羊毛纤维细度的"品质支数"与"可纺支数"差距极大。近 60 年来各国分别对不同毛纤维制订过不同的品质支数对应表。我国规定的一般细、粗绵羊毛品质支数与平均直径的对应关系,2003 年国际毛纺织组织(IWTO)公布了超细至极细绵羊毛的国际标准,规定了绵羊毛细度品质支数的标准,见表 1-2-1。

表 1-2-1　绵羊毛品质支数与平均直径的关系

我国规定		国际标准		
品质支数 S/支	平均直径/μm	纯纺产品品质支数代号 S/支	混纺产品品质支数代号 S/支	平均直径/μm
32	55.1~67.0	Supper80	80	19.25~19.75
36	43.1~55.0	Supper90	90	18.75~19.24
40	40.1~43.0	Supper100	100	18.25~18.74
44	37.1~40.0	Supper110	110	17.75~18.24
46	34.1~37.0	Suppcr120	120	17.25~17.74
48	31.1~34.0	Supper130	130	16.75~17.24
50	29.1~31.0	Supper140	140	16.25~16.74
56	27.1~29.0	Supper150	150	15.75~16.24
58	25.1~27.0	Supper160	160	15.75~15.74
60	23.1~25.0	Supper170	170	14.75~15.24
64	21.6~23.0	Supper180	180	14.25~14.74
66	20.1~21.5	Supper190	190	13.75~14.24
70	19.75~20.0	Supper200	200	13.25~13.74
		Supper210	210	12.75~13.24
		(Supper220)	(220)	12.25~12.74
		(Supper230)	(230)	11.75~12.24

3. 密度

细绵羊毛(无髓毛)的密度约等于 1.32g/cm³,在天然纺织纤维中是最小的。有髓毛因细胞空腔大而导致密度小,一般刚毛约为 $1.10g/cm^3$,死毛则更低。

4. 卷曲

毛纤维沿长度方向因正皮质、偏皮质细胞分布不同,干缩中形成自然的周期性卷曲。一般以每厘米的卷曲数来表示毛纤维卷曲的程度,称为卷曲度或卷曲数。卷曲度与动物品种、纤维细度有关,同时也因毛丛在动物身上的部位不同而有差异。因此卷曲度的多少,对判断毛纤维细度、同质性和均匀性有较大的参考价值。按卷曲波的深浅,毛纤维卷曲形状可分为弱卷曲、常卷曲和强卷曲三类。常卷曲(常波)为近似半圆的弧形相对连接,略呈正弦曲线形状,细绵羊毛的卷曲大部分属于这种类型;卷曲波幅高深的为强卷曲,细毛中的腹毛多属这种类型;卷曲波幅较为浅平的,称为弱卷曲,半细毛卷曲多属这种类型。

毛纤维的卷曲波有多种形态,如美利奴种绵羊毛纤维以圆柱曲面上的常波卷曲为主,其为分梳加工、成纱蓬松弹性创造了良好的前提;有的品种的毛纤维以不规则曲面上的常波或深波卷曲为主,成纱蓬松、弹性良好,但分梳加工较困难;山羊绒等品种毛纤维呈螺旋状卷曲(连续数个正螺旋,再连续数个反螺旋),分梳加工困难。

5. 摩擦性能和缩绒性

羊毛表面有鳞片,鳞片的根部附着于毛干,尖端伸出毛干的表面而指向毛尖。由于鳞片的指向这一特点,羊毛沿长度方向的摩擦,因为滑动方向不同,则摩擦系数不同。滑动方向从毛尖到毛根,为逆鳞片摩擦,摩擦系数大;滑动方向从毛根到毛尖,为顺鳞片摩擦,摩擦系数小,这种现象称为定向摩擦效应。这一差异是毛纤维缩绒的基础。顺鳞片和逆鳞片的摩擦系数差异越大,羊毛缩绒性越好。毛纤维在湿热及化学试剂作用下,经机械外力反复挤压,纤维集合体逐渐收缩紧密,并相互穿插纠缠,交编毡化,这一性能称为羊毛的缩绒性。

毛纤维防缩绒处理有氧化法和树脂法两种。氧化法又称降解法,它是使羊毛鳞片损伤,以降低定向摩擦效应,减少纤维单向运动和纠缠能力。通常使用的化学试剂有次氯酸钠、氯气、氯胺、氢氧化钾、高锰酸钾等,其中以含氯氧化剂用得最多,故此方法又称氯化。树脂法也称添加法,是在羊毛上涂以树脂薄膜或混纺入黏胶纤维,以减少或消除羊毛纤维之间的摩擦效应,或使纤维的相互交叉处黏结,限制纤维的相互移动,失去缩绒性,通常使用的树脂有脲醛、密胺甲醛、硅酮、聚丙烯酸酯等。

(二)化学性质

1. 酸的作用

主要使角蛋白分子的盐式键断开,并与游离氨基相结合。此外,可使稳定性较弱的缩氨酸链水解和断裂,导致羧基和氨基的增加。这些变化的大小,依酸的类型、浓度高低、温度高低和处理时间长短而不同。如 80%硫酸溶液,短时间在常温下处理,毛纤维的强度损伤不大。

2. 碱的作用

碱对毛纤维的作用比酸剧烈。碱的作用使盐式键断开,多缩氨酸链分解切断,胱氨酸二硫键水解切断。随着碱的浓度增加,温度升高,处理时间延长,毛纤维会受到严重损伤。碱使毛纤维变黄,含硫量降低以及部分溶解。毛纤维在 pH>10 的碱溶液中,不能超过 50℃。在温度 100℃时,即使 pH 在 8~9,毛纤维也会受到损伤。在 5%的氢氧化钠溶液中煮沸 10min,毛纤维全部溶解,根据这一反应,可以测定毛纤维与其他耐碱纤维混纺织品的混纺比例。

3. 氧化剂的作用

氧化剂主要用于毛纤维的漂白,作用结果也导致胱氨酸分解,毛纤维性质发生变化。常用的氧化剂有过氧化氢、高锰酸钾、高铬酸钠等。卤素对毛纤维也发生氧化作用,它使羊毛缩绒性降低,并增加染色速率。氧化法和氯化法是当前工业上广泛使用的毛纺织品防缩处理法,通过氧化使毛纤维表面鳞片变性而达到防缩和丝光的目的。光对毛纤维的氧化作用极为重要,光照会使鳞片受损,易于膨化和溶解,同时光照可使胱氨酸键水解,生成亚磺酸并氧化为 $R—SO_2H$ 和 $R—SO_3H$(磺酸丙氨酸)类型的化合物,日光照射时间和位置的变化引起了毛纤维漂白和发黄的结果。

4. 还原剂的作用

还原剂对胱氨酸的破坏较大,特别是在碱性介质中尤为激烈。如毛纤维与硫化钠作用,由于水解生成碱,毛纤维发生强烈膨胀。碱的作用是使盐式键断裂,胱氨酸还原为半胱氨酸。亚硫酸氢钠和亚硫酸钠可作为毛纤维的防缩剂和化学定形剂。

5. 盐类的作用

毛纤维在金属盐类如氯化钠(食盐)、硫酸钠(含 10 分子结晶水者即芒硝)、氯化钾等溶液中煮沸,对毛纤维无影响,因为毛纤维不易吸收这类溶液。因此在染色时常采用硫酸钠(元明粉)作为缓染剂。而重金属盐类对毛纤维也有影响。

五、改性羊毛

(一)拉伸细化绵羊毛

随着毛织物向单经单纬轻薄型产品方向发展,对 $20\mu m$ 以下的超细绵羊毛需求量增大。澳大利亚联邦科学院(CSIRO)首先采用物理拉伸改性的方法获得的细绵羊毛称为拉伸细化绵羊毛,由于其直径变细,长度增长,从而提高了可纺纱支数,同时还可生产高档轻薄型毛纺面料,且具有布面光洁、手感柔软、悬垂性好、无刺痒感、滑爽挺括、穿着舒适等特点。由于羊毛在物理拉伸过程中，外层鳞片受到部分破坏，鳞片覆盖密度低，加之拉伸过程中，皮质层的分子间发生拆键和重排，在染色过程中造成染料上染快，易产生色花的现象。

羊毛拉细技术是近几年纺织原料生产中取得的重要成就之一，它是高新科技的产物，有普通羊毛无法比拟的高附加值。澳大利亚与日本在羊毛拉细技术上获得了突破性的进展，澳大利亚 CSIRO 和羊毛标志公司为支持其 Optim 拉细羊毛技术的发展，进行了大量的投资，研制了新型的生产设备进行 Optim 拉细羊毛的加工，可把直径为 $19\mu m$ 的羊毛纤维拉长 $20\% \sim 30\%$，使其纤维直径比正常纤维细 $2 \sim 3\mu m$。现该纤维已进入技术推广阶段，中国已生产供应。

(二)超卷曲羊毛

超卷曲羊毛又称膨化羊毛，绵羊毛膨化改性技术起源于新西兰羊毛研究组织(WRONZ)的研究成果。大量的杂种粗羊毛原料丰寓，但毛干卷曲度很少，甚至不卷曲，羊毛条经拉伸、加热(暂时定形)松弛后收缩，使其纤维外观卷曲，可纺性提高，线密度降低，成纱性能更好。膨化羊毛与常规羊毛混纺可开发膨化或超膨毛纱及其针织品。膨化羊毛编织成衣在同等规格的情况下可节省羊毛约 20%，并提高服装的保暖性，手感更蓬松柔软，服用舒适，为毛纺产品轻量化及开发休闲服装、运动服装创造条件。

(三)丝光羊毛和防缩羊毛

丝光羊毛和防缩羊毛同属一个家族，两者都是通过化学处理将羊毛的鳞片进行不同程度的剥除，两种羊毛生产的毛纺产品均有防缩绒、可机洗效果，丝光羊毛的产品有丝般光泽，手感更滑糯，被誉为仿羊绒的羊毛。

丝光、防缩羊毛的改性方法有以下两种。

1. 剥鳞片减量法

绵羊细毛(绒)剥鳞片减量法即脱鳞片加工，其基本原理是将绵羊细毛(绒)表面的鳞片采用腐蚀法全部或部分剥除，以获得更好的性能和手感。

2. 增量法(树脂加法处理)

树脂加法处理是利用树脂在纤维表面交联覆盖一层连续薄膜，掩盖了毛纤维鳞片结构，降低了定向摩擦效应，减少纤维的位移能力，以防缩绒。

经过丝光柔软处理后的羊毛，细度可减少 $1.5 \sim 2.0\mu m$。这种改善不受水洗、干洗和染色的影响，是永久性的。通过增量法可以使毛纤维的鲜艳度和舒适性得到改善，同时还使其具有可机洗、可与特种纤维混用的性能，这就为新颖设计提供了可能性。

六、羊毛品质技术要求

(一)绵羊毛品质技术要求

(1)同质羊毛按型号、规格分类(表1-2-2)。

表 1-2-2　同质羊毛按型号、规格分类

型号	规格	平均直径范围/μm	长度			粗腔毛或干死毛根数百分数/% ≤	疵点毛质量分数/% ≤	植物性杂质含量/% ≤
			毛丛平均长度/mm ≥	最短毛丛长度/mm ≥	最短毛丛个数百分数/% ≤			
YM/14.5	A	≤15.0	70					1.0
	B		65					
	C		50					
YM/15.5	A	15.1~16.0	70					1.0
	B		65					1.5
	C		50					
YM/16.5	A	16.1~17.0	72					1.0
	B		65					1.5
	C		50					
YM/17.5	A	17.1~18.0	74	40	2.5	粗腔毛 0	0.5	1.0
	B		68					1.5
	C		50					
YM/18.5	A	18.1~19.0	76					1.0
	B		68					1.5
	C		50					
YM/19.5	A	19.1~20.0	78					1.0
	B		70					1.5
	C		50					
YM/20.5	A	20.1~21.0	80					1.0
	B		72					1.5
	C		55					

续表

型号	规格	平均直径范围/μm	长度			粗腔毛或干死毛根数百分数/% ≤	疵点毛质量分数/% ≤	植物性杂质含量/% ≤
			毛丛平均长度/mm ≥	最短毛丛长度/mm ≥	最短毛丛个数百分数/% ≤			
YM/21.5	A	21.1~22.0	82					1.0
	B		74					1.5
	C		55					
YM/22.5	A	22.1~23.0	84					1.0
	B		76					1.5
	C		55	50	3.0	粗腔毛 0		
YM/23.5	A	23.1~24.0	86					1.0
	B		78					1.5
	C		60					
YM/24.5	A	24.1~25.0	88					1.0
	B		80					1.5
	C		60					
YM/26.0	A	25.1~27.0	90				2.0	1.0
	B		82					1.5
	C		70	60				
YM/28.0	A	27.1~29.0	92					1.0
	B		84					1.5
	C		70					
YM/31.0	A	29.1~33.0	110		4.5	干死毛 0.3		1.0
	B		90					1.5
YM/35.0	A	33.1~37.0	110					1.0
	B		90	70				1.0
YM/41.5	A	37.1~46.0	110					1.5
	B		90					
YM/50.5	A	46.1~55.0	110					1.0
	B		90					1.5
YM/55.1	A	≥55.1	60	—	—	干死毛 1.5		—
	B		40	—	—	干死毛 5.0		—

（2）异质羊毛技术要求。

①改良羊毛技术要求见表1-2-3。

表1-2-3　改良羊毛技术要求

等别	毛丛平均长度/mm	粗腔毛或干死毛根数百分数/%
改良一等	≥60	≤1.5
改良二等	≥40	≤5.0

②土种羊毛按相关标准执行。

（3）主观评定羊毛的型号、规格时，可跨上、下各一档，如有争议则以客观检验结果为准。

（4）毛丛强度介于25～20N/ktex的为弱节毛，低于20N/ktex的为严重弱节毛。

（5）净毛率按照实际检测结果标注。

（6）边肷毛质量分数≤1.5%。

（7）花毛应单独包装，并加以说明。

（8）散毛及边肷毛应单独包装，并加以说明。

（9）头、腿、尾毛，草刺毛及其他有使用价值的疵点毛，分别单独包装，并加以说明。

（10）印记毛、重度污染毛应捡出，单独包装，并加以说明。

（二）山羊绒品质技术要求

（1）山羊原绒型号等级技术要求（表1-2-4）。

表1-2-4　山羊原绒型号等级技术要求

型号	平均直径 d/μm	等级	手扯长度 l/mm	品质特征
超细型	$d \leqslant 14.5$	特等	$l \geqslant 38$	自然颜色，光泽明亮而柔和，手感光滑细腻。纤维强力和弹性好，含有微量易于脱落的碎皮屑
		一等	$34 \leqslant l < 38$	
		二等	$l < 34$	
特细型	$14.5 < d \leqslant 15.5$	特等	$l \geqslant 40$	自然颜色，光泽明亮而柔和，手感光滑细腻。纤维强力和弹性好，含有微量易于脱落的碎皮屑
		一等	$37 \leqslant l < 40$	
		二等	$l < 37$	
细型	$15.5 < d \leqslant 16.0$	一等	$l \geqslant 43$	自然颜色，光泽明亮，手感柔软。纤维强力和弹性好，含有少量易于脱落的碎皮屑
		二等	$40 \leqslant l < 43$	
		三等	$37 \leqslant l < 40$	
		四等	$l < 37$	

型号	平均直径 $d/\mu m$	等级	手扯长度 l/mm	品质特征
粗型	$16.0<d\leq18.5$	一等	$l\geq44$	自然颜色,光泽好,手感尚好。纤维有弹性,强力较好,含有少量易于脱落的碎皮屑
		二等	$l<44$	

(2)表1-2-4中的平均直径、手扯长度两项为考核指标,品质特征为参考指标。

(3)疵点绒中的生皮绒、熟皮绒、干退绒、灰退绒应分拣且单独包装,疥癣绒、虫蛀绒、霉变绒等应拣除,不得混入。

(4)山羊原绒回潮率不得大于13%。

(5)分梳山羊绒特性指标分档技术要求见表1-2-5。

表1-2-5 分梳山羊绒特性指标分档对照表

指标		档别		
		A	B	C
直径变异系数 $CV/\%$		$CV\leq21$	$21<CV\leq23$	$CV>23$
15mm 及以下短绒率 $R/\%$	平均长度>40mm	$R\leq6$	$6<R\leq8$	$R>8$
	平均长度 30~40mm	$R\leq10$	$10<R\leq14$	$R>14$
	平均长度<30mm	$R\leq15$	$15<R\leq19$	$R>19$
长度变异系数 $CV/\%$		$CV\leq50$	$50<CV\leq54$	$CV>54$
含杂率 $Z/\%$		$Z\leq0.2$	$0.2<Z\leq0.3$	$Z>0.3$
异色纤维含量 $P/($根$/5g)$		$P\leq15$	$15<P\leq30$	$P>30$
平均断裂强度 $F/($ cN/tex$)$		$F\geq3.5$	$3.2\leq F<3.5$	$F<3.2$

第二节 蚕丝

蚕丝纤维是蚕吐丝而得到的天然蛋白质纤维。蚕分家蚕和野蚕两大类。家蚕即桑蚕,结的茧是生丝的原料;野蚕有柞蚕、蓖麻蚕、樗蚕、天蚕、柳蚕、栗蚕等,其中柞蚕结的茧可以缫丝,其他野蚕结的茧不易缫丝,仅能作绢纺原料。

我国是桑蚕丝的发源地,已有6000多年历史。柞蚕丝也起源于我国,根据历史记载,已有3000多年的历史。远在汉、唐时期,我国的丝绸就畅销于中亚和欧洲各国,在世界上享有盛名。

一、桑蚕丝

桑蚕丝是高级的纺织原料,有较好的强伸度,纤维细而柔软,平滑,富有弹性,光泽好,吸湿性好。采用不同组织结构,丝织物可以轻薄似纱,也可厚实丰满。丝织物除供衣着外,还可作日用及装饰品,在工业、医疗及国防上也有重要用途。柞蚕丝具有坚牢、耐晒、富有弹性、滑挺等优点,柞丝绸在我国丝绸产品中占有相当的地位。

(一)桑蚕丝的分子结构

蚕丝纤维主要是由丝素和丝胶两种蛋白质组成,此外,还有一些非蛋白质成分,如脂蜡物质、碳水化合物、色素和矿物质(灰分)等。

蚕丝的大分子是由多种 α-氨基酸剩基以酰胺键联结构成的长链大分子,又称肽链。在桑蚕丝素中,甘氨酸、丙氨酸、丝氨酸和酪氨酸的含量占90%以上(在桑蚕丝胶中约占45%,柞蚕丝素中约占70%),其中甘氨酸和丙氨酸含量约占70%,且它们所含侧基小,因而桑蚕丝素大分子的规整性好,呈 β-曲折链形状,有较高的结晶性。

柞蚕丝与桑蚕丝略有差异,桑蚕丝丝素中甘氨酸含量多于丙氨酸,而柞蚕丝丝素中丙氨酸含量多于甘氨酸。此外,柞蚕丝含有较多支链的二氨基酸,如天冬氨酸、精氨酸等,使其分子结构规整性较差,结晶性也较差。

(二)桑蚕丝的形成和形态结构

1. 桑蚕丝的形成

桑蚕丝是由桑蚕体内绢丝腺分泌出的丝液凝固而成。绢丝腺是透明的管状器管,左右各一条,分别位于食管下面蚕体两侧,呈细而弯曲状,在蚕的头部内两管合并为一根吐丝管。绢丝腺分为吐丝口、前部丝腺、中部丝腺和后部丝腺,绢丝腺前、中、后各部分的长度比例为1:2:6。后部丝腺分泌丝素。中部丝腺分泌丝胶,丝胶包覆在丝素周围,起保护丝素的作用。丝素通过中部丝腺和丝胶一起并入前部丝腺。左右两条绢丝腺在头部合并,由吐丝口将丝液吐出体外并凝固成丝。

2. 茧层的构成

蚕到老熟后停止食桑叶,开始上蔟吐丝结茧。茧的表面包围着不规则的茧丝,丝细而脆弱,称为茧衣。茧衣里面是茧层,茧层结构较紧密,茧丝排列重叠规则,粗细均匀,形成10多层重叠密接的薄丝层,是组成茧层的主要部分,占全部丝量的70%~80%。薄丝层由丝胶胶着,其间存在有许多微小的空隙,使茧层具有一定的通气性与透水性。最里层茧丝纤度最细,结构松散,即为蛹衬。茧层可缫丝,形成的连续长丝,即为"生丝"。茧衣、蛹衬因丝细而脆弱不能缫丝,只能作绢纺原料。

茧层主要成分是丝素和丝胶，一般丝素占 72%~81%，丝胶占 19%~28%。由于茧层内外部位不同，丝素与丝胶的比例也不同，外层丝胶比例较大，特别是茧衣的丝胶含量更高，而中层丝胶含量较少。其他物质有蜡类物质、糖类物质、色素及矿物质等，约占 3%。

3. 桑蚕丝的形态结构

桑蚕丝是由两根单丝平行黏合而成，各自中心是丝素，外围为丝胶。

桑蚕丝的横截面形状呈半椭圆形或略呈三角形，如图 1-2-5 所示。三角形的高度，从茧的外层到内层逐渐降低，因此，自茧层外层、中层至内层，桑蚕丝横截面从圆钝逐渐扁平。丝素大分子平行排列，集束成微原纤。微原纤间存在结晶不规整的部分和无定形部分，集束堆砌成原纤。平行的原纤束堆砌成丝素纤维。

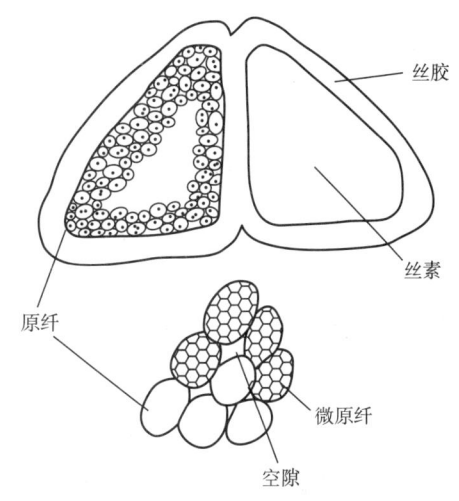

包覆在丝素外面的丝胶，按对热水溶解性的难易，依次分为丝胶Ⅰ、丝胶Ⅱ、丝胶Ⅲ和丝胶Ⅳ。丝胶的四个组成部分形成层状的结构，如图 1-2-6 所示。丝胶Ⅲ与丝胶Ⅳ不仅结晶度高，而且微晶取向度也高，取向方向可能与纤维

图 1-2-5　蚕丝横截面示意图

轴平行。丝胶Ⅳ的突出特征是在热水或碱液中最难溶解。在精练时，残留一些丝胶Ⅳ，对丝织物的弹性和手感是有益的。

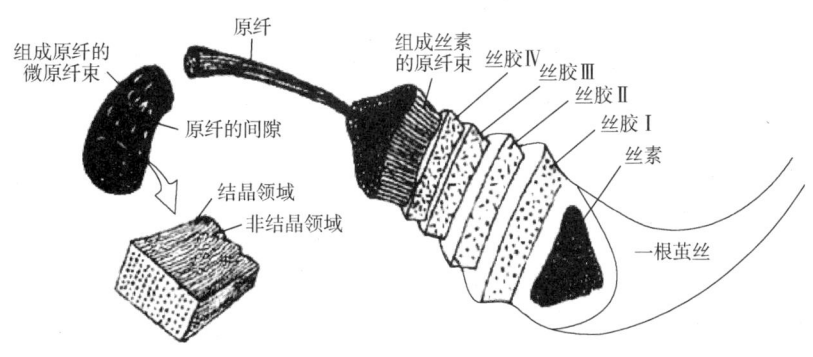

图 1-2-6　丝胶组成结构示意图

桑蚕丝的粗细，用纤度（旦尼尔）或线密度（dtex）表示。纤度因蚕的品种、饲养条件不同而

有差异。同一粒茧上的茧丝纤度也有差异,一般外层较粗,中层最粗,内层最细。内层纤度比外层细 40%~60%。纤度分布的规律呈抛物线。

在光学显微镜下观察蚕丝,可以发现生丝上有很多纤维不规则缠结的疵点——颣节,如环颣、小糠颣、茸状颣、毛羽颣等,这是由于蚕吐丝结茧时温度变化、簇架振动,吐丝不规则等造成的。这些颣节的存在,不仅影响生丝的净度,同时在缫丝过程中容易切断,降低生丝的均匀度。

(三)桑蚕生丝的外观结构

茧丝一般很细,强度较低,而且单根各段粗细差异过大,不能直接作为丝织物的原料。必须把几根茧丝错位并合,胶着在一起,制成一条粗细比较均匀的生丝,才有实用价值。缫丝就是把煮熟蚕茧的绪丝理出后,根据目的纤度的要求,在一定的工艺条件下缫制成生丝。生丝是由数根茧丝依靠丝胶黏合构成的复合体。黏合的均匀程度,影响生丝结构的均匀性。

生丝的外观结构,包括横截面结构与纵向结构。生丝的横截面结构是不均一的,没有特定形状,有近似三角形、四角形、多角形、椭圆形等。据测定,大部分生丝的横截面呈椭圆形,占 65%~73%,呈不规则圆形的占 18%~26%,呈扁平形的约占 9%。生丝截面的形状与缫丝速度、丝鞘长度有关。对于一般桑蚕品种在缫制 23.3dtex(21 旦)生丝时,以 7~8 粒茧较好,缫制 15.6dtex(14 旦)生丝时,以 5~7 粒为宜。各粒茧起始引入(添绪)时尽量按长度错开位置,使之并合后线密度比较均匀。

茧丝沿着生丝长度方向的排列情况,比短纤维纺成纱的形态要简单很多。因为缫成一根生丝的茧粒少、茧丝长,加上丝胶的作用,茧丝一经黏合,位置即被固定。茧丝在生丝中的位置变化是比较显著的,一根茧丝在生丝截面的分布,时而在截面外部,时而在截面内部,以不规则的圆锥螺旋线排列,而且有轻微的曲折状。茧丝之间相互扭转,彼此靠紧又重新分散。这是由于缫丝过程中新茧替换,蚕茧位置变化和蚕茧翻动张力变化所造成。

在显微镜下观察生丝,丝素呈透明状,丝胶呈暗黑色。由于茧丝在生丝中位置的变化,因此观察到明暗线条的数目与位置都不断变化。丝条纵向有各种疵点,如糠颣、环结、丝胶块、裂纹等,这些都影响丝绸的外观。

(四)长度、细度和均匀度

桑蚕和柞蚕的茧丝长度和直径的变化范围(内含两根丝素纤维)见表 1-2-6。虽然柞蚕茧的茧层量和茧形均大于桑蚕,但因其茧丝直径比桑蚕大,故柞蚕茧丝长度还是比桑蚕短。茧丝直径的大小主要和蚕吐丝口的大小及吐丝时的牵伸倍数有关,一般速度越大茧丝越细。

把一定长度的生丝绕取在黑板上,通过光的反射,黑板上呈现各种深浅不同、宽度不同的条斑,根据这些条斑的变化,可以分析生丝细度的均匀程度,或者用条干均匀度仪测试。

表 1-2-6 桑蚕丝与柞蚕丝的长度与直径

纤维种类	长度/m	平均直径/μm
桑蚕茧丝	1200~1500	13~18
柞蚕茧丝	500~600	21~30

生丝细度和均匀度是生丝品质的重要指标。丝织物品种繁多,如绸、缎、纱、绉等,其中轻薄的丝织物,不仅要求生丝细度小,而且对细度均匀度有很高的要求。细度不匀的生丝,将使丝织物表面出现色档、条档等疵点,严重影响织物外观,造成织物其他性质如强伸度的不匀。

影响生丝细度不匀的因素,是生丝截面内茧丝的根数和茧丝纤度的差异。此外,缫丝张力、缫丝速度等因素的变化,使生丝结构时而松散,时向紧密,也造成生丝细度不均匀。因此,提高蚕茧的解舒丝长,减少断头,认真进行选茧、配茧工作,特别是适位添绪工作,可减少茧丝纤度的差异,是改善生丝细度均匀度的重要途径。

(五)力学性质

影响茧丝的力学性质的因素,有蚕品种、产地、饲养条件、茧的舒解和茧丝纤度等。茧层部位的变化,对茧丝的性质影响更大。

一般桑蚕单根茧丝的强力为 7.8~13.7cN,常用生丝的强力为 59~78cN,相应的断裂伸长率分别为 10%~22% 和 18%~21%,如折算为应力的单位,它们的强度为 2.6~3.5cN/dtex,在纺织纤维中属于上乘。吸湿后,蚕丝的断裂比强度和断裂伸长率发生变化。桑蚕丝湿强为干强的 80%~90%,湿伸长增加约 45%。柞蚕丝湿强增加,约为干强的 110%,湿伸长约增 145%,这种差别因柞蚕丝所含氨基酸的化学组成及聚集态结构与桑蚕丝不同所致。

由茧丝构成的生丝,其强度与断裂伸长率除取决于茧丝的强伸度外,还与并合茧粒数、生丝的纤度、缫丝速度及张力等因素有关。表 1-2-7 为不同细度生丝的强伸度。

表 1-2-7 不同细度桑蚕生丝的断裂比强度和断裂伸长率

项目	指标				
生丝平均线密度/dtex	16.7	23.3	25.6	33.3	51.1
生丝平均纤度/旦	15	21	23	30	46
干断裂比强度/(cN/dtex)	3.4	3.4	3.4	3.4	3.6
干断裂伸长率/%	17.6	18.6	18.7	18.9	19.5

(六)其他性质

1. 密度

桑蚕丝的密度较小,因此其织成的丝绸轻薄。生丝的密度为 $1.30 \sim 1.37 g/cm^3$,精练丝的密度为 $1.25 \sim 1.30 g/cm^3$,这说明丝胶密度较丝素大。在分析一粒茧内、中、外三层茧丝密度情况时,同样说明,外层茧丝因丝胶含量多,故密度较内层大。据测定资料介绍,外层茧丝的密度为 $1.442 g/cm^3$,中层为 $1.400 g/cm^3$,内层 $1.320 g/cm^3$。

2. 抱合

生丝依靠丝胶把各根茧丝黏着在一起,产生一定的抱合力,使丝条在加工过程中能承受各种摩擦,而不会分裂。抱合不良的丝纤维受到机械摩擦和静电作用时,易引起纤维分裂、起毛、断头等,给生产带来困难。分裂出来的细小纤维使织物呈现"经毛"或"纬毛"疵点,影响织物外观。丝织生产,要求抱合试验中使丝条分裂的机械摩擦次数不低于 60 次。

3. 回潮率

桑蚕丝和柞蚕丝都有很好的吸湿性。在温度为 20℃、相对湿度为 65% 的标准条件下,桑蚕丝的回潮率达 11% 左右,在纺织纤维中属于比较高的。如果含丝胶的数量多,因丝胶比丝素更易吸湿,纤维的回潮率还会增加。柞蚕丝因本身内部结构特点的缘故,吸湿性要高于桑蚕丝。

4. 光学性质

丝的色泽包括颜色与光泽,丝的颜色因原料茧种类不同而不同,以白色、黄色茧最为常见。我国饲养的杂交种均为白色,有时有少量带深浅不同的淡红色。呈现这些颜色的色素大多包含在丝胶内,精练脱胶后成纯白色。丝的颜色反映了本身的内在质量。如丝色洁白,则丝身柔软、表面清洁,含胶量少,强度与耐磨性稍低,春茧丝多属于这种类型;如丝色稍黄,则光泽柔和,含胶量较多,丝的强度与耐磨性较好,秋茧丝多属于这种类型。近年培育出天然彩色桑蚕丝,有绿、黄、红等色。

丝的光泽是丝反射的光所引起的感官感觉。茧丝具有多层丝胶、丝素蛋白的层状结构,光线入射后,进行多层反射,反射光互相干涉,因而产生柔和的光泽。生丝的光泽与生丝的表面形态、生丝中的含茧丝数量有关。一般地说,生丝截面越近圆形,光泽越柔和均匀,表面越光滑,反射光越强,精练后的生丝光泽更为优美。

桑蚕丝的耐光性较差,在日光照射下容易泛黄。在阳光暴晒之下,因日光中 $290 \sim 315 nm$ 近紫外线,易使桑蚕丝中酪氨酸、色氨酸的残基氧化裂解,致使其强度显著下降。日照 200h,桑蚕丝纤维的强度损失 50% 左右。柞蚕丝耐光性比桑蚕丝好,在同样的日照条件下,柞蚕丝强度损失较小。近年用转基因方法培育出绿色荧光桑蚕丝。

5. 化学性质

桑蚕丝纤维的分子结构中,既有酸性基团(—COOH),又有碱性基团(—NH,—OH),呈两性性质。其中酸性氨基酸含量大于碱性氨基酸含量,因此桑蚕丝纤维的酸性大于碱性,是一种弱酸性物质。

酸和碱都会促使桑蚕丝纤维分解,水解的程度与溶液的 pH、处理的温度、时间和溶液的浓度有很大关系。丝胶的结构比较疏松,水解程度比较剧烈,抵抗酸、碱和酶的水解能力比丝素弱。酸对丝素的作用较碱为弱,弱的无机酸和有机酸对丝素作用更为稳定。在浓度低的弱无机酸中加热,丝的光泽和手感均受到损害,强伸度有所降低,特别是储藏后更为明显。高浓度的无机酸,如浓硫酸、浓盐酸、浓硝酸等的作用,丝素急剧膨胀溶解呈淡黄色黏稠物。如在浓酸中浸渍极短时间,立即用水冲洗,丝素可收缩 30%~40%,这种现象叫酸缩,能用于丝织物的缩皱处理。

在丝绸精练或染整工艺中,常用有机酸处理,以增加丝织物光泽,改善手感,但同时丝绸的拉伸断裂性质强度也稍有降低。

碱会影响丝素膨胀溶解,其对丝素的水解作用,主要取决碱的种类、电解质总浓度、溶液的 pH 值及温度等。氢氧化钠等强碱对丝素的破坏最为严重,即使在稀溶液中,也能侵蚀丝素。碳酸钠、硅酸钠的作用较为缓和,一般在进行丝的精练时,多选用碳酸钠。

二、柞蚕丝

柞蚕丝是一种高贵的天然纤维,用它织造的丝织品具有其他纤维所没有的天然淡黄色和珠宝光泽,而且平滑挺爽,坚牢耐用,吸湿性强,水分挥发迅速,湿牢度高,耐酸耐碱,电绝缘。

(一)茧丝的构造

柞蚕茧丝的丝长平均为 800m 左右,其中长的在 1000m 以上,短的在 400m 以下,平均直径为 21~30μm。柞蚕茧的茧丝粗细,因茧形大小、茧层厚薄、茧层部位的不同而差异较大。一般是茧形大、茧层厚的茧,茧丝长且粗。柞蚕茧丝的平均线密度一般为 6.2dtex(5.6 旦)左右。在同一粒茧中,外、中、内层的茧丝线密度是不同的,一般外层茧丝线密度为 6.9dtex(6.2 旦)左右,中层为 6.1dtex(5.5 旦左右),内层为 5dtex(4.5 旦)左右。柞蚕茧丝的横截面呈扁平状,且越到茧层的内层,扁平程度越大,一般长径为 65μm,短径为 12μm,即长径为短径的 5~6 倍。

柞蚕茧丝是由两根单丝并合组成的。在单丝的周围不规则地凝固有许多丝胶颗粒,而且结合得非常坚牢,必须用较强的碱溶液才能把它们分离。

每一根单丝是由许多巨原纤集聚构成的。这种巨原纤粗细相近,边缘整齐,直径一般为 $0.75 \sim 0.96 \mu m$。各个巨原纤之间都有一定的空隙,且位于纤维中心的空隙较大。巨原纤束之间的距离为 $0.53 \sim 0.60 \mu m$。这些空隙使茧丝对染料、气体、水分具有较易吸收和排出的特性。沿着每根巨原纤的长轴方向,仍有微小的纵线,这些纵线是构成巨原纤的微原纤。包围在丝素外围的丝胶层,其形状不规则,到处出现断裂或凸起以及无数的裂痕皱纹,这是因液状丝胶凝固或排出时附着而产生的。

柞蚕茧茧层的组成物质主要是丝素和丝胶,其中丝素占 $84\% \sim 85\%$,丝胶占 12% 左右。柞蚕丝的丝素和丝胶,都是由氨基酸缩合形成的蛋白物质。丝素的主要组成是丙氨酸、甘氨酸和丝氨酸,这三种氨基酸的含量约占整个氨基酸的 $70\% \sim 75\%$;其次含量较多的是精氨酸、天冬氨酸和酪氨酸。而其主要特征与性能见表 1-2-8 与表 1-2-9。

表 1-2-8　柞蚕茧特征

茧类	茧色	茧层特点	茧的尺寸 (宽×长)/cm	组分含量/%			
				丝素	丝胶	无机物	茧蜡
柞蚕茧	褐	厚、硬	2.3×4.5	84~86	13~15	2.5~3.2	0.4~0.5

表 1-2-9　柞蚕丝主要性能

丝类	线密度/dtex	直径/μm	比强度/ (cN/dtex)	断裂伸长率/%	初始模量/ (cN/dtex)	密度/ (g/cm³)
柞蚕丝	5.0~6.8	21~30	2.97	25.0	15.0	1.58~1.65

(二)酸性溶液对柞蚕丝性能的影响

将柞蚕丝在有机酸和无机酸中进行处理后,状态见表 1-2-10,柞蚕丝在 75% 的硫酸和浓硝酸中立刻溶解;常温下在浓盐酸中不能立刻溶解,如果浸渍 30min 后,用玻璃棒触及丝条,出现一触即断的现象,如果将盐酸升温至 60℃,丝立刻溶解。而柞蚕丝在甲酸和乙酸中既不溶解,也不呈现颜色反应。碱对丝有较大的破坏作用,并能使丝色发暗,有消光作用。丝在碱液中开始水解,而在强碱中水解更快。随着浓度和温度的提高,破坏更剧烈,即使在低温、低浓度下也有一定的破坏作用,但弱碱对丝的破坏作用要比强碱小得多。因此,在煮漂茧和洗涤丝绸织物时,采用低浓度的弱碱和中性皂是有其内在原因的。

表 1-2-10 柞蚕丝在酸性溶液中的性能变化

溶剂种类	75%硫酸	浓硝酸	磷酸	浓盐酸	甲酸	乙酸
溶解情况	速溶	速溶	缓溶	常温分解,60℃溶解	不溶	不溶
颜色反应	藕荷色	黄色	蓝色	黄色	不变色	不变色

第三章　化学纤维

第一节　化学纤维的分类与命名

一、化学纤维的分类

化学纤维的分类见表1-3-1。

表1-3-1　化学纤维的分类

分类方法	分类	说明			
按高聚物的来源分类	再生纤维	以天然聚合物为原料制得,包括再生纤维素纤维、再生蛋白质纤维两大类,如黏胶纤维、铜氨纤维、醋酯纤维(再生纤维素纤维);大豆蛋白纤维、牛奶蛋白纤维			
	合成纤维	以煤、石油、天然气、农副产品等制得的低分子化合物(单体)为原料制得,如涤纶、腈纶、锦纶、维纶、丙纶等			
按纤维纵向结构和形态分类	单丝	指长度很长的单根纤维。常规单丝直径0.05~2mm,小于0.05mm的单丝称细单丝;小于0.1mm的称超细单丝。细单丝用于织袜、围巾等;较粗单丝广泛用于制刷、滤网、渔网、球拍网、琴弦、缝线等;超细单丝用于医用缝线及时装和装饰织物等			
	短丝	泛指切断的单丝,按纺纱加工常分为三类	名称	棉型纤维	中长型纤维	毛型纤维
			切断长度/mm	38~50	50~65	65~205
			线密度/dtex	1.3~2.2	2.2~3.3	3.3~44.4
	复丝	指由多根单丝组成连续不断的长丝,常用复丝线密度在20~300dtex。棉纺常用复丝作包芯纱的芯丝			
	低捻丝	指捻度小于30捻/m的复丝。低捻丝抱合力差,作经纱必须上浆,低捻丝加工成网络丝,有利于织造			
	网络丝	又名交络丝,将复丝经喷嘴形成交叉缠绕,增加抱合度,从而可免去上浆			
	变形丝	是指长丝经物理变形加工,使之具有卷曲、螺旋、环圈等外观特性,并改善弹性、蓬松性、保暖性、吸水性、覆盖性、手感和光泽等			
	弹性丝	分低弹丝和高弹丝两种,前者的紧缩伸长率约为50%,后者的紧缩伸长率为200%~400%。涤纶和锦纶均可加工成高弹或低弹丝			

续表

分类方法	分类	说明
按纤维截面形态和结构分类	常规截面纤维 异形纤维 复合纤维	
按纤维线密度分类	细纤维 超细纤维 极细纤维 超极细纤维	细纤维线密度一般为 0.9~2.2dtex 超细纤维线密度一般为 0.011~0.89dtex 极细纤维线密度一般为 0.0001~0.01dtex
按纤维光泽分类	有光纤维 半消光纤维 消光纤维	代号 B(Bright) 代号 SD(Semi-Dull) 代号 D(Dull)
新型化学纤维分类	差别化纤维	指将涤纶、腈纶、锦纶、丙纶等常规化学纤维经过化学、物理的改性处理,使之具有特殊性质和功能的纤维 　一般包括异形纤维、复合纤维、超细纤维、改性纤维(如易染纤维,阻燃纤维,高吸湿、吸水纤维,抗静电、抗起球纤维,高收缩纤维,水溶性、低熔点纤维,有色纤维等)
	高性能纤维	指具有高强度、高模量、耐高温、耐腐蚀、难燃性及突出稳定性的纤维,如碳纤维、芳纶、超高分子量聚乙烯纤维、聚苯并咪唑纤维、陶瓷纤维、聚四氟乙烯纤维等
	功能性纤维	泛指具有一般化学纤维没有的物理、化学性质,具有保暖性、舒适性、医疗性、保健性、安全性等特殊功能的纤维。它与差别化纤维可能重复或交叉 　包括高弹性功能纤维、保暖性功能纤维、抗菌纤维、防臭纤维、吸湿透气纤维、导电纤维、防辐射纤维等

二、常用化学纤维的商品名称

常用化学纤维的商品名称见表 1-3-2。

表1-3-2 常用化学纤维的商品名称

学名（简称）	生产国	英文名称	中文名称	学名（简称）	生产国	英文名称	中文名称
聚酰胺纤维 Polyamide fibre	中国		锦纶	聚酯纤维 Polyester fibre	德国	Diolen	迪奥纶
	美国、英国	Nylon	耐纶、尼龙			Tervira	涤维纶
	英国	Celon	塞纶		意大利	Leaster	利阿斯特
	日本	Amilan	阿米纶			Kalimer	卡利梅尔
	俄罗斯	Kapronor Capron	卡普隆			Terital	泰里塔尔
	德国	Perlon	贝纶		印度	Terene	特纶
	意大利	Delfion	德尔菲翁		法国	Tralbe	特拉尔贝
	法国	Polyfibres	波利菲伯斯		捷克	Tesil	特西尔
	荷兰	Akulon	阿库纶	聚丙烯腈纤维 Polyacry-lonitrile fibre	中国		腈纶
	印度	Nilom	尼纶		美国	Orlon	奥纶
	德国	Dederon	德德纶			Acrilan	阿克利纶
	罗马尼亚	Dederon	德德纶			Creslan	克丽丝纶
	波兰	Polana	波兰那			Zefran	泽弗纶
	比利时	Dorix	多里克斯		英国	Courtelle	考特尔
	匈牙利	Danulon	达努纶		日本	Cashmilan	开司米纶
	保加利亚	Vidlon	维德纶			Exlan	依克丝纶
	捷克	Silon	西纶			Nitlon	尼特纶
聚酯纤维 Polyester fibre	中国		涤纶			Vonnel	毛丽龙
	美国	Dacron	达克纶			Toraylon	东丽龙
		Vycron	维克纶		俄罗斯	Nitrilon	尼特列纶
		Kodel	科代纶		德国	Dralon	特拉纶
	英国	Terylene	特丽纶			Dolan	多纶
	英国、荷兰	Terlenka	特纶卡		意大利	Crylion	克利纶
	日本	Tetoron	帝特纶			Krylion	克里利翁
		Kurary	可乐丽		法国	Crylor	克里洛
	俄罗斯	Lavsan	拉芙桑		罗马尼亚	Rolan	罗纶

学名（简称）	生产国	英文名称	中文名称	学名（简称）	生产国	英文名称	中文名称
聚乙烯醇纤维 Polyvinylalcohol fibre	中国		维纶	聚乙烯纤维 Polyethylene fibre	中国		乙纶
	美国	Vinal	维纳尔		美国	Agil	阿吉尔
	日本	Vinylon	维尼纶			Vectra	维克特拉
		Kuralon	可乐纶		日本	Platilon	普拉蒂纶
		Mewlon	妙龙		德国	Polital	波利塔尔
	俄罗斯	Vinol	维诺尔		澳大利亚	Perfil	珀菲尔
聚丙烯纤维 Polypropylene fibre	中国		丙纶		法国	Oletene	奥莱唐
	美国	Herculon	赫克纶	醋酯纤维 Acetate fibre	中国		醋酯纤维
		Marvess	马维斯		美国	Acele	阿西尔
	英国	Spunstron	斯本斯特纶		日本	Atlon	阿特纶
		Cournova	考诺瓦		德国	Avetal rhodia	阿策搭特罗迪阿
	日本	Polypro	波利普罗		法国	Albene	阿尔本
		Pylen	帕纶		英国	Dicel	代塞尔
	意大利	Merraklon	梅拉克纶			Lansil	兰锡尔
	荷兰	Polyfilence	波利菲纶	聚氨基甲酸酯纤维 Polyurethane fibre	中国		氨纶
	加拿大	Monopro	莫诺普勒		美国	Spandex	斯潘德克斯
	澳大利亚	Tewe	泰韦			Lycra	莱卡
聚氯乙烯纤维 Polyvinylchloride fibre	中国		氯纶			Vyrene	瓦依纶
	美国	Voplex	沃普勒克斯		日本	Urylon	乌利纶
	日本	Teviron	帝维纶、天美龙	聚四氟乙烯 Polytetrafluoethylene（PTFE）fibre	中国		氟纶
	意大利	Movyl	莫维尔		美国	Teflon	特氟纶
		Leavil	利阿维尔				
	法国	Rhovyl	罗维尔				
	德国	Rhodia Fibravyl	罗迪阿—菲勒拉维尔				
	俄罗斯	Khlorin	赫氯纶				

第二节 化学纤维的品质评定

一、化学短纤维品质评定

(一)黏胶短纤维标准技术要求(GB/T 14463—2008)

本标准适用于线密度在 1.40～6.70dtex 的本色有光、半消光、消光的常规纺织用黏胶短纤维品质的定等和验收。黏胶短纤维的等级分为优等品、一等品、合格品三个等级,低于合格品的为等外品。黏胶短纤维按名义线密度范围分为四类,见表 1-3-3。

表 1-3-3 黏胶短纤维的分类和命名

产品名称	线密度范围
棉型黏胶短纤维/dtex	1.10～2.20
中长型黏胶短纤维/dtex	2.20 以上至 3.30 以下
毛型黏胶短纤维/dtex	3.30～6.70
卷曲毛型黏胶短纤维/dtex	3.30～6.70,并经过卷曲加工

棉型黏胶短纤维、中长型黏胶短纤维、毛型和卷曲毛型黏胶短纤维的性能项目和指标值分别见表 1-3-4～表 1-3-6。

表 1-3-4 棉型黏胶短纤维的性能项目和指标值

项目	优等品	一等品	合格品
干断裂强度/(cN/dtex)	≥2.15	≥2.00	≥1.90
湿断裂强度/(cN/dtex)	≥1.20	≥1.10	≥0.95
干断裂伸长率/%	$M_1 \pm 2.0$	$M_1 \pm 3.0$	$M_1 \pm 4.0$
线密度偏差率/%	±4.00	±7.00	±11.00
长度偏差率/%	±6.0	±7.0	±11.0
超长纤维率/%	≤0.5	≤1.0	≤2.0
倍长纤维/(mg/100g)	≤4.0	≤20.0	≤60.0
残硫量/(mg/100g)	≤12.0	≤18.0	≤28.0
疵点/(mg/100g)	≤4.0	≤12.0	≤30.0

续表

项目	优等品	一等品	合格品
油污黄纤维/(mg/100g)	0	≤5.0	≤20.0
干断裂强力变异系数 CV/%	≤18.0	—	
白度/%	$M_2 \pm 3.0$	—	

注　1. M_1 为干断裂伸长率中心值,不得低于19%。

2. M_2 为白度中心值,不得低于65%。

3. 中心值也可根据用户需求确定,一旦确定,不得随意改变。

表 1-3-5　中长型黏胶短纤维的性能项目和指标值

项目	优等品	一等品	合格品
干断裂强度/(cN/dtex)	≥2.10	≥1.95	≥1.80
湿断裂强度/(cN/dtex)	≥1.15	≥1.05	≥0.90
干断裂伸长率/%	$M_1 \pm 2.0$	$M_1 \pm 3.0$	$M_1 \pm 4.0$
线密度偏差率/%	±4.00	±7.00	±11.00
长度偏差率/%	±6.0	±7.0	±11.0
超长纤维率/%	≤0.5	≤1.0	≤2.0
倍长纤维/(mg/100g)	≤4.0	≤30.0	≤80.0
残硫量/(mg/100g)	≤12.0	≤18.0	≤28.0
疵点/(mg/100g)	≤4.0	≤12.0	≤30.0
油污黄纤维/(mg/100g)	0	≤5.0	≤20.0
干断裂强力变异系数 CV/%	≤18.0	—	
白度/%	$M_2 \pm 3.0$	—	

注　1. M_1 为干断裂伸长率中心值,不得低于19%。

2. M_2 为白度中心值,不得低于65%。

3. 中心值也可根据用户需求确定,一旦确定,不得随意改变。

表 1-3-6　毛型和卷曲毛型黏胶短纤维的性能项目和指标值(GB/T 14463—2008)

项目	优等品	一等品	合格品
干断裂强度/(cN/dtex)	≥2.05	≥1.90	≥1.75
湿断裂强度/(cN/dtex)	≥1.10	≥1.00	≥0.85
干断裂伸长率/%	$M_1 \pm 2.0$	$M_1 \pm 3.0$	$M_1 \pm 4.0$

续表

项目	优等品	一等品	合格品
线密度偏差率/%	±4.00	±7.00	±11.00
长度偏差率/%	±7.0	±9.0	±11.0
倍长纤维/(mg/100g)	≤8.0	≤50.0	≤120.0
残硫量/(mg/100g)	≤12.0	≤20.0	≤35.0
疵点/(mg/100g)	≤6.0	≤15.0	≤40.0
油污黄纤维/(mg/100g)	0	≤5.0	≤20.0
干断裂强力变异系数 CV/%	≤16.0	—	
白度/%	$M_2 \pm 3.0$	—	
卷曲数/(个/25mm)	$M_3 \pm 2.0$	$M_3 \pm 3.0$	

注　1. M_1 为干断裂伸长率中心值，不得低于18%。

　　2. M_2 为白度中心值，不得低于55%。

　　3. M_3 为卷曲数中心值，由供需双方协商确定，卷曲数只考核卷曲毛型黏胶短纤维。

　　4. 中心值也可根据用户需求确定，一旦确定，不得随意改变。

(二)涤纶短纤维标准技术要求(GB/T 14464—2017)

本标准适用于线密度为0.8~6.0dtex、圆形截面的半消光或有光的本色涤纶短纤维。涤纶短纤维产品分为优等品、一等品、合格品三个等级。涤纶短纤维的性能项目和指标值见表1-3-7。

表1-3-7　涤纶短纤维的性能项目和指标值

项目	棉型			中长型			毛型		
	优等品	一等品	合格品	优等品	一等品	合格品	优等品	一等品	合格品
断裂强度/(cN/dtex)	≥5.50	≥5.30	≥5.00	≥4.60	≥4.40	≥4.20	≥3.80	≥3.60	≥3.30
断裂伸长率/%	$M_1 \pm 4.0$	$M_1 \pm 5.0$	$M_1 \pm 8.0$	$M_1 \pm 6.0$	$M_1 \pm 8.0$	$M_1 \pm 12.0$	$M_1 \pm 7.0$	$M_1 \pm 9.0$	$M_1 \pm 13.0$
线密度偏差率/%	±3.0	±4.0	±8.0	±4.0	±5.0	±8.0	±4.0	±5.0	±8.0
长度偏差率/%	±3.0	±6.0	±10.0	±3.0	±6.0	±10.0	—	—	—
超长纤维率/%	≤0.5	≤1.0	≤3.0	≤0.3	≤0.6	≤3.0	—	—	—
倍长纤维含量/(mg/100g)	≤2.0	≤3.0	≤15.0	≤2.0	≤6.0	≤30.0	≤5.0	≤15.0	≤40.0

项目	棉型			中长型			毛型		
	优等品	一等品	合格品	优等品	一等品	合格品	优等品	一等品	合格品
疵点含量/(mg/100g)	≤2.0	≤6.0	≤30.0	≤3.0	≤10.0	≤40.0	≤5.0	≤15.0	≤50.0
卷曲数/(个/25mm)	$M_2±2.5$	$M_2±3.5$		$M_2±2.5$	$M_2±3.5$		$M_2±2.5$	$M_2±3.5$	
卷曲率/%	$M_3±2.5$	$M_3±3.5$		$M_3±2.5$	$M_3±3.5$		$M_3±2.5$	$M_3±3.5$	
180℃干热收缩率/%	$M_4±2.0$	$M_4±3.0$	$M_4±3.0$	$M_4±2.0$	$M_4±3.0$	$M_4±3.5$	≤5.5	≤7.5	≤10.0
比电阻/(Ω·cm)	$≤M_5×10^8$	$≤M_5×10^9$		$≤M_5×10^8$	$≤M_5×10^9$		$≤M_5×10^8$	$≤M_5×10^9$	
10%定伸长强度/(cN/dtex)	≥3.00	≥2.60	≥2.30	—	—	—	—	—	—
断裂强力变异系数	≤10.0	≤15.0	≤13.0	—	—	—	—	—	—

注 1. M_1为断裂伸长率中心值,棉型在18.0%~35.0%内选定,中长型在25.0%~40.0%内选定,毛型在35.0%~50.0%内选定,确定后不得任意变更。

2. M_2为卷曲数中心值,由供需双方在8.0~14.0个/25mm内选定,确定后不得任意变更。

3. M_3为卷曲率中心值,由供需双方在10.0%~16.0%内选定,确定后不得任意变更。

4. M_4为180℃干热收缩率中心值,棉型在≤7.0%内选定,中长型在≤10.0%内选定,确定后不得任意变更。

5. $1.0≤M_5<10.0$。

(三)锦纶短纤维标准技术要求(FZ/T 52002—2012)

锦纶6短纤维线密度为0.89~14.00dtex,锦纶66短纤维线密度为0.89~6.11dtex,两者有本色、半消光、有光、圆形截面短纤维。锦纶6短纤维产品分为优等品、一等品和合格品三个等级;锦纶66短纤维产品分为优等品、一等品和合格品三个等级。锦纶6和锦纶66短纤维的性能项目和指标值分别见表1-3-8和表1-3-9。

表1-3-8 锦纶6短纤维的性能项目和指标值

项目	0.89~2.21dtex			2.22~3.32dtex			3.33~14.00dtex		
	优等品	一等品	合格品	优等品	一等品	合格品	优等品	一等品	合格品
线密度偏差率/%	±9.0	±11.0	±13.0	±8.0	±10.0	±12.0	±6.0	±8.0	±10.0
长度偏差率/%	±8.0	±10.0	±12.0	±8.0	±10.0	±11.0	±6.0	±8.0	±10.0
断裂强度/(cN/dtex)	≥3.80	≥3.60	≥3.40	≥3.80	≥3.60	≥3.40	≥3.80	≥3.60	≥3.40
断裂伸长率/%	$M_1±12.0$	$M_1±14.0$	$M_1±16.0$	$M_1±12.0$	$M_1±14.0$	$M_1±16.0$	$M_1±12.0$	$M_1±14.0$	$M_1±16.0$
疵点含量/(mg/100g)	≤15.0	≤25.0	≤50.0	≤10.0	≤20.0	≤40.0	≤10.0	≤20.0	≤40.0

项目	0.89~2.21dtex			2.22~3.32dtex			3.33~14.00dtex		
	优等品	一等品	合格品	优等品	一等品	合格品	优等品	一等品	合格品
倍长纤维含量/ (mg/100g)	≤20.0	≤40.0	≤70.0	≤20.0	≤40.0	≤70.0	≤20.0	≤60.0	≤80.0
卷曲数/(个/25mm)	$M_2±2.0$	$M_2±2.5$	$M_2±3.0$	$M_2±2.0$	$M_2±2.5$	$M_2±3.0$	$M_2±2.0$	$M_2±2.5$	$M_2±3.0$

注 1. M_1 为断裂伸长率中心值,由供需双方协商确定,确定后不得任意变更。

2. M_2 为卷曲数中心值,由供需双方协商确定,确定后不得任意变更。

表1-3-9 锦纶66短纤维的性能项目和指标值

项目	0.89~2.21dtex			2.22~3.32dtex			3.33~6.11dtex		
	优等品	一等品	合格品	优等品	一等品	合格品	优等品	一等品	合格品
线密度偏差率/%	±6.0	±8.0	±12.0	±6.0	±8.0	±12.0	±6.0	±8.0	±12.0
长度偏差率/%	±8.0	±10.0	±12.0	±8.0	±10.0	±12.0	±8.0	±10.0	±13.0
断裂强度/(cN/dtex)	≥4.80	≥4.60	≥4.40	≥4.20	≥4.00	≥3.80	≥4.00	≥3.80	≥3.60
断裂伸长率/%	$M_1±10.0$	$M_1±12.0$	$M_1±14.0$	$M_1±10.0$	$M_1±12.0$	$M_1±14.0$	$M_1±12.0$	$M_1±14.0$	$M_1±16.0$
疵点含量/(mg/100g)	≤15.0	≤25.0	≤50.0	≤10.0	≤20.0	≤40.0	≤10.0	≤20.0	≤40.0
倍长纤维含量/ (mg/100g)	≤15.0	≤50.0	≤70.0	≤20.0	≤60.0	≤80.0	≤20.0	≤60.0	≤80.0
卷曲数/(个/25mm)	$M_2±2.0$	$M_2±2.5$	$M_2±3.0$	$M_2±2.0$	$M_2±2.5$	$M_2±3.0$	$M_2±2.0$	$M_2±2.5$	$M_2±3.0$

注 1. M_1 为断裂伸长率中心值,由供需双方协商确定,确定后不得任意变更。

2. M_2 为卷曲数中心值,由供需双方协商确定,确定后不得任意变更。

(四)腈纶短纤维标准技术要求(GB/T 16602—2008)

本标准适用于以丙烯腈为主要单体的多元共聚物经湿法或干法纺丝工艺制得的半消光和有光腈纶短纤维。单纤维线密度为1.11~11.11dtex。产品分为优等品、一等品和合格品三个等级。腈纶短纤维的性能项目和指标值见表1-3-10。

表1-3-10 腈纶短纤维的性能项目和指标值

项目	指标值		
	优等品	一等品	合格品
线密度偏差/%	±8	±10	±14
断裂强度/(cN/dtex)	$M_1±0.5$	$M_1±0.6$	$M_1±0.8$

续表

项目		指标值		
		优等品	一等品	合格品
断裂伸长/%		$M_2 \pm 8$	$M_2 \pm 10$	$M_2 \pm 14$
长度偏差率/%	≤76mm	±6	±10	±14
	>76mm	±8	±10	±14
倍长纤维含量/ (mg/100g)	1.11~2.21dtex	≤40	≤60	≤600
	2.22~11.11dtex	≤80	≤300	≤1000
卷曲数/(个/25mm)		$M_3 \pm 2.5$	$M_3 \pm 3.0$	$M_3 \pm 4.0$
疵点含量/ (mg/100g)	1.11~2.21dtex	≤20	≤40	≤100
	2.22~11.11dtex	≤20	≤60	≤200
上色率/%		$M_4 \pm 3$	$M_4 \pm 4$	$M_4 \pm 7$

注 1. M_1 为断裂强度中心值,由各生产单位根据品种自定,断裂强度下限值:1.11dtex~2.21dtex 不低于 2.1cN/dtex,

2.22dtex~6.67dtex 不低于 1.9cN/dtex,6.68dtex~11.11dtex 不低于 1.6cN/dtex。

2. M_2 为断裂伸长率中心值,由各生产单位根据品种自定。

3. M_3 为卷曲中心值,由各生产厂根据品种自定,卷曲数下限值:1.11dtex~2.21dtex 不低于 6 个/25mm,2.22dtex~

11.11dtex 不低于 5 个/25mm。

4. M_4 为上色率中心值,由各生产单位根据品种自定。

(五)丙纶短纤维标准技术要求(FZ/T 52003—2014)

本标准适用于纺纱和非织造丙纶短纤维,长度在 20mm 以上,纺纱用线密度为 1.67~

7.80dtex,非织造线密度为 1.67~120.00dtex。丙纶短纤维的产品等级分为优等品、一等品、合

格品三个等级,低于合格品为等外品。纺织用丙纶短纤维的性能项目和指标值见表1-3-11。

表1-3-11 纺纱用丙纶短纤维的性能项目和指标值

项目	1.67~3.30dtex			3.30~7.80dtex(不含3.30)		
	优等品	一等品	合格品	优等品	一等品	合格品
线密度偏差率/%	±4.0	±6.0	±8.0	±4.0	±8.0	±10.0
断裂强度/(cN/dtex)	≥4.00	≥3.50	≥3.20	≥3.50	≥3.00	≥2.70
断裂强度变异系数/%	≤12.0	≤14.0	≤16.0	≤12.0	≤14.0	≤16.0
断裂伸长率/%	$M_1 \pm 10.0$	$M_1 \pm 15.0$	$M_1 \pm 20.0$	$M_1 \pm 20.0$	$M_1 \pm 30.0$	$M_1 \pm 40.0$
长度偏差率/%	±5.0	±8.0	±10.0	±5.0	±8.0	±10.0
疵点含量/(mg/100g)	≤5.0	≤10.0	≤20.0	≤5.0	≤25.0	≤50.0

续表

项目	1.67~3.30dtex			3.30~7.80dtex(不含3.30)		
	优等品	一等品	合格品	优等品	一等品	合格品
倍长纤维含量/(mg/100g)	≤5.0	≤10.0	≤20.0	≤5.0	≤20.0	≤40.0
超长纤维率/%	≤0.5	≤1.0	≤2.0	≤0.5	≤1.0	≤2.0
卷曲数/(个/25mm)	$M_2\pm2.5$	$M_2\pm3.0$	$M_2\pm3.5$	$M_2\pm2.5$	$M_2\pm3.0$	$M_2\pm3.5$
卷曲率/%	$M_3\pm2.5$	$M_3\pm3.0$	$M_3\pm3.5$	$M_3\pm2.5$	$M_3\pm3.0$	$M_3\pm3.5$
比电阻/($\Omega\cdot cm$)	$\leq k\times10^7$	$\leq k\times10^9$	$\leq k\times10^9$	$\leq k\times10^8$	$\leq k\times10^9$	$\leq k\times10^9$
含油率/%	$M_4\pm0.10$	$M_4\pm0.20$		$M_4\pm0.10$	$M_4\pm0.20$	

注　1. M_1 为断裂伸长率中心值,具体由生产厂与客户协商确定,一旦确定后不得任意变更。

　　2. M_2 为卷曲数中心值,在12.0~15.0,具体由生产厂与客户协商确定,一旦确定后不得任意变更。

　　3. M_3 为卷曲率中心值,在11.0~14.0,具体由生产厂与客户协商确定,一旦确定后不得任意变更。

　　4. k 为比电阻系数,$1.0\leq k<10.0$,具体由生产厂与客户协商确定,一旦确定后不得任意变更。

　　5. M_4 为含油率中心值,$M_4\geq0.3\%$,具体由生产厂与客户协商确定,一旦确定后不得任意变更。

(六)维纶短纤维标准技术要求(GB/T 14462—1993)

本标准适用于线密度1.56dtex、长度35mm的有光或无光维纶短纤维。维纶短纤维的质量定等分为优等品、一等品、二等品,低于二等的为等外品。维纶短纤维产品的质量考核共9个项目,必须逐项考核,按最低的一项定等。维纶短纤维的性能项目和指标值见表1-3-12。

表1-3-12　维纶短纤维的性能项目和指标值

项目	优等品	一等品	二等品
线密度偏差率/%	±5		±6
长度偏差率/%	±4		±6
干断裂强度/(cN/dtex)	≥4.4		≥4.2
干断裂伸长率/%	17±2.0	17±3.0	17±4.0
湿断裂强度(摩尔分数)/(cN/dtex)	≥3.4		≥3.3
缩甲醛化度(摩尔分数)/%	33±2.0		33±3.5
水中软化点/℃	≥115	≥113	≥112
异状纤维含量/(mg/100g)	≤2.0	≤8.0	≤15.0
卷曲数/(个/25mm)	≥3.5	—	

(七)氯纶短纤维标准技术要求(FZ/T 52001—1991)

本标准适用于以紧密型聚氯乙烯树脂为原料或为主要原料而制成的本白色、原液着色的纺织用氯纶短纤维。氯纶短纤维的产品等级分为优等品、一等品、二等品、三等品四个等级。各项质量指标评等不相同时,以其中最低项的等级定等。

氯纶短纤维按产品的用途不同分为四种规格,即 1.70~3.20dtex、3.30~4.30dtex、4.40~6.60dtex、6.70~8.90dtex。

氯纶短纤维的性能项目和指标值见表 1-3-13。

表 1-3-13　氯纶短纤维的性能项目和指标值

项目	1.70~3.20dtex				3.30~4.30dtex			
	优等品	一等品	二等品	三等品	优等品	一等品	二等品	三等品
线密度偏差率/%	±7.0	±8.0	±10.0	±11.0	±10.0	±12.0	±14.0	±18.0
平均长度偏差率/%	±7.0	±8.0	±10.0	±11.0	±9.0	±10.0	±11.0	±13.0
断裂强度/(cN/dtex)	≥2.30	≥2.10	≥1.90	≥1.80	≥1.90	≥1.80	≥1.70	≥1.60
断裂伸长率/%	≤30.0	≤35.0	≤40.0	≤45.0	≤47.0	≤52.0	≤57.0	≤60.0
色差(灰卡)/级	4.0	3.5	3.0	2.5	4.0	3.5	3.0	2.5
倍长纤维含量/(mg/100g)	≤20.0	≤40.0	≤50.0	≤60.0	≤50.0	≤80.0	≤120.0	≤200.0
卷曲数/(个/cm)	≥4.0	≥3.5	≥3.0	≥3.0	≥4.0	≥3.5	≥3.0	≥3.0
超长纤维率/%	≤3.0	≤4.0	≤5.0	≤6.0	—			
疵点含量/(mg/100g)	≤30.0	≤40.0	≤50.0	≤70.0	—			
项目	4.40~6.60dtex				6.70~8.90dtex			
	优等品	一等品	二等品	三等品	优等品	一等品	二等品	三等品
线密度偏差率/%	±12.0	±14.0	±16.0	±18.0	±12.0	±14.0	±16.0	±20.0
平均长度偏差率/%	±9.0	±10.0	±11.0	±13.0	±9.0	±10.0	±11.0	±15.0
断裂强度/(cN/dtex)	≥1.70	≥1.60	≥1.50	≥1.50	≥1.70	≥1.60	≥1.50	≥1.40
断裂伸长率/%	≤47.0	≤52.0	≤57.0	≤60.0	≤47.0	≤52.0	≤57.0	≤62.0
色差(灰卡)/级	4.0	3.5	3.0	2.5	4.0	3.5	3.0	2.5
倍长纤维含量/(mg/100g)	≤80.0	≤150.0	≤200.0	≤300.0	≤100.0	≤200.0	≤300.0	≤400.0
卷曲数/(个/cm)	≥3.5	≥3.0	≥3.0	≥3.0	≥3.5	≥3.0	≥3.0	≥2.5
超长纤维率/%	—				—			
疵点含量/(mg/100g)	—				—			

二、化学纤维长丝品质评定

(一)黏胶长丝标准技术要求(GB/T 13758—2008)

本标准适用于线密度在66.7~333.3dtex黏胶长丝品质的鉴定和验收。黏胶长丝产品分为优等品、一等品和合格品。低于合格品的为等外品。黏胶长丝的性能项目和指标值见表1-3-14。

表1-3-14　黏胶长丝的性能项目和指标值

项目	优等品	一等品	合格品
干断裂强度/(cN/dtex)	≥1.85	≥1.75	≥1.65
湿断裂强度/(cN/dtex)	≥0.85	≥0.80	≥0.75
干断裂伸长率/%	17.0~24.0	16.0~25.0	15.5~26.0
干断裂伸长变异系数 CV/%	≤6.00	≤8.00	≤10.00
线密度(纤度)偏差/%	±2.0	±2.5	±3.0
线密度变异系数 CV/%	≤2.00	≤3.00	≤3.50
捻度变异系数 CV/%	≤13.00	≤16.00	≤19.00
单丝根数偏差/%	≤1.0	≤2.0	≤3.0
残硫量/(mg/100g)	≤10.0	≤12.0	≤14.0
染色均匀度(灰卡)/级	≥4	3~4	≥3
回潮率/%	—		
含油率/%	—		

注　回潮率和含油率为形式检验项目,不作为定等依据。

(二)涤纶长丝标准技术要求(GB/T 16604—2017)

本标准适用于线密度为140~9000dtex的涤纶工业长丝。涤纶工业长丝分为三大类:高强类、低收缩类及高模低收缩类,每类产品分为优等品、一等品、合格品三个等级。这三类涤纶工业长丝的性能项目和指标值分别见表1-3-15~表1-3-17。

表1-3-15　高强类涤纶工业长丝的性能项目和指标值

项目	超高强型			高强型			高强中收缩型			高强中收缩型		
	优等品	一等品	合格品	优等品	一等品	合格品	优等品	一等品	合格品	优等品	一等品	合格品
线密度偏差率/%	±2.0	±2.5	±3.0	±2.0	±2.5	±3.0	±2.0	±2.5	±3.0	±2.0	±2.5	±3.0
线密度变异系数 CV/%	≤1.40	≤1.60	≤2.00	≤1.40	≤1.60	≤2.00	≤1.40	≤1.60	≤2.00	≤1.40	≤1.60	≤2.00

项目	超高强型			高强型			高强中收缩型			高强中收缩型		
	优等品	一等品	合格品	优等品	一等品	合格品	优等品	一等品	合格品	优等品	一等品	合格品
断裂强度/(cN/dtex)	≥8.20	≥8.20	≥8.20	≥8.00	≥7.70	≥7.40	≥7.90	≥7.70	≥7.40	≥7.00	≥6.80	≥6.60
断裂强度变异系数 CV/%	≤3.00	≤4.00	≤5.00	≤3.00	≤4.00	≤5.00	≤3.00	≤4.00	≤5.00	≤3.00	≤4.00	≤5.00
断裂伸长率/%	$M_1\pm2.0$	$M_1\pm3.0$	$M_1\pm4.0$	$M_1\pm2.0$	$M_1\pm3.0$	$M_1\pm4.0$	$M_1\pm2.0$	$M_1\pm5.0$	$M_1\pm6.0$	$M_1\pm2.0$	$M_1\pm5.0$	$M_1\pm6.0$
断裂伸长率变异系数 CV/%	≤8.00	≤9.00	≤10.0	≤8.00	≤9.00	≤10.0	≤8.00	≤9.00	≤10.0	≤8.00	≤9.00	≤10.0
4.0cN/dtex 负荷的伸长率/%	$M_2\pm0.8$	$M_2\pm0.9$	$M_2\pm1.0$	$M_2\pm0.8$	$M_2\pm0.9$	$M_2\pm1.0$	—	—	—	—	—	—
干热收缩率(177℃)/%	$M_3\pm1.5$	$M_3\pm2.0$	$M_3\pm2.5$	$M_3\pm1.5$	$M_3\pm2.0$	$M_3\pm2.5$	$M_3\pm1.0$	$M_3\pm1.5$	$M_3\pm2.0$	≤2.5	≤2.5	≤2.5

注　1. M_1 为断裂伸长率中心值,由供需双方协商确定,一旦确定后不得任意更改。

2. M_2 为 4.0cN/dtex 负荷的伸长率中心值,由供需双方协商确定,一旦确定后不得任意更改。

3. M_3 为干热收缩率(实验条件:177℃,10mim,预加张力 0.05cN/dtex)中心值,由供需双方协商确定,一旦确定后不得任意更改。

表 1-3-16　低收缩类涤纶工业长丝的性能项目和指标值

项目	中低收缩型			低收缩型			超低收缩型		
	优等品	一等品	合格品	优等品	一等品	合格品	优等品	一等品	合格品
线密度偏差率/%	±2.0	±2.5	±3.0	±2.0	±2.5	±3.0	±2.0	±2.5	±3.0
线密度变异系数 CV/%	≤1.40	≤1.60	≤2.00	≤1.40	≤1.60	≤2.00	≤1.40	≤1.60	≤2.00
断裂强度/(cN/dtex)	≥6.80	≥6.60	≥6.40	≥6.60	≥6.40	≥6.20	≥6.40	≥6.20	≥6.00
断裂强度变异系数 CV/%	≤3.00	≤4.00	≤5.00	≤3.00	≤4.00	≤5.00	≤3.00	≤4.00	≤5.00
断裂伸长率/%	$M_1\pm2.0$	$M_1\pm5.0$	$M_1\pm6.0$	$M_1\pm2.0$	$M_1\pm5.0$	$M_1\pm6.0$	$M_1\pm2.0$	$M_1\pm5.0$	$M_1\pm6.0$
断裂伸长率变异系数 CV/%	≤8.00	≤9.00	≤10.0	≤8.00	≤9.00	≤10.0	≤8.00	≤9.00	≤10.0
干热收缩率(190℃)/%	$M_2\pm2.0$	$M_2\pm1.0$	$M_2\pm1.0$	$M_2\pm2.0$	$M_2\pm1.0$	$M_2\pm1.0$	≤3.0	≤3.0	≤3.0

注　1. M_1 为断裂伸长率中心值,由供需双方协商确定,确定后不得任意更改。

2. M_2 干热收缩率(实验条件:190℃,15mim,预加张力 0.01cN/dtex)中心值,由供需双方协商确定,一旦确定后不得任意更改。

表 1-3-17　高模低收缩类涤纶工业长丝的性能项目和指标值

项目	高模低收缩型			高强高模低收缩型		
	优等品	一等品	合格品	优等品	一等品	合格品
线密度偏差率/%	±2.0	±2.5	±3.0	±2.0	±2.5	±3.0
线密度变异系数 CV/%	≤1.40	≤1.60	≤2.0	≤1.40	≤1.60	≤2.00
断裂强度/(cN/dtex)	≥7.00	≥6.80	≥6.60	≥7.40		
断裂强度变异系数 CV/%	≤3.00	≤4.00	≤5.00	≤3.00	≤4.00	≤5.00
断裂伸长率/%	$M_1±2.0$	$M_1±3.0$	$M_1±4.0$	$M_1±2.0$	$M_1±3.0$	$M_1±4.0$
断裂伸长率变异系数 CV/%	≤8.00	≤9.00	≤10.0	≤8.00	≤9.00	≤10.0
4.0cN/dtex 负荷的伸长率/%	$M_2±0.8$	$M_2±0.9$	$M_2±1.0$	$M_2±0.8$	$M_2±0.9$	$M_2±1.0$
干热收缩率(177℃)/%	$M_3±1.0$	$M_3±1.5$	$M_3±2.0$	$M_3±1.0$	$M_3±1.5$	$M_3±2.0$
尺寸稳定性指数	≤10.0	≤10.0	≤10.0	≤10.0	≤10.0	≤10.0

注　1. M_1 为断裂伸长率中心值,由供需双方协商确定,一旦确定后不得任意更改。

2. M_2 为 4.0cN/dtex 负荷的伸长率中心值,由供需双方协商选定,一旦确定不得任意修改。

3. M_3 为干热收缩率(试验条件:177℃,10min,预加张力 0.05cN/dtex)中心值,由供需双方协商选定,一旦确定不得任意修改。

(三)锦纶长丝标准技术要求(FZ/T 54044—2011 和 FZ/T 54013—2019)

FZ/T 54044—2011 适用于以锦纶 6 切片为原料经加工而成的工业长丝,线密度范围为 930~2100dtex。锦纶 6 工业长丝产品等级分为优等品、一等品和合格品,低于合格品为等外品。锦纶 6 工业长丝的性能项目和指标值见表 1-3-18。

表 1-3-18　锦纶 6 工业长丝的性能项目和指标值

项目	930dtex			1400dtex			1870dtex			2100dtex		
	优等品	一等品	合格品	优等品	一等品	合格品	优等品	一等品	合格品	优等品	一等品	合格品
线密度偏差率/%	±2.0	±2.5	±3.0	±2.0	±2.5	±3.0	±2.0	±2.5	±3.0	±2.0	±2.5	±3.0
断裂强力/N	≥74.90	≥72.00	≥70.00	≥112.70	≥108.50	≥105.00	≥150.50	≥145.00	≥140.30	≥169.10	≥162.80	≥157.50
断裂强度/(cN/dtex)	8.05	7.75	7.50	8.05	7.75	7.50	8.05	7.75	7.50	8.05	7.75	7.50
4.7cN/dtex 的定负荷伸长率/%	10.0±1.5	10.0±2.0	10.0±2.5	10.0±1.5	10.0±2.0	10.0±2.5	11.0±1.5	11.0±2.0	11.0±2.5	11.0±1.5	11.0±2.0	11.0±2.5

续表

项目	930dtex			1400dtex			1870dtex			2100dtex		
	优等品	一等品	合格品	优等品	一等品	合格品	优等品	一等品	合格品	优等品	一等品	合格品
断裂伸长率/%	M±3.0											
线密度变异系数 CV/%	≤2.00	≤2.50	≤3.00	≤2.00	≤2.50	≤3.00	≤2.00	≤2.50	≤3.00	≤2.00	≤2.50	≤3.00
断裂伸长率变异系数 CV/%	≤6.50	≤7.00	≤8.00	≤6.50	≤7.00	≤8.00	≤6.50	≤7.00	≤8.00	≤6.50	≤7.00	≤8.00
断裂强度变异系数 CV/%	≤5.00	≤5.50	≤6.00	≤5.00	≤5.50	≤6.00	≤5.00	≤5.50	≤6.00	≤5.00	≤5.50	≤6.00
干热收缩率 （160℃×2min）/%	≤7.5											

注　1. 线密度偏差率以名义线密度为计算依据,该值应需方的要求可作适当调整。

　　2. M 为断裂伸长率的中心值,由供需双方协商确定。

FZ/T 54013—2019 适用于线密度范围为 500~3000dtex 的锦纶 66 工业用长丝,产品等级分为优等品、一等品和合格品。锦纶 66 工业用长丝的性能项目和指标见表 1-3-19。

表 1-3-19　锦纶 66 工业用长丝的性能项目和指标

项目	优等品	一等品	合格品
线密度偏差率/%	±2.0	±2.5	±3.0
断裂强度/（cN/dtex）	≥8.30	≥8.00	≥7.50
4.7cN/dtex 的定负荷伸长率/%	M±1.5		
断裂伸长率/%	≥17.0		
线密度变异系数 CV/%	≤1.6	≤2.0	≤2.4
断裂伸长率变异系数 CV/%	≤5.0	≤5.5	≤6.0
断裂强度变异系数 CV/%	≤3.0	≤4.0	≤5.0
干热收缩率（177℃×2min）/%	6.2±1.5		
耐热强力保持率（180℃×4h）/%	≥90		

注　M 为 4.7cN/dtex 负荷下伸长率的中心值,在 10.0~12.0 内选定。

(四)丙纶膨体长丝标准技术要求(FZ/T 54001—2012)

本标准适用于线密度为 800~3800dtex,截面形状为三叶形及三角形,有光、消光、本色和有色丙纶膨体长丝的品质检定和验收,产品等级分为优等品、一等品、合格品三个等级,低于合格品的为等外品。丙纶膨体长丝的性能项目和指标见表 1-3-20。

表 1-3-20　丙纶膨体长丝的性能项目和指标值

项目		优等品	一等品	合格品
线密度偏差率/%		±3.0	±3.5	±4.5
线密度变异系数 CV/%		≤3.00	≤3.50	≤4.50
断裂强度/(cN/dtex)		≥1.85	≥1.65	≥1.50
断裂强度变异系数 CV/%		≤6.00	≤8.00	≤10.00
断裂伸长率/%		M_1±10.0	M_1±15.0	M_1±20.0
断裂伸长率变异系数 CV/%		≤15.00	—	
沸水收缩率/%		≤3.50	≤4.0	≤5.0
热卷曲伸长率/%	<2000dtex	≥16.0	≥14.0	≥12.0
	≥2000dtex	≥18.0	≥16.0	≥13.0
网络度/(个/m)		M_2±3	M_2±4	M_2±5
含油率/%		M_3±0.15	M_3±0.25	M_3±0.35
筒重/kg		M_4±0.15	M_4±0.20	M_4±0.40

注　1. M_1 为断裂伸长率中心值,由供需双方协商确定,一旦确定后,不能任意变更。

2. M_2 为网络度中心值,根据线密度及用户要求自定,一旦确定后,不能任意变更。

3. M_3 为含油率中心值,双方协商确定,一旦确定后,不能任意变更。

4. M_4 为筒重中心值,双方协商确定。

(五)氨纶长丝标准技术要求(FZ/T 54010—2014)

本标准适用于线密度为 15.0~1867.0dtex 的氨纶长丝,氨纶长丝分为优等品、一等品、合格品三个等级,低于合格品为等外品。氨纶长丝的性能项目和指标见表 1-3-21。

表 1-3-21　氨纶长丝的性能和指标

项目	15.0~44.0dtex			44.0~111.0dtex			111.0~311.0dtex			311.0~1867.0dtex		
	优等品	一等品	合格品	优等品	一等品	合格品	优等品	一等品	合格品	优等品	一等品	合格品
线密度偏差率/%	±6.0	±7.0	±8.0	±4.0	±5.0	±6.0	±4.0	±5.0	±6.0	±4.0	±5.0	±6.0
线密度变异系数 CV/%	≤3.50	≤5.50	≤6.50	≤3.00	≤5.00	≤6.00	≤3.00	≤5.00	≤6.00	≤3.00	≤5.00	≤6.00
断裂强度/ (cN/dtex)	≥0.75			≥0.75			≥0.70			≥0.65		
断裂伸长/%	$M_1\pm$ 40.0	$M_1\pm$ 60.0	$M_1\pm$ 70.0	$M_1\pm$ 40.0	$M_1\pm$ 60.0	$M_1\pm$ 70.0	$M_1\pm$ 40.0	$M_1\pm$ 60.0	$M_1\pm$ 70.0	$M_1\pm$ 40.0	$M_1\pm$ 60.0	$M_1\pm$ 70.0
300%伸长时 强度/(cN/dtex)	≥0.15			≥0.15			≥0.15			≥0.13		
300%伸长时强力 变异系数 CV/%	≤8.00	≤10.00	≤12.00	≤8.00	≤10.00	≤12.00	≤8.00	≤10.00	≤12.00	≤8.00	≤10.00	≤12.00
300%弹性 回复率/%	≥90.0			≥90.0			≥90.0			≥90.0		
沸水收缩率/%	$M_2\pm2.0$			$M_2\pm2.0$			$M_2\pm2.0$			$M_2\pm2.0$		
含油率/%	$M_3\pm2.00$			$M_3\pm2.00$			$M_3\pm2.00$			$M_3\pm2.00$		
筒重(净重)/g	$M_4(1\pm2.0\%)$			$M_4(1\pm2.0\%)$			$M_4(1\pm2.0\%)$			$M_4(1\pm2.0\%)$		

注　1. M_1 为断裂伸长率中心值,由供需双方协商确定,一旦确定不得任意变更。

2. M_2 为沸水收缩率中心值,由供需双方协商确定,一旦确定不得任意变更。

3. M_3 为含油率中心值,由供需双方协商确定,一旦确定不得任意变更。

4. M_4 为定重,由供需双方协商确定,一旦确定不得任意变更。

第三节　差别化纤维

一、概述

差别化纤维泛指在涤纶、腈纶、锦纶、维纶等常规化学纤维的基础上,经过物理化学改性,使之具有特殊性质和功能的纤维。纤维差别化的主要方式为物理改性、化学改性和表面物理化学改性。

物理改性是指改变纤维的形态、结构和组分分布使纤维性质得到改善的方法。差别化纤维物理改性主要方式见表 1-3-22。

表 1-3-22 差别化纤维物理改性主要方式

主要方式	说明
改进聚合与纺丝条件	如通过改变温度、时间、介质、浓度、凝固浴,来改变高聚物聚合度及分布、结晶度及分布、取向度等
改变纤维截面	采用特殊的喷丝孔形状,纺出非圆形截面的异形纤维
复合成形	将两种或两种以上的高聚物或性能不同的同种聚合物通过同一喷丝孔纺成一根纤维
共混成形	利用聚合物的可混合性和互溶性,将两种及以上聚合物共混纺成的纤维

化学改性是指通过改变纤维原来的化学结构来达到改性目的的方法。差别化纤维化学改性主要方式见表 1-3-23。

表 1-3-23 差别化纤维化学改性主要方式

主要方式	说明
共聚	采用两种或两种以上单体在同一条件下进行的聚合
交联	纤维大分子链段间形成化学链接的处理
表面接枝	在纤维表面的大分子链上接上所需要的侧基或链段
溶蚀	表面有控制的溶解与腐蚀
电镀	表面的金属物质或电解质的沉积

表面物理化学改性是指采用高能射线(γ 射线、β 射线)、强紫外辐射、电子辐照或低温等离子体对纤维进行表面蚀刻、活化、接枝、交联、涂覆等改性处理,是典型的清洁化加工方法。

二、主要品类

(一)异形纤维

天然纤维一般都具有非规则的截面形态,形成纤维及其产品的特定风格与性状,例如,蚕丝的三角形截面,使之具有特殊的光泽;棉纤维腰圆形和其中腔的截面,使它具有保暖、柔软、吸湿等优点。改变化纤截面,能获得不同的特性,不同于常规截面的纤维称为异形纤维。

纤维截面形状对纱线及纺织品性能的影响见表 1-3-24。

表 1-3-24 纤维截面对纺织品性能的影响

截面形状	⊙	▲	★	—	+	*	H	●
强伸度	△	△	△	△	△	△	△	△
屈曲强度		×	×		×	×	△	△
磨耗强度	○~△	○~△	○~△		×	×	×	△
弯曲回复	×	×	×	○	×	×	×	△
反弹性	◎	◎	◎	×			◎	△
折皱回复	△	△	△	△	△	△	×	△
起球性	○	○	○	△	△	△	△	△
蓬松性	◎	◎	◎	×	△	○	◎	△
光泽	×	○	○		○	△	△	
染色速度			○		○			
鲜明度			◎					
染色深度			×					

注 ◎表示优,○表示良,△表示一般,×表示稍差。

异形纤维的品种、用途及主要性能见表 1-3-25。

表 1-3-25 异形纤维的品种、用途及主要性能

形式	喷丝板和截面形状	用途	主要性能
三角形(三叶形、T形)		仿丝	闪光性强(灿烂夺目的光泽),耐污,覆盖性强
		供闪光毛线混纺用	光泽优雅,耐污性、覆盖性好,染色后鲜艳明亮
			光泽稍差,透气性好,蓬松度大,覆盖性好
			反弹性好,蓬松,特殊的风格

续表

形式	喷丝板和截面形状	用途	主要性能
多角形(五星形、五叶形、六角形、支形)		仿毛	高蓬松度,手感好,覆盖性好,抗起球
			特殊的光泽性(金刚石般),手感好,覆盖性强
			特殊的光泽,抗起球性好,蓬松性好
		弹力丝用	手感滑爽,覆盖性好,回弹性好,高蓬松度,抗起球
扁平、带状(狗骨头形、豆形)		仿麻	手感似麻,覆盖性强,具有闪光光泽
		仿毛	透气性好,光泽、手感似亚麻
中空形(圆形、三角形、梅花形)		仿毛	质轻,保暖
		弹力丝,等	覆盖性好,表面光洁,有弹性
		供褥絮用	中空,内部的空气有散射光作用,耐污,不易沾灰尘
		代羊毛及工业用	
		反渗透纤维	

(二)复合纤维

复合纤维是由两种或两种以上聚合物或性能各异的聚合物按一定的方式复合而成,同时具有所含聚合物的特点,可形成特殊的性能,例如高卷曲、易染色、抗静电、阻燃、高吸湿等。复合纤维分类如图 1-3-1 所示。

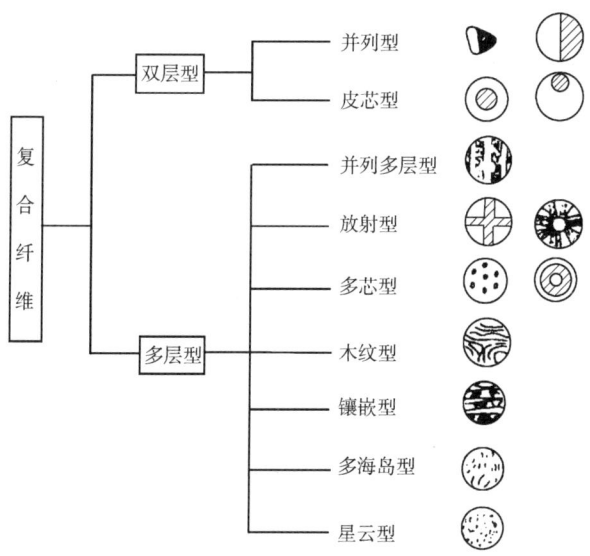

图 1-3-1　复合纤维的分类

此外,复合纤维按照组分的数目,又可分为双组分和多组分两大类,目前以前者为主体。常见双组分纤维的基本结构和主要性能见表 1-3-26。

表 1-3-26　双组分复合纤维的基本结构及主要性能

项目	并列型	皮芯型	多层型、放射型	海岛型
截面结构				
性能特点	自卷曲性好,可制导电纤维等	一定的卷曲性,可用于制导电纤维和阻燃纤维等	综合性能提高,可用于制取超细纤维等	综合性能提高,可用于制超细纤维、多孔纤维
结构稳定性	复合比例较稳定,容易剥离	比例不易稳定,难剥离	复合比例不稳定,结构复杂,可剥离,溶去其中一组分	比例较稳定,易溶解除去组分

(三)超细纤维

线密度是纺织纤维的主要质量指标,它和成纱线密度、强度、条干均匀度、织物手感、风格都密切相关。超细纤维是新一代化纤发展的标志,它的技术含量很高,对化纤产品开发意义重大。

1. 超细纤维的一般分类(表1-3-27)

表1-3-27　超细纤维的一般分类

名称	单丝线密度/dtex	主要用途
细纤维	0.55~1.4	与棉或化纤混纺,生产仿真丝织物、桃皮绒织物、特细薄型织物
超细纤维	0.33~0.55以下	生产高密防水透气织物、桃皮绒织物和高品质仿真丝织物
极细纤维	0.11~0.33以下	人造皮革、高级起绒织物、擦镜布、拒水织物
超极细纤维	0.11以下	仿麂皮布、人造皮革、过滤材料及医疗领域

2. 超细纤维的特性和后加工注意要点(表1-3-28)

表1-3-28　超细纤维的特性和后加工注意要点

特性	后加工注意要点
手感柔软,具有较强反射光,光泽柔和,毛细管现象增强,高吸水性和吸油性,可形成高密结构织物,形成更多的孔隙,保暖性好,相对强度较高,柔韧性好	单纤维强度小,清梳要轻打、少打,减少纤维损伤和棉结形成,比表面积大,摩擦系数增大,分梳困难、转移不良,宜用浅齿针布;会使上油率、上浆率、上色率相应增加,造成退油、退浆困难,染色不易均匀,成本也加大

(四)改性纤维

改性纤维是指将常用纤维通过改性处理达到其性能改变,促使使用性能和效果改善。目前,改性纤维主要有易染纤维、阻燃纤维、有色纤维、高吸湿纤维、抗静电纤维、抗起球纤维、高收缩纤维等。

1. 易染纤维品种、特性和用途(表1-3-29)

表1-3-29　易染纤维品种、特性和用途

品种	特性	用途
阳离子染料可染涤纶	可用色谱较广、色彩鲜艳的阳离子染料染色,且纤维的初始模量比普通涤纶低(10%~30%),因此手感柔软、丰满,抗起球性好,织物仿毛感改善	开发仿毛产品效果较好,已广泛使用

续表

品种	特性	用途
常压阳离子可染涤纶	可在常压下不用载体而用阳离子染料染色	开发仿毛产品效果较好,已广泛使用
常温、常压无载体可染涤纶	可不用载体在低于100℃的染色温度下用分散染料染色	增加涤纶对分散染料的可染性,并改善染色性能
酸性染料可染涤纶	可用色谱齐全的酸性染料染成鲜艳色彩,且能和羊毛混纺进行同浴染色	开发毛纺产品,完善涤毛混纺产品
酸性染料可染腈纶	可用色谱齐全的酸性染料染成鲜艳色彩,且能和羊毛混纺进行同浴染色	将它与普通腈纶混纺,用阳离子、酸性染料染色,可产生特殊的混色效果
可染深色涤纶	与天然纤维和其他纤维相比,改善涤纶染深色发色性差、色彩不鲜艳的弱点	使染色纤维与羊毛、真丝、醋酯纤维类同,制成织物挺括柔软
易染丙纶	改善丙纶染色困难的问题,提高其染色性	改善丙纶织物染色效果

2. 阻燃纤维品种、特性和用途(表1-3-30)

表1-3-30 阻燃纤维品种、特性和用途

品种	特性	用途
阻燃黏胶纤维	通常采用高湿模量工艺改性,以阻止强力降低,改性后极限氧指数可达27%~30%,且具良好的手感和耐洗涤性能,回潮率10%~12%,比一般略低	制作阻燃织物
阻燃腈纶(腈氯纶、偏氯腈纶)	改性后共聚单体氯乙烯的含量达到40%~60%,丙烯腈的含量为60%~40%,称腈氯纶 改性后共聚单体偏氯乙烯的含量达到20%~60%、丙烯腈含量为80%~40%,称偏氯腈纶 两种纤维的极限氧指数可达28%以上	制作阻燃地毯、帷幕、窗帘、化工过滤布及童装等
阻燃涤纶	阻燃效果持久,物理指标与普通涤纶相同,染色性更好	制作阻燃家居布、帷幔、窗帘、地毯、床上用品、汽车沙发布、睡衣等

品种	特性	用途
阻燃丙纶	极限氧指数达 26% 以上,物理性能基本不变	制作室内阻燃装饰织物、地毯、过滤布、滤油毡、绳缆等
阻燃维纶(维氯纶)	极限氧指数达 28%~35%,断裂强度在普通维纶与氯纶之间,打结强度稍低。有很好的染色性,良好的弹性和卷曲性能	用于有阻燃要求的篷盖布、防火帆布及劳保用品,也可用于装饰织物

3. 高吸湿和高吸水纤维品种、特性和用途(表1-3-31)

表1-3-31 高吸湿和高吸水纤维品种、特性和用途

品种	特性	用途
多孔性腈纶	一般腈纶吸湿性、吸水性差,易产生静电。该纤维有很高的吸湿性和透水性,且无黏湿感,呈较好的透气性和保湿性,强伸度与普通腈纶相当,表观密度低 1/4	用于内衣、运动服、儿童服装、睡衣、毛巾、浴巾、尿布及床上用品
多孔性涤纶	纤维表面和中空部分有直径为 0.01~0.03μm 的微孔,使吸湿和扩散速度比棉快,穿着由它制成的纺织品,能使皮肤保持干燥又无冷感	用于内衣、运动服、儿童服装、睡衣、毛巾、浴巾、尿布及床上用品
藕茎形纤维	是以锦纶为海组、以另一种聚合物为岛组的海岛型复合纤维,表面呈微孔孔道和沟槽,具有良好的柔软性和吸湿性	用于内衣、运动服、儿童服装、睡衣、毛巾、浴巾、尿布及床上用品
"HYGRA"复合纤维	是将有特殊网络结构的吸水聚合物包覆锦纶的芯鞘型复合化纤,兼有吸水性和疏水性,吸放湿能力和速度优于天然纤维,其吸水能力为自重的 3.5 倍	可与其他纤维混纺,用于内衣、妇女衣料、运动衣及工业用织物
相分离裂隙纤维	由两种不相容的高聚物熔融混合纺丝,因结晶性和收缩性的差别,使界面处形成许多不规则裂隙,使纤维具有较高的强度和吸湿性,且手感柔软	可与其他纤维混纺,用于内衣、妇女衣料、运动衣及工业用织物

4. 抗静电纤维品种、特性和用途(表1-3-32)

大部分合成纤维吸湿性差,纤维间摩擦系数较高,易产生静电并积聚电荷,使纤维排斥或吸附在机件上,造成纺纱困难。根本解决办法是提高其抗静电性能,主要途径是提高纤维的吸湿能力或添加抗静电剂。

表1-3-32 抗静电纤维品种、特性和用途

品种	特性	用途
抗静电丙纶	比电阻降低5~6个数量级,回潮率提高到5.9%~7.1%,绝对强度降低25%,但仍比黏胶纤维高数倍	改善纤维可纺性
抗静电涤纶	比电阻达$7.24\times10^{-8}\Omega\cdot cm$,强度和断裂伸长率分别为3.2cN/tex和29%,略低于普通纤维	可供冶金行业制成抗静电除尘布袋等
抗静电复合纤维	以聚酯和混有聚乙二醇的聚酰胺组成涤/锦复合纤维,以炭黑和聚酰胺组成的复合纤维均有较好的抗静电性,且手感、吸湿性、弹力、抱合力等有所改善	可供冶金行业制成抗静电除尘布袋等

5. 抗起球纤维品种、特性和用途(表1-3-33)

表1-3-33 抗起球纤维品种、特性和用途

品种	特性	用途
抗起球腈纶	降低断裂强度、钩结强度、延伸度和可弯曲性,或采用三叶形异形截面,使起球性改善	可用于纯纺或与棉、细羊毛混纺,产品蓬松柔软,起球改善
抗起球涤纶	降低纤维分子量,得到低强、中伸、中模量、断裂功小的抗起球纤维。具有良好的卷曲性质和压缩弹性,染色性能也比常规涤纶好	用于开发中厚型毛涤、薄型棉毛混纺产品

6. 高收缩纤维品种、特性和用途(表1-3-34)

通常把沸水收缩率在20%左右的纤维称收缩纤维,在35%~45%的称高收缩纤维。

表1-3-34　高收缩纤维品种、特性和用途

品种	特性	用途
高收缩腈纶	腈纶的沸水收缩率为2%~4%，而高收缩腈纶收缩率高达15%~45%，产品质轻、蓬松、柔糯、滑糯，保暖性好	与普通腈纶混纺经后加工成腈纶膨体纱，用作膨体绒线、针织绒线和花色纱线等
高收缩涤纶	改性后沸水收缩率达15%~50%，断裂伸长率60%，具有较高的强力	可与常规涤纶、羊毛、棉等混纺交织生产泡泡纱或条纹凹凸型风格的织物

7. 水溶性纤维、低熔点纤维品种、特性和用途(表1-3-35)

表1-3-35　水溶性纤维、低熔点纤维品种、特性和用途

品种	特性	用途
水溶性维纶	能在水中溶解，溶解温度70~92℃	可作为纺制高支纱、无捻纱、绣底布的载体纤维，可用于造纸、非织造布、特种工作服、育秧、海上布雷、降落伞等特种用途
低熔点纤维（涤纶、丙纶、乙纶复合）	具有熔点低、热收缩率低、熔融范围小等特点，产品手感柔软，富于弹性	可不用任何化学黏合剂使纤维低温黏合，大量用于尿布、卫生巾、医疗器材、过滤材料、绝缘、包覆材料等，也可用于纱线间粘固，增加牢度

8. 有色纤维分类、特性和用途(表1-3-36)

凡在化学纤维生产过程中加入染料、颜料、荧光剂等进行着色的纤维，都称为有色纤维。有色纤维可解决某些纤维染色困难的问题，且可以省去后续染整加工，节省后加工成本，减少染色的污染。

表1-3-36　有色纤维分类,特性和用途

分类	特征	用途
有色切片纺制型；常规切片与母粒着色型；湿丝束染色型	常用于较难染色的涤纶、丙纶、芳纶和常用的黏胶纤维、腈纶，目前主要色泽有黑、红、黄、绿和棕色。有色纤维色牢度高，成本也高	常互相混纺或与其他纤维混纺成花色纱线，较多用于针织品(单色产品用于装饰织物、地毯、缝纫线、渔网、绳带、防水衣、篷布等)

第四节 功能纤维

一、概述

功能性纤维是指具有一般纤维没有的某特定物理和化学性质,以满足某种特殊要求和用途的纤维。功能指承载、隔离、过滤、造型、耐久、舒适、导通、屏蔽、防高能辐射、高性能、生物兼容、自适应、智能等,不仅可以被动适应与承受,甚至可以主动响应和记忆,后者被称为智能纤维。部分差别化纤维也可列为功能性纤维。

二、主要品类

(一)高弹性功能纤维与形状记忆纤维

1. 氨纶弹性纤维

弹性纤维是指具有高断裂伸长率(400%以上)、低模量和接近100%弹性回复率的纤维。弹性纤维分为橡胶弹性纤维和聚氨酯弹性纤维,其中聚氨酯弹性纤维简称氨纶,是最主要的品种。聚醚型和聚酯型氨纶的性能与用途见表1-3-37。

表1-3-37 氨纶的性能与用途

项目	聚酯型	聚醚型
线密度/dtex	44~2490	44~1240
强度/(cN/tex)	5.3~8.0	7.1~10.6
断裂伸长/%	600~800	480~650
模量/(cN/tex)	1.2	1.7~3.9
弹性回复率/%	98(600%)	95(500%)
密度/(g/cm³)	1.1~1.3	1.1~1.3
回潮率/%	9.5	9.35
沸水收缩率/%	3~12	3~12
玻璃化温度/℃	-40~-20	-60
软化温度/℃	170~230	170~230
热损伤温度/℃	120	120

项目	聚酯型	聚醚型
染色性	能适用锦纶的多种染料,如分散染料、酸性染料和络合染料	
用途	加工包芯纱、交捻纱、包缠纱,做牛仔服、灯芯绒服装、紧身内衣、滑雪衣和运动服装。氨纶长丝也可直接制成袜、裤、内衣以及弹力绷带、人造皮肤等	

2. PBT、PTT 弹性纤维

聚对苯二甲酸丁二酯(PBT)与聚对苯二甲酸丙二酯(PTT)弹性纤维属聚酯纤维中的新品种,具有弹性好、上染率高、色牢度好以及洗可穿、挺括、尺寸稳定性好等优良性能。与普通涤纶相比,强力较低,断裂伸长较大,初始模量明显降低,但弹性突出和染色性优良,手感也较柔软。PTT 纤维是 PBT 纤维的升级品种。

短纤可与其他纤维混纺,长丝可用于包芯纱的芯纱;可加工弹性类织物,如内衣、弹力运动服、弹力牛仔服等。

3. 形状记忆纤维

形状记忆纤维是由形状记忆物质构成并对纤维原形状具有记忆功能的纤维。目前,形状记忆纤维主要有形状记忆合金纤维,主要用于复合材料超弹和形状记忆,机翼、螺旋桨,牙科手术钻头、血管支架和血块拦截过滤器,混凝土增强、构架固定,微机器手等功能复合材料;形状记忆聚合物纤维(聚乙烯、聚氨酯、聚己内酯—二醇、环氧树脂、聚酯等),用于抗皱免烫、可呼吸织物,手术缝纫线、绷带、靶向送药和缓释器、清除血块微驱动器,航天航空器中的释放装置、展开反射镜、结构架梁、太阳能电池板等轻质高弹性复合材料;形状记忆凝胶如聚甲基丙烯酸(PAA)、聚 N-异丙基丙烯酰胺(PNIAPA)、异丙基丙烯酰胺(PNIPAM)、聚乙烯基甲基醚(PVME)、聚氧化乙烯、羟丙基纤维素、聚乙烯醇、乙基轻乙基纤维素等高分子凝胶、凝胶絮体或纳米凝胶纤维,并置于纤维体中形成具有可呼吸、方向性导湿排汗与拒水、防风保暖功能纺织品。

(二)保暖性功能纤维

这类纤维发展很快,品种繁多,部分代表性品种的特性和用途见表1-3-38。

表 1-3-38　部分保暖性功能纤维的特性和用途

品种	特性	用途
远红外纤维	在涤纶或丙纶中混入远红外发射率高的陶瓷微粒的远红外纤维,通过吸收人体发出的远红外线和人体辐射的远红外线,可使纺织品的保暖率提高 10%~15%	制作远红外衬衫、内衣,具有良好的保暖性和一定的保健作用

品种	特性	用途
阳光吸收放热纤维	以碳化锆类化合物微粒的聚合物和涤纶或锦纶组成的皮芯型复合纤维,具有吸收可见光和近红外线的功能,加工的服装可比普通服装保暖性高2~8℃	可开发滑雪服、运动衫、紧身衣,并可扩大到农业、建筑领域使用
异形中空纤维	异形中空纤维有较大的纤维比表面积,能迅速将湿气排出蒸发,保持身体温暖;且能隔离空气,保持体温;中空纤维质轻柔软,透湿快干,比全棉快50%,保暖率提高30%	制作保健内衣、运动服、登山服等
导电保暖纤维	采用导电性碳纤维或聚乙烯和炭黑粉混合制成导电保暖纤维,通电后可发热保温	制作电热床单、垫毯、医疗保健毯及特殊用途服装

(三)抗菌、防臭与香味纤维

1. 甲壳素纤维与壳聚糖纤维

甲壳素纤维是以蟹、虾等甲壳动物的外壳及各种昆虫的表皮和贝类等软体动物的骨骼、外壳为原料,经特殊工艺制成,是自然界中唯一带阳离子的高分子碱性多糖聚合物。壳聚糖是甲壳素的脱乙酰化产物,又称可溶甲壳素、壳多糖、甲壳胺,是一种天然生物高分子聚合物。甲壳素和壳聚糖生物类再生纤维具有较好的理化性能和生物活性功能,是应用较广的抗菌、除臭纤维。甲壳素纤维与壳聚糖纤维的特性和用途见表1-3-39。

表1-3-39 甲壳素纤维与壳聚糖纤维的特性和用途

特性	用途
甲壳素的衍生物壳聚糖有良好的吸附螯合性能,可除去重金属和吸附有毒物质,对某些细菌有抑制作用并能促进上皮细胞生长,有利于创面愈合。壳聚糖按一定比例分散在纤维中,可使织物抗菌、防臭。甲壳素纤维呈白色、柔软、有光泽、无异味,平衡回潮率约15.3%,断裂强度≥1.65g/dtex,具有很强的吸湿功能。甲壳素纤维具有生物相容性和可降解性	制作各种抗菌、防臭、保湿袜子,睡衣,婴儿装及运动衣;制作人造皮肤、手术缝合线、医用敷料等;用作净化水质过滤材料和其他吸附有害物质材料

2. 抗菌再生纤维素纤维

再生纤维素纤维在纺丝液中加入抗菌添加剂,实现持久性抗菌,能抑制大多数种类的细菌,其性能和用途见表1-3-40。

表 1-3-40 再生纤维素纤维的特性和用途

品种	特性	用途
抗菌 Lyocell 纤维	以 Lyocell 纤维的加工工艺为基础,在纺丝液中加入磨细的海藻,使其具有惊人的吸附能力。在活化过程中,银、锌、铜等灭菌金属被吸收在纤维矩阵中,使其具有抗菌和阻燃功能,并且有 Lyocell 纤维的各类特点	用于加工抗菌工作服(包括手套)、运动服、内衣及家用纺织品
抗菌 Modal 纤维	能够抗多种致病性葡萄球菌,在水、碱和酸中的溶解性非常低,能耐热、耐洗并,具 Modal 纤维的各种特点	用于加工抗菌服装、运动服、内衣、T 恤衫、睡衣等

3. 抗菌除臭丙纶

在丙纶母粒中加入 10%含氧化锌、二氧化硅、银沸石、载银硅硼酸等抗菌防臭复合粉体,与丙纶切片共混纺丝,制成的纤维具有广谱抗菌作用。适于加工抗菌防臭服装、内衣、鞋袜等。

4. 香味纤维

在功能上与抗菌、防臭纤维相近的还有香味纤维,即在纤维中添加香料使纤维达到芳香、除臭、杀菌和使人愉悦的效果。纤维多为皮芯结构,皮层为聚酯,芯层为掺有天然香料,如唇形科薰衣草香精油或柏木精油的聚合物,或混入带有香精的微胶囊纺丝而成。适于制成地毯、窗帘和睡衣等。

(四)高吸附与吸水功能纤维

高吸附与吸水功能纤维的品种近年来发展较快,其代表性品种的特征和用途见表 1-3-41。

表 1-3-41 高吸附与吸水功能纤维代表性品种的特征和用途

品种	特征	用途
高吸附纤维	高吸附纤维具有极大的比表面积,即纤维的超细和纳米化或多孔化,如气凝胶纤维;且具有极强的表面吸附能,即表面存在高吸附性物质或对表面活化改性	用于口罩吸附材料以及其他空气、水质净化和颗粒物质回收纺织过滤材料等
差别化吸湿透气纤维	纤维表面有多条微细沟槽,产生毛细管效应,使肌肤表层的湿气与汗水能迅速排出体外,扩散湿气能力和干燥效率比棉提高 10%~50%,生产的织物穿着舒适、温暖、快干、不缩水并防皱	适宜制作内衣、袜子及高品质运动衣及军服

续表

品种	特征	用途
吸水功能纤维	吸水功能纤维有别于差别化吸湿吸水纤维,其通过纤维的膨胀,不仅可吸收自身质量数十倍至几百倍的水,而且可将所吸水以极柔软的准固态固住,即便在烘燥或挤压条件下	可用于尿不湿等卫生纺织品,以及环境保护、回收利用等领域的纺织产品

(五)抗静电和导电纤维

抗静电纤维主要是指通过提高纤维表面的吸湿性能来改善其导电性能的纤维;导电纤维是指在标准状态(20℃、相对湿度65%)下,质量比电阻在$10^8\Omega \cdot g/cm^2$以下的纤维。导电纤维与抗静电纤维相比,其消除和防止静电的性能高得多。实践证明,通过导电纤维的混入,其抗静电效能高、可靠性强,尤其在40%低相对湿度下显示出优良的抗静电性。抗静电与导电纤维的品种、特性和用途见表1-3-42。

表1-3-42　抗静电纤维与导电纤维的品种、特性和用途

品种	特性	用途
抗静电纤维	一般采用表面活性剂即抗静电剂功能整理,抗静电剂多为亲水性有机物,故纤维制品的抗静电性依赖于亲水基团量和环境湿度。一般抗静电纤维或抗静电整理效果在相对湿度大于40%时比较明显	1. 制作石化、煤炭、油轮等行业防爆型工作服 2. 制作精密机械、电子仪表、医疗等行业防尘工作服 3. 制作一般抗静电服装和抗静电毛毯等
导电纤维	导电纤维包括金属、金属镀层纤维,炭粉、金属氧化、硫化、碘化物的掺杂纤维,络合物导电纤维,导电性树脂涂层与复合纤维,甚至是本征导电高聚物纤维等。多采用导电短纤维以0.1%~8%混纺成纱、成布;导电长丝等间隔织造成织物,以达到既导电又保持织物的风格的目的	

(六)防辐射纤维

各种高能射线如微波、X射线、紫外线、中子射线等对人体有相当大的危害,为此,近年来开发了不少防辐射纤维及纺织品。防辐射纤维的主要品种、特性和用途见表1-3-43。

表1-3-43　防辐射纤维的主要品种、特性和用途

品种	特性	用途
防紫外线纤维	具有较高的遮挡紫外线性能,遮挡率可达95%以上,还具耐洗涤和良好的手感	制作防紫外线服饰,特别适用夏季服装和高原服装以及窗帘、遮阳伞、泳装等

续表

品种	特性	用途
防X射线纤维	具有较好的X射线屏蔽效果,可减少它对人体性腺、乳腺和骨髓等的伤害,减少白血病、骨髓瘤的发生	制作X射线防护服
防微波辐射纤维	具有良好的防辐射性能,且质轻、柔软性好、强度高,对电磁波和红外线也有反射性能	可用作微波防护服、微波屏蔽材料,加工的纺织品可用作原子反应堆的屏蔽,也可用于医院放射治疗的防护
防中子辐射纤维	纤维中的锂或硼化合物,具有较好的中子辐射防护效果,防护屏蔽率达44%以上	

(七)阻燃纤维

纤维阻燃可以从提高纤维材料的热稳定性、改变其热分解产物、阻隔和稀释氧气、吸收或降低燃烧热等方面着手来达到阻燃目的。阻燃纤维的主要品种、特性和用途见表1-3-44。

表1-3-44　阻燃纤维的主要品种、特性和用途

品种	特性	用途
阻燃黏胶纤维	大多采用磷系阻燃剂,通过共混法制得,极限氧指数可达27%~30%	适用于阻燃织物、防护服、装饰布和针织品等
阻燃腈纶纤维	一般采用共聚法改性,共聚单体常以氯乙烯基系单体,含量一般为33%~36%,极限氧指数为26%~28%;含量达到40%~60%为腈氯纶,其极限氧指数可达到28%以上	适于制作高贵裘皮服装、地毯、毛毯、长毛绒、空气过滤布等
阻燃涤纶	采用共聚、共混法改性,以共聚法为多,所用的阻燃剂主要是磷系和溴系反应型阻燃剂,极限氧指数约为27%	用于家居装饰布、帷幕、地毯、汽车装饰布、儿童睡衣、睡袋、工作服和床上用品等
阻燃丙纶	采用共混法改性,即将常规聚丙烯与含阻燃剂的阻燃母粒混合纺丝,极限氧指数达26%~28%	主要用于装饰织物和工业用途

第五节　高性能纤维

一、概述

高性能纤维一般是指高强、高模、耐高温和耐化学作用纤维,属高承载能力和高耐久性的一类纤维。高性能纤维的最主要特征是高强、高模和耐热性,纤维的强度一般应大于18cN/dtex,

初始模量应大于441cN/dtex。常用高性能纤维有碳纤维、芳纶、聚酰亚胺、超高分子量聚乙烯纤维、聚苯硫醚纤维等。

二、主要品类

(一)碳纤维

碳纤维是指纤维化学组成中碳元素占总质量90%以上的纤维,主要以腈纶、黏胶纤维或沥青纤维为原丝,通过加热除去碳以外的其他元素而制得的一种高强度、高模量纤维。具有很高的化学稳定性和耐高温性能。几种典型碳纤维的物理性能指标与应用见表1-3-45。

表1-3-45　几种典型碳纤维的物理性能指标与应用

项目	普通型(A型或Ⅲ型)	高强型(C型或Ⅱ型)	高模型(B型或Ⅰ型)
密度/(g/cm³)	1.71~1.93	1.69~1.85	1.86~2.15
强度/(cN/tex)	91.8~140.7	132.8~177.4	88.3~127.2
模量/(cN/tex)	9697.8~12390	13847~17723	13691~25426
电阻率(与纤维轴平行)/(Ω·m)	$(6 \sim 30) \times 10^{-6}$		
热膨胀系数(20~100℃)(1/k)	轴向 1×10^{-6},径向 1.7×10^{-5}		
使用温度	空气中360℃以下,隔绝氧气条件下1500~2000℃		
酸碱影响	一般不起作用		
用途	一般加入树脂、金属或陶瓷等基体中组成复合材料,是宇航、导弹、火箭、汽车、医疗、体育用具等的重要材料		

(二)芳族聚酰胺纤维

由芳族聚酰胺长链分子制成的纤维叫芳族聚酰胺纤维,也叫芳纶。芳族聚酰胺纤维的品种、特性和用途见表1-3-46。

表1-3-46　芳族聚酰胺纤维的特性和用途

品种	特性	用途
芳纶1313	断裂强度和韧性与涤纶相当。在180℃下,使用3000h不损失强度;在260℃下,使用1000h能保持原强度的65%;在400℃以上,纤维不熔融,仍能起绝缘和保护作用。具有阻燃性、良好的尺寸稳定性和抗辐射性	制作高温条件下的绳索、输送带、防火帘、阻燃消防服、防辐射保护服、过滤材料。棉/芳纶(50/50)混纺织物的阻燃效果好,可改善纯芳纶织物热收缩大和碳化膜易开裂的特点

品种	特性	用途
芳纶 1414	高模量、高强度和耐高温,拉伸强度为 185 ~ 194.3cN/tex,耐疲劳强度达 22.07cN/dtex 以上,弹性模量为 4238~4768cN/tex,与橡胶有良好的黏着力且有透过微波的特性	制作高级轮胎、特种帆布、绳索、防弹衣、头盔、雷达外罩增强塑料等
芳砜纶	除强力稍低外,其他性能与芳纶相似,但它在抗燃和抗热氧老化上显著优于芳纶,在 300℃热空气中使用 100h,强力损失小于 5%,极限氧指数超过 33%;还有良好的染色性、电绝缘、抗化学腐蚀性、抗辐射等;可纺性略差于涤纶(卷曲保持性差)	制作消防服、特种工作服、高温过滤材料、F 或 H 级绝缘纸,用于安全保护、环保、化工、宇航等领域

(三)超高分子量聚乙烯纤维

超高分子量聚乙烯纤维的分子量高达 $5×10^5 ~ 5×10^6$,其特性和用途见表 1-3-47。

表 1-3-47　超高分子量聚乙烯的特性和用途

特性	用途
具有高强度、高模量,强度达 265cN/tex,模量达 9354.8cN/tex 以上,高于芳纶;密度小,耐化学试剂及紫外光线性能优良,生产成本低于芳纶;介电常数 2.3 左右,低于一般纤维,适合高频电波下使用,具有良好的电波透射率;纤维柔韧性佳,钩结强度和打结强度高;具有低吸湿性,能在 145 ~ 155℃短时间保持固态	适合制作高强度绳索并能浮于水面,可用作过滤织物、防护服、耐冲击织物、降落伞、航海用织物、捕鱼网、钓鱼线、耐用运动服、头盔、防弹衣等。但不易染色,常与涤纶、棉混纺使用

(四)聚酰亚胺纤维

聚酰亚胺纤维是指分子链中含有芳酰亚胺的纤维,是具有极好的阻燃性、保暖性和化学稳定性的一类高性能纤维,其特性和用途见表 1-3-48。

表 1-3-48　聚酰亚胺纤维的特性和用途

特性	用途
具有极好的耐高、低温性能,分解温度可达 500 ~ 600℃,在-269℃的液态氢中不会脆裂,长期使用温度范围-200 ~ 300℃,极限氧指数高于 38%;高绝缘性能,10^3Hz 下介电常数 4.0,介电损耗仅 0.004 ~ 0.007	可用于制作防火服、隔热服、保暖服装以及防火毛毯以及防火装饰织物等,可与毛混纺用于保暖面料,也作为高温密封件和包装材料、高温过滤滤袋材料、航空内部材料等使用

(五)聚苯硫醚纤维

聚苯硫醚纤维即 PPS 纤维,是兼具优异的热稳定性、化学稳定性和纺织加工性能的高性能纤维,具有特殊的阻燃性能,其产品形式主要是短纤维,其特性和用途见表1-3-49。

表1-3-49 聚苯硫醚纤维的特性和用途

特性	用途
具有良好的纺纱性能和加工非织造布性能,纤维表面吸湿性较差,密度与涤纶相同,熔点285℃,具有特殊的阻燃性能与热稳定性,能耐大多数化学试剂	是工业过滤烟道气极佳的纤维材料,适于用作造纸工业机毡带、耐化学腐蚀的过滤材料、电子工业特种用纸以及防雾材料、航天服和消防服等

(六)聚苯并噁唑(PBO)纤维

PBO 纤维有四大特点,即高强度、高模量、耐高温性、阻燃性,强度和模量比芳纶高一倍多,并兼有耐热性,点火时不燃,纤维也无收缩现象。PBO 纤维的特性和用途见表1-3-50。

表1-3-50 聚苯并噁唑纤维的特性和用途

特性	用途
纤维的强度、模量高于一般高功能纤维,超过钢丝的力学性能。耐热、阻燃性居各种有机纤维之上,无熔点,在高温中不熔化,分解点为650℃,极限氧指数为68%,在有机纤维中阻燃性最高,燃烧时不收缩,无烧痕,不脆不曲,纤维柔软性好,近似涤纶,对织造加工有利,吸湿率0.6%,吸湿除湿后,尺寸稳定不变。耐药品性和耐切割性高,300℃下耐磨损性良好 缺点是耐光性差,受紫外线照射会影响纤维的强度,应采用遮光措施	主要用于要求既耐火和耐热,又要高强高模的柔性材料领域中,如消防服、防护手套、靴、鞋、热气体过滤介质、高温传送带、热毡垫、摩擦减震和增强复合材料等

(七)聚苯并咪唑(PBI)纤维

PBI 纤维是一种性能优异的耐高温及手感佳的有机纤维,其防火性能优异,但比起其他高性能纤维,该纤维力学性能较差,其特性和用途见表1-3-51。

表1-3-51 聚苯并咪唑纤维的特性和用途

特性	用途
特点是难燃且不会熔滴,极限氧指数可达41%,抗化学性和吸湿性较好,回潮率15%,可纺性好;但该纤维物理性能较差,强度24cN/tex,特有的金黄色外观十分显眼	主要用作防火材料,可生产防火织物和防护服,可与碳纤维和芳纶等组成复合纤维或混纺制作防护织物与消防员服装等

(八)陶瓷纤维

陶瓷纤维属耐火纤维,一般泛指金属氧化物、碳化物、氮化物纤维,硅酸铝、非金属碳化物、钛酸钾纤维。几种陶瓷纤维的物理性能见表1-3-52。陶瓷纤维的特性和用途见表1-3-53。

表1-3-52 几种陶瓷纤维的物理性能

纤维名称	硅酸铝纤维	氧化铝纤维	NEXTEL440
成分	Al_2O_3 40%~60%，SiO_2 60%~40%	Al_2O_3 95%，SiO_2 5%	Al_2O_3 62%，Si 24%，B 14%
纤维直径/μm	2~5	10~12	10~12
纤维长度/mm	35~50	长丝	长丝
抗拉强度/(cN/tex)	21.8~29.1	61.8~75.6	68
初始模量/(cN/tex)	2550~2910	4730~6910	676
密度/(g/cm³)	2.5~3.0		3.045
比表面积/(m²/g)	3~10	<1	>5
熔点/℃	1000~1400	1600	1800

表1-3-53 陶瓷纤维的特性和用途

特性	用途
具有一定的可纺性，可加工成机织物和非织造布；产品柔软，有一定压缩弹性；具有耐火材料中最低的导热系数[0.07~0.23W/(m·K)]和耐热冲击性，能够抵御弯折、扭曲和机械振动；还具有较好的耐酸性和优良的电绝缘性；在高温状态下，介电常数高	产品有絮、绳、毡、板、机织物、编织物，广泛用于耐热、隔热、防火、摩擦制动密封、高温过滤、劳动保护等领域

(九)聚四氟乙烯纤维

聚四氟乙烯纤维(PTFE)是一组主要的含氟纤维,简称氟纶,是已知最为稳定的耐化学作用和耐热的纤维,其特性和用途见表1-3-54。

表1-3-54 聚四氟乙烯纤维的特性和用途

特性	用途
具有优异的化学稳定性,能耐氢氟酸、王水、发烟硫酸、强碱、过氧化氢等强腐蚀剂。具有良好的耐气候性,使用温度-180~260℃;在空气中不会燃烧;有良好的电绝缘性和抗辐射性;摩擦系数0.01~0.05,是合纤中最小的	有单丝、复丝、短纤和膜裂纤维等品种,可加工增强塑料,是飞机的优良结构材料,可制作火箭发射台屏蔽物;织物可制作宇航服。宜制作耐腐蚀、耐高温过滤材料,密封材料,传送带,无油轴承以及人造气管、血管等医用器材

第四章　常用纺织纤维特性

第一节　拉伸特性

一、拉伸曲线

常用纤维的拉伸曲线如图 1-4-1 所示。

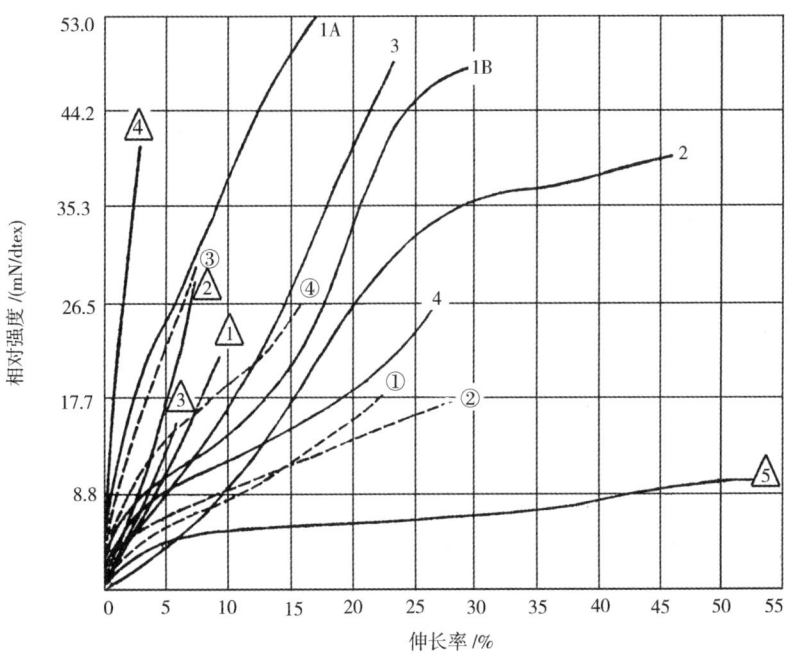

图 1-4-1　常用纤维的拉伸曲线

1A—涤纶 1.7dtex×38mm 高强低伸型　1B—涤纶 1.7dtex×38mm 普通型

2—锦纶 3.3dtex×97mm　3—维纶 1.6dtex×35mm　4—腈纶 1.7dtex×38mm

①—棉型黏胶纤维 1.7dtex×38mm　②—毛型黏胶纤维 3.3dtex×70mm

③—富强纤维 1.7dtex×38mm　④—高湿模量黏胶纤维 1.7dtex×38mm

⚠—细绒棉　⚠—长绒棉　⚠—粗绒棉　⚠—苎麻　⚠—66 支新疆改良羊毛

二、拉伸性能

常用纤维素纤维的拉伸性能见表1-4-1。

表1-4-1 常用纤维素纤维的拉伸性能

项目		普通黏胶纤维	Lyocell (Tencel)	富强纤维	高湿模量黏胶纤维	铜氨纤维	棉
断裂强力/cN		3~4	6~8	6~7	5~6	2~5	4~6
伸长/%	干	18~23	10~15	10~15	14~16	10~20	8~10
	湿	22~28	10~18	11~16	15~18	16~35	12~14
断裂强度/(cN/tex)	干	20~25	42~48	36~42	34~38	9~12	26~32
	湿	10~15	26~36	27~30	18~22	—	—
打结强度/(cN/tex)		10~14	18~20	8~12	12~16	—	—
湿/干强度/%		55~60	55~65	65~70	60~65	—	—
湿模量/(cN/tex)		50	200~350	230	120	—	—
初始模量(伸长5%)/(cN/tex)		40~50	250~270	200~350	180~250	30~50	200~300

几种常用化学纤维的拉伸特性见表1-4-2。

表1-4-2 常用化学纤维的拉伸特性

品种		断裂强度/(mN/dtex)		相对钩结强度/%	断裂伸长率/%		初始模量/(mN/dtex)	弹性回复率(伸长3%时)/%
		干态	湿态		干态	湿态		
涤纶	短纤(普通)	42~52	42~52	75~95	35~50	35~50	220~440	90~95
	短纤(高强低伸)	53~62	53~62	75~95	18~28	18~28	618~795	90~95
	长丝	38~53	38~53	85~98	20~32	20~32	795~880	95~100
锦纶4	短纤	38~62	32~47	65~85	25~90	27~93	70.4~264	95~100
	长丝	42~56	37~52	75~95	28~45	36~52	176~396	98~100
锦纶44	短纤	31~63	26~80	85~95	16~66	18~98	88~396	100(伸长4%)
	长丝	26~53	23~46	75~95	25~95	30~70	44~211	
锦纶	短纤	25~40	19~40	50~75	25~50	25~60	220~546	90~95

续表

品种		断裂强度/(mN/dtex)		相对钩结强度/%	断裂伸长率/%		初始模量/(mN/dtex)	弹性回复率(伸长3%时)/%
		干态	湿态		干态	湿态		
维纶	短纤(普通)	40~57	28~46	35~40	11~17	11~17	616~924	72~85
	短纤(强力)	60~75	47~60					
	长丝(普通)	26~35	18~28	38~94	17~22	17~25	528~792	70~90
	长丝(强力)	53~79	44~70					
丙纶	短纤	26~57	26~57	90~95	20~80	20~80	176~352	96~100
	长丝	26~70	26~70	—	20~80	20~80	158~352	96~100
氨纶	长丝	4.4~8.8	3.8~8.8	—	450~800	—	—	95~99 (50%伸长时)
氯纶	短纤	29~35	29~35	87	15~23	15~23	264~440	80~85
	长丝	24~33	24~33		20~25	20~25	264~616	80~90

三、温湿度、回潮率的影响

(一)不同温度下几类常用纤维的应力—应变曲线(图1-4-2)

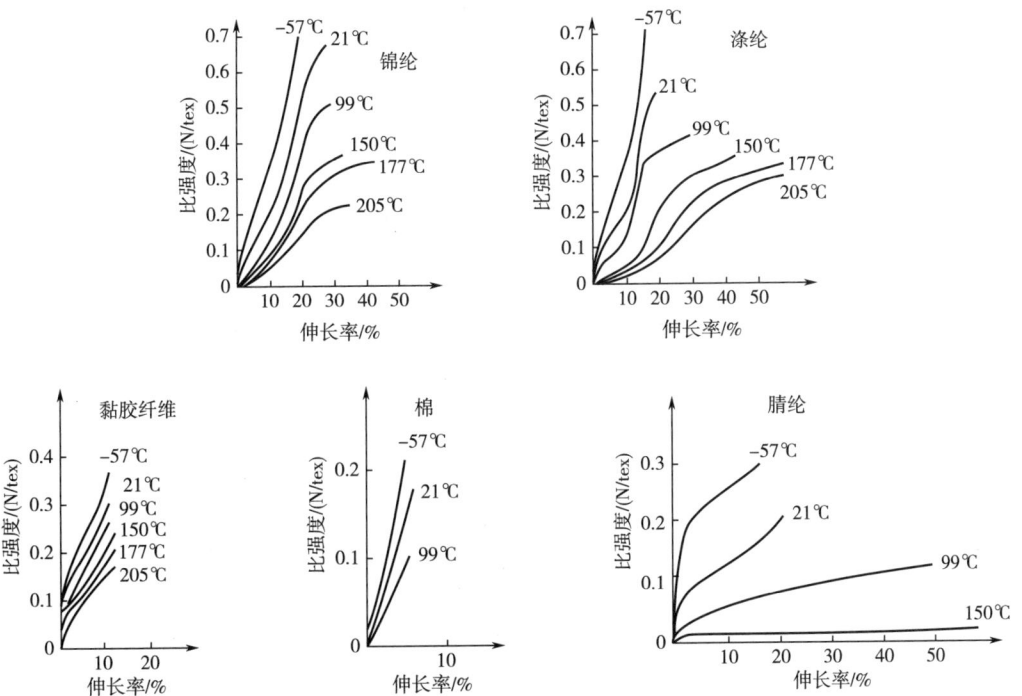

图1-4-2 不同温度下几类常用纤维的应力—应变曲线

（二）相对湿度对富强纤维、棉纤维强伸度的影响（图1-4-3）

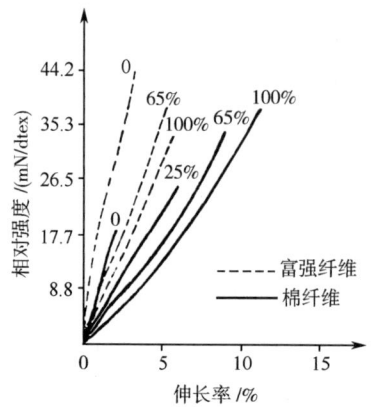

图 1-4-3　相对湿度对富强纤维、棉纤维强伸度的影响

（三）黏胶纤维回潮率、温度对强力的修正系数（表1-4-3）

表 1-4-3　黏胶纤维回潮率、温度对强力的修正系数

回潮率/%	强力修正系数				
	15℃	20℃	25℃	30℃	35℃
8	0.682	0.753	0.809	0.855	0.894
9	0.732	0.803	0.858	0.904	0.942
10	0.782	0.853	0.908	0.952	0.989
11	0.833	0.903	0.956	0.999	1.035
12	0.884	0.952	1.004	1.045	1.079
13	0.934	1.000	1.050	1.089	1.121
14	0.983	1.046	1.094	1.131	1.161
15	1.031	1.092	1.136	1.171	1.199
16	1.078	1.135	1.176	1.208	1.234
17	1.123	1.176	1.214	1.244	1.268
18	1.165	1.215	1.250	1.277	1.299
19	1.206	1.251	1.283	1.308	1.327
20	1.244	1.286	1.314	1.336	1.354

第二节　弹性回复率

一、几种纤维的拉伸弹性回复率曲线

几种常见纤维的拉伸弹性回复率如图 1-4-4 所示。

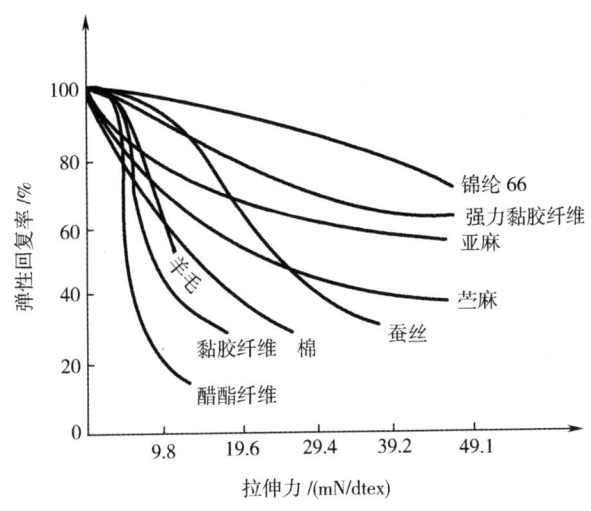

图 1-4-4　几种纤维的拉伸弹性回复率

二、不同伸长率下的弹性回复率

几种常见纤维在不同伸长率下的弹性回复率见表 1-4-4 和图 1-4-5。

表 1-4-4　几种纤维在不同伸长率下的弹性回复率(%)

纤维种类		棉	毛	黏胶纤维		涤纶		锦纶		腈纶	维纶
				长丝	短纤	长丝	短纤	长丝	短纤	短纤	短纤
弹性回复率	伸长 2%	74	—	—	—	—	—	—	—	—	80
	伸长 3%	—	86~93	68	80	100	97	100	100	89~95	70~80
	伸长 5%	45	69	45	56	96	88	97~100	98	88	50~60
	伸长 10%	断裂	51	32	41	67	66	93~99	92	56	45~50

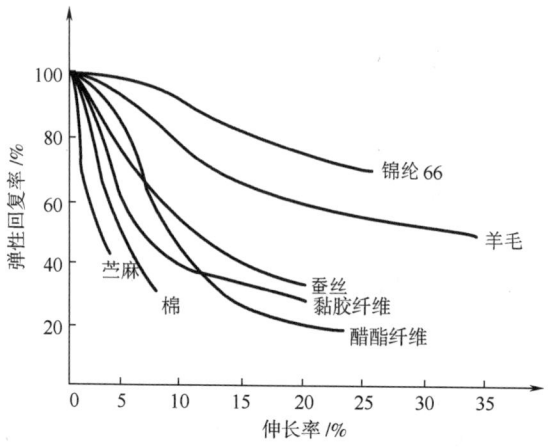

图 1-4-5　几种纤维在不同伸长率下的弹性回复率

第三节　摩擦特性

一、摩擦系数

几种纤维的摩擦系数见表 1-4-5。

表 1-4-5　几种纤维的摩擦系数

纤维种类	棉	羊毛		锦纶	涤纶	维纶	腈纶	黏胶纤维
		顺	逆					
静摩擦系数	0.27~0.29	0.13	0.61	0.41~0.43	0.38~0.41	0.35~0.37	0.34~0.37	0.22~0.26
动摩擦系数	0.24~0.26	0.11	0.11	0.23~0.26	0.26~0.29	0.30~0.33	0.26~0.29	0.19~0.21

二、耐磨性能

几种纤维的耐磨性见表 1-4-6。

表 1-4-6　几种纤维的耐磨性

纤维名称		黏胶纤维	涤纶	锦纶	腈纶	醋酯纤维
纤维线密度/dtex		2.2	2.2	3.3	2.8	4.4
摩擦次数	干态	880	1980	8800	135	409
	湿态	28	1870	3890	139	58

第四节　弯曲、屈曲特性

一、抗弯性能

几种纤维的抗弯性能见表1-4-7。

表1-4-7　几种纤维的抗弯性能

纤维种类	纤维密度/ (g/cm^3)	纤维弹性模量/ (cN/tex)	纤维比弯曲刚度/ ($cN \cdot cm^2/tex$)
长绒棉	1.51	877.1	$3.66×10^{-4}$
细绒棉	1.50	653.7	$2.46×10^{-4}$
细羊毛	1.31	220.5	$1.18×10^{-4}$
粗羊毛	1.29	265.6	$1.23×10^{-4}$
桑蚕丝	1.32	741.9	$2.65×10^{-4}$
苎麻	1.52	2224.6	$9.32×10^{-4}$
亚麻	1.51	1166.2	$4.96×10^{-4}$
普通黏胶纤维	1.52	515.5	$2.03×10^{-4}$
强力黏胶纤维	1.52	774.2	$3.12×10^{-4}$
富强纤维	1.52	1419.0	$5.8×10^{-4}$
涤纶	1.38	1107.4	$5.82×10^{-4}$
腈纶	1.17	670.3	$3.65×10^{-4}$
维纶	1.28	596.8	$2.94×10^{-4}$
锦纶6	1.14	205.8	$1.32×10^{-4}$
锦纶66	1.14	214.6	$1.38×10^{-4}$
玻璃纤维	2.52	2704.8	$8.54×10^{-4}$
石棉	2.48	1979.6	$5.54×10^{-4}$

二、扭转性能

几种纤维的扭转性能见表1-4-8。

表 1-4-8　几种纤维的扭转性能

纤维种类	比剪切模量/ （cN/tex）	相对扭转刚度/ （cN·cm²/tex）	纤维种类	比剪切模量/ （cN/tex）	相对扭转刚度/ （cN·cm²/tex）
棉	161.7	7.74×10^{-4}	富强纤维	64.7	4.31×10^{-4}
木棉	197	71.5×10^{-4}	铜氨纤维	100	6.86×10^{-4}
羊毛	83.3	6.57×10^{-4}	醋酯纤维	60.8	3.33×10^{-4}
桑蚕丝	164.6	10.00×10^{-4}	涤纶	63.7	4.61×10^{-4}
柞蚕丝	225.4	5.88×10^{-4}	锦纶	44.1	3.92×10^{-4}
苎麻	106.2	5.49×10^{-4}	腈纶	97	5.1×10^{-4}
亚麻	85.3	5.68×10^{-4}	维纶	73.5	3.53×10^{-4}
普通黏胶纤维	72.5	4.6×10^{-4}	乙纶	5.4	4.9×10^{-4}
强力黏胶纤维	69.6	4.41×10^{-4}	玻璃纤维	1607.2	62.72×10^{-4}

第五节　电学特性

一、静电特性

（一）常用纤维与部分材料的静电序列

图 1-4-6 中相邻两种纤维相互摩擦时，排在左侧的纤维带正电荷，排在右侧的纤维带负电荷。

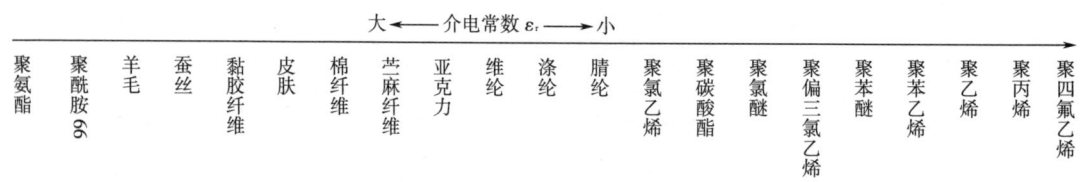

图 1-4-6　常用纤维与部分材料的静电序列

（二）常用纤维的静电散失时间（表 1-4-9）

表 1-4-9　常用纤维的静电散失时间

纤维种类	棉	蚕丝	羊毛	黏胶纤维	醋酯纤维	涤纶	锦纶	腈纶
$t_{1/2}$/s	25×10^{-2}	6×10^{-2}	3	5×10^{-2}	4×10^{3}	2.5×10^{3}	1.2×10^{3}	$4 \times 10^{2} \sim 6 \times 10^{3}$

$t_{1/2}$ 为电荷半衰期，是一个时间常数，指纤维上电荷减少到原有电荷量的 1/2 倍所需时间。

(三)常用纤维的介电常数

在工频(50Hz 或 60Hz)条件下,真空的介电常数等于1,空气的介电常数接近于1,干燥纺织纤维的介电常数在2~5,而液态水的介电常数为20,吸附水分子为80。当测量频率为1kHz,空气相对湿度为65%时,常见纺织纤维的介电常数见表1-4-10。

表1-4-10　常见纺织纤维的介电常数

纤维种类	介电常数 ε_r	纤维种类	介电常数 ε_r
棉	18	锦纶短纤	3.7
羊毛	5.5	锦纶丝	4.0
黏胶纤维	8.4	涤纶短纤(去油)	2.3
黏胶丝	15	涤纶短纤	4.2
醋酯短纤	3.5	腈纶短纤(去油)	2.8
醋酯丝	4.0		

二、质量比电阻

(一)常用纤维的质量比电阻(表1-4-11)

表1-4-11　常用纤维的质量比电阻

纤维种类	质量比电阻/$(\Omega \cdot g/cm^2)$	纤维种类	质量比电阻/$(\Omega \cdot g/cm^2)$
棉	$10^6 \sim 10^7$	锦纶、涤纶(去油剂)	$10^{13} \sim 10^{14}$
麻	$10^7 \sim 10^8$	锦纶、涤纶(加油剂)	$10^8 \sim 10^{10}$
羊毛	$10^8 \sim 10^9$	腈纶(去油剂)	$10^{12} \sim 10^{13}$
蚕丝	$10^9 \sim 10^{10}$	腈纶(加油剂)	$10^8 \sim 10^{10}$
黏胶纤维、富强纤维	$10^7 \sim 10^8$	丙纶、氯纶	$10^8 \sim 10^{10}$
醋酯纤维	$10^7 \sim 10^9$	维纶	$10^8 \sim 10^{10}$

棉纤维的质量比电阻较小,羊毛较高,合成纤维更高。在纺织加工过程中,质量比电阻高的纤维容易产生静电现象,甚至影响加工的顺利进行。一般纺织纤维质量比电阻在10^7以下为好,否则加工中应该采取防静电的措施;10^9以上必须采取防静电措施。羊毛纤维从和毛开始就要加油;合成纤维制造时要加纺丝油剂,成品前还要加纺织油剂,主要为了降低纤维的质量比电阻,防止加工中的静电产生。

（二）常用纤维的质量比电阻与温度的关系（图1-4-7）

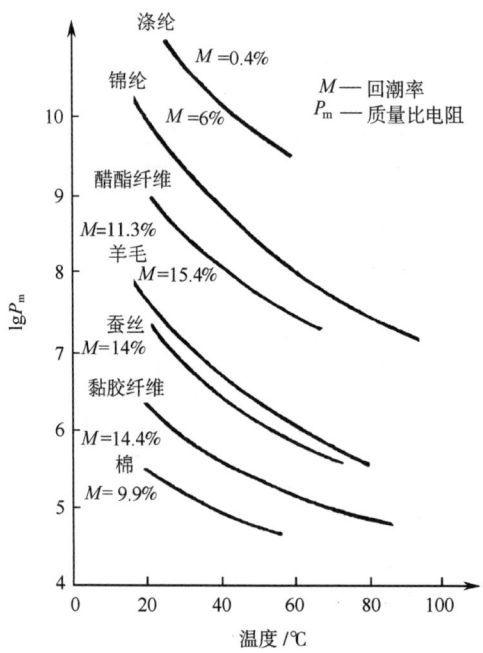

图 1-4-7　常用纤维的质量比电阻与温度的关系

（三）常用纤维的质量比电阻与相对湿度的关系（图1-4-8）

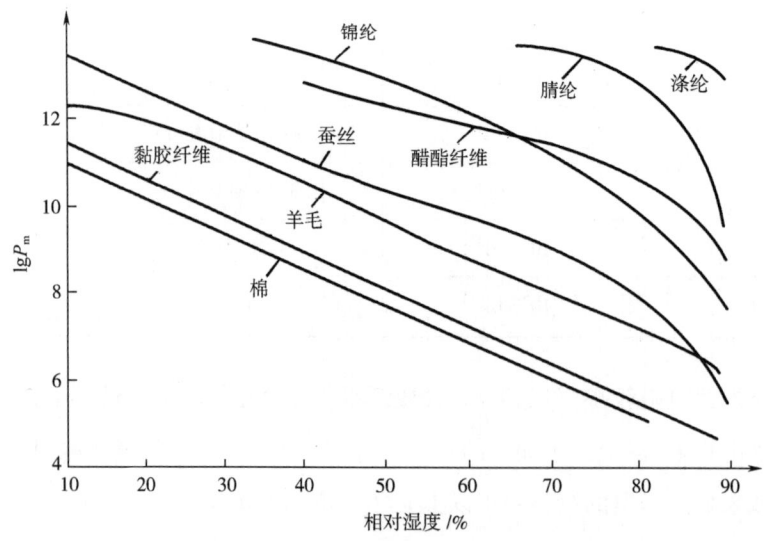

图 1-4-8　常用纤维的质量比电阻与相对湿度的关系

(四)常用纤维的质量比电阻与回潮率的关系(图1-4-9)

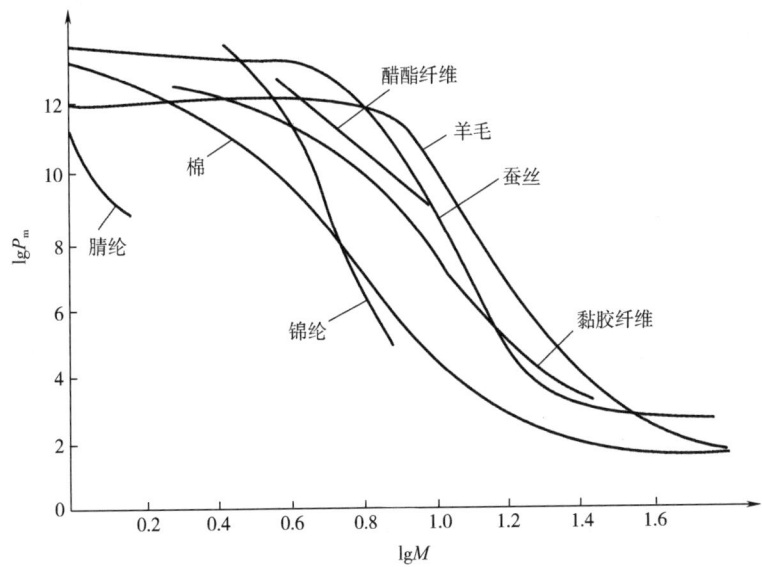

图1-4-9　常用纤维的质量比电阻与回潮率的关系

第六节　吸湿特性

一、不同相对湿度下的回潮率

几种纤维在不同相对湿度下的回潮率见表1-4-12。

表1-4-12　几种纤维在不同相对湿度下的回潮率

相对湿度/%	回潮率/%					
	涤纶	锦纶	黏胶纤维	醋酯纤维	棉	羊毛
10	—	1.1	4.0	0.9	2.0	4.0
20	0.2	1.4	6.0	1.7	3.1	6.4
30	—	1.7	7.9	2.5	4.0	8.5
40	—	2.4	9.5	3.3	4.9	10.7
50	—	2.9	11.5	4.4	5.8	13.0
60	0.4	3.5	13.5	5.6	7.0	15.6

续表

相对湿度/%	回潮率/%					
	涤纶	锦纶	黏胶纤维	醋酯纤维	棉	羊毛
70	—	4.3	16.2	7.2	8.3	18.5
80	—	5.3	20.2	9.2	10.5	22.4
90	—	6.0	27.4	12.4	14.7	25.4
95	0.6	—	35.3	15.0	18.5	34.4
97	—	6.6	—	—	—	—

注 测试条件:锦纶23.9℃,其他25℃。

二、公定回潮率

几种纤维及其制品的公定回潮率见表1-4-13。

表1-4-13 几种纤维及其制品的公定回潮率

纤维种类		公定回潮率/%	纤维种类	公定回潮率/%	纤维种类	公定回潮率/%
棉纤维		8.5	柞蚕丝	11.0	聚酯纤维(涤纶)	0.4
棉纱线		8.5	亚麻	12.0	聚酰胺纤维(锦纶)	4.5
棉织物		8.0	苎麻	12.0	聚丙烯腈纤维(腈纶)	2.0
洗净毛	同质	16.0	剑麻	12.0	聚乙烯醇纤维(维纶)	5.0
	异质	15.0	黄麻	14.0	含氯纤维(氯纶、偏氯纶)	0
毛条干梳		18.25	罗布麻	12.0	聚丙烯纤维(丙纶)	1.0
油梳		19.0	大麻(汉麻)	12.0	醋酯纤维	7.0
精梳落毛		16.0	黏胶纤维	13.0	三醋酯纤维	3.5
山羊绒		15.0	莫代尔纤维	11.0	玻璃纤维	0.0
兔毛		15.0	莱赛尔纤维	10.0		
桑蚕丝		11.0	铜氨纤维	13.0		

三、水中膨胀率

几种纤维在水中的膨胀率见表1-4-14。

表 1-4-14　几种纤维在水中的膨胀率

纤维种类	横向膨胀率/%		轴向膨胀率/%	体积膨胀率/%
	直径	面积		
棉	20~30	40~42	—	42~44
丝光棉	17	24~26	0.1	—
亚麻	—	47	0.1~0.2	—
丝	16.3~18.7	19	1.3~1.6	30~32
羊毛	15~17	25~26		36~41
黏胶纤维	25	50	3.7~4.8	74
锦纶	1.9~2.6	1.6~3.2	2.7~6.9	8.1~11.0

四、纤维吸湿对使用性能的影响

纤维吸湿对使用性能的影响见表 1-4-15。

表 1-4-15　纤维吸湿对使用性能的影响

性质	吸湿性强的纤维		吸湿性差的纤维	
	优点	缺点	优点	缺点
纺织加工性	不易产生静电,加工比较顺利	络筒、织造过程容易引起紧经紧纬	清梳工艺加工时,容易开松和梳理	容易产生静电,对温湿度变化较为敏感,一般在纤维中用增加油剂的方法来补救
染整加工性	在染液中纤维膨化,染料容易深入纤维内部,吸色性好	湿整理时强度下降、伸长增加,容易引起织物变形	没有吸湿、膨胀、缩水问题,织物尺寸稳定	染色性一般较差,必须使用特殊染料或染色方法
织物使用性	1. 衣着织物能吸汗,保持皮肤干燥,服用舒适 2. 能利用吸湿放热,保暖性好	1. 织物尺寸稳定性差 2. 在湿度较高时,织物定形效果下降 3. 洗衣后晾干时间长 4. 吸湿放热,容易发霉变质	1. 织物保形性好,尺寸稳定 2. 定形效果不受温湿度影响 3. 易洗快干 4. 保存贮藏比较简单	1. 织物服用性差,不宜做贴身内衣 2. 容易产生静电,吸灰、沾污

第七节 其他特性

一、光学性能

(一)几种纤维的日晒时间与强度损失(表1-4-16)

表1-4-16 几种纤维的日晒时间与强度损失

纤维种类	棉	亚麻	蚕丝	羊毛	黏胶纤维	涤纶	锦纶	腈纶
日晒时间/h	940	1100	200	1120	900	600	200	900
强度损失/%	50	50	50	50	50	60	36	16~25

(二)常见纤维的折射率与双折射

温度20℃±2℃,相对湿度65%±2%,常见纤维的折射率与双折射见表1-4-17。

表1-4-17 常见纤维的折射率与双折射

纤维种类	$n_{/\!/}$	$n_{\perp}$	$\Delta n = n_{/\!/} - n_{\perp}$
棉	1.573~1.581	1.524~1.534	0.041~0.051
涤纶	1.725	1.537	0.188
黏胶纤维	1.539~1.550	1.514~1.523	0.018~0.036
亚麻	1.594	1.532	0.062
蚕丝	1.578~1.585	1.537~1.538	0.040~0.047
羊毛	1.553~1.556	1.542~1.547	0.009~0.012
丙纶	1.523	1.491	0.032
乙纶	1.552	1.507	0.045
锦纶6	1.568	1.515	0.053
锦纶66	1.570~1.580	1.520~1.530	0.040~0.060
腈纶	1.510~1.516	1.510~1.516	−0.005
维纶	1.547	1.522	0.025
三醋酯纤维	1.474	1.479	−0.005
氯纶	1.500~1.510	1.500~1.505	0.000~0.005
苎麻	1.595~1.599	1.527~1.540	0.057~0.058
玻璃纤维	1.547	1.547	0

注 $n_{/\!/}$ 和 $n_{\perp}$ 分别为光波振动方向平行于纤维轴的平面偏振光传播时的折射率和垂直于纤维轴的平面偏振光传播时的
折射率;Δn 为双折射率。

（三）常用纤维光致发光的荧光和磷光特性（表1-4-18）

表1-4-18　常用纤维的光致发光的荧光和磷光特性

纤维种类	荧光颜色	磷光颜色	t/s
棉纤维	淡黄色	淡黄色	20
棉（未成熟）	淡蓝色	淡黄色	17
棉（丝光）	淡红色	淡黄色	27.5
丝（脱胶）	淡蓝色	淡黄色	23.5
羊毛	淡黄色	无色	12
黄麻	淡黄色	黄色	15
亚麻（生）	紫褐色	无色	5.75
黏胶纤维	白色带紫	黄色	10
涤纶	奶白带青光	淡黄色	—
锦纶	淡蓝色	淡黄色	22.5
维纶	淡黄略紫色	淡黄色	—

二、热学性能

（一）常用纤维干燥状态下的比热容（表1-4-19）

表1-4-19　常用纤维干燥状态下的比热容（测定温度20℃）

纤维种类	比热容/[J/(g·℃)]	纤维种类	比热容/[J/(g·℃)]	纤维种类	比热容/[J/(g·℃)]
棉	1.21~1.34	锦纶6	1.70~1.84	羽绒	1.10~1.20
羊毛	1.36	锦纶66	1.80~2.05	芳香族聚酰胺纤维	1.21
桑蚕丝	1.38~1.39	涤纶	1.34	醋酯纤维	1.46
亚麻	1.34	腈纶	1.51	玻璃纤维	0.60~0.80
大麻	1.35	丙纶（50℃）	1.80~1.90	石棉	0.85~1.05
黄麻	1.36	乙纶（LDPE）	2.10	木棉	1.20~1.30
黏胶纤维	1.26~1.36	乙纶（HDPE）	2.30	水蒸气/水	1.85/4.18

（二）常用纤维的导热系数（表1-4-20）

表1-4-20　常用纤维的导热系数（测定温度20℃）

纤维种类	$\lambda/[W/(m\cdot℃)]$	$\lambda_{//}/[W/(m\cdot℃)]$	$\lambda_{\perp}/[W/(m\cdot℃)]$
棉纤维	0.071~0.073	1.1259	0.1598
羊毛纤维	0.052~0.055	0.4789	0.1610
蚕丝纤维	0.05~0.055	0.8302	0.1557
黏胶纤维	0.055~0.071	0.7180	0.1934
醋酯纤维	0.05		
玻璃纤维	0.78~1.09（0.038~0.46）	—	—
羽绒	0.024		
木棉	0.32		
苎麻	0.074~0.078	1.6624	0.2062
涤纶	0.084	0.9745	0.1921
腈纶	0.051	0.7427	0.2175
锦纶	0.244~0.337	0.5934	0.2701
丙纶	0.221~0.302		
氯纶	0.042		

（三）常用纤维的热学转变温度（表1-4-21）

表1-4-21　常用纤维的热学转变温度

纤维种类	玻璃化温度/℃	软化点/℃	熔点/℃	分解温度/℃	熨烫温度/℃
棉		—	—	260~300	200
羊毛	60~80（RH 75%~80%）	—	>240	225~245	180
蚕丝	—	—	—	250~270	160
麻	—	—	—	270~310	180~200
黏胶纤维				260~300	150~180
醋酯	186	195~205	290~300	290~300	110
锦纶6	47，65	180	215	340~360	125~145

纤维种类	玻璃化温度/℃	软化点/℃	熔点/℃	分解温度/℃	熨烫温度/℃
锦纶66	82	225	253	320~335	120~140
涤纶	67,80,90	235~240	256	360~390	160
腈纶	90	190~240	—	230~300	130~140
维纶	85	干220~230,湿110	220~270	180~240	干150
丙纶	−35	145~150	163~175	230~250,360~380	100~120
氯纶	82	90~100	200	140~150	30~40

(四)常用纤维的点燃温度和火焰温度(表1-4-22)

表1-4-22　常用纤维的点燃温度和火焰温度

纤维种类	棉	羊毛	黏胶纤维	醋酯纤维	涤纶	锦纶6	锦纶66	腈纶	丙纶
点燃温度/℃	400	600	420	475	450	530	532	560	570
火焰最高温度/℃	860	941	850	960	697	875	—	855	839

(五)纤维燃烧性分类(表1-4-23)

表1-4-23　纤维燃烧性分类

分类	燃烧状态	极限氧指数/%	纤维品种
不燃纤维	常态环境及火源作用后短时间不燃烧	≥35	玻璃纤维、碳纤维、石棉、金属纤维、硼纤维及PBO、PBI、PPS
难燃纤维	接触火焰燃烧,离火自熄	26~34	氯纶、芳纶、氟纶、改性腈纶、改性涤纶、改性丙纶等
可燃纤维	可点燃及续燃,但燃烧速度慢	20~26	涤纶、锦纶、维纶、羊毛、蚕丝、醋酯纤维等
易燃纤维	易点燃,燃烧速度快	≤20	棉、麻、黏胶纤维、丙纶、腈纶

三、溶解性

常用纤维的溶解性能见表1-4-24。

表 1-4-24　常用纤维的溶解性能

纤维种类	36%~38%盐酸 R	36%~38%盐酸 B	15%盐酸 R	15%盐酸 B	70%硫酸 R	70%硫酸 B	5%氢氧化钠 R	5%氢氧化钠 B	85%甲酸 R	85%甲酸 B	99%冰醋酸 R	99%冰醋酸 B	99% N-二甲基酰胺 R	99% N-二甲基酰胺 B	二甲苯或间二甲苯 R	二甲苯或间二甲苯 B
棉	I	P	I	P	S	So	I	I	I	I	I	I	I	I	I	I
羊毛	I	I	I	I		I	I	S	I	I	I	I	I	I	I	I
蚕丝	P	S	I	S	So		I	S	I	I	I	I	I	I	I	I
麻	I	P	I	P	S	So	I	I	I	I	I	I	I	I	I	I
黏胶纤维	S	So	I	P	S	So	I	I	I	I	I	I	I	I	I	I
聚酯纤维	I	I	I	I	I	I	I	I	I	I	I	I	I	PS	I	I
二醋酸纤维	So	So	I	S	So		I	P	So			So	I	So	I	I
三醋酸纤维	P	S	I	I	So		I	I	So			So	P	So	I	I
锦纶6	So		So		So		I	I			I	So	I	S	I	I
锦纶66	S		I	S	So	So	I	I	So		I	So	I	I	I	I
腈纶	I	I	I	I	I	S	I	I	I	I	I	I	SP	So	I	I
维纶	So		I	S	S	So	I	I	S	So	I	I	I	I	I	I
聚丙烯纤维	I	I	I	I	I	—	I	I	I	I	I	I	I	I	I	S
聚乙烯纤维	I	I	I	I	I	—	I	I	I	I	I	I	I	I	I	S
聚苯乙烯纤维	I	I	I	I	I	I	I	I	I	—	I	—	I	I	So	
氨纶	I	I	I	I	S	S	I	I	I	I	So	S	I	So	I	I
聚砜酰胺纤维	I	I	I	I	I	S	I	I	I	I	I	I	So		I	I
聚氯乙烯纤维	I	I	I	I	I	I	I	I	I	I	I	I	So		I	I
聚偏氯乙烯纤维	I	I	I	I	I	I	I	I	I	I	I	I	I	So	I	S

注　So—立即溶解，S—溶解，P—部分溶解，I—不溶解。溶解时间：以常温（R）5min、煮沸（B）3min 为准。

四、染色性

常见纤维的染色性能见表 1-4-25。

表 1-4-25 常见纤维的染色性能

纤维种类	染色性
棉	棉纤维染色性好,活性染料易与棉纤维共价键结合,染色牢度好,棉纤维也适用还原染料、硫化染料、直接染料、偶氮染料,色谱齐全,色泽鲜艳,但直接染料等因染色牢度问题,现在企业使用较少
黏胶纤维	黏胶纤维属于纤维素纤维,染色性好,可以用棉用染料染色,染色色谱齐全,可染成各种鲜艳的颜色
涤纶	涤纶本身染色性较差,染料分子难于进入纤维内部,一般染料在常温下很难上染,因此多采用分散染料进行高温高压染色、热熔法染色或载体染色,有效提高染色牢度和上染率,也可以进行原液着色
羊毛	羊毛一般采用活性染料或酸性染料染色,酸性染料染色需金属离子螯合固色,湿处理牢度比较低
蚕丝	蚕丝具有优良的染色性,用酸性染料、中性染料、直接染料、活性染料、阳离子染料、还原染料、可溶性还原染料、不溶性偶氮染料等都能上染;但实际应用中,因蚕丝在碱性介质中容易受损,所以一般以弱酸性染料为主,辅以中性、直接、活性染料;蚕丝采用中性染料染色牢度高,但色泽不及酸性染料艳亮

参考文献

[1]姚穆. 纺织材料学[M].4 版. 北京:中国纺织出版社,2014.

[2]何永政. 棉花质量检测[M]. 北京:中国计量出版社,2001.

[3]梁冬. 纺织新材料的开发及应用[M]. 北京:中国纺织出版社,2012.

[4]麦金太尔. 合成纤维[M]. 付中玉,译. 北京:中国纺织出版社,2016.

[5]毛树春. WTO 与中国棉花十年[M]. 北京:中国农业出版社,2013.

[6]上海纺织控股(集团)公司,《棉纺手册》(第三版)编委会. 棉纺手册[M].3 版. 北京:中国纺织出版社,2004.

[7]宋志伟,张书俊. 现代棉花生产实用技术[M]. 北京:中国农业科学技术出版社,2011.

[8]孙晋良. 纤维新材料[M]. 上海:上海大学出版社,2007.

[9]王曙中,王庆瑞,刘兆峰. 高科技纤维概论[M]. 上海:东华大学出版社,2014.

[10]肖长发. 化学纤维概论[M]. 北京:中国纺织出版社,2015.

[11]闫承花. 化学纤维生产工艺学[M]. 上海:东华大学出版社,2018.

[12]HEARLE JWS. 高性能纤维[M]. 马渝莅,译. 北京:中国纺织出版社,2004.

[13]于伟东. 纺织材料学[M]. 2 版. 北京:中国纺织出版社,2018.

[14]张兴祥,韩娜. 新型与特种纤维[M]. 北京:化学工业出版社,2014.

第二篇　纱线品种及其质量检验

第一章　纱线名称与规格

一、纱线分类和名称

纱线分类和名称见表 2-1-1。

表 2-1-1　纱线分类和名称

分类	种类	说明
按纤维原料分	纯纺纱	用一种纤维纺成,如纯棉纱、纯涤纱等
	混纺纱	用两种及两种以上纤维纺成,如涤/棉纱等
	伴纺纱	用可溶性纤维与不可溶性纤维混纺而成,如可溶性维纶与羊毛混纺纱等
按纺纱方法分	环锭纺纱	由环锭细纱机纺制而成,分精梳纱与普梳纱
	转杯纺纱	纤维由引纱罗拉握住一端,另一端随加捻器回转加捻而成
	喷气纺纱	纤维由喷气纺纱机通过"假捻—退捻—包缠"而成
	喷气涡流纺纱	由高速旋转气流对自由尾端纤维加捻包缠纱芯而成
	摩擦纺纱	纤维须条依靠两只尘笼加捻成纱,分无芯摩擦纺与有芯摩擦纺
按用途分	机织用纱	用于机织物的纱线,分经纱与纬纱
	针织用纱	用于经编与纬编织物的纱线
	起绒用纱	用于绒类织物,形成绒层或毛层的纱线
	特种用纱	用于工业用途,如帘子线
	功能用纱	具备特定功能的纱,如吸湿排汗纱、抗菌防臭纱

分类	种类	说明
按结构分	单纱	由短纤维经纺纱加工而成
	股线	由两根或两根以上单纱合并加捻而成,股线再并合加捻称复合股线
	绳	由多根股线并合加捻而成
	缆	由多根股线和绳并合加捻而成
	花式纱	由芯纱、饰线和股纱并合加捻而成,如雪尼尔线、毛圈线等
	花色纱	用多种不同颜色纤维交错搭配或分段搭配而成,如段彩纱
	复合纱	用短/短、短/长纤维复合而成,如包芯纱、包缠纱
按捻向分	Z(或S)捻纱	Z捻称反手纱,S捻称顺手纱
	ZS(或ZZ、SS)股线	常见ZS股线,同向加捻得到高捻股线
按捻度分	低捻纱	捻系数≤300
	中捻纱	300<捻系数<430
	强捻纱	捻系数≥430
	超强捻纱	捻系数超临界
按纤维长度分	棉型纱	用棉花或棉型纤维(长度<40mm)在棉纺设备上纺成
	中长纤维纱	用中长纤维(51~76mm)在棉纺设备或专用设备上纺成,具有一定毛感
	毛型纱	用毛或毛型纤维在毛纺设备上纺成
按印染加工分	漂白用纱	
	染色用纱	包括浅色、杂色、深色
	印花用纱	
	烂花用纱	如棉/锦包芯纱,腐蚀溶解其中一种成分
	特殊整理用纱	如树脂整理纱、丝光处理纱
按色泽分	本白纱	用本白纤维纺成的纱
	色纺纱	含有一种或多种有色纤维的纱
	AB纱	由两种不同色泽(或成分)的粗纱(或条子)纺成的纱
	双色股线	由两根不同色泽的单纱并合加捻而成的线

二、纱线主要规格和用途

1. 不同纱线规格和用途（表 2-1-2）

表 2-1-2　不同纱线规格和用途

纱线类别	纱线规格		常见用途
	线密度/tex	英支	
粗特纱（粗支纱）	≥33	≤18	适用粗厚织物或起绒、起圈的棉型织物,如粗布、绒布、棉毯等
中特纱（中支纱）	21~31	19~28	适用中厚织物,如平布、斜纹布、贡缎等
细特纱（细支纱）	10~20.5	29~59	适用细薄织物,如细布、府绸、针织汗布、T 恤面料、棉毛布（针织内衣）等
特细特纱（特细支纱）	5~10	60~120	适用高端精细面料,如高档衬衣用高支府绸等
超细特纱（超细支纱）	<5	>120	适用特精细面料,用纯棉单纺法批量生产的纱能达到 1.96tex,可用作高档衬衣面料等

2. 普梳纱线规格和用途（表 2-1-3）

表 2-1-3　普梳纱线规格和用途

用途		常见规格/tex
针织用纱		100,59,28,18.5,15.5,14
机织用纱	毛巾被单用纱	42,37,33
	中平布、纱卡、哔叽用纱	30,25
	细平布、床品等用纱	18.5
	纱府绸、手帕、麻纱织物、线卡、华达呢用纱	15
	巴厘纱织物用纱	10~15
工业用纱	橡胶帆布用纱	30,28,59
	造纸帆布用纱	28

3. 精梳纱线规格和用途（表 2-1-4）

表 2-1-4　精梳纱线规格和用途

用途	常见规格/tex
针织用纱	18.5,15,12.5,10,7.0×2,5.9×2

用途		常见规格/tex
高档卡其、细纺或府绸用纱		2,2.3,3.0,4,5.0,5.9,7.4,10~15
羽绒布用纱		7.4×2,5.9×2,5×2,4×2
缝纫线及编织线	绣花线及编织线	100,29.5×2,14×4,29.5×2,66,11.7×4
	缝纫线	15×3,11.7×3,10×3,7.4×3
工业用线	印刷胶版布用线	25,25×2,16.5×2,16.5×4
	打字带用线	经7.7;纬6.2
	导带用线	10.5×4
手帕用纱		11.7,10,7.4×2

4. 化纤纯纺及混纺纱线规格和用途（表2-1-5）

表2-1-5　化纤纯纺及混纺纱线规格和用途

原料	常见纱线规格		主要用途
	线密度/tex	英支	
涤纶纯纺及混纺	5.9~59	10~100	广泛用于各种滑爽衣料,高强度针织纱,缝纫用线等 中长型用于外衣、便服、女裙、运动服等
黏胶纯纺及混纺	5~59	10~120	细平布、府绸、凡立丁、华达呢等
天丝纯纺及混纺	5~59	10~120	牛仔布、套装、休闲服、色织布、衬衫内衣、针织等
莫代尔纯纺及混纺	4.3~28	21~140	内衣、运动服和休闲服,同时也用于蕾丝
竹纤维纯纺及混纺	7.4~18.5	32~80	贴身衣物、洗浴用品和床上用品
甲壳素纤维纯纺及混纺	12~18.5	32~50	运动衣、内衣、背心、吊带衫等
腈纶纯纺及混纺	5.9~18.5	32~100	套衫、毛毯、地毯、童装、遮阳布等

三、纱线标志

纱线主要品种代号及标志（FZ/T 10008—2018）示例见表2-1-6。

表 2-1-6　主要品种代号及标志示例

类别	序号	品种	代号	标志示例
按原料分	1	棉	C	C 13.0tex
	2	精梳棉	JC	JC 13.0tex
	3	涤纶	T	T 14.0tex
	4	黏胶纤维	R	R 18.0tex
	5	腈纶	A	A 19.0tex
	6	锦纶	N	N 18.0tex
	7	维纶	V	V 19.0tex
	8	氨纶	PU	—
	9	丙纶	PP	PP 14.8tex
	10	莫代尔	MOD	MOD 14.8tex
	11	聚苯硫醚	PPS	PPS 19.7tex
	12	壳聚糖纤维	CTS	CTS 9.8tex
	13	芳纶	FL	FL 14.8tex
按混纺比分	14	涤棉(65/35)混纺纱	T/C 65/35	T/C 65/35 13.0tex
	15	涤棉(50/50)混纺纱	T/C 50/50	T/C 50/50 18.0tex
	16	棉涤(55/45)混纺纱	C/T 55/45	C/T 55/45 28.0tex
按纺纱工艺、方法分	17	精梳纱	J	J 10.0tex W,J 7.0tex×2 T
	18	烧毛纱	G	G 10.0tex×2
	19	转杯纺纱	OE	OE 36.0tex
	20	喷气涡流纺纱	JV	JV 19.7tex
	21	赛络纺纱	AA 或 AB	AA 14.7tex
	22	紧密纺纱	JM	JM 9.8tex
按用途分	23	经纱	T	28.0tex T,14.0tex×2 T
	24	纬纱	W	28.0tex W,14.0tex×2 W
	25	针织用纱	K	10.0tex K,7.0tex×2 K
	26	起绒用纱	Q	96.0tex Q
按卷装分	27	绞纱	R	28.0tex R,14.0tex×2 R
	28	筒子纱	D	20.0tex D,14.0tex×2 D

注　混纺比标识有两种,一种是按干燥重量混纺比标识;另一种是按公定重量混纺比标识。第一种较为常见。

四、纤维及纱线细度

1. 细度计算 (表 2-1-7)

表 2-1-7 细度计算

细度		单位	计算公式	式中代号
定长制	线密度 Tt	tex	$Tt=1000G/L$	G——公定回潮率重量,g;
	旦尼尔 N_d	旦	$N_d=9000G/L$	L——长度,m;
	马克隆值 M	μg/英寸	$M=G_m/L_n$	G_m——公定回潮率重量,μg;
	纤维量 H	μg/m	$H=G_m/L$	L_n——长度,英寸
定重制	英制支数 N_e	840 码/磅	$N_e=\dfrac{L_e}{G_e}\times840$	
	公制支数 N_m	1000m/kg	$N_m=\dfrac{L}{G}\times1000$	L_e——纱长,码; G_e——公定回潮率重量,磅; L——纱长,m; G——公定回潮率重量,kg
	粗纺毛支数 N_w	256 码/磅	$N_w=\dfrac{L_e}{G_e}\times256$	
	精纺毛支数 N_r	560 码/磅	$N_r=\dfrac{L_e}{G_e}\times560$	
	亚麻支数 N_l	300 码/磅	$N_l=\dfrac{L_e}{G_e}\times300$	

2. 细度的量和单位换算

(1)公定回潮率相同时细度的量和单位换算见表 2-1-8。

表 2-1-8 公定回潮相同时细度的量和单位换算

细度名称	线密度 Tt	英制支数 N_e	公制支数 N_m	旦尼尔 N_d	马克隆值 M	纤维量 H
线密度 Tt	—	590.5/Tt	1000/Tt	9×Tt	25.4×Tt	1000×Tt
英制支数 N_e	590.5/N_e	—	1.693×N_e	5315/N_e	15000/N_e	590540/N_e
公制支数 N_m	1000/N_m	0.591×N_m	—	9000/N_m	25400/N_m	1000000/N_m

细度名称	线密度 Tt	英制支数 N_e	公制支数 N_m	旦尼尔 N_d	马克隆值 M	纤维量 H
旦尼尔 N_d	$0.111 \times N_d$	$5315/N_d$	$9000/N_d$	—	$2.825 \times N_d$	$111.1 \times N_d$
马克隆值 M	$0.039 \times M$	$15000/M$	$25400/M$	$0.354 \times M$	—	$39.37 \times M$
纤维量 H	$0.001 \times H$	$590540/H$	$1000000/H$	$0.009 \times H$	$0.0254 \times H$	—

（2）公定回潮率不同时细度的量和单位换算。

$$Tt = \frac{590.5(100+R_t)}{N_e(100+R_e)}$$

式中：Tt——线密度，tex；

　　　N_e——英制支数，840 码/磅；

　　　R_t——特克斯制公定回潮率，%；

　　　R_e——英制支数公定回潮率，%。

当棉纱线的线密度制公定回潮率 R_t 采用 8.5%，英制公定回潮率 R_e 采用 9.89% 时，$Tt = 583.0/N_e$。

3. 线密度约整规则

在贸易中，常用英制支数作为纱线的细度单位，棉纺厂一般将英制支数换算成线密度进行检测和控制，实际线密度应该与客户协商一致，线密度与英制支数等其他细度单位的换算修约规则可参考 FZ/T 01036—2014。

五、公定回潮率

1. 纺织材料公定回潮率(表 2-1-9)

表 2-1-9　纺织材料公定回潮率(GB/T 9994—2018)

纺织材料	公定回潮率/%	纺织材料	公定回潮率/%
棉纤维、纱线	8.5	骆驼绒/毛	15.0
洗净羊毛(异质毛)	15.0	牦牛绒/毛	15.0
洗净羊毛(同质毛)	16.0	羊驼绒/毛	15.0
精梳落羊毛	16.0	马海毛	14.0
再生羊毛	17.0	苎麻	12.0

纺织材料	公定回潮率/%	纺织材料	公定回潮率/%
干羊毛条	18.0	亚麻	12.0
油羊毛条	19.0	黄麻	14.0
精纺羊毛纱	16.0	大麻	12.0
粗纺羊毛纱	15.0	罗布麻	12.0
羊毛绒线、针织绒线	15.0	剑麻	12.0
分梳山羊绒	17.0	桑蚕丝	11.0
山羊绒条	15.0	柞蚕丝	11.0
山羊绒纱	15.0	木棉	10.9
兔毛	15.0	椰壳纤维	13.0
黏胶纤维	13.0	聚丙烯纤维（丙纶）	0
富强纤维	13.0	聚乙烯纤维（乙纶）	0
莫代尔纤维	13.0	超高分子量聚乙烯纤维	0
莱赛尔纤维	13.0	聚氯乙烯（氯纶）	0
铜氨纤维	13.0	聚偏氯乙烯（偏氯纶）	0
醋酯纤维	7.0	氨纶	1.3
三醋酯纤维	3.5	含氟纤维	0
壳聚糖纤维	17.5	芳纶1313	5.0
聚酰胺纤维（锦纶）	4.5	芳纶1414（高模量）	3.5
聚对苯二甲酸乙二酯纤维（涤纶）	0.4	芳纶1414（其他）	7.0
聚对苯二甲酸丙二酯纤维	0.4	聚乳酸纤维	0.5
聚对苯二甲酸丁二酯纤维	0.4	聚烯烃弹性纤维	0
聚丙烯腈纤维（腈纶）	2.0	二烯类弹性纤维（橡胶）	0
聚乙烯醇纤维（维纶）	5.0	碳纤维	0
聚苯硫醚纤维	0.1	玻璃纤维	0
聚酰亚胺纤维	1.5	金属纤维	0

注　1. 毛纤维中除羊毛和山羊绒外，其他动物毛纤维均含纤维、纱线和织物。

2. 羊毛洗净毛，含碳化毛。

3. 麻含纤维、纱线和织物。

4.（蚕）丝含生丝、双宫丝、绢丝、䌷丝、加工丝及练白、印染等织物。

5. 对于没有公定回潮率的纤维、纱线及产品，可以采用纤维状态的标准回潮率代替公定回潮率。标准回潮率是指纤维材料在标准大气（温度20℃，相对湿度65%）状态下，吸放湿作用达到平衡稳态时的回潮率。

2. 多组分产品公定回潮率

(1) 按干燥质量混纺比计算。

$$R = \frac{A_1R_1 + A_2R_2 + \cdots + A_nR_n}{100}$$

(2) 按公定质量混纺比计算。

$$R = \frac{\dfrac{B_1R_1}{1 + R_1/100} + \dfrac{B_2R_2}{1 + R_2/100} + \cdots + \dfrac{B_nR_n}{1 + R_n/100}}{\dfrac{R_1}{1 + R_1/100} + \dfrac{R_2}{1 + R_2/100} + \cdots + \dfrac{R_n}{1 + R_n/100}}$$

式中：$A_1, A_2, \cdots, A_n$——多组分产品各纤维组成的干燥重量混纺比，%；

$B_1, B_2, \cdots, B_n$——多组分产品各纤维组成的公定重量混纺比，%；

$R_1, R_2, \cdots, R_n$——各组分的公定回潮率，%。

注：常见混纺比一般用干燥质量混纺比。

六、纱线的捻度与捻系数

1. 捻度单位（表2-1-10）

表2-1-10　捻度单位

捻度制	单位
线密度制捻度 T_{tex}	捻/10cm
英制捻度 T_e	捻/英寸
公制捻度 T_m	捻/m

2. 捻向

(1) 单纱捻向。Z捻(反手捻)，S捻(顺手捻)。

(2) 股线捻向。第一个字母表示单纱捻向，第二个字母表示股线捻向，如ZS、ZZ等。

(3) 复合股线捻向。第一个字母表示单纱捻向，第二个字母表示初捻捻向，第三个字母表示复捻捻向，如ZSZ等。

3. 捻度换算（表2-1-11）

表2-1-11　捻度换算

捻度制	线密度制捻度 T_{tex}	英制捻度 T_e	公制捻度 T_m
线密度制捻度 T_{tex}	—	$0.254 \times T_{tex}$	$10 \times T_{tex}$

捻度制	线密度制捻度 T_{tex}	英制捻度 T_e	公制捻度 T_m
英制捻度 T_e	$3.937 \times T_e$	—	$39.37 \times T_e$
公制捻度 T_m	$0.1 \times T_m$	$0.0254 \times T_m$	—

4. 捻系数计算

线密度制捻系数 $\qquad\qquad\qquad \alpha_t = T_{tex} \times \sqrt{Tt}$

英制捻系数 $\qquad\qquad\qquad\qquad \alpha_e = \dfrac{T_e}{\sqrt{N_e}}$

公制捻系数 $\qquad\qquad\qquad\qquad \alpha_m = \dfrac{T_m}{\sqrt{N_m}}$

5. 捻系数换算

(1)公定回潮率相同时捻系数的换算(表2-1-12)。

表 2-1-12　捻系数换算表

捻系数制	线密度制捻系数 α_t	英制捻系数 α_e	公制捻系数 α_m
线密度制捻系数 α_t	—	$0.01045 \times \alpha_t$	$0.3167 \times \alpha_t$
英制捻系数 α_e	$95.67 \times \alpha_e$	—	$30.25 \times \alpha_e$
公制捻系数 α_m	$3.16 \times \alpha_m$	$0.033 \times \alpha_m$	—

(2)公定回潮率不同时捻系数的换算。

$$\alpha_t = 95.67 \times \sqrt{\dfrac{100 + R_t}{100 + R_e}} \times \alpha_e$$

当线密度制棉公定回潮率 R_t 采用8.5%,英制棉公定回潮率 R_e 采用9.89%时,$\alpha_t = 95.06 \times \alpha_e$。

七、股线粗细程度的表示

股线粗细程度的表示见表2-1-13。

表 2-1-13　股线粗细程度的表示

粗细程度	单纱情况	表示方法	示例
线密度 Tt	单纱线密度相同	单纱线密度×股数	14tex×2
	单纱线密度不同	各单纱线密度相加	(16+18)tex

续表

粗细程度	单纱情况	表示方法	示例
旦尼尔 N_d	单纱旦数相同	单纱股数/旦数	2/20 旦
	单纱旦数不同	旦数相加	70 旦×1 涤纶+50 旦×1 锦纶
英支 N_e	单纱支数相同	单纱支数/股数	60/2
	单纱支数不同	$\dfrac{1}{1/\text{支数}1+1/\text{支数}2+\cdots+1/\text{支数}n}$	$\dfrac{1}{1/60+1/40}$

八、纱线直径

1. 理论直径计算

$$d = 0.03568 \times \sqrt{\text{Tt}/\delta}$$

$$d = \frac{1.1284}{\sqrt{N_m \times \delta}}$$

$$d = 0.01189 \times \sqrt{N_d/\delta}$$

$$d = \frac{0.867}{\sqrt{N_e \times \delta}}$$

式中: d——假设纱线截面为圆形时的直径, mm;

　　　δ——纱线的密度, g/cm³, 见表 2-1-14。

表 2-1-14　纱线的密度 单位: g/cm³

纱线种类	纯棉纱	涤/棉(65/35)纱	黏胶纱	棉/维(50/50)纱	亚麻纱	精梳毛纱
密度 δ	0.78~0.90	0.80~0.95	0.8~0.9	0.74~0.76	0.9~1.0	0.75~0.81

2. 常用直径计算

$$d = K \times \sqrt{\text{Tt}}$$

式中: K——纱线直径系数, 见表 2-1-15。

表 2-1-15　纱线直径系数

纱线种类	纯棉纱	纯棉双股线	涤/棉 (65/35)纱	涤黏(60/40) 中长纱	棉/维 (50/50)纱	腈纶 膨体纱
直径系数 K	0.037	0.045	0.038	0.040	0.042	0.072

九、纱线截面纤维根数

$$G_n = \frac{25.641Tt}{M} = 0.001Tt \times N_m = \frac{15141.026}{N_e/M} = \frac{0.5905N_m}{N_e}$$

式中：G_n——纱线截面纤维根数；

Tt——纱线线密度，tex；

M——纤维马克隆值；

N_m——纱线公制支数；

N_e——纱线英制支数。

第二章　纱线品种与工艺设计

第一节　工艺设计要求

一、基本要求

工艺设计应兼顾质量、产量和消耗,根据不同的原料、设备、环境、人员等进行设计,投产前的工艺设计只是初步设计,必须在生产中通过试验对比,找到最合适的工艺,一旦原料、设备、环境、人员等因素发生重大改变,则应再次进行工艺优化。工艺设计基本要求见表2-2-1。

表2-2-1　工艺设计基本要求

序号	项目	工艺设计基本要求
1	产品要求	工艺应根据产品的质量要求、使用要求和竞争要求进行设计
2	客户需求	工艺设计应结合生产企业自身标准化、系列化的要求,满足用户在线密度、捻度、包装等方面的要求,通过充分协商,达成一致
3	原料	工艺应根据原料长度、细度、含杂等特性进行设计,低档产品可适当使用再用棉
4	设备	根据设备的型号、状态和数量等进行设计,充分发挥设备的效能
5	环境	工艺应适应生产车间温湿度、厂房条件,保障生产的顺利进行
6	人员	工艺设计应考虑人员的配备和班制,提高劳动生产率,降低消耗
7	单产	细纱应在质量能达标、断头能接受、设备能许可的前提下尽可能高速高产,其他设备应考虑前后衔接、质量要求、人员班制、用电消耗等因素
8	牵伸分配	各道定量设定及牵伸分配,应从纵向和横向两个方面考虑: (1)纵向:从原料到成纱,从系统角度考虑各工序定量,根据工艺要求、牵伸能力、供应衔接等,合理分配牵伸 (2)横向:考虑条混时混纺比要求确定牵伸与定量,兼顾不同线密度的牵伸倍数分配
9	落棉	落棉率对质量和成本的影响较大,整个纺纱流程有多个落棉点,它们之间相互影响,需要分工协作,应通过落棉成分分析,提高落棉效果,以较少落棉获得较好的质量

二、常见纺纱流程

1. 纯棉普梳

清棉→梳棉→头并→二并→粗纱→细纱→后加工

2. 纯棉精梳

清棉→梳棉→精梳准备→精梳→精并(1~2道)→粗纱→细纱→后加工

注:精并若有自调匀整一般一道即可;长绒棉与细绒棉混合有棉箱混、预并混、条并卷混和精并混四种方式,预并混比较常见。

3. 新型纺纱

清棉→梳棉→头并→二并→转杯纺(或喷气纺、摩擦纺、涡流纺)

4. 纯化纤单纺

清棉→梳棉→头并→二并→粗纱→细纱→后加工

5. 纯化纤混纺

(1)箱混。

(化纤A+化纤B)清棉→梳棉→并条(2~3道)→粗纱→细纱→后加工

注:当混纺比要求较高时,化纤按混比称重后再混合。

(2)条混。

化纤A:清棉→梳棉→混并(3道)→粗纱→细纱→后加工

化纤B:清棉→梳棉→预并(0~1道)→(在混→搭条)

6. 普梳棉/化纤混纺

棉:清棉→梳棉→混并(2~3道)→粗纱→细纱→后加工

化纤:清棉→梳棉→预并(0~1道)→(在混→搭条)

7. 精梳棉/化纤混纺

棉:清棉→梳棉→精梳准备→精梳→混一并→混二并→混三并→粗纱→细纱→后加工

化纤:清棉→梳棉→纯并→(在混→搭条)

8. 两步法混纺

当某些纤难以单独成条时,可以先用少量可纺性好的纤维与之棉箱混合,制成条子,再进行条混,达到要求的混纺比。

第二节 工艺设计示例

一、纯棉纱线工艺设计示例

1. OE37tex(16英支)、OE30tex(20英支)纯棉纱工艺设计示例(表2-2-2)

(1)原棉含杂较高,应充分提高清、梳和转杯纺的开松、排杂能力。

(2)必要时清棉配强力除尘器,减少转杯的积灰。

(3)可根据质量情况适当搭用再用棉。

表2-2-2　OE37tex(16英支)、OE30tex(20英支)纯棉纱工艺设计示例

原料

配棉类别	长度/mm	长度整齐度	马克隆值	强度/(cN/tex)	短绒率/%	成熟度系数	含杂率/%
中乙	27.5	79	4.4	28	10.5	0.85	2.8

机型 半制品及成品	湿定量 干定量		回潮率/%		并合数	重量牵伸倍数	后牵伸倍数
FA203A+自调匀整　生条	17.8g/5m	17.8g/5m	6.5				
FA320A　头并条	19g/5m	16.9g/5m	6.5		6	6.00	1.71
FA320A　二并条	18g/5m		6.5		8	8.43	1.32
F1603　37tex(16英支)	3.612g/100m	3.401g/100m	6.2			99.38	
F1603　30tex(20英支)	2.890g/100m	2.721g/100m	6.2			124.22	

清棉工艺

清棉联合流程：FA006型往复抓棉机—FA103型双轴流开棉机—FA028型多仓混棉机—FA109型三刺辊清棉机—(FA178A型棉箱+FA203A型梳棉机L)

FA006C型

往复速度/(m/min)	间隙下降/mm	打手转速/(r/min)
12	2	1440

FA103型

第一打手转速/(r/min)	第二打手转速/(r/min)
412	424

FA109型

转速/(r/min)	1	2	3
	1191	2112	3428

角钉打手—给棉罗拉隔距/mm	打手—尘棒隔距/mm	尘棒—尘棒隔距/mm	打手转速/(r/min)
1.5	22	8	768

FA178A型

开松辊转速/(r/min)	落棉率/%
784	1.5

FA028型

棉仓压力/Pa
230

续表

梳棉工艺

小压辊—道夫张力牵伸倍数	速度			锡剌速比	单产/(kg/h)	落杂区长度/mm		
	锡林/(r/min)	刺辊/(r/min)	盖板/(m/min)			第一区	第二区	第三区
1.658	379	877	209.5	2.23	40	71	36	18

隔距/mm(×10⁻³ 英寸)

刺辊—给棉板	刺辊—分梳漏底	刺辊—锡林	锡林—道夫	锡林—盖板
0.48(19)	0.5(20)	0.18(7)	0.1(4)	0.2×0.18×0.18×0.2(8×7×7×8)

除尘刀角度/(°)	隔距/mm(×10⁻³ 英寸)			落棉率/%
	除尘刀—刺辊	锡林—后固定盖板	锡林—前固定盖板	
90	0.3(12)	0.48×0.46×0.43(19×18×17)	0.25×0.23×0.20(10×9×8)	5

并条工艺

道别	总牵伸			牵伸倍数分配			
	机械牵伸倍数	重量牵伸倍数	效率/%	前张力牵伸	主牵伸	后牵伸	后张力牵伸
头并	5.99	6.00	100.2	1.020	3.44	1.71	1.077
二并	8.37	8.43	100.7	1.020	6.23	1.32	1.077

道别	罗拉直径/mm	罗拉中心距/mm	罗拉隔距/mm	罗拉加压/daN	输出速度/(m/min)	喇叭头口径/mm
头并	35×35×35×35×35	42×40×40×48	7×5×13	29×29×9.8×29×39×39×39	350	2.8
二并	35×35×35×35×35	42×40×40×48	7×5×13	29×29×9.8×29×39×39×39	350	2.8

续表

纱线规格 线密度/tex	英支	总牵伸 机械牵伸倍数	重量率伸倍数	效率/%	捻度 计算捻度/(捻/10cm)	实际捻度/(捻/10cm)	效率/%	实际捻系数
37	16	96.38	99.38	103.11	82.1	74	90.13	450
30	20	121.20	124.22	102.49	92.4	83	89.83	454

纱线规格 线密度/tex	英支	速度 纺杯/(r/min)	分梳辊/(r/min)	卷绕张力率伸倍数	隔离盘角度/(°)	纺纱直径/mm	排杂率/%
37	16	5243	7198	0.986	45	54	3
30	20	55205	7685	0.972	45	54	2.5

2. C18.5tex（32英支）竹节纱、C14.5tex（40英支）纯棉纱工艺设计示例（表2-2-3）

（1）C14.5tex采用细纱集棉器，应加强管理，降低纱疵。

（2）C18.5tex竹节工艺应根据布面风格进行细调，电清短粗直径应大于细节，长度小于竹节长度，长粗直径应小于竹节倍率，长度大于竹节长度。

表2-2-3　C18.5tex（32英支）竹节纱、C14.5tex（40英支）纯棉纱工艺设计示例

原料	配棉类别	长度/mm	长度整齐度	马克隆值	强度/(cN/tex)	短绒率/%	成熟度系数	含杂率/%
	细乙	28.5	81	4.2	29	9.8	0.86	2.1
	机型	半制品及成品	干定量	湿定量	回潮率/%	并合数	重量牵伸倍数	后牵伸倍数
	FA203A+自调匀整	生条	18.8g/5m	20g/5m	6.5			

续表

设备		头并	二并	粗纱	细纱:C18.5tex(32英支)	细纱:C14.5tex(40英支)
FA320A		18.8g/5m	17.8g/5m	4.7g/10m	1.705g/100m	1.336g/100m
FA415A		20g/5m	19g/5m	5g/10m	1.811g/100m	1.419g/100m
FA506+竹节装置		6.5	6.5	6.5	6.2	6.2
JWF1572		6	8			
		6.00	8.45	7.57	27.57	35.18
		1.71	1.32	1.30	1.25	1.25

清棉工艺

清梳联流程　FA006型往复抓棉机—FA103型双轴流开棉机—FA028型多仓混棉机—FA109型三刺辊清棉机—(FA178A型棉箱+FA203A型梳棉机)

FA006C型

往复速度/(m/min)	间歇下降/mm
12	2

FA109型

转速/(r/min)		打手转速/(r/min)	
1	2	1440	800
1400	2450		

FA103型

第一打手转速/(r/min)	第二打手转速/(r/min)
412	424

FA178A型

角钉打手—给棉罗拉隔距/mm	开松辊转速/(r/min)
1.5	784

FA028型

打手转速/(r/min)	打手—尘棒隔距/mm	尘棒—尘棒隔距/mm	棉仓压力/Pa
768	22	8	230

落棉率/%：1.0

梳棉工艺

小压辊一道夫张力牵伸倍数	锡刺速比	速度			单产/(kg/h)	落杂区长度/mm		
		锡林/(r/min)	刺辊/(r/min)	盖板/(m/min)		第一区	第二区	第三区
1.658	2.23	379	877	209.5	40	71	36	18

续表

隔距/mm(×10⁻³ 英寸)

除尘刀角度/(°)	除尘刀—刺辊	刺辊—给棉板	刺辊—分梳漏底	刺辊—道夫	锡林—盖板
90	0.3(12)	0.48(19)	0.5(20)	0.18(7)	0.2×0.18×0.18×0.2(8×7×7×8)

锡林—后固定盖板	锡林—前固定盖板	锡林—道夫	落棉率/%
0.48×0.46×0.43(19×18×17)	0.25×0.23×0.20(10×9×8)	0.1(4)	5

并条工艺

道别	总牵伸 机械牵伸倍数	总牵伸 重量牵伸倍数	效率/%	罗拉直径/mm	罗拉中心距/mm	罗拉隔距/mm	罗拉加压/daN	前张力牵伸	牵伸倍数分配 主牵伸	牵伸倍数分配 后牵伸	后张力牵伸	输出速度/(m/min)	喇叭头口径/mm
头并	5.99	6.00	100.2	35×35×35×35	42×40×48	7×5×13	29×29×9.8×29×39×39	1.020	3.44	1.71	1.077	350	2.8
二并	8.46	8.45	99.9	35×35×35×35	42×40×48	7×5×13	29×29×9.8×29×39×39	1.020	6.30	1.32	1.077	350	2.8

粗纱工艺

总牵伸 机械牵伸倍数	总牵伸 重量牵伸倍数	效率/%	后区牵伸倍数	计算捻度/(捻/10cm)	计算捻系数	罗拉直径/mm	罗拉中心距/mm
7.59	7.57	99.7	1.30	4.79	107	28.5×28.5×28.5×28.5	38×60×50

续表

罗拉隔距/mm	罗拉加压/daN	锭速/(r/min)	集棉器口径/mm	钳口隔距/mm
9.5×31.5×21.5	12×20×15×15	950	7×12×16	4.5

细纱工艺

纱线规格		总牵伸				捻度			
线密度/tex	英支	机械牵伸倍数	重量牵伸倍数	效率/%	后区牵伸倍数	捻向	计算捻度/(捻/10cm)	实际捻度/(捻/10cm)	效率/%
18.5	32	28.21	27.57	97.7	1.25	Z	96.7	93	96.2
14.5	40	36.03	35.18	97.6	1.25	Z	100.4	100	99.6

纱线规格		实际捻系数	罗拉直径/mm	罗拉中心距/mm	罗拉隔距/mm	皮辊加压/daN	锭速/(r/min)	钳口隔距/mm	钢领		钢丝圈		集棉器/mm
线密度/tex	英支								型号	直径/mm	型号	规格	
18.5	32	400	25×25×25	44×55	19×30	14×10×12	10870	3.0	PG1	42	C1 UL UDR	2/0	—
14.5	40	381	27×27×27	44×55	17×28	14×10×12	19500	3.0	PG1	42	C1 UL UDR	4/0	1.8

竹节工艺

型号	竹节粗度	竹节长度/mm	竹节间距/mm	竹节数/(个/m)	基纱线密度/tex	竹节线密度/tex	循环	正常前罗拉转速/(r/min)
DZJ-1	2	150	60~250	3.6	12.03	24.05	模糊循环	148.89

续表

正常前罗拉拉线速度/(mm/ms)	正常纱伺服电动机转速/(r/min)	基纱伺服电动机转速/(r/min)	竹节伺服电动机转速/(r/min)
0.1948	253	165	329

长度/mm

竹节 L1	基纱 L2	竹节 L3	基纱 L4	竹节 L5	基纱 L6	竹节 L7	基纱 L8	竹节 L9	基纱 L10	竹节 L11	基纱 L12	竹节 L13	基纱 L14
150	100	150	250	150	80	150	200	150	60	150	120	150	90

时间/ms

竹节 T1	基纱 T2	竹节 T3	基纱 T4	竹节 T5	基纱 T6	竹节 T7	基纱 T8	竹节 T9	基纱 T10	竹节 T11	基纱 T12	竹节 T13	基纱 T14
770	513	770	1283	770	411	770	1027	770	308	770	616	770	462

3. JC18.5tex(32英支)、JCG14.5tex(40英支)纯棉烧毛纱工艺设计示例(表2-2-4)

精并采用一道自调匀整;根据最终成品要求,烧毛率设计为8%,需要细调细纱定量,保证最终线密度准确。

表2-2-4　JC18.5tex(32英支)、JCG14.5tex(40英支)纯棉烧毛纱工艺设计示例

络筒工艺

纱线规格		机型	络纱速度/(m/min)
线密度/tex	英支		
18.5	32	XCL	1000
14.5	40	XCL	1200

电清工艺

类型	棉结	短粗	长粗	长细
LOEPFE TK830	50%	240%×1.5cm	140%×40cm	-16%×40cm
LOEPFE TK830	390%	180%×1.3cm	130%×30cm	-12%×40cm

原料

配棉类别	长度/mm	长度整齐度	马克隆值	强度/(cN/tex)	短绒率/%	成熟度系数	含杂率/%
细甲	29.2	82	4.0	30	9.5	0.87	2.0

续表

机型	半制品及成品	干定量	湿定量	回潮率/%	并合数	重量牵伸倍数	后牵伸倍数
FA203A+自调匀整	生条	22.5g/5m	24g/5m	6.5			
FA320A	预并条	22.5g/5m	24g/5m	6.5	5	5.00	1.71
E32	小卷	65.7g/m	70g/m	6.5	24	1.64	
E62	精梳条	18.3g/5m	19.5g/5m	6.5	8	143.61	
FA322B+自调匀整	精并条	17.8g/5m	19g/5m	6.5	8	8.22	1.35
FA415A	粗纱	4.7g/5m	5g/10m	6.5		7.57	1.30
JWF1572	细纱:JC18.5tex(32英支)	1.705g/100m	1.811g/100m	6.2		27.57	1.25
	细纱:JC15.66tex(37.71英支)	1.443g/100m	1.532g/100m	6.2		32.57	1.25
GRR/N	烧毛纱:JC14.5tex(40英支)	1.336g/100m	1.405g/100m	5.2		1.08	

清棉工艺

清梳联流程 FA006型往复抓棉机—FA103型双轴流开棉机—FA028型多仓混棉机—FA178A型棉箱—FA109型三刺辊清棉机—(FA178A型棉箱+FA203A型梳棉机)

FA006C型

往复速度/(m/min)	间隙下降/mm	打手转速/(r/min)
12	2	1440

FA103型

第一打手转速/(r/min)	第二打手转速/(r/min)	打手—尘棒隔距/mm	尘棒—尘棒隔距/mm
412	424	22	8

FA028型

打手转速/(r/min)	棉仓压力/Pa
768	230

FA178A型

开松辊转速/(r/min)
784

FA109型

角钉打手—给棉罗拉隔距/mm
1.5

落棉率/% 1.0

转速/(r/min)	1	2	3
	800	1400	2450

续表

梳棉工艺

速度 锡林/(r/min)	刺辊/(r/min)	盖板/(m/min)	锡刺速比	单产/(kg/h)	落杂区长度/mm 第一区	第二区	第三区	落棉率/%
379	877	209.5	2.23	45	71	36	18	5

除尘刀 角度/(°)	隔距/mm($\times 10^{-3}$ 英寸) 锡林—盖板	锡林—道夫	刺辊—锡林	剥辊—分梳漏底	刺辊—给棉板	除尘刀—刺辊	锡林—后固定盖板	锡林—前固定盖板	小压辊—道夫张力牵伸倍数
90	0.2×0.18×0.2(8×7×7×8)	0.1(4)	0.18(7)	0.5(20)	0.48(19)	0.3(12)	0.48×0.46×0.43(19×18×17)	0.25×0.23×0.20(10×9×8)	1.658

条并卷工艺

牵伸倍数分配

输出张力牵伸	压辊张力牵伸	紧压张力牵伸	成卷张力牵伸	后牵伸	主牵伸
1.0000	1.0090	1.0015	1.0056	1.0620	1.5011

成卷速度/(m/min)	罗拉加压/Pa	罗拉隔距/mm	罗拉中心距/mm	罗拉直径/mm	小卷湿重/kg	小卷长度/m
100	4.6	10×14	42×46	32×32×32	15.4	220

总牵伸

机械牵伸倍数	重量牵伸倍数	效率/%
1.62	1.64	101.2

精梳工艺

牵伸倍数分配

台面牵伸倍数	后区牵伸倍数	罗拉总牵伸倍数
1.022	1.36	13.2

给棉长度/mm	给棉形式	握持点隔距/mm	顶梳高低位置刻度	落棉刻度	控制盘刻度	落棉率/%
4.3	后退	41	-0.5	8.0	-0.3	16

总牵伸

机械牵伸倍数	重量牵伸倍数	效率/%
122.00	143.61	117.7

锡林速度/(r/min)	毛刷速度/(r/min)	集束喇叭(口径)/mm	台面喇叭(口径)/mm
1000	300	4.4	5.5

续表

并条工艺

道别	牵伸倍数分配					总牵伸	
	后张力牵伸	前张力牵伸	后牵伸	主牵伸	效率/%	重量牵伸倍数	机械牵伸倍数
预并	1.077	1.020	1.71	2.86	100.6	5.00	4.97
精并	1.047	1.014	1.35	5.97	100.1	8.22	8.21

道别	罗拉直径/mm	罗拉中心距/mm	罗拉隔距/mm	罗拉加压/daN	输出速度/(m/min)	喇叭头口径/mm	凸罗拉隔距/mm	凹罗拉隔距/mm
预并	35×35×35×35	42×40×48	7×5×13	29×29×9.8×29×39×39	350	3.2		
精并	35×35×35×35	42×40×48	7×5×13	20×29×9.8×29×39×39×39	350	导轨75	5	5.2

粗纱工艺

计算捻系数	计算捻度/(捻/10cm)	锭速/(r/min)	后区牵伸倍数	罗拉加压/daN	罗拉隔距/mm	罗拉中心距/mm	罗拉直径/mm	集棉器口径/mm	钳口隔距/mm	重量牵伸倍数	机械牵伸倍数	效率/%
112	5.01	950	1.30	12×20×15×15	9.5×31.5×21.5	38×60×50	28.5×28.5×28.5×28.5	7×12×16	4.5	7.57	7.59	99.7

细纱工艺

纱线规格		总牵伸			后区牵伸倍数	捻度			
线密度/tex	英支	机械牵伸倍数	重量牵伸倍数	效率/%		捻向	计算捻度/(捻/10cm)	实际捻度/(捻/10cm)	效率/%
18.5	32	28.21	27.57	97.7	1.25	Z	88.4	88	99.5
14.5	40	33.47	32.57	97.3	1.25	Z	100.4	100	99.6

续表

| 纱线规格 | | 实际捻系数 | 罗拉直径/mm | 罗拉中心距/mm | 罗拉隔距/mm | 罗拉加压/daN | 锭速/(r/min) | 钳口隔距/mm |
线密度/tex	英支							
18.5	32	379	27×27×27	44×55	17×28	14×10×12	19500	3.0
14.5	40	381	27×27×27	44×55	17×28	14×10×12	19500	3.0

| 纱线规格 | | 钢领 | | 钢丝圈 | |
线密度/tex	英支	型号	直径/mm	型号	规格
18.5	32	PG1	42	C1 UL UDR	8/0
14.5	40	PG1	42	C1 UL UDR	9/0

| 纱线规格 | | 机型 | 络纱速度/(m/min) | 电清工艺 | | | | |
线密度/tex	英支			型号	棉结	短粗	长粗	长细
18.5	32	XCL	1200	LOEPFE TK830	390%	180%×1.3cm	130%×30cm	−12%×40cm
14.5	40	XCL	1200	LOEPFE TK830	390%	180%×1.3cm	130%×30cm	−12%×40cm

烧毛工艺

| 纱线规格 | | 机型 | 车速/(m/min) | 空气流量/(kg/h) | 煤气流量/(kg/h) |
线密度/tex	英支				
14.5	40	GRR/N	734	16000	1.3

4. JC12tex(50英支)纯棉纱工艺设计示例（表2-2-5）

细纱采用前压力棒，应加强管理，减少锭差。

表2-2-5 JC12tex(50英支)纯棉纱工艺设计示例

原料

配棉类别	长度/mm	长度整齐度	马克隆值	强度/(cN/tex)	短绒率/%	成熟度系数	含杂率/%
细特	30.2	83.4	3.95	32	9	0.88	1.8

机型	半制品及成品	干定量	湿定量	回潮率/%	并合数	重量牵伸倍数	后牵伸倍数
FA203A+自调匀整	生条	22.5g/5m	24g/5m	6.5	5	5.00	1.71
FA320A	预并条	22.5g/5m	24g/5m	6.5	5		
E32	小卷	65.7g/m	70g/m	6.5	24	1.64	
E62	精梳条	17.8g/5m	19g/5m	6.5	8	147.64	
FA322B+自调匀整	精并条	17.4g/5m	18.5g/5m	6.5	8	8.18	1.35
FA415A	粗纱	3.8g/10m	4g/10m	6.5	8	9.16	1.30
JWF1572	细纱:JC12tex(50英支)	1.106g/100m	1.175g/100m	6.2		34.36	1.25
	细纱:JC10tex(60英支)	0.922g/100m	0.979g/100m	6.2		41.21	1.25

清棉工艺

清梳工艺

清梳联流程：FA006型往复抓棉机—FA103型双轴流开棉机—FA028型多仓混棉机—FA178A型棉箱—FA109型三刺辊清棉机—（FA178A型棉箱+FA203A型梳棉机）

FA006C型			FA103型				FA028型	
打手转速/(r/min)	往复速度/(m/min)	间隙下降/mm	第一打手转速/(r/min)	第二打手转速/(r/min)	打手—尘棒隔距/mm	尘棒—尘棒隔距/mm	打手转速/(r/min)	棉仓压力/Pa
1440	12	2	412	424	22	8	768	230

续表

FA109型

转速/(r/min)			角钉打手—给棉罗拉隔距/mm
1	2	3	1.5
800	1400	2450	

小压辊—道夫张力牵伸倍数
1.658

FA178A型

开松辊转速/(r/min)	单产/(kg/h)	落杂区长度/mm			落棉率/%
		第一区	第二区	第三区	
784	40	71	36	18	1.0 / 5

梳棉工艺

速度

锡林/(r/min)	刺辊/(r/min)	盖板/(m/min)	除尘刀角度/(°)	锡刺速比
379	877	209.5	90	2.23

隔距/mm(×10⁻³英寸)

除尘刀—刺辊	刺辊—给棉板	刺辊—分梳漏底	刺辊—锡林	锡林—道夫	锡林—盖板	锡林—后固定盖板	锡林—前固定盖板
0.3(12)	0.48(19)	0.5(20)	0.18(7)	0.1(4)	0.2×0.18×0.18×0.2 (8×7×7×8)	0.48×0.46×0.43 (19×18×17)	0.25×0.23×0.20 (10×9×8)

条并卷工艺

牵伸倍数分配

总牵伸		成卷张力牵伸	紧压张力牵伸	压辊张力牵伸	输出张力牵伸	主牵伸	后牵伸
重量牵伸倍数	机械牵伸倍数						
1.64	1.62	1.0056	1.0015	1.0090	1.0000	1.5011	1.0620

效率/%	罗拉中心距/mm	罗拉隔距/mm	罗拉直径/mm	罗拉加压/Pa	成卷速度/(m/min)	小卷长度/m	小卷湿重/kg
101.2	44×48	12×16	32×32×32	4.6	100	220	15.4

续表

精梳工艺

总牵伸

机械牵伸倍数	重量牵伸倍数	效率/%	罗拉总牵伸倍数	后区牵伸倍数	合面牵伸倍数	握持点隔距/mm	给棉形式	给棉长度/mm
127.30	147.64	116.0	13.2	1.36	1.022	41	后退	4.3

合面喇叭口口径/mm	集束喇叭口口径/mm	锡林速度/(r/min)	毛刷速度/(r/min)	控制盘刻度	顶梳位置刻度	落棉刻度	落棉率/%
5.5	4.4	300	1000	-0.3	-0.5	8.0	16

并条工艺

牵伸倍数分配

道别	总牵伸			前张力伸	主牵伸	后牵伸	后张力率伸
	机械牵伸倍数	重量牵伸倍数	效率/%				
预并	4.97	5.00	100.6	1.020	2.86	1.71	1.077
精并	8.21	8.18	99.6	1.014	5.97	1.35	1.047

道别	罗拉直径/mm	罗拉中心距/mm	罗拉隔距/mm	罗拉加压/daN	输出速度/(m/min)	喇叭头口径/mm	凸罗拉隔距/mm	凹罗拉隔距/mm
预并	35×35×35×35	42×40×40×48	7×5×5×13	29×29×9.8×29×39×39	350	3.2	5	5.2
精并	35×35×35×35	42×40×40×48	7×5×5×13	20×29×9.8×29×39×39	350	导轨61		

粗纱工艺

总牵伸			后区牵伸倍数	计算捻度/(捻/10cm)	计算捻系数	罗拉直径/mm	罗拉中心距/mm
机械牵伸倍数	重量牵伸倍数	效率/%					
9.22	9.16	99.3	1.30	5.40	108	28.5×28.5×28.5×28.5	38×60×50

续表

细纱工艺

纱线规格 线密度/tex	英支	罗拉隔距/mm	罗拉加压/daN	锭速/(r/min)	集棉器口径/mm	钳口隔距/mm
12	50	9.5×31.5×21.5	12×20×15×15	950	6×12×16	3.5

纱线规格 线密度/tex	英支	总牵伸		后区牵伸倍数	效率/%	捻度			
		机械牵伸倍数	重量牵伸倍数			捻向	计算捻度(捻/10cm)	实际捻度(捻/10cm)	效率/%
12	50	35.16	34.36	1.25	97.7	Z	110.3	110	99.7

纱线规格 线密度/tex	英支	罗拉中心距/mm	罗拉直径/mm	实际捻系数	罗拉加压/daN	罗拉隔距/mm	锭速/(r/min)	钳口隔距/mm
12	50	44×55	27×27×27	381	14×10×12	17×28	18000	2.75

钢领

纱线规格 线密度/tex	英支	型号	直径/mm
12	50	PG1	38

钢丝圈

纱线规格 线密度/tex	英支	型号	规格
12	50	C1 UL UDR	12/0

络筒工艺

纱线规格 线密度/tex	英支	机型	络纱速度/(m/min)
12	50	XCL	1100

电清工艺

纱线规格 线密度/tex	英支	型号	棉结	短粗	长粗	长细
12	50	LOEPFE TK830	420%	190%×1.3cm	130%×30cm	-12%×40cm

5. JC7.4tex(80英支)纯棉紧密纺高捻纱设计示例(表2-2-6)

管纱无须定捻,但应注意小辫子,筒纱热定捻工艺应根据织造织布风格要求进行优化。

表2-2-6 JC7.4tex(80英支)纯棉紧密纺高捻纱工艺设计示例

原料

配棉类别	长度/mm	长度整齐度	马克隆值	强度/(cN/tex)	短绒率/%	成熟度系数	含杂率/%
特细甲	36.4	86.3	3.9	42	5.6	0.9	2.1

机型	半制品及成品	干定量	湿定量	回潮率/%	并合数	重量牵伸倍数	后牵伸倍数
FA141型	棉卷	356.8g/m	380g/m	6.5			
FA203	生条	22.5g/5m	24g/5m	6.5		79.3	
FA320A	预并条	22.5g/5m	24g/5m	6.5	5	5.00	1.71
E32	小卷	65.7g/m	70g/m	6.5	24	1.64	
E62	精梳条	17.8g/5m	19g/5m	6.5	8	147.64	
FA322B+自调匀整	精并条	16.9g/5m	18g/5m	6.5	8	8.43	1.35
FA415A	粗纱	3.1g/10m	3.3g/10m	6.5		10.90	1.30
JWF1510	细纱	0.682g/100m	0.724g/100m	6.2		45.45	1.25

清棉工艺

清棉流程：FA002型圆盘抓棉机—FA018型混开棉机—FA106型豪猪开棉机—(FA046A型给棉机+FA141型成卷机)

棉卷计算长度/m	棉卷湿重/kg	FA002型			FA018型 打手转速/(r/min)			
		打手转速/(r/min)	伸出肋条距离/mm	间隙下降距离/mm	角钉	刀片	豪猪	锯片
38	14.4	740	2	2	400	430	800	850

续表

FA018 型

打手—尘棒隔距(进×出)/mm	角钉及刀片	12×17
	锯片	10×14
尘棒—尘棒隔距/mm	豪猪	11×16
打手转速/(r/min)		1000
打手—罗拉隔距/mm		9

FA141 型

尘棒—尘棒隔距/mm	角钉及刀片	14×12
	豪猪	10×8×6
	锯片	6×4
打手—尘棒隔距(进×出)/mm		8×16
尘棒—尘棒隔距/mm		7

FA106 型

尘棒—尘棒隔距/mm		14×8×6
打手—尘棒隔距(进×出)/mm		12×18
打手—罗拉隔距/mm		8
打手转速/(r/min)		540
风机转速/(r/min)		1300
落棉率/%		长绒棉 0.8　细绒棉 1

梳棉工艺

速度

锡林/(r/min)	刺辊/(r/min)	盖板/(m/min)	锡刺速比	单产/(kg/h)
379	877	209.5	2.23	30

隔距/mm(×10⁻³ 英寸)

锡林—后固定盖板	锡林—前固定盖板	除尘刀—刺辊	刺辊—给棉板	刺辊—分梳漏底	刺辊—锡林	锡林—道夫
0.48×0.46×0.43(19×18×17)	0.25×0.23×0.20(10×9×8)	0.3(12)	0.48(19)	0.5(20)	0.18(7)	0.1(4)

锡林—盖板
0.2×0.18×0.18×0.2(8×7×7×8)

除尘刀

角度/(°)	落棉区长度/mm
90	

总牵伸

机械牵伸倍数	重量牵伸倍数	效率/%	第一区	第二区	第三区
75.72	79.30	104.7	71.00	36.00	18.0

落棉率/%
长绒棉 4.6　细绒棉 5

条并卷工艺

牵伸倍数分配

小压辊—一道夫牵伸倍数	紧压张力牵伸	压辊张力牵伸	输出张力牵伸	主牵伸	后牵伸	成卷张力牵伸
1.400	1.0015	1.0090	1.0000	1.5011	1.0620	1.0056

总牵伸

机械牵伸倍数	重量牵伸倍数	效率/%
1.62	1.64	101.2

续表

精梳工艺

罗拉直径/mm	罗拉中心距/mm	罗拉隔距/mm	罗拉加压/Pa	成卷速度/(m/min)	小卷长度/m	小卷湿重/kg
32×32×32	44×48	12×16	4.6	100	220	15.4

总牵伸		
机械牵伸倍数	重量牵伸倍数	效率/%
127.30	147.64	116.0

台面喇叭口口径/mm	集束喇叭口口径/mm	锡林速度/(r/min)	毛刷速度/(r/min)	罗拉总牵伸倍数	台面牵伸倍数	后区牵伸倍数
5.5	4.4	300	1000	13.2	1.022	1.36

顶梳位置刻度	控制盘刻度	落棉刻度	搂持点隔距/mm	给棉形式	落棉率/%	给棉长度/mm
-0.5	-0.3	8.0	41	后退	15	4.3

并条工艺

道别	机械牵伸倍数	重量牵伸倍数	效率/%
预并	4.97	5.00	100.6
精并	8.38	8.43	100.6

道别	牵伸倍数分配			
	前张力牵伸	主牵伸	后牵伸	后张力牵伸
预并	1.020	2.86	1.71	1.077
精并	1.014	6.10	1.35	1.047

道别	罗拉直径/mm	罗拉中心距/mm	罗拉隔距/mm	罗拉加压/daN	输出速度/(m/min)	喇叭头口径/mm	凸罗拉隔距/mm	凹罗拉隔距/mm
预并	35×35×35×35	45×43×51	10×8×16	29×29×9.8×39×39×39	350	3.2	—	—
精并	35×35×35×35	45×43×51	10×8×16	20×29.8×29×39×39	350	号数61	5	5.2

粗纱工艺

总牵伸		
机械牵伸倍数	重量牵伸倍数	效率/%
11.07	10.90	98.5

计算捻度/(捻/10cm)	计算捻系数	后区牵伸倍数	罗拉直径/mm	罗拉中心距/mm
5.28	96	1.30	28.5×28.5×28.5×28.5	40×62×52

续表

细纱工艺

纱线规格		罗拉隔距/mm	罗拉加压/daN	锭速/(r/min)	集棉器口径/mm	钳口隔距/mm
线密度/tex	英支					
7.4	80	12.5×33.5×23.5	12×20×15×15	950	6×12×16	3.5

纱线规格		总牵伸				捻度			
线密度/tex	英支	机械牵伸倍数	重量牵伸倍数	效率/%	后区牵伸倍数	捻向	计算捻度/(捻/10cm)	实际捻度/(捻/10cm)	效率/%
7.4	80	46.76	45.45	97.2	1.25	Z	192.4	189	98.2

纱线规格		实际捻系数	罗拉直径/mm	罗拉中心距/mm	罗拉隔距/mm	罗拉加压/daN	钳口隔距/mm	绪森紧密纺张力牵伸倍数	锭速/(r/min)	钢领		钢丝圈	
线密度/tex	英支									型号	直径/mm	型号	规格
7.4	80	514	27×27×27	44×55	17×28	8×16×10×14	2.3	1.065	14500	PG1	35	C1 EL UDR	12/0

络筒工艺

纱线规格		机型	络纱速度/(m/min)
线密度/tex	英支		
7.4	80	ORION	1000

电清工艺

纱线规格		型号	棉结	短粗	长粗	长细
线密度/tex	英支					
7.4	80	LOEPFE ZENIT	450%	200%×1.3cm	130%×30cm	-12%×40cm

热定捻工艺

纱线规格		机型	第一循环		第二循环		冷却时间/min	定捻效率/%
线密度/tex	英支		温度/℃	时间/min	温度/℃	时间/min		
7.4	80	OXRELLAAG LT-098/2	65	5	85	15	45	>60

6. JC5.9tex(100 英支)紧密纱工艺设计示例(表 2-2-7)

本工艺采用前、后压力棒,后压力棒,应加强管理;为适应紧密纺,细纱导纱动程减小。

表 2-2-7 JC5.9tex(100 英支)紧密纱工艺设计示例

原料

配棉类别	长度/mm	长度整齐度	马克隆值	强度/(cN/tex)	短绒率/%	成熟度系数	含杂率/%
特细特	38.3	87.7	3.8	44	5.2	0.92	2.3

机型	半制品及成品	干定量	湿定量	回潮率/%	并合数	重量牵伸倍数	后牵伸倍数
FA141	棉卷	356.8g/5m	380g/5m				
FA203	生条	22.5g/5m	24g/5m	6.5		79.3	
FA320A	预并条	22.5g/5m	24g/5m	6.5	5	5.00	1.71
E32	小卷	65.7g/m	70g/m	6.5	24	1.64	
E62	精梳条	17.8g/5m	19g/5m	6.5	8	147.64	
FA322B+自调匀整	精并条	16.9g/5m	18g/5m	6.5	8	8.43	1.35
FA415A	粗纱	3.1g/10m	3.3g/10m	6.5		10.90	1.30
FA506+后压力棒	细纱	0.544g/100m	0.578g/100m	6.2		56.99	1.39

清棉工艺

清棉流程:FA002 型圆盘抓棉机—FA018 型混开棉机—FA106 型豪猪开棉机—(FA046A 型给棉机+FA141 型成卷机)

棉卷计算长度/m	棉卷湿重/kg	FA002 型			FA018 型			
		打手转速/(r/min)	伸出肋条距离/mm	间隙下降距离/mm	打手转速/(r/min)			
					角钉	刀片	豪猪	锯片
44	17.6	740	3	2	400	430	800	850

续表

FA018 型 / FA141 型 / FA106 型（清棉工艺）

机型	打手—尘棒隔距（进×出）/mm			尘棒—尘棒隔距/mm	打手—尘棒隔距（进×出）/mm	打手—罗拉隔距/mm	打手转速/(r/min)	风机转速/(r/min)	落棉率/%
	豪猪	角钉及刀片	锯片						
FA018 型	11×16	12×17	10×14			9	1000		
FA141 型	10×8×6	14×12	6×4	7	8×16		540	1300	
FA106 型				14×8×6	12×18	8			0.8

总牵伸
机械牵伸倍数	重量牵伸倍数	效率/%
75.92	79.30	104.5

落杂区长度/mm
第一区	第二区	第三区
71.00	36.00	18.0

梳棉工艺

速度
锡林/(r/min)	刺辊/(r/min)	盖板/(m/min)	单产/(kg/h)	锡剌速比
379	877	209.5	25	2.23

隔距/mm（×10⁻³ 英寸）
除尘刀—刺辊	刺辊—给棉板	刺辊—分梳漏底	刺辊—锡林	锡林—道夫
0.3(12)	0.48(19)	0.5(20)	0.18(7)	0.1(4)

锡林—后固定盖板	锡林—前固定盖板	落棉率/%
0.48×0.46×0.43(19×18×17)	0.25×0.23×0.20(10×9×8)	5

锡林—盖板	除尘刀角度/(°)	隔距/mm（×10⁻³ 英寸）
0.2×0.18×0.2(8×7×7×8)	90	7

小压辊—道夫张力牵伸倍数：1.400

条并卷工艺

总牵伸
机械牵伸倍数	重量牵伸倍数	效率/%
1.62	1.64	101.2

牵伸倍数分配
成卷张力牵伸	紧压张力牵伸	压辊张力牵伸	输出张力牵伸	主牵伸	后牵伸
1.0056	1.0015	1.0090	1.0000	1.5011	1.0620

续表

精梳工艺

罗拉直径/mm	罗拉中心距/mm	罗拉隔距/mm	罗拉加压/Pa	成卷速度/(m/min)	小卷长度/m	小卷湿重/kg
32×32×32	44×48	12×16	4.6	100	220	15.4

台面喇叭口口径/mm	集束喇叭口口径/mm	锡林速度/(r/min)	毛刷速度/(r/min)	罗拉总牵伸倍数	后区牵伸倍数	台面牵伸倍数	握持点隔距/mm	给棉形式	给棉长度/mm
5.5	4.4	300	1000	13.2	1.36	1.022	41	后退	4.3

控制盘刻度	顶梳位置刻度	落棉刻度	落棉率/%
-0.3	-0.5	8.5	13

总牵伸

机械牵伸倍数	重量牵伸倍数	效率/%
127.30	147.64	116.0

并条工艺

道别	罗拉直径/mm	罗拉中心距/mm	罗拉隔距/mm	罗拉加压/daN	喇叭头口径/mm	输出速度/(m/min)
预并	35×35×35×35	45×43×51	10×8×16	29×29×9.8×29×39×39	3.2	350
精并	35×35×35×35	45×43×51	10×8×16	20×29×9.8×29×39×39	3.0	350

总牵伸

道别	机械牵伸倍数	重量牵伸倍数	效率/%
预并	4.97	5.00	100.6
精并	8.38	8.43	100.6

牵伸倍数分配

道别	后牵伸	主牵伸	后张力牵伸	前张力牵伸
预并	1.71	2.86	1.077	1.020
精并	1.35	6.10	1.047	1.014

粗纱工艺

计算捻系数	计算捻度/(捻/10cm)	后区牵伸倍数	罗拉中心距/mm	罗拉直径/mm	凹罗拉隔距/mm	凸罗拉隔距/mm
96	5.28	1.30	40×62×52	28.5×28.5×28.5·28.5	5	5.2

总牵伸

机械牵伸倍数	重量牵伸倍数	效率/%
11.07	10.90	98.5

续表

细纱工艺

纱线规格 英支	纱线规格 线密度/tex	机械牵伸倍数	重量牵伸倍数	效率/%	罗拉加压/daN	罗拉隔距/mm	锭速/(r/min)
100	5.9	52.45	50.99	97.2	12×20×15×15	12.5×33.5×23.5	950

实际捻系数	罗拉直径/mm	罗拉中心距/mm	罗拉隔距/mm	皮辊加压/daN	锭速/(r/min)	后区牵伸倍数	钳口隔距/mm
379	27×27×27	44×52	17×25	8×16×10×14	14500	1.39+后压力棒	2.2mm隔距块附加压力棒

捻度

计算捻度/(捻/10cm)	实际捻度/(捻/10cm)	捻向	钳口隔距/mm	集棉器口径/mm	效率/%
156.5	156	Z	3.5	6×12×16	99.7

钢领 型号	钢领 直径/mm	钢丝圈 型号	绦纶紧密纺张力牵伸倍数
PG1	35	C1 EL UDR	1.065

络筒工艺

纱线规格 英支	纱线规格 线密度/tex	机型	型号	络纱速度/(m/min)
100	5.9	POLAR	LOEPFE ZENIT	900

电清工艺

棉结	短粗	长粗	长细
500%	210%×1.4cm	130%×40cm	-12%×40cm

二、纯化纤纱线工艺设计示例

1. A20tex(30英支)化纤纱工艺设计示例(表2-2-8)

腈纶易产生色差,当原料生产线及批号变化时应进行纱的染色试验,有差异时改批或并批;腈纶蓬松,易粘,成卷机应采取防粘措施。

表2-2-8　A20tex(30英支)化纤纱工艺设计示例

原料

线密度/dtex	长度/mm	强度/(cN/dtex)	伸长率/%	含油率/%	公定回潮率/%
1.33	38	3.1	25.0	0.2	2

半制品及成品

半制品及成品	机型	干定量	湿定量	回潮率/%	并合数	重量牵伸倍数	后牵伸倍数
棉卷	FA141	394.9g/m	400g/m				
生条	FA203	18.8g/5m	19g/5m	1.3		105.0	
头并条	FA320A	18.8g/5m	19g/5m	1.3	6	6.00	1.85
二并条	FA320A	18.3g/5m	18.5g/5m	1.3	8	8.22	1.5
粗纱	FA415A	4.9g/10m	5g/10m	1.3		7.47	1.32
细纱	JWF1510	1.961g/100m	1.985g/100m	1.2		24.99	1.3

清棉工艺

清棉流程：FA002型圆盘抓棉机—FA018型混开棉机—FA106A型梳针开棉机—(FA046A型给棉机+FA141型成卷机)

棉卷计算长度/m	棉卷湿重/kg
32	12.8

FA002型

打手—尘棒隔距(进×出)/mm			尘棒—尘棒隔距/mm			伸出助条距离/mm	同赋下降距离/mm	打手转速/(r/min)
角钉及刀片	蒙插	锯片	角钉及刀片	蒙插	锯片			
15×20	14×19	13×17	12×10	8×6×4	4×2	2	2	480

FA018型

打手转速/(r/min)				尘棒—尘棒隔距/mm
角钉	刀片	蒙插	锯片	
400	430	700	740	12×6×4

FA106A型

打手—尘棒隔距(进×出)/mm	打手—罗拉隔距/mm	打手转速/(r/min)
14×20	10	740

续表

FA141 型

打手转速/(r/min)	打手—罗拉隔距/mm	打手—尘棒隔距(进×出)/mm	尘棒—尘棒隔距/mm	风机转速/(r/min)	落棉率/%
900	10	10×18	5	1400	0.5

总牵伸

机械牵伸倍数	重量牵伸倍数	效率/%
104.50	105.00	100.5

梳棉工艺

小压辊—道夫张力 牵伸倍数	速度			锡刺速比	单产/(kg/h)
	锡林/(r/min)	刺辊/(r/min)	盖板/(m/min)		
1.658	344	712	81.5	2.49	25

落杂区长度/mm

除尘刀		
角度/(°)	第二区	第三区
85	13.00	10.0

隔距/mm(×10⁻³英寸)

隔距/mm($\times10^{-3}$英寸)

刺辊—给棉板	除尘刀—刺辊	刺辊—分梳漏底	刺辊—道夫	锡林—道夫
0.48(19)	0.38(15)	0.5(20)	0.18(7)	0.1(4)

锡林—盖板 隔距/mm($\times10^{-3}$英寸)

锡林—盖板	锡林—后固定盖板	锡林—前固定盖板
0.38×0.33×0.33×0.33(15×13×13×13)	0.76×0.61×0.51(30×24×20)	0.48×0.46×0.43(19×18×17)

总牵伸

第一区	第二区	第三区	落棉率/%
57.00	13.00	10.0	1

并条工艺

道别	总牵伸			前张力牵伸	牵伸倍数分配		后张力牵伸
	机械牵伸倍数	重量牵伸倍数	效率/%		主牵伸	后牵伸	
头并	6.05	6.00	99.2	1.000	3.21	1.85	1.062
二并	8.29	8.22	99.2	1.000	5.43	1.50	1.062

道别	罗拉直径/mm	罗拉中心距/mm	罗拉隔距/mm	罗拉加压/daN	输出速度/(m/min)	喇叭头口径/mm
头并	35×35×35×35	47×42×51	12×7×16	29×29×9.8×29×39×39	350	2.8
二并	35×35×35	47×42×51	12×7×16	29×29×9.8×29×39×39	350	2.8

续表

粗纱工艺

纱线规格		总牵伸						
线密度/tex	英支	机械牵伸倍数	重量牵伸倍数	后区牵伸倍数	计算捻度/(捻/10cm)	计算捻系数	罗拉直径/mm	罗拉中心距/mm
20	30	7.61	7.47	1.32	2.68	60	28.5×28.5×23.5×28.5	40×62×52

罗拉隔距/mm	罗拉加压/daN	效率/%	锭速/(r/min)	集棉器口径/mm	钳口隔距/mm
11.5×33.5×23.5	12×20×15×15	98.2	950	7×12×16	5

细纱工艺

纱线规格		总牵伸			捻度			
线密度/tex	英支	机械牵伸倍数	重量牵伸倍数	后区牵伸倍数	捻向	计算捻度/(捻/10cm)	实际捻度/(捻/10cm)	效率/%
20	30	25.75	24.99	1.30	Z	78.3	78	99.6

实际捻系数	罗拉直径/mm	罗拉中心距/mm	罗拉隔距/mm	罗拉加压/daN	锭速/(r/min)	钳口隔距/mm	效率/%
349	27×27×27	45×60	18×33	14×10×12	14500	3.5	97.0

钢领		钢丝圈	
型号	直径/mm	型号	重量
PG1	42	C1 UL UDR	5/0

络筒工艺

纱线规格		机型	型号	络纱速度/(m/min)
线密度/tex	英支			
20	30	AUTOCONER	USTER QUANTUM 2	1000

电清工艺			
棉结	短粗	长粗	长细
290%	210%×1.5cm	135%×35cm	-30%×35cm

2. R20tex K（30英支）喷气涡流纺针织纱工艺设计示例（表 2-2-9）

在前纺供得上时，可以进一步降低熟条定量，以改善成纱条干。

表 2-2-9　R20tex K（30英支）喷气涡流纺针织纱工艺设计示例

原料

长度/mm	线密度/dtex	强度/(cN/dtex)	伸长率/%	含油率/%	公定回潮率/%
38	1.33	2.4	23	0.20	13.0

机型	半制品及成品	干定量	湿定量	回潮率/%	并合数	重量牵伸倍数	后牵伸倍数
FA141	棉卷	360.4g/m	400g/m	11.0			
FA203	生条	18.9g/5m	21g/5m	11.0		95.3	
FA320A	头并条	18.9g/5m	21g/5m	11.0	6	6.00	1.85
FA320A	二并条	18.0g/5m	20g/5m	11.0	8	8.40	1.50
No.870	细纱	1.770g/100m	1.956g/100m	10.5	2	203.39	

清棉工艺

清棉流程：FA002型圆盘抓棉机—FA018型混开棉机—FA106A型梳针开棉机（FA046A型给棉机+FA141型成卷机）

FA002 型

打手转速/(r/min)	伸出助条距离/mm	间隙下降距离/mm
740	3	2

FA018 型

棉卷湿重/kg	棉卷计算长度/m	打手转速/(r/min)	角钉及刀片	锯片	打手—尘棒隔距（进×出）/mm	
					豪猪	锯片
12.8	32	740	15×20	13×17	14×19	12×10

FA106A 型

打手转速/(r/min)	角钉	刀片	豪猪	锯片	打手—罗拉隔距/mm	打手—尘棒隔距（进×出）/mm		尘棒—尘棒隔距/mm	
					隔距/mm	锯片	豪猪	豪猪	隔距/mm
480	400	430	700	740	10	4×2	8×6×4	14×20	12×6×4

续表

FA141 型

打手转速/(r/min)	打手—罗拉隔距/mm	打手—尘棒隔距(进×出)/mm	尘棒—尘棒隔距/mm	风机转速/(r/min)	落棉率/%
900	10	10×18	5	1400	0.5

机械牵伸倍数	总牵伸 重量牵伸倍数	效率/%	小压辊—道夫张力 牵伸倍数
94.50	95.30	100.8	1.658

落杂区长度/mm

第一区	第二区	第三区	除尘刀角度/(°)
57.00	13.00	10.0	85

梳棉工艺

速度

锡林/(r/min)	刺辊/(r/min)	盖板/(m/min)	单产/(kg/h)	锡刺速比
344	712	81.5	25	2.49

隔距/mm($\times10^{-3}$ 英寸)

除尘刀—刺辊	刺辊—给棉板	刺辊—锡林	锡林—分梳漏底	锡林—道夫
0.38(15)	0.48(19)	0.18(7)	0.5(20)	0.1(4)

锡林—盖板

0.38×0.33×0.33×0.33(15×13×13×13)

隔距/mm($\times10^{-3}$ 英寸)

锡林—后固定盖板	锡林—前固定盖板	落棉率/%
0.76×0.61×0.51(30×24×20)	0.48×0.46×0.43(19×18×17)	1

并条工艺

牵伸倍数分配

道别	机械牵伸倍数	总牵伸 重量牵伸倍数	效率/%	前张力牵伸	主牵伸	后牵伸	后张力牵伸
头并	6.05	6.00	99.2	1.000	3.21	1.85	1.062
二并	8.43	8.40	99.6	1.000	5.52	1.50	1.062

道别	罗拉直径/mm	罗拉中心距/mm	罗拉隔距/mm	罗拉加压/daN	输出速度/(m/min)	喇叭头口径/mm
头并	35×35×35×35	47×42×51	12×7×16	29×29×9.8×29×39×39	350	2.8
二并	35×35×35×35	47×42×51	12×7×16	29×29×9.8×29×39×39	350	2.8

续表

喷气涡流工艺

纱线规格 线密度/tex	英支	机械牵伸倍数	总牵伸 重量牵伸倍数	效率/%	主牵伸倍数	后牵伸倍数	中间牵伸倍数	张力比	喷入比
20	30	202.98	203.39	100.2	29.0	3.0	2.4	0.99	1.0

纱线规格 线密度/tex	英支	卷取比	起始率/%	张力扭力/mN	罗拉中心距/mm	皮辊中心距/mm	纺锭型号	集棉器宽度/mm	喷嘴距离/mm
20	30	1.000	100	120	44.5×41×45	49×41×45	M1	4	20.0

加捻工艺

纱线规格 线密度/tex	英支	气压/MPa	加捻器型号	解捻管型号	解捻开始时间/s	解捻时间/s	加捻开始时间/s	加捻时间/s	捻接长度位置/mm
20	30	0.5	G2	N2	0.65	0.25	1.085	0.1	3

纱线规格 线密度/tex	英支	皮圈弹簧压力/N	喷嘴压力/MPa N_1	N_2	皮圈隔距/mm	喇叭头导纱器/mm
20	30	29.4	0.53	0.4	2.4	7

电清工艺

棉结	短粗	长粗	长细
320%	190%×3cm	130%×20cm	-25%×20cm

3. 20tex(30英支)、14.5tex(40英支)天丝纱工艺设计示例(表2-2-10)

(1) 天丝有原纤化倾向,清梳工序应避免过度打击,降低打手速度,加强纤维转移;

(2) 假捻如成卷粘卷,需要夹入粗纱,采用防粘罗拉;

(3) 并条适当降速,减少卷绕。

表 2-2-10　20tex(30 英支)、14.5tex(40 英支)天丝工艺设计示例

原料

长度/mm	线密度/dtex	强度/(cN/dtex)	伸长率/%	含油率/%	公定回潮率/%
38	1.33	3.8	14.5	0.28	13.0

半制品及成品	机型	干定量	湿定量	回潮率/%	并合数	重量牵伸倍数	后牵伸倍数
棉卷	FA141	345.5g/m	380g/m	10			
生条	FA203	16.4g/5m	18g/5m	10		105.3	1.85
头并	FA320A	16.4g/5m	18g/5m	10	6	6.00	1.5
二并	FA320A	15.9g/5m	17.5g/5m	10	8	8.25	1.32
粗纱	FA415A	4.5g/10m	5g/10m	10		7.07	
细纱:20tex(30 英支)	JWF1510	1.770g/100m	1.938g/100m	9.5		25.42	1.3
细纱:14.5tex(40 英支)	JWF1510	1.283g/100m	1.405g/100m	9.5		35.07	1.3

清棉工艺

清棉流程　FA002 型圆盘抓棉机—FA018 型混开棉机—FA106A 型梳针开棉机—FA106A 型给棉机—(FA046A 型混棉机+FA▲141 型成卷机)

FA018 型

打手转速/(r/min)				打手—尘棒隔距(进×出)/mm			尘棒—尘棒隔距/mm		
角钉	刀片	锯片	蒙猪	角钉及刀片	锯片	蒙猪	角钉及刀片	锯片	蒙猪
400	430	740	700	15×20	13×17	14×19	12×10	4×2	8×6×4

FA106A 型

打手转速/(r/min)	打手—罗拉隔距/mm	打手—尘棒隔距(进×出)/mm	尘棒—尘棒隔距/mm
480	10	14×20	12×6×4

FA002 型

打手转速/(r/min)	伸出助条长度/mm	间隙下降距离/mm	棉卷计算长度/m	棉卷湿重/kg
740	2	2	32	12.8

续表

FA141 型

打手转速/(r/min)	打手—罗拉隔距/mm	打手—尘棒隔距(进×出)/mm	尘棒—尘棒隔距/mm	风机转速/(r/min)	落棉率/%
900	10	10×18	5	1400	0.5

总牵伸			落杂区长度/mm			小压辊—道夫牵伸倍数	除尘刀角度/(°)
机械牵伸倍数	重量牵伸倍数	效率/%	第一区	第二区	第三区		
104.50	105.30	100.8	57.00	13.00	10.0	1.658	85

梳棉工艺

速度					隔距/mm(×10⁻³ 英寸)				
锡林/(r/min)	刺辊/(r/min)	盖板/(m/min)	锡刺速比	单产/(kg/h)	除尘刀—刺辊	刺辊—给棉板	刺辊—分梳漏底	刺辊—锡林	锡林—道夫
344	712	81.5	2.49	25	0.38(15)	0.48(19)	0.5(20)	0.18(7)	0.1(4)

锡林—盖板 隔距/mm(×10⁻³ 英寸)	锡林—后固定盖板	锡林—前固定盖板	落棉率/%
0.38×0.33×0.33×0.33×0.33(15×13×13×13×13)	0.76×0.61×0.51(30×24×20)	0.48×0.46×0.43(19×18×17)	1

并条工艺

牵伸倍数分配

道别	机械牵伸倍数	重量牵伸倍数	效率/%	前张力牵伸	主牵伸	后牵伸	后张力牵伸
头并	6.05	6.00	99.2	1.000	3.21	1.85	1.062
二并	8.29	8.25	99.5	1.000	5.43	1.50	1.062

道别	罗拉中心距/mm	罗拉隔距/mm	罗拉加压/daN	罗拉直径/mm	输出速度/(m/min)	喇叭头口径/mm
头并	47×42×51	12×7×16	29×29×9.8×29×39×39	35×35×35×35	150	2.8
二并	47×42×51	12×7×16	29×29×9.8×29×39×39	35×35×35×35	150	2.8

续表

粗纱工艺

总牵伸		后区牵伸倍数	计算捻系数	计算捻度/(捻/10cm)	效率/%
机械牵伸倍数	重量牵伸倍数				
7.15	7.07	1.32	65	2.91	98.9

罗拉隔距/mm	罗拉加压/daN	锭速/(r/min)	罗拉中心距/mm	罗拉直径/mm	集棉器口径/mm	钳口隔距/mm
11.5×33.5×23.5	12×20×15×15	950	40×62×52	28.5×28.5×28.5	7×8×12	5

细纱工艺

总牵伸

纱线规格		机械牵伸倍数	重量牵伸倍数	后区牵伸倍数	效率/%
线密度/tex	英支				
20	30	26.07	25.42	1.30	97.5
14.5	40	36.03	35.07	1.30	97.3

捻度

纱线规格		实际捻系数	计算捻度/(捻/10cm)	实际捻度/(捻/10cm)	捻向	锭速/(r/min)	效率/%
线密度/tex	英支						
20	30	367	82.7	82	Z	12000	99.2
14.5	40	381	101.0	100	Z	12000	99.0

纱线规格		罗拉直径/mm	罗拉中心距/mm	罗拉隔距/mm	罗拉加压/daN	钳口隔距/mm
线密度/tex	英支					
20	30	27×27×27	45×60	18×33	14×10×12	3.5
14.5	40	27×27×27	45×60	18×33	14×10×12	3.5

纱线规格		钢领		钢丝圈	
线密度/tex	英支	型号	直径/mm	型号	规格
20	30	PG1	42	C1 UL UDR	5/0
14.5	40	PG1	42	C1 UL UDR	5/0

续表

纱线规格		机型	络纱速度/(m/min)	络筒工艺	电清工艺			
线密度/tex	英支			型号	棉结	短粗	长粗	长细
20	30	21C	1000	USTER QUANTUM 2	290%	210%×1.5cm	135%×35cm	-30%×35cm
14.5	40	21C	1000	USTER QUANTUM 2	290%	210%×1.5cm	135%×35cm	-30%×35cm

4. R7.4tex(80英支)紧密素络纱工艺设计示例（表2-2-11）

粗纱长度是单纱约的50%~70%，以粗纱不碰、不影响操作为宜；为提高细纱牵伸倍数采用后压力棒及其配套工艺；取消细纱导纱动程，细纱皮辊的磨砺周期相应缩短；细纱吹风能吹到，保证六排六眼粗纱顶端能吹到；应加强管理，控制细节。

表2-2-11 R7.4tex(80英支)紧密赛络纱工艺设计示例

原料

长度/mm	线密度/dtex	强度/(cN/dtex)	伸长率/%	含油率/%	公定回潮率/%
38	1.11	2.4	21	0.2	13.0

半制品及成品	机型	干定量	湿定量	回潮率/%	并合数	重量牵伸倍数	后牵伸倍数
棉卷	FA141	360.4g/m	400g/m	11.0			
生条	FA203	16.2g/5m	18g/5m	11.0		111.2	
头并条	FA320A	16.2g/5m	18g/5m	11.0	6	6.00	1.85
二并条	FA320A	15.8g/5m	17.5g/5m	11.0	8	8.20	1.50
粗纱	FA415A	2.9g/10m	3.2g/10m	11.0		10.90	1.32
细纱	FA506+后压力棒	0.655g/100m	0.724g/100m	10.5	2	88.55	1.39

续表

清棉工艺

清棉流程：FA002型圆盘抓棉机—FA018型混开棉机—FA106A型梳针开棉机—FA106A型给棉机+FA141型成卷机（FA046A型给棉机+FA141型成卷机）

棉卷计算长度/m	32
棉卷湿重/kg	12.8

FA002型

打手转速/(r/min)	角钉	刀片	豪猪	锯片
	400	430	700	740

间隙下降距离/mm	2
伸出助条距离/mm	2
打手转速/(r/min)	740

FA018型

	角钉及刀片	豪猪	锯片
打手—尘棒隔距(进×出)/mm	15×20	14×19	13×17
尘棒—尘棒隔距/mm	12×10	8×6×4	4×2

FA106A型

打手转速/(r/min)	480
打手—尘棒隔距(进×出)/mm	14×20
尘棒—尘棒隔距/mm	12×6×4
打手—罗拉隔距/mm	10
尘棒—尘棒隔距/mm	5
风机转速/(r/min)	1400
落棉率/%	0.5

FA141型

打手转速/(r/min)	900
打手—罗拉隔距/mm	10
打手—尘棒隔距(进×出)/mm	10×18
尘棒—尘棒隔距/mm	5

梳棉工艺

总牵伸

机械牵伸倍数	重量牵伸倍数	效率/%	小压辊—道夫张力牵伸倍数
110.50	111.20	100.6	1.658

落杂长度/mm

第一区	第二区	第三区	除尘刀角度/(°)
57.00	13.00	10.0	85

速度

锡林/(r/min)	刺辊/(r/min)	盖板/(m/min)	单产/(kg/h)	锡刺速比
344	712	81.5	25	2.49

隔距/mm（$\times 10^{-3}$英寸）

除尘刀—刺辊	刺辊—给棉板	刺辊—分梳板	刺辊—锡林	锡林—道夫
0.38(15)	0.48(19)	0.5(20)	0.18(7)	0.1(4)

续表

隔距/mm（×10⁻³英寸）			落棉率/%
锡林—盖板	锡林—后固定盖板	锡林—前固定盖板	
0.38×0.33×0.33×0.33（15×13×13×13）	0.76×0.61×0.51（30×24×20）	0.48×0.46×0.43（19×18×17）	1

并条工艺

道别	总牵伸			牵伸倍数分配			
	机械牵伸倍数	重量牵伸倍数	效率/%	前张力牵伸	主牵伸	后牵伸	后张力牵伸
头并	6.05	6.00	99.2	1.000	3.21	1.85	1.062
二并	8.21	8.20	99.9	1.000	5.38	1.50	1.062

道别	罗拉直径/mm	罗拉中心距/mm	罗拉隔距/mm	罗拉加压/daN	输出速度/（m/min）	喇叭头口径/mm
头并	35×35×35×35	47×42×51	12×7×16	29×29×9.8×29×29×39	350	2.8
二并	35×35×35×35	47×42×51	12×7×16	29×29×9.8×29×29×39	350	2.8

粗纱工艺

总牵伸			后区牵伸倍数	计算捻度/（捻/10cm）	计算捻系数
机械牵伸倍数	重量牵伸倍数	效率/%			
10.99	10.90	99.2	1.32	3.63	65

罗拉隔距/mm	罗拉加压/daN	锭速/（r/min）	集棉器口径/mm	罗拉直径/mm	罗拉中心距/mm	钳口隔距/mm
11.5×33.5×23.5	12×20×15×15	950	6×8×12	28.5×28.5×28.5×28.5	40×62×52	4

续表

细纱工艺

纱线规格		总牵伸		后区牵伸倍数	捻向	捻度		效率/%
线密度/tex	英支	机械牵伸倍数	重量牵伸倍数			计算捻度/(捻/10cm)	实际捻度/(捻/10cm)	
7.4	80	91.09	88.55	1.39+后压力棒	Z	141.1	140	99.2

纱线规格		实际捻系数	钢领	罗拉中心距/mm	罗拉直径/mm	罗拉隔距/mm	罗拉加压/daN	锭速/(r/min)	钳口隔距/mm	效率/%
线密度/tex	英支		型号							
7.4	80	381	PG1	44×52	27×27×27	17×25	8×16×10×14	13500	2.5	97.2

络筒工艺

纱线规格		机型	络纱速度/(m/min)	直径/mm	钢丝圈	
线密度/tex	英支				型号	规格
7.4	80	AUTOCONER	1000	35	C1 EL UDR	15/0

电清工艺

纱线规格		型号	棉结	短粗	长粗	长细	绪森紧密纺张力牵伸倍数
线密度/tex	英支						
7.4	80	USTER QUANTUM 2	320%	250%×1.5cm	135%×35cm	−30%×35cm	1.065

5. MOD5.9tex(100 英支)紧密纱工艺设计示例(表 2-2-12)

(1) 莫代尔纤维弹性模量大,易堵圈条,头并张力适当增大;

(2) 粗纱回潮率适当,使粗纱中纤维刚度减弱,减轻纺纱中纤维相互排斥和静电积聚现象;

(3) 莫代尔纤维光滑,抱合力差,弹性好,要求粗纱成形良好,条干均匀,严防烂粗纱、起毛粗纱流入细纱。

表2-2-12　MOD5.9tex（100英支）紧密纱工艺设计示例

原料

长度/mm	线密度/dtex	强度/(cN/dtex)	伸长率/%	含油率/%	公定回潮率/%
39	1	3.5	14.0	0.2	13.0

机型	半制品及成品	干定量	湿定量	回潮率/%	并合数	重量牵伸倍数	后牵伸倍数
FA141	棉卷	342.3g/m	380g/m	11.0			
FA203	生条	14.4g/5m	16g/5m	11.0		118.9	
FA320A	头并条	14.4g/5m	16g/5m	11.0	6	6.00	1.85
FA320A	二并条	13.5g/5m	15g/5m	11.0	8	8.53	1.50
FA415A	粗纱	2.5g/10m	2.8g/10m	11.0		10.80	1.32
JWF1510	细纱	0.522g/100m	0.577g/100m	10.5		47.89	1.30

清棉工艺

清棉流程　FA002型圆盘抓棉机—FA018型混开棉机—FA106A型梳针开棉机—（FA046A型给棉机+FA141型成卷机）

FA002型

棉卷计算长度/m	棉卷湿重/kg	伸出肋条距离/mm	间隙下降距离/mm	打手转速/(r/min)
32	12.8	3	2	740

FA018型

打手转速/(r/min)				打手—尘棒隔距（进×出）/mm		尘棒—尘棒隔距/mm	
角钉	刀片	豪猪	锯片	角钉及刀片	锯片	豪猪	锯片
400	430	700	740	15×20	13×17	14×19	8×6×4

FA106A型

打手转速/(r/min)	打手—罗拉隔距/mm	打手—尘棒隔距（进×出）/mm		尘棒—尘棒隔距/mm	
		角钉及刀片	锯片	豪猪	锯片
480	10	14×20	12×10	12×6×4	4×2

续表

FA141 型

打手转速/(r/min)	打手—尘棒隔距(进×出)/mm	打手—罗拉隔距/mm	尘棒—尘棒隔距/mm	风机转速/(r/min)	落棉率/%
900	10×18	10	5	1400	0.5

梳棉工艺

小压辊—道夫张力牵伸倍数	总牵伸		效率/%	单产/(kg/h)
	机械牵伸倍数	重量牵伸倍数		
1.658	117.98	118.90	100.8	25

落杂区长度/mm			除尘刀	
第一区	第二区	第三区	角度/(°)	
57.00	13.00	10.0	85	

速度			
锡林/(r/min)	刺辊/(r/min)	盖板/(m/min)	锡刺速比
344	712	81.5	2.49

隔距/mm(×10⁻³ 英寸)				
除尘刀—刺辊	刺辊—给棉板	刺辊—分梳漏底	刺辊—锡林	锡林—道夫
0.38(15)	0.48(19)	0.5(20)	0.18(7)	0.1(4)

隔距/mm(×10⁻³ 英寸)			落棉率/%
锡林—后固定盖板	锡林—前固定盖板	锡林—盖板	
0.76×0.61×0.51(30×24×20)	0.48×0.46×0.43(19×18×17)	0.38×0.33×0.33×0.33(15×13×13×13)	1

并条工艺

道别	总牵伸		效率/%	牵伸倍数分配			
	机械牵伸倍数	重量牵伸倍数		前张力牵伸	主牵伸	后牵伸	后张力牵伸
头并	6.05	6.00	99.2	1.011	3.21	1.85	1.062
二并	8.65	8.53	98.6	1.000	5.66	1.50	1.062

道别	罗拉直径/mm	罗拉中心距/mm	罗拉隔距/mm	罗拉加压/daN	输出速度/(m/min)	喇叭头口径/mm
头并	35×35×35×35	47×42×51	12×7×16	29×29×9.8×29×39×39	350	2.6
二并	35×35×35×35	47×42×51	12×7×16	29×29×9.8×29×39×39	350	2.6

续表

粗纱工艺

纱线规格		总牵伸			计算捻系数	计算捻度/(捻/10cm)	效率/%	罗拉中心距/mm
线密度/tex	英支	机械牵伸倍数	重量牵伸倍数	后区牵伸倍数				
5.9	100	10.99	10.80	1.32	70	3.80	98.3	41×52.75×62.75

罗拉直径/mm	罗拉隔距/mm	罗拉加压/daN	锭速/(r/min)	钳口隔距/mm	集棉器口径/mm
28.5×28.5×28.5×28.5	11.5×33.5×23.5	12×20×15×15	950	4	6×8×12

细纱工艺

纱线规格		总牵伸			捻向	捻度		
线密度/tex	英支	机械牵伸倍数	重量牵伸倍数	后区牵伸倍数		计算捻度/(捻/10cm)	实际捻度/(捻/10cm)	效率/%
5.9	100	49.30	47.89	1.30	Z	156.9	156	99.4

纱线规格		实际捻系数	罗拉直径/mm	罗拉中心距/mm	罗拉隔距/mm	罗拉加压/daN	锭速/(r/min)	钳口隔距/mm
线密度/tex	英支							
5.9	100	379	27×27×27	45×60	18×33	14×10×12	12000	2.5

纱线规格		钢领		钢丝圈		绪森型紧密纺牵伸倍数	效率/%
线密度/tex	英支	型号	直径/mm	型号	规格	规格	
5.9	100	PG1	35	C1 UL UDR	14/0	1.080	97.1

络筒工艺

纱线规格		机型	络纱速度/(m/min)	电清工艺				
线密度/tex	英支			型号	棉结	短粗	长粗	长细
5.9	100	AUTOCONER	1000	USTER QUANTUM 2	340%	280%×1.5cm	135%×35cm	-30%×35cm

6. T10tex×3（60英支/3）缝纫线工艺设计示例（表2-2-13）

成卷机需要夹入粗纱，采用防粘罗拉，减少缝纫时打圈，底线穿空的问题；纱线捻向S，线捻向Z，纱线捻比采用1：1.29，提高强力。

表2-2-13　T10tex×3（60英支/3）缝纫线工艺设计示例

原料

长度/mm	线密度/dtex	强度/（cN/dtex）	伸长率/%	含油率/%	公定回潮率/%
38	1.33	5.7	23	0.2	0.4

机型	半制品及成品	干定量	湿定量	回潮率/%	并合数	重量牵伸倍数	后牵伸倍数
FA141	棉卷	378.5g/m	380g/m	0.4			
FA203	生条	17.9g/5m	18g/5m	0.4		105.7	
FA320A	头并	17.9g/5m	18g/5m	0.4	6	6.00	1.85
FA320A	二并	17.4g/5m	17.5g/5m	0.4	8	8.23	1.5
FA415A	粗纱	3.5g/10m	3.5g/10m	0.4		9.94	1.32
JWF1510	细纱	0.996g/100m	1.000g/100m	0.4		35.14	1.3

清棉工艺

清棉流程：FA002型圆盘抓棉机—FA018型混开棉机—FA106A型梳针开棉机—FA046A型给棉机+FA141型成卷机—（FA046A型给棉机+FA141型成卷机）

棉卷计算长度/m	棉卷湿重/kg	打手转速/（r/min） 角钉	刀片	豪猪	锯片	打手—尘棒隔距（进×出）/mm 角钉及刀片	豪猪	锯片	尘棒—尘棒隔距/mm 角钉及刀片	豪猪	锯片
						FA018型					
28	10.6	400	430	700	740	15×20	14×19	13×17	12×10	8×6×4	4×2

续表

FA002 型

打手转速/(r/min)	伸出肋条距离/mm	间隙下降距离/mm
740	3	3

FA106A 型

打手—罗拉隔距/mm	打手—尘棒隔距(进×出)/mm	尘棒—尘棒隔距/mm	落棉率/%
10	14×20	12×6×4	0.5

FA141 型

打手转速/(r/min)	打手—尘棒隔距(进×出)/mm
480	10×18

打手转速/(r/min)	打手—罗拉隔距/mm	尘棒—尘棒隔距/mm	风机转速/(r/min)
900	10	5	1400

梳棉工艺

速度

单产/(kg/h)	锡刺速比	盖板/(m/min)	刺辊/(r/min)	锡林/(r/min)
25	2.49	81.5	712	344

隔距/mm($\times10^{-3}$英寸)

锡林—道夫	刺辊—锡林	刺辊—分梳漏底	刺辊—给棉板	除尘刀—刺辊	落棉率/%
0.1(4)	0.18(7)	0.5(20)	0.48(19)	0.38(15)	1

总牵伸

小压辊—道夫张力牵伸倍数	机械牵伸倍数	重量牵伸倍数	效率/%
1.658	105.20	105.70	100.5

除尘刀角度/(°)	落杂区长度/mm		
	第三区	第二区	第一区
85	10.0	13.00	57.00

隔距/mm($\times10^{-3}$英寸)

锡林—后固定盖板	锡林—前固定盖板	锡林—盖板
0.76×0.61×0.51(30×24×20)	0.48×0.46×0.43(19×18×17)	0.38×0.33×0.33×0.33(15×13×13×13×13)

并条工艺

道别	总牵伸			牵伸倍数分配			
	机械牵伸倍数	重量牵伸倍数	效率/%	前张力牵伸	主牵伸	后牵伸	后张力牵伸
头并	6.05	6.00	99.2	1.000	3.21	1.85	1.062
二并	8.29	8.23	99.3	1.000	5.43	1.50	1.062

续表

道别	罗拉直径/mm	罗拉中心距/mm	罗拉隔距/mm	罗拉加压/daN	输出速度/(m/min)	喇叭头口径/mm
头并	35×35×35×35	47×42×51	12×7×16	29×29×29×39×39	350	2.8
二并	35×35×35×35	47×42×51	12×7×16	29×29×29×39×39	350	2.8

总牵伸

机械牵伸倍数	重量牵伸倍数	效率/%
10.14	9.94	98.0

罗拉隔距/mm	罗拉加压/daN
11.5×33.5×23.5	12×20×15×15

粗纱工艺

纱线规格	线密度/tex	英支
	10	60

计算捻系数	计算捻度/(捻/10cm)	后区牵伸倍数
52	2.78	1.32

罗拉直径/mm	罗拉中心距/mm	罗拉加压/daN
28.5×28.5×28.5×28.5	40×62×52	29×29×9.8×29×39×39

锭速/(r/min)	集棉器口径/mm	钳口隔距/mm
950	6×12×16	4

细纱工艺

纱线规格	线密度/tex	英支
	10	60

总牵伸

机械牵伸倍数	重量牵伸倍数	效率/%
36.03	35.14	97.5

实际捻系数	后区牵伸倍数	罗拉中心距/mm	罗拉直径/mm
351	1.30	45×60	27×27×27

罗拉加压/daN	罗拉隔距/mm
14×10×12	18×33

捻度

计算捻系数	计算捻度/(捻/10cm)	实际捻度/(捻/10cm)	捻向
52	111.8	111	S

锭速/(r/min)	钳口隔距/mm	效率/%
15000	2.75	99.3

钢领

纱线规格	线密度/tex	英支	型号	直径/mm
	10	60	PG1	38

钢丝圈

纱线规格	线密度/tex	英支	型号	规格
	10	60	C1 UL UDR	14/0

续表

纱线规格		络筒工艺		电清工艺				
线密度/tex	英支	机型	络纱速度/(m/min)	型号	棉结	短粗	长粗	长细
10	60	AUTOCONER	1000	USTER QUANTUM 2	300%	230%×1.5cm	135%×35cm	−30%×35cm

并线工艺						
机型	高频/Hz	张力片重量/g	红张力片	灰张力片	蓝张力片	
RF231B	50	20	5	5	1	

倍捻工艺		捻度			效率/%	张力器	张力刻度	超喂/%
机型	捻向	计算捻度/(捻/10cm)	实际捻度/(捻/10cm)	实际捻系数				
SAURER VTS-09	Z	82.6	80	448	96.85	0	3	60

三、混纺纱线工艺设计示例

1. R55/C45 18.5tex(32英支)纱工艺设计示例(表2-2-14)

本工艺采用条混,但未采用预并,通过梳棉自调匀整细调混纺比,如果达不到混合要求可以增加预并。

表2-2-14　R55/C45 18.5tex(32英支)纱工艺设计示例

	配棉类别	长度/mm	长度整齐度	马克隆值	强度/(cN/tex)	短绒率/%	成熟度系数	含杂率/%	公定回潮率/%
C	细绒	28.5	81	4.2	29	9.8	0.86	2.1	8.5
R		38	1.33	2.6	23	0.20	13.0		11

续表

机型	半制品及成品	干定量	湿定量	回潮率/%	并合数	搭条数	混比	重量牵伸倍数	后牵伸倍数
FA141	R棉卷	360g/m	400g/m	11					
	C棉卷	357g/m	380g/m	6.5					
FA203+自调匀整	R生条	20.7 g/5m	23g/5m	11			55	87.0	
	C生条	16.9 g/5m	18g/5m	6.5		3	44.9	105.6	
FA320A	混一条	19.3 g/5m	21g/5m	9.0	6	3		5.84	1.85
	混二条	18.3 g/5m	20g/5m	9.0	8			8.44	1.35
	混三条	17.4 g/5m	19g/5m	9.0	8			8.41	1.5
FA415A	粗纱	5.0 g/10m	5.5 g/10m	9.0				7.32	1.32
FA506	细纱	1.667 g/100m	1.810 g/100m	8.6				29.99	1.3

清棉工艺

清棉流程	R:FA002型圆盘抓棉机—FA106A型梳针开棉机—FA106A型给棉机+FA141型成卷机—(FA046A型给棉机+FA141型成卷机)
	C:FA002型圆盘抓棉机—FA018型混开棉机—FA018型混开棉机—(FA046A型给棉机+FA141型成卷机)

FA018型

原料	棉卷计算长度/m	棉卷湿重/kg	打手转速/(r/min)				打手—尘棒隔距(进×出)/mm			尘棒—尘棒隔距/mm		
			角钉	刀片	锯片	豪猪	角钉及刀片	豪猪	锯片	角钉及刀片	豪猪	锯片
R	34	13.6	400	430	740	700	15×20	14×19	13×17	12×10	8×6×4	4×2
C	42	16	400	430	850	800	12×17	11×16	10×14	14×12	10×8×6	6×4

续表

FA002 型

原料	打手转速/(r/min)	伸出肋条距离/mm	间隙下降距离/mm
R	740	3	2
C	740	3	2

FA141 型

原料	打手转速/(r/min)	打手—罗拉隔距/mm	打手—尘棒隔距（进×出）/mm	尘棒—尘棒隔距/mm
R	480	10	10×18	5
C	540	9	8×16	7

FA106A 型

原料	打手—罗拉隔距/mm	打手—尘棒隔距（进×出）/mm	尘棒—尘棒隔距/mm	风机转速/(r/min)	落棉率/%
R	10	14×20	12×6×4	1400	0.5
C	8	12×18	14×8×6	1300	1

梳棉工艺

速度

原料	锡林/(r/min)	刺辊/(r/min)	盖板/(m/min)	锡刺速比	单产/(kg/h)
R	344	712	81.5	2.49	25
C	379	877	209.5	2.23	40

总牵伸

原料	总牵伸		效率/%	小压辊—道夫张力牵伸倍数
	机械牵伸倍数	重量牵伸倍数		
R	86.30	87.00	100.8	1.658
C	101.32	105.60	104.2	1.658

落杂区长度/mm

原料	第一区	第二区	第三区
R	57	13	10
C	71	36	18

除尘刀

原料	角度/(°)	除尘刀—刺辊隔距/mm（$\times 10^{-3}$ 英寸）
R	85	0.38(15)
C	90	0.3(12)

隔距/mm（$\times 10^{-3}$ 英寸）

原料	刺辊—给棉板	刺辊—分梳漏底	刺辊—锡林	锡林—道夫
R	0.48(19)	0.5(20)	0.18(7)	0.1(4)
C	0.48(19)	0.5(20)	0.18(7)	0.1(4)

隔距/mm（$\times 10^{-3}$ 英寸）

原料	锡林—盖板	锡林—后固定盖板	锡林—前固定盖板	落棉率/%
R	0.38×0.33×0.33×0.33(15×13×13×13)	0.76×0.61×0.51(30×24×20)	0.48×0.46×0.43(19×18×17)	1
C	0.2×0.18×0.18×0.2(8×7×7×8)	0.48×0.46×0.43(19×18×17)	0.25×0.23×0.20(10×9×8)	5

续表

并条工艺

道别	牵伸倍数分配				总牵伸			罗拉隔距/mm	罗拉直径/mm	罗拉中心距/mm
	后张力牵伸	后牵伸	主牵伸	前张力牵伸	效率/%	重量牵伸倍数	机械牵伸倍数			
混一	1.062	1.85	3.12	1.000	99.3	5.84	5.88	12×7×16	35×35×35×35	47×42×51
混二	1.062	1.35	6.23	1.000	98.6	8.44	8.56	12×7×16	35×35×35×35	47×42×51
混三	1.062	1.50	5.54	1.000	99.4	8.41	8.46	12×7×16	35×35×35×35	47×42×51

道别	罗拉加压/daN	输出速度/（m/min）	喇叭头口径/mm
混一	29×29×9.8×29×39×39	350	3
混二	29×29×9.8×29×39×39	350	3
混三	29×29×9.8×29×39×39	350	3

粗纱工艺

机械牵伸倍数	后区牵伸倍数	重量牵伸倍数	效率/%	罗拉隔距/mm	罗拉加压/daN	锭速/（r/min）	计算捻度/（捻/10cm）	计算捻系数	集棉器口径/mm	罗拉中心距/mm	罗拉直径/mm
7.46	1.32	7.32	98.1	11.5×33.5×23.5	12×20×15×15	950	3.20	75	7×12×16	40×62×52	28.5×28.5×28.5

细纱工艺

纱线规格		后区牵伸倍数	总牵伸			捻向	捻度			
线密度/tex	英支		机械牵伸倍数	重量牵伸倍数	效率/%		计算捻度/（捻/10cm）	实际捻度/（捻/10cm）	效率/%	实际捻系数
18.5	32	1.30	30.74	29.99	97.6	Z	81.5	81	99.4	348

钳口隔距/mm	集棉器口径/mm	罗拉直径/mm
5	7×12×16	27×27×27

续表

纱线规格 线密度/tex	英支	罗拉中心距/mm	罗拉隔距/mm	罗拉加压/daN	锭速/(r/min)	钳口隔距/mm	钢领 型号	钢领 直径/mm	钢丝圈 型号	钢丝圈 规格
18.5	32	45×60	18×33	14×10×12	14500	3.5	PG1	42	C1 UL UDR	5/0

络筒工艺 / 电清工艺

纱线规格 线密度/tex	英支	机型	络纱速度/(m/min)	型号	棉结	短粗	长粗	长细
18.5	32	XCL	1200	LOEPFE TK830	39%	180%×1.5cm	130%×40cm	−20%×40cm

2. MOD60/JC40 18.5tex(32英支)纱工艺设计示例(表2-2-15)

①清棉工序:棉卷定量可偏重掌握。②梳棉工序:道夫速度应偏低掌握,为消除静电现象,除局部增湿外,可定期在道夫针布上抛撒少量滑石粉。③粗纱工序:MOD纤维抱合力差,车速不可太快,对温湿度反应敏感,温度不应太低。

表2-2-15 MOD60/JC40 18.5tex(32英支)纱工艺设计示例

原料

MOD	长度/mm	线密度/dtex	强度/(cN/dtex)	伸长率/%	含油率/%	公定回潮率/%	成纱公定回潮率/%
	39	1.33	3.4	15.0	0.2	13	11.2

C	配棉类别	长度/mm	长度整齐度	马克隆值	强度/(cN/tex)	短绒率/%	成熟度系数	含杂率/%	公定回潮率/%
	细乙	28.5	81	4.2	29	9.8	0.86	2.1	8.5

机型	半制品及成品	干定量	湿定量	回潮率/%	并合数	搭条数	混比	重量牵伸倍数	后牵伸倍数
	MOD 棉卷	360g/m	400g/m	11					
FA141	C 棉卷	357g/m	380g/m						6.5

续表

机型	工序	设计定量	实际定量						
FA203	MOD 生条	22g/5m	19.8g/5m	11					90.9
	C 生条	24g/5m	22.5g/5m	6.5					79.3
FA320A	MOD 预并条	22g/5m	19.8g/5m	11	6	5	60	6.00	1.85
	C 预并条	24g/5m	22.5g/5m	6.5	5	5		5.00	1.71
E32	小卷	70g/m	65.7g/m	6.5	24			1.64	
E62	精梳条	23.5g/5m	22.1g/5m	6.5	8	3	40.2	118.91	
FA320A	混一并	23g/5m	21.1g/5m	9.2				7.83	1.85
	混二并	22g/5m	20.1g/5m	9.2	8			8.40	1.35
	混三并	21g/5m	19.2g/5m	9.2	8			8.38	1.5
FA415A	粗纱	5g/10m	4.6g/10m	9.2				8.35	1.32
FA506	细纱	1.809g/100m	1.664g/100m	8.7				27.64	1.3

清棉工艺

MOD:FA002 型圆盘抓棉机—FA018 型混开棉机—FA106A 型梳针开棉机—(FA046A 型给棉机+FA141 型成卷机)

C:FA002 型圆盘抓棉机—FA018 型混开棉机—FA106 型豪猪开棉机—(FA046A 型给棉机+FA141 型成卷机)

清棉流程

FA018 型

原料	棉卷计算长度/m	棉卷湿重/kg	打手转速/(r/min)				打手—尘棒隔距(进×出)/mm			尘棒—尘棒隔距/mm		
			角钉	刀片	豪猪	锯片	角钉及刀片	豪猪	锯片	角钉及刀片	豪猪	锯片
MOD	32	12.8	400	430	700	740	15×20	14×19	13×17	12×10	8×6×4	4×2
C	42	16	400	430	800	850	12×17	11×16	10×14	14×12	10×8×6	6×4

续表

FA002 型

打手转速/(r/min)	伸出肋条距离/mm	间隙下降距离/mm
740	3	2
740	3	2

FA141 型

打手转速/(r/min)	打手—罗拉隔距/mm	打手—尘棒隔距（进×出）/mm
480	10	10×18
540	8	8×16

FA106A 型

原料	打手转速/(r/min)	打手—罗拉隔距/mm	打手—尘棒隔距（进×出）/mm	尘棒—尘棒隔距/mm	尘棒—尘棒隔距/mm	风机转速/(r/min)	落棉率/%
MOD	900	10	14×20	5	12×6×4	1400	0.5
C	1000	9	12×18	7	14×8×6	1300	1

梳棉工艺

总牵伸

原料	机械牵伸倍数	重量牵伸倍数	效率/%	小压辊—道夫张力牵伸倍数
MOD	90.20	90.90	100.8	1.658
C	75.63	79.30	104.9	1.658

落杂区长度/mm

原料	第一区	第二区	第三区	除尘刀角度/（°）
MOD	57.00	13.00	10.0	85
C	71.00	36.00	18.0	90

速度

原料	锡林/(r/min)	刺辊/(r/min)	盖板/(m/min)	锡刺速比
MOD	344	712	81.5	2.49
C	379	877	209.5	2.23

隔距/mm（$\times 10^{-3}$英寸）

原料	除尘刀—刺辊	刺辊—给棉板	刺辊—分梳漏底	刺辊—锡林	锡林—道夫	单产/(kg/h)
MOD	0.38（15）	0.48（19）	0.5（20）	0.18（7）	0.1（4）	25
C	0.3（12）	0.48（19）	0.5（20）	0.18（7）	0.1（4）	40

隔距/mm（$\times 10^{-3}$英寸）

原料	锡林—盖板	锡林—后固定盖板	锡林—前固定盖板	落棉率/%
MOD	0.38×0.33×0.33×0.33（15×13×13×13）	0.76×0.61×0.51（30×24×20）	0.48×0.46×0.43（19×18×17）	1
C	0.2×0.18×0.18×0.2（8×7×7×8）	0.48×0.46×0.43（19×18×17）	0.25×0.23×0.20（10×9×8）	5

续表

条并卷工艺

总牵伸				牵伸倍数分配						
机械牵伸倍数	重量牵伸倍数	效率/%	罗拉直径/mm	成卷张力牵伸	紧压张力牵伸	压辊张力牵伸	输出张力牵伸	主牵伸	后牵伸	
1.62	1.64	101.2	32×32×32	1.0056	1.0015	1.0090	1.0000	1.5011	1.0620	
罗拉中心距/mm	罗拉隔距/mm	罗拉加压/Pa	成卷速度/(m/min)	小卷长度/m	小卷湿重/kg					
42×46	10×14	4.6	100	220	15.4					

精梳工艺

总牵伸				牵伸倍数分配					
机械牵伸倍数	重量牵伸倍数	效率/%	给棉长度/mm	罗拉总牵伸倍数	后区牵伸倍数	台面牵伸倍数	握持点隔距/mm	给棉形式	
103.42	118.91	115.0	4.3	13.2	1.36	1.022	44	后退	
控制盘位置刻度	顶梳位置刻度	台面喇叭口径/mm	锡林速度/(r/min)	毛刷速度/(r/min)	落棉刻度	落棉率/%			
-0.3	-0.5	5.5	300	1000	8.0	15			

并条工艺

道别	总牵伸			牵伸倍数分配				罗拉直径/mm
	机械牵伸倍数	重量牵伸倍数	效率/%	前张力牵伸	主牵伸	后牵伸	后张力牵伸	
MOD预并	6.05	6.00	99.2	1.000	3.21	1.85	1.062	35×35×35×35
C预并	4.97	5.00	100.6	1.020	2.86	1.71	1.077	35×35×35×35
混一	7.86	7.83	99.6	1.000	4.17	1.85	1.062	35×35×35×35
混二	8.46	8.40	99.3	1.000	6.16	1.35	1.062	35×35×35×35
混三	8.46	8.38	99.1	1.000	5.54	1.50	1.062	35×35×35×35

续表

道别	罗拉中心距/mm	罗拉隔距/mm	罗拉加压/daN	输出速度/(m/min)	喇叭头口径/mm
MOD预并	47×42×51	12×7×16	29×29×9.8×29×39×39	350	3.2
C预并	42×40×48	7×5×13	29×29×9.8×29×39×39	350	3.2
混一	47×42×51	12×7×16	29×29×9.8×29×39×39	350	3.2
混二	47×42×51	12×7×16	29×29×9.8×29×39×39	350	3.2
混三	47×42×51	12×7×16	29×29×9.8×29×39×39	350	3.2

总牵伸

机械牵伸倍数	重量牵伸倍数	效率/%
8.41	8.35	99.3

粗纱工艺

罗拉中心距/mm	罗拉直径/mm	计算捻系数	计算捻度/(捻/10cm)	后区牵伸倍数	钳口隔距/mm
40×62×52	28.5×28.5×28.5×28.5	75	3.35	1.32	5

集棉器口径/mm	锭速/(r/min)	罗拉加压/daN	罗拉隔距/mm
7×12×16	850	12×20×15×15	11.5×33.5×23.5

总牵伸

机械牵伸倍数	重量牵伸倍数	效率/%
28.21	27.64	98.0

纱线规格		
线密度/tex	英支	
18.5	32	

细纱工艺

罗拉中心距/mm	罗拉直径/mm	实际捻系数
45×60	27×27×27	340

捻度			
捻向	计算捻度/(捻/10cm)	实际捻度/(捻/10cm)	效率/%
Z	79.2	79	99.7

后区牵伸倍数	钳口隔距/mm	罗拉加压/daN	锭速/(r/min)	罗拉隔距/mm
1.30	3.5	14×10×12	14500	18×33

钢领		钢丝圈	
型号	直径/mm	型号	规格
PG1	42	C1 UL UDR	5/0

纱线规格	
线密度/tex	英支
18.5	32

续表

	纱线规格 线密度/tex	英支	络纱速度/(m/min)	机型	型号	电清工艺 棉结	短粗	长粗	长细
C	18.5	32	1100	XCL	LOEPFE TK830	390%	180%×1.5cm	130%×40cm	−20%×40cm

3. C70/A30 18.5tex(32英支)针织纱工艺设计示例(表2-2-16)

针织纱要求细节少,细纱后牵伸偏小掌握;加强各道管理,减小长细和短细节。

表2-2-16 C70/A30 18.5tex(32英支)针织纱工艺设计示例

原料

	配棉类别	长度/mm	长度整齐度	马克隆值	强度/(cN/tex)	短绒率/%	成熟度系数	含杂率/%	公定回潮率/%
C	细乙	28.5	81	4.2	29	9.8	0.86	2.1	8.5

	配棉类别	长度/mm	线密度/dtex	长度整齐度 伸长率/%	强度/(cN/dtex)	含油率/%	公定回潮率/%	成纱公定回潮率/%
A	细乙	38	1.33	25.0	3.1	0.2	2	6.6

机型	半制品及成品	干定量	湿定量	回潮率/%	并合数	搭头数	混比	重量牵伸倍数	后牵伸倍数
FA141	C棉卷	356.8g/m	380g/m	6.5					
	A棉卷	394.9g/m	400g/m	6.5					
FA203+自调匀整	C生条	20.7g/5m	22g/5m	1.3	4		70	86.18	
	A生条	17.8g/5m	18g/5m	1.3	2		30.1	110.93	
FA320A	混一并	20.0g/5m	21g/5m	4.9	8			5.92	1.85
	混二并	19.5g/5m	20.5g/5m	4.9	8			8.21	1.35
	混三并	19.1g/5m	20g/5m	4.9	8			8.17	1.5

续表

机型	类别				
FA415A	粗纱	4.9	4.3g/10m	8.88	1.32
FA506	细纱	4.7	4.5g/10m 1.735g/100m 1.817g/100m	24.78	1.2

清棉工艺

清棉流程

T:FA002型圆盘抓棉机—FA018型混开棉机—FA106A型流开针开棉机—（FA046A型给棉机+FA141型成卷机）

C:FA002型圆盘抓棉机—FA018型混开棉机—FA106型豪猪开棉机—（FA046A型给棉机+FA141型成卷机）

FA002型

原料	棉卷计算长度/m	棉卷湿重/kg	打手转速/(r/min) 角钉	刀片	豪猪	锯片	伸出助条距离/mm	同隙下降距离/mm	打手转速/(r/min)
A	32	12.8	400	430	700	740	3	2	740
C	44	17.6	400	430	800	850	3	2	740

FA018型

原料	打手转速/(r/min)	打手及刀片（进×出）/mm 角钉及刀片	豪猪	锯片	尘棒—尘棒隔距/mm 角钉及刀片	豪猪	锯片
A	480	15×20	14×19	13×17	12×10	8×6×4	4×2
C	540	12×17	11×16	10×14	14×12	10×8×6	6×4

FA106A型

原料	打手转速/(r/min)	打手—罗拉隔距/mm	打手—尘棒隔距（进×出）/mm	尘棒—尘棒隔距/mm
A	900	10	14×20	5
C	1000	8	12×18	7

FA141型

原料	打手转速/(r/min)	打手—罗拉隔距/mm	打手—尘棒隔距（进×出）/mm	风机转速/(r/min)	落棉率/%
A	900	10	10×18	1400	0.5
C	1000	9	8×16	1300	1

续表

梳棉工艺

原料	总牵伸		效率/%	小压辊—道夫 张力牵伸倍数	速度			锡剌速比	单产/(kg/h)
	机械牵伸倍数	重量牵伸倍数			锡林/(r/min)	刺辊/(r/min)	盖板/(m/min)		
A	110.03	110.93	100.8	1.658	344	712	81.5	2.49	25
C	82.05	86.18	105.0	1.658	379	877	209.5	2.23	40

原料	落杂区长度/mm			除尘刀 角度/(°)	隔距/mm(×10⁻³ 英寸)				
	第一区	第二区	第三区		除尘刀—刺辊	刺辊—给棉板	刺辊—分梳漏底	刺辊—锡林	锡林—道夫
A	57.00	13.00	10.0	85	0.38(15)	0.48(19)	0.5(20)	0.18(7)	0.1(4)
C	71.00	36.00	18.0	90	0.3(12)	0.48(19)	0.5(20)	0.18(7)	0.1(4)

原料	隔距/mm(×10⁻³ 英寸)			落棉率/%
	锡林—盖板	锡林—后固定盖板	锡林—前固定盖板	
A	0.38×0.33×0.33×0.33(15×13×13×13)	0.76×0.61×0.51(30×24×20)	0.48×0.46×0.43(19×18×17)	1
C	0.2×0.18×0.18×0.2(8×7×7×8)	0.48×0.46×0.43(19×18×17)	0.25×0.23×0.20(10×9×8)	5

并条工艺

道别	总牵伸		效率/%	牵伸倍数分配				罗拉直径/mm
	机械牵伸倍数	重量牵伸倍数		前张力牵伸	主牵伸	后牵伸	后张力牵伸	
混一	5.99	5.92	98.8	1.000	3.18	1.85	1.062	35×35×35×35
混二	8.29	8.21	99.0	1.000	6.03	1.35	1.062	35×35×35×35
混三	8.21	8.17	99.5	1.000	5.38	1.50	1.062	35×35×35×35

续表

粗纱工艺（续表）

总牵伸 机械牵伸倍数	重量牵伸倍数	效率/%
8.99	8.88	98.8

道别	罗拉中心距/mm	罗拉隔距/mm	罗拉加压/daN	输出速度/(m/min)	喇叭头口径/mm
混一	47×42×51	12×7×16	29×29×9.8×39×39×39	350	3
混二	47×42×51	12×7×16	29×29×9.8×39×39×39	350	3
混三	47×42×51	12×7×16	29×29×9.8×39×39×39	350	3

计算捻系数	计算捻度/(捻/10cm)	后区牵伸倍数	罗拉中心距/mm	罗拉直径/mm	罗拉加压/daN	罗拉隔距/mm	锭速/(r/min)	钳口隔距/mm	集棉器口径/mm
78	3.68	1.32	40×62×52	28.5×28.5×28.5	12×20×15×15	11.5×33.5×23.5	950	5	7×12×16

细纱工艺

纱线规格 线密度/tex	英支
18.5	32

捻向	捻度 计算捻度/(捻/10cm)	实际捻度/(捻/10cm)	实际捻系数	后区牵伸倍数
Z	77.5	77	331	1.20

总牵伸 机械牵伸倍数	重量牵伸倍数	效率/%	罗拉中心距/mm	罗拉隔距/mm	罗拉加压/daN	钳口隔距/mm	锭速/(r/min)	效率/%
25.43	24.78	97.4	45×60	18×33	14×10×12	3.5	14500	99.4

钢领 型号	直径/mm	钢丝圈 型号	规格	罗拉直径/mm
PG1	42	C1 UL UDR	5/0	27×27×27

络筒工艺

纱线规格 线密度/tex	英支	机型	络纱速度/(m/min)	型号
18.5	32	POLAR	1000	LOEPFE TK830

电清工艺 棉结	短粗	长粗	长细
390%	180%×1.5cm	130%×40cm	-20%×40cm

4. C85/T 色 15 14.5tex（40 英支）色纺纱工艺设计示例（表 2-2-17）

（1）如果是按客户来样配色，需要打小样、中样、先锋样，待客户确认后方可投产。

（2）本设计针对出于布面风格的需要，采用两次混合，首先将棉花与有色涤纶开松，按 70/30 称重混合，均匀装入抓棉机内，做成生条后与本白棉生条进行第二次混合，并在比色后对混比进行细调。

表 2-2-17　C85/T 色 15 14.5tex（40 英支）色纺纱工艺设计示例

原料

	配棉类别	长度/mm	长度整齐度	马克隆值	强度/(cN/tex)	短绒率/%	成熟度系数	含杂率/%	公定回潮率/%
C	细乙	28.5	81	4.2	29	9.8	0.86	2.1	8.5

	长度/mm	线密度/dtex	强度/(cN/dtex)	伸长率/%	含油率/%	公定回潮率/%	成纱公定回潮率/%
T	38	1.33	4.5	19.3	0.2	0.4	7.3

机型	半制品及成品	干定量	湿定量	回潮率/%	并合数	搭条数	混比	重量牵伸倍数	后牵伸倍数
FA141	C 70/T 色 30 棉卷	382.0g/m	400g/m						
	C 棉卷	356.8g/m	380g/m						
FA203+自调匀整	C 70/T 色 30 生条	19.1g/5m	20g/5m	4.7		3	15.1	100.0	
	C 生条	18.8g/5m	20g/5m	6.5		3	85	94.9	
FA320A	混一并	18.9g/5m	20g/5m	5.6				6.02	1.85
	混二并	18.5g/5m	19.5g/5m	5.6	8			8.17	1.35
	混三并	18.0g/5m	19g/5m	5.6	8			8.22	1.5
FA415A	粗纱	4.7g/10m	5g/10m	5.6				7.66	1.32
FA506	细纱	1.444g/100m	1.521g/100m	5.3				32.55	1.3

续表

清棉工艺

清棉流程：

C+T色（70/30）：FA002 型圆盘抓棉机—FA018 型混开棉机—FA106A 型梳针开棉机—（FA046A 型给棉机+FA141 型成卷机）

C：FA002 型圆盘抓棉机—FA018 型混开棉机—FA106 型豪猪开棉机—（FA046A 型给棉机+FA141 型成卷机）

原料	棉卷计算长度/m	棉卷湿重/kg	FA002 型 打手转速/(r/min)	伸出助条距离/mm	间隙下降距离/mm	FA018 型 打手转速/(r/min) 角钉	刀片	豪猪	锯片
C+T色（70/30）	32	12.8	740	3	2	400	430	700	740
C	44	17.6	740	3	2	400	430	800	850

原料	FA018 型 打手—尘棒隔距(进×出)/mm 角钉及刀片	锯片	豪猪	打手转速/(r/min)
C+T色（70/30）	15×20	13×17	14×19	900
C	12×17	10×14	11×16	1000

原料	FA141 型 打手—罗拉隔距/mm	打手—尘棒隔距(进×出)/mm	尘棒—尘棒隔距/mm 锯片	豪猪	风机转速/(r/min)	落棉率/%
C+T色（70/30）	10	10×18	4×2	8×6×4	1400	0.5
C	9	8×16	6×4	10×8×6	1300	1

原料	FA106A 型 打手转速/(r/min)	打手—罗拉隔距/mm	打手—尘棒隔距(进×出)/mm	尘棒—尘棒隔距/mm
C+T色（70/30）	480	10	14×20	12×6×4
C	540	8	12×18	14×8×6

梳棉工艺

原料	总牵伸 机械牵伸倍数	重量牵伸倍数	效率/%	小压辊—道夫张力牵伸倍数	速度 锡林/(r/min)	刺辊/(r/min)	盖板/(m/min)	锡刺速比	单产/(kg/h)
C+T色（70/30）	99.50	100.00	100.5	1.658	344	712	81.5	2.49	25
C	90.70	94.90	104.6	1.658	379	877	209.5	2.23	40

续表

原料	落杂区长度/mm 第一区	第二区	第三区	除尘刀 角度/(°)	隔距/mm(×10⁻³英寸) 除尘刀—刺辊	刺辊—给棉板	刺辊—分梳漏底	刺辊—锡林	锡林—道夫
C+T色(70/30)	57.00	13.00	10.0	85	0.38(15)	0.48(19)	0.5(20)	0.18(7)	0.1(4)
C	71.00	36.00	18.0	90	0.3(12)	0.48(19)	0.5(20)	0.18(7)	0.1(4)

原料	隔距/mm(×10⁻³英寸) 锡林—盖板	锡林—后固定盖板	锡林—前固定盖板	落棉率/%
C+T色(70/30)	0.38×0.33×0.33×0.33(15×13×13×13)	0.76×0.61×0.51(30×24×20)	0.48×0.46×0.43(19×18×17)	1
C	0.2×0.18×0.18×0.2(8×7×7×8)	0.48×0.46×0.43(19×18×17)	0.25×0.23×0.20(10×9×8)	5

并条工艺

道别	总牵伸 机械牵伸倍数	重量牵伸倍数	效率/%	牵伸倍数分配 前张力牵伸	主牵伸	后牵伸	后张力牵伸	输出速度/(m/min)
混一	6.05	6.02	99.5	1.000	3.21	1.85	1.062	350
混二	8.21	8.17	99.5	1.000	5.97	1.35	1.062	350
混三	8.29	8.22	99.2	1.000	5.43	1.50	1.062	350

道别	罗拉中心距/mm	罗拉隔距/mm	罗拉加压/daN	罗拉直径/mm	喇叭头口径/mm
混一	47×42×51	12×7×16	29×29.8×29×39×39	35×35×35×35	3
混二	47×42×51	12×7×16	29×29.8×29×39×39	35×35×35×35	3
混三	47×42×51	12×7×16	29×29.8×29×39×39	35×35×35×35	3

续表

粗纱工艺

纱线规格		总牵伸			后区牵伸倍数	计算捻度/(捻/10cm)	计算捻系数	罗拉直径/mm	罗拉中心距/mm
线密度/tex	英支	机械牵伸倍数	重量牵伸倍数	效率/%					
		7.76	7.66	98.7	1.32	3.35	75	28.5×28.5×28.5	40×62×52

罗拉隔距/mm	罗拉加压/daN	锭速/(r/min)	集棉器口径/mm	钳口隔距/mm
11.5×33.5×23.5	12×20×15×15	950	7×12×16	5

细纱工艺

纱线规格		总牵伸			后区牵伸倍数	捻向	计算捻度/(捻/10cm)	实际捻度/(捻/10cm)	实际捻系数	罗拉直径/mm
线密度/tex	英支	机械牵伸倍数	重量牵伸倍数	效率/%						
14.5	40	33.50	32.55	97.2	1.30	Z	91.3	91	347	27×27×27

罗拉中心距/mm	罗拉隔距/mm	罗拉加压/daN	锭速/(r/min)	钳口隔距/mm	钢领		钢丝圈	
					型号	直径/mm	型号	规格
45×60	18×33	14×10×12	15500	3.5	PG1	42	C1 UL UDR	5/0

络筒工艺

纱线规格		机型	络纱速度/(m/min)	型号
线密度/tex	英支			
14.5	40	ORION	1200	LOEPFE TK830

电清工艺

纱线规格		棉结	短粗	长粗	长细
线密度/tex	英支				
14.5	40	390%	180%×1.5cm	130%×40cm	−20%×40cm

5. C50/T50 14.5tex（40英支）纱工艺设计示例（表2-2-18）

本产品棉花不经过精梳，应重视精梳棉和梳棉工序的棉结杂质控制，保障成纱质量；应关注棉生条和涤预并的定量控制，保障混纺比稳定。

表 2-2-18　C50/T50 14.5tex（40 英支）纱工艺设计示例

原料

配棉类别	长度/mm	长度整齐度	马克隆值	强度/(cN/tex)	短绒率/%	成熟度系数	含杂率/%	公定回潮率/%
C　细乙	28.5	81	4.2	29	9.8	0.86	2.1	8.5

配棉类别	长度/mm	线密度/dtex	强度/(cN/dtex)	伸长率/%	含油率/%	公定回潮率/%	成纱公定回潮率/%
T	38	1.33	5.7	23.0	0.2	0.4	4.5

机型	半制品及成品	干定量	湿定量	回潮率/%	并合数	搭条数	混比	重量牵伸数	后牵伸倍数
FA141	C棉卷	356.8g/m	380g/m	6.5					
FA141	T棉卷	398.4g/m	400g/m	0.4					
FA203	C生条	20.7g/5m	22g/5m	6.5				86.2	
FA203	T生条	20.9g/5m	21g/5m	0.4				95.3	
FA203	T预并	20.9g/5m	21g/5m	0.4	6			6.0	1.85
FA320A	混一并	21.3g/5m	22g/5m	3.5	8	4	50	7.81	1.85
FA320A	混二并	20.8g/5m	21.5g/5m	3.5	8	4	50.5	8.19	1.35
FA320A	混三并	20.3g/5m	21g/5m	3.5				8.20	1.5
FA415A	粗纱	4.3g/10m	4.5g/10m	3.5				9.44	1.32
FA506	细纱	1.388g/100m	1.434g/100m	3.3				30.98	1.3

清棉工艺

清棉流程

T：FA002 型圆盘抓棉机—FA018 型混开棉机—FA106A 型梳针开棉机—（FA046A 型给棉机+FA106A 型锯齿开棉机）—（FA046A 型给棉机+FA141 型成卷机）

C：FA002 型圆盘抓棉机—FA018 型混开棉机—FA106 型豪猪开棉机—（FA046A 型给棉机+FA141 型成卷机）

续表

FA018 型

原料	棉卷计算长度/m	棉卷湿重/kg	打手转速/(r/min)				打手—尘棒隔距(进×出)/mm		尘棒—尘棒隔距/mm	
			角钉	刀片	豪猪	锯片	角钉及刀片	锯片	豪猪	锯片
T	32	12.8	400	430	700	740	15×20	13×17	8×6×4	4×2
C	44	17.6	400	430	800	850	12×17	10×14	10×8×6	6×4

FA002 型

原料	打手转速/(r/min)	伸出助条距离/mm	间隙下降距离/mm
T	740	3	2
C	740	3	2

FA141 型

原料	打手转速/(r/min)	打手—罗拉隔距/mm	打手—尘棒隔距(进×出)/mm
T	900	10	10×18
C	1000	9	8×16

FA106A 型

原料	打手转速/(r/min)	打手—尘棒隔距(进×出)/mm	尘棒—尘棒隔距/mm	风机转速/(r/min)	落棉率/%
T	480	14×20	5	1400	0.5
C	540	12×18	7	1300	1

梳棉工艺

原料	总牵伸			小压辊—道夫	速度			锡刺速比	单产/(kg/h)
	机械牵伸倍数	重量牵伸倍数	效率/%	张力牵伸倍数	锡林/(r/min)	刺辊/(r/min)	盖板/(m/min)		
T	95.04	95.30	100.3	1.658	344	712	81.5	2.49	25
C	82.40	86.20	104.6	1.658	379	877	209.5	2.23	40

续表

原料	隔距/mm（×10⁻³英寸）					除尘刀 角度/(°)	落杂区长度/mm		
	锡林—道夫	刺辊—锡林	刺辊—分梳漏底	刺辊—给棉板	除尘刀—刺辊		第一区	第二区	第三区
T	0.1(4)	0.18(7)	0.5(20)	0.48(19)	0.38(15)	85	57.00	13.00	10.0
C	0.1(4)	0.18(7)	0.5(20)	0.48(19)	0.3(12)	90	71.00	36.00	18.0

原料	落棉率/%	隔距/mm（×10⁻³英寸）		
		锡林—前固定盖板	锡林—后固定盖板	锡林—盖板
T	1	0.48×0.46×0.43(19×18×17)	0.76×0.61×0.51(30×24×20)	0.38×0.33×0.33×0.33(15×13×13×13)
C	5	0.25×0.23×0.20(10×9×8)	0.48×0.46×0.43(19×18×17)	0.2×0.18×0.18×0.2(8×7×7×8)

并条工艺

道别	总牵伸		效率/%	牵伸倍数分配				罗拉直径/mm
	机械牵伸倍数	重量牵伸倍数		前张力牵伸	主牵伸	后牵伸	后张力牵伸	
T预并	6.05	6.00	99.2	1.000	3.21	1.85	1.062	35×35×35×35
混一	7.88	7.81	99.1	1.000	4.18	1.85	1.062	35×35×35×35
混二	8.29	8.19	98.8	1.000	6.03	1.35	1.062	35×35×35×35
混三	8.29	8.20	98.9	1.000	5.43	1.50	1.062	35×35×35×35

道别	罗拉中心距/mm	罗拉隔距/mm	罗拉加压/daN	输出速度/(m/min)	喇叭头口径/mm
T预并	47×42×51	12×7×16	29×29×9.8×29×39×39	350	3.2
混一	47×42×51	12×7×16	29×29×9.8×29×39×39	350	3.2
混二	47×42×51	12×7×16	29×29×9.8×29×39×39	350	3.2
混三	47×42×51	12×7×16	29×29×9.8×29×39×39	350	3.2

续表

粗纱工艺

纱线规格		总牵伸			后区牵伸倍数	计算捻度/（捻/10cm）	计算捻系数	罗拉直径/mm	集棉器口径/mm	罗拉中心距/mm
线密度/tex	英支	机械牵伸倍数	重量牵伸倍数	效率/%				28.5×28.5×28.5	7×12×16	40×62×52
14.5	40	9.65	9.44	97.8	1.32	3.68	78			

罗拉隔距/mm	罗拉加压/daN	锭速/（r/min）	钳口隔距/mm
11.5×33.5×23.5	12×20×15×15	950	5

细纱工艺

纱线规格		总牵伸		后区牵伸倍数	效率/%	罗拉中心距/mm	罗拉隔距/mm	罗拉加压/daN	捻向
线密度/tex	英支	机械牵伸倍数	重量牵伸倍数						
14.5	40	31.91	30.98	1.30	97.1	45×60	18×33	14×10×12	Z

捻度			实际捻系数	锭速/（r/min）	钳口隔距/mm	钢领		钢丝圈		罗拉直径/mm
计算捻度/（捻/10cm）	实际捻度/（捻/10cm）	效率/%				型号	直径/mm	型号	规格	
95.5	95	99.5	362	15500	3.5	PG1	42	C1 UL UDR	5/0	27×27×27

络筒工艺

纱线规格		机型	络纱速度/（m/min）	型号	电清工艺			
线密度/tex	英支				棉结	短粗	长粗	长细
14.5	40	ORION	1200	LOEPFE TK830	390%	180%×1.5cm	130%×40cm	−20%×40cm

6. 仑 60/JC40 14.5tex（40 英支）纱工艺设计示例（表 2-2-19）

不同生产厂家的可纺性和染色性能有差异，原则上应使用同一厂家、同一批号的原料；必要时投料前 6~8h 喷洒水，使纤维在以后的工序处于放湿状态;梳棉易采用适纺化纤的针布,防止卷绕,刺辊采用前角85°的针布,以利于转移;竹纤维表面光滑,抱合力差,粗纱捻系数可适当增加,为防止脱圈,冒纱采用较小的卷装角度。

表2-2-19 竹60/JC40 14.5tex(40英支)纱工艺设计示例

原料

竹	长度/mm	线密度/dtex	强度/(cN/dtex)	伸长率/%	含油率/%	标准回潮率/%	成纱公定回潮率/%
	38	1.33	2.4	22.0	0.2	8.7	8.6

C	配棉类别	长度/mm	长度整齐度	强度/(cN/tex)	马克隆值	成熟度系数	短绒率/%	含杂率/%	公定回潮率/%
	细乙	28.5	81	29	4.2	0.86	9.8	2.1	8.5

机型	半制品及成品	干定量	湿定量	回潮率/%	并合数	搭条数	混比	重量牵伸倍数	后牵伸倍数
FA141	竹棉卷	372.4g/m	400g/m	7.4					
	C棉卷	356.8g/m	380g/m	6.5					
FA203	竹生条	18.6g/5m	20g/5m	7.4				100.1	
	C生条	22.5g/5m	24g/5m	6.5				79.3	
FA320A	竹预并条	18.6g/5m	20g/5m	7.4	6	5		6.00	1.85
	C预并条	22.5g/5m	24g/5m	6.5	5			5.00	1.71
E32	小卷	65.7g/m	70g/m	6.5	24			1.64	
E62	精梳条	20.7g/5m	22g/5m	6.5	8	3	60	126.96	
FA320A	混一并	19.6g/5m	21g/5m	7	8		40.1	7.91	1.85
	混二并	19.2g/5m	20.5g/5m	7	8			8.17	1.35
	混三并	18.7g/5m	20g/5m	7	8			8.21	1.5

续表

机型	品种	竹	C			
FA415A	粗纱	4.5g/10m	4.8g/10m	7	8.31	1.32
FA506	细纱	1.335g/100m	1.424g/100m	6.7	33.71	1.3

清棉工艺

清棉流程

竹：FA002型圆盘抓棉机—FA018型混开棉机—FA106A型混开棉机—FA018型豪猪开棉机—FA106型豪猪开棉机—（FA046A型给棉机+FA141型成卷机）

C：FA002型圆盘抓棉机—FA018型混开棉机—FA106A型梳针开棉机—（FA046A型给棉机+FA141型成卷机）

原料	棉卷计算长度/m	棉卷湿重/kg
竹	32	12.8
C	44	17.6

FA002型

原料	打手转速/(r/min)	伸出肋条距离/mm	间隙下降距离/mm
竹	740	3	2
C	740	3	2

FA018型

原料	打手转速/(r/min) 角钉	刀片	豪猪	锯片	打手—尘棒隔距(进×出)/mm 角钉及刀片	豪猪	锯片	尘棒—尘棒隔距/mm 角钉及刀片	豪猪	锯片
竹	400	430	700	740	15×20	14×19	13×17	12×10	8×6×4	4×2
C	400	430	800	850	12×17	11×16	10×14	14×12	10×8×6	6×4

FA106A型

原料	打手转速/(r/min)	打手—罗拉隔距/mm	打手—尘棒隔距(进×出)/mm	尘棒—尘棒隔距/mm
竹	480	10	14×20	12×6×4
C	540	8	12×18	14×8×6

FA141型

原料	打手转速/(r/min)	打手—罗拉隔距/mm	打手—尘棒隔距(进×出)/mm	尘棒—尘棒隔距/mm	风机转速/(r/min)	落棉率/%
竹	900	10	10×18	5	1400	0.5
C	1000	9	8×16	7	1300	1

续表

梳棉工艺

原料	总牵伸（机械牵伸倍数）	总牵伸（重量牵伸倍数）	效率/%	小压辊—道夫（张力牵伸倍数）	速度（锡林/(r/min)）	速度（刺辊/(r/min)）	速度（盖板/(m/min)）	锡刺速比	单产/(kg/h)
竹	99.30	100.10	100.8	1.400	344	712	81.5	2.49	25
C	75.72	79.30	104.7	1.658	379	877	209.5	2.23	40

原料	落杂区长度/mm（第一区）	落杂区长度/mm（第二区）	落杂区长度/mm（第三区）	除尘刀（角度/(°)）	隔距/mm（×10⁻³英寸）除尘刀—刺辊	刺辊—给棉板	刺辊—分梳漏底	刺辊—锡林	锡林—道夫
竹	57.00	13.00	10.0	85	0.38(15)	0.48(19)	0.5(20)	0.18(7)	0.1(4)
C	71.00	36.00	18.0	90	0.3(12)	0.48(19)	0.5(20)	0.18(7)	0.1(4)

原料	隔距/mm（×10⁻³英寸）锡林—盖板	锡林—后固定盖板	锡林—前固定盖板	落棉率/%
竹	0.38×0.33×0.33(15×13×13×13)	0.76×0.61×0.51(30×24×20)	0.48×0.46×0.43(19×18×17)	1
C	0.2×0.18×0.18×0.2(8×7×7×8)	0.48×0.46×0.43(19×18×17)	0.25×0.23×0.20(10×9×8)	5

条并卷工艺

牵伸倍数分配

总牵伸（机械牵伸倍数）	总牵伸（重量牵伸倍数）	效率/%	后牵伸	主牵伸	输出张力牵伸	压辊张力牵伸	成卷张力牵伸	紧压张力牵伸
1.62	1.64	101.2	1.0620	1.5011	1.0000	1.0090	1.0056	1.0015

罗拉直径/mm	小卷长度/m	小卷湿重/kg	成卷速度/(m/min)	罗拉加压/Pa
32×32×32	220	15.4	100	4.6

罗拉中心距/mm	罗拉隔距/mm
42×46	10×14

续表

精梳工艺

总牵伸		
机械牵伸倍数	重量牵伸倍数	效率/%
106.02	121.67	114.8

控制盘刻度	顶梳位置刻度	台面喇叭口口径/mm
-0.3	-0.5	5.5

罗拉总牵伸倍数	后区牵伸倍数
13.2	1.36

台面牵伸倍数	握持点隔距/mm	给棉形式	给棉长度/mm
1.022	44	后退	4.3

锡林速度/(r/min)	毛刷速度/(r/min)	落棉刻度	落棉率/%
300	1000	8.0	15

并条工艺

牵伸倍数分配

道别	总牵伸			牵伸倍数分配			
	机械牵伸倍数	重量牵伸倍数	效率/%	前张力牵伸	主牵伸	后牵伸	后张力牵伸
竹预并	6.05	6.00	99.2	1.000	3.21	1.85	1.062
C预并	4.97	5.00	100.6	1.020	2.86	1.71	1.077
混一	8.04	7.91	98.4	1.000	4.27	1.85	1.062
混二	8.29	8.17	98.6	1.000	6.03	1.35	1.062
混三	8.29	8.21	99.0	1.000	5.43	1.50	1.062

道别	罗拉中心距/mm	罗拉隔距/mm	罗拉加压/daN	罗拉直径/mm	输出速度/(m/min)	喇叭头口径/mm
竹预并	47×42×51	12×7×16	29×29×9.8×29×39×39	35×35×35×35	350	3.2
C预并	42×40×48	7×5×13	29×29×9.8×29×39×39	35×35×35×35	350	3.2
混一	47×42×51	12×7×16	29×29×9.8×29×39×39	35×35×35×35	350	3.2
混二	47×42×51	12×7×16	29×29×9.8×29×39×39	35×35×35×35	350	3.2
混三	47×42×51	12×7×16	29×29×9.8×29×39×39	35×35×35×35	350	3.2

续表

粗纱工艺

纱线规格		总牵伸			后区牵伸倍数	计算捻度/(捻/10cm)	计算捻系数	罗拉中心距/mm	罗拉直径/mm	锭速/(r/min)	钳口隔距/mm	集棉器口径/mm	罗拉隔距/mm	罗拉加压/daN
线密度/tex	英支	机械牵伸倍数	重量牵伸倍数	效率/%										
14.5	40	8.41	8.31	98.8	1.32	3.56	78	40×62×52	28.5×28.5×28.5	950	5	7×12×16	11.5×33.5×23.5	12×20×15×15

细纱工艺

纱线规格		总牵伸			后区牵伸倍数	捻度				捻向	罗拉中心距/mm	锭速/(r/min)	钳口隔距/mm	罗拉隔距/mm	罗拉加压/daN	钢领		钢丝圈	
线密度/tex	英支	机械牵伸倍数	重量牵伸倍数	效率/%		计算捻度/(捻/10cm)	实际捻度/(捻/10cm)	实际捻系数	效率/%							型号	直径/mm	型号	规格
14.5	40	34.73	33.71	97.1	1.30	95.2	95	362	99.8	Z	45×60	14500	3.5	18×33	14×10×12	PG1	42	C1 UL UDR	5/0

络筒工艺

纱线规格		机型	络纱速度/(m/min)	电清工艺				
线密度/tex	英支			型号	棉结	短粗	长粗	长细
14.5	40	XCL	1000	LOEPFE TK830	390%	180%×1.5cm	130%×40cm	-20%×40cm

7. T65/JC35 13tex(45英支)纱工艺设计示例(表2-2-20)

应减少涤纶在清棉和梳棉工序的落棉，节约用料；通过调整整涤预并定量，微调混纺比，确保混纺比准确、经济；重视回用管理，防止异纤;优化钢领、钢丝圈的优选,减小断头提高单产。

表2-2-20 T65/JC35 13tex(45英支)纱工艺设计示例

原料

配棉类别	长度/mm	线密度/dtex	长度整齐度	马克隆值	强度/(cN/tex)	短绒率/%	成熟度系数	含杂率/%	公定回潮率/%
C 细乙	28.5	1.33	81	4.2	29	9.8	0.86	2.1	8.5

长度/mm	强度/(cN/dtex)	伸长率/%	含油率/%	公定回潮率/%	成纱公定回潮率/%
T 38	5.7	23.0	0.2	0.4	3.2

机型	半制品及成品	干定量	湿定量	回潮率/%	并合数	搭条数	混比	重量牵伸倍数	后牵伸倍数
FA141	T棉卷	398.4g/m	400g/m	0.4					
FA141	C棉卷	356.8g/m	380g/m	6.5					
FA203	T生条	20.9g/5m	21g/5m	0.4				95.3	
FA203	C生条	22.5g/5m	24g/5m	6.5				79.3	
FA320A	T预并条	20.9g/5m	21g/5m	0.4	6	4		6.00	1.85
FA320A	C预并条	22.5g/5m	24g/5m	6.5	5			5.00	1.71
E32	小卷	65.7g/m	70g/m	6.5	24			1.64	
E62	精梳条	22.5g/5m	24g/5m	6.5	8	2	65	116.80	
FA320A	混一并	22.4g/5m	23g/5m	2.5	8		35.0	5.74	1.85
FA320A	混二并	22.0g/5m	22.5g/5m	2.5	8			8.15	1.35
FA320A	混三并	21.5g/5m	22g/5m	2.5	8			8.19	1.5
FA415A	粗纱	4.4g/10m	4.5g/10m	2.5				9.77	1.32
FA506	细纱	1.256g/100m	1.286g/100m	2.4				35.03	1.3

续表

清棉工艺

清棉流程

T：FA002型圆盘抓棉机—FA018型混开棉机—FA106A型梳针开棉机—FA106A型给棉机+FA141型成卷机—（FA046A型给棉机+FA141型成卷机）

C：FA002型圆盘抓棉机—FA018型混开棉机—FA106型豪猪开棉机—FA106型给棉机+FA141型成卷机—（FA046A型给棉机+FA141型成卷机）

原料	棉卷计算长度/m	棉卷湿重/kg
T	32	12.8
C	44	17.6

FA002型

原料	打手转速/(r/min) 角钉	刀片	间隙下降距离/mm	伸出肋条距离/mm
T	400	430	2	3
C	400	430	2	3

FA018型

原料	打手转速/(r/min) 豪猪	锯片	打手—尘棒隔距（进×出）/mm 角钉及刀片	豪猪	锯片	尘棒—尘棒隔距/mm 角钉及刀片	豪猪	锯片
T	700	740	15×20	14×19	13×17	12×10	8×6×4	4×2
C	800	850	12×17	11×16	10×14	14×12	10×8×6	6×4

FA106A型

原料	打手转速/(r/min)	打手—尘棒隔距（进×出）/mm	打手—罗拉隔距/mm	尘棒—尘棒隔距/mm
T	480	14×20	10	12×6×4
C	540	12×18	8	14×8×6

FA141型

原料	打手转速/(r/min)	打手—罗拉隔距/mm	打手—尘棒隔距（进×出）/mm	尘棒—尘棒隔距/mm	风机转速/(r/min)	落棉率/%
T	900	10	10×18	5	1400	0.5
C	1000	9	8×16	7	1300	1

梳棉工艺

速度

原料	锡林/(r/min)	刺辊/(r/min)	盖板/(m/min)	锡刺速比
T	344	712	81.5	2.49
C	379	877	209.5	2.23

总牵伸

原料	机械牵伸倍数	重量牵伸倍数	效率/%	张力牵伸倍数（小压辊—道夫）	单产/(kg/h)
T	94.50	95.30	100.8	1.658	25
C	75.82	79.30	104.6	1.658	40

续表

梳棉工艺

原料	落杂区长度/mm 第一区	第二区	第三区	除尘刀 角度/(°)	除尘刀—刺辊	刺辊—给棉板	刺辊—分梳漏底	刺辊—锡林	锡林—道夫	落棉率/%
					隔距/mm(×10⁻³ 英寸)					
T	57.00	13.00	10.0	85	0.38(15)	0.48(19)	0.5(20)	0.18(7)	0.1(4)	1
C	71.00	36.00	18.0	90	0.3(12)	0.48(19)	0.5(20)	0.18(7)	0.1(4)	5

原料	锡林—盖板	锡林—后固定盖板	锡林—前固定盖板
	隔距/mm(×10⁻³ 英寸)		
T	0.38×0.33×0.33(15×13×13×13)	0.76×0.61×0.51(30×24×20)	0.48×0.46×0.43(19×18×17)
C	0.2×0.18×0.18×0.2(8×7×7×8)	0.48×0.46×0.43(19×18×17)	0.25×0.23×0.20(10×9×8)

条并卷工艺

总牵伸

机械牵伸倍数	重量牵伸倍数	效率/%
1.62	1.64	101.2

牵伸倍数分配

成卷张力牵伸	紧压张力牵伸	压辊张力牵伸	输出张力牵伸	主牵伸	后牵伸
1.0056	1.0015	1.0090	1.0000	1.5011	1.0620

罗拉中心距/mm	罗拉隔距/mm	罗拉加压/Pa	成卷速度/(m/min)	小卷长度/m	小卷湿重/kg
42×46	10×14	4.6	100	220	15.4

精梳工艺

总牵伸

机械牵伸倍数	重量牵伸倍数	效率/%
101.93	116.80	114.6

罗拉总牵伸倍数	后区牵伸倍数	台面牵伸倍数
13.2	1.36	1.022

控制盘刻度	顶梳位置刻度	台面喇叭口径/mm	搭持点隔距/mm	给棉形式	落棉刻度
-0.3	-0.5	5.5	44	后退	8.0

锡林速度/(r/min)	给棉长度/mm	落棉率/%
300	4.3	15

毛刷速度/(r/min)	罗拉直径/mm
1000	32×32×32

续表

并条工艺

道别	总牵伸			牵伸倍数分配				罗拉直径/mm
	机械牵伸倍数	重量牵伸倍数	效率/%	前张力牵伸	主牵伸	后牵伸	后张力牵伸	
T预并	6.05	6.00	99.2	1.000	3.21	1.85	1.062	35×35×35×35
C预并	4.97	5.00	100.6	1.020	2.86	1.71	1.077	35×35×35×35
混一	5.77	5.74	99.5	1.000	3.06	1.85	1.062	35×35×35×35
混二	8.21	8.15	99.3	1.000	5.97	1.35	1.062	35×35×35×35
混三	8.29	8.19	98.8	1.000	5.43	1.50	1.062	35×35×35×35

道别	罗拉中心距/mm	罗拉隔距/mm	罗拉加压/daN	输出速度/(m/min)	喇叭头口径/mm
T预并	47×42×51	12×7×16	29×29×9.8×29×39×39	350	3.2
C预并	42×40×48	7×5×13	29×29×9.8×29×39×39	350	3.2
混一	47×42×51	12×7×16	29×29×9.8×29×39×39	350	3.2
混二	47×42×51	12×7×16	29×29×9.8×29×39×39	350	3.2
混三	47×42×51	12×7×16	29×29×9.8×29×39×39	350	3.2

粗纱工艺

总牵伸			后区牵伸倍数	计算捻度/(捻/10cm)	计算捻系数	罗拉中心距/mm
机械牵伸倍数	重量牵伸倍数	效率/%				
9.89	9.77	98.8	1.32	2.97	63	40×62×52

罗拉隔距/mm	罗拉加压/daN	锭速/(r/min)	罗拉直径/mm	集棉器口径/mm	钳口隔距/mm
11.5×33.5×23.5	12×20×15×15	950	28.5×28.5×28.5×28.5	7×16×20	5

续表

细纱工艺

纱线规格		总牵伸			后区牵伸倍数	捻向	捻度			实际捻系数	罗拉直径
线密度/tex	英支	机械牵伸倍数	重量牵伸倍数	效率/%			计算捻度/(捻/10cm)	实际捻度/(捻/10cm)	效率/%	系数	径/mm
13	45	36.03	35.03	97.2	1.30	Z	101.8	101	99.2	364	27×27×27

纱线规格		罗拉中心距/mm	罗拉隔距/mm	罗拉加压/daN	锭速/(r/min)	钳口隔距/mm	钢领		钢丝圈	
线密度/tex	英支						型号	直径/mm	型号	规格
13	45	45×60	18×33	14×10×12	15000	3.5	PG1	42	C1 UL UDR	5/0

络筒工艺

纱线规格		机型	络纱速度/(m/min)	型号	电清工艺			
线密度/tex	英支				棉结	短粗	长粗	长细
13	45	POLAR	1100	LOEPFE TK830	390%	180%×1.5cm	130%×40cm	-20%×40cm

8. JC91.4/PU8.6(14.5+4.4)tex(40英支+40旦)紧密包芯纱工艺设计示例(表2-2-21)

纱的线密度是14.5tex+4.4tex;按干混纺比设计;氨纶丝生产15天后可以使用,储存时间最长1年,假如过夏天不超过9个月;纱线尽量现做现用,超过3个月可分批,储存时间不宜超过6个月。

表2-2-21 JC91.4/PU8.6(14.5+4.4)tex(40英支+40旦)紧密包芯纱工艺设计示例

原料

	配棉类别	长度/mm	长度整齐度	马克隆值	强度/(cN/tex)	短绒率/%	成熟度系数	含杂率/%	公定回潮率/%
C	细甲	29.2	82	4.0	30	9.5	0.87	2.0	8.5

续表

PU	线密度/dtex	强度/(cN/dtex)	伸长率/%	公定回潮率/%	成纱公定回潮率/%
	4.4	12.5	550.0	1.3	7.9

半制品及成品	机型	干定量	湿定量	回潮率/%	并合数	搭条数	混比	重量牵伸倍数	后牵伸倍数
R棉卷	FA141	375.6g/m	400g/m	6.5					
生条	FA203+自调匀整	22.5g/5m	24g/5m	6.5				83.5	
预并条	FA320A	22.5g/5m	24g/5m	6.5	5			5.00	1.71
小卷	E32	65.7g/m	70g/m	6.5	24			1.64	
精梳条	E62	18.3g/5m	19.5g/5m	6.5	8			143.61	
精并条	FA322B+自调匀整	17.8g/5m	19g/5m	6.5	8			8.22	1.35
粗纱	FA415A	4.7g/10m	5g/10m	6.5				7.57	1.32
细纱	FA506	1.460g/100m	1.546g/100m	5.9				32.19	1.25

清棉工艺

清棉流程　C：FA002 型圆盘抓棉机—FA018 型混开棉机—FA106 型豪猪开棉机—（FA046A 型给棉机+FA141 型成卷机）

FA002 型

原料	打手转速/(r/min)	伸出助条距离/mm	棉卷计算长度/m	棉卷湿重/kg
C	740	3	44	17.6

FA018 型

原料	打手转速/(r/min)				同隙下降距离/mm	打手—尘棒隔距(进×出)/mm			打手—罗拉隔距/mm
	角钉	刀片	豪猪	锯片		角钉及刀片	豪猪	锯片	
C	400	430	800	850	2	12×17	11×16	10×14	8

FA106A 型

原料	打手转速/(r/min)	打手—尘棒隔距(进×出)/mm			尘棒—尘棒隔距/mm		
		角钉及刀片	豪猪	锯片	角钉及刀片	豪猪	锯片
C	540	14×12	12×18		14×8×6	10×8×6	6×4

续表

FA141 型

原料	打手转速/(r/min)	打手—罗拉隔距/mm	打手—尘棒隔距(进×出)/mm	尘棒—尘棒隔距/mm	风机转速/(r/min)	落棉率/%
C	1000	9	8×16	7	1300	1

梳棉工艺

原料	速度			锡刺速比	小压辊—道夫张力牵伸倍数	效率/%	单产/(kg/h)
	锡林/(r/min)	刺辊/(r/min)	盖板/(m/min)				
C	379	877	209.5	2.23	1.658	104.7	40

原料	隔距/mm(×10⁻³英寸)					除尘刀
	除尘刀—刺辊	刺辊—给棉板	刺辊—分梳漏底	刺辊—锡林	锡林—道夫	角度/(°)
C	0.3(12)	0.48(19)	0.5(20)	0.18(7)	0.1(4)	90

原料	落杂区长度/mm			总牵伸	
	第一区	第二区	第三区	机械牵伸倍数	重量牵伸倍数
C	71.00	36.00	18.0	79.72	83.50

原料	隔距/mm(×10⁻³英寸)			落棉率/%
	锡林—后固定盖板	锡林—前固定盖板	锡林—盖板	
C	0.48×0.46×0.43(19×18×17)	0.25×0.23×0.20(10×9×8)	0.2×0.18×0.18×0.2(8×7×7×8)	5

条并卷工艺

原料	牵伸倍数分配						罗拉直径/mm
	后牵伸	主牵伸	输出张力牵伸	压辊张力牵伸	紧压张力牵伸	成卷张力牵伸	
C	1.0620	1.5011	1.0000	1.0090	1.0015	1.0056	32×32×32

成卷速度/(m/min)	小卷长度/m	小卷湿重/kg
100	220	15.4

原料	总牵伸		效率/%	罗拉加压/Pa	罗拉隔距/mm	罗拉中心距/mm
	机械牵伸倍数	重量牵伸倍数				
C	1.62	1.64	101.2	4.6	10×14	42×46

精梳工艺

给棉长度/mm	给棉形式	握持点隔距/mm	台面牵伸倍数	后区牵伸倍数	罗拉总牵伸倍数	机械牵伸倍数
4.3	后退	44	1.022	1.36	13.2	125.27

落棉率/%	落棉刻度	毛刷速度/(r/min)	锡林速度/(r/min)	台面喇叭口/mm	顶梳位置刻度	控制盘刻度
16	8.0	1000	300	5.5	-0.3	-0.5

总牵伸	
重量牵伸倍数	效率/%
143.61	114.6

并条工艺

道别	牵伸倍数分配				罗拉加压/daN	罗拉隔距/mm	罗拉中心距/mm
	后牵伸	后张力牵伸	主牵伸	前张力牵伸			
C预并	1.71	1.077	2.86	1.020	29×29×9.8×29×39×39	7×5×13	42×40×48
精并	1.35	1.047	6.06	1.014	29×29×9.8×29×39×39	7×5×13	42×40×48

道别	总牵伸		输出速度/(m/min)	喇叭头口径/mm	罗拉直径/mm	凹罗拉隔距/mm	凸罗拉隔距/mm
	机械牵伸倍数	重量牵伸倍数 效率/%					
C预并	4.97　5.00　100.6		350	3.2	35×35×35×35	5	
精并	8.33　8.22　98.7		350	4.2	35×35×35×35		

粗纱工艺

罗拉中心距/mm	计算捻系数	锭速/(r/min)	计算捻度/(捻/10cm)	罗拉加压/daN	后区牵伸倍数	钳口隔距/mm	集棉器口径/mm
40×62×52	63	950	2.97	12×20×15×15	1.32	5	7×16×20

罗拉直径/mm	罗拉隔距/mm	总牵伸	
		机械牵伸倍数	重量牵伸倍数　效率/%
28.5×28.5×28.5×28.5	11.5×33.5×23.5	7.59	7.57　99.7

续表

细纱工艺

纱线规格		后区牵伸倍数	总牵伸			捻向	捻度			实际捻系数	罗拉直径/mm
线密度/tex	英支+旦		机械牵伸倍数	重量牵伸倍数	效率/%		计算捻度/(捻/10cm)	实际捻度/(捻/10cm)	效率/%		
14.5+4.4	40+40	1.25	32.98	32.19	97.6	Z	96.4	96	99.6	417	27×27×27

纱线规格		罗拉中心距/mm	锭速/(r/min)	罗拉加压/daN	钳口隔距/mm	钢领		钢丝圈		氨纶丝张力
线密度/tex	英支+旦					型号	直径/mm	型号	规格	
14.5+4.4	40+40	45×60	14000	14×10×12	3.0	PG1	42	6903	5/0	总3.5,机3.2078

注　(1)氨纶丝绕过皮辊表面1/4~1/3长;(2)脱开粗纱横动杆;(3)断头和断丝全部换管生头;(4)钢丝圈周期同期比同线密度纯棉纱缩短4天

络筒工艺

纱线规格		机型	络纱速度/(m/min)	型号	电清工艺			
线密度/tex	英支+旦				棉结	短粗	长粗	长细
14.5+4.4	40+40	POLAR	1000	LOEFPE TK830	390%	180%×1.5cm	130%×40cm	-20%×40cm

注　(1)采用搓捻器;(2)设定:LYCRA CYCLE—√,BIT11—√,SUCTION EXTRA MOVEMENT—100,ANTIKINK DISC LEVEL—1,微调—单次√;(3)络纱张力渐减,确保无菊花芯

第三章　纱线质量检验与标准

第一节　纺织品调湿和试验用标准大气

纺织品调湿与试验用标准大气(依据 GB/T 6529—2008),见表 2-3-1。

表 2-3-1　纺织品调湿和试验用标准大气

大气要求		温度/℃	相对湿度/%	预调湿	调湿
标准大气		20±2	65±4	温度:不超过50℃ 相对湿度:10%~25%	相隔 2h 连续称量达到重量变化不超过 0.25%
可选标准大气	特定标准大气	23±2	50±4		
	热带标准大气	27±2	65±4		

有时由于生产需要,要求迅速检验产品的质量,可采用快速试验法。快速试验可以在近车间温湿度条件下进行,但试验地点和温湿度必须稳定,不得故意偏离标准大气。

第二节　试验内容

一、清棉工序

(一)棉卷重量不匀率与伸长率

1. 试验目的

了解棉卷纵向片段的均匀情况,测定棉卷实际长度,减少同一品种棉卷台与台之间、只与只之间的长度变异,改善棉卷定量的变化和内外总的不匀率。以稳定纱线重量偏差和重量不匀率。棉卷重量不匀率是反映棉卷一定片段长度重量的变异。棉卷伸长率是反映棉卷实际长度与计算长度的差异。棉卷横向均匀情况影响梳棉机喂棉的均匀握持和分梳作用,对生条棉网质量有相当的影响。

2. 试验周期

每周每台试验 1 次。

3. 取样方法

任取重量合格棉卷 1 只。

4. 试验仪器及工具

棉卷均匀度仪。

5. 试验方法

(1)开亮日光灯,清洁仪器。

(2)校正棉卷秤零位,并放上设定砝码,放上棉卷试样。

(3)开启仪器,将棉卷逐米切断称重,在称重稳定后,记录每米重量,每米重量精确到 2.5g,将每米重量画成曲线图或记录数据。

(4)棉卷头尾段不足 1m 的,只量长度,不计重量(测量长度应自平齐处量起)。

(5)在测试过程中,应注意观察棉层中是否有破洞、严重厚薄不匀及粘连、萝卜丝等不正常情况,做好记录及时将信息反馈到生产部门。

(6)结合棉卷重量不匀试验,取棉卷中部 10 段(每段 1m),用棉卷横向三等分活页铰链工具等分(图 2-3-1),其每页样板宽度均等于 1/3 棉卷宽度(差异应小于 3mm),沿棉卷横向宽度对准样板再将两边样板折叠后,将两侧棉卷沿中段两边撕裂,按左、中、右三段棉卷分别称重。

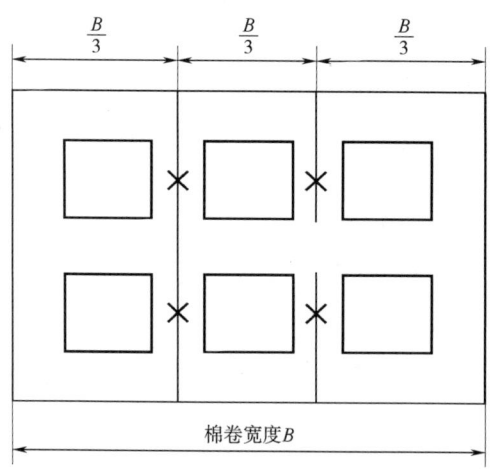

图 2-3-1　棉卷横向三等分活页铰链工具

6. 结果计算

(1)每米平均重量。结果取一位小数。

$$每米平均重量 = \frac{\sum 试验总重}{\sum 试验总米数}$$

(2)重量不匀率。结果取两位小数。

$$重量不匀率 = \frac{2 \times (平均数 - 平均数以下平均值) \times 平均以下项数}{平均数 \times 总项数} \times 100\%$$

(3)伸长率。伸长率取一位小数。

$$伸长率 = \frac{实际长度 - 计算长度}{计算长度} \times 100\%$$

(4)计算横向三段平均重量或左右两段平均重量对中段平均重量比值,也可以用平均差公式计算 30 段横向重量不匀。

(二)正卷率

1. 试验目的

检验下机卷子是否在工艺设计标准范围内,不合格退卷。

2. 试验周期

每天每台抽检一次。

3. 取样方法

逐台随机抽检下机棉卷,不少于 5 只。

4. 试验仪器及工具

磅秤。

5. 试验方法

(1)校准磅秤。

(2)根据工艺设计棉卷标准重量范围,随机抽查下机棉卷过磅称重并记录,计算正卷率,及时将信息反馈生产部门。

6. 结果计算

$$正卷率 = \frac{合格卷只数}{抽检总只数} \times 100\%$$

(三)回潮率

1. 试验目的

了解回潮率是否符合要求,计算半制品的干重,加以控制使之符合工艺设计要求。可用作调整本工序温湿度参考。

2. 试验周期

每天每品种一次,结合重量不匀率试验进行。

3. 取样方法

试样应在刚落下 3 只棉卷外层均匀取样,重量不少于 50g,取样后即放入隔湿筒内。

4. 试验仪器及工具

恒温烘箱,电子天平,电子测湿仪。

5. 试验方法

有烘箱测试和测湿仪测试两种方法,参考本章细纱回潮率。

6. 结果计算

$$回潮率 = \frac{烘前重量-烘干重量}{烘干重量} \times 100\%$$

(四)含杂率

1. 试验目的

了解棉卷的含杂量,对照原棉含杂率,计算开清棉工序的除杂效率,可供清棉、梳棉工艺调整参考。

2. 试验周期

每周每台试验 1 次。

3. 取样方法

外层棉卷均匀采样不少于 100g。

4. 试验仪器及工具

原棉杂质分析仪、天平。

5. 试验方法

(1)按原棉杂质分析仪使用说明,调整各部隔距,开机运转 1~2min 清洁杂质箱、净棉箱及给棉台。

(2)关上前后门和进风网,称取试样 100g,将试样撕松平整均匀地铺满于给棉接板和给棉台上,捡出棉籽、籽棉及粗大杂质并记录,开机喂入分析完毕后关机取出第一次分析后的全部净棉,纵向平铺于给棉接板和给棉台上,按第一次分析步骤进行第二次分析,然后取出全部净棉。

(3)关机收集杂质箱内所有杂质,注意收集杂质箱四壁、横档、给棉板和给棉台所有细小杂质,杂质盘内游离纤维、棉团抖落表面杂质后去除。

(4)将收集的杂质与捡出的粗大杂质合并称量,精确到 0.01g。

6. 结果计算

$$含杂率 = \frac{试样所含杂质重量}{试样重量} \times 100\%$$

(五)落棉率

1. 试验目的

了解开清棉机落棉数量和落棉中杂质数量,计算其除杂效率,分析开清棉机工艺与机械状态是否适当,以提高质量、节约用棉。

2. 试验周期

每月各机台各品种棉卷至少 1 次,配棉、工艺调整及时跟踪试验。

3. 取样方法

试验开车后待做到一定数量棉卷时停止喂棉,但继续开车,棉卷逐一称重。

4. 试验仪器及工具

台秤、牛皮纸。

5. 试验方法

(1)试验机台停止喂棉后出清各机台落棉和飞花,在各落杂区铺盛落棉用的牛皮纸,堵塞或关闭吸落棉装置。

(2)开车待做到一定数量棉卷后(一般不少于 10 只棉卷)停止喂棉,但继续开车,棉卷逐一称重做好记录。

(3)停车出清各机台落棉,逐一称重,取样做落棉含杂分析,各唛头的原棉和棉卷做含杂分析。

(4)试验预先做好台秤校正,取样筒准备工作,严格执行安全操作规定。

6. 结果计算

(1)喂入重量 = 试验棉卷总重量 + 落棉总重量 + 回花总重量

(2)制成重量 = 试验棉卷总重量 + 回花总重量

(3)原棉平均含杂率 = $\sum$ (各唛头原棉含杂率×混用比例)

(4)总落棉率 $= \dfrac{总落棉重量}{喂入重量} \times 100\%$

(5)单机落棉率 $= \dfrac{单机落棉重量}{喂入重量} \times 100\%$

(6)落棉含杂率 $= \dfrac{落棉试样所含杂质重量}{落棉试样重量} \times 100\%$

(7)落棉含纤维率 $= \dfrac{落棉试样所含纤维重量}{落棉试样重量} \times 100\%$

(8)单机落杂率 = 单机落棉率×落棉含杂率

（9）总除杂效率 $= \dfrac{\sum 各机落杂率}{原棉平均含杂率} \times 100\%$

（10）单机除杂效率 $= \dfrac{单机落杂率}{原棉平均含杂率} \times 100\%$

（11）制成率 $= \dfrac{制成棉卷干重}{喂入原棉干重} \times 100\%$

（12）原棉（棉卷）干重 $= \dfrac{原棉（棉卷）实际重量}{1+实际回潮率}$

（13）总风耗率 $= 1-制成率-总落棉率$

（14）落棉中可用纤维率 $= \dfrac{落棉中可用纤维重量}{落棉重量} \times 100\%$

二、梳棉工序

（一）生条定量、重量不匀率

1. 试验目的

测试生条定量是否准确,结构是否良好。为控制熟条定量和细纱重量不匀率和支偏提供依据。

2. 试验周期

每周每品种试验 1 次,清梳联每班每台至少试验 1 次。

3. 取样方法

同一品种开台数 10 台及以下,每台至少取样 2 段,每段为 5m,总取样数不少于 20 段;开台数 11~20 台,每台取 2 段;21~40 台分两次取样,依次类推。

4. 试验仪器及工具

条粗测长仪、电子天平、试样隔盘。

5. 试验方法

(1)做好仪器、台面清洁检查工作,校对电子天平的水平和零位。

(2)将试样喂入测长圆筒与压辊间,对准圆筒起点记号,摘去起点前不完整的一段,匀速手摇 5 圈,对准起点相同位置逐根摘除。依次绕成团按车台顺序放入试样隔盘。摘头时不得移动压辊或拖动条子,逐根摘断,防止长度有差异。

(3)测长仪摇动速度要均匀,摇取长度 5m 的时间控制在(4±0.5)s,试样摇取如有打结或断裂应重摇,不得补接。

（4）按车台顺序排列，逐一称重记录，称重精确度 0.01g。

6. 结果计算

$$（1）平均重量（g/5m）=\frac{\sum 试样总重}{\sum 试验项数}$$

$$（2）重量不匀率=\frac{2\times（平均重量-平均重量以下平均值）\times平均以下项数}{平均重量\times总项数}\times100\%$$

（二）纤维长度及短绒

1. 试验目的

检测生条纤维的长度分布和短绒含量（重量和根数百分率），短绒含量影响成纱条干、强力等指标以及可纺性，日常检测供工艺调整参考以稳定成品质量。欧美国家把 12.7mm 及以下纤维的百分率称为短纤维百分率（即短绒率）。

2. 试验周期

每月每台至少试验一次。

3. 取样方法

每台车至少取样 3 段，每段不少于 0.5g。

4. 试验仪器及工具

USTER AFIS PRO2 单纤维测试系统，由单纤维分离器、光电检测机构、主控制单元和外设设备（电子天平、显示器、键盘、打印机）组成。

5. 试验方法

(1)开机前检查电源、气源、气压是否正常，开机预热，做好仪器校准检查工作。

(2)试样准备：每段试样在电子秤上称取 0.5g，将 0.5g 棉条在垂直方向拉伸至 30cm 左右，依次按车台顺序放入测试样筒内。

(3)打开测试系统，选择测试模块，设定车号、检测段数、半制品工序等参数，开车系统自动检测每段数据并按车号顺序汇总打印输出报表。

(4)关机做好机台清洁。

6. 报表内容

(1)报表内容及定义（表 2-3-2）。

表 2-3-2　报表内容及定义

符号表达	含义
$L(w)/mm$	根据重量计算的纤维长度平均值

续表

符号表达	含义
L(w)CV/%	根据重量计算的纤维长度变异系数
UQL(w)/mm	根据重量计算的纤维上四分位长度,重量为25%的最短纤维中最长的一根纤维
SFC(w)%<12.7	根据重量计算的平均短绒率,长度<12.7mm的纤维
L(n)/mm	测试纤维根数的平均长度
L(n)CV/%	测试纤维根数平均长度的变异系数
SFC(n)%<12.7	测试纤维根数短绒率,长度<12.7mm的纤维
5.0%/mm	5.0%的纤维的长度
2.5%/mm	2.5%的纤维的长度
fine/mtex	纤维细度
IFC/%	不成熟纤维比率
mat ratio	成熟纤维比率
weight/g	试样重量
nep/μm	棉结的大小平均值
nep cnt/g	每克棉结数,包含纤维和籽壳棉结
SCN/μm	棉籽壳棉结大小平均值
SCN cnt/g	每克中带棉籽壳棉结数量
total cnt/g	杂质的总数
mean size	所有粒子的平均尺寸
dust cnt/g	每克试样灰尘数(棉花中所有尺寸低于灰尘定义的异物都视为灰尘)
trash cnt/g	每克试样中大杂数(棉花中所有尺寸大于灰尘定义的外来物都视为大杂)
VFM/%	可见异物

(2)报表统计平均值、均方差、变异系数。

(3)测试总计直方图。

(三)棉结和杂质

1. 试验目的

检测生条单位重量含棉结和杂质粒数,供改进梳棉工艺提高生条质量参考。生条结杂决定成纱棉结杂质含量,影响后道工序的断头及成品外观,定期检测以稳定成纱质量。

2. 试验周期

每周每台试验1次,重点品种适当增加检验次数。

3. 取样方法

(1)手拣。每台取重量大于0.5g的生条1段。

(2)NATI全自动棉结杂质测试仪。每台取大于1.2m的生条1段。

(3)USTER AFIS PRO2单纤维测试系统。每台车取大于0.5g的生条3段。

4. 试验仪器及工具

(1)手拣。电子天平、镊子、棉结杂质检验装置。

(2)NATI全自动棉结杂质测试仪。NATI全自动棉结杂质测试仪、打印机。

(3)USTER AFIS PRO2单纤维测试系统。USTER AFIS PRO2单纤维测试仪、电子天平、显示器、打印机。

5. 试验方法

(1)手拣法。

①试样按车号分别在天平上称取0.5g,称重时将所取样品逐渐减轻至0.5g,不可凑足,重量不够必须重新取样,以免漏掉杂质。

②用手沿纵向横向缓缓撕开成一张半透明的棉网状,均匀平摊在生条棉结杂质检验装置的磨砂玻璃板上,在自然光下用镊子将棉结杂质分别检验计数。

③此法是人工检测,检验数量少,花费时间多,且不同检测人的检测目光不一,有一定的局限性。

(2)NATI全自动棉结杂质测试仪。

①清洁检查仪器是否正常,打开电源,设定检测长度1m、试样工序、车号等参数。

②试样经喇叭口喂入,经分梳辊分梳后,纤维薄层通过光电检测机构,分别对棉结杂质计数。将棉结分为三类,即:>0.5mm,>0.7mm,>1mm;将杂质分为两类,即:>0.25mm,>0.5mm。注意喂入棉条接头开过后开始检测。

③打印输出报表。

④试验结束关机清洁仪器。

(3)USTER AFIS PRO2单纤维测试系统。同长度短绒率试验。

6. 结果计算

(1)手拣棉结或杂质数(粒/g)=手拣棉结或杂质粒数×2。

(2)NATI全自动棉结杂质测试仪自动打印报表,显示的是单位长度(1m)内的生条含有的棉结杂质数。

（3）USTER AFIS PRO2 单纤维测试系统打印报表,参考生条长度、短绒报表。

(四)条干均匀度

1. 试验目的

检测生条短片段的粗细不匀,以便及时发现和改进生产过程的缺陷,提高成纱质量不匀率、条干不匀率和强力不匀率。

2. 试验周期

每月每台至少两次,品种翻改、揩车后及时跟踪。

3. 取样方法

每台车取大于 50m 的试样,用专用托盘采到试验室。

4. 试验仪器及工具

条干均匀度仪、采样盘。

5. 试验方法

同纱线条干试验。

6. 试验结果

同纱线条干试验。

(五)含杂率

1. 试验目的

了解生条的含杂量,对照棉卷含杂率,计算梳棉机的除杂效率,可供梳棉工艺调整参考。

2. 试验周期

每月每品种试验 1 次。

3. 取样方法

每次任取该品种的 4 台梳棉机的生条 4 段,每段取样略多于 100g,生条含杂率试验也可结合梳棉落棉试验进行。

4. 试验仪器及工具

原棉杂质分析仪、天平。

5. 试验方法

同棉卷含杂。

6. 结果计算

同棉卷含杂。

(六)落棉率

1. 试验目的

了解梳棉落棉和除杂情况,优化工艺提高落棉含杂率,减少成纱结杂,节约用棉降低成本。

2. 试验周期

每月每台至少 2 次,结合揩车进行,配棉调整及时跟踪调整。

3. 取样方法

喂入棉卷 1~2 只或生条 1~2 筒。

4. 试验仪器及工具

电子天平、牛皮纸。

5. 试验方法

(1)试验车肚落棉和盖板花同时进行,将试验机台关车出清后车肚,拿清盖板花,在车肚铺上接取落棉的牛皮纸(自动吸落棉吸口堵死)。清梳棉机台拆下各个吸点管道,装上落棉收集装置。

(2)棉卷称重记录后喂入开车,如清梳联机台,应将空条筒称重后换上再开车。

(3)做完一只棉卷后关车,清梳联做完一筒棉条后关车称重记录,出清落棉放入样筒,取下盖板花放入样筒,并称重记录。

(4)如有落白记录及时反馈检修。

6. 结果计算

(1)车肚落棉率$=\dfrac{车肚落棉重量}{喂入棉卷重量}\times100\%$

(2)清梳联(前吸/后吸)落棉率$=\dfrac{前吸后吸落棉重量}{生条重量+总落棉重量}\times100\%$

(3)盖板花率$=\dfrac{盖板花重量}{喂入棉卷重量}\times100\%$

(4)清梳联盖板花率$=\dfrac{盖板花重量}{生条重量+总落棉重量}\times100\%$

(七)回潮率

1. 试验目的

生条回潮率一般不单独进行,常结合重量不匀率试验一起进行,测试回潮率可计算生条的干燥重量,从而加以控制,使它符合工艺设计要求。

2. 试验周期

同生条重量不匀。

3. 取样方法

在同品种梳棉机机台中多台取样,重量不少于50g。

4. 试验仪器及工具

同清棉回潮率。

5. 试验方法

同清棉回潮率。

6. 结果计算

同清棉回潮率。

三、并条工序

(一)定量、重量不匀率

1. 试验目的

检测实际生产定量与工艺设计是否相符,控制半制品的重量偏差及重量不匀率,以为稳定细纱的支偏和质量变异系数。

2. 试验周期

(1)化纤纯并、精并及末并每班每台至少2次。

(2)棉预并及混并每月每台至少2次,每个品种试样总数不少于20段。

3. 取样方法

满筒时每只眼分别取样,每眼至少取2段,每段5m。

4. 试验仪器及工具

同生条定量、重量不匀率。

5. 试验方法

同生条定量、重量不匀率。

6. 结果计算

同生条定量、重量不匀率。

(二)条干均匀度

1. 试验目的

棉条短片段条干均匀度与成纱质量关系密切,决定细纱条干好坏和断头多少,对布面条干和纱疵影响极大。检测棉条的条干均匀度是提高并条质量、改进操作方法和机械状态,调整工艺设计的重要依据。

2. 试验周期

(1)预并、纯并及混并每周每台每眼 1 次。

(2)精并及末并每天每台每眼一次。

3. 取样方法

用采样盘满筒接取,试样长度应不少于 50m。

4. 试验仪器及工具

同生条条干均匀度

5. 试验方法

同生条条干均匀度。

6. 结果计算

同生条条干均匀度。

(三)回潮率

1. 试验目的

一般结合重量不匀率试验一起进行,用于计算并条的干燥重量,使它符合工艺设计要求。也可供该工序温湿度调整作参考。

2. 试验周期

同并条定量、重量不匀率。

3. 取样方法

在同品种并条机台中多台取样,重量不少于 50g。

4. 试验仪器及工具

同清棉回潮率。

5. 试验方法

同清棉回潮率。

6. 结果计算

同清棉回潮率。

四、精梳工序

(一)小卷定量及重量不匀率

1. 试验目的

检测精梳条卷每米重量、重量不匀率及伸长率。确保精梳条卷结构良好,纤维混合均匀,厚薄一致,纵横向均匀不粘卷,定量准确。

2. 试验周期

每月每台至少轮试 1 次。

3. 取样方法

任取条卷一只。

4. 试验仪器及工具

棉卷均匀度仪、精梳条卷架。

5. 试验方法

同棉卷不匀率。

6. 结果计算

同棉卷不匀率。

(二)精条定量、重量不匀率

1. 试验目的

为控制重量不匀率提供依据,为后道工艺设计作参考。

2. 试验周期

每月每台至少 2 次,每个品种试样总数不少于 20 段。

3. 取样方法

同生条定量、重量不匀率。

4. 试验仪器及工具

同生条定量、重量不匀率。

5. 试验方法

同生条定量、重量不匀率。

6. 结果计算

同生条定量、重量不匀率。

(三)纤维长度及短绒率

1. 试验目的

精条短纤维率对成纱条干不匀率、强力指标及可纺性有很大影响。为分析精梳有效落棉及纤维有无损伤作参考,为调整和改善工艺提供依据,提高产品质量控制成本。

2. 试验周期

每月每台至少 1 次。

3. 取样方法

同生条长度短绒率。

4. 试验仪器及工具

同生条长度短绒率。

5. 试验方法

同生条长度短绒率。

6. 结果计算

同生条长度短绒率。

(四)棉结和杂质

1. 试验目的

检测精条单位重量含棉结、杂质粒数,供改进精梳工艺、提高精条质量参考。棉结、杂质含量直接影响纱线、织物和后加工产品的外观,而且对后工序的断头和正常生产都有不良影响。特别是棉结,在后工序很难清除,会造成染色色差、白星等疵点。大的杂质常会造成后工序断头、轧针等机械故障。棉结杂质多也会增加印染处理的练耗率。

2. 试验周期

每周每台试验至少 1 次。

3. 取样方法

同生条棉结杂质。

4. 试验仪器及工具

同生条棉结杂质。

5. 试验方法

同生条棉结杂质。

6. 结果计算

同生条棉结杂质。

(五)条干均匀度

1. 试验目的

同生条条干均匀度。

2. 试验周期

同生条条干均匀度。

3. 取样方法

同生条条干均匀度。

4. 试验仪器及工具

同生条条干均匀度。

5. 试验方法

同生条条干均匀度。

6. 结果计算

同生条条干均匀度。

(六)回潮率

1. 试验目的

为温湿度调整作参考,计算精条的干燥重量,使之符合工艺设计的要求,为后道工艺设计提供参考。

2. 试验周期

结合重量不匀率试验,每月每品种至少2次。

3. 取样方法

在同品种精梳机台中多台取样,重量不少于50g。

4. 试验仪器及工具

同清棉回潮率。

5. 试验方法

同清棉回潮率。

6. 结果计算

同清棉回潮率。

(七)落棉率

1. 试验目的

为调整落棉提供依据,使落棉符合指标差异,减少台与台、眼与眼之间的差异。以达到提高质量、节约用棉、降低成本的要求。

2. 试验周期

每月每台至少2次,结合揩车周期进行,品种翻改、配棉调整后应及时试验。

3. 取样方法

新型精梳机集体吸落棉,无法测得各眼落棉,用落棉网斗封住吸棉管测得平均落棉。A201型精梳机用网孔插板可测得各眼落棉。

4. 试验仪器及工具

电子天平、网孔插板、落棉网斗、样盘。

5. 试验方法

(1)校对天平,做好机台清洁检查工作。

(2)关车清除落棉,摘清各眼台面上的棉条,放上已称重的棉卷及空条筒。根据不同机型选择放好落棉网斗或网孔插板。

(3)开车,待条筒内棉条达到规定量后关车。

(4)逐眼取下棉卷、落棉、满筒棉条称重,自动吸落棉的可测得落棉总重量。

(5)试验过程中有回花回条一并收取称重。

6. 结果计算

(1)喂入总重量=(满筒重量-空筒重量)+落棉总重量+回花回条

(2)平均落棉率$=\dfrac{落棉总重}{喂入总重量}\times100\%$

(3)各眼落棉率$=\dfrac{各眼落棉重量}{各眼喂入重量}\times100\%$

五、粗纱工序

(一)粗纱定量和重量不匀率

1. 试验目的

检测粗纱10m片段长度重量是否符合工艺设计规定,结构是否良好。粗纱重量不匀率直接决定细纱线密度与重量变异系数,为降低粗纱重量不匀率提供依据。

2. 试验周期

每品种每周至少1次。

3. 取样方法

每台前后排至少取1只,同品种不少于4只,每只至少试验10m两段,同品种试验段数不少于20段,取样在车台头中尾任取或轮取,不得固定部位。

4. 试验仪器及工具

条粗测长仪、电子天平。

5. 试验方法

(1)校对电子天平水平、零位,做好仪器清洁检查工作。

(2)粗纱置于纱架,摇测长仪时,起点、终点要对准,摘头时不得移动压辊或拖动粗纱,逐根摘断,防止长度有差异。

(3)测长仪摇取速度要均匀,摇取长度每10m时间控制在6~8s,启动时用手帮粗纱退解,防止意外伸长。

(4)摇取粗纱按车号前后排顺序排序,逐一称重记录,精确到 0.01g。

6. 结果计算

(1)每 10m 平均重量。平均重量取 3 位小数。

$$每 10m 平均重量 = \frac{\sum 试样重量}{试验总项数}$$

(2)重量不匀率。重量不匀率取 2 位小数。

$$重量不匀率 = \frac{2 \times (平均数 - 平均数以下平均值) \times 平均以下项数}{平均数 \times 总项数} \times 100\%$$

(二)伸长率

1. 试验目的

了解粗纱张力变化趋势,及时调整保持生产稳定,可供粗纱卷绕部分工艺参数调整作参考。

2. 试验周期

每月每台至少 1 次,原棉、温湿度、工艺变化及时试验。

3. 取样方法

前后排锭子各 2 只。

4. 试验仪器及工具

圆筒测长器、卷尺。

5. 试验方法

(1)关车在后罗拉做好标记,选择前、后排各 2 只粗纱,在前罗拉输出须条上涂上粉记,然后开车。

(2)目测后罗拉 50 转后停车,在前罗拉输出须条上原来粉记处再做好粉记。

(3)开车,待粉记卷绕在粗纱筒管上后关车取样。使用上述方法,分别在小纱或大纱上进行测试。小纱一般在空管卷绕 2 层后测,大纱在落纱前 100m 左右。测试过程中锭子不可断头(断头后应重测),同时不可调整卷绕工艺参数或收、放张力变化齿轮和调换齿轮。

(4)取下样纱,在圆筒测长器上按粗纱试验规定的方法,实测每次试验两个粉记间粗纱的实际长度。纱尾长度不足 1m 时,用卷尺度量,精确度为 1cm。

6. 结果计算

(1)粗纱计算长度(m)。精确至 1cm。

$$粗纱计算长度 = \frac{实测后罗拉转数 \times 总牵伸 \times \pi \times 前罗拉直径}{1000}$$

（2）粗纱实际长度（m）。精确至1cm。

$$粗纱实际长度=条粗测长仪测得长度+卷尺测量余下粗纱长度$$

（3）粗纱伸长率。伸长率取2位小数。

$$粗纱伸长率=\frac{实际长度-计算长度}{计算长度}×100\%$$

（三）条干均匀度

1. 试验目的

监控粗纱短片段条干不匀率，及时发现质量隐患，减少纱疵，提高质量。

2. 试验周期

每月每台至少2次。

3. 取样方法

每台前后排各取2锭。

4. 试验仪器及工具

同生条条干均匀度。

5. 试验方法

参考细纱条干试验。

6. 结果计算

同生条条干均匀度。

（四）捻度

1. 试验目的

了解实际捻度多少，检查捻度工艺是否准确。

2. 试验周期

每品种每月1次，品种翻改、工艺调整随时试验。

3. 取样方法

每品种每台前后排至少各1只，每只试验3段，每段25cm，每品种试验段数不少于30段。

4. 试验仪器及工具

手摇捻度仪（图2-3-2）、分析针。

图2-3-2　Y321型手摇捻度仪

5. 试验方法

(1)如图 2-3-3 所示,调整左、右纱夹距离为 25cm,计数蜗轮 7、刻度盘 8 对准 0 位,并使蜗杆、蜗轮相互啮合。

(2)将粗纱引出,置于右纱夹 1 中,并将右纱夹螺钉 2 旋紧。

(3)在粗纱的另一端约 30cm 处加预加张力锤(包括附加张力重锤),并使纱条通过左纱夹 3 及滑轮 5,用左纱夹螺钉 4 夹紧粗纱。推荐预加张力见表 2-3-3。

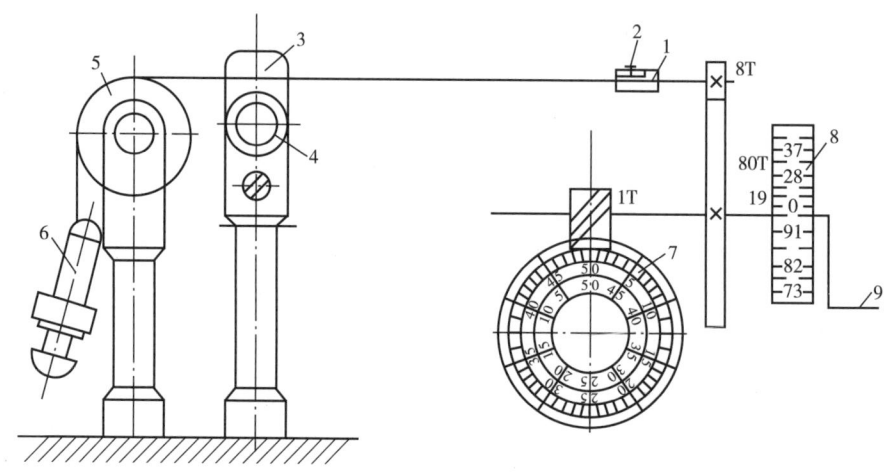

图 2-3-3　Y321 型手摇捻度仪结构图

1—右纱夹　2—右纱夹螺钉　3—左纱夹　4—左纱夹螺钉　5—滑轮

6—预加张力锤　7—计数蜗轮　8—刻度盘　9—手柄

表 2-3-3　粗纱捻度试验预加张力

粗纱定量/(g/10m)	3 及以下	3~5(不含3)	5~7(不含5)	7 以上
张力重锤/g	5	10	15	20

(4)用右手摇动手柄 9,目测或用放大镜观察纱条基本解捻后,用分析针从左纱夹 3 一端开始沿纱条向右平移,同时缓慢旋转手柄 9,直至观察纱条完全解捻,纤维呈平行状态为止。

(5)记录粗纱试验捻度(捻/10cm)。

$$试验捻度 = \frac{计数蜗轮的读数+刻度盘的读数}{2.5}$$

(6)试验结束将左右纱夹及张力锤松开。

6. 结果计算

(1)平均捻度(捻/10cm)$= \dfrac{\sum 试验捻度}{试验次数}$

（2）捻度不匀率＝ $\dfrac{2\times(\text{平均捻度}-\text{平均捻度以下的平均值})\times\text{平均捻度以下的项数}}{\text{平均捻度}\times\text{总项数}}\times100\%$

（3）实际捻系数＝ $\sqrt{\text{粗纱的设计线密度}\times\text{平均捻度}}$

（4）平均捻度与捻度不匀率取 1 位小数，捻系数取整。

（五）回潮率

1. 试验目的

了解回潮率是否符合要求，计算粗纱干重，加以控制使之符合工艺设计要求。可用作调整本工序温湿度的参考。

2. 试验周期

每品种每周至少 1 次，结合重量不匀率试验进行。如作温湿度调控参考每班测 1 次。

3. 取样方法

同品种多台均匀采样，重量不少于 50g，取样后即放入隔湿筒内。

4. 试验仪器及工具

同清棉回潮率。

5. 试验方法

同清棉回潮率。

6. 结果计算

同清棉回潮率。

六、细纱、络筒和并线工序

（一）线密度的测定（ GB/T 4743—2009 ）

1. 试验条件

根据 GB/T 6529—2008《纺织品　调湿和试验用标准大气》规定，温湿度控制标准见表 2-3-1。为了快速检测产品质量，可以在接近车间温湿度条件下进行，试验地点温湿度稳定，并不得故意偏离标准条件。

2. 试验周期

每品种每两昼夜 1 次。

3. 试验取样

同一品种全部机台头、中、尾部两侧随机拔取管纱作为试样，不得固定部位，不得同一锭带上拔取两个管纱，不满两缕的小纱稍后补采，拔取管纱及试验次数按表 2-3-4 进行。

表 2-3-4　纱线线密度试验取样表

同一品种开台	1	2	3	4	5	6	7	8~9	10	11~14	15	16~29	30 及以上
每台机上拔取管纱数	30	15	10	7~8	6	5	4~5	3~4	3	2~3	2	1~2	1
每个管纱摇取缕数	1	1	1	1	1	1	1	1	1	1	1	1	1
全部机台总试验次数	30	30	30	30	30	30	30	30	30	30	30	30	30

注　生产厂为减少拔管数,开台 5 及以下品种可拔取 15 管,每管摇取 2 缕。

4. 试验仪器

(1)缕纱测长仪。纱框周长满足整圈数摇得所需纱长,推荐周长(1000±2.5)mm。具有避免纱线聚集的横动导纱装置,有定量控制张力的喂入装置。

(2)电子天平。容量适宜、灵敏度不低于绞纱重量千分之一。

(3)烘箱。见回潮试验中烘箱干燥法。

5. 试验方法

(1)从纱线卷装退绕,去除开头几米,将纱线引入缕纱测长仪的纱框上,启动仪器,摇出缕纱,摘取时头尾平齐并按机台锭号顺序放好,作为待测试样。缕纱长度要求见表 2-3-5,卷绕张力设置见表 2-3-6。

表 2-3-5　缕纱长度要求

纱线线密度/tex	低于 12.5	12.5~100	大于 100
缕纱长度/m	100,200	100	10

表 2-3-6　卷绕张力设置

纱线品种	非变形纱及膨体纱	针织绒与粗纺毛纱	其他变形纱
张力要求/(cN/tex)	0.5±0.1	0.25±0.05	1.0±0.2

(2)校对电子天平水平、零位后,逐缕依次称重记录并称总重(精确至 0.01g)。

(3)将绕取得的缕纱通过烘箱烘干,在箱内称重。

(4)各缕称重数据异常根据车号锭号追踪检修。

6. 结果计算

(1)线密度 $= \dfrac{\text{烘干重量}}{\text{试验缕数}} \times (1+\text{公定回潮率}) \times 10$

（2）重量偏差率 $= \dfrac{实际干重-设计干重}{设计干重} \times 100\%$

（3）重量变异系数（CV）$= \dfrac{\sqrt{\dfrac{\sum\limits_{i=1}^{n}(x_i-\bar{x})^2}{n}}}{\bar{x}} \times 100\%$

式中：x_i——各个试样重量；

$\bar{x}$——试样重量平均值；

n——试样总数。

（4）线密度、重量偏差、重量变异系数保留 1 位小数。

（二）纱线条干不匀试验方法

纱线条干不匀试验方法有电容法和光电法，适用范围见表 2-3-7。

表 2-3-7　纱线条干试验方法适用范围

测试方法	适用范围	不适用范围
电容法	短纤维纱条和纱线	花式纱线及含有导电材料组成的纱线
光电法	各种纤维制成的截面近似圆形的纱线	

1. 电容法

依据 GB/T 3292.1—2008。当试样通过两个电容极板时，电容量的变化率与试样质量的变化率呈线性关系，条干仪计算这些改变并用 CV_m 或 U_m 表征。

（1）试验条件。试样调湿应按 GB 6529 要求，在温度为（20±2）℃、相对湿度为（65±4）% 的条件下平衡 24h，对大而紧的试样卷装则应平衡 48h。

（2）试验周期。日常检验应按有计划随机取样的原则，根据企业的设备台数、产品品种与试验室条件，规定取样的周期，在规定的周期内做到逐锭逐台（眼）都要能抽样检验。

（3）试验取样。日常检验每个条筒、粗纱卷装或管纱卷装各测试一次，取样数量、试验长度参考表 2-3-8。

表 2-3-8　条干均匀度试验推荐取样数量和试验长度

试样材料	取样数量	日常取样长度/m	产品验收取样长度/m
条子	每眼 1 筒	50	1000
粗纱	前后排锭子各取 2 只，共 4 只	100	1000
细纱	10 个卷装	400	1000

（4）试验仪器。电容式条干均匀度仪一般应包括以下基本组成部分。

①纱架。用以支撑试样的卷装,使试样能在一定的张力下退绕,并使试样不产生伸长或损伤。

②检测器。包括可调张力器、电容式极板测量槽和能使纱条以一定速度经过测量槽的罗拉牵引装置等。

③控制器与输出装置。对测试过程进行控制,输入设定要求,完成对条干不匀信号的处理,并显示和打印输出各种试验分析结果。

注意,随着条干均匀度仪功能的开发,已在条干均匀度仪上加装检测纱线毛羽、直径变异及尘杂的传感器,从而拓展了条干均匀度仪的测试内容。此外,有的还增加了专家系统的软件,具有帮助找出规律性不匀的原因以及对质量指标进行对比分析等功能。

（5）试验方法。

①按照仪器生产厂家的推荐选择测量槽,测试速度、测试时间、量程参数见表2-3-9。

表2-3-9　常用测试速度、时间与量程选择

试样材料	测试速度/(m/min)	测试时间/min	比例量程/%
条子	25	1,2.5,5,10	±25
粗纱	50	1,2.5,5	±50
细纱	400	1,2.5,5	±100

②纱疵灵敏度门限的设定。

细节:-60%、-50%、-40%、-30%。

粗节:+100%、+70%、+50%、+35%。

棉结:+400%、+280%、+200%、+140%。

③预加张力的选择。施加在纱条上的预加张力随试样的线密度而调节,应保证纱条移动平稳、极小抖动、无意外伸长。

（6）试验结果。

①测试数值。质量变异系数 CV_m,设定切割长度的质量变异系数 $CV_m(L)$,不匀指数,纱疵（细节、粗节、棉结）数,偏移率 DR 值及相对支数或 AF 值等。

②统计数值。各项平均值（最大值、中值、最小值）、标准差 S、置信区间 $Q95\%$、统计值或设定值的比较。

③图表。不匀曲线图（正常、平均值）、波谱图（正常、统计）、变异长度曲线图（正常、统计）、

线密度频率分布图及偏移率门限曲线图等。

④如设有专家分析系统,则有周期性不匀的分析结果、统计值对比、模拟织物或黑板外观等。

⑤如有拓展功能的则可提供如毛羽、纱的直径变异、截面形状、密度、纱表面的杂质、尘屑等。

⑥千米纱疵保留整数,其余保留 2 位小数。

2. 光电法

依据 GB/T 3292.2—2009。根据光电检测原理测量纱线的外观直径及其不匀特征。纱线在罗拉的牵引下,以一定的速度通过光电检测系统,从某一固定方向上对纱线的投影宽度进行测量,将此一定长度纱线上测得的电信号,经处理运算即可得出被测纱线的直径及表示纱线条干直径不匀特征的各种结果。

(1)试验条件。同电容法。

(2)试验周期。同电容法。

(3)试验取样。至少 10 个卷装,每个卷装至少 200m。

(4)试验仪器。光电式条干均匀度仪一般应包括以下基本组成部分。

①纱架。使试样能在一定的张力下退绕,并使试样不产生伸长或损伤。

②检测器。包括导纱和可调张力器,CCD 光电检测装置(精确到 0.01mm)和能使纱线以一定的速度经过检测装置的罗拉牵引系统。

③信号处理器。对测试过程进行控制,完成对 CCD 输出信号处理,并显示或打印输出各试验结果,可根据纱线外观数据模拟纱线电子黑板、仿真织物布面效果等。

(5)试验方法。

①根据试样和实际需求选择并设定参数,见表 2-3-10。

表 2-3-10　光电法条干仪参数设定

项目	可选范围	推荐设定
测试速度/(m/min)	25~400	200
测试时间	10s~20min	1min
增益	根据需要设定	以不匀曲线图形适中为原则
不匀曲线刻度	根据需要选择	短片段或长片段
电子黑板	根据需要设定	纱线排列密度13根/cm
仿真织物	可设定组织结构和幅宽	测试时间设定要≥1min

②将纱线沿纱路放入检测区开始测试,测试中纱线断裂、未在检测区等原因造成数据异常

需重新补充测试。一批试验测试结束给出测试报表。

（6）试验结果。

①测试数值。直径（mm）、直径变异系数、千米纱疵数和偏移率等。

②统计数值。测试数据的平均值、标准差、变异系数等。

③图表。不匀曲线图、波谱图、变异系数—长度曲线图等。

④如需要，有电子黑板、仿真织物布面效果。

⑤千米纱疵保留整数，直径、标准差保留3位小数，其余保留2位小数。

（三）单根纱线断裂强力和断裂伸长率的测定（CRE法）

依据 GB/T 3916—2013。原理：使用等速伸长试验仪拉伸试样直至断裂，同时记录断裂强力和断裂伸长率，采用100%（相对于试样原长度）每分钟的恒定速度拉伸试样。根据协议，试验仪允许采用更高或更低的拉伸速度。允许采用两种隔距长度，通常情况为500mm（拉伸速度为500m/min），特殊情况为250mm（拉伸速度为250m/min）。

1. 试验条件

预调湿、调湿和试验用大气应按表2-3-1的规定，试样预调湿不少于4h，预调湿后在调湿大气条件下吸湿平衡绞纱不少于8h，卷绕紧密的卷装纱不少于48h。日常快速试验达不到规定温湿度条件时，其测试强力应按 FZ/T 10013.1—2011 各种纱线的修正系数进行修正。

2. 试验周期

工厂评等试验，每个品种、每昼夜试验1次，开台少的品种也可两昼夜试验1次，一经确定，不得任意变更。

3. 试验取样

工厂评等试验，单纱取样方法可与表2-3-8相同，每管试验2次，每批60次（开台数在5台及以下时，管纱可取样15只，每管试验4次，每批60次），股线取样15只，每管试验2次，共30次。采用全自动单纱强力仪时，纱线一律取样20个，每管试5次，共100次。

4. 试验仪器

（1）等速伸长（CRE）强力试验仪的夹持器隔距长度为（500±2）mm 或（250±1）mm。夹持器恒速移动，速度为500mm/min 或250mm/min，精确度为±2%。根据协议，全自动强力仪允许采用较高的拉伸速度，建议2000mm/min 或5000mm/min，也可采用较低的拉伸速度，例如20%/min 或50%/min。

（2）强力示值最大误差不应超过2%。

（3）夹持器应防止试样拉伸时在钳口滑移或切断。标准型的夹持器钳口应是平面无衬垫的,但如果不能防止试样的滑移,根据协议,可以使用其他型式的夹持器。

(4)试验仪应能够设置预张力,可以使用张力砝码,也可使用测量力值的装置。

(5)试验仪应具有强力/伸长自动绘图记录装置或直接记录断裂强力和断裂伸长系统。

5. 试验方法

(1)按常规方法从卷装上退绕纱线,夹持试样前,检查钳口,准确地对正和平行,以保证施加的力不产生角度偏移。

(2)在试样嵌入夹持器时施加预张力,调湿试样为(0.50 ± 0.10)cN/tex,湿态试样为(0.25 ± 0.05)cN/tex,变形纱施加既能消除纱线卷曲又不使之伸长的预张力。建议:聚酯纱和聚酰胺纱为(2.0 ± 0.2)cN/tex,醋酯纱、三醋酯纱和黏纤纱为(1.0 ± 0.1)cN/tex,双收缩和喷气膨体纱为(0.5 ± 0.05)cN/tex。

(3)夹紧试样。在试验过程中,检查钳口之间的试样滑移不能超过2mm,如果多次出现滑移现象,需更换夹持器或钳口衬垫,舍弃出现滑移的试验数据,并且舍弃纱线断裂点在距钳口5mm及以内的试验数据。

(4)记录断裂强力和断裂伸长率(有些仪器有自动记录装置),继续试验或换管试验,直至试验全部完毕。

6. 试验结果

(1)断裂强力平均值(cN),结果保留2位有效数字;

(2)断裂伸长率平均值(%),结果保留2位有效数字;

(3)断裂强力变异系数,修约至0.1%;

(4)断裂伸长率变异系数,修约至0.1%;

(5)断裂强度(cN/tex),修约至0.1cN/tex,如果不在标准恒温恒湿条件下试验,则修正到标准状态下的断裂强度;

(6)强力—伸长曲线图。

(四)棉及化纤纯纺、混纺纱线外观质量黑板检验方法:综合评定法

依据 GB/T 9996.1—2008。

1. 试验原理

在黑板绕纱密度规定的条件下,将纱线卷绕在特制的黑板上,用目光对比标准样照进行综合评定。

2. 试验取样

试样应具有代表性,随机抽样不得固定机台或锭子取样。每品种纱线每批检验一份,取最后成品检验,每份试验取 10 个卷装,每卷装摇一块纱板,共检验 10 块纱板。

3. 试验仪器和设施

(1)检验室。四周应呈无反光的黑色、室内保持空气畅通,温度适当。

(2)评等台。应具有可储存样照的部位,展示标准样照与试样的框架,并且有安装光源的支架(图 2-3-4 和图 2-3-5),光源采用两条并列的青色光或白色光 30W 日光灯。灯罩横贯评等台,保证评等台框架上纱板中间的照度不低于 600lx,必要时可配用接触式调压器调节照度。

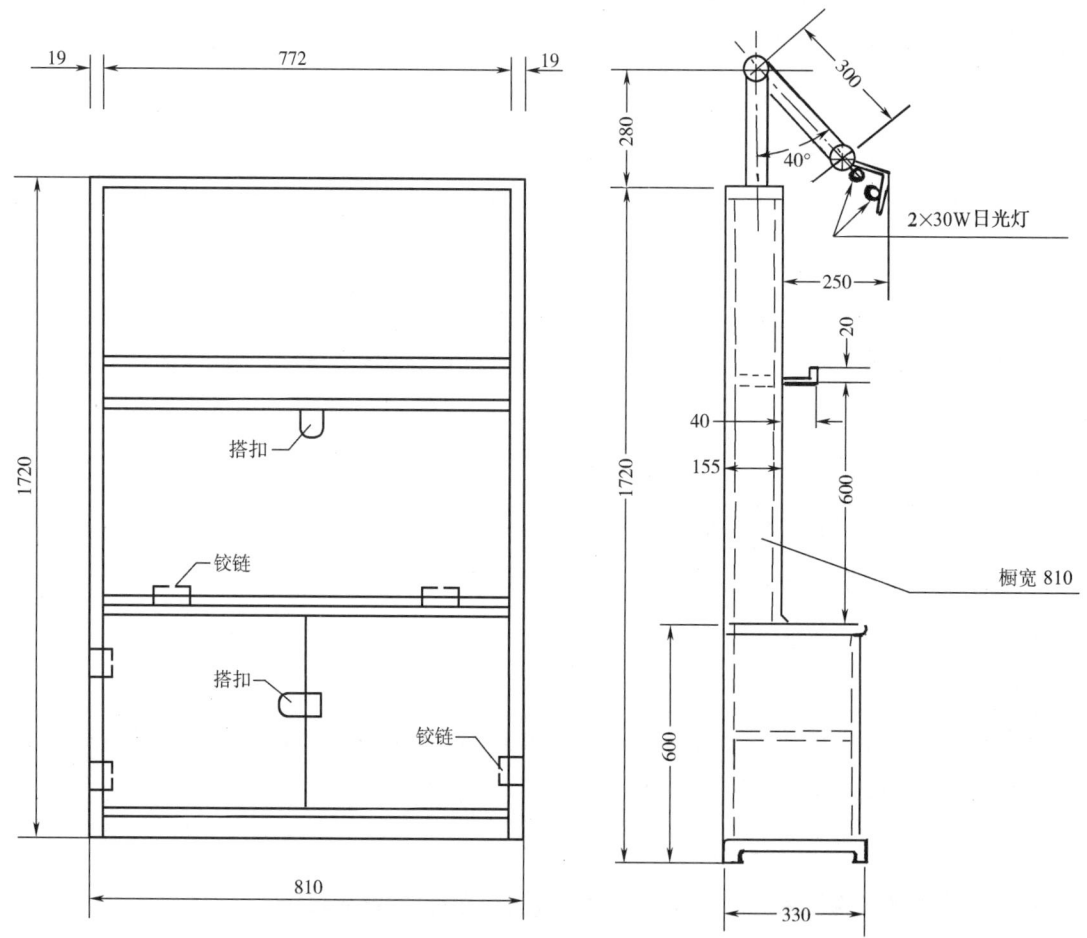

图 2-3-4　黑板外观质量检验框架设施示意图

(3)黑板。由 250mm×180mm×2mm 的塑料板制成,板面黑度均匀一致,表面光滑,黑板的反面上下端距短边约 30mm 处应贴绒布条,以便于操作和保护黑板板面。

(4)摇黑板仪。应能均匀排列纱条,并能调节至规定密度(表 2-3-11),密度允差为±10%。除游动导纱钩及保证均匀卷绕的张力装置外,不得装有任何影响棉结杂质的其他机件。

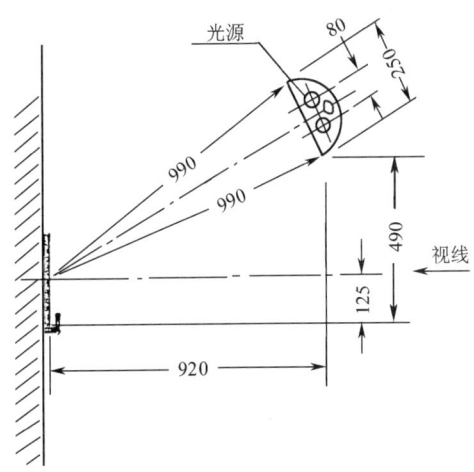

图 2-3-5　黑板条干灯光设备示意图

(5)标准样照。按产品品种分纯棉及棉与化纤混纺,化纤纯纺及化纤与化纤混纺两大类,纯棉类有 6 组标准样照,化纤类有 5 组标准样照,每组设 A、B、C 三等,标准样照的分组及编号见表 2-3-11,标准样照的尺寸为 250mm×140mm。各品种采用标准样照的规定见表 2-3-12。

表 2-3-11　线密度适用范围及绕纱密度、标准样照编号

品种	组别	线密度/tex	英支	绕纱密度/(根/cm)	标准样照编号(A 等,B 等,C 等)
纯棉及棉与化纤混纺类标准样照	1	5~7	120~75	19	A1001,B1002,C1003
	2	8~10	74~56	15	A2001,B2002,C2003
	3	11~15	55~37	13	A3001,B3002,C3003
	4	16~20	36~29	11	A4001,B4002,C4003
	5	21~34	28~17	9	A5001,B5002,C5003
	6	36~98	16~6	7	A6001,B6002,C6003
化纤纯纺及化纤与化纤混纺类标准样照	1	8~10	74~56	15	A1101,B1102,C1103
	2	11~15	55~37	13	A2101,B2102,C2103
	3	16~20	36~29	11	A3101,B3102,C3103
	4	21~34	28~17	9	A4101,B4102,C4103
	5	36~98	16~6	7	A5101,B5102,C5103

表 2-3-12　各品种采用标准样照的规定

产品分类	适用产品			
	A 等样照	B 等样照	B 等样照	C 等样照
	优等条干	一等条干	优等条干	一等条干
纯棉及棉与化纤混纺		精梳纯棉纱 精梳与化纤混纺纱 梳棉股线 棉及化纤混纺股线		梳棉纯棉纱 梳棉与化纤混纺纱 维纶纯纺纱
化纤纯纺及化纤与化纤混纺		化纤纯纺纱 化纤与化纤混纺股线		化纤与化纤混纺纱

注　精梳棉股线、纯化纤股线按 A 等样照评定,好于 A 等样照评为优等,等于 A 等样照评为一等,差于 A 等样照评为二等。

4. 试验方法

(1)调节摇黑板机的绕纱(线)间距,使其达到表 2-3-11 绕纱密度的要求,并使绕纱均匀,必要时可用手工修整。

(2)选择与试样相当组别的标准样照两张,样照应垂直平齐地放入评等台的支架上。

(3)在正常目力条件下,检验者与板的距离为(1±0.1)m,视线与纱板中心应水平。

(4)取 1 块试样与标准样照对比,首先看试样总的外观情况,初步确定和哪一等别样照对比,然后再结合规定条文全面考虑,最后定等。

5. 评等规定

(1)凡生产厂日常评等可由经考核后合格的检验人员 1~3 人进行,凡属于验收和仲裁检验的评定,则应有 3 名合格的检验员独立评定,所评的成批等别应一致,如两名检验员检验结果一致,另一名检验员结果不一致时,应予审查协商,以求得一致同意的意见,否则再重新摇取该份试样进行检验。

(2)评等时以纱板的条干总均匀度与棉结杂质程度对比标准样照,作为评定等别的主要依据,对比结果如下:

①好于或等于优等样照的(无大棉结)按优等评定;

②好于或等于一等样照的按一等评定;

③差于一等样照的评为二等。

（3）条干均匀度评定。

①黑板上的阴影、粗节不可相互抵消,以最低一项评定。

②黑板上的棉结杂质和条干均匀度不可相互抵消,以最低一项评定。

③黑板上的粗节部分粗于样照时即降等;粗节数量多于样照时也降等,但普遍细、短于样照时不降等;粗节虽少于样照,但显著粗于样照时即降等。

④黑板上的阴影普遍深于样照时即降等;阴影深浅相当于样照,如总面积显著大于样照时即降等;阴影总面积虽大,但浅于样照时不降等;阴影总面积虽小于样照,但显著深于样照时即降等。

⑤黑板上优等板中棉结杂质总数多于样照时即降为一等,一等板中棉结杂质总数显著多于样照时即降为二等。

（4）严重疵点、阴阳板、一般规律性不匀评为二等,严重规律性不匀评为三等。

（5）疑难板的掌握。粗节从严,阴影从宽,但针织用纱粗节从宽,阴影从严;粗节粗度从严,数量从宽;阴影深度从严,总面积从宽;大棉结从严,总粒数从宽。

（6）纱线粗细的掌握。纱板上的粗节、细节与标准样照对比时,检验人员应考虑实际纱线的粗细和标准样照上纱线粗细的差异程度;评定时应掌握纱线本身的粗细极差与标准样照上的纱线粗细极差做比较评定。

6. 试验结果

试验报告应提出检验纱线的总的评等,其中应包括所有纱板的等别,对降等板及三等板应注明原因。

（五）棉及化纤纯纺、混纺纱线外观质量黑板检验方法:分别评定法

依据 GB/T 9996.2—2008。

1. 试验原理

在黑板绕纱密度规定的条件下,将纱线卷绕在特制的黑板上,在特定的灯光条件下,用目光对比标准样照对黑板条干均匀度和棉结杂质进行分别评定。

2. 试验取样

同综合评定取样。

3. 试验仪器和环境

（1）检验环境。

①条干检验要求。四周应呈无反光黑色,室内空气畅通,温度适宜。光源采用两条并列的青光或白色光 40W 日光灯,保证黑板中间的光照度不低于（400±50）lx。检验室内灯

光设备和展示标准样照、试样框架设施示意图(图2-3-4和图2-3-5)。黑板和样照应垂直、平齐地放在检验架中部,每次检验块黑板。在正常目力条件下,检验者与黑板距离为(2.5±0.3)m。

②棉结杂质的检验要求。尽量采用北向自然光源,窗户内外不能有障光物,以保证室内光线充足。检验一般应在400~800lx的照度下进行,低于400lx时应加用灯光(用青色或白色日光灯)。光线应从左后方射入,检验面的安放角度应与水平成(45±5)°的角度(图2-3-6),检验者的影子应避免投射到黑板上。

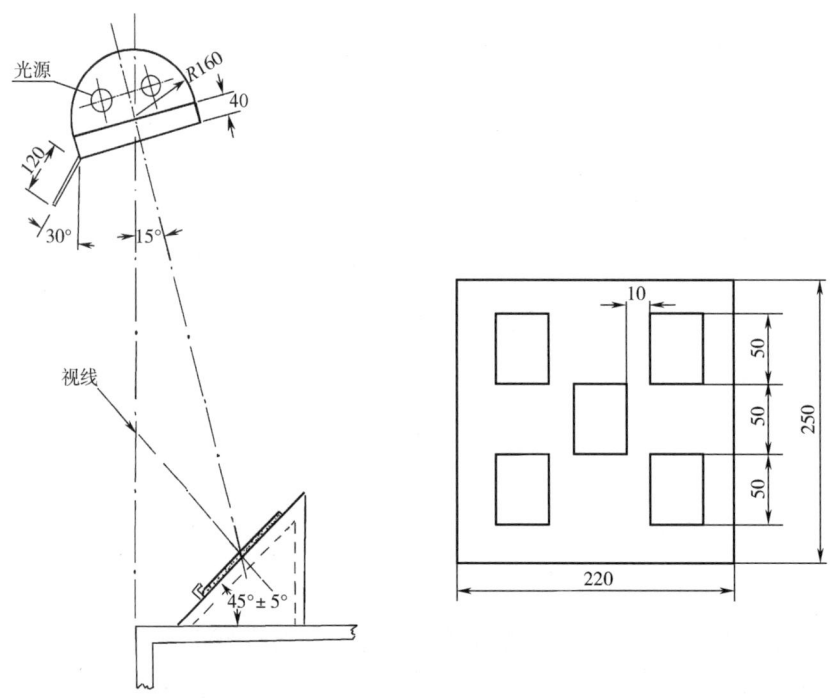

图2-3-6　棉结杂质检验灯光设备示意图及检验压片

(2)黑板。由250mm×220mm×2mm的塑料板制成,板面黑度均匀一致,表面光滑无光泽,黑板的反面上下端距短边约30mm处应贴绒布条,以便于操作和保护黑板板面。

(3)摇黑板仪。应能均匀排列纱条,除游动导纱钩及保证卷绕均匀的张力装置外,不得装有任何影响棉结杂质的机件。

(4)标准样照。按产品品种分梳棉本色纱、精梳棉本色纱、针织用梳棉本色纱、精梳涤棉混纺本色纱四大类,标准样照编号见表2-3-13,每组设优等、一等。标准样照尺寸为250mm×180mm。

表 2-3-13　不同品种标准样照编号

品种	组别	线密度/tex	英支	标准样照等级编号
梳棉本色纱标准样照	1	8~10	70~56	优等000,一等001
	2	11~15	55~37	优等010,一等011
	3	16~20	36~29	优等020,一等021
	4	21~30	28~19	优等030,一等031
	5	32~60	18~10	优等040,一等041
	6	64~192	9~3	优等060,一等061
精梳棉本色纱标准样照	1	7.5及以下	71及以上	优等200,一等201
	2	8~15	70~37	优等210,一等211
	3	16~30	36~19	优等220,一等221
	4	32及以上	18及以下	优等230,一等231
针织用梳棉本色纱标准样照	1	20及以下	29及以上	优等120,一等121
	2	21及以上	28及以下	优等130,一等131
精梳涤棉混纺本色纱标准样照	1	6~10	100~55	优等600,一等601
	2	11~20	54~29	优等610,一等611
	3	21及以上	28及以下	优等620,一等621

4. 试验方法

(1)调节摇黑板机的绕纱(线)间距,使绕纱(线)的密度相当于样照,绕纱要均匀,必要时手工修整。

(2)选择与试样相当组别的标准样照两张,样照应垂直平齐地放入评等台的支架上。

(3)在正常目力条件下,检验者与板的距离为(2.5±0.3m),视线与纱板中心应水平。

(4)取1块试样与标准样照对比,首先看试样总的外观情况,初步确定和哪一等别样照对比,然后再结合规定条文全面考虑,最后定等。

5. 评等规定

(1)凡生产厂日常评等可由经考核后合格的检验人员1~3人进行,凡属于验收和仲裁检验的评定,则应有3名合格的检验员独立评定,所评的成批等别应一致,如两名检验员检验结果一致,另一名检验员结果不一致时,应予审查协商,以求得一致同意的意见,否则再重新摇取该份试样进行检验。

(2)评等时以纱板的条干总均匀度对比标准样照,作为评定等别的主要依据,对比结果如下：

①好于或等于优等样照的按优等评定；

②好于或等于一等样照的按一等评定；

③差于一等样照的评为二等；

④严重疵点、阴阳板、一般规律性不匀评为二等；

⑤严重规律性不匀评为三等。

（3）条干均匀度评定规定。

①黑板上的阴影、粗节不可相互抵消，以最低一项评等。

②粗节粗于或多于样照时即降等；但普遍细、短于样照时不降等；粗节虽少于样照，但显著粗于样照时即降等。

③阴影普遍深于样照时即降等；阴影深浅相当于样照，但总面积显著大于样照时即降等；阴影总面积虽大，但浅于样照时不降等。阴影总面积虽小但显著深于样照时降等。

④严重疵点。

a. 粗节。粗于原纱一倍、长 5cm 两根或长 10cm 一根即降等。

b. 细节。细于原纱二分之一，长 10cm 及以上一根即降等。

c. 竹节。粗于原纱两倍，长 1.5cm 及以上一根即降等。

⑤严重规律性不匀。满板规律性不匀，其阴影深度普遍深于一等样照最深的阴影，即降为三等。

⑥条干评等。以某种等别的 10 块黑板条干为评等依据，如 7 块一等条干，3 块二等条干评为一等；但 3 块板中有一块或一块以上为三等条干或 10 块黑板条干中有 4 块及以上为二等条干时，则评为二等。

（4）棉结杂质检验规定。

①检验时先将浅蓝色底板插入试样与黑板之间，然后用如图 2-3-6 所示的黑色压片压在试样上，对正反两面每格内的棉结杂质做检验。黑色压片有五个孔，每孔宽度 45mm，应能容纳 20 根纱，高度为 50mm，以保证黑板一面检验纱线长度为 5m，正反两面检验 10m，共检验 10 块黑板。

②检验时应逐格检验，并不得翻拨纱线，检验者的视线与纱条成垂直线，检验距离以检验人员的目力在辨认疵点时不费力为原则。

③棉结的确定。棉结是由棉纤维、未成熟棉或僵棉因轧花或纺纱过程中处理不善集积而成。

a. 棉结不论黄色、白色，圆形、扁形，或大，或小，以检验者的目力所能辨认者即计。

b. 纤维聚集成团,不论松散与紧密,均以棉结计。

c. 未成熟棉、僵棉形成棉结(成块、成片、成条),均以棉结计。

d. 黄、白纤维虽未形成棉结,但形成棉索且有一部分纺缠于纱线上的,以棉结计。

e. 附着棉结,以棉结计。

f. 棉结上附有杂质,以棉结计,不计杂质。

g. 棉纱上的条干粗节,按条干检验,不算棉结。

④杂质确定。杂质是附有或不附有纤维(或绒毛)的籽屑、碎叶、碎枝杆、棉籽软皮、毛发及麻、草等杂物。

a. 杂质不论大小,以检验者的目力能辨认者即计。

b. 凡杂质附有纤维,一部分纺缠于纱线上的,以杂质计。

c. 凡一粒杂质破裂为数粒而聚集在一团的,以一粒计。

d. 附着杂质以杂质计。

e. 油污、色污、虫屎及油线、色线纺入,均不算杂质。

6. 结果计算

全部纱样检验完毕后,算出 10 块黑板的棉结(或棉结杂质)总粒数,按下式算出 1g 内的棉结(或棉结杂质)粒数。

(1)1g 棉纱(线)的棉结(或棉结杂质)=$\dfrac{棉结(或棉结杂质)总粒数}{纱线的线密度}$×10

(2)试验报告应提出检验纱线的总的评等,其中应包括所有纱板的等别,对降等板应注明原因。

(六)偶发性纱疵

依据 FZ/T 01050—1997。纺纱工厂进行纱疵分级检验,可为正确设定电子清纱工艺和反馈纱疵信息提供质量控制的依据。

1. 试验原理

利用电容检测原理进行测试,将检测器输出的电信号经过电路运算处理,提供表示纱疵特征的各种结果,按照设定的分级方法,打印出纱疵分级的报告。

2. 试验条件

与电容式条干均匀度试验相同。

3. 试验周期

每周每品种 1 次。

4. 试验取样

(1)工厂质量控制。应按计划及随机取样的原则,每品种随机抽取 6~12 个筒子纱,一组试验长度应不少于 10 万米,毛纺可适当减少,但至少 5 万米。

(2)交货批取样。按下列要求从整个货批中随机抽取一定的箱数,每箱至少取一个筒子卷装,取样箱数见表 2-3-14。

表 2-3-14　取样箱数

货批中	5 箱以下	6~25 箱	25 箱以上
取样箱数	全部	5~6	10~12

5. 仲裁检验

应进行四组以上试验,每组不少于 10 万米试样。

6. 试验仪器

(1)电容式纱疵分级仪至少有以下两个基本组成部分。

①检测器。一台纱疵仪至少安装 6 个检测器。

②控制器。包括操作系统,运算分级电路及输出装置。能输入测试的设定参数,进行纱疵电信号的运算和分级处理,并显示和打印试验结果。

(2)纱疵分级仪安装在试验用的络筒机上。

①络筒机应使试样在一定的速度和张力下退绕,并重新卷绕成筒子。在运行过程中,不使试样产生意外伸长或损伤。

②络筒机不可安装防叠变速装置,所用的筒管锥度要小于 6°,使络纱速度尽可能保持恒定,保证纱疵长度测试的准确性。

7. 纱疵的分级

(1)纱疵一般分为三类 23 级,其中短粗节 16 级(A,B,C,D 四个区),长粗节 3 级(E,F,G三个区),长细节 4 级(H,I 两个区)。

①纱疵的截面比正常纱线粗 100% 以上,长度在 8cm 以下者,为短粗节。

②纱疵的截面比正常纱线粗 45% 以上,长度在 8cm 以上者,为长粗节(包括双纱)。

③纱疵的截面比正常纱线细 30%~75%,长度在 8cm 以上者,为长细节。

按纱线的截面大小(比正常纱增减百分数)与长度(cm)分级的界限如图 2-3-7 所示。

(2)纱疵截面与长度的确定。

①短粗节、长粗节纱疵截面皆以最大截面处计。

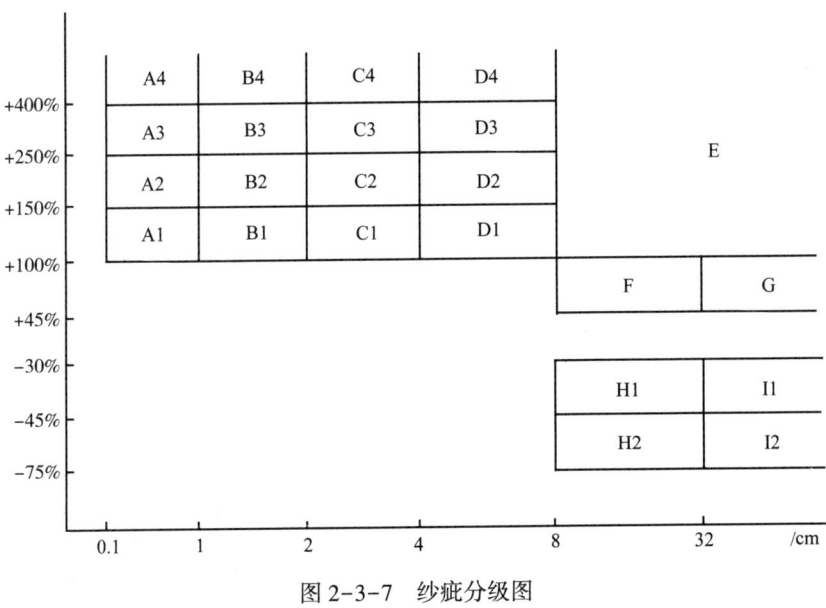

图 2-3-7　纱疵分级图

②长细节纱疵截面以最小截面处计。

③短粗节长度起止点从正常纱线截面加粗 80% 处计。

④长粗节长度起止点从正常纱线截面加粗 45% 处计。

⑤长细节长度起止点从正常纱线截面减细 24% 处计。

8. 试验方法

(1)试验仪器清洁检查。

(2)试验参数设定。

①试样的线密度。按名义线密度设定。

②络纱速度。经验推荐数为 600m/min,设定速度与实际络纱速度差异不超过 ±10%,以保证测试结果的精确性。络纱速度的测定方法,可采用摩擦轮测速计在半满筒子的中部测定,也可以用称取一定时间内绕取的纱线重量换算长度的方法来推算。

③初设材料值。见表 2-3-15。混纺纱线的材料值,根据纤维成分的混合比加权计算,例如,涤 65/棉 35 混纺纱的材料值 =(0.65×3.5)+(0.35×7.5)= 4.9。表中未列出的纱线可以根据其回潮率按类似纱线设定材料值。

表 2-3-15　初设材料值

纤维材料	棉、毛、黏胶纤维、麻	天然丝	腈纶、锦纶	丙纶	涤纶	氯纶
材料值	7.5	6.0	5.5	4.5	3.5	2.5

④预加张力。根据试样线密度选择适当预加张力,保证纱条移动平稳且抖动尽量小。预加张力参考试验仪器推荐。

⑤如需捉疵,设定疵点分级。

(3)按仪器操作规程进行操作,试验过程中产生断头或切除纱疵后应清除测量槽内纱线,每次接头后需等纱线速度达到正常后再放入测试槽,以保证试验准确。

9. 试验结果分析

(1)通常用折算成 10 万米长度上的各级纱疵数表示纱疵分级的测试结果,以便能相互对比。但在仪器打印报告中,可根据需要打印出实测数或折算成 10 万米纱疵数,可以是各级的累计数或非累计数,可以是矩阵式数字表,也可以是普通的数字表。

(2)根据产品及不同的质量控制需要,可以规定将一定界限的纱疵列为有害纱疵,加以统计,以作为必须清除的对象(在产品标准或合同中予以规定)。

(3)纱疵分级仪对测试结果的数据可以保存,并可提供测试结果与统计值或预设定值的比较、纱疵数的长期变化趋势及纱疵分布图等资料。

(4)在进行分级试验过程中,根据试验的需要,可以设定纱疵切除,以摘取指定级别的纱疵标样。

(5)试验结果按 GB 8170 规定方法进行修约,10 万米的纱疵数均保留整数,其余保留三位有效数字。

10. 其他纱疵分析仪

(1)瑞士 USTER CLASSIMAT 5 纱疵分析仪,在原有 23 级纱疵分级的基础上扩展到 45 级。

①增加了 A0、B0、C0、D0、CP1、DP1、DP2 七级短粗节纱疵。A0、B0、C0、D0 的截面粗度是 +75%～+100%,长度与原 A、B、C、D 相同。CP1、DP1 的截面粗度是+45%～+75%,长度与原 C、D 相同。DP2 的截面粗度是+30%～+45%,长度与原 D 相同。

②增加了 FP21、FP22、GP21、GP22 四级长粗级纱疵。其截面粗度是+30%～+45%,长度依次是 8～16cm、16～32cm、32～64cm、64cm 以上。

③增加了 TD0、TB1、TC1、TD1、TB2、TC2、TD2 七级短细节纱疵。TD0 的截面粗度是 -20%～-30%,长度与原 D 相同。TB1、TC1、TD1 的截面粗度是-30%～-45%,长度与原 B、C、D 相同。TB2、TC2、TD2 的截面粗度是-45%～-75%,长度与原 B、C、D 相同。

④增加了 H01、H02、I01、I02 四级长细级纱疵。TD0 的截面粗度是-20%～-30% 长度依次是 8～16cm、16～32cm、32～64cm、64cm 以上。

⑤新增深色异纤/植物异纤分级和丙纶异纤散点图,共 32 个级别,样照如图 2-3-8 所示。

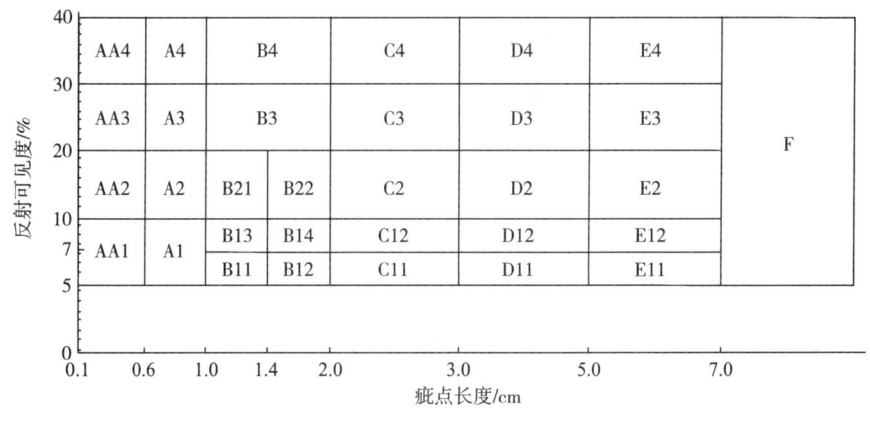

图 2-3-8 异纤分级图

（2）国内外生产的其他纱疵分级仪，都有将纱疵分级方法进一步细化和扩大纱疵分级仪功能的趋势。如长岭纺电生产的 YG072A 型纱疵分级仪，将纱疵分成 33 级。短粗节增加了 A0、B0、C0、D0 四级，细节增加了 TB0、TB1、TC0、TC1、TD0、TD1 六级短细节纱疵。瑞士 Loepfe 公司的 YARN MASTER SPECTRA 将纱疵分成 128 个级，有色异性纤维分成 15 个级。

（七）捻度

捻度是纱线在退绕前的规定长度内绕其轴心旋转的捻回数，用捻/m 或捻/cm 表示。

1. 直接计数法

依据 GB/T 2543.1—2015。在规定的张力下，夹住一定长度试样的两端，旋转试样一端，退去纱线试样的捻度，直到被测纱线的构成单元平行。根据退去纱线捻度所需转数求得纱线捻度。直接计数法被认为是捻度测定中最准确的方法，仲裁试验推荐采用直接计数法。适用范围见表 2-3-16。初始长度（试验开始时试样在规定预加张力下的长度）应尽量长，但应略小于短纤维单纱中短纤维的平均长度。

表 2-3-16 直接计数法适用范围

适用范围	不适用范围
单纱（短纤维纱和有捻复丝）、股线、缆线	张力从 0.5cN/tex 增加到 1.0cN/tex 时伸长超过 0.5%的纱线，自由端纺纱及交缠复丝，太粗的纱线

（1）试验条件。按 GB/T 6529 的规定，使试样在试验用标准大气中达到吸湿平衡。由于捻度试验与大气条件无直接的影响，因此也可在室温条件下进行，但试验地点的温湿度必须稳定。

（2）试验周期。每品种每周每台试验 1 次。

（3）试验取样。各机台均匀随机拔取，每台不少于 2 只，避免同一锭带上抽取，开台 10 台及以下，取样 20 只管纱，每管测 2 段，共计 40 段。开台 11~20 台，分两次各取 20 只，以此类推。

（4）试验仪器。

①捻度仪。有一对夹钳，其中一个为回转夹钳，可绕轴正、反向旋转，并和计数器连接。另一个夹钳的位置可移动，使被测纱线的长度在 10~500mm 范围内变化，夹钳口不得有缝隙。有预加张力装置和测量试样长度装置，测量长度装置精度为±0.5mm 或试样长度的±2% 中的较小者。捻回计数器可记录或显示旋转夹钳的回转数。测定退捻后试样长度的收缩或伸长，可移动夹钳在移动时不产生明显摩擦。

②分析针。

③放大装置。

（5）试验方法。

①检查仪器各部分是否正常（包括机身水平），设定试样测试长度见表 2-3-17，设定预置捻回数（依据设计捻度设置），按（0.5±0.1）cN/tex 设定预加张力。

表 2-3-17　设定试样测试长度

纱线材料类别		试样初始长度/mm
棉型纱		10 或 25
中长纤维纱		25 或 50
韧皮纤维纱		100 或 250
复丝单纱、股线和缆线	≥1250 捻/m	250±0.5
	<1250 捻/m	500±0.5

②以实际能达到的最小张力从卷装的顶端或侧面退绕试样，从每个卷装上取第一个试样前应舍弃约 5m 的纱线。同一个卷装中取 2 个以上试样时，各试样之间至少间隔 1m 以上。

③在预加张力下将试样固定在夹钳中，剪掉多余纱尾。启动旋转夹退捻，直到能把分析针从不旋转的夹钳处平移到旋转夹钳处，必要时可借助放大镜、挑针，确保完全退捻。记录捻回数。重复以上操作，直到试验全部完毕。

（6）试验结果。

①试样捻度。捻度精确至 0.1 捻/m。

$$t_x = \frac{1000x}{l}$$

式中：t_x——试样捻度，捻/m；

　　　x——试样捻回数；

　　　l——试样初始长度，mm。

②试样平均捻度。捻度精确至 0.1 捻/m。

$$\overline{t_x} = \frac{\sum t_x}{n}$$

式中：$\overline{t_x}$——试样平均捻度，捻/m；

$\sum t_x$——全部试样捻度总和；

　　　n——试样数量。

③试样捻度变异系数。

$$s = \sqrt{\frac{\sum_{x=1}^{n}\left(t_x - \overline{t_x}\right)^2}{n-1}}$$

式中：s——捻度变异系数；

　　　t_x——试样捻度，捻/m；

　　　$\overline{t_x}$——试样平均捻度，捻/m；

　　　n——试样数量。

④捻系数。捻系数取整。

$$\alpha = \overline{t_x}\sqrt{\frac{\mathrm{Tt}}{1000}}$$

式中：α——每米捻系数；

　　　$\overline{t_x}$——试样平均捻度，捻/m；

　　　Tt——试样线密度，tex。

2. 退捻加捻法

依据 GB/T 2543.2—2001。退捻加捻法在国内外都已长期使用，具有简便快速的特点，但准确性稍低，二次退捻加捻法的准确性较高。适用范围见表 2-3-18。

表 2-3-18　退捻加捻法适用范围

适用范围	不适用范围
短纤维单纱和中长纤维单纱	张力从 0.5cN/tex 增加到 1.0cN/tex 时伸长超过 0.5% 的纱线，自由端纺纱、假捻及自捻、气流纺纱，太粗的纱线

（1）试验条件。同直接计数法。

（2）试验周期。同直接计数法。

（3）试验取样。同直接计数法。

（4）试验仪器。捻度试验仪由一对夹钳构成，其中一个夹钳可以做正反方向旋转，并与捻回计数器连接。以（1000±200）r/min 的转速进行，夹钳隔距调到（500±1）mm。具有可变张力装置，在试验的开始和结束时向试样施加规定张力，在退捻操作和加捻操作之间彻底消除张力。

（5）试验方法。

①原理。

a. 方法 A。为一次退捻加捻法。在规定的张力下，对试样进行退捻和反向再加捻，直到试样达到其初始长度。假设再加捻的捻回数等于试样的原有捻回数，这样，计数器上记录的捻回数的一半就代表试样原有的捻回数。

b. 方法 B。为二次退捻加捻法。第一个试样与方法 A 相同。不要把计数器置零。对第二个试样，按第一个试样测得捻回数的 1/4 进行退捻，然后再加捻到初始长度，以校正因预加张力引起的误差。由于预加张力对准确性的影响较小，可得出较准确的试验结果。

②允许伸长的确定。设置隔距长度 500mm，调整预加张力到（0.50±0.10）cN/tex。将试样夹持在夹钳中，并将指针置零位。以 800r/min 或更慢的速度转动夹钳，直到纱线中纤维产生明显滑移。读取断裂瞬间的伸长值，精确到±1mm；如果纱线没有断裂，读取反向再加捻前的最大伸长值，以 5 次试验计算平均值，然后取上述伸长值的 25% 作为允许伸长的限位位置。

③设置隔距长度为（500±1）mm，并检查与实际测试长度是否相符。

④设定预加张力参考表 2-3-19，若测出捻度数与计算捻度数相差太大，则应先做预备试验，对预加张力做适当调整。

表 2-3-19　预加张力

纱线材料		张力/（cN/tex）
除精纺毛纱外		0.50±0.10
精纺毛纱	捻系数 α<80	0.10±0.02
	捻系数 α=80～150	0.25±0.05
	捻系数 α>150	0.50±0.05

⑤设定伸长限位。

a. 方法 A。一次退捻加捻法。以实际能达到的最小张力从卷装的顶端或侧面退绕试样，从每个卷装上取第一个试样前应舍弃约 5m 的纱线。将试样固定在可移动的夹钳上,注意不要使捻度有任何变化。在设定的预加张力下将试样引入旋转夹钳,调整试样长度使指针至零位,拧紧夹钳,以(1000±200)r/min 的速度退捻。然后再反向加捻直到指针回复到零位。记录计数器示值,该值代表每米的捻度,在连续两个试样之间舍弃约 1m,继续试验,直到试验全部结束。

b. 方法 B。二次退捻加捻法:第一次试验与方法 A 相同,但不要把计数器置零。在上述纱管上取第二个试样并按上述要求将其固定在夹钳之间,以同样速度退捻,当退捻到(名义的或预备试验测得的)捻度的 1/4 时再反向加捻,直到指针回到零位,记录计数器示值,该值代表每米的捻度。重复上述双试样操作,直到试验全部结束。在连续两个试样之间舍弃约 1m。

(6)试验结果。

①计数器示值即试样捻度(捻/m)。

②试样平均捻度。捻度精确至 0.1 捻/m。

$$t = \frac{\sum t_s}{n}$$

式中:t——试样平均捻度,捻/m;

$\sum t_s$——全部试样捻度总和;

　　n——试样数量。

③试样捻度变异系数。捻度变异系数修约至小数点后 1 位。

$$s = \sqrt{\frac{\sum_{i=1}^{n}(t_i - t)^2}{n-1}}$$

式中:s——捻度变异系数;

　　t_i——试样捻度,捻/m;

　　t——试样平均捻度,捻/m;

　　n——试样数量。

④捻系数。捻系数取整。

$$\alpha = t\sqrt{\frac{Tt}{1000}}$$

式中:α——每米捻系数;

　　t——试样平均捻度,捻/m;

　　Tt——试样线密度,tex。

3. 转杯纱捻度的测定

依据 FZ/T 10001—2016。规定采用一次退捻加捻法,适用测试纯棉、化纤纯纺或混纺的转杯纱捻度。

(1)试验条件。同直接计数法。

(2)试验周期。同直接计数法。

(3)试验取样。同直接计数法。

(4)试验仪器。捻度试验仪由一对夹钳构成,其中一个夹钳可以做正反方向旋转,并与捻回计数器连接,另一个夹钳的位置可移动,使被测试样长度可在 250~500mm 范围内调节,夹钳口不得有缝隙。有预加张力装置和测量试样长度装置,测量长度装置精度为±0.5mm。在试验开始和结束时向试样施加规定张力,在退捻操作和加捻操作之间彻底消除张力。

(5)试验方法。

①检查仪器是否正常,校对机身水平。按表 2-3-20 规定设定预加张力、允许伸长值、隔距长度与回转夹钳转数。

表 2-3-20　参数设定

方法	预加张力/(cN/tex)	允许伸长/mm	隔距长度/mm	回转夹钳转速/(r/min)
一次退捻加捻	1.0±0.1	3	250	1500±200

②以实际能达到的最小张力从卷装的顶端或侧面引出试样,取第一个试样前舍弃约 5m 的纱线,在设定的预加张力下将试样引入旋转夹钳,调整试样长度使指针到零位,拧紧夹钳,切断纱尾,计数器复零,然后反向退捻加捻直到指针回复到零位。记录计数器示值,该值乘以 2 代表每米的捻度,在连续两个试样之间舍弃约 1m,继续试验,直到试验全部结束。

(6)试验结果。

①试样捻度。

$$t_x = 2t$$

式中:t_x——试样捻度,捻/m;

　　　t——试样捻回数。

②试样平均捻度。同直接计数法。

③试样捻度变异系数。同直接计数法。

④捻系数。同直接计数法。

(八)纱线毛羽测定方法:投影计数法(依据 FZ/T 01086—2020)

1. 试验原理

纱线的四周都有毛羽,测试一个侧面的毛羽数,与纱线实际存在的毛羽数成正比。连续运动的纱线在通过检测区时,其毛羽就会相应地遮挡投影光束,此时光电器件就将成像毛羽转换成电信号,由后续电路加以处理,并按不同设定长度分类统计毛羽指数(毛羽指数为单位长度纱线内,单侧面上伸出长度超过某设定长度的毛羽根数累计数,单位为根/m)。

2. 试验条件

同线密度测定。

3. 试验周期

可根据生产需要自行规定。

4. 试验取样

一般每个品种取 10 个卷装,每个卷装测 10 次,每次试样数量为 10m,也可根据需要调整。

5. 试验仪器

光电式纱线毛羽测试仪。

(1)可根据需要选取毛羽设定长度和纱线片段长度,毛羽设定长度精度不低于 0.1mm,毛羽分别率不低于 0.5mm。

(2)检测不同设定长度的毛羽指数,最大的毛羽设定长度不小于 8mm,最大分档间隔为 1mm,以便能检测纱线不同片段的毛羽分布。

(3)可改变测试速度、试验次数和预加张力,对测试毛羽指数准确计数统计并打印。

6. 试验方法

(1)校验清洁仪器。

(2)参数设定。见表 2-3-21。

表 2-3-21　试验参数设定

纱线种类	毛羽设定长度/mm	纱线片段长度/m	测试速度/(m/min)
棉纱线及棉型纱线	2	10	30
中长纤维纱线			
绢纺纱线			
亚麻纱线			
毛纱线及毛型纱线	3	10	30
苎麻纱线	4	10	30

(3)将试样按正确的引纱路线装上仪器,开动后用纱线张力仪校验并调节预加张力至纱线的抖动尽可能小。一般规定棉与棉型纱线为(0.50±0.10)cN/tex,毛纱张力为(0.25±0.025)cN/tex。

启动仪器,试验至规定长度时记录或打印试验结果,直到试样全部试验完毕。

7. 试验结果

计算样品的平均毛羽指数与变异系数,修约至 3 位小数。

(九)回潮率

1. 烘箱干燥法

依据 GB/T 9995—1997。试样在烘箱中暴露于流动的加热至规定温度的空气中,直至达到恒重。烘燥过程中的全部质量损失都作为水分,并以回潮率表示。供给烘箱的大气应为纺织品调湿和试验用标准大气。如果实际上不能实现时,可把在非标准大气条件下测得的烘干质量修正到标准大气条件下的数值。

(1)试验条件。同线密度。

(2)试验周期。同线密度。

(3)试验取样。同线密度。

(4)试验仪器。烘箱应为通风式烘箱,通风形式可以是压力型或对流型,具有恒温控制装置。烘燥全过程试样暴露处的温度波动范围为±2℃,试样不受热源的直接辐射,烘箱应便于空气无阻碍地通过试样,接近试样处的气流速度应在 0.2～1.0m/s 的范围。当烘箱有联装天平时,应配备能关断气流的装置。

(5)试验方法。

①烘燥时间的确定。不同的纺织材料试样因内部结构、含水量及试样各部分在烘箱内暴露程度的不同而有不同的烘燥时间特性,为确定合适的烘燥时间及连续称重的时间间隔,可先做几次预备试验,测出相对于烘燥时间的试样重量损失,画出失重与烘燥时间的关系曲线,从曲线上找出至少为最终失重的98%所需时间,作为正式试验的始称时间,用该时间的20%作为连续称重的时间间隔。

②烘箱内试样暴露处的温度应保持在表 2-3-22 的范围内。

表 2-3-22　烘箱的烘燥温度

材料	棉	腈纶	氯纶	桑蚕丝	其他纤维
烘燥温度/℃	105±2	110±2	77±2	140±2	105±2

③称取烘前重量。取样后应立即快速地称取试样并记录其烘前重量,精确至 0.01。

④烘燥及确定烘干重量。将试样放入烘箱的称重容器内,在表 2-3-44 所示的温度下至恒重,连续称重的时间间隔按"烘燥时间的确定"规定。称重前关断烘箱气流。

（6）试验结果。

①回潮率。

$$回潮率 = \frac{G - G_0}{G_0} \times 100\%$$

式中：G——试样的烘前重量，g；

　　　G_0——试样的烘干重量，g。

②非标准大气条件下烘干重量修正。通过烘箱的大气如果不是标准大气，测得的烘干重量可按下式修正。

$$C = a(1 - 6.58 \times 10^{-4} \times e \times r)$$

$$G_S = G_0(1 + C)$$

式中：C——修正至标准大气条件下烘干重量的系数，%，见表2-3-23、表2-3-24；

　　　a——由纤维种类确定的常数，见表2-3-25；

　　　e——送入烘箱空气的饱和水蒸气压力，见表2-3-26；

　　　r——通入烘箱的相对湿度百分率；

　　　G_S——在标准大气条件下的烘干重量，g；

　　　G_0——在非标准大气条件下测得的烘干重量，g。

表 2-3-23　标准大气条件下棉、苎麻、亚麻的烘干重量修正系数 C（%）

RH/%	T/℃														
	6	8	10	12	14	16	18	20	22	24	26	28	30	32	34
30	0.24	0.24	0.23	0.22	0.21	0.19	0.18	0.16	0.14	0.12	0.10	0.08			
32	0.24	0.23	0.22	0.21	0.20	0.19	0.17	0.15	0.13	0.11	0.09	0.06			
34	0.24	0.23	0.22	0.21	0.19	0.18	0.16	0.14	0.12	0.10	0.07				-0.06
36	0.23	0.22	0.21	0.20	0.19	0.17	0.15	0.13	0.11	0.09	0.06				-0.08
38	0.23	0.22	0.21	0.19	0.18	0.16	0.14	0.13	0.10	0.08				-0.06	-0.10
40	0.23	0.22	0.20	0.19	0.17	0.16	0.14	0.12	0.09	0.06				-0.08	-0.12
42	0.22	0.21	0.20	0.18	0.17	0.15	0.13	0.11	0.08	0.05			-0.05	-0.09	-0.14
44	0.22	0.21	0.19	0.18	0.16	0.14	0.12	0.10	0.07				-0.07	-0.11	-0.16
46	0.22	0.20	0.19	0.17	0.15	0.13	0.11	0.09	0.06				-0.09	-0.13	-0.18
48	0.21	0.20	0.18	0.17	0.15	0.13	0.10	0.08	0.05			-0.06	-0.10	-0.15	-0.20
50	0.21	0.19	0.18	0.16	0.14	0.12	0.10	0.07				-0.07	-0.12	-0.17	-0.23

RH/%	T/℃														
	6	8	10	12	14	16	18	20	22	24	26	28	30	32	34
52	0.20	0.19	0.17	0.16	014	0.11	0.09	0.06				-0.09	-0.14	-0.19	-0.25
54	0.20	0.19	0.17	0.15	0.13	0.11	0.08	0.05			-0.06	-0.10	-0.15	-0.21	-0.27
56	0.20	0.18	0.16	0.15	0.12	0.10	0.07				-0.07	-0.12	-0.17	-0.23	-0.29
58	0.19	0.18	0.16	0.14	0.12	0.09	0.06				-0.09	-0.13	-0.19	-0.24	-0.31
60	0.19	0.17	0.15	0.13	0.11	0.09	0.06			-0.05	-0.10	-0.15	-0.20	-0.26	-0.33
62	0.19	0.17	0.15	0.13	0.10	0.08	0.05			-0.07	-0.11	-0.16	-0.22	-0.28	-0.35
64	0.18	0.16	0.14	0.12	0.10	0.07				-0.08	-0.12	-0.18	-0.24	-0.30	-0.37
66	0.18	0.16	0.14	0.12	0.09	0.06				-0.09	-0.14	-0.19	-0.25	-0.32	-0.39
68	0.18	0.16	0.14	0.11	0.09	0.06			-0.05	-0.10	-0.15	-0.21	-0.27	-0.34	-0.41
70	0.17	0.15	0.13	0.11	0.08	0.05			-0.06	-0.11	-0.16	-0.22	-0.29	-0.36	-0.44
72	0.17	0.15	0.13	0.10	0.07				-0.08	-0.12	-0.18	-0.24	-0.30	-0.38	-0.46
74	0.16	0.14	0.12	0.10	0.07				-0.09	-0.14	-0.19	-0.25	-0.32	-0.40	-0.48
76	0.16	0.14	0.12	0.09	0.06				-0.10	-0.15	-0.20	-0.27	-0.34	-0.41	-0.56
78	0.16	0.14	0.11	0.08	0.05			-0.06	-0.11	-0.16	-0.22	-0.28	-0.35	-0.43	-0.52
80	0.15	0.13	0.11	0.08				-0.07	-0.12	-0.17	-0.23	-0.30	-0.37	-0.45	-0.54
82	0.15	0.13	0.10	0.07				-0.08	-0.13	-0.18	-0.24	-0.31	-0.39	-0.47	-0.56
84	0.15	0.12	0.10	0.07				-0.09	-0.14	-0.20	-0.26	-0.33	-0.40	-0.49	-0.58

表 2-3-24　标准大气条件下羊毛、黏纤及其他纤维的烘干重量修正系数 C(%)

RH/%	T/℃														
	6	8	10	12	14	16	18	20	22	24	26	28	30	32	34
30	0.41	0.39	0.38	0.36	0.34	0.32	0.30	0.27	0.24	0.20	0.17	0.13	0.08		
32	0.40	0.39	0.37	0.35	0.33	0.31	0.28	0.25	0.22	0.18	0.15	0.11	0.05		-0.06
34	0.40	0.38	0.36	0.34	0.32	0.30	0.27	0.24	0.20	0.16	0.12	0.08			-0.10
36	0.39	0.37	0.36	0.34	0.31	0.28	0.26	0.22	0.19	0.15	0.10	0.05		-0.07	-0.13
38	0.38	0.37	0.35	0.33	0.30	0.27	0.24	0.21	0.17	0.13	0.08			-0.10	-0.16
40	0.38	0.36	0.34	0.32	0.29	0.26	0.23	0.19	0.15	0.11	0.06		-0.06	-0.13	-0.20

RH/%	T/°C														
	6	8	10	12	14	16	18	20	22	24	26	28	30	32	34
42	0.37	0.35	0.33	0.31	0.28	0.25	0.21	0.18	0.14	0.09			-0.09	-0.16	-0.24
44	0.36	0.35	0.32	0.30	0.27	0.24	0.20	0.16	0.12	0.07		-0.05	-0.11	-0.19	-0.27
46	0.36	0.34	0.31	0.29	0.26	0.23	0.19	0.15	0.10	0.05		-0.08	-0.14	-0.22	-0.30
48	0.35	0.33	0.30	0.28	0.25	0.21	0.17	0.13	0.08			-0.10	-0.17	-0.25	-0.34
50	0.35	0.32	0.30	0.27	0.24	0.20	0.16	0.12	0.07		-0.08	-0.12	-0.20	-0.28	-0.38
52	0.34	0.32	0.29	0.26	0.23	0.19	0.15	0.10	0.05		-0.08	-0.14	-0.22	-0.32	-0.41
54	0.33	0.31	0.28	0.25	0.22	0.18	0.13	0.09			-0.10	-0.17	-0.25	-0.35	-0.44
56	0.33	0.30	0.27	0.24	0.21	0.17	0.12	0.07		-0.05	-0.12	-0.20	-0.28	-0.38	-0.48
58	0.32	0.30	0.26	0.23	0.20	0.16	0.10	0.06		-0.07	-0.14	-0.22	-0.31	-0.41	-0.52
60	0.32	0.29	0.26	0.22	0.18	0.14	0.09			-0.09	-0.16	-0.25	-0.34	-0.44	-0.55
62	0.31	0.28	0.25	0.22	0.17	0.13	0.08			-0.11	-0.18	-0.27	-0.36	-0.47	-0.58
64	0.30	0.28	0.24	0.21	0.16	0.12	0.06		-0.06	-0.13	-0.21	-0.29	-0.39	-0.50	-0.62
66	0.30	0.27	0.23	0.20	0.15	0.11	0.05		-0.08	-0.15	-0.23	-0.32	-0.42	-0.53	-0.66
68	0.29	0.26	0.22	0.19	0.14	0.10			-0.09	-0.17	-0.25	-0.34	-0.45	-0.56	-0.69
70	0.29	0.25	0.22	0.18	0.13	0.08			-0.11	-0.19	-0.27	-0.37	-0.48	-0.60	-0.72
72	0.28	0.25	0.21	0.17	0.12	0.07		-0.05	-0.12	-0.21	-0.30	-0.39	-0.50	-0.63	-0.76
74	0.27	0.24	0.20	0.16	0.11	0.06		-0.07	-0.14	-0.23	-0.32	-0.42	-0.53	-0.66	-0.80
76	0.27	0.23	0.19	0.15	0.10			-0.08	-0.16	-0.25	-0.34	-0.44	-0.56	-0.69	-0.83
78	0.26	0.22	0.18	0.14	0.09			-0.09	-0.18	-0.27	-0.36	-0.47	-0.59	-0.72	-0.86
80	0.26	0.22	0.18	0.13	0.08			-0.11	-0.20	-0.29	-0.39	-0.49	-0.62	-0.75	-0.90
82	0.25	0.21	0.17	0.12	0.07		-0.06	-0.13	-0.21	-0.31	-0.41	-0.52	-0.64	-0.78	-0.94
84	0.24	0.20	0.16	0.11	0.06		-0.07	-0.14	-0.23	-0.33	-0.43	-0.54	-0.67	-0.82	-0.97

表 2-3-25　各种纤维的常数 a 值

纤维种类	棉、苎麻、亚麻	锦纶、维纶	涤纶、丙纶	羊毛、黏纤及其他纤维
a	0.3	0.1	0	0.5

表 2-3-26　不同温度下送入烘箱空气的饱和水蒸气压力 e 值

温度/℃	e/Pa	温度/℃	e/Pa	温度/℃	e/Pa	温度/℃	e/Pa
3	760	12	1400	21	2480	30	4240
4	810	13	1490	22	2640	31	4490
5	870	14	1600	23	2810	32	4760
6	930	15	1710	24	2990	33	5030
7	1000	16	1810	25	3170	34	5320
8	1070	17	1930	26	3360	35	5630
9	1150	18	2070	27	3560	36	5940
10	1230	19	2200	28	3770	37	6270
11	1310	20	2330	29	4000	38	6620

2. 测湿仪测定法

棉、黏纤、涤纶等纤维及其制品在常态下均含有一定的水分,因此均含有一定的电阻。当对其外加一定的电压,其电阻与含水量有一定的对应关系,由此测得试样的回潮率。

(1)试验条件。应在标准大气条件下进行,若达不到标准大气条件,测试结果需修正。

(2)试验周期。由于快速测湿仪主要用于筒子纱线或绞纱线成包时的回潮率测定,因此按成包需要而定,大批量品种每班试验 2 次,而开台少的品种每班试验 1 次。

(3)试样取样。从各种仓位中任意取出不少于 5 只筒子,使试验具有代表性,每只筒子两端各测 3 点。

(4)试验仪器。电阻测湿仪。

(5)试验方法。以 YG201B 型纱线筒子测试仪为例。

①开电源开关,将仪器预热 5min 以上。仪器放平稳后将绝缘电板放至工作台上,检查表头零位调节钮,校准指示表的指针指向零位。

②回潮率零位调整。将温度和回潮率测量选择开关拨到回潮率"W"档,量程开关拨到"3%~11%"其中一档,然后旋转零位调节钮,使指针与零刻度线重合。

③回潮率满度调整。将量程开关拨到"红线"档,旋转调满旋钮,使指针与满度红线重合。调整完毕,将测湿探头的插头插入测湿仪上方测湿插座中,这时,指针不应偏离刻度线。

④温度调整。将测温探头的插头插入测湿仪的测温插座中,估计测量试样的温度范围。当

试样温度为 7~20℃时,选择"T1"档;当试样温度为 20.5~35℃时,选择"T2"档,旋转调满旋钮,使指针与满刻度线重合。

⑤温度测试。将待测筒子纱放在绝缘垫板上。将测温探头的插针插入待测筒子纱中(图 2-3-9,A 为筒纱小头方向),待指针稳定后记录温度值。第一只筒子温度测试完毕,将测温探头插入第二只待测筒子纱中,每只筒子的温度测试 1 次。

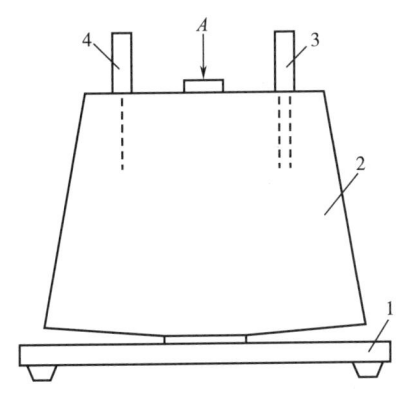
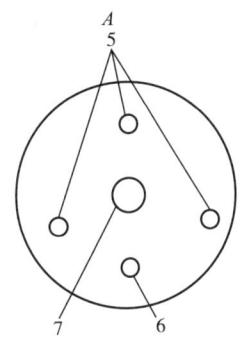

图 2-3-9　筒子测试插针示意图

1—绝缘垫板　2—筒子纱试样　3—测湿探头　4—测温探头　5—测湿点　6—测温点　7—筒管

⑥回潮率测试。将测湿探头的插针,按如图 2-3-9 所示 A 的方向和位置插入待测筒子纱中。拨动回潮率量程开关,使指针在 0~1.0% 之间,量程开关所指数字为回潮率的整数值。表头指针的读数为回潮率的小数值,两者相加即为待测筒子纱的回潮率。

⑦每只待测筒子纱上下两端各测 3 个点,共 6 点,并根据测试结果求出第一只筒子的温度与平均回潮率。测试第二只、第三只,直到全部待测筒子的温度与平均回潮率测试完毕。

⑧待测试样测试完毕后,关闭电源,拔去测温探头和测湿探头。

(6)试验结果。利用 YG201B 型纱线筒子测湿仪测得的回潮率需按使用说明书进行修正。

$$回潮率 = 平均回潮率读数 + 修正系数$$

(十)混纺纱定量化学分析(依据 GB/T 2910—2009)

1. 两组分纤维的化学分析

(1)原理。混纺产品的组分经定性检测后,选择适当的试剂,溶解去除一种组分,将不溶解的纤维烘干、称重,从而计算出各纤维组分的含量。

(2)试验通则

①试剂。所用试剂均为分析纯。如蒸馏水,石油醚(馏程 40~60℃)及有关溶剂等。

②仪器。分析天平(精度0.0002g或以上)、干燥烘箱(105℃±3℃)、玻璃砂芯坩埚(容量30~50mL)、索氏萃取器、恒温水浴锅、真空泵、干燥器及常用化学试验器皿等。

③试样准备。

a. 抽样。应按照有代表性随机取样原则,试样数量要足够试验用。

b. 试样预处理:试样取5g左右,在索氏萃取器中,用石油醚萃取1h,每小时至少循环6次,待石油醚挥发后,将试样浸入冷水中浸泡1h,再在(65±5)℃的水中浸泡1h,水与试样比为100:1,并经常搅拌,然后脱水、晾干。如试样上有非水溶性浆料或树脂等物质不能用石油醚和水萃取掉,则需用不影响纤维组成的方法做特殊处理。

c. 试样制备。将纱线剪成1cm长的线段。如为织物,则先拆成纱线再剪断。每个试样至少两份,每份试样不少于1g。

④试验步骤。

a. 烘干。试样在烘箱(105±3)℃温度下烘4~16h,如干燥时间小于14h,则必须烘至恒重(连续两次称重的差异<0.1%)。试验过程中,试样放在称量瓶内或玻璃砂芯坩埚内同时烘,烘干后要迅速盖上,放入干燥器中冷却、称重,直至恒重。

b. 冷却。冷却时间以试样冷至室温为限(一般不少于2h)。

c. 称重。冷却后,从干燥器中取出称量瓶或玻璃坩埚等,在2min内称完,精确至0.0002g。

d. 测定试样干重时,是按上述烘干、冷却、称重要求重复操作,直到恒重,即为试样的干重。

e. 进行各组分纤维的溶解和分离操作时,最后可用显微镜观察残余物,检查可溶解的纤维是否全被除去。

⑤分析结果的计算。混合物中不溶组分的含量,以其占混合物的质量分数来表示。

a. 以净干质量为基础的计算。

$$P_1 = \frac{m_1 d}{m_0} \times 100\%$$

$$P_2 = 1 - P_1$$

式中:P_1——不溶解纤维的净干质量分数;

　　P_2——溶解纤维的净干质量分数;

　　m_0——试样的干燥质量,g;

　　m_1——剩余不溶解纤维的干燥质量,g;

　　d——不溶纤维的质量变化修正系数。

b. 以净干质量为基础,结合公定回潮率的计算方法。

$$P_m = \frac{P_1(1 + a_1)}{P_1(1 + a_1) + P_2(1 + a_2)} \times 100\%$$

$$P_n = 1 - P_m$$

式中：P_m——结合公定回潮率的不溶纤维含量百分率，%；

P_n——结合公定回潮率的溶解纤维含量百分率，%；

a_1——不溶纤维的公定回潮率，%；

a_2——溶解纤维的公定回潮率，%。

c. 以净干质量为基础，结合公定回潮率、预处理中纤维和非纤维物质损失率的计算方法。

$$P_A = \frac{P_1(1 + a_1 + b_1)}{P_1(1 + a_1 + b_1) + P_2(1 + a_2 + b_2)} \times 100\%$$

$$P_B = 1 - P_A$$

式中：P_A——不溶纤维结合公定回潮率和预处理损失的质量百分率，%；

P_B——溶解纤维结合公定回潮率和预处理损失的质量百分率，%；

b_1——预处理中不溶纤维的损失率和/或不溶解纤维中非纤维物质的去除率，%；

b_2——预处理中溶解纤维的损失率和/或溶纤维中非纤维物质的去除率，%；

若使用特殊处理，b_1 与 b_2 的数值必须从实际中测得，将纯纤维放入测试所用的试剂中测得。一般纯纤维不含有非纤维物质，除非有时在纤维制造中加入或天然伴生的物质。

⑥试验结果。试验结果以两次试验的平均值表示，若两次试验的结果绝对差值大于1%时，应进行第三个试样的试验，并以三次试验的平均值表示。试验结果计算至小数点后两位，修约至小数点后一位（依据 GB 8170）。

（3）各种纤维所采用的试验溶剂和试验方法（表 2-3-27）。

表 2-3-27　各种纤维所采用的试验溶剂和试验方法

方法	混纺产品	主要试验溶剂	d 值	试验方法
丙酮法	醋酯纤维与棉等其他纤维混纺产品	丙酮,馏程为 55~57℃	不溶纤维为 1.00	用丙酮溶解除去醋酯纤维
	醋酯纤维与三醋酯纤维混纺产品	丙酮水溶液 70%（体积比）700mL 用水稀释至 1L	三醋酯纤维为 1.01	用丙酮水溶液把醋酯纤维溶解除去
次氯酸盐法	各种蛋白质纤维与棉等非蛋白纤维混纺产品	次氯酸钠溶液浓度 0.9~1.1mol/L（碘量法标定）;35%有效氯的次氯酸锂溶液 100g 溶于 700mL 水;5g 氢氧化钠溶于 200mL 水,加水至 1L;5mL 冰乙酸加水稀释至 1L	原棉为 1.03 棉、黏胶纤维、莫代尔纤维为 1.01,其他纤维为 1.00	次氯酸钠溶液将蛋白质纤维溶解而分离出非蛋白质纤维

方法	混纺产品	主要试验溶剂	d 值	试验方法
甲酸/氯化锌法	黏胶纤维,铜氨莫代尔纤维或莱赛尔纤维与棉、苎麻、亚麻混纺产品	甲酸/氯化锌溶液:20g 无水氯化锌和 68g 无水甲酸,加水至 100g(试剂有毒,注意保护);20mL 浓氨水(密度 0.880g/mL)加水稀释至 1L	亚麻为 1.07,苎麻为 1.00,40℃下棉为 1.02,70℃下棉为 1.03	用甲酸和氯化锌混合液溶解黏纤、铜氨纤维、莫代尔纤维、莱赛纤维
甲酸法	聚酰胺纤维与棉等其他纤维混纺产品或羊毛与其他动物毛发混合物(羊毛含量超过 25%用次氯酸盐法)	80%(质量比)甲酸溶液(密度 1.186g/mL)浓度应为 77%~83%(质量比),80mL 氨水(密度 0.88g/mL)用水稀释至 1L	不溶纤维为 1.00	用甲酸溶液把聚酰胺纤维溶解除去
苯甲醇法	醋酯纤维与三醋酯纤维混纺产品	苯甲醇、乙醇	三醋酯纤维为 1.00	用苯甲醇把醋酯纤维溶解除去
二氯甲烷法	三醋酯纤维或聚乳酸纤维与棉等其他纤维混纺产品	二氯甲烷(试剂有毒,注意保护)	聚酯纤维为 1.01,其他纤维为 1.00(如三醋酯纤维不完全溶解,则三醋酯纤维的百分含量用 d 修正为 1.02)	用二氯甲烷把三醋酯纤维或聚乳酸纤维溶解除去
硫酸法	纤维素纤维和聚酯纤维混纺产品	75%(质量比)硫酸,浓度为 73%~77%(质量比),80mL 氨水(密度 0.88 g/mL)加水稀释至 1L	聚酯纤维为 1.00	用硫酸把纤维素纤维溶解除去
	蚕丝与羊毛或其他动物毛纤维混纺产品	75%(质量比)硫酸,浓度为 73%~77%(质量比),100mL 浓硫酸(密度 1.84 g/mL)加入 1900mL 水中,200mL 氨水(密度 0.880 g/mL)加水稀释至 1L	不溶纤维为 0.985	用硫酸试剂将蚕丝溶解除去
二甲基甲酰胺法	聚丙烯腈纤维、改性聚丙烯腈纤维、某些含氯纤维、某些弹性纤维与棉等其他纤维混纺产品,用金属络合染色的动物纤维、羊毛和蚕丝	二甲基甲酰胺,沸点为 152~154℃(试剂有毒,注意保护)	聚酰胺纤维、棉、羊毛、聚酯纤维、黏胶纤维、铜氨纤维、莫代尔纤维为 1.01,其他纤维为 1.00	用二甲基甲酰胺把聚丙烯腈纤维、改性聚丙烯腈纤维、某些含氯纤维或某些弹性纤维溶解除去

方法	混纺产品	主要试验溶剂	d 值	试验方法
二硫化碳/丙酮法	含氯纤维和棉等其他纤维混纺产品(羊毛或丝的含量超过 25% 时应用碱性次氯酸钠法,聚酰胺纤维含量超过 25% 应用甲酸法)	二硫化碳和丙酮的共沸混合物:用 555mL 二硫化碳和 445mL 丙酮混合(试剂有毒,注意保护) 乙醇	不溶纤维为 1.00	用二硫化碳和丙酮的共沸混合物把含氯纤维溶解除去
二甲苯法	聚丙烯纤维和棉等其他纤维混纺产品	二甲苯馏程为 137~142℃(试剂有毒,注意保护)	不溶纤维为 1.00	用沸的二甲苯把聚丙烯纤维溶解除去
浓硫酸法	聚氯乙烯纤维和棉等其他纤维混纺产品	浓硫酸密度 1.84g/mL,硫酸溶液浓度 50%(质量比),60mL 氨水(密度 0.880 g/mL)加水稀释至 1L	不溶纤维为 1.00	用浓硫酸把不含氯的其他纤维溶解除去
加热法	纤维素纤维与石棉混纺产品	石油醚馏程为 40~60℃	石棉纤维为 1.02	利用(450±10)℃高温电炉将纤维素纤维烧毁除去
锌酸钠法	黏胶纤维、铜氨纤维或莫代尔纤维与棉的混纺产品	锌酸钠储备溶液:180g 氢氧化钠颗粒溶于 180~200mL 水,加入 80g 氧化锌,加水稀释至 500mL;锌酸钠工作溶液:1 体积锌酸钠储备液加 2 体积水搅拌,24h 内使用;稀乙酸溶液:50mL 冰乙酸加水稀释至 1L;200mL 浓氨水加水稀释至 1L	棉纤维为 1.02	用锌酸钠试剂把黏胶纤维、铜氨纤维或莫代尔纤维溶解除去
冰乙酸法	醋酯纤维与某些含氯纤维或后氯化的含氯纤维的混纺产品	冰乙酸馏程为 117~119℃(试剂有毒,注意保护)	大豆蛋白复合纤维为 1.02,其他纤维为 1.00	用冰乙酸试剂将醋酯纤维溶解除去
含氮量法	黄麻与某些动物纤维的混纺产品	甲苯,甲醇,硫酸(密度 1.84g/mL),硫酸钾,二氧化硒,硫酸(0.01mol/L 标准容量溶液),氢氧化钠 400g/L,硼酸溶液(20g 硼酸溶于 1L 水);混合指示剂:0.1g 溶液溶于 95% 乙醇与 5mL 水的甲基红溶液和 0.5g 溶解于 475mL 乙醇和 25mL 水的溴甲酚绿溶液混合		通过测定混合物的含氮量,计算得出各组分的质量分数
二甲基乙酰胺法	聚氨酯弹性纤维与棉等其他纤维的混纺产品	二甲基乙酰胺(试剂有毒,注意保护)	涤纶为 1.01,其他纤维为 1.00	用二甲基乙酰胺把聚氨酯弹性纤维溶解除去

续表

方法	混纺产品	主要试验溶剂	d 值	试验方法
环己酮法	醋酯纤维、三醋酯纤维、含氯纤维、某些改性聚丙烯腈纤维、某些弹性纤维与棉等其他纤维的混纺产品（也可使用二硫化碳/丙酮法或浓硫酸法分析含氯纤维的混纺产品）	环己酮沸点 156℃（试剂易燃有毒，注意保护），50%（体积比）乙醇溶液	蚕丝为 1.01，聚丙烯腈纤维 0.98，其他纤维为 1.00	用近沸点的环己酮把醋酯纤维、三醋酯纤维、含氯纤维、某些改性聚丙烯腈纤维、某些弹性纤维溶解除去
	聚乙烯纤维和聚丙烯纤维的混纺产品	环己酮沸点 156℃（试剂易燃有毒，注意保护），丙酮	聚乙烯纤维为 1.00	用环己酮把聚丙烯纤维溶解除去
苯酚/四氯乙烷法	聚酯纤维与某些其他纤维的混纺产品	苯酚/四氯乙烷混合液 6:4（质量比）（试剂有毒，注意保护）乙醇	聚丙烯纤维为 1.01，其他纤维为 1.00	用苯酚/四氯乙烷混合试剂把聚酯纤维溶解除去
三氯乙酸/三氯甲烷法	聚酯纤维与某些其他纤维的混纺产品	三氯乙酸/三氯甲烷 1:1（质量比）混合溶液（试剂有毒，注意保护）；三氯乙酸/三氯甲烷洗液：15g 三氯乙酸中加入三氯甲烷直至100g；三氯甲烷	棉纤维为 1.02，亚麻为 1.01，其他纤维为 1.00	用三氯乙烯/三氯甲烷溶液把聚酯纤维溶解除去
热甲酸法	三聚氰胺纤维与棉或芳纶的混纺产品	90%（质量比）甲酸溶液 20℃下密度为 1.204 g/mL，80mL 氨水（密度 0.880 g/mL）用水稀释至 1L	棉纤维和芳纶为 1.02	用 90%热甲酸溶液把三聚氰胺纤维溶解除去
氢氧化钠法	大豆蛋白复合纤维与羊毛、动物纤维或蚕丝的混纺产品	2.5%（质量比）氢氧化钠溶液，5mL 冰乙酸用水稀释至 1L	未漂白大豆蛋白复合纤维为 1.07，漂白大豆蛋白复合纤维为 1.12	用 2.5%氢氧化钠把羊毛、动物纤维或蚕丝溶解除去
硝酸法	大豆蛋白复合纤维与羊毛、动物纤维的混纺产品	5:1（体积比）硝酸溶液（试剂强腐蚀，注意保护），80mL 氨水（密度 0.880g/mL）用水稀释至 1L	不溶纤维为 1.04	用硝酸溶液把大豆蛋白溶解除去
次氯酸钠/盐酸法	大豆蛋白复合纤维与棉、黏胶纤维、莫代尔纤维、聚丙烯腈纤维或聚酯纤维的混纺产品	1mol/L 次氯酸钠溶液，碘量法浓度为（0.9~1.1）mol/L；20%（质量比）盐酸溶液，浓度 19.5%~20.5%；5mL 冰乙酸用水稀释至 1L；80mL 氨水（密度 0.880g/mL）用水稀释至 1L	棉纤维为 1.04，黏胶纤维、莫代尔纤维为 1.01，聚丙烯腈纤维、聚酯纤维为 1.00	用次氯酸钠溶液把大豆蛋白溶解除去

注　1. 以上测试方法可以达到的精确度为置信度 95%，置信界限不超过±1%。
　　2. d 值为不溶纤维的质量变化修正系数。

2. 三组分纤维化学分析

（1）试验原理。混合物的组分经过定性鉴别后,用适当的预处理方法去除非纤维物质,然后使用一个或一个以上的溶解方案,见表2-3-28。除非在技术上有困难,否则最好选择去除含量较多的纤维组分,而使含量较少的纤维组分成为最后的不溶残留物。选择试剂要求试剂仅能将要溶解的纤维去除,而保留下其他纤维。

表2-3-28　不同方案方法

方案	方法
1	取两个试样,第一个试样将组分 a 溶解,第二试样将组分 b 溶解,分别对不容残留物称重,算出每个溶解组分的含量百分率,组分 c 的含量从差值求得
2	取两个试样,第一个试样将组分 a 溶解,第二试样将组分 $(a+b)$ 两种纤维溶解,对第一个试样不溶残留称重,根据溶解失重算出组分 a 的含量百分率,对第二个试样不溶残留物称重,算出组分 c 的含量百分率,第三个组分 b 的含量从差值求得
3	取两个试样,第一个试样将组分 $(a+b)$ 溶解,将第二个组分 $(b+c)$ 溶解,根据各个不溶残留物算出组分 c 的含量百分率和组分 a 的含量百分率,第三个组分 b 的含量从差值求得
4	只取一个试样,将其中一个组分溶解去除,两种不溶残留物称重,根据溶解失重算出溶解组分 a 的含量百分率,再将两种组分残留物中的一种溶解去除,对不溶残留物称重,算出不溶组分 b 的含量百分率,根据溶解失重算出第三个组分 c 的含量百分率

（2）试验通则。

①试剂、仪器、试样准备、试验步骤同两组分。

②分析结果的计算。

a. 净干质量百分率的计算。

方案1:适用于混合物试样,第一块试样去除一个组分,第二块试样去除另一个组分。

$$P_1 = \left[\frac{d_2}{d_1} - d_2 \frac{r_1}{m_1} + \frac{r_2}{m_2}\left(1 - \frac{d_2}{d_1}\right) \right] \times 100\%$$

$$P_2 = \left[\frac{d_4}{d_3} - d_4 \frac{r_2}{m_2} + \frac{r_1}{m_1}\left(1 - \frac{d_4}{d_3}\right) \right] \times 100\%$$

$$P_3 = 1 - (P_1 + P_2)$$

式中: P_1 ——第一组分净干质量百分率(第一个试样溶解在第一种试剂中的组分),%;

P_2 ——第二组分净干质量百分率(第二个试样溶解在第二种试剂中的组分),%;

P_3 ——第三组分净干质量百分率(在两种试剂中都不溶解的组分),%;

m_1——第一个试样预处理后的干燥质量,g;

m_2——第二个试样预处理后的干燥质量,g;

r_1——第一个试样经第一种试剂溶解去除第一个组分后,残留物的干燥质量,g;

r_2——第二个试样经第二种试剂溶解去除第二个组分后,残留物的干燥质量,g;

d_1——质量损失修正系数,第一个试样中不溶的第二组分在第一种试剂中的质量损失;

d_2——质量损失修正系数,第一个试样中不溶的第三组分在第一种试剂中的质量损失;

d_3——质量损失修正系数,第二个试样中不溶的第一组分在第二种试剂中的质量损失;

d_4——质量损失修正系数,第二个试样中不溶的第三组分在第二种试剂中的质量损失。

方案2:适用于从第一个试样中去除组分a,留下残留物为其他两种组分$(b+c)$,第二个试样中去除组分$(a+b)$,留下残留物为第三个组分c。

$$P_1 = 1 - (P_2 + P_3)$$

$$P_2 = \frac{d_1 r_1}{m_1} - \frac{d_1}{d_2} \times P_3$$

$$P_3 = \frac{d_4 r_2}{m_2} \times 100\%$$

式中:P_1——第一组分净干质量百分率(第一个试样溶解在第一种试剂中的组分),%;

P_2——第二组分净干质量百分率(第二个试样在第二种试剂中和第一个组分同时溶解的组分),%;

P_3——第三组分净干质量百分率(在两种试剂中都不溶解的组分),%;

m_1——第一个试样预处理后的干燥质量,g;

m_2——第二个试样预处理后的干燥质量,g;

r_1——第一个试样经第一种试剂溶解去除第一个组分后,残留物的干燥质量,g;

r_2——第二个试样经第二种试剂溶解去除第一、第二个组分后,残留物的干燥质量,g;

d_1——质量损失修正系数,第一个试样中不溶的第二个组分在第一种试剂中的质量损失;

d_2——质量损失修正系数,第一个试样中不溶的第三个组分在第一种试剂中的质量损失;

d_4——质量损失修正系数,第二个试样中不溶的第三个组分在第二种试剂中的质量损失。

方案3:适用于从一个试样中去除两个组分$(a+b)$,留下残留物为第三个组分c,然后从另一个试样中去除组分$(b+c)$,留下残留物为第一个组分a。

$$P_1 = \frac{d_3 r_2}{m_2} \times 100\%$$

$$P_2 = 1 - (P_1 + P_3)$$

$$P_3 = \frac{d_2 r_1}{m_1} \times 100\%$$

式中：P_1——第一组分净干质量百分率（第一个试样溶解在第一种试剂中的组分），%；

$\quad\quad P_2$——第二组分净干质量百分率（第二个试样溶解在第一种试剂中的组分和第二个试样溶解在第二种试剂中的组分），%；

$\quad\quad P_3$——第三组分净干质量百分率（第二个试样在第二种试剂中溶解的组分），%；

$\quad\quad m_1$——第一个试样预处理后的干燥质量，g；

$\quad\quad m_2$——第二个试样预处理后的干燥质量，g；

$\quad\quad r_1$——第一个试样经第一种试剂溶解去除第一、第二个组分后，残留物的干燥质量，g；

$\quad\quad r_2$——第二个试样经第二种试剂溶解去除第二、第三个组分后，残留物的干燥质量，g；

$\quad\quad d_2$——质量损失修正系数，第一个试样中不溶的第三个组分在第一种试剂中的质量损失；

$\quad\quad d_3$——质量损失修正系数，第二个试样中不溶的第一个组分在第二种试剂中的质量损失。

方案4：适用于同一个试样，从混合物中连续溶解去除两种纤维组分。

$$P_1 = 1 - (P_2 + P_3)$$

$$P_2 = \frac{d_1 r_1}{m} \times 100\% - \frac{d_1}{d_2} \times P_3$$

$$P_3 = \frac{d_3 r_2}{m} \times 100\%$$

式中：P_1——第一组分净干质量百分率（第一个溶解的组分），%；

$\quad\quad P_2$——第二组分净干质量百分率（第二个溶解的组分），%；

$\quad\quad P_3$——第三组分净干质量百分率（不溶解的组分），%；

$\quad\quad m$——试样预处理后的干重，g；

$\quad\quad r_1$——经第一种试剂溶解去除第一个组分后，残留物的干重，g；

$\quad\quad r_2$——经第一、第二种试剂溶解去除第一、第二个组分后，残留物的干重，g；

$\quad\quad d_1$——质量损失修正系数，第二组分在第一种试剂中的质量损失；

$\quad\quad d_2$——质量损失修正系数，第三组分在第一种试剂中的质量损失；

$\quad\quad d_3$——质量损失修正系数，第三组分在第一、第二种试剂中的质量损失。

b. 各组分结合公定回潮率修正、预处理中质量损失修正系数的百分率计算。

$$A = 1 + \frac{a_1 + b_1}{100}$$

$$B = 1 + \frac{a_2 + b_2}{100}$$

$$C = 1 + \frac{a_3 + b_3}{m}$$

$$P_{1A} = \frac{P_1 A}{P_1 A + P_2 B + P_3 C} \times 100\%$$

$$P_{2A} = \frac{P_2 A}{P_1 A + P_2 B + P_3 C} \times 100\%$$

$$P_{3A} = \frac{P_3 A}{P_1 A + P_2 B + P_3 C} \times 100\%$$

式中：P_{1A}——第一净干组分结合公定回潮率和预处理中质量损失的百分率，%；

　　　P_{2A}——第二净干组分结合公定回潮率和预处理中质量损失的百分率，%；

　　　P_{3A}——第三净干组分结合公定回潮率和预处理中质量损失的百分率，%；

　　　P_1——第一组分净干质量百分率，%；

　　　P_2——第二组分净干质量百分率，%；

　　　P_3——第三组分净干质量百分率，%；

　　　a_1——第一组分的公定回潮率，%；

　　　a_2——第二组分的公定回潮率，%；

　　　a_3——第三组分的公定回潮率，%；

　　　b_1——第一组分在预处理中质量损失百分率，%；

　　　b_2——第二组分在预处理中质量损失百分率，%；

　　　b_3——第三组分在预处理中质量损失百分率，%。

当采用特殊预处理时，b_1、b_2、b_3的值必须从实际中测得。将纯纤维放入测试所用的试剂中测得。一般纯纤维不含有非纤维物质，除非有时在纤维制造中加入或天然伴生的物质。如待分析的加工材料不是用干净独立的纤维组成的，则从相似的干净的纤维混合物中实际测得b_1、b_2、b_3并取其平均值。

c. 试验结果以两次试验的平均值表示，若两次试验的结果绝对差值大于1%，应进行第三个试样的试验。并以三次试验的平均值表示。试验结果计算至小数点后两位，修约至小数点后一位。

（十一）氨纶产品纤维含量（依据 FZ/T 01095—2002）

1. 试验条件

试样需是能通过手工拆分将氨纶从其他纤维中分离出来的产品或可以选择性溶解一种组分的含氨纶的两组分产品。

2. 试验原理

(1) 拆分法。将氨纶从其他纤维中手工分离出来,然后烘干、冷却、称重,计算其含量百分比。

(2) 化学分析法。两组分产品中的组分经定性鉴定后,选择适当试剂溶解去除一种组分,将不溶解的纤维洗涤、烘干、冷却、称重,计算出各组分的含量百分比。

3. 试验通则

(1) 拆分法。

① 试样准备。

② 将准备好的试样称重。把氨纶从其他纤维中手工分离出来,再称重。分离前后试样质量的差异应不大于 1%。

③ 将分离的试样放入(105±3)℃的烘箱内烘干,冷却后称取氨纶和其他纤维的质量。

④ 计算纤维含量。

a. 净干质量分数计算。

$$P_1 = \frac{m_1}{m_1 + m_2} \times 100\%$$

式中:P_1——第一组分净干质量分数,%;

m_1——第二组分净干质量,g;

m_2——第二组分净干质量,g。

b. 每一组分纤维百分率通过公定回潮率和预处理过程中纤维质量损失的修正系数调整,同两组分计算。

(2) 化学分析法。

① 试验用试剂及仪器、试样准备、试验步骤、分析结果计算同两组分化学分析。氨纶各混纺产品试剂及方法见表 2-3-29。

表 2-3-29 氨纶各混纺产品试剂及方法

混纺产品	试验方法	主要试验溶剂	d 值	试验原理
氨纶与锦纶或维纶混纺产品	盐酸法	20%(质量分数)盐酸,8.8%(体积分数)稀氨水溶液	氨纶为 1.00	用 20%盐酸溶液把锦纶或维纶溶解去除
	硫酸法	40%(质量分数)硫酸(浓度控制在 39%~41%),8.8%(体积分数)稀氨水溶液	氨纶为 1.00	用 40%硫酸溶液把锦纶或维纶溶解去除

混纺产品	试验方法	主要试验溶剂	d 值	试验原理
氨纶与涤纶或丙纶混纺产品	硫酸法	80%(质量分数)硫酸,8.8%(体积分数)稀氨水溶液	涤纶、丙纶为1.00	用80%硫酸溶液在规定条件下使氨纶溶解去除
氨纶与腈纶混纺产品	硫氰酸钾法	20℃,密度为1.3913g/mL的65%(质量分数)硫氰酸钾(试剂有毒,注意防护)	氨纶为1.00	用65%硫氰酸钾溶液在规定条件下使腈纶溶解去除
氨纶与醋酯纤维或三醋酯纤维混纺产品	甲酸法	75%(质量分数)甲酸,8.8%(体积分数)稀氨水溶液	氨纶为1.01	用75%甲酸溶液把醋酯或三醋酯纤维去除
氨纶与醋酯纤维混纺产品	丙酮法	丙酮,馏程55~57℃	氨纶为1.01	用丙酮在规定条件下溶解去除醋酯纤维
氨纶与棉、麻、蚕丝、毛、黏胶纤维、铜氨纤维的混纺产品	二甲基甲酰胺法	99%二甲基甲酰胺(试剂有毒,注意防护)	棉、蚕丝、黏胶纤维为1.00,其他纤维为1.01	用二甲基甲酰胺溶液在规定条件下使氨纶溶解去除

②试验结果。试验结果以两次试验的平均值表示,若两次试验的测试结果的绝对差值大于1%时,应进行第三个试样试验,实验结果以三次试验平均值表示。实验结果计算至小数点后两位,修约至小数点后一位。

七、布样中纱线的检测

(一)机织物中拆下纱线的线密度测定(依据 GB/T 29256.5—2012)

1. 试验条件

按规定的标准大气进行预调湿、调湿和试验。适用于在一定伸直张力下能消除纱线上的卷曲,以及在制造、整理和该方法分析过程中纱线未受到破坏的机织物。

2. 试验原理

从长方形的织物试样中拆下纱线,测定其伸直长度,在标准大气中调湿后测定其质量,或在规定条件下烘干后测定其质量。根据所测得的质量与伸直长度计算线密度。在测定纱线烘干质量时,当加热到105℃,容易引起除水以外的挥发性物质显著损失的样品宜在标准大气压中调湿后测定其质量。

3. 试验取样

在调湿至少 24h 的样品中裁剪 7 块长方形试样,2 块为经向(试样的长度方向沿样品的经向),5 块为纬向(试样的长度方向沿样品的纬向),试样长度最好相同,至少 250mm,宽度至少含有 50 根纱线。

4. 试验仪器

(1)天平,精度 0.001g 及以上。

(2)测定纱线伸直长度装置。

(3)烘箱,具有恒温控制装置,温度可调节为 105℃。

5. 试验方法

(1)分离纱线和测量长度。

①调整伸直长度装置张力,从每个试样中拆下 10 根纱线并测定其伸直长度(精确到 0.5mm)。

②从每个试样中拆下至少 40 根纱线,与同一试样中已测取长度的 10 根形成一组。

(2)称量方法。

①标准大气中调湿和称量。将纱线试样置于试验用的标准大气中平衡 24h,或每隔至少 30min 其重量的递变量不大于 0.1%,称量每组纱线。

②烘干和称量。将试样放在烘箱中加热至 105℃并烘至恒重(连续两次称重的差异不大于 0.1%),称量每组纱线。

(3)股线中单纱线密度的测定。按上述步骤测定股线的线密度值,其结果表示最终线密度值。如果需要各单纱的线密度值(例如单纱线密度不同的股线),先分离股线,将待测组分的单纱留下,然后按上述步骤测定其伸直长度和重量。

6. 试验结果计算和表示

对每个试样计算测定的 10 根纱线,计算平均伸直长度,以经纱线密度平均值和纬纱线密度平均值作为实验结果,保留一位小数。

(1)经纬纱线密度。

①调湿称量计算。

$$\mathrm{Tt_C} = \frac{m_\mathrm{C} \times 1000}{\overline{L} \times N}$$

式中:$\mathrm{Tt_C}$——调湿纱线的线密度,tex;

m_C——调湿纱线的质量,g;

$\bar{L}$——纱线的平均伸直长度,m;

N——称量的纱线根数。

②烘干称量计算。

$$Tt_D = \frac{m_D \times 1000}{\bar{L} \times N}$$

式中:Tt_D——烘干纱线的线密度,tex;

m_D——烘干纱线的质量,g;

$\bar{L}$——纱线的平均伸直长度,m;

N——称量的纱线根数。

③公定回潮率下的纱线线密度。

$$Tt_R = \frac{Tt_D \times (100 + R)}{100}$$

式中:Tt_R——公定回潮率下纱线的线密度,tex;

Tt_D——烘干纱线的线密度,tex;

R——公定回潮率。

(2)股线线密度。

①单纱线密度相同的股线,以单纱的线密度值乘股数来表示。

②单纱线密度不同的股线,以单纱的线密度值相加来表示。

(二)机织物中拆下纱线捻度的测定

1. 试验条件

按规定的标准大气进行调湿和试验。适用于能解捻且拆下纱线不断裂的机织物。

2. 试验原理

将织物中拆下的纱线在一定伸直张力条件下夹紧于两个已知距离的夹钳中,使一个夹钳转动,直到把该段纱线内的捻回退尽为止。根据退去纱线捻度所需转数求得纱线的捻度。

3. 试验取样

从调湿16h及以上的样品中,剪裁6块试样,1块经向试样(其长度方向沿样品的经向),5块分布于样品不同部位的纬向试样(其长度方向沿样品的纬向)。试验根数在各试样之间的分配大致相等。试样长度至少比试验长度长7~8cm,夹持试样过程中不退捻,宽度应满足试验根数。试验长度和试验根数见表2-3-30。

表 2-3-30　试验长度和试验根数

纱线种类	试验根数	试验长度/cm
股线和缆线	20	20
长丝纱	20	20
短纤纱[a,b]	50	2.5

a 在测定长韧皮纤维干纺的原纱(单纱)时,可试验根数 20 根,试验长度用 20cm。

b 对于某些纤维很短的纱线,如棉短绒,可采用 1.0cm 的最小试验长度。

4. 试验仪器

(1)捻度试验仪。

(2)分析针。

(3)放大镜。

(4)衬板。颜色适当,以便于观察纱线退捻。

5. 试验方法

(1)判断捻向。抽出一根纱线并握持两端,使一段(大约 10cm)处于竖直位置,观察纱线捻回的倾斜方向,与字母 S 中间部分一致的为 S 捻,与字母 Z 中间部分一致的是 Z 捻。

(2)测定捻度。

①在不使纱线受到意外伸长和退捻的条件下,将纱线一端从织物中侧向抽出,夹紧于一个夹钳中。使试样受到适当的伸直张力后(表 2-3-31),夹紧另一端,转动旋转夹钳退解捻度。

表 2-3-31　伸直张力

纱线	线密度/tex	伸直张力/cN
棉纱、棉型纱	≤7	0.75×线密度
	>7	(0.2×线密度)+4
毛纱、毛型纱、中长型纱	15~60	(0.2×线密度)+4
	61~300	(0.07×线密度)+12
非变形长丝纱	所有线密度	0.5×线密度

②对于股线、缆线及长丝纱,从移动夹钳钳口插入分析针向旋转夹钳移动,移至钳口捻回退尽。对于短纤纱,使用放大镜及衬板,观察判断捻回退尽与否。记录旋转夹钳的回转数。

③重复上述过程,直至完成规定的试验根数。为便于抽出纱线,可剪去横向纱缨。

④测定股线中长丝纱或单纱及缆线中股线的捻数时,测定完股线或缆线的捻度后,分开各

组分,去除不测的长丝、单纱或股线,对待测的组分测定其捻数。

6. 试验结果计算

经纱和纬纱的平均捻度,保留一位小数。

$$T = \frac{\overline{N}}{L} \times 100$$

式中:T——捻度,捻/m;

$\overline{N}$——回转数的平均值;

L——试验长度,cm。

(三)针织物中拆下纱线线密度的测定

1. 试验条件

按规定的标准大气进行调湿和试验,适用于可拆分并在一定伸直张力下能消除纱线上的卷曲,以及在制造、整理和该方法分析过程中纱线未受到破坏的针织物。

2. 试验原理

从试样中拆下纱线,测定其伸直长度及重量(在标准大气中调湿后的重量或干燥重量)。根据重量与伸直长度计算线密度。

3. 试验取样

把调湿后的试样摊平,不受张力并免除皱褶,从样品中剪裁 2 块以上试样,试样包含至少 50 根纱线,拆下纱线的伸直长度在 50~100cm,尽量保持拆下纱线的伸直长度相同。

4. 试验仪器及工具

(1)天平。精度为 0.0001g。

(2)纱长测试仪。能以适当的张力消除纱线织造造成的卷曲,又不产生额外伸长,测出纱线长度。

(3)通风烘箱。能保持温度(105±2)℃。

(4)钢尺、剪刀、镊子。

5. 试验方法

(1)确定伸直张力。

①未知纱线名义线密度织物。从织物中拆下的纱线的一端,尽可能握住端部以免退捻,夹入纱长测试仪的夹钳中;拆下纱线的另一端,以同样方式夹入夹钳中。加上估计的伸直张力,使两个夹钳分开,直至消除纱线的卷曲,得出伸直长度。按此方法测试 5 根纱线的伸直长度并取平均值,再将 5 根纱线称重,计算出线密度估算值。根据估计值,按表 2-3-31 确定伸直张力。

②已知纱线名义线密度织物。根据纱线的名义线密度,并按照表 2-3-31 确定伸直张力。

(2)测量伸直纱线长度。每块试样测量 10 根纱线的伸直长度(精确至 0.5mm),取其平均值。然后从每块试样中再拆下至少 40 根纱线,与同一试样已测量的 10 根纱线形成一组,已测量的 10 根纱线伸直长度的平均值作为该组纱线的平均伸直长度。

(3)测定重量。同机织物线密度。

6. 试验结果计算

同机织物。

八、检验规则

(一)棉及化纤纯纺、混纺本色纱线(依据 FZ/T 10007—2018)

1. 验收

供需双方在约定期限内,根据产品标准(或协议)对纱线进行验收。验收项目包括产品标准(或协议)中的技术要求(内在和外在质量)和成包净重,收货方在使用中对纱疵和成形外观质量验收。

2. 检验取样

(1)组批。同一原料、工艺、规格与生产批号的产品作为一个检验批,或按合同约定进行组批。

(2)抽样。

①产品标准(或协议)中技术要求各项指标检验取样以均匀、随机为原则,批量在 2t 及以下时,抽一组样本,2t 及以上时加倍抽样。

②筒子纱线每组至少抽 3 包(箱),每包(箱)中均等地抽取筒子作为内在质量验收试样,数量按产品标准(或协议)规定。

③绞纱线每组至少抽 3 个中(大)包,每个中(大)包中采取 6 个小包,每小包抽取小绞作为内在质量验收试样,其试样数量按产品标准(或协议)规定。

④外观质量抽样。按 GB/T 2828.1—2012 标准正常一次抽样,一般检验水平Ⅰ,接收质量限(AQL)为 2.5 规定抽样。

⑤成包净重的检验。2t 以下的取 2 包(箱),2t 及以上的取总包(箱)数的 5%,最多不超过 15 包(箱)。

⑥各验收项目试验次数按相关试验方法或产品标准中的规定执行。

3. 检验评定

（1）验收的项目质量等级按各自产品标准（或协议）要求评定，各考核项目的质量指标均合格，则该批产品质量合格；如有一个考核项目的质量指标不合格，则该批产品质量不合格。

（2）经过热定捻的纱线（定捻温度在40℃及以上），单纱（线）断裂强度按规定的指标减少5%交接验收。

（3）筒子纱线成包净重检验中，回潮率遇有电热烘箱与筒子测湿仪不一致时，以电热烘箱测得的回潮率为准。

（4）烧毛纱线的线密度偏差率范围按相应标准规定的绝对值加大0.5评定品等。

（5）成包净重以公定回潮率时的重量为准。筒子纱线（定重）成包净重允许偏差为-0.2%及以内，绞纱线、筒子纱线（定长）成包净重（去除特克斯系列差异对重量的影响后）允许偏差为-0.5%及以内。

（6）纱疵验收采用从后道产品检验。

①本色布用纱线纱疵检验和处理规定。

a. 检验粗经、粗纬、竹节纱和条干不匀等纱疵。

b. 外观疵点按FZ/T 10006—2017检验，凡粗经、粗纬、竹节纱和条干不匀疵点一处降等的，即作为纱疵降等布。于验布后、修织前进行记录统计。

c. 粗经、粗纬、竹节纱和条干不匀的一次性降等布合计匹数占同一品种全月总检验量的2%以上时，供货方应承担纱疵降等布的降等差价损失。

d. 收货方应认真做好纱疵降等布的记录统计工作。凡日常性少量的纱疵降等，应按期通知供货方；突发性纱疵降等，应及时通知供货方，并保留纱疵降等布，共同分析。

e. 已降为二等及以下的纱线，供货方不再负责纱疵所造成的降等责任。

②针织用纱线纱疵检验和处理规定。

a. 纱疵包括大杂质、大棉结、竹节纱、细纱、粗纱、大结头、飞花附着等。

b. 纱疵检验在针织坯布的布面上进行，计数一定重量布面上的纱疵个数。检验数量与处理办法由供需双方商议决定。

（7）纱线成形外观检验按双方协议执行。

（8）标志、包装按FZ/T 10008—2018执行。

4. 复验规则

（1）交接验收中如有异议，双方可会同进行复验，或委托第三方检验机构进行仲裁检验，复验和仲裁检验均以1次为准。

（2）复验的产品应是同一交货批、同一品种、同一等级的产品，并仅限于交付 6 个月内未经加工或使用的整包(箱)产品。

（3）复验时应保留要求复验数量的全部，且要有原包装，如客户已重新更换包装则不予认可，质量指标的复检最少应保留要求复验数量的 20%，绞纱不得少于 3 整包(中包或大包)，筒子纱不得少于 6 包(箱)。但要求复验成包净重时，则应保留要求复验数量的全部。

（4）供货方接到提请复验的通知后，处理答复时间不得超过两周，否则供货方应承担相应责任。

（5）如因收货方运输或保管不良，以致造成产品质量受到影响或发生变化时，不得提出复验或赔偿的要求。

5. 补充

在纱线或布面上无法发现的质量问题(如错纤维混入)造成后工序等成品大量降等时，经共同分析，确由供货方造成的，应由供货方承担责任，负责后道成品降等差价损失，或双方协商处理。

（二）色纺纱线检验规则(依据 FZ/T 10021—2013)

1. 验收

供货方根据产品检验结果出具产品质量报告，收货方根据该产品的标准或协议核对报告并根据包装标志的内容进行验收。收货方收货因条件限制不能进行验收，应按供货方产品质量报告单收货。

2. 检验取样

（1）产品标准(或协议)中技术要求各项指标检验取样以均匀、随机为原则，批量在 2t 及以下时，筒子纱线至少抽取 3 包(箱)，2t 及以上时加倍。试样按产品标准(或协议)规定取样。

（2）成包净重量 2t 以下的取 2 包(箱)，2t 及以上的取总包(箱)数的 5%，最多不超过 15 包(箱)。

（3）2 包(箱)以下的小批量产品另订协议。

3. 检验项目

（1）按各产品标准的规定执行，凡有合约或协议的产品，按其合约或协议进行。

（2）明显色结、外观检验。

（3）成包净重检验。

（4）标志和包装检验。

4. 检验评定

（1）质量等级按各自产品标准要求评定，如考核项目均质量合格，则该产品质量合格。如有一个考核项目不合格,则该批产品质量不合格。

（2）经过热定捻的纱线（定捻温度在40℃及以上者）,单纱（线）断裂强度按规定的指标减少5%交接验收。

（3）烧毛纱线的线密度偏差率范围按相应标准规定的绝对值加大0.5评定品等。

（4）各类纱线不按生产批验收时,线密度变异系数应按相应标准规定加大0.4评定品等。

（5）成包净重验收以公定回潮率（或标准回潮率）时的质量为准,当实际回潮率超过或不足公定回潮率时,应折算成公定回潮率时的实际质量。筒子纱（线）成包净含量不足规定时,应补偿全部差数。

5. 复验规则

（1）在交接验收中如有异议,双方可会同进行复验,或委托专业检验机构进行仲裁检验,复验和仲裁检验均以1次为准。

（2）要求复验的产品应是同一交货批、同一品种、同一等级的产品,并仅限交付出厂一年内未经加工或使用的整包（箱）产品。

（3）复验时应保留要求复验数量的全部,且要有原包装,如客户已重新更换包装则不予认可,质量指标的复验最少应保留要求复验数量的10%,筒子纱不得少于6包（箱）。但要求复验成包净重时,则应保留要求复验数量的全部。

（4）供货方接到提请复验的通知后,处理答复时间不得超过两周,否则供货方应承担相应责任。

（5）复验所发生的一切费用由责任方承担。

（6）如因收货方运输或保管不良,以致造成产品质量受到影响或发生变化时,不得提出复验或赔偿的要求。

6. 补充

使用过程中发现有影响加工、成品质量的疵点,经协商确由供货方造成,则筒子以个（或kg）为起点供货方予以调换或折价补偿。供货方应主动了解纱线质量对产品质量的影响,收货方应加强分析,及时反映纱疵情况。如纱疵造成产品大量降等时,供货方应承担相应责任。在纱线或布面上无法发现的质量问题（如错纤维混入）造成后工序成品大量降等时,经共同分析,确由供货方造成的应由供货方承担责任,负责后道成品降等差价损失,或双方协商处理。

第三节　质量标准

一、半制品质量标准

(一)清棉工序质量标准(表2-3-32)

表2-3-32　棉卷质量检验项目和控制范围

检验项目	质量控制范围
棉卷重量不匀率/%	棉及棉型黏纤为0.8~1.2
	棉型化纤及中长化纤为0.9~1.3
棉卷伸长率/%	棉为2.5~3.5,涤<1
棉卷横向不匀率/%	棉及棉型黏纤1
	棉型化纤及中长化纤为1
正卷率/%	>99
正卷偏差范围/%	±(1~1.5)
棉卷含杂率/%	按原棉含杂和成纱质量要求确定,一般为0.9~1.6
总除杂率/%	按原棉性能质量要求制定,一般为45~65
总落棉比例/%	一般为原棉含杂率的30~80

(二)梳棉工序质量标准(表2-3-33、表2-3-34)

表2-3-33　生条质量检验项目和控制范围

检验项目	质量控制范围
定量偏差/%	≤±2.0(带自调匀整)
生条重量不匀率/%	无自调匀整:4.0以下;有自调匀整:1.5~2.5
精梳条 AFIS(12.7mm) 短绒率/%	重量含量:优秀5,较好6.5,一般8.5,较差10,差12 根数含量:优秀17,较好21,一般24,较差28,差31
生条短绒增长率/%	生条短绒增长率比棉卷短绒率增加2~6 清梳联短绒增长率:开清棉≤1,梳棉≤5
精梳条 AFIS 棉结/(粒/g)	优秀35,较好50,一般65,较差80,差120

续表

检验项目	质量控制范围
生条条干不匀率/%	萨氏条干:14~20;乌斯特条干:5 以下,无机械波
生条含杂率/%	0.15 以下
落棉率/%	根据棉卷含杂和成纱质量要求确定,应兼顾用棉量,一般为 4.5~7.5
棉网质量(清晰度)	一级网 90%,三级网不允许

表 2-3-34　棉网质量评级依据

棉网等级	评级依据
一级	棉网很清晰,无下列疵点:破边、破洞、挂花、棉球、淡云斑
二级	棉网清晰,但有下列疵点:淡云斑,挂花时有出现,稍有破边,道夫一转有两处直径在 2cm 以内的小破洞,有一处直径在 2cm 以内的小破洞并兼有淡云斑
三级	棉网不清晰,有下列严重疵点:严重云斑,连续出现挂花,严重破边,道夫一转有一处直径在 5cm 以上的大破洞,有两处直径为 2~5cm 的小破洞,有三处直径为 2cm 及以内的小破洞,有 1~2 处直径为 2cm 以内的小破洞并兼有淡云斑

注　棉网质量一般分为三级,优质棉网定为一级,良好棉网定为二级,差棉网定为三级。

(三)精梳工序质量标准(表 2-3-35)

表 2-3-35　精梳工序质量检验项目和控制范围

检验项目	控制范围
小卷重量不匀率/%	0.9~1.1
小卷外观质量	棉条排列伸直平行,无粘卷
精梳条重量不匀率/%	<1.0
精梳条 AFIS(12.7mm) 短绒率/%	重量含量:优秀 2,较好 3,一般 4.5,较差 6,差 8 根数含量:优秀 5,较好 8,一般 10,较差 13,差 18
精梳条 AFIS 棉结/(粒/g)	优秀 15,较好 20,一般 30,较差 40,差 65
精梳条条干/%	萨氏条干:<18,乌斯特条干:<3.8,无机械波
落棉率/%	根据小卷含短绒和成纱质量要求定,同时兼顾用棉量,一般 13~23

(四)并条工序质量标准(表2-3-36)

表2-3-36　并条质量控制项目及参考范围

控制项目	参考范围
末并及化纤纯并重量不匀率/%	无自调匀整:纯棉普梳<1.0,纯棉精梳<0.8,化纤或混纺纱<0.8 带自调匀整:<0.5
条干不匀率/%	萨氏条干:<18;乌斯特条干:<3.0,无机械波
末并及化纤纯并重量偏差/%	±1.0

(五)粗纱工序质量标准(表2-3-37)

表2-3-37　粗纱质量控制参考指标

纺纱类别		萨氏条干/%	乌斯特条干/%	重量不匀率/%	伸长率/%	捻度/(捻/10cm)
普梳纱	粗	40	6.1~8.7	1.1	1.5~2.5	以设计捻度为标准,在生产、运输、退绕过程中不产生意外伸长为宜
	中	35	6.5~9.1	1.1	1.5~2.5	
	细	30	6.9~9.5	1.1	1.5~2.5	
精梳纱		25	4.5~6.8	1.3	1.5~2.5	
化纤混纺纱		25	4.5~6.8	1.2	-0.5~+1.5	

二、成品质量标准

(一)关于产品质量标准的说明

1. 条干均匀度

一般均列有黑板条干和条干均匀度变异系数,两种中任选一种,作为交货依据,一经确定,不得任意变更。发生质量争议时,以条干均匀度变异系数为准。

2. 万米纱疵

在大多数产品技术要求中仅作为优等、一等纱的考核用,技术要求中的数值为(A3+B3+C3+D2)九档纱疵。

3. 毛羽指数

在大多数产品技术要求中仅作为优等、一等纱的考核用。检验单纱(线)毛羽指标时,可选用毛羽指数 H 值或2mm毛羽指数两者中的任何一种,但供需双方一经确定,不得任意变更。当发生争议时,以2mm毛羽指数为准。

4. 产品质量等级

分为优等品、一等品、二等品,低于二等品为等外品,产品等级根据不同的产品的规格,以考核项目的最低一项进行评等。

(二)本色纱线

1. 纯棉纱线

(1)棉本色纱线标准(GB/T 398—2018)。

①普梳棉本色纱的技术要求(表2-3-38)。

表2-3-38　普梳棉本色纱技术要求

公称线密度/ tex	等级	线密度 偏差率/%	线密度变 异系数/% ≤	单纱断裂 强度/ (cN/tex) ≥	单纱断裂 强力变异 系数/% ≤	条干均匀 度变异 系数/% ≤	千米棉结 (+200%)/ (个/km) ≤	十万米纱疵/ (个/10^5m) ≤
8.1~11.0	优	±2.0	2.2	15.6	9.5	16.5	560	10
	一	±2.5	3.0	13.6	12.5	19.0	980	30
	二	±3.5	4.0	10.6	15.5	22.0	1300	—
11.1~13.0	优	±2.0	2.2	15.8	9.5	16.5	560	10
	一	±2.5	3.0	13.8	12.5	19.0	980	30
	二	±3.5	4.0	10.8	15.5	22.0	1300	—
13.1~16.0	优	±2.0	2.2	16.0	9.5	16.0	460	10
	一	±2.5	3.0	14.0	12.5	18.5	820	30
	二	±3.5	4.0	11.0	15.5	21.5	1090	—
16.1~20.0	优	±2.0	2.2	16.4	8.5	15.0	330	10
	一	±2.5	3.0	14.4	11.5	17.5	530	30
	二	±3.5	4.0	11.4	14.5	20.5	710	—
20.1~30.0	优	±2.0	2.2	16.8	8.0	14.5	260	10
	一	±2.5	3.0	14.8	11.0	17.0	320	30
	二	±3.5	4.0	11.8	14.0	20.0	370	—
30.1~37.0	优	±2.0	2.2	16.5	8.0	14.0	170	10
	一	±2.5	3.0	14.5	11.0	16.5	220	30
	二	±3.5	4.0	11.5	14.0	19.5	290	—

续表

公称线密度/tex	等级	线密度偏差率/%	线密度变异系数/% ≤	单纱断裂强度/（cN/tex）≥	单纱断裂强力变异系数/% ≤	条干均匀度变异系数/% ≤	千米棉结（+200%）/（个/km）≤	十万米纱疵/（个/10^5m）≤
37.1~60.0	优	±2.0	2.2	16.5	7.0	13.5	70	10
	一	±2.5	3.0	14.5	10.5	15.5	130	30
	二	±3.5	4.0	11.5	13.5	18.5	200	—
60.1~85.0	优	±2.0	2.2	16.0	7.0	13.0	70	10
	一	±2.5	3.0	14.0	10.0	15.5	130	30
	二	±3.5	4.0	11.0	13.0	18.5	200	—
85.1 及以上	优	±2.0	2.2	15.6	6.5	12.0	70	10
	一	±2.5	3.0	13.6	9.5	14.5	130	30
	二	±3.5	4.0	10.6	12.5	17.5	200	—

②普梳棉本色股线的技术要求（表2-3-39）。

表2-3-39　普梳棉本色股线技术要求

公称线密度/tex	等级	线密度偏差率/%	线密度变异系数/% ≤	单线断裂强度/（cN/tex）≥	单线断裂强力变异系数/% ≤	捻度变异系数/% ≤
(8.1×2)~(11.0×2)	优	±2.0	1.5	16.6	7.5	5.0
	一	±2.5	2.5	14.6	10.5	6.0
	二	±3.5	3.5	11.6	13.5	—
(11.1×2)~(20.0×2)	优	±2.0	1.5	17.0	7.0	5.0
	一	±2.5	2.5	15.0	10.0	6.0
	二	±3.5	3.5	12.0	13.0	—
(20.1×2)~(30.0×2)	优	±2.0	1.5	17.6	7.0	5.0
	一	±2.5	2.5	15.6	10.0	6.0
	二	±3.5	3.5	12.6	13.0	—
(30.1×2)~(60.0×2)	优	±2.0	1.5	17.4	6.5	5.0
	一	±2.5	2.5	15.4	9.5	6.0
	二	±3.5	3.5	12.4	12.5	—

续表

公称线密度/ tex	等级	线密度 偏差率/%	线密度变异 系数/% ≤	单线断裂 强度/（cN/tex） ≥	单线断裂强力 变异系数/% ≤	捻度变异 系数/% ≤
(60.1×2)~(85.0×2)	优	±2.0	1.5	16.8	6.0	5.0
	一	±2.5	2.5	14.8	9.0	6.0
	二	±3.5	3.5	11.8	12.0	
(8.1×3)~(11.0×3)	优	±2.0	1.5	17.2	5.5	5.0
	一	±2.5	2.5	15.2	8.5	6.0
	二	±3.5	3.5	12.2	11.5	—
(11.1×3)~(20.0×3)	优	±2.0	1.5	17.6	5.0	5.0
	一	±2.5	2.5	15.6	8.0	6.0
	二	±3.5	3.5	12.6	11.0	—
(20.1×3)~(30.0×3)	优	±2.0	1.5	18.2	4.5	5.0
	一	±2.5	2.5	16.2	7.5	6.0
	二	±3.5	3.5	13.2	11.0	

③精梳棉本色纱的技术要求（表2-3-40）。

表2-3-40 精梳棉本色纱技术要求

公称线密度/ tex	等级	线密度 偏差率/%	线密度变 异系数/% ≤	单纱断裂 强度/ （cN/tex） ≥	单纱断裂 强力变异 系数/% ≤	条干均匀 度变异 系数/% ≤	千米棉结 （+200%）/ （个/km） ≤	十万米纱疵/ （个/10^5m） ≤
4.1~5.0	优	±2.0	2.0	18.6	12.0	16.5	160	5
	一	±2.5	3.0	15.6	14.5	19.0	250	20
	二	±3.5	4.0	12.6	17.5	22.0	400	—
5.1~6.0	优	±2.0	2.0	18.6	11.5	16.5	200	5
	一	±2.5	3.0	15.6	14.0	19.0	340	20
	二	±3.5	4.0	12.6	17.0	22.0	470	—
6.1~7.0	优	±2.0	2.0	19.8	11.0	15.0	200	5
	一	±2.5	3.0	16.8	13.5	17.5	340	20
	二	±3.5	4.0	13.8	16.5	20.5	480	—

续表

公称线密度/ tex	等级	线密度 偏差率/%	线密度变 异系数/% ≤	单纱断裂 强度/ (cN/tex) ≥	单纱断裂 强力变异 系数/% ≤	条干均匀 度变异 系数/% ≤	千米棉结 (+200%)/ (个/km) ≤	十万米纱疵/ (个/10⁵m) ≤
7.1~8.0	优	±2.0	2.0	19.8	10.5	14.5	180	5
	一	±2.5	3.0	16.8	13.0	17.0	300	20
	二	±3.5	4.0	13.8	16.0	20.0	420	—
8.1~11.0	优	±2.0	2.0	18.0	9.5	14.5	140	5
	一	±2.5	3.0	16.0	12.0	17.0	260	20
	二	±3.5	4.0	13.0	15.0	19.5	380	—
11.1~13.0	优	±2.0	2.0	17.2	8.5	14.0	100	5
	一	±2.5	3.0	15.2	11.5	16.0	180	20
	二	±3.5	4.0	13.2	14.0	18.5	260	—
13.1~16.0	优	±2.0	2.0	16.6	8.0	13.0	55	5
	一	±2.5	3.0	14.6	10.5	15.0	85	20
	二	±3.5	4.0	12.6	13.5	17.0	110	—
16.1~20.0	优	±2.0	2.0	16.6	7.5	13.0	40	5
	一	±2.5	3.0	14.6	10.0	15.0	70	20
	二	±3.5	4.0	12.6	13.0	17.0	100	—
20.1~30.0	优	±2.0	2.0	17.0	7.0	12.5	40	5
	一	±2.5	3.0	15.0	9.5	14.5	70	20
	二	±3.5	4.0	13.0	12.5	16.5	100	—
30.1~36.0	优	±2.0	2.0	17.0	6.5	12.0	30	5
	一	±2.5	3.0	15.0	9.0	14.0	60	20
	二	±3.5	4.0	13.0	12.0	16.0	90	

④精梳棉本色股线的技术要求(表2-3-41)。

表 2-3-41　精梳棉本色股线技术要求

公称线密度/tex	等级	线密度偏差率/%	线密度变异系数/% ≤	单线断裂强度/(cN/tex) ≥	单线断裂强力变异系数/% ≤	捻度变异系数/% ≤
(4.1×2)~(5.0×2)	优	±2.0	1.5	19.8	9.0	5.0
	一	±2.5	2.5	16.8	11.5	6.0
	二	±3.5	3.5	13.8	14.0	—
(5.1×2)~(6.0×2)	优	±2.0	1.5	19.8	8.5	5.0
	一	±2.5	2.5	16.8	11.0	6.0
	二	±3.5	3.5	13.8	13.5	—
(6.1×2)~(8.0×2)	优	±2.0	1.5	20.6	8.0	5.0
	一	±2.5	2.5	17.6	10.5	6.0
	二	±3.5	3.5	14.6	13.0	—
(8.1×2)~(11.0×2)	优	±2.0	1.5	19.2	7.5	5.0
	一	±2.5	2.5	17.2	10.0	6.0
	二	±3.5	3.5	14.2	12.5	—
(11.1×2)~(20.0×2)	优	±2.0	1.5	17.8	7.0	5.0
	一	±2.5	2.5	15.8	9.5	6.0
	二	±3.5	3.5	13.8	12.0	—
(20.1×2)~(36.0×2)	优	±2.0	1.5	17.8	6.5	5.0
	一	±2.5	2.5	15.8	9.0	6.0
	二	±3.5	3.5	13.8	11.5	—
(4.1×3)~(5.0×3)	优	±2.0	1.5	20.6	6.5	5.0
	一	±2.5	2.5	17.6	9.0	6.0
	二	±3.5	3.5	14.6	11.5	—
(5.1×3)~(6.0×3)	优	±2.0	1.5	20.6	6.5	5.0
	一	±2.5	2.5	17.6	9.0	6.0
	二	±3.5	3.5	14.6	11.5	—
(6.1×3)~(8.0×3)	优	±2.0	1.5	21.4	6.0	5.0
	一	±2.5	2.5	18.4	8.5	6.0
	二	±3.5	3.5	15.4	11.0	—

续表

公称线密度/tex	等级	线密度偏差率/%	线密度变异系数/%≤	单线断裂强度/(cN/tex)≥	单线断裂强力变异系数/%≤	捻度变异系数/%≤
(8.1×3)~(11.0×3)	优	±2.0	1.5	20.0	5.5	5.0
	一	±2.5	2.5	18.0	8.0	6.0
	二	±3.5	3.5	15.0	10.5	—
(11.1×3)~(20.0×3)	优	±2.0	1.5	18.6	5.0	5.0
	一	±2.5	2.5	16.6	7.5	6.0
	二	±3.5	3.5	14.6	10.0	—
(20.1×3)~(36.0×3)	优	±2.0	1.5	18.6	4.5	5.0
	一	±2.5	2.5	16.6	7.0	6.0
	二	±3.5	3.5	14.6	9.5	—

（2）精梳棉本色紧密纺纱线（FZ/T 12018—2019）。

①紧密纺精梳棉本色纱的技术要求（表2-3-42）。

表2-3-42 紧密纺精梳棉本色纱技术要求

公称线密度/tex	等级	线密度偏差率/%	线密度变异系数/%≤	单纱断裂强度/(cN/tex)≥	单纱断裂强力变异系数/%≤	条干均匀度变异系数/%≤	千米粗结（+50%）/（个/km）≤	千米棉结（+200%）/（个/km）≤	十万米纱疵/（个/10^5m）≤	毛羽指数	
										H值≤	2mm/（根/10m）≤
4.1~5.0	优	±2.0	1.5	20.0	12.5	17.0	180	220	5	2.3	120
	一	±2.5	2.5	17.0	15.0	19.0	240	280	10	2.7	150
	二	±3.0	3.5	14.5	18.0	21.0	380	410	—	—	—
5.1~6.0	优	±2.0	1.5	20.5	12.0	17.0	140	150	5	2.5	120
	一	±2.5	2.5	17.5	14.5	19.0	220	260	10	2.8	150
	二	±3.0	3.5	15.0	17.5	21.0	300	320	—	—	—
6.1~7.0	优	±2.0	1.5	21.5	11.0	16.0	100	120	5	2.6	120
	一	±2.5	2.5	18.5	13.5	18.0	170	210	10	3.0	150
	二	±3.0	3.5	15.5	16.5	20.0	220	250	—	—	—

续表

公称线密度/tex	等级	线密度偏差率/%	线密度变异系数/% ≤	单纱断裂强度/(cN/tex) ≥	单纱断裂强力变异系数/% ≤	条干均匀度变异系数/% ≤	千米粗结(+50%)/(个/km) ≤	千米棉结(+200%)/(个/km) ≤	十万米纱疵/(个/10^5m) ≤	毛羽指数 H值 ≤	毛羽指数 2mm/(根/10m) ≤
7.1~8.0	优	±2.0	1.5	21.5	10.5	15.0	50	90	5	2.8	130
	一	±2.5	2.5	18.5	13.0	16.5	100	170	10	3.2	160
	二	±3.0	3.5	15.5	16.0	18.5	150	210	—	—	—
8.1~11.0	优	±2.0	1.5	22.0	9.5	14.0	30	60	5	3.0	140
	一	±2.5	2.5	19.0	12.5	15.5	70	120	10	3.4	170
	二	±3.0	3.5	16.0	15.5	17.5	120	180	—	—	—
11.1~13.0	优	±2.0	1.5	20.5	8.5	13.0	20	50	3	3.4	150
	一	±2.5	2.5	18.0	11.5	14.5	60	110	8	3.8	180
	二	±3.0	3.5	15.5	14.5	16.5	110	160	—	—	—
13.1~16.0	优	±2.0	1.5	19.0	7.5	12.5	20	40	3	3.6	190
	一	±2.5	2.5	17.0	10.5	14.0	50	100	8	4.3	220
	二	±3.0	3.5	15.0	13.5	15.5	90	150	—	—	—
16.1~20.0	优	±2.0	1.5	18.5	7.0	12.0	15	30	3	3.8	200
	一	±2.5	2.5	16.5	10.0	13.5	35	70	8	4.5	230
	二	±3.0	3.5	14.5	13.0	15.0	70	110	—	—	—
20.1~30.0	优	±2.0	1.5	18.0	7.0	11.5	10	25	3	4.2	210
	一	±2.5	2.5	16.0	10.0	13.0	20	50	8	5.0	240
	二	±3.0	3.5	14.0	13.0	14.5	50	90	—	—	—
30.1~36.0	优	±2.0	1.5	17.5	6.5	11.0	10	20	3	4.6	230
	一	±2.5	2.5	15.5	9.5	12.5	25	40	8	5.2	270
	二	±3.0	3.5	13.5	12.5	14.0	45	80	—	—	—
36.1~60.0	优	±2.0	1.5	17.0	6.5	10.5	8	15	3	4.8	260
	一	±2.5	2.5	15.0	9.5	12.0	25	30	8	5.4	300
	二	±3.0	3.5	13.0	12.5	13.5	40	50	—	—	—

注　针织用单纱断裂强度降低0.5cN/tex。

②紧密纺精梳棉本色线的技术要求（表2-3-43）。

表2-3-43　紧密纺精梳棉本色线技术要求

公称线密度/tex	等级	线密度偏差率/%	线密度变异系数/% ≤	单线断裂强度/(cN/tex) ≥	单线断裂强力变异系数/% ≤	条干均匀度变异系数/% ≤	千米粗结(+50%)/(个/km) ≤	千米棉结(+200%)/(个/km) ≤	十万米纱疵/(个/10⁵m) ≤	毛羽指数	
										H值 ≤	2mm/(根/10m) ≤
(4.1×2)~(5.0×2)	优	±2.0	1.5	22.0	9.0	13.0	20	50	3	3.2	150
	一	±2.5	2.5	19.0	11.0	15.0	40	80	8	3.4	180
	二	±3.0	3.5	16.0	13.0	17.0	60	100	—	—	—
(5.1×2)~(6.0×2)	优	±2.0	1.5	22.5	8.5	12.5	15	40	3	3.7	160
	一	±2.5	2.5	19.5	11.0	14.5	35	60	8	4.1	190
	二	±3.0	3.5	16.5	13.0	16.5	55	75	—	—	—
(6.1×2)~(7.0×2)	优	±2.0	1.5	23.5	8.0	11.5	9	20	3	3.8	160
	一	±2.5	2.5	20.5	10.0	13.5	30	45	8	4.2	190
	二	±3.0	3.5	17.0	12.0	16.0	45	65	—	—	—
(7.1×2)~(8.0×2)	优	±2.0	1.5	23.5	7.5	11.0	6	20	3	4.0	170
	一	±2.5	2.5	20.5	9.0	13.5	25	40	8	4.8	200
	二	±3.0	3.5	17.0	11.0	15.5	40	60	—	—	—
(8.1×2)~(11.0×2)	优	±2.0	1.5	24.0	7.0	10.5	5	15	3	4.0	180
	一	±2.5	2.5	21.0	8.5	12.5	23	35	8	4.4	210
	二	±3.0	3.5	17.5	10.5	15.0	38	55	—	—	—
(11.1×2)~(13.0×2)	优	±2.0	1.5	22.0	6.5	10.0	4	12	3	4.2	210
	一	±2.5	2.5	19.0	8.5	12.0	20	30	8	4.6	240
	二	±3.0	3.5	16.0	10.0	14.5	35	50	—	—	—
(13.1×2)~(20.0×2)	优	±2.0	1.5	21.0	6.0	9.5	3	12	3	4.4	230
	一	±2.5	2.5	18.5	8.0	11.5	18	30	8	4.8	260
	二	±3.0	3.5	16.0	10.0	14.0	32	50	—	—	—
(20.1×2)~(24.0×2)	优	±2.0	1.5	20.5	6.0	8.5	2	10	3	4.6	250
	一	±2.5	2.5	18.0	8.0	10.5	15	25	8	5.2	280
	二	±3.0	3.5	15.5	10.0	13.0	30	40	—	—	—

注　针织用单线断裂强度降低0.5cN/tex。

（3）棉本色强捻纱（FZ/T 12037—2013）。本标准适用于实际捻系数大于430的纱。

①普梳棉强捻纱技术要求（表2-3-44）。

表2-3-44 普梳棉强捻纱技术要求

公称线密度/tex	等级	线密度偏差率/%	线密度变异系数/% ≤	单纱断裂强度/(cN/tex) ≥	单纱断裂强力变异系数/% ≤	条干均匀度变异系数/% ≤	捻度偏差率/%	捻度变异系数/% ≤	十万米纱疵/(个/10⁵m) ≤
11.1~13.0	优	±2.0	2.0	14.3	11.0	16.5	±3.0	4.5	10
	一	±2.5	3.5	12.3	14.0	19.0	±5.0	6.5	30
	二	±3.5	4.5	9.8	16.5	22.0	±7.0	7.5	—
13.1~16.0	优	±2.0	2.0	14.5	10.5	16.0	±3.0	4.5	10
	一	±2.5	3.5	12.5	13.5	18.5	±5.0	6.5	30
	二	±3.5	4.5	10.0	16.0	21.5	±7.0	7.5	—
16.1~20.0	优	±2.0	2.0	14.5	10.0	15.5	±3.0	4.5	10
	一	±2.5	3.5	12.5	13.0	18.0	±5.0	6.5	30
	二	±3.5	4.5	10.0	15.5	21.0	±7.0	7.5	—
20.1~31.0	优	±2.0	2.0	14.7	9.5	14.5	±3.0	4.5	10
	一	±2.5	3.5	12.7	12.5	17.0	±5.0	6.5	30
	二	±3.5	4.5	10.2	15.0	20.0	±7.0	7.5	—
31.1~37.0	优	±2.0	2.0	14.5	9.0	14.0	±3.0	4.5	10
	一	±2.5	3.5	12.5	12.0	16.5	±5.0	6.5	30
	二	±3.5	4.5	10.0	14.5	19.5	±7.0	7.5	—
37.1~97.0	优	±2.0	2.0	14.3	8.5	13.5	±3.0	4.5	10
	一	±2.5	3.5	12.3	11.5	16.0	±5.0	6.5	30
	二	±3.5	4.5	9.8	14.0	19.0	±7.0	7.5	—

②精梳棉强捻纱技术要求（表2-3-45）。

表2-3-45 精梳棉强捻纱技术要求

公称线密度/tex	等级	线密度偏差率/%	线密度变异系数/% ≤	单纱断裂强度/(cN/tex) ≥	单纱断裂强力变异系数/% ≤	条干均匀度变异系数/% ≤	千米棉结(+200%)/(个/km) ≤	捻度偏差率/%	捻度变异系数/% ≤	十万米纱疵/(个/10⁵m) ≤
4.8~6.0	优	±2.0	2.0	20.0	12.0	16.0	220	±3.0	4.0	5
	一	±2.5	3.0	18.0	14.5	18.5	460	±5.0	6.0	20
	二	±3.0	4.0	15.0	17.5	21.5	620	±7.0	7.0	—

公称线密度/tex	等级	线密度偏差率/%	线密度变异系数/% ≤	单纱断裂强度/(cN/tex) ≥	单纱断裂强力变异系数/% ≤	条干均匀度变异系数/% ≤	千米棉结(+200%)/(个/km) ≤	捻度偏差率/%	捻度变异系数/% ≤	十万米纱疵/(个/10⁵m) ≤
6.1~7.0	优	±2.0	2.0	17.5	11.5	15.5	200	±3.0	4.0	5
	一	±2.5	3.0	15.5	14.0	18.0	450	±5.0	6.0	20
	二	±3.0	4.0	12.5	17.0	21.0	600	±7.0	7.0	—
7.1~8.0	优	±2.0	2.0	17.5	11.0	15.0	180	±3.0	4.0	5
	一	±2.5	3.0	15.5	13.5	17.5	400	±5.0	6.0	20
	二	±3.0	4.0	12.5	16.5	20.5	550	±7.0	7.0	—
8.1~11.0	优	±2.0	2.0	16.5	10.0	14.5	100	±3.0	4.0	5
	一	±2.5	3.0	14.5	13.0	17.0	300	±5.0	6.0	20
	二	±3.0	4.0	11.5	16.0	19.5	500	±7.0	7.0	—
11.1~13.0	优	±2.0	2.0	16.0	9.0	14.0	80	±3.0	4.0	5
	一	±2.5	3.0	14.0	12.0	16.0	250	±5.0	6.0	20
	二	±3.0	4.0	11.0	15.0	18.5	450	±7.0	7.0	—
13.1~16.0	优	±2.0	2.0	15.5	8.5	13.5	70	±3.0	4.0	5
	一	±2.5	3.0	13.5	11.5	15.5	200	±5.0	6.0	20
	二	±3.0	4.0	10.5	14.5	18.0	300	±7.0	7.0	—
16.1~20.0	优	±2.0	2.0	15.0	8.0	13.0	60	±3.0	4.0	5
	一	±2.5	3.0	13.0	11.0	15.0	150	±5.0	6.0	20
	二	±3.0	4.0	10.0	14.0	17.5	200	±7.0	7.0	—
20.1~30.0	优	±2.0	2.0	15.0	7.5	12.5	40	±3.0	4.0	5
	一	±2.5	3.0	13.0	10.5	14.5	100	±5.0	6.0	20
	二	±3.0	4.0	10.0	13.5	17.0	150	±7.0	7.0	—
31.1~37.0	优	±2.0	2.0	15.0	7.0	12.0	30	±3.0	4.0	5
	一	±2.5	3.0	13.0	10.0	14.0	80	±5.0	6.0	20
	二	±3.0	4.0	10.0	13.0	16.5	120	±7.0	7.0	—

2. 纤维素纤维纯纺及混纺纱线

（1）黏胶纤维本色纱线（FZ/T 12003—2014）。

①普通环锭纺、赛络纺黏胶纤维本色纱技术要求(表2-3-46)。

表2-3-46　普通环锭纺、赛络纺黏胶纤维本色纱技术要求

公称线密度/tex	等级	单纱断裂强力变异系数/%　≤	线密度变异系数/%　≤	单纱断裂强度/(cN/tex)　≥	线密度偏差率/%	条干均匀度变异系数/%　≤	千米棉结(+200%)/(个/km)　≤	十万米纱疵/(个/10⁵m)　≤
6.1~8.0	优	11.0	1.5	11.6	±2.0	15.0	180	15
	一	14.0	2.5	10.6	±2.5	17.0	300	25
	二	17.5	3.5	9.6	±3.0	20.0	500	—
8.1~11.0	优	10.5	1.5	12.0	±2.0	14.5	140	15
	一	13.5	2.5	11.0	±2.5	16.5	240	25
	二	17.0	3.5	10.0	±3.0	19.0	400	—
11.1~13.0	优	10.0	1.5	12.4	±2.0	14.0	110	15
	一	13.0	2.5	11.4	±2.5	15.5	190	25
	二	16.5	3.5	10.4	±3.0	18.0	330	—
13.1~16.0	优	10.0	1.5	12.8	±2.0	13.5	90	15
	一	12.5	2.5	11.8	±2.5	15.0	160	25
	二	16.0	3.5	10.8	±3.0	17.5	280	—
16.1~20.0	优	9.5	1.5	13.2	±2.0	13.0	70	15
	一	12.0	2.5	12.2	±2.5	14.5	130	25
	二	15.5	3.5	11.2	±3.0	17.0	230	—
20.1~24.0	优	9.5	1.5	13.4	±2.0	12.5	60	15
	一	11.5	2.5	12.4	±2.5	14.0	100	25
	二	15.0	3.5	11.4	±3.0	16.5	180	—
24.1~31.0	优	9.0	1.5	13.8	±2.0	11.5	50	15
	一	11.0	2.5	12.8	±2.5	13.0	80	25
	二	14.5	3.5	11.8	±3.0	15.5	150	—
31.1~37.0	优	8.5	1.5	14.0	±2.0	11.0	40	15
	一	10.5	2.5	13.0	±2.5	12.5	70	25
	二	14.0	3.5	12.0	±3.0	14.5	120	—

公称线密度/tex	等级	单纱断裂强力变异系数/% ≤	线密度变异系数/% ≤	单纱断裂强度/(cN/tex) ≥	线密度偏差率/%	条干均匀度变异系数/% ≤	千米棉结(+200%)/(个/km) ≤	十万米纱疵/(个/10⁵m) ≤
37.1~60.0	优	8.0	1.5	14.4	±2.0	10.5	30	15
	一	10.0	2.5	13.4	±2.5	12.0	50	25
	二	13.5	3.5	12.4	±3.0	13.5	100	—
60.1~100.0	优	8.0	1.5	14.4	±2.0	10.5	20	15
	一	9.5	2.5	13.4	±2.5	12.0	40	25
	二	13.0	3.5	12.4	±3.0	13.5	80	—

②紧密纺、紧密赛络纺黏胶纤维本色纱技术要求(表2-3-47)。

表2-3-47　紧密纺、紧密赛络纺黏胶纤维本色纱技术要求

公称线密度/tex	等级	单纱断裂强力变异系数/% ≤	线密度变异系数/% ≤	单纱断裂强度/(cN/tex) ≥	线密度偏差率/%	条干均匀度变异系数/% ≤	千米棉结(+200%)/(个/km) ≤	十万米纱疵/(个/10⁵m) ≤	毛羽指数H值(参考值) ≤
6.1~8.0	优	10.5	1.5	12.0	±2.0	14.5	150	12	3.0
	一	13.5	2.5	11.0	±2.5	15.5	250	20	4.0
	二	16.5	3.5	10.0	±3.0	17.5	450	—	—
8.1~11.0	优	10.0	1.5	12.4	±2.0	14.0	120	12	3.5
	一	13.0	2.5	11.4	±2.5	15.0	200	20	4.5
	二	16.0	3.5	10.4	±3.0	17.0	350	—	—
11.1~13.0	优	9.5	1.5	12.8	±2.0	13.5	100	12	4.0
	一	12.5	2.5	11.8	±2.5	14.5	150	20	5.0
	二	16.0	3.5	10.8	±3.0	16.5	300	—	—
13.1~16.0	优	9.5	1.5	13.2	±2.0	13.0	80	12	4.5
	一	12.0	2.5	12.2	±2.5	14.0	120	20	5.5
	二	15.5	3.5	11.2	±3.0	16.0	250	—	—

续表

公称线密度/ tex	等级	单纱断裂 强力变异 系数/% ≤	线密度 变异 系数/% ≤	单纱断裂 强度/ （cN/tex） ≥	线密度 偏差率 /%	条干均匀 度变异 系数/% ≤	千米棉结 （+200%)/ （个/km） ≤	十万米纱疵/ （个/10^5m） ≤	毛羽指数 H值 （参考值） ≤
16.1~20.0	优	9.0	1.5	13.6	±2.0	12.5	60	12	5.0
	一	11.5	2.5	12.6	±2.5	13.5	100	20	6.0
	二	15.0	3.5	11.6	±3.0	16.0	200	—	—
20.1~24.0	优	9.0	1.5	14.0	±2.0	12.0	50	12	5.5
	一	11.0	2.5	13.0	±2.5	13.5	80	20	6.5
	二	14.0	3.5	12.0	±3.0	15.5	150	—	—
24.1~31.0	优	8.5	1.5	14.4	±2.0	11.5	40	12	6.0
	一	10.5	2.5	13.4	±2.5	13.0	60	20	7.0
	二	13.5	3.5	12.4	±3.0	15.0	100	—	—
31.1~37.0	优	8.0	1.5	14.6	±2.0	11.0	30	12	6.5
	一	10.0	2.5	13.6	±2.5	12.5	40	20	7.5
	二	13.0	3.5	12.6	±3.0	14.5	80	—	—
37.1~60.0	优	8.0	1.5	15.0	±2.0	10.5	20	12	6.8
	一	9.5	2.5	14.0	±2.5	12.0	30	20	7.8
	二	12.5	3.5	13.0	±3.0	13.5	60	—	—
60.1~100.0	优	7.5	1.5	15.0	±2.0	10.5	15	12	7.0
	一	9.0	2.5	14.0	±2.5	12.0	25	20	8.0
	二	12.0	3.5	13.0	±3.0	13.5	40	—	—

③黏胶纤维本色股线技术要求（表2-3-48）。

表2-3-48 黏胶纤维本色股线技术要求

公称线密度/ tex	等级	单线断裂强力 变异系数/% ≤	线密度变异 系数/% ≤	单线断裂强度/ （cN/tex） ≥	线密度 偏差率/%	捻度变异 系数/% ≤
(6.1×2)~(8.0×2)	优	9.5	1.5	13.0	±2.0	5.0
	一	12.5	2.0	12.0	±2.5	
	二	14.5	3.0	11.0	±3.0	

公称线密度/ tex	等级	单线断裂强力 变异系数/% ≤	线密度变异 系数/% ≤	单线断裂强度/ （cN/tex） ≥	线密度 偏差率/%	捻度变异 系数/% ≤
(8.1×2)~(11.0×2)	优	9.0	1.5	13.4	±2.0	
	一	12.0	2.0	12.4	±2.5	5.0
	二	14.0	3.0	11.4	±3.0	
(11.1×2)~(13.0×2)	优	8.5	1.5	13.6	±2.0	
	一	11.0	2.0	12.6	±2.5	5.0
	二	13.5	3.0	11.6	±3.0	
(13.1×2)~(16.0×2)	优	8.5	1.5	13.8	±2.0	
	一	11.0	2.0	12.8	±2.5	5.0
	二	13.5	3.0	11.8	±3.0	
(16.1×2)~(20.0×2)	优	8.0	1.5	14.0	±2.0	
	一	10.5	2.0	13.0	±2.5	5.0
	二	13.0	3.0	12.0	±3.0	
(20.1×2)~(24.0×2)	优	7.5	1.5	14.4	±2.0	
	一	10.0	2.0	13.4	±2.5	5.0
	二	12.5	3.0	12.4	±3.0	
(24.1×2)~(31.0×2)	优	7.0	1.5	14.6	±2.0	
	一	9.5	2.0	13.6	±2.5	5.0
	二	12.0	3.0	12.6	±3.0	
(31.1×2)~(37.0×2)	优	6.5	1.5	14.8	±2.0	
	一	9.0	2.0	13.8	±2.5	5.0
	二	11.5	3.0	12.8	±3.0	

（2）莱赛尔纤维本色纱线（FZ/T 12013—2014）。

①莱赛尔纤维本色纱技术要求（表2-3-49）

表 2-3-49　莱赛尔纤维本色纱技术要求

公称线密度/tex	等级	线密度偏差率/%	线密度变异系数/% ≤	单纱断裂强度/(cN/tex) ≥	单纱断裂强力变异系数/% ≤	条干均匀度变异系数/% ≤	千米棉结(+200%)/(个/km) ≤	十万米纱疵/(个/10^5m) ≤
6.1~7.0	优	±2.0	2.0	20.0	15.0	17.0	120	10
	一	±2.5	3.0	18.0	18.0	19.0	140	20
	二	±3.0	4.0	16.0	20.0	21.0	180	—
7.1~8.0	优	±2.0	2.0	20.0	14.0	16.0	100	10
	一	±2.5	3.0	18.0	16.0	18.0	120	20
	二	±3.0	4.0	16.0	18.0	20.0	160	—
8.1~11.0	优	±2.0	2.0	19.0	13.0	16.5	180	10
	一	±2.5	3.0	17.0	15.0	18.5	220	20
	二	±3.0	4.0	16.0	17.0	20.5	240	—
11.1~13.0	优	±2.0	2.0	19.0	12.0	15.0	140	10
	一	±2.5	3.0	17.0	14.0	17.0	160	20
	二	±3.0	4.0	16.0	16.0	19.0	180	—
13.1~16.0	优	±2.0	2.0	20.0	11.0	14.0	120	10
	一	±2.5	3.0	18.0	13.0	16.0	140	20
	二	±3.0	4.0	17.0	15.0	18.0	160	—
16.1~20.0	优	±2.0	2.0	20.5	10.0	13.5	80	10
	一	±2.5	3.0	18.5	12.0	15.5	100	20
	二	±3.0	4.0	17.5	14.0	17.5	140	—
20.1~30.0	优	±2.0	2.0	20.5	9.5	13.0	60	10
	一	±2.5	3.0	18.5	11.5	15.0	80	20
	二	±3.0	4.0	17.5	13.5	17.0	120	—
30.1~37.0	优	±2.0	2.0	20.5	8.0	11.0	40	10
	一	±2.5	3.0	18.5	10.0	13.0	60	20
	二	±3.0	4.0	17.5	12.0	15.0	100	—

公称线密度/tex	等级	线密度偏差率/%	线密度变异系数/% ≤	单纱断裂强度/(cN/tex) ≥	单纱断裂强力变异系数/% ≤	条干均匀度变异系数/% ≤	千米棉结(+200%)/(个/km) ≤	十万米纱疵/(个/10⁵m) ≤
37.1~70.0	优	±2.0	2.0	20.5	7.0	10.0	20	10
	一	±2.5	3.0	18.5	9.0	12.0	40	20
	二	±3.0	4.0	17.5	11.0	14.0	60	—

②莱赛尔纤维本色线技术要求(表2-3-50)。

表2-3-50　莱赛尔纤维本色线技术要求

公称线密度/tex	等级	线密度偏差率/%	线密度变异系数/% ≤	单线断裂强度/(cN/tex) ≥	单线断裂强力变异系数/% ≤	条干均匀度变异系数/% ≤	捻度变异系数/% ≤
(6.1×2)~(7.0×2)	优	±2.0	2.0	21.0	9.0	12.0	5.0
	一	±2.5	2.5	19.0	10.0	—	
	二	±3.0	3.0	17.0	11.0	—	
(7.1×2)~(8.0×2)	优	±2.0	2.0	21.0	8.0	11.0	5.0
	一	±2.5	2.5	19.0	9.0	—	
	二	±3.0	3.0	17.0	10.0	—	
(8.1×2)~(11.0×2)	优	±2.0	2.0	20.0	8.0	10.5	5.0
	一	±2.5	2.5	18.0	9.0	—	
	二	±3.0	3.0	17.0	10.0	—	
(11.1×2)~(13.0×2)	优	±2.0	2.0	20.0	7.5	10.0	5.0
	一	±2.5	2.5	18.0	8.5	—	
	二	±3.0	3.0	17.0	9.5	—	
(13.1×2)~(16.0×2)	优	±2.0	2.0	21.0	7.0	9.5	5.0
	一	±2.5	2.5	19.0	8.0	—	
	二	±3.0	3.0	18.0	9.0	—	
(16.1×2)~(20.0×2)	优	±2.0	2.0	21.5	6.5	9.0	5.0
	一	±2.5	2.5	19.5	7.5	—	
	二	±3.0	3.0	18.5	8.5	—	

续表

公称线密度/ tex	等级	线密度 偏差率/%	线密度变异 系数/% ≤	单线断裂强度/ （cN/tex） ≥	单线断裂强力 变异系数/% ≤	条干均匀度 变异系数/% ≤	捻度变异 系数/% ≤
(20.1×2)~(30.0×2)	优	±2.0	2.0	21.5	6.5	8.5	
	一	±2.5	2.5	19.5	7.5	—	5.0
	二	±3.0	3.0	18.5	8.5	—	
(30.1×2)~(37.0×2)	优	±2.0	2.0	21.5	6.5	8.0	
	一	±2.5	2.5	19.5	7.5	—	5.0
	二	±3.0	3.0	18.5	8.5	—	
(37.1×2)~(70.0×2)	优	±2.0	2.0	21.5	6.5	8.0	
	一	±2.5	2.5	19.5	7.5	—	5.0
	二	±3.0	3.0	18.5	8.5	—	

（3）莫代尔纤维本色纱线（FZ/T 12021—2018）。

①莫代尔纤维本色纱（针织用）技术要求（表2-3-51）。

表2-3-51　莫代尔纤维本色纱（针织用）技术要求

公称线密度/ tex	等级	单纱断裂 强力变异 系数/% ≤	线密度 变异 系数/% ≤	单纱断裂 强度/ （cN/tex） ≥	线密度 偏差率/%	条干均匀 度变异系数/% ≤	千米棉结 （+200%）/ （个/km） ≤	十万米纱疵/ （个/10^5m） ≤
4.5~6.0	优	13.5	2.0	15.5	±2.0	14.0	120	10
	一	16.0	2.5	12.5	±2.5	17.0	160	20
	二	19.5	3.0	10.0	±3.0	19.0	220	—
6.1~7.0	优	11.0	2.0	16.0	±2.0	14.0	100	10
	一	13.5	2.5	13.0	±2.5	17.0	130	20
	二	17.0	3.0	10.0	±3.0	19.0	180	—
7.1~8.0	优	10.0	2.0	17.0	±2.0	12.0	80	10
	一	12.5	2.5	14.0	±2.5	15.0	110	20
	二	16.0	3.0	11.0	±3.0	17.0	140	—

公称线密度/tex	等级	单纱断裂强力变异系数/%≤	线密度变异系数/%≤	单纱断裂强度/(cN/tex)≥	线密度偏差率/%	条干均匀度变异系数/%≤	千米棉结(+200%)/(个/km)≤	十万米纱疵/(个/10^5m)≤
8.1~11.0	优	10.0	2.0	17.2	±2.0	11.5	60	10
	一	12.5	2.5	14.2	±2.5	14.5	100	20
	二	16.0	3.0	11.2	±3.0	16.5	130	—
11.1~13.0	优	9.5	2.0	17.2	±2.0	10.5	40	10
	一	12.0	2.5	14.2	±2.5	13.5	70	20
	二	15.5	3.0	11.2	±3.0	15.5	100	—
13.1~16.0	优	9.5	2.0	17.5	±2.0	10.0	25	10
	一	12.0	2.5	14.5	±2.5	13.0	65	20
	二	15.5	3.0	11.5	±3.0	15.0	95	—
16.1~20.0	优	9.0	2.0	17.5	±2.0	9.5	15	10
	一	11.5	2.5	14.5	±2.5	12.5	50	20
	二	15.0	3.0	11.5	±3.0	14.5	85	—
20.1~30.0	优	8.5	2.0	17.5	±2.0	9.0	15	10
	一	11.0	2.5	14.5	±2.5	12.0	50	20
	二	14.5	3.0	11.5	±3.0	14.0	80	—
30.1~37.0	优	8.5	2.0	18.0	±2.0	8.0	10	10
	一	11.0	2.5	15.0	±2.5	11.0	40	20
	二	14.5	3.0	12.0	±3.0	13.0	70	—
37.1及以上	优	7.5	2.0	18.2	±2.0	7.0	5	10
	一	10.0	2.5	15.2	±2.5	10.0	20	20
	二	13.5	3.0	12.2	±3.0	12.0	35	—

注　1. 机织用纱单纱断裂强度加严0.5cN/tex考核。

　　2. 机织用纱的条干均匀度变异系数在本表对应数值基础上放宽0.5%考核。

②莫代尔纤维本色线技术要求(表2-3-52)。

表 2-3-52 莫代尔纤维本色线技术要求

公称线密度/tex	等级	线密度偏差率/%	线密度变异系数/% ≤	单线断裂强度/(cN/tex) ≥	单线断裂强力变异系数/% ≤	捻度变异系数/% ≤
(4.5×2) ~ (6.0×2)	优	±2.0	1.5	17.5	10.0	5.0
	一	±2.5	2.5	15.0	13.0	6.0
	二	±3.0	3.0	12.5	15.0	—
(6.1×2) ~ (8.0×2)	优	±2.0	1.5	19.0	8.0	5.0
	一	±2.5	2.5	16.5	11.0	6.0
	二	±3.0	3.0	14.0	13.0	—
(8.1×2) ~ (11.0×2)	优	±2.0	1.5	19.5	7.5	5.0
	一	±2.5	2.5	17.0	10.5	6.0
	二	±3.0	3.0	14.5	12.5	—
(11.1×2) ~ (13.0×2)	优	±2.0	1.5	19.5	7.0	5.0
	一	±2.5	2.5	17.0	10.0	6.0
	二	±3.0	3.0	14.5	12.0	—
(13.1×2) ~ (16.0×2)	优	±2.0	1.5	20.0	6.5	5.0
	一	±2.5	2.5	17.5	9.5	6.0
	二	±3.0	3.0	15.0	11.5	—
(16.1×2) ~ (20.0×2)	优	±2.0	1.5	20.0	6.0	5.0
	一	±2.5	2.5	17.5	9.0	6.0
	二	±3.0	3.0	15.0	11.0	—
(20.1×2) ~ (30.0×2)	优	±2.0	1.5	20.0	5.5	5.0
	一	±2.5	2.5	17.5	8.5	6.0
	二	±3.0	3.0	15.0	10.5	—
(30.1×2) ~ (37.0×2)	优	±2.0	1.5	20.5	4.5	5.0
	一	±2.5	2.5	18.0	7.5	6.0
	二	±3.0	3.0	15.5	10.5	—
(37.1×2) 及以上	优	±2.0	1.5	21.0	4.5	5.0
	一	±2.5	2.5	18.5	7.5	6.0
	二	±3.0	3.0	16.0	10.5	—

（4）精梳棉黏混纺本色纱线（GB/T 29258—2012）。

①环锭纺精梳棉黏混纺本色纱（棉含量在50%及以上至70%）（表2-3-53）。

表 2-3-53　环锭纺精梳棉黏混纺本色纱（棉含量在50%及以上至70%）技术要求

公称线密度/tex	等级	单纱断裂强力变异系数/% ≤	线密度变异系数/% ≤	单纱断裂强度/（cN/tex）≥	线密度偏差率/%	条干均匀度		千米棉结（+200%）/（个/km）≤	十万米纱疵/（个/10^5m）≤
						黑板条干均匀度10块板比例（优：一：二：等外）不低于	条干均匀度变异系数/% ≤		
8.1~11.0	优	11.0	2.0	12.0	±2.0	7：3：0：0	16.0	200	12
	一	13.5	3.0	10.6	±2.5	0：7：3：0	18.0	360	25
	二	16.5	4.0	8.6	±3.0	0：0：7：3	20.0	—	—
11.1~13.0	优	10.0	2.0	12.2	±2.0	7：3：0：0	15.0	120	8
	一	12.5	3.0	10.8	±2.5	0：7：3：0	17.0	240	15
	二	15.5	4.0	8.8	±3.0	0：0：7：3	19.0	—	—
13.1~16.0	优	9.5	2.0	12.4	±2.0	7：3：0：0	14.0	70	8
	一	12.0	3.0	11.0	±2.5	0：7：3：0	16.0	160	15
	二	15.0	4.0	9.0	±3.0	0：0：7：3	18.0	—	—
16.1~20.0	优	9.0	2.0	12.6	±2.0	7：3：0：0	13.0	40	8
	一	11.5	3.0	11.2	±2.5	0：7：3：0	15.0	120	15
	二	14.5	4.0	9.2	±3.0	0：0：7：3	17.0	—	—
20.1~24.0	优	8.5	2.0	12.8	±2.0	7：3：0：0	12.0	28	8
	一	11.0	3.0	11.4	±2.5	0：7：3：0	14.0	75	15
	二	14.0	4.0	9.4	±3.0	0：0：7：3	16.0	—	—
24.1~31.0	优	8.0	2.0	13.2	±2.0	7：3：0：0	11.0	20	8
	一	10.5	3.0	11.8	±2.5	0：7：3：0	13.0	60	15
	二	13.5	4.0	9.8	±3.0	0：0：7：3	15.0	—	—
31.1~37.0	优	7.5	2.0	13.6	±2.0	7：3：0：0	10.0	13	5
	一	10.0	3.0	12.2	±2.5	0：7：3：0	12.0	38	10
	二	13.0	4.0	10.2	±3.0	0：0：7：3	14.0	—	—

注　1. 机织用纱单纱断裂强度在本表数值基础上加0.6cN/tex。

　　2. 环锭纺千米纱疵仅考核棉结。

②环锭纺精梳棉黏混纺本色线(棉含量在50%及以上至70%)技术要求(表2-3-54)。

表2-3-54　环锭纺精梳棉黏混纺本色线(棉含量在50%及以上至70%)技术要求

公称线密度/ tex	等级	单线断裂强力 变异系数/% ≤	线密度变异 系数/% ≤	单线断裂强度/ (cN/tex) ≥	线密度 偏差率/%	条干均匀度 变异系数/% ≤	捻度变异 系数/% ≤
(8.1×2) ~ (11.0×2)	优	8.5	1.5	12.8	±2.0	11.5	5.0
	一	10.5	2.5	11.4	±2.5	13.5	—
	二	13.5	3.5	9.4	±3.0	—	—
(11.1×2) ~ (13.0×2)	优	8.0	1.5	13.0	±2.0	11.0	5.0
	一	10.0	2.5	11.6	±2.5	13.0	—
	二	13.0	3.5	9.6	±3.0	—	—
(13.1×2) ~ (16.0×2)	优	7.5	1.5	13.2	±2.0	10.5	5.0
	一	9.5	2.5	11.8	±2.5	12.5	—
	二	12.5	3.5	9.8	±3.0	—	—
(16.1×2) ~ (20.0×2)	优	7.0	1.5	13.4	±2.0	10.0	5.0
	一	9.0	2.5	12.0	±2.5	12.0	—
	二	12.0	3.5	10.0	±3.0	—	—
(20.1×2) ~ (24.0×2)	优	7.0	1.5	13.6	±2.0	9.5	5.0
	一	9.0	2.5	12.2	±2.5	11.5	—
	二	12.0	3.5	10.2	±3.0	—	—
(24.1×2) ~ (31.0×2)	优	6.5	1.5	14.0	±2.0	9.0	5.0
	一	8.5	2.5	12.6	±2.5	11.0	—
	二	11.5	3.5	10.6	±3.0	—	—
(31.1×2) ~ (37.0×2)	优	6.0	1.5	14.4	±2.0	8.5	5.0
	一	8.0	2.5	13.0	±2.5	10.5	—
	二	11.0	3.5	11.0	±3.0	—	—

③环锭纺精梳棉黏混纺本色纱(棉含量在70%以上)技术要求(表2-3-55)。

表2-3-55　环锭纺精梳棉黏混纺本色纱(棉含量在70%以上)技术要求

| 公称线密度/tex | 等级 | 单纱断裂强力变异系数/% ≤ | 线密度变异系数/% ≤ | 单纱断裂强度/(cN/tex) ≥ | 线密度偏差率/% | 条干均匀度 | | 千米棉结(+200%)/(个/km) ≤ | 十万米纱疵/(个/10⁵m) ≤ |
						黑板条干均匀度10块板比例(优:一:二:等外)不低于	条干均匀度变异系数/% ≤		
8.1~11.0	优	11.0	2.0	13.0	±2.0	7:3:0:0	16.0	200	12
	一	13.5	3.0	11.6	±2.5	0:7:3:0	18.0	380	25
	二	16.5	4.0	9.6	±3.0	0:0:7:3	20.0	—	—
11.1~13.0	优	10.0	2.0	13.2	±2.0	7:3:0:0	15.0	130	8
	一	12.5	3.0	11.8	±2.5	0:7:3:0	17.0	250	15
	二	15.5	4.0	9.8	±3.0	0:0:7:3	19.0	—	—
13.1~16.0	优	9.5	2.0	13.4	±2.0	7:3:0:0	14.0	80	8
	一	12.0	3.0	12.0	±2.5	0:7:3:0	16.0	170	15
	二	15.0	4.0	10.0	±3.0	0:0:7:3	18.0	—	—
16.1~20.0	优	9.0	2.0	13.6	±2.0	7:3:0:0	13.0	45	8
	一	11.5	3.0	12.2	±2.5	0:7:3:0	15.0	130	15
	二	14.5	4.0	10.2	±3.0	0:0:7:3	17.0	—	—
20.1~24.0	优	8.5	2.0	13.8	±2.0	7:3:0:0	12.0	35	8
	一	11.0	3.0	12.4	±2.5	0:7:3:0	14.0	80	15
	二	14.0	4.0	10.4	±3.0	0:0:7:3	16.0	—	—
24.1~31.0	优	8.0	2.0	14.2	±2.0	7:3:0:0	11.0	24	8
	一	10.5	3.0	12.8	±2.5	0:7:3:0	13.0	65	15
	二	13.5	4.0	10.8	±3.0	0:0:7:3	15.0	—	—
31.1~37.0	优	7.5	2.0	14.6	±2.0	7:3:0:0	10.0	15	5
	一	10.0	3.0	13.2	±2.5	0:7:3:0	12.0	40	10
	二	13.0	4.0	11.2	±3.0	0:0:7:3	14.0	—	—

注　1. 机织用纱单纱断裂强度在本表数值基础上加0.6cN/tex。

2. 环锭纺千米纱疵仅考核棉结。

④环锭纺精梳棉黏混纺本色线(棉含量在70%以上)技术要求(表2-3-56)。

表2-3-56　环锭纺精梳棉黏混纺本色线(棉含量在70%以上)技术要求

公称线密度/tex	等级	单线断裂强力变异系数/%≤	线密度变异系数/%≤	单线断裂度/(cN/tex)≥	线密度偏差率/%	条干均匀度变异系数/%≤	捻度变异系数/%≤
(8.1×2)~(11.0×2)	优	8.5	1.5	13.8	±2.0	11.5	5.0
	一	10.5	2.5	12.4	±2.5	13.5	—
	二	13.5	3.5	10.4	±3.0	—	—
(11.1×2)~(13.0×2)	优	8.0	1.5	14.0	±2.0	11.0	5.0
	一	10.0	2.5	12.6	±2.5	13.0	—
	二	13.0	3.5	10.6	±3.0	—	—
(13.1×2)~(16.0×2)	优	7.5	1.5	14.2	±2.0	10.5	5.0
	一	9.5	2.5	12.8	±2.5	12.5	—
	二	12.5	3.5	10.8	±3.0	—	—
(16.1×2)~(20.0×2)	优	7.0	1.5	14.4	±2.0	10.0	5.0
	一	9.0	2.5	13.0	±2.5	12.0	—
	二	12.0	3.5	11.0	±3.0	—	—
(20.1×2)~(24.0×2)	优	7.0	1.5	14.6	±2.0	9.5	5.0
	一	9.0	2.5	13.2	±2.5	11.5	—
	二	12.0	3.5	11.2	±3.0	—	—
(24.1×2)~(31.0×2)	优	6.5	1.5	15.0	±2.0	9.0	5.0
	一	8.5	2.5	13.6	±2.5	11.0	—
	二	11.5	3.5	11.6	±3.0	—	—
(31.1×2)~(37.0×2)	优	6.0	1.5	15.4	±2.0	8.5	5.0
	一	8.0	2.5	14.0	±2.5	10.5	—
	二	11.0	3.5	12.0	±3.0	—	—

⑤紧密纺、赛络纺精梳棉黏混纺本色纱(棉含量在50%及以上至70%)技术要求(表2-3-57)。

表2-3-57 紧密纺、赛络纺精梳棉黏混纺本色纱(棉含量在50%及以上至70%)技术要求

公称线密度/tex	等级	单纱断裂强力变异系数/% ≤	线密度变异系数/% ≤	单纱断裂强度/(cN/tex) ≥	线密度偏差率/%	条干均匀度 黑板条干均匀度10块板比例(优:一:二:等外)不低于	条干均匀度变异系数/% ≤	纱疵 干米纱疵/(个/km) 细节(-50%) 紧密纺 ≤	细节(-50%) 赛络纺 ≤	粗结(+50%) 紧密纺 ≤	粗结(+50%) 赛络纺 ≤	棉结(+200%) 紧密纺 ≤	棉结(+200%) 赛络纺 ≤	十万米纱疵/(个/10⁵ m)	毛羽指数 H值 ≤	2mm/(根/10m) ≤
6.1~7.0	优	12.0	2.0	12.6	±2.0	7:3:0:0	17.0	180	—	300	—	460	—	10	2.6	180
	一	14.5	3.0	11.2	±2.5	0:7:3:0	19.0	340	—	480	—	740	—	20	—	—
	二	17.5	4.0	9.2	±3.0	0:0:7:3	21.0	—	—	—	—	—	—	—	—	—
7.1~8.0	优	11.5	2.0	12.6	±2.0	7:3:0:0	16.0	60	—	190	—	220	—	10	2.8	200
	一	14.0	3.0	11.2	±2.5	0:7:3:0	18.0	120	—	320	—	400	—	20	—	—
	二	17.0	4.0	9.2	±3.0	0:0:7:3	20.0	—	—	—	—	—	—	—	—	—
8.1~11.0	优	10.5	2.0	12.8	±2.0	7:3:0:0	15.0	25	130	100	175	140	160	10	3.0	220
	一	13.0	3.0	11.4	±2.5	0:7:3:0	17.0	50	220	160	240	300	320	20	—	—
	二	16.0	4.0	9.4	±3.0	0:0:7:3	19.0	—	—	—	—	—	—	—	—	—
11.1~13.0	优	9.5	2.0	13.0	±2.0	7:3:0:0	14.0	15	80	50	90	80	90	6	3.2	240
	一	12.0	3.0	11.6	±2.5	0:7:3:0	16.0	35	120	100	140	180	200	12	—	—
	二	15.0	4.0	9.6	±3.0	0:0:7:3	18.0	—	—	—	—	—	—	—	—	—

续表

公称线密度/tex	等级	单纱断裂强力变异系数/% ≤	线密度变异系数/% ≤	单纱断裂强度/(cN/tex) ≥	线密度偏差率/%	黑板条干均匀度10块板比例（优:一:二:等外）不低于	条干均匀度变异系数/% ≤	细节(-50%) ≤ 紧密纺	细节(-50%) ≤ 赛络纺	粗结(+50%) ≤ 紧密纺	粗结(+50%) ≤ 赛络纺	棉结(+200%) ≤ 紧密纺	棉结(+200%) ≤ 赛络纺	十万米纱疵/(个/10⁵m) ≤	H值 ≤	2mm/(根/10m) ≤
13.1~16.0	优	9.0	2.0	13.2	±2.0	7:3:0:0	13.0	6	12	25	40	60	65	6	3.6	260
	一	11.5	3.0	11.8	±2.5	0:7:3:0	15.0	10	22	60	75	140	150	12	—	—
	二	14.5	4.0	9.8	±3.0	0:0:7:3	17.0	—	—	—	—	—	—	—	—	—
16.1~20.0	优	8.5	2.0	13.4	±2.0	7:3:0:0	12.0	4	4	15	20	30	35	6	4.0	280
	一	11.0	3.0	12.0	±2.5	0:7:3:0	14.0	7	7	35	45	100	110	12	—	—
	二	14.0	4.0	10.0	±3.0	0:0:7:3	16.0	—	—	—	—	—	—	—	—	—
20.1~24.0	优	8.0	2.0	13.6	±2.0	7:3:0:0	11.0	3	3	10	12	20	25	6	4.4	320
	一	10.5	3.0	12.2	±2.5	0:7:3:0	13.0	5	5	20	30	60	65	12	—	—
	二	13.5	4.0	10.2	±3.0	0:0:7:3	15.0	—	—	—	—	—	—	—	—	—
24.1~31.0	优	7.5	2.0	14.0	±2.0	7:3:0:0	10.0	2	2	6	8	15	18	6	5.0	360
	一	10.0	3.0	12.6	±2.5	0:7:3:0	12.0	3	3	12	20	50	55	12	—	—
	二	13.0	4.0	10.6	±3.0	0:0:7:3	14.0	—	—	—	—	—	—	—	—	—

续表

公称线密度/tex	等级	单纱断裂强力变异系数/% ≤	线密度变异系数/% ≤	单纱断裂强度/(cN/tex) ≥	线密度偏差率/%	黑板条干均匀度10块板比例(优:一:二:等外)不低于	条干均匀度变异系数/% ≤	细节(-50%)紧密纺	细节(-50%)赛络纺	粗结(+50%)紧密纺	粗结(+50%)赛络纺	棉结(+200%)紧密纺	棉结(+200%)赛络纺	十万米纱疵/(个/10⁵m)	H值 ≤	2mm/(根/10m) ≤
31.1~37.0	优	7.0	2.0	14.4	±2.0	7:3:0:0	9.0	1	1	5	6	10	12	4	5.6	420
	一	9.5	3.0	13.0	±2.5	0:7:3:0	11.0	2	2	10	15	30	35	8	—	—
	二	12.5	4.0	11.0	±3.0	0:0:7:3	13.0	—	—	—	—	—	—	—	—	—

注　1. 8.0tex及以下赛络纺不考核。
2. 赛络纺单纱断裂强度在本表数值上减0.4cN/tex,其机织用纱单纱断裂强度仍按本表中数值考核。紧密纺机织用纱单纱断裂强度在本表数值上增加0.4cN/tex。
3. 赛络纺条干均匀度变异系数技术要求在本表数值上加0.5%。
4. 紧密纺、赛络纺针织用纱考核细节、粗结和棉结,机织用纱仅考核棉结。

⑥紧密纺、赛络纺精梳棉黏混纺本色线(棉含量在50%及以上至70%)技术要求(表2-3-58)。

表2-3-58　紧密纺、赛络纺精梳棉黏混纺本色线(棉含量在50%及以上至70%)技术要求

公称线密度/tex	等级	单线断裂强力变异系数/% ≤	线密度变异系数/% ≤	单线断裂强度/(cN/tex) ≥	线密度偏差率/%	条干均匀度变异系数/% ≤	H值 ≤	2mm/(根/10m) ≤	纱疵变异系数/% ≤
(6.1×2)~(8.0×2)	优	8.5	1.5	13.6	±2.0	12.0	3.8	230	5.0
	一	10.5	2.5	12.2	±2.5	14.0	—	—	—
	二	13.5	3.5	10.2	±3.0	—	—	—	—

续表

公称线密度/tex	等级	单线断裂强力变异系数/% ≤	线密度变异系数/% ≤	单线断裂强度/(cN/tex) ≥	线密度偏差率/%	条干均匀度变异系数/% ≤	毛羽指数 H值 ≤	毛羽指数 2mm/(根/10m) ≤	捻度变异系数/% ≤
(8.1×2)~(11.0×2)	优	8.0	1.5	13.8	±2.0	11.0	4.2	260	5.0
	一	10.0	2.5	12.4	±2.5	13.0	—	—	—
	二	13.0	3.5	10.4	±3.0	—	—	—	—
(11.1×2)~(13.0×2)	优	7.5	1.5	14.0	±2.0	10.5	4.6	290	5.0
	一	9.5	2.5	12.6	±2.5	12.5	—	—	—
	二	12.5	3.5	10.6	±3.0	—	—	—	—
(13.1×2)~(16.0×2)	优	7.0	1.5	14.2	±2.0	10.0	4.8	330	5.0
	一	9.0	2.5	12.8	±2.5	12.0	—	—	—
	二	12.0	3.5	10.8	±3.0	—	—	—	—
(16.1×2)~(20.0×2)	优	6.5	1.5	14.4	±2.0	9.5	5.2	390	5.0
	一	8.5	2.5	13.0	±2.5	11.5	—	—	—
	二	11.5	3.5	11.0	±3.0	—	—	—	—
(20.1×2)~(24.0×2)	优	6.5	1.5	14.6	±2.0	9.0	5.6	450	5.0
	一	8.5	2.5	13.2	±2.5	11.0	—	—	—
	二	11.5	3.5	11.2	±3.0	—	—	—	—
(24.1×2)~(31.0×2)	优	6.0	1.5	15.0	±2.0	8.5	6.2	510	5.0
	一	8.0	2.5	13.6	±2.5	10.5	—	—	—
	二	11.0	3.5	11.6	±3.0	—	—	—	—

续表

公称线密度/tex	等级	单纱断裂强力变异系数/% ≤	线密度变异系数/% ≤	单线断裂强度/(cN/tex) ≥	线密度偏差率/%	条干均匀度变异系数/% ≤	毛羽指数 H值 ≤	毛羽指数 2mm/(根/10m) ≤	捻度变异系数/% ≤
(31.1×2)~(37.0×2)	优	5.5	1.5	15.4	±2.0	8.0	6.8	580	5.0
	一	7.5	2.5	14.0	±2.5	10.0	—	—	—
	二	10.5	3.5	12.0	±3.0	—	—	—	—

注 1. 赛络纺单纱断裂强度技术要求在本表数值上减0.4cN/tex。
　　2. 赛络纺条干均匀度变异系数技术要求在本表数值上加0.5%。

(7) 紧密纺、赛络纺精梳棉黏混纺本色纱(棉含量在70%以上)技术要求(表2-3-59)。

表2-3-59　紧密纺、赛络纺精梳棉黏混纺本色纱(棉含量在70%以上)技术要求

公称线密度/tex	等级	单纱断裂强力变异系数/% ≤	线密度变异系数/% ≤	单纱断裂强度/(cN/tex) ≥	线密度偏差率/%	黑板条干均匀度10块板比例(优:一:二:等外)不低于	条干均匀度变异系数/% ≤	细节(-50%) ≤ 紧密纺	细节(-50%) ≤ 赛络纺	粗节(+50%) ≤ 紧密纺	粗节(+50%) ≤ 赛络纺	棉结(+200%) ≤ 紧密纺	棉结(+200%) ≤ 赛络纺	十万米纱疵/(个/10⁵m) ≤ 紧密纺	十万米纱疵/(个/10⁵m) ≤ 赛络纺	毛羽指数 H值 ≤	毛羽指数 2mm/(根/10m) ≤
6.1~7.0	优	12.0	2.0	13.6	±2.0	7:3:0:0	17.0	210	—	320	—	600	—	10	—	2.8	200
	一	14.5	3.0	12.2	±2.5	0:7:3:0	19.0	400	—	500	—	860	—	20	—	—	—
	二	17.5	4.0	10.2	±3.0	0:0:7:3	21.0	—	—	—	—	—	—	—	—	—	—

(纱疵栏:千米纱疵/(个/km)含细节、粗节、棉结;十万米纱疵/(个/10⁵m)为单列。)

续表

公称线密度/tex	等级	单纱断裂强力变异系数/% ≤	线密度变异系数/% ≤	单纱断裂强度/(cN/tex) ≥	线密度偏差率/%	黑板条干均匀度10块板比例(优:一:二:等外)不低于	条干均匀度变异系数/% ≤	细节(-50%)紧密纺 ≤	细节(-50%)赛络纺 ≤	粗结(+50%)紧密纺 ≤	粗结(+50%)赛络纺 ≤	棉结(+200%)紧密纺 ≤	棉结(+200%)赛络纺 ≤	十万米纱疵/(个/10^5m)	H值 ≤	2mm/(根/10m) ≤
7.1~8.0	优	11.5	2.0	13.6	±2.0	7:3:0:0	16.0	70	—	210	—	260	—	10	3.0	220
	一	14.0	3.0	12.2	±2.5	0:7:3:0	18.0	130	—	340	—	440	—	20	—	—
	二	17.0	4.0	10.2	±3.0	0:0:7:3	20.0	—	—	—	—	—	—	—	—	—
8.1~11.0	优	10.5	2.0	13.8	±2.0	7:3:0:0	15.0	30	150	110	215	215	180	10	3.2	260
	一	13.0	3.0	12.4	±2.5	0:7:3:0	17.0	55	260	170	320	320	340	20	—	—
	二	16.0	4.0	10.4	±3.0	0:0:7:3	19.0	—	—	—	—	—	—	—	—	—
11.1~13.0	优	9.5	2.0	14.0	±2.0	7:3:0:0	14.0	20	90	60	105	90	100	6	3.4	280
	一	12.0	3.0	12.6	±2.5	0:7:3:0	16.0	40	140	110	160	190	210	12	—	—
	二	15.0	4.0	10.6	±3.0	0:0:7:3	18.0	—	—	—	—	—	—	—	—	—
13.1~16.0	优	9.0	2.0	14.2	±2.0	7:3:0:0	13.0	8	14	30	45	70	75	6	3.8	300
	一	11.5	3.0	12.8	±2.5	0:7:3:0	15.0	12	25	70	80	150	160	12	—	—
	二	14.5	4.0	10.8	±3.0	0:0:7:3	17.0	—	—	—	—	—	—	—	—	—

续表

公称线密度/tex	等级	单纱断裂强力变异系数/% ≤	线密度变异系数/% ≤	单纱断裂强度/(cN/tex) ≥	线密度偏差率/%	黑板条干均匀度10块板比例(优:一:二:等外) 不低于	条干均匀度变异系数/% ≤	千米纱疵/(个/km) 细节(-50%)≤ 紧密纺	细节(-50%) 赛络纺	粗结(+50%) 紧密纺	粗结(+50%) 赛络纺	棉结(+200%) 紧密纺	棉结(+200%) 赛络纺	十万米纱疵/(个/10^5m)	毛羽指数 H值 ≤	毛羽指数 2mm/(根/10m) ≤
16.1~20.0	优	8.5	2.0	14.4	±2.0	7:3:0:0	12.0	5		20	25	35	40	6	4.2	320
	一	11.0	3.0	13.0	±2.5	0:7:3:0	14.0	8		40	50	110	120	12	—	—
	二	14.0	4.0	11.0	±3.0	0:0:7:3	16.0	—		—	—	—	—	—	—	—
20.1~24.0	优	8.0	2.0	14.6	±2.0	7:3:0:0	11.0	4		15	18	25	30	6	4.6	360
	一	10.5	3.0	13.2	±2.5	0:7:3:0	13.0	6		25	35	65	70	12	—	—
	二	13.5	4.0	11.2	±3.0	0:0:7:3	15.0	—		—	—	—	—	—	—	—
24.1~31.0	优	7.5	2.0	15.0	±2.0	7:3:0:0	10.0	3		10	12	20	22	6	5.2	400
	一	10.0	3.0	13.6	±2.5	0:7:3:0	12.0	4		16	24	55	60	12	—	—
	二	13.0	4.0	11.6	±3.0	0:0:7:3	14.0	—		—	—	—	—	—	—	—
31.1~37.0	优	7.0	2.0	15.4	±2.0	7:3:0:0	9.0	2		6	8	12	14	4	5.8	460
	一	9.5	3.0	14.0	±2.5	0:7:3:0	11.0	3		12	18	35	38	8	—	—
	二	12.5	4.0	12.0	±3.0	0:0:7:3	13.0	—		—	—	—	—	—	—	—

注
1. 8.0tex 及以下赛络纺不考核。
2. 赛络纺单纱断裂强度在本表数值上减 0.4cN/tex,其机织用纱单纱断裂强度在本表数值上增加 0.4cN/tex。紧密纺机织用纱单纱断裂强度仍按本表中数值考核。
3. 赛络纺条干均匀度变异系数按本表要求技术要求数值上加 0.5%。
4. 紧密纺、赛络纺针织用纱考核纱疵细节、粗结和棉结,机织用纱仅考核棉结。

⑧紧密纺、赛络纺精梳棉棉黏混纺本色线(棉含量在70%以上)技术要求(表2-3-60)。

表2-3-60　紧密纺、赛络纺精梳棉黏混纺本色线(棉含量70%以上)技术要求

公称线密度/tex	等级	单线断裂强力变异系数/% ≤	线密度变异系数/% ≤	单线断裂强度/(cN/tex) ≥	线密度偏差率/%	条干均匀度变异系数/% ≤	毛羽指数 H值 ≤	毛羽指数 2mm/(根/10m) ≤	捻度变异系数/% ≤
(6.1×2)~(8.0×2)	优	8.5	1.5	14.6	±2.0	12.0	4.0	250	5.0
	一	10.5	2.5	13.2	±2.5	14.0	—	—	—
	二	13.5	3.5	11.2	±3.0	—	—	—	—
(8.1×2)~(11.0×2)	优	8.0	1.5	14.8	±2.0	11.0	4.4	280	5.0
	一	10.0	2.5	13.4	±2.5	13.0	—	—	—
	二	13.0	3.5	11.4	±3.0	—	—	—	—
(11.1×2)~(13.0×2)	优	7.5	1.5	15.0	±2.0	10.5	4.8	310	5.0
	一	9.5	2.5	13.6	±2.5	12.5	—	—	—
	二	12.5	3.5	11.6	±3.0	—	—	—	—
(13.1×2)~(16.0×2)	优	7.0	1.5	15.2	±2.0	10.0	5.0	360	5.0
	一	9.0	2.5	13.8	±2.5	12.0	—	—	—
	二	12.0	3.5	11.8	±3.0	—	—	—	—
(16.1×2)~(20.0×2)	优	6.5	1.5	15.4	±2.0	9.5	5.4	420	5.0
	一	8.5	2.5	14.0	±2.5	11.5	—	—	—
	二	11.5	3.5	12.0	±3.0	—	—	—	—

续表

公称线密度/tex	等级	单线断裂强力变异系数/% ≤	线密度变异系数/% ≤	单线断裂强度/(cN/tex) ≥	线密度偏差率/%	条干均匀度变异系数/% ≤	毛羽指数		捻度变异系数/% ≤
							H值 ≤	2mm/(根/10m)	
(20.1×2)~(24.0×2)	优	6.5	1.5	15.6	±2.0	9.0	5.8	480	5.0
	一	8.5	2.5	14.2	±2.5	11.0	—	—	—
	二	11.5	3.5	12.2	±3.0	—	—	—	—
(24.1×2)~(31.0×2)	优	6.0	1.5	16.0	±2.0	8.5	6.4	550	5.0
	一	8.0	2.5	14.6	±2.5	10.5	—	—	—
	二	11.0	3.5	12.6	±3.0	—	—	—	—
(31.1×2)~(37.0×2)	优	5.5	1.5	16.4	±2.0	8.0	7.0	620	5.0
	一	7.5	2.5	15.0	±2.5	10.0	—	—	—
	二	10.5	3.5	13.0	±3.0	—	—	—	—

注 1. 兼络纺单纱断裂强度技术要求在本表数值上减 0.4cN/tex。
2. 兼络纺条干均匀度变异系数技术要求在本表数值上加 0.5%。

3. 化纤纯纺及混纺纱线

（1）精梳涤棉混纺本色纱线（GB/T 5324—2009）

①精梳涤棉混纺本色纱线技术要求（涤纶含量在 60%及以上）（表 2-3-61）。

表2-3-61　精梳涤棉混纺本色纱（涤纶含量在60%及以上）技术要求

纱线规格 公称线密度/tex	英支	等级	单纱断裂强力变异系数/% ≤	百米重量变异系数/% ≤	单纱断裂强度/(cN/tex) ≥	百米重量偏差/%	条干均匀度 黑板条干均匀度10块比例（优:一:二:三）不低于	条干均匀度变异系数/% ≤	黑板棉结粒数/(粒/g) ≤	十万米纱疵（个/10⁵ m） ≤	纤维含量偏差/%
6~6.5	85~100	优	15.0	2.0	18.5	±2.0	7:3:0:0	18.5	15	10	±1.5
		一	18.0	3.0	16.5	±2.5	0:7:3:0	20.5	25	25	
		二	21.0	4.0	13.5	±3.0	0:0:7:3	22.0	35	—	
7~7.5	74~84	优	14.5	2.0	18.5	±2.0	7:3:0:0	17.0	15	10	±1.5
		一	17.5	3.0	16.5	±2.5	0:7:3:0	19.0	25	25	
		二	20.5	4.0	13.5	±3.0	0:0:7:3	20.5	35	—	
8~10	55~73	优	14.0	2.0	19.0	±2.0	7:3:0:0	15.5	12	10	±1.5
		一	17.0	3.0	17.0	±2.5	0:7:3:0	17.5	22	25	
		二	20.0	4.0	14.0	±3.0	0:0:7:3	19.0	32	—	
11~13	45~54	优	12.5	2.0	19.5	±2.0	7:3:0:0	15.0	12	10	±1.5
		一	15.5	3.0	17.5	±2.5	0:7:3:0	17.0	22	25	
		二	18.5	4.0	14.5	±3.0	0:0:7:3	18.5	32	—	
14~16	36~44	优	11.5	2.0	20.0	±2.0	7:3:0:0	13.5	12	10	±1.5
		一	14.5	3.0	18.0	±2.5	0:7:3:0	15.5	22	25	
		二	17.5	4.0	15.0	±3.0	0:0:7:3	17.0	32	—	

续表

纱线规格 公称线密度/tex	英支	等级	单纱断裂强力变异系数/% ≤	百米重量变异系数/% ≤	单纱断裂强度/(cN/tex) ≥	百米重量偏差/%	条干均匀度 黑板条干均匀度10块比例 (优:一:二:三) 不低于	条干均匀度变异系数/% ≤	黑板棉结粒数/(粒/g) ≤	十万米纱疵 (个/10⁵ m) ≤	纤维含量偏差/%
17~20	29~35	优	10.5	2.0	20.5	±2.0	7:3:0:0	12.5	10	10	±1.5
		一	13.5	3.0	18.5	±2.5	0:7:3:0	14.5	20	25	
		二	16.5	4.0	15.5	±3.0	0:0:7:3	16.0	30	—	
21~24	24~28	优	9.5	2.0	21.0	±2.0	7:3:0:0	11.5	10	10	±1.5
		一	12.5	3.0	19.0	±2.5	0:7:3:0	13.5	20	25	
		二	15.5	4.0	16.0	±3.0	0:0:7:3	15.0	30	—	
25~30	19~23	优	8.5	2.0	21.5	±2.0	7:3:0:0	11.0	10	10	±1.5
		一	11.5	3.0	19.5	±2.5	0:7:3:0	13.0	20	25	
		二	14.5	4.0	16.5	±3.0	0:0:7:3	14.5	30	—	
32及以上	18及以下	优	7.5	2.0	22.0	±2.0	7:3:0:0	10.5	8	10	±1.5
		一	10.5	3.0	20.0	±2.5	0:7:3:0	12.5	18	25	
		二	13.5	4.0	17.0	±3.0	0:0:7:3	14.0	28	—	

②精梳涤棉混纺本色线技术要求（涤纶含量在60%及以上）（表2-3-62）。

表2-3-62　精梳涤棉混纺本色线(涤纶含量在60%及以上)技术要求

纱线规格		等级	单线断裂强力变异系数/% ≤	百米重量变异系数/% ≤	单线断裂强度/(cN/tex) ≥	百米重量偏差/%	十万米纱疵/(个/10⁵ m) ≤	黑板棉结粒数/(粒/g) ≤	纤维含量偏差/%
公称线密度/tex	英支								
(6×2)~(7.5×2)	(74/2)~(100/2)	优	10.0	2.0	22.5	±2.0	10	8	±1.5
		一	12.0	3.0	20.5	±2.5	—	15	
		二	14.0	4.0	17.5	±3.0	—	25	
(8×2)~(10×2)	(55/2)~(73/2)	优	9.5	2.0	23.0	±2.0	10	8	±1.5
		一	11.5	3.0	21.0	±2.5	—	15	
		二	13.5	4.0	18.0	±3.0	—	25	
(11×2)~(13×2)	(45/2)~(54/2)	优	8.5	2.0	23.5	±2.0	10	6	±1.5
		一	10.5	3.0	21.5	±2.5	—	12	
		二	12.5	4.0	18.5	±3.0	—	20	
(14×2)~(16×2)	(36/2)~(44/2)	优	8.0	2.0	24.0	±2.0	10	6	±1.5
		一	10.0	3.0	22.0	±2.5	—	12	
		二	12.0	4.0	19.0	±3.0	—	20	
(17×2)~(20×2)	(29/2)~(35/2)	优	7.5	2.0	24.5	±2.0	10	6	±1.5
		一	9.5	3.0	22.5	±2.5	—	12	
		二	11.5	4.0	19.5	±3.0	—	20	
(21×2)~(24×2)	(24/2)~(28/2)	优	7.0	2.0	25.0	±2.0	10	5	±1.5
		一	9.0	3.0	23.0	±2.5	—	10	
		二	11.0	4.0	20.0	±3.0	—	18	

续表

纱线规格		等级	单线断裂强力变异系数/% ≤	百米重量变异系数/% ≤	单线断裂强度/(cN/tex) ≥	百米重量偏差/%	十万米纱疵/(个/10⁵m) ≤	黑板棉结粒数/(粒/g) ≤	纤维含量偏差/%
公称线密度/tex	英支								
(25×2)~(30×2)	(19/2)~(23/2)	优	6.5	2.0	25.5	±2.0	10	5	±1.5
		一	8.5	3.0	23.5	±2.5	—	10	
		二	10.5	4.0	20.5	±3.0	—	18	
(32×2)及以上	(18/2)及以下	优	6.0	2.0	26.0	±2.0	10	5	±1.5
		一	8.0	3.0	24.0	±2.5	—	10	
		二	10.0	4.0	21.0	±3.0	—	18	

③精梳涤棉混纺本色纱技术要求（涤纶含量在50%至60%以下）（表2-3-63）。

表2-3-63 精梳涤棉混纺本色纱（涤纶含量在50%至60%以下）技术要求

纱线规格		等级	单纱断裂强力变异系数/% ≤	百米重量变异系数/% ≤	单纱断裂强度/(cN/tex) ≥	百米重量偏差/%	条干均匀度		黑板棉结粒数/(粒/g) ≤	十万米纱疵/(个/10⁵m) ≤	纤维含量偏差/%
公称线密度/tex	英支						黑板条干均匀度 10块板比例（优:一:二:三）不低于	条干均匀度变异系数/% ≤			
6~6.5	85~100	优	15.0	2.0	18.0	±2.0	7:3:0:0	18.5	17	10	±1.5
		一	18.0	3.0	16.0	±2.5	0:7:3:0	20.5	30	25	
		二	21.0	4.0	13.0	±3.0	0:0:7:3	22.0	45	—	

续表

纱线规格 公称线密度/tex	英支	等级	单纱断裂强力变异系数/% ≤	百米重量变异系数/% ≤	单纱断裂强度/(cN/tex) ≥	百米重量偏差/%	条干均匀度 黑板条干均匀度10块板比例(优:一:二:三)不低于	条干均匀度变异系数/% ≤	黑板棉结粒数/(粒/g) ≤	十万米纱疵/(个/10⁵ m) ≤	纤维含量偏差/%
7~7.5	74~84	优	14.5	2.0	18.0	±2.0	7:3:0:0	17.0	17	10	±1.5
		一	17.5	3.0	16.0	±2.5	0:7:3:0	19.0	30	25	
		二	20.5	4.0	13.0	±3.0	0:0:7:3	20.5	45	—	
8~10	55~73	优	14.0	2.0	18.5	±2.0	7:3:0:0	15.5	15	10	±1.5
		一	17.0	3.0	16.5	±2.5	0:7:3:0	17.5	25	25	
		二	20.0	4.0	13.5	±3.0	0:0:7:3	19.0	40	—	
11~13	45~54	优	12.5	2.0	19.0	±2.0	7:3:0:0	15.0	15	10	±1.5
		一	15.5	3.0	17.0	±2.5	0:7:3:0	17.0	25	25	
		二	18.5	4.0	14.0	±3.0	0:0:7:3	18.5	40	—	
14~16	36~44	优	11.5	2.0	19.5	±2.0	7:3:0:0	13.5	15	10	±1.5
		一	14.5	3.0	17.5	±2.5	0:7:3:0	15.5	25	25	
		二	17.5	4.0	14.5	±3.0	0:0:7:3	17.0	40	—	

续表

纱线规格		等级	单纱断裂强力变异系数/% ≤	百米重量变异系数/% ≤	单纱断裂强度/(cN/tex) ≥	百米重量偏差/%	条干均匀度		黑板棉结粒数/(粒/g) ≤	十万米纱疵/(个/10⁵ m) ≤	纤维含量偏差/%
公称线密度/tex	英支						黑板条干均匀度 10块板比例(优:一:二:三)不低于	条干均匀度变异系数/% ≤			
17~20	29~35	优	10.5	2.0	20.0	±2.0	7:3:0:0	12.5	12	10	±1.5
		一	13.5	3.0	18.0	±2.5	0:7:3:0	14.5	22	25	
		二	16.5	4.0	15.0	±3.0	0:0:7:3	16.0	35	—	
21~24	24~28	优	9.5	2.0	20.0	±2.0	7:3:0:0	11.5	12	10	±1.5
		一	12.5	3.0	18.0	±2.5	0:7:3:0	13.5	22	25	
		二	15.5	4.0	15.0	±3.0	0:0:7:3	15.0	35	—	
25~30	19~23	优	8.5	2.0	20.5	±2.0	7:3:0:0	11.0	12	10	±1.5
		一	11.5	3.0	18.5	±2.5	0:7:3:0	13.0	22	25	
		二	14.5	4.0	15.5	±3.0	0:0:7:3	14.5	35	—	
32及以上	18及以下	优	7.5	2.0	21.0	±2.0	7:3:0:0	10.5	12	10	±1.5
		一	10.5	3.0	19.0	±2.5	0:7:3:0	12.5	22	25	
		二	13.5	4.0	16.0	±3.0	0:0:7:3	14.0	35	—	

④精梳涤棉混纺本色线技术要求(涤纶含量在50%至60%以下)(表2-3-64)。

表2-3-64　精梳涤棉混纺本色线(涤纶含量在50%至60%以下)技术要求

纱线规格 公称线密度/tex	英支	等级	单线断裂强力变异系数/% ≤	百米重量变异系数/% ≤	单线断裂强度/(cN/tex) ≥	百米重量偏差/%	十万米纱疵/(个/10⁵ m) ≤	黑板棉结粒数/(粒/g) ≤	纤维含量偏差/%
(6×2)~ (7.5×2)	(74/2)~ (100/2)	优	10.0	2.0	21.5	±2.0	10	10	±1.5
		一	12.0	3.0	19.5	±2.5	—	18	
		二	14.0	4.0	16.5	±3.0	—	25	
(8×2)~ (10×2)	(55/2)~ (73/2)	优	9.5	2.0	22.0	±2.0	10	10	±1.5
		一	11.5	3.0	20.0	±2.5	—	18	
		二	13.5	4.0	17.0	±3.0	—	25	
(11×2)~ (13×2)	(45/2)~ (54/2)	优	8.5	2.0	22.5	±2.0	10	10	±1.5
		一	10.5	3.0	20.5	±2.5	—	18	
		二	12.5	4.0	17.5	±3.0	—	25	
(14×2)~ (16×2)	(36/2)~ (44/2)	优	8.0	2.0	23.0	±2.0	10	10	±1.5
		一	10.0	3.0	21.0	±2.5	—	18	
		二	12.0	4.0	18.0	±3.0	—	25	
(17×2)~ (20×2)	(29/2)~ (35/2)	优	7.5	2.0	23.5	±2.0	10	8	±1.5
		一	9.5	3.0	21.5	±2.5	—	12	
		二	11.5	4.0	18.5	±3.0	—	20	
(21×2)~ (24×2)	(24/2)~ (28/2)	优	7.0	2.0	24.0	±2.0	10	8	±1.5
		一	9.0	3.0	22.0	±2.5	—	12	
		二	11.0	4.0	19.0	±3.0	—	20	

续表

纱线规格		等级	单线断裂强力变异系数/% ≤	百米重量变异系数/% ≤	单线断裂强度/(cN/tex) ≥	百米重量偏差/%	十万米纱疵/(个/10⁵ m) ≤	黑板棉结粒数/(粒/g) ≤	纤维含量偏差/%
公称线密度/tex	英支								
(25×2) ~ (30×2)	(19/2) ~ (23/2)	优	6.5	2.0	24.5	±2.0	10	8	
		一	8.5	3.0	22.5	±2.5	—	12	±1.5
		二	10.5	4.0	19.5	±3.0	—	20	
(32×2)以上	(18/2)以下	优	6.0	2.0	25.0	±2.0	10	8	
		一	8.0	3.0	23.0	±2.5	—	12	±1.5
		二	10.0	4.0	20.0	±3.0	—	20	

（2）精梳棉涤混纺本色纱线（FZ/T 12006—2011）。

① 精梳棉涤混纺本色纱（棉含量50%以上至70%）技术要求（表2-3-65）。

表2-3-65 精梳棉涤混纺本色纱（棉含量50%以上至70%）技术要求

纱线规格		等级	单纱断裂强力变异系数/% ≤	线密度变异系数/% ≤	单纱断裂强度/(cN/tex) ≥	线密度偏差率/%	条干均匀度		纱疵			
							黑板条干均匀度10块板比例（优:一:二:三）不低于	条干均匀度变异系数/% ≤	千米纱疵/（个/km）			十万米纱疵/（个/10⁵ m） ≤
公称线密度/tex	英支								细节（-50%）≤	粗节（+50%）≤	棉结（+200%）≤	
6~6.5	85~100	优	12.5	2.0	16.0	±2.0	7:3:0:0	17.0	150	480	600	12
		一	15.5	3.0	13.0	±2.5	0:7:3:0	19.5	360	740	880	23
		二	18.0	4.0	11.0	±3.0	0:0:7:3	21.5	—	—	—	—

续表

纱线规格		等级	单纱断裂强力变异系数/% ≤	线密度变异系数/% ≤	单纱断裂强度/(cN/tex) ≥	线密度偏差率/%	条干均匀度		纱疵			
公称线密度/tex	英支						黑板条干均匀度10块板比例（优:一:二:三）不低于	条干均匀度变异系数/% ≤	千米纱疵/(个/km)			十万米纱疵/(个/10⁵ m) ≤
									细节(-50%) ≤	粗节(+50%) ≤	棉结(+200%) ≤	
7~7.5	74~84	优	12.0	2.0	16.0	±2.0	7:3:0:0	16.5	80	360	420	12
		一	15.0	3.0	13.0	±2.5	0:7:3:0	19.0	180	490	630	23
		二	17.5	4.0	11.0	±3.0	0:0:0:7:3	21.0	—	—	—	—
8~10	55~73	优	11.0	2.0	16.2	±2.0	7:3:0:0	15.5	60	180	220	12
		一	14.0	3.0	13.2	±2.5	0:7:3:0	18.0	90	280	400	23
		二	16.5	4.0	11.2	±3.0	0:0:0:7:3	20.0	—	—	—	—
11~13	45~54	优	10.0	2.0	16.4	±2.0	7:3:0:0	14.5	16	100	150	8
		一	13.0	3.0	13.4	±2.5	0:7:3:0	17.0	40	150	260	15
		二	15.5	4.0	11.4	±3.0	0:0:0:7:3	19.0	—	—	—	—
14~16	36~44	优	9.5	2.0	16.4	±2.0	7:3:0:0	14.0	8	60	100	8
		一	12.5	3.0	13.4	±2.5	0:7:3:0	16.5	15	90	200	15
		二	15.0	4.0	11.4	±3.0	0:0:0:7:3	18.5	—	—	—	—
17~20	29~35	优	9.0	2.0	16.6	±2.0	7:3:0:0	13.5	4	40	60	8
		一	12.0	3.0	13.6	±2.5	0:7:3:0	16.0	10	60	140	15
		二	14.5	4.0	11.6	±3.0	0:0:0:7:3	18.0	—	—	—	—

续表

纱线规格		等级	单纱断裂强力变异系数/%≤	线密度变异系数/%≤	单纱断裂强度/(cN/tex)≥	线密度偏差率/%	条干均匀度		纱疵			十万米纱疵/(个/10⁵m)≤
公称线密度/tex	英支						黑板条干均匀度 10块板比例（优:一:二:三）不低于	条干均匀度变异系数/%≤	干米纱疵/（个/km）			
									细节(-50%)≤	粗节(+50%)≤	棉结(+200%)≤	
21~24		优	8.5	2.0	16.8	±2.0	7:3:0:0	12.5	2	18	40	8
		一	11.5	3.0	13.8	±2.5	0:7:3:0	15.0	4	40	90	15
		二	14.0	4.0	11.8	±3.0	0:0:7:3	17.0	—	—	—	—
25~30		优	8.0	2.0	16.8	±2.0	7:3:0:0	11.5	1	15	35	8
		一	11.0	3.0	13.8	±2.5	0:7:3:0	14.0	2	24	65	15
		二	13.5	4.0	11.8	±3.0	0:0:7:3	16.0	—	—	—	—
32及以上		优	7.5	2.0	17.0	±2.0	7:3:0:0	11.0	1	8	20	5
		一	10.5	3.0	14.0	±2.5	0:7:3:0	13.5	2	18	45	10
		二	13.0	4.0	12.0	±3.0	0:0:7:3	15.5	—	—	—	—

②精梳棉涤棉混纺本色线（棉含量在50%以上至70%）技术要求（表2-3-66）。

表2-3-66　精梳棉涤混纺本色线（棉含量在50%以上至70%）技术要求

纱线规格		等级	单纱断裂强力变异系数/%≤	单线断裂强度/(cN/tex)≥	线密度偏差率/%	线密度变异系数/%≤	条干均匀度变异系数/%≤
公称线密度/tex	英支						
(6×2)~(7.5×2)	(74/2)~(100/2)	优	10.5	17.8	±2.0	1.5	12.5
		一	12.5	15.8	±2.5	2.5	15.0
		二	14.5	13.8	±3.0	3.5	—

续表

纱线规格 公称线密度/tex	纱线规格 英支	等级	单线断裂强力变异系数/% ≤	线密度变异系数/% ≤	单线断裂强度/(cN/tex) ≥	线密度偏差率/%	条干均匀度变异系数/% ≤
(8×2)~(10×2)	(55/2)~(73/2)	优	10.0	1.5	18.0	±2.0	11.5
		一	12.0	2.5	16.0	±2.5	14.0
		二	14.0	3.5	14.0	±3.0	—
(11×2)~(13×2)	(45/2)~(54/2)	优	9.5	1.5	18.2	±2.0	11.0
		一	11.5	2.5	16.2	±2.5	13.5
		二	13.5	3.5	14.2	±3.0	—
(14×2)~(16×2)	(36/2)~(44/2)	优	9.0	1.5	18.4	±2.0	10.5
		一	11.0	2.5	16.4	±2.5	13.0
		二	13.0	3.5	14.4	±3.0	—
(17×2)~(20×2)	(29/2)~(35/2)	优	8.5	1.5	18.6	±2.0	10.5
		一	10.5	2.5	16.6	±2.5	13.0
		二	12.5	3.5	14.6	±3.0	—
(21×2)~(24×2)	(24/2)~(28/2)	优	8.0	1.5	19.0	±2.0	10.0
		一	10.0	2.5	17.0	±2.5	12.5
		二	12.0	3.5	15.0	±3.0	—
(25×2)~(30×2)	(19/2)~(23/2)	优	8.0	1.5	19.4	±2.0	9.5
		一	10.0	2.5	17.4	±2.5	12.0
		二	12.0	3.5	15.4	±3.0	—

续表

纱线规格		等级	单线断裂强力变异系数/% ≤	线密度变异系数/% ≤	单线断裂强度/(cN/tex) ≥	线密度偏差率/% ±	条干均匀度变异系数/% ≤
公称线密度/tex	英支						
(32×2)及以上	(18/2)及以下	优	7.5	1.5	19.8	±2.0	9.0
		一	9.5	2.5	17.8	±2.5	11.5
		二	11.5	3.5	15.8	±3.0	—

③精梳棉涤混纺本色纱(棉含量在70%以上)技术要求(表2-3-67)。

表2-3-67　精梳棉涤混纺本色纱(棉含量在70%以上)技术要求

纱线规格		等级	单纱断裂强力变异系数/% ≤	线密度变异系数/% ≤	单纱断裂强度/(cN/tex) ≥	线密度偏差率/% ±	条干均匀度		纱疵			
							黑板条干均匀度10块板比例(优:一:二:三)不低于	条干均匀度变异系数/% ≤	千米纱疵(个/km)			十万米纱疵(个/10⁵ m) ≤
公称线密度/tex	英支								细节(-50%) ≤	粗节(+50%) ≤	棉结(+200%) ≤	
6~6.5	85~100	优	12.5	2.0	15.0	±2.0	7:3:0:0	17.0	180	520	630	12
		一	15.5	3.0	12.0	±2.5	0:7:3:0	19.5	380	800	10200	23
		二	18.0	4.0	10.0	±3.0	0:0:7:3	21.5	—	—	—	—
7~7.5	74~84	优	12.0	2.0	15.0	±2.0	7:3:0:0	16.5	90	390	440	12
		一	15.0	3.0	12.0	±2.5	0:7:3:0	19.0	200	530	740	23
		二	17.5	4.0	10.0	±3.0	0:0:7:3	21.0	—	—	—	—

续表

纱线规格		等级	单纱断裂强力变异系数/%≤	线密度变异系数/%≤	单纱断裂强度/(cN/tex)≥	线密度偏差率/%	条干均匀度		纱疵			十万米纱疵/(个/10⁵m)≤
公称线密度/tex	英支						黑板条干均匀度10块板比例(优:一:二:三)不低于	条干均匀度变异系数/%≤	千米纱疵/(个/km)			
									细节(−50%)≤	粗节(+50%)≤	棉结(+200%)≤	
8~10	55~73	优	11.0	2.0	15.2	±2.0	7:3:0:0	15.5	70	190	250	12
		一	14.0	3.0	12.2	±2.5	0:7:3:0	18.0	100	300	460	23
		二	16.5	4.0	10.2	±3.0	0:0:7:3	20.0	—	—	—	—
11~13	45~54	优	10.0	2.0	15.4	±2.0	7:3:0:0	14.5	20	120	180	8
		一	13.0	3.0	12.4	±2.5	0:7:3:0	17.0	50	170	300	15
		二	15.5	4.0	10.4	±3.0	0:0:7:3	19.0	—	—	—	—
14~16	36~44	优	9.5	2.0	15.4	±2.0	7:3:0:0	14.0	10	65	110	8
		一	12.5	3.0	12.4	±2.5	0:7:3:0	16.5	18	100	210	15
		二	15.0	4.0	10.4	±3.0	0:0:7:3	18.0	—	—	—	—
17~20	29~35	优	9.0	2.0	15.6	±2.0	7:3:0:0	13.5	6	45	70	8
		一	12.0	3.0	12.6	±2.5	0:7:3:0	16.0	12	70	160	15
		二	14.5	4.0	10.6	±3.0	0:0:7:3	18.0	—	—	—	—
21~24	24~28	优	8.5	2.0	15.8	±2.0	7:3:0:0	12.5	2	20	45	8
		一	11.5	3.0	12.8	±2.5	0:7:3:0	15.0	4	45	110	15
		二	14.0	4.0	10.8	±3.0	0:0:7:3	17.0	—	—	—	—

续表

纱线规格		等级	单纱断裂强力变异系数/% ≤	线密度变异系数/% ≤	单纱断裂强度/(cN/tex) ≥	线密度偏差率/%	条干均匀度		纱疵				十万米纱疵/(个/10⁵ m) ≤
公称线密度/tex	英支						黑板条干均匀度10块板比例(优:一:二:三)不低于	条干均匀度变异系数/% ≤	千米纱疵(个/km)				
									细节(-50%) ≤	粗节(+50%) ≤	棉结(+200%) ≤	
25~30	19~23	优	8.0	2.0	15.8	±2.0	7:3:0:0	11.5	1	16	36	8
		一	11.0	3.0	12.8	±2.5	0:7:3:0	14.0	2	28	70	15
		二	13.5	4.0	10.8	±3.0	0:0:7:3	16.0	—	—	—	—
32及以上	18及以下	优	7.5	2.0	16.0	±2.0	7:3:0:0	11.0	1	10	18	5
		一	10.5	3.0	13.0	±2.5	0:7:3:0	13.5	2	18	50	10
		二	13.0	4.0	11.0	±3.0	0:0:7:3	15.5	—	—	—	—

④精梳棉涤混纺本色线(棉含量在70%以上)技术要求(表2-3-68)。

表2-3-68 精梳棉涤混纺本色线(棉含量在70%以上)技术要求

纱线规格		等级	单线断裂强力变异系数/% ≤	线密度变异系数/% ≤	单线断裂强度/(cN/tex) ≥	线密度偏差率/%	条干均匀度变异系数/% ≤
公称线密度/tex	英支						
(6×2)~(7.5×2)	(74/2)~(100/2)	优	10.5	1.5	16.8	±2.0	12.5
		一	12.5	2.5	14.8	±2.5	15.0
		二	14.5	3.5	12.8	±3.0	—

续表

纱线规格		等级	单线断裂强力变异系数/% ≤	线密度变异系数/% ≤	单线断裂强度/(cN/tex) ≥	线密度偏差率/%	条干均匀度变异系数/% ≤
公称线密度/tex	英支						
(8×2)~(10×2)	(55/2)~(73/2)	优	10.0	1.5	17.0	±2.0	11.5
		一	12.0	2.5	15.0	±2.5	14.0
		二	14.0	3.5	13.0	±3.0	—
(11×2)~(13×2)	(45/2)~(54/2)	优	9.5	1.5	17.2	±2.0	11.0
		一	11.5	2.5	15.2	±2.5	13.5
		二	13.5	3.5	13.2	±3.0	—
(14×2)~(16×2)	(36/2)~(44/2)	优	9.0	1.5	17.4	±2.0	10.5
		一	11.0	2.5	15.4	±2.5	13.0
		二	13.0	3.5	13.4	±3.0	—
(17×2)~(20×2)	(29/2)~(35/2)	优	8.5	1.5	17.6	±2.0	10.5
		一	10.5	2.5	15.6	±2.5	13.0
		二	12.5	3.5	13.6	±3.0	—
(21×2)~(24×2)	(24/2)~(28/2)	优	8.0	1.5	18.0	±2.0	10.0
		一	10.0	2.5	16.0	±2.5	12.5
		二	12.0	3.5	14.0	±3.0	—
(25×2)~(30×2)	(19/2)~(23/2)	优	8.0	1.5	18.4	±2.0	9.5
		一	10.0	2.5	16.4	±2.5	12.0
		二	12.0	3.5	14.4	±3.0	—

续表

纱线规格		等级	单线断裂强力 变异系数/% ≤	线密度 变异系数/% ≤	单线断裂强度/ (cN/tex) ≥	线密度 偏差率/% ≤	条干均匀度 变异系数/% ≤
公称线密度/tex	英支						
(32×2) 及以上	(18/2) 及以上	优	7.5	1.5	18.8	±2.0	9.0
		一	9.5	2.5	16.8	±2.5	11.5
		二	11.5	3.5	14.8	±3.0	—

（3）普梳涤与棉混纺本色纱线（FZ/T 12005—2020）。

① 普梳涤棉混纺本色色纱（涤纶含量60%及以上）技术要求（表2-3-69）。

表2-3-69　普梳涤棉混纺本色纱（涤纶含量在60%及以上）技术要求

纱线规格		等级	单纱断裂强力变异系数/% ≤	线密度变异系数/% ≤	单纱断裂强度/(cN/tex) ≥	线密度偏差率/% ≤	条干均匀度		黑板棉结粒数/ (粒/g) ≤	黑板棉结杂质总粒数/ (粒/g) ≤	纱疵			
公称线密度/tex	英支						黑板条干均匀度10块板比例 (优:一:二:三)	条干均匀度变异系数/% ≤			千米纱疵/(个/km) ≤			十万米纱疵/ (个/10⁵ m) ≤
											细节 (-50%)	粗节 (+50%)	棉结 (+200%)	
8~10	55~73	优	11.5	2.2	17.6	±2.0	7:3:0:0	16.0	22	30	36	600	980	18
		一	14.5	3.5	14.6	±2.5	0:7:3:0	18.5	42	60	—	—	—	30
		二	17.0	4.5	12.6	±3.0	0:0:7:3	21.0	66	85	—	—	—	—
11~13	45~54	优	11.0	2.2	18.0	±2.0	7:3:0:0	15.5	22	30	28	420	720	18
		一	14.0	3.5	15.0	±2.5	0:7:3:0	18.0	42	60	—	—	—	30
		二	16.5	4.5	13.0	±3.0	0:0:7:3	20.5	66	85	—	—	—	—

注：黑板条干均匀度10块板比例栏"不低于"。

续表

纱线规格		等级	单纱断裂强力变异系数/% ≤	线密度变异系数/% ≤	单纱断裂强度/(cN/tex) ≥	线密度偏差率/%	条干均匀度		黑板棉结粒数/(粒/g) ≤	黑板棉结杂质总粒数/(粒/g) ≤	纱疵			
公称线密度/tex	英支						黑板条干均匀度10块板比例(优:一:二:三)不低于	条干均匀度变异系数/% ≤			千米纱疵/(个/km)			十万米纱疵/(个/10⁵m) ≤
											细节(-50%) ≤	粗节(+50%) ≤	棉结(+200%) ≤	
14~16	36~44	优	10.5	2.2	18.4	±2.0	7:3:0:0	15.0	22	30	18	320	460	18
		一	13.5	3.5	15.4	±2.5	0:7:3:0	17.5	42	60	—	—	—	30
		二	16.0	4.5	13.4	±3.0	0:0:7:3	20.0	66	85	—	—	—	—
17~20	29~35	优	10.0	2.2	18.8	±2.0	7:3:0:0	14.5	22	30	12	220	300	18
		一	13.0	3.5	15.8	±2.5	0:7:3:0	17.0	42	60	—	—	—	30
		二	15.5	4.5	13.8	±3.0	0:0:7:3	19.5	66	85	—	—	—	—
21~24	24~28	优	9.5	2.2	19.2	±2.0	7:3:0:0	13.5	22	30	7	140	200	12
		一	12.5	3.5	16.2	±2.5	0:7:3:0	16.0	42	60	—	—	—	24
		二	15.0	4.5	14.2	±3.0	0:0:7:3	18.5	66	85	—	—	—	—
25~30	19~23	优	9.0	2.2	19.2	±2.0	7:3:0:0	13.0	22	30	4	100	140	12
		一	12.0	3.5	16.2	±2.5	0:7:3:0	15.5	42	60	—	—	—	24
		二	14.5	4.5	14.2	±3.0	0:0:7:3	18.0	66	85	—	—	—	—
32~34	17~18	优	8.5	2.2	19.6	±2.0	7:3:0:0	12.0	20	28	3	80	100	8
		一	11.5	3.5	16.6	±2.5	0:7:3:0	14.5	38	56	—	—	—	15
		二	14.0	4.5	14.6	±3.0	0:0:7:3	17.0	60	78	—	—	—	—

续表

纱线规格		等级	单纱断裂强力变异系数/% ≤	线密度变异系数/% ≤	单纱断裂强度/(cN/tex) ≥	线密度偏差率/%	条干均匀度		黑板棉结粒数/(粒/g) ≤	黑板棉结杂质总粒数/(粒/g) ≤	纱疵			
公称线密度/tex	英支						黑板条干均匀度10块板比例(优：一：二：三)不低于	条干均匀度变异系数/% ≤			千米纱疵/(个/km) 细节(-50%) ≤	千米纱疵/(个/km) 粗节(+50%) ≤	千米纱疵/(个/km) 棉结(+200%) ≤	十万米纱疵/(个/10^5m) ≤
36~48	12~16	优	8.0	2.2	20.0	±2.0	7：3：0：0	11.5	20	28	2	50	70	8
		一	11.0	3.5	17.0	±2.5	0：7：3：0	14.0	38	56	—	—	—	15
		二	13.5	4.5	15.0	±3.0	0：0：7：3	16.5	60	78	—	—	—	—
50~100	6~11	优	7.5	2.2	20.0	±2.0	7：3：0：0	10.5	20	28	1	35	45	8
		一	10.5	3.5	17.0	±2.5	0：7：3：0	13.0	38	56	—	—	—	15
		二	13.0	4.5	15.0	±3.0	0：0：7：3	15.5	60	78	—	—	—	—

②普梳涤棉混纺本色线(涤纶含量在60%及以上)技术要求(表2-3-70)。

表2-3-70　普梳涤棉混纺本色线(涤纶含量在60%及以上)技术要求

纱线规格		等级	单线断裂强力变异系数/% ≤	线密度变异系数/% ≤	单线断裂强度/(cN/tex) ≥	线密度偏差率/%	黑板棉结粒数/(粒/g) ≤	黑板棉结杂质总粒数/(粒/g) ≤	条干均匀度变异系数/% ≤
公称线密度/tex	英支								
(8×2)~(10×2)	(55/2)~(73/2)	优	10.0	1.5	19.0	±2.0	14	24	12.0
		一	12.0	2.5	16.0	±2.5	28	38	—
		二	14.0	3.5	14.0	±3.0	48	64	—

续表

纱线规格 公称线密度/tex	英支	等级	单线断裂强力变异系数/% ≤	线密度变异系数/% ≤	单线断裂强度/(cN/tex) ≥	线密度偏差率/%	黑板棉结粒数/(粒/g) ≤	黑板棉结杂质总粒数/(粒/g) ≤	条干均匀度变异系数/% ≤
(11×2)~(13×2)	(45/2)~(54/2)	优	9.5	1.5	19.4	±2.0	14	24	11.5
		一	11.5	2.5	16.4	±2.5	28	38	—
		二	13.5	3.5	14.4	±3.0	48	64	—
(14×2)~(16×2)	(36/2)~(44/2)	优	9.0	1.5	19.8	±2.0	14	24	11.0
		一	11.0	2.5	16.8	±2.5	28	38	—
		二	13.0	3.5	14.8	±3.0	48	64	—
(17×2)~(20×2)	(29/2)~(35/2)	优	8.5	1.5	20.0	±2.0	14	24	10.5
		一	10.5	2.5	17.0	±2.5	28	38	—
		二	12.5	3.5	15.0	±3.0	48	64	—
(21×2)~(24×2)	(24/2)~(28/2)	优	8.0	1.5	20.4	±2.0	14	24	10.0
		一	10.0	2.5	17.4	±2.5	28	38	—
		二	12.0	3.5	15.4	±3.0	48	64	—
(25×2)~(30×2)	(19/2)~(23/2)	优	8.0	1.5	20.4	±2.0	14	24	9.5
		一	10.0	2.5	17.4	±2.5	28	38	—
		二	12.0	3.5	15.4	±3.0	48	64	—

续表

纱线规格		等级	单线断裂强力变异系数/% ≤	线密度变异系数/% ≤	单线断裂强度/(cN/tex) ≥	线密度偏差率/%	黑板棉结 粒数/(粒/g) ≤	黑板棉结杂质 总粒数/(粒/g) ≤	条干均匀度 变异系数/% ≤
公称线密度/tex	英支								
(32×2)~(48×2)	(12/2)~(18/2)	优	7.5	1.5	20.8	±2.0	12	22	9.5
		一	9.5	2.5	17.8	±2.5	26	36	—
		二	11.5	3.5	15.8	±3.0	46	60	—
(50×2)~(100×2)	(6/2)~(11/2)	优	7.0	1.5	21.2	±2.0	12	22	9.0
		一	9.0	2.5	18.2	±2.5	26	36	—
		二	11.0	3.5	16.2	±3.0	46	60	—

③普梳涤棉混纺本色纱(涤纶含量在50%至60%以下)技术要求(表2-3-71)。

表2-3-71　普梳涤棉混纺本色纱(涤纶含量在50%至60%以下)技术要求

纱线规格		等级	单纱断裂强力变异系数/% ≤	线密度变异系数/% ≤	单纱断裂强度/(cN/tex) ≥	线密度偏差率/%	条干均匀度		黑板棉结 粒数/(粒/g) ≤	黑板棉结杂质 总粒数/(粒/g) ≤	纱疵			
公称线密度/tex	英支						黑板条干均匀度10块板比例(优:一:二:三) 不低于	条干均匀度变异系数/% ≤			千米纱疵/(个/km)			十万米纱疵/(个/10⁵ m) ≤
											细节(-50%) ≤	粗节(+50%) ≤	棉结(+200%) ≤	
8~10	55~73	优	11.5	2.2	16.8	±2.0	7:3:0:0	16.0	24	35	320	1200	1260	18
		一	14.5	3.5	13.8	±2.5	0:7:3:0	18.5	48	70	—	—	—	30
		二	17.0	4.5	11.8	±3.0	0:0:7:3	21.0	76	95	—	—	—	—

续表

纱线规格 公称线密度/tex	英支	等级	单纱断裂强力变异系数/% ≤	线密度变异系数/% ≤	单纱断裂强度/(cN/tex) ≥	线密度偏差率/%	黑板条干均匀度10块板比例(优:一:二:三)不低于	条干均匀度变异系数/% ≤	黑板棉结粒数/(粒/g) ≤	黑板棉结杂质总粒数/(粒/g) ≤	千米纱疵/(个/km) ≤ 细节(-50%)	粗节(+50%)	棉结(+200%)	十万米纱疵/(个/10⁵ m) ≤
11~13	45~54	优	11.0	2.2	17.2	±2.0	7:3:0:0	15.5	24	35	160	720	860	18
		一	14.0	3.5	14.2	±2.5	0:7:3:0	18.0	48	70	—	—	—	30
		二	16.5	4.5	12.2	±3.0	0:0:7:3	20.5	76	95	—	—	—	—
14~16	36~44	优	10.5	2.2	17.6	±2.0	7:3:0:0	15.0	24	35	90	460	580	18
		一	13.5	3.5	14.6	±2.5	0:7:3:0	17.5	48	70	—	—	—	30
		二	16.0	4.5	12.6	±3.0	0:0:7:3	20.0	76	95	—	—	—	—
17~20	29~35	优	10.0	2.2	18.0	±2.0	7:3:0:0	14.5	24	35	40	280	360	18
		一	13.0	3.5	15.0	±2.5	0:7:3:0	17.0	48	70	—	—	—	30
		二	15.5	4.5	13.0	±3.0	0:0:7:3	19.5	76	95	—	—	—	—
21~24	24~28	优	9.5	2.2	18.4	±2.0	7:3:0:0	13.5	24	35	20	180	240	12
		一	12.5	3.5	15.4	±2.5	0:7:3:0	16.0	48	70	—	—	—	24
		二	15.0	4.5	13.4	±3.0	0:0:7:3	18.5	76	95	—	—	—	—

续表

纱线规格		等级	单纱断裂强力变异系数/% ≤	线密度变异系数/% ≤	单纱断裂强度/(cN/tex) ≥	线密度偏差率/%	条干均匀度		黑板棉结粒数/(粒/g) ≤	黑板棉结杂质总粒数/(粒/g) ≤	纱疵			
公称线密度/tex	英支						黑板条干均匀度10块板比例(优:一:二:三) 不低于	条干均匀度变异系数/% ≤			千米纱疵/(个/km)			十万米纱疵/(个/10⁵ m) ≤
											细节(-50%) ≤	粗节(+50%) ≤	棉结(+200%) ≤	
25~30	19~23	优	9.0	2.2	18.4	±2.0	7:3:0:0	13.0	24	35	10	120	160	12
		一	12.0	3.5	15.4	±2.5	0:7:3:0	15.5	48	70	—	—	—	24
		二	14.5	4.5	13.4	±3.0	0:0:7:3	18.0	76	95	—	—	—	—
32~34	17~18	优	8.5	2.2	18.8	±2.0	7:3:0:0	12.0	22	32	4	90	120	8
		一	11.5	3.5	15.8	±2.5	0:7:3:0	14.5	44	65	—	—	—	15
		二	14.0	4.5	13.8	±3.0	0:0:7:3	17.0	70	90	—	—	—	—
36~48	12~16	优	8.0	2.2	19.2	±2.0	7:3:0:0	11.5	22	32	2	60	90	8
		一	11.0	3.5	16.2	±2.5	0:7:3:0	14.0	44	65	—	—	—	15
		二	13.5	4.5	14.2	±3.0	0:0:7:3	16.5	70	90	—	—	—	—
50~100	6~11	优	7.5	2.2	19.2	±2.0	7:3:0:0	10.5	22	32	1	38	55	8
		一	10.5	3.5	16.2	±2.5	0:7:3:0	13.0	44	65	—	—	—	15
		二	13.0	4.5	14.2	±3.0	0:0:7:3	15.5	70	90	—	—	—	—

④普梳涤棉混纺本色线（涤纶含量50%至60%以下）技术要求（表2-3-72）。

表2-3-72　普梳涤棉混纺本色线（涤纶含量50%至60%以下）技术要求

纱线规格		等级	单线断裂强力变异系数/% ≤	线密度变异系数/% ≤	单线断裂强度/(cN/tex) ≥	线密度偏差率/%	黑板棉结粒数/(粒/g) ≤	黑板棉结杂质总粒数/(粒/g) ≤	条干均匀度变异系数/% ≤
公称线密度/tex	英支								
(8×2)~(10×2)	(55/2)~(73/2)	优	10.0	1.5	18.0	±2.0	18	26	12.0
		一	12.0	2.5	15.0	±2.5	32	46	—
		二	14.0	3.5	13.0	±3.0	54	74	—
(11×2)~(13×2)	(45/2)~(54/2)	优	9.5	1.5	18.4	±2.0	18	26	11.5
		一	11.5	2.5	15.4	±2.5	32	46	—
		二	13.5	3.5	13.4	±3.0	54	74	—
(14×2)~(16×2)	(36/2)~(44/2)	优	9.0	1.5	18.8	±2.0	18	26	11.0
		一	11.0	2.5	15.8	±2.5	32	46	—
		二	13.0	3.5	13.8	±3.0	54	74	—
(17×2)~(20×2)	(29/2)~(35/2)	优	8.5	1.5	19.0	±2.0	18	26	10.5
		一	10.5	2.5	16.0	±2.5	32	46	—
		二	12.5	3.5	14.0	±3.0	54	74	—
(21×2)~(24×2)	(24/2)~(28/2)	优	8.0	1.5	19.4	±2.0	18	26	10.0
		一	10.0	2.5	16.4	±2.5	32	46	—
		二	12.0	3.5	14.4	±3.0	54	74	—

续表

纱线规格 公称线密度/tex	纱线规格 英支	等级	单线断裂强力变异系数/% ≤	线密度变异系数/% ≤	单线断裂强度/(cN/tex) ≥	线密度偏差率/%	黑板棉结粒数/(粒/g) ≤	黑板棉结杂质总粒数/(粒/g) ≤	条干均匀度变异系数/% ≤
(25×2)~(30×2)	(19/2)~(23/2)	优	8.0	1.5	19.4	±2.0	18	26	9.5
		一	10.0	2.5	16.4	±2.5	32	46	—
		二	12.0	3.5	14.4	±3.0	54	74	—
(32×2)~(48×2)	(12/2)~(18/2)	优	7.5	1.5	19.8	±2.0	17	24	9.5
		一	9.5	2.5	16.8	±2.5	30	42	—
		二	11.5	3.5	14.8	±3.0	50	70	—
(50×2)~(100×2)	(6/2)~(11/2)	优	7.0	1.5	20.2	±2.0	17	24	9.0
		一	9.0	2.5	17.2	±2.5	30	42	—
		二	11.0	3.5	15.2	±3.0	50	70	—

⑤普梳棉涤涤纶混纺本色纱(涤纶含量在30%至50%以下)技术要求(表2-3-73)。

表2-3-73 普梳棉涤混纺本色纱(涤纶含量在30%至50%以下)技术要求

纱线规格 公称线密度/tex	纱线规格 英支	等级	单纱断裂强力变异系数/% ≤	线密度变异系数/% ≤	单纱断裂强度/(cN/tex) ≥	线密度偏差率/%	条干均匀度 黑板条干均匀度10块板比例(优:一:二:三)不低于	条干均匀度变异系数/% ≤	黑板棉结粒数/(粒/g) ≤	黑板棉结杂质总粒数/(粒/g) ≤	纱疵 千米纱疵/(个/km) 细节(-50%) ≤	纱疵 千米纱疵/(个/km) 粗节(+50%) ≤	纱疵 千米纱疵/(个/km) 棉结(+200%) ≤	纱疵 十万米纱疵/(个/10^5 m) ≤
8~10	55~73	优	12.0	2.2	15.2	±2.0	7:3:0:0	17.5	27	45	420	1300	1580	18
		一	15.0	3.5	12.2	±2.5	0:7:3:0	20.0	58	85	—	—	—	30
		二	17.5	4.5	10.2	±3.0	0:0:7:3	22.5	98	120	—	—	—	—

续表

纱线规格 公称线密度/tex	英支	等级	单纱断裂强力变异系数/% ≤	线密度变异系数/% ≤	单纱断裂强度/(cN/tex) ≥	线密度偏差率/%	条干均匀度 黑板条干均匀度10块板比例(优:一:二:三) 不低于	条干均匀度变异系数/% ≤	黑板棉结粒数/(粒/g) ≤	黑板棉结杂质总粒数/(粒/g) ≤	千米纱疵 细节(-50%) ≤	千米纱疵 粗节(+50%) ≤	纱疵 棉结(+200%) ≤	十万米纱疵/(个/10⁵ m) ≤
11~13	45~54	优	11.5	2.2	15.4	±2.0	7:3:0:0	16.5	27	45	200	800	1000	18
		一	14.5	3.5	12.4	±2.5	0:7:3:0	19.0	58	85	—	—	—	30
		二	17.0	4.5	10.4	±3.0	0:0:7:3	21.5	98	120	—	—	—	—
14~16	36~44	优	11.0	2.2	15.8	±2.0	7:3:0:0	16.0	27	45	120	520	700	18
		一	14.0	3.5	12.8	±2.5	0:7:3:0	18.5	58	85	—	—	—	30
		二	16.5	4.5	10.8	±3.0	0:0:7:3	21.0	98	120	—	—	—	—
17~20	29~35	优	10.5	2.2	16.0	±2.0	7:3:0:0	15.5	27	45	50	320	420	18
		一	13.5	3.5	13.0	±2.5	0:7:3:0	18.0	58	85	—	—	—	30
		二	16.0	4.5	11.0	±3.0	0:0:7:3	20.5	98	120	—	—	—	—
21~24	24~28	优	10.0	2.2	16.4	±2.0	7:3:0:0	14.5	27	45	24	200	280	12
		一	13.0	3.5	13.4	±2.5	0:7:3:0	17.0	58	85	—	—	—	24
		二	15.5	4.5	11.4	±3.0	0:0:7:3	19.5	98	120	—	—	—	—
25~30	19~23	优	9.5	2.2	16.4	±2.0	7:3:0:0	14.0	27	45	14	140	180	12
		一	12.5	3.5	13.4	±2.5	0:7:3:0	16.5	58	85	—	—	—	24
		二	15.0	4.5	11.4	±3.0	0:0:7:3	19.0	98	120	—	—	—	—
32~34	17~18	优	9.0	2.2	16.8	±2.0	7:3:0:0	13.0	25	42	5	110	140	8
		一	12.0	3.5	13.8	±2.5	0:7:3:0	15.5	55	80	—	—	—	15
		二	14.5	4.5	11.8	±3.0	0:0:7:3	18.0	90	112	—	—	—	—

续表

| 纱线规格 | | 等级 | 单纱断裂强力变异系数/% ≤ | 线密度变异系数/% ≤ | 单纱断裂强度/(cN/tex) ≥ | 线密度偏差率/% | 条干均匀度 | | 黑板棉结粒数/(粒/g) ≤ | 黑板棉结杂质总粒数/(粒/g) ≤ | 纱疵 | | | | 十万米纱疵/(个/10⁵ m) ≤ |
| 公称线密度/tex | 英支 | | | | | | 黑板条干均匀度 10块板比例(优:一:二:三)不低于 | 条干均匀度变异系数/% | | | 千米纱疵/(个/km) | | | |
											细节(-50%)≤	粗节(+50%)≤	棉结(+200%)≤	
36~48		优	8.5	2.2	17.2	±2.0	7:3:0:0	12.5	25	42	3	80	110	8
		一	11.5	3.5	14.2	±2.5	0:7:3:0	15.0	55	80	—	—	—	15
		二	14.0	4.5	12.2	±3.0	0:0:7:3	17.5	90	112	—	—	—	—
50~100		优	8.0	2.2	17.2	±2.0	7:3:0:0	11.5	25	42	1	55	75	8
		一	11.0	3.5	14.2	±2.5	0:7:3:0	14.0	55	80	—	—	—	15
		二	13.5	4.5	12.2	±3.0	0:0:7:3	16.5	90	112	—	—	—	—

⑥普梳棉涤涤纺本色线(涤纶含量在30%至50%以下)技术要求(表2-3-74)。

表2-3-74 普梳棉涤涤纺本色线(涤纶含量在30%至50%以下)技术要求

| 纱线规格 | | 等级 | 单线断裂强力变异系数/% ≤ | 线密度变异系数/% ≤ | 单线断裂强度/(cN/tex) ≥ | 线密度偏差率/% | 黑板棉结粒数/(粒/g) ≤ | 黑板棉结杂质总粒数/(粒/g) ≤ | 条干均匀度变异系数/% ≤ |
公称线密度/tex	英支								
(8×2)~(10×2)	(55/2)~(73/2)	优	10.5	1.5	16.6	±2.0	22	32	12.0
		一	12.5	2.5	13.6	±2.5	40	60	—
		二	14.5	3.5	11.6	±3.0	62	90	—

纱线规格 公称线密度/tex	英支	等级	单线断裂强力 变异系数/% ≤	线密度 变异系数/% ≤	单线断裂强度/(cN/tex) ≥	线密度 偏差率/%	黑板棉结 粒数/(粒/g) ≤	黑板棉结杂质 总粒数/(粒/g) ≤	条干均匀度 变异系数/% ≤
(11×2)~(13×2)	(45/2)~(54/2)	优	10.0	1.5	17.0	±2.0	22	32	11.5
		一	12.0	2.5	14.0	±2.5	40	60	—
		二	14.0	3.5	12.0	±3.0	62	90	—
(14×2)~(16×2)	(36/2)~(44/2)	优	9.5	1.5	17.4	±2.0	22	32	11.0
		一	11.5	2.5	14.4	±2.5	40	60	—
		二	13.5	3.5	12.4	±3.0	62	90	—
(17×2)~(20×2)	(29/2)~(35/2)	优	9.0	1.5	17.6	±2.0	22	32	11.0
		一	11.0	2.5	14.6	±2.5	40	60	—
		二	13.0	3.5	12.6	±3.0	62	90	—
(21×2)~(24×2)	(24/2)~(28/2)	优	8.5	1.5	18.0	±2.0	22	32	10.5
		一	10.5	2.5	15.0	±2.5	40	60	—
		二	12.5	3.5	13.0	±3.0	62	90	—
(25×2)~(30×2)	(19/2)~(23/2)	优	8.5	1.5	18.0	±2.0	22	32	10.0
		一	10.5	2.5	15.0	±2.5	40	60	—
		二	12.5	3.5	13.0	±3.0	62	90	—

续表

纱线规格 公称线密度/tex	英支	等级	单线断裂强力变异系数/% ≤	线密度变异系数/% ≤	单线断裂强度/(cN/tex) ≥	线密度偏差率/%	黑板棉结粒数/(粒/g) ≤	黑板棉结杂质总粒数/(粒/g) ≤	条干均匀度变异系数/% ≤
(32×2)~(48×2)	(12/2)~(18/2)	优	8.0	1.5	18.4	±2.0	20	30	9.5
		一	10.0	2.5	15.4	±2.5	38	56	—
		二	12.0	3.5	13.4	±3.0	58	88	—
(50×2)~(100×2)	(6/2)~(11/2)	优	7.5	1.5	18.8	±2.0	20	30	9.0
		一	9.5	2.5	15.8	±2.5	38	56	—
		二	11.5	3.5	13.8	±3.0	58	88	—

⑦普梳棉涤混纺本色纱(涤纶含量在30%以下)技术要求(表2-3-75)。

表2-3-75　普梳棉涤混纺本色纱(涤纶含量在30%以下)技术要求

纱线规格 公称线密度/tex	英支	等级	单纱断裂强力变异系数/% ≤	线密度变异系数/% ≤	单纱断裂强度/(cN/tex) ≥	线密度偏差率/%	条干均匀度 黑板条干均匀度10块板比例(优:一:二:三)不低于	条干均匀度变异系数/% ≤	黑板棉结 棉结粒数/(粒/g) ≤	黑板棉结 结杂质总粒数/(粒/g) ≤	千米纱疵(个/km) 细节(-50%) ≤	千米纱疵(个/km) 粗节(+50%) ≤	千米纱疵(个/km) 棉结(+200%) ≤	十万米纱疵(个/10⁵ m) ≤
8~10	55~73	优	12.0	2.2	14.2	±2.0	7:3:0:0	17.5	30	55	460	1420	1800	18
		一	15.0	3.5	11.2	±2.5	0:7:3:0	20.0	65	105	—	—	—	30
		二	17.5	4.5	9.2	±3.0	0:0:7:3	22.5	105	155	—	—	—	—

续表

纱线规格 公称线密度/tex	英支	等级	单纱断裂强力变异系数/% ≤	线密度变异系数/% ≤	单纱断裂强度/(cN/tex) ≥	线密度偏差率/%	黑板条干均匀度10块板比例(优:一:二:三)不低于	条干均匀度变异系数/% ≤	黑板棉结粒数/(粒/g) ≤	黑板棉结杂质总粒数/(粒/g) ≤	千米纱疵 细节(-50%) ≤	千米纱疵 粗节(+50%) ≤	千米纱疵 棉结(+200%) ≤	十万米纱疵/(个/10⁵m) ≤
11~13	45~54	优	11.5	2.2	14.4	±2.0	7:3:0:0	16.5	30	55	220	900	1150	18
		一	14.5	3.5	11.4	±2.5	0:7:3:0	19.0	65	105	—	—	—	30
		二	17.0	4.5	9.4	±3.0	0:0:7:3	21.5	105	155	—	—	—	—
14~16	36~44	优	11.0	2.2	14.8	±2.0	7:3:0:0	16.0	30	55	140	580	780	18
		一	14.0	3.5	11.8	±2.5	0:7:3:0	18.5	65	105	—	—	—	30
		二	16.5	4.5	9.8	±3.0	0:0:7:3	21.0	105	155	—	—	—	—
17~20	29~35	优	10.5	2.2	15.0	±2.0	7:3:0:0	15.5	30	55	60	360	460	18
		一	13.5	3.5	12.0	±2.5	0:7:3:0	18.0	65	105	—	—	—	30
		二	16.0	4.5	10.0	±3.0	0:0:7:3	20.5	105	155	—	—	—	—
21~24	24~28	优	10.0	2.2	15.4	±2.0	7:3:0:0	14.5	30	55	30	220	300	12
		一	13.0	3.5	12.4	±2.5	0:7:3:0	17.0	65	105	—	—	—	24
		二	15.5	4.5	10.4	±3.0	0:0:7:3	19.5	105	155	—	—	—	—
25~30	19~23	优	9.5	2.2	15.4	±2.0	7:3:0:0	14.0	30	55	18	160	200	12
		一	12.5	3.5	12.4	±2.5	0:7:3:0	16.5	65	105	—	—	—	24
		二	15.0	4.5	10.4	±3.0	0:0:7:3	19.0	105	155	—	—	—	—

续表

纱线规格		等级	单纱断裂强力变异系数/% ≤	线密度变异系数/% ≤	单纱断裂强度/(cN/tex) ≥	线密度偏差率/%	条干均匀度		黑板棉结粒数/(粒/g) ≤	黑板棉结杂质总粒数/(粒/g) ≤	纱疵			十万米纱疵/(个/10⁵ m) ≤
公称线密度/tex	英支						黑板条干均匀度10块板比例(优:一:二:三) 不低于	条干均匀度变异系数/% ≤			千米纱疵/(个/km) 细节(-50%) ≤	粗节(+50%) ≤	棉结(+200%) ≤	
32~34	17~18	优	9.0	2.2	15.8	±2.0	7:3:0:0	13.0	28	53	7	120	150	8
		一	12.0	3.5	12.8	±2.5	0:7:3:0	15.5	62	100	—	—	—	15
		二	14.5	4.5	10.8	±3.0	0:0:7:3	18.0	98	150	—	—	—	—
36~48	12~16	优	8.5	2.2	16.2	±2.0	7:3:0:0	12.5	28	53	3	90	120	8
		一	11.5	3.5	13.2	±2.5	0:7:3:0	15.0	62	100	—	—	—	15
		二	14.0	4.5	11.2	±3.0	0:0:7:3	17.5	98	150	—	—	—	—
50~100	6~11	优	8.0	2.2	16.2	±2.0	7:3:0:0	11.5	28	53	1	60	80	8
		一	11.0	3.5	13.2	±2.5	0:7:3:0	14.0	62	100	—	—	—	15
		二	13.5	4.5	11.2	±3.0	0:0:7:3	16.5	98	150	—	—	—	—

⑧普梳棉涤混纺本色线(涤纶含量在30%以下)技术要求(表2-3-76)。

表2-3-76 普梳棉涤混纺本色线（涤纶含量在30%以下）技术要求

纱线规格		等级	单线断裂强力变异系数/% ≤	线密度变异系数/% ≤	单线断裂强度/(cN/tex) ≥	线密度偏差率/%	黑板棉结粒数/(粒/g) ≤	黑板棉结杂质总粒数/(粒/g) ≤	条干均匀度变异系数/% ≤
公称线密度/tex	英支								
(8×2)~(10×2)	(55/2)~(73/2)	优	10.5	1.5	16.0	±2.0	26	42	12.0
		一	12.5	2.5	13.0	±2.5	48	75	—
		二	14.5	3.5	11.0	±3.0	86	115	—
(11×2)~(13×2)	(45/2)~(54/2)	优	10.0	1.5	16.4	±2.0	26	42	11.5
		一	12.0	2.5	13.4	±2.5	48	75	—
		二	14.0	3.5	11.4	±3.0	86	115	—
(14×2)~(16×2)	(36/2)~(44/2)	优	9.5	1.5	16.8	±2.0	26	42	11.0
		一	11.5	2.5	13.8	±2.5	48	75	—
		二	13.5	3.5	11.8	±3.0	86	115	—
(17×2)~(20×2)	(29/2)~(35/2)	优	9.0	1.5	17.0	±2.0	26	42	11.0
		一	11.0	2.5	14.0	±2.5	48	75	—
		二	13.0	3.5	12.0	±3.0	86	115	—
(21×2)~(24×2)	(24/2)~(28/2)	优	8.5	1.5	17.4	±2.0	26	42	10.5
		一	10.5	2.5	14.4	±2.5	48	75	—
		二	12.5	3.5	12.4	±3.0	86	115	—
(25×2)~(30×2)	(19/2)~(23/2)	优	8.5	1.5	17.4	±2.0	26	42	10.0
		一	10.5	2.5	14.4	±2.5	48	75	—
		二	12.5	3.5	12.4	±3.0	86	115	—

续表

纱线规格		等级	单线断裂强力变异系数/% ≤	线密度变异系数/% ≤	单线断裂强度/(cN/tex) ≥	线密度偏差率/%	黑板棉结粒数/(粒/g) ≤	黑板棉结杂质总粒数/(粒/g) ≤	条干均匀度变异系数/% ≤
公称线密度/tex	英支								
(32×2)~(48×2)	(12/2)~(18/2)	优	8.0	1.5	17.8	±2.0	24	40	9.5
		一	10.0	2.5	14.8	±2.5	44	72	—
		二	12.0	3.5	12.8	±3.0	80	112	—
(50×2)~(100×2)	(6/2)~(11/2)	优	7.5	1.5	18.2	±2.0	24	40	9.0
		一	9.5	2.5	15.2	±2.5	44	72	—
		二	11.5	3.5	13.2	±3.0	80	112	—

(4) 涤纶与黏胶纤维混纺本色纱线（FZ/T 12004—2015）。

① 涤纶与黏胶纤维混纺本色纱（涤纶含量在50%及以上）技术要求（表2-3-77）。

表2-3-77 涤纶与黏胶纤维混纺本色纱（涤纶含量在50%及以上）技术要求

公称线密度/tex	等级	线密度偏差率/%	线密度变异系数/% ≤	单纱断裂强度/(cN/tex) ≥	单纱断裂强力变异系数/% ≤	条干均匀度变异系数/% ≤	千米棉结(+200%)/(个/km) ≤	十万米纱疵/(个/10⁵ m) ≤
8.1~11.0	优	±2.0	2.0	18.5	11.0	14.5	150	10
	一	±2.5	3.0	16.5	14.0	16.5	300	18
	二	±3.0	4.0	14.5	17.0	18.5	550	—
11.1~13.0	优	±2.0	2.0	19.0	10.0	14.0	100	8
	一	±2.5	3.0	17.0	13.0	16.0	200	15
	二	±3.0	4.0	15.0	16.0	18.0	360	—

续表

公称线密度/tex	等级	线密度偏差率/%	线密度变异系数/% ≤	单纱断裂强度/(cN/tex) ≥	单纱断裂强力变异系数/% ≤	条干均匀度变异系数/% ≤	千米棉结(+200%)/(个/km) ≤	十万米纱疵/(个/10⁵m) ≤
13.1~16.0	优	±2.0	2.0	19.5	9.0	13.5	65	8
	一	±2.5	3.0	17.5	12.0	15.5	120	15
	二	±3.0	4.0	15.5	15.0	17.5	190	—
16.1~20.0	优	±2.0	2.0	20.0	9.0	13.0	45	8
	一	±2.5	3.0	18.0	12.0	15.0	80	15
	二	±3.0	4.0	16.0	15.0	17.0	150	—
20.1~24.0	优	±2.0	2.0	20.5	8.0	12.5	30	8
	一	±2.5	3.0	18.5	11.0	14.5	60	15
	二	±3.0	4.0	16.5	14.0	16.5	110	—
24.1~31.0	优	±2.0	2.0	21.0	8.0	12.0	25	8
	一	±2.5	3.0	19.0	11.0	14.0	50	15
	二	±3.0	4.0	17.0	14.0	16.0	90	—
31.1及以上	优	±2.0	2.0	22.0	7.0	11.5	20	5
	一	±2.5	3.0	20.0	10.0	13.5	40	10
	二	±3.0	4.0	18.0	13.0	15.5	70	—

注　1. 紧密纺、紧密赛络纺单纱断裂强度在本表对应数值基础上加 1.0cN/tex 考核。
　　2. 紧密纺、紧密赛络纺条干均匀度变异系数在本表对应数值基础上减 0.5% 考核。

②涤纶与黏胶纤维混纺本色纱（涤纶含量在50%以下）技术要求（表2-3-78）。

表2-3-78　涤纶与黏胶纤维混纺本色纱（涤纶含量在50%以下）技术要求

公称线密度/tex	等级	线密度偏差率/% ≤	线密度变异系数/% ≤	单纱断裂强度/(cN/tex) ≥	单纱断裂强力变异系数/% ≤	条干均匀度变异系数/% ≤	千米棉结(+200%)/(个/km) ≤	十万米纱疵/(个/10⁵m) ≤
8.1~11.0	优	±2.0	2.0	17.0	11.5	15.0	200	10
	一	±2.5	3.0	15.0	14.5	17.0	420	18
	二	±3.0	4.0	13.0	17.5	19.0	600	—
11.1~13.0	优	±2.0	2.0	17.5	10.5	14.5	140	8
	一	±2.5	3.0	15.5	13.5	16.5	300	15
	二	±3.0	4.0	13.5	16.5	18.5	480	—
13.1~16.0	优	±2.0	2.0	18.0	9.5	14.0	85	8
	一	±2.5	3.0	16.0	12.5	16.0	160	15
	二	±3.0	4.0	14.0	15.5	18.0	250	—
16.1~20.0	优	±2.0	2.0	18.5	9.5	13.5	55	8
	一	±2.5	3.0	16.5	12.5	15.5	100	15
	二	±3.0	4.0	14.5	15.5	17.5	180	—
20.1~24.0	优	±2.0	2.0	19.0	8.5	13.0	35	8
	一	±2.5	3.0	17.0	11.5	15.0	75	15
	二	±3.0	4.0	15.0	14.5	17.0	135	—

续表

公称线密度/tex	等级	线密度偏差率/%	线密度变异系数/% ≤	单纱断裂强度/(cN/tex) ≥	单纱断裂强力变异系数/% ≤	条干均匀度变异系数/% ≤	千米棉结(+200%)/(个/km) ≤	十万米纱疵/(个/10⁵ m) ≤
24.1~31.0	优	±2.0	2.0	19.5	8.5	12.5	30	8
	一	±2.5	3.0	17.5	11.5	14.5	60	15
	二	±3.0	4.0	15.5	14.5	16.5	110	—
31.1及以上	优	±2.0	2.0	20.5	7.5	12.0	25	5
	一	±2.5	3.0	18.5	10.5	14.0	50	10
	二	±3.0	4.0	16.5	13.5	16.0	85	—

注 紧密纺、紧密赛络纺单纱断裂强度在本表对应数值基础上加1.0cN/tex考核，紧密纺、紧密赛络纺条干均匀度变异系数在本表对应数值基础上减0.5%考核。

③涤纶与黏胶纤维混纺本色线(涤纶含量在50%及以上)技术要求(表2-3-79)。

表2-3-79 涤纶与黏胶纤维混纺本色线(涤纶含量在50%及以上)技术要求

公称线密度/tex	等级	线密度偏差率/%	线密度变异系数/% ≤	单线断裂强度/(cN/tex) ≥	单线断裂强力变异系数/% ≤	条干均匀度变异系数/% ≤
(8.1×2)~(11.0×2)	优	±2.0	1.5	20.0	9.5	11.0
	一	±2.5	2.5	18.0	12.5	—
	二	±3.0	3.5	16.0	15.5	—
(11.1×2)~(13.0×2)	优	±2.0	1.5	21.0	8.5	10.5
	一	±2.5	2.5	19.0	11.5	—
	二	±3.0	3.5	17.0	14.5	—

续表

公称线密度/tex	等级	线密度偏差率/%	线密度变异系数/% ≤	单线断裂强度/(cN/tex) ≥	单线断裂强力变异系数/% ≤	条干均匀度变异系数/% ≤
(13.1×2)~(16.0×2)	优	±2.0	1.5	21.5	7.5	10.0
	一	±2.5	2.5	19.5	10.5	—
	二	±3.0	3.5	17.5	13.5	—
(16.1×2)~(20.0×2)	优	±2.0	1.5	22.0	7.5	9.5
	一	±2.5	2.5	20.0	10.5	—
	二	±3.0	3.5	18.0	13.5	—
(20.1×2)~(24.0×2)	优	±2.0	1.5	22.5	7.0	9.5
	一	±2.5	2.5	20.5	10.0	—
	二	±3.0	3.5	18.5	13.0	—
(24.1×2)~(31.0×2)	优	±2.0	1.5	23.0	7.0	9.0
	一	±2.5	2.5	21.0	10.0	—
	二	±3.0	3.5	19.0	13.0	—
(31.1×2)~(60.0×2)	优	±2.0	1.5	24.0	6.0	9.0
	一	±2.5	2.5	22.0	9.0	—
	二	±3.0	3.5	20.0	12.0	—

④涤纶与黏胶纤维混纺本色线(涤纶含量在50%以下)技术要求(表2-3-80)。

表 2-3-80　涤纶与黏胶纤维混纺本色线（涤纶含量在 50%以下）技术要求

公称线密度/ tex	等级	线密度 偏差率/%	线密度变异系数/% ≤	单线断裂强度/ (cN/tex) ≥	单线断裂强力 变异系数/% ≤	条干均匀度变异 系数/% ≤
(8.1×2) ~ (11.0×2)	优	±2.0	1.5	18.5	9.5	11.5
	一	±2.5	2.5	16.5	12.5	—
	二	±3.0	3.5	14.5	15.5	—
(11.1×2) ~ (13.0×2)	优	±2.0	1.5	19.5	8.5	11.0
	一	±2.5	2.5	17.5	11.5	—
	二	±3.0	3.5	15.5	14.5	—
(13.1×2) ~ (16.0×2)	优	±2.0	1.5	20.0	7.5	10.5
	一	±2.5	2.5	18.0	10.5	—
	二	±3.0	3.5	16.0	13.5	—
(16.1×2) ~ (20.0×2)	优	±2.0	1.5	20.5	7.5	10.0
	一	±2.5	2.5	18.5	10.5	—
	二	±3.0	3.5	16.5	13.5	—
(20.1×2) ~ (24.0×2)	优	±2.0	1.5	21.0	7.0	10.0
	一	±2.5	2.5	19.0	10.0	—
	二	±3.0	3.5	17.0	13.0	—
(24.1×2) ~ (31.0×2)	优	±2.0	1.5	21.5	7.0	9.5
	一	±2.5	2.5	19.5	10.0	—
	二	±3.0	3.5	17.5	13.0	—

续表

公称线密度/tex	等级	线密度偏差率/%	线密度变异系数/% ≤	单线断裂强度/(cN/tex) ≥	单线断裂强力变异系数/% ≤	条干均匀度变异系数/% ≤
(31.1×2)~(60.0×2)	优	±2.0	1.5	22.5	6.0	9.5
	一	±2.5	2.5	20.5	9.0	—
	二	±3.0	3.5	18.5	12.0	—

(5) 腈纶本色纱(FZ/T 12009—2011)。

腈纶本色纱技术要求见表2-3-81。

表2-3-81 腈纶本色纱技术要求

纱线规格		等级	单纱断裂强力变异系数/% ≤	线密度变异系数/% ≤	单纱断裂强度/(cN/tex) ≥	线密度偏差率/%	条干均匀度		十万米纱疵/(个/10⁵ m) ≤
公称线密度/tex	英支						黑板条干均匀度10块板比例(优:一:二:三)不低于	条干均匀度变异系数/% ≤	
10~11	49~60	优	13.0	2.2	13.0	±2.0	7:3:0:0	17.5	15
		一	16.0	3.5	11.0	±2.5	0:7:3:0	19.5	25
		二	18.0	4.5	9.0	±3.0	0:0:7:3	21.5	—
12~13	44~48	优	12.0	2.2	13.2	±2.0	7:3:0:0	16.5	15
		一	15.0	3.5	11.2	±2.5	0:7:3:0	18.5	25
		二	17.0	4.5	9.2	±3.0	0:0:7:3	20.5	—

续表

| 纱线规格 | | 等级 | 单纱断裂强力变异系数/% ≤ | 线密度变异系数/% ≤ | 单纱断裂强度/(cN/tex) ≥ | 线密度偏差率/% | 条干均匀度 | | 十万米纱疵/(个/10⁵ m) ≤ |
公称线密度/tex	英支						黑板条干均匀度10块板比例(优:一:二:三)不低于	条干均匀度变异系数/% ≤	
14~15	38~43	优	11.5	2.2	13.4	±2.0	7:3:0:0	15.5	15
		一	14.5	3.5	11.4	±2.5	0:7:3:0	17.5	25
		二	16.5	4.5	9.4	±3.0	0:0:7:3	19.5	—
16~19	31~37	优	11.0	2.2	13.6	±2.0	7:3:0:0	14.5	15
		一	14.0	3.5	11.6	±2.5	0:7:3:0	16.5	25
		二	16.0	4.5	9.6	±3.0	0:0:7:3	18.5	—
20~24	24~30	优	10.5	2.2	13.8	±2.0	7:3:0:0	13.5	12
		一	13.5	3.5	11.8	±2.5	0:7:3:0	15.5	20
		二	15.5	4.5	9.8	±3.0	0:0:7:3	17.5	—
25~30	19~23	优	10.0	2.2	14.0	±2.0	7:3:0:0	13.0	12
		一	13.0	3.5	12.0	±2.5	0:7:3:0	15.0	20
		二	15.0	4.5	10.0	±3.0	0:0:7:3	17.0	—
32~48	12~18	优	9.5	2.2	14.2	±2.0	7:3:0:0	12.0	10
		一	12.5	3.5	12.2	±2.5	0:7:3:0	14.0	15
		二	14.5	4.5	10.2	±3.0	0:0:7:3	16.0	—

续表

纱线规格 公称线密度/tex	英支	等级	单纱断裂强力变异系数/% ≤	线密度变异系数/% ≤	单纱断裂强度/(cN/tex) ≥	线密度偏差率/%	条干均匀度 黑板条干均匀度10块板比例 (优:一:二:三) 不低于	条干均匀度变异系数/% ≤	十万米纱疵/(个/10⁵ m) ≤
50~88	7~11	优	9.0	2.2	14.4	±2.0	7:3:0:0	11.5	10
		一	12.0	3.5	12.4	±2.5	0:7:3:0	13.5	15
		二	14.0	4.5	10.4	±3.0	0:0:7:3	15.5	—

(6)棉腈混纺本色纱线(FZ/T 12011—2014)。

①普梳棉腈混纺本色纱(棉含量在50%及以上至70%)技术要求(表2-3-82)。

表2-3-82 普梳棉腈混纺本色纱(棉含量在50%及以上至70%)技术要求

公称线密度/tex	等级	单纱断裂强力变异系数/% ≤	线密度变异系数/% ≤	单纱断裂强度/(cN/tex) ≥	线密度偏差率/%	条干均匀度变异系数/% ≤	千米棉结(+200%)/(个/km) ≤	十万米纱疵/(个/10⁵ m) ≤
8.1~11.0	优	11.5	2.0	11.8	±2.0	18.0	650	10
	一	14.5	3.0	10.8	±2.5	20.0	850	20
	二	17.0	4.0	9.8	±3.0	22.0	1100	—
11.1~13.0	优	11.0	2.0	11.8	±2.0	16.5	380	10
	一	14.0	3.0	10.8	±2.5	18.5	540	20
	二	16.5	4.0	9.8	±3.0	20.5	750	—

续表

公称线密度/tex	等级	单纱断裂强力变异系数/% ≤	线密度变异系数/% ≤	单纱断裂强度/(cN/tex) ≥	线密度偏差率/%	条干均匀度变异系数/% ≤	千米棉结(+200%)/(个/km) ≤	十万米纱疵/(个/10⁵ m) ≤
13.1~16.0	优	10.5	2.0	11.8	±2.0	15.0	180	10
	一	13.5	3.0	10.8	±2.5	17.0	300	20
	二	16.0	4.0	9.8	±3.0	19.0	470	—
16.1~20.0	优	10.0	2.0	12.0	±2.0	14.0	130	10
	一	13.0	3.0	11.0	±2.5	16.0	200	20
	二	15.5	4.0	10.0	±3.0	18.0	330	—
20.1~24.0	优	9.5	2.0	12.0	±2.0	13.0	70	10
	一	12.5	3.0	11.0	±2.5	15.0	110	20
	二	15.0	4.0	10.0	±3.0	17.0	220	—
24.1~31.0	优	9.0	2.0	11.5	±2.0	12.5	40	10
	一	12.0	3.0	10.5	±2.5	14.5	70	20
	二	14.5	4.0	9.5	±3.0	16.5	170	—
31.1~37.0	优	8.5	2.0	11.5	±2.0	12.0	25	10
	一	11.5	3.0	10.5	±2.5	14.0	50	20
	二	14.0	4.0	9.5	±3.0	16.0	130	—
37.1 及以上	优	8.0	2.0	11.5	±2.0	11.5	20	10
	一	11.0	3.0	10.5	±2.5	13.5	30	20
	二	13.5	4.0	9.5	±3.0	15.5	100	—

②普梳棉腈混纺本色纱（棉含量在70%及以上）技术要求（表2-3-83）。

表2-3-83　普梳棉腈混纺本色纱（棉含量在70%及以上）技术要求

公称线密度/tex	等级	单纱断裂强力变异系数/% ≤	线密度变异系数/% ≤	单纱断裂强度/(cN/tex) ≥	线密度偏差率/%	条干均匀度变异系数/% ≤	千米棉结(+200%)/(个/km) ≤	十万米纱疵(个/10^5m) ≤
8.1~11.0	优	12.0	2.0	11.8	±2.0	19.0	1100	10
	一	15.0	3.0	10.8	±2.5	21.0	1300	20
	二	17.5	4.0	9.8	±3.0	23.0	1600	—
11.1~13.0	优	11.5	2.0	11.8	±2.0	17.5	690	10
	一	14.5	3.0	10.8	±2.5	19.5	850	20
	二	17.0	4.0	9.8	±3.0	21.5	1060	—
13.1~16.0	优	11.0	2.0	11.8	±2.0	16.0	380	10
	一	14.0	3.0	10.8	±2.5	18.0	500	20
	二	16.5	4.0	9.8	±3.0	20.0	670	—
16.1~20.0	优	10.5	2.0	12.0	±2.0	15.0	280	10
	一	13.5	3.0	11.0	±2.5	17.0	350	20
	二	16.0	4.0	10.0	±3.0	19.0	480	—
20.1~24.0	优	10.0	2.0	12.0	±2.0	14.0	180	10
	一	13.0	3.0	11.0	±2.5	16.0	220	20
	二	15.5	4.0	10.0	±3.0	18.0	330	—

续表

公称线密度/tex	等级	单纱断裂强力变异系数/% ≤	线密度变异系数/% ≤	单纱断裂强度/(cN/tex) ≥	线密度偏差率/%	条干均匀度变异系数/% ≤	千米棉结(+200%)/(个/km) ≤	十万米纱疵/(个/10⁵ m) ≤
24.1~31.0	优	9.5	2.0	11.5	±2.0	13.5	90	10
	一	12.5	3.0	11.0	±2.5	15.5	120	20
	二	15.0	4.0	10.0	±3.0	17.5	220	—
31.1~37.0	优	9.0	2.0	11.5	±2.0	13.0	50	10
	一	12.0	3.0	10.5	±2.5	15.0	75	20
	二	14.5	4.0	9.5	±3.0	17.0	155	—
37.1及以上	优	8.5	2.0	11.5	±2.0	12.5	30	10
	一	11.5	3.0	10.5	±2.5	14.5	50	20
	二	14.0	4.0	9.5	±3.0	16.5	120	—

③精梳棉腈混纺本色纱(棉含量在50%及以上至70%)技术要求(表2-3-84)。

表2-3-84　精梳棉腈混纺本色纱(棉含量在50%及以上至70%)技术要求

公称线密度/tex	等级	单纱断裂强力变异系数/% ≤	线密度变异系数/% ≤	单纱断裂强度/(cN/tex) ≥	线密度偏差率/%	条干均匀度变异系数/% ≤	千米棉结(+200%)/(个/km) ≤	十万米纱疵/(个/10⁵ m) ≤
8.1~11.0	优	11.0	2.0	12.2	±2.0	16.0	110	8
	一	13.5	3.0	11.2	±2.5	18.0	150	15
	二	16.5	4.0	10.2	±3.0	20.0	210	—

续表

公称线密度/tex	等级	单纱断裂强力变异系数/% ≤	线密度变异系数/% ≤	单纱断裂强度/(cN/tex) ≥	线密度偏差率/%	条干均匀度变异系数/% ≤	千米棉结(+200%)/(个/km) ≤	十万米纱疵/(个/10⁵ m) ≤
11.1~13.0	优	10.0	2.0	12.2	±2.0	15.0	70	8
	一	12.5	3.0	11.2	±2.5	17.0	110	15
	二	15.5	4.0	10.2	±3.0	19.0	170	—
13.1~16.0	优	9.5	2.0	12.2	±2.0	13.5	50	8
	一	12.0	3.0	11.2	±2.5	15.5	80	15
	二	15.0	4.0	10.2	±3.0	17.5	130	—
16.1~20.0	优	9.0	2.0	12.5	±2.0	12.5	30	8
	一	11.5	3.0	11.5	±2.5	14.5	60	15
	二	14.5	4.0	10.5	±3.0	16.5	90	—
20.1~24.0	优	8.5	2.0	12.5	±2.0	11.5	25	8
	一	11.0	3.0	11.5	±2.5	13.5	40	15
	二	14.0	4.0	10.5	±3.0	15.5	60	—
24.1~31.0	优	8.0	2.0	12.5	±2.0	10.5	20	8
	一	10.5	3.0	11.5	±2.5	12.5	30	15
	二	13.5	4.0	10.5	±3.0	14.5	40	—
31.1~37.0	优	7.5	2.0	12.5	±2.0	9.5	15	8
	一	10.0	3.0	11.5	±2.5	11.5	20	15
	二	13.0	4.0	10.5	±3.0	13.5	30	—

④精梳棉腈混纺本色纱(棉含量在70%及以上)技术要求(表2-3-85)。

表2-3-85　精梳棉腈混纺本色纱(棉含量在70%及以上)技术要求

公称线密度/tex	等级	单纱断裂强力变异系数/% ≤	线密度变异系数/% ≤	单纱断裂强度/(cN/tex) ≥	线密度偏差率/%	条干均匀度变异系数/% ≤	千米棉结(+200%)/(个/km) ≤	十万米纱疵(个/10⁵m) ≤
8.1~11.0	优	11.5	2.0	12.5	±2.0	16.5	130	8
	一	14.0	3.0	11.5	±2.5	18.5	170	15
	二	17.0	4.0	10.5	±3.0	20.5	230	—
11.1~13.0	优	10.5	2.0	12.5	±2.0	15.5	90	8
	一	13.0	3.0	11.5	±2.5	17.5	130	15
	二	16.0	4.0	10.5	±3.0	19.5	190	—
13.1~16.0	优	10.0	2.0	12.5	±2.0	14.0	70	8
	一	12.5	3.0	11.5	±2.5	16.0	100	15
	二	15.5	4.0	10.5	±3.0	18.0	150	—
16.1~20.0	优	9.5	2.0	13.0	±2.0	13.0	50	8
	一	12.0	3.0	12.0	±2.5	15.0	80	15
	二	15.0	4.0	11.0	±3.0	17.0	110	—
20.1~24.0	优	9.0	2.0	13.0	±2.0	12.0	45	8
	一	11.5	3.0	12.0	±2.5	14.0	60	15
	二	14.5	4.0	11.0	±3.0	16.0	80	—

续表

公称线密度/tex	等级	单纱断裂强力变异系数/%≤	线密度变异系数/%≤	单纱断裂强度/(cN/tex)≥	线密度偏差率/%	条干均匀度变异系数/%≤	千米棉结(+200%)/(个/km)≤	十万米纱疵/(个/10⁵ m)≤
24.1~31.0	优	8.5	2.0	13.0	±2.0	11.0	35	8
	一	11.0	3.0	12.0	±2.5	13.0	45	15
	二	14.0	4.0	11.0	±3.0	15.0	55	—
31.1~37.0	优	8.0	2.0	13.0	±2.0	10.0	30	8
	一	10.5	3.0	12.0	±2.5	12.0	35	15
	二	13.5	4.0	11.0	±3.0	14.0	45	—

⑤普梳棉腈混纺本色线(棉含量在50%及以上)技术要求(表2-3-86)。

表2-3-86 普梳棉腈混纺本色线(棉含量在50%及以上)技术要求

公称线密度/tex	等级	单线断裂强力变异系数/%≤	线密度变异系数/%≤	单线断裂强度/(cN/tex)≥	线密度偏差率/%	条干均匀度变异系数/%≤	捻度变异系数/%≤
(8.1×2)~(11.0×2)	优	8.5	1.5	13.0	±2.0	12.0	5.0
	一	10.5	2.5	12.0	±2.5	13.0	
	二	13.5	3.0	11.0	±3.0	—	
(11.1×2)~(13.0×2)	优	8.0	1.5	13.0	±2.0	11.5	5.0
	一	10.0	2.5	12.0	±2.5	12.5	
	二	13.0	3.0	11.0	±3.0	—	

续表

公称线密度/tex	等级	单线断裂强力变异系数/% ≤	线密度变异系数/% ≤	单线断裂强度/(cN/tex) ≥	线密度偏差率/%	条干均匀度变异系数/% ≤	捻度变异系数/% ≤
(13.1×2)~(16.0×2)	优	7.5	1.5	13.0	±2.0	11.0	5.0
	一	9.5	2.5	12.0	±2.5	12.0	
	二	12.5	3.0	11.0	±3.0	—	
(16.1×2)~(20.0×2)	优	7.5	1.5	13.5	±2.0	10.5	5.0
	一	9.5	2.5	12.5	±2.5	11.5	
	二	12.5	3.0	11.5	±3.0	—	
(20.1×2)~(24.0×2)	优	7.0	1.5	13.5	±2.0	10.0	5.0
	一	9.0	2.5	12.5	±2.5	11.0	
	二	12.0	3.0	11.5	±3.0	—	
(24.1×2)~(31.0×2)	优	7.0	1.5	13.0	±2.0	9.5	5.0
	一	9.0	2.5	12.0	±2.5	10.5	
	二	12.0	3.0	11.0	±3.0	—	
(31.1×2)~(37.0×2)	优	6.5	1.5	13.0	±2.0	9.0	5.0
	一	8.5	2.5	12.0	±2.5	10.0	
	二	11.5	3.0	11.0	±3.0	—	

⑥精梳棉腈混纺本色线（棉含量在50%及以上）技术要求（表2-3-87）。

表 2-3-87　精梳棉腈混纺本色线（棉含量在 50% 及以上）技术要求

公称线密度/tex	等级	单线断裂强力变异系数/% ≤	线密度变异系数/% ≤	单线断裂强度/(cN/tex) ≥	线密度偏差率/%	条干均匀度变异系数/% ≤	捻度变异系数/% ≤
(8.1×2)~(11.0×2)	优	8.0	1.5	14.0	±2.0	11.5	5.0
	一	10.0	2.5	13.0	±2.5	12.5	
	二	13.0	3.0	12.0	±3.0	—	
(11.1×2)~(13.0×2)	优	7.5	1.5	14.0	±2.0	11.0	5.0
	一	9.5	2.5	13.0	±2.5	12.0	
	二	12.5	3.0	12.0	±3.0	—	
(13.1×2)~(16.0×2)	优	7.0	1.5	14.0	±2.0	10.5	5.0
	一	9.0	2.5	13.0	±2.5	11.5	
	二	12.0	3.0	12.0	±3.0	—	
(16.1×2)~(20.0×2)	优	7.0	1.5	14.5	±2.0	10.0	5.0
	一	9.0	2.5	13.5	±2.5	11.0	
	二	12.0	3.0	12.5	±3.0	—	
(20.1×2)~(24.0×2)	优	6.5	1.5	14.5	±2.0	9.5	5.0
	一	8.5	2.5	13.5	±2.5	10.5	
	二	11.5	3.0	12.5	±3.0	—	
(24.1×2)~(31.0×2)	优	6.5	1.5	14.5	±2.0	9.0	5.0
	一	8.5	2.5	13.5	±2.5	10.0	
	二	11.5	3.0	12.5	±3.0	—	

续表

公称线密度/tex	等级	单线断裂强力变异系数/% ≤	线密度变异系数/% ≤	单线断裂强度/(cN/tex) ≥	线密度偏差率/%	条干均匀度变异系数/% ≤	捻度变异系数/% ≤
(31.1×2) ~ (37.0×2)	优	6.0	1.5	14.5	±2.0	8.5	5.0
	一	8.0	2.5	13.5	±2.5	9.5	
	二	11.0	3.0	12.5	±3.0	—	

（7）维纶本色纱线（FZ/T 12008—2014）。

①维纶本色纱技术要求（表2-3-88）。

表2-3-88　维纶本色纱技术要求

公称线密度/tex	等级	单纱强力变异系数/% ≤	线密度变异系数/% ≤	单纱断裂强度/(cN/tex) ≥	线密度偏差率/%	条干均匀度变异系数/% ≤	十万米纱疵/(个/10⁵ m) ≤
10.1~13.0	优	11.5	2.0	20.0	±2.0	15.5	15
	一	14.0	3.0	18.0	±2.5	18.5	—
	二	17.5	4.0	16.0	±3.0	21.0	—
13.1~16.0	优	11.0	2.0	20.5	±2.0	15.0	15
	一	13.5	3.0	18.5	±2.5	18.0	—
	二	17.0	4.0	16.5	±3.0	20.5	—
16.1~20.0	优	10.5	2.0	21.0	±2.0	14.0	15
	一	13.0	3.0	19.0	±2.5	17.0	—
	二	16.5	4.0	17.0	±3.0	19.5	—

续表

公称线密度/tex	等级	单纱强力变异系数/% ≤	线密度变异系数/% ≤	单纱断裂强度/(cN/tex) ≥	线密度偏差率/%	条干均匀度变异系数/% ≤	十万米纱疵/(个/10⁵m) ≤
20.1~31.0	优	10.0	2.0	21.5	±2.0	13.5	15
	一	12.5	3.0	19.5	±2.5	16.5	—
	二	16.0	4.0	17.5	±3.0	19.0	—
31.1~35.0	优	9.5	2.0	21.0	±2.0	12.5	15
	一	12.0	3.0	19.0	±2.5	15.5	—
	二	15.5	4.0	17.0	±3.0	18.0	—
35.1~70.0	优	9.5	2.0	20.5	±2.0	11.5	15
	一	12.0	3.0	18.5	±2.5	14.5	—
	二	15.5	4.0	16.5	±3.0	17.0	—

注 采用高强维纶时，单纱断裂强度在表中数值上增加6.0cN/tex。

②维纶本色线技术要求（表2-3-89）。

表2-3-89　维纶本色线技术要求

公称线密度/tex	等级	单线强力变异系数/% ≤	线密度变异系数/% ≤	单线断裂强度/(cN/tex) ≥	线密度偏差率/%	条干均匀度变异系数/% ≤
(10.0×2)~(13.0×2)	优	8.0	2.0	21.0	±2.0	12.5
	一	11.0	3.0	19.0	±2.5	—
	二	14.0	4.0	17.0	±3.0	—

续表

公称线密度/tex	等级	单线强力变异系数/% ≤	线密度变异系数/% ≤	单线断裂强度/(cN/tex) ≥	线密度偏差率/%	条干均匀度变异系数/% ≤
(13.1×2)~(16.0×2)	优	8.0	2.0	21.5	±2.0	12.5
	一	11.0	3.0	19.5	±2.5	—
	二	14.0	4.0	17.5	±3.0	—
(16.1×2)~(20.0×2)	优	7.5	2.0	22.0	±2.0	12.0
	一	10.5	3.0	20.0	±2.5	—
	二	13.5	4.0	18.0	±3.0	—
(20.1×2)~(31.0×2)	优	7.5	2.0	22.5	±2.0	11.5
	一	10.5	3.0	20.5	±2.5	—
	二	13.5	4.0	18.5	±3.0	—
(31.1×2)~(35.0×2)	优	7.0	2.0	22.0	±2.0	11.5
	一	10.0	3.0	20.0	±2.5	—
	二	13.0	4.0	18.0	±3.0	—
(35.1×2)~(70.0×2)	优	6.5	2.0	21.5	±2.0	11.0
	一	9.5	3.0	19.5	±2.5	—
	二	12.5	4.0	17.5	±3.0	—

注　采用高强维纶纱时，单线断裂强度在表中数值上增加 6.0cN/tex。

(8) 普梳棉维混纺本色纱线（FZ/T 12007—2014）。

① 普梳棉维混纺本色纱（棉含量在 50% 至 70% 以下）技术要求（表 2-3-90）。

表2-3-90　普梳棉维混纺本色纱（棉含量在50%至70%以下）技术要求

公称线密度/tex	等级	单纱强力变异系数/% ≤	线密度变异系数/% ≤	单纱断裂强度/(cN/tex) ≥	线密度偏差率/%	条干均匀度变异系数/% ≤	千米棉结(+200%)/(个/km) ≤	十万米纱疵(个/10⁵ m) ≤
8.1~11.0	优	10.5	2.0	13.5	±2.0	17.0	350	20
	一	14.0	3.0	11.5	±2.5	19.0	600	30
	二	18.0	4.0	10.5	±3.0	21.0	1000	—
11.1~13.0	优	10.0	2.0	14.0	±2.0	16.5	250	20
	一	13.5	3.0	12.0	±2.5	18.5	450	30
	二	17.5	4.0	11.0	±3.0	20.5	800	—
13.1~16.0	优	9.5	2.0	14.0	±2.0	16.0	180	20
	一	13.0	3.0	12.0	±2.5	18.0	350	30
	二	17.0	4.0	11.0	±3.0	20.0	600	—
16.1~20.0	优	9.0	2.0	14.5	±2.0	15.5	130	20
	一	12.5	3.0	12.5	±2.5	17.5	250	30
	二	16.5	4.0	11.5	±3.0	19.5	400	—
20.1~31.0	优	8.5	2.0	14.5	±2.0	15.0	90	20
	一	12.0	3.0	12.5	±2.5	17.0	180	30
	二	16.0	4.0	11.5	±3.0	19.0	300	—
31.1~37.0	优	8.0	2.0	14.0	±2.0	14.5	60	20
	一	11.5	3.0	12.0	±2.5	16.5	120	30
	二	15.5	4.0	11.0	±3.0	18.5	200	—

续表

公称线密度/tex	等级	单纱强力变异系数/%≤	线密度变异系数/%≤	单纱断裂强度/(cN/tex)≥	线密度偏差率/%	条干均匀度变异系数/%≤	千米棉结(+200%)/(个/km)≤	十万米纱疵/(个/10⁵ m)≤
37.1~70.0	优	7.5	2.0	14.0	±2.0	14.0	40	20
	一	11.0	3.0	12.0	±2.5	16.0	80	30
	二	15.0	4.0	11.0	±3.0	18.0	150	—

注　采用高强维纶时，单纱断裂强度在表中数值上增加2.5cN/tex。

②普梳棉维混纺本色纱（棉含量在70%及以上）技术要求（表2-3-91）。

表2-3-91　普梳棉维混纺本色纱（棉含量在70%及以上）技术要求

公称线密度/tex	等级	单纱强力变异系数/%≤	线密度变异系数/%≤	单纱断裂强度/(cN/tex)≥	线密度偏差率/%	条干均匀度变异系数/%≤	千米棉结(+200%)/(个/km)≤	十万米纱疵/(个/10⁵ m)≤
8.1~11.0	优	10.5	2.0	13.0	±2.0	17.5	400	20
	一	14.0	3.0	11.0	±2.5	19.5	650	30
	二	18.0	4.0	10.0	±3.0	21.5	1100	—
11.1~13.0	优	10.0	2.0	13.5	±2.0	17.0	300	20
	一	13.5	3.0	11.5	±2.5	19.0	500	30
	二	17.5	4.0	10.5	±3.0	21.0	900	—

续表

公称线密度/tex	等级	单纱强力变异系数/% ≤	线密度变异系数/% ≤	单纱断裂强度/(cN/tex) ≥	线密度偏差率/%	条干均匀度变异系数/% ≤	千米棉结(+200%)/(个/km) ≤	十万米纱疵/(个/10⁵ m) ≤
13.1~16.0	优	9.5	2.0	13.5	±2.0	16.5	220	20
	一	13.0	3.0	11.5	±2.5	18.5	400	30
	二	17.0	4.0	10.5	±3.0	20.5	700	—
16.1~20.0	优	9.0	2.0	14.0	±2.0	16.0	180	20
	一	12.5	3.0	12.0	±2.5	18.0	300	30
	二	16.5	4.0	11.0	±3.0	20.0	500	—
20.1~31.0	优	8.5	2.0	14.0	±2.0	15.5	120	20
	一	12.0	3.0	12.0	±2.5	17.5	230	30
	二	16.0	4.0	11.0	±3.0	19.5	400	—
31.1~37.0	优	8.0	2.0	13.5	±2.0	15.0	80	20
	一	11.5	3.0	11.5	±2.5	17.0	170	30
	二	15.5	4.0	10.5	±3.0	19.0	300	—
37.1~70.0	优	7.5	2.0	13.5	±2.0	14.5	60	20
	一	11.0	3.0	11.5	±2.5	16.5	120	30
	二	15.0	4.0	10.5	±3.0	18.5	200	—

注 采用高强维纶纱时,单纱断裂强度在表中数值上增加 $2.0cN/tex$。

③普梳棉维混纺本色线(棉含量在50%及以上)技术要求(表2-3-92)。

表2-3-92　普梳棉维混纺本色线（棉含量在50%及以上）技术要求

公称线密度/tex	等级	单线断裂强力变异系数/% ≤	线密度变异系数/% ≤	单线断裂强度/(cN/tex) ≥	线密度偏差率/%	条干均匀度变异系数/% ≤
(8.1×2)～(11.0×2)	优	9.0	1.5	15.0	±2.0	13.0
	一	11.0	2.5	13.0	±2.5	—
	二	14.0	3.0	12.0	±3.0	—
(11.1×2)～(13.0×2)	优	8.5	1.5	15.5	±2.0	13.0
	一	10.5	2.5	13.5	±2.5	—
	二	13.5	3.0	12.5	±3.0	—
(13.1×2)～(16.0×2)	优	8.0	1.5	15.5	±2.0	13.0
	一	10.0	2.5	13.5	±2.5	—
	二	13.0	3.0	12.5	±3.0	—
(16.1×2)～(20.0×2)	优	7.5	1.5	16.0	±2.0	12.5
	一	9.5	2.5	14.0	±2.5	—
	二	12.5	3.0	13.0	±3.0	—
(20.1×2)～(31.0×2)	优	7.0	1.5	16.0	±2.0	12.0
	一	9.0	2.5	14.0	±2.5	—
	二	12.0	3.0	13.0	±3.0	—
(31.1×2)～(37.0×2)	优	7.0	1.5	15.5	±2.0	12.0
	一	9.0	2.5	13.5	±2.5	—
	二	12.0	3.0	12.5	±3.0	—

续表

公称线密度/tex	等级	单线断裂强力变异系数/% ≤	线密度变异系数/% ≤	单线断裂强度/(cN/tex) ≥	线密度偏差率/%	条干均匀度变异系数/% ≤
(37.1×2)~(70.0×2)	优	6.5	1.5	15.5	±2.0	11.5
	一	8.5	2.5	13.5	±2.5	—
	二	11.5	3.0	12.5	±3.0	—

注　采用高强维纶时，单纱断裂强度在表中数值上增加2.0cN/tex。

4. 包芯纱

（1）棉氨纶包芯本色纱（FZ/T 12010—2011）。

①梳棉氨纶包芯本色纱技术要求（表2-3-93）。

表2-3-93　梳棉氨纶包芯本色纱技术要求

纱线规格		单纱断裂强力变异系数/% ≤	线密度变异系数/% ≤	单纱断裂强度/(cN/tex) ≥	线密度偏差率/%	条干均匀度		黑板棉结粒数/(粒/g) ≤	黑板棉结杂质总粒数/(粒/g) ≤	纱疵			
						黑板条干均匀度10块板比例（优：一：二：三）不低于	条干均匀度变异系数/% ≤			千米纱疵（个/km）			十万米纱疵（个/10⁵ m） ≤
公称线密度/tex	英支									细节(-50%) ≤	粗节(+50%) ≤	棉结(+200%) ≤	
		等级											
11~13	44~55	11.5	2.2	12.8	±2.0	7:3:0:0	16.5	30	50	30	320	500	20
		14.5	3.5	10.6	±2.5	0:7:3:0	19.0	65	100	—	—	—	30
		17.0	4.5	8.6	±3.0	0:0:7:3	21.5	100	140	—	—	—	—

续表

纱线规格 公称线密度/tex	英支	等级	单纱断裂强力变异系数/% ≤	线密度变异系数/% ≤	单纱断裂强度/(cN/tex) ≥	线密度偏差率/%	黑板条干均匀度10块板比例(优:一:二:三) 不低于	条干均匀度变异系数/% ≤	黑板棉结粒数/(粒/g) ≤	黑板棉结杂质总粒数/(粒/g) ≤	细节(-50%) ≤	粗节(+50%) ≤	棉结(+200%) ≤	十万米纱疵(个/10⁵ m) ≤
14~15	37~43	优	10.5	2.2	13.0	±2.0	7:3:0:0	16.0	30	50	22	280	300	20
		一	13.5	3.5	10.8	±2.5	0:7:3:0	18.5	65	100	—	—	—	30
		二	16.0	4.5	8.8	±3.0	0:0:7:3	21.0	100	140	—	—	—	—
16~20	29~36	优	10.0	2.2	13.2	±2.0	7:3:0:0	15.5	30	50	16	210	220	20
		一	13.0	3.5	11.0	±2.5	0:7:3:0	18.0	65	100	—	—	—	30
		二	15.5	4.5	9.0	±3.0	0:0:7:3	20.5	100	140	—	—	—	—
21~30	19~28	优	9.5	2.2	13.4	±2.0	7:3:0:0	15.0	30	50	6	140	160	15
		一	12.5	3.5	11.2	±2.5	0:7:3:0	17.5	65	100	—	—	—	25
		二	15.0	4.5	9.2	±3.0	0:0:7:3	20.0	100	140	—	—	—	—
31~35	17~18	优	9.5	2.2	13.6	±2.0	7:3:0:0	14.5	28	48	3	90	100	15
		一	12.5	3.5	11.4	±2.5	0:7:3:0	17.0	62	96	—	—	—	25
		二	15.0	4.5	9.4	±3.0	0:0:7:3	19.5	98	136	—	—	—	—
36~80	7~16	优	9.0	2.2	13.8	±2.0	7:3:0:0	14.0	28	48	2	70	80	15
		一	12.0	3.5	11.8	±2.5	0:7:3:0	16.5	62	96	—	—	—	25
		二	14.5	4.5	9.8	±3.0	0:0:7:3	19.0	98	136	—	—	—	—

②精梳棉氨纶包芯本色纱技术要求（表2-3-94）。

表2-3-94　精梳棉氨纶包芯本色纱技术要求

纱线规格 公称线密度/tex	英支	等级	单纱断裂强力变异系数/% ≤	线密度变异系数/% ≤	单纱断裂强度/(cN/tex) ≥	线密度偏差率/%	条干均匀度 黑板条干均匀度10块板比例(优：一：二：三) 不低于	条干均匀度变异系数/% ≤	黑板棉结粒数/(粒/g) ≤	黑板棉结杂质总粒数/(粒/g) ≤	千米纱疵/(个/km) 细节(-50%) ≤	粗节(+50%) ≤	棉结(+200%) ≤	纱疵 十万米纱疵/(个/10⁵ m) ≤
6~7.5	71~100	优	13.0	2.2	14.2	±2.0	7：3：0：0	15.5	22	28	40	120	240	18
		一	16.0	3.5	12.0	±2.5	0：7：3：0	18.0	44	56	—	—	—	30
		二	18.5	4.5	10.0	±3.0	0：0：7：3	20.5	64	80	—	—	—	—
8~10	56~70	优	11.5	2.2	13.8	±2.0	7：3：0：0	14.5	20	25	28	65	120	12
		一	14.5	3.5	11.6	±2.5	0：7：3：0	17.0	40	50	—	—	—	20
		二	17.0	4.5	9.6	±3.0	0：0：7：3	19.5	60	75	—	—	—	—
11~13	44~55	优	10.5	2.2	14.0	±2.0	7：3：0：0	14.0	20	25	20	50	80	12
		一	13.5	3.5	11.8	±2.5	0：7：3：0	16.5	40	50	—	—	—	20
		二	16.0	4.5	9.8	±3.0	0：0：7：3	19.0	60	75	—	—	—	—
14~15	37~43	优	9.5	2.2	14.2	±2.0	7：3：0：0	13.5	20	25	12	40	60	12
		一	12.5	3.5	12.0	±2.5	0：7：3：0	16.0	40	50	—	—	—	20
		二	15.0	4.5	10.0	±3.0	0：0：7：3	18.5	60	75	—	—	—	—

续表

| 纱线规格 | | 等级 | 单纱断裂强力变异系数/% ≤ | 线密度变异系数/% ≤ | 单纱断裂强度/(cN/tex) ≥ | 线密度偏差率/% | 条干均匀度 | | 黑板棉结粒数/(粒/g) ≤ | 黑板棉结杂质总粒数/(粒/g) ≤ | 纱疵 | | | 十万米纱疵/(个/10⁵ m) ≤ |
| 公称线密度/tex | 英支 | | | | | | 黑板条干均匀度10块板比例(优:一:二:三) 不低于 | 条干均匀度变异系数/% ≤ | | | 千米纱疵/(个/km) | | | |
											细节(-50%) ≤	粗节(+50%) ≤	棉结(+200%) ≤	
16~20	29~36	优	9.0	2.2	14.4	±2.0	7:3:0:0	13.0	20	25	8	30	40	12
		一	12.0	3.5	12.2	±2.5	0:7:3:0	15.5	40	50	—	—	—	20
		二	14.5	4.5	10.2	±3.0	0:0:7:3	18.0	60	75	—	—	—	—
21~30	19~28	优	9.0	2.2	14.6	±2.0	7:3:0:0	12.5	20	25	4	20	25	8
		一	12.0	3.5	12.4	±2.5	0:7:3:0	15.0	40	50	—	—	—	16
		二	14.5	4.5	10.4	±3.0	0:0:7:3	17.5	60	75	—	—	—	—
31~40	15~18	优	8.5	2.2	14.8	±2.0	7:3:0:0	12.0	18	23	1	8	10	8
		一	11.5	3.5	12.6	±2.5	0:7:3:0	14.5	36	46	—	—	—	16
		二	14.0	4.5	10.6	±3.0	0:0:7:3	17.0	56	70	—	—	—	—

(2) 精梳棉涤纶低弹丝包芯丝本色纱(FZ/T 12044—2014)。

精梳棉涤纶低弹丝包芯丝本色纱技术要求(表2-3-95)。

表2-3-95　精梳棉涤纶低弹丝包芯本色纱技术要求

公称线密度/tex	等级	单纱强力变异系数/%≤	线密度变异系数/%≤	单纱断裂强度/(cN/tex)≥	线密度偏差率/%	条干均匀度变异系数/%≤	千米棉结(+200%)/(个/km)≤	十万米纱疵/(个/10^5 m)≤
9.0~11.0	优	8.5	2.0	19.5	±2.0	12.5	130	10
	一	11.0	3.0	17.5	±2.5	14.0	260	15
	二	14.0	3.5	16.5	±3.0	15.5	340	—
11.1~13.0	优	8.0	2.0	19.5	±2.0	12.0	90	10
	一	10.5	3.0	17.5	±2.5	13.5	180	15
	二	13.5	3.5	16.5	±3.0	15.0	260	—
13.1~16.0	优	7.5	2.0	19.5	±2.0	11.5	80	8
	一	10.0	3.0	16.0	±2.5	13.0	160	12
	二	13.0	3.5	15.0	±3.0	14.5	240	—
16.1~20.0	优	7.5	2.0	19.0	±2.0	11.0	70	8
	一	10.0	3.0	15.5	±2.5	12.5	140	12
	二	13.0	3.5	14.0	±3.0	14.0	220	—
20.1~24.0	优	7.0	2.0	18.5	±2.0	10.5	60	5
	一	9.5	3.0	14.5	±2.5	12.0	120	10
	二	12.5	3.5	13.5	±3.0	13.5	200	—
24.1~37.0	优	7.0	2.0	18.5	±2.0	10.0	50	5
	一	9.5	3.0	14.5	±2.5	11.5	100	10
	二	12.5	3.5	13.5	±3.0	13.0	180	—
37.1~58.0	优	6.5	2.0	19.5	±2.0	9.5	30	5
	一	9.0	3.0	15.5	±2.5	11.0	80	10
	二	12.0	3.5	14.5	±3.0	12.5	120	—

参考文献

[1]姚穆.纺织材料学[M].4版.北京:中国纺织出版社,2014.

[2]王柏润,刘荣清,刘恒奇,等.纱疵分析与防治[M].2版.北京:中国纺织出版社,2010.

[3]刘梅城,穆征,张曙光,等.纺纱工艺设计与实施[M].上海:华东大学出版社,2019.

[4]常涛.纺纱工艺设计[M].北京:中国劳动社会保障出版社,2010.

[5]全国纺织品标准化技术委员会基础标准分技术委员会.GB/T 8693—2008 纱线的标示[S].北京:中国标准出版社,2008.

[6]全国纺织品标准化技术委员会棉纺织品分技术委员会.FZ/T 10008—2018 棉及化纤纯纺、混纺纱线标志与包装[S].北京:中国标准出版社,2018.

[7]全国纺织品标准化技术委员会基础标准分技术委员会.FZ/T 01036—2014 纺织品 以特克斯(Tex)制的约整值代替传统纱支的综合换算表[S].北京:中国标准出版社,2014.

[8]全国纺织品标准化技术委员会基础标准分技术委员会.GB/T 6529—2008 纺织品 调湿和试验用标准大气[S].北京:中国标准出版社,2008.

[9]全国纺织品标准化技术委员会基础标准分技术委员会.GB/T 4743—2009 纺织品 卷装纱 绞纱法线密度的测定[S].北京:中国标准出版社,2009.

[10]全国纺织品标准化技术委员会基础标准分技术委员会.GB/T 3292.1—2008 纺织品 纱线条干不匀试验方法 第 1 部分:电容法[S].北京:中国标准出版社,2008.

[11]全国纺织品标准化技术委员会基础标准分技术委员会.GB/T 3292.2—2009 纺织品 纱线条干不匀试验方法 第 2 部分:光电法[S].北京:中国标准出版社,2009.

[12]全国纺织品标准化技术委员会基础标准分技术委员会.GB/T 3916—2013 纺织品 卷装纱 单根纱线断裂强力和断裂伸长率的测定(CRE 法)[S].北京:中国标准出版社,2013.

[13]全国纺织品标准化技术委员会棉纺织印染分技术委员会.FZ/T 10013.1—2011 温度与回潮率对棉及化纤纯纺、混纺制品断裂强力的修正方法,本色纱线及染色加工线断裂强力的修正方法[S].北京:中国标准出版社,2011.

[14]全国纺织品标准化技术委员会棉纺织印染分技术委员会.GB/T 9996.1—2008 棉及化纤纯纺、混纺纱线外观质量黑板检验方法 第 1 部分:综合评定法[S].北京:中国标准出版社,2008.

[15]全国纺织品标准化技术委员会棉纺织印染分技术委员会.GB/T 9996.2—2008 棉及化纤纯纺、混纺纱线外观质量黑板检验方法 第 2 部分:分别评定法[S].北京:中国标准出版社,2008.

[16]中国纺织总会标准化研究所.FZ/T 01050—1997 纺织品 纱线疵点的分级与检验方法 电容法[S].北京:中国标准出版社,1997.

[17]全国纺织品标准化技术委员会基础标准分技术委员会.GB/T 2543.1—2015 纺织品 纱线捻度的测定 第 1 部分:直接计数法[S].北京:中国标准出版社,2015.

［18］全国纺织品标准化技术委员会基础标准分技术委员会.GB/T 2543.2—2001 纺织品纱线捻度的测定　第 2 部分:退捻加捻法［S］.北京:中国标准出版社,2001.

［19］全国纺织品标准化技术委员会棉纺织品分技术委员会.FZ/T 10001—2016 转杯纺纱捻度的测定　退捻加捻法［S］.北京:中国标准出版社,2016.

［20］全国纺织品标准化技术委员会基础标准分技术委员会.FZ/T 01086—2020 纺织品纱线毛羽测定方法　投影计数法［S］.北京:中国标准出版社,2020.

［21］中国纺织总会标准化研究所.GB/T 9995—1997 纺织材料含水率和回潮率的测定烘箱干燥法［S］.北京:中国标准出版社,1997.

［22］全国纺织品标准化技术委员会基础标准分技术委员会.GB/T 2910.1—2009 纺织品定量化学分析　第 1 部分:比试验通则［S］.北京:中国标准出版社,2009.

［23］全国纺织品标准化技术委员会基础标准分技术委员会.GB/T 2910.10—2009　纺织品　定量化学分析　第 10 部分:三醋酯纤维或聚乳酸纤维与某些其他纤维的混合物(二氯甲烷法)［S］.北京:中国标准出版社,2009.

［24］全国纺织品标准化技术委员会基础标准分技术委员会.GB/T 2910.101—2009　纺织品　定量化学分析　第 101 部分:大豆蛋白复合纤维与某些其他纤维的混合物［S］.北京:中国标准出版社,2009.

［25］全国纺织品标准化技术委员会基础标准分技术委员会.GB/T 2910.11—2009 纺织品定量化学分析　第 11 部分:纤维素纤维与聚酯纤维的混合物(硫酸法)［S］.北京:中国标准出版社,2009.

［26］全国纺织品标准化技术委员会基础标准分技术委员会.GB/T 2910.12—2009 纺织品定量化学分析　第 12 部分:聚丙烯腈纤维、某些改性聚丙烯腈纤维、某些含氯纤维或某些弹性纤维与某些其他纤维的混合物(二甲基甲酰胺法)［S］.北京:中国标准出版社,2009.

［27］全国纺织品标准化技术委员会基础标准分技术委员会.GB/T 2910.13—2009 纺织品定量化学分析　第 13 部分:某些含氯纤维与某些其他纤维的混合物(二硫化碳/丙酮法)［S］.北京:中国标准出版社,2009.

［28］全国纺织品标准化技术委员会基础标准分技术委员会.GB/T 2910.14—2009 纺织品定量化学分析　第 14 部分:醋酯纤维与某些含氯纤维的混合物(冰乙酸法)［S］.北京:中国标准出版社,2009.

［29］全国纺织品标准化技术委员会基础标准分技术委员会.GB/T 2910.15—2009 纺织品定量化学分析　第 15 部分:黄麻与某些动物纤维的混合物(含氮量法)［S］.北京:中国标准

出版社,2009.

[30]全国纺织品标准化技术委员会基础标准分技术委员会. GB/T 2910. 16—2009 纺织品定量化学分析　第 16 部分:聚丙烯纤维与某些其他纤维的混合物(二甲苯法)[S]. 北京:中国标准出版社,2009.

[31]全国纺织品标准化技术委员会基础标准分技术委员会. GB/T 2910. 17—2009 纺织品定量化学分析　第 17 部分:含氯纤维(氯乙烯均聚物)与某些其他纤维的混合物(硫酸法)[S]. 北京:中国标准出版社,2009.

[32]全国纺织品标准化技术委员会基础标准分技术委员会. GB/T 2910. 18—2009 纺织品定量化学分析　第 18 部分:蚕丝与羊毛或其他动物毛纤维的混合物(硫酸法)[S]. 北京:中国标准出版社,2009.

[33]全国纺织品标准化技术委员会基础标准分技术委员会. GB/T 2910. 19—2009 纺织品定量化学分析　第 19 部分:纤维素纤维与石棉的混合物(加热法)[S]. 北京:中国标准出版社,2009.

[34]全国纺织品标准化技术委员会基础标准分技术委员会. GB/T 2910. 2—2009 纺织品定量化学分析　第 2 部分:三组分纤维混合物[S]. 北京:中国标准出版社,2009.

[35]全国纺织品标准化技术委员会基础标准分技术委员会. GB/T 2910. 20—2009 纺织品定量化学分析　第 20 部分:聚氨酯弹性纤维与某些其他纤维的混合物(二甲基乙酰胺法)[S]. 北京:中国标准出版社,2009.

[36]全国纺织品标准化技术委员会基础标准分技术委员会. GB/T 2910. 21—2009 纺织品定量化学分析　第 21 部分:含氯纤维、某些改性聚丙烯腈纤维、某些弹性纤维、醋酯纤维、三醋酯纤维与某些其他纤维的混合物(环己酮法)[S]. 北京:中国标准出版社,2009.

[37]全国纺织品标准化技术委员会基础标准分技术委员会. GB/T 2910. 22—2009 纺织品定量化学分析　第 22 部分:粘胶纤维、某些铜氨纤维、莫代尔纤维或莱赛尔纤维与亚麻、苎麻的混合物(甲酸/氯化锌法)[S]. 北京:中国标准出版社,2009.

[38]全国纺织品标准化技术委员会基础标准分技术委员会. GB/T 2910. 23—2009 纺织品定量化学分析　第 23 部分:聚乙烯纤维与聚丙烯纤维的混合物(环己酮法)[S]. 北京:中国标准出版社,2009.

[39]全国纺织品标准化技术委员会基础标准分技术委员会. GB/T 2910. 24—2009 纺织品定量化学分析　第 24 部分:聚酯纤维与某些其他纤维的混合物(苯酚/四氯乙烷法)[S]. 北京:中国标准出版社,2009.

[40]全国纺织品标准化技术委员会基础标准分技术委员会 . GB/T 2910. 25—2017 纺织品

定量化学分析　第 25 部分:聚酯纤维与某些其他纤维的混合物(三氯乙酸/三氯甲烷法)

[S].北京:中国标准出版社,2007.

[41]全国纺织品标准化技术委员会基础标准分技术委员会 . GB/T 2910. 26—2017 纺织品

定量化学分析　第 26 部分:三聚氰胺纤维与棉或芳纶的混合物(热甲酸法)[S]. 北京:中国

标准出版社,2017.

[42]全国纺织品标准化技术委员会基础标准分技术委员会 . GB/T 2910. 3—2009 纺织品

定量化学分析　第 3 部分:醋酯纤维与某些其他纤维的混合物(丙酮法)[S]. 北京:中国标准

出版社,2009

[43]全国纺织品标准化技术委员会基础标准分技术委员会 . GB/T 2910. 4—2009 纺织品

定量化学分析　第 4 部分:某些蛋白质纤维与某些其他纤维的混合物(次氯酸盐法)[S]. 北

京:中国标准出版社,2009.

[44]全国纺织品标准化技术委员会基础标准分技术委员会 . GB/T 2910. 5—2009 纺织品

定量化学分析　第 5 部分:粘胶纤维、铜氨纤维或莫代尔纤维与棉的混合物(锌酸钠法)[S].

北京:中国标准出版社,2009.

[45]全国纺织品标准化技术委员会基础标准分技术委员会 . GB/T 2910. 6—2009 纺织品

定量化学分析　第 6 部分:粘胶纤维、某些铜氨纤维、莫代尔纤维或莱赛尔纤维与棉的混合物

(甲酸/氯化锌法)[S]. 北京:中国标准出版社,2009.

[46]全国纺织品标准化技术委员会基础标准分技术委员会 . GB/T 2910. 7—2009 纺织品

定量化学分析　第 7 部分:聚酰胺纤维与某些其他纤维混合物(甲酸法)[S]. 北京:中国标准

出版社,2009.

[47]全国纺织品标准化技术委员会基础标准分技术委员会 . GB/T 2910. 8—2009 纺织品

定量化学分析　第 8 部分:醋酯纤维与三醋酯纤维混合物(丙酮法)[S]. 北京:中国标准出版

社,2009.

[48]全国纺织品标准化技术委员会基础标准分技术委员会 . GB/T 2910. 9—2009 纺织品

定量化学分析　第 9 部分:醋酯纤维与三醋酯纤维混合物(苯甲醇法)[S]. 北京:中国标准出

版社,2009.

[49]全国纺织品标准化技术委员会基础标准分技术委员会 . FZ/T 01095—2002 纺织品

氨纶产品纤维含量的试验方法[S]. 北京:中国标准出版社,2002.

[50]全国纺织品标准化技术委员会基础标准分技术委员会 . GB/T 29256. 5—2012 纺织品

第二篇　纱线品种及其质量检验

机织物结构分析方法　第5部分:机织物中拆下纱线线密度的测定[S].北京:中国标准出版社,2012.

[51]全国纺织品标准化技术委员会基础标准分技术委员会.GB/T 29256.4—2012 纺织品机织物结构分析方法　第4部分:织物中拆下纱线捻度的测定[S].北京:中国标准出版社,2012.

[52]国家认证认可监督管理委员会.SN/T 3588—2013 针织物中拆下纱线线密度的测定[S].北京:中国标准出版社,2013.

[53]全国纺织品标准化技术委员会棉纺织品分技术委员会.FZ/T 10007—2018 棉及化纤纯纺、混纺本色纱线检验规则[S].北京:中国标准出版社,2018.

[54]全国纺织品标准化技术委员会棉纺织印染分技术委员会..FZ/T 10021—2013 色纺纱线检验规则[S].北京:中国标准出版社,2013.

[55]国家认证认可监督管理委员会.SN/T 0450—2009 进出口本色纱线检验规程[S].北京:中国标准出版社,2009.

[56]国家认证认可监督管理委员会.SN/T 2146—2008 进出口纱线检验规程[S].北京:中国标准出版社,2008.

[57]国家认证认可监督管理委员会.SN/T 3702.3—2013 进出口纺织品质量符合性评价抽样方法　第3部分:纺织纱线[S].北京:中国标准出版社,2013.

[58]全国纺织品标准化技术委员会.GB/T 398—2018 棉本色纱线[S].北京:中国标准出版社,2018.

[59]全国纺织品标准化技术委员会棉纺织印染分技术委员会.FZ/T 71005—2014 针织用棉本色纱[S].北京:中国标准出版社,2014.

[60]全国纺织品标准化技术委员会棉纺织品分技术委员会.FZ/T 12018—2019 精梳棉本色紧密纺纱[S].北京:中国标准出版社,2019.

[61]全国纺织品标准化技术委员会棉纺织印染分技术委员会.中华人民共和国工业和信息化部.FZ/T 12037—2013 棉本色强捻纱[S].北京:中国标准出版社,2013.

[62]全国纺织品标准化技术委员会棉纺织印染分技术委员会.FZ/T 12032—2012 纯棉竹节本色纱[S].北京:中国标准出版社,2012.

[63]全国纺织品标准化技术委员会棉纺织印染分技术委员会.FZ/T 12002—2017 精梳棉本色缝纫专用纱线[S].北京:中国标准出版社,2007.

[64]全国纺织品标准化技术委员会棉纺织品分技术委员会.FZ 12001—2015 转杯纺棉本

色纱[S]．北京：中国标准出版社，2015.

[65]全国纺织品标准化技术委员会基础标准分技术委员会．GB/T 5324—2009 精梳涤棉混纺本色纱线[S]．北京：中国标准出版社，2009.

[66]全国纺织品标准化技术委员会棉纺织印染分技术委员会．FZ/T 12006—2011 精梳棉涤混纺本色纱线[S]．北京：中国标准出版社，2011.

[67]全国纺织品标准化技术委员会棉纺织品分技术委员会．FZ/T 12005—2020 普梳涤与棉混纺本色纱线[S]．北京：中国标准出版社，2011.

[68]全国纺织品标准化技术委员会棉纺织印染分技术委员会．FZ/T 63001—2014 缝纫用涤纶本色纱线[S]．北京：中国标准出版社，2014.

[69]全国纺织品标准化技术委员会棉纺织品分技术委员会．FZ/T 12004—2015 涤纶与粘胶纤维混纺本色纱线[S]．北京：中国标准出版社，2015.

[70]全国纺织品标准化技术委员会棉纺织印染分技术委员会．FZ/T 12003—2014 粘纤本色纱线[S]．北京：中国标准出版社，2014.

[71]全国纺织品标准化技术委员会棉纺织印染分技术委员会．FZ/T 12013—2014 莱赛尔纤维本色纱线[S]．北京：中国标准出版社，2014.

[72]全国纺织品标准化技术委员会棉纺织品分技术委员会．FZ/T 12021—2018 莫代尔纤维本色纱线[S]．北京：中国标准出版社，2018.

[73]全国纺织品标准化技术委员会棉纺织印染分技术委员会．GB/T 29258—2012 精梳棉粘混纺本色纱线[S]．北京：中国标准出版社，2012.

[74]全国纺织品标准化技术委员会棉纺织印染分技术委员会．FZ/T 12027—2012 转杯纺粘胶纤维本色纱[S]．北京：中国标准出版社，2012.

[75]全国纺织品标准化技术委员会棉纺织印染分技术委员会．FZ/T 12039—2013 喷气涡流纺粘纤纯纺及涤粘混纺本色纱[S]．北京：中国标准出版社，2013.

[76]全国纺织品标准化技术委员会棉纺织品分技术委员会．FZ/T 12009—2020 腈纶本色纱[S]．北京：中国标准出版社，2011.

[77]全国纺织品标准化技术委员会棉纺织印染分技术委员会．FZ/T 12011—2014 棉腈混纺本色纱线[S]．北京：中国标准出版社，2014.

[78]全国纺织品标准化技术委员会棉纺织印染分技术委员会．FZ/T 12008—2014 维纶本色纱线[S]．北京：中国标准出版社，2014.

[79]全国纺织品标准化技术委员会线带分技术委员会．FZ/T 63004—2011 维纶缝纫线

[S]. 北京：中国标准出版社,2011.

[80]全国纺织品标准化技术委员会棉纺织印染分技术委员会. FZ/T 12007—2014 梳棉维混纺本色纱线[S]. 北京：中国标准出版社,2014.

[81]全国纺织品标准化技术委员会棉纺织印染分技术委员会. FZ/T 12020—2009 竹浆粘胶纤维本色纱线[S]. 北京：中国标准出版社,2009.

[82]全国纺织品标准化技术委员会棉纺织印染分技术委员会. FZ/T 12010—2011 棉氨纶包芯本色纱[S]. 北京：中国标准出版社,2011.

[83]全国纺织品标准化技术委员会棉纺织印染分技术委员会. FZ/T 12044—2014 精梳棉涤纶低弹丝包芯本色纱[S]. 北京：中国标准出版社,2014.

[84]全国纺织品标准化技术委员会棉纺织印染分技术委员会. FZ/T 12031—2012 紧密纺棉色纺纱[S]. 北京：中国标准出版社,2012.

[85]全国纺织品标准化技术委员会棉纺织印染分技术委员会. FZ/T 12014—2014 针织用棉色纺纱[S]. 北京：中国标准出版社,2014.

[86]全国纺织品标准化技术委员会棉纺织印染分技术委员会. FZ/T 12030—2012 转杯纺棉色纺纱[S]. 北京：中国标准出版社,2012.

[87]全国纺织品标准化技术委员会棉纺织印染分技术委员会. FZ/T 12033—2012 纯棉竹节色纺纱[S]. 北京：中国标准出版社,2012.

[88]全国纺织品标准化技术委员会棉纺织品分技术委员会. FZ/T 12028—2020 涤纶色纺纱线[S]. 北京：中国标准出版社,2012.

[89]全国纺织品标准化技术委员会棉纺织品分技术委员会. FZ/T 12022—2019 涤纶与粘纤混纺色纺纱线[S]. 北京：中国标准出版社,2009.

[90]全国纺织品标准化技术委员会棉纺织印染分技术委员会. FZ/T 12029—2012 精梳棉与粘胶混纺色纺纱线[S]. 北京：中国标准出版社,2012.

[91]全国纺织品标准化技术委员会棉纺织印染分技术委员会. FZ/T 12046—2014 喷气涡流纺涤粘混纺色纺纱[S]. 北京：中国标准出版社,2014.

[92]全国纺织品标准化技术委员会棉纺织品分技术委员会. FZ/T 12045—2020 粘胶纤维色纺纱[S]. 北京：中国标准出版社,2014.

[93]全国纺织品标准化技术委员会棉纺织印染分技术委员会. FZ/T 12035—2012 精梳棉与莫代尔纤维混纺色纺纱线[S]. 北京：中国标准出版社,2012.

[94]全国纺织品标准化技术委员会棉纺织印染分技术委员会. FZ/T 12047—2014 棉/水溶

性维纶本色线[S]. 北京:中国标准出版社,2014.

[95]全国纺织品标准化技术委员会棉纺织印染分技术委员会. FZ/T 12034—2012 棉氨纶包芯色纺纱[S]. 北京:中国标准出版社,2012.

[96]全国纺织品标准化技术委员会. GB/T 24345—2009 机织用筒子染色纱线[S]. 北京:中国标准出版社,2009.

[97]全国纺织品标准化技术委员会. GB/T 24116—2009 针织用筒子染色纱线[S]. 北京:中国标准出版社,2009.

[98]上海纺织控股(集团)公司,棉纺手册(第三版)编委会. 棉纺手册[M]. 3 版. 北京:中国纺织出版社,2004.

第三篇　机织物品种及其质量检验

第一章　机织物名称与规格

第一节　机织物名称

一、机织物与织物结构

1. 机织物(woven fabric)

由相互垂直排列的两个系统的纱线,在织机上按一定规律交织而成的制品,称为机织物,简称织物。

2. 经纱(线)(warp,warp yarn)

在织物内与布边平行的纵向(或平行于织机机深方向)排列的纱线称为经纱(线)。

3. 纬纱(线)(weft,filling yarn)

与布边垂直的横向(或垂直于织机机深方向)排列的纱线称为纬纱(线)。

4. 织物结构(fabric construction)

一般指织物的几何结构,反映经纬纱线在织物中的几何形态,即经纱和纬纱在织物中相互之间的空间关系。织物结构对织物的力学性能有很大的影响,同时会影响织物的外观效应。织物所采用的原料、纱线的线密度、织物密度的配置和经纬纱线的交织规律等都是织物结构的参数。

二、织物分类

(一)按构成织物的原料分

1. 纯纺织物(pure raw fabric)

指经纬纱均采用同一种纤维为原料纺成纱织成的织物。

(1)棉织物(cotton fabric)。如细布、府绸、卡其、普通绒布等。

（2）毛织物（wool fabric）。如麦尔登、凡立丁、女式呢、贡呢、花呢等。

（3）丝织物（silk fabric）。包括桑蚕丝、柞蚕丝等织成的织物,如绫、缎、绸等。

（4）麻织物（bast fabric）。包括苎麻、亚麻、大麻等织物,如夏布、麻布等。

（5）化纤长丝织物（chemical filament fabric）。化学纤维长丝织成的织物。

（6）化纤短纤维织物（chemical short fiber fabric）。如涤纶短纤维的纯涤织物等。

（7）矿物性纤维织物（mineral fiber fabric）。如石棉防火织物、玻璃纤维织物等。

（8）金属纤维织物（metallic fiber fabric）。如金属筛网等。

2. 混纺织物（combination fabric）

指用两种或两种以上不同种类的纤维混纺的经纬纱线织成的织物。随着化纤生产的发展以及各种新型纤维的出现,混纺产品品种越来越多,混纺织物可以发挥各种纤维的优势,改善面料的风格,丰富其功能。如涤/棉（T/C）混纺织物、毛/涤（W/T）混纺织物、涤/黏（T/V）混纺织物等。

3. 交织物（union fabric）

指经纱和纬纱采用不同的纤维纺成纱交织而成的织物。如棉经、毛纬的棉毛交织物;毛丝交织的凡立丁;丝棉交织的线绨;蚕丝和人造丝交织的古香缎等。

（二）按织物用途分类

1. 服用纺织品（wearing fabric）

用于服装的各种纺织面料,如内衣、外衣、裤子、裙子、职业装、休闲装、礼服等。织物可为平素、色织条格、小提花、大提花、印花等。要求织物实用美观,舒适卫生。

2. 装饰用纺织品（decorative fabric）

用于美化室内环境的实用纺织品的总称,即常说的家用纺织品,要求舒适、美观、艺术化和功能性相结合。一般可分为地面装饰类、墙面贴饰类、挂帷遮饰类、家具覆盖类、床上用品类、盥洗用品类、餐厨用品类及纤维工艺美术品八大类,如台布、窗帘、沙发布、巾被、床罩、壁挂、贴墙布、地毯等。

3. 产业用纺织品（industrial textiles）

专门用于各种高性能或高功能要求的纺织品,使用中不以美观而以织物的功能特性为主。我国把产业用纺织品分成16大类,包括工业、农业、渔业、医疗卫生、科学技术、交通、军工国防、宇航等用途的织物,如宇航服、均压服、原子能防护服、人造血管、人工肌腱、寒冷纱、土工布、滤布等。

（三）按加工方法分类

1. 机织物（woven fabric）

在织机上由经纬纱按一定规律交织而成的织物,其应用最广泛。

2. 针织物（knitted fabric）

由纱线单根成圈或多根平行纱成圈相互串套,由针织机加工而成的织物（经编、纬编）,如羊毛衫、内衣、运动衣、棉毛衫等。

3. 编织物(braid)

用若干根纱(或丝、线)相互绞编而成的织物,如绳和较狭窄的编织带等。

4. 非织造布(nonwoven fabric)

由纤维层经过摩擦、抱合、黏合等加工方法构成的片状物、纤网或絮垫,如服装黏合衬、人造毛皮、地毯、篷盖布、土工布、包装材料等。

5. 三维立体织物(three-dimensional fabric)

通过特殊的编织技术在三维空间按所需的方向结构编织成块状体、圆筒体等特殊形状的立体织物。

(四)按织物组织分类

1. 原组织织物(elementary weave fabric)

又称基本组织织物,包括平纹、斜纹、缎纹织物。

2. 小花纹组织织物(huckaback weave fabric)

将原组织加以变化或配合而成,包括变化组织织物和联合组织织物。

3. 复杂组织织物(composed weave fabric)

由若干系统的经纱和若干系统的纬纱交织而成,这类组织能使织物具有特殊的外观效应和性能。

4. 大提花组织织物(jacquard fabric)

又称纹织物,是利用提花织机织成的织物,一个组织循环纱线数可达到数千根以上。

三、各类织物的使用要求

各类织物的使用要求见表3-1-1。

表3-1-1　各类织物的使用要求

使用要求内容		织物使用情况					
		外衣	工作服	衬里	内衣	装饰用	产业用
外观	色彩	★	△	△	△	★	×
	色泽	★	△	△	△	★	×
	悬重性	★	△	△	★	★	×
手感	柔软性	★	△	△	★	△	×
	折弹性	★	★	★	★	★	△
	尺寸稳定性	★	★	★	★	★	★
	抗皱性	★	★	△	△	★	★

使用要求内容		织物使用情况					
		外衣	工作服	衬里	内衣	装饰用	产业用
卫生条件	透气性	★	★	★	★	△	△
	保暖性	△	△	△	★	×	×
	吸湿性	△	△	△	★	△	△
	带电性	★	★	△	△	★	△
	重量	★	★	★	★	★	★
抗生物性	防霉	★	△	△	△	★	★
	防蛀	★	△	△	△	★	★
抗物理化学作用	耐热	★	△	△	×	△	★
	耐光	★	★	△	△	★	△
	耐药品	△	★	×	×	△	△
	耐污染	★	★	△	★	★	×
处理性能	洗涤难易	★	★	△	★	★	×
	折皱稳定性	★	★	△	△	★	×
	拉断强度	★	★	△	△	△	★
	撕破强度	★	★	△	★	△	★
	冲击强度	△	★	△	△	△	★
	耐磨性	★	★	★	★	△	★
	耐抗张疲劳性	★	★	△	★	△	★

注 ★有较大关系,△有一般关系,×关系不大。

第二节 机织物规格

一、织物的经纬纱原料及鉴别

(一)经纬纱原料

纤维是组成纱线和织物的原料,纱线和织物的性能与纤维的品种及性能密切相关。纤维通常是指长宽比在 10^3 数量级以上、粗细为几微米到上百微米的柔软细长体,有连续长丝和短纤之分。由于纤维大都用来制造纺织品,故又称纺织纤维。作为纺织纤维,必须具有一定的物理、化学和生理性质,以满足工艺加工和人类使用时的要求,包括:必须有一定的长度和细度;有必要的强度及变形能力、弹性、耐磨性和柔性;有一定的吸湿性、导电性和化学稳定性;对穿着用和家用纤维要求有良好的染色性能,应该无毒、无害、无过敏的生理友好物质;对产业用纤维要求环境友好及特殊性能。纺织纤维可分为两大类:一类是天然纤维(属生物质原生纤维),指自然界存在和动物生长过程中形成的纤维,主要天然纤维的分类见表3-1-2;另一类是化学纤维(chemical fibers,manufactured fiber,manmade fiber),是以天然或合成高分子化合物为原料经化学处理和机械加工制得的纤维,主要化学纤维的分类及名称见表3-1-3。

表 3-1-2　主要天然纤维的分类与名称

分类	定义	组成物质	纤维名称
植物纤维	取自于植物种子、茎、韧皮、叶或果实的纤维	主要组成物质为纤维素,并含有少量木质素、半纤维素等,含量比随纤维的不同而不同	种子纤维:棉、彩色棉和转基因棉等纤维 韧皮纤维:苎麻、亚麻、大麻、黄麻、红麻、罗布麻、苘麻等 叶纤维:剑麻、蕉麻、菠萝叶纤维、香蕉茎纤维等 果实纤维:木棉、椰子纤维 竹纤维:天然竹纤维主要是竹原纤维
动物纤维	取自于动物的毛发或分泌液的纤维	主要组成物质为蛋白质,但蛋白质的化学组成有较大差异	毛纤维:绵羊毛、山羊毛、骆驼毛、驼羊毛、兔毛、牦牛毛、马海毛、羽绒、野生骆马毛、变性羊毛、细化羊毛等 丝纤维:桑蚕丝、柞蚕丝、蓖麻蚕丝、木薯蚕丝、天蚕丝、柳蚕丝、蜘蛛丝等
矿物纤维	从纤维状结构的矿物岩石获得的纤维	二氧化硅、氧化铝、氧化铁、氧化镁等	各类石棉纤维,如温石棉纤维、青石棉纤维、蛇纹石棉纤维等

表 3-1-3　化学纤维的分类及名称

分类	定义	纤维名称
生物质纤维	以生物质或衍生物为原料制得的化学纤维	生物质再生纤维:以生物质或其衍生物为原料制备的化学纤维,如再生纤维素及纤维素酯纤维(黏胶纤维、铜氨纤维、醋酸纤维等)、蛋白质纤维、海藻纤维、甲壳素纤维以及直接溶剂法纤维素纤维(Lyocell纤维)等 生物质合成纤维:采用生物质材料并利用生物合成技术制备的化学纤维,如聚乳酸类纤维、聚丁二酸丁二醇酯纤维、聚对苯二甲酸丙二醇酯纤维等

分类	定义	纤维名称
合成纤维	以石油、煤、天然气及一些农副产品为原料制成单体,经化学合成为高聚物,纺制的纤维	涤纶(聚酯纤维):大分子链的各链节通过酯基相连纺制而成的合成纤维 锦纶(聚酰胺纤维):分子主链由酰胺键连接纺制的合成纤维 腈纶(聚丙烯腈纤维):通常指含丙烯腈在85%以上的丙烯腈共聚物或均聚物纤维 丙纶(聚丙烯纤维):分子组成为聚丙烯的合成纤维 维纶(聚乙烯醇纤维):聚乙烯醇在经缩甲醛处理后所得的纤维 氯纶(聚氯乙烯纤维):分子组成为聚氯乙烯的合成纤维 氨纶(聚氨酯弹性纤维):以聚氨基甲酸酯为主要成分的一种嵌段共聚物制成的纤维 其他:乙纶、乙氯纶及混合高聚物纤维等
无机纤维	以天然无机物或含碳高聚物纤维为原料,经人工抽丝或直接炭化制成的无机纤维	玻璃纤维:以玻璃为原料,拉丝成形的纤维 金属纤维:以金属物质制成的纤维,包括涂覆塑料的金属纤维、外涂金属的高聚物纤维以及包覆金属的芯线 陶瓷纤维:以陶瓷类物质制得的纤维,如氧化铝纤维,碳化硅纤维、多晶氧化物纤维 碳纤维:以高聚物合成纤维为原料经炭化加工制取的,纤维化学组成中碳元素占总质量90%以上的纤维,是无机化的高聚物纤维

(二)经纬纱原料鉴别

正确、合理地选配各类织物所用原料,对满足各项用途起着极为重要的作用。对布样的经纬纱原料要进行分析,主要有两个方面。

1. 织物经纬纱原料的定性分析

目的是分析织物纱线是什么原料组成,即分析织物是属纯纺织物、混纺织物,还是交织物。其具体方法与纤维的鉴别方法相同。鉴别纤维一般采用的步骤是先决定纤维的大类,是属天然纤维素纤维,还是属天然蛋白质纤维或是化学纤维;再具体确定是哪一品种。纤维鉴别是利用各种纤维的外观形态和内在性质的差异,采用物理、化学等方法进行鉴别,常用的鉴别方法有手感目测法、燃烧法(表3-1-4)、显微镜法(表3-1-5)和化学溶解法等。

表3-1-4 常见纤维的燃烧特性

纤维	燃烧情况	气味	灰烬颜色及形状
棉	易燃,黄色火焰	有烧纸气味	灰烬少,灰末细软,浅灰色

纤维	燃烧情况	气味	灰烬颜色及形状
麻	易燃,黄色火焰	有烧纸气味	灰烬少,灰末细软,浅灰色
黏胶纤维	易燃,黄色火焰	有烧纸气味	灰烬少,灰末细软,浅灰色
羊毛	徐徐冒烟、起泡并燃烧	有烧毛发臭味	灰烬少,黑色块状,质脆
蚕丝	燃烧慢	有烧毛发臭味	易碎的黑褐色小球
醋酯纤维	缓缓燃烧	有醋酸刺激味	黑色硬决或小球
涤纶	一边熔化,一边缓慢燃烧	有芳香族物气味	易碎,黑褐色硬块
锦纶	一边熔化,一边缓慢燃烧	有特殊臭味	坚硬褐色小球
丙纶	一边收缩,一边熔化燃烧	有烧蜡臭味	黄褐色硬块
腈纶	一边熔化,一边燃烧	有鱼腥臭味	易碎,黑色硬块
维纶	缓慢燃烧	有特殊臭味	易碎,褐色硬块

表 3-1-5　常见纤维的横截面形状及外观形态特征

纤维	横截面形状	纵向外观
棉	腰子形,有空腔	扭曲的扁平带状
亚麻	多角形,有空腔	有竹节状横节及条纹
苎麻	扁圆形,有空腔	有竹节状横节及条纹
羊毛	不规则圆形	有鳞片状横纹
蚕丝	三角形、圆角	表面光滑
黏胶纤维	锯齿形	有条纹
醋酯纤维	三叶形或豆形	有 1~2 根条纹
维纶	腰子形	有粗条纹
腈纶	哑铃形	有条纹
涤纶	圆形	表面光滑
锦纶	圆形	表面光滑
丙纶	圆形	表面光滑

2. 混纺织物成分的定量分析

具体方法同混纺纱线含量分析法,一般采用溶解法,选用适当的溶剂,使混纺织物中的一种纤维溶解,称取留下的纤维质量,从而也知道溶解纤维的质量,然后计算混合百分率。

二、织物的经纬纱细度及测定

纱线的细度指标是描写纱线粗细的指标,分为定长制的线密度、旦尼尔和定重制的英制支数和公制支数。

(一)线密度(Tt)

线密度指 1000m 长的纱线,在公定回潮率时的质量克数,单位为 tex。

$$Tt = \frac{1000G}{L} \tag{3-1-1}$$

式中:Tt——经(纬)纱线的线密度,tex;

　G——纱线试样在公定回潮率时的质量,g;

　L——纱线试样的长度,m。

(二)旦尼尔(D)

9000m 长的纱线,在公定回潮率时的质量克数,称为旦尼尔。一般蚕丝、化纤长丝的粗细均以旦尼尔表示。

$$D = \frac{9000G}{L} \tag{3-1-2}$$

式中:D——旦尼尔,旦;

　L——试样长度,m;

　G——纱线试样在公定回潮率时的质量,g。

(三)英制支数(N_e)

英制支数为一种英制间接纱线号数制,为每磅纱线在公定回潮率(8.5%)时所具有 840 码长度的倍数。

$$N_e = \frac{L}{840G} = \frac{0.59L'}{G'} \tag{3-1-3}$$

式中:N_e——英制支数,英支;

　L——纱线的试样长度,码;

　G——纱线试样在公定回潮率时的质量,磅;

　L'——纱线的试样长度,m;

G'——纱线试样在公定回潮率时的质量,g。

(四)公制支数(N_m)

公制支数指在公定回潮率时,质量为1g的纱线所具有的长度(m)。其数值越大,纱线越细,支数越高。

$$N_\mathrm{m}=\frac{L}{G} \tag{3-1-4}$$

式中:N_m——公制支数,公支;

　　L——纱线试样长度,m;

　　G——纱线试样在公定回潮率时的质量,g。

毛、麻纱线一般用公制支数来表示粗细程度。

(五)特克斯(tex)与英制支数换算

换算时注意各自的公定回潮率不同,按式(3-1-5)换算:

$$N_\mathrm{e}=\frac{C}{\mathrm{Tt}}=\frac{590.5}{\mathrm{Tt}} \tag{3-1-5}$$

式中:Tt——纱线的线密度,tex;

　　N_e——纱线的英制支数,英支;

　　C——换算系数,590.5。

(六)经纬纱细度测定

1. 比较测定法

该方法是将纱线放在放大镜下,仔细地与已知线密度(或公支、英支、旦)的纱线进行比较,最后凭经验确定试样的经纬纱细度。该方法测定的准确程度与试验人员的经验有关。由于做法简单迅速,所以工厂有经验的试验人员经常采用此法。

2. 称量法

在测定前必须先检查样品的经纱是否上浆,若经纱是上浆的,则应对试样进行退浆处理后称重。

测定时从10cm×10cm织物中,取出10根经纱和10根纬纱,分别称其质量,并测出织物的实际回潮率,在经纬纱缩率已知的条件下,经纬纱线密度可用式(3-1-6)求出:

$$\mathrm{Tt}=\frac{1000G(1-a)\times(1+W_\Phi)}{1+W} \tag{3-1-6}$$

式中:Tt——纱线的线密度, tex;

G——10 根纱线的实际质量,g;

a——纱线缩率,%;

W——织物的实际回潮率,%;

W_Φ——纱线的公定回潮率,%。

(七)常见纤维纱线的公定回潮率

常见纤维纱线的公定回潮率见表 3-1-6。

表 3-1-6　常见纤维纱线的公定回潮率

纱线名称	公定回潮率/%	纱线名称	公定回潮率/%
棉	8.5	涤纶	0.4
羊毛	15.0	腈纶	2.0
亚麻	12.0	锦纶	4.5
蚕丝	11.0	丙纶	0
黏胶纤维	13.0	维纶	5.0
富强纤维	13.0	氯纶	0
铜氨纤维	13.0	氨纶	1.0
醋酯纤维	7.0	涤 65/棉 35	3.2

混纺纱线的公定回潮率按各混用纤维的公定回潮率和混纺比例加权平均来计算,四舍五入取一位小数。

三、织物的经纬纱捻度及其与织物的关系

1. 纱线捻度

表示纱线加捻的程度,纱线单位长度内的捻回数称为捻度。当纱线采用特克斯表示粗细时,以 10cm 内的捻回数表示;纱线采用公制支数表示粗细时,以 1m 内的捻回数表示;纱线采用英制支数表示粗细时,以 1 英寸内的捻回数表示。

2. 纱线捻度与织物的关系

(1)一般情况下捻回数多,纱线强力高,表面光洁,手感硬挺,但捻度太高,纱线会断裂(这一捻度称为临界捻度)。

(2)一般情况下捻回数少,纱线强力差,毛羽多,手感柔软,吸湿性好。

(3)因经纱承受的张力较大,摩擦屈曲较多,因此,一般经纱捻度应略高于纬纱捻度。

（4）起绒织物的纬纱捻度应低于同样线密度不起绒织物的纬纱。

（5）绉纱是用高捻度强捻纱作纬纱，经过水处理后使织物经向出现条状起皱效应的。

四、织物的经纬纱捻向及其与织纹的关系

1. 纱线捻向

是指纱线加捻后表面纤维的斜向，一般分为 Z 捻和 S 捻两种。单纱一般采用 Z 捻，股线一般采用 S 捻。

2. 捻向与织纹的关系

主要反映在两个方面：一是由于光线的反射作用，不同捻向和织纹会影响织物表面的纹路清晰程度和外观效应；二是不同捻向经纬纱交织会影响经纬纱的抱合，影响织物的厚度。几种织物的经纬纱线捻向配置及布面效应见表 3-1-7。

表 3-1-7　几种织物的经纬纱线捻向配置及布面效应

织物名称	捻向配置及布面效应
纱斜纹织物	经纬向均为 Z 捻，织物正面斜纹方向为自右下角向左上角斜的左斜纹，织物正面斜纹纹路清晰
线斜纹织物	经纬向均为 S 捻，织物正面斜纹方向为自左下角向右上角斜的右斜纹，织物正面斜纹纹路清晰
缎纹织物	为使织物表面更好地产生光泽，经面缎纹的经纱捻向和纬面缎纹的纬纱捻向应与缎纹组织点的纹路方向一致
起绒织物	为便于起绒，经纬向用纱捻向需相反，即经向用 Z 捻纱，纬向需用 S 捻纱
隐条隐格织物	经向采用两种不同捻向的纱间隔排列，可得隐条织物，经纬向均用两种不同捻向的纱间隔排列，可得隐格织物

五、织物的经纬纱密度及其测定

(一)织物经纬纱密度

1. 公制经（纬）纱密度

织物中每 10cm 内排列的经（纬）纱根数，称为该织物的经（纬）纱密度。

2. 英制经（纬）纱密度

织物中每英寸内排列的经（纬）纱根数，称为该织物的经（纬）纱密度。目前商业贸易中习惯采用英制经（纬）纱密度。

3. 经（纬）纱密度的换算

$$公制经（纬）纱密度 = 3.397 \times 英制经（纬）纱密度$$

英制经(纬)纱密度=0.254×公制经(纬)纱密度

4. 经(纬)纱密度与织物的关系

经(纬)纱密度直接影响织物的外观、手感、厚度、强力、透气性、透湿性、耐磨性和保暖性等指标,同时也关系到产品的成本和生产效率,在一定程度上决定了织物的风格和用途。

(二)经纬纱密度的测定

1. 直接测数法

将被测定的织物平摊于台面上,用密度镜按被测纱线密度的垂直方向平放在织物上,将镜头下面一块长条玻璃片上的红线,对准被测两根纱线的中间,并以此作为起点,边移动镜头边数纱线根数,直到5cm刻度为止。如终点到达最后一根纱线的中间,则此根纱线作0.5根计算,凡不足0.5根的作0.25根计算,超过0.5根而不足一根的作0.75根计算,然后乘2倍,即为10cm内的纱线根数。一般应测得3~4个数据,然后取其平均值作为测定结果。

2. 间接测定法

适用于密度大、纱线线密度小的规则组织织物,首先经过分析织物组织及其组织循环经(纬)纱数,再乘以10cm中组织循环个数,所得的乘积即为织物的经(纬)纱密度。

3. 拆线法

对高密或起毛类织物,从试样中取5cm×5cm,分别拆纱数出经、纬纱的根数,再乘以2即得出织物经(纬)纱密度。

六、织物幅宽

织物幅宽是指织物在自然状态下,从其一边的外侧至另一边外侧的实测宽度,是织物规格的基本技术参数之一。织物幅宽以cm为单位,商业贸易上习惯以英寸为单位。公称幅宽为工艺设计的标准幅宽。织物的幅宽由产品的用途来决定,一般由用户指定,用户指定的幅宽是不能随意变更的。在产品设计时应充分考虑设备条件和产品质量要求,选择合适的机型来生产。

织物幅宽一般有狭幅、中幅、阔幅和特阔幅之分,习惯分类方法详见表3-1-8。

表3-1-8　织物幅宽习惯分类表

幅宽类别	窄幅	中幅	阔幅	特阔幅
公制/cm	$B \leq 91.5$	$91.5 < B \leq 122$	$122 < B \leq 167.5$	$B > 167.5$
英制/英寸	$B \leq 36$	$36 < B \leq 48$	$48 < B \leq 66$	$B > 66$
用途	衬衣、儿童服装	服装面料	外衣面料	家纺用品

注　B 表示幅宽。

七、常见织物组织

常见织物组织见表 3-1-9。

表 3-1-9　常见织物组织

组织名称	组织图	说明
$\dfrac{1}{1}$平纹		细纺、府绸类织物均为平纹组织,经纬纱用纱、线均可
$\dfrac{2}{1}$↗斜纹		单面右斜纹,线织物,正面纹路清晰
$\dfrac{2}{1}$↖斜纹		单面左斜纹,纱织物,正面纹路清晰
$\dfrac{2}{2}$↗斜纹		双面右斜纹,线织物,正面纹路清晰,哔叽、华达呢、卡其类织物常用该组织
$\dfrac{2}{2}$↖斜纹		双面左斜纹,纱织物,正面纹路清晰,哔叽、华达呢、卡其类织物常用该组织
$\dfrac{3}{1}$↗斜纹		单面右斜纹,线织物,正面纹路清晰,半线或全线卡其常用该组织
$\dfrac{3}{1}$↖斜纹		单面左斜纹,纱织物,正面纹路清晰,纱卡其常用该组织
$\dfrac{5}{2}$经面缎纹		线直贡一般用该组织,经向用 S 捻线,纬向用 Z 捻纱的织物表面有斜纹效应
$\dfrac{5}{3}$经面缎纹		纱直贡一般用该组织,经向用 Z 捻纱,织物表面有斜纹效应,若经向用 S 捻线,则斜纹效应不明显
$\dfrac{5}{2}$纬面缎纹		经向若采用 S 捻线,织物表面有斜纹效应
$\dfrac{5}{3}$纬面缎纹		Z 捻纱织物,织物表面斜纹效应不明显,该横贡织物布身柔软、光滑似绸

组织名称	组织图	说明
麻纱(变化平纹组织)		布面呈直条纹路,手感爽,织物透气,穿着舒适
人字斜纹		该组织为破斜纹组织,制织人字斜纹时可依据所需人字大小变化穿综循环
灯芯绒织物		有 V 形固结和 W 形固结之分,将纬纱浮长中间割断,刷毛后织物表面有似灯芯的条状毛绒
平绒织物		该组织为割经平绒,将上下两层组织剖开后,经刷毛而成平绒

八、织物单位面积质量

织物单位面积质量是指织物每平方米的无浆干燥质量。它是织物的一项重要技术指标,也是对织物进行经济核算的主要指标,根据织物样品的大小及具体情况,可分两种试验方法。

(一)称量法

用称量法测定织物质量时,要使用扭力天平、分析天平等工具。在测定织物每平方米的质量时,样品一般取 10cm×10cm。面积越大,所得结果就越正确。在称量前,将退浆的织物放在烘箱中烘干,至质量恒定,称其干燥质量,计算式见式(3-1-7)。

$$m=\frac{G\times10^4}{L\times b} \tag{3-1-7}$$

式中:m——样品每平方米无浆干燥质量,g/m²;

G——样品的无浆干燥质量,g;

L——样品长度,cm;

b——样品宽度,cm。

(二)计算法

1. 适用于小样品

在遇到样品面积很小,用称量法不够准确时,可以根据分析所得的经纬纱线密度、经纬纱密度及经纬纱缩率进行计算,计算式见式(3-1-8)。

$$m=\left[\frac{10P_j\times Tt_j}{(1-a_j)\times1000}+\frac{10P_w\times Tt_w}{(1-a_w)\times1000}\right]\frac{1}{1+W_\Phi} \tag{3-1-8}$$

$$= \frac{1}{100}\left[\frac{P_j \times Tt_j}{1-a_j} + \frac{P_w \times Tt_w}{1-a_w}\right]\frac{1}{1+W_\Phi} \tag{3-1-9}$$

$$= \frac{1}{100(1+W_\Phi)}\left[\frac{P_j \times Tt_j}{1-a_j} + \frac{P_w \times Tt_w}{1-a_w}\right] \tag{3-1-10}$$

式中：m——样品每平方米无浆干燥质量，g/m^2；

P_j，P_w——样品的经、纬纱密度，根/10cm；

a_j，a_w——样品的经、纬纱缩率，%；

W_Φ——样品的经、纬纱公定回潮率，%；

Tt_j，Tt_w——样品的经、纬纱线密度，tex。

2. 适用于生产中

（1）每平方米织物中经纱无浆干燥质量的计算。

$$G_j = \frac{P_j \times 10 \times g_j \times (1-F_j)}{(1-a_j)(1+S_j) \times 100} \tag{3-1-11}$$

式中：G_j——每平方米织物中经纱无浆干燥质量，g；

P_j——经纱密度，根/10cm；

g_j——经纱标准干燥质量，g/100m；

F_j——经纱总飞花率，%；

a_j——该织物经纱织缩率，%；

S_j——该织物经纱总伸长率，%。

（2）每平方米织物中纬纱干燥质量的计算。

$$G_w = \frac{P_w \times 10 \times g_w}{(1-a_w) \times 100} \tag{3-1-12}$$

式中：G_w——每平方米织物中纬纱干燥质量，g；

P_w——该织物的纬纱密度，根/10cm；

g_w——纬纱纺出标准干燥质量，g/100m；

a_w——该织物的纬纱织缩率，%。

（3）每平方米织物无浆干燥质量的计算。

$$每平方米织物无浆干燥质量 = G_j + G_w$$

$$经（纬）纱标准干燥质量（g/100m） = 经（纬）纱线密度 \div 10.85$$

$$= 54.42 \div 经（纬）纱英制支数$$

股线要按并合后的质量计算。

经纱总伸长率:上浆单纱按 1.2% 计算(其中络筒、整经以 0.5% 计算,浆纱以 0.7% 计算);过水股线 10tex×2 以下按 0.3% 计算,10tex×2 以上按 0.7% 计算。

经纱总飞花率:粗特织物按 1.2% 计;中特平纹织物按 0.6% 计,斜纹织物按 0.9% 计;细特织物按 0.8% 计;线织物按 0.6% 计。

经纱总伸长率、经纱总飞花率以及经纬纱织缩率是计算每平方米织物无浆干燥质量的依据,不是规定指标。

九、织物紧度

本色棉布的结构特征一般可用紧度来表示,紧度有经向紧度(经纱排列紧度)E_j、纬向紧度(纬纱排列紧度)E_w 和织物总紧度 E。织物的紧度是指织物中纱线的投影面积与织物的全部面积之比,表示织物的紧密程度。

(一)纯棉织物不考虑组织因素的紧度

不考虑组织因素的经纬向紧度百分数及织物总紧度用来作为经纱在筘内、综框内、后梁上整经和浆纱时的紧密度的比较评价,E 也用于比较织物中空隙的多少,由此可决定织物的透气性。紧度计算公式见表3-1-10。

表 3-1-10　纯棉织物的紧度计算公式(不考虑组织因素)

类别	计算公式	密度单位
线密度	$E_j = P_j \times \sqrt{Tt_j} \times 0.037\%$	根/10cm
	$E_w = P_w \times \sqrt{Tt_w} \times 0.037\%$	
公制支数	$E_j = P_j / \sqrt{N_{mj}} \times (1.17\% \sim 1.25\%)$	根/10cm
	$E_w = P_w / \sqrt{N_{mw}} \times (1.17\% \sim 1.25\%)$	
英制支数	$E_j = P_j / \sqrt{N_{ej}} \times 3.54\%$	根/英寸
	$E_w = P_w / \sqrt{N_{ew}} \times 3.54\%$	
总紧度	$E = E_j + E_w - E_j \times E_w$	

式中:E_j——织物的经纱排列紧度,简称经向紧度;

　E_w——织物的纬纱排列紧度,简称纬向紧度,%;

　E——织物的总紧度,%;

　P_j——织物的经纱密度,根/10cm;

　P_w——织物的纬纱密度,根/10cm;

　Tt_j——织物的经纱线密度,dtex;

Tt_w——织物的纬纱线密度,dtex;

N_{mj}——织物的经纱公制支数,公支;

N_{mw}——织物的纬纱公制支数,公支;

N_{ej}——织物的经纱英制支数,英支;

N_{ew}——织物的纬纱英制支数,英支。

(二)化学纤维混纺织物的紧度

不同纤维的纯纺和混纺纱线,具有不同的密度。当纱线的线密度、经纬密度相同,而纤维原料不同时,织物紧度也不相同。为了相对比较,织物紧度也可按式(3-1-13)~式(3-1-15)计算。

经向紧度

$$E_j = a_j \times P_j \div \sqrt{\frac{1000}{Tt_j}} \tag{3-1-13}$$

纬向紧度

$$E_w = a_w \times P_w \div \sqrt{\frac{1000}{Tt_w}} \tag{3-1-14}$$

织物总紧度

$$E = E_j + E_w - E_j \times E_w \tag{3-1-15}$$

式中:a_j,a_w——经、纬纱直径系数;

P_j,P_w——经、纬纱密度,根/10cm;

Tt_j——织物的经纱线密度,tex;

Tt_w——织物的纬纱线密度,tex。

几种常用纤维的纯纺和混纺纱线直径系数见表3-1-11。

表3-1-11　几种常用纤维的纯纺和混纺纱线直径系数

纤维名称	混纺比/%	直径系数	纤维名称	混纺比/%	直径系数	纤维名称	混纺比/%	直径系数
涤纶	100	1.25	棉	100	1.18	涤/黏	50/50	1.22
腈纶	100	1.36	苎麻	100	1.2	黏/锦	75/25	1.24
黏胶纤维	100	1.19	绢丝	100	1.31	毛/涤	45/55	1.26
锦纶	100	1.38	涤/腈	50/50	1.30	涤/黏或涤/棉	65/35	1.23
羊毛	100	1.28	涤/腈	60/40	1.29	腈/锦/黏	50/30/20	1.32

(三)常见本色织物的紧度范围

常见本色织物的紧度范围见表3-1-12。

表3-1-12　常见本色织物的紧度范围

织物	经向紧度 E_j/%	纬向紧度 E_w/%	$E_j : E_w$	总紧度 E/%
平布	35~60	35~60	1:1	60~80
府绸	61~80	35~50	5:3	75~90
$\frac{2}{1}$斜纹	60~80	40~55	3:2	75~90
哔叽	55~70	45~55	6:5	纱85以下,线90以下
华达呢	75~95	45~55	2:1	纱85~90,线90~97
卡其$\frac{3}{1}$、$\frac{2}{2}$	80~110	45~60	2:1	纱85以上,线90以上
直贡	65~100	45~55	3:2	80以上
横贡	45~55	65~80	2:3	80以上
$\frac{2}{1}$纬重平	40~55	45~55	1:1	60以上
绒坯布	30~50	40~70	2:3	60~85
巴厘纱	22~38	20~34	1:1	38~60
羽绒布	70~82	54~62	3:2	88~92

十、织物覆盖系数

(一)覆盖系数

织物可制织的密度主要受纱线直径及织物组织两大因素影响。根据 F. T. Peirce 的推论，棉纱直径与纱线的线密度关系见式(3-1-16)，织物覆盖面积按式(3-1-18)计算，覆盖系数按式(3-1-19)计算。

$$D = \frac{1}{28\sqrt{N_e}} = 0.037\sqrt{Tt} \qquad (3-1-16)$$

式中: D——纱线直径, mm;

N_e——纱线的英制支数, 英支;

Tt——纱线的线密度,tex。

$$纱与纱中心距离=\frac{1}{P} \tag{3-1-17}$$

$$覆盖面积(覆盖率)=\frac{D}{纱与纱中心距离}=DP=0.037P\sqrt{Tt} \tag{3-1-18}$$

覆盖系数

$$K=P\sqrt{Tt} \tag{3-1-19}$$

式中:P——纱线的密度,根/mm;

Tt——纱线的线密度,tex。

经向覆盖系数

$$K_j=P_j\sqrt{Tt_j} \tag{3-1-20}$$

纬向覆盖系数

$$K_w=P_w\sqrt{Tt_w} \tag{3-1-21}$$

棉布覆盖系数

$$K_e=K_j+K_w-kK_jK_w \tag{3-1-22}$$

式中:k——常数。

(二)覆盖系数理论最大值的计算

经纬纱的线密度及密度相等的均衡平布,织物的覆盖系数理论最大值按式(3-1-17)推导为:

$$P=\frac{1}{纱与纱中心距}$$

如图3-1-1所示,经向纱与纱中心距离=$\sqrt{3}D$。

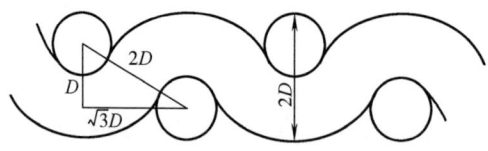

图3-1-1 经纬纱的直径

根据式(3-1-16)和式(3-1-17)可知:

$$P=\frac{1}{\sqrt{3}\times0.037\sqrt{Tt}}$$

根据式(3-1-19)可知:

$$K_{最大} = \frac{\sqrt{Tt}}{\sqrt{3} \times 0.037 \sqrt{Tt}} = 15.6$$

即均衡平布的经向、纬向理论最大覆盖系数为 15.6。

十一、棉织物编号及织物规格表示方法

(一)本色棉织物编号

本色棉织物编号由三位阿拉伯数字组成,自左向右排列,各数字意义见表 3-1-13。

表 3-1-13　本色棉织物编号的含意

第一位数字表示织物类别	第二位数字表示同类织物中的二级分类	第三位数字代表织物的规格编号
1 为平纹类	0~1 为粗平布,2~3 为中平布,5~6 为细平布	按经纬纱线密度及织物密度进行编号,纱的线密度和密度相同而幅宽不同的织物,属同一编号,可在编号后的括号内注明幅宽
2 为府绸类	0~1 为纱府绸,3 为半线府绸,5 为全线府绸	
3 为纱斜纹类	0 为纱斜纹	
4 为哔叽类	0 为纱哔叽,3 为半线哔叽	
5 为华达呢类	0 为纱华达呢,3 为半线华达呢	
6 为卡其类	0~1 为纱卡其,3 为半线卡其,5 为全线卡其	
7 为贡呢类(直贡、横贡)	0 为纱直贡,3 为半线直贡,5 为横贡	
8 为麻纱类	0	
9 为绒布类	0	

例如,编号 212 织物,第一位 2 表示为纯棉府绸类织物,第二位 1 表示经、纬纱均为单纱,第三位 2 表示该织物规格编号为纱府绸中的第 212 编号。

(二)纺织纤维的中英文名称及符号

纺织纤维的中英文名称及符号见表 3-1-14。

表 3-1-14　纺织纤维的中英文及符号

符号	英文	中文	符号	英文	中文
C	cotton	棉	ALG	alginate	海藻纤维
W	wool	毛	AR	aramid	芳香族聚酰胺纤维
S	silk	丝	CA	acetate	醋酯纤维
L	limen	麻	CF	carbon	碳纤维

续表

符号	英文	中文	符号	英文	中文
CLF	chlorofibre	含氯纤维	PA	polyamide	聚酰胺纤维
CLY	lyocell	莱赛尔纤维	PAN	acrylic	聚丙烯腈纤维
CMD	modal	莫代尔纤维	PE	polyethylene	聚乙烯纤维
CTA	triacetate	三醋酯纤维	PEAT	polyamidoester fibre	聚酰胺酯纤维
CUP	cupro	铜氨纤维	PET	polyester	聚酯纤维
CV	viscose	黏胶纤维	PI	polyimide	聚酰亚胺纤维
ED	elastodiene	二烯类弹性纤维	PLA	polylactide	聚丙交脂纤维
EL	elastane	弹性纤维	PP	polyproplylene	聚丙烯纤维
ELE	elastomultiester	弹性聚酯复合纤维	PTFE	fluoro fibre	含氟纤维
EOL	elastolefin	聚烯烃弹性体	PVAL	vinylal	聚乙烯醇纤维
GF	glass	玻璃纤维	UMPE	ultra-high molecular weight polyethylene	超高分子量聚乙烯纤维
MAC	modacrylic	改性聚丙烯腈纤维			
MTF	metal fibre	金属纤维			

(三)纱线常用代号

纱线常用代号见表 3-1-15。

表 3-1-15　纱线常用代号

纱线名称	缩写代号	纱线名称	缩写代号
经纱线	T	纬纱线	W
筒子纱线	D	绞纱线	R
精梳纱线	J	转杯纱	OE
针织用纱线	K	起绒用纱	Q
烧毛纱线	G	经过电清的纱线	E
无光黏胶纤维纱线	RD	有光黏胶纤维纱线	RB
涤棉混纺纱	T/C	涤黏混纺纱	T/R
棉维混纺纱	C/V	低比例涤棉混纺纱	C.V.C
亚麻棉混纺纱	L/C	亚麻黏混纺纱麻纺纱	L/R
腈棉混纺纱	A/C	纯棉纱	C

(四)织物规格表示方法

目前广泛应用的织物规格表示方法是把织物的原料组成、组织规格及加工要求全部表示出来,举例如下。

例 1:JC14.5tex×14.5tex　523.5 根/10cm×283 根/10cm　165cm　$\frac{1}{1}$

表示织物为精梳纯棉府绸织物,经纬用纱均为 14.5tex 精梳纯棉纱,经纱密度为 523.5 根/10cm,纬纱密度为 283 根/10cm,坯布幅宽为 165cm,织物组织为平纹。

例 2:OE83tex×83tex　268 根/10cm×150 根/10cm　160cm　$\frac{3}{1}$↖

表示织物为转杯纺纱织物,经纬用纱均为 83tex 转杯纱,经纱密度为 268 根/10cm,纬纱密度为 150 根/10cm,坯布幅宽为 160cm,为 $\frac{3}{1}$↖ 左斜纹组织牛仔布。

例 3:T45/CJ55　13tex×13tex　433 根/10cm×299 根/10cm　160cm　$\frac{1}{1}$

表示织物经纬纱均用 45%涤、55%精梳棉混纺的 13tex 混纺纱,经纱密度为 433 根/10cm,纬纱密度为 299 根/10cm,坯布幅宽为 160cm,为 $\frac{1}{1}$ 平纹组织的 CVC 精纺织物。

如果 T/C 不注明混纺比,即为传统 65%涤、35%棉的涤棉混纺纱织成的涤/棉织物。

第二章 机织物品种与工艺设计

第一节 机织物品种

一、常见织物的风格特征

常见织物的风格特征见表 3-2-1。

表 3-2-1 常见织物的风格特征

织物种类		风格特征
平布		布面丰满,平整光洁,布边平直,手感柔软
薄织物	细纺	质地细薄,手感柔软,布面匀整光洁,加工后具有绸织物的外观效应
	巴厘纱	质地轻薄,手感挺爽,布孔清晰,透气性好
府绸		粒纹清晰丰满,布面匀整光洁,加工后具有丝绸织物的外观效应
斜纹、卡其		纹路清晰,布面匀整,手感厚实,布边平直
贡缎		质地紧密,布面匀整光洁,手感柔软,加工后厚者有毛织物外观效应而薄者有缎类织物观效应
麻纱		条纹凸出,薄爽挺括,匀整光洁,风凉透气,手感似麻
纱罗		质地轻薄,纹孔清晰,透气性好
绒布		绒毛短、密,不露底,手感厚实,柔软
灯芯绒		绒条丰满,圆润,清晰,质地厚实
平绒		绒毛耸立、绒面匀整丰满、质地紧密厚实

二、本色布品种及风格

本色布品种及风格见表 3-2-2。

表 3-2-2　本色布品种及风格

分类名称	布面风格	织物组织	结构特征				用途
			总紧度/%	经向紧度/%	纬向紧度/%	经纬紧度比	
平布	经纬向紧度较接近,布面平整光洁	$\frac{1}{1}$	60~80	35~60	35~60	1:1	服用及床上用品
府绸	高经密、低纬密,布面经浮点呈颗粒状,织物外观细密	$\frac{1}{1}$	75~90	61~80	35~50	5:3	夏季服用织物
斜纹	布面呈斜纹,纹路较细	$\frac{2}{1}$	75~90	60~80	45~55	3:2	服用及床上用品
哔叽	经纬向紧度较接近,总紧度小于华达呢,斜纹纹路接近45°,质地柔软	$\frac{2}{2}$	纱 85以下 / 线 90以下	55~70	45~55	6:5	外衣用织物
华达呢	高经密、低纬密,总紧度大于哔叽,小于卡其,质地厚实而不发硬,斜纹纹路接近63°	$\frac{2}{2}$	纱 85~90 / 线 90~97	75~95	45~55	2:1	外衣用织物
卡其	高经密、低纬密,总紧度大于华达呢,布身硬挺厚实,单面卡其斜纹纹路粗壮而明显	$\frac{2}{2}$; $\frac{3}{1}$	纱 90以上 / 线 97以上(10tex×2及以下为95以上) / 纱 85以上 / 线 90以上	80~110	45~60	2:1	外衣用织物
直贡缎	高经密织物,布身厚实或柔软(羽绸),布面平滑匀整	$\frac{5}{2}$,$\frac{5}{3}$ 经面缎纹	80以上	65~100	45~55	3:2	外衣及床上用品
横贡缎	高纬密织物,布身柔软,光滑似绸	$\frac{5}{2}$,$\frac{5}{3}$ 纬面缎纹	80以上	45~55	65~80	2:3	外衣及床上用品
麻纱	布面呈挺直条纹纹路,布身爽挺似麻	$\frac{2}{1}$ 纬重平	60以上	40~55	45~55	1:1	夏季服装用织物

续表

分类名称	布面风格	织物组织	结构特征				用途
			总紧度/%	经向紧度/%	纬向紧度/%	经纬紧度比	
绒布坯	经纬线密度差异大,纬纱捻度小,质地松软	平纹、斜纹	60~85	30~50	40~70	2:3	冬季内衣、春秋妇女、儿童外衣用织物

三、色织布品种及风格

色织布品种及风格见表3-2-3。

表3-2-3 色织布品种及风格

分类名称	布面风格	纱线特征	织物组织	织物紧度	应用范围
线呢类	采用纯棉纱或色纱线织制而成,也可少量加一些人造丝和金银丝起点缀作用,成品具有毛料呢绒的风格,成品质地坚牢,且柔软	单纱,股线	各种变化组织及联合组织	视所选用组织参考同类产品而定	用于外衣及儿童服装
色织直贡	纱线先经丝光、染色,颜色乌黑纯正,光泽好,布面纹路清晰,陡直,布身厚实	股线	$\dfrac{5}{1}\dfrac{5}{2}$ $(S_j=2)$	参照本色直贡缎织物	多用作鞋面布
色织绒布	经纬线密度差异大,纬纱捻度小,经单面或双面刮绒整理而成,布身柔软	单纱,股线	以平纹、斜纹为主	参照本色绒布	用作内外衣及装饰品
条格布	利用色纱在布面上织出条子或格子的花纹,布身柔软,穿着舒适	单纱	以平纹、斜纹为主	参照本色平布及斜纹布	多用于内衣
被单布	白色地的条子或大、小格子组成的织物,色彩比较调和,一般用色3~5种经纱和4种纬纱	单纱,股线	以平纹、斜纹、变化斜纹为主	参照本色平布及斜纹布	多用作被单、床单或被里
色织府绸与细纺	色织府绸为高经密、低纬密,布面经浮点呈颗粒状,经后整理加工,可达到滑、挺、爽的仿丝绸效应。色织细纺与府绸的区别在于其经纬密度比较低	单纱,股线	平纹或平纹小提花组织	参照本色府绸及细平布	衬衣用料

续表

分类名称	布面风格	纱线特征	织物组织	织物紧度	应用范围
色织泡泡纱	表面起泡或起绉,富于立体感,手感挺括,外形美观大方	单纱,股线	平纹或平纹和重平的联合组织	参照本色细平布	衣着及装饰织物用料
色织中长花呢	采用涤纶、黏胶纤维、腈纶等纯纺及混纺纱织制,在线呢基础上配以各种花式线,经后整理具有仿毛效果	股线	原组织,变化组织,联合组织	视所选用组织参考同类产品而定	外衣用料
劳动布	经纱染成硫化蓝色、纬纱染成硫化浅灰色(或原白色),布面呈现白蓝什色,纹路清晰,布身厚实耐磨耐穿,花色朴素大方	单纱,股线	$\frac{3}{1},\frac{2}{2}$ 斜纹	参照本色华达呢或卡其织物	春秋服装用料和劳保工作服

第二节　机织物技术设计参数和方法

一、织物匹长

织物匹长一般以米为单位,英制以码为单位。匹长有公称匹长和规定匹长之分,公称匹长为工厂设计的标准匹长;规定匹长为叠布后的成包匹长,也就是公称匹长和加放布长的和。加放布长包括加放在折幅和布端的长度,为保证棉布成包后不短于规定匹长,折幅加放长度一般为 5~10mm,布端加放长度要根据具体情况而定。

一般织物的匹长为 27~150m,并采用联匹的形式。具体选用多长的匹长和多少联匹,由织物用途、织机卷布容量、落布操作、运输方便程度以及成包长度等综合因素而选定。按照后加工要求,联匹长度越长越好,既可减少接头、提高工效和质量,又可减少缝头损失,特别是有些产业用纺织品,联匹长度甚至需要数百米长。一般厚重织物采用 2~3 联匹,中厚织物采用 3~4 联匹,薄织物采用 4~6 联匹。

二、织物布边

织物布边设计的合理与否,对织造、染整和裁剪加工的效率有很大的影响。对于异面效应的斜纹或缎纹等织物,为了防止染整加工中的卷边现象,常常需要采用不同于布身的边组织,因此,布边设计是织物设计和工艺设计中较为重要的一项内容。

布边的宽度一般为布身的1%左右,同面类织物,一般布边宽度每边为0.5~1cm;异面效应的斜纹、缎纹等织物,一般布边宽度每边为1~2cm。

由于布边在织造和染整中所承受的机械摩擦力比布身要大得多,故布边经纱应选用布身中强度、耐磨性好的一组经纱,并注意保持布边与布身的收缩性一致。

布边组织的设计要点是使布边与布身具有相同的平挺程度,在染整加工中不产生卷边现象。因此,在选用布边组织时,应首先采用正反面经、纬浮点相同的同面组织。如$\frac{2}{2}$纬重平,$\frac{2}{2}$经重平,$\frac{2}{2}$方平或变化纬重平等组织。

根据布边的质量要求,现就一些常见织物所用的布边组织分述如下。

1. 粗平布、中平布类织物

其织物特点是经纬密度相近,紧度小,应采用布边紧度大于布身紧度,防止松边疵布,一般通过加大边纱筘穿入数增加经密的方法。

2. 府绸类织物

其特点是线密度低,经密大,经纱织缩率大,纬纱织缩率小,结构紧密。因此一般布边与中间地组织一样。

3. $\frac{2}{1}$斜纹类织物

由于织物的紧度较低和异面效应的斜纹,为防止染整加工中的卷边,一般采用$\frac{2}{1}$经重平组织的布边,布边宽度为1~2cm。

4. 哔叽、华达呢、双面卡其类织物

必须采用布边组织。$\frac{2}{2}$华达呢、双面卡其织物可利用地经综框织造$\frac{2}{2}$经重平或方平组织的布边。

5. 单面卡其类织物

为了防止卷边,布边宽度增加,大多数采用$\frac{2}{2}$方平布边组织。

6. 贡缎织物

其组织循环纱线根数较多,浮线较长,交织点也较少,如果不采用其他边组织,则布边会松弛不齐,因此需要另行设计布边组织。在设计布边组织时,既要考虑布边平直和减少断边现象,又要尽量缩小地经和边经织缩率的差异,使布边质地松软程度和布身接近。例如,五枚直贡布边一般采用 $\frac{2}{2}$ 方平组织,布边宽度在 1.5~2cm。

三、织物经纬纱织缩率

织物经纬纱织缩率的含义为经纬纱织造成织物后,其长度缩短量占原长度的百分率,是织物工艺设计的主要指标之一。

(一)生产中织物经纬纱织缩率的计算

$$a_j = \frac{L_m - L_b}{L_m} \times 100\% \tag{3-2-1}$$

$$a_w = \frac{W_k - W_f}{W_k} \times 100\% \tag{3-2-2}$$

式中: a_j——经纱织缩率,%;

L_m——浆纱墨印长度,m;

L_b——两墨印之间经纱织成的织物长度,m;

a_w——纬纱织缩率,%;

W_k——经纱穿筘幅宽,cm;

W_f——织物标准幅宽,cm。

(二)影响经纬纱织缩率的因素

1. 纤维原料

不同纤维原料纺制成的纱线在外力作用下变形性能不同。一般来说,容易屈曲的纤维纱线产生的织缩率较大,容易塑形变形的纤维纱线产生的织缩率较小。

2. 经纬纱线密度

当织物中经纬纱线密度不同时,则粗特纱的缩率小,细特纱的缩率大;当经纬纱线密度相同时,粗特纱织物的缩率比细特纱织物的缩率大。

3. 经纬向密度

当织物中经纱密度增加时,纬纱织缩率增加,但当经纱密度增加到一定数值后,纬纱织缩率反而减少,经纱织缩率增加;当经纬密度都增加时,则经纬纱织缩率均会增加。

4. 织物组织

织物中经纬纱交织点越多,则织缩率越大;反之,织缩率越小。

5. 织造工艺参数

织造中经纱张力大,则经纱织缩率小;反之,经纱织缩率大。开口时间早,经纱织缩率小;反之,经纱织缩率大。

6. 经纱上浆率、浆纱伸长率

经纱上浆率大,则经纱织缩率减小,反之,则增大;浆纱伸长率大,经纱织缩率大,反之,则减小。

7. 经纱捻度

经纱捻度增加,则经纱织缩率减小;反之,则增大。

8. 织造温湿度

温湿度较高时,经纱伸长增加,织缩率减小,但布幅会变窄,纬纱织缩率会增加;温湿度较低时,经纱织缩率会增加,纬纱织缩率减小。

9. 边撑伸幅效果

边撑形式对纬纱织缩率有一定影响,如边撑伸幅效果好,则纬纱织缩较小,反之,则较大。

10. 经织缩与纬织缩的关系

经织缩增大,纬织缩则减小,其总织缩一般接近一个常数。

(三)织物经纬纱织缩率设计

织物经纬纱织缩率的大小,对织物的强力、厚度、外观丰满程度、成布后的回缩、原料消耗、产品成本及印染后整理伸长等均有很大影响,因此在工艺设计时必须合理把握。一般在相同设备工艺条件下制织新品种时,可参考本单位类似产品的经纬纱织缩率进行工艺设计,或采用表3-2-4中的参考数值,待试织后再进行修正。

表3-2-4　不同类织物的经纬纱织缩率参考表

织物分类	织物名称	经纱织缩率/%	纬纱织缩率/%
平布	粗平布	7.0~12.5	5.5~8.0
	中平布	5.0~9.0	6.0~8.0
	细平布	3.5~13.0	5.0~7.0
府绸	纱府绸	7.5~15.0	1.5~5.0
	半线府绸	8.5~14.0	1.0~4.0
	线府绸	9.0~12.0	1.0~4.0
	高密府绸(羽绒布)	14.0~16.0	2.0~4.0

织物分类	织物名称	经纱织缩率/%	纬纱织缩率/%
斜纹和哔叽	纱斜纹	4.5~10.0	4.5~7.5
	半线斜纹	7.0~12.0	4.5~7.5
	纱哔叽	5.0~6.0	6.0~7.0
	半线哔叽	6.0~12.0	3.5~5.0
华达呢	纱华达呢	8.5~12.0	1.5~3.5
	半线华达呢	8.5~12.0	1.5~3.5
	全线华达呢	8.5~12.0	1.5~3.5
卡其	纱卡其	8.0~11.0	2.5~4.5
	半线卡其	8.5~14.0	2.5~4.5
	全线卡其	8.5~14.0	2.5~4.5
直贡		4.0~7.0	2.5~5.0
横贡		3.0~4.5	4.5~6.0
羽绸		6.5~9.5	3.5~5.0
麻纱		2.0~4.5	6.0~8.0
绉纹布(呢)		6.0~9.0	3.5~5.0
灯芯绒		4.0~8.0	6.0~7.0

(四)织物经纬纱织缩率测定方法

测定分析方法:一般在织物边缘沿经(纬)向量取 10cm(试样尺寸小时,可量 5cm)的织物长度(即 L_j 或 L_w),并做记号,将边部的纱缨剪短(这样可减少纱线从织物中拨出来时产生意外伸长的情况),然后轻轻将经(纬)纱从试样中拨出,用手指压住纱线的一端,然后轻轻将纱线拉直(给适当张力,不可有伸长现象)。用尺量出记号之间的经(纬)纱长度(即 L_{oj} 或 L_{ow})。这样连续测出 10 个数据后,取其平均值,代入式(3-2-3)和式(3-2-4)中,求出 a_j 和 a_w 的值。

$$a_j = \frac{L_{oj}-L_j}{L_{oj}} \times 100\% \tag{3-2-3}$$

$$a_w = \frac{L_{ow}-L_w}{L_{ow}} \times 100\% \tag{3-2-4}$$

式中:a_j——经纱织缩率,%;

　　　a_w——纬纱织缩率,%;

L_{oj}——经纱伸直后的长度,cm;

L_{ow}——纬纱伸直后的长度,cm;

L_j——织物经向长度,cm;

L_w——织物纬向长度,cm。

在测定中应注意以下几点。

(1)在拨出和拉直纱线时,不能使纱线发生退捻或加捻。对某些捻度较小或强力很差的纱线,应尽量避免发生意外伸长。

(2)分析刮绒和缩绒织物时,应先用火柴或剪刀除去表面绒毛,然后再仔细地将纱线从织物中拨出。

(3)黏胶纤维在潮湿状态下极易伸长,故在操作时应避免手汗沾湿纱线。

这种方法简单直接,但在纱线拉伸时不容易控制纱线拉直度,所以数据会有误差,一般在来样为新品种,无实际生产工艺参数时,可作为工艺参数设计的参考。

四、穿综工艺及综丝密度

穿综图是表示组织图中各根经纱穿入各页综片的顺序的图解。穿综工艺根据织物组织、纱线的线密度、经纱密度、织机开口形式等因素来安排。

穿综原则:浮沉交织规律相同的经纱一般穿入同一页综片中,有时为了减少综丝密度或均衡综片负荷,也可穿入不同综页中,而浮沉规律不同的经纱必须分别穿入不同的综页中。各综片穿入的经纱根数应尽量接近,以使综片负荷均匀。此外,每页综丝密度要控制在合理的范围内,减少织物病疵,降低经纱断头率,提高穿经、接经率。

穿综方法有顺穿法、飞穿法、山形穿法、分区穿法、照图穿法等,在确定穿综时应遵循下列原则。

(1)提升次数多的经纱穿在前面综框,提升次数少的经纱穿在后面综框。

(2)穿入经纱多的综框放在前面,穿入经纱少的综框放在后面。

(3)原料性能差的经纱穿在前面综框,原料性能好的经纱穿在后面综框。

(4)每片综框上的综丝密度不能超过一定的数值,否则会造成开口不清及经纱易断。

综丝密度与每片综框上的综丝根数可用下式计算得到:

$$综丝密度(根/cm)=\frac{每片综框上的综丝根数(根)}{综框宽度(cm)}$$

$$每片综框上的综丝根数=\frac{内经纱根数×每一穿综循环内穿入该片综的经纱根数}{每一穿综循环的经纱根数}$$

综框宽度 = 钢筘内幅(cm)+1~2(cm)

综丝密度与织物组织、经纱原料有关,一般以考虑经纱原料为主。棉织综丝密度与纱线线密度的关系见表3-2-5。但在实际生产中可根据经纱密度与织造工艺状况灵活掌握。

表3-2-5　棉织综丝密度与纱线线密度关系

纱线线密度/tex	36~19	19~14.5	14.5~7
综丝密度/(根/cm)	4~10	10~12	12~14

五、穿筘工艺及筘号

(一)筘号

织机钢筘的主要规格就是筘齿密度,称为筘号。目前筘号有英制和公制两种。英制筘号是以2英寸钢筘长度内的筘齿数来表示;公制筘号是以10cm钢筘长度内的筘齿数来表示。公制筘号与英制筘号可由下式换算:

$$公制筘号 = 1.97 \times 英制筘号$$

$$英制筘号 = 0.508 \times 公制筘号$$

钢筘筘号决定织物经密,但不等于织物的经密,这是因为织物纬向有织缩。公制筘号可按下式计算:

$$N_k = \frac{P_j}{b_d} \times (1 - a_w) \tag{3-2-5}$$

式中:N_k——公制筘号,齿/10cm;

P_j——经纱密度,根/10cm;

b_d——地经纱每筘穿入根数,根;

a_w——纬纱织造缩率,%。

(二)筘穿入数

每筘齿穿入的经纱根数称为筘穿入数。确定筘穿入数的原则是,既要保证织造的正常进行,又需考虑对织物外观与质量的影响,一般情况下以少为宜。影响因素如下:

(1)经纱的线密度增大,筘穿入数减少。

(2)经纱密度增大,筘穿入数增加。

(3)色织布和直接销售的坯布,穿入数易小;经过后处理的织物,穿入数可稍大。

(4)组织结构。筘穿入数一般等于织物组织循环经纱数或是其约数(或倍数)。在织造平纹织物时,每筘穿入数2~4根经纱,三页斜纹每筘穿入数3根,四页斜纹每筘穿入数2根或4

根,五枚锻纹每筘穿入数 3~4 根。筘号大,筘穿入数少,织物表面匀整,筘痕少,但经纱所受的摩擦增大,经纱断头增加,所以在确定筘穿入数时,应综合考虑织物的外观要求、组织结构、经纱线密度、经纱密度和织造是否顺利等因素。

(三)筘齿间隙的近似值计算

$$C=\frac{50.8}{N_t}\times(2-K) \tag{3-2-6}$$

式中:C——相邻两筘齿的间隙,mm;

N_t——英制筘号,齿/2 英寸;

K——系数(在英制 40 号钢筘以上时取 0.96,在英制 40 号钢筘以下时取 0.93)。

(四)英制和公制筘号对照表

英制和公制筘号对照见表 3-2-6。

表 3-2-6　英制和公制筘号对照表

英制筘号	公制筘号	英制筘号	公制筘号	英制筘号	公制筘号	英制筘号	公制筘号
20	39	54	106	88	173	122	240
22	43	56	110	90	177	124	244
24	47	58	114	92	181	126	248
26	51	60	118	94	185	128	252
28	55	62	122	96	189	130	256
30	59	64	126	98	193	132	260
32	63	66	130	100	197	134	264
34	67	68	134	102	201	136	268
36	71	70	138	104	205	138	272
38	75	72	142	106	209	140	276
40	79	74	146	108	213	142	280
42	83	76	150	110	217	144	284
44	87	78	154	112	221	146	288
46	91	80	158	114	225	148	291
48	95	82	162	116	228	150	295
50	99	84	165	118	232		
52	102	86	169	120	236		

注　公制筘号为近似值。

六、织物总经根数、边纱根数和筘幅计算

(一)织物总经根数计算

$$m_z = P_j \times \frac{W_f}{10} + m_{bj} \times \left(1 - \frac{b_d}{b_{bj}}\right)$$

(3-2-7)

式中:m_z——织物的总经根数,根;

　　P_j——织物的经纱密度,根/10cm;

　　W_f——织物的标准幅宽,cm;

　　m_{bj}——织物的边纱根数,根;

　　b_d——织物的地组织每筘穿入经纱根数,根/筘;

　　b_{bj}——织物的边组织每筘穿入经纱根数,根/筘。

计算总经根数时取整数。如穿筘穿不尽时,应增加根数至穿尽为止。

(二)织物边纱根数计算

$$m_{bj} = \frac{N_k \times W_{bj} \times b_{bj}}{10}$$

(3-2-8)

式中:N_k——公制筘号,齿/10cm;

　　W_{bj}——布边宽度,cm;

　　b_{bj}——织物的边组织每筘穿入经纱根数,根/筘。

(三)筘幅计算

$$W_k = \frac{m_z - m_{bj} \times \left(1 - \frac{b_d}{b_{bj}}\right)}{b_d \times N_k} \times 10$$

(3-2-9)

式中:W_k——织物的筘幅,cm。

七、浆纱墨印长度计算

$$L_m = \frac{L_b}{n(1 - a_j)}$$

(3-2-10)

式中:L_m——浆纱墨印长度,m;

　　L_b——织物的规定匹长,m;

　　n——联匹数,匹;

　　a_j——该织物的经纱织缩率,%。

八、织物用纱量计算

织物用纱量一般以每百米织物经纱用纱量、纬纱用纱量和织物每百米总用纱量来表示,单位为 kg,它是计算产品成本和编制用纱计划的依据。

(一)百米织物用纱量计算

1. 百米织物经纱用量

$$G_j = \frac{100 \times Tt_j \times m_i \times (1+加放率)(1+损失率)}{1000 \times 1000 \times (1+经纱总伸长率)(1-经纱织缩率)(1-经纱回丝率)} \quad (3-2-11)$$

式中:G_j——百米织物经纱用量,kg;

Tt_j——经纱线密度,tex;

m_i——织物总经根数,根。

加放率:一般选 0.5%~0.7%,直接出口外销产品取 1%,由于加工储存等要求不同,需实际测定而选用。

损失率:棉布损失率一般为 0.5%,指各种开剪损失。

经纱总伸长率:上浆单纱按 1.2%计算(其中络筒、整经以 0.5%计算,浆纱以 0.7%计算),过水股线 10tex×2 以下按 0.3%计算,10tex×2 以上按 0.7%计算。

经纱织缩率:各类织物经纱织缩率见表 3-2-4。

经纱回丝率:包括整经回丝、筒脚、浆回丝、白回丝、织机上了机回丝、接头回丝等,一般在 0.3%~0.8%间选用;如前道采用自动络筒和双浆槽浆纱机则在 0.8%~1.2%间选取。

2. 百米织物纬纱用量

$$G_w = \frac{100 \times Tt_w \times P_w \times W_f \times (1+加放率)(1+损失率)}{1000 \times 1000 \times (1-纬纱织缩率)(1-纬纱回丝率) \times 10} \quad (3-2-12)$$

式中:G_w——百米织物纬纱用量,kg

Tt_w——纬纱线密度,tex;

W_f——织物的标准幅宽,cm;

P_w——织物纬纱密度,根/10cm。

加放率、损失率同经纱用纱量的计算。

经纱织缩率:各类织物纬纱织缩率见表 3-2-4。

纬纱回丝率:粗特纱回丝率高于细特纱;无梭织机因有废边,剑杆织机回丝率取 2.5%~3.5%,喷气织机回丝率取 1.5%~3%。

3. 百米织物总用纱量

百米织物总用纱量=百米织物经纱用纱量+百米织物纬纱用纱量

(二)棉织物用纱量经验计算方法

工厂在实际生产中为快速计算出织物百米用纱量,以便制订用纱计划,摸索出了一个经验计算公式,可供计算用纱量参考。

如果是经纬纱支相同,其百米织物用纱量计算式为:

$$百米织物总用纱量=\frac{英制经密+英制纬密}{英制支数}×幅宽(英寸)×0.0645(系数)$$

如果是经纬纱支不同,需分别计算经纱用纱量和纬纱用纱量然后相加。

如果已知各数据为公制,需分别换算为英制,再代入以上公式计算。

九、棉布断裂强力计算

棉布断裂强力以5cm×20cm布条的断裂强力表示。计算公式如下:

$$Q=\frac{P_0×N×K×Tt}{2×100} \tag{3-2-13}$$

式中:Q——织物断裂强力,N;

P_0——单根纱线一等品断裂强度,cN/tex;

N——织物中纱线标准密度,根/10cm;

K——织物中纱线强力利用系数,见表3-2-7;

Tt——纱线线密度,tex。

表3-2-7 织物中纱线强力利用系数

织物类别		经向		纬向	
		紧度/%	K	紧度/%	K
平布	粗特	37~55	1.06~1.15	35~50	1.06~1.21
	中特	37~55	1.01~1.10	35~50	1.03~1.18
	细特	37~55	0.98~1.07	35~50	1.03~1.18
纱府绸	中特	62~70	1.05~1.13	33~45	1.06~1.18
	细特	62~75	1.13~1.26	33~45	1.06~1.18
线府绸		62~70	1.00~1.08	33~45	1.03~1.15

续表

织物类别			经向		纬向	
			紧度/%	K	紧度/%	K
哔叽斜纹	纱	粗特	55~75	1.06~1.26	40~60	1.00~1.20
		中特及以上	55~75	1.01~1.21	40~60	1.00~1.20
	线		55~75	0.96~1.12	40~60	1.00~1.20
华达呢及卡其	纱	粗特	80~90	1.27~1.37	40~60	1.00~1.20
		中特及以下	80~90	1.20~1.30	40~60	0.96~1.16
	线	粗特	90~110	1.13~1.23	40~60	1.00~1.20
		中特及以下				0.96~1.16
直贡	纱		65~80	1.08~1.23	45~55	0.93~1.03
	线		65~80	0.98~1.13	45~55	0.93~1.03
横贡			44~52	1.02~1.10	70~77	1.18~1.25

注　1. 紧度在表定紧度范围内时,K 值按比例增减。小于表定紧度范围时,则按比例递减;大于表定紧度范围时,则按最大的 K 值计算。

2. 表内未规定的股线,按相应单纱线密度取 K 值(例如 14tex×2 按 28tex 取 K 值)。

3. 麻纱按照平布、绒布坯,根据其织物组织取 K 值。

4. 纱线按粗细程度分为特细、细特、中特、粗特,特细:9.8tex 以下(60 英支以上);细特:9.8tex 至 14.8tex 以下(40 英支以上至 60 英支);中特:14.8tex 至 29.5tex 以下(20 英支以上至 40 英支);粗特:29.5tex 及以上(20 英支及以下)。

十、确定织物的正反面

织物的正反面一般是通过观察对比织物外观效应,如花纹、色泽和织物质地(经纬纱原料、经纬纱密度)、表面平整光洁度、外观疵点等的区别来判断的。

(1)一般织物表面光洁、织纹清晰、颗粒凸出的为正面。

(2)具有条格外观和配色模纹的织物,其正面花纹必然是清晰悦目的。

(3)小提花或大提花织物纱线浮长长的一般为反面。

(4)斜纹织物的纱斜纹左斜为正面,线斜纹右斜为正面

(5)双层、多层或多重织物,正反面经纬密度不同时,一般正面密度大;原料不同时,正面原料较佳。

(6)具有凹凸、条状、图案效果的织物,正面紧密细腻,具有条状或图案凸纹,而反面较粗糙,有较长的浮长线。

（7）起毛织物，单面起毛有绒毛的一面为正面，双面起毛以绒毛均匀、整齐的一面为正面。

十一、确定织物的经纬向

在确定了织物的正反面后，就需要确定织物的经纬向，这对分析织物密度、经纬纱线密度和织物组织等项目来说，是先决条件。确定织物的经纬向主要依据如下。

（1）有布边的样品，与布边平行的纱线为经纱，与布边垂直的纱线为纬纱。

（2）坯布中上浆的纱线为经纱，不上浆的为纬纱。

（3）经纬向两种纱线粗细不一样时，纬纱一般比经纱粗。

（4）经纬向有一种是线、一种是纱时，股线为经纱，纱为纬纱。

（5）经纬向密度不一致时，一般经密比纬密大，即密度小的是纬向。

（6）经纱张力一般大于纬纱张力，因此纱线屈曲波大的一般是纬向。

（7）筘痕明显的织物，则筘痕方向为织物的经向。

（8）条子织物，其条子方向通常为经向。

（9）若织物成纱的捻度不同时，捻度大的多数为经纱，捻度小的为纬纱。

（10）在不同原料交织织物中，一般棉毛或棉麻交织的织物，棉为经纱；天然丝与绢丝交织或天然丝与人造丝交织物中，则天然丝为经纱。

十二、分析织物组织和色纱排列

对经纬纱在织物中交织规律进行分析，以求得此种织物的组织结构。在此基础上，再结合织物经纬纱所用原料、线密度、密度等因素，正确地确定织物上机图。

在对织物组织进行分析的工作中，常用的工具有照布镜、分析针、剪刀及颜色纸等。用颜色纸的目的是在分析织物时有适当的背景衬托，少费眼力。在分析深色织物时，可用白色纸作衬托，而在分析浅色织物时，可用黑色纸作衬托。

常用的织物组织分析方法有以下几种。

（一）拆纱分析法

拆纱分析法是一种常见的组织分析法，是初学者必须掌握的一种方法。具体操作方法如下。

1. 确定分析面

选择织物哪一面分析，一般以看清织物的组织为原则。对于异面织物，一般以经面组织的一面分析比较方便。

2. 选择拆纱系统

一般将密度较大的纱线系统拆开,留出密度小的纱线系统为纱缨,这样更能看清楚经纬纱上下沉浮状态,找出交织规律。由于大多数织物经密大、纬密小,所以通常是拆经纱留纬纱。

3. 拆纱

如图3-2-1(a)所示,拆除若干根经纱,留出10mm左右的纬纱纱缨。

4. 纱缨分组

对于循环小、组织简单的组织不必分组。对于复杂组织或色纱循环大的组织用分组拆纱更为精确可靠,通常将拆好的纬纱纱缨按8根为一组,分成若干组,将奇数组纱缨与偶数组纱缨剪成两种不同长度,这样分组观察,记录经纬纱交织关系。如图3-2-1(b)所示。

5. 拨纱分析

用分析针将经纱逐根轻轻拨入纱缨中,用照布镜观察该根经纱与纬纱的交织情况,并在意匠纸上按拆纱顺序记录下来,如图3-2-2所示。当从分析记录图中发现经纬向均达到2个循环以上,即可停止分析,确定组织循环,并通过分析判断,最终确定织物组织图。

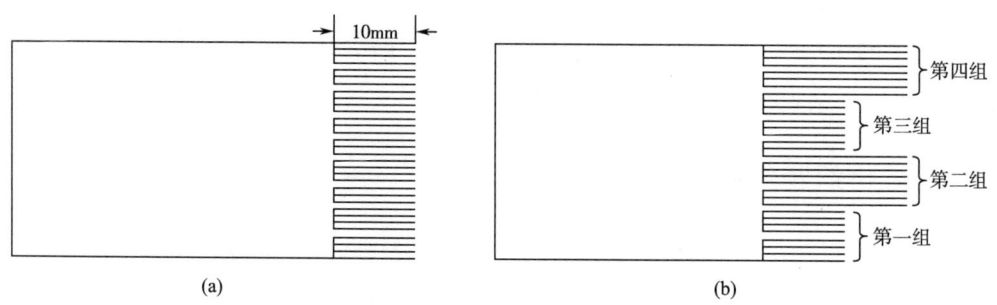

图3-2-1　纱缨图

(二)局部分析法

有的织物表面局部有花纹,地部的组织很简单,此时只需要分别对花纹和地部的局部进行分析,然后根据花纹的经纬纱根数和地部的组织循环数,就可求出一个花纹循环的经纬纱数,而不必一一画出每一个经纬组织点。必须注意地组织与起花组织起始点的统一问题。

(三)经验分析法

有经验的工艺员或织物设计人员,可采用直接观察法,依靠目力或利用照布镜,对织物进行直接观察,将观察的经纬纱交织规律,逐次填入意匠纸的方格中。分析时,可多填写几根经纬纱的交织状况,以便正确地找出织物的完全组织。这种方法简单易行,主要用来分析单层密度不大、纱线较粗、基础组织较为简单的织物。分析重组织或双层组织一类织物时,可表层纱线正面

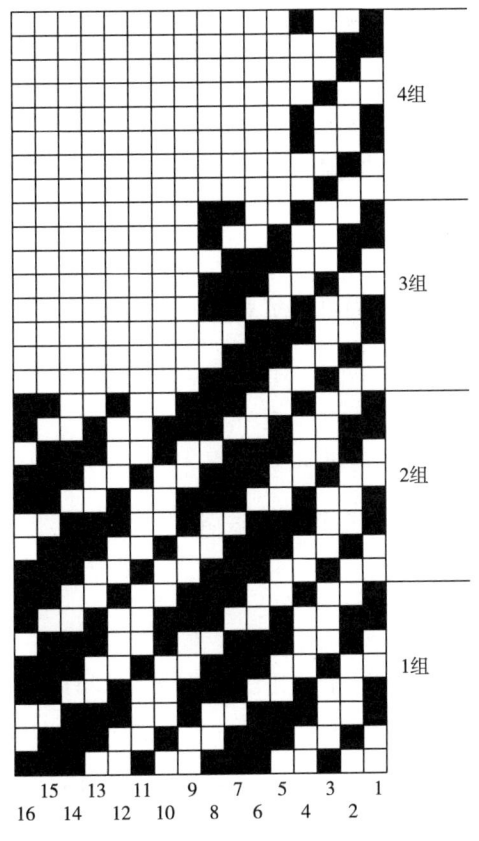

图 3-2-2　分组拆纱记录示意图

分析,里层纱线反面分析,找出表、里组织,并结合表、里经纬的排列比和组织配置原理,画出完整的组织循环图。

(四)色纱排列分析法

分析色织物时,除要正确分析织物组织外,还必须认真分析经纬色纱的排列,并注意组织与色纱的配列关系,使组织循环和色纱排列循环配合一致。在织物的组织图上,要标注出色纱的颜色和循环规律。这类织物大致有下列两种情况。

(1)当织物的组织循环纱线数等于色纱循环数时,只要画出组织图后,在经纱下方、纬纱左方,标注上色标和根数即可。

(2)当织物的组织循环纱线数不等于色纱循环数时,在这种情况下,往往是色纱循环大于组织循环纱线数。在绘制组织图时,经纱根数应为组织循环经纱数与色经纱循环数的最小公倍数,纬纱根数应为组织循环纬纱数与色纬纱循环数的最小公倍数。

第三节 机织物工艺设计

一、机织物工艺设计主要内容

(一)确定织物用途与使用对象

织物用途与使用对象不同,织物的风格全然不同。织物用途可分为服装用、装饰用及产业用三大类。使用对象一般可按男女老幼、民族地域、地理环境来划分。

(二)构思织物风格与性能

从风格上讲,有棉型感、毛型感、丝绸型感、麻型感等;从性能方面讲,有织物的断裂强度、断裂伸长、耐磨性、悬垂性、抗起毛起球性、折皱弹性、透气性、保暖性等。

(三)织物主要结构参数设计

1. 原料设计

纤维材料与纺织产品的风格性能、审美特性和经济性之间存在着密切的关系。原料的可纺性能决定了纱线的结构,是构成产品风格性能的基础。同时,原料决定了成本价格,纺织品的经济性主要包括纤维材料的成本和加工费用,两者相比,纤维材料的成本约占整个纺织成本的70%以上,其选择和优化直接降低产品成本。在产品设计时,应根据产品的用途、风格要求、性能特点、使用对象等合理选择纤维原料及其混纺比,要使原料的配比达到最佳性价比,就要采用多种原料、多档细度和长度的加权配比方法。

2. 纱线设计

(1)纱线的线密度。纱线线密度的确定是织物设计的主要内容之一,线密度大小对织物的性能起着决定性的作用,应根据织物的用途和特点选择。在大多数情况下,采用 $Tt_j = Tt_w$ 和 $Tt_j < Tt_w$ 两种形式,这是因为这种配置对生产管理比较有利,织机的效率比较高。在某些情况下,为体现织物外观的特殊效应,也采用 $Tt_j > Tt_w$,但其差异不宜过大。

(2)纱线的捻度。纱线的捻度与织物外观和坚牢度有关。在临界捻度范围内,适当增加纱线捻度,能提高织物的强力。

(3)纱线的捻向配合。纱线的捻向有 S 捻和 Z 捻,织物中经纬纱捻向的配合对织物的手感、厚度、表面纹路等都有一定影响。可用经纬纱线不同捻向与组织合理配合,以获得织纹清晰、条格隐现或织物表面光滑平整的效果。

(4)新型纱线的运用。一些新型纱线能赋予织物时尚化、功能性、个性化的特点,如光化纤、金属纤维等。可以改善织物风格和功能的,如赛络纺、赛络菲尔纺;可以丰富织物花型色彩的,如圈圈纱、段染纱、彩点纱、羽毛纱、波形纱等。

3. 织物组织设计

织物组织是影响织物品种的重要因素。织物组织的选择要根据织物的用途及所要体现的织物外观风格来决定,同时要考虑与传统织物的延续与变化。

4. 织物经纬密度设计

织物经纬密度的大小和经纬密度之间的相对关系是影响织物结构最主要的因素之一,直接影响到织物的风格和力学性能。经纬密度大,织物紧密、厚实、硬挺、耐磨、坚牢;反之,织物稀薄、松软、通透性好。经纬密度的比值对织物性能和风格影响也不同,如平布与府绸,哔叽、华达呢与卡其有不同的外观风格。

5. 织物花纹图案设计

织物花纹图案设计与织物组织、纱线有关,与织物的经纬纱色纱排列有关。不同的纱线颜色、排列与织物组织配合会产生不同的花型效果。

(四)纺织染整工艺设计

1. 纺纱工艺

纺纱加工时根据织物的风格要求,设计纱线的线密度、捻度及捻向,通过合理的加工方法、加工设备将纺织纤维加工成为所需要的纱线。如确定精梳纱、普梳纱、色纺纱、彩点纱、竹节纱、包芯纱等纱线工艺。

2. 织造工艺

织造是织物生产的主要加工工序。不同的产品需要选用不同的织造设备及不同的工艺参数,如大提花织物需要用纹织机、精细的丝织机等。故应根据产品确定织造设备及工艺参数。

(1)织前准备工艺参数,如络筒张力、整经张力、速度等设备参数;制定络整头份、重量、整经长度、纱线根数整、分批等工艺参数。

(2)制定浆料配方、上浆率和上浆工艺等。

(3)确定织机型号,制定织造的主要工艺参数,如织机速度、开口时间、经位置线、张力、边撑刺辊规格等设备参数;制定上机穿综、穿筘工艺等工艺。

3. 后整理工艺

织物的染整后处理工艺,除漂练、印染、丝光整理外,还有磨毛、起毛、割绒等机械加工;三防、易去污、防辐射、防皱免烫、超柔软、抗静电等功能性整理。应根据织物特性、效果和要赋予的性能,确定整理加工工艺。

(五)产品生产工艺计算

根据产品的要求确定生产工艺、填写生产工艺单、设计工艺流程、计算工艺参数、编织技术措施等。上机工艺计算主要包括：

（1）根据市场和加工需要，根据匹长确定织物联匹数。

（2）参考类似织物的生产经验，初步制定经纬纱织缩率、染整缩率、上机幅宽。

（3）制定边纱根数、边组织、筘穿入数、筘号、总经根数、筘幅、用纱量、织物单位面积质量等工艺参数。色织物设计时，设计色纱排列、劈花、排花工艺。

二、参照坯布样设计

（一）来样分析

（1）分析样品的风格特征，确定织物的品种。

（2）分析样品的正反面和经纬向。

（3）分析织物组织、绘制织物组织图。

（4）测定织物的经纬密度。

（5）分析样品的原料、混纺比、线密度。

（6）测试经纬纱织缩率。

（7）分析经纬纱的捻向和捻度，测量织物单位面积质量。

（8）计算织物经纬向紧度。

（二）参照来样设计工艺

（1）根据来样分析资料，参照"机织物设计主要内容"中的"纺织染整工艺设计"和"产品生产工艺计算"的内容，进行各项工艺设计和参数制定。

（2）汇总各项技术资料，填写织物工艺设计简表进行试织。

（3）结合试织数据，鉴定、调整工艺参数，根据来样所提出的要求，确定生产工艺流程和工艺参数，进行生产。

三、参照印染成品样设计

（一）印染加工工艺参数

来样为印染成品布样，要考虑印染加工对织物长度、幅宽、经纬密度和经纬线密度的影响。在一般情况下，本色棉布可按下列各式进行估算：

1. 长度

$$印染加工伸长率 = \frac{成品布长 - 坯布布长}{坯布布长} \times 100\%$$

2. 幅宽

$$印染成品布标准幅宽 = 坯布标准幅宽 \times 幅宽加工系数$$

3. 经密

> 印染成品布标准经纱密度＝坯布标准经纱密度×经密加工系数

4. 纬密

> 印染成品布标准纬纱密度＝坯布标准纬纱密度×纬密加工系数

5. 加工系数(表3-2-8)

表3-2-8 加工系数

织物种类	幅宽加工系数	密度加工系数	
		经向	纬向
缎纹	0.914	1.094	0.984
卡其	0.915	1.093	0.992
斜纹	0.900	1.111	0.977
平纹	0.891	1.122	0.973

注 小提花织物按地组织结构,参照同类组织确定。

6. 经纬纱线密度

经纱变细5%～10%;纬纱变细0～10%。

(二)参照印染样品设计工艺

按"参照坯布样的设计"进行有关来样分析、工艺设计和参数设计,并试织和大货投产。

四、参照色织成品样设计

(一)来样分析

(1)分析样品的风格特征,确定织物的品种。

(2)分析样品的正反面和经纬向。

(3)测定织物的经纬密度。

(4)分析样品的原料、混纺比、线密度。

(5)分析经纬纱的捻向和捻度,测量织物单位面积质量。

(6)计算织物经纬向紧度。

(7)测定经纬纱织缩率

(8)分析织物组织、绘制织物组织图。

(9)分析样品经纬向色纱排列,确定经纱配色循环起讫点的位置(劈花),劈花以一花为单位。目的是保证产品在使用上达到拼幅与拼花的要求,同时利于浆纱排头、织造和整理加工。

劈花的原则如下。

①劈花一般选择在织物中色泽较浅、条型较宽的地组织部位,并力求织物两边在配色和花型方面保持对称,便于拼幅、拼花和节约用料。

②缎条府绸中的缎纹区、联合组织中的灯芯条部位、泡泡纱的起泡区、剪花织物的花区等松软织物,劈花时要距布边一定距离(2cm 左右),以免织造时花型不清,大整理拉幅时布边被拉破、卷边等。

(二)络整工艺设计

(1)确定染色整经方式,相应设计整经根数、长度、经轴数、经纱重量等。

(2)根据经纱色纱排列,设计整经排花工艺。

(三)织造工艺设计

(1)确定浆纱工艺,如确定浆纱机型、上浆分层、浆回丝、伸长率等工艺参数。

(2)根据织物组织,确定机型,并设计穿综、穿筘工艺。

(3)根据织物组织、经纬密度、线密度等,设计织物布边宽度、组织。

(四)工艺数据计算

(1)确定经纬向缩率、幅宽及长度。根据后整理加工方式,确定经纬向整缩率,核算上机坯布经纬密度、坯布幅宽、坯布长度。

$$纬整缩率 = \frac{坯布幅宽 - 成品幅宽}{坯布幅宽} \times 100\%$$

$$经整缩率 = \frac{坯布长度 - 成品长度}{坯布长度} \times 100\%$$

$$坯布经密 = \frac{总经根数}{坯布幅宽}$$

$$坯布纬密 = 成品纬密 \times (1 - 经整缩率)$$

(2)确定上机筘幅、织轴长度及整经经纱长度。参考根据样品测定的经纬纱织缩率,并结合实际生产的经验,确定经纬纱织缩率;核算上机筘幅、织轴长度、整经经纱长度。

$$初算筘幅 = \frac{坯布幅宽}{1 - 纬纱织缩率}$$

$$织轴长度 = \frac{坯布长度}{1 - 经纱织缩率}$$

$$整经经纱长度 = \frac{织轴长度}{1 + 浆纱伸长率} + 浆纱回丝$$

(3)计算总经根数。

$$总经根数 = 布身经纱根数 + 布边经纱根数$$

$$= 成品幅宽(cm) \times 成品经密(根/cm) + 布边经纱数 \times 1 - \frac{布身每筘穿入根数}{布边每筘穿入根数}$$

（4）每花经纱根数及全幅花数的确定。每花经纱根数,即每花的配色循环。各色条根数由分析来样或量出各色条经纱宽度,再乘成品经密求得。

$$各色条经纱根数＝成品色条宽度（cm）×成品经密（根/cm）$$

$$布身经纱数＝全幅花数×每花经纱根数＋余花经纱根数$$

（5）全幅筘齿数、筘号确定。织物的全幅经纱每筘穿入根数相同时:

$$全幅筘齿数＝\frac{布身经纱根数}{每筘穿入根数}＋边纱筘齿数$$

$$筘号＝\frac{全幅筘齿数}{筘幅}$$

（6）坯布落布长度计算。根据织物匹长、经整缩率、后整损耗率,计算坯布落布长度。

$$坯布落布长度＝\frac{织物匹长×联匹数}{1－经整缩率－后整损耗率}$$

（7）浆纱墨印长度计算。

$$浆纱墨印长度＝\frac{坯布落布长度}{1－经织缩率}$$

（8）用纱量的计算。

$$千米坯布经长（m）＝\frac{1000（m）}{（1－经织缩率）（1＋浆纱伸长率）（1－浆纱回丝率）}$$

$$色织坯布经纱用纱量（kg/km）＝\frac{总经根数×千米坯布经长（m）×Tt}{1000（1－染色缩率）（1＋准备伸长率）（1－回丝率）（1－捻缩率）}$$

$$色织坯布纬纱用纱量（kg/km）＝\frac{坯布纬密（根/10cm）×筘幅（m）×Tt}{1000（1－染色缩率）（1＋准备伸长率）（1－回丝率）（1－捻缩率）}$$

$$色织成品布经纱（纬纱）用纱量（kg/km）＝坯布经纱（或纬纱）用纱量（kg/km）×\frac{1＋后整损耗率}{1－经整缩率}$$

（五）工艺参数（表3-2-9）

表3-2-9　工艺参数

织物名称	织缩率/%		整缩率（液氨免烫类）/%	
	经纱	纬纱	经纱	纬纱
棉平布	7~12	4~6	0~2	10~14
棉府绸	7~13	2~5	1~3	5~13
棉重平布	5~8	3~6	0.5~2.5	6~14
棉斜纹布	4~8	3~5	1~3	8~15

续表

织物名称	织缩率/%		整缩率(液氨免烫类)/%	
	经纱	纬纱	经纱	纬纱
棉缎纹布	4~8	3~5	2~3	8~15
棉牛津纺	4~7	3~5	1~3	8~15
涤/棉平纹布	6~12	5~7	0~1	4~8
涤/棉斜纹布	5~9	5~7	0.5~2	5~9
涤/棉缎纹布	4~8	4~6	0.5~2	6~10
经棉纬涤长丝平纹布	6~12	5~7	1~3	2~5
经棉纬涤长丝斜纹布	5~8	5~7	1~3	3~7
经棉纬涤长丝缎纹布	4~8	5~7	1~3	3~8
经棉纬弹平纹布	7~12	3~5	1~2	14~18
经棉纬弹斜纹布	4~8	3~5	1~3	15~20
经棉纬弹缎纹布	4~8	3~5	1~3	17~22
麻平纹布	8~12	2~3	1~3	16~20
经棉纬蚕丝平纹布	8~12	3~5	2~4	8~15
经棉纬蚕丝斜纹布	5~9	3~5	2~4	10~16
经棉纬蚕丝缎纹布	5~8	3~5	2~4	10~16

(六)确定后整理工艺

后整理工艺对坯布规格、染料要求各有不同,故在工艺设计之前,应根据对产品后整理的要求,确定后整理工艺。整理工艺的目的是提高织物的外观效应和赋予织物特殊性能。

(七)先锋试样

有些产品的工艺条件和设计数据,在缺乏生产经验而很难确定时,可通过少量试生产,即先锋试样的方法来解决。通过先锋试样可以了解以下内容。

(1)核实和确定工艺设计内容,如坯幅、经纬向织缩率、整缩率等工艺数据。

(2)可以了解机械设备状态和生产中可能出现的问题,并提出保证正常生产的技术措施。

(3)了解在试织中遇到的问题,并听取合理的意见和建议,在大生产中进行改进。

五、参照大提花成品样设计

(一)品种设计

品种设计内容包括:产品类别设计,原料选用,纱线设计,经纬密度设计,组织设计,布边设计,幅宽、总经纱数、每箱穿人数、箱号、用纱量等计算,织物织造与染整后处理工艺设计等,都可按"参照色织成品样的设计"进行设计。

(二)装造设计

包括装造类型设计、纹针数计算、样卡建立、规划目板穿法等。

(三)纹样设计

纹织 CAD 设计步骤如下。

(1)扫描。

纹样→扫描→裁剪→分色→意匠设置→保存意匠图

纹织 CAD 系统常用图像文件格式有 BMP、PSD、TIF、JPG 等。

(2)绘图。

读取意匠图→修改图案(也可局部修改后再分色)→平滑边缘(去杂点)→意匠设置(或重设意匠)→保存意匠图

(3)工艺设计。

纹样修正(勾边、包边)→组织设计(影光、间丝等)→确定组织配置表→投梭、牵经→生成组织图→浮长处理→重设意匠(保存意匠图)

(4)样卡设计和纹板处理。

选择或设计样卡→(设置功能针组织表)→生成纹板→检查纹板→发送纹板

电子龙头样卡是将纹板文件拷贝到龙头控制箱织造,常见的电子纹板格式有 ∗.WB,∗.EP,∗.JC5,∗.WEA,∗.CGS 等。

样卡的选择应依据所设计织物需要的纹针数确定。

$$所需纹针数=织物一个花纹循环的经纱数$$
$$=织物花纹循环的宽度(花幅)\times经纱密度$$
$$=\frac{内幅经纱数}{花数}=\frac{内幅\times经密}{花数}$$

(5)织物模拟。织物模拟包括简洁模拟、逼真模拟。织物模拟可以直观显示织物的外观效果,包括花型的准确性、纹样的经纬向比例、纹样的颜色显示效果、纹样的艺术处理结果等。

六、新产品试制工艺设计简表

新产品试制工艺设计见表 3-2-10。

表 3-2-10　新产品试制工艺设计简表

编号：　　　　　填表日期：　　年　　月　　日

织物主要规格	织物组织		穿经	筘号		
	幅宽/cm			经纱穿筘幅宽/cm		
	经纱线密度/tex			一筘齿穿入数	地组织	
	纬纱线密度/tex				边组织	
	经纱密度/(根/10cm)			穿综顺序	地经纱	
	纬纱密度/(根/10cm)				边经纱	
	总经根数			综框页数×每页综丝杆数		
	边纱根数			综丝号数×长度		
	边组织			经停片穿法		
	经纱缩率/%		织造	织机型号及筘幅		
	纬纱缩率/%			织机速度/(r/min)		
整经浆纱	整经根数			开口时间/(°)		
	整经长度/m			引纬时间/(°)		
	浆纱墨印长度/m			后梁高度/mm		
	织轴长度/m			机上控制布幅范围/cm		
	上浆率/%			上机张力/N		
	织轴轴幅/cm			上机纬密/(根/10cm)		
调浆成分			纱线	经纱捻向及捻系数		
				纬纱捻向及捻系数		
坯布实样（粘贴处）			修改记录			

七、本色织物工艺设计表

本色织物工艺设计见表 3-2-11。

表 3-2-11 本色织物工艺设计表

编号：　　　　　　　填表日期：　　年　　月　　日

	项目名称		规格		项目名称	规格
原纱条件	经纱	原料名称与混纺比/%		织物规格及技术条件	纬向强力/N	
		线密度/tex			无浆干重/(g/m)	
		纺出干燥质量/(g/100m)			经向紧度/%	
		捻系数			纬向紧度/%	
		捻向			织物总紧度/%	
		单纱强力/(cN/tex)			经向织缩率/%	
	纬纱	原料名称与混纺比/%			纬向织缩率/%	
		线密度/tex			经向回丝率/%	
		纺出干燥质量/(g/100m)			纬向回丝率/%	
		捻系数			经向伸长率/%	
		捻向			蒸缩率/%	
		单纱强力/(cN/tex)		用纱量	用纱总量/(kg/100m)	
织物规格及技术条件	织物组织	地部			经向用纱量/(kg/100m)	
		布边			纬向用纱量/(kg/100m)	
	幅宽/cm				废边纱线密度/tex	
	总经根数				废边纱用纱量/(kg/100m)	
	其中边纱数根				绞边纱线密度/tex	
	织物匹长/m(码)				绞边纱用纱量/(kg/100m)	
	联匹数			络纬工艺	络纬机型	
	质量标准				卷绕速度/(m/min)	
	生产数量/m				满管直径/mm	
	经纱密度/(根/10cm)				张力圈质量/g	
	纬纱密度/(根/10cm)				打结形式	
	经向强力/N				定捻形式	

项目名称			规格	项目名称		规格
络经工艺		机械类型		浆纱工艺	织轴轴幅/mm	
		槽筒直径/mm			起了机纱长度/cm	
		槽筒转速/(r/min)			卷绕线速度/(m/min)	
		槽筒线速度/(m/min)			筘齿规格/(齿/片)	
		锭脚高低/cm			蒸汽压力/Pa	
	清纱器	形式			上浆率/%	
		隔距/mm			回潮率/%	
	张力器	形式			伸长率/%	
		质量/g			浆槽温度/℃	
		打结类型			浆槽浆液黏度/s	
整经工艺		整经长度/m			压浆辊压力 I/kN	
		落片质量/g			压浆辊压力 II/kN	
		张力圈质量/g			浆液酸碱度(pH)	
		打结形式			后上蜡率/%	
		整经机型			浆轴标准质量/kg	
		筒子架形式		调浆工艺	水/%	
		整经线速度/(m/min)				
		轴数/只				
		整经根数 I×轴数/(根/轴)				
		整经根数 II×轴数/(根/轴)		和浆成分		
		轴重/kg				
浆纱工艺		墨印长度/m				
		墨印色记				
		边纱色记				
		每缸匹数			调浆桶机型	
		浆轴匹数/匹			浆液体积/m³	
		并轴只数/只			固含量/%	
		浆缸浆出轴数/只			煮浆时间/h	

续表

	项目名称	规格			项目名称	规格
调浆工艺	定浓温度/℃		织造工艺	剑杆织机	机型	
	浓度/(mol/L)				综平时间/(°)	
	黏度/(Pa·s)				进剑时间/(°)	
	酸碱度(pH)				出剑时间/(°)	
	供浆温度/℃				后梁高低/格	
	搅拌速度/(r/min)				后梁前后/mm	
	机械类型				经停架高低/mm	
穿综穿筘工艺	筘号/(齿/10cm)				经停架前后/mm	
	筘幅/cm				上机张力/N	
	钢筘(长度×高度)/mm				梭口角度/(°)	
	综丝(号数×长度)/(号×mm)				车速/(r/min)	
	经停片(质量×长度)/(g×mm)				相对湿度/%	
	综框列数/(页×列)				地部上机纬密/(根/10cm)	
	每页综丝根数				花部1上机纬密/(根/10cm)	
	左边经纱穿综				花部2上机纬密/(根/10cm)	
	右边经纱穿综				落布长度/m	
	边经穿筘工艺/(根/齿)				机上控制布幅范围/cm	
	地部经纱穿综			喷气织机	机型	
	余花经纱穿综				车速/(r/min)	
	地经穿筘工艺/(根/筘)				后梁高度/(°)	
	经停片穿法				后梁深度/(°)	
整理工艺	验布机型号				开口时间/(°)	
	验布机速度/(m/min)				纬纱到达时间/(°)	
	折布机型号				上机张力/N	
	折布机速度/(m/min)				主喷嘴开始角/(°)	
	折幅/cm				主喷嘴压力/(N/cm²)	
	折幅加放/mm				地部上机纬密/(根/10cm)	
	成布规格/(匹×m)				花部1上机纬密/(根/10cm)	
	成布回潮率/%				花部2上机纬密/(根/10cm)	
	成包尺寸/cm³				机上控制布幅范围/cm	
备注:					落布长度/m	

第四节　棉本色布品种的技术条件

一、纯棉平纹类织物的技术条件

纯棉平纹类织物的技术条件见表3-2-12。

表3-2-12　纯棉平纹类织物的技术条件

织物名称	幅宽 cm	幅宽 英寸	纱线(经纱×纬纱) 线密度/tex	纱线 英支	经密×纬密 根/10cm	经密×纬密 根/英寸	总经根数 总经	总经根数 其中边线	钢筘 筘号/(齿/10cm)	钢筘 筘幅/cm	每筘穿入数 地	每筘穿入数 边	织物组织 地	织物组织 边	织缩率/% 经	织缩率/% 纬	百米用纱量/kg 经	百米用纱量/kg 纬	无浆干重/(g/m²)	织机类型
纯棉平纹布	166	65.5	14.6×14.6	40×40	393.5×275.5	100×70	6536	58	186	175.3	2	2	$\frac{1}{1}$	$\frac{1}{1}$	6	5.3	9.6	7.3	97.6	ZAX
纯棉平纹布	173	68	14.6×14.6	40×40	433×275.5	110×70	7492	64	208	180	2	2	$\frac{1}{1}$	$\frac{1}{1}$	7.1	3.9	11.1	7.5	103.3	ZAX
纯棉平纹布	163	64	14.6×14.6	40×40	433×315	110×80	7060	64	207	170.5	2	2	$\frac{1}{1}$	$\frac{1}{1}$	7.8	4.4	10.4	8.1	109.1	ZAX
纯棉平纹布	154.5	61	14.6×14.6	40×40	472.5×354.5	120×90	7300	70	227	160.9	2	2	$\frac{1}{1}$	$\frac{1}{1}$	10.6	4	10.8	8.7	120.5	ZAX
纯棉平纹布	157.5	62	14.6×14.6	40×40	472.5×393.5	120×100	7440	70	227	163.6	2	2	$\frac{1}{1}$	$\frac{1}{1}$	10.9	3.7	11	9.8	126.3	ZAX
纯棉平纹布	174	68.5	14.6×14.6	40×40	512×236	130×60	8906	76	252	177	2	2	$\frac{1}{1}$	$\frac{1}{1}$	9	1.7	13.1	6.3	109.1	ZAX
纯棉平纹布	156.7	61.5	14.6×14.6	40×40	512×275.5	130×70	8020	76	249	161	2	2	$\frac{1}{1}$	$\frac{1}{1}$	8.2	2.7	11.8	6.7	114.8	ZAX

续表

织物名称	幅宽 cm	幅宽 英寸	纱线(经纱×纬纱) 线密度/tex	纱线 英支	经密×纬密 根/10cm	经密×纬密 根/英寸	总经根数 总经	总经根数 其中边线	钢筘 筘号/(齿/10cm)	钢筘 筘幅/cm	每筘穿入数 地	每筘穿入数 边	织物组织 地	织物组织 边	织缩率/% 经	织缩率/% 纬	百米用纱量/kg 经	百米用纱量/kg 纬	无浆干重/(g/m²)	织机类型
纯棉平纹布	159	62.5	14.6×14.6	40×40	512×315	130×80	8138	76	249	163.2	2	2	$\frac{1}{1}$	$\frac{1}{1}$	10.6	2.6	12	7.8	120.5	ZAX
纯棉平纹布	153.7	60.5	14.6×14.6	40×40	551×315	140×80	8472	82	269	157.5	2	2	$\frac{1}{1}$	$\frac{1}{1}$	10.7	2.4	12.5	7.5	126.3	ZAX
纯棉平纹布	167.6	66	11.7×11.7	50×50	393.5×354.5	100×90	6598	58	187	176.2	2	2	$\frac{1}{1}$	$\frac{1}{1}$	5.4	4.9	7.8	9.5	87.2	ZAX
纯棉平纹布	175	69	11.7×11.7	50×50	433×354.5	110×90	7578	64	204	186.2	2	2	$\frac{1}{1}$	$\frac{1}{1}$	7	6	9	10	91.8	ZAX
纯棉平纹布	168.4	66.5	11.7×11.7	50×50	472.5×315	120×80	7956	70	226	175.8	2	2	$\frac{1}{1}$	$\frac{1}{1}$	6.4	4.2	9.4	8.4	91.8	ZAX
纯棉平纹布	156.1	61.5	11.7×11.7	50×50	512×315	130×80	7990	76	246	162.1	2	2	$\frac{1}{1}$	$\frac{1}{1}$	7.5	3.7	9.4	7.7	96.4	ZAX
纯棉平纹布	163.6	64.5	11.7×11.7	50×50	551×275.5	140×70	9018	82	267	169.2	2	2	$\frac{1}{1}$	$\frac{1}{1}$	7.1	3.3	10.7	7.1	96.4	ZAX
纯棉平纹布	158	62	11.7×11.7	50×50	551×315	140×80	8708	82	268	162.6	2	2	$\frac{1}{1}$	$\frac{1}{1}$	8.3	2.8	10.3	7.8	101	ZAX
纯棉平纹布	147.5	58	11.7×11.7	50×50	551×354.5	140×90	8130	82	267	152.4	2	2	$\frac{1}{1}$	$\frac{1}{1}$	9.5	3.2	9.6	8.2	105.6	ZAX
纯棉平纹布	155.7	61.5	11.7×11.7	50×50	551×393.5	140×100	8582	82	266	161.3	2	2	$\frac{1}{1}$	$\frac{1}{1}$	10.2	3.5	10.1	9.6	110.2	ZAX
纯棉平纹布	153	60	11.7×11.7	50×50	590.5×315	150×80	9036	88	193	156.1	3	4	$\frac{1}{1}$	$\frac{1}{1}$	8.6	2	10.7	7.5	105.6	ZAX

续表

织物名称	幅宽		纱线(经纱×纬纱)		经密×纬密		总经根数		钢筘		每筘穿入数		织物组织		织缩率/%		百米用纱量/kg		无浆干重/(g/m²)	织机类型
	cm	英寸	线密度/tex	英支	根/10cm	根/英寸	总经	其中边线	筘号/(齿/10cm)	筘幅/cm	地	边	地	边	经	纬	经	纬		
纯棉平纹布	160.5	63	11.7×11.7	50×50	590.5×354.5	150×90	9478	88	192	164.4	3	4	1/1	1/1	10.8	2.4	11.2	8.8	110.2	ZAX
纯棉平纹布	162.4	64	9.7×9.7	60×60	512×393.5	130×100	8312	76	244	170.2	2	2	1/1	1/1	6.5	4.6	8.2	10.2	88	ZAX
纯棉平纹布	166.1	65.5	9.7×9.7	60×60	512×472.5	130×120	8502	76	243	174.7	2	2	1/1	1/1	7.9	4.9	8.4	12.5	95.7	ZAX
纯棉平纹布	159.5	63	9.7×9.7	60×60	551×472.5	140×120	8792	82	263	166.8	2	2	1/1	1/1	9.2	4.4	8.7	12	99.5	ZAX
纯棉平纹布	165.1	65	9.7×9.7	60×60	590.5×354.5	150×90	9750	88	191	170.6	3	4	1/1	1/1	8.8	3.2	9.6	9.2	91.8	ZAX
纯棉平纹布	155.2	61	9.7×9.7	60×60	630×472.5	160×120	9776	94	205	159.2	3	4	1/1	1/1	12.9	2.5	9.6	11.4	107.1	ZAX
纯棉平纹布	152.9	60	9.7×9.7	60×60	669.5×354.5	170×90	10234	100	218	156.2	3	4	1/1	1/1	9.8	2.1	10.1	8.4	99.5	ZAX
纯棉平纹布	151.9	60	9.7×9.7	60×60	708.5×433	180×110	10764	106	232	154.8	3	4	1/1	1/1	12.9	1.9	10.6	10.2	111	ZAX
纯棉平纹布	157	62	7.3×7.3	80×80	630×393.5	160×100	9890	94	204	161.5	3	4	1/1	1/1	7.3	2.8	7.3	9.7	74.6	ZAX
纯棉平纹布	161	63.5	5.8×5.8	100×100	866×472.5	220×120	13944	128	282	165	2	2	1/1	1/1	10.6	2.4	8.2	11.8	78.1	ZAX
纯棉重平	170.2	67	14.6×58.3	40×10	334.5×157.5	85×40	5696	50	157	180.9	2	2	CP	CP	4	5.9	8.4	4.3	140.6	ZAX

续表

织物名称	幅宽		纱线(经纱×纬纱)		经密×纬密		总经根数		钢筘		每筘穿入数		织物组织		织缩率/%		百米用纱量/kg		无浆干重/(g/m²)	织机类型
	cm	英寸	线密度/tex	英支	根/10cm	根/英寸	总经	其中边线	筘号/(齿/10cm)	筘幅/cm	地	边	地	边	经	纬	经	纬		
纯棉重平	163.5	64.5	14.6×58.3	40×10	413.5×216.5	105×55	6758	62	194	174.1	2	2	CP	CP	5	6.1	10	5.7	186.6	ZAX
纯棉重平	171.7	67.5	14.6×38.9	40×15	354.5×197	90×50	6084	52	167	182.5	2	2	CP	CP	3.9	5.9	9	5.4	128.2	ZAX
纯棉重平	162.2	64	14.6×14.6	40×40	571×236	145×60	9260	84	275	168.4	2	2	CP	CP	5.3	3.7	13.7	6	117.7	ZAX
纯棉重平	170.2	67	14.6×14.6	40×40	571×275.5	145×70	9716	84	273	178	2	2	CP	CP	6.1	4.4	14.3	7.4	123.4	ZAX
纯棉重平	161.3	63.5	14.6×14.6	40×40	610×236	155×60	9844	90	147	167	4	4	CP	CP	5.4	3.4	14.5	6	123.4	ZAX
纯棉重平	158.4	62.5	14.6×14.6	40×40	610×275.5	155×70	9666	90	146	165	4	4	CP	CP	6.2	4	14.3	6.9	129.2	ZAX
纯棉重平	165.3	65	11.7×38.9	50×15	453×197	115×50	7484	66	215	173.8	2	2	CP	CP	5	4.9	8.8	5.2	129.3	ZAX
纯棉重平	169	66.5	11.7×14.6	50×40	571×275.5	145×70	9648	84	275	175.7	2	2	CP	CP	4.5	3.8	11.4	7.3	106.8	ZAX

二、纯棉斜纹类织物的技术条件

纯棉斜纹类织物的技术条件见表 3-2-13。

表3-2-13　纯棉斜纹类织物的技术条件

织物名称	幅宽 cm	英寸	纱线（经纱×纬纱）线密度/tex	英支	经密×纬密 根/10cm	根/英寸	总经根数 总经	其中边线	钢筘 筘号/（齿/10cm）	筘幅/cm	每筘穿入数 地	边	织物组织 地	边	织缩率/% 经	纬	百米用纱量/kg 经	纬	无浆干重/（g/m²）	织机类型
纯棉斜纹	157.5	62	19.4×29.2	30×20	512×275.5	130×70	8062	76	166	161.5	3	3	$\frac{2}{1}$	$\frac{2}{1}$	8.9	2.5	15.9	6.8	179.9	OMNI
纯棉斜纹	154.5	61	19.4×19.4	30×30	512×315	130×80	7908	76	166	158.8	3	3	$\frac{2}{1}$	$\frac{2}{1}$	11.1	2.7	15.6	7.6	160.7	OMNI
纯棉斜纹	157.2	62	19.4×19.4	30×30	551×236	140×60	8664	82	179	160.9	3	3	$\frac{2}{2}$	$\frac{2}{2}$	5	2.3	17.1	5.8	153.1	OMNI
纯棉斜纹	158	62	19.4×19.4	30×30	590.5×315	150×80	9330	88	193	161.1	3	3	$\frac{2}{2}$	$\frac{2}{2}$	7.7	1.9	18.4	7.7	176	OMNI
纯棉斜纹	160.3	63	19.4×19.4	30×30	472.5×275.5	120×70	7574	70	154	164.1	3	3	$\frac{3}{1}$	$\frac{3}{1}$	4.7	2.3	14.9	6.9	145.4	OMNI
纯棉斜纹	174.4	68.5	14.6×14.6	40×40	433×315	110×80	7552	64	212	178	2	2	$\frac{2}{1}$	$\frac{2}{1}$	3.9	2	11.1	8.5	109.1	ZAX
纯棉斜纹	161.1	63.5	14.6×14.6	40×40	472.5×315	120×80	7612	70	219	173.8	2	2	$\frac{2}{1}$	$\frac{2}{1}$	5.7	7.3	11.2	8.3	114.8	ZAX
纯棉斜纹	153.8	60.5	14.6×14.6	40×40	512×315	130×80	7872	76	247	159.2	2	2	$\frac{2}{1}$	$\frac{2}{1}$	6.4	3.4	11.6	7.6	120.5	ZAX
纯棉斜纹	153.6	60.5	14.6×14.6	40×40	551×315	140×80	8466	82	267	158.7	2	2	$\frac{2}{1}$	$\frac{2}{1}$	6.5	3.2	12.5	7.6	126.3	ZAX
纯棉斜纹	170.7	67	11.7×11.7	50×50	512×315	130×80	8736	76	247	176.9	2	2	$\frac{2}{1}$	$\frac{2}{1}$	4.9	3.5	10.3	8.4	96.4	ZAX

续表

织物名称	幅宽 cm	幅宽 英寸	纱线(经纱×纬纱) 线密度/tex	纱线(经纱×纬纱) 英支	经密×纬密 根/10cm	经密×纬密 根/英寸	总经根数 总经	总经根数 其中边线	钢筘 筘号/(齿/10cm)	钢筘 筘幅/cm	每筘穿入数 地	每筘穿入数 边	织物组织 地	织物组织 边	织缩率/% 经	织缩率/% 纬	百米用纱量/kg 经	百米用纱量/kg 纬	无浆干重/(g/m²)	织机类型
纯棉斜纹	169.3	66.5	11.7×11.7	50×50	512×354.5	130×90	8664	76	247	175.6	2	2	$\frac{2}{1}$	$\frac{2}{1}$	5.3	3.6	10.2	9.4	101	ZAX
纯棉斜纹	172.4	68	11.7×11.7	50×50	512×393.5	130×100	8824	76	246	179.6	2	2	$\frac{2}{1}$	$\frac{2}{1}$	6	4	10.4	10.7	105.6	ZAX
纯棉斜纹	161.1	63.5	11.7×11.7	50×50	551×354.5	140×90	8880	82	267	166.4	2	2	$\frac{2}{1}$	$\frac{2}{1}$	6.2	3.2	10.5	8.9	105.6	ZAX
纯棉斜纹	161	63.5	11.7×11.7	50×50	551×393.5	140×100	8874	82	265	167.4	2	2	$\frac{2}{1}$	$\frac{2}{1}$	5.5	3.8	10.5	10	110.2	ZAX
纯棉斜纹	155.3	61	11.7×11.7	50×50	590.5×354.5	150×90	9172	88	191	160.3	3	3	$\frac{2}{1}$	$\frac{2}{1}$	6.4	3.1	10.8	8.6	110.2	ZAX
纯棉斜纹	160.5	63	19.4×19.4	30×30	433×236	110×60	6950	64	140	165	3	3	$\frac{3}{1}$	$\frac{3}{1}$	6.4	2.7	13.7	5.9	130.1	OMNI
纯棉斜纹	170.9	67.5	14.6×14.6	40×40	393.5×354.5	100×90	6728	58	189	178.2	2	2	$\frac{3}{1}$	$\frac{3}{1}$	3.6	4.1	9.9	9.6	109.1	ZAX
纯棉斜纹	170.5	67	14.6×14.6	40×40	433×393.5	110×100	7384	64	208	177.6	2	2	$\frac{3}{1}$	$\frac{3}{1}$	5.3	4	10.9	10.6	120.5	ZAX
纯棉斜纹	166.1	65.5	14.6×14.6	40×40	472.5×315	120×80	7848	70	229	171.1	2	2	$\frac{3}{1}$	$\frac{3}{1}$	4.7	2.9	11.6	8.2	114.8	ZAX
纯棉斜纹	165.1	65	14.6×14.6	40×40	472.5×354.5	120×90	7800	70	228	171.1	2	2	$\frac{3}{1}$	$\frac{3}{1}$	4.4	3.5	11.5	9.2	120.5	ZAX

续表

织物名称	幅宽		纱线（经纱×纬纱）		经密×纬密		总经根数		钢筘		每筘穿入数		织物组织		织缩率/%		百米用纱量/kg		无浆干重/(g/m²)	织机类型
	cm	英寸	线密度/tex	英支	根/10cm	根/英寸	总经	其中边线	筘号/(齿/10cm)	筘幅/cm	地	边	地	边	经	纬	经	纬		
纯棉斜纹	164.8	65	14.6×14.6	40×40	472.5×393.5	120×100	7786	70	227	171.5	2	2	3/1	3/1	5	3.9	11.5	10.2	126.3	ZAX
纯棉斜纹	163.2	64.5	14.6×14.6	40×40	512×315	130×80	8352	76	247	168.8	2	2	3/1	3/1	4.8	3.3	12.3	8.1	120.5	ZAX
纯棉斜纹	165.9	65.5	14.6×14.6	40×40	512×393.5	130×100	8490	76	247	171.9	2	2	3/1	3/1	6.3	3.5	12.5	10.3	132	ZAX
纯棉斜纹	158.6	62.5	14.6×14.6	40×40	551×354.5	140×90	8742	82	267	163.7	2	2	3/1	3/1	5.9	3.1	12.9	8.8	132	ZAX
纯棉斜纹	160.5	63	14.6×14.6	40×40	590.5×354.5	150×90	9478	88	192	164.8	3	3	3/1	3/1	6.4	2.6	14	8.9	137.8	ZAX
纯棉斜纹	172	67.5	11.7×11.7	50×50	512×354.5	130×90	8804	76	248	177.7	2	2	3/1	3/1	4	3.2	10.4	9.5	101	ZAX
纯棉斜纹	172.3	68	11.7×11.7	50×50	512×393.5	130×100	8818	76	245	179.7	2	2	3/1	3/1	4.5	4.1	10.4	10.7	105.6	ZAX
纯棉斜纹	172	67.5	11.7×11.7	50×50	512×433	130×110	8804	76	245	179.4	2	2	3/1	3/1	4.7	4.1	10.4	11.8	110.2	ZAX
纯棉斜纹	164.1	64.5	11.7×11.7	50×50	551×354.5	140×90	9044	82	267	169.5	2	2	3/1	3/1	5	3.2	10.7	9.1	105.6	ZAX
纯棉斜纹	167.9	66	11.7×11.7	50×50	551×433	140×110	9254	82	266	173.8	2	2	3/1	3/1	5.4	3.4	10.9	11.4	114.8	ZAX

续表

织物名称	幅宽 cm	幅宽 英寸	纱线(经纱×纬纱) 线密度/tex	纱线 英支	经密×纬密 根/10cm	经密×纬密 根/英寸	总经根数 总经	总经根数 其中边线	钢筘 筘号/(齿/10cm)	钢筘 筘幅/cm	每筘穿入数 地	每筘穿入数 边	织物组织 地	织物组织 边	织缩率/% 经	织缩率/% 纬	百米用纱量/kg 经	百米用纱量/kg 纬	无浆干重/(g/m²)	织机类型
纯棉斜纹	156.5	61.5	11.7×11.7	50×50	630×433	160×110	9858	94	203	162	3	3	$\frac{3}{1}$	$\frac{3}{1}$	6.8	3.4	11.6	10.6	124	ZAX
纯棉斜纹	163.1	64	11.7×11.7	50×50	630×472.5	160×120	10274	94	203	168.5	3	3	$\frac{3}{1}$	$\frac{3}{1}$	6.7	3.2	12.1	12.1	128.6	ZAX
纯棉斜纹	157.6	62	11.7×11.7	50×50	669.5×393.5	170×100	10548	100	218	161.3	3	3	$\frac{3}{1}$	$\frac{3}{1}$	6.7	2.3	12.5	9.6	124	ZAX
纯棉斜纹	162.7	64	9.7×9.7	60×60	669.5×512	170×130	10890	100	216	167.9	3	3	$\frac{3}{1}$	$\frac{3}{1}$	7.6	3.1	10.7	13	114.8	ZAX
纯棉斜纹	158.5	62.5	9.7×9.7	60×60	708.5×393.5	180×100	11232	106	231	162.1	3	3	$\frac{3}{1}$	$\frac{3}{1}$	5.5	2.2	11.1	9.7	107.1	ZAX
纯棉斜纹	175.8	69	29.2×29.2	20×20	275.5×118	70×30	4844	40	132	182.9	2	2	$\frac{2}{2}$	$\frac{2}{2}$	3.6	3.9	14.3	3.3	114.8	OMNI
纯棉斜纹	158	62	19.4×19.4	30×30	590.5×315	150×80	9330	88	193	161.1	3	3	$\frac{2}{2}$	$\frac{2}{2}$	7.7	1.9	18.4	7.7	176	OMNI
纯棉斜纹	158.5	62.5	14.6×14.6	40×40	472.5×315	120×80	7488	70	224	167	2	2	$\frac{2}{2}$	$\frac{2}{2}$	4	5.1	11.1	8	114.8	ZAX
纯棉斜纹	164.2	64.5	14.6×14.6	40×40	472.5×354.5	120×90	7758	70	226	171.9	2	2	$\frac{2}{2}$	$\frac{2}{2}$	3.5	4.5	11.5	9.2	120.5	ZAX
纯棉斜纹	161	63.5	14.6×14.6	40×40	472.5×393.5	120×100	7606	70	224	169.5	2	2	$\frac{2}{2}$	$\frac{2}{2}$	4.4	5	11.2	10.1	126.3	ZAX

三、纯棉缎纹类织物的技术条件

纯棉缎纹类织物的技术条件见表3-2-14。

表3-2-14　纯棉缎纹类织物的技术条件

织物名称	幅宽 cm	幅宽 英寸	纱线(经纱×纬纱) 线密度/tex	纱线(经纱×纬纱) 英支	经密×纬密 根/10cm	经密×纬密 根/英寸	总经根数 总经	总经根数 其中边线	钢筘 筘号/(齿/10cm)	钢筘 筘幅/cm	每筘穿入数 地	每筘穿入数 边	织物组织 地	织物组织 边	织缩率/% 经	织缩率/% 纬	百米用纱量/kg 经	百米用纱量/kg 纬	无浆干重/(g/m²)	织机类型
纯棉缎纹	165.6	65	11.7×11.7	50×50	512×433	130×110	8476	76	247	171.3	2	2	$\frac{4}{1}$	$\frac{4}{1}$	3.2	3.3	10	11.2	110.2	ZAX
纯棉缎纹	163.6	64.5	11.7×11.7	50×50	551×393.5	140×100	9018	82	266	169.4	2	2	$\frac{4}{1}$	$\frac{4}{1}$	3.2	3.4	10.7	10.1	110.2	ZAX
纯棉缎纹	166.9	65.5	9.7×9.7	60×60	630×354.5	160×90	10514	94	205	171.4	3	4	$\frac{4}{1}$	$\frac{4}{1}$	3	2.6	10.3	9.2	95.7	ZAX
纯棉缎纹	169.6	67	9.7×9.7	60×60	630×433	160×110	10684	94	203	175.4	3	4	$\frac{4}{1}$	$\frac{4}{1}$	2.8	3.3	10.5	11.5	103.3	ZAX
纯棉缎纹	156.1	61.5	9.7×9.7	60×60	748×433	190×110	11676	112	243	160.4	3	4	$\frac{4}{1}$	$\frac{4}{1}$	3.6	2.7	11.5	10.5	114.8	ZAX
纯棉缎纹	163.8	64.5	9.7×9.7	60×60	748×472.5	190×120	12252	112	243	168.3	3	4	$\frac{4}{1}$	$\frac{4}{1}$	4.3	2.7	12.1	12.1	118.6	ZAX
纯棉缎纹	153.9	60.5	9.7×9.7	60×60	827×472.5	210×120	12724	124	269	157.7	3	4	$\frac{4}{1}$	$\frac{4}{1}$	5	2.4	12.5	11.3	126.3	ZAX
纯棉缎纹	163.1	64	8.3×8.3	70×70	787.5×472.5	200×120	12842	118	256	167.5	3	4	$\frac{4}{1}$	$\frac{4}{1}$	3.9	2.6	10.8	12	105	ZAX
纯棉缎纹	165.1	65	8.3×8.3	70×70	827×433	210×110	13650	124	268	169.7	3	4	$\frac{4}{1}$	$\frac{4}{1}$	5.3	2.7	11.5	11.1	105	ZAX

四、纯棉牛津纺类织物的技术条件

纯棉牛津纺类织物的技术条件见表3-2-15。

表3-2-15 纯棉牛津纺类织物的技术条件

织物名称	幅宽 cm	幅宽 英寸	纱线 线密度/tex	纱线 英支	经密×纬密 根/10cm	经密×纬密 根/英寸	总经根数 总经	总经根数 其中边线	钢筘 筘号/(齿/10cm)	钢筘 筘幅/cm	每筘穿入数 地	每筘穿入数 边	织物组织 地	织物组织 边	织缩率/% 经	织缩率/% 纬	百米用纱量/kg 经	百米用纱量/kg 纬	无浆干重/(g/m²)	织机类型
纯棉牛津纺	169.7	67	14.6×14.6	40×40	433×315	110×80	7350	64	209	175.9	2	2	高级牛津纺(8-6)	WCP	1.6	3.5	10.9	8.4	109.1	多臂
纯棉牛津纺	170.3	67	14.6×14.6	40×40	433×354.5	110×90	7376	64	209	176.5	2	2	高级牛津纺(8-6)	WCP	2.1	3.5	10.9	9.5	114.8	多臂
纯棉牛津纺	159.6	63	14.6×14.6	40×40	551×433	140×110	8796	82	263	167.3	2	2	高级牛津纺(8-6)	WCP	4.4	4.6	13	11	143.5	多臂
纯棉牛津纺	176.8	69.5	11.7×14.6	50×40	453×315	115×80	8004	66	218	184	2	2	高级牛津纺(8-6)	WCP	1.6	3.9	9.5	8.8	98.7	多臂
纯棉牛津纺	176	69.5	11.7×11.7	50×50	492×354.5	125×90	8662	72	237	183	2	2	高级牛津纺(8-6)	WCP	2.6	3.8	10.2	9.8	98.7	多臂
纯棉牛津纺	157	62	11.7×11.7	50×50	551×354.5	140×90	8654	82	265	163.4	2	2	高级牛津纺(8-6)	WCP	1.9	3.9	10.2	8.8	105.6	多臂
纯棉牛津纺	163.1	64	11.7×11.7	50×50	571×393.5	145×100	9310	84	273	170.6	2	2	高级牛津纺(8-6)	WCP	2.9	4.4	11	10.2	112.5	多臂
纯棉牛津纺	170.4	67	11.7×11.7	50×50	551×433	140×110	9392	82	262	179.2	2	2	高级牛津纺(8-6)	WCP	2.6	4.9	11.1	11.7	114.8	多臂

续表

织物名称	幅宽		纱线（经纱×纬纱）		经密×纬密		总经根数		钢筘		每筘穿入数		织物组织		织缩率/%		百米用纱量/kg		无浆干重/(g/m²)	织机类型
	cm	英寸	线密度/tex	英支	根/10cm	根/英寸	总经	其中边线	筘号/(齿/10cm)	筘幅/cm	地	边	地	边	经	纬	经	纬		
纯棉牛津纺	171.3	67.5	9.7×9.7	60×60	669.5×433	170×110	11464	100	162	177	4	4	高级牛津纺(8-6)	WCP	3.6	3.2	11.3	11.6	107.1	多臂
纯棉牛津纺	166.9	65.5	8.3×8.3	70×70	925×512	235×130	15442	138	225	171.7	4	4	高级牛津纺(8-6)	WCP	7.6	2.8	13	13.3	119.7	多臂

五、涤棉类织物的技术条件

涤棉类织物的技术条件见表3-2-16。

表3-2-16　涤棉类织物的技术条件

织物名称	幅宽		纱线（经纱×纬纱）		经密×纬密		总经根数		钢筘		每筘穿入数		织物组织		织缩率/%		百米用纱量/kg		无浆干重/(g/m²)	织机类型
	cm	英寸	线密度/tex	英支	根/10cm	根/英寸	总经	其中边线	筘号/(齿/10cm)	筘幅/cm	地	边	地	边	经	纬	经	纬		
涤棉平纹布	173.3	68	13×13	45×45	393.5×275.5	100×70	6822	58	187	182.6	2	2	$\frac{1}{1}$	$\frac{1}{1}$	5.8	5.1	9	7.6	86.7	ZAX
涤棉平纹布	162.6	64	13×13	45×45	472.5×315	120×80	7682	70	226	170.3	2	2	$\frac{1}{1}$	$\frac{1}{1}$	8.4	4.5	10.1	8.1	102	ZAX
涤棉平纹布	153.1	60.5	13×13	45×45	512×275.5	130×70	7836	76	247	158.7	2	2	$\frac{1}{1}$	$\frac{1}{1}$	8.3	3.5	10.3	6.6	102	ZAX
涤棉平纹布	151	59.5	13×13	45×45	512×315	130×80	7728	76	245	157.5	2	2	$\frac{1}{1}$	$\frac{1}{1}$	8.7	4.1	10.1	7.5	107.1	ZAX

续表

织物名称	幅宽/cm	幅宽/英寸	纱线(经纱×纬纱)/tex	纱线 英支	经密×纬密 根/10cm	经密×纬密 根/英寸	总经根数 总经	其中边线	钢筘 筘号/(齿/10cm)	筘幅/cm	每筘穿入数 地	每筘穿入数 边	织物组织 地	织物组织 边	织缩率/% 经	织缩率/% 纬	百米用纱量/kg 经	纬	无浆干重/(g/m²)	织机类型
涤/棉平纹布	158	62	13×13	45×45	551×275.5	140×70	8708	82	268	162.6	2	2	$\frac{1}{1}$	$\frac{1}{1}$	9.1	2.8	11.4	6.8	107.1	ZAX
涤/棉平纹布	152	60	13×13	45×45	551×354.5	140×90	8378	82	267	156.9	2	2	$\frac{1}{1}$	$\frac{1}{1}$	11.8	3.1	11	8.4	117.4	ZAX
涤/棉斜纹	163.1	64	13×13	45×45	472.5×315	120×80	7706	70	226	170.8	2	2	$\frac{3}{1}$	$\frac{3}{1}$	3.3	4.5	10.1	8.2	102	ZAX
涤/棉斜纹	165.4	65	13×13	45×45	472.5×354.5	120×90	7814	70	227	172.1	2	2	$\frac{3}{1}$	$\frac{3}{1}$	4.7	3.9	10.3	9.2	107.1	ZAX
涤/棉斜纹	160.5	63	13×13	45×45	512×315	130×80	8214	76	244	168.1	2	2	$\frac{3}{1}$	$\frac{3}{1}$	4.1	4.5	10.8	8	107.1	ZAX

六、弹性织物的技术条件

弹性织物的技术条件见表3-2-17。

表 3-2-17 弹性织物的技术条件

织物名称	幅宽/cm	幅宽/英寸	纱线(经纱×纬纱)/tex	纱线 英支	经密×纬密 根/10cm	经密×纬密 根/英寸	总经根数 总经	其中边线	钢筘 筘号/(齿/10cm)	筘幅/cm	每筘穿入数 地	每筘穿入数 边	织物组织 地	织物组织 边	织缩率/% 经	织缩率/% 纬	百米用纱量/kg 经	纬	无浆干重/(g/m²)	织机类型
经醋纤弹缎纹	176.8	69.5	7.3×(9.7+40旦)	80×(60+40旦)	716.5×429	182×109	12668	106	228	185.6	3	4	$\frac{4}{1}$	$\frac{4}{1}$	4.01	4.7	10.2	9.4	123.1	OMNI

续表

织物名称	幅宽 cm	幅宽 英寸	纱线（经纱×纬纱）线密度/tex	纱线（经纱×纬纱）英支	经密×纬密 根/10cm	经密×纬密 根/英寸	总经根数 总经	总经根数 其中边经线	钢筘 筘号/(齿/10cm)	钢筘 筘幅/cm	每筘穿入数 地	每筘穿入数 边	织物组织 地	织物组织 边	织缩率/% 经	织缩率/% 纬	百米用纱量/kg 经	百米用纱量/kg 纬	无浆干重/(g/m²)	织机类型
经棉纬弹平纹	178.2	70	11.7×(11.7+40旦)	50×(50+40旦)	527.5×283.5	134×72	9402	78	255	184.6	2	2	1/1	1/1	8.32	3.4	12.2	7.4	124.7	OMNI
经棉纬弹平纹	170	67	14.6×(14.6+40旦)	40×(40+40旦)	358.5×283.5	91×72	6090	52	168	181	2	2	1/1	1/1	5.76	6.1	9.5	8.8	121.6	OMNI
经棉纬弹平纹	178.5	70.5	9.7×(9.7+30旦)	60×(60+30旦)	539.5×319	137×81	9628	80	257	187.2	2	2	1/1	1/1	6.89	4.6	10.3	6.9	104.9	OMNI
经棉纬FFT平纹	171.3	67.5	11.7×(11.7+40旦)	50×(50+40旦)	456.5×358.5	116×91	7824	68	219	178.8	2	2	1/1	1/1	8.63	4.2	10.1	8.8	118.8	OMNI
经棉纬FFT平纹	170.5	67	11.7×(11.7+40旦)	50×(50+40旦)	480.5×315	122×80	8190	72	231	177.5	2	2	1/1	1/1	8.42	3.9	10.4	7.6	116.3	OMNI
经棉纬FFT平纹	171.7	67.5	11.7×(11.7+40旦)	50×(50+40旦)	421.5×315	107×80	7234	62	202	179.5	2	2	1/1	1/1	7.98	4.3	9.2	7.9	108.2	OMNI
经棉纬FFT斜纹	174	68.5	11.7×(11.7+40旦)	50×(50+40旦)	476.5×354.5	121×90	8288	70	231	179.1	2	2	2/1	2/1	6.13	2.8	10.5	9	122.6	OMNI
经棉纬FFT斜纹	174.9	69	14.6×(29.2+105旦)	40×(20+105旦)	472.5×271.5	120×69	8262	70	152	180.9	3	3	3/1	3/1	7.48	3.3	13.4	17.3	194.5	OMNI
经棉纬FFT斜纹	179	70.5	19.4×(29.2+105旦)	30×(20+105旦)	433×252	110×64	7752	64	141	183.6	3	3	3/1	3/1	7.13	2.5	16.8	16.3	210.4	OMNI
经棉纬FFT缎纹	179.05 / 70.5	70.5	17.7×(29.2+105旦)	33×(20+105旦)	456.5×267.5	116×68	8178	68	149	182.9	3	3	3/1	3/1	7.65	2.1	16.4	17.4	211.4	OMNI

续表

织物名称	幅宽		纱线(经纱×纬纱)		经密×纬密		总经根数		钢筘		每筘穿入数		织物组织		织缩率/%		百米用纱量/kg		无浆干重/(g/m²)	织机类型
	cm	英寸	线密度/tex	英支	根/10cm	根/英寸	总经	其中边线	筘号/(齿/10cm)	筘幅/cm	地	边	地	边	经	纬	经	纬		
经棉纬弹缎纹	176.8	69.5	7.3×(9.7+40旦)	80×(60+40旦)	716.5×429	182×109	12668	106	228	185.6	3	4	$\frac{4}{1}$	$\frac{4}{1}$	4	4.7	10.2	9.4	123.1	OMNI
经棉纬FFT缎纹	178.9	70.5	9.7×(11.7+40旦)	60×(50+40旦)	622×390	158×99	11128	92	201	184.2	3	4	$\frac{4}{1}$	$\frac{4}{1}$	4.3	2.9	11.4	10.1	137.5	OMNI
经棉纬XLA平纹	169.2	66.5	11.7×(11.7+40旦)	50×(50+40旦)	480.5×319	122×81	8126	72	230	176.9	2	2	$\frac{1}{1}$	$\frac{1}{1}$	8.2	4.4	10.1	7.6	114.6	ZAX
经棉纬XLA平纹	169.5	66.5	11.7×(11.7+40旦)	50×(50+40旦)	421.5×393.5	107×100	7140	62	199	179.3	2	2	$\frac{1}{1}$	$\frac{1}{1}$	8.1	5.5	9.1	9.7	120.4	ZAX
经棉纬XLA平纹	171.1	67.5	11.7×(11.7+40旦)	50×(50+40旦)	456.5×315	116×80	7814	68	218	179.2	2	2	$\frac{1}{1}$	$\frac{1}{1}$	8.3	4.5	9.8	7.6	112.2	ZAX
经棉纬XLA斜纹	175.6	69	11.7×(11.7+40旦)	50×(50+40旦)	476.5×433	121×110	8366	70	227	184	2	2	$\frac{3}{1}$	WCP	5.2	4.6	10.1	10.8	135.7	ZAX
经棉纬XLA缎纹	176.2	69.5	11.7×(11.7+40旦)	50×(50+40旦)	472.5×433	120×110	8324	70	227	183.2	2	2	$\frac{4}{1}$	$\frac{4}{1}$	3.3	3.8	10.5	11.4	135	ZAX
竹涤弹力平纹	173	68	14.6×(75+40旦)	40×(75+40旦)	386×382	98×97	6674	56	178	187.3	2	2	$\frac{1}{1}$	$\frac{1}{1}$	5.6	7.6	11	8.1	135.3	OMNI
竹涤弹力斜纹	169.9	67	14.6×(75+40旦)	40×(75+40旦)	464.5×401.5	118×102	7892	68	214	184.1	2	2	$\frac{2}{1}$	$\frac{2}{1}$	4.2	7.7	12.4	8.3	149.1	OMNI
经天丝纬弹缎纹	175.6	69	9.7×(100+40旦)	60×(100+40旦)	673×409.5	1711×104	11822	100	212	185.5	3	4	$\frac{4}{1}$	$\frac{4}{1}$	4.2	5.3	12.5	10.8	155.4	OMNI

七、其他织物的技术条件

其他织物的技术条件见表3-2-18。

表3-2-18　其他织物的技术条件

织物名称	幅宽		纱线(经纱×纬纱)		经密×纬密		总经根数		钢筘		每筘穿入数		织物组织		织缩率/%		百米用纱量/kg		无浆干重/(g/m²)	织机类型
	cm	英寸	线密度/tex	英支	根/10cm	根/英寸	总经	其中边线	筘号/(齿/10cm)	筘幅/cm	地	边	地	边	经	纬	经	纬		
纯麻平纹	162	64	48.6×48.6	12×12	157.5×181	40×46	2552	22	77	165.6	2	2	$\frac{1}{1}$	$\frac{1}{1}$	9.38	2.2	15.3	15.8	178.8	剑杆
纯麻平纹	178.5	70.5	27.8×27.8	21×21	197×224.5	50×57	3514	28	96	183	2	2	$\frac{1}{1}$	$\frac{1}{1}$	9.75	2.5	11.3	12.4	130	剑杆
纯麻平纹	164	64.5	34.3×34.3	17×17	224.5×208.5	57×53	3680	32	109	168.5	2	2	$\frac{1}{1}$	$\frac{1}{1}$	11.1	2.7	14.7	12.6	157.3	剑杆
纯麻平纹	172	67.5	27.8×27.8	21×21	216.5×228.5	55×58	3724	32	106	175.9	2	2	$\frac{1}{1}$	$\frac{1}{1}$	10.1	2.2	11.5	11.9	136	剑杆
经棉纬涤/棉平纹	155	61	14.6×13	40×45	527.5×275.5	134×70	8178	78	256	160	2	2	$\frac{1}{1}$	$\frac{1}{1}$	8.59	3.1	13	5.8	116	ZAX
经棉纬涤/棉平纹	162	64	14.6×13	40×45	531.5×283.5	135×72	8610	78	257	167.5	2	2	$\frac{1}{1}$	$\frac{1}{1}$	8.71	3.3	14	6.4	118.8	ZAX
经棉纬涤/棉斜纹	158	62	11.7×11.7	50×50	441×393.5	112×100	6966	66	210	165.5	2	2	$\frac{2}{1}$	$\frac{2}{1}$	4.41	4.5	8.7	8	102.5	ZAX
经棉纬涤/棉斜纹	158.6	62.5	14.6×13	40×45	519.5×393.5	132×100	8242	76	248	166.2	2	2	$\frac{2}{2}$	$\frac{2}{2}$	4.97	4.6	12.5	8.6	129.7	ZAX
经棉纬涤/棉缎纹	163.6	64.5	11.7×11.7	50×50	547×409.5	139×104	8952	82	264	169.3	2	2	$\frac{4}{1}$	$\frac{4}{1}$	3.19	3.4	10.9	8.3	116.9	ZAX

第五节　棉织工艺示例

一、经棉纬弹小提花织造工艺

177.8cm　JC9.84tex×（JC11.66tex+氨纶 40 旦）　559.1 根/10cm×393.7 根/10cm 经棉纬弹小提花织造工艺示例见表 3-2-19。

表 3-2-19　经棉纬弹小提花织造工艺

项目名称	规格标准	项目名称	规格标准	项目名称	规格标准
经纱线密度/tex	9.84	经向回丝率/%	0.49	速度/（m/min）	800
经纱捻系数	350	纬向回丝率/%	5.11	打结形式	整经结
经纱捻向	Z	经向伸长率/%	1	PVA1/kg	0
经纱单纱强力/（cN/tex）	23.3	经向紧度/%	64.48	PVA2/kg	0
纬纱线密度/tex	11.81	纬向紧度/%	45.41	变性淀粉 1/kg	50
纬纱捻系数	405.8	总紧度/%	80.61	变性淀粉 2/kg	50
纬纱捻向	Z	经向用纱量/（kg/100m）	10.0855	变性淀粉 3/kg	25
纬纱单纱强力/（cN/tex）	23.7	纬向用纱量/（kg/100m）	10.1746	变性淀粉 4/kg	0
组织	$\frac{4}{1}+\frac{1}{4}$ 缎纹	废边纱线密度/tex	14.76×2（40 英支/2）	丙烯酸 1/kg	6.25
				丙烯酸 2/kg	0
幅宽/cm	177.8	废边纱用量/（kg/100m）	0.048	其他组分 1/kg	5
联匹长度/m	120	绞边纱线密度/tex	19.4	其他组分 2/kg	4
成包要求/m	720	绞边纱用量/（kg/100m）	0.008	其他组分 3/kg	2
每件匹数	3×2	用纱总量/（kg/100m）	20.3161	其他组分 4/kg	0
联匹	3	无浆干重/（g/m²）	71.58	其他组分 5/kg	0
运销地点	内销	整经机型	卡尔迈耶	供应桶体积/m³	1.5
总经根数/根	9974	轴数/根	12	供应桶温度/℃	98
其中边纱数/根	224	根数Ⅰ/根	832×1	供应桶黏度/s	14±1
经向密度/（根/10cm）	559.06	根数Ⅱ/根	831×11	浆纱机型	津田驹
纬向密度/（根/10cm）	393.7	轴重/kg	299.9	墨印长度/m	100
纬向缩率/%	4.12	长度/m	37127	墨印色记	蓝

续表

项目名称	规格标准	项目名称	规格标准	项目名称	规格标准
边纱色记	蓝	穿经筘号	45.5	经停架高低/格	2
每缸匹数	102	穿筘幅度/cm	185.45	经停架前后/格	2
浆轴匹数/(匹/轴)	20	边经穿筘数/(根/筘)	4,3	张力/kN	3.6±0.4
上浆率/%	14±1	边经穿筘顺序	(1 2 1 2)×4	车速/(r/min)	530
回潮率/%	7±1	边经穿筘顺序	1 2 1,2 1 2	相对湿度/%	76
伸长率/%	0.8	地经穿筘数/(根/筘)	3	机上幅宽/cm	176.02~180.47
浆槽温度/℃	92±2	经停片穿法	1 2 3 4 5 6	验布机速度/(m/min)	25±5
浆槽浆液黏度/s	9.5	综框列数	9	折布机速度/(m/min)	60±5
压浆辊压力I/kN	2.5	机型	必佳乐剑杆织机	折幅/cm	100±5
压浆辊压力II/kN	1.8	开口时间/(°)	320	成布回潮率/%	≤9.5
浆液酸碱度(pH)	7~8	投梭时间/(°)	0	包装尺寸/cm³	—
浆纱速度/(m/min)	60±5	后梁高低/cm	0	备注	
后上蜡率/%	4	后梁前后/孔	6		

二、纯棉紧密纺小提花织造工艺

167.64cm　(JC7.4tex×2)×(JC7.4tex×2)　448.82 根/10cm×393.7 根/10cm 纯棉紧密纺小提花织造工艺示例见表 3-2-20。

表3-2-20　纯棉紧密纺小提花织造工艺

项目名称	规格标准	项目名称	规格标准	项目名称	规格标准
经纱线密度/tex	7.4×2	幅宽/cm	167.64	经向密度/(根/10cm)	448.82
经纱捻系数	344.7	联匹长度/m	120	纬向密度/(根/10cm)	393.7
经纱捻向	S	成包要求/m	720	经向缩率/%	5.5
经纱单纱强力/(cN/tex)	26.01	每件匹数	3×2	纬向缩率/%	4.49
纬纱线密度/tex	7.4×2	联匹	3	经向回丝率/%	0.49
纬纱捻系数	344.7	运销地点	内销	纬向回丝率/%	5.39
纬纱单纱强力/(cN/tex)	26.01	总经根数/根	7539	经向伸长率/%	1
组织	$\frac{3}{1}+\frac{1}{3}$	其中边纱数/根	140	经向紧度/%	63.4

续表

项目名称	规格标准	项目名称	规格标准	项目名称	规格标准
纬向紧度/%	55.62	其他组分2/kg	0	综框列数	8
总紧度/%	83.76	供应桶体积/m³	1.5	机型	必佳乐剑杆织机
经向用纱量/(kg/100m)	11.3968	供应桶温度/℃	98	开口时间/(°)	320
纬向用纱量/(kg/100m)	10.1759	供应桶黏度/s	9±2	投梭时间/(°)	0
废边纱线密度/tex	14.76×2 (40英支/2)	浆纱机型	卡尔迈耶	后梁高低/cm	0
		墨印长度/m	100	后梁前后/孔	4
废边纱用量/(kg/100m)	0.048	绞边纱用量/(kg/100m)	0.008	经停架高低/格	2
绞边纱线密度/tex	19.4	墨印色记	蓝	经停架前后/格	0
绞边纱用量/(kg/100m)	0.008	边纱色记	蓝	张力/kN	3.8±0.4
用纱总量/(kg/100m)	21.6287	每缸匹数	86	落布长度/m	—
无浆干重/(g/m²)	65.49	浆轴匹数/(匹/轴)	21.5	车速/(r/min)	600
整经机型	卡尔迈耶	上浆率/%	16±1	相对湿度/%	76
轴数/根	10	回潮率/%	7±1	机上幅宽/cm	165.96~170.15
根数I/根	754×9	伸长率/%	0.8	验布机速度/(m/min)	25±5
根数II/根	753×1	浆槽温度/℃	92±2	折布机速度/(m/min)	60±5
轴重/kg	352.1	浆槽浆液黏度/s	7±0.5	折幅/cm	100±5
长度/m	32037	压浆辊压力I/kN	18	成布回潮率/%	≤9.5
速度/(m/min)	800	压浆辊压力II/kN	11	包装尺寸/cm³	—
打结形式	整经结	浆液酸碱度(pH)	7~8		
PVA1/kg	0	浆纱速度/(m/min)	60±5		
PVA2/kg	0	后上蜡率/%	35		
变性淀粉1/kg	50	穿经筘号	58.5		
变性淀粉2/kg	50	穿筘幅度/cm	171.81		
变性淀粉3/kg	25	边经穿筘数/(根/筘)	2		
变性淀粉4/kg	0	边经穿筘顺序1	1 2		
丙烯酸1/kg	6.25	边经穿筘顺序2	1 2		
丙烯酸2/kg	0	地经穿筘数/(根/筘)	2	备注	
其他组分1/kg	0	经停片穿法1	1 2 3 4 5 6		

三、涤/棉复合斜纹织造工艺

153.67cm （JC60/T40 13.12tex）×（JC60/T40 13.12tex） 559.06 根/10cm×350.89 根/10cm 涤棉混纺复合斜纹织造工艺示例见表3-2-21。

表3-2-21 涤/棉复合斜纹织造工艺

项目名称	规格标准	项目名称	规格标准	项目名称	规格标准
经纱线密度/tex	13.12	纬向回丝率/%	5.88	PVA1/kg	10
经纱捻系数	383.1	经向伸长率/%	1	PVA2/kg	0
经纱捻向	Z	经向紧度/%	74.46	变性淀粉1/kg	25
经纱单纱强力/(cN/tex)	19.8	纬向紧度/%	46.67	变性淀粉2/kg	50
纬纱线密度/tex	13.12	总紧度/%	86.38	变性淀粉3/kg	25
纬纱捻系数	383.1	经向用纱量/(kg/100m)	12.2288	变性淀粉4/kg	0
纬纱捻向	Z	纬向用纱量/(kg/100m)	7.6517	丙烯酸1/kg	6.25
纬纱单纱强力/(cN/tex)	19.8	废边纱线密度/tex	14.76×2 （40英支/2）	丙烯酸2/kg	0
组织	$\frac{3\ \ 1}{1\ \ 1}$Z	废边纱用量/(kg/100m)	0.048	其他组分1/kg	8
幅宽/cm	153.67	绞边纱线密度/tex	19.4	其他组分2/kg	5
联匹长度/m	90	绞边纱用量/(kg/100m)	0.008	其他组分3/kg	3
成包要求/m	720	用纱总量/(kg/100m)	19.9365	供应桶体积/m³	1.5
每件匹数	4×2	无浆干重/(g/m²)	71.05	供应桶温度/℃	98
联匹	4	整经机型	卡尔迈耶	供应桶黏度/s	9±2
运销地点	内销	轴数/根	11	浆纱机型	津田驹
总经根数/根	8600	根数Ⅰ/根	782×8	墨印长度/m	100
其中边纱数/根	164	根数Ⅱ/根	781×3	墨印色记	蓝
经向密度/(根/10cm)	559.06	轴重/kg	57.8	边纱色记	蓝
纬向密度/(根/10cm)	350.39	长度/m	5678	每缸匹数	44
经向缩率/%	6.5	速度/(m/min)	800	浆轴匹数/(匹/轴)	22
纬向缩率/%	3.89	打结形式	整经结	上浆率/%	14±1
经向回丝率/%	0.84	水/kg	—	回潮率/%	4±1
				伸长率/%	0.8

续表

项目名称	规格标准	项目名称	规格标准	项目名称	规格标准
浆槽温度/℃	92±2	地经穿筘数/（根/筘）	3	车速/（r/min）	600
浆槽浆液黏度/s	9±0.5	地经穿综顺序	3 4 5,6 7 8	相对湿度/%	76
压浆辊压力Ⅰ/kN	2.4	经停片穿法	1 2 3 4 5 6	机上幅宽/cm	152.13~155.98
压浆辊压力Ⅱ/kN	1.5	综框列数	8	验布机速度/（m/min）	25±5
浆液酸碱度（pH）	7~8	机型	必佳乐剑杆织机	折布机速度/（m/min）	60±5
浆纱速度/（m/min）	55±5	开口时间/（°）	320	折幅/cm	100±5
后上蜡率/%	4	投梭时间/（°）	0	成布回潮率/%	≤7
穿经筘号	45.5	后梁高低/cm	0	包装尺寸/cm³	—
穿筘幅度/cm	159.89	后梁前后/孔	4		
边经穿筘数/（根/筘）	4,3	经停架高低/格	2	备注	
边经穿筘顺序1	1 2 1 2	经停架前后/格	0		
边经穿筘顺序2	1 2 1,2 1 2	张力/kN	3.5±0.4		

四、经向精纺CVC纬向紧密纺T/C小提花织造工艺

163.83cm　CVC13.2tex×JT/C13.2tex　492.12根/10cm×314.96根/10cm 经向精纺CVC纬向紧密纺T/C小提花织造工艺示例见表3-2-22。

表3-2-22　经向精纺CVC纬向紧密纺T/C小提花织造工艺

项目名称	规格标准	项目名称	规格标准	项目名称	规格标准
经纱线密度/tex	13.12	组织	$\frac{3}{1}+\frac{2}{2}$FP	总经根数/根	8052
经纱捻系数	386			其中边纱数/根	176
经纱捻向	Z	幅宽/cm	163.83	经向密度/（根/10cm）	492.12
经纱单纱强力/（cN/tex）	≥19.7	联匹长度/m	100	纬向密度/（根/10cm）	314.96
纬纱线密度/tex	13.12	成包要求/m	600	经向缩率/%	3
纬纱捻系数	386	每件匹数	3×2	纬向缩率/%	3.83
纬纱捻向	Z	联匹	3	经向回丝率/%	0.62
纬纱单纱强力/（cN/tex）	≥19.7	运销地点	出口	纬向回丝率/%	5.5

续表

项目名称	规格标准	项目名称	规格标准	项目名称	规格标准
经向伸长率/%	1	丙烯酸2/kg	0	边经穿筘顺序	1 2
经向紧度/%	65.54	其他组分1/kg	8	地经穿综顺序	(3 4 5 6)×7+
纬向紧度/%	41.95	其他组分2/kg	5		(1 1 2 2)×2
总紧度/%	79.99	其他组分3/kg	2	地经穿筘数/(根/筘)	2
经向用纱量/(kg/100m)	12.7018	其他组分4/kg	0	经停片穿法	1 2 3 4 5 6
纬向用纱量/(kg/100m)	8.4344	其他组分5/kg	0	综框列数	6
废边纱线密度/tex	14.76×2（40英支/2）	供应桶体积/m³	1.5	机型	必佳乐剑杆织机
		供应桶温度/℃	98	开口时间/(°)	320
废边纱用量/(kg/100m)	0.048	供应桶黏度/s	9±2	投梭时间/(°)	0
绞边纱线密度/tex	19.4	浆纱机型	卡尔迈耶	后梁高低/cm	0
绞边纱用量/(kg/100m)	0.008	墨印长度/m	100	后梁前后/孔	4
用纱总量/(kg/100m)	21.1922	墨印色记	蓝	经停架高低/格	2
无浆干重/(g/m²)	61.63	边纱色记	蓝	经停架前后/格	0
整经机型	卡尔迈耶	每缸匹数	72	张力/kN	3.8±0.4
轴数/根	10	浆轴匹数/(匹/轴)	24	车速/(r/min)	500
根数Ⅰ/根	806×1	上浆率/%	14±1	相对湿度/%	76
根数Ⅱ/根	805×9	回潮率/%	4±1	机上幅宽/cm	164.71~168.87
轴重/kg	75.9	伸长率/%	0.8	验布机速度/(m/min)	25±5
长度/m	7237	浆槽温度/℃	92±2	折布机速度/(m/min)	60±5
速度/(m/min)	800	浆槽浆液黏度/s	7±0.5	折幅/cm	100±5
打结形式	整经结	压浆辊压力Ⅰ/kN	18	成布回潮率/%	≤7
PVA1/kg	10	压浆辊压力Ⅱ/kN	11	包装尺寸/cm³	—
PVA2/kg	0	浆液酸碱度(pH)	7~8		
变性淀粉1/kg	25	浆纱速度/(m/min)	55±5		
变性淀粉2/kg	50	后上蜡率/%	35		
变性淀粉3/kg	25	穿经筘号	60	备注	
变性淀粉4/kg	0	穿筘幅度/cm	170.36		
丙烯酸1/kg	6.25	边经穿筘数/(根/筘)	2		

五、涤/棉凸条织造工艺

162.56cm　CVC13.2tex×CVC13.2tex　566.93 根/10cm×354.33 根/10cm 涤棉混纺凸条织造工艺示例见表3-2-23。

表 3-2-23　涤/棉凸条织造工艺

项目名称	规格标准	项目名称	规格标准	项目名称	规格标准
经纱线密度/tex	13.12	经向伸长率/%	1	变性淀粉1/kg	25
经纱捻系数	386	经向紧度/%	75.5	变性淀粉2/kg	50
经纱捻向	Z	纬向紧度/%	47.19	变性淀粉3/kg	25
经纱单纱强力/(cN/tex)	≥19.7	总紧度/%	87.06	变性淀粉4/kg	0
纬纱线密度	13.12	经向用纱量/(kg/100m)	12.7018	丙烯酸1/kg	6.25
纬纱捻系数	386	纬向用纱量/(kg/100m)	8.4344	其他组分1/kg	8
纬纱捻向	Z	废边纱线密度/tex	14.76×2（40英支/2）	其他组分2/kg	5
纬纱单纱强力/(cN/tex)	≥19.7			其他组分3/kg	3
组织	凸条 DB12	废边纱用量/(kg/100m)	0.048	供应桶体积/m³	1.5
幅宽/cm	162.56	绞边纱线密度/tex	19.4	供应桶温度/℃	98
联匹长度/m	100	绞边纱用量/(kg/100m)	0.008	供应桶黏度/s	9±2
成包要求/m	600	用纱总量/(kg/100m)	21.1922	浆纱机型	卡尔迈耶
每件匹数	3×2	无浆干重/(g/m²)	71.63	墨印长度/m	100
联匹	3	整经机型	卡尔迈耶	墨印色记	蓝
运销地点	出口	轴数/根	12	边纱色记	蓝
总经根数/根	9224	根数Ⅰ/根	769×7	每缸匹数	34
其中边纱数/根	200	根数Ⅱ/根	768×5	浆轴匹数/(匹/轴)	17
经向密度/(根/10cm)	566.93	轴重/kg	36.1	上浆率/%	14±1
纬向密度/(根/10cm)	354.33	长度/m	3607	回潮率/%	4±1
经向缩率/%	6	速度/(m/min)	800	伸长率/%	0.8
纬向缩率/%	3.51	打结形式	整经结	浆槽温度/℃	92±2
经向回丝率/%	1.1	PVA1/kg	10	浆槽浆液黏度/s	9±0.5
纬向回丝率/%	5.6	PVA2/kg	0	压浆辊压力Ⅰ/kN	18

续表

项目名称	规格标准	项目名称	规格标准	项目名称	规格标准
压浆辊压力Ⅱ/kN	11	地经穿筘数/(根/筘)	2	张力/kN	4.0±0.4
浆液酸碱度(pH)	7~8	经停片穿法	1 2 3 4 5 6	车速/(r/min)	570
浆纱速度/(m/min)	55±5	综框列数	6	相对湿度/%	76
后上蜡率/%	35	机型	必佳乐剑杆织机	机上幅宽/cm	160.93~165
穿经筘号	69.5	开口时间/(°)	320	验布机速度/(m/min)	25±5
穿筘幅度/cm	168.48	投梭时间/(°)	0	折布机速度/(m/min)	60±5
边经穿筘数/(根/筘)	2	后梁高低/cm	0	折幅/cm	100±5
边经穿筘顺序	5 6	后梁前后/孔	4	成布回潮率/%	≤7
地经穿综顺序	(1 2)×3+ (3 4)×3	经停架高低/格	2	备注	
		经停架前后/格	0		

六、纯棉紧密纺斜纹织造工艺(一)

161.29cm　C7.4tex/C7.4tex　799.21根/10cm×590.55根/10cm 纯棉紧密纺斜纹织造工艺示例见表3-2-24。

表3-2-24　纯棉紧密纺斜纹织造工艺(一)

项目名称	规格标准	项目名称	规格标准	项目名称	规格标准
经纱线密度/tex	7.382	联匹长度/m	120	纬向回丝率/%	3
经纱捻系数	327	成包要求/(m/件)	720	经向伸长率/%	0.9
经纱捻向	Z	每件匹数	3×2	经向紧度/%	79.83
经纱单纱强力/(cN/tex)	≥27.0	联匹	3	纬向紧度/%	58.99
纬纱线密度/tex	7.382	总经根数/根	12872	总紧度/%	91.73
纬纱捻系数	327	其中边纱数/根	250	经向用纱量/(kg/100m)	10.6154
纬纱捻向	Z	经向密度/(根/10cm)	799.21	纬向用纱量/(kg/100m)	7.2596
纬纱单纱强力/(cN/tex)	≥27.0	纬向密度/(根/10cm)	590.55	废边纱线密度/tex	14.76×2 (40英支/2)
组织	$\frac{2}{1}$ Z	经向缩率/%	11		
		纬向缩率/%	3.01	废边纱用量/(kg/100m)	0.024
幅宽/cm	161.29	经向回丝率/%	1.7	绞边纱线密度/tex	13.12

项目名称	规格标准	项目名称	规格标准	项目名称	规格标准
绞边纱用量/(kg/100m)	0.005	每缸匹数	18	主喷嘴压力/(kg/cm²)	3.2±0.2
用纱总量/(kg/100m)	17.904	浆轴匹数/(匹/轴)	18	辅喷嘴1起始角/(°)	100
无浆干重/(g/m²)	111.24	上浆率/%	16±1	辅喷嘴1终止角/(°)	198
整经机型	卡尔迈耶	回潮率/%	7±1	辅喷嘴2起始角/(°)	110
轴数/根	16	伸长率/%	<1	辅喷嘴2终止角/(°)	202
根数Ⅰ/根	805×7	浆槽温度/℃	92±2	辅喷嘴3起始角/(°)	121
根数Ⅱ/根	804×9	浆槽浆液黏度/s	11±0.5	辅喷嘴3终止角/(°)	213
轴重/kg	13.8	压浆辊压力Ⅰ/kN	2.8	辅喷嘴4起始角/(°)	132
长度/m	2347	压浆辊压力Ⅱ/kN	1.8	辅喷嘴4终止角/(°)	224
速度/(m/min)	800	浆液酸碱度(pH)	7~8	辅喷嘴5起始角/(°)	143
打结形式	整经结	浆纱速度/(m/min)	50±5	辅喷嘴5终止角/(°)	235
PVA1/kg	10	后上蜡率/%	4	辅喷嘴6起始角/(°)	153
PVA2/kg	10	穿经筘号	65.5	辅喷嘴6终止角/(°)	243
变性淀粉1/kg	25	穿筘幅度/cm	166.09	辅喷嘴7起始角/(°)	164
变性淀粉2/kg	25	边经穿筘数/(根/筘)	4	辅喷嘴7终止角/(°)	254
变性淀粉3/kg	50	边经穿筘顺序	1 2 1 2	辅喷嘴8起始角/(°)	185
变性淀粉4/kg	0	地经穿综顺序	2 3 4	辅喷嘴8终止角/(°)	269
丙烯酸1/kg	6.25	地经穿筘数/(根/筘)	3	辅喷嘴9起始角/(°)	196
其他组分1/kg	0	经停片穿法	1 2 3 4 5 6	辅喷嘴9起始角/(°)	294
其他组分2/kg	4	综框列数	4	辅喷嘴10起始角/(°)	207
其他组分3/kg	2	机型	必佳乐800	辅喷嘴10终止角/(°)	330
供应桶体积/m³	1.5	开口角/(°)	98	辅喷嘴11起始角/(°)	216
供应桶温度/℃	98	综平时间/(°)	322	辅喷嘴11终止角/(°)	335
供应桶黏度/s	10	后梁高低/cm	6	辅喷嘴12起始角/(°)	222
浆纱机型	津田驹2100	后梁前后/孔	5	辅喷嘴12终止角/(°)	340
墨印长度/m	100	经停架高低/格	1	上机张力/kN	3.2±0.3
墨印色记	蓝	经停架前后/格	6	车速/(r/min)	550
边纱色记	蓝	主喷嘴开始角/(°)	98	相对湿度/%	76

项目名称	规格标准	项目名称	规格标准	项目名称	规格标准
验布机速度/(m/min)	25±5	成布回潮率/%	≤9.5		
折布机速度/(m/min)	60±5	包装尺寸/cm³	—	备注	
折幅/cm	100±5				

七、纯棉精梳府绸织造工艺

161.29cm　C14.5tex×C14.5tex　503.94 根/10cm×283.46 根/10cm 纯棉精梳府绸织造工艺示例见表 3-2-25。

表 3-2-25　纯棉精梳府绸织造工艺

项目名称	规格标准	项目名称	规格标准	项目名称	规格标准
经纱线密度/tex	14.5	纬向密度/(根/10cm)	283.46	整经机型	卡尔迈耶
经纱捻系数	386	经向缩率/%	8.5	轴数/根	10
经纱捻向	Z	纬向缩率/%	2.89	根数Ⅰ/根	812×1
经纱单纱强力/(cN/tex)	≥19.0	经向回丝率/%	0.56	根数Ⅱ/根	811×9
纬纱线密度/tex	14.5	纬向回丝率/%	2.1	轴重/kg	321.3
纬纱捻系数	386	经向伸长率/%	0.8	长度/m	27176
纬纱捻向	Z	经向紧度/%	71.19	速度/(m/min)	800
纬纱单纱强力/(cN/tex)	≥19.0	纬向紧度/%	40.04	打结形式	整经结
组织	$\frac{1}{1}$	总紧度/%	82.73	变性淀粉 1/kg	50
		经向用纱量/(kg/100m)	12.6	变性淀粉 2/kg	25
幅宽/cm	161.29	纬向用纱量/(kg/100m)	6.09	变性淀粉 3/kg	50
联匹长度/m	108	废边纱线密度/tex	14.76×2 (40 英支/2)	丙烯酸 1/kg	6.25
成包要求/(m/件)	540			其他组分 1/kg	5
每件匹数	5×1	废边纱用量/(kg/100m)	0.024	其他组分 2/kg	4
联匹	5	绞边纱线密度/tex	13.12	其他组分 3/kg	2
总经根数/根	8112	绞边纱用量/(kg/100m)	0.005	供应桶体积/m³	1.5
其中边纱数/根	23	用纱总量/(kg/100m)	18.71	供应桶温度/℃	98
经向密度/(根/10cm)	503.94	无浆干重/(g/m²)	124.05	供应桶黏度/s	9

续表

项目名称	规格标准	项目名称	规格标准	项目名称	规格标准
浆纱机型	津田驹2100	综框列数	4	辅喷嘴7终止角/(°)	270
墨印长度/m	100	机型	必佳乐800	辅喷嘴8起始角/(°)	188
墨印色记	蓝	开口角/(°)	120	辅喷嘴8终止角/(°)	284
边纱色记	蓝	综平/(°)	299	辅喷嘴9起始角/(°)	202
每缸匹数	150	后梁高低/cm	4	辅喷嘴9终止角/(°)	298
浆轴匹数/(匹/轴)	38	后梁前后/孔	5	辅喷嘴10起始角/(°)	216
上浆率/%	12±1	经停架高低/格	1	辅喷嘴10终止角/(°)	312
回潮率/%	7±1	经停架前后/格	6	辅喷嘴11起始角/(°)	230
伸长率/%	<1	主喷嘴开始角/(°)	98	辅喷嘴11终止角/(°)	318
浆槽温度/℃	92±2	主喷嘴压力/(kg/cm²)	4±0.2	辅喷嘴12起始角/(°)	244
浆槽浆液黏度/s	8±0.5	辅喷嘴1起始角/(°)	91	辅喷嘴12终止角/(°)	318
压浆辊压力Ⅰ/kN	2.4	辅喷嘴1终止角/(°)	187	上机张力/kN	2.5
压浆辊压力Ⅱ/kN	1.5	辅喷嘴2起始角/(°)	105	车速/(r/min)	880
浆液酸碱度(pH)	7~8	辅喷嘴2终止角/(°)	201	相对湿度/%	76
浆纱速度/(m/min)	65±5	辅喷嘴3起始角/(°)	119	验布机速度/(m/min)	25±5
后上蜡率/%	4	辅喷嘴3终止角/(°)	215	折布机速度/(m/min)	60±5
穿经筘号	62	辅喷嘴4起始角/(°)	133	折幅/cm	100±5
穿筘幅度/cm	166.09	辅喷嘴4终止角/(°)	229	成布回潮率/%	≤9.5
边经穿筘数/(根/筘)	2	辅喷嘴5起始角/(°)	147		
边经穿筘顺序	1 2,3 4	辅喷嘴5终止角/(°)	243		
地经穿综顺序	1 2 3 4	辅喷嘴6起始角/(°)	160		
地经穿筘数/(根/筘)	2	辅喷嘴6终止角/(°)	256	备注	
经停片穿法	1 2 3 4 5 6	辅喷嘴7起始角/(°)	174		

八、纯棉普梳平纹织造工艺

173.99cm　C14.5tex×C39.4tex　370.08根/10cm×204.72根/10cm 纯棉普梳平纹织造工艺示例见表3-2-26。

表 3-2-26　纯棉普梳平纹织造工艺

项目名称	规格标准	项目名称	规格标准	项目名称	规格标准
经纱线密度/tex	14.5	纬向用纱量/(kg/100m)	14.7647	墨印色记	蓝
经纱捻系数	386	废边纱线密度/tex	14.76×2 (40英支/2)	边纱色记	蓝
经纱捻向	Z			每缸匹数	102
经纱单纱强力/(cN/tex)	≥19.0	废边纱用量/(kg/100m)	0.024	浆轴匹数/(匹/轴)	34
纬纱线密度/tex	39.37	绞边纱线密度/tex	13.12	上浆率/%	12±1
纬纱捻系数	370	绞边纱用量/(kg/100m)	0.005	回潮率/%	7±1
纬纱捻向	Z	用纱总量/(kg/100m)	24.3828	伸长率/%	<1
纬纱单纱强力/(cN/tex)	≥17.8	无浆干重/(g/m²)	44.37	浆槽温度/℃	92±2
组织	$\dfrac{1}{1}$	整经机型	卡尔迈耶	浆槽浆液黏度/s	8±0.5
		轴数/根	12	压浆辊压力Ⅰ/kN	2.3
幅宽/cm	173.99	根数Ⅰ/根	803×7	压浆辊压力Ⅱ/kN	1.5
联匹长度/m	120	根数Ⅱ/根	802×1	浆液酸碱度(pH)	7~8
成包要求/(m/件)	720	轴重/kg	99.52	浆纱速度/(m/min)	60±5
每件匹数	3×2	长度/m	12600	后上蜡率/%	4
联匹	3	速度/(m/min)	800	穿经筘号	44.5
总经根数/根	6424	打结形式	整经结	穿筘幅度/cm	183.21
其中边纱数/根	24	变性淀粉1/kg	50	边经穿筘数/(根/筘)	2
经向密度/(根/10cm)	370.08	变性淀粉2/kg	50	边经穿筘顺序	1 3,2 4
纬向密度/(根/10cm)	204.72	变性淀粉3/kg	25	地经穿综顺序	1 3,2 4
经向缩率/%	4	丙烯酸/kg	6.25	地经穿筘数/(根/筘)	2
纬向缩率/%	5.03	其他组分1/kg	5	经停片穿法	1 2 3 4 5 6
经向回丝率/%	0.4	其他组分2/kg	4	综框列数	4
纬向回丝率/%	2.18	其他组分3/kg	8	机型	必佳乐800
经向伸长率/%	0.8	供应桶体积/m³	1.5	开口角/(°)	120
经向紧度/%	52.28	供应桶温度/℃	98	综平/(°)	299
纬向紧度/%	47.23	供应桶黏度/s	8.5	后梁高低/cm	4
总紧度/%	74.82	浆纱机型	津田驹2100	后梁前后/孔	4
经向用纱量/(kg/100m)	9.5891	墨印长度/m	100	经停架高低/格	1

项目名称	规格标准	项目名称	规格标准	项目名称	规格标准
经停架前后/格	6	辅喷嘴6终止角/(°)	243	辅喷嘴13终止角/(°)	330
主喷嘴开始角/(°)	98	辅喷嘴7起始角/(°)	164	上机张力/kN	2.2±0.2
主喷嘴压力/(kg/cm²)	4.2±0.2	辅喷嘴7终止角/(°)	257	车速/(r/min)	850
辅喷嘴1起始角/(°)	81	辅喷嘴8起始角/(°)	178	相对湿度/%	76
辅喷嘴1终止角/(°)	174	辅喷嘴8终止角/(°)	271	验布机速度/(m/min)	25±5
辅喷嘴2起始角/(°)	95	辅喷嘴9起始角/(°)	191	折布机速度/(m/min)	60±5
辅喷嘴2终止角/(°)	188	辅喷嘴9终止角/(°)	255	折幅/cm	100±5
辅喷嘴3起始角/(°)	109	辅喷嘴10起始角/(°)	205	成布回潮率/%	≤9.5
辅喷嘴3终止角/(°)	202	辅喷嘴10终止角/(°)	298	包装尺寸/cm³	—
辅喷嘴4起始角/(°)	122	辅喷嘴11起始角/(°)	216		
辅喷嘴4终止角/(°)	216	辅喷嘴11终止角/(°)	315		
辅喷嘴5起始角/(°)	136	辅喷嘴12起始角/(°)	228	备注	
辅喷嘴5终止角/(°)	229	辅喷嘴12终止角/(°)	330		
辅喷嘴6起始角/(°)	150	辅喷嘴13起始角/(°)	236		

九、纯棉紧密纺斜纹织造工艺(二)

162.56cm　(C7.4tex×2)×(C7.4tex×2)　535.43 根/10cm×393.7 根/10cm 纯棉紧密纺斜纹织造工艺示例见表 3-2-27。

表 3-2-27　纯棉紧密纺斜纹织造工艺(二)

项目名称	规格标准	项目名称	规格标准	项目名称	规格标准
经纱线密度/tex	7.4×2	纬纱单纱强力/(cN/tex)	≥26.0	联匹	3
经纱捻系数	345	组织	$\frac{3}{1}$ Z	总经根数/根	8684
经纱捻向	S			其中边纱数/根	156
经纱单纱强力/(cN/tex)	≥26.0	幅宽/cm	162.56	经向密度/(根/10cm)	535.43
纬纱线密度/tex	7.4×2	联匹长度/m	120	纬向密度/(根/10cm)	393.7
纬纱捻系数	345	成包要求/(m/件)	720	经向缩率/%	6.5
纬纱捻向	S	每件匹数	3×2	纬向缩率/%	3.41

续表

项目名称	规格标准	项目名称	规格标准	项目名称	规格标准
经向回丝率/%	0.454	供应桶黏度/s	9±2	后梁高低/cm	2
纬向回丝率/%	2.38	浆纱机型	卡尔迈耶	后梁前后/孔	6
经向伸长率/%	0.8	墨印长度/m	100	经停架高低/格	1
经向紧度/%	75.64	墨印色记	蓝	经停架前后/格	6
纬向紧度/%	55.62	边纱色记	蓝	主喷嘴开始角/(°)	98
总紧度/%	89.19	每缸匹数	108	主喷嘴压力/(kg/cm²)	4.2±0.2
经向用纱量/(kg/100m)	13.5455	浆轴匹数/(匹/轴)	36	辅喷嘴1起始角/(°)	91
纬向用纱量/(kg/100m)	9.9564	上浆率/%	11±1	辅喷嘴1终止角/(°)	187
废边纱线密度/tex	14.76×2 (40英支/2)	回潮率/%	7±1	辅喷嘴2起始角/(°)	105
		伸长率/%	<1	辅喷嘴2终止角/(°)	201
废边纱用量/(kg/100m)	0.024	浆槽温度/℃	92±2	辅喷嘴3起始角/(°)	118
绞边纱线密度/tex	13.12	浆槽浆液黏度/s	7±0.5	辅喷嘴3终止角/(°)	215
绞边纱用量/(kg/100m)	0.005	压浆辊压力Ⅰ/kN	18	辅喷嘴4起始角/(°)	132
用纱总量/(kg/100m)	23.5309	压浆辊压力Ⅱ/kN	11	辅喷嘴4终止角/(°)	228
无浆干重/(g/m²)	72.36	浆液酸碱度(pH)	7~8	辅喷嘴5起始角/(°)	146
整经机型	卡尔迈耶	浆纱速度/(m/min)	60±5	辅喷嘴5终止角/(°)	242
轴数/根	13	后上蜡率/%	35	辅喷嘴6起始角/(°)	159
根数/根	668×13	穿经筘号	65.5	辅喷嘴6终止角/(°)	256
轴重/kg	119.58	穿筘幅度/cm	168.3	辅喷嘴7终止角/(°)	173
长度/m	12125	边经穿筘数/(根/筘)	2	辅喷嘴7起始角/(°)	270
速度/(m/min)	800	边经穿筘顺序	2 1	辅喷嘴8起始角/(°)	187
打结形式	整经结	地经穿综顺序	2 3 4 5	辅喷嘴8终止角/(°)	283
变性淀粉1/kg	50	地经穿筘数/(根/筘)	2	辅喷嘴9起始角/(°)	201
变性淀粉2/kg	50	经停片穿法	1 2 3 4 5 6	辅喷嘴9终止角/(°)	297
变性淀粉3/kg	25	综框列数	5	辅喷嘴10起始角/(°)	214
丙烯酸/kg	6.25	机型	必佳乐800	辅喷嘴10终止角/(°)	311
供应桶体积/m³	1.5	开口角/(°)	120	辅喷嘴11起始角/(°)	225
供应桶温度/℃	98	综平/(°)	299	辅喷嘴11终止角/(°)	319

项目名称	规格标准	项目名称	规格标准	项目名称	规格标准
辅喷嘴12起始角/(°)	236	相对湿度/%	76	成布回潮率/%	≤9.5
辅喷嘴12终止角/(°)	332	验布机速度/(m/min)	25±5	包装尺寸/cm³	—
上机张力/kN	3.2±0.3	折布机速度/(m/min)	60±5	备注	
车速/(r/min)	900	折幅/cm	100±5		

十、涤/棉斜纹织造工艺

162.56cm　CVC13.12tex×CVC13.12tex　606.3 根/10cm×119.4 根/10cm 涤棉混纺斜纹织造工艺示例见表3-2-28。

表3-2-28　涤/棉斜纹织造工艺

项目名称	规格标准	项目名称	规格标准	项目名称	规格标准
经纱线密度/tex	13.12	经向密度/(根/10cm)	606.3	用纱总量/(kg/100m)	21.5276
经纱捻系数	385	纬向密度/(根/10cm)	354.33	无浆干重/(g/m²)	74.66
经纱捻向	Z	经向缩率/%	5.5	整经机型	卡尔迈耶
经纱单纱强力/(cN/tex)	≥19.8	纬向缩率/%	4.19	轴数/根	15
纬纱线密度/tex	13.12	经向回丝率/%	0.471	根数/根	655×15
纬纱捻系数	385	纬向回丝率/%	2.36	轴重/kg	100.28
纬纱捻向	Z	经向伸长率/%	0.8	长度/m	11666
纬纱单纱强力/(cN/tex)	≥19.8	经向紧度/%	80.75	速度/(m/min)	800
组织	$\frac{2}{2}$ Z	纬向紧度/%	47.19	打结形式	整经结
		总紧度/%	89.83	PVA1/kg	10
幅宽/cm	162.56	经向用纱量/(kg/100m)	13.466	PVA2/kg	0
联匹长度/m	120	纬向用纱量/(kg/100m)	8.0326	变性淀粉1/kg	25
成包要求/(m/件)	720	废边纱线密度/tex	14.76×2 (40英支/2)	变性淀粉2/kg	50
每件匹数	3×2			变性淀粉3/kg	25
联匹	3	废边纱用量/(kg/100m)	0.024	丙烯酸/kg	6.25
总经根数/根	9827	绞边纱线密度/tex	13.12	其他组分1/kg	8
其中边纱数/根	182	绞边纱用量/(kg/100m)	0.005	其他组分2/kg	5

续表

项目名称	规格标准	项目名称	规格标准	项目名称	规格标准
其他组分 3/kg	3	边经穿筘顺序 2	1 4 3,2 1 4,3 2 1,4 3 2	辅喷嘴 5 终止角/(°)	243
供应桶体积/m³	1.5			辅喷嘴 6 起始角/(°)	161
供应桶温度/℃	98	地经穿综顺序	1 2 3,4 1 2,3 4 1,2 3 4	辅喷嘴 6 终止角/(°)	257
供应桶黏度/s	15±2			辅喷嘴 7 起始角/(°)	175
浆纱机型	卡尔迈耶	地经穿筘数/(根/筘)	3	辅喷嘴 7 终止角/(°)	271
墨印长度/m	100	综框列数	4	辅喷嘴 8 起始角/(°)	189
墨印色记	蓝	机型	必佳乐 800	辅喷嘴 8 终止角/(°)	285
边纱色记	蓝	开口角/(°)	120	辅喷嘴 9 起始角/(°)	203
每缸匹数	93	综平/(°)	299	辅喷嘴 9 终止角/(°)	299
浆轴匹数/(匹/轴)	31	后梁高低/cm	2	辅喷嘴 10 起始角/(°)	217
上浆率/%	14±1	后梁前后/孔	4	辅喷嘴 10 终止角/(°)	326
回潮率/%	4±1	经停架高低/格	1	辅喷嘴 11 起始角/(°)	231
伸长率/%	<1	经停架前后/格	6	辅喷嘴 11 终止角/(°)	338
浆槽温度/℃	92±2	主喷嘴开始角/(°)	98	辅喷嘴 12 起始角/(°)	245
浆槽浆液黏度/s	10±0.5	主喷嘴压力/(kg/cm²)	4.2±0.2	辅喷嘴 12 终止角/(°)	350
压浆辊压力Ⅰ/kN	2.4	辅喷嘴 1 起始角/(°)	91	上机张力/kN	3.2±0.3
压浆辊压力Ⅱ/kN	1.6	辅喷嘴 1 终止角/(°)	187	车速/(r/min)	850
浆液酸碱度(pH)	7~8	辅喷嘴 2 起始角/(°)	105	相对湿度/%	76
浆纱速度/(m/min)	55±5	辅喷嘴 2 终止角/(°)	201	验布机速度/(m/min)	25±5
后上蜡率/%	4	辅喷嘴 3 起始角/(°)	119	折布机速度/(m/min)	60±5
穿经筘号	49	辅喷嘴 3 终止角/(°)	215	折幅/cm	100±5
穿筘幅度/cm	169.67	辅喷嘴 4 起始角/(°)	133	成布回潮率/%	≤9.5
边经穿筘数/(根/筘)	4,3	辅喷嘴 4 终止角/(°)	229	包装尺寸/cm³	—
边经穿筘顺序 1	1 4 3 2	辅喷嘴 5 起始角/(°)	147	备注	

十一、纯棉普梳府绸织造工艺

160.02cm　C14.5tex×C14.5tex　429.13 根/10cm×314.96 根/10cm 纯棉普梳府绸织造工艺示例见表 3-2-29。

表 3-2-29　纯棉普梳府绸织造工艺

项目名称	规格标准	项目名称	规格标准	项目名称	规格标准
经纱线密度/tex	14.5	纬向用纱量/(kg/100m)	8.0039	墨印色记	蓝
经纱捻系数	386	废边纱线密度/tex	14.76×2 (40英支/2)	边纱色记	蓝
经纱捻向	Z			每缸匹数	38
经纱单纱强力/(cN/tex)	≥19.0	废边纱用量/(kg/100m)	0.024	浆轴匹数/(匹/轴)	38
纬纱线密度/tex	14.5	绞边纱线密度/tex	13.12	上浆率/%	12±1
纬纱捻系数	386	绞边纱用量/(kg/100m)	0.005	回潮率/%	7±1
纬纱捻向	Z	用纱总量/(kg/100m)	19.0433	伸长率/%	<1
纬纱单纱强力/(cN/tex)	≥19.0	无浆干重/(g/m²)	58.67	浆槽温度/℃	92±2
组织	$\frac{1}{1}$	整经机型	卡尔迈耶	浆槽浆液黏度/s	8±0.5
		轴数/根	12	压浆辊压力Ⅰ/kN	2.4
幅宽/cm	160.02	根数Ⅰ/根	579×11	压浆辊压力Ⅱ/kN	1.6
联匹长度/m	120	根数Ⅱ/根	519×1	浆液酸碱度(pH)	7~8
成包要求/(m/件)	720	轴重/kg	38.74	浆纱速度/(m/min)	55±5
每件匹数	3×2	长度/m	4532	后上蜡率/%	4
联匹	3	速度/(m/min)	800	穿经筘号	52
总经根数/根	6888	打结形式	整经结	穿筘幅度/cm	168.12
其中边纱数/根	24	变性淀粉1/kg	50	边经穿筘数/(根/筘)	2
经向密度/(根/10cm)	429.13	变性淀粉2/kg	50	边经穿筘顺序	1 2,3 4
纬向密度/(根/10cm)	314.96	变性淀粉3/kg	25	地经穿综顺序	1 2,3 4
经向缩率/%	7.5	丙烯酸/kg	6.25	地经穿筘数/(根/筘)	2
纬向缩率/%	4.82	其他组分1/kg	5	经停片穿法	1 2 3 4 5 6
经向回丝率/%	0.8	其他组分2/kg	4	综框列数	4
纬向回丝率/%	2.5	其他组分3/kg	2	机型	ZAX9100
经向伸长率/%	0.8	供应桶体积/m³	1.5	开口角/(°)	120
经向紧度/%	60.62	供应桶温度/℃	98	综平/(°)	300
纬向紧度/%	44.49	供应桶黏度/s	14±2	后梁高低/cm	3
总紧度/%	78.14	浆纱机型	津田驹	后梁前后/格	12
经向用纱量/(kg/100m)	11.0104	墨印长度/m	100	经停架高低/格	1.5

项目名称	规格标准	项目名称	规格标准	项目名称	规格标准
经停架前后/格	10	辅喷嘴6终止角/(°)	190	辅喷嘴13终止角/(°)	274
主喷嘴开始角/(°)	60	辅喷嘴7起始角/(°)	128	辅喷嘴14起始角/(°)	200
主喷嘴压力/(kg/cm²)	4.2±0.2	辅喷嘴7终止角/(°)	200	辅喷嘴14终止角/(°)	250
辅喷嘴1起始角/(°)	66	辅喷嘴8起始角/(°)	138	上机张力/kN	2.2±0.2
辅喷嘴1终止角/(°)	148	辅喷嘴8终止角/(°)	212	车速/(r/min)	880
辅喷嘴2起始角/(°)	74	辅喷嘴9起始角/(°)	150	相对湿度/%	76
辅喷嘴2终止角/(°)	154	辅喷嘴9终止角/(°)	224	验布机速度/(m/min)	25±5
辅喷嘴3起始角/(°)	86	辅喷嘴10起始角/(°)	160	折布机速度/(m/min)	60±5
辅喷嘴3终止角/(°)	162	辅喷嘴10终止角/(°)	236	折幅/cm	100±5
辅喷嘴4起始角/(°)	96	辅喷嘴11起始角/(°)	171	成布回潮率/%	≤9.5
辅喷嘴4终止角/(°)	170	辅喷嘴11终止角/(°)	248	包装尺寸/cm³	—
辅喷嘴5起始角/(°)	106	辅喷嘴12起始角/(°)	180	备注	
辅喷嘴5终止角/(°)	180	辅喷嘴12终止角/(°)	260		
辅喷嘴6起始角/(°)	116	辅喷嘴13起始角/(°)	190		

十二、纯棉精梳府绸织造工艺(一)

168.91cm　C9.8tex×C9.8tex　547.24 根/10cm×472.44 根/10cm 纯棉精梳府绸织造工艺示例见表 3-2-30。

表 3-2-30　纯棉精梳府绸织造工艺(一)

项目名称	规格标准	项目名称	规格标准	项目名称	规格标准
经纱线密度/tex	9.842	纬纱单纱强力/(cN/tex)	≥23.4	联匹	3
经纱捻系数	352	组织	$\dfrac{1}{1}$	总经根数/根	9248
经纱捻向	Z			其中边纱数/根	24
经纱单纱强力/(cN/tex)	≥23.4	幅宽/cm	168.91	经向密度/(根/10cm)	547.24
纬纱线密度/tex	9.842	联匹长度/m	120	纬向密度/(根/10cm)	472.44
纬纱捻系数	352	成包要求/(m/件)	720	经向缩率/%	9.5
纬纱捻向	Z	每件匹数	3×2	纬向缩率/%	4.32

续表

项目名称	规格标准	项目名称	规格标准	项目名称	规格标准
经向回丝率/%	0.78	其他组分 3/kg	2	机型	ZAX9100
纬向回丝率/%	2.37	供应桶体积/m³	1.5	开口角/(°)	120
经向伸长率/%	0.8	供应桶温度/℃	98	综平/(°)	300
经向紧度/%	63.12	供应桶黏度/s	14±2	后梁高低/cm	3
纬向紧度/%	54.49	浆纱机型	津田驹	后梁前后/格	12
总紧度/%	83.22	墨印长度/m	100	经停架高低/格	3
经向用纱量/(kg/100m)	10.2962	墨印色记	蓝	经停架前后/格	10
纬向用纱量/(kg/100m)	8.2605	边纱色记	蓝	主喷嘴开始角/(°)	75
废边纱线密度/tex	14.76×2 (40 英支/2)	每缸匹数	42	主喷嘴压力/(kg/cm²)	3.8±0.2
		浆轴匹数/(匹/轴)	42	辅喷嘴1起始角/(°)	72
废边纱用量/(kg/100m)	0.024	上浆率/%	16±1	辅喷嘴1终止角/(°)	142
绞边纱线密度/tex	13.12	回潮率/%	7±1	辅喷嘴2起始角/(°)	76
绞边纱用量/(kg/100m)	0.005	伸长率/%	<1	辅喷嘴2终止角/(°)	152
用纱总量/(kg/100m)	18.5857	浆槽温度/℃	92±2	辅喷嘴3起始角/(°)	86
无浆干重/(g/m²)	81.09	浆槽浆液黏度/s	10±0.5	辅喷嘴3终止角/(°)	162
整经机型	卡尔迈耶	压浆辊压力I/kN	2.4	辅喷嘴4起始角/(°)	96
轴数/根	12	压浆辊压力II/kN	1.5	辅喷嘴4终止角/(°)	172
根数/根	770×12	浆液酸碱度(pH)	7~8	辅喷嘴5起始角/(°)	106
轴重/kg	38.76	浆纱速度/(m/min)	55±5	辅喷嘴5终止角/(°)	182
长度/m	5115	后上蜡率/%	4	辅喷嘴6起始角/(°)	116
速度/(m/min)	800	穿经筘号	66.5	辅喷嘴6终止角/(°)	192
打结形式	整经结	穿筘幅度/cm	176.53	辅喷嘴7起始角/(°)	128
变性淀粉1/kg	50	边经穿筘数/(根/筘)	2	辅喷嘴7终止角/(°)	204
变性淀粉2/kg	50	边经穿筘顺序	1 2,3 4	辅喷嘴8起始角/(°)	138
变性淀粉3/kg	25	地经穿综顺序	1 2,3 4	辅喷嘴8终止角/(°)	214
丙烯酸/kg	6.25	地经穿筘数/(根/筘)	2	辅喷嘴9起始角/(°)	148
其他组分1/kg	5	经停片穿法	1 2 3 4 5 6	辅喷嘴9终止角/(°)	224
其他组分2/kg	4	综框列数	4	辅喷嘴10起始角/(°)	158

项目名称	规格标准	项目名称	规格标准	项目名称	规格标准
辅喷嘴10终止角/(°)	234	辅喷嘴13终止角/(°)	268	验布机速度/(m/min)	25±5
辅喷嘴11起始角/(°)	168	辅喷嘴14起始角/(°)	200	折布机速度/(m/min)	60±5
辅喷嘴11终止角/(°)	244	辅喷嘴14终止角/(°)	278	折幅/cm	100±5
辅喷嘴12起始角/(°)	178	上机张力/kN	2.3±0.2	成布回潮率/%	≤9.5
辅喷嘴12终止角/(°)	254	车速/(r/min)	760	备注	
辅喷嘴13起始角/(°)	190	相对湿度/%	76		

十三、纯棉精梳防羽布织造工艺

152.4cm C6.5tex×C6.5tex 862.2根/10cm×507.9根/10cm 纯棉精梳防羽布织造工艺示例见表3-2-31。

表3-2-31 纯棉精梳防羽布织造工艺

项目名称	规格标准	项目名称	规格标准	项目名称	规格标准
经纱线密度/tex	6.562	总经根数/根	13148	废边纱线密度/tex	14.76×2 (40英支/2)
经纱捻系数	363	其中边纱数/根	32		
经纱捻向	Z	经向密度/(根/10cm)	862.2	废边纱用量/(kg/100m)	0.024
经纱单纱强力/(cN/tex)	≥28.0	纬向密度/(根/10cm)	507.87	绞边纱线密度/tex	13.12
纬纱线密度/tex	6.562	经向缩率/%	12.5	绞边纱用量/(kg/100m)	0.005
纬纱捻系数	363	纬向缩率/%	2.06	用纱总量/(kg/100m)	15.6212
纬纱捻向	Z	经向回丝率/%	1.13	无浆干重/(g/m²)	111.02
纬纱单纱强力/(cN/tex)	≥28.0	纬向回丝率/%	3.28	整经机型	卡尔迈耶
组织	$\frac{1}{1}$	经向伸长率/%	0.8	轴数/根	16
				根数/根	821×16
幅宽/cm	152.4	经向紧度/%	81.2	轴重/kg	19.15
联匹长度/m	120	纬向紧度/%	47.83	长度/m	3555
成包要求/(m/件)	720	总紧度/%	90.19	速度/(m/min)	800
每件匹数	3×2	经向用纱量/(kg/100m)	10.1511	打结形式	整经结
联匹	3	纬向用纱量/(kg/100m)	5.4411	PVA1/kg	10

项目名称	规格标准	项目名称	规格标准	项目名称	规格标准
PVA2/kg	10	边经穿筘顺序	1 2 3 4	辅喷嘴9起始角/(°)	156
变性淀粉1/kg	25	地经穿综顺序	1 2 3,4 1 2	辅喷嘴9终止角/(°)	248
变性淀粉2/kg	25		3 4 1,2 3 4	辅喷嘴10起始角/(°)	166
变性淀粉3/kg	50	地经穿筘数/(根/筘)	3	辅喷嘴10终止角/(°)	270
变性淀粉4/kg	0	综框列数	4	辅喷嘴11起始角/(°)	176
丙烯酸/kg	9.375	机型	ZAX9100	辅喷嘴11终止角/(°)	288
其他组分1/kg	4	开口角/(°)	110	辅喷嘴12起始角/(°)	182
其他组分2/kg	2	综平/(°)	310	辅喷嘴12终止角/(°)	296
供应桶体积/m³	1.5	后梁高低/cm	3	上机张力/kN	3.1±0.3
供应桶温度/℃	98	后梁前后/格	12	车速/(r/min)	650
供应桶黏度/s	16±2	经停架高低/格	3	相对湿度/%	76
浆纱机型	津田驹	经停架前后/格	10	验布机速度/(m/min)	25±5
墨印长度/m	100	主喷嘴开始角/(°)	80	折布机速度/(m/min)	60±5
墨印色记	蓝	主喷嘴压力/(kg/cm²)	3.4±0.2	折幅/cm	100±5
边纱色记	蓝	辅喷嘴1起始角/(°)	78	成布回潮率/%	≤9.5
每缸匹数	26	辅喷嘴1终止角/(°)	168		
浆轴匹数/(匹/轴)	13	辅喷嘴2起始角/(°)	86		
上浆率/%	16±1	辅喷嘴2终止角/(°)	174		
回潮率/%	7±1	辅喷嘴3起始角/(°)	94		
伸长率/%	<1	辅喷嘴3终止角/(°)	184		
浆槽温度/℃	92±2	辅喷嘴4起始角/(°)	104		
浆槽浆液黏度/s	11±0.5	辅喷嘴4终止角/(°)	194		
压浆辊压力Ⅰ/kN	2.8	辅喷嘴5起始角/(°)	114	备注	
压浆辊压力Ⅱ/kN	2	辅喷嘴5终止角/(°)	204		
浆液酸碱度(pH)	7~8	辅喷嘴6起始角/(°)	124		
浆纱速度/(m/min)	50±5	辅喷嘴6终止角/(°)	216		
后上蜡率/%	4	辅喷嘴7起始角/(°)	134		
穿经筘号	71.5	辅喷嘴7终止角/(°)	226		
穿筘幅度/cm	155.6	辅喷嘴8起始角/(°)	144		
边经穿筘数/(根/筘)	4	辅喷嘴8终止角/(°)	236		

十四、纯棉精梳府绸织造工艺(二)

156.21cm　(C4.2tex×2)×(C4.2tex×2)　696.84 根/10cm×393.7 根/10cm 纯棉精梳府绸织造工艺示例见表 3-2-32。

表 3-2-32　纯棉精梳府绸织造工艺(二)

项目名称	规格标准	项目名称	规格标准	项目名称	规格标准
经纱线密度/tex	4.2×2	经向伸长率/%	0.8	变性淀粉2/kg	25
经纱捻系数	348	经向紧度/%	74.16	变性淀粉3/kg	50
经纱捻向	S	纬向紧度/%	42.04	变性淀粉4/kg	0
经纱单纱强力/(cN/tex)	≥22.6	总紧度/%	85.02	丙烯酸/kg	9.375
纬纱线密度/tex	4.2×2	经向用纱量/(kg/100m)	10.8387	其他组分1/kg	0
纬纱捻系数	348	纬向用纱量/(kg/100m)	5.5705	其他组分2/kg	4
纬纱捻向	S	废边纱线密度/tex	14.76×2 (40英支/2)	其他组分3/kg	2
纬纱单纱强力/(cN/tex)	≥22.6			供应桶体积/m³	1.5
组织	$\frac{1}{1}$	废边纱用量/(kg/100m)	0.024	供应桶温度/℃	98
		绞边纱线密度/tex	13.12	供应桶黏度/s	15±2
幅宽/cm	156.21	绞边纱用量/(kg/100m)	0.005	浆纱机型	津田驹
联匹长度/m	60	用纱总量/(kg/100m)	16.4382	墨印长度/m	100
成包要求/(m/件)	720	无浆干重/(g/m²)	86.91	墨印色记	蓝
每件匹数	6×2	整经机型	卡尔迈耶	边纱色记	蓝
联匹	6	轴数/根	16	每缸匹数	18
总经根数/根	10868	根数/根	679×16	浆轴匹数/(匹/轴)	18
其中边纱数/根	32	轴重/kg	6.42	上浆率/%	15±1
经向密度/(根/10cm)	696.85	长度/m	1121	回潮率/%	7±1
纬向密度/(根/10cm)	393.7	速度/(m/min)	800	伸长率/%	<1
经向缩率/%	10	打结形式	整经结	浆槽温度/℃	92±2
纬向缩率/%	2.32	PVA1/kg	10	浆槽浆液黏度/s	9±0.5
经向回丝率/%	1.58	PVA2/kg	10	压浆辊压力Ⅰ/kN	2.6
纬向回丝率/%	2.88	变性淀粉1/kg	25	压浆辊压力Ⅱ/kN	1.3

续表

项目名称	规格标准	项目名称	规格标准	项目名称	规格标准
浆液酸碱度(pH)	7~8	经停架前后/格	10	辅喷嘴8终止角/(°)	222
浆纱速度/(m/min)	55±5	主喷嘴开始角/(°)	75	辅喷嘴9起始角/(°)	164
后上蜡率/%	4	主喷嘴压力/(kg/cm²)	3.8±0.2	辅喷嘴9终止角/(°)	234
穿经筘号	57.5	辅喷嘴1起始角/(°)	82	辅喷嘴10起始角/(°)	176
穿筘幅度/cm	159.92	辅喷嘴1终止角/(°)	144	辅喷嘴10终止角/(°)	246
边经穿筘数/(根/筘)	4	辅喷嘴2起始角/(°)	84	辅喷嘴11起始角/(°)	186
边经穿筘顺序	1 2 3 4	辅喷嘴2终止角/(°)	154	辅喷嘴11终止角/(°)	256
地经穿综顺序	1 2 3,4 1 2 3 4 1,2 3 4	辅喷嘴3起始角/(°)	96	辅喷嘴12起始角/(°)	198
		辅喷嘴3终止角/(°)	166	辅喷嘴12终止角/(°)	268
地经穿筘数/(根/筘)	3	辅喷嘴4起始角/(°)	108	上机张力/kN	2.8±0.3
经停片穿法	1 2 3 4 5 6	辅喷嘴4终止角/(°)	178	车速/(r/min)	750
综框列数	4	辅喷嘴5起始角/(°)	118	相对湿度/%	76
机型	ZAX9100	辅喷嘴5终止角/(°)	188	验布机速度/(m/min)	25±5
开口角/(°)	110	辅喷嘴6起始角/(°)	130	折布机速度/(m/min)	60±5
综平/(°)	310	辅喷嘴6终止角/(°)	200	折幅/cm	100±5
后梁高低/cm	3	辅喷嘴7起始角/(°)	142	成布回潮率/%	≤9.5
后梁前后/格	12	辅喷嘴7终止角/(°)	212	备注	
经停架高低/格	3	辅喷嘴8起始角/(°)	152		

十五、纯棉紧密纺斜纹织造工艺(三)

179.07cm　(C7.4tex×2)×(C7.4tex×2)　413.39根/10cm×350.39根/10cm纯棉紧密纺斜纹织造工艺示例见表3-2-33。

表3-2-33　纯棉紧密纺斜纹织造工艺(三)

项目名称	规格标准	项目名称	规格标准	项目名称	规格标准
经纱线密度/tex	7.4×2	经纱单纱强力/(cN/tex)	≥21.0	纬纱捻向	S
经纱捻系数	336	纬纱线密度/tex	7.4×2	纬纱单纱强力/(cN/tex)	≥24.3
经纱捻向	S	纬纱捻系数	345	组织	$\frac{2}{2}$ Z

续表

项目名称	规格标准	项目名称	规格标准	项目名称	规格标准
幅宽/cm	179.07	根数/根	616×12	穿经箍号	50
联匹长度/m	120	轴重/kg	154.6	穿箍幅度/cm	187.76
成包要求/(m/件)	720	长度/m	17000	边经穿箍数/(根/箍)	2
每件匹数	3×2	速度/(m/min)	800	边经穿箍顺序	2 1,4 3
联匹	2	打结形式	整经结	地经穿综顺序	1 2,3 4
总经根数/根	7396	变性淀粉1/kg	50	地经穿箍数/(根/箍)	2
其中边纱数/根	128	变性淀粉2/kg	50	经停片穿法1	1 2 3 4 5 6
经向密度/(根/10cm)	413.39	变性淀粉3/kg	25	综框列数	4
纬向密度/(根/10cm)	350.39	丙烯酸/kg	6.25	机型	ZAX9100
经向缩率/%	3.5	供应桶体积/m³	1.5	开口角/(°)	130
纬向缩率/%	4.63	供应桶温度/℃	98	综平/(°)	290
经向回丝率/%	0.32	供应桶黏度/s	9±2	后梁高低/cm	3
纬向回丝率/%	2.66	浆纱机型	卡尔迈耶	后梁前后/孔	12
经向伸长率/%	1	墨印长度/m	100	经停架高低/格	1.5
经向紧度/%	58.39	墨印色记	蓝	经停架前后/格	10
纬向紧度/%	50.78	边纱色记	蓝	主喷嘴开始角/(°)	60
总紧度/%	79.52	每缸匹数	88	主喷嘴压力/(kg/cm²)	4.2±0.2
经向用纱量/(kg/100m)	11.2729	浆轴匹数/(匹/轴)	22	辅喷嘴1起始角/(°)	55
纬向用纱量/(kg/100m)	10.4826	上浆率/%	11±1	辅喷嘴1终止角/(°)	130
废边纱线密度/tex	14.76×2 (40英支/2)	回潮率/%	7±1	辅喷嘴2起始角/(°)	64
		伸长率/%	<1	辅喷嘴2终止角/(°)	140
废边纱用量/(kg/100m)	0.024	浆槽温度/℃	92±2	辅喷嘴3起始角/(°)	76
绞边纱线密度/tex	13.12	浆槽浆液黏度/s	7±0.5	辅喷嘴3终止角/(°)	152
绞边纱用量/(kg/100m)	0.005	压浆辊压力I/kN	18	辅喷嘴4起始角/(°)	86
用纱总量/(kg/100m)	21.7845	压浆辊压力II/kN	11	辅喷嘴4终止角/(°)	162
无浆干重/(g/m²)	58.74	浆液酸碱度(pH)	7~8	辅喷嘴5起始角/(°)	96
整经机型	卡尔迈耶	浆纱速度/(m/min)	60±5	辅喷嘴5终止角/(°)	172
轴数/根	12	后上蜡率/%	35	辅喷嘴6起始角/(°)	108

续表

项目名称	规格标准	项目名称	规格标准	项目名称	规格标准
辅喷嘴6终止角/(°)	184	辅喷嘴11终止角/(°)	236	验布机速度/(m/min)	25±5
辅喷嘴7起始角/(°)	118	辅喷嘴12起始角/(°)	170	折布机速度/(m/min)	60±5
辅喷嘴7终止角/(°)	194	辅喷嘴12终止角/(°)	246	折幅/cm	100±5
辅喷嘴8起始角/(°)	128	辅喷嘴13起始角/(°)	182	成布回潮率/%	≤9.5
辅喷嘴8终止角/(°)	204	辅喷嘴13终止角/(°)	258	备注	
辅喷嘴9起始角/(°)	138	辅喷嘴14起始角/(°)	192		
辅喷嘴9终止角/(°)	214	辅喷嘴14终止角/(°)	268		
辅喷嘴10起始角/(°)	150	上机张力/kN	3.8±0.4		
辅喷嘴10终止角/(°)	226	车速/(r/min)	880		
辅喷嘴11起始角/(°)	160	相对湿度/%	76		

第三章 机织物质量检验与标准

第一节 半制品质量技术要求

一、前织工序半制品质量技术要求

1. 原纱质量技术要求(表3-3-1)

表3-3-1 原纱质量技术要求

项目分类	项目名称	经纱		技术要求	测试方法(仪器)
		线密度/tex	英支		
主要指标	条干 CV/%	14.5	40	不低于 Uster 公报25%水平	常规测试(GB/T 3292.1—2008),Uster VT4-SX-A/CS/OM/OH/01 型条干仪
		9.7	60		
	常发性纱疵/(个/km)	14.5	40	Uster 公报25%~50%水平	常规测试(FZ/T 01050—1997),Uster 四型条干仪,其中细节 Uster2018 公报25%水平
		9.7	60		
	单纱断裂强度/(cN/tex)	14.5	40	>18.0	常规测试(GB/T 3916—2013),Uster UTJ4 型快速单强仪
		9.7	60	>21	
	单强 CV/%	14.5	40	<8.5	常规测试(GB/T 3916—2013),Uster UTJ4 型快速单强仪
		9.7	60	<9.5	
	单纱最低强力/cN	14.5	40	>185	常规测试(GB/T 3916—2013),Uster UTJ4 型快速单强仪,其中不合格数≤4 次
		9.7	60	>150	
参考指标	≥3mm 毛羽数/(个/10m)	14.5	40	<200	常规测试(FZ/T 01086—2000),Uster HL400 型毛羽测试仪
		9.7	60	<85	

2. 络筒质量技术要求(表3-3-2)

表3-3-2 络筒质量技术要求

项目分类	项目名称	经纱		技术要求	测试方法(仪器)
		线密度/tex	英支		
主要指标	结头形式	14.5	40	捻结头	—
		9.7	60		
	捻接强力/cN	14.5	40	原纱平均强力×85%	常规测试,Uster TENSORAPID 型快速单强仪或村田 PP-705 型单纱强力仪
		9.7	60		
	捻接强力合格率/%	14.5	40	>85	常规测试,Uster TENSORAPID 型快速单强仪或村田 PP-705 型单纱强力仪
		9.7	60		
	捻接区直径/倍	14.5	40	<3	专题测试,纤维镜目测或投影仪 JPI 目测
		9.7	60		
	电清切除效率/%	14.5	40	>80	专题测试,Uster Classimat 型纱疵分级仪
		9.7	60		
	整经断头/(根/万米百根)	14.5	40	<1	常规测试,生产现场实测记录
		9.7	60		
	好筒率/%	14.5	40	>98	按好筒率检查标准,生产现场实查
		9.7	60		
参考指标	毛羽增加率(≥3mm)/%	14.5	40	<250	专题测试,YG171B 型纱线毛羽测试仪
		9.7	60		

3. 整经质量技术要求(表3-3-3)

表3-3-3 整经质量技术要求

项目分类	项目名称	经纱		技术要求	测试方法(仪器)
		线密度/tex	英支		
主要指标	排列均匀/(根/10cm)	14.5	40	分品种按工艺规定,±5%	专题测试或抽查 10cm 内根数,一轴不少于 3 处
		9.7	60		
	卷绕密度/(g/cm²)	14.5	40	0.5~0.6	专题测试与常规工艺检查结合
		9.7	60		

项目分类	项目名称	经纱		技术要求	测试方法(仪器)
		线密度/tex	英支		
主要指标	刹车制动距离/m	14.5	40	≤5	常规检查,剪头位置为筒子处
		9.7	60		
	经轴好轴率/%	14.5	40	>98	按经轴好轴率标准在生产现场实查
		9.7	60		
参考指标	单纱退绕张力差异/cN	14.5	40	≤2	常规测试,TS-1型数字式纱线张力检测仪或SFK-1型数字纱线张力仪
		9.7	60		

4. 浆纱质量技术要求(表3-3-4)

表3-3-4 浆纱质量技术要求

项目分类	项目名称	经纱		技术要求	测试方法(仪器)
		线密度/tex	英支		
主要指标	浆纱上浆合格率/%	14.5	40	≥90	常规测试(按行业考核条文),实验室抽测
		9.7	60		
	浆纱回潮合格率/%	14.5	40	≥85	常规测试(按行业考核条文),实验室抽测
		9.7	60		
	浆纱伸长率/%	14.5	40	<1.5	常规测试(按行业考核条文),SL-1型浆纱三用电子测试仪
		9.7	60		
	浆纱疵点千匹升降率/%	14.5	40	0.8	按产品标准,整理车间定等统计
		9.7	60	0.5	
	浆槽黏度合格率/%	14.5	40	≥90	常规测试(按行业考核条文),YT821型可调漏斗式浆液黏度计
		9.7	60		
	织轴好轴率/%	14.5	40	≥75	按织轴好轴率标准生产现场实查
		9.7	60		
	卷绕密度/(g/cm³)	14.5	40	0.48~0.52	专题测试与常规工艺检查结合
		9.7	60		
	毛羽降低率/%	14.5	40	>65	专题测试,YG171B型纱线毛羽测试仪或BT-2型在线毛羽测试仪
		9.7	60		

续表

项目分类	项目名称	经纱		技术要求	测试方法(仪器)
		线密度/tex	英支		
参考指标	浆纱增强率/%	14.5	40	25~35	常规测试(GB/T 3916—2013),YG021A-1型单纱强力仪
		9.7	60		
	浆纱减伸率/%	14.5	40	<30	常规测试(GB/T 3916—2013),YG021A-1型单纱强力仪
		9.7	60		
	浆膜完整率/%	14.5	40	≥80	专题测试,切片试验
		9.7	60		
	布机断头/(根/10万纬)	14.5	40	喷气织机:3.5剑杆织机:7	常规抽查与专题测试结合
		9.7	60		
	浆纱耐磨提高率/%	14.5	40	>200	专题测试,按企业所用测试仪器和方法进行测试比较
		9.7	60		

二、前织半制品考核标准

(一)络筒好筒率检查考核标准

(1)错的线密度、错纤维,都作坏筒。

(2)成形不良。

①凸边、涨边、脱边等,均作坏筒。

②菊花芯。喇叭筒超筒管1.5cm,超过作坏筒。

③软硬筒子。手感比正常筒子松软或过硬作坏筒。

④葫芦形、腰鼓形,都作坏筒。

⑤重叠。表面重叠呈腰带梗作坏筒(手感),重叠卸下来作坏筒,表面有攀纱性重叠作坏筒。

(3)双纱作坏筒。

(4)油污渍。表面浅油污拉纱满5m作坏筒,内层不论深浅作坏筒,深油作坏筒。

(5)擦损。扎断底部、头端有一根作坏筒,表面拉纱处理满3m作坏筒。

(6)筒子卷绕大小。按工艺规定的卷绕半径落筒,喇叭筒子细特纱允许±0.3cm,中粗特纱允许±0.5cm,超过误差标准作坏筒,实际长度与设定长度偏差0.5%以上作为坏筒(自动络筒定长差异控制由各厂工艺规定确定)。

（7）结头质量。

①捻接纱段有断头、松捻作坏筒，捻接处暴露纤维硬丝或纱尾超过 0.3cm 作坏筒，捻接处有异物或回丝卷入作坏筒，捻接处形成 2 倍及以上粗节的作为坏筒。

②非捻接纱段及粗特纱，纱尾超过 0.2cm 作坏筒，松结、脱结作坏筒。

（8）杂物卷入。飞花、回丝卷入作坏筒。

（9）责任标记。印记偏离筒管 1.5cm 以上作坏筒，印记不清或漏打作坏筒，筒内标签标识错误作为坏筒。

（10）空管不良。筒管开裂、豁槽、闭槽、毛刺、变形均作坏筒。

（11）绕生头不良。绕生头有两个头或无头作坏筒。

检查要求：整经车间与布机车间随机抽查筒子各 50 个，不少于 100 个（相同品种、相同线密度）；倒筒检查不少于 50 只。

络筒好筒率用下式计算。

$$络筒好筒率 = \frac{检查筒子总数 - 坏筒数}{检查筒子总数} \times 100\%$$

（二）经轴好轴率检查考核标准

（1）浪纱。经轴退经时下垂 3cm 四根以上作一只疵轴，下垂 5cm 一根以上作一只疵轴。

（2）绞板头。有两根以上作疵轴（包括吊绞头在内）。

（3）长短码。一组经轴最长、最短相差大于 30m 作疵轴。

（4）错码。码长错误作疵轴。

（5）错特。经纱（轴）上发现错特作疵轴。

（6）错头份。经纱头份未按工艺规定而设定错误作疵轴。

（7）油污渍。污渍和所有油渍疵点作疵轴。

（8）卷绕不良。有嵌纱形成吊头 2 根或造成探头 1 根作疵轴，整经轴软硬边或两边有大小头和卷绕不平整（目测）作疵轴，跳线 2 根以上作疵轴。

（9）结头不良。有 3 根倒断头作疵轴。

（10）杂物卷入。有脱圈回丝及硬性杂物卷入作疵轴。

检查要求：

①浆纱车间现场抽查，分品种一轴查 500m。

②长短码在浆纱现场每月分品种跟踪不少于一次。

经轴好轴率按下式计算。

$$经轴好轴率 = \frac{每月实际生产轴数 - 疵轴数}{每月实际生产轴数} \times 100\%$$

(三)织轴好轴率检查考核标准

(1)斜拉头。A 轴和 B 轴间斜拉头,两根经纱斜拉超过全轴筘幅 1/10 作疵轴,一根则作 0.5 只疵轴;A 轴与 B 轴分别出现斜拉头,超过单轴织轴 1/10 作疵轴,一根作 0.5 只疵轴,两根作疵轴;A 轴、B 轴全轴斜拉满 4 处以上作疵轴。

(2)多头。单轴满 4 根作疵轴,3 根及以下作 0.5 只疵轴;全轴满 6 根作疵轴。

(3)倒断头。单轴满 2 根作疵轴,1 根作 0.5 只疵轴。

(4)并头。单轴满 2 根作 0.5 只疵轴,3 根及以上作疵轴。

(5)线密度错。线密度错或纤维间混杂作为疵轴。

(6)挑头。本轴有 1 根作 0.5 只疵轴,2 根作疵轴。

(7)松头。本轴有 2 根下垂经纱作为疵轴。

(8)边不良。本轴明显软硬边或嵌边作疵轴。

(9)浆斑。连续浆斑 10m 或 4 条以上横条浆斑作为疵轴。

(10)无印花记或流印记,作疵轴。

(11)毛轴。单轴经片或综丝至织口交织处有经向 10cm 以上花衣结块作疵轴;经片内有结煞,单轴满 5cm 作疵轴。

(12)了机不良。造成单轴经缩和长短码坏布超过 20m 作疵轴。

(13)轻浆。织口交织处磨起可以在纱线上滑动的棉球的为疵轴。

检查要求:

①布机间现场全数检查。

②可先查多头、斜拉、挑头等,后逐台检查,两次统计结果以高数字为准。

③检查只数均以单轴为单位。

织轴好轴率按下式计算。

$$织轴好轴率 = \frac{检查布机间织轴总数 - 疵轴数}{检查布机间织轴总数} \times 100\%$$

(四)接经(穿经)好轴率检查考核标准

(1)漏头。不论 A 轴还是 B 轴,单轴上出现漏头、叠筘、漏综丝、漏经片,有 2 处即作疵轴。

(2)双经。不论 A 轴还是 B 轴,单轴上有 1 处即作疵轴。

(3)多头。A 轴、B 轴全轴满 6 根作疵轴。

(4)斜拉。A 轴和 B 轴间斜拉超过筘幅 1/10 宽度,有 1 根则作疵轴;A 轴与 B 轴分别出现斜拉头,超过单轴织轴 1/10 宽度,有 1 根作疵轴;A 轴、B 轴全轴斜拉满 4 处以上作疵轴。

(5)操作不当。操作不当造成钢筘筘齿间稀密不匀或造成开车机头布 1m 筘路坏布作疵轴。

(6)表面疵点。油污(指穿接时产生)、深油渍作疵轴;中间撞断全轴满 6 根以上作疵轴;经片绞乱满 4 根,全轴有 1 处作疵轴。

(7)工艺要求。出现未按工艺规定执行用错筘、错织物组织和接头纱等,造成损失和影响后道工序质量均作疵轴。

检查要求:接经间和布机间现场实查,全数检查。

接经好轴率按下式计算。

$$接经好轴率=\frac{穿接织轴数-坏轴数}{穿接织轴数}\times100\%$$

第二节　半制品试验内容

一、准备各工序断头测定

(一)络筒断头测定

1. 试验方法

(1)任意在络筒机上至少测 100 只管纱。

(2)断头的主要原因。有飞花附入、棉结杂质附入、捻度不匀、前纺接头不良、成形不良以及竹节纱、拖尾巴纱、脱圈、回丝附入等。断头后应根据原因进行记录。

2. 计算方法

$$络筒百管断头数=\frac{100\times断头数}{测定管纱数}$$

(二)整经断头测定

1. 试验方法

(1)任意测定 5000m 整经长度。

(2)断头的主要原因。纱线因素,如捻度不匀、棉结杂质附入、飞花附入、接头不良、竹节纱等;络筒因素,如大结头、脱结、绞头、双纱、重叠、飞花回丝附入等;整经因素,如锭子位置不正、张力装置不良、邻纱带断等。断头后根据原因进行记录,但挡车工主动停车不计。

2. 计算方法

$$整经断头(根/百根万米) = \frac{断头数 \times 2 \times 100}{整经头份数}$$

(三)上浆效果测定

1. 浆纱增强率、减伸率

浆纱增强率、减伸率的大小对织造生产效率和产品质量有较大的影响,通过测试原纱经上浆后断裂强力和断裂伸长的变化情况,可了解浆纱力学性能的变化,作为改进浆纱工艺、提高浆纱质量的参考依据。

(1)取样。在浆纱了机时的经轴上取原纱样,在落轴时采浆纱样(第一浆轴和了机浆轴不取样),取样长度约70cm;两者均全幅割取,取样后用夹板夹住样品,两端防止退捻,放入隔湿桶内,注意不要使经纱受到意外伸长。

(2)试验。按试验标准规定在单纱强力机上测定。

(3)计算。

$$Q = \frac{P_1 - P_2}{P_2} \times 100\%$$

式中:Q——浆纱增强率,%;

P_1——50根浆纱平均断裂强度,cN;

P_2——50根原纱平均断裂强度,cN。

$$\varepsilon = \frac{L_1 - L_2}{L_1} \times 100\%$$

式中:ε——浆纱减伸率,%;

L_1——50根原纱平均断裂伸长,mm;

L_2——50根浆纱平均断裂伸长,mm。

2. 浆纱耐磨性测定

浆纱耐磨性是浆纱质量的综合指标,通过耐磨试验可以了解浆膜的耐磨情况,从而分析和掌握浆液和纱线的黏附能力及浆纱的内在情况,分析断经原因,为提高浆纱的综合质量提供依据。

(1)取样。浆纱机正常运转时,在浆纱落轴后,割取整幅纱样长70cm,在幅宽方向上10等分,每一组随机抽取浆纱5根,共50根。

(2)试验。把浆纱夹在浆纱耐磨试验机上(在纱线耐磨仪上测定),根据不同细度施加一定的预张力,记录浆纱磨断时的摩擦次数。

（3）评定。计算 50 根浆纱耐磨次数的平均值及不匀率,作为浆纱耐磨性能指标。

（4）计算。

$$M = \frac{N_1 - N_2}{N_2} \times 100\%$$

式中:M——耐磨提高率,%;

N_1——50 根浆纱平均耐磨次数;

N_2——50 根原纱平均耐磨次数。

另一种评定浆纱耐磨性能的方法是:按耐磨取样法取浆纱 100 根,分成两组,一组做拉伸试验,求得浆纱平均断裂强度 P_0 及平均断裂伸长 L_0;另一组在耐磨试验机上经受定次数的摩擦,将试样取下做拉伸试验,求得残余平均断裂强度 P 及残余断裂伸长 L,以断裂强度降低率、断裂伸长降低率来评定浆纱的耐磨性能。

$$耐磨后浆纱断裂强度降低率 = \frac{P - P_0}{P} \times 100\%$$

$$耐磨后浆纱断裂伸长降低率 = \frac{L - L_0}{L} \times 100\%$$

3. 浆纱毛羽指数及毛羽降低率测定

（1）取样。浆纱毛羽试验与其取样方法有关,因为纱线表面毛羽状态受张力、导纱件的影响,目前尚无标准取样方法,但有两种常用的方法。

①机上取纱法。用自制手摇绕纱器或用电工绕线机,将筒管插在轴芯,从经轴上取下一根经纱,不经过任何导纱器件以较小张力卷绕到筒管上,绕 140~150m,绕完后将这根纱引到车头部位,取出绕到另一只筒管上(长度相向)并编号,用同样的方法在整个幅宽方向均匀取五根原纱、五根浆纱。

②机上拖纱法。取同品种整经小筒子五只,将筒子放在浆纱机经轴架处,横向均匀分布,依次将纱线带入浆槽,经烘房后在车头部位取出,用绕纱器将其绕在筒管上,并将筒管和筒子编号。

不管采用哪一种取样方法,在取样时浆纱速度及其他主要参数要保持在正常范围内,绕纱时纱线应不经过任何导纱器件。

（2）测量。纱线毛羽测量一般在国产 YG171A(B)型毛羽仪上进行,先取与试样相同规格的管纱一只,将纱放到毛羽仪的插座上,按规定校正好纱的张力;然后,对纱样进行正式测定,用于考察上浆对贴伏毛羽的效果。根据织造时不同长度的毛羽对可织性的影响,确定毛羽试验时的毛羽长度为 3mm,即测定纱样上 3mm 以上的毛羽数,测定纱样长度为 10m,每一纱样测

10次。

（3）评定。评定浆纱毛羽的指标有以下三种：

①经纱与浆纱的3mm毛羽指数即10m长度中3mm以上的毛羽根数。

②经纱与浆纱的3mm毛羽指数平均值即50次试验平均值。

③经纱与浆纱的3mm毛羽指数 $CV(\%)$ 即50次试验值平均方差不匀率。

$$浆纱后3mm毛羽指数的降低率 = \frac{N_1 - N_2}{N_2} \times 100\%$$

式中：N_1——经纱3mm毛羽指数平均值；

N_2——浆纱3mm毛羽指数平均值。

YG171A（B）型纱线毛羽仪还可拍摄经纱和浆纱试样的投影照片，可根据照片进行目测评定。

4. 浆纱弹性测试

（1）取样。试样在织轴落轴时采取，割取全幅经纱，长度为70cm。注意取样纱应在正常速度下上浆。

（2）试验。将试样沿幅宽方向均匀分成10组，在每一组随机抽取一根浆纱，共10根。测量浆纱弹性用定伸长法，伸长率为2%，测量仪器有两种。一是国产Y391型纱线弹性仪，将纱线夹入上下夹头，加一定的预张力，以该试样的平均断裂强力为牵引负重，拉伸试样至伸长率为2%，保持2%的伸长3min后去掉负荷，记下残余伸长值即为塑性伸长。二是Instrong型电子强力仪，它能自动记录并打印有关实验数据。

（3）计算。

$$H = \frac{Z - S}{Z} \times 100\%$$

式中：H——浆纱弹性伸长率，%；

Z——纱线总伸长，mm；

S——纱线塑性伸长，mm。

将10根纱样得到的弹性伸长率平均，即得平均弹性伸长率。

5. 浆纱摩擦系数测试

试样取样方法同浆纱弹性测试。浆纱摩擦系数可用较简单的倾斜法测定，将浆纱试样夹在弓形架两夹头内，放置于被摩擦件上，调整被摩擦件与水平面的夹角 θ，当弓形开始滑下时，记下 θ 值，则摩擦系数 $=\tan\theta$，测定时被摩擦件为浆纱和金属，分别求出浆纱对浆纱的摩擦系数及浆纱对金属的摩擦系数。

如要比较准确地测量浆纱摩擦系数,可用专门的测量仪器,如瑞士 R1192 摩擦系数测量仪,可分别测量浆纱对导纱件以及浆纱对浆纱的摩擦情况。该仪器有两只电子纱线张力仪和一只模拟电子计算机组成,通过两只张力仪测得浆纱在经过摩擦体前、后的张力 T_1 和 T_2,再用欧拉公式计算摩擦系数,所有计算都是自动进行的。

6. 浆纱刚度测试

测定浆纱刚度有纱圈法和自重法两种。为了方便实用,一般采用自重法,将浆纱试样夹在测定架的夹头内,使浆纱在夹子外长度为 10cm,测量浆纱头端垂下的尺寸,可表示浆纱刚度的大小。一般每只试样测 20 次,取平均值。

(四)浆纱上浆性能测定

1. 上浆率

常用的经纱上浆率测定方法有两种,一种是计算法,根据实测一批纱上浆后的纱重及上浆前的纱重计算上浆率;另一种是在实验室内将少量浆纱试样退浆后计算退浆率。目前常采用后者。

(1)取样。在织轴落轴时割取全幅约 20cm 长度的浆纱,迅速置于取样桶内。注意在规定的速度内取样。

(2)浆纱称重。将取下的纱样迅速剪取约 10g 重的段,并扎成一束,放入温度为 105℃的烘箱内烘至恒重,然后在干燥器内平衡 15min 后取出,用天平称得浆纱干重。

(3)退浆。

①清水退浆法。用于纯 PVA 上浆的品种。将试样用清水煮沸 30~40min,然后用清水漂洗,用碘硼酸溶液检验,如已退净,则显黄色,如未退净,则完全醇解的 PVA 显蓝绿色,部分醇解的 PVA 显绿转棕红色。

碘硼酸溶液的配置:用 4%浓度的硼酸 1.5mL,加入 0.01mol 的碘溶液 5mL 配成,储于棕色瓶中。

②硫酸退浆法。适用于淀粉浆或淀粉混合浆上浆的品种(黏胶纤维除外)。烧杯中放入水 700mL,加入 14mL 稀硫酸(21.9°Be)混合煮沸,放入纱样,煮 30min(在煮沸 15min 后可适当补充沸水),然后用热水清洗,直至纱上淀粉对碘的反应消失为止(滴几滴稀碘液在纱上不显蓝色,如显蓝色,表明纱上淀粉未退净,应再放入沸水中煮 10min,再以稀碘液试验,直至退净为止)。

③氯胺 T 退浆法。适用于淀粉浆上浆的黏胶纤维纱。退浆用试验配方为氯胺 T 2g、石油磺酸钠 3g、烧碱 3g、硫酸铜 0.1g、水 1000mL,以每克纱 30~40mL 的比例配置试液。将试样放入试

液内煮沸 5min 后取出,以清水漂洗,用稀碘液检查淀粉是否退净,再用淀粉碘化钾检查氯胺 T 是否洗净,如洗净应显黄色,否则显蓝色。

淀粉碘化钾溶液的配置:取 100mL 蒸馏水于 500mL 烧杯中,加热煮沸后加入 0.5g 可溶性淀粉(预先将淀粉调成糊状)再煮沸 5min,待冷却后加入 10g 碘化钾,储于棕色瓶中。

(4)退浆纱称重。将上述退浆清洗的试样放入 105℃ 烘箱内,烘至恒重,然后在干燥器内平衡 15min 后取出,用天平称得浆纱退浆后的干重。

(5)测定浆纱退浆毛羽损失率。了机时取全幅原纱段,剪取其中相当于 10g 重的一段扎成束做煮练试验,方法与该品种退浆方法相同。

$$退浆率 = \frac{试样退浆前干重 - \dfrac{试样退浆后干重}{1 - 毛羽损失率}}{\dfrac{试样退浆后干重}{1 - 毛羽损失率}} \times 100\%$$

$$浆纱退浆毛羽损失率 = \frac{试样煮练前干重 - 试样煮练后干重}{试样煮练前干重} \times 100\%$$

2. 回潮率

浆纱回潮率是指经纱上浆后卷入织轴时的回潮率,一般采用烘箱法测得,也可采用电测仪表快速测定。

(1)取样。在织轴落轴时割取全幅约 20cm 长度的浆纱,迅速置于取样桶内。

(2)称重。将取下纱样迅速剪取约 10g 的一段并扎成一束,在天平上称得浆纱湿重,然后放入温度为 105~110℃ 的烘箱内烘至恒重,放入干燥器内平衡 15min 后取出,用天平称得浆纱干重。

(3)计算。

$$浆纱回潮率 = \frac{浆纱试样湿重 - 浆纱试样干重}{浆纱试样干重} \times 100\%$$

另外,用电测法快速测定浆纱回潮率一般应用高电阻测量原理。由于浆纱含水量的不同,因此电阻率也不同,所以可通过测定浆纱电阻率的大小来推算浆纱回潮率。

3. 伸长率

浆纱时经纱伸长率是指经纱在上浆过程中产生的伸长大小,伸长率除工厂中沿用的计算法外,还有多种测定方法,常用的有定长量测法、机械式测长表法、数字测速表法等。

(1)定长量测法。在浆纱机经轴退绕部分量取一定长度的经纱,两端弹线打上印记,待此段经纱进入分绞区时,再量取其长度。设终轴退绕处经纱长度为 L_1,于分绞区量得的经纱长度为 L_2,则经纱伸长率计算如下:

$$经纱伸长率 = \frac{L_2 - L_1}{L_1} \times 100\%$$

用此法测定经纱伸长率比较简便、直观，但因为测量长度不能太大，且测量时浆纱机不能在正常速度下进行，到干分绞区所弹的线产生弯曲，所以测量误差较大。一般连续测 5 次，取其平均值。

（2）机械式测长表法。机械式测长表的摩擦轮以一定角度压在浆纱机的经轴和织轴上，就能记录经轴退绕的经纱长度 L_1 和织轴卷绕的浆纱长度 L_2，从而计算浆纱时经纱的伸长率。

测量时，在织轴上方或经轴上方固定一横杆，将测长表吊臂钩在横杆上，使测长表的摩擦轮在经轴和织轴上的接触角度相仿。织轴和经轴回转时，测长表运转要灵活、平稳。经轴和织轴两处的测长表同时开始计数，用秒表计时，满 5min 时停止计数，即可求得 L_1 和 L_2。

$$经纱伸长率 = \frac{L_2 - L_1}{L_1} \times 100\%$$

（3）数字测速仪法。采用 SEG-20 型数字测速仪可比机械式测长表更方便地测定浆纱的伸长率。测量时需用两只 SEG-20 型数字测速仪，选用圆盘形线速测定导轮，将导轮轻压在经轴、织轴和导辊表面，导轮即被带动回转，液晶屏上可显示被测点的线速。

若第一台测速仪测得经轴线速为 V_1，第二台测得织轴线速为 V_2，则浆纱伸长率为：

$$浆纱伸长率 = \frac{V_2 - V_1}{V_1} \times 100\%$$

若第一台测速仪测得经轴线速为 V_1，第二台测得压浆辊线速为 V_3，则从经轴到上浆区的经纱伸长率为：

$$经轴到上浆区的经轴伸长率 = \frac{V_3 - V_1}{V_1} \times 100\%$$

4. 被覆指数、浸透指数、浆膜完整率

（1）取样。浆纱落轴时，割取整幅浆纱，在幅宽方向将其分成若干组（一般为 15 组），每组随机抽取 2 根纱作为试样。注意：割取的一段纱应在确定车速和工艺条件下上浆。

（2）切片。浆纱切片有手摇切片机法和哈氏切片机法，后者比较简单，应用更普遍。

①手摇切片机法。该法又称石蜡切片法，它是把浆纱试样用石蜡包埋后在生物切片机上切一定厚度的横截面片。

②哈氏切片机法。使用哈氏切片机（Y172）时，将其拉开分为两半，松动紧固螺丝，拉起定位销，将支架旋转 90°，选择与浆纱试样横截面形状或大小不同的纤维作填充纤维（一般用羊毛）。将浆纱试样与填充纤维交替地填入哈氏切片机的夹缝中，几根浆纱试样要均匀分布，填

充纤维要松紧得当。然后将切片机两半合起来,用锋利的刀片将露在两边的纤维削去,再把支架转过90°,对准定位销,旋紧紧固螺丝。旋转刻度螺丝1~2倍,借助小冲头将试样推出一些,推出部分即是将要切下的片子,其厚度一般为50μm,以便在显微镜下观察时,能清楚地分辨出浆纱横截面图形中浆液被覆和经纱横截面的周界。在推出的试样处,滴上一滴火胶棉,等火胶棉干后,用锋利的刀片将胶注试样的棉胶片削下,即是制取的切片。

(3)显色。纯淀粉浆采用纯棉碘液显示剂,PVA浆用碘硼酸混合液显示剂。将制作好的切片浸入显色剂中30~60s,取出后用定性滤纸吸去多余液分并置于滴有甘油的载玻片上,盖上盖玻片,即可供显微镜观察描绘用。

(4)显微镜观察与描绘。将显好色的切片置于显微镜载物台上,根据试样浆纱的特数,选择适当的放大倍数,调节焦距,即可观察浆纱的浆液浸透及浆膜完整情况。为了进行定量计算,可在显微镜上安装MDL-1型显微镜描绘仪,将浆纱截面图形描在纸上。

(5)分析和计算。在用浆纱切片法评定浆纱机的工艺性能时,一般是从浆纱横截面的图形计算浆膜完整率和浆液浸透率两项指标。

浆膜完整率 F 是指浆纱截面中有浆膜处所对的中心角 α_i 之和占一圆周的百分比。计算时用同心圆法找出浆纱横截面的近似中心,然后用量角器量得各个 α_i,分别用公式计算被覆指数、浸透指数及浆膜完整率。

由于每个截面仅取浆纱中极微小之一段,所以离散性较大,为了保证分析结果与上浆状况接近,应试验一定次数取平均值。

试验次数可用数理统计方法确定,一般以30次为宜。取样方法是:剪取长为15~20cm的全幅样纱,按上浆时原样整齐地排放在纸片上,纱样两端用纸条和纸片贴牢,将全幅样纱均匀分成15等份,每1等份中任意取出纱样2根作为1组,全幅共取纱样15组,纱样共30根。

5. 浆纱落物率

浆纱落物试验可以测一批,也可以测几个织轴。方法如下:

(1)取样。开始测定前,将准备好的塑料薄膜或牛皮纸铺在干分绞棒下的落物盘上,待试验结束后,收取薄膜或纸上的全部落物。

(2)试验。将落物中的非落棉落浆杂物去除,然后放入105℃烘箱中烘至恒重,投入干燥器平衡后称得落物干重。用17目/cm²的铜筛筛去落浆粉,将剩余落物做退浆试验,每克落物加清水35mL,并加入少量2%的稀硫酸煮沸,再投入落物煮沸约30min。将退过浆的落物放在17目/cm²的铜筛中用冷水冲洗清,以稀碘液(PVA浆用碘硼酸溶液)检验有否残留的落浆存在,如有,则继续煮练,直至退净。

将退浆后的落物放入105℃烘箱中烘至平衡,投入干燥器平衡后称得落棉干重。

(3)计算。

$$浆纱落物率=\frac{落物干重}{浆纱干重}\times100\%$$

$$浆纱落浆干重=落物干重-落棉干重$$

$$浆纱落棉率=\frac{落棉干重}{整经纱干重}\times100\%$$

$$浆纱落浆率=\frac{落浆干重}{浆纱干重-整经纱干重}\times100\%$$

二、半制品卷绕密度检验

管纱、筒子纱检验5~10只,经轴、浆轴检验3~5只轴,分别称出管纱、筒子、经轴和浆轴的重量,然后扣除纱管、筒管、空经轴和空浆轴的重量,求出纱线的重量,再用尺及卡尺测量出有关的卷装尺寸。对经轴和浆轴,可用软尺在长度方向左、中、右三处测出圆周长,计算出平均直径,根据体积计算公式,计算出卷绕密度。

三、织造性能测试

(一)织机停台测定

一般织机能在显示屏上显示经(纬)断头率和织机效率,无此功能可按以下方法进行测定。

1. 测定方法

(1)每次测定1h,如遇了机、拆坏布、坏车等停车时间连续达5min以上,则应另测邻近其他机台或记录该机停台时间,待计算时折算成台时数,予以扣除。

(2)每次断头不论并列根数多少均作一根计,随时分析原因并加以记录。

(3)记录测定时的温湿度。

2. 测定织机数量

一般为16~24台。

3. 测定周期

一般掌握每月每台织机测定一次。

4. 计算方法

$$经(纬)纱断头数(根/台时)=\frac{经(纬)纱断头次数}{测定总台时数-停台台时数}\times100\%$$

$$经(纬)向停台次数(次/台时)=\frac{经(纬)向断头的停台次数+经(纬)断头次数}{测定总台时数-停台台时数}\times100\%$$

(二)织机开口清晰度测定

在织机运转时,观察综丝至经停片之间,梭口后部的整幅经纱在开口时的粘连现象,根据目测分为三类。

(1)开口清晰,整幅经纱无粘连。

(2)开口基本清晰,两侧经纱有轻度粘连现象。

(3)开口不清晰,全幅经纱有粘连或部分经纱有严重粘连。

一般以开口清晰台数占总台数的百分率来进行比较。

(三)织机效率测定

织机效率测定可在测定经停时一起进行,测定时由于坏车及其他原因造成长期停台的应予以剔除。根据测定结果分别计算各台织机的运转率,即织机的效率。

第三节　实验室条件与调湿处理

一、实验室温湿度条件(GB/T 6529—2008)

纺织品物理或力学性能测定,实验室温湿度条件应符合 GB/T 6529—2008《纺织品调湿和试验用标准大气》中的规定。

1. 试验用温带标准大气

温度为(20±2)℃,相对湿度为65%±4%。

2. 试验用特定标准大气

温度为(23±2)℃,相对湿度为50%±4%。

3. 试验用热带标准大气

温度为(27±2)℃,相对湿度为65%±4%。

二、调湿处理(GB/T 6529—2008)

1. 预调湿

为使纺织品在调湿期间能在吸湿状态下进行调湿平衡,可进行预调湿,纺织品应放置在相对湿度10%~25%、温度不超过50℃的大气条件下,使之接近平衡。

2. 调湿

纺织品在试验前,应将其放在标准大气环境下进行调湿,调湿期间,应使空气能畅通地流过该纺织品,直到放置到平衡为止。

除非另有规定,纺织品的质量递变量不超过 0.25% 时,可认为达到平衡状态。在标准大气环境的实验室调湿时,纺织品连续称重的间隔为 2h;当采用快速调湿时,纺织品连续称重的间隔为 2~10min。

说明:快速调湿需要特殊装置。

第四节 常规物理性能检测

一、织物长度的测定(GB/T 4666—2009)

1. 适用范围

本方法是在无张力状态下测定织物的长度,适用于长度不大于 100m 的全幅织物、对折织物和管状织物的测定。

2. 原理

将松弛状态下的织物试样在标准大气条件下置于光滑平面上,使用钢尺测定织物长度。对于织物长度的测定,必要时织物长度可分段测定,各段织物长度之和即为试样总长度。

3. 试验前准备

预调湿、调湿和试验大气采用 GB/T 6529—2008 规定的标准大气。

织物应平铺于测定桌上,避免织物扭变,在无张力状态下调湿和测定。对于较长织物,将长段织物以适当尺寸的波幅松式叠放放置或布段放在测定桌上,将超出被测长度部分的布段两头折叠起来,在被测量部分的两端形成布堆。

为确保织物达到松弛状态,可预先沿着织物长度方向标记两点,连续地每隔 24h 测量一次长度,如测得的长度差异小于最后一次长度的 0.25%,则认为织物已充分松弛。

4. 试验步骤

(1)短于 1m 的试样。使用钢尺平行其纵向边缘测定,并在织物幅宽方向的不同位置重复测定试样全长,共 3 次,精确至 0.001m。

(2)长于 1m 的试样。在织物边缘处作标记,沿着测定桌两长边,每隔 1m±1mm 长度连续标记整段试样,再测定最终剩余的不足 1m 的长度,测量 3 次。试样总长度是各段织物长度之和。

5. 结果表示

织物长度用 3 次测试值的平均数表示,单位为 m,精确到 0.01m。

二、织物幅宽的测定(GB/T 4666—2009)

1. 原理

将松弛状态下的织物试样在标准大气条件下置于光滑平面上,使用钢尺测定织物幅宽。

2. 试验前准备

预调湿、调湿和试验大气采用 GB/T 6529—2008 规定的标准大气。

织物应平铺于测定桌上,在无张力状态下调湿和测定。

3. 试验步骤

全幅宽织物的幅宽为织物最靠外两边间的垂直距离。对折织物的幅宽为对折线至双层外端垂直距离的 2 倍。如果织物的双层外端不齐,应从折叠线测量到与其距离最短的一端。当管状织物是规则的且边缘平齐,其幅宽是两端间的垂直距离。

根据试样长度均匀分布,测定以下次数:

试样长度≤5m:5 次;

试样长度≤20m:10 次;

试样长度>20m:至少 10 次,间距为 2m。

根据有关双方协议,可以测试除去布边、标志、针孔或其他非同类区域后的织物有效宽度。

4. 结果表示

织物幅宽用测试值的平均数表示,单位为 m,精确到 0.01m。

三、机织物密度的测定(GB/T 4668—1995)

(一)试验前准备

1. 最小测量距离(表 3-3-5)

表 3-3-5　最小测量距离

每厘米纱线根数	最小测量距离/cm	被测量的纱线根数
10	10	100
10~25	5	50~125
25~40	3	75~120
>40	2	>80

对于下述织物分解法,裁取至少含有 100 根纱线的试样。

对于宽度只有 10cm 或更小的狭幅织物,计数包括边经纱在内的所有经纱,并用全幅经纱根数表示结果。

当织物是由纱线间隔稀密不同的大面积图案组成时,测定长度应为完全组织的整数倍,或分别测定各区域的密度。

2. 样品

样品应平整无褶皱,无明显纬斜。除织物分解法以外,其他试验方法不需要专门制备试样,但应在经、纬向均不少于 5 个不同的部位进行测定,部位的选择应尽可能具有代表性。试验前,把织物或试样暴露在试验用的大气中至少 16h。

调湿和试验用大气采用 GB/T 6529—2008 规定的标准大气,常规检验可在普通大气中进行。

(二)常用测定方法及结果表示

测定机织物密度常用的有织物分解法、织物分析镜法、移动式织物密度镜法三种,可根据织物的特征选用适宜的一种。在有争议的情况下,建议采用织物分解法。

1. 织物分解法

(1)原理。分解规定尺寸的织物试样,计数纱线根数,折算至 10cm 长度的纱线根数。适用于所有机织物,特别是复杂组织织物。

(2)试验步骤。需准备长度为 5~15cm 的钢尺(尺面标有毫米刻度)、分析针及剪刀。

①在调湿后样品的适当部位剪取略大于最小测定距离的试样。

②在试样的边部拆去部分纱线,用钢尺测量,使试样达到规定的最小测定距离 2cm,允差 0.5 根。

③将上述准备好的试样,从边缘起逐根拆点,为便于计数,可以把纱线排列成 10 根一组,即可得到织物在一定长度内经(纬)向的纱线根数。

④如经、纬密同时测定,则可剪取一矩形试样,使经、纬向的长度均满足于最小测定距离。拆解试样,即可得到一定长度内的经、纬纱根数。

2. 织物分析镜法

(1)原理。测定在织物分析镜窗口内所看到的纱线根数,折算至 10cm 长度的纱线根数。适用于每厘米纱线根数大于 50 根的织物。

(2)试验步骤。需用织物分析镜,其窗口宽度各处应是(2±0.005)cm 或(3±0.005)cm,窗口的边缘厚度应不超过 0.1cm。

①将织物摊平,把织物分析镜放在上面,选择一根纱线并使其平行于分析镜窗口的一边,由

此逐一计数窗口内的纱线根数。

②也可计数窗口内的完全组织个数,通过织物组织分析或分解该织物,确定一个完全组织中的纱线根数。

测量距离内纱线根数＝完全组织个数×一个完全组织中的纱线根数＋剩余纱线根数

③将分析镜窗口的一边和另一系统纱线平行,按相同方法计数该系统纱线根数或完全组织个数。

3. 移动式织物密度镜法

(1)原理。使用移动式织物密度镜测定织物经向或纬向一定长度内的纱线根数,折算至 10cm 长度的纱线根数,适用于所有机织物。

(2)试验步骤。需用移动式织物密度镜,内装有 5~20 倍的低倍放大镜。可借助螺杆在刻度尺的基座上移动,以满足最小测量距离的要求,放大镜中有标志线。随同放大镜移动时通过放大镜可看见标志线的各种类型装置都可以采用。

①将织物摊平,把织物密度镜放在上面,转动螺杆,在规定的测量距离内计数纱线根数。

②若起点位于两根纱线之间,终点位于最后一根纱线上,不足 0.25 根的不计,0.25~0.75 根的作 0.5 根计,0.75 根以上的作 1 根计。

4. 结果表示

(1)将测得的一定长度内的纱线根数折算至 10cm 长度所含纱线的根数。

(2)分别计算出经密、纬密的平均数,结果精确至 0.1 根/10cm。

(3)当织物是由纱线间隔稀密不同的大面积图案组成时,则测定并记述各个区域中的密度值。

(三)其他测定方法

除上述三种测定方法外,密度测定方法还有光栅密度镜法和光电扫描密度仪法。

1. 光栅密度镜法

(1)平行光栅密度镜法。适用于能产生易于看到干涉条纹的织物。当平行光栅密度镜放在织物上时,通过观察所产生的干涉条纹,测定纱线根数。

测定方法:选择适当的平行光栅密度镜放在织物上,其线条平行被测系统的纱线。如果光栅选择合适,则可看到许多与栅线平行的条纹,按照下列规则计数纱线根数。当将光栅与被测织物转一小角度时,如果出现横向条纹(垂直于栅线),被测织物的密度就等于光栅的标号;当光栅稍微转动时,如果云纹与光栅转动方向一致,被测织物的密度等于光栅标号减去条纹数;当光栅稍微转动时,如果云纹与光栅转动方向相反,被测织物的密度等于光栅标号加上条纹数。

(2)斜线光栅密度镜法。适用于能产生易于看到干涉条纹的织物。当斜线光栅密度镜放在织物上时,通过观察所产生的干涉花样,测定纱线根数。

测定方法:将织物放平,选择适当的光栅密度镜放在织物上,使光栅的长边与被测纱线平行。这时会出现接近对称的曲线花纹,它们的交叉处短臂所指刻度读数即为织物密度。

2. 光电扫描密度仪法

适用于各类平纹、斜纹织物的密度测定。

(1)原理。使入射光通过聚光镜射向织物试样,织物中的经纱或纬纱的反射光经光学系统形成单向栅状条纹影像,由光电扫描使该影像转换成电脉冲信号,放大整形后,由计数系统驱动数码管直接显示出 5cm 长度内织物经(纬)纱线根数。

(2)装置。光电扫描密度仪,最小测量距离为 5cm。

(3)测定方法。接通电源,打开主机电源开关,此时数码管和光源灯亮;将白纸放置在仪器上,调节输出电压至 4.5V 左右;选择测量挡,一般浅色织物选第一挡,深色织物选第二挡;测平纹织物时,偏向手轮红点标记在缺口正中位置,该位置与织物经纱或纬纱成平行状态,该状态图像清晰,测斜纹织物时,将偏向手轮红点标记旋至与织物组织常数平行位置;试验时需将织物平放,无褶皱,仪器置于被测织物上,将仪器清零,按扫描按钮,扫描测头平行于织物经向或纬向快速移动,自动计数 5cm 长度内的经纬纱根数。表 3-3-6 为几种常见组织织物常数。

表 3-3-6　常见组织织物常数

织物组织	平纹	经重平	$\frac{2}{1}$斜纹	$\frac{2}{2}$斜纹	$\frac{3}{1}$斜纹
织物常数	1	2	3	4	4

四、机织物单位长度质量和单位面积质量的测定(GB/T 4669—2008)

1. 原理

现在有六种测定机织物质量的方法,适用于整段或一块机织物(包括弹性织物)的测定。

(1)方法 1 和方法 3。能在标准大气中调湿的整段或一块织物,经调湿后测定织物长度和质量,计算出织物单位长度(面积)调湿质量。

(2)方法 2 和方法 4。不能在标准大气中调湿的整段织物,先将织物在普通大气中测定其单位长度(面积)质量,然后用修正系数进行修正。修正系数是从松弛的织物中剪取一部分,先在普通大气中测量,再在标准大气中调湿并测量,对这部分的长度(宽度)和质量加以比较,再计算得出。

（3）方法 5（小织物单位面积调湿质量）。先将小织物在标准大气中调湿，然后按规定尺寸裁取试样称重，计算出单位面积调湿质量。

（4）方法 6（小织物单位面积干燥质量和公定质量）。先将小织物按其规定尺寸剪取试样，再放入干燥箱内干燥至恒重后称重，计算出单位面积干燥质量。结合公定回潮率计算出单位面积公定质量。

2. 试验前准备

（1）调湿和试验用大气。调湿和试验用标准大气采用 GB/T 6529—2008 规定的标准大气。

（2）预调湿。对回潮率较高，不能进行吸湿平衡的织物试样，须先按 GB/T 6529—2008 规定进行预调湿。

（3）去边。如果织物边的质量与织物身的质量有明显差别，在测定单位面积质量时，要采用去除织物边后的样品。

（4）用具。钢尺，分度值为 cm 和 mm；天平，精确度为所测定试样质量的±0.2%，对于方法 5，精确度为 0.001g，对于方法 6，精确度为 0.01g；工作台；切割器，能切割 10cm×10cm 的方形试样或面积为 100cm² 的圆形试样；剪刀；通风式干燥箱；称量容器；干燥器。

3. 试验步骤

（1）情况一。能在标准大气中调湿的整段或一块织物，方法 1 和方法 3。

①方法 1：单位长度质量的测定。

a. 整段织物。将织物放在标准大气中调湿，按照 GB/T 4666—2009 测定长度，然后称重。

b. 一块织物。与织物边垂直且平行地剪取整幅织物，织物的长度至少 0.5m，宜为 3~4m。在标准大气中调湿后测量长度、称重。

②方法 3：单位面积质量的测定。

按方法 1 测定整段或一块织物在标准大气中调湿后的长度、质量和幅宽。

（2）情况二。不能在标准大气中调湿的整段织物，方法 2 和方法 4。

①方法 2：单位长度质量的测定。

a. 将织物放在普通大气中松弛后，按照 GB/T 4666—2009 测定长度、称重。

b. 再从整段织物上剪下整幅样品，长度至少 1m，宜为 3~4m，在普通大气中同时测定样品的长度并称重。然后，按方法 1 测定样品调湿后的长度并称重。

②方法 4：单位面积质量的测定。

按方法 2 在测定长度的同时再测定幅宽并称重。

（3）情况三。小织物单位面积调湿质量，方法 5。

方法 5：单位面积调湿质量的测定。

a. 从织物的无褶皱部分剪取有代表性的样品 5 块，每块约 15cm×15cm。如因大花型而影响织物局部面积质量时，样品应包含此花型完全组织的整数。

b. 将样品按规定放在标准大气中调湿至少 24h。

c. 用切割器从样品中切割 10cm×10cm 方形试样或面积为 100cm² 的圆形试样。

d. 将试样称重，精确至 0.001g。

（4）情况四。小织物单位面积干燥质量和公定质量，方法 6。

方法 6：单位面积干燥质量和公定质量的测定。

a. 按方法 5 剪取样品。

b. 箱内称重。将样品放入通风式干燥箱的称量容器内，在（105±3）℃下干燥至恒重，称量试样的质量，精确至 0.01g。

c. 箱外称重。将样品放入称量容器内，开盖放入通风式干燥箱中，在（105±3）℃下干燥至恒重，将称量容器盖好，移至干燥器内，室温冷却至少 30min，分别称取试样连同称量器以及空称量器的质量，精确至 0.01g。结合公定回潮率计算单位面积公定质量。

4. 结果计算

（1）方法 1 和方法 3。计算单位长度调湿质量和单位面积调湿质量：

$$m_{ul}=\frac{m_c}{L_c} \tag{3-3-6}$$

$$m_{us}=\frac{m_c}{L_c\times W_c} \tag{3-3-7}$$

式中：m_{ul}——调湿后整段或一块织物单位长度质量，g/m；

m_{us}——调湿后整段或一块织物单位面积质量，g/m²；

m_c——调湿后整段织物或一块织物的质量，g；

L_c——调湿后整段织物或样品的长度，m；

W_c——调湿后整段织物或样品的幅宽，m。

计算结果按照 GB/T 8170—2008 修约到个数位。

（2）方法 2 和方法 4。计算整段织物调湿后质量：

$$m_c=m_r\times\frac{m_{sc}}{m_s} \tag{3-3-8}$$

式中：m_c——调湿后整段织物的质量，g；

　m_r——普通大气中整段织物的质量，g；

m_{sc}——调湿后一块织物的质量,g;

　　m_s——普通大气中一块织物的质量,g。

再用方法 1 或方法 3 的计算式计算单位长度调湿质量或单位面积调湿质量,按 GB/T 8170—2008 的规定修约到个数位。

（3）方法 5。计算小织物的单位面积调湿质量:

$$m_{us} = \frac{m}{S} \tag{3-3-9}$$

式中:m_{us}——调湿后小织物单位面积调湿质量,g/m^2;

　　　m——调湿后试样质量,g;

　　　S——调湿后试样面积,m^2。

计算以上求得的 5 个数的平均值,按 GB/T 8170—2008 的规定修约到个数位。

（4）方法 6。

①计算小织物单位面积干燥质量:

$$m_{dua} = \frac{\sum (m - m_0)}{\sum S} \tag{3-3-10}$$

式中:m_{dua}——干燥后小织物单位面积干燥质量,g/m^2;

　　　m——干燥后试样连同称量容器的干燥质量,g;

　　　m_0——干燥后空称量容器的干燥质量,g;

　　　S——试样面积,m^2。

结果按 GB/T 8170—2008 的规定修约到个数位。

②计算小织物单位面积公定质量:

$$m_{rua} = m_{dua} [A_1 (1 + R_1) + A_2 (1 + R_2) + \cdots + A_n (1 + R_n)] \tag{3-3-11}$$

式中:　　m_{rua}——小织物的单位面积公定质量,g/m^2;

　　　　　m_{dua}——干燥后小织物的单位面积干燥质量,g/m^2;

$A_1, A_2, \cdots, A_n$——各组分纤维按净干质量计算含量的质量分数,%;

$R_1, R_2, \cdots, R_n$——各组分纤维公定回潮率的质量分数,%。

结果按 GB/T 8170—2008 的规定修约到个数位。

五、织物厚度的测定（GB/T 3820—1997）

1. 原理

试样放置在参考板上,平行于该板的压脚,将规定压力施加于试样规定面积上,规定时间后测定并记录两板间的垂直距离,即为试样厚度测定值。

2. 设备

厚度仪应包括(或具备)以下部件。

(1)可调换的压脚。其面积可根据样品类型调换,常规试验推荐压脚面积为$(2000\pm20)\text{mm}^2$,相应于圆形压脚的直径[$(50.5\pm0.2)\text{mm}$]。压脚面积的选用见表3-3-7。

表3-3-7 主要技术参数

样品类别	压脚面积/mm²	加压压力/kPa	加压时间(读取时刻)/s	最小测定量/次	说明
普通类	2000±20(推荐) 100±1 10000±100(推荐面积不适宜时再从另两种面积中选用)	1±0.01 非织造布: 0.5±0.01 土工布: 2±0.01 20±0.1 200±1	30±5 常规:10±2 (非织造布按常规)	5 非织造布及土工布:10	土工布在2kPa时为常规厚度,其他压力下的厚度按需要测定
毛绒类 疏软类		0.1±0.001			
蓬松类	20000±100 40000±200	0.02±0.0005			厚度超过20mm的样品,也可使用其他仪器

注 不属毛绒类、疏软类、蓬松类的样品,均归入普通类。选用其他参数,需经有关各方同意。另选加压时间时,其选定时间延长20%后厚度应无明显变化。

(2)参考板。表面平整,直径至少大于压脚50mm。

(3)移动压脚的装置(移动方向垂直于参考板表面)。可使压脚工作面积保持水平并与参考板表面平行,不平行度<0.2%,且能将规定压力施加在置于参考板之上的试样上。

(4)厚度计。可指示压脚和参考板工作面之间的距离,精确至0.01mm。

3. 试验前准备

样品的调湿和试验用大气采用GB/T 6529—2008规定的标准大气,通常需调湿16h以上,合成纤维样品至少平衡2h,公定回潮率为零的样品可直接测定。

4. 试验步骤

(1)根据样品类型选取压脚。对于表面呈凹凸不平花纹结构的样品,压脚直径应不小于花纹循环长度,如需要,可选用较小压脚分别测定并报告凹凸部位的厚度。

(2)清洁压脚和参考板,检查压脚轴的运动灵活性。

（3）提升压脚,将试样无张力和无变形地置于参考板上。

（4）使压脚轻轻压放在试样上并保持恒定压力,到规定时间后读取厚度指示值。

（5）如果需要测定不同压力下的厚度(如土工布等),可以对每种压力测定;也可对每个测定部位或每个试样从最低压力开始,测出同一点各压力下的厚度,然后更换测试部位或试样。

5. 结果表示

计算所得厚度的平均值,修约至 0.01mm。

六、机织物结构分析:织物中纱线织缩的测定(GB/T 29256.3—2012)

1. 适用范围

适用于大多数机织物,但不适用于在一定的伸直张力下不能消除纱线上的卷曲的织物,以及在织造、整理和在该方法的分析过程中纱线受到破坏的织物。

2. 原理

从一块已知长度的织物布条中拆下纱线,在张力作用下使之伸直,并在该状态下测量其长度,测定结果以织缩率或回缩率表示。张力的大小根据纱线种类和密度选择。

3. 试验前准备

（1）装置。伸直纱线和测量装置需符合以下要求:应有两只夹钳,且夹钳在闭合时有平行的钳口面;两夹钳间的距离可调节;应有能测量两夹钳距离的标尺,尺面标有毫米刻度;每只夹钳应刻有一基准线,在夹钳闭合时可以看到;能把规定的伸直张力通过夹钳加到纱线上。

（2）调湿和试验用大气采用 GB/T 6529—2008 规定的标准大气。

（3）试样至少调湿 16h。把调湿过的样品摊平,去除张力并免除皱褶。裁剪 5 块长方形试样,长度至少为试样夹钳内长度的 20 倍,宽度至少含有 10 根纱线,经向 2 块,纬向 3 块。当检验提花织物时,必须保证在花纹的完全组织中抽取试验用纱线。当织物是由大面积的浮长差异较大的组织组成图案时,则抽取各个面积中的纱线进行测定,并在报告中分别记述。

4. 试验步骤

（1）调整张力装置,以便尽可能地消除纱线的卷曲。参照表 3-3-8 调整张力装置。

表 3-3-8 伸直张力测定值

纱线	线密度/tex	伸直张力/cN
棉纱、棉型纱	≤7	0.75×线密度
	>7	(0.2×线密度)+4

续表

纱线	线密度/tex	伸直张力/cN
毛纱、毛型纱、中长型纱	15~60	(0.2×线密度)+4
	61~300	(0.07×线密度)+12
非变形长丝纱	所有线密度	0.5×线密度

注　其他类型纱线可参照表中张力值选取,也可另行选择张力,在报告中注明。

(2)夹持纱线。用分析针轻轻地从试样中部拔出最外侧的一根纱线,在两端各留下约1cm仍交织着。从交织的纱线中拆下纱线的一端,尽可能握住端部以免退捻,把这一头端置入该装置的一个夹钳,使纱线的标记处和基准线重合,然后闭合夹钳。从织物中拆下纱线的另一端,用同样的方法把它置入另一夹钳。

(3)测量纱线伸直长度,使两只夹钳分开,逐渐达到选定的张力。在两只夹钳基准线之间测量纱线的伸直长度。

(4)测定的数量。重复上面的步骤,随时把留在布边的纱缨剪去,避免纱线在拆下过程中受到伸长,从每个试样中各测10根纱线的伸直长度。

5. 结果计算

对每个试样测定的10根纱线,计算平均伸直长度,精确到小数点后一位。由式(3-3-12)计算各组的织缩率:

$$C = \frac{L-L_0}{L_0} \times 100\% \tag{3-3-12}$$

式中:C——织缩率,%;

L——从试样中拆下的10根纱线的平均伸直长度,mm;

L_0——试样长度,mm。

分别计算经纱和纬纱的平均织缩率。

七、织物拉伸性能:机织物断裂强力和断裂伸长率的测定

断裂强力的测定方法有条样法和抓样法两种,包括试样在试验用标准大气中平衡或湿润两种状态的试验。该方法适用于机织物,也适用于其他技术生产的织物,通常不用于弹性织物、土工布、玻璃纤维织物以及碳纤维和聚烯烃扁丝织物。规定使用等速伸长(CRE)试验仪。

(一)条样法(GB/T 3923.1—2013)

1. 原理

对规定尺寸的织物试样,以恒定伸长速度拉伸直至断脱。记录断裂强力及断裂伸长率,如

果需要,记录断脱强力及断脱伸长率。

2. 设备

(1)等速伸长试验仪。

(2)裁剪试样和拆除纱线的器具。

(3)如需进行湿润处理,需要浸渍试样的器具、三级水、非离子湿润剂。

3. 调湿和试验用大气

预调湿、调湿和试验大气采用 GB/T 6529—2008 规定的标准大气。

说明:推荐试样在松弛状态下至少调湿 24h。

对于湿润状态下,试验不要求预调湿和调湿。

4. 试验前准备

(1)剪样。剪取两组试样,一组为经向试样,另一组为纬向试样。确保满足每块试样的有效宽度应为(50±0.5)mm(不包括毛边),其长度应能满足隔距长度为 200mm,如果试样的断裂伸长率超过 75%,隔距长度可为 100mm。每组试样至少包括 5 块,如果有更高精度的要求,应增加试样数量。试样应具有代表性,应避开褶皱、疵点,试样距布边至少 150mm,阶梯形取样,保证试样均匀分布在样品上。

(2)拆边纱。从条样的两侧拆去数量大致相等的纱线,直至试样的宽度符合规定尺寸。毛边的宽度应保证在试验过程中长度方向的纱线不从毛边中脱出。

对一般机织物,毛边约为 5mm 或 15 根纱线的宽度较为合适。对较紧密的机织物,较窄的毛边即可。对较稀松的机织物,毛边约为 10mm。

对于每厘米仅包含少量纱线的织物,拆边纱后应尽可能接近试样规定的宽度。计数整个试样宽度内的纱线根数,如果大于或等于 20 根,则该组试样拆边纱后的试样纱线根数应相同;如果小于 20 根,则试样的宽度应至少包含 20 根纱线。如试样宽度不是(50±0.5)mm,试样宽度和纱线根数应在试验报告中说明。

对于不能拆边纱的织物,应沿织物纵向或横向平行剪切成宽度为 50mm 的试样。一些只有撕裂才能确定纱线方向的机织物,其试样不应采用剪切法达到要求的宽度。

(3)湿润试验的试样。如要求测定织物湿强力,则剪取试样的长度应至少为干强试样的 2 倍。给每条试样的两端编号、扯去边纱后,沿横向剪为两块,一块用于干态强力,另一块用于湿态强力。湿润试验的试样应放在温度为(20±2)℃的三级水中浸渍 1h 以上,也可用每升不超过 1g 的非离子湿润剂的水溶液代替三级水。对于热带地区,温度可按 GB/T 6529—2008 的规定执行。

5. 试验步骤

(1)设定隔距长度。对断裂伸长率小于或等于75%的织物,隔距长度为(200±1)mm;对断裂伸长率大于75%的织物,隔距长度为(100±1)mm。

(2)设定拉伸速度。根据织物的断裂伸长率,按表3-3-9设定拉伸速度或伸长速率。

表3-3-9　拉伸速度或伸长率

隔距长度/mm	织物断裂伸长率/%	伸长速率/(%/min)	拉伸速度/(mm/min)
200	8以下	10	20
200	8~75	50	100
100	75以上	100	100

(3)夹持试样。在夹钳中心位置夹持试样,以保证拉力中心线通过夹钳的中点。试样可在预张力下夹持或松式夹持。当采用预张力夹持试样时,产生的伸长率不大于2%。如果不能保证,则采用松式夹持,即无张力夹持。

如采用预张力夹持,可根据试样的单位面积质量,采用如下预张力:

①≤200g/m²:2N

②>200g/m²且≤500g/m²:5N

③>500g/m²:10N

说明:断裂强力较低时,可按断裂强力的(1±0.25)%确定预张力。

(4)测定。在夹钳中心位置夹持试样,以保证拉力中心线通过夹钳的中点。开启试验仪,拉伸试样至断脱。记录断裂强力(N)、断裂伸长(mm)或断裂伸长率(%)。如需要,记录断脱强力和断脱伸长或断脱伸长率,每个方向至少试验5块。

①如果试样在钳口处滑移不对称或滑移量大于2mm时,舍去试验结果。

②如果试样在距钳口5mm以内断裂,则作为钳口断裂。当5块试样试验完毕,如果钳口断裂值大于最小的"正常值",可以保留;如果小于最小的"正常值",应舍去,另加试验以得到5个"正常值";如果所有的试验结果都是钳口断裂,或得不到5个"正常值",应当报告单值。

③湿润试验。将试样从液体中取出,放在吸水纸上吸去多余的水分后,按上述同样的方法试验,预加张力为规定的1/2。

6. 结果计算

(1)分别计算经、纬向断裂强力的平均值,如需要,可计算断脱强力平均值,以N表示。并对计算结果按如下修约:断裂强力<100N,修约至1N;断裂强力≥100N且<1000N,修约至10N;断裂强力≥1000N,修约至100N。

（2）断裂伸长率按式（3-3-13）~式（3-3-16）计算。

预张力夹持试样

$$E = \frac{\Delta L}{L_0} \times 100\% \qquad (3-3-13)$$

$$E_S = \frac{\Delta L_t}{L_0} \times 100\% \qquad (3-3-14)$$

松式夹持试样

$$E = \frac{\Delta L' - L_0'}{L_0 + L_0'} \times 100\% \qquad (3-3-15)$$

$$E_S = \frac{\Delta L_t' - L_0'}{L_0 + L_0'} \times 100\% \qquad (3-3-16)$$

式中:E——断裂伸长率,%;

ΔL——预张力夹持试样时的断裂伸长,mm;

L_0——隔距长度,mm;

E_S——断脱伸长率,%;

ΔL_t——预张力夹持试样时的断脱伸长,mm;

$\Delta L'$——松式夹持试样时的断裂伸长,mm;

L_0'——松式夹持试样达到规定预张力时的伸长,mm;

$\Delta L_t'$——松式夹持试样时的断脱伸长,mm。

分别计算经、纬向（或纵、横向）的断裂伸长率平均值,如果需要,计算断脱伸长率平均值。计算结果按如下修约:断裂伸长率<8%,修约至0.2%;断裂伸长率≥8%且≤75%,修约至0.5%;断裂伸长率>75%,修约至1%。

（二）抓样法（GB/T 3923.2—2013）

1. 原理

用规定尺寸的夹钳夹持试样的中央部位,以恒定的速度拉伸试样至断脱,记录断裂强力。

2. 设备

等速伸长试验仪;夹持试样面积的尺寸应为（25±1）mm×（25±1）mm。仪器两夹钳的中心点应处于拉力轴线上,夹钳的钳口线应与拉力线垂直,夹持面应在同一平面上。夹钳面应平整光滑,能握持试样而不使其打滑,不剪切或破坏试样。

3. 调湿和试验用大气

预调湿、调湿和试验用大气采用 GB/T 6529—2008 规定的标准大气。

4. 试验前准备

(1)剪样。剪取两组试样,一组为经向试样,另一组为纬向试样。每块试样的宽度应为(100±2)mm,其长度应能满足隔距长度为 100mm,每组试样至少包括 5 块,如果有更高精度的要求,应增加试样数量。试样应具有代表性,应避开褶皱、疵点,试样距布边至少 150mm,阶梯形取样保证试样均匀分布在样品上。

(2)标记线。为了保证夹持试样的中间部位,在每一块试样上沿平行于试样长度方向的纱线画一标记线,该标记线距试样 38mm,且贯通整个试样长度。

(3)湿润试验的试样。如要求测定织物湿强力,则剪取试样的长度应至少为干强试样的 2倍。每条试样的两端编号,沿横向剪为 2 块,一块用于干态强力,另一块用于湿态强力。湿润试验的试样应放在温度为(20±2)℃的三级水中浸渍 1h 以上,也可用每升不超过 1g 的非离子湿润剂的水溶液代替三级水。对于热带地区,温度可按 GB/T 6529—2008 的规定执行。

5. 试验步骤

(1)设定隔距长度。设定拉伸试验仪的隔距长度为 100mm;或经有关方同意,隔距长度也可为 75mm,精度为±1mm。

(2)设定拉伸速度。设定拉伸试验仪的拉伸速度为 50mm/min。

(3)夹持试样。夹持试样的中心部位,使试样上的标记线与夹片的一边对齐。夹紧上夹钳后,试样靠织物的自重下垂使其平置于下夹钳内,关闭下夹钳。

(4)测定。启动试验仪,使可移动的夹持器移动,拉伸试样至断脱。记录断裂强力。每个方向至少试验 5 块试样。

①如果试样在距钳口线 5mm 以内断裂,则作为钳口断裂。当 5 块试样试验完毕,如果钳口断裂值大于最小的"正常值",可以保留;如果小于最小的"正常值",应舍去,另加试验以得到 5个"正常值";如果所有的试验结果都是钳口断裂,或得不到 5 个"正常值",应当报告单值。

②湿润试验。将试样从液体中取出,放在吸水纸上吸去多余的水分后,按上述同样的方法试验。

6. 结果计算

分别计算经、纬向断裂强力的平均值,以 N 表示。并对计算结果按下修约:断裂强力<100N,修约至 1N;断裂强力≥100N 且<1000N,修约至 10N,断裂强力≥1000N,修约至 100N。

八、织物撕破性能:撕破强力的测定

织物撕破强力试验方法有摆锤法、裤形法、梯形法、舌形法、翼形法五种。目前机织物常用的主要是摆锤法、裤形法、梯形法三种方法。

(一)冲击摆锤法撕破强力的测定(GB/T 3917.1—2009)

1. 适用范围

织物撕破强力的测定方法适用于机织物,也可适用于其他技术生产的织物,如非织造布;但不适用于弹性织物、针织物以及有可能产生撕裂转移的经纬向差异大的织物和稀疏织物。

2. 原理

试样固定在夹钳上,将试样切开一个切口,释放处于最大势能位置的摆锤,可动夹钳离开规定夹钳时,试样沿切口方向被撕裂,把撕破织物一定长度所做的功换算成撕破力。

3. 试验前准备

(1)每个样品应裁取两组试样,一组为经向,另一组为纬向,试样的短边应与经向或纬向平行,以保证撕裂沿切口进行。

(2)形状与尺寸。试样形状可略有不同,通常为 100mm×63mm,保证撕裂长度保持在(43±0.5)mm。

(3)试样裁取。对机织物每块试样裁取时应使短边平行于织物的经向或纬向。试样短边平行于经向的撕裂方向为"纬向撕裂",试样短边平行于纬向的撕裂方向为"经向撕裂"。

4. 调湿和试验用大气

预调湿、调湿和试验用大气采用 GB/T 6529—2008 规定的标准大气。

5. 试验步骤

(1)选择适当的摆锤重量,使试样的测试结果落在相应标尺满量程的 15%~85% 范围内。校正仪器的零位,将摆锤升到起始位置。

(2)试样夹在夹具中,使试样长边与夹具的顶边平行。将试样夹在中心位置。轻轻将其底边放在夹具的底部,在凹槽对用小刀切一个(20±0.5)mm 的切口,余下的撕裂长度为(43±0.5)mm。

(3)操作。按下摆锤停止键,放开摆锤。当摆锤回摆时将其握住,以免破坏指针的位置,从测量装置标尺分度值或数字显示器读出撕破强力,单位为 N。检查结果是否落在标尺的 15%~85% 范围内,每个方向至少重复试验 5 次。

观察撕裂是否沿力的方向进行,纱线是否从织物上滑移而不是被撕裂,如果织物未从夹具口滑移,撕破一直在 15mm 宽的凹槽区内,此次试验为正常,否则结果无效。如果 5 块试样中有 3 块或 3 块以上无效,则此方法不适用。如果协议要求另外增加试样,最好使试样数量加倍。

6. 结果计算

计算每个试验方向的撕破强力的算术平均值,以 N 为单位,保留两位有效数字。如有需要,记录样品每个方向的最大和最小的撕破强力。

(二)裤形试样(单缝)撕破强力的测定(GB/T 3917.2—2009)

1. 适用范围

主要适用于机织物,也可适用于其他技术方法制造的织物,如非织造布等;但不适用于针织物、机织弹性织物以及有可能产生撕裂转移的稀疏织物和具有较高各向异性的织物。规定使用等速伸长型试验仪。

2. 原理

夹持裤形试样的两条腿,使试样切口线在上下具之间成直线,开动仪器将拉力施加于切口方向,记录撕裂到规定长度内的撕破强力,并根据自动绘图仪绘出的曲线上的峰值或通过电子装置计算出撕破强力。

3. 试验前准备

(1)每块样品裁取两组试样,一组为经向,另一组为纬向。每组试样应至少 5 块试样或更多一些。每两块试样不能含有同一根长度方向或宽度方向的纱线。不能在距布边 150mm 内取样。

(2)试样尺寸。试样为矩形长条,长为(200±2)mm,宽为(50±1)mm,每个试样应从宽度方向的正中切开一长为(100±1)mm 的平行于长度方向的裂口。在条样中间距末切割端(25±1)mm 处标出撕裂终点。

(3)样品裁取。对机织物,每个试样平行于织物的经向或纬向作为长边裁取。试样长边平行于经向的撕裂称为“纬向撕破”,试样长边平行于纬向的撕裂称为“经向撕裂”。

4. 调湿和试验用大气

预调湿、调湿和试验用大气采用 GB/T 6529—2008 规定的标准大气。

5. 试验步骤

(1)将拉伸试验仪的隔距长度设定为 100mm,速率设定为 100mm/min。

(2)操作。开动仪器使撕破持续拉至试样的终点标记处。用记录仪或电子记录装置记录每个试样在每一织物方向的撕破强力和撕破曲线。观察撕破是否是沿所施加力的方向进行,是否有纱线从织物中滑移而不是被撕裂。如果试样没有从夹具中滑移的情况,且撕裂是沿施力方向进行的,则此试验结果有效,否则结果无效。如果 5 个试样中有 3 个或更多试样的试验结果无效,则可以认为此方法不适用于该样品。如果协议增加试样,则最好使试样数量加倍。

6. 结果计算

计算同方向的样品的撕破强力的总的算术平均值,以 N 为单位,并保留两位有效数字。

(三)梯形试样法撕破强力的测定(GB/T 3917.3—2009)

1. 适用范围

适用于各种机织物和非织造布。

2. 原理

在试样上画一个梯形,用强力试验仪的夹钳夹住梯形上两条不平行的边,对试样施加连续增加的力,使撕破沿试样宽度方向传播,测定平均最大撕破力,单位为 N。强力试验仪可采用等速牵引型或等速伸长型,附有自动记录力的装置。

3. 试验前准备

(1)试验次数。除非另有规定,一般在经向(纵向)和纬向(横向)各剪 5 块试样,试样不宜取自样品边部。

(2)剪下试样尺寸约(75±1)mm×(150±2)mm,用样板在每个试样上画等腰梯形,剪一个切口。

4. 调湿和试验用大气

预调湿、调湿和试验用大气采用 GB/T 6529—2008 规定的标准大气。

5. 试验步骤

(1)设定两夹钳间距离为(25±1)mm,拉伸速度为 100mm/min,选择适宜的负荷范围,使断裂强力落在满刻度 10%～90%范围内。

(2)沿梯形不平行两边夹住试样,使切口位于两夹钳中间,梯形短边保持拉紧,长边处于褶皱状态。

(3)启动仪器,用自动记录仪记录撕破强力,单位为 N,如果不是沿切口线断裂的,不作记录(撕破力通常不是一个单值,而是一系列峰值)。

6. 结果表示

自动计算经向(纵向)和纬向(横向)每块试样的一系列峰值的平均值,然后计算经向(纵向)和纬向(横向)5 块试样结果的平均值,保留两位有效数字,并计算变异系数,精确至 0.1%。

九、机织物接缝处纱线抗滑移的测定

机织物接缝处纱线抗滑移的测定方法有定滑移量法、定负荷法、针夹法、摩擦法。现常用定滑移量法和定负荷法两种。

（一）定滑移量法（GB/T 13772.1—2008）

1. 适用范围

适用于所有的服用和装饰用机织物,但不适用于弹性织物或织带类等产业用织物。

2. 原理

用夹持器夹持试样,在拉伸试验仪上分别拉伸同一试样的缝合及未缝合部分,在同一横坐标的同一起点上记录缝合及未缝合试样的力—伸长曲线。找出两曲线平行于伸长轴的距离等于规定滑移量的点(规定滑移量由各方商定,一般织物采用 6mm),读取该点对应的力值为滑移阻力。其值越大,抗滑移性越好。

3. 设备和材料

(1)等速伸长试验仪。应具有指示或记录施加于试样上使其拉伸直至破坏的最大力的功能,夹持试样尺寸应为(25±1)mm×(25±1)mm。

(2)缝纫机和缝纫线。缝纫要求按表 3-3-10 规定执行。

表 3-3-10　缝纫要求

织物分类	缝纫线的线密度/tex	缝针针号/号	针迹密度/(针/cm)	线迹形式
服用织物	45±5(100%涤纶包芯纱)	90	5±0.2	301 型

注　公制缝针针号 90 相当于习惯称谓的 14 号。

4. 调湿和试验用大气

预调湿、调湿和试验用标准大气按 GB/T 6529—2008 的规定执行。

5. 试验前准备

(1)裁样。距样品布边至少 150mm 的区域裁取样,每两块试样不应包含相同的经纱或纬纱。裁取经纱滑移试样与纬纱滑移试样各 5 块,每块试样的尺寸为 400mm×100mm,经纱滑移试样的长度方向平行于纬纱,用于测定经纱滑移;纬纱滑移试样的长度方向平行于经纱,用于测定纬纱滑移。

(2)缝样。将试样沿短边正面朝内折叠 110mm。在距折痕 20mm 处缝一条锁式缝迹,沿长度方向距布边 38mm 处划一条与长边平行的标记线,以保证试样试验时夹持对齐同一纱线。在折痕端距缝迹线 12mm 处剪开试样,将缝合好的试样沿宽度方向距折痕 110mm 处剪成两段,一段含接缝,另一段不含接缝,长度为 180mm,如图 3-3-1 所示。

6. 试验步骤

(1)仪器设置。设定拉伸试验仪的隔距长度为(100±1)mm,注意两夹持线在一个平面上且相互平行。设定拉伸试验仪的拉伸速度为(50±5)mm/min。

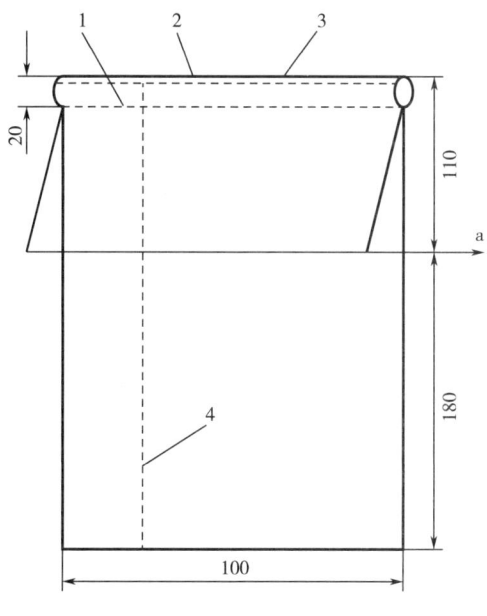

图 3-3-1　缝样示意图

1—缝迹线(距折痕 20mm)　2—剪切线(距缝迹线 12mm)　3—折痕线　4—标记线(距布边 38mm)　a—裁切方向

(2)拉伸试样。夹持不含接缝的试样,使试样长度方向的中心线与夹持器的中心线重合,启动仪器直至达到终止负荷 200N。再次夹持接缝试样,第二次启动仪器直至达到终止负荷 200N,得到从同一原点开始的缝合样负荷—伸长曲线。

7. 结果表示

根据试验所得原样和缝合样的负荷—伸长曲线,可得到与规定滑移量对应的滑移阻力值。分别计算出试样的经纱平均滑移阻力和纬纱平均滑移阻力,修约至最接近的 1N 。

如果拉伸力在 200N 或低于 200N 时,试样未产生规定的滑移量,记录结果为拉伸力>200N。

如果拉伸力在 200N 以内试样或接缝出现断裂,从而导致无法测定滑移量,则报告"织物断裂"或"接缝断裂",并报告此时所施加的拉伸力值。

(二)定负荷法(GB/T 13772.2—2018)

1. 适用范围

适用于所有的服用和装饰用机织物和弹性机织物(包括含有弹性纱的织物),但不适用于织带类等产业用织物。

2. 原理

矩形试样折叠后沿宽度方向缝合,然后再沿折痕开剪,用夹持器夹持试样,并垂直于接缝方向施以拉伸负荷,测定在施加规定负荷时产生的滑移量。其值越小,抗滑移性越好。

3. 设备和材料

(1)等速伸长试验仪。应具有指示或记录施加于试样上使其拉伸直至破坏的最大力的功能,夹持试样的尺寸应为(25±1)mm×(25±1)mm。

(2)缝纫机和缝纫线。缝纫要求见表3-3-11。

表3-3-11　缝纫要求

织物分类	缝纫线的线密度/tex	缝针针号/号	针迹密度/ (针迹数/100mm)	线迹形式
服用织物	45±5(100%涤纶包芯纱)	90	50±2	301型
装饰用织物	74±5(100%涤纶包芯纱)	110	32±2	

注　公制缝针针号90相当于习惯称谓的14号,110号相当于18号。缝合装饰用织物时用圆形缝针。

4. 调湿和试验用大气

预调湿、调湿和试验用大气采用GB/T 6529—2008规定的标准大气。

5. 试验前准备

(1)裁样。距布边至少150mm的区域内按阶梯形裁样,裁取矩形试样的尺寸为200mm×100mm。经、纬向滑移试样各5条。

(2)缝样。将试样(正面朝内)对折,折痕平行于宽度方向,在距折痕20mm处缝制一条直形缝迹,缝迹平行于折痕线。在折痕端距缝迹线12mm处剪开试样,两层织物的缝合余量应相同。

6. 试验步骤

(1)仪器设置。设定拉伸试验仪的隔距长度为(100±1)mm,注意两夹持线在一个平面上且相互平行。以(50±5)mm/min的拉伸速度缓慢增大施加在试样上的负荷至合适的定负荷值(服用织物克重≤220g/m²,采用60N负荷值;服用织物克重>220g/m²,采用120N负荷值;装饰用织物采用180N负荷值)。

(2)拉伸试样。当达到定负荷值时,立即以(50±5)mm/min的速度将施加在试样上的拉力减小到5N,立即测量缝迹两边缝隙的最大宽度值即滑移量,修约至最接近的1mm。

7. 结果表示

(1)由滑移量测量结果计算经纱滑移的平均值和纬纱滑移的平均值,修约至最接近的1mm。

(2)如果在达到定负荷值前,由于织物或接缝受到破坏而导致无法测定滑移量,则报告"织物断裂"或"接缝断裂",并报告此时所施加的拉伸力值。

十、纺织品洗涤和干燥后尺寸变化的测定方法(GB/T 8628—2013,GB/T 8629—2017,GB/T 8630—2013)

1. 适用范围

适用于纺织织物、服装或其他纺织制品的家庭洗涤和干燥后的尺寸变化。

2. 原理

选取具有代表性的试样。在每个试样上做数对标记点,分别在规定洗涤和干燥处理程序的前后测量每对标记点之间的距离。

3. 设备和材料

(1)直尺、钢卷尺或玻璃纤维卷尺,以毫米为刻度,其长度大于所测量的最大尺寸。

(2)能精确标记的用具,如不褪色墨水或织物标记打印器,如果必要,可使用带有测量格的模板;或缝进织物做标记的细线,其颜色与织物颜色应能形成强烈对比。

(3)平滑测量台,足以放置整个样品。

(4)全自动洗衣机。

A 型标准洗衣机:水平滚筒、前门加料型。

B 型标准洗衣机:垂直搅拌、顶部加料型。

C 型标准洗衣机:垂直波轮、顶部加料型。

(5)翻转烘干机。

(6)电热(干热)平板压烫仪。

(7)悬挂干燥设施。挂晾干或悬挂滴干设施,用绳、杆等。

(8)干燥架。平摊晾干或平摊滴干用筛网干燥架,约 16 目,由不锈钢或塑料制成。

(9)陪洗物。

类型Ⅰ:100%棉型陪洗物。

类型Ⅱ:50%聚酯纤维/50%棉陪洗物。

类型Ⅲ:100%聚酯纤维陪洗物。

(10)试剂。

标准洗涤剂 1:是不加酶的无磷洗衣粉,分为含荧光增白剂和不含荧光增白剂两种[1993 AATCC 无荧光增白剂标准液体洗涤剂(WOB)和 1993 AATCC 含荧光增白剂标准液体洗涤剂]。仅用于 B 型洗衣机。

标准洗涤剂 2:是加酶的含荧光增白剂无磷洗衣粉(IEC 标准洗涤剂 A)。用于 A 型及 B 型洗衣机。

标准洗涤剂 3：是不加酶的不含荧光增白剂无磷洗衣粉（又称 ECE 标准洗涤剂）。用于 A 型及 B 型洗衣机。

标准洗涤剂 4：是加酶的含荧光增白剂无磷洗衣粉（JIS K 3371 类别 1）。仅用于 C 型洗衣机。

标准洗涤剂 5：是无磷洗衣液，分为含荧光增白剂和不含荧光增白剂（WOB）两种（2003 AATCC 含荧光增白剂标准液体洗涤剂和 2003 AATCC 无荧光增白剂标准液体洗涤剂）。用于 B 型洗衣机。

标准洗涤剂 6：是不加酶的含荧光增白剂无磷洗衣粉（又称为 SDC 标准洗涤剂类型 4）。用于 A 型洗衣机。

4. 调湿和试验用大气

预调湿、调湿和试验用大气采用 GB/T 6529—2008 规定的标准大气。

5. 试样准备

（1）取样。试样应具有代表性。在距布匹 1m 以上取样，每块至少 500mm×500mm，各边分别与织物长度和宽度方向相平行，每块试样不含相同经纬纱线，标注试样长度方向。如果幅宽小于 650mm，可采取全幅试样进行试验。为防止洗涤过程中脱线后试样纠缠，对试样进行锁边。

（2）调湿。将试样放置在调湿大气中，在自然松弛状态下，调湿至少 4h 或达到恒重。

（3）标记。将试样放在平滑测量台上，在试样边缘不小于 50mm 处，在长度和宽度方向上，至少均匀各做三对标记，每对标记点之间的距离至少为 350mm。

6. 程序

（1）总洗涤载荷。对所有类型标准洗衣机，总洗涤载荷（试样和陪洗物）应为（2.0±0.1）kg。

（2）陪洗物选择。纤维素纤维产品，应选用类型 I 棉型陪洗物。合成纤维产品及混合产品应选用类型 II 聚酯纤维/棉陪洗物或类型 III 聚酯纤维陪洗物。如果测定尺寸稳定性，试样量应不超过总洗涤载荷的一半。未提及的其他纤维产品可选用类型 III 聚酯纤维陪洗物。

（3）洗涤程序。将待洗试样放入洗衣机，加足量陪洗物使总洗涤载荷符合规定，应混合均匀，选择洗涤程序进行试验。通常选用 A 型洗衣机及洗涤程序。

A 型标准洗衣机：直接加入（20±1）g 标准洗涤剂 2、标准洗涤剂 3 或标准洗涤剂 6。

B 型标准洗衣机：先注入选定温度的水，再加入（66±1）g 标准洗涤剂 1 或加入（100±1）g 标准洗涤剂 5；若使用标准洗涤剂 2 或标准洗涤剂 3，加入量要控制在能获得良好的搅拌泡沫，泡沫高度在洗涤周期结束时不超过(3±0.5)cm。

C 型标准洗衣机:先注入选定温度的水,再直接加入 1.33g/L 的标准洗涤剂 4。

(4)干燥程序。洗涤程序结束后,立即取出试样,从程序 A~E 中选择干燥程序进行干燥。若选择滴干,洗涤程序应在进行脱水之前停止,即试样要在最后一次脱水前从洗衣机中取出。

程序 A:悬挂晾干。从洗衣机中取出试样,将每个脱水后的试样展平悬挂,长度方向为垂直方向,以免扭曲变形。试样悬挂在绳、杆上,在自然环境的静态空气中晾干。

程序 B:悬挂滴干。试样不经脱水,按程序 A 晾干。

程序 C:平摊晾平。从洗衣机中取出试样,将每个脱水后的试样平铺在水平筛网干燥架或多孔面板上,用手抚平褶皱,注意不要拉伸或绞拧,在自然环境的静态空气中晾干。

程序 D:平摊滴干。试样不经脱水,按程序 C 晾干。

程序 E:平板压烫。从洗衣机中取出试样,将试样放在平板压烫仪上。用手抚平重褶皱,根据试样需要,放下压头对试样压烫一个或多个短周期,直至烫干。压头设定的温度应适合被压烫试样,记录所用温度和压力。

程序 F:翻转干燥。选择的洗涤程序结束后,立即取出试样和陪洗物,将其放入翻转烘干机中进行翻转干燥。设定滚筒出风温度最低为 40℃,正常织物要确保最高不超过 80℃,敏感织物最高不超过 60℃,加热直至试样烘干,停止加热后继续翻转 5min,立即将试样取出,防止试样过度干燥。

(5)调湿测量。干燥后按照 GB/T 6529—2008 规定的标准大气对纺织品试样进行调湿。分别测量试样的长度方向和宽度方向的尺寸。

7. 结果表示

按式(3-3-17)分别计算长度方向和宽度方向上的尺寸变化率。

$$D = \frac{X_t - X_0}{X_0} \times 100\%$$ (3-3-17)

式中:D——水洗尺寸变化率,%;

X_0——试样的初始尺寸,mm;

X_t——试样处理后的尺寸,mm。

分别记录每对标记的测量值,并计算尺寸变化量相对于初始尺寸的百分数。

尺寸变化率的平均值修约至 0.1%。

以负号(-)表示尺寸减小(收缩),正号(+)表示尺寸伸长。

十一、评定织物经洗涤后外观平整度的试验方法(GB/T 13769—2009)

1. 适用范围

GB/T 13769—2009 规定了一种评定织物经一次或几次洗涤处理后其原有外观平整度保持性的试验方法。主要适用于 GB/T 8629—2017 规定的 B 型洗衣机的洗涤程序,也适用于 A 型洗衣机。

2. 原理

试样经受模拟洗涤操作程序,根据有关各方的协议,采用 GB/T 8629—2017 规定的家庭洗涤和干燥程序之一或 GB/T 19981 规定的专业程序之一。然后在标准光源和评定区域,通过与相应的参考标准样板比较,评定试样外观平整度。

3. 设备

(1)洗涤和干燥设备或专业护理设备,按照 GB/T 8629—2017 或 GB/T 19981 的规定执行。

(2)照明。评级区域应为暗室,采用悬挂式照明设备(图 3-3-2)和下列设备:两排 CW(冷白色)荧光灯,无挡板或玻璃,每排灯管长度至少 2m,并排放置;一个白色搪瓷反射罩,无挡板或玻璃;一个试样支架;一块厚胶合观测板,漆成灰色,符合 GB/T 251—2008 规定的评定沾色用灰色样卡 2 级。

(3)外观平整度立体标准样板。如图 3-3-3 所示,用于外观平整度的级数评定。

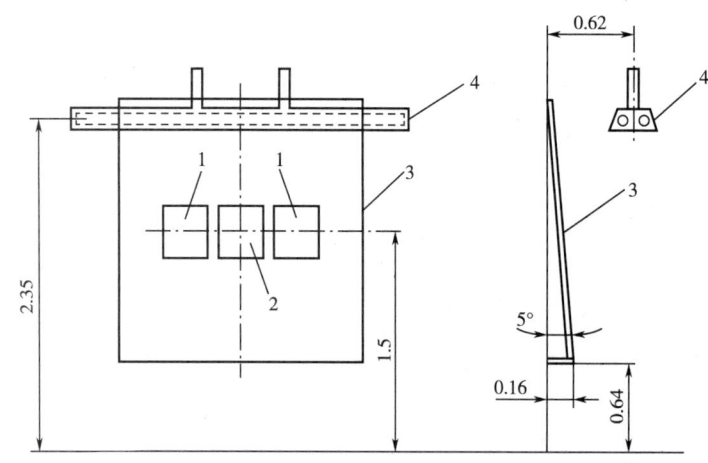

图 3-3-2　观测试样的照明设备(单位:m)

1—外观平整度立体标准样板　2—试样　3—观测板　4—荧光灯安装示范

4. 试验步骤

(1)试样。按平行于样品长度的方向裁剪 3 块试样,每块尺寸为 38cm×38cm,试样边缘剪成锯齿形以防止散边,并标明其长度方向。

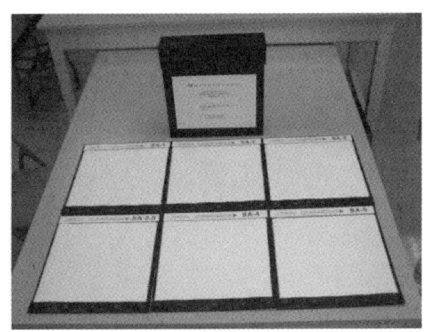

图 3-3-3　外观平整度立体标准样板

（2）洗涤。根据各方协议，按照 GB/T 8629—2017 或 GB/T 19981 规定的洗涤程序之一处理每块试样，一般循环 5 次。

（3）调湿。洗涤后将试样按照 GB/T 6529—2008 规定的标准大气调湿最少 4h，最多 24h。沿长度方向无折叠地垂直悬挂，避免其变形。

（4）评级。

①由 3 名经过训练的观察人员分别单独评定每块试样。

②将试样沿长度方向垂直放置在观测板上。在试样的两侧各放置一块与之外观相似的外观平整度立体标准样板，以便比较评级。悬挂的荧光灯是观测板的唯一光源，室内其他的光源都要关掉。

③观察员站立在试样正前方离试验观察板 1.2m 处。一般要求观测者在视平线上下 1.5m 内观察对评级结果无显著影响。

④根据最接近的标样评定试样级数，尽管有的整数评级样照没有中间等级的样照，可用两个整数级之间的中间等级表示。

5. 结果表示

将 3 名观测者对一组 3 块试样评定的 9 个级数值平均，计算结果修约到最接近的半级。

十二、织物折痕回复性的测定：回复角法（GB/T 3819—1997）

1. 适用范围

适用于各种纺织织物，不适用于特别柔软或极易起卷的织物。规定了两种测定方法，即折痕水平回复法（简称水平法）和折痕垂直回复法（简称垂直法）。

2. 原理

一定形状和尺寸的试样，在规定条件下，折叠加压保持一定时间，卸除负荷后，让试样经过一定的回复时间,然后测量折痕回复角,以测得的角度来表示织物的折痕回复能力。

3. 设备

压力负荷为 10N,水平法承受压力负荷的面积为 15mm×15mm,垂直法承受压力负荷的面积为 18mm×15mm;承受压力时间为 5min±5s;试样台应予适当遮盖,以保证试样不受通风、操作者呼吸和灯具辐射等环境条件的影响。

4. 试样准备

(1)取样。每个样品的试样数量至少 20 个,即试样的经向和纬向各 10 个,每个方向的正面对折和反面对折各 5 个。日常试验可只测样品的正面,即经向和纬向各 5 个。要求样品具有代表性,保证试样没有明显的折痕及影响试验结果的疵点。

(2)尺寸。

试验回复翼尺寸:长为 20mm,宽为 15mm。

水平法:试样尺寸为 40mm×15mm 的长方形。

垂直法:试样的形状及尺寸如图 3-3-4 所示。

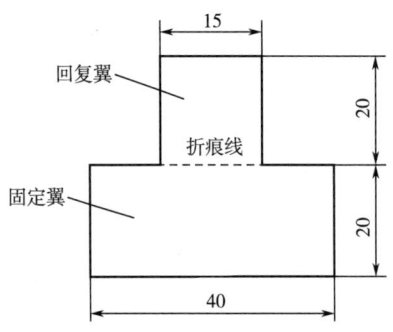

图 3-3-4　垂直法试样(单位:mm)

(3)调湿和试验用大气。预调湿、调湿和试验用大气采用 GB/T 6529—2008 规定的标准大气。

5. 试验步骤

(1)水平法。

①在试样长度方向对齐折叠,用宽口钳夹住布端不超过 5mm,移至标有 15mm×20mm 标记的平板上,使试样正确定位,随即轻轻地加上压力重锤。

②规定负荷、规定时间后,卸除负荷,将试样转移至回复角测量装置的试样夹上,一端被夹住,而另一端自由悬垂,并连续调整试样夹,使悬垂下来的自由端始终保持垂直位置。

③5min 后读取折痕回复角,读至最接近 1°,如果自由端轻微卷曲或扭转,以通过自由端中心和刻度盘轴心的垂直平面,作为折痕回复角读数的基准。

（2）垂直法。

①将试样的固定端装入试样夹内,使试样的折叠线与试样夹的折叠标记线重合,沿折叠线对折试样,然后在对折后的试样上放上透明压板,再加上压力重锤。

②试样承受压力负荷达到规定的时间后,迅速卸除压力负荷,并将试样夹连同透明压板一起翻转90°,随即卸去透明压板,同时试样回复翼打开。

③试样卸除负荷后达到5min时,用测角装置分别读得折痕回复角,读至最临近1°,若回复翼有轻微的卷曲或扭转,以其根部挺直部位的中心线为基准。

④试样如有黏附倾向,在两翼之间离折痕线2mm处放置一张厚度小于0.02mm的纸片或塑料薄片。试样经调湿后,在操作时,只能用镊子或橡胶指套接触。

6. 结果表示

分别计算各向的正面对折、反面对折平均值及总折痕回复角,计算到小数点一位,按GB/T 8170—2008数值修约保留整数位。

十三、马丁代尔法织物耐磨性的测定（GB/T 21196.2—2007）

（一）织物摩擦分类

摩擦一般有平磨、曲磨、折边磨等数种。

1. 平磨

平磨是对织物试样做回转或往复的平面摩擦试验,它模拟衣服袖部、臀部、袜底等处的磨损状况。

当试样在仪器上经受摩擦而出现一定根数的纱线断裂或一定面积的破洞时,记下摩擦次数作为耐磨性能的表征。

2. 曲磨

曲磨是使织物试样在弯曲状态下受到反复摩擦的试验,它模拟衣料的肘部与膝盖的磨损状态。

3. 折边磨

折边磨是将试样对折后,使它的对折边缘与磨料接触,并产生相对运动而受到摩擦的试验,它模拟上衣领口、袖口与裤脚折边处的磨损状态。

（二）马丁代尔法测定织物耐磨性

机织物最常用的耐磨性测定法是马丁代尔法,属于平磨。

1. 适用范围

GB/T 21196.2—2007规定了以试样破损为试验终点的耐磨性能测试方法,适用于所有纺织物,包括非织造布和涂层织物;但不适用于特别指出磨损寿命较短的织物。

2. 原理

圆形织物试样在一定负荷下与标准磨料按李莎如(Lissajous)曲线的运动轨迹进行互相摩擦,导致试样破损,以试样破损时的耐磨次数表示织物的耐磨性能。

3. 试验前准备

(1)设备与试验用材料。

①织物平磨仪。指试样在规定压力下和磨料进行摩擦的试验仪。装在试样夹头上的试样与装在磨台上的磨料摩擦时,能绕芯轴自由转动,且其运动轨迹为李莎如图形。

②标准毛毡。单位面积质量为(750 ± 50)g/m²,厚度为(2.5 ± 0.5)mm,直径为140mm。每次磨损试验后,检查毛毡上的污点和磨损情况。如果有污点或可见磨损,更换毛毡,毛毡的两面均可使用。

③标准磨料。机织平纹毛织物,单位面积质量为(215 ± 10)g/m²;每次试验需更换新磨料,超过50000次需更换一次磨料。

④标准泡沫衬。直径为38.0mm,厚度为(3 ± 1)mm,密度为(30 ± 3)g/m³。当试样单位面积质量大于500g/m²时,不需要泡沫衬。每次试验必须使用新的泡沫衬。

⑤摩擦负荷。三种摩擦负荷参数。

a.(795 ± 7)g(压力12kPa):适用于工作服、家具装饰布、床上亚麻制品、产业用织物。

b.(595 ± 7)g(压力9kPa):适用于服用和家用纺织品(不包括家具装饰布和床上亚麻制品),也适用于非服用的涂层织物。

c.(198 ± 2)g(压力3kPa):适用于服用类涂层织物。

⑥重锤。质量为(2.5 ± 0.5)kg,直径为(120 ± 10)mm。

(2)调湿和试验用大气。调湿和试验用大气采用GB/T 6529—2008规定的标准大气。

(3)试样准备。将试样与试验用材料置于标准大气下至少16h。在距边至少100mm不同部位剪取直径为38mm的代表性试样至少3块。对于提花织物或花式组织的织物,保证试样中包括有可能对磨损敏感的花型部位,每个部分分别取样。

4. 试验步骤

(1)试样安装。将试样夹具压紧螺母放在仪器台的安装装置上,试样摩擦面朝下,居中放在压紧螺母内。当试样的单位面积质量小于500g/m²时,将泡沫塑料衬垫放在试样上。将试样夹具嵌块放在压紧螺母内,再将试样夹具接套放上后拧紧。

(2)磨料安装。移开试样夹具导板,将毛毡放在磨台上,再把磨料放在毛毡上,使磨料织物的经纬向纱线平行于仪器台的边缘,并将重锤压在磨料上面,拧紧夹持环,固定好毛毡和磨料,取下加压重锤。

(3)将试样置于摩擦平台上,使芯轴穿过轴承插在试样夹上,然后加上规定负荷。

(4)将计数器调到零位,再将预定计数器调整所需要摩擦次数,然后开动仪器,当完成预定摩擦次数后,观察试样的磨损程度,并估计继续试验所需次数。如将达终止时,摩擦次数应顺序递减。在试验过程中,试样表面产生毛球,可采取继续试验,报告中记录这一事实;或剪去球粒,继续试验,报告中记录这一事实。

(5)试样经磨损后,观察到织物中至少两根独立纱线断裂即为试验终止。使用放大镜观察试样。

5. 结果表示

测定每一个试样发生破损时的总摩擦次数。

十四、织物起毛起球性能的测定

(一)圆轨迹法(GB/T 4802.1—2008)

1. 原理

按规定的方法和试验参数,利用尼龙刷和织物磨料或仅用织物磨料,使织物摩擦起毛起球。然后在规定光照条件下,对织物起毛起球性能进行视觉描述评定。

2. 设备和辅助材料

(1)圆轨迹起球仪。试样夹头与磨台质点相对运动的轨迹为圆,相对运动速度为(60±1)r/min,试样夹环内径为(90±0.5)mm,夹头能对试样施加表 3-3-12 所列的压力,夹头压力可调,压力误差为±1%,仪器装有自停开关。

(2)磨料。

(3)尼龙刷。尼龙丝直径为 0.3mm;尼龙丝的刚性必须均匀一致,植丝孔径为 4.5mm,每孔尼龙丝有 150 根,孔距为 7mm;刷面要求平齐,刷上装有调节板,可调节尼龙丝的有效高度,从而控制尼龙丝的起毛效果。

(4)磨料织物。2201 全毛华达呢,19.6tex×2,捻度 Z625—S700,密度 445 根/10cm,平方米重量为 305g/m²,$\frac{2}{2}\nearrow$ 斜纹。

(5)泡沫塑料垫片。重约 270g/m²,厚度约 8mm,试样垫片直径约 105mm。

(6)裁样用具。裁样器可裁取直径为(113±0.5)mm 的试样。

(7)评级箱。用白色荧光管照明,光源的位置与试样的平面应保持 5°~15°,观察方向与试样平面应保持90°±10°,眼睛与试样的距离应在30~50cm。提供照明以对比试样和样照起球等级的设备。

3. 调湿和试验用大气

调湿和试验用大气采用GB/T 6529—2008规定的标准大气。

4. 试样准备

(1)从样品上阶梯型剪取5个圆形试样,每个试样的直径为(113±0.5)mm。在织物反面做标记。当织物没有明显的正反面时,两面均进行测试。另剪取1块评级所需的对比样,尺寸与试样相同。

(2)试样在标准大气中调湿平衡,一般至少调湿16h,并在同样的大气条件下进行试验。

5. 试验步骤

(1)试验前仪器应保持水平,尼龙刷保持清洁,可用合适的溶剂(如丙酮)清洁刷子。如有凸出的尼龙丝,可用剪刀剪平;如已松动,则可用夹子夹去。

(2)分别将泡沫塑料垫片、试样和织物磨料装在试验夹头和磨台上,试样应正面朝外。

(3)根据织物类型按表3-3-12中选取试验参数进行试验。

表3-3-12 试验参数及适用织物类型示例

参数类别	压力/cN	起毛次数/次	起球次数/次	适用织物类型示例
A	590	150	150	工作服面料、运动服面料、紧密厚重织物等
B	590	50	50	合成纤维长丝外衣织物等
C	490	30	50	军需服(精梳混纺)面料等
D	490	10	50	化纤混纺、交织织物等
E	780	0	600	精梳毛织物、轻起绒织物、短纤纬编针织物、内衣面料等
F	490	0	50	粗梳毛织物、绒类织物、松结构织物等

注 1. 表中未列的其他织物可以参照表中所列类似织物或按有关各方商定选择参数类别。

2. 根据需要或有关各方协商同意,可以适当选择参数类别,但应在报告中说明。

3. 考虑到所有类型织物测试或穿着时的起球情况是不可能的,因此,有关各方可以采用取得一致意见的试验参数,并在报告中说明。

(4)取下试样,准备评级,注意不要使试验面受到任何外界影响。

6. 起毛起球评定

评级箱应放置在暗室中,沿织物经(纵)向将一块已测试样和未测试样并排放置在评级箱的试样板的中间,一般情况,已测试样放置在左边,未测试样放置在右边。

依据表3-3-13中列出的视觉描述对每一块试样进行评级。如果介于两级之间,记录半级,如3.5级。评定时注意以下几点。

(1)由于评定的主观性,建议至少两人对试样进行评定。

(2)在有关方的同意下可采用样照,以证明最初描述的评定方法。

(3)可采用另一种评级方式,转动试样至一个合适的位置,使观察到的起球较为严重。这种评定可提供极端情况下的数据,如沿试样表面的平面进行观察的情况。

(4)记录表面外观变化的任何其他状况。

表3-3-13 视觉描述评级

级数	状态描述
5	无变化
4	表面轻微起毛和(或)轻微起球
3	表面中度起毛和(或)中度起球,不同大小和密度的球覆盖试样的部分表面
2	表面明显起毛和(或)起球,不同大小和密度的球覆盖试样的大部分表面
1	表面严重起毛和(或)起球,不同大小和密度的球覆盖试样的整个表面

7. 结果表示

记录每一块试样的级数,试验结果为全部人员评级的平均值,如果平均值不是整数,修约至最近的0.5级,并用-表示,如3-4。如单个测试结果与平均值之差超过半级,则应同时报告每一块试样的级数。

(二)改型马丁代尔法(GB/T 4802.2—2008)

1. 原理

在规定压力下,圆形试样以李莎茹图形的轨迹与相同织物或羊毛织物(磨料织物)进行摩擦。试样能够绕与试样平面垂直的中心轴自由转动。经规定的摩擦阶段后,采用视觉描述方式评定试样的起毛或起球等级。

2. 设备和辅助材料

(1)马丁代尔耐磨试验仪。试验仪由承载起球台的基盘和传动装置组成。传动装置由两个外轮和一个内轮组成,可使试样夹具导板按李莎茹图形进行运动。

（2）驱动和基台配制。

（3）评级箱。用白炽荧光灯管或灯泡照明,照明装置与试样板应保持夹角在 5°~15°,观察方向与试样平面应保持在 90°±10°,眼睛与试样的距离应在 30~50cm。

（4）毛毡。

①顶部（试样夹具）。直径为（90±1）mm。

②底部（起球台）。直径为 140mm。

（5）磨料。用于摩擦试样,一般与试样织物相同。对于装饰织物,采用规定的羊毛织物磨料,每次试验需更换新磨料。

3. 调湿和试验用大气

调湿和试验用大气采用 GB/T 6529—2008 规定的标准大气。

4. 试样准备

（1）取样。阶梯型取样,至少取 3 组试样,每组含两块试样,一块安装在试样夹具中,直径为 140mm 的圆形试样;另一块作为磨料安装在起球台上,直径为 140mm 的圆形或边长为（150±2）mm 的方形试样。如起球台上选用羊毛织物磨料,则至少需要 3 块试样进行测试。另多取 1 块试样用于评级时的比对样。

（2）试样标记。取样前在需评级的每块试样背面的同一点作标记,确保评级时沿同一个纱线方向评定试样,标记应不影响试验的进行。

5. 试验步骤

（1）试样安装。从试样夹具上移开试样夹具环和导向轴。将试样安装辅助装置小头朝下放置在平台上,将试样夹具环套在辅助装置上。翻转试样夹具,在试样夹具内部中央放入直径为（90±1）mm 的毡垫,将直径 140mm 的试样,正面朝上放在毡垫上,保证试样完全覆盖住试样夹具的凹槽部分。

小心地将带有毡垫和试样的试样夹具放置在辅助装置的大头端的凹槽处,保证试样夹具与辅助装置紧密密合在一起,拧紧试样夹具环到试样夹具上,保证试样和毡垫不移动、不变形。

（2）起球台上试样的安装。在起球台上放置直径为 140mm 的一块毛毡,其上放置试样或羊毛织物磨料,放上加压重锤,并用固定环固定。

（3）起球测试。根据不同种类纺织品按表 3-3-14 进行不同阶段测试评定,按表 3-3-14 评定,评定时,不取出试样,不清除试样表面。

每次评定完成后,将试样夹具按取下的位置重新放置在起球台上,继续进行测试。在每一个摩擦阶段都要进行评估,直到达到规定的试验终点。

表 3-3-14　原棉起球试验分类

类别	纺织品种类	磨料	负荷质量/g	评定阶段/次
1	装饰织物	羊毛织物	415±2	500,1000,2000,5000
2	机织物(除装饰织物外)	机织物本身或羊毛织物	415±2	125,500,1000,2000,5000,7000
3	针织物(除装饰织物外)	针织物本身或羊毛织物	155±1	125,500,1000,2000,5000,7000

注　1. 试验表明,透过 7000 次的连续摩擦后,试验和穿着之间有较好的相关性。因为 2000 次摩擦后还存在的毛球,经过 7000 次摩擦后,毛球可能已经被磨掉了。

　　2. 对于表中 2 类、3 类织物,起球摩擦次数不低于 2000 次,在协议的评定阶段观察到的起球级数即使为 4~5 级或以上,也可在 7000 次之前终止试验。

6. 起毛起球评定与结果表示

同圆轨迹法。

(三)起球箱法(GB/T 4802.3—2008)

1. 原理

安装在聚氨酯管上的试样,在具有恒定转速、衬有软木的木箱内任意翻转。经过规定的翻转次数后,对起毛和(或)起球性能进行视觉描述评定。

2. 设备和辅助材料

(1)起球试验箱。立方体箱箱体的所有内表面软木衬厚度为 3.2mm,箱子转速为(60±2)r/min。

新的衬垫在使用前,需要在带有四个空白聚氨酯管的起球箱内转动约 200h,直到衬垫上没有软木屑脱落。软木衬垫应定期检查,当出现可见的损伤或影响到其摩擦性能的污染时应更换软木衬垫。

保留两种校准织物,起毛起球等级 1-2 级到 4 级不同级别,每隔一段时间(如 6 个月)需重新测试校准织物,并与最初测试过的校准样进行比较。通过此种方式发现箱与箱之间或单个箱的任何偏离和误差。

(2)聚氨酯载样管。每个起球试验箱需要 4 个载样管,每个管长为(140±1)mm,外径为(31.5±1)mm,管壁厚度为(3.2±0.5)mm,质量为(52.25±1)g。

(3)装样器。将试样安装到载样管上。

(4)PVC 胶带。胶带为 19mm 宽。

(5)缝纫机。

(6)评级箱。

3. 调湿和试验用大气

调湿和试验用大气采用 GB/T 6529—2008 规定的标准大气。

4. 试样准备

(1)取样。从样品上阶梯形剪取 4 个试样,经纬向各 2 个,每个试样的尺寸为 125mm×125mm。在每个试样上标记织物反面和织物纵向。当织物没有明显的正反面时,两面都要进行测试。另剪取 1 块尺寸为 125mm×125mm 的试样作为评级所需的对比样。

(2)试样的缝合。每个试样正面向内折叠,距边 12mm 缝合,其针迹密度应使接缝均衡,形成试样管,折的方向与织物的纵向一致。取另 2 个试样,分别向内折叠,缝合成试样管,折的方向应与织物的横向一致。

(3)试样的安装。将缝合试样管的里面翻出,使织物正面成为试样管的外面。在试样管的两端各剪 6mm 端口,以去掉缝纫变形。将准备好的试样管装在聚氨酯载样管上,使试样两端距聚氨酯管边缘的距离相等,保证接缝部位尽可能平整。用 PVC 胶带缠绕每个试样的两端,使试样固定在聚氨酯管上,且聚氨酯管的两端各有 6mm 裸露。固定试样的每条胶带长度应不超过聚氨酯管用长的 1.5 倍。

5. 试验步骤

保证起球箱内干净、无绒毛。把 4 个安装好的试样放入同一起球箱内,关紧盖子。启动仪器,转动箱子至协议规定的次数。在没有协议或规定的情况下,建议粗纺织物翻转 7200r,精纺织物翻转 14400r。

从起球试验箱中取出试样并拆除缝合线。

6. 起毛起球评定与结果表示

同圆轨迹法。

(四)随机翻滚法(GB/T 4802.4—2020)

1. 原理

在规定条件下,使试样在铺有内衬材料的圆筒状试验仓中随机翻滚,经过规定的测试时间后,对织物的起毛、起球和毡化性能进行视觉评定。

2. 设备和辅助材料

(1)起球试验箱。软木圆筒衬垫长 452mm,宽 146mm,厚 1.5mm。软木圆筒衬垫使用 1h 后需要更换。每个试验仓的空气压力需要达到 14~21kPa。

(2)胶黏剂。用来封合试样的边缘。

(3)真空除尘器。家用除尘器即可,用来清洁试验后的试验仓。

（4）灰色短棉。用来改善试样的起球性能。

（5）评级箱。

（6）实验室内部标准织物。用来校准新安装的起球箱或软木衬垫是否被污染的织物。

3. 调湿和试验用大气

调湿和试验用大气采用 GB/T 6529—2008 规定的标准大气。

4. 试样准备

（1）取样。从每种样品中各取 3 个试样，尺寸为（105±2）mm×（105±2）mm。避免每两块试样中含有相同的经纱或纬纱，试样应具有代表性，且避开织物的褶皱、疵点部位。

（2）标记与制样。在每个试样的一角分别标注"1""2"或"3"以作区分。使用黏合剂将试样的边缘封住，边缘不可超过 3mm。将试样悬挂晾干，干燥时间至少为 2h。

5. 试验步骤

（1）同一个样品的试样应分别在不同的试验仓内进行试验。

（2）将取自同一个样品中的三个试样，与重约 25mg、长度约 6mm 的灰色短棉一起放入试验仓内，每一个试验仓内放入一个试样，盖好试验仓盖，并将试验时间设置为 30min。

（3）启动仪器，打开气流阀。在运行过程中，应经常检查每个试验仓试样翻转情况。如试样缠绕在叶轮上不翻转或卡在试验仓的底部、侧面静止时，关闭空气阀，切断气流，停止试验，并将试样移出。记录试验的意外停机或者其他不正常情况。

（4）当试样被叶轮卡住时，停止测试，移出试样，并使用清洁液或水清洗叶轮片。待叶轮干燥后，继续试验。

（5）试验结束后取出试样，并用真空除尘器清除残留棉絮。

（6）测试经硅胶处理的试样时，可能会污染软木衬垫从而影响最终的起球结果。需要采用实验室内部标准织物对已使用过的衬垫表面再做一次对比试验。分别记录两次测试的结果，如果软木衬垫被污染，那么此次结果与采用实验室内部校准织物在未被污染的衬垫表面所做的试验结果会不相同，分别记录两次测试的结果，并清洁干净或更换新的软木衬垫对其他试样进行测试。

6. 起毛起球评定与结果表示

同圆轨迹法。

十五、纺织品弯曲性能的测定

织物弯曲性能的测试方法包括斜面法、心形法、格莱法、悬臂法、纯弯曲法、马鞍法六种，较多采用的是斜面法与心形法。

(一)斜面法(GB/T 18318.1—2009)

1. 适用范围

适用于各类织物。

2. 原理

一矩形试样放在水平平台上,试样长轴与平台长轴平行。沿平台长轴方向推进试样,使其伸出平台并在自重下弯曲。伸出部分端悬空,由尺子压住仍在平台上的试样另一部分。

当试样的头端通过平台的前缘达到与水平线呈41.5°倾角的斜面上时,伸出长度等于试样弯曲长度的两倍,由此可计算弯曲长度。

3. 弯曲长度仪

(1)平台。宽度为(40±2)mm,长度不小于250mm,支撑在高出桌面至少150mm 的高度上。通过平台前缘的斜面与水平台底面呈41.5°夹角,平台支撑的侧面与斜面的交线为 L_1 和 L_2,如图3-3-5 所示。在距平台前缘的(10±1)mm 处作标记 D。

注意:为避免试样黏附,平台表面宜涂有或盖有一层聚四氟乙烯(PTFE)。

(2)钢尺。宽度为(25±1)mm,长度不小于平台长度,质量为(250±10)g,其下表面有橡胶层。

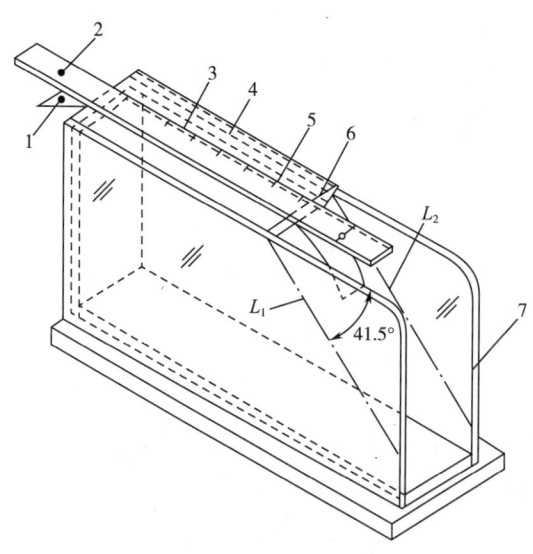

图3-3-5　弯曲长度仪示意图

1—试样　2—钢尺　3—刻度　4—平台　5—标记　6—平台前缘　7—平台支撑

4. 试样准备

随机剪取12块试样,试样尺寸为(25±1)mm×(250±1)mm。其中6块试样的长边平行于织物的纵向,6 块试样的长边平行于织物的横向。试样至少取至离布边 100mm,并尽可能少用手摸。

注意:有卷边或扭转趋势的织物应当在剪取试样前调湿。如果试样的卷曲或扭转现象明显,可将试样放在平面间轻压几个小时。对于特别柔软、卷曲或扭转现象严重的织物,不宜用此法。

5. 调湿和试验用大气

调湿和试验用大气采用 GB/T 6529—2008 规定的标准大气。

6. 步骤

(1)测定和计算试样的单位面积质量。

(2)调节仪器的水平。将试样放在平台上,试样的一端与平台的前缘重合。将钢尺放在试样上,钢尺的零点与平台上的标记 D 对准。

以一定的速度向前推动钢尺和试样,使试样伸出平台的前缘,并在其自重下弯曲,直到试样伸出端与斜面接触。记录标记对应的钢尺刻度作为试样的伸出长度。

(3)对同一试样的另一面进行试验。再次重复对试样另一端的两面进行试验。

注意:放置仪器要有利于观察钢尺上的零点和试样与斜面的接触,在水平方向保证读数的准确。

7. 结果计算与表示

取伸出长度的一半作为弯曲长度,每个试样记录四个弯曲长度,以此计算每个试样的平均弯曲长度。

分别计算两个方向各试样的平均弯曲长度 C,单位为 cm。

根据式(3-3-18)分别计算两个方向的平均单位宽度的抗弯刚度,保留三位有效数字。

$$G = m \times C^3 \times 10^{-3} \qquad (3-3-18)$$

式中:G——单位宽度的抗弯刚度,mN·cm;

　　　m——试样的单位面积质量,g/m²;

　　　C——试样的平均弯曲长度,cm。

(二)心形法(GB/T 18318.2—2009)

1. 适用范围

适用于各类纺织品,尤其适用于较柔软和易卷边的织物。

2. 原理

把长条形试样两端反向叠合后夹到试验架上,试样呈心形悬挂,测定心形环的高度,以此衡量试样的弯曲性能。

3. 设备

(1)试样架。如图 3-3-6 所示,试样架高度不低于 300mm。

(2)测长计。精度不低于 1mm。

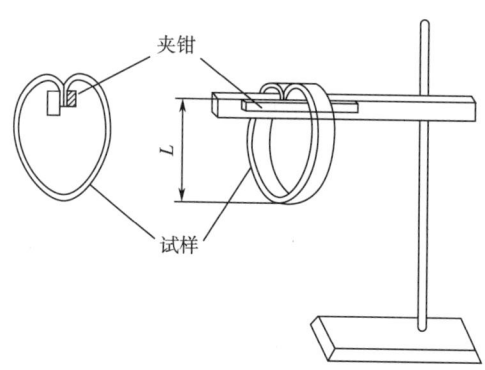

图 3-3-6　试样架及试样的夹持

4. 调湿和试验用大气

调湿和试验用大气采用 GB/T 6529—2008 规定的标准大气。试验前样品应在松弛状态下调湿平衡,公定回潮率为 0 的样品可直接测定。

5. 试样准备

试样应距布边至少 150mm 取样,避开影响试验结果的疵点和褶皱,裁取宽 20mm、长 250mm 的试样,经、纬(或纵、横)向各 5 块,保证每块试样不在相同的纵向和横向位置上。

6. 测试程序

(1)取 1 条试样将其两端反向叠合,使测试面朝外,夹到试验架夹样器上,试样形成圈状并呈心形自然悬挂,试样成圈部分的有效长度为 200mm。

(2)试样悬挂 1min 后,测定心形圈顶端至最低点之间的距离 L(mm),以此作为试样的弯曲环高度。分别计算经向、纬向各 5 个试样正面、反面 10 个测量值的平均值,结果修约至整数位。

十六、织物悬垂性的测定(GB/T 23329—2009)

悬垂性是织物因自重而下垂的性能,它反映织物的悬垂程度和悬垂形态。悬垂系数是试样下垂部分的投影面积与原面积相比的百分率,是描述织物悬垂程度的指标。

1. 适用范围

适用于各类纺织品悬垂性的测定。

2. 原理

将圆形试样水平置于与圆形试样同心且较小的夹持盘之间,夹持盘外的试样沿夹持盘边缘自然悬垂下来。利用下述方法测定织物的悬垂性。

（1）方法 A：纸环法。将悬垂的试样影像投射到已知质量的纸环上,纸环与试样未夹持部分的尺寸相同。在纸环上沿着投影边缘画出其整个轮廓,再沿着画出的线条剪取投影部分。悬垂系数为投影部分的纸环质量占整个纸环质量的百分率。

（2）方法 B：图像处理法。将悬垂试样投影到白色片材上,用数码相机获取试样的悬垂图像,从图像中得到有关试样悬垂性的具体定量信息。利用计算机图像处理技术得到悬垂波数、波幅和悬垂系数等指标。

3. 设备

（1）悬垂性试验仪。带有透明盖的试验箱,两个水平圆形夹持盘,直径为 18cm 或 12cm,试样夹在两个夹持盘中间,下夹持盘有一个中心定位柱,在夹持盘下方的中心、凹面镜的焦点位置有一点光源,凹面镜反射的平行光垂直向上通过夹持盘周围的试样区照在仪器的透明盖上,仪器盖上有固定纸环的中心板或白色片材,如图 3-3-7 所示。

三块圆形模板,直径为 24cm、30cm 和 36cm,用于方便地剪裁画样和标注试样中心。

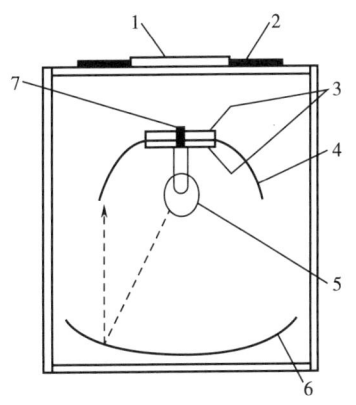

图 3-3-7　悬垂仪示意图

1—中心板　2—纸环(或白色片材)　3—固定试样的夹持盘　4—悬垂的织物试样　5—点光源　6—抛面镜　7—定位柱

（2）秒表(或自动计时装置)。

（3）方法 A 中的辅助装置。透明纸环,当内径为 18cm 时,外径要求选择为 24cm、30cm 或 36cm;当内径为 12cm 时,外径为 24cm。

（4）方法 B 中的辅助仪器。数码相机,带支架能与计算机连接,能够将数码相机获取织物试样的影像输入至计算机的评估软件。评估软件能够浏览数码相机获取的影像,根据影像测定轮廓,并根据影像信息计算悬垂系数、悬垂波数、最大波幅、最小波幅及平均波幅,并提供最终报告。

(5)白色片材,应确保材料表面平整无褶皱,且能够清晰地映出投影图像。

4. 调湿和试验用大气

调湿和试验用大气采用 GB/T 6529—2008 规定的标准大气。

5. 试样准备

(1)预试验。样品应避开褶皱和扭曲的部位进行取样,标记正反面,不要让试样接触皂类、盐及油类等污染物;根据加持盘直径选择试样尺寸,夹持盘直径为 18cm 时,先使用直径为 30cm 的试样进行预试验,并计算该直径时的悬垂系数。

(2)预试验步骤。将纸环放在仪器上,其外径与试样直径相同。将试样正面朝上,放在下夹持盘上,使定位柱穿过试样中心。立即将上夹持盘放在试样上,使定位柱穿过上夹持盘上的中心孔。

从上夹持盘放到试样上起开始用秒表计时。30s 后,打开灯源,沿纸环上的投影边缘描绘出投影轮廓线。

取下纸环,放在天平上称取纸环的质量,记作 m_{pr},精确至 0.01g。沿纸环上描绘的投影轮廓线剪取,弃去纸环上未投影的部分,用天平称量剩余纸环的质量,记作 m_{sa},精确至 0.01g。根据式(3-3-19)计算试样的悬垂系数 D,以百分率表示。

$$D = \frac{m_{sa}}{m_{pr}} \times 100\% \qquad (3-3-19)$$

式中: m_{pr}——纸环的总质量,g ;

$\quad\quad m_{sa}$——代表投影部分的纸环质量,g。

(3)试样直径选择。根据悬垂系数选择试样直径,当悬垂系数在 30%~85% 范围内,试样直径均为 30cm;悬垂系数<30% 的柔软织物,试样直径使用 30cm 和 24cm(补充测试);悬垂系数>85% 的硬挺织物,试样直径使用 30cm 和 36cm(补充测试);不同直径的试样得出的试样结果没有可比性。

若夹持盘直径为 12cm 时,所有试验试样的直径均为 24cm。

6. 测试步骤

(1)方法 A:纸环法。根据预试验结果,在一个样品上至少取 3 个试样,对每个试样的正、反两面均进行试验,由此对一个样品至少进行 6 次上述操作。分别计算试样正面和反面悬垂系数平均值及总体平均值,以百分率表示。

(2)方法 B:图像处理法。在数码相机和计算机连接状态下,开启计算机评估软件进入检测状态,打开照明灯光源,使数码相机处于捕捉试样影像状态,必要时以夹持盘定位柱为中心调整图像居中位置。

将白色片材放在仪器的投影部位。

将试样正面朝上,放在下夹持盘上,让定位柱穿过试样的中心,立即将上夹持盘放在试样上,其定位柱穿过中心孔,并迅速盖好仪器透明盖。

计时 30s 后,即用数码相机拍下试样的投影图像。用计算机处理软件得到悬垂系数、悬垂波数、最大波幅、最小波幅及平均波幅等试验参数。

在一个样品上至少取 3 个试样,对每个试样的正、反两面均进行试验,由此对一个样品至少进行 6 次上述操作。

7. 结果计算与表示

分别对获取的不同直径的试样进行计算或测量试验参数。

①悬垂系数 D。用式(3-3-20)计算悬垂系数 D,以百分率表示。

$$D = \frac{A_s - A_d}{A_0 - A_d} \times 100\% \qquad (3-3-20)$$

式中:A_0——未悬垂试样的初始面积,cm^2;

　　A_d——夹持盘面积,cm^2;

　　A_s——试样在悬垂后投影面积,cm^2。

②悬垂波数。

③最小波幅(cm)。

④最大波幅(cm)。

⑤平均波幅(cm)。

分别计算正面和反面的悬垂系数的平均值及总体平均值。

十七、织物透气性的测定(GB/T 5453—1997)

1. 适用范围

适用于多种纺织物,包括产业用织物、非织造布和其他可透气的纺织制品。

2. 原理

在规定的压差条件下,测定一定时间内垂直通过试样给定面积的气流流量,计算出透气率。气流速率可直接测得,也可通过测定流量孔径两面的压差换算而得。

3. 试验前准备

(1)仪器。试验仪器应按仪器计量检定规程进行计量检定。

①试验圆台。具有试验面积为 $5cm^2$、$20cm^2$、$50cm^2$ 或 $100cm^2$ 的圆形通气孔,试验面积误差不超过±0.5%,对于较大试验面积的通气孔应有适当的试样支撑网。

②夹具。能平整地固定试样,保证试样边缘不漏气。

③橡胶垫圈。可防止漏气,与夹具吻合。

④压力计或压力表。连接于试验箱,能指示试样两侧的压降为 50Pa、100Pa、200Pa 或 500Pa,精度至少为 2%。

⑤气流平稳吸入装置(风机)。能使具有标准温湿度的空气进入试样圆台,并可使透过试样的气流产生 50~500Pa 的压降。

⑥流量计、容量计或测量孔径。能显示气流的流量,单位为 dm^3/min(L/min),精度不超过±2%。

(2)试验条件。推荐值如下:

试验面积:20cm²。

压降:服用织物为 100Pa;产业用织物为 200Pa。

如上述压降达不到或不适用,经有关方协商后可选用 50Pa 或 500Pa,也可使用 5cm²、50cm² 或 100cm² 的试验面积。

(3)取样。根据产品标准规定的程序或有关方面的协议取样。在没有规定的情况下,从批样的每一匹中剪取至少为 1m 的整幅织物作为实验室样品,注意应在距布端 3m 以上的部位随机选取,并且不能有褶皱或明显疵点。

(4)调湿与试验用标准大气。预调湿、调湿和试验用标准大气按 GB/T 6529—2008 的规定执行。

4. 试验步骤

(1)检查并校验仪器。

(2)将试样夹持在试样圆台上,测试点应避开布边及褶皱处,夹样时采用足够的张力使试样平整而又不变形。为防止漏气,在试样的低压一侧(即试样圆台一侧)应垫上垫圈。当织物正、反两面透气性有差异时,应在报告中注明测试面。

(3)启动吸风机或其他装置使空气通过试样,调节流量,使压力降逐渐接近规定值 1min 后或达到稳定时,记录气流流量。

(4)在同样的条件下,在同一样品的不同部位重复测定至少 10 次。

(5)修正气流流量,如夹具处漏气,应测定漏气量,并从读数中减去该值。

5. 结果计算与表示

(1)计算测定值的算术平均值 q_v 和变异系数(至最邻近的 0.1%)。

(2)计算透气率 R,单位为 $mm^3/(mm^2 \cdot s)$ 或 mm/s,结果按 GB/T 6529—2008 修约至测量范围的 2%。

$$R = \frac{q_v}{A} \times 167 \qquad (3-3-21)$$

式中:q_V——平均气流量,dm^3/min(L/min);

 A——试验面积,cm^2;

167——由 $dm^3/(min \cdot cm^2)$ 换算成 mm/s 的换算系数。

十八、纺织品毛细效应试验方法(FZ/T 01071—2008)

1. 适用范围

适用于长丝、纱线、绳索、织物及纺织制品,但不适用于短纤维。

2. 原理

将试样垂直悬挂,其一端浸在液体中,液体通过毛细管作用,测定经过规定时间液体沿试样的上升高度,并利用时间—液体上升高度的曲线求得某一时刻的液体芯吸速率。

3. 设备和材料

(1)毛细效应试验装置,如图 3-3-8 所示。

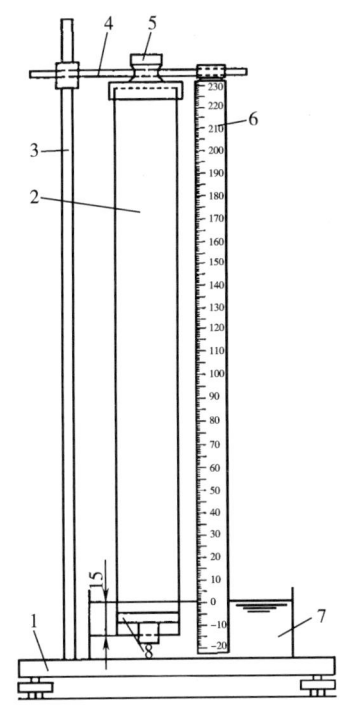

图 3-3-8 毛细效应试验装置(单位:mm)

1—底座 2—试样 3—垂直支架 4—横梁架 5—试样夹 6—标尺

7—容器 8—张力夹(质量约 3g,或使试样不漂浮、不伸长的质量)

(2)秒表。

(3)试液。三级水,为便于观察和测量,可在三级水中加入适量蓝黑(或红)墨水或其他适宜的有色试剂。

4. 试验前的准备

（1）试样。距布边十分之一幅宽处，沿纵向左、中、右部位至少各剪取 1 条试样，并沿纵向剪取至少 3 条试样，每条长度不小于 250mm，有效宽度为 30mm。

（2）调湿和试验用大气。调湿和试验用大气采用 GB/T 6529—2008 规定的标准大气。

5. 试验步骤

（1）用试样夹将试样一端固定在横梁架上，在试样下端 8～10mm 处装上适当质量的张力夹，使试样保持垂直。

（2）调整试样位置，使试样下端位于标尺零位以下（15±2）mm 处，倒入试液，使液面处于标尺零位，开始计时。

（3）测量 30min 时液体芯吸高度的最大值和（或）最小值。如需要，分别测量经过 1min、5min、10min、20min、30min 或更长时间时液体芯吸高度的最大值和（或）最小值。对吸水性较好的试样，可增加测量 10s、30s 时的值。

6. 结果表示

（1）分别计算各向在某时刻 3 个试样芯吸高度的最大值平均值和（或）最小值平均值（mm），结果均保留到小数点后一位。

（2）如需要，以测试时间 t（min）为横坐标，液体芯吸高度 h（mm）为纵坐标，根据所得数据绘制 $t—h$ 曲线，曲线上某点切线的斜率即为 t 时刻的液体芯吸速率（mm/min）。

第五节　功能性检测

一、纺织品吸湿速干性的评定：单项组合试验法（GB/T 21655.1—2008）

（一）范围

适用于各类纺织品及其制品。

（二）原理

以织物对水的吸水率、滴水扩散时间和芯吸高度表征织物对液态汗的吸附能力；以织物在规定空气状态下的水分蒸发速率和透湿量表征织物在液态汗状态下的速干性。

（三）设备、材料和试剂

（1）天平。精度 0.001g。

(2)试验用平台。表面平整光滑,用不吸水材料(塑料板、玻璃板等)制成。

(3)滴定管(1mL)。

(4)试样悬挂装置。

(5)标准规定的三级水;

(6)计时器。分度0.1s。

(四)调湿和试验用大气

调湿和试验用大气采用 GB/T 6529—2008 规定的标准大气;一般调湿 16h 以上,合成纤维样品至少 2h,公定回潮率为 0 的样品不需调湿。

(五)试验程序

1. 吸水率测试

(1)每个样品裁取 5 块试样,尺寸至少为 10cm×10cm。调湿平衡后称取原始质量,精确至 0.001g。

(2)经称重后的试样放入盛有三级水的容器内,试样吸水后自然下沉。如试样不能自然下沉,则可将试样压至水中后抬起,反复 2~3 次。

(3)将试样在水中完全浸润 5min 后取出,自然平展地垂直悬挂,试样中水分自然下滴,当两滴水的时间间隔不低于 30s 时,立即用镊子取出试样称取质量,精确至 0.001g。

按式(3-3-22)计算试样吸水率:

$$A = \frac{m - m_0}{m_0} \times 100\% \qquad (3-3-22)$$

式中:A——吸水率,%;

m_0——试样原始质量,g;

m——试样润湿并滴水后的质量,g。

计算 5 块试样吸水率的平均值,结果修约至 1%。

2. 滴水扩散时间测试

(1)每个样品裁取 5 块试样,尺寸至少为 10cm×10cm。将试样放置在标准大气条件下进行调湿平衡。

(2)将试样平放在试验平台上(使用时贴近人体皮肤的一面朝上),用滴定管将约 0.2mL 的水轻轻地滴在试样上,滴管口距试样表面应不超过 1cm。

(3)仔细观察水滴扩散情况,记录水滴接触试样表面至完全扩散(不再呈现镜面反射)所需时间,精确至 0.1s。如水滴扩散速度较慢,在一定时间(如 300s)后仍未完全扩散,则可停止试验,并记录扩散时间大于设定时间(如>300s)。

(4)计算5块试样的平均扩散时间,结果修约至0.1s。

3. 水分蒸发速率和蒸发时间测试

(1)对2(1)中滴水扩散时间裁取的样品称取质量m_0。

(2)将2(3)中完成滴水扩散时间完全扩散时的试样立即称取质量后自然平展地垂直悬挂于标准大气中,每隔(5 ± 0.5)min称取一次质量,精确至0.001g。直至连续两次称取质量的变化率不超过1%,则可结束试验。如水分蒸发速度较快,连续称量时间间隔可以适当缩短为3min或1min等。

(3)如果水滴不能扩散,可以在三级水中加入1g/L润湿剂,或以玻璃棒捣轧水滴,以使水滴渗入试样;如水滴仍不能扩散,则可停止试验,并报告试样不能吸水,无法测定蒸发速率或蒸发时间。

(4)按式(3-3-23)和式(3-3-24)计算试样在每个称取时刻的水分蒸发量或水分蒸发率,然后绘制"时间—蒸发量曲线"或"时间—蒸发率曲线"。图3-3-9为时间—蒸发量曲线示意图。

$$\Delta m_i = m - m_i \qquad (3\text{-}3\text{-}23)$$

$$E_i = \frac{\Delta m_i}{m_0} \times 100\% \qquad (3\text{-}3\text{-}24)$$

式中:Δm_i——水分蒸发量,g;

　　m_0——试样原始质量,g;

　　m——试样滴水润湿后的质量,g;

　　m_i——试样在滴水润湿后某一时刻的质量,g;

　　E_i——水分蒸发率,%。

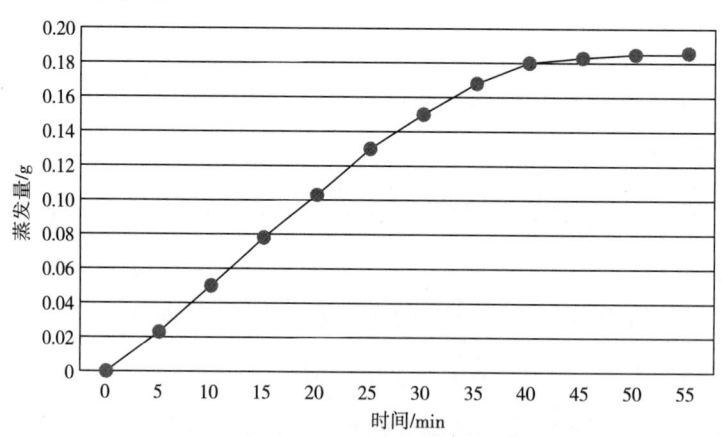

图3-3-9　时间—蒸发量曲线示意图

4. 水分蒸发速率测试

正常的时间—蒸发量曲线通常在某点后蒸发量变化会明显趋缓。在该点之前的曲线上作最接近直线部分的切线,求切线的斜率即为水分蒸发速率 E_v(g/h 或%/h)。

计算 5 块试样的平均蒸发速率,结果修约至 0.01g/h 或 0.1%/h。

5. 蒸发时间测试

从吸水后试样悬挂于标准大气中开始,至连续 2 次称取质量的变化率不超过 1%且称取质量与试样加水前原始质量之差不高于 2%时所需的时间(min)。

6. 芯吸高度测试

裁取 6 块试样,经纬向各 3 块,记录 30min 时的芯吸高度的最小值,分别计算 2 个方向芯吸高度最小值的平均值。

7. 透湿量测试

按 GB/T 12704—2009 规定的方法 A 吸湿法执行。

(六)吸湿速干性能技术要求及评定

按表 3-3-15 评定机织类产品的吸湿速干性能,产品洗涤前和洗涤后的各项指标均达到技术要求的,可明示为吸湿速干产品,否则不应称为吸湿速干产品。

对于吸湿产品,仅考核吸湿性的三项指标;对于速干产品,仅考核速干性的两项指标。

表 3-3-15 机织类产品技术要求

项目		要求
吸湿性	吸水率/%	≥100
	滴水扩散时间/s	≤5
	芯吸高度/mm	≥90
速干性	蒸发速率/(g/h)	≥0.18
	透湿量/[g/(m²·d)]	≥8000

注 芯吸高度以经向或纬向中较大者考核。

二、织物透湿性试验方法

(一)吸湿法(GB/T 12704.1—2009)

1. 适用范围

适用于厚度在 10mm 以内的各类织物,但不适用于透湿率大于 29000g/(m²·24h)的织物。

2. 原理

把盛有干燥剂并封以织物试样的透湿杯放置于规定温度和湿度的密封环境中,根据一定时间内透湿杯质量的变化计算试样透湿率、透湿度和透湿系数。

3. 设备和材料

(1)试验箱。应配备温度和湿度传感器和测量装置,温度控制精度为±0.2℃,相对湿度控制精度为±4%,满足持续稳定的循环气流速度为0.3~0.5m/s。

(2)透湿杯及附件。透湿杯、压环、杯盖、螺栓、螺帽应采用不透气、不透湿、耐腐蚀的轻质材料制成,透湿杯与杯盖应对应编号。

由试样、吸湿剂、透湿杯及附件组成的试验组合体质量应小于210g。

垫圈用橡胶或聚氨酯塑料制成。

乙烯胶粘带宽度应大于10mm。

(3)其他器具。天平(精度为0.001g);干燥剂(无水氯化钙,粒度0.63~2.50mm,使用前需在160℃烘箱中干燥3h);标准筛(0.63mm 和 2.50mm 孔径的标准筛各一个);干燥器;标准圆片冲刀;织物厚度仪(精度为0.01mm)。

4. 试样的准备和调湿

(1)试样应在距布边1/10幅宽、距布端2m处裁取试样,应无影响测试结果的疵点。试样直径为70mm,每个样品取至少3个试样。对于两面材料不同的样品,两面都需测试。

(2)调湿和试验用大气采用 GB/T 6529—2008 规定的标准大气。

(3)试验条件。

①温度(38±2)℃,相对湿度(90±2)%。

②温度(23±2)℃,相对湿度(50±2)%。

③温度(20±2)℃,相对湿度(65±2)%。

优先采用①组试验条件,若需要可采用 ②组、③组或其他试验条件。

5. 试样步骤

(1)向清洁、干燥的透湿杯内装入规定干燥剂约35g,振荡均匀成一平面。干燥剂装填高度为距试样下表面位置4mm左右。空白试验的杯中不加干燥剂。

(2)将试样测试面朝上放置在透湿杯上,装上垫圈和压环,旋上螺帽,再用乙烯胶粘带从侧面封住压环、垫圈和透湿杯,组成试验组合体。

(3)迅速将试验组合体水平放置在已达到规定试验条件的试验箱内,经过1h平衡后取出。

(4)迅速盖上对应杯盖,放在20℃左右的硅胶干燥器中平衡30min,按编号逐一称量,精确至 0.001g,每个试验组合体称量时间不超过 15s。

(5)称量后轻微振动杯中的干燥剂,使其上下混合,振动过程中,尽量避免干燥剂与试样接触。

(6)去除杯盖,迅速将试验组合体放入试验箱内,经过 1h 试验后取出称量,每次称量先后顺序应一致,干燥剂吸湿总增量不得超过 10%。

6. 结果计算

(1)透湿率计算。

$$WVT=\frac{(\Delta m-\Delta m')}{A\cdot t}\qquad(3-3-25)$$

式中:WVT——透湿率,g/(m² · h)或 g/(m² · 24h);

Δm——同一试验组合体两次称量之差,g;

$\Delta m'$——空白试样的同一试验组合体两次称量之差,g;不做空白试验时,$\Delta m'=0$;

A——有效试验面积,m²(本部分中的装置为 0.00283m²);

t——试验时间,h。

试验结果以三块试样的平均值表示,结果按 GB/T 8170—2008 修约至三位有效数字。

(2)透湿度计算。

$$WVP=\frac{WVT}{\Delta p}=\frac{WVT}{p_{CB}(R_1-R_2)}\qquad(3-3-26)$$

式中:WVP——透湿度,g/(m² · Pa · h);

Δp——试样两侧水蒸气压差,Pa;

p_{CB}——在试验温度下的饱和水蒸气压力,Pa;

R_1——试验时试验箱的相对湿度,%;

R_2——透湿杯内的相对湿度,%,透湿杯内的相对湿度可按 0 计算。

结果按 GB/T 8170—2008 修约至三位有效数字。

(3)透湿系数计算。

$$PV=1.157\times10^{-9}WVP\cdot d\qquad(3-3-27)$$

式中:PV——透湿系数,g · cm/(cm² · s · Pa);

d——试样厚度,cm。

结果按 GB/T 8170—2008 修约至两位有效数字。

(二)蒸发法(GB/T 12704.2—2009)

1. 适用范围

适用于厚度在 10mm 以内的各类片状织物。本部分包括两种方法:方法 A 正杯法和方法 B

倒杯法。其中,方法 B 倒杯法仅适用于防水透气性织物的测试。

2. 原理

把盛有一定温度蒸馏水并封以织物试样的透湿杯放置于规定温度和湿度的密封环境中,根据一定时间内透湿杯质量的变化计算出试样透湿率、透湿度和透湿系数。

3. 设备和材料

同吸湿法(GB/T 12704.1—2009)。

4. 试样的准备和调湿

(1)试样的准备条件同吸湿法。

(2)调湿和试验用大气采用 GB/T 6529—2008 规定的标准大气。

(3)试验条件。

①温度(38±2)℃,相对湿度 50%±2%。

②温度(23±2)℃,相对湿度 50%±2%。

③温度(20±2)℃,相对湿度 65%±2%。

优先采用①组试验条件,若需要可采用 ②组、③组或其他试验条件。

5. 试验步骤

(1)方法 A:正杯法。

①用量筒精确量取与试验条件温度相同的蒸馏水 34mL,注入清洁、干燥的透湿杯内,使水距试样表面位置 10mm 左右。

②将试样测试面朝下放置在透湿杯上,装上垫圈和压环,旋上螺帽,再用乙烯胶粘带从侧面封住压环、垫圈和透湿杯,组成试验组合体。

③迅速将试验组合体水平放置在已达到规定试验条件的试验箱内,经过 1h 平衡后,按编号在箱内逐一称量,精确至 0.001g。若在箱外称重,每个试验组合体称量时间不超过 15s。

④随后经试验时间 1h 后,以同一顺序称量(若试样透湿率过小,可延长试验时间,并在试验报告中说明)。

⑤整个试验过程中要保持试验组合体水平,避免杯内的水沾到试样的内表面。

(2)方法 B:倒杯法。

①用量筒精确量取与试验条件温度相同的蒸馏水 34mL,注入清洁、干燥的透湿杯内。

②将试样测试面朝上放置在透湿杯上,装上垫圈和压环,旋上螺帽,再用乙烯胶粘带从侧面封住压环、垫圈和透湿杯,组成试验组合体。

③迅速将整个试验组合体倒置后水平放置在已达到规定试验条件的试验箱内(要保证试

样下表面处有足够的空间),经过 1h 平衡后,按编号在试验箱内逐一称量,精确至 0.001g。若在箱外称重,每个试验组合体称量时间不超过 15s。

④随后经试验时间 1h 后取出,以同一顺序称量(若试样透湿率过小,可延长试验时间,并在试验报告中说明)。

6. 结果计算

同吸湿法(GB/T 12704.1—2009)。

三、纺织品防水性能的检测和评价:静水压法(GB/T 4744—2013)

1. 适用范围

适用于各类织物(包括复合织物)及其制品。

2. 原理

以织物承受的静水压来表示水透过织物所遇到的阻力。在标准大气条件下,试样的一面承受持续上升的水压,直到另一面出现三处渗水点为止,记录第三处渗水点出现时的压力值,并以此评价试样的防水性能。

3. 设备和材料

(1)静水压仪。使试样水平夹持,且不鼓起,不会滑移,试验时,夹紧装置不应漏水,织物上面或下面承受持续水压的面积为 100cm²。

(2)试验用水宜是蒸馏水或去离子水,温度为(20±2)℃或(27±2)℃。用哪种温度应在试验报告上注明(水温较高会得出较低的水压值,其影响的大小因织物不同而异)。

水压上升速率应为(6.0±0.3)kPa/min。压力计与试验头连接,压力读数精度不大于 0.05kPa。

4. 试验前准备

(1)调湿和试验用大气。调湿和试验用大气采用 GB/T 6529—2008 规定的标准大气。经相关方同意,调湿和试验可在室温或实际环境下进行。

(2)试样。在织物的不同部位至少取 5 块试样,避免用力折叠,除了调湿外不做任何方式的处理(如熨烫)。试验时也可不将试样剪下,但不应该在织物有很深褶皱或折痕的部位进行试验。如需测定接缝处静水压值,宜使接缝位于试样的中间位置。

5. 试验步骤

(1)每块试样使用洁净的蒸馏水或去离子水。

(2)擦净夹持装置表面的试验用水,夹持调湿后的试样,使试样正面与水面接触。夹持试样时,确保在测试开始前试验用水不会因受压而透过试样。

(3)以(6.0±0.3)kPa/min 的水压上升速率对试样施加持续递增的水压,并观察渗水现象。

(4)记录试样上第三处水珠刚出现时的静水压值。不考虑那些形成以后不再增大的细微水珠,在织物同一处渗出的连续性水珠不做累计。如果第三处水珠出现在夹持装置的边缘,且导致第三处水珠的静水压值低于同一样品其他试样的最低值,则剔除此数据,增补试样另行试验,直到获得正常试验结果为止。

6. 结果表示与评价

(1)结果表示。以 kPa 表示每个试样的静水压值及其平均值,保留一位小数。对于同一样品的不同类型试样(如有接缝试样和无接缝试样)分别计算其静水压平均值。

(2)防水性能评价。如果需要,可按表3-3-16给出样品的抗静水压等级或防水性能评价。对于同一样品的不同类型试样,分别给出抗静水压等级或防水性能评价。

表 3-3-16 抗静水压等级和防水性能评价

抗静水压等级/级	静水压值 P/kPa	防水性能评价
0	$P<4$	抗静水压性能差
1	$4 \leqslant P<13$	具有抗静水压性能
2	$13 \leqslant P<20$	
3	$20 \leqslant P<35$	具有较好的抗静水压性能
4	$35 \leqslant P<50$	具有优异的抗静水压性能
5	$50 \leqslant P$	

注 不同水压上升速率测得静水压值不同,本表防水性能评价是基于水压上升速率6kPa/min 得出。

四、纺织品防水性能的检测和评价:沾水法 (GB/T 4745—2012)

1. 适用范围

适用于测定各种经过或未经过防水整理的织物,但不适用于测定织物的渗水性,故不适用于预测织物的防雨渗透性。

2. 原理

将试样安装在环形夹持器上,保持夹持器与水平成 45°,试样中心位置距喷嘴下方一定的距离。用一定量的蒸馏水或去离子水喷淋试样。喷淋后,通过试样外观与沾水现象描述及图片的比较,确定织物的沾水等级,并以此评价织物的防水性能。

3. 设备和材料

(1)喷淋装置。由一个垂直夹持的直径为(150±5)mm的漏斗和一个金属喷嘴组成,用10mm口径橡胶皮管连接喷嘴和漏斗。漏斗顶部到喷嘴底部的距离为(195±10)mm。

(2)金属喷嘴。有个凸圆面,其上均匀分布着19个直径为(0.86±0.05)mm的孔,(250±20)mL水注入漏斗后其持续喷淋时间应为25~30s。

(3)试样夹持器。由两个相互契合的尼龙环或金属环组成(类似绣花绷架),内环的外径为(155±5)mm,外环的内径为(155±5)mm,试验时,夹持器放置在固定的底座上,与水平成45°,试验面的中心位于喷嘴表面中心下方(150±2)mm。

(4)试验用水。蒸馏水或去离子水,温度为(20±2)℃或(27±2)℃。

4. 试验前准备

(1)试样。从织物的不同部位,至少取3块180mm×180mm的试样,尽可能使试样具有代表性。取样部位不应有褶皱或折痕。

(2)调湿和试验用大气。调湿和试验用大气采用GB/T 6529—2008规定的标准大气。

5. 试验步骤

(1)试样在标准大气条件下至少调湿4h。

(2)调湿后用试样夹持器夹紧试样,放在支座上,试验时织物正面朝上。除另有要求,应将试样经向与水流方向平行。将250mL试验用水迅速而平稳地倒入漏斗中,持续喷淋25~30s。

(3)淋水一停,迅速将夹持器连同试样一起拿开,使织物正面向下几乎成水平,然后对着硬物轻轻敲打一下夹持器,水平旋转夹持器180°后再次轻轻敲打夹持器一下。

(4)敲打结束后,根据表3-3-17中沾水现象描述立即对试样润湿程度进行评级。

6. 结果表示与评价

(1)沾水评级。根据表3-3-17中沾水现象描述或图3-3-10所示图片等级确定每个试样的沾水等级,对于深色织物,图片对比不是很明显,主要依据文字描述进行评级。

表3-3-17　沾水等级描述

沾水等级/级	沾水现象描述
0	整个试样表面完全润湿
1	受淋表面完全润湿
1~2	试样表面超出喷淋点处润湿,润湿面积超出受淋表面一半
2	试样表面超出喷淋点处润湿,润湿面积约为受淋表面一半
2~3	试样表面超出喷淋点处润湿,润湿面积小于受淋表面一半

续表

沾水等级/级	沾水现象描述
3	试样表面喷淋点处润湿
3~4	试样表面等于或少于半数的喷淋点处润湿
4	试样表面有零星的喷淋点处润湿
4~5	试样表面没有润湿,有少量水珠
5	试样表面没有水珠或润湿

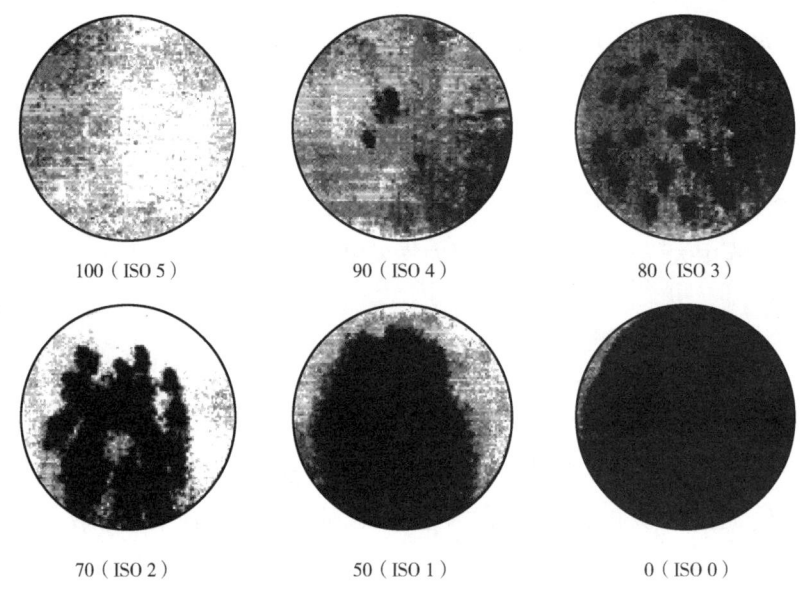

100（ISO 5）　　90（ISO 4）　　80（ISO 3）

70（ISO 2）　　50（ISO 1）　　0（ISO 0）

图 3-3-10　ISO 沾水等级图

（2）防水性能评价。如需要,对样品进行防水性能评价。评价时,计算所有试样沾水等级的平均值,修约至最接近的整数级或半级,按表 3-3-18 评价样品防水性能。

表 3-3-18　防水性能评价

沾水等级/级	防水性能评价
0	不具有抗沾湿性能
1	
1~2	抗沾湿性能差
2	
2~3	抗沾湿性能较差

沾水等级/级	防水性能评价
3	具有抗沾湿性能
3~4	具有较好的抗沾湿性能
4	具有很好的抗沾湿性能
4~5	具有优异的抗沾湿性能
5	

五、纺织品拒油性(抗碳氢化合物)试验(GB/T 19977—2014)

1. 适用范围

适用于各类织物及其制品,但不适用于评定试样抗油类化学品的渗透性能。

2. 原理

将选取的不同表面张力的一系列碳氢化合物标准试液滴加在试样表面,然后观察润湿、芯吸和接触角的情况。拒油等级以没有润湿试样的最高试液编号表示。

3. 设备和材料

(1)滴瓶。为 60mL 配有磨口吸管和氯丁橡胶吸头的滴瓶。

(2)白色洗液垫。具有一定厚度和吸液能力的片状物,如滤纸、黏胶纤维非织造布。

(3)试验手套。不透液体、不含硅的普通用途手套。

(4)工作台。表面平整光滑、不含硅的台面。

(5)所有试剂应是分析纯的,最长保质期 3 年。标准试液应在(20±2)℃下使用和贮存,试液等级 1~8 级。

4. 试验前准备

(1)试样。所取试样应有代表性,包含织物上不同的组织结构或不同的颜色,需要 3 块约 20cm×20cm 的试样。

(2)调湿和试验用大气。调湿和试验用大气采用 GB/T 6529—2008 规定的标准大气。试验前,标准大气中调湿至少 4h。

5. 试验步骤

(1)把一块试样正面朝上平放在白色吸液垫上,置于工作台上。当评定稀松组织或薄的试样时,试样至少要放置两层,否则试液可能浸湿白色吸液垫的表面,而不是实际的试验试样,在结果评定时会产生混淆。

（2）在滴加试液之前，戴上干净的试验手套抚平绒毛，使绒毛尽可能地顺贴在试样上。

（3）从编号1的试液开始，在5个不同部位上，距试样表面约0.6cm的高度，分别滴加1小滴（直径约5mm或体积约0.05 mL），液滴之间间隔大约4cm。以约45°角观察液滴（30±2）s，按图3-3-11评定每个液滴，并立即检查试样的反面有没有润湿。

（4）如果没有出现任何渗透、润湿或芯吸，则在液滴附近另一处滴加高一个编号的试液，再观察（30±2）s。直到有一种试液在（30±2）s内，使试样发生润湿或芯吸现象。每块试样上最多滴加6种试液。

（5）液滴分类和描述（图3-3-11）。液滴分为以下4类。

A类：液滴清晰，具有大接触角的完好弧形。

B类：圆形液滴在试样上部分发暗。

C类：芯吸明显，接触角变小或完全润湿。

D类：完全润湿，表现为液滴和试样的交界面变深（发灰、发暗），液滴消失。

试样润湿通常表现为试样和液滴界面发暗或出现芯吸或液滴接触角变小。对黑色或深色织物，可根据液滴闪光的消失确定为润湿。

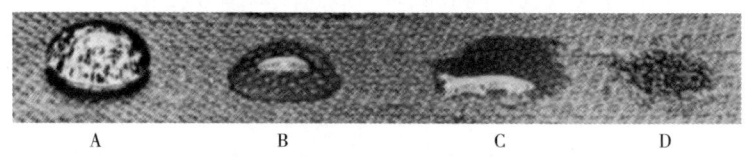

图3-3-11　液滴类型示例

6. 结果评价与表示

（1）试样对某级试液是否"有效"的评定。

无效：5个液滴中的3个（或3个以上）液滴为C类和（或）D类。

有效：5个液滴中的3个（或3个以上）液滴为A类。

可疑的有效：5个液滴中的3个（或3个以上）液滴为B类，或为B类和A类。

（2）单个试样拒油等级的确定。试样的拒油等级是在（30±2）s期间未润湿试样的最高编号试液的数值，即以"无效"试液的前一级的"有效"试液的编号表示。

当试样为"可疑的有效"时，以该试液的编号减去0.5表示试样的拒油等级。当用白矿物油（编号1）试液，试样为"无效"时，试样的拒油等级为"0"级。

（3）结果表示。拒油等级应由两个独立的试样测定。如果两个试样的等级相同，则报出该值。当两个等级不同时，应做第3个试样。如果第3个试样的等级与前面两个测定中的一个相同，则报出第3个试样的等级。当第3个测定值与前两个测定值中的任何一个都不同时，取3

块试样的中位数。例如,如果前两个等级为 3 和 4,第 3 个测定值为 4.5,则报出中位数 4 作为拒油等级。结果差异表示试样可能不均匀或者有沾污问题。

六、纺织品防污性能的检测和评价:易去污性(FZ/T 01118—2012)

1. 适用范围

采用洗涤法和擦拭法测定纺织品易去污性的两种试验方法,适用于各类纺织织物及其制品。根据产品种类和用途,可选择一种或两种方法。使用不同的沾污物和方法所得试验结果不具可比性。

2. 原理

在纺织试样表面施加一定量的沾污物,试样静置一段时间或干燥后,按规定条件对沾污试样进行清洁。通过变色用灰色样卡比较清洁后试样沾污部位与未沾污部位的色差,来评定试样的易去污性。根据污物的清洁方法分为洗涤法和擦拭法。

3. 设备和材料

(1)洗涤法测试。沾污物根据需要选择其中一种。

①花生油(非工业污染物)。

②炭黑油污液(工业污染物)。将规格为 N660 的炭黑与规格为 10W-40 的机油,按质量比 1:1000 混合,用搅拌器搅拌确保炭黑充分地分散在机油中。污液宜即配即用,如果密封放置一段时间,需重新搅拌后使用。

吸液滤纸,中速定性;滴管;塑料薄膜;轻质平板,直径为(60±1)mm;重锤(或砝码),质量为(2.00±0.01)kg;洗衣机,符合 GB/T 8629—2017 规定的 A 型洗衣机;搅拌器;ECE 标准洗涤剂;评定变色用灰色样卡。

(2)擦拭法测试。沾污物为符合 GB 18186—2000 的高盐稀态发酵酱油(老抽)。

吸液滤纸,中速定性;滴管;玻璃棒;棉标准贴衬;评定变色用灰色样卡。

4. 试验前准备

(1)试样。从每个样品中取有代表性的试样。洗涤法取 2 块试样,每块试样尺寸为 300mm×300mm;擦拭法取 1 块试样,尺寸能满足试验要求。如果考核易去污性的耐久性,需对试样进行水洗处理后再进行试验。

(2)调湿和试验用大气。调湿和试验用大气采用 GB/T 6529—2008 规定的标准大气。

5. 洗涤法测试

(1)将吸液滤纸水平放置在试验台上,取 2 块试样,分别置于吸液滤纸上,在每块试样的 3

个部位上,分别滴下约 0.2mL(4 滴)污液,各部位间距至少为 100mm。

(2)在污液处覆上塑料薄膜,将平板置于薄膜上,再压上重锤,(60±5)s 后,移去重锤、平板和薄膜,将试样继续放置(20±2)min。选一处沾污部位,用变色用灰色样卡评定其与未沾污部位的色差,记录为初始色差。

(3)按 GB/T 8629—2017 中规定的 6A 程序,对两块试样进行洗涤,ECE 标准洗涤剂的加入量为(20±2)g。洗涤完成后平摊晾干,应确保试样表面平整无褶皱。

(4)用变色用灰色样卡分别评定每块洗涤后试样未沾污部位与三处沾污部位的色差。

6. 擦拭法测试

(1)将试样平整地放置在吸液纸上,用滴管滴下约 0.05mL(1 滴)的污液于试样中心。

(2)用玻璃棒将液滴均匀涂在直径约为 10mm 的圆形区内,对于自行扩散开的液滴,则无需涂开。

(3)将试样平摊晾干。用变色用灰色样卡评定沾污部位与未沾污部位的色差,记录为初始色差。

(4)用水将棉标准贴衬浸湿,使其带液率为 85%±3%。

(5)使用棉标准贴衬朝同一个方向用力擦拭被沾污部位,棉标准贴衬每擦一次需换到另一个干净部位继续擦拭,共擦拭 30 次。

(6)用变色用灰色样卡评定未沾污部位与擦拭后试样圆形沾污区的色差。

7. 结果表示与评价

(1)洗涤法结果表示。同一试样中,如果有两处或三处色差级数相同,则以该级数作为该试样的级数;如果三处色差级数均不相同,则以中间值作为该试样的级数。取两个试样中较低级数作为样品的试验结果。

(2)擦拭法结果表示。以试样未沾污部位与擦拭后试样圆形沾污区的色差作为样品的试验结果。如果擦拭过程中沾污物随水分在织物上发生了扩散,扩散后污渍面积超过擦拭前沾污面积的一倍,直接评定为 1 级。由于擦拭造成评级区域周围被沾污或试样出现褪色等现象,应在试验报告中加以说明。

(3)评价。根据选择的试验方法,对样品的易去污性进行评价。

当初始色差等于或低于 3 级时,试验结果的色差级数为 3~4 级及以上,则认为该样品具有易去污性。

当初始色差等于或高于 3~4 级时,试验结果的色差级数高于初始色差 0.5 级及以上,则认为该样品具有易去污性。

七、织物燃烧性能测定

（一）纺织品燃烧性能试验：氧指数法（GB/T 5454—1997）

1. 适用范围

适用于测定各种类型的纺织品（包括单组分和多组分），如机织物、针织物、非织造布、涂层织物、层压织物、复合织物、地毯类等（包括阻燃处理和未经处理）的燃烧性能。

2. 原理

试样夹于试样夹上垂直于燃烧筒内,在向上流动的氧氮气流中,点燃试样上端,观察其燃烧特性,并与规定的极限值比较其续燃时间或损毁长度。通过在不同氧浓度中一系列试样的试验,可以测得维持燃烧时氧气百分含量表示的最低氧浓度值,受试试样中要有 40% ~ 60% 超过规定的续燃和阴燃时间或损毁长度。

3. 设备和材料

（1）氧指数测定仪。如图 3-3-12 所示,同等效果的仪器也可使用。

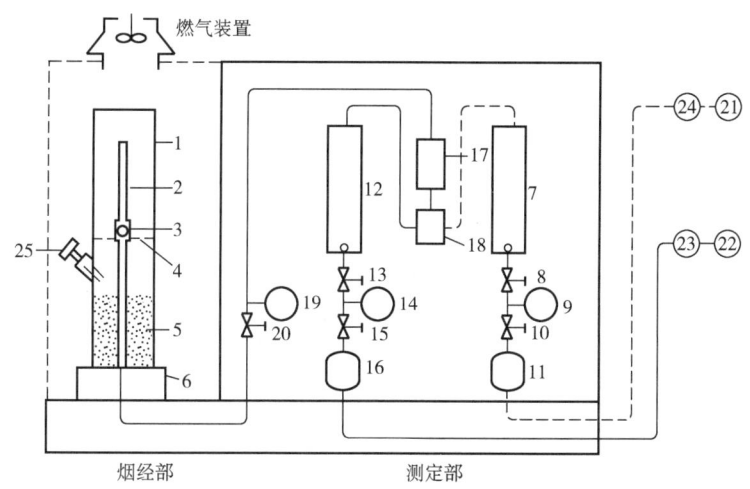

图 3-3-12　氧指数测定仪装置示意图

1—燃烧筒　2—试样　3—试样支架　4—金属网　5—玻璃珠　6—燃烧筒支架　7—氧气流量计

8—氧气流量调节器　9—氧气压力计　10—氧气压力调节器　11,16—清净器　12—氮气流量计

13—氮气流量调节器　14—氮气压力计　15—氮气压力调节器　17—混合气体流量计

18—混合器　19—混合气体压力计　20—混合气体供给器　21—氧气钢瓶　22—氮气钢瓶

23,24—气体减压计　25—混合气体温度计

（2）燃烧筒。由内径至少 75mm 和高度至少 450mm 的耐热玻璃管构成。筒底连接进气管，并用直径 3~5mm 的玻璃珠充填，高度为 80~100mm，在玻璃珠的上方放置一金属网，以承受燃烧时可能滴落之物，维持筒底清洁。

（3）试样夹。试样夹为 U 形夹子，其内框尺寸为 140mm×38mm。

（4）气源。工业用氧气和氮气。

（5）气体减压计。能指示钢瓶内高压不小于 15MPa 和供气压力不小于 0.1~0.5MPa。

（6）点火器。内径为 (2±1)mm 的管子通以丙烷或丁烷气体，在管子的端头点火，火焰高度可用气阀调节，能从燃烧筒上方伸入以点燃试样，火焰的高度为 15~20mm。

（7）秒表。精度为 0.2s；钢尺的精度为 1mm；密封容器用于存放待测试样。

4. 试样的准备和调湿

样应从距离布边 1/10 幅宽的部位剪取，每个试样的尺寸为 150mm×58mm。对于一般织物，经（纵）、纬（横）向至少各取 15 块。

试样的调湿处理：按标准 GB/T 6529—2008 的调湿要求，视试样的厚薄调湿 8~24h，待吸湿平衡后，取出放入密封容器内待测，也可按有关方协商的大气条件下进行处理。

5. 试验步骤

（1）试验装置检查。打开气体供给部分的阀门，并任意选择混合气体浓度，流量在 10L/min 左右，关闭出气和进气阀门，并记录氧气、氮气、混合气体的压力和流量。放置 30min，再观察各压力计及流量计所示数值，与前记录值核对，如无变动，说明装置无漏气。

（2）试验温湿度。试验时在温度为 10~30℃ 和相对湿度为 30%~80% 的大气中进行。

（3）试样氧浓度的初步选择。当被测试样的氧指数完全未知时，可将试样在空气中点燃，如果试样迅速燃烧，则氧浓度可以从 18% 左右开始。如果试样缓和地燃烧或燃烧得不稳定，选择初始氧浓度大约为 21%。若试样在空气中不能燃烧，选择初始氧浓度不小于 25%。

（4）固定试样。将试样装在试样夹中间并加以固定，然后将试样夹连同试样垂直安插在燃烧玻璃筒内的试样支座上，试样上端距筒口不少于 100mm，试样暴露部分最下端离筒底气体分配装置顶端不少于 100mm。

（5）调节气流量，冲洗燃烧筒。打开氧气、氮气阀门，调节相应的氧气和氮气流量，让调节好的气流在试样点火之前流动冲洗燃烧筒至少 30s，在点火和燃烧过程中保持此流量不变。

（6）点燃点火器。将点火器管口朝上，调节火焰高度至 15~20mm，在试样上端点火，待试样上端全部点燃后（点火时间应注意控制在 10~15s 内），移去点火器，并立即测定续燃和阴燃时间，随后测定损毁长度。

（7）初始氧浓度的确定。

（8）极限氧浓度的确定。

6. 结果计算

（1）极限氧指数的计算。以体积百分数表示极限氧指数 LOI，按式（3-3-28）计算：

$$LOI = c_F + Kd \qquad (3\text{-}3\text{-}28)$$

式中：LOI——极限氧指数，%；

c_F——最后一个氧浓度，取小数一位，%；

d——两个氧浓度之差，取小数一位，%；

K——系数，查 GB/T 5454—1997 中附表 1。

报告 LOI 时，取一位小数，计算标准差时，LOI 应计算到两位小数。

（2）K 值的确定，参考 GB/T 5454—1997。

（3）氧浓度间隔的校验，参考 GB/T 5454—1997。

（二）纺织品燃烧性能：垂直方向损毁长度阴燃和续燃时间的测定（GB/T 5455—2014）

1. 适用范围

垂直方向纺织品底边点火时燃烧性能的试验方法适用于各类织物及其制品。

2. 原理

用规定点火器产生的火焰，对垂直方向的试样底边中心点火，在规定的点火时间后，测量试样的续燃时间、阴燃时间及损毁长度。

3. 设备和材料

（1）垂直燃烧试验箱。由耐热及耐烟雾侵蚀的材料制成，箱内尺寸为（329±2）mm×（329±2）mm×（767±2）mm。箱的前部设有由耐热耐烟雾侵蚀的透明材料制作的观察门。箱顶有均匀排列的 16 个内径为 12.5mm 的排气孔。箱两侧下部各开有 6 个内径为 12.5mm 的通风孔。箱顶有支架可承挂试样夹，试样夹侧面被试样夹固定装置固定，使试样夹与前门垂直并位于试验箱中心，试样夹的底部位于点火器管口最高点之上 17mm。箱底铺有耐热及耐腐蚀材料制成的板，长宽较箱底各小 25mm，厚度约 3mm。另在箱子中央放一块可承受熔滴或其他碎片的板或丝网，其最小尺寸为 152mm×152mm×1.5mm，如图 3-3-13 所示。

（2）试样夹。由两块厚 2mm、长 422mm、宽 89mm 的 U 形不锈钢板构成，其框内在尺寸为 356mm×51mm，试样固定于两板中间，两边用夹子夹紧。

（3）点火器。管口内径为 11mm，管头与垂线成 25°角。点火器入口气体压力为（17.2±1.7）kPa，可控制点火时间精确到 0.05s。

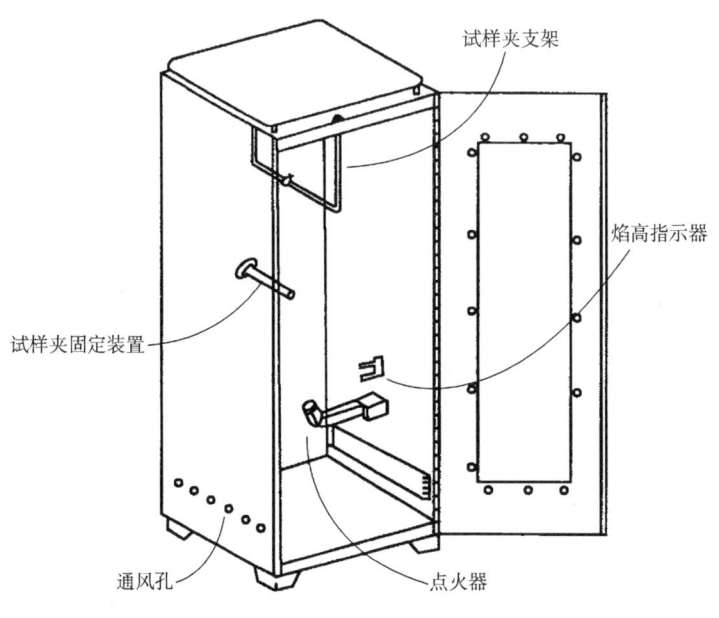

图 3-3-13　垂直燃烧试验箱

（4）气体。根据调湿条件选用气体。

条件 A：试样放置在 GB/T 6529—2008 规定的标准大气条件下进行调湿，然后将调湿后的试样放入密封容器内，选用工业用丙烷、丁烷或丙烷/丁烷混合气体。

条件 B：将试样置于（105±3）℃的烘箱内干燥（30±2）min 取出，放置在干燥器中冷却，冷却时间不少于 30min，选用纯度不低于 97% 的甲烷。

（5）医用脱脂棉。

（6）重锤。每一重锤附以挂钩，挂钩由直径 1.1mm、长度约 76mm、在末端弯曲 13mm 成 45°角的钢丝或不锈钢丝制成。共有 5 种不同质量的重锤（含挂钩），按照表 3-3-19 选择使用。

表 3-3-19　织物单位面积质量与选用重锤质量的关系

织物单位面积质量/（g/m²）	重锤质量/g
101 以下	54.5
101~207（不含 207）	113.4
207~338（不含 338）	226.8
338~650（不含 650）	340.2
650 及以上	453.6

（7）密封容器，烘箱，干燥器，计时器，直尺。

4. 试样准备

根据调湿条件准备试样:剪取试样时距离布边至少100mm,试样的两边分别与织物的经(纵)向和纬(横)向平行,试样表面应无沾污、无褶皱。

条件A:尺寸为300mm×89mm,经(纵)向取5块,纬(横)向取5块,共10块试样。

条件B:尺寸为300mm×89mm,经(纵)向取3块,纬(横)向取2块,共5块试样。

在温度为10~30℃、相对湿度为30%~80%的大气环境中进行试验。

5. 试验步骤

(1)开始第一次试验前,关闭试验箱前门,调节火焰高度,使其稳定达到(40±2)mm。火焰应在此状态下稳定地燃烧至少1min,然后熄灭火焰。

(2)将试样从密封容器或干燥器内取出,试样应尽可能地保持平整装入试样夹中,试样夹的边缘使用足够数量的夹子夹紧,然后将安装好的试样夹上端承挂在支架上,侧面被试样夹固定装置固定,使试样夹垂直挂于试验箱中心。

(3)关闭箱门,点着点火器,待火焰稳定后,移动火焰使试样底边正好处于火焰中点位置上方,点燃试样。此时距试样从密封容器或干燥器中取出的时间必须在1min以内。

(4)火焰施加到试样上的时间即点火时间根据选用的调湿条件确定,条件A为12s,条件B为3s。

(5)到点火时间后,将点火器移开并熄灭火焰,同时打开计时器,记录续燃时间和阴燃时间,精确至0.1s。如果试样有烧通现象,进行记录。

(6)当试验熔融性纤维制成的织物时,如果被测试样在燃烧过程中有熔滴产生,则应在试验箱的箱底平铺上10mm厚的脱脂棉。观察熔融脱落物是否引起脱脂棉的燃烧或阴燃,并记录。打开风扇,将试验中产生的烟气排出。

(7)打开试验箱,取出试样,沿着试样长度方向上损毁面积内最高点折一条直线,然后在试样的下端一侧,距其底边及侧边各约6mm处,挂上选用的重锤,再用手缓缓提起试样下端的另一侧,让重锤悬空再放下,测量并记录试样撕裂的长度,即为损毁长度,精确至1mm。对燃烧时熔融又连接到一起的试样,测量损毁长度时应以熔融的最高点为准。

6. 结果计算

根据调湿条件计算结果。

条件A:分别计算经(纵)向、纬(横)向5块试样的续燃时间、阴燃时间和损毁长度的平均值,结果精确至0.1s和1mm。

条件B:计算5块试样的续燃时间、阴燃时间和损毁长度的平均值,结果精确至0.1s

和 1mm。

(三)纺织品燃烧性能:垂直方向试样火焰蔓延性能的测定(GB/T 5456—2009)

1. 适用范围

适用于各类单组分或多组分(涂层、绗缝、多层、夹层制品及类似组合)的纺织织物和产业用制品。

2. 原理

用规定点火器产生的火焰,对垂直方向的试样表面或底边点火 10s,测定火焰在试样上蔓延至三条标记线分别所用的时间。

3. 设备和材料

(1)支撑架。应能使点火器和试样框架之间保持规定的相对位置。

(2)气体点火器。

(3)试样框架。由一个矩形金属框架组成,沿着长 560mm、宽 150mm 的矩形框架的长边安装有 12 个试样固定针。试样固定针距离框架底边的距离分别为 5mm、10mm、190mm、370mm、550mm 和 555mm,固定针的长度至少为 26mm。

(4)模板。模板是刚性平型模板,其大小与试样尺寸相适应。

(5)气体。工业用丙烷、丁烷、丙烷/丁烷混合气体。

(6)计时器。适当数量的计时器,精确度至少为 0.2s。

(7)标记线。白色丝光棉线,线密度为 45~50tex。

4. 调湿和试验用大气

(1)调湿。将试样放在 GB/T 6529—2008 规定的标准大气条件下进行调湿。调湿之后如果不立刻进行试验,应将调湿后试样放在密闭容器中。每一块试样从调湿大气或密闭容器中取出后,应在 2min 之内开始试验。

(2)试验用大气。在温度为 10~30℃和相对湿度为 15%~80%的大气条件中进行试验。试验场所的空气流动,在试验开始时应小于 0.2m/s,试验期间也不应受运转着的机械设备的影响,试验柜为前开门式箱体,箱体的任一壁距离试样的位置至少 300mm。

5. 试样准备

(1)用模板从织物的经向和纬向各取 3 块试样,每块试样尺寸为(560mm×170mm)±2mm。对于表面点火,如果织物的两面不同,并且预备试验表明两面的燃烧性能不同,则两面分别试验。

(2)把模板放在试样上,用模板上的小孔对固定针须穿过的位置做出标记。

6. 仪器设置

(1)程序 A:表面点火。

①安装试样。将试样放置在试样框架的固定针上,使固定针穿过试样上通过模板作的标记点,并使试样的背面距框架至少 20mm。然后将试样框架装在支承架上,使试样呈垂直状态。

②点火器的位置。将点火器垂直于试样表面放置,使点火器轴心线在下端固定针标记线的上方 20mm 处,并与试样的垂直中心线在一个平面内。确保点火器的顶端距试样表面 (17 ± 1) mm。

③水平火焰高度的调节。把点火器放在垂直预备位置上,点燃点火器并预热至少 2min,将点火器移至水平预备位置,在黑色背景下调节水平火焰高度,使点火器顶端至黄色火焰尖端的水平距离为 (25 ± 2) mm,在每组(6 块)试样试验前都应检查火焰高度。

④火焰的位置。将点火器从预备位置移到水平的试验位置。确定火焰在正确的位置接触试样。

(2)程序 B:底边点火。

①安装试样操作同表面点火。

②点火器的位置。点火器放在试样前下方,位于通过试样的垂直中心线和试样表面垂直的平面中,其纵向轴与垂直线成 30°,与试样的底边垂直。确保点火器的顶端到试样底边的距离为 (20 ± 1) mm。

③垂直火焰高度的调节。把点火器放在垂直预备位置上,点燃点火器并预热至少 2min。在黑色背景下调节垂直火焰高度,使点火器顶端到黄色火焰尖端的距离为 (40 ± 2) mm。在每组(6 块)试样试验前都应检查火焰高度。

④火焰的位置。将点火器从垂直预备位置移到倾斜的试验位置,确保试样的底边对准火焰。

7. 试验步骤和结果记录

(1)表面点火。将一块试样放到试样框架上,对试样点火 10s 或者按照 GB/T 8746—2009 中的临界点火时间进行测试、观察和记录:

从点火开始到第一条标记线烧断的时间(s);

从点火开始到第二条标记线烧断的时间(s);

从点火开始到第三条标记线烧断的时间(s)。

(2)底边点火。将一块试样放到试样框架上,对试样点火 10s 或者按照 GB/T 8746—2009 中的临界点火时间进行测试、观察和记录:

从点火开始到第一条标记线烧断的时间（s）；

从点火开始到第二条标记线烧断的时间（s）；

从点火开始到第三条标记线烧断的时间（s）。

第六节　色牢度检测

一、纺织品色牢度试验：耐皂洗色牢度（GB/T 3921—2008）

1. 适用范围

本标准规定了所有类型的纺织品常规家庭耐洗涤色牢度的方法，包括从缓和到剧烈不同洗涤程序的 5 种试验。仅用于测定洗涤对纺织品色牢度的影响，并不反映综合洗烫程度的结果。

2. 原理

纺织品试样与一块或两块规定的标准贴衬织物缝合在一起，置于标准皂液中，在规定时间和温度条件下进行机械搅动洗涤，再经清洗和干燥。用灰色样卡或仪器评定试样变色和贴衬织物沾色。

3. 设备和材料

（1）合适的机械洗涤装置，水浴温度由恒温装置控制，转速为（40±2）r/min；配有直径为（75±5）mm，高为（125±10）mm，容量为（550±50）mL 的不锈钢容器。

（2）天平，精确至 0.01g；机械搅拌器，最小转速为 1000r/min；耐腐蚀的不锈钢珠，直径约为 6mm；加热皂液的装置，如加热板。

（3）试剂。

皂液：条件为 A 和 B 的试验，每升水中含 5g 肥皂；条件为 C、D 和 E 的试验中，每升水中含 5g 肥皂和 2g 无水碳酸钠。

用搅拌器搅拌 10min 将皂液充分搅拌溶解，溶解温度为（25±5）℃。

（4）贴衬物。多纤维贴衬织物，根据试验温度选用：含羊毛和醋酯纤维的多纤维贴衬织物用于 40℃和 50℃的试验，某些情况下也可用于 60℃的试验，需在试验报告中注明。不含羊毛和醋酯纤维的多纤维贴衬织物用于某些 60℃的试验和所有 95℃的试验。

两块单纤维贴衬织物，根据规定选用：第一块由试样的同类纤维制成，第二块由表 3-3-20 规定的纤维制成。如试样为混纺或交织品，则第一块由主要含量的纤维制成，第二块由次要含量的纤维制成。或另作规定。

表 3-3-20　单纤维贴衬织物

第一块	第二块	
	40℃和50℃的试验	60℃和95℃的试验
棉	羊毛	黏胶纤维
羊毛	棉	—
丝	棉	—
麻	羊毛	黏胶纤维
黏胶纤维	羊毛	棉
醋酯纤维	黏胶纤维	黏胶纤维
聚酰胺纤维	羊毛或棉	棉
聚酯纤维	羊毛或棉	棉
聚丙烯腈纤维	羊毛或棉	棉

(5)灰色样卡,用于评定变色和沾色,符合 GB 250—2008 和 GB 251—2008;或选用光谱测色仪评定变色和沾色。

4. 试样准备

取 100mm×40mm 试样一块,正面与一块 100mm×40mm 的多纤维贴衬织物相接触,沿一短边缝合。或夹于两块 100mm×40mm 的单纤维贴衬织物之间,沿一短边缝合。

5. 操作程序

(1)按所用试验方法来制备皂液。

(2)将组合试样及规定数量的不锈钢珠放在容器内,按 50∶1 浴比放入预热至试验温度±2℃的需要量的皂液,根据表 3-3-21 所示的试验条件进行试验。

表 3-3-21　试验条件

试验方法编号	温度/℃	时间/min	钢珠数量	碳酸钠
A(1)	40	30	0	—
B(2)	50	45	0	—
C(3)	60	30	0	+
D(4)	95	45	10	+
E(5)	95	240	10	+

(3)洗涤结束后取出组合试样,放在三级水中清洗两次,然后在流动水中冲洗至干净。

(4)用手挤去组合试样上过量的水分,将试样放在两张滤纸之间并挤压除去多余水分,将其悬挂在不超过60℃的空气中干燥,试样与贴衬仅由一条缝线连接。

6. 评定

用灰色样卡或仪器,对比原始试样,评定试样的变色和贴衬织物的沾色。

二、纺织品色牢度试验:耐摩擦色牢度(GB/T 3920—2008)

1. 适用范围

适用于由各类纤维制成的,经染色或印花的纱线、织物和纺织制品,包括纺织地毯和其他绒类织物。每一样品可做干摩擦、湿摩擦两个试验。

2. 原理

将试样分别与一块干摩擦布和一块湿摩擦布摩擦,评定摩擦布沾色程度。耐摩擦色牢度试验仪通过两个可选尺寸的摩擦头提供了两种组合试验条件:一种用于绒类织物;另一种用于单色织物或大面积印花织物。

3. 设备和材料

(1)耐摩擦色牢度试验仪,具有两种可选尺寸的摩擦头做往复直线摩擦运动。

①用于绒类织物(包括纺织地毯)。长方形摩擦表面的摩擦头尺寸为 19mm×25.4mm ,摩擦头施以向下的压力为(9±0.2)N,直线往复动程为(104±3)mm。

②用于其他纺织品。摩擦头由一个直径为(16±0.1)mm 的圆柱体构成,施以向下的压力为(9±0.2)N,直线往复动程为(104±3)mm。

(2)棉摩擦布,(50±2)mm×(50±2)mm 的正方形布用于圆柱体摩擦头;(25±2)mm×(100±2)mm 的长方形布用于长方形的摩擦头。

(3)耐水细砂纸,或不锈钢丝直径为 1mm、网孔宽约为 20mm 的金属网。

(4)评定沾色用灰卡,符合 GB/T 251—2008。

4. 试样准备

(1)两组尺寸不小于 50mm×140mm 的试样,分别用于干摩擦和湿摩擦试验。每组各两块试样,一块试样的长度方向平行于经纱(或纵向),另一块试样的长度方向平行于纬纱(或横向)。也可选取使试样的长度方向与织物的经向和纬向成一定角度的剪取方法。

(2)在 GB/T 6529—2008 规定的标准大气下进行试验,将试样和摩擦布放置在规定的标准大气下调湿至少 4h。对于棉或羊毛等织物可能需要更长的调湿时间。

5. 操作程序

(1)通则。用夹紧装置将试样固定在试验仪平台上,使试样的长度方向与摩擦头的运行方向一致,当有多种颜色时,可制备多个试样,使所有颜色均可摩擦到,对单个颜色分别评定;如果颜色面积小且聚集在一起,可采用旋转式装置的试验仪进行试验。

(2)干摩擦。将调湿后的摩擦布平放在摩擦头上,使摩擦布的经向与摩擦头的运行方向一致,每秒1个往复摩擦循环,共10个循环,摩擦动程为(104±3)mm,向下压力为(9±0.2)N,取下摩擦布,并去除摩擦布上可能影响评级的任何多余纤维。

(3)湿摩擦。调湿后的摩擦布称重,将其浸入蒸馏水中,调节压液装置,使含水率达到95%~100%,进行摩擦后晾干。摩擦布的含水率可能严重影响评级时,可以采用其他含水率,例如,常采用的含水率为(65±5)%。

6. 评定

在每个被评摩擦布的背面放置三层摩擦布,在标准光源下,用沾色用灰色样卡评定摩擦布的沾色级数。

三、纺织品色牢度试验:耐水色牢度(GB/T 5713—2013)

1. 适用范围

适用于测定各类纺织品的颜色耐水浸渍能力。

2. 原理

将纺织品试样与两块规定的单纤维贴衬织物或一块多纤维贴衬织物组合一起,浸入水中润湿,挤去多余水分,置于试验装置的两块平板中间,承受规定压力时间,干燥试样和贴衬织物,用灰色样卡或分光光度仪评定试样的变色和贴衬织物的沾色。

3. 设备和材料

(1)试验装置。由一副不锈钢架(包括底座、弹簧压板)和底部面积为60mm×115mm的重锤配套组成,附有尺寸约60mm×115mm×1.5mm的玻璃板或丙烯酸树脂板(一套11块)。弹簧压板和重锤总质量约5kg,可使组合试样受压(12.5±0.9)kPa。

(2)烘箱。温度保持在(37±2)℃。

(3)贴衬织物。多纤维贴衬织物或者两块单纤维贴衬织物。如试样为单纤维织物时,第一块由试样的同类纤维制成,第二块由表3-3-22规定的纤维制成。如试样为混纺或交织品,则第一块由主要含量的纤维制成,第二块由次要含量的纤维制成。或另作规定。

表3-3-22　单纤维贴衬织物

第一块试样组成	第二块试样组成
棉	羊毛

续表

第一块试样组成	第二块试样组成
羊毛	棉
丝	棉
麻	羊毛
黏胶纤维	羊毛
聚酰胺纤维	羊毛或棉
聚酯纤维	羊毛或棉
聚丙烯腈纤维	羊毛或棉

(4)评定变色用灰色样卡,评定沾色用灰色样卡,或用分光光度仪。

(5)分析天平,精确度 0.01g。

4. 试样制备

取 100mm×40mm 试样一块,正面与一块 100mm×40mm 的多纤维贴衬织物相接触,沿一短边缝合。或夹于两块 100mm×40mm 的单纤维贴衬织物之间,沿一短边缝合。

5. 试验步骤

(1)在室温下,将组合试样平放在注入三级水的平底容器中,浴比为 50：1,使之完全浸湿,放置 30min 后去除多余试液,平置于两块玻璃或丙烯酸树脂板之间,放入已预热到试验温度的试验装置中,使其受压(12.5±0.9)kPa。每台试验装置最多可同时放置 10 块组合试样进行试验,每块试样间用一块板隔开(共 11 块板)。如少于 10 个试样,仍使用 11 块板,以保持压力不变。

(2)把带有组合试样的试验装置水平或垂直放入(37±2)℃恒温箱内,保持 4h,发现试样有干燥迹象应弃去,重新测试,展开组合试样悬挂在不超过 60℃的空气中干燥,试样和贴衬分开,仅在缝纫线处连接。

6. 评定

用灰色样卡或分光光度仪评定试样的变色和贴衬织物的沾色。

四、纺织品色牢度试验：耐汗渍色牢度（GB/T 3922—2013）

1. 适用范围

本标准规定了测定各类纺织产品耐汗渍色牢度的试验方法。

2. 原理

将纺织品试样与标准贴衬织物缝合在一起,置于含有组氨酸的酸性、碱性两种试液中分别浸泡一定时间,去除试液后,置于试验装置的两块平板中间,承受规定压力时间,干燥试样和贴衬织物,用灰色样卡或分光光度仪评定试样的变色和贴衬织物的沾色。

3. 设备和材料

(1)设备和材料同 GB/T 5713—2013 中的规定。

(2)汗液成分。所用试剂为化学纯,用符合 GB/T 6682—2008 的三级水配制试液,现配现用。

碱性汗液每升试液含有:

L-组氨酸盐酸盐一水合物($C_6H_9O_2N_3 \cdot HCl \cdot H_2O$)	0.5g
氯化钠($NaCl$)	5.0g
磷酸氢二钠十二水合物($Na_2HPO_4 \cdot 12H_2O$)	5.0g
或磷酸氢二钠二水合物($Na_2HPO_4 \cdot 2H_2O$)	2.5g

用 0.1mol/L 的氢氧化钠溶液调整试液 pH 至 8.0±0.2。

酸性汗液每升试液含有:

L-组氨酸盐酸盐一水合物($C_6H_9O_2N_3 \cdot HCl \cdot H_2O$)	0.5g
氯化钠($NaCl$)	5.0g
磷酸二氢钠二水合物($NaH_2PO_4 \cdot 2H_2O$)	2.2g

用 0.1mol/L 的氢氧化钠溶液调整试液 pH 至 5.5±0.2。

(3)pH 计,精确到 0.1。

4. 试样制备

取 100mm×40mm 的试样一块,正面与一块 100mm×40mm 的多纤维贴衬织物相接触,沿一短边缝合,或夹于两块 100mm×40mm 的单纤维贴衬织物之间,沿一短边缝合。

如一块试样不能包含全部颜色,需取多个组合试样以包含全部颜色。

5. 试验步骤

(1)将两块组合试样分别平放在平底容器内,分别注入酸性、碱性试液使之完全润湿,浴比约为 50:1,室温下放置 30min 后去除多余试液,分别平置于两块玻璃或丙烯酸树脂板之间,分别放入已预热到试验温度的试验装置中,使其受压(12.5±0.9)kPa。每台试验装置最多可同时放置 10 块组合试样进行试验,每块试样间用一块板隔开(共 11 块)。如少于 10 个试样,仍使用 11 块板,以保持压力不变。

(2)把带有组合试样的试验装置水平或垂直放入(37±2)℃恒温箱内保持 4h,取出展开每个组合试样,使试样和贴衬间仅由一条缝线连接,悬挂在不超过 60℃的空气中干燥。

6. 评定

用灰色样卡或分光光度仪评定试样的变色和贴衬织物的沾色。

五、纺织品色牢度试验:耐热压色牢度(GB/T 6152—1997)

1. 适用范围

本标准规定了测定各类纺织材料和纺织品的颜色耐热压和耐热滚筒加工能力的试验方法。纺织品可在干态、湿态和潮态进行热压试验,通常由纺织品的最终用途来确定。

2. 原理

干压(干试样)、潮压(干试样用一块湿的棉贴衬织物覆盖)、湿压(湿试样用一块湿的棉贴衬织物覆盖),在规定温度和规定压力的加热装置中受压一定时间,试验后立即用灰色样卡评定试样的变色和贴衬物的沾色。然后在规定的空气中暴露一段时间后再作评定。

3. 设备和材料

(1)加热装置。由一对光滑的平行板组成,装有能精确控制的电加热系统,并能赋予试样以(4±1)kPa的压力。热量应只能从上平板传递给试样;如下平板加热系统不能关掉,则用石棉板作为绝热层。

(2)平滑石棉板。厚3~6mm,在两次试验过程中,必须冷却后再使用。

(3)衬垫。单位面积质量为260g/m² 的羊毛法兰绒,用两层做成厚约3mm的衬垫。也可用类似光滑毛织物或毡做成厚约3mm的衬垫。在两次试验过程中,湿的衬垫必须烘干后再使用。

(4)标准棉贴衬织物。尺寸为40mm×100mm。

(5)评定用变色灰卡和沾色灰卡。

(6)三级水。

4. 试验步骤

(1)试样调湿。试验前在GB/T 6529—2008规定的标准大气下进行调湿。

(2)试样。尺寸为40mm×100mm。

(3)加压温度。根据纤维的类型和织物或服装的组织结构来确定。如为混纺品,建议所用的温度应与最不耐热的纤维相适应。通常使用下述三种温度:(110±2)℃、(150±2)℃和(200±2)℃。必要时也可采用其他温度,在试验报告上注明。

(4)加热。不管加热装置下平板是否加热,应始终覆盖着石棉板、羊毛法兰绒和干的未染色的棉布。

(5)干压。干试样置于覆盖在羊毛法兰绒衬垫的棉布上,放下加热装置的上平板,使试样在规定温度下受压15s。

(6)潮压。干试样置于覆盖在羊毛法兰绒衬垫的棉布上,用一块40mm×100mm的棉贴衬织物浸水,挤压使含有自身重量的水分,放在干试样上,加热受压15s。

(7)湿压。将试样和一块40mm×100mm的棉贴衬织物浸水,挤压使含有自身重量的水分,把湿的试样置于覆盖在羊毛法兰绒衬垫的棉布上,再把湿的棉贴衬织物放在试样上,加热受压15s。

5. 评定

(1)立即用相应的灰色样卡评定试样的变色,然后试样在标准大气中调湿4h后再做一次评定。

(2)用相应的灰色样卡评定贴衬织物的沾色。要用棉贴衬织物沾色较重的一面评定。

六、纺织品染料转移(移染)检测方法(日本大丸法)

1. 适用范围

适用于纺织有色织物,尤其深色织物及深浅色花纹织物、格子织物、条子织物。

2. 原理

试样与标准白色棉布一端部分重叠缝合或将试样单独放入含有非离子活性剂的溶液或三级水中,浸泡一定时间,试样干燥后,测定白色棉布或试样白底处及淡色底部分的污染程度。

3. 试液和材料

(1)0.05%的非离子活性剂溶液。取0.5mL非离子活性剂稀释在1000mL的蒸馏水中充分搅拌,混合均匀。

(2)三级水。

(3)标准棉贴衬布。宽2.5cm,长20cm以上。

(4)100mL容量的烧杯或其他能装溶液的容器。

4. 试样准备及测试

(1)试样准备。如试样为深浅色花纹、格子、条子面料,用图3-3-14(a)所示剪布条法;如试样为一色品种,则用图3-3-14(b)所示缝白布条法。

剪布条法:试验布宽2.5cm,长20cm以上。

缝白布条法:取标准棉贴衬,宽2.5cm,长20cm以上,其下端和试样(宽2.5cm,长3cm),在1.5cm处重叠,两端各缝一条线,制成组合试样。

多色等格子、条子织物取颜色最深或最鲜艳处,可以多颜色测试。格子以经、纬向分开做,条子织物以垂直于色纱方向做。

(2)测试。在100mL容量的烧杯或其他容器中倒入0.05%非离子表面活性剂或三级水,将试样浸于液面下2cm,如图3-3-14所示。在常温下浸渍2h后取出,在原状态下空气自然悬挂晾干。

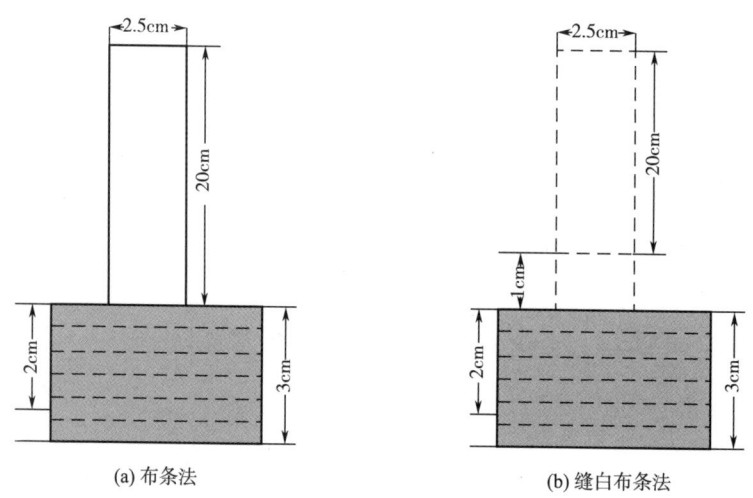

(a) 布条法　　　　　　　　　(b) 缝白布条法

图 3-3-14　染料转移测试示意图

5. 评定

用变色灰卡或沾色灰卡,测定白底处及淡色底部分的污染程度。以染料的转移中污染最厉害的程度作为判定对象。

七、纺织品色牢度试验:耐人造光色牢度(氙弧法)(GB/T 8427—2019)

1. 适用范围

本标准规定了一种测定各类纺织品的颜色相当于耐日光(D65)的人造光作用色牢度的方法。

2. 原理

纺织品试样与一组蓝色羊毛标样一起在人造光源下按照规定条件曝晒,然后将试样变色与蓝色羊毛标样进行变色对比,评定色牢度。

3. 标准材料和设备

(1)蓝色羊毛标样1~8。欧洲研制和生产的蓝色羊毛标样编号为1~8,这些标样是用不同类型的染料染成的蓝色羊毛织物,它的范围从1(很低色牢度)到8(很高色牢度),使每一较高编号蓝色羊毛标样的耐光色牢度比前一编号约高一倍。

(2)蓝色羊毛标样L2~L9。美国研制的蓝色羊毛标样编号为2~9,数字前均注有字母L。每一较高编号蓝色羊毛标样的耐光色牢度比前一编号约高一倍。

(3)湿度控制标样。一种用红色偶氮染料染色的棉织物,其对湿度和光的敏感性均已知。有效湿度只能通过评定湿度控制标样的耐光色牢度来评定。

(4)设备。光源为氙弧灯,相关色温为5500~6500K,尺寸由设备型号而定。辐照度应控制为(42±2)W/m²(波长范围为300~400nm)或(1.10±0.02)W/(m²·nm)(波长为420nm),应使用黑标或黑板温度计。遮盖物为薄的不透光材料,白纸卡不含荧光增白剂。

4. 试样准备

试样的尺寸可按试样数量和设备试样夹的形状和尺寸而定。试样应紧附于白纸卡上,每一曝晒和未曝晒面积不应小于10mm×8mm。试样的尺寸和形状应与蓝色羊毛标样相同,以免对曝晒和未曝晒部分目测评级时,面积较大的试样对照面积较少的蓝色羊毛标样会出现评定较大的偏差。遮盖物应与试样和蓝色羊毛标样的未曝晒面紧密接触,使曝晒和未曝晒部分之间界限分明,但不应压得太紧。

5. 曝晒条件

表3-3-23给出了模拟不同环境的试验条件。

表3-3-23 模拟不同环境的试验条件

类别	曝晒循环 A1	曝晒循环 A2	曝晒循环 A3	曝晒循环 B[d]
条件	通常条件	低湿极限条件	高湿极限条件	—
对应气候条件	温带	干旱	亚热带	—
蓝色羊毛标样	1~8			L2~L9
黑标温度[a]/℃	47±3	62±3	42±3	65±3
黑板温度[a]/℃	45±3	60±3	40±3	63±3
有效湿度[b]	约40%有效湿度(当蓝色羊毛标样5的变色达到灰色样卡4级时,可实现该有效湿度)	低于15%有效湿度(当蓝色羊毛标样6的变色达到灰色样卡3~4级时,可实现该有效湿度)	约85%有效湿度(当蓝色羊毛标样3的变色达到灰色样卡4级时,可实现该有效湿度)	低湿(湿度控制标样的色牢度为L6~L7)
相对湿度/%	符合有效湿度要求			30±5
辐照度[c]	当辐照度可控时,辐照度应控制为(42±2)W/m²(波长在300~400nm)或(1.10±0.02)W/(m²·nm)(波长为420nm)			

a 由于实验仓空气温度与黑标和黑板温度不同,所以不宜采用实验仓空气温度控制。

b 当曝晒的湿度控制标样变色达到灰色样卡4级时,评定蓝色羊毛标样的变色,据此确定有效湿度。

c 宽波段(300~400nm)和窄波段(420nm)的辐照度控制值是基于通常设置,但不表明在所用设备中均等效。

d 该实验条件的仓内空气温度为(43±2)℃。

6. 操作程序

(1)用不发光的材料如白纸卡填满所有空试样夹。

（2）黑板温度计或黑标温度计应置于与试样相同的平面和方向上。

（3）对于规定有效湿度的试验条件,将湿度控制标样与相关蓝色羊毛标样一起装在白纸卡上,湿度控制标样和蓝色羊毛标样均不小于45mm×10mm,开启氙灯,直到湿度控制标样曝晒和未曝晒部分的色差到达灰色样卡4级,评定要求的相关蓝色羊毛标样曝晒部分和未曝晒部分的色差,该色差要达到相应曝晒条件中的规定色差,如没达到规定色差,需调节曝晒条件,重新操作。

7. 曝晒方法

有5种不同的曝晒方法,根据用途选择最适宜的方法。

（1）方法1。

①本方法被认为是最精确的,特别适合测定耐光色牢度性能未知的试样,宜在评级有争议时采用,特点是通过检查试样来控制曝晒周期,每个试样需配备一套蓝色羊毛标样。需用遮盖物遮盖试样和蓝色羊毛标样的三分之一和三分之二。

②用遮盖物遮盖试样和蓝色羊毛标样试验卡的中间三分之一处,将试验卡放入试验仓内,在选定条件下曝晒,不定时地从试验仓中取出试验卡,提起遮盖物,通过与灰色样卡比较,检测试样曝晒效果,当蓝色羊毛标样2的变色达到灰色样卡3级（或蓝色羊毛L2的变色达到灰色样卡4级）时,对照蓝色羊毛标样1、2、3或L2上所呈现的变色情况,对试样的耐光色牢度进行初评。

③继续曝晒,直到试样的曝晒部分和未曝晒部分的色差等于灰色样卡4级（第一阶段）,取出试验卡,在此阶段注意光致变色的可能性。

④对于白色（漂白或荧光增白）试样即可终止曝晒,评定其耐光色牢度。

⑤继续曝晒,直到试样的曝晒部分和未曝晒部分的色差等于灰色样卡3级（第二阶段）。

⑥如蓝色羊毛标样7（或L7）的变色比试样先达到灰色样卡4级,曝晒即可终止。

（2）方法2。

①本方法适用于大量试样同时测试,其特点是通过检查蓝色羊毛标样来控制曝晒周期,只需要一套蓝色羊毛标样对一批具有不同耐光色牢度的试样试验,从而节省蓝色羊毛标样的用量,本方法特别适合染料行业。

②本方法需要遮盖物遮盖试样和蓝色羊毛标样约四分之一、二分之一和四分之三的部分。

③用遮盖物遮盖试样和蓝色羊毛标样最左边的四分之一部分,在选定条件下曝晒,不时提起遮盖物检查蓝色羊毛标样的曝晒效果,当标样2的变色达到灰色样卡3级（或蓝色羊毛标样L2的变色达到灰色样卡4级）时,对照在蓝色羊毛标样1、2、3或L2上所呈现的变色情况,对试样的耐光色牢度进行初评。在此阶段注意光致变色的可能性。

④继续曝晒,直到蓝色羊毛标样4或L3的变色达到灰色样卡4级时（第一阶段）,这时再用遮

盖物遮盖试样和蓝色羊毛标样二分之一(包含最左边的四分之一处),保证遮盖物边缘没有漏光。

⑤继续曝晒,直到蓝色羊毛标样 6 或 L5 的曝晒部分与未曝晒部分的色差等于灰色样卡 4 级(第二阶段)。再用另一遮盖物遮盖试样和蓝色羊毛标样的四分之三处(从最左边遮盖)。

⑥继续曝晒,直到下列任意一种情况出现为止(第三阶段)。

a. 蓝色羊毛标样 7 或 L7 的曝晒部分和未曝晒部分的色差等于灰色样卡 4 级。

b. 最耐光试样曝晒部分与未曝晒部分的色差等于灰色样卡 3 级。

c. 对于白色纺织品(漂白或荧光增白),最耐光试样曝晒部分与未曝晒部分的色差等于灰色样卡 4 级。

(3)方法 3。

①本方法与方法 1 类似,适用于核对与某种性能要求是否一致。其特点是通过检查目标蓝色羊毛标样来控制曝晒周期。允许多个试样与少数蓝色羊毛标样一起曝晒,通常为目标蓝色羊毛标样,以及比目标蓝色羊毛标样低一级和低两级的蓝色羊毛标样。

②用遮盖物遮盖试验卡中间的三分之一处,在选定的曝晒条件下曝晒,直到目标蓝色羊毛标样的曝晒部分和未曝晒部分的色差达到灰色样卡 4 级(第一阶段),注意光致变色。白色纺织品至此阶段时即可终止曝晒,进行评级。

③用另一遮盖物遮盖试验卡的三分之二处(包含原遮盖区),继续曝晒直到目标蓝色羊毛标样曝晒部分和未曝晒部分的色差达到灰色样卡 3 级(第二阶段)。

(4)方法 4。

①本方法与方法 1 类似,但其适用于测试是否符合商定参比样,特点是通过检查商定参比样来控制曝晒周期。允许试样只与参比样一起曝晒,不使用蓝色羊毛标样。

②连续曝晒,直到参比样上等于灰色样卡 4 级和(或)3 级的色差,白色纺织品晒至参比样等于灰色样卡 4 级。

(5)方法 5。本方法适用于核对是否符合认可的辐照量。可单独将试样曝晒,或与蓝色羊毛标样一起曝晒,直至达到规定辐照量为止,然后和蓝色羊毛标样一同取出,进行评定。

8. 评定

(1)为了避免由于光致变色性导致耐光色牢度发生错评,应在评定耐光色牢度前,将试样放在暗处,在室温下保持 24h。

(2)在评级箱的 D65 光源下,比较试样变色与蓝色羊毛标样的相应变色。对于使用蓝色羊毛标样的方法,使用的耐光色牢度即为显示相似变色的蓝色羊毛标样的号数,级数只限于评定整级或中间级。

（3）如果试样变色比蓝色羊毛标样1或L2变色更严重,则评为"低于1级"或"低于L2级"。

（4）对于方法1和方法2,如果耐光色牢度等于或高于4级或L3级,需要初评,如初评为3级或L2级,则应把它置于括号内表示,如评级为6(3)级,表示在试验中蓝色羊毛标样3刚开始褪色时,试样也有很轻微的变色,但再继续曝晒,它的耐光色牢度与蓝色羊毛标样6相同。

（5）如试样具有光致变色性,则耐光色牢度级数后应加一个括号,其内写上一个P字和光致变色试验的级数,如6（P3~4)级。

（6）对于方法3,应比较试样变色和目标蓝色羊毛标样变色进行评定,如试样变色程度不大于目标蓝色羊毛标样变色程度,将耐光色牢度定为"符合"。反之为"不符合"。如试样的变色程度大于耐光色牢度试验中使用的最低号蓝色羊毛标样的变色程度,应报告为"低于"最低号蓝色羊毛标样并将耐光色牢度定为"不符合"。

（7）对于方法4,应比较试样变色和商定参比样变色进行评定,由于没有使用蓝色羊毛标样,不能评定耐光色牢度级别。如试样变色小于或等于商定参比样变色,则耐光色牢度为"符合",反之为"不符合"。

（8）对于方法5,耐光色牢度是用GB/T 250—2008变色灰色样卡对比评定或用蓝色羊毛标样变色和试样变色对比评定。

第七节　相关产品质量标准

一、棉本色布（GB/T 406—2018）

（一）适用范围
适用于机织生产的棉本色布。不适用于大提花、割绒类织物及特种用布。

（二）标识
棉本色布的产品标识应包括:经纱生产工艺,经纱线密度（tex）×纬纱线密度（tex）,经密（根/10cm）×纬密（根/10cm）,幅宽（cm）,织物组织。

（三）要求
1. 分等规定

（1）棉本色布的品等分为优等品、一等品和二等品,低于二等品为等外品。

（2）棉本色布的评等以匹为单位,织物组织、幅宽偏差率、布面疵点按匹评等,密度偏差率、单位面积无浆质量偏差率、断裂强力偏差率、棉结杂质疵点格率按批评等,以内在质量和外观质量中最低一项品等作为该匹布的品等。

（3）成包后棉本色布的长度按双方协议规定执行。

2. 内在质量

分等规定见表3-3-24、表3-3-25。

表3-3-24 内在质量分等规定

项目	标准		优等品	一等品	二等品
织物组织	按设计规定		符合设计要求	符合设计要求	符合设计要求
幅宽偏差率/%	按产品规格		-1.0~+2.0	-1.0~+1.5	-1.5~+2.0
密度偏差率/%	按产品规格	经向	-2.0~+2.0	-1.5~+1.5	—
		纬向	-1.0~+2.0	-1.0~+1.5	—
单位面积无浆质量偏差率/%	按设计标称值		-3.0~+3.0	-5.0~+5.0	-5.0~+5.0
断裂强力偏差率 b/%	按设计断裂强力	经向	≥-6.0	≥-8.0	—
		纬向	≥-6.0	≥-8.0	—

表3-3-25 棉结杂质疵点格率、棉结疵点格率分等规定

织物总紧度/%			棉结杂质疵点格率/%		棉结疵点格率/%	
			优等品	一等品	优等品	一等品
精梳		70 以下	≤13	≤15	≤3	≤7
		70~85 以下	≤14	≤17	≤4	≤9
		85~95 以下	≤15	≤19	≤4	≤10
		95 及以上	≤17	≤21	≤6	≤11
半精梳		—	≤22	≤29	≤6	≤14
非精梳织物	细织物	65 以下	≤20	≤29	≤6	≤14
		65~75 以下	≤23	≤34	≤6	≤16
		75 及以上	≤26	≤37	≤7	≤18
	中粗织物	70 以下	≤26	≤37	≤7	≤18
		70~80 以下	≤28	≤41	≤8	≤19
		80 及以上	≤30	≤44	≤9	≤21
	粗织物	70 以下	≤30	≤44	≤9	≤21
		70~80 以下	≤34	≤49	≤10	≤23
		80 及以上	≤38	≤51	≤10	≤25

织物总紧度/%			棉结杂质疵点格率/%		棉结疵点格率/%	
			优等品	一等品	优等品	一等品
非精梳织物	全线或半线织物	90以下	≤26	≤35	≤6	≤18
		90及以上	≤28	≤39	≤7	≤19

注　1. 棉本色布按经、纬纱平均线密度分类,特细织物:9.8tex及以下(60英支及以上);细织物:9.8~14.8tex(60~40英支);中粗织物:14.8~29.5tex(20~40英支);粗织物:29.5tex以上(20英支以下)。

2. 经纬纱平均线密度 $= \dfrac{\text{经纱线密度}+\text{纬纱线密度}}{2}$

3. 外观质量

(1)布面疵点允许评分数的规定。

①每匹布的布面疵点允许评分数规定见表3-3-26。

表3-3-26　布面疵点允许评分数分等规定　　　　单位:分/100m²

优等品	一等品	二等品
18	28	40

②每匹布允许总评分。按式(3-3-29)计算,按GB/T 8170—2008修约至整数。

$$A = \frac{a \times L \times W}{100} \tag{3-3-29}$$

式中:A——每匹布允许总评分,分/匹;

　　a——布面疵点允许评分数,分/100m²;

　　L——匹长,m;

　　W——幅宽,m。

③一匹布中所有疵点评分加和累计超过允许总评分为降等品。

(2)布面疵点处理的规定。

①0.5cm以上的豁边、1cm及以上的破洞、烂边、稀弄、不对接轧梭、2cm以上的跳花等六大疵点,应在织布厂剪去。

②金属杂物织入,应在织布厂剔除。

③凡在织布厂能修好的疵点应修好后出厂。

(3)假开剪和拼件的规定。

①假开剪的疵点应是评为 4 分或 3 分不可修织的疵点,假开剪后各段布都应是一等品。

②凡用户允许假开剪和拼件的,可实行假开剪和拼件。假开剪和拼件按二联匹不允许超过 2 处,三联匹及以上不允许超过 3 处。

③假开剪和拼件合计不允许超过 20%,其中拼件率不得超过 10%。

④假开剪位置应作明显标记。

(四)试验和检验方法

各项试验应在各方法标准规定条件下进行。

(1)幅宽、长度测定。按 GB/T 4666—2009 执行。

(2)密度测定。按 GB/T 4668—1995 执行。

(3)单位面积无浆干燥质量偏差率。按式(3-3-30)计算,按 GB/T 8170—2008 修约至小数点后一位。

$$G = \frac{m_1 - m}{m} \times 100\% \qquad (3-3-30)$$

式中:G——单位面积无浆干燥质量偏差率,%;

　　m——单位面积无浆干燥质量标称值,g/m^2;

　　m_1——单位面积无浆干燥质量实测值,g/m^2。

单位面积无浆干燥质量标称值为客户要求或面料设计目标值,按贸易双方协议商定。

(4)断裂强力测定。按 GB/T 3923—2013 执行,断裂强力偏差率按式(3-3-31)计算,按 GB/T 8170—2008 修约至小数点后一位。

$$F = \frac{Q_1 - Q}{Q} \times 100\% \qquad (3-3-31)$$

式中:F——断裂强力偏差率,%;

　　Q_1——断裂强力实测值,N;

　　Q——断裂强力设计值,N。

(5)棉结杂质疵点格率、棉结疵点格率检验。按 FZ/T 10006—2017 执行。

(6)外观质量检验。按 GB/T 17759—2018 执行。

(五)检验规则

检验规则按 FZ/T 10004 执行。

二、棉及化纤纯纺、混纺本色布检验规则(FZ/T 10004—2018)

(一)适用范围

本标准规定了棉及化纤纯纺、混纺本色布的验收、检验项目和试验方法、抽样方法、检验评定、复验、检验报告,适用于以棉、化纤、其他纤维纯纺或混纺的本色纱线为原料,机织制成的织物。

(二)验收

(1)供货方根据检验结果,出具产品检验合格证。收货方应根据该产品标准与协议对检验合格证及包装和标志的内容进行验收,并将验收结果及时通知供货方,一星期后供货方没有答复,应按收货方验收结果为准。

(2)收货方如因条件限制,收货时不能按约定期限进行验收,应按供货方检验结果收货。

(三)检验项目和试验方法

(1)检验项目和试验方法均按相应的产品标准的规定执行,标志和包装的检验按FZ/T 10009—2018执行。

(2)凡有合约或供货协议的产品按其规定执行。

(四)抽样方法

(1)同一品种、原料、规格、工艺与生产批号的产品作为一个检验批。

(2)内在质量和外观质量的样本均应从检验批中随机抽查。

(3)如供需双方对检验结果有异议时,供需双方重新在该批产品中再抽验相同数量进行检验,并以复试的检验结果,一次为准。

(五)检验评定

1. 外观质量

(1)验收时根据批量大小,确定抽样数量及合格判定数,见表3-3-27规定。

表 3-3-27　外观质量检验抽样规定　　　　　单位:匹

批量范围 N	样本大小 n	合格判定数 Ac	不合格判定数 Re
1~15	3	0	1
16~50	5	0	1
51~150	20	0	1
151~280	32	1	2
281~500	50	2	3
501~1200	80	3	4
1201~3200	125	5	6
3201~10000	200	8	9

注　约定匹长为40m。当批量范围小于样本大小时,全数检验。

(2)按产品标准中外观疵点评定要求,若抽样中发现不符合品等数小于或等于合格判定数,则判该批产品为合格;若抽样中发现不符品等数等于或大于不合格判定数,则判该批产品为不合格。

2. 内在质量

(1)内在质量按产品标准的要求,以批为单位,每批不得少于 3 块样品,3 块样品分别在不同包中抽检。

(2)检验结果的评定以全部抽验样品试验结果的平均值作为该批产品的试验结果。

(3)每块样品的检验结果均符合产品标准要求的作全批合格。

3. 包装和标志

包装和标志按 FZ/T 10010—2018 执行。

4. 长度

(1)在检查段数时应保持段长记录单及梢印的完整,拆除布包一端捆包绳清点段数。如已拆除全部捆包绳,供货方对缺段不再负责。

(2)每匹(段)布实测长度误差在该匹(段)布明示长度-0.5%范围内,判该匹(段)布长度验收合格。

(3)若抽样样本中发现长度短于标准规定的公差范围的匹(段)数,小于或等于合格判定数,且平均每匹(段)布实测长度大于或者等于平均每匹(段)布明示长度,则判该批产品长度为合格;若抽样样本中发现长度短于标准规定的公差范围的匹(段)数,等于或大于不合格判定数,或平均每匹(段)布实测长度小于平均每匹(段)布明示长度,则判该批产品长度为不合格。

(4)弹性织物按合约或供货协议规定执行。

5. 假开剪率及拼件率

按产品标准或供需双方协议规定执行。

(六)复验

(1)如检验结果判定该批产品不合格,供需双方有异议时,可以会同复验或委托专业检验机构进行仲裁,复验以一次为准。

(2)凡判定合格的应作全批合格,判定不合格的应作全批不合格,并以复验全部试样的平均值作为检验结果。

三、棉印染布(GB/T 411—2017)

(一)适用范围

本标准规定了棉印染布的术语和定义、分类、要求、检验方法、检验规则、标志和包装,适用于机织生产的各类漂白、染色和印花的棉布。

(二)要求

1. 分等规定

(1)产品的品等分为优等品、一等品、二等品,低于二等品的为等外品。

(2)棉印染布的评等,内在质量按批评等,外观质量按匹(段)评等,以内在质量和外观质量中最低一项品等作为该匹(段)布的品等。

(3)在同一匹(段)布内,局部性疵点采用每百平方米允许评分的办法评定等级;散布性疵点按严重一项评等。

2. 内在质量

(1)产品的安全性能应符合 GB 18401—2010 或 GB 31701—2015 的规定。

(2)内在质量评等应符合表 3-3-28 规定。

表 3-3-28 内在质量评等规定

考核项目			优等品	一等品	二等品
密度偏差率/%		经向	±3.0	±4.0	±5.0
		纬向	±2.0	±3.0	±4.0
单位面积质量偏差率/%			±5.0		
断裂强力/N ≥	200g/m² 以上	经向	600		
		纬向	350		
	150~200g/m² (不含 150g/m²)	经向	350		
		纬向	250		
	100~150g/m² (不含 100g/m²)	经向	250		
		纬向	200		
撕破强力/N ≥	200g/m² 以上	经向	17.0		
		纬向	15.0		
	150~200g/m² (不含 150g/m²)	经向	13.0		
		纬向	11.0		
	100~150g/m² (不含 100g/m²)	经向	7.0		
		纬向	6.7		
水洗尺寸变化率/%		经、纬向	-3.0~+1.0	-4.0~+1.5	-5.0~+2.0

考核项目			优等品	一等品	二等品
色牢度/级≥	耐光	变色	4	3	3
	耐皂洗	变色	4	3~4	3
		沾色	3~4	3~4	3
	耐摩擦	干摩	4	3~4	3
		湿摩	3	3	2~3
	耐汗渍	变色	3~4	3	3
		沾色	3~4	3	3
	耐热压	变色	4	4	3~4
		沾色	4	3~4	3

注　1. 单位面积质量在 100g/m² 及以下的断裂强力、撕破强力按供需双方协商确定。

　　2. 耐光色牢度一等品中,浅色可降半级。

3. 外观质量

(1)外观质量要求。幅宽偏差、色差、歪斜评等应符合表 3-3-29 规定。

表 3-3-29　幅宽偏差、色差、歪斜评等

疵点名称和类别				优等品	一等品	二等品
幅宽偏差/cm	幅宽 140cm 以下			-1.0~+2.0	-1.5~+2.5	-2.0~+3.0
	幅宽 140~240cm			-1.5~+2.5	-2.0~+3.0	-2.5~+3.5
	幅宽 240cm 以上			-2.5~+3.5	-3.0~+4.0	-3.5~+4.5
色差/级 ≥	原样	漂色布	同类布样	4	4	3~4
			参考样	4	3~4	3
		花布	同类布样	4	3~4	3
			参考样	4	3~4	3
	左中右	漂色布		4~5	4	3~4
		花布		4	3~4	3
	前后			4	3~4	3
歪斜/% ≤	花斜或纬斜			2.5	3.5	5.0
	条格花斜或纬斜			2.0	3.0	4.5

注　1. 幅宽 240cm 以上品种左中右色差允许放宽半级。

　　2. 歪斜以花斜或纬斜、条格花斜或纬斜中严重的一项考核,幅宽 240cm 以上,歪斜允许放宽 0.5%。

（2）局部性疵点。

①局部性疵点允许评分数的规定。

②每匹（段）布的局部性疵点允许评分数应符合表 3-3-30 规定。

表 3-3-30　局部性疵点允许评分数　　　　　　　单位:分/100m²

优等品	一等品	二等品
≤18	≤28	≤40

③每匹（段）布的局部性疵点允许总评分。按式（3-3-32）计算。

$$A = \frac{a \times L \times W}{100} \tag{3-3-32}$$

式中:A——每匹（段）布的局部性疵点允许总评分,分/匹;

　　a——每百平方米允许评分数,分/100m²;

　　L——匹（段）长,m;

　　W——标准幅宽,m。

（3）局部性疵点评分规定。

①局部性疵点评分按表 3-3-31 规定。

表 3-3-31　局部性疵点评分

疵点长度	评分/分
疵点在 8.0cm 及以下	1
疵点在 8.0cm 以上至 16.0cm 及以下	2
疵点在 16.0cm 以上至 24.0cm 及以下	3
疵点在 24.0cm 以上	4

②1m 评分不得超过 4 分。

③距边 2.0cm 以上的所有破洞（断纱 3 根及以上,或者经纬各断 1 根且明显的、0.3cm 以上的跳花）不论大小,均评 4 分;距边 2.0cm 及以内的破损性疵点评 2 分。

④难以数清、不易量计的分散斑渍,根据其分散的最大长度和宽度,参照表 3-3-31 分别量计、累计评分。

（4）局部性疵点评分说明。

①疵点长度按经向或纬向的最大长度量计。

②除破损和边疵外,距边 1.0cm 及以内的其他疵点不评分。

③评定布面疵点时,均以布匹正面为准,反面有通匹、散布性的严重疵点时须降一个等级。

(5)散布性疵点。散布性疵点评等应符合表 3-3-32 规定。

表 3-3-32 散布性疵点评等

疵点名称和类别	优等品	一等品	二等品
花纹不符、染色不匀	不影响外观	不影响外观	影响外观
条花	不影响外观	不影响外观	影响外观
棉结杂质、深浅细点	不影响外观	不影响外观	影响外观

注 花纹不符按用户确认样为准,印花布的布面疵点应根据对总体效果的影响程度评定。

(6)优等品不允许有下列疵点:单独一处评 4 分的局部性疵点;破损性疵点。

(7)一等品不允许有破损性疵点。

(8)假开剪和拼件的规定。

①在优等品中不允许假开剪。

②假开剪的疵点应是评为 4 分的疵点或评为 3 分的严重疵点,假开剪后各段布都应是一等品。

③用户允许假开剪或拼件的,可实行假开剪和拼件。距布端 5m 以内及长度在 30m 以下不应假开剪,最低拼件长度不低于 10m;假开剪按 60m 不应超过 2 处,长度每增加 30m,假开剪可相应增加 1 处。

④假开剪和拼件率合计不允许超过 20%,其中拼件率不得超过 10%。

⑤假开剪位置应作明显标记,附假开剪段长记录单。

(三)外观检验

(1)采用灯光检验时,以 40W 加罩青光日光灯管 3~4 根,照度不低于 750lx,光源与布面距离为 1.0~2.0m。

(2)验布机验布板角度为 45°,验布机速度不得高于 40m/min。布匹的评等检验,按验布机上做出的疵点标记进行评分、评等。

(3)布匹的复验、验收应将布平摊在验布台上,按纬向逐幅展开检验,检验人员的视线应正视布面,眼睛与布面的距离为 55.0~60.0cm。

(4)规定检验布的正面(盖梢印的一面为反面)。斜纹织物:纱织物以左斜"↖"为正面,线织物以右斜"↗"为正面。

(四)检验规则

检验规则按 FZ/T 10005—2018 执行。

(五)标志和包装

标志和包装按 FZ/T 10010—2018 执行。

四、色织棉布（FZ/T 13007—2016）

（一）适用范围

本标准规定了色织棉布的术语和定义、要求、布面疵点评分规定、试验方法、检验规则、标志、包装、运输和贮存,适用于服装、家纺用色织棉布（包括绒类织物）的品质鉴定。

（二）要求

1. 分等规定

（1）产品的品等分为优等品、一等品、合格品。

（2）产品的品等以内在质量和外观质量综合评定,按其中的最低等级定等。内在质量按批评等,外观质量按段（匹）评等。

2. 内在质量

产品内在质量评定要求见表3-3-33。

表3-3-33　内在质量评等要求

考核项目			优等品	一等品	合格品
单位面积质量/% ≥			-3.0	-5.0	
密度（经纬向）/% ≥			-2.0	-3.0	
水洗尺寸变化率（经纬向）/%		非起绒织物	-2.5~+1.0	-3.0~+1.5	-4.0~+1.5
		起绒织物	-3.0~+1.0	-4.5~+1.5	-5.0~+1.5
断裂强力（经纬向）/N ≥		非起绒织物	250		
		起绒织物	150		
脱缝程度（经纬向）/mm ≤			6.0		
撕破强力（经纬向）/N ≥		$150g/m^2$ 及以下	7.0		
		$150g/m^2$ 以上	12.0		
色牢度/级 ≥	耐光	变色	4	深色4（浅色3）	3
	耐皂洗	变色	4	3~4	3
		沾色	4	3~4	3
	耐汗渍	变色	4	3~4	3
		沾色	4	3~4	3
	耐摩擦	干摩	4	3~4	3
		湿摩	3~4	2~3（深色2）	

注　1. 稀薄型织物、免烫织物的断裂强力由供需双方另定。

2. 起绒织物、免烫织物的撕破强力由供需双方另定。

3. 深色、浅色的分档参照染料染色标准深度卡区分;耐光色牢度≥1/12为深色;耐摩擦色牢度≥1/12为深色,<1/12为浅色。

3. 外观质量

产品的外观质量要求见表3-3-34。

表3-3-34　外观质量要求

项目		优等品	一等品	合格品
幅宽偏差/cm	幅宽140cm及以下	-1.0	-1.5	-2.0
	幅宽140cm以上	-1.5	-2.0	-2.5
色差/级 ≥	左、中、右色差	4~5	4	4
	段(匹)前后色差	4	4	3~4
	同包匹间色差	4	4	3~4
	同批包间色差	3~4	3	3
纬斜/% ≤	横条、格子织物	1.5	2.0	2.5
	其他织物	2.0	3.0	4.0
布面疵点/(分/100m²) ≤		20	30	40

优等品、一等品内不应存在一处评为4分的破损性疵点或横档疵点;若存在一处评分为4分疵点或横档疵点,应具有假开剪标志(30m及以内允许1处,60m及以内允许2处,100m及以内允许3处);布头两端3m内不允许存在1处评为4分的明显疵点。

(三)布面疵点评分规定

1. 布面疵点评分

布面疵点评分规定见表3-3-35。

表3-3-35　布面疵点评分方法

疵点分类		评分数			
		1	2	3	4
经向明显疵点		8cm及以下	8cm以上至16cm	16cm以上至24cm	24cm以上至100cm
纬向明显疵点		8cm及以下	8cm以上至16cm	16cm以上至半幅	半幅以上
横档疵点		—	—	—	严重
严重污渍		—	—	2.5cm及以下	2.5cm以上
破损性疵点(破洞、跳花)		—	—	0.5cm及以下	0.5cm以上
边疵	破边、豁边	—	—	—	—
	针眼边(深入1.5cm以上)	—	—	—	—
	卷边	—	—	—	—

注　棉结、棉点疵点由供需双方协定。无边组织的织物,边组织以0.5cm计。

2. 布面疵点的检验规定

检验布面疵点时,以布的正面为准,单破损性疵点以严重一面为准。正反面难以区分的织物以严重一面为准。有两种疵点重叠在一起时,以严重一项评分。

3. 布面疵点的计量规定

(1)疵点长度以经向或纬向最大长度计量。

(2)条的计量方法。一个或几个经(纬)向疵点,宽度在 1cm 及以内的按一条评分;宽度超过 1cm 的每 1cm 为一条,其不足 1cm 的按一条计。

(3)经向 1m 内累计评分最多 4 分;在经向一条内连续或断续发生的疵点,长度超过 1m 的,其超过部分,按表 3-3-35 再行评分。

(4)在一条内断续发生的疵点,在经(纬)向 2cm 及以内有 2 个以上的疵点,按连续长度测量评分。

(四)检验规则

1. 检验条件和方法

(1)用验布机检验时,采用日光型灯光,光源与布面距离为 1.0~1.2m,照度不低于 750lx。验布机速度一般为 15~20m/min。

(2)用台板检验时,布段(匹)应平摊桌面上,检验人员的视线应正视布面,逐幅展开,速度一般掌握在 3~5m/min。采用日光型灯光,光源距桌面为 80~90cm,照度不低于 400lx。

2. 抽样方法和检验结果的评定

(1)外观质量检验按 GB/T 2828.1—2012 中正常检验一次抽样方案一般检验水平Ⅱ,接收质量限(AQL)为 2.5 规定抽样。具体检验抽样方案见表 3-3-36。

表 3-3-36　外观质量检验抽样方案　　　　　　　单位:匹

批量 N	正常检验一般检验水平Ⅱ		
	样本大小 n	接收数 Ac	拒收数 Re
1~15	3	0	1
16~25	5	0	1
26~50	8	0	1
51~90	13	1	2
91~150	20	1	2
151~280	32	2	3
281~500	50	3	4
501~1200	80	5	6

批量 N	正常检验一般检验水平 Ⅱ		
	样本大小 n	接收数 Ac	拒收数 Re
1201~3200	125	7	8
3201~10000	200	10	11
10001~35000	315	14	15

(2)内在质量抽样以批为单位,同一品种、规格、花型及生产工艺为一批,每批不少于3块(应包括全部色号),检验结果以全部抽验样品合格作为全批合格。如有试验不合格,可对该不合格项复验一次,以复验结果为准。

3. 验收

交货时,收货方应依据本标准或双方协议、合同等规定进行验收。

4. 复验

如供需双方对检验结果有异议时,可要求复验或委托专业检验机构进行检验。

(五)标志、包装、运输和贮存

1. 标志

(1)标准应符合 GB 5296.4—2012 规定。

(2)每匹或每段成品上,应附有标签,标签应粘贴或悬挂在反面布角处。

(3)包外标志:在外包装刷上唛头,确保标志清晰易辨、不褪色,外包两头所写内容一致,并注明合同号、名称、等级、色号、包号、数量、重量、地址及日期。

2. 包装

产品包装应保证产品不破损、不散落、不沾污。

3. 运输和贮存

(1)产品运输应防潮、防火、防污染。

(2)产品应放在阴凉、通风、干燥、清洁库房内,并防蛀、防霉。

五、涤与棉混纺色织布(GB/T 20039—2005)

(一)适用范围

本标准规定了涤与棉混纺色织布的产品品种规格、要求、试验方法、检验规则、标志和包装,适用于鉴定服用涤与棉各种比例混纺色织布的品质。

(二)要求

1. 项目

要求分为内在质量和外观质量两个方面,内在质量有经纬密度偏差、水洗尺寸变化、染色牢度、断裂强力、纤维含量允差、甲醛含量六项。外观质量有幅宽偏差、纬斜、色差、布面疵点评分限度四项。

2. 分等规定

（1）涤与棉混纺色织布的品等分为优等品、一等品、二等品,低于二等品的为等外品。

（2）涤与棉混纺色织布的评等,内在质量按批评等,外观质量按段（匹）评等。

（3）涤与棉混纺色织布,以内在质量的等级和外观质量的等级结合定等,按其中的最低等级定等。

（4）内在质量的评等。

①内在质量要求见表3-3-37。

表3-3-37　内在质量要求

项目			要求		
			优等品	一等品	二等品
经纬密度偏差/%			-2.5	-2.5	-2.8
水洗尺寸变化（经纬向）/%	非起绒织物	棉/涤（棉≥50%）	+0.5~-2.0	+1.0~-2.5	+1.0~-3.0
		涤/棉（涤>50%）	+0.5~-1.5	+1.0~-2.0	+1.0~-3.0
	起绒织物	棉/涤（棉≥50%）	+0.5~-2.5	+1.0~-3.0	+1.0~-4.0
		涤/棉（涤>50%）	+0.5~-2.0	+1.0~-2.5	+1.0~-3.0
染色牢度/级 ≥	耐洗	变色	4	3~4	低于一等品极限偏差
		沾色	3~4	3	
	耐摩擦	干摩	4	3~4	
		湿摩	3	2~3	
	耐汗渍（酸、碱）	变色	3~4	3	
		沾色	3~4	3	
	耐热压	干压变色	3~4	3	
		湿压沾色	3~4	3	
断裂强力（经纬向）/N ≥	非起绒织物		190		
	起绒织物		137		
纤维含量允差（净干）/%			按FZ/T 01053要求		
甲醛含量/（mg/kg）≤			婴幼儿类20,直接接触皮肤类75,非直接接触皮肤类300		

注　一等品耐洗、耐摩擦色牢度允许一项低于标准半级。

②内在质量以最低项评等。

（5）外观质量的评等。

①外观质量的评等见表3-3-38。

表3-3-38　外观质量的评等规定

项目		要求		
		优等品	一等品	二等品
幅宽偏差/cm	幅宽140cm及以下	+2.0 -1.0	+2.5 -1.0	+2.5以上 -1.5
	幅宽140cm以上	+2.5 -1.5	+3.0 -1.5	-2.0
纬斜/% ≤	有格织物	1.5	2.0	2.5
	无格织物	2.0	2.5	3.0
色差/级 ≥	左、中、右色差	4~5	4	低于一等品 极限偏差
	匹（段）前、后色差	4	3~4	
	同包匹之间色差	4	3~4	
	包与包间色差	3~4	3	
布面疵点评分 限度（平均）/ （分/m） ≤	幅宽140cm及以下	0.2	0.3	0.6
	幅宽140cm以上至 180cm以下	0.3	0.4	0.8
	幅宽180cm及以上	0.4	0.5	1.0

②外观质量以最低项评等。

③优等品应达到表3-3-37和表3-3-38的优等品各项质量指标。

④一等品内若存在一处评为4分的破损性疵点或一处评为4分的横档疵点,必须具有假开剪标志(30m及以内允许1处、60m及以内允许2处、100m及以内允许3处),布头两端3m内不允许存在一处评为4分的明显疵点。

3. 其他要求

产品应符合国家有关纺织品强制性标准要求。

（三）布面疵点评分

1. 评分方法

（1）布面疵点评分方法见表3-3-39。

表 3-3-39　布面疵点评分方法

疵点分类		评分数			
		1	2	3	4
经向明显疵点		8cm 及以下	8cm 以上至 16cm	16cm 以上至 24cm	24cm 以上至 100cm
纬向明显疵点		8cm 及以下	8cm 以上至 16cm	16cm 以上至半幅	半幅以上
横档疵点		—	明显	明显与严重之间	严重
严重污渍		—	—	2.5cm 及以下	2.5cm 及以上
破损性疵点(破洞、跳花)		—	—	0.5cm 及以下	0.5cm 及以上
边疵	破边 豁边	经向每长 8cm 及以内	—	—	—
	针眼边(深入 1.5cm 以上)	每 100cm	—	—	—
	卷边	每 100cm	—	—	—

注　棉结、棉点疵点由供需双方协定。无边组织的织物,边组织以 0.5cm 计。

(2)经向 1m 内累计评分最多 4 分。

(3)每段(匹)布允许总评分为每米允许评分数(分/m)乘以段(匹)长(m)。

(4)每段(匹)布允许总评分有小数时按 GB/T 8170—2008 数值修约规则修约成整数。

2. 布面疵点的检验规定

检验布面疵点时,以布的正面为准,但破损性疵点以严重一面为准。正反面难以区别的织物以严重一面为准。

3. 布面疵点的计量规定

(1)疵点长度以经向或纬向最大长度计量。

(2)在一条内断续发生的疵点,在经(纬)向 8cm 及以内有 2 个及以上的疵点,则按连续长度评分。如分别量大于全部量时,则按全部量评分。

(3)在经向一条内连续或断续发生的疵点,长度超过 1m 的,其超过部分,按表 3-3-39 再行评分。

(4)条的计量方法。一个或几个经(纬)向疵点,宽度在 1cm 及以内的按一条评分;宽度超过 1cm 的每 1cm 为一条,其不足 1cm 的按一条计。

4. 疵点评分说明

(1)有两种疵点混合在一起时,以严重一项评分。

(2)纬斜(包括格斜、纬条斜、纬弧、无格织物的纬斜)在 1 段(匹)布的两端各距布头 4m 每隔三分之一段(匹)长均匀测量 3 处,以平均数计。

(3)连续 10m 以上的纬斜全段(匹)布降等。

(四)检验规则

1. 检验条件和方法

(1)采用验布机检验时,以 40W 加罩青光日光灯 3~4 支,光源与布面距离为 1.0~1.2m,照度不低于 750lx。验布机上验布板的角度为 45°。验布机速度一般为 15~20m/min。

(2)采用台板检验时,布段(匹)应平摊桌面上,检验人员的视线应正视布面,逐幅展开,速度一般掌握在平均 3~5m/min。采用灯光以 40W 加罩青光日光灯 2 支,光源距桌面为 80~90cm,照度不低于 400lx。

(3)幅宽在 140cm 以上的色织布必须两人检验。

2. 抽样方法和检验结果的评定

(1)外观质量。外观质量检验按 GB/T 2828.1—2012 标准中正常检验一次抽样方案一般检验水平Ⅱ,接收质量限(AQL)为 2.5 规定进行抽样。

(2)内在质量。抽样以批为单位,每批不少于 3 块。检验结果以全部抽验样品合格作为全批合格。如有试验结果不合格,可对该不合格项重新进行试验一次,以最终试验结果为准。

3. 验收

生产厂根据品质检验结果定等,在交货时,收货方应立即进行验收,外观质量的检验及内在质量的试验方法可按产品标准规定执行,亦可按协议或合同规定执行。

4. 复验

如供需双方对检验结果有异议时,可按本标准规定会同复验或委托专业检验机构进行仲裁。

(五)包装

(1)各类色织布的包装均应保证产品质量不受损伤,便于贮存和运输。

(2)色织布的内包装分为平幅折叠、卷筒两类。

(3)色织布的外包装分为布包、纸箱、编织袋、塑料袋四类。

参考文献

[1]蔡陛霞. 织物结构与设计[M]. 4 版. 北京:中国纺织出版社,2008.

[2]于伟东. 纺织材料学[M]. 2 版. 北京:中国纺织出版社,2018.

［3］顾平．织物结构与设计学［M］．上海：东华大学出版社，2004.

［4］肖长发．化学纤维概论［M］．3版．北京：中国纺织出版社，2015.

［5］蔡陛霞．织物结构与设计［M］．2版．北京：中国纺织出版社，1994.

［6］荆妙蕾．织物结构与设计［M］．5版．北京：中国纺织出版社，2014.

［7］全国纺织品标准化技术委员会．GB/T 36973—2018 纺织品　机织物描述［S］．北京：中国标准出版社，2018.

［8］全国纺织品标准化技术委员会．GB/T 406—2018 棉本色布［S］．北京：中国标准出版社，2018.

［9］全国纺织品标准化技术委员会．GB/T 5705—2018 纺织品　棉纺织产品 术语［S］．北京：中国标准出版社，2018.

［10］全国纺织品标准化技术委员会基础标准分技术委员会．GB/T 6529—2008 纺织品 调湿和试验用标准大气［S］．北京：中国标准出版社，2008.

［11］全国纺织品标准化技术委员会基础标准分技术委员会．GB/T 4666—2009 纺织品 织物长度和幅宽的测定［S］．北京：中国标准出版社，2009.

［12］GB/T 4668—1995 机织物密度的测定［S］．北京：中国标准出版社，1995.

［13］全国纺织品标准化技术委员会基础标准分技术委员会．GB/T 4669—2008 纺织品 机织物　单位长度质量和单位面积质量的测定［S］．北京：中国标准出版社，2008.

［14］全国纺织品标准化技术委员会基础标准分技术委员会．GB/T 3820-1997 纺织品和纺织制品厚度的测定［S］．北京：中国标准出版社，1998.

［15］全国纺织品标准化技术委员会基础标准分技术委员会．GB/T 29256.3—2012 纺织品　机织物结构分析方法　第 3 部分：织物中纱线织缩的测定［S］．北京：中国标准出版社，2013.

［16］全国纺织品标准化技术委员会基础标准分技术委员会．GB/T 3923.1—2013 纺织品 织物拉伸性能　第 1 部分：断裂强力和断裂伸长率的测定（条样法）［S］．北京：中国标准出版社，2013.

［17］全国纺织品标准化技术委员会基础标准分技术委员会．GB/T 3923.2—2013 纺织品 织物拉伸性能　第 2 部分：断裂强力的测定：抓样法［S］．北京：中国标准出版社，2013.

［18］全国纺织品标准化技术委员会基础标准分技术委员会．GB/T 3917.1—2009 纺织品 织物撕破性能　第 1 部分：撕破强力的测定　冲击摆锤法［S］．北京：中国标准出版社，2009.

[19]全国纺织品标准化技术委员会基础标准分技术委员会.GB/T 3917.2—2009 纺织品织物撕破性能　第 2 部分:裤形试样(单缝)撕破强力的测定[S].北京:中国标准出版社,2009.

[20]全国纺织品标准化技术委员会基础标准分技术委员会.GB/T 3917.3—2009 纺织品织物撕破性能　第 3 部分:梯形试样撕破强力的测定[S].北京:中国标准出版社,2009.

[21]全国纺织品标准化技术委员会基础标准分技术委员会.GB/T 13772.1—2008 纺织品　机织物接缝处纱线抗滑移的测定　第 1 部分:定滑移量法[S].北京:中国标准出版社,2008.

[22]全国纺织品标准化技术委员会.GB/T 13772.2—2018 纺织品　机织物接缝处纱线抗滑移的测定　第 2 部分:定负荷法[S].北京:中国标准出版社,2018.

[23]全国纺织品标准化技术委员会基础标准分技术委员会.GB/T 8628—2013 纺织品测定尺寸变化的试验中织物试样和服装的准备、标记及测量[S].北京:中国标准出版社,2013.

[24]全国纺织品标准化技术委员会基础标准分技术委员会.GB/T 8629—2017 纺织品试验用家庭洗涤和干燥程序[S].北京:中国标准出版社,2017.

[25]全国纺织品标准化技术委员会基础标准分技术委员会.GB/T 8630—2013 纺织品洗涤和干燥后尺寸变化的测定[S].北京:中国标准出版社,2014.

[26]全国纺织品标准化技术委员会基础标准分技术委员会.GB/T 13769—2009 纺织品评定织物经洗涤后外观平整度的试验方法[S].北京:中国标准出版社,2009.

[27]中国纺织总会标准化研究所.GB/T 3819—1997 纺织品　织物折痕回复性的测定回复角法[S].北京:中国标准出版社,1997.

[28]全国纺织品标准化技术委员会基础标准分技术委员会.GB/T 21196.2—2007 纺织品马丁代尔法织物耐磨性的测定　第 2 部分:试样破损的测定[S].北京:中国标准出版社,2007.

[29]全国纺织品标准化技术委员会基础标准分技术委员会.GB/T 4802.1—2008 纺织品织物起毛起球性能的测定　第 1 部分:圆轨迹法[S].北京:中国标准出版社,2008.

[30]全国纺织品标准化技术委员会基础标准分技术委员会.GB/T 4802.2—2008 纺织品织物起毛起球性能的测定　第 2 部分:改型马丁代尔法[S].北京:中国标准出版社,2008.

[31]全国纺织品标准化技术委员会基础标准分技术委员会.GB/T 4802.3—2008 纺织品织物起毛起球性能的测定　第 3 部分:起球箱法[S].北京:中国标准出版社,2008.

[32]全国纺织品标准化技术委员会.GB/T 4802.4—2020 纺织品　织物起毛起球性能的测定　第 4 部分:随机翻滚法[S]. 北京:中国标准出版社,2020.

[33]全国纺织品标准化技术委员会基础标准分技术委员会.GB/T 18318.1—2009 纺织品弯曲性能的测定　第 1 部分:斜面法[S]. 北京:中国标准出版社,2009.

[34]全国纺织品标准化技术委员会基础标准分技术委员会.GB/T 18318.2—2009 纺织品弯曲性能的测定　第 2 部分:心形法[S]. 北京:中国标准出版社,2009.

[35]全国纺织品标准化技术委员会基础标准分技术委员会.GB/T 23329—2009 纺织品织物悬垂性的测定[S]. 北京:中国标准出版社,2009.

[36]中国纺织总会标准化研究所.GB/T 5453—1997 纺织品　织物透气性的测定[S]. 北京:中国标准出版社,1997.

[37]全国纺织品标准化技术委员会基础标准分技术委员会.FZ/T 01071—2008 纺织品毛细效应试验方法[S]. 北京:中国标准出版社,2008.

[38]全国纺织品标准化技术委员会基础标准分技术委员会.GB/T 21655.1—2008 纺织品吸湿速干性的评定　第 1 部分:单项组合试验法[S]. 北京:中国标准出版社,2008.

[39]全国纺织品标准化技术委员会基础标准分技术委员会.GB/T 12704.1—2009 纺织品织物透湿性试验方法　第 1 部分:吸湿法[S]. 北京:中国标准出版社,2009.

[40]全国纺织品标准化技术委员会基础标准分技术委员会.GB/T 12704.2—2009 纺织品织物透湿性试验方法　第 2 部分:蒸发法[S]. 北京:中国标准出版社,2009.

[41]全国纺织品标准化技术委员会基础标准分技术委员会.GB/T 4744—2013 纺织品防水性能的检测和评价　静水压法[S]. 北京:中国标准出版社,2013.

[42]全国纺织品标准化技术委员会基础标准分技术委员会.GB/T 4745—2012 纺织品防水性能的检测和评价　沾水法[S]. 北京:中国标准出版社,2013.

[43]全国纺织品标准化技术委员会基础标准分技术委员会.GB/T 19977—2014 纺织品拒油性　抗碳氢化合物试验[S]. 北京:中国标准出版社,2014.

[44]全国纺织品标准化技术委员会基础标准分技术委员会.FZ/T 01118—2012 纺织品防污性能的检测和评价易去污性[S]. 北京:中国标准出版社,2013.

[45]中国纺织总会标准化研究所.GB/T 5454—1997 纺织品　燃烧性能试验　氧指数法[S]. 北京:中国标准出版社,1997.

[46]全国纺织品标准化技术委员会基础标准分技术委员会.GB/T 5455—2014 纺织品燃烧性能　垂直方向　损毁长度、阴燃和续燃时间的测定[S]. 北京:中国标准出版

社,2014.

[47]全国纺织品标准化技术委员会基础标准分技术委员会. GB/T 5456—2009 纺织品燃烧性能 垂直方向试样火焰蔓延性能的测定[S]. 北京:中国标准出版社,2009.

[48]全国纺织品标准化技术委员会基础标准分技术委员会. GB/T 3921—2008 纺织品色牢度试验 耐皂洗色牢度[S]. 北京:中国标准出版社,2008.

[49]全国纺织品标准化技术委员会基础标准分技术委员会. GB/T 3920—2008 纺织品色牢度试验 耐摩擦色牢度[S]. 北京:中国标准出版社,2008.

[50]全国纺织品标准化技术委员会基础标准分技术委员会. GB/T 5713—2013 纺织品色牢度试验 耐水色牢度[S]. 北京:中国标准出版社,2014.

[51]全国纺织品标准化技术委员会基础标准分技术委员会. GB/T 3922—2013 纺织品色牢度试验 耐汗渍色牢度[S]. 北京:中国标准出版社,2014.

[52]中国纺织总会标准化研究所. GB/T 6152—1997 纺织品 色牢度试验 耐热压色牢度[S]. 北京:中国标准出版社,1997.

[53]全国纺织品标准化技术委员会. GB/T 8427—2019 纺织品 色牢度试验 耐人造光色牢度:氙弧[S]. 北京:中国标准出版社,2019.

[54]全国纺织品标准化技术委员会. GB/T 17759—2018 本色布布面疵点检验方法[S]. 北京:中国标准出版社,2018.

[55]全国纺织品标准化技术委员会棉纺织品分技术委员会. FZ/T 10006—2017 本色布棉结杂质疵点格率检验方法[S]. 北京:中国标准出版社,2017.

[56]全国纺织品标准化技术委员会基础标准分技术委员会. GB/T 14801—2009 机织物与针织物纬斜和弓斜试验方法[S]. 北京:中国标准出版社,2009.

[57]全国纺织品标准化技术委员会印染制品分技术委员会. FZ/T 10010—2018 棉及化纤纯纺、混纺印染布标志与包装[S]. 北京:中国标准出版社,2018.

[58]全国纺织品标准化技术委员会棉纺织品分技术委员会. FZ/T 10004—2018 棉及化纤纯纺、混纺本色布检验规则[S]. 北京:中国标准出版社,2019.

[59]全国纺织品标准化技术委员会. GB/T 411—2017 棉印染布[S]. 北京:中国标准出版社,2018.

[60]江苏省纺织产品质量监督检验研究院. FZ/T 13007—2016 色织棉布[S]. 北京:中国标准出版社,2017.

[61]无锡纺织产品质量监督检验所. GB/T 20039—2005 涤与棉混纺色织布[S]. 北京:中

国标准出版社,2005.

　　[62]江南大学,无锡市纺织工程学会,《棉织手册》(第三版)编委会．棉织手册[M].3 版．北京:中国纺织出版社,2006.

第四篇　纺织企业生产经济核算

第一章　纺纱企业生产经济核算

第一节　生产核算

一、产量

(一)总产量

产品总产量是指棉纺企业生产的、符合质量标准或合同要求的实物数量,它反映企业的生产能力,是制订和检查生产计划、平衡产供销关系的依据,也是计算各项指标的基础。

1. 入库量

指报告期间经检验入库的产品产量,或虽未入库但已检验、打包、办理入库手续的产品产量。

2. 自用量

按一定手续交付本企业耗用部门的数量。

入库量和自用量都按公定回潮率折算成标准重量计算。

3. 不合格品

指棉纱线中不符合产品质量标准或用户合同要求的产品,也包括坏纱线、错纤维纱线、不同线密度的混杂纱线、油污纱线等。

产品总产量包括入库量和自用量之和,按统计口径不合格品不计入总产量。

(二)单位产量

单位产量有理论单位产量、计划单位产量和实际单位产量三种。

1. 理论单位产量

即各机的计算单位产量,是根据设备输出或喂入的速度、定量计算得到的产量。计算公式见表 4-1-1。

表 4-1-1　棉纺厂各机台计算产量

工序	单位	计算公式
清棉机	kg/（台·h）	$\dfrac{\text{棉卷罗拉线速度（m/min）}\times 60\times\text{棉卷定量（g/m）}}{1000}$
梳棉机	kg/（台·h）	$\dfrac{\text{道夫线速度（m/min）}\times\text{道夫至输出轧辊牵伸}\times 60\times\text{生条定量（g/5m）}}{1000\times 5}$
		$\dfrac{\text{出条线速度（m/min）}\times\text{生条定量（g/5m）}\times 60}{1000\times 5}$
条并卷机	kg/（台·h）	$\dfrac{\text{条卷罗拉线速度（m/min）}\times 60\times\text{条卷定量（g/m）}}{1000}$
精梳机	kg/（台·h）	$\dfrac{\text{喂卷长度（mm/钳次）}\times\text{锡林速度（r/min）}\times\text{台面条并合数}\times\text{（1-落棉率）}\times 60\times\text{条卷定量（g/m）}}{1000\times 1000}$
		$\dfrac{\text{输出轧辊线速度（m/min）}\times\text{精梳条定量（g/5m）}\times\text{前张力牵伸}\times 60}{1000\times 5}$
并条机	kg/（眼·h）	$\dfrac{\text{前罗拉线速度（m/min）}\times\text{并条定量（g/5m）}\times\text{前张力牵伸}\times 60}{1000\times 5}$
粗纱机	kg/（锭·h）	$\dfrac{\text{前罗拉线速度（m/min）}\times 60\times\text{粗纱定量（g/10m）}}{1000\times 10}$
细纱机	kg/（锭·h）	$\dfrac{\text{前罗拉线速度（m/min）}\times 60\times\text{（1-捻缩率）}\times\text{细纱定量（g/100m）}}{1000\times 100}$
络筒机	kg/（锭·h）	$\dfrac{\text{槽筒线速度（m/min）}\times 60\times\text{细纱定量（g/100m）}}{1000\times 100}$
并纱机	kg/（锭·h）	$\dfrac{\text{槽筒线速度（m/min）}\times 60\times\text{并合根数}\times\text{细纱定量（g/100m）}}{1000\times 100}$
捻线机	kg/（锭·h）	$\dfrac{\text{前罗拉线速度（m/min）}\times 60\times\text{（1-捻缩率）}\times\text{股线定量（g/100m）}}{1000\times 100}$
倍捻机	kg/（锭·h）	$\dfrac{\text{锭速（r/min）}\times 60\times 2\times\text{股线定量（g/100m）}}{\text{捻度（捻/m）}\times 1000\times 100}$
转杯纺	kg/（锭·h）	$\dfrac{\text{卷绕罗拉线速度（m/min）}\times 60\times\text{成纱定量（g/100m）}}{1000\times 100}$
涡流纺	kg/（锭·h）	$\dfrac{\text{纺纱速度（m/min）}\times 60\times\text{成纱定量（g/100m）}}{1000\times 100}$

　　注　1. 表中所列定量均为公定回潮率时的定量,不同纤维的公定回潮率不相同。

　　　　2. 罗拉线速度（m/min）= 罗拉直径（mm）×π×转速（r/min）/1000。

3. 若不同线密度的几根纱进行并纱,则并纱机产量[kg/(锭·h)]=槽筒线速度(m/min)×60×几根细纱的定量之和(g/100m)/(1000×100)。

2. 计划单位产量(产量定额)

计划单位产量是编制生产作业计划、计算总产量和计算设备开台数的基础。

各机的计划单位产量=各机的理论单位产量×各机计划生产效率×各机计划运转率

总产量=各机的计划单位产量×开台数×生产时间

3. 实际单位产量

实际单位产量是指设备实际生产的单位产量。

$$各机(锭、台、眼)实际单位产量=\frac{各机(锭、台、眼)实际生产量}{实际运转时数}$$

细纱机的实际产量与单位产量一般可以从以下方法中求得:

(1)将一落纱的管纱称重,扣除空管与纱框重量,即为一落纱实际产量;再除以一落纱的平均时间,即可推求出每小时每台的产量。

(2)在新型的细纱机上,输入工艺设计的参数后,在运转过程中只要按动触摸显示屏,即可读取机器的产量、速度、效率等数据。

(3)使用电子计长表的,可直接读取细纱机计长表的读数,并按下式求得机台的实际产量。

$$实际产量(kg/台)=\frac{计长表读数(m)×细纱定量(g/100m)×(1-捻缩率)×(1-空锭率)×每台锭数}{1000×100}-$$

回花、回丝重量(kg/台)

记录测定的起止时间及在此时间内产生的回花、回丝重量,就可以求出单位产量[kg/(台·h)]。

(4)安装机械式计长表的,由长度折算产量的计算式如下。

$$折算实际产量(kg/台)=\frac{计长表读数(m)×L×细纱定量(g/100m)×(1-捻缩率)×(1-空锭率)×每台锭数}{1000×100}-$$

回花、回丝重量(kg/台)

式中:L 为计长表转过一个字(个位数)前罗拉的输出长度(10m 左右),不同型号的计长表会有所不同。如 TX101 型计长表转过一个数字(个位数)的计算长度 $L=26×43×17×d×π/(10×15×1000)$。

若细纱机前罗拉直径 $d=25mm$,则 $L=9.9515m$。捻缩率通常为 0.9%~2.7%;空锭率按实际生产情况测出数,正常情况下为 0.1%~0.6%。

记录测定的起止时间及在此时间内产生的回花、回丝重量,就可以计算出单位产量[kg/(台·h)]。

以上四种方法求得的实际单位产量,可按需要折算成公定回潮率条件下的实际单位产量。

(三)生产效率

生产效率是棉纺各机在规定工作时间内,所达到有效生产时间的一种衡量指标。除规定设备休止以外的一切损失,都属于影响生产效率的因素,见表4-1-2。

表4-1-2　影响生产效率的组成因素

项目	清棉	梳棉	精梳	并条	粗纱	细纱	络筒	并纱	捻线
落卷、落筒、落纱、换筒时间	√			√	√	√	√	√	√
断头		√	√	√	√	√	√	√	√
空锭					√	√	√	√	√
坏车	√	√		√	√	√	√	√	√
出车肚 (无自动吸落棉)	√	√							
调换齿轮或皮带盘	√	√	√	√	√	√	√	√	√
嵌粗纱车号纸					√				
运转检修	√	√	√	√	√	√	√	√	√

$$生产效率 = \frac{实际单位产量}{理论单位产量} \times 100\%$$

或

$$生产效率 = 有效时间系数 \times (1-空锭率-皮辊花率) \times (1-回丝率) \times 100\%$$

$$有效时间系数 = \frac{有效生产时间}{生产延续时间}$$

一般棉纺各机生产效率参考数值见表4-1-3。

表4-1-3　棉纺设备生产效率参考数值

机别	清棉	梳棉	条卷	精梳	并条
生产效率/%	80~90	85~93	82~95	90~95	82~92
机别	粗纱	细纱	自动络筒	并纱	捻线、倍捻
生产效率/%	82~92	92~99	85~95	94~98	95~99

生产效率直接影响企业的产出,随着新设备、新技术的应用,棉纺厂的生产效率逐步提高。如清梳联、细络联、自动络筒机、倍捻机的采用,各工序的加大卷装及自动落纱、自动换筒、自动

吸落棉等措施的实行和改进劳动组织,推广先进的操作法,加强管理,加强清整洁工作,降低断头等,都将有利于提高生产效率。

(四)设备利用率和设备运转率

1. 设备利用率

设备利用率综合反映已安装的设备是否充分利用的一种指标,是指可以投入生产的设备台数(包括运转生产、保全保养和因故停开的机台)占安装设备总台数的百分率。

$$设备利用率 = \frac{利用设备总锭(台)时数}{安装设备总锭(台)时数} \times 100\%$$

安装设备数包括:

(1)车间现有实际安装的设备台数,包括新增的设备已经试车,可以随时投入生产的设备。

(2)由于设备大修理或建筑物改建而暂时拆卸的设备。

(3)生产设备经过改造,改变了原来的机型和用途,应按改造后的设备机型归类统计。如细纱机改装的捻线机,应按捻线机统计。

2. 设备运转率

设备运转率是设备实际运转的总时数和设备可利用总时数的百分率,或者说是设备全部利用的运转时间内,扣除各种休止时间后的实际运转效率。

$$设备运转率 = \frac{实际运转(台)时数}{可利用(台)时数} \times 100\% = \frac{利用(台)时数 - 休止(台)时数}{利用(台)时数} \times 100\%$$

设备休止是指设备在实际运转中发生的保全保养、技术改造、计划关车和其他事故停车等原因而造成的停台时间。设备休止的原因与具体内容见表4-1-4。

表4-1-4 一般棉纺设备休止的原因与内容

休止原因	具体内容	休止原因	具体内容
保全保养	大小平车,部分保全、保养和重点检修	技术措施	有计划的技术措施、技术改造
修换电气设备	厂内各种线路故障或电气设备损坏	翻改及试验	有计划的品种翻改及专题试验
供应不平衡	供应不足或供应过剩	计划关车	有计划的设备休止
劳动力不足	出勤率低、劳动力不足	设备重大损坏	必须由保全工进行调换或修理的休止

一般棉纺厂的设备运转率参考值见表4-1-5。

表 4-1-5　棉纺设备运转率参考数值

机别	清棉	梳棉	条卷	精梳	并条
运转率/%	90~95	90~95	92~97	91~95	94~98
机别	粗纱	细纱	络筒	并纱	捻线、倍捻
运转率/%	90~97	95~99	90~95	92~97	95~98

工序单位生产总量(kg/h) = 计划单产｛kg/h·［锭(眼)］｝×设备锭(眼)数×运转率

提高运转率的途径如下:

(1)积极采用维修保养少、性能优良的新型设备。

(2)改革维修方法,变周期计划维修为状态监测维修。

(3)提高维修质量,使用寿命长的优质零配件和纺纱器材。

(4)提高操作人员素质,正确使用设备,减少设备损坏。

(5)合理组织生产,最大限度地发挥设备效能。

生产效率和设备运转率的统计,为纺织企业的管理提供了基础数据,在一定时期内,对纺织企业管理水平的提升起到了重要作用。但这两个效率均是棉纺设备在工作时间内,所达到有效生产时间的衡量指标,内涵相同。在技术和管理快速发展的今天,生产效率和设备运转率两项指标可合并,以方便、简化统计和分析。

合并后的指标可以称为"运转效率",以区别于原指标的名称。运转效率可以沿用原来生产效率或设备运转率的定义,即棉纺各机在规定工作时间内,所达到有效生产时间的一种衡量,或设备全部利用的运转时间内,扣除各种休止时间后的实际运转效率。

$$运转效率 = \frac{实际运转总锭(台)时数}{利用总锭(台)时数} \times 100\%$$

或

$$运转效率 = \frac{各机有效生产时间}{各机生产延续时间}$$

统计运转效率时,忽略细纱空锭、断头和皮辊花,并不影响指标的完整性。一是细纱空锭、断头和皮辊花的高低对运转效率的影响不大;二是技术快速进步的今天,空锭、断头已不是纺纱企业的重要问题;三是空锭、断头的比较和追溯可用单锭检测或其他方法实现。

(五)纺纱厂的生产规模与能力

1. 纺纱厂的生产规模

纺纱厂的生产规模以纺纱厂环锭细纱机的总锭数作为统计值。转杯纺纱机和涡流纺(喷气纺)纱机通常折算成环锭纺的锭数,以方便纺纱厂生产规模的统计与比较。通常(行业协会)

的折算方法是：

$$一头转杯纺 = 10 锭（环锭纺）$$

$$一锭涡流纺（喷气纺） = 20 锭（环锭纺）$$

例：一家纺纱厂有环锭细纱机 50 台，每台 480 锭；转杯纺纱机 5 台，每台 312 头；涡流纺纱机 10 台，每台 60 锭。这家纺纱厂的生产总规模是：$50×480+5×312×10+10×60×20 = 51600$（锭）。

2. 纺纱厂的生产能力

纺纱厂的生产能力是指企业的全部细纱机在正常运转条件下，可能达到的最高年产量（t）。计算公式如下（按三班连续生产计）：

$$棉纺厂生产能力（t/年）= \frac{细纱总锭数 × 平均混合单位产量[kg/(锭·h)] × 实际生产天数 × 24(h/天) × 运转率}{1000}$$

$$年实际生产天数 = 365 - 11（法定假日） - 计划年停电天数$$

3. 提高生产能力的主要途径

（1）提高设备生产率。制定先进的工艺和流程，合理增加设备的运转速度，如细纱机锭速、细纱捻度设计等。

（2）减少设备的停台时间。采用新技术、新设备，提高自动化水平，提高设备的运转率和生产效率。

（3）改善生产组织和劳动组织，合理分工，总结推广先进工作方法等，降低单位产品劳动量消耗，提高产量定额水平。

（4）保证工作时间（天数），增加生产班次。

（5）合理产品结构，科学组织生产。

（六）棉纱折合标准品单位产量的计算

棉纱折合标准品产量用于不同品种或不同生产单位间的单位产量水平的比较、分析和考核，也用于企业内部生产成本的分摊计算等。

1. 标准品单位产量的计算公式

$$标准品单位产量 = 实际单位产量 × 折合率 × 影响系数$$

如有两项及以上影响系数，则将两项及以上系数连乘。

2. 棉纱折合标准品 29tex 单位产量折合率的计算公式

设定标准品 29tex（20 英支）棉纱的生产条件为锭速 15000r/min，效率 96%，捻系数 $\alpha_t = 360$（$\alpha_e = 38$）。折合率 K_t 计算公式：

$$K_t = \frac{n_{29} \times \eta_{29} \times \alpha_t}{n \times \eta \times \alpha_{t29}} \times \frac{29 \times \sqrt{29}}{Tt \times \sqrt{Tt}}$$

式中：n_{29}、η_{29}、α_{t29} 分别表示 29tex 纱的锭速、效率和线密度制捻系数；Tt、n、η、α_t 分别表示某折合产品的线密度、锭速、效率和线密度制捻系数。

常用不同线密度纱的折合率参考数值见表 4-1-6。

表 4-1-6　棉纱折合 29tex 标准品单位产量折合率参考数值

Tt/tex	$\dfrac{n_{29} \times \eta_{29} \times \alpha_t}{n \times \eta \times \alpha_{t29}}$	$\dfrac{29 \times \sqrt{29}}{Tt \times \sqrt{Tt}}$	折合率	Tt/tex	$\dfrac{n_{29} \times \eta_{29} \times \alpha_t}{n \times \eta \times \alpha_{t29}}$	$\dfrac{29 \times \sqrt{29}}{Tt \times \sqrt{Tt}}$	折合率
	(1)	(2)	(1)×(2)		(1)	(2)	(1)×(2)
4	1.15	19.521	22.449	21	0.97	1.623	1.574
4.5	1.15	16.360	18.814	22	0.97	1.513	1.468
5	1.15	13.968	16.064	23	0.98	1.416	1.388
5.5	1.15	12.107	13.923	24	0.98	1.328	1.301
6	1.15	10.626	12.220	25	0.98	1.249	1.224
6.5	1.15	9.424	10.592	26	0.99	1.178	1.166
7	1.15	8.432	9.697	28	0.99	1.054	1.043
7.5	1.15	7.603	8.743	29	1.00	1.000	1.000
8	1.05	6.902	7.247	30	1.01	0.950	0.960
8.5	1.00	6.302	6.302	32	1.03	0.863	0.889
9	1.00	5.784	5.784	34	1.04	0.788	0.820
9.5	1.00	5.333	5.333	36	1.06	0.723	0.766
10	0.99	4.939	4.889	38	1.08	0.667	0.720
11	0.98	4.281	4.195	40	1.10	0.617	0.679
12	0.97	3.757	3.644	42	1.13	0.574	0.649
13	0.96	3.332	3.199	44	1.17	0.535	0.626
14	0.96	2.981	2.862	48	1.23	0.470	0.578
14.5	0.96	2.828	2.715	50	1.25	0.442	0.553
15	0.96	2.688	2.580	52	1.27	0.416	0.528
16	0.96	2.440	2.342	58	1.35	0.354	0.478
17	0.96	2.228	2.139	64	1.42	0.305	0.433
18	0.96	2.045	1.963	72	1.50	0.256	0.384
19.5	0.96	1.814	1.741	80	1.60	0.218	0.349
20	0.97	1.746	1.694	96	1.72	0.166	0.286

注　$\dfrac{n_{29} \times \eta_{29} \times \alpha_t}{n \times \eta \times \alpha_{t29}}$ 的数字是统计经验值。

折合单位产量的影响系数见表 4-1-7。

表 4-1-7　折合单位产量的影响系数表

细纱折合单位产量的影响因素				影响系数
1. 精梳纱				0.96
2. 按月计算混棉平均长度,低于下列基数,每短 2mm				1.04
纺纱线密度/tex	32 及以上	20～32	11.5～20	10 以下	
混棉平均长度基准/mm	25	27	29	31	
3. 混用五级以下低级棉/%	30～49			1.04
	50 及以上			1.08
4. 黏胶纤维纯纺				0.98
5. 棉维混纺				1.02
6. 棉腈混纺				1.04
7. 涤棉、涤腈、黏棉混纺(包括精梳和普梳不同类型的涤纶)				1.00
8. 细纱机上钢领直径比规定基准每加大 3mm				1.04
细纱机上钢领直径比规定基准每减小 3mm				0.96
细纱机上的升降全程比规定基准每加长 13mm				1.02

细纱机钢领直径和升降全程规定基准					
纱的种类	经纱、售纱、转捻纱、针织用纱、起绒用纱				
线密度/tex	8.5 及以下	9～10	11～19	20～29	32～96
钢领直径/mm	32	35	38	42	45
升降全程/mm	152				

9. 其他因素:如紧捻纱、顺手纱、各种化纤纯纺纱、中长涤黏、涤腈混纺纱、回花专纺纱等产品,它的影响系数与折合单位产量由企业自定。三股及以上捻线用纱可按细纱设计线密度选用折合率

注　转捻纱指供捻线机用的细纱。

3. 棉纱折合标准品 14.5tex 单位产量折合率的计算公式

设定标准品 14.5tex(40 英支)棉纱的生产条件为锭速 15000r/min,效率 96%,捻系数 $\alpha_t = 360(\alpha_e = 38)$。折合率 K_t 计算公式:

$$K_t = \frac{n_{14.5} \times \eta_{14.5} \times \alpha_t}{n \times \eta \times \alpha_{t14.5}} \times \frac{14.5 \times \sqrt{14.5}}{\text{Tt} \times \sqrt{\text{Tt}}}$$

简化计算可利用表 4-1-6 中的参考数值,采用类比的方法,换算而成。

例：求 10tex(60 英支)折合 14.5tex(40 英支)棉纱的折合率。

方法一，利用公式计算(忽略锭速、效率和捻系数的变化)：

$$K_{10} = \frac{15000 \times 96 \times 360}{15000 \times 96 \times 360} \times \frac{14.5 \times \sqrt{14.5}}{10 \times \sqrt{10}} = 1.74$$

方法二，利用表 4-1-6 换算：

$$2.715 : 4.889 = 1 : K_{10}$$

$$K_{10} = \frac{4.889 \times 1}{2.715} = 1.79$$

方法一与方法二的差异为 2%，在允许误差范围内。

棉纱折合标准品产量主要用于企业内部设备生产量的比较、分析。运用棉纱折合系数折合标准品产量，纱支范围变动较小时，比较合理；纱支范围较大时(如 8 支纱与 80 支纱)，可能有失真的情况。此时，企业可以根据实际情况，对折合率进行修正(影响系数)。

二、在制品储备量与容器的配备

(一)各工序机上、机下储备量

1. 机上在制品储备量

即折满量。机上在制品储备量的平均卷装容量一般可按折满量 50% 计算，但实际情况稍高。常用范围见表 4-1-8。

表 4-1-8　机上在制品平均卷装折满量参考表

机名	条卷	精梳	并条	粗纱	细纱
折满量/%	60~65	60~65	60~65	56~60	50~52

2. 机下在制品储备量(表 4-1-9)

表 4-1-9　机下在制品储备量参考表

在制品	机别	机下在制品储备量
棉卷	清棉	一般按梳棉机台数×1 只计算
	梳棉	按每台 1 只计算
生条	头并	按每次换筒一段的筒数计算，一般为 2 筒/眼
半熟条	二并	按每次换筒一段的筒数计算，一般为 1 筒/眼
	三并	按每次换筒一段的筒数计算，一般为 1 筒/眼

续表

在制品	机别	机下在制品储备量
熟条	粗纱	按每次换筒一段的筒数计算,一般为0.2筒/锭
粗纱	细纱	按每台细纱机1h耗用粗纱只数×[粗纱每落纱生产所用时间(h)+运粗纱间隔时间(h)]。一般每台细纱机储备粗纱50~100只
半熟条	条卷	5筒/台
条卷	精梳	0.3只/眼
精梳条	精并	1筒/眼
管纱	络筒	1.5落/人
并纱筒子	捻线	50~80只/台
售纱(线)筒子	成包	1. 早、中、夜三班分批,夜班下班后盘存,储备量为三个班;早班下班后盘存,储备量为一班 2. 早、中、夜三班分批,夜班下班后盘存,储备量为两个班;早班下班后盘存,剩下零星纱(线)筒

注 1. 机下在制品储备量取决于各生产工序的机器数量、工艺特点、生产效率、工作班次、劳动组织、前工序供应交接周期和方法等。各企业要根据各种有关因素,如供应周期、工作班次、固定供应、半制品分段情况、保全修理、工艺技术要求、品种翻改等来制定、调整在制品储备量。

2. 在制品储备量对产品质量和生产的顺利进行会有所影响,还会涉及容器的周转和资金的占用。

3. 由于不同的操作方法,如并条、粗纱整体换条,细纱整体换纱等以及纺纱方法的不同,如赛络纺、赛络紧密纺、AB纱等,机上、机下在制品储备量需相应增加。

(二)各工序容器的配备

1. 容器数计算方法(表4-1-10)

表4-1-10 容器配备的计算方法

容器名称	计算方法
棉卷扦/根	棉卷储存只数+梳棉机台数×2+0.67(清棉机和梳棉机台数)
棉条筒/只	大筒(500mm以上):梳棉机台数×2+生条储备筒数+并条机眼数×每眼喂入筒数 小筒(500mm以下):并条机眼数×2×并条道数+头、末并储备筒数+粗纱机上筒数+熟条储备筒数
粗纱管/只	粗纱机锭数×3+细纱机锭数+0.6×(粗纱锭数+细纱锭数)
普通细纱机管/只	普通细纱机锭数×(6~10)只/锭
细络联型细纱机管/只	细络联型细纱机锭数×(3~5)只/锭

容器名称	计算方法
捻线管/只	捻线机锭数×(5~6)只/锭
并筒管/只	并筒锭数×(4~5)+捻线锭数×1.2
落纱周转箱/只	细纱机台数×(10~20)只
等纱车/辆	集体落纱细纱机台数×(3~4)辆

2. 棉纺万锭配备主要容器数量(表4-1-11)

表4-1-11　棉纺万锭配备主要容器数量参考表

容器名称	棉卷扦/根	棉条筒/只	粗纱管/万只	普通细纱机细纱管/万只	细络联型细纱机管/万只
万锭用量	50~170	480~1300	1.5~1.8	6~10	3~5

容器名称	捻线管/万只	并筒管/万只	售纱纸管/万只	普通细纱机落纱周转箱/只	集体落纱细纱机等纱车/辆
万锭用量	5~6	0.9~1	0.05~0.4	200~400	30~40

注　粗纱管、细纱管的配备与生产品种有关,若生产品种多,翻改频繁,配备数量要相应增加。

三、棉纺设备的选择和设备配置示例

(一)棉纺设备选择原则

设备选择的要求包括设备的生产性、可靠性、安全性、节能性、耐用性、维修性、环保性、成套性、灵活性和经济性等。

(1)设备的选择应能满足产品加工的工艺技术要求,并具有一定的灵活性。

(2)兼顾技术的先进性、前瞻性和适用性,以获得最佳的投资效果。

(3)有利于节约用工,提高劳动生产率。如高速、大卷装、自动化、智能化等。

(4)生产出的产品质量好,稳定。

(5)设备选型要注意设备的标准化、通用化和系列化。方便操作和维护,机物料消耗少。

(6)节能环保安全,为员工提供良好的工作环境。

(二)棉纺万锭设备配置编制说明

(1)棉纺万锭设备配置以纯棉纱产品为主,包括粗、中、细线密度的普梳纱、精梳纱等产品。

(2)各工序的生产设备均以国产机器为例。

（3）各种主机的生产能力，选用了较平均略高的单产水平作为示范的依据。

（4）表4-1-12~表4-1-15中设计定量、理论产量、计划产量、总生产量都按干量计算。

（5）表4-1-12~表4-1-15中消耗率均系对细纱而言，细纱以前各工序的消耗率均大于100%，细纱以后各工序的消耗率均小于100%。前纺各工序的消耗率为加上回花与落棉量后的相对耗用率；有些工序的消耗率较低，可以忽略不计。

$$某工序消耗率=\frac{某工序产量}{细纱产量}\times100\%$$

即

$$某工序消耗率=\frac{某工序累计制成率}{细纱累计制成率}\times100\%$$

（6）表中细纱机计算产量时的捻缩率：48.6tex为3.0%，18.5tex为2.4%，J9.7tex为2.2%，T65/JC35 13tex为2.5%。

（7）为便于品种翻改、工艺调整、班次安排和对用电高峰的避让等实际情况，前纺设备可配备得适当宽余一些。

（8）表中单产是指每锭或每眼或每台的小时产量。

（三）棉纺万锭设备配置示例（表4-1-12~表4-1-15）

表4-1-12 48.6tex棉纱万锭设备配备示例

机器名称	FA506型细纱机	FA458A型粗纱机	FA306A型二道并条机	FA306A型头道并条机	FA221B型梳棉机	清梳联	ESPERO型自动络筒机
设计定量/(g/m)	4.480/100	6.5/10	20.5/5	21.5/5	23.0/5		4.480/100
并合数/根	1	1	8	8	1		1
输出罗拉/mm	25	28	45	45	706		
输出罗拉线速度/(m/min)	27.489(350r/min)	21.112(240r/min)	345	330	160		1050
理论单产/(kg/h)	0.0717	0.823	84.87	85.14	44.2	1000	2.8224
生产效率/%	95	84	87	87	92	92	80
计划单产/(kg/h)	0.0681	0.6913	73.84	74.07	40.6	920	2.2579
单产总量/(kg/h)	667.3	680.6	684.0	684.0	687.3	720.7	664.0
累计消耗率/%	100	102	102.5	102.5	103	108	99.5

机器名称	FA506 型细纱机	FA458A 型粗纱机	FA306A 型二道并条机	FA306A 型头道并条机	FA221B 型梳棉机	清梳联	ESPERO 型自动络筒机
计算需要机器数量	9800 锭	985 锭	9.3 眼	9.2 眼	16.9 台	0.78 套	294 锭
设备运转率/%	98	96	95	96	94	94	95
万锭细纱配备机器数量	10000 锭	1026 锭	9.8 眼	9.7 眼	18.0 台	0.83 套	310 锭

表 4-1-13 18.5tex 棉纱万锭设备配备示例

机器名称	EJM128A 型细纱机	EJK211 型粗纱机	FA316 型二道并条机	FA316 型头道并条机	MK5D 型梳棉机	清梳联	EJP438 型自动络筒机
设计定量/(g/m)	1.705/100	5.0/10	21.0/5	22.0/5	23.5/5		1.705/100
并合数/根	1	1	8	8	1		1
输出罗拉/mm	27	28.5	52	52	508		
输出罗拉线速度/(m/min)	21.206 (250r/min)	25.070 (280r/min)	300	300	155		1200
理论单产/(kg/h)	0.02117	0.752	75.6	79.2	43.7	600	1.2276
生产效率/%	97.5	84	87	87	93	93	80
计划单产/(kg/h)	0.02064	0.632	65.8	68.9	40.65	558	0.0982
单产总量/(kg/h)	202.3	206.4	207.4	207.4	208.4	218.5	201.3
累计消耗率/%	100	102	102.5	102.5	103	108	99.5
计算需要机器数量	9800 锭	327 锭	3.15 眼	3.01 眼	5.13 台	0.39 套	205 锭
设备运转率/%	98	96	95	95	95	95	95
万锭细纱配备机器数量	10000 锭	341 锭	3.3 眼	3.2 眼	5.4 台	0.41 套	216 锭

表 4-1-14 J9.7tex 棉纱万锭设备配备示例

机器名称	EJM128A 型细纱机	EJK211 型粗纱机	FA316(BZ) 型并条机	CJ25 型精梳机	FA355C 型条并卷机	FA316 型预并条机	MK5D 型梳棉机	清梳联	EJP438 型自动络筒机
设计定量/(g/m)	0.894/100	3.4/10	16.0/5	19.5/5	48.0	19.0/5	19.0/5		0.894/100

续表

机器名称	EJM128A型细纱机	EJK211型粗纱机	FA316(BZ)型并条机	CJ25型精梳机	FA355C型条并卷机	FA316型预并条机	MK5D型梳棉机	清梳联	EJP438型自动络筒机
并合数/根	1	1	6	8	20	8	1		1
输出罗拉/mm	25	28.5	52	70	38	52	508		
输出罗拉线速度/(m/min)	14.530 (185r/min)	20.59 (230r/min)	250	200 (钳次/min)	60	250	170		1200
理论单产/(kg/h)	0.0076	0.420	48.0	20.1	172.8	57.0	38.76	600	0.6437
生产效率/%	98	85	85	88	82	87	92	92	80
计划单产/(kg/h)	0.0075	0.357	40.8	17.69	141.7	49.6	35.66	552	0.5149
单产总量/(kg/h)	73.2	74.7	75.0	75.4	90.8	90.8	91.1	100.3	72.83
累计消耗率/%	100	102	102.5	103	124	124	124.5	137	99.5
计算需要机器数量	9800锭	209锭	1.83眼	4.26台	0.64台	1.83眼	2.55台	0.18套	142锭
设备运转率/%	98	96	96	95	96	96	94	94	95
万锭细纱配备机器数量	10000锭	218锭	1.9眼	4.5台	0.67台	1.9眼	2.7台	0.19套	150锭

表4-1-15　T65/JC35 13tex混纺纱万锭设备配备示例

机器名称	F1520型细纱机	FA458A型粗纱机	FA326A型三道并条机	FA306型二道并条机	FA306A型头道并条机	FA306A型涤预并条机	F1268型精梳机
设计定量/(g/m)	1.260/100	3.8/10	16.5/5	17.5/5	18.5/5	18.0/5	19.4/5
并合数/根	1	1	6	6	T4根,C2根	6	8
输出罗拉/mm	27	28	45	45	45	45	70
输出罗拉线速度/(m/min)	16.965 (200r/min)	21.112 (240r/min)	250	250	250	250	250 (钳次/min)
理论单产/(kg/h)	0.0125	0.481	49.5	52.5	55.5	54.0	28.14
生产效率/%	98	85	87	87	87	87	84
计划单产/(kg/h)	0.0123	0.409	43.07	45.7	48.3	47.0	23.64
单产总量/(kg/h)	120.1	122.5	123.1	123.5	123.7	81.0	43.6
累计消耗率/%	100	102	102.5	102.8	103.0	103.8	103.7
计算需要机器数量	9800锭	299锭	2.84眼	2.7眼	2.55眼	1.71眼	1.84台

续表

机器名称	F1520 型 细纱机	FA458A 型 粗纱机	FA326A 型 三道并条机	FA306 型 二道并条机	FA306A 型 头道并条机	FA306A 型 涤预并条机	F1268 型 精梳机
设备运转率/%	98	96	96	96	96	96	95
万锭细纱配备 机器数量	10000 锭	312 锭	3.0 眼	2.5 眼	2.7 眼	1.8 眼	1.94 台

机器名称	FA356 型 条卷机	FA306A 型 预并条机	T:FA201B 型 梳棉机	C:FA201B 型 梳棉机	T:FA141A 型 清棉机	C:FA141A 型 清棉机	ESPERO 型 自动络筒机
设计定量/(g/m)	55	19.0/5	19.0/5	20.0/5	350	370	1.260/100
并合数/根	28	8	1	1			1
输出罗拉/mm	40	45	706	706	230	230	
输出罗拉线速度/ (m/min)	90	250	90	90	8.671 (12r/min)	8.671 (12r/min)	1000
理论单产/(kg/h)	297	57.0	20.5	21.6	182.1	192.5	0.7304
生产效率/%	90	87	90	90	87	87	80
计划单产/(kg/h)	267.3	49.59	18.5	19.4	158.4	167.5	0.5843
单产总量/(kg/h)	52.1	52.3	81.21	52.5	84.3	55.9	119.5
累计消耗率/%	123.8	124.3	104	125	108	133	99.5
计算需要机器数量	0.20 台	1.06 眼	4.4 台	2.7 台	0.53 头	0.53 头	205 锭
设备运转率/%	95	96	96	96	92	92	95
万锭细纱配备 机器数量	0.21 台	1.1 眼	4.6 台	2.8 台	0.6 头	0.36 头	216 锭

四、原材料及人工消耗

(一)原材料消耗

1. 单位用纤维量

生产一吨纱线耗用天然纤维或化学纤维的数量,即为单位用纤维量,简称单位用棉量。根据混用情况以及生产过程,分为单位混用棉量、单位净用棉量、细纱止单位混用棉量、细纱止单位净用棉量、成品止单位混用棉量和成品止单位净用棉量。

(1)单位混用棉量。单位混用棉量指生产每一吨纱线耗用原棉、回花及再用棉的混合数量,它是反映企业生产技术管理水平的一个指标。

(2)单位净用棉量。单位净用棉量指生产每一吨纱线耗用原棉的数量,它是反映企业管理与技术水平的标尺,是纺织企业的重要技术经济指标之一。

(3)细纱止单位混用棉量及单位净用棉量。细纱止单位混用棉量及单位净用棉量指到细纱工序为止的单位混用棉量和单位净用棉量,还可分统扯的和分品种的两种情况,计算公式见表4-1-16。

表4-1-16　细纱止单位用棉量计算公式

项目	计算公式
统扯单位混用棉量	$\dfrac{\sum(分品种本期投入混用棉量+分品种期初盘存半制品折合混用棉量-分品种期末盘存半制品折合混用棉量)}{分品种自用纱线及售纱线的细纱总产量}$
统扯单位净用棉量	$\dfrac{\sum(分品种本期投入原棉用量+分品种期初盘存半制品摊算原棉用量-分品种期末盘存半制品摊算原棉用量)}{本期该品种自用纱线及售纱线的细纱总产量}$
分品种单位混用棉量	$\dfrac{该品种本期投入混用棉量+该品种期初盘存半制品折合混用棉量-该品种期末盘存半制品折合混用棉量}{本期该品种自用纱线及售纱线的细纱总产量}$
分品种单位净用棉量	$\dfrac{该品种本期投入原棉用量+该品种期初盘存半制品摊算原棉用量-该品种期末盘存半制品摊算原棉用量}{本期该品种自用纱线及售纱线的细纱总产量}$

(4)成品止单位混用棉量及单位净用棉量。成品止单位混用棉量及单位净用棉量指到自用纱线及售纱线末道工序为止的成品单位混用棉量及单位净用棉量,计算公式见表4-1-17。

表4-1-17　成品止单位混用棉量及单位净用棉量

项目	计算公式
统扯单位混用棉量	$\dfrac{\sum(分品种细纱止单位混用棉量+分品种入库纱线产量×细纱以后工序吨扯落棉量)}{分品种自用纱线及入库售纱线的总产量}$
统扯单位净用棉量	$\dfrac{\sum(分品种细纱止单位原棉用量+该品种入库纱线产量×细纱以后工序吨扯落棉量)}{分品种自用纱线及入库售纱线的总产量}$
分品种单位混用棉量	$\dfrac{本品种细纱止单位混用棉量+该品种入库纱线产量×细纱以后工序吨扯落棉量}{本品种自用纱线及入库售纱线的总产量}$
分品种单位净用棉量	$\dfrac{本品种细纱止单位原棉用量+该品种入库纱线产量×细纱以后工序吨扯落棉量}{分品种自用纱线及入库售纱线的总产量}$

细纱以后工序吨扯落棉量(可根据各厂历史统计数据制定)的数据可参考表4-1-18。

表 4-1-18　细纱以后工序吨扯落棉量参考值

工序	并筒	捻线	烧毛三股以上	烧毛三股	烧毛二股	烧毛一股
落棉量/(kg/t)	1.40	2.79	13.96	20.93	27.91	47.45

(5)分品种盘存半制品折合混用棉量。分品种盘存半制品折合混用棉量=该品种各工序盘存半制品总量/各工序累计制成率。

(6)分品种盘存半制品摊算原棉用量。分品种盘存半制品折合原棉用量=该品种本期原棉和用量×该品种盘存半制品折合混用棉量/该品种本期混用棉量。

(7)混棉量。混棉量指本期混用原棉、回花、再用棉数量的总和。

(8)回花量。回花量指回用的回卷、回条、粗纱头的称见重量。

(9)再用棉量。再用棉量指回用的抄针花、盖板花、精梳落棉及三吸落棉的称见重量。

(10)原棉公定重量计算。原棉的产地及加工机械类型不同,回潮率和含杂率也有高低差别。国标 GB 1103—2012 规定细绒棉的公定回潮率为 8.5%,皮辊棉和锯齿棉的标准含杂率分别为 3.0%和 2.5%。

计算用棉量时应按各种原棉的实际回潮率、含杂率换算成公定重量,见表 4-1-19。

表 4-1-19　皮辊棉和锯齿棉公定重量计算公式

原棉种类	换算公式
皮辊棉公定重量	$净重×\dfrac{1-实际含杂率}{1-皮辊棉公定含杂率}×\dfrac{1+公定回潮率}{1+实际回潮率}$
锯齿棉公定重量	$净重×\dfrac{1-实际含杂率}{1-锯齿棉公定含杂率}×\dfrac{1+公定回潮率}{1+实际回潮率}$

例:一批细绒锯齿棉称见净重为 1000kg,其回潮率为 9.2%、含杂率为 2.8%,则:

$$公定重量=1000kg×\frac{1-2.8\%}{1-2.5\%}×\frac{1+8.5\%}{1+9.2\%}=990.53kg$$

2. 制成率、落棉率、超欠杂率及盈亏率

(1)制成率。制成量对喂入量的百分率叫作制成率。根据需要,制成率可分为本间制成率和累计制成率,计算公式见表 4-1-20。

表 4-1-20 有关制成率的计算公式

项目	计算公式
本间制成率	$\dfrac{\text{本间制成重量}}{\text{本间喂入重量(即上间制成重量)}} \times 100\%$
某车间止累计制成率	$\dfrac{\text{某车间止制成重量}}{\text{混用棉重量}} \times 100\%$ 或 本间制成率×上间累计制成率

注 本车间(工序)的喂入重量一般即是上车间(工序)的半制品制成重量。

(2)落棉率。落棉率指纺纱过程中各道工序散落的回花、再用棉及下脚对喂入重量的百分率。回花是指残次的半制品,可以直接回用;再用棉是指必须经过预处理才能使用的落棉,如抄针棉、盖板花、精梳落棉的回用部分;下脚指本企业不能纺纱的废棉。落棉率的分类及计算公式见表 4-1-21。

表 4-1-21 有关落棉率的计算公式

项目	计算公式
落棉(回花、再用棉、下脚)率	$\dfrac{\text{落棉(回花、再用棉、下脚)重量}}{\text{混用棉重量}} \times 100\%$
本间落棉(回花、再用棉、下脚)率	$\dfrac{\text{本间落棉(回花、再用棉、下脚)重量}}{\text{本间喂入重量}} \times 100\%$
某车间止累计落棉(回花、再用棉、下脚)率	$\dfrac{\text{某车间止累计落棉(回花、再用棉、下脚)重量}}{\text{混用棉重量}} \times 100\%$ 或某车间止各工序对混用棉落棉(回花、再用棉、下脚)率之和

(3)盈亏率及超欠杂率。盈亏指耗用混用棉量扣除成品和半制品产量、回花量及落棉量后的盈余或亏耗的数量;盈亏率是盈余或亏耗量对耗用混用棉量的相对数。在核算上表现为两种盈亏,即绝对盈亏和正常盈亏。绝对盈亏是指核算盈亏,正常盈亏是反映原棉消耗定额完成情况的盈亏,即从绝对盈亏中剔除原棉超欠杂量后的盈亏量。超欠杂量指耗用的各批原棉含杂大于或小于原棉标准含杂的累计总数,其对耗用混用棉量的相对数,即为超欠杂率。计算公式见表 4-1-22。

表 4-1-22 盈亏率及超欠杂率

项目	计算公式	项目	计算公式
盈亏率	$\dfrac{\text{盈亏量}}{\text{耗用混用棉量}} \times 100\%$	正常盈亏率	盈亏率−超欠杂率

续表

项目	计算公式	项目	计算公式
超欠杂率	$\dfrac{超欠杂量}{耗用混用棉量}\times100\%$		

车间制成率、落棉率、盈亏率三者之和等于1。

落棉率和制成率的高低与企业的管理水平、原料质量、设备型号和设备状况、工艺上机、品种的质量要求、细纱机的断头率、络筒电清参数设定、生产车间温湿度和环境控制、工人的操作水平有很大关系;在保证质量的前提下合理均衡使用各类回花、再用棉;落棉率和制成率的高低、再用棉的回用等对企业效益影响较大。

（4）各类配棉产品回用的回花、再用棉内容及其单位净用棉量定额参考数值,见表4-1-23。

表4-1-23 各类产品配棉内容及其单位净用棉量定额参考表

配棉类型	回用本品种产生的内容			较高档品种产生的降档使用内容			细纱止每吨纱净用棉量/kg
	回花	盖板花处理棉	粗纱头	再用棉	精梳落棉	回花	
细于9.7tex 精梳纱	√						1396
涤棉混纺精梳棉部分	（清梳）√						1345
粗于9.7tex 精梳纱	√		√				1368
9.7tex 普梳棉纱（包括涤/棉普梳纱）	√		√				1098
细特针织纱、细甲、细乙（丙/棉、维/棉的原棉）	√		√				1094
中特甲（190 士林）	√		√				1088
中特甲（被单）、中特乙（纱卡）、粗帆、大胎小胎	√	√	√				1074
转杯纺纱	√	√					1074
中特丙	√	√	√	√5%			1038
粗特	√	√	√	√5%			1046
粗特丙	√		√		√15%		940

续表

配棉类型	回用本品种产生的内容			较高档品种产生的降档使用内容			细纱止每吨纱净用棉量/kg
	回花	盖板花处理棉	粗纱头	再用棉	精梳落棉	回花	
特帆							1195
起绒纱	√				√10%		993
细特二级纱(低级棉)	√	√	√				1090
中特二级纱(低级棉)	√	√	√	√5%			1040
粗特二级纱(低级棉)	√		√	√15%			960
副牌纱	√		√	√50%			560
涤/棉回花纱(普梳)	√	√	√			√80%	215
化纤纯纺或混纺纱的化纤部分	√	√	√				1014
	(清梳)√						1042

注　1. 表示回用的内容。

2. 涤/棉混纺种类、回用回花注有"(清梳)"的,表示回用清棉、梳棉的回花、回条,不回用混并条以后的各道工序的各种回花。

3. 高档品种表示高档配棉和特细纱,其回花、再用棉基本上均降级使用,不在本品种回用。

4. 回用项内的数字表示回用这类回花、落棉的数量占混棉量的百分率。

5. 色纺纱一般落棉、回花本特不回用,并且各工序落棉、回花较多,用棉量较一般品种要高 10%~20%;包芯纱、皮辊花不回用。

6. 转杯纺纱由于用途不同,质量要求也不尽相同,配棉差异很大。如有的工厂以使用低级棉及再用棉为主,而有的工厂以生产高档针织转杯纱为主,配棉则全部用生棉,甚至用精梳配棉,造成细纱止每吨净用棉量差异大。

(二)用电

企业在统计期内生产过程中所消耗的各类电量之和称为综合电耗,包括棉纺基本生产用电与棉纺辅助生产用电。基本生产用电是指直接用与纺纱生产的各工序用电量总和。辅助生产用电是指间接用于纺纱生产的耗电量,包括空调、制冷、滤尘、空压机、照明、锅炉分摊用电、线变损及其他(附房用电、仓库用电、办公用电)。不包含的用电有文化、生活和福利用电、基建工地用电,及其与此有关的线变损。

棉纱用电单耗一般分为吨纱单位用电量和折合标准品单位用电量两种。

1. 棉纱吨纱单位生产用电量

用于同品种或品种相对比较稳定、变化不大时对耗电的分析、比较和考核。

$$吨纱单位生产用电量=\frac{前纺—络筒的生产用电量+空调（滤尘）用电量+辅助用电量}{所生产品种的产量}$$

2. 棉纱折合标准品用电量及折合率

棉纱折合标准品生产用电量用于不同品种或不同生产单位间的用电水平的比较、分析和考核，也是政府相关部门对纺纱企业节能降耗考核的重要指标。

（1）以普梳纯棉纱 14.6tex（40 英支）、精梳纯棉纱 JC14.6tex（40 英支）作为普梳纯棉纱、精梳纯棉纱标准品。

（2）棉纱折合标准品全部生产用电单耗=棉纱折合标准品基本生产用电单耗+棉纺空调折合标准品用电单耗+棉纺其他辅助折合标准品用电单耗

（3）棉纱折合标准品基本生产用电单耗=前纺折合标准品基本生产用电单耗+细纱折合标准品基本生产用电单耗+络筒棉纱折合标准品基本生产用电单耗

（4）棉纺空调折合

$$标准品用电单耗=\frac{前纺空调用电量+细纱空调用电量}{细纱折合标准品产量}+\frac{络筒空调用电量}{络筒折合标准品产量}$$

（5）棉纺其他辅助

$$折合标准品用电单耗=\frac{前纺其他辅助用电量+细纱其他辅助用电量}{细纱折合标准品产量}+\frac{络筒其他辅助用电量}{络筒折合标准品产量}$$

（6）前纺折合标准品基本生产用电单耗$=\dfrac{清棉—粗纱基本生产用电量（包括精梳工序）}{前纺分品种折合标准品产量之和}$

前纺分品种折合标准品产量=分品种前纺工序实际产量×该品种前纺工序折合率

（7）细纱折合标准品基本生产用电单耗$=\dfrac{细纱基本生产用电量}{细纱分品种折合标准品产量之和}$

细纱分品种折合标准品产量=分品种细纱工序实际产量×该品种细纱工序折合率

（8）络筒折合标准品基本生产用电单耗$=\dfrac{络筒基本生产用电量}{络筒分品种折合标准品产量之和}$

络筒分品种折合标准品产量=分品种络筒工序实际产量×该品种自动络筒工序折合率

棉纱计算产量的单位为吨（t），取小数点后三位；用电量单位为千瓦时（kW·h），取整数；棉纱折合标准品用电单耗的单位为千瓦时/吨（kW·h/ t）。

（9）棉纱用电折合率。棉纱用电折合率为该产品在该工序单位产量电耗与标准品在该工序单位产量电耗之比，具体可参阅 FZ/T 01109—2011《环锭纺纯棉纱生产用电计算方法》。

关于棉纱单位产品可比综合电耗限额及计算方法，有些省份出台了地方标准，如江苏省地方标准 DB32/T 2061—2018《单位能耗限额统计范围和计算方法》,该标准简化了计算方法,对产品范围进行了扩展等。

(三)劳动组织和用工

1. 劳动组织

棉纺企业工序多、流程长,劳动组织安排至关重要。在合理分工和合作的基础上,有效地组织员工进行协调劳动;正确处理劳动者与劳动工具、劳动对象之间的关系,以及各班组、各工序之间的关系;分析研究采用先进合理的劳动组织形式;充分利用劳动时间和机器设备,不断提高劳动生产率。

(1)劳动分工。

①职责明确。在进行劳动分工时,要明确划分每个岗位的工作内容和相应的工作责任与权力,避免工作无人负责和责任不清的现象,便于对工作进行检查和考核。

②充分利用工时。在进行劳动分工时,要保证每个岗位有足够的工作量,减少工时浪费现象。

③分工粗细适当。在进行劳动分工时,企业应根据自己的具体情况(如企业规模和工作内容等)来决定分工的粗细。一般企业规模小、工作内容少的,可以分工粗些;反之,企业规模大、工作内容多的,分工可以细些。劳动分工的粗细要有利于劳动组合和生产率的提高。

④有利于协作和相互配合。

(2)劳动协作。在进行劳动分工后,还必须加强劳动者在劳动过程中的协作。

①劳动协作形式基本有两方面。一方面指组织体外的协作。它是指组织体与组织体之间的协作。例如,车间、工序与工序、轮班与轮班、班组与班组、个人与个人之间的协作。另一方面指组织体内的协作。它是指组织体内部各组成部分之间的协作。例如,车间内部、工序内部、轮班内部、工作小组内部等各组成部分之间的协作。

②工作小组形式。工作小组是劳动协作的基本形式。它是指为了完成一定的生产任务,由若干个工人在适当分工的基础上,相互密切配合而组成的共同劳动集体。

③生产轮班的组织。生产轮班是劳动协作在时间上的表现形式。通过轮班的组织工作,把工人之间的协作关系从时间上联系起来,保证生产顺利进行。可以组织一班、两班和三班制生产。

(3)劳动定额。劳动定额的形式主要有两种,即工时定额(时间定额)和工作量定额。纺织企业对挡车工一般采用工作量定额:产量定额和看台(看管机台数)定额两种形式。在计算定员时采用看台定额,实行计件工资及绩效考核时采用产量定额。

（4）劳动定员。企业编制劳动定员的方法主要有五种：按工作量定员、按机台（设备）定员、按岗位定员、按比例定员、按组织机构和业务分工定员。编制劳动定员的基础是劳动定额和岗位责任制。

2. 用工

企业用工主要由生产品种和设备条件所决定，同时在一定程度上反映企业的组织管理水平。用工水平是企业经济指标的一个重要内容，常以万锭用工数或吨纱用工数表示棉纺企业的用工水平，它受企业管理机制、劳动组织、企业设备条件、员工技术水平、纺纱原料和品种、工艺流程和参数及社会条件等因素的影响，不同企业差异很大，其中影响用工的主要因素有：设备的自动化、连续化、智能化水平，如采用清钢联、粗细联、细络联及自动成包等，会大幅减少用工；生产品种的差异，如生产中粗支纱、多品种纱、混纺纱、色纺纱等，用工多，反之用工少。企业的劳动组织、管理考核机制、员工的技能等也是影响用工的重要方面。

（1）万锭用工数。万锭用工数表示企业每一万纱锭的用工人数。国内纺厂的万锭用工在 30~70 人之间，用工数少，表示企业有较高的劳动生产率。万锭用工数与设备自动化水平和管理水平有关，与生产棉纱支数的关联度大。

$$万锭用工数 = \frac{用工总人数}{纱锭数（万锭）}$$

（2）吨纱用工数。吨纱用工数表示企业每月生产一吨棉纱的平均用工数，间接表示生产每吨棉纱中的工资成本。国内纺厂的吨纱用工在 0.45~0.65 之间，吨纱用工少，表示企业的劳动生产率高，吨纱工资成本低。吨纱用工主要由设备自动化水平和管理水平决定，与生产棉纱支数的关联度小。

$$吨纱用工 = \frac{用工总人数}{每月总产量}$$

例1：某纺厂有环锭纺 10 万枚，用工 700 人，每月生产棉纱 1610 吨，人均工资 4000 元，那么该企业：

$$万锭用工为 700 人/10 万锭 = 70 人/万锭$$

$$吨纱用工为 700 人/1610t = 0.4348 人/t$$

$$吨纱工资成本为 4000 元/人×0.4348 人/t = 1739.2 元/t$$

（3）人均产纱量。人均产纱量直观地表示每月每个工人平均生产棉纱的数量。

$$人均产纱量 = \frac{棉纱月产量}{用工总人数} = 吨纱用工$$

上例中，人均产纱量 = 1610t/（月·700 人）= 2.3t/（月·人）

例2:某企业一纺纱车间有5.7万纱锭,生产差别化纤维混纺纱,使用国产清梳联6条线共56台高产梳棉机、国产FA系列清花2套、4台成卷机,国产FA系列梳棉机20台,2套国产高速精梳机,其中预并条机4节、条并卷机2台、精梳机12台,国产并条16套共48节、国产120锭粗纱机16台,进口1200锭全自动细纱机16台,国产420锭集体落纱改造后的细纱机90台,进口64锭全自动纱库式络筒机12台、进口64锭全自动托盘式络筒机4台、进口30锭细络联络筒机16台,日产量35t左右,设备实行状态检修和有计划保养,运转班次为3班。合计用工285人,生产车间折合万锭用工50人/万锭,吨纱用工0.27人/t,人均产纱量3.68 t/人。

车间人员配置见表4-1-24。

表4-1-24　例2车间人员配置

(1)车间运转班:80人/班

工序	人数/人	内容
清梳联	4	装箱、挡车
FA系列清花	2	装箱、挡车、运送花卷至梳棉机台上
FA系列梳棉	1	挡车,每人20台
预并、条卷	1	挡车,每人4节预并、2台条并卷
精梳	1	挡车,每人12台
并条	8	挡车,每人6节
粗纱	6	挡车,每人3台、挡一台车的协助其他机台落纱
	1	扫地、拣异纤机喷出来的棉花中的异纤
	1	回花、下脚花、打包布等打包、粗纱头处理、精梳落棉出包并送规定地点、车间高空打扫
细纱	15	挡车,结合品种安排每人细纱看台
	6	落纱巡回和生头、做机台清洁、扫地
	6	上粗纱、拖纱、络筒摆管送管
络筒	15	挡车
	1	络筒质量守关
	2	拖筒纱、扫地
	3	打包、打包机维修
三班空调、电气	1	车间空气调节、电气维修

续表

工序	人数/人	内容
三班设备维修	2	运转班设备维修、翻改、容器维修
教练员兼三班试验	2	前后纺工人帮教、质量检查、并条重量、条干试验、翻改试验
值班长	2	生产组织、现场管理及安全生产等

（2）车间日班：45 人

工序	人数/人	内容
清梳保全保养	6	清梳设备日常维护保养、三磨及滤尘等辅机维护保养
条粗精保全保养	8	并条、粗纱、精梳设备日常维护保养
细纱保全保养	18	细纱保全保养、钢领、锭子、钢丝圈更换等配套、皮辊保养、处理、制作、网格圈清洗、分拣和周期更换
络筒保全保养	5	络筒保全保养、空压机维护保养、运输车辆维修
工艺、配棉	1	车间生产工艺、原料检验与配棉
日班试验	3	纱的品等品级、混纺比、落棉、棉结、杂质试验等
运转主任	1	车间运转管理和调度管理
设备主任	2	车间设备管理和安全管理
车间主任	1	整个车间人事、运转、原料、空调、工艺、设备、电气等

例3：某公司一纺纱车间采用国内外新型棉纺设备，共 3.024 万锭，其中国产大卷装清梳联 2 套，高产梳棉机 26 台，立达大卷装双眼自调匀整并条机 3 节，立达大卷装单眼自调匀整并条机 3 节，立达大卷装条并卷机 2 台，立达精梳 12 台，立达 192 锭粗纱 4 台，立达 1440 锭细纱机 21 台，萨维奥 30 锭络筒机 21 台，生产线为粗细联、细络联，自动打包机；生产全棉精梳和普梳纱，日产棉纱 15t 左右；设备采用状态维修；运转班次为 3 班。合计用工 102 人，折万锭用工 33.73 人/万锭，吨纱用工 0.22 人/t；人均产纱量 4.54t/人。

其车间人员配置见表 4-1-25。

表 4-1-25 例 3 车间人员配置

（1）车间运转班：24 人/班

工序	人数/人	内容
清花装箱工	1	装箱、清梳滤尘落棉、精梳落棉打包
梳棉值车工	2	挡车，每人挡 13 台梳棉

续表

工序	人数/人	内容
并条值车工	2	挡车,每人3台并条
条并卷值车工	1	挡车,每人2台条卷
精梳值车工	1	挡车,每人12台精梳
粗纱值车工	2	挡车,每人2台粗纱
细纱值车工	7	挡车,每人结合品种安排细纱看台
络筒值车工	4	挡车,每人5台兼筒子质量守关
络筒拖筒、打包工	1	筒纱拖到规定地点并打包
三班空调、电工、检修工	1	空气调节、电气、机械维修
质检兼试验	1	质量检查把关、并条重量、条干试验
值班长	1	生产组织、现场管理及安全生产

(2)车间日班:30人

工序	人数/人	内容
清梳保全保养	4	清梳设备日常维护保养、三磨及辅机维修
条粗精保全保养	5	条粗精日常维护保养、条筒维修
细纱保全保养	11	细纱保全保养、翻改、皮辊保养、处理、制作
络筒保全保养	3	络筒保全保养、空压机维护保养、打包机维修
设备工长	3	清梳、精并粗、细络设备维修计划安排和检查
配棉、工艺、调度	1	原料检验与配棉、生产工艺与调度
试验	2	纱的常规试验
车间主任	1	整个车间人事、运转、原料、空调、工艺、设备、电气等

(四)主要器材消耗

器材材质的不同、企业管理水平与工人技术水平的差异、机台运行速度的高低,都直接影响器材的消耗量。表4-1-26为耗用水平的参考数值。

表4-1-26　纺部主要器材消耗水平参考值

器材名称	年耗水平	钢丝圈周期	针布过棉量	使用工序	附注
细纱管/(只/锭)	0.125~0.2			细纱	
塑料宝塔管/(只/锭)	0.2~0.3			络筒	自用纱

器材名称	年耗水平	钢丝圈周期	针布过棉量	使用工序	附注
捻线管/(只/锭)	0.16~0.25			捻线	
并纱管/(只/锭)	0.1~0.15			并纱	
粗纱管/(只/锭)	0.1~0.15			粗纱、细纱	按细纱锭计算
钢丝圈/(天/只)		国产:5~20 进口:8~30		细纱	
锡林针布/t			国产:600~800 进口:800~1000	梳棉	
道夫针布/t			国产:600~800 进口:800~1000	梳棉	
盖板针布/t			国产:600~800 进口:800~1000	梳棉	
刺辊针布/t			国产:300~400 进口:400~500	梳棉	
精梳整体锡林/t			国产:450 左右 进口:800 左右	精梳	
精梳顶梳/t			国产:450 左右 进口:800 左右	精梳	
棉条筒/(只/万锭)	20~40			梳棉、并条、粗纱	
胶辊/(只/锭)	0.8~1.2			并条、粗纱、细纱	
胶圈/(只/锭)	1.5~3.0			并条、粗纱、细纱	

第二节　成本核算和经济分析

一、棉纺行业的价格指数

棉花、棉纱价格指数是权威部门通过多点采样,经审核后加权汇总得出的价格信息,是反映某一时期棉花、棉纱价格变动情况的重要经济指标。

(一)国家棉花市场监测系统(中国棉花网)发布的棉花价格指数

(1)国家棉花价格指数。即 CNCotton A、CNCotton B,简称国棉 A、国棉 B 指数,是全面反映当日内地棉花平均成交价格水平的现货价格指数。

（2）中国棉花收购价格指数。即 CNCotton S，简称国棉 S 指数，代表全国主产棉省（区）白棉 3 级籽棉折皮棉的平均收购价格，反映当日全国棉花收购价格水平及变化趋势。

（3）中国棉花综合价格指数。即 CNCotton C，简称国棉 C 指数，综合反映国内市场期、现货等主流棉花市场价格的整体变化趋势。

（4）国际棉花指数。即 CNCotton SM 和 CNCotton M，反映国际棉花现货市场价格变化。

（二）中国棉花信息网发布的棉花棉纱价格指数

（1）中国棉花价格指数（CC Index）。以全国近 200 家大中型纺织企业和棉花企业的棉花实际到厂价为计算基础，主要反映发布日前一日的国内 3128B 级棉花到国内纺织企业的综合平均价格水平。

（2）进口棉花价格指数（FC Index）。以多家国际棉商在中国主港的报价作为基础数据，以海关公布的各主产国进口量占总进口量比例作为基本权重，同时参考外商在远东港口的报价和考特鲁克 A 指数作为校正参数计算生成，反映我国进口外棉的综合到港报价水平。

（3）中国棉纱价格指数（CY Index）。该指数是以全国主要产纱省的纱线到厂报价为基础，经加权校准，最终产生。主要反映发布日当日的国内 OEC10S、C32S 与 JC40S 棉纱的综合平均到厂价格水平。

（4）进口棉纱价格指数（FCY Index）。该指数是以国内外棉纱厂家办事处、贸易商、代理商的棉纱 CNF 报价为计算基础，经加权校准，最终得以产生。主要反映发布当日的国内进口棉纱C21S、C32S 和 JC32S 的综合价格水平。

二、纺纱企业的成本要素

产品成本是企业为生产商品和提供劳务等所耗费物化劳动和活劳动的必要劳动价值的货币表现，它是商品价值的主要构成部分。

在现代企业管理中，成本管理是其中重要的一个环节，它对企业在投入和产出的生产经营过程中，如何降低成本费用、挖掘成本潜力、确保企业取得最优经济效益起着关键的作用。

（一）企业的成本

根据我国目前的会计准则规定，企业采用"制造成本计算法"，即产品成本核算到制造成本为止。企业发生的营业（销售）费用、管理费用、财务费用不记入产品成本，作为期间费用直接记入企业的当期损益。

从财务会计的角度（财务会计的功能主要是面向企业外部，如投资人、银行、税务部门等），将成本按职能或作用划分,企业的成本可分为生产成本和期间费用。生产成本是指生产产品时的各种耗费,如原料、人工工资折旧等;期间费用包括营业(销售)费用、管理费用和财务费用。

从管理会计角度(管理会计的功能主要是对财务会计信息进行加工分析,面向企业的内部管理),将成本按习性划分,企业的生产成本可分为直接成本和间接成本。直接成本是指成本的发生同生产有直接关系,并能直接记入产品的各项成本,如直接使用的原材料、生产工人工资等。间接成本是指成本的发生同产品的生产活动没有直接关系,但也必定会发生的成本,如车间固定资产的折旧费、车间管理人员工资、工人的劳动保护费等,也称制造费用。它们应当按发生的地点和用途进行归集,然后选择适当的分摊标准间接记入该产品的成本中。区别直接成本和间接成本,对于正确核算产品成本十分重要。

企业生产成本按其经费用途来划分成本项目。纺纱企业生产成本一般设置的项目,见表4-1-27。

表4-1-27　生产成本项目

项目名称	内容	备注
原材料	企业生产过程中实际消耗的原材料,如棉花、涤纶等	
包装物	企业生产过程中为产品包装所消耗的包装材料	
燃料和动力	企业生产过程中直接发生在产品生产中所消耗的能源	也可分为燃料和电力两项
生产工人工资	企业直接从事产品生产人员的工资	
产品厂外加工费	企业需要外发加工支付的产品加工费	
制造费用	车间管理人员的工资及提取的福利基金、车间固定资产的折旧费、车间领用的日常机物料费、辅助部门为车间提供的日常修理费、车间如有租赁或运输发生的费用等	

表中六项构成产品的生产成本。如果企业发生的废品损失较多,还可增设"废品损失"项目,以便单独分析。

(二)企业的利润

企业的主营业务(销售)收入,减去主营业务生产成本(假设该企业当期生产的产品全部销售),再减去主营业务税金及附加税费,其余额就是企业的主营业务利润(也称为产品的毛利);如果再减去企业的营业(销售)费用、管理费用和财务费用后,余额就是企业的营业利润,如无投资收益、营业外收支等事项,即为企业的利润总额。

三、生产成本项目的计算和分析方法

纺纱厂采用大批量连续加工式生产,目前一般采用的成本计算为品种法,即是以产品品种作为成本对象。因为纱的生产周期短,即使车间内有车面上的在制品,因数量各月变化不大,可以用约当产量法、定额成本法等比较简易的方法核算在制品的价值,从而可以准确计算出当前生产的产品总成本和产品的单位成本。

(一)生产成本的计算

在纺纱企业的生产成本项目中,原料成本占生产总成本的比重最大,一般棉纺厂约为70%。因此正确核算原料成本,如何降低用棉单耗及配棉单价,是纺纱厂提高经济效益的重要途径。关于生产使用的原料重量计算,见表4-1-19。

在核算产品生产成本的过程中,掌握一个原则:就是凡能够分清该产品所消耗物化劳动和活劳动价值的,就该记入该产品的直接成本中。

例如:

产品的原料成本=投入的原料量×该原料购入的单价(无税)+回用再用棉的价值-产生回花、下脚、废料的价值

包装料成本=耗用的包装料量×单价(无税)

燃料和动力成本=耗用的燃料和动力数量×各自的单价(无税)

生产工人工资=生产工人实际发生的各种工资、奖金、津贴、福利等

产品厂外加工费=产品当期外发加工的加工费(无税)

制造费用=实际发生的间接成本(无税)

以上成本项目,如果是生产多种产品而发生的,有的无法直接记入该产品,那么就按照一定基数的比例进行分摊。可以根据原中国纺织工业部对棉纺织产品各成本项目制定的定额成本数进行分配。如果企业认为原定额成本与当前实际成本的变动过大,那么也可以按照各产品当前的实际机器工作工时或者直接工资成本等方法进行分配,也可以将生产的各品种数量折合成标准品数量后进行分配。计算公式:

$$制造费用分配率=\frac{归集的制造费用总额}{当期分配基数的总量}$$

该产品应负担的制造费用=制造费用分配率×该产品发生的分配基数

(二)固定资产折旧的计算

固定资产是指那些可供企业长期使用、单位价值较高,在使用过程中保持其原有实物形态的物质资料。固定资产按用途可分为经营用固定资产(如厂房、机器设备等)和非经营用固定资产(如职工住宅、食堂等)。固定资产原值是指固定资产在使用前的所有合理支出,如购置费、运费及安装费等;固定资产净值是指固定资产原值减去累计折旧后的净值。

固定资产的价值在不断地使用过程中逐渐损耗以至完全丧失,其价值损耗以折旧的形式分摊转入产品成本或期间费用。

固定资产投资(技改项目)所新增的利润,固然是投资回收的一个来源,但从资金方面来讲,该技改项目所新增固定资产的折旧额,也可从产品的销售收入中得到资金的补偿。

常用的几种固定资产折旧计算方法,见表4-1-28。

表4-1-28　固定资产折旧计算方法

计算方法名称	项目	计算公式	说明
年限平均法 (直线法)	固定资产年折旧额	$\dfrac{固定资产原值-固定资产预计残值}{预计使用年限}$	根据各类固定资产法规规定的使用年限和预计残值率进行计算,这是最常用的方法
	年折旧率	$\dfrac{固定资产年折旧额}{固定资产原值}\times100\%$	
双倍余额递减法	双倍余额年折旧率	$\dfrac{1}{使用年限}\times2\times100\%$	企业不考虑固定资产的估计残值,按直线法折旧率的两倍作为折旧率计提固定资产折旧;当固定资产折旧年限到期以前两年内,将固定资产净值平均摊销
	固定资产年折旧额	固定资产期初原值× 双倍余额年折旧率	
年数比例法 (又称年限总和法)	年折旧率	$\dfrac{折旧年限-已使用年限}{折旧年限\times\dfrac{折旧年限+1}{2}}\times100\%$	以固定资产使用期内各年的年数比例为折旧率计算折旧的方法(各年的折旧率不同,第一年最高,以后逐年降低)
	固定资产年折旧额	(固定资产原值-预计残值)× 年折旧率	

国家相关法规明确规定,企业固定资产计算折旧的最低年限为:房屋20年,生产设备10年,电子设备3年等。为了加强加快技术更新的步伐,企业可采用较短的折旧年限,或采用加速折旧(双倍余额递减法或年数比例法)的方法。但折旧方法一经确定,不得随意变更,如需变更应按有关财政法规的规定办理。

采用不同的固定资产折旧方法,尽管在固定资产的整个使用年限内所计提的折旧总额是相同的,但对企业的纳税与现金流动有不同的影响。采用加速折旧法,或在直线法中采用较短的折旧年限,增加了当期折旧费的提取,也就增加了当期生产成本的支出,结果会减少企业当期利润,从而减少企业当期所得税的缴纳,也减少了可分配利润,而增加企业当期的现金流。

(三)生产成本的分析

成本分析可以在生产经营活动事前、事中或事后进行。在生产活动之前,通过成本预测分析,可以选择最佳经济效益的成本水平,制定目标成本。在生产活动的过程中,通过成本核算分析,可以发现实际成本支出与目标成本的差异,以便及时采取措施,保证目标成本的实现。在生产活动之后,通过实际成本分析,可找出矛盾,总结经验,进一步提高成本管理水平。

在成本分析中,根据企业掌握的资料和分析的要求,常用以下几种方法。

1. 对比分析法

对比分析法是通过各项成本数据来进行对比,如当期与上期对比,实际与目标或定额对比,本企业与同行的企业对比等,对比的指标可以是货币价值量,也可用实物消耗量,但它们必须在技术、经济上或指标的计算基础上基本一致,具有相对的可比性。

2. 因素影响分析法

生产成本指标完成得好坏是由多种因素造成的。为了解造成实际成本升降的真正原因,就要分解构成成本指标的各个因素来进行分析。由于影响成本的各因素之间相互关联,有时较为复杂,例如生产期内各个品种数量有变动,而各品种的原料价格也有升降。这就需要用一些数学的方法来分析,如连锁替代法、回归分析法等。

这里介绍一种简单的因素分析,它的单个因素与其他因素无多大的影响,如产品的工艺改革。通过技术改造和革新,采用了新的工艺,降低了生产成本。分析计算如下:

新工艺革新对成本的影响=(改革前单位产品实际成本–改革后单位产品实际成本)×产品生产量

3. 本量利分析法

在企业的生产经营活动中,成本不是一个孤立的变量,它与生产数量及主营利润之间存在着一定的关系。如果掌握三者之间的内在联系,就能从一个变量的变化来预测其他两个变量的变化。成本、产量和利润三者关系的分析,称为本量利分析,它不仅可以用来预测成本,而且对制定目标利润和产量、价格等方面,有着重要的作用。

本量利分析的基础是按成本的特性对成本进行划分。所谓成本的特性是指成本与生产量的关系。按这种特性关系,可将成本划分为变动成本和固定成本。变动成本是指随着产品产量的增减而成正比例升降的那部分成本费用,例如作为棉纱主要原料成本的棉花;固定成本是指当产量在一定幅度内变动时,并不随之升降,而基本保持固定不变的那部分成本费用,例如管理人员的工资、固定资产的折旧、车间办公费用等。必须指出,所谓变动成本和固定成本的"变动"和"固定",都是指成本总额是否随着产量的变动而变动,若就单位成本而言,恰恰相反,单位产品的变动成本变动是不大的,而单位产品的固定成本,则与产量的增减变化成反比例变动。降低吨纱固定成本的主要途径是提高产能,而降低变动成本的主要路径是降低综合原料成本(如棉花的采购价格、配棉成本及棉耗等)和提高劳动生产率。

按特性划分成本以后,本量利之间的关系便可用下式表示:

$$销售收入-变动成本-固定成本=利润$$

或

$$销售收入-变动成本=利润+固定成本$$

由于销售收入和变动成本的生产量是相同的(假设当期生产量全部销售),所以也可表示为:

$$(单位销售价格-单位变动成本)×生产量=固定成本+利润$$

为了简单明了地揭示本量利之间的关系,用本量利分析的图解法和数学法结合起来,更能有较好的效果。

例:某企业生产的精梳棉纱每吨无税销售价格为 2.2 万元,每吨变动成本(原料、电费等)1.5 万元,年固定成本总额为 3500 万元。运用上式计算保本点生产量的步骤如下(设生产量为 Xt):

$$(22000-15000)X=35000000+0$$

$$X=35000000/7000=5000(t)$$

即保本点生产量是 5000t,指年生产量达到这一点时,收入和成本正好相等,不盈也不亏,若超过该生产量,即可产生盈利;反之,则将亏损。

本例也可用本量利分析图表示法,如图 4-1-1 所示,横坐标为生产量(10^3t),纵坐标为金额(10^6 元)。

(四)产品赢利能力的分析与品种优化

企业生产经营活动中,常常通过产品赢利能力的综合分析,来进行生产品种的优化,以提高企业的整体赢利水平。

1. 价差法

计算同一时点或比较不同时点原料与棉纱价格的差额(含税),进行产品赢利能力的估算或赢利趋势分析。

(1)比较不同时点,某一棉花品种市场平均价格(棉花价格指数)与某一棉纱品种平均价格(棉纱价格指数)的差异,获得棉纱赢利能力的某种趋势。

例:2019 年 6 月 13 日,中国棉花价格指数 3128B 为 14019 元/t,中国棉纱价格指数 C32 英支棉纱价格为 21900 元/t,价差为 7881 元/t;2020 年 8 月 26 日,中国棉花价格指数 3128B 为 12613 元/t,中国棉纱价格指数 C32 英支棉纱价格为 18490 元/t,价差为 5877 元/t,较上年 6 月的价差缩小 2004 元,说明 2020 年 8 月的棉纱总体赢利能力较上年 6 月明显下降。

(2)根据企业的实际运行状况,在长期数据积累的基础上,确定企业某一品种配棉成本与产品销售价格的差额。一是用于指导产品的定价;二是判断现时的售价是否赢利。

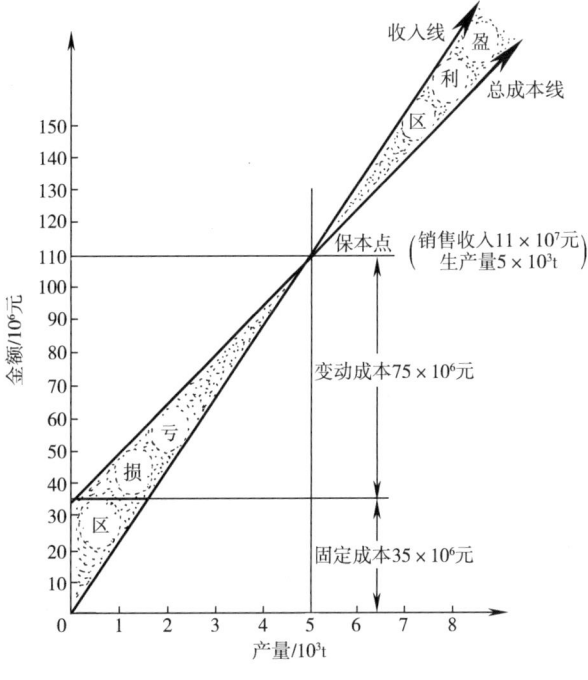

图 4-1-1 本量利分析图示例

例:某企业通过长年的数据积累,认定 C32 英支纱的配棉成本与产品销售价格的差额在每吨 9000 元时,产品有利润。当配棉成本为 14000 元/t 时,C32 英支纱售价可定为 14000 元/t+9000 元/t=23000 元/t,以此为基础,再参照市场销售情况和企业的营销策略,进行实际定价。反之,根据现时原料和棉纱的价格差额,可以大致判断产品销售是否赢利。

2. 台日工费法

工费又称工缴费,是指产品在生产加工过程中的劳动报酬以及主要原材料以外的零星物料消耗、运杂费等。纺纱厂的台日工费是指细纱机生产一个特定产品,每天每台贡献的加工值。台日工费法主要用于比较细纱机生产不同产品时的加工贡献值,即产品赢利能力。用公式表示:

台日工费(无税)=(吨纱销售收入-吨纱变动成本)×细纱机台日产量

=[吨纱售价(无税)-Σ原料、包装、运费的成本(无税)]×细纱机台日产量

台日工费法在计算吨纱工费的基础上,加入细纱产能这个权,反映了每台细纱机每天的赢利能力。台日工费法多用于不同产品的定价比较和选择。

例1:假设棉花价格为 15000 元/t,C40 英支棉纱的售价为 25000 元/t,C32 英支棉纱的售价为 24000 元/t,C40 英支棉纱与棉花的价差为 10000 元/t,C32 英支棉纱与棉花的价差为 9000 元/t,直观看,每吨 C40 英支棉纱的赢利能力好于 C32 英支棉纱。但用台日工费法计算后,发现

C40 英支的台日工费只有 900 元,而 C32 英支的台日工费为 1100 元。尽管 C40 英支的吨纱赢利能力好于 C32 英支,但每台细纱机每天的贡献值,生产 C32 英支纱好于 C40 英支。就是说,C32 英支的实际赢利能力好于 C40 英支。

例 2:企业现在生产的产品的台日工费为 1000~1500 元,现有一品种,售价 20500 元/t,原料价格 13500 元/t,简易包装(包装费 200 元/t),运费 300 元/t,细纱台日产量 0.28t。经过计算,台日工费为 1820 元/t,高于现在的生产品种,从赢利能力的角度,应该选择生产。

当然,生产品种的确定,除考虑赢利能力外,还要考虑市场、设备配置、用工等因素,综合比较确定。

3. 产品毛利率

毛利率是毛利与销售收入的百分比,其中毛利是企业销售收入与销售成本的差额,不考虑其他业务利润和各种费用。用公式表示:

$$毛利率 = \frac{毛利}{销售收入} \times 100\% = \frac{主营业务收入 - 主营业务成本}{主营业务收入} \times 100\%$$

毛利率反映一个商品经过生产转换后增值的那一部分。也就是说,增值得越多毛利自然就越多。毛利又称主营业务利润,减去三项费用(营业费用、管理费用、财务费用)后为企业利润。毛利与企业利润相比,更真实地反应产品的赢利状况。毛利率越高,说明销售收入中销售成本所占比重越小,产品通过销售获得利润的能力越强。

产品毛利率有综合毛利率和分品种毛利率,通过比较各只产品的毛利率,可以为生产品种的优化提供依据;每只品种毛利率的加权平均等于企业产品的综合毛利率。

价差法和台日工费法是基于经验的估算,主要用于生产品种的事前比较选择;产品毛利率的计算更准确,多用于生产品种的事后比较优化。而计算机技术的发展,可为产品优化提供更佳的方案和计算的便利。

四、纺纱企业主要的税收种类和计算方法

(一)增值税

增值税是对销售货物或者提供加工、修理修配劳务以及进口货物的单位和个人就其实现的增值额征收的一种流转税。它是一种价外税,实行价外计征。实行增值税,纺纱企业财务会计报表上的主营业务(销售)收入,主营业务(销售)成本也是不含税额的。作为一般纳税人,当期应纳增值税的计算公式为:

$$当期应纳增值税额 = 当期销项税额 - 当期进项税额$$

由此可见,这里涉及两个方面的问题,一个是要计算销项税额,另一个是要计算进项税额。

1. 销项税额的计算

销项税额是纳税人销售货物,按销售额规定的税率计算并向购买方收取的税额。

$$销项税额 = 销售额(不含税的销售额) \times 税率$$

由于长期以来我国的商品买卖习惯于价中含税的方法,如在这种情况下,应将含税销售额换算为不含税销售额,换算公式如下:

$$不含税销售额 = \frac{含税销售额}{1+税率}$$

例:销售一吨普梳棉纱价格为 22600 元(含税销售额),税法规定棉纱销售的增值税率为 13%,那么它的不含税销售额为 22600 元/(1+13%) = 20000 元,销项税额 = 20000 元 × 13% = 2600 元。

2. 进项税额的计算

进项税额是指纳税人购进货物所支付或者要负担的税额。

$$进项税额 = 买价(不含税的购进价格) \times 抵扣率$$

例:购进一吨棉花所需的棉花费用为 11990 元(含税购进价格),购进棉花的增值税率为 9%,抵扣税率为 13%,销售一吨普梳棉纱抵扣棉花的数量为 1.1t,棉花的不含价格为 11990 元/(1+9%) = 11000 元,进项税额 = 11000 元 × 13% × 1.1 = 1573 元,也称抵扣税额。

关于棉花的抵扣税率和抵扣数量,按照《关于深化增值税改革有关政策的公告》(财政部 税务总局 海关总署公告 2019 年第 39 号)及相关规定,购进棉花生产棉纱,棉纱的适用税率是 13%。如果企业是"核定扣除"的,那么棉花的抵扣率是 13%;如果企业不是"核定扣除"的,那么购进棉花的抵扣率是 10%;棉花抵扣税额的计算不按照棉花购入数抵扣,按照棉纱的实际销售数量配比一定数量的棉花进行抵扣,具体规定是:销售 1t 普梳棉纱抵扣棉花的数量为 1.1t,销售 1t 精梳棉纱抵扣棉花的数量为 1.4t。

3. 当期应纳增值税额的计算

根据当期应纳的增值税额 = 当期销项税额 − 当期进项税额,故在上例中,就棉纱销售和原料进项而言,应纳的增值税额 = 2600 − 1573 = 1027(元)。

当一个企业计算应纳增值税额时,整个企业按税法规定凡属于征税范围的(如销售产品、提供劳务等)均需计入当期销项税额。在计算进项税额时,也要符合税法规定计算可以抵扣的进项税额,除购买生产用的原材料外,还包括包装料、电力燃料、机配件等,且均需获得卖方开出的增值税发票抵扣联。但有些项目是不能抵扣的,如用于福利性质消费的进项税额。

在计算企业经营成果时,所指的销售收入(或称主营业务收入)均指不含税的销售收入,所指的销售成本(或称主营业务成本)也是指不含税的产品销售成本。

(二)企业所得税

企业所得税是对我国境内的企业和其他取得收入的组织的生产经营所得和其他所得征收的一种税收。企业所得税是国家参与企业利润分配,调节企业收益水平,正确处理国家与企业分配关系的一个主要税种。

企业经年度审计后核准的净收益即利润总额,应交纳企业所得税。但利润总额不是计算企业所得税的计税依据,企业所得税以纳税人"应纳税所得额"为计税依据。《企业所得税法》规定的应纳税所得额是指企业每一纳税年度的收入总额,减除不征税收入、免税收入、各项扣除及允许弥补的以前年度亏损后的余额。如在计算应纳税所得额时,企业按照规定计算的固定资产折旧和按照规定计算的无形资产摊销费用,准予扣除;财政拨款为不征税收入等。

企业所得税是税率为 25% 的比例税率。国家在企业所得税上有税收优惠,如符合条件的小型微利企业,减按 20% 的税率征收企业所得税;国家重点扶持的高新技术企业,减按 15% 的税率征收企业所得税等。

(三)税金及附加

2016 年,国家全面试行"营业税改征增值税"后,"营业税金及附加"科目名称调整为"税金及附加"科目。该科目核算企业经营活动发生的消费税、城市维护建设税、资源税、教育费附加及房产税、土地使用税、车船使用税、印花税等相关税费。原在"管理费用"科目中列支的"四小税"(房产税、土地使用税、车船税、印花税),现调整到"税金及附加"科目。上述所称"税金及附加"的几个税种不包括所得税和增值税,"所得税"将在利润表的底部出现,而增值税由于其特殊的核算方法,在"应交增值税明细表"中单独反映。

"城市建设税"以当期交纳增值税额的 7% 计算交纳;"教育费附加"以当期交纳增值税额的 3% 计算交纳;"地方教育费附加"以当期交纳增值税额的 2% 计算交纳(以企业当地税务部门的规定为准)。

五、资产负债表与利润表

企业的财务会计报表是根据日常的账簿记录,按规定的表格形式定期编制,用来反映企业财务状况和经营成果的报告文件。其中主要有"资产负债表""利润表""现金流量表""所有者权益变动表"等。

会计报表有多种格式,如:合并财务报表专用、金融类企业专用、外商投资企业专用等,企业应按照相关管理部门的要求,采用适用的会计报表格式。

(一)资产负债表

资产负债表又称财务状况表,反映企业在一定日期(即月末、季末、年末)各项资产、负债和所有者权益状况的会计报表,它的基本结构是根据会计等式"资产＝负债＋所有者权益",将表中项目分为资产、负债和所有者权益三大类,并在表中体现了资产总额与负债及所有者权益总额的平衡关系。

"资产负债表"分左右两方。左方反映企业拥有的资产状况,称为资产方;在资产方项目的分类有流动资产、长期投资、固定资产、无形资产及其他资产等,这些项目分为年初数和期末数两栏。右方反映企业的负债和所有者权益的状况,称为负债和股东权益方;它右上方的负债合计是流动负债加长期负债的合计,右下方所有者权益包括实收资本、资本公积、盈余公积、未分配利润等科目,它们都分为年初数和期末数两种。最后负债及所有者权益总计数等于左边的资产总计数。详见表4-1-29。

表4-1-29　资产负债表示例　　　　　　　　单位:元

资产	行次	年初数	期末数	负债和所有者权益	行次	年初数	期末数
流动资产:				流动负债:			
货币资金	1	2000000	2500000	短期借款	33	3000000	3000000
短期投资	2			应付票据	34	100000	520000
应收票据	3			应付账款	35	2890000	4000000
应收股利	4			预收账款	36		
应收利息	5			应付工资	37		
应收账款	6	6000000	5300000	应付福利费	38	800000	1000000
其他应收款	7	1700000	1400000	应付股利	39		
预付账款	8			应交税金	40	50000	60000
应收补贴款	9			其他应交款	41	10000	20000
存货	10	4900000	4000000	其他应付款	42	150000	400000
待摊费用	11			预提费用	43		
一年内到期的长期债券投资	12			预计负债	44		
其他流动资产	13			一年内到期的长期负债	45		

续表

资产	行次	年初数	期末数	负债和所有者权益	行次	年初数	期末数
流动资产合计	14	146000000	132000000	其他流动负债	46		
长期投资:				流动负债合计	47	7000000	9000000
长期股权投资	15			长期负债:			
长期债权投资	16			长期借款	48	3000000	2000000
长期投资合计	17			应付债券	49		
固定资产:				长工期应付款	50		
固定资产原价	18	20000000	22000000	走项应付款	51		
减:累计折旧	19	3400000	4400000	其他长期负债	52		
固定资产净值	20	16600000	17600000	长期负债合计	53	30000000	20000000
减:固定资产减值准备	21			递延税项:			
固定资产净额	22			递延税款	54		
工程物资	23	300000	380000	负债合计	55	10000000	11000000
在建工程	24	500000	1820000				
固定资产清理	25			所有者权益（或股东权益）:			
固定资产合计	26	17400000	19800000	实收资本（或股本）	56	20700000	20700000
无形资产及其他资产:				减：已归还投资	57		
无形资产	27			实收资本净额	58		
长期待摊费用	28			资本公积	59	500000	500000
其他长期资产	29			盈余公积	60	500000	500000
无形资产及其他资产合计	30			其中:法定公益会	61		
递延税项:				未分配利润	62	3000000	3000000
递延税项借款	31			所有者权益合计	63	22000000	22000000
资产总计	32	32000000	33000000	负债和所有者权益合计	64	32000000	33000000

通过对"资产负债表"的分析,可以了解企业的资产、负债与所有者权益的结构是否合理,表明企业拥有或控制的经济资源及其分布情况;企业的负债总额以及结构;投资者在企业资产中所占的份额等,使我们从不同的角度来了解企业的财务状况和经营情况。

下面介绍用比例分析法来分析企业的几种财务状况能力。

1. 偿债能力指标

偿债能力指标用来衡量企业的偿债能力,它的计算及分析见表4-1-30。

表4-1-30 偿债能力指标计算及分析

指标名称	计算公式	说明和分析
流动比率	$\dfrac{流动资产}{流动负债}$	表明企业的流动负债可由流动资产来偿还的能力,一般以2∶1左右为佳
速动比率	$\dfrac{速动资产}{流动负债}=\dfrac{流动资产-存货}{流动负债}$	速动比率一般以1∶1较好,实际工作中还应根据企业的情况和其他因素来判别
现金流量比率	$\dfrac{营业活动的净现金流量}{流动负债}$	企业直接偿付短期债务的能力。比率高,企业支付能力强;但这一指标过高,则企业的资金利用率低
资产负债率	$\dfrac{负债总额}{资产总额}\times100\%$	反映企业的资产总额中通过举债获得的程度,一般不应超过50%

2. 资产营运能力指标

对企业的营运能力进行分析,主要是分析企业的资金周转状况,以各种周转率为计算主体,反映企业使用其经济资源的效率和有效性。资产营运能力指标需与往年或同行业的水平相比,才能看出企业的资金管理水平和发展趋势。指标的计算和分析见表4-1-31。

表4-1-31 资产营运能力指标计算与分析

指标名称	计算公式	说明和分析
存货周转率	$\dfrac{产品销售成本}{存货资产平均余额}\times100\%$	综合衡量存货资产周转速度。存货周转次数越多,存货周转得越快,资金利用效率就越好,获利也会越多
存货周转天数	$\dfrac{360}{存货周转率}$	
应收账款周转率	$\dfrac{销售收入}{应收账款平均余额}$	企业对应收账款的利用效率。用来评价企业应收账款的变现速度和管理的效率,反映企业的资金周转状况

续表

指标名称	计算公式	说明和分析
流动资产周转率	$\dfrac{销售收入}{平均流动资产总额}$	全年销售收入与平均流动资产总额之比,反映企业流动资产的利用效率。周转率高,表明以相同的流动资产完成的销售额越多,流动资产利用效果就越好
固定资产周转率	$\dfrac{销售收入}{固定资产平均净值}$	企业固定资产的利用效率。比率高,说明企业固定资产的利用效率高;反之说明企业的固定资产未得到充分利用
总资产周转率	$\dfrac{销售收入}{平均资产总额}$	企业全部资产的利用效率。总资产周转率高,说明企业运用全部资产获得销售收入的能力强;反之,说明企业资产的经营效率低

3. 资本结构指标

根据企业资金来源的不同类别或组成因素,了解企业的资本结构,从而衡量企业承担风险的能力。资本结构分析主要通过两种指标分析,亦可视为企业的长期偿债能力。资本结构指标的计算及分析见表4-1-32。

表4-1-32　资本结构指标的计算及分析

指标名称	计算公式	说明和分析
负债比率 (又称举债经营比率)	$\dfrac{负债总额}{资产总额}\times100\%$	揭示企业的全部资金来源中有多少是由债权人提供的。一般来说,负债比率越低,说明企业的实力越强,从债权人角度讲,承担的风险也较小
所有者权益比率	$\dfrac{所有者权益}{资产总额}\times100\%$ 或 $1-负债比率$	在利润率大于利息率的情况下,所有者权益比率越低,说明借入的资金越大,会使资本利润更扩大,这对投资者来说是有利的,投资者的风险较小,但对债权人来说,风险也就增加;反之,所有者权益比率越高,对投资者来说并不是一件有利的事情。这就要求把企业的资本结构定在一个合理的基础上

(二)利润表

利润表是反映企业在月度、季度、年度内实现利润(或发生亏损)情况的会计报表,它是一张动态的报表,也称损益表,其格式示例见表4-1-33。

表 4-1-33　利润表示例

项目	行数	本月数	本年累计数
一、营业收入	1	560000.00	6700000.00
其中:其他业务收入	2		
减:营业成本	3	431000.00	5360000.00
其中:其他业务成本	4		
营业税金及附加	5	9000.00	100000.00
销售费用	6	5000.00	80000.00
管理费用	7	11000.00	120000.00
财务费用	8	3000.00	40000.00
资产减值损失	9		
加:公允价值变动收益(损失以"-"号填列)	10		
投资收益(损失以"-"号填列)	11		
其中:对联营企业与合营企业的投资收益	12		
资产处置收益	13		
其他收益	14		
二、营业利润(亏损以"-"号填列)	15	101000.00	1000000.00
加:营业外收入	16		
减:营业外支出	17		
三、利润总额(亏损总额以"-"号填列)	18	101000.00	1000000.00
减:所得税费用	19	25250.00	250000.00
四、净利润(净亏损以"-"号填列)	20	75750.00	750000.00

由表 4-1-33 可知,企业利润的形成可分为三个层次:一是营业利润,是指企业所有与生产经营及投资活动相关所实现的利润;二是利润总额,营业利润减营业外收支后的利润额;三是净利润,即利润总额减所得税后的余额。

利润表可用来分析利润增减变化的原因,评价企业的经营成果。企业一般用表 4-1-34 中的指标来分析企业的获利能力。

表 4-1-34 获利能力的指标及分析

指标名称	计算公式	说明和分析
销售(主营业务)毛利率	$\dfrac{销售收入-销售成本}{销售收入}=\dfrac{毛利}{销售收入}\times100\%$	表示每百元销售收入能够获取毛利的数额
销售利润率	$\dfrac{利润总额}{销售收入}\times100\%$	表示企业在一定时期每实现百元销售收入的获利水平
销售净利率	$\dfrac{净利润}{销售收入}\times100\%$	表示企业在一定时期内整体获取利润的能力
万锭利润	$\dfrac{利润总额}{纱锭数(万锭)}$	每万纱锭获取利润的能力

六、投资收益与资产保值增值分析

投资收益与资产增值分析是用财务的方法,分析与评价投资项目得到的收益和资产增值。单纯的绝对利润若不与相应的资产相比较,其重要性就会大大降低。

(一)投资收益分析

简单的投资收益计算方法,可以用投资项目的收入减去它的支出。但作为技术工程项目的投入,它有很大一部分形成了固定资产,并不能一下子都作为投资的支出,而是通过折旧逐月转移的。为此,要从多角度来分析投资收益,投资收益指标及分析见表 4-1-35。

表 4-1-35 投资收益指标及分析

指标名称	计算公式	说明和分析
投资收益率	$\dfrac{年度投资收益}{平均投资总额}\times100\%$	反映企业的投资效益,指标值越高,表明投资收益越好
平均投资总额	$\dfrac{年初投资总额+年末投资总额}{2}$	
静态投资回收期	$\dfrac{投资总额}{年净利润+年提取的折旧费}$	表示项目现金流入和现金流出总额达到平衡所需要的年限
资本金收益率	$\dfrac{净利润}{平均实收资本}\times100\%$	体现所有者权益资本的盈利能力
平均实收资本	$\dfrac{期初实收资本+期末实收资本}{2}$	

续表

指标名称	计算公式	说明和分析
总资产报酬率	$\dfrac{利润总额+利息费用}{平均资产总额}\times100\%$	衡量企业运用全部资产获利的能力
平均资产总额	$\dfrac{年初资产总额+年末资产总额}{2}$	

（二）资产增值分析

企业资产增值的含义，并不是指企业单纯的资产增长，而是指企业净资产的增值，也就是企业所有者权益的增长。只有所有者权益的增长，才是真正的资产增值。分析资产增值的指标见表4-1-36。

表4-1-36　资产增值指标的计算和分析

指标名称	计算公式	说明和分析
净资产收益率	$\dfrac{净利润}{平均净资产}\times100\%$	表示每百元的所有者权益能获得多少净利润
平均净资产	$\dfrac{年初所有者权益+年末所有者权益}{2}$	
资本积累率	$\dfrac{本年所有者权益增长额}{年初所有者权益}\times100\%$	表示本年所有者权益增长额与年初所有者权益的比率
本年所有者权益增长额	年末所有者权益-年初所有者权益	
资本保值增值率	$\dfrac{年末所有者权益}{年初所有者权益}\times100\%$	表示年末所有者权益与年初所有者权益的比率，其指标数值等于100%为资本保值，大于100%为资本增值

为了揭示不同时期企业的变化程度和预测发展趋势，可将企业连续几年或同行业的会计报表上有关项目进行对比分析。如果要考虑货币的时间价值，还要与其他动态的分析指标合并使用，这样才能更好地观察企业经营情况的变化和投资效果的预计，为企业的决策提供完整、准确的信息和依据。

第二章　织造企业生产经济核算

第一节　棉织企业的成本要素

产品成本是指企业为了生产产品而发生的各种耗费。可以指一定时期为生产一定数量产品而发生的成本总额,也可以指一定时期生产产品的单位成本。

产品成本有狭义和广义之分,狭义的产品成本是指企业在生产单位(车间、分厂)内为生产和管理而支出的各种耗费,主要有原材料、燃料和动力,生产工人工资和各项制造费用。广义的产品成本包括生产发生的各项管理费用和销售费用等。可以作为产品成本列示的具体内容必须要符合国家的有关规定,企业不得随意乱挤和乱摊成本。

一、企业的成本

产品的生产成本,主要部分的含义是无税成本。根据我国目前的会计准则规定,企业采用的是制造成本计算法,即产品成本核算到制造成本为止。企业发生的营业(销售)费用、管理费用、财务费用不再记入产品成本,而作为期间费用直接记入企业的当期损益。

企业的产品成本,可分为直接成本和间接成本。直接成本是指成本的发生与生产有直接关系,并能直接记入产品的各项成本,如直接使用的原材料、直接发生的生产工人工资等。间接成本是指成本的发生与产品的生产活动没有直接关系,但也必定会发生的成本,如车间固定资产的折旧费、车间管理人员的工资、车间使用的燃料和动力等,也称制造费用。它们应当按发生的地点和用途进行归集,再选择适当的分摊标准间接记入该产品的生产成本中。区别直接成本和间接成本,对于正确核算产品成本十分重要。

企业生产成本按其经济用途来划分成本项目。织厂生产成本一般设置的项目见表4-2-1。

表4-2-1　生产成本项目

项目名称	内容	备注
原材料	企业生产过程中实际消耗的原料,如原纱	

项目名称	内容	备注
辅料	企业生产过程中实际消耗的辅料,如染料、助剂等	
包装物	企业生产过程中为产品包装所消耗的包装材料	
燃料和动力	企业在生产过程中直接发生在产品生产中消耗的能源	也可分为燃料和电力两项
生产工人工资	企业直接从事产品生产人员的工资	
产品厂外加工费	企业需要发外加工支付的产品加工费	
制造费用	车间管理人员的工资、车间固定资产的折旧费、车间领用的日常机物料、辅助部门为车间提供的日常修理费、车间如有租赁或运输发生的费用等	

二、企业的利润

企业的主营业务(销售)收入,减去主营业务成本(假设该企业当期生产的产品全部销售),其余额就是企业的主营业务利润(也称为产品的毛利);如果再减去主营业务税金及附加,减去企业发生的营业(销售)费用、管理费用和财务费用后,余额就是企业的营业利润,如无投资收益、营业外收支等事项,即为企业的利润总额。

第二节　生产成本项目的计算和分析

织厂目前一般采用的成本计算为品种法,即是以产品品种作为成本对象。

因为布的生产周期短,即使车间内有车面上的在制产品,因数量各月变化不大,可以用约当产量法、定额成本法等比较简易的方法核算在制产品的价值,从而可以准确计算出当前生产的产品总成本和产品的单位成本。

一、生产成本的计算

织厂的生产成本项目中,原料成本占生产总成本的比重最大,一般原纱占总成本的65%~70%。因此正确核算原料成本,如何降低用纱单耗及原纱的单价,是织厂提高经济效益的重要途径。

在核算产品生产成本的过程中,掌握一个原则:凡能够分清该产品所消耗物化劳动和活劳动价值的,就应该记入到该产品的直接成本中。

例如:

产品的原料成本=投入的原料量×该原料购入的单价(无税)

辅料成本=投入的辅料量×该辅料购入的单价(无税)

包装料成本=耗用的包装料量×单价(无税)

燃料和动力成本=耗用的燃料和动力数量×各自的单价(无税)

生产工人工资=生产工人实际发生的各种工资、资金、津贴等

产品厂外加工费=产品当期外发加工的加工费(无税)

制造费用=实际发生的间接成本

以上成本项目,如果是生产多种产品而发生的,有的无法直接记入该产品的,就按照当期品种的折标产量(折80纬)比例进行分摊。

$$制造费用分配率=\frac{归集的制造费用总额}{当期折标产量}$$

该产品应负担的制造费用=制造费用分配率×该产品发生的折标产量

二、固定资产折旧的计算

在生产成本中,固定资产折旧费所占的比重虽然不大,但是随着技术进步、设备更新的速度加快和力度加大,为了更好核算技术改造购置的资金回收期,应了解固定资产折旧计算的方法。

一个技改项目所新增的利润,固然是投资回收的一个来源,但从资金方面来讲,该技改项目所新增固定资产的折旧额,也可从产品实现的销售收入中得到资金的补偿。

常用的几种固定资产折旧计算方法,见表4-2-2。

表4-2-2　固定资产折旧计算方法

计算方法名称	项目	计算公式	说明
年限平均法	固定资产年折旧额	$\frac{固定资产原值-固定资产预计残值}{预计使用年限}$	根据各类固定资产法规定的使用年限和预计残值率进行计算,这是最常用的方法
	固定资产年折旧额	$\frac{固定资产年折旧额}{固定资产原值}×100\%$	

续表

计算方法 名称	项目	计算公式	说明
双倍余额 递减法	双倍余额年折旧率	$\dfrac{1}{使用年限}\times 2\times 100\%$	企业在不考虑固定资产的预计残值,按直线法折旧的两倍作为折旧率计算固定资产折旧。实际双倍余额递减法的固定资产,应当在固定资产折旧年限到期以前两年内,将固定资产净值平均摊销
	固定资产年折旧额	固定资产期初原值×双倍余额年折旧率	
年数比例法 (又称年 限总和法)	年折旧率	$\dfrac{折旧年限-已使用年限}{折旧年限\times\dfrac{折旧年限+1}{2}}\times 100\%$	以固定资产使用期内各年的年数比例为折旧率计算折旧的方法(各年的折旧率不同,第一年最高,以后逐年降低)
	固定资产年折旧额	(固定资产原值-预计残值)×年折旧率	

企业为了加强技术更新的步伐,可采用双倍余额递减或年数比例法等加速折旧的计算方法。但折旧方法一经确定,不得随意变更,如需变更应按有关财政法规的规定办理。

三、生产成本的分析

成本分析可以在生产经营活动事前、事中或事后进行。在生产活动之前,通过成本预测分析,可以选择最佳经济效益的成本水平,制定目标成本。在生产活动的过程中,通过成本核算分析,可以发现实际成本支出与目标成本的差异,以便及时采取措施,保证目标成本的实现。在生产活动之后,通过实际成本分析,可找出矛盾,总结经验,进一步提高成本管理水平。

在成本分析中,根据企业掌握的资料和分析的要求,常用有以下几种方法。

1. 对比分析法

对比分析法是通过各项成本数据来进行对比,如当期与上期对比,实际与目标或定额对比,本企业与同行业的企业对比等,对比的指标可以是货币价值量,也可用实物消耗量,但它们必须在技术、经济上或指标的计算基础上基本一致,具有相对的可比性。

2. 因素影响分析法

生产成本指标完成得好坏是由多种因素造成的。为了解造成实际成本升降的真正原因,就要分解构成成本指标的各个因素来进行分析。由于影响成本的各因素之间相互关联,有时较为复杂,例如生产期内各个品种数量有变动,而各品种的原料价格也有升降,这就需要用一些数学的方法来分析,如连环替代法、回归分析法等。

这里介绍一种简单的因素分析,它的单个因素与其他因素之间影响不大,如产品的工艺改革。通过技术改造和革新,采用了新的工艺,降低了生产成本。分析计算如下:

新工艺改革对成本的影响=(改革前的单位产品实际成本-改革后的单位产品实际成本)×产品的生产量

3. 本量利分析法

在企业的生产经营活动中,成本不是一个孤立的变量,它与生产数量及主营利润之间存在着一定的关系。如果掌握三者之间的内在联系,就能从一个变量的变化来预测其他两个变量的变化。成本、产量和利润三者关系的分析,称为本量利分析,它不仅可以用来预测成本,也对制订目标利润和产量、价格等方面,有着重要的作用。

本量利分析的基础是按成本的特性对成本进行划分。所谓成本的特性是指成本与生产量的关系。按这种特性关系,可将成本划分为变动成本和固定成本。变动成本是指随着产品产量的增减而成正比例升降的那部分成本费用,例如作为坯布主要原料成本的原纱;固定成本是指当产量在一定幅度内变动时,并不随之升降而基本保持固定不变的那部分成本费用,例如管理人员的工资、固定资产的折旧、车间办公费用等。必须指出,所谓变动成本和固定成本的"变动"和"固定",都是指成本总额是否随着产量的变动而变动,若就单位产品成本而言,恰恰相反,单位产品的变动成本变化是不大的,而单位产品的固定成本,则与产量的增减变化呈反比例变化。

按特性划分成本以后,本量利之间的关系便可用下式表示:

销售收入-变动成本-固定成本=利润

或

销售收入-变动成本=利润+固定成本

由于销售收入和变动成本的生产量是相同的(设定当期生产量全部销售),所以上式也可做如下表示:

(单位销售价格-单位变动成本)×生产量=固定成本+利润

为了能简单明了地揭示本量利之间的关系,用本量利分析的图解法和数学法结合起来,更能有较好的效果。

第三节　棉织企业主要的税收种类和计算方法

一、增值税

增值税是以商品(含应税劳务)在流转过程中产生的增值额作为计税依据而征收的一种流转税。从计税原理上说,增值税是对商品生产、流通、劳务服务中多个环节的新增价值或商品的附加值征收的一种流转税。它是一种价外税,实行价外计征,使企业的生产经营成果不受其影响。实行增值税后,棉织企业财务会计报表上的主营业务(销售)收入是无税销售收入,即不含税额的,财务会计报表上的主营业务(销售)成本也是不含税额的成本。作为一般纳税人计算当期的应纳增值税额的计算公式为:

$$当期应纳增值税额=当期销项税额-当期进项税额$$

由此可见,这里涉及两个方面的问题,一个是要计算销项税额,另一个是要计算进项税额。

1. 销项税额的计算

销项税额是纳税人销售货物,按销售额规定的税率计算并向购买方收取的税额

$$销项税额=销售额(不含税的销售额)×税率$$

由于长期以来我们的商品买卖习惯于价中含税的方法,如在这种情况下,应将含税销售额换算为不含税销售额,换算公式如下:

$$不含税销售额=\frac{含税销售额}{1+税率}$$

例1:坯布每米的销售价格为9.5元(习惯上的含税销售价格),税法规定销售坯布的增值税率为13%,那么它的不含税销售额为9.5元÷(1+13%)=8.41元,销项税额=8.41元×13%=1.09元。

2. 进项税额的计算

进项税额是指纳税人购进货物所支付或者要负担的税额。

$$进项税额=买价(不含税的购进价格)×税率$$

例2:坯布每米需购进棉纱价格为6元(习惯上的含税购进价格),税法规定购进棉纱的抵扣税率为13%,那么它的不含税价格为6元÷(1+13%)=5.31元,进项税额=5.31元×13%=0.69元,也称抵扣税额。

3. 当期应纳增值税额的计算

根据当期应纳的增值税额=当期销项税额-当期进项税额,故在例2中,应纳的增值税

额=1.09元-0.69元=0.4元

当一个企业计算应纳增值税额时,它包括整个企业按税法规定凡属于征税范围的(如销售产品、提供劳务等)均需计入当期销项税额。在计算进项税额时,也要符合税法规定计算可以抵扣的进项税额,如购置固定资产,生产用的原材料、包装物、电力燃料等,均需获得卖方开出的增值税发票抵扣联。但有些项目是不能抵扣的,如用于福利性质消费的进项税额。

在计算企业经营成果时所指的销售收入(或称主营业务收入)均指不含税的销售收入,所指的销售成本(或称主营业务成本)也是指不含税的产品销售成本。

二、其他税收

除了增值税外,目前有几种税收与企业的利润总额有直接关联。在企业的"损益表"中,有一栏"税金及附加",它包括两项,一是"城市建设税",是以当期交纳增值税额的5%计算交纳;二是"教育费附加",也是以当期交纳增值税额的3%计算交纳。除此之外,在企业管理费中直接列支的还有"房产税""土地使用税""车船使用税""印花税"等。如果企业有转让无形资产或者销售不动产而取得的营业额,则应交纳营业税(不同行业征收的范围有不同的税率),如果企业有经审计核准的净收益,还应交纳25%的所得税。

三、资产负债表与利润表

企业的财务会计报表是根据日常的账簿记录定期编制,用来反映企业财务状况和经营成果的总结性文件。按照我国《企业会计准则》以及有关会计制度的规定,企业的基本财务报表包括资产负债表、利润表和现金流量表。

(一)资产负债表

资产负债表反映企业在一定日期(即月末、季末、年末)各项资产、负债和所有者权益状况的会计报表,它的基本结构是以"资产=负债+所有者权益"为基础的,因此资产的总计应等于负债加所有者权益的总计。

"资产负债表"分为左、右两方,见表4-2-3。左方反映企业拥有的资产状况,称为资产方,在资产方项目的分类有流动资产、长期投资、固定资产、无形资产及递延资产等,这些项目分为年初数和期末数两栏。右方反映企业的负债和所有者权益的状况,称为负债及股东权益方,它右上方的负债合计是流动负债加长期负债的合计,右下方所有者权益包括实收资本、资本公积、盈余公积、未分配利润等项目,它们都分为年初数和期末数两栏。最后负债及所有者权益总计数等于左边的资产总计数。具体见表4-2-4。

表4-2-3　资产负债表的主体部分

资产方	负债及股东权益方
流动资产	流动负债
长期投资	长期负债
固定资产	所有者权益
无形资产和递延资产	

表4-2-4　资产负债表示例

编制单位：　　　　　　　　　　年　　月　　日　　　　　　　　　　单位:元

资产	行次	期末数	年初数	负债和所有者权益	行次	期末数	年初数
流动资产：	1			流动负债：	35		
货币资金	2	2500000.00	2000000.00	短期借款	36	3000000.00	3000000.00
交易性金融资产	3			交易性金融负债	37		
应收票据	4			应付票据	38	520000.00	100000.00
应收账款	5	5300000.00	6000000.00	应付账款	39	4000000.00	2890000.00
预付款项	6			预收账款	40		
应收利息	7			应付职工薪酬	41	1000000.00	800000.00
应收股利	8			应交税费	42	60000.00	50000.00
其他应收款	9	1400000.00	1700000.00	应付利息	43		
持有待售资产	10			应付股利	44		
存货	11	4000000.00	4900000.00	其他应付款	45	420000.00	160000.00
一年内到期的非流动资产	12			持有待售负债	46		
其他流动资产	13			一年内到期的非流动负债	47		
流动资产合计	14	13200000.00	14600000.00	其他流动负债	48		
非流动资产：	15			流动负债合计	49	9000000.00	7000000.00
可供出售金融资产	16			非流动负债：	50		
持有至到期投资	17			长期借款	51	2000000.00	3000000.00

续表

资产	行次	期末数	年初数	负债和所有者权益	行次	期末数	年初数
长期应收款	18			应付债券	52		
长期股权投资	19			长期应付款	53		
投资性房地产净值	20			专项应付款	54		
固定资产原值	21	22000000.00	20000000.00	预计负债	55		
累计折旧	22	4400000.00	3400000.00	递延收益	56		
固定资产净值	23	17600000.00	16600000.00	递延所得税负债	57		
在建工程	24	1820000.00	500000.00	其他非流动负债	58		
工程物资	25	380000.00	300000.00	非流动负债合计	59	2000000.00	3000000.00
固定资产清理	26			负债合计	60	11000000.00	10000000.00
无形资产	27			所有者权益（或股东权益）：	61		
开发支出	28			实收资本	62	20700000.00	20700000.00
商誉	29			资本公积	63	500000.00	500000.00
长期待摊费用	30			减:库存股	64		
递延所得税资产	31			盈余公积	65	500000.00	500000.00
其他非流动资产	32			未分配利润	66	300000.00	300000.00
非流动资产合计	33	19800000.00	17400000.00	其他综合收益	67		
				所有者权益合计	68	22000000.00	22000000.00
资产总计	34	33000000.00	32000000.00	负债和所有者权益总计	69	33000000.00	32000000.00

　　通过对"资产负债表"的分析,可以了解企业的资产、负债与所有者权益的结构是不合理,是否有充裕的偿债能力,企业的财务实力以及所有者权益有多少等,使我们从各种不同的角度来了解企业的财务状况和其发展趋势。

　　下面介绍用比率分析法来分析企业的几种财务状况能力。

1. 偿债能力指标

　　偿债能力指标用来衡量企业的偿债能力,它的计算及分析见表4-2-5。

表4-2-5　偿债能力指标计算及分析

指标名称	计算公式	说明和分析
流动比率	$\dfrac{流动资产合计}{流动负债合计}$	表明企业的流动负债可由流动资产来偿还的能力，一般以2∶1左右为佳
速动比率	$\dfrac{速动资产}{流动负债合计}=\dfrac{流动资产合计-(存货+待摊费用)}{流动负债合计}$	速动比率一般以1∶1较好，实际工作中还应根据企业的情况和其他因素来判断
现金量偿债比率	$\dfrac{现金+有价证券}{流动负债合计}$	表明企业可用于支付短期债务的能力
资产负债率	$\dfrac{负债合计}{资产总计}\times100\%$	反映企业用资产抵债的程度，一般不应超过50%

2. 资产营运能力指标

资产营运能力指标以各种周期率为计算主体，反映企业使用其经济资源的效率和有效性，指标的计算和分析见表4-2-6。

表4-2-6　资产营运能力指标计算和分析

指标名称	计算公式	说明和分析
全部资产周转次数	$\dfrac{产品销售净额}{全部资产平均余额}$ 或 $\dfrac{产品销售净额}{流动资产平均余额}\times\dfrac{流动资产平均余额}{全部资产平均余额}=$ 流动资产周转次数×流动资产占全部资产比重	综合反映全部资产周转速度，它的快慢受两个因素的影响：一是流动资产周转速度；二是流动资产占全部资产的比重。全部资产周转率一般与往年或同行业的水平相比，才能看出企业的资金管理水平和发展趋势
流动资产平均余额	$\dfrac{年初流动资产总额+年末流动资产总额}{2}$	
存货周转率	$\dfrac{产品销售成本债合计}{存货资产平均余额}\times100\%$	综合衡量存货资产周转速度，它与企业盈利的关系密切。存货周转一次所用的时间越短，周转速度越快，说明资金使用效率越高，在有盈利的企业成本利润率相同的情况下，获利能力也越大
存货周转天数	$\dfrac{计算期天数}{存货周转率}$ 或 $计算期天数\times\dfrac{存货资产平均余额}{产品销售成本}$	
固定资产更新率	$\dfrac{本期新增固定资产原值}{本期期末全部固定资产原值}\times100\%$	反映企业固定资产更新的规模和速度

3. 资本结构指标

根据企业资金来源的不同类别或组成因素,了解企业的资本结构,从而衡量企业承担风险的能力。资本结构分析主要通过两种指标分析,见表4-2-7。

表4-2-7　资本结构指标的计算及分析

指标名称	计算公式	说明和分析
负债比率	$\dfrac{负债总额}{负债和所有者权益总额} \times 100\%$	揭示企业的全部资金来源中有多少是由债权人提供的。一般来说,负债比率越低,说明企业的实力越强,从债权人角度讲,承担的风险也较小
所有者权益比率	$\dfrac{所有者权益总额}{资产总额} \times 100\%$ 或　1-负债比率	在利润率大于利息率的情况下,所有者权益比率越低,说明借入的资金越大,会使资本利润更扩大,这对投资者来说是有利的,投资者的风险较少,但对债权人来说风险也就增加;反之,所有者权益比率越高,对投资者来说并不是一件有利的事情。这就要求把企业的资本结构定在一个合理的基础上

(二)利润表

利润表是反映企业在一定会计期间的经营成果的会计报表。例如,反映某年1月1日至12月31日经营成果的利润表,它反映的就是该期间的情况。由于它反映的是某一期间的情况,所以,又称为动态报表。有时,利润表也称为损益表、收益表,格式示例见表4-2-8。

表4-2-8　利润表示例　　　　　　　　　　　单位:元

项目	行数	本月数	本年累计数
一、营业收入	1	560000.00	6700000.00
其中:其他业务收入	2		
减:营业成本	3	431000.00	5360000.00
其中:其他业务成本	4		
营业税金及附加	5	9000.00	100000.00
销售费用	6	5000.00	80000.00
管理费用	7	11000.00	120000.00
财务费用	8	3000.00	40000.00
资产减值损失	9		
加:公允价值变动收益(损失以"-"号填列)	10		
投资收益(损失以"-"号填列)	11		

续表

项目	行数	本月数	本年累计数
其中:对联营企业与合营企业的投资收益	12		
资产处置收益	13		
其他收益	14		
二、营业利润(亏损以"-"号填列)	15	101000.00	1000000.00
加:营业外收入	16		
减:营业外支出	17		
三、利润总额(亏损总额以"-"号填列)	18	101000.00	1000000.00
减:所得税费用	19	25250.00	250000.00
四、净利润(净亏损以"-"号填列)	20	75750.00	750000.00

利润表可用来分析利润增减变化的原因,评价企业的经营结果。企业一般用表 4-2-9 中的指标来分析企业的获得能力。

表 4-2-9　获利能力的指标及分析

指标名称	计算公式	说明和分析
主营业务(销售)毛利率	$\dfrac{主营业务利润}{主营业务净收入} \times 100\%$	表示每百元主营业务的净收入取得的主营业务利润有多少
主营业务成本利润率	$\dfrac{主营业务利润}{主营业务成本} \times 100\%$	这是一个投入产出的指标,表示每百元产品销售成本的投入取得的利润有多少
税前利润率	$\dfrac{利润总额}{主营业务净收入} \times 100\%$	表示企业在一定时期每实现百元销售收入的最终获利水平

四、投资收益与资产保值增值分析

投资收益与资产增值分析是用财务的方法,用来分析与评价投资项目得到的收益和资产增值。单纯的绝对利润若不与相应的资产相比较,其重要性就会大大降低。

(一)投资收益分析

简单的投资收益计算方法,可以用投资项目形成的收入减去它的支出。但作为技术工程项目的投入,它有很大一部分形成了固定资产,并不能一次性都作为投资的支出,而是通过折旧的方式逐月转移的。因此,要从多角度来分析投资收益情况,具体见表 4-2-10。

表 4-2-10 投资收益指标及分析

指标名称	计算公式	说明和分析
投资收益率	$\dfrac{年度投资收益}{平均投资总额}\times100\%$	反映企业的投资效益,指标值越高,表明企业投资效益越好
平均投资总额	$\dfrac{年初投资总额+年末投资总额}{2}$	
获得指数	$\dfrac{主营业务(销售)利润}{投资总额}$	如果某个项目的投资对企业的固定成本影响不大,它在计算期内的毛利与投资的比例大于1,则可接受此项目
静态投资回收期	$\dfrac{投资总额}{年净利润+年提取的折旧额}$	表示项目现金流入和现金流出总额达到平衡所需要的年限
总资产报酬率	$\dfrac{利润总额+利息支出}{平均资产总额}\times100\%$	衡量企业运用全部资产获得的能力
平均资产总额	$\dfrac{年初资产总额+年末资产总额}{2}$	

(二)资产增值分析

企业资产增值的含义,并不是指企业单纯的资产增长,而是指企业净资产的增值,也就是企业所有者权益的增长。只有所有者权益的增长,才是真正的资产增值。分析资产增值的指标见表 4-2-11。

表 4-2-11 资产分析表

指标名称	计算公式	说明和分析
净资产收益率	$\dfrac{净利润}{平均净资产}\times100\%$	表示每百元的所有者权益能获得多少净利润
平均净资产	$\dfrac{年初所有者权益+年末所有者权益}{2}$	
资本积累率	$\dfrac{本年所有者权益增长额}{年初所有者权益}\times100\%$	表示本年所有者权益增长额与年初所有者权益的比率
本年所有者权益增长额	年末所有者权益–年初所有者权益	
资本保值增值率	$\dfrac{年末所有者权益}{年初所有者权益}\times100\%$	表示年末所有者权益与年初所有者权益的比率,其数值等于100%为资本保值,大于100%为资本增值

　　为了揭示不同时期企业的文化程度和预测发展趋势,可将企业连续几年或同行业的会计报表上有关项目进行对比分析。如果要考虑货币的时间价值,还要与其他动态的分析指标合并使用,这样才能更好地观察企业经营情况的变化和投资效果的预计,为企业的决策提供完整、准确的信息和依据。

第四节　织造企业生产核算

一、产品总量

(一)产品总产量

　　产品总产量是指织造企业生产的、所有录入坯布验收系统的实物数量,它反映企业的生产水平,是制定和检查生产计划、平衡产供销关系的依据,也是计算各项指标的基础。

1. 可送整量

可送整量指验修后符合产品质量标准、可流转后道的产品数量。

2. 杂纱量

杂纱量指织造过程中弥补前道半制品问题,形成的不符合产品质量标准的产品数量。

3. 产品总产量

产品总产量包括可送整量和杂纱量之和。

(二)单位产量

单位产量有理论单位产量、计划单位产量和实际单位产量三种。

1. 理论单位产量

各工序的计算单位产量称为理论单位产量,计算公式见表4-2-12。

表4-2-12　织造厂各工序计算单位产量

工序	单位	计算公式
倒筒	m/(h·锭)	车速(m/min)×60
穿综	万/(h·台)	车速(根/min)×60
织造	m/(h·台)	1.524×车速(r/min)×效率/纬密
验布	m/(h·台)	车速(m/min)×60
修布	m/(h·人)	修布速度(m/min)×60

2. 计划单位产量

各工序的计划单位产量＝各工序的理论单位产量×各工序的生产效率

3. 实际单位产量

$$各工序的实际单位产量＝\frac{各工序的实际生产量}{实际运行时速}$$

织机的实际产量和单位产量一般可以从以下几种方法中求得：

（1）将所织布棍在验布机上得到码长，即布棍的实际长度，实际产量除以织造的时间即可推出每小时的台产量。

（2）在新型织机上，输入相应的工艺参数后，在运转过转过程中只需按动触摸显示屏，即可读取产量、速度、效率等数据。

（3）利用打纬数计算实际产量，除以织造的时间，即可推出每小时的台产量。

$$实际产量＝\frac{打纬数}{纬密×2.54}×100$$

记录生产起止时间过程中的打纬数，即可计算出单位产量。

（三）生产效率

生产效率是织厂各机在规定工作时间内，所达到有效生产时间的一种衡量指标。除规定设备休止以外的一切停台损失，都属于影响生产效率的组成因素，见表4-2-13。

表4-2-13　影响生产效率的组成因素

项目	倒筒	穿综	织造	坯布
就餐	√	√	√	
坏车	√	√	√	√
运转检修	√	√	√	√
断头（断经/断纬）	√	√	√	
收筒/架筒	√			
了机/架机			√	
上轴/下轴		√		
空车	√	√	√	√
深浅转换清洁	√		√	
大清洁	√			√
高空吸尘			√	
定期保养与维护	√	√	√	

$$生产效率 = \frac{实际单位生产量}{理论单位产量} \times 100\%$$

织厂设备生产效率参考数值见表4-2-14。

表4-2-14　织厂设备生产效率参考数值

机别	喷气织机	剑杆织机	大提花织机
生产效率/%	88	84	77

生产效率直接影响企业的经济效益,随着新设备、新技术的应用,织厂的生产效率也在逐步提高。如大卷装的运行及自动落布车、自动上轴车的采用,自动化、智能化的推行,加强管理,提高员工的操作技能,都将提高生产效率。

(四)设备利用率与设备运转率

1. 设备利用率

设备利用率是综合反映已装设备是否充分利用的一种指标,是指可以随时投入生产的设备台数(包括运转生产、保全保养和因故停开的机台)占安装设备总台数的百分率。

$$设备利用率 = \frac{利用设备总台时数}{安装设备总台时数} \times 100\%$$

安装设备数包括:车间现有实际安装的设备台数,包括新增的已经试车的设备,可以随时投入生产的设备;由于设备大修理或建筑物改建而暂时拆卸的设备;生产设备经过改造,改变了原来的机型和用途,应按改造后的设备机型归类统计。

2. 设备运转率

设备运转率指设备全部利用的运转时间内,扣除各种休止时间后的实际运转效率。

$$设备运转率 = \frac{利用总台时数-休止总台时数}{利用总台时数}$$

设备休止是指设备在实际运转中发生的保全保养、技术改造、计划关机和其他故障停台等原因而造成的停台时间。但因厂外停电、停气而引起的休止时间不包括在内。设备休止的原因与具体内容见表4-2-15。

表4-2-15　一般织厂休止的原因与内容

休止原因	具体内容	休止原因	具体内容
保全保养	织机、穿综机部分保全、保养和重点检修的休止	劳动力不足	出勤率低、劳动力不足形成的休止

休止原因	具体内容	休止原因	具体内容
修换电气设备	厂内各种线路故障或电气设备损坏的休止	计划关机	有计划的设备休止
供应不平衡	供应不足形成的休止	设备重大损坏	必须由保养工进行调换或修理的休止
产品质量问题	稀密路、色条、条档、色纬等影响产品质量形成的休止	大清洁	高空吸尘形成的休止

一般织厂的设备运转率参考数值见表4-2-16。

表4-2-16　织厂设备运转率参考数值

机别	喷气织机	剑杆织机	大提花织机
运转率/%	95~98	95~98	40~65

工序单位生产总量(m/h)＝计划单产[m/(h·台)]×设备台数×运转率

提高运转率的途径如下：

(1)积极采用维修保养少、性能优良的新型设备。

(2)改革维修方法,变周期计划维修为状态监测维修。

(3)提高维修质量,使用寿命长的优质零配件和器材。

(4)提高操作人员素质,正确使用设备,减少设备损坏,做好群众维护性工作。

(5)提高维修人员的技能,减少因问题误判或整改不彻底形成维修等待。

(6)合理安排、组织生产,最大限度地发挥设备效能。

(7)性能改造,提高生产产品的适应范围。

(五)织厂的生产能力

纺织厂的生产能力是指企业的织机在正常运转条件下,可能达到的最高年产量(万米)。

织厂总生产能力(万米/年)＝机台总台数×平均混合单位产量[m/(台·h)]×实际

生产天数×24(h/天)×运转率/10000

年实际生产天数＝年日历天数-因生产任务不足停台天数-年假5天

其中生产任务不足的停台时间按每年的具体生产情况而定。

(六)织造折合标准品 80 纬单位产量计算

1. 标准品单位产量的计算公式

$$折合标准品单位产量 = 实际单位产量 \times \frac{实际纬密}{标准纬密}$$

2. 织造单位产量(折 80 纬)的计算公式

$$织造单位产量 = 实际单位产量 \times \frac{实际纬密}{80}$$

二、在制品储备量与容器的配备

(一)各工序机上、机下储备量

1. 机上在制品储备量

机上在制品储备量按照机上生产量对总量的平均占比来计算,具体见表 4-2-17。

表 4-2-17 机上生产量对总量的平均占比参考值

区域	倒筒	穿综	织造	坯布
平均占比/%	50~60	70~75	80~85	85~88

2. 机下在制品储备量

机下在制品及其储备量参考值见表 4-2-18。

表 4-2-18 机下在制品储备量参考值

在制品	机别	机下在制品储备量
松式筒	倒筒	一般按一个锭子×1 只计算
待穿轴	穿综	按一台机 1 个计算
存轴	织造	按 1 张机台 1 个轴计算
待验修布	坯布	按 1 张机台 1 个辊计算

注 机下在制品储备量取决于各生产工序的机器数量、工艺特点、生产效率、工作班次、劳动组织、前后工序供应交接周期和方法等。各企业要根据各种有关因素,如供应周期、工作班次、半制品分段情况、保全修理、品种翻改等来制定、调整在制品储备量。

(二)各工序器材储备量

1. 器材数计算方法

器材数计算方法见表 4-2-19。

表 4-2-19　器材数计算方法

器材名称	单位	计算方法
经停片	片	各机台在织用经停片个数+了机经停片个数+存轴经停片个数+在穿经停片个数+储备经停片个数
综框	页	各机台在织用综框页数+了机综框页数+存轴综框页数+在穿综框页数+储备综框页数
经停条	根	各机台在织台数×6+了机机台数×6+存轴数×6+在穿轴数×6+储备经停条根数
钢筘	支	各机台在织台数×1+了机机台数×1+存轴数×1+在穿轴数×1+储备钢筘支数
储纬箱	个	各机台在织用储纬箱+合棚处备用储纬箱

2. 织造单台机台配备主要器材数量

织造单台机台配备主要器材数量参考值见表 4-2-20。

表 4-2-20　织造单台机台配备主要器材数量参考表

器材名称	经停片	综框	经停条	钢筘	储纬箱	落布车
单台用量	10000~46000	4~20	6	1	4~6	1~6

三、织造 200 台设备配置示例

织造 200 台机台配备示例见表 4-2-21~表 4-2-25。

表 4-2-21　细支高密 80 英支纯棉品种 200 台机台配备示例(丰田凸轮织机)

项目	参数	项目	参数	项目	参数
车速/(r/min)	400	计划单产/(m/h)	7.1	计算需要机器数量	194
理论单产/(m/h)	7.37	单位生产总量/(m/h)	1377	设备运转率/%	97
生产效率/%	96	累计消耗率/%	100	200 台织机配备机台数量/台	200

表 4-2-22　常规 40 英支格子纯棉品种 200 台机台配备示例(丰田凸轮织机)

项目	参数	项目	参数	项目	参数
车速/(r/min)	750	计划单产/(m/h)	10.6	计算需要机器数量	194
理论单产/(m/h)	12.04	单位生产总量/(m/h)	2056.4	设备运转率/%	97

续表

项目	参数	项目	参数	项目	参数
生产效率/%	88	累计消耗率/%	100	200 台织机配备机台数量/台	200

表 4-2-23　40 英支牛津纺纯棉品种 200 台机台配备示例（丰田凸轮织机）

项目	参数	项目	参数	项目	参数
车速/(r/min)	680	计划单产/(m/h)	16.25	计算需要机器数量	194
理论单产/(m/h)	16.75	单位生产总量/(m/h)	3185	设备运转率/%	97
生产效率/%	97	累计消耗率/%	100	200 台织机配备机台数量/台	200

表 4-2-24　50 英支+32 英支纯棉提花 200 台机台配备示例（剑杆织机）

项目	参数	项目	参数	项目	参数
车速/(r/min)	450	计划单产/(m/h)	5.4	计算需要机器数量	194
理论单产/(m/h)	6	单位生产总量/(m/h)	1047	设备运转率/%	97
生产效率/%	90	累计消耗率/%	100	200 台织机配备机台数量/台	200

表 4-2-25　60 英支纯棉双层布 200 台机台配备示例（剑杆织机）

项目	参数	项目	参数	项目	参数
车速/(r/min)	450	计划单产/(m/h)	5	计算需要机器数量	194
理论单产/(m/h)	5.3	单位生产总量/(m/h)	970	设备运转率/%	97
生产效率/%	94	累计消耗率/%	100	200 台织机配备机台数量/台	200

四、原材料及人工消耗定额

(一)原料消耗

1. 单位用纱量

(1)经向单位用纱量。经向单位用纱量指前织来轴 100m 经纱能织的米数，一般以织缩率表示；

（2）纬向单位用纱量。纬向单位用纱量指每织100m布耗用的纬纱数量，主要以百米用纱量表示。

2. 制成率、缺交率

（1）制成率。实际制成量对理论制成量（即前织经长×织缩）的百分率叫作制成率。根据计算方式不同，可分为数量制成率和花号制成率，计算公式见表4-2-26。

表4-2-26　数量制成率和花号制成计算公式

项目	计算公式
数量制成率	$\dfrac{一段时间内实际下机数}{理论下机数} \times 100\%$
花号制成率	$\dfrac{一段时间内不短少的花号的个数}{总花号的个数} \times 100\%$

（2）缺交率。缺交率是指因织造问题影响的成品入库数量未达到客户要求合同数量的单数占总入库单数的百分比；缺交率分为数量缺交和质量缺交率，数量缺交率是指因数量问题，如下机数短少形成的缺交；质量缺交率是指因质量问题，如织疵形成的缺交。

（二）电耗

织造用电单耗一般分为万米单位用电量和折合标准品单位用电量两种。

1. 万米单位生产用电量

用于同品种或品种相对稳定、变化不大时对耗电量的分析、比较和考核。

$$万米单位生产用电量 = \frac{穿综、倒筒、织造、坯布生产用电量 + 空调用电量 + 冷冻机用电量 + 辅助用电量}{所生产产品的产量（万米）}$$

2. 织造折合标准品用电量

织造折合标准品生产用电量用于不同产品或不同生产单位间的耗电比较、分析和考核。

以80W为标准品来折合标准品生产用电量单耗计算如下：

纯棉折合标准品生产全部用电量单耗＝纯棉制品折合标准品基本生产用电量单耗+纯棉制品空调折合标准品用电量单耗+纯棉制品其他辅助折合标准品用电量单耗

纯棉折合标准品生产基础用电量单耗＝穿综、倒筒折合标准品基本生产用电量单耗+织造折合标准品基本生产用电量单耗+坯布折合标准品基本生产用电量单耗

$$纯棉空调折合标准品生产基础用电量单耗 = \frac{穿综、倒筒、织造空调用电量}{纯棉制品折合标准品产品（万米）}$$

$$纯棉辅助折合标准品生产基础用电量单耗 = \frac{穿综、倒筒、织造辅助用电量}{纯棉制品折合标准品产品（万米）}$$

（三）气耗

织造用气耗一般分为万米单位气耗和折合标准品单位气耗两种。

1. 织造万米单位气耗

用于同品种或品种相对稳定、变化不大时对耗电量的分析、比较和考核。

$$万米单位生产耗气量 = \frac{穿综、倒筒、织造耗气量（m^3）+清洁耗气量（m^3）}{所生产产品的产量（万米）}$$

2. 织造折合标准品气耗

织造折合标准品生产耗气量用于不同产品或不同生产单位间的耗气量比较、分析和考核。

以 80W 为标准品来折合标准品生产用电的单耗计算如下：

纯棉折合标准品生产全部耗气量 = 纯棉制品折合标准品基本生产耗气量量 + 纯棉制品折合标准品清洁耗气量

纯棉折合标准品生产基础耗气量 = 穿综、倒筒折合标准品基本生产耗气量 + 织造折合标准品基本耗气量

$$纯棉辅助折合标准品生产清洁耗气量 = \frac{穿综、倒筒、织造清洁耗气量（m^3）}{纯棉制品折合标准品产品（万米）}$$

（四）主要器材消耗水平

器材材质的不同、企业管理水平与工人技术水平的差异、机台运行速度的高低，都直接影响器材的耗用量。表 4-2-27 为消耗水平参考数值。

表 4-2-27　主要器材消耗水平参考值

器材名称	单位	年耗水平			使用年限	使用工序	附注
		档次					
		较好	一般	较差			
综丝	根	30000	50000	70000	3~5 年	穿综、织造	
经停片	片	30000	50000	70000	3~5 年	穿综、织造	
钢筘	支	5	10	15	3~5 年	穿综、织造	
综框	片	20	50	80	3~5 年	穿综、织造	包括侧挡

参考文献

[1]上海纺织控股(集团)公司,《棉纺手册》(第三版)编委会. 棉纺手册[M]. 3 版. 北京：

中国纺织出版社,2004.

[2]江南大学,无锡市纺织工程学会,《棉织手册》(第三版)编委会．棉织手册[M].3 版．北京:中国纺织出版社,2006.

[3]钱鸿彬．棉纺织工厂设计［M].北京:中国纺织出版社,2007.

[4]刘荣清,孟进．棉纺织计算［M].北京:中国纺织出版社,2011.

[5]蔡昌．最新税制变化财税实操一本通［M].北京:中国财经经济出版社,2019.

第五篇　纺织企业信息化管理

第一章　纺织企业信息化的发展历史与现状

第一节　纺织企业信息化的发展历史与作用

一、纺织行业信息化的发展历史

我国纺织工业经过不懈的奋斗,取得了举世瞩目的成就,正在向世界纺织强国迈进。推进信息化建设,提高行业的信息化水平,对于纺织工业的历史性发展发挥着极其重要的作用。信息化既是纺织工业走新型工业化道路,推进持续增长的重要途径,也是促进发展方式转变和产业结构调整的重要手段。在当前全球新一轮科技革命的浪潮中,互联网、大数据、人工智能快速发展,为信息化赋予了新理念和新内容。在信息产业为主导的新经济发展时期,在经济形势发生变化的大环境下,纺织工业加快信息化建设,更将成为引领行业创新、驱动转型升级、实现高质量发展的先导力量。

纺织行业信息化从蹒跚起步到蓬勃发展,从少数企业试点到全面推广,从技术启蒙到自主创新,从局部应用到综合集成的全过程,主要历经以下几个阶段:

(一)尝试阶段(1978~1990 年)

在此阶段以国有大中型企业为主体,开始尝试运用计算机及信息系统进行管理,引入系统有 MIS、MRP、MRPII 等。

(二)起步阶段(1990~1999 年)

在此阶段以财务电算化、电子邮件、企业网站等应用最具代表性。

(三)发展阶段(2000~2010 年)

随着中国加入世界贸易组织(WTO),纺织企业进入快速发展阶段,对信息化要求越来高,行业内众多企业开始引入企业资源计划(ERP)系统、计算机辅助设计(CAD)系统,并获得良好的收益。

(四)融合创新阶段(2011年以后)

数字化、网络化、智能化生产的普及与创新加快,国家也大力推动智能车间、智能工厂建设,纺织行业加快引入能源管理、制造执行(MES)等系统,另外也通过互联网技术的深入应用,尝试逐步开展定制化服务,进入行业融合创新阶段。

二、信息化在纺织行业中的主要应用领域

(一)产品研发设计

纺织产品市场需求紧随流行趋势变化,纺织行业产品研发设计信息化,特别是CAD等辅助设计软件的应用相对起步较早,是我国实施CAD的四个重点行业之一,各类CAD软件在服装、色织、印染、毛纺等行业得到了较为广泛的应用,应用系统有服装CAD、织物CAD(大提花和小提花)、测色配色系统等。通过对全国纺织企业信息技术应用状况的调查发现,在纺织企业信息化应用的各种系统中,CAD占有很大比重。

在CAD应用企业中,各种类型、规模的企业分布相对比较均衡,国有大中型企业具有良好的应用基础和人员、技术的优势,保持领先水平;服装、印花和织物组织CAD在许多小型乡镇企业、民营企业,甚至个体户中也都有应用。

(二)企业管理系统

对于企业管理软件,由于历史时期不同,或应用侧重和理解不同,其名称也有所不同,如管理信息系统(MIS)、制造资源计划(MRPII)、ERP等,但基本要求和内容一致,只是随着技术、观念的更新不断发展,目前趋向于ERP软件,其系统实现方式有两类:一是定制开发,包括企业自行开发,或与其他开发单位合作开发;二是采用商品化ERP软件,或在其基础上再做部分二次开发。目前需求集中在后一种方式。纺织企业ERP软件中有国际知名软件,如SAP、ORACLE,英泰峡(Intentia)等,约十几家,主要用户是大型化纤、服装企业。国内知名产品有金蝶、用友等,用户涉及棉纺、毛纺、化纤、纺机、服装等企业,有的正在开发针对纺织行业的软件版本。另外,许多技术开发单位发挥各自优势,积极开发具有行业特点的产品,如环思、中纺达、杭州开源等公司面向纺织、印染企业开发了ERP软件,浙江华瑞面向化纤企业开发了ERP软件,银河泰克、杭州爱科面向服装企业开发了ERP软件,和创科希盟、常州企友面向棉纺企业开发了ERP软件,经纬纺机面向纺机企业开发了ERP软件。

(三)电子商务

对于我国广大面对国际市场的纺织服装企业,实现电子商务是实现短时期内跨越式发展的

契机。同时,也是整个行业信息化的重要标志。B2B 网站是纺织行业电子商务的主流,企业通过内部信息网络和外部互联网网站将面向上游供应商的采购业务和下游代理商的销售业务有机联系起来。无论在交易额和交易领域方面,都比 B2C 可观。它们有两种形式:一种是传统企业的 B2B 应用,如铜牛、杉杉等,企业网站上自带交易功能;另一种是建立统一的网络信息平台,为企业采购或销售牵线搭桥,进行调配,从而获取交易佣金和增值性服务收入。纺织行业电子商务总体上尚处于起步阶段,未来两年主要着力于基础应用层面,如建立完善标准的编码体系,规范生产工艺流程,建设企业管理信息系统、开发网络技术平台等。

(四)供应链管理

纺织工业中,化纤、纺织、印染、服装等行业形成上下游衔接紧密的产业链。通过供应链管理(SCM)、客户关系管理(CRM)等实现产业链/供应链管理,即从原料供应商至客户全过程的管理和优化。结合市场需求预测,采用订单驱动,支持从采购、仓储、生产、质检、运输、销售全过程的管理与控制,从而为企业控制采购和库存成本,动态核算生产成本,加速库存周转和资金周转,提高及时交货率。如一些大型集团公司,其内部的跨地区经营,分公司、生产基地、分销中心、中心仓库等根据业务关联关系形成供应链,因此对先进的供应链管理思想表现出浓厚的兴趣。然后是行业性联盟,通过供应链扩展,将行业中上下游企业连接在一起,形成一种产业链,充分整合各自企业的优势,实现整体实力的竞争。这种供应链对现今行业 B2B 电子商务平台的建造和业务发展都有着极大的益处。同时,区域经济的发展也需要相关技术的支持,来促进区域内制造资源的合理配置及企业间的联合和协作,有利于区域产业集群的形成。

三、信息化对纺织行业发展的作用

纺织行业是一个传统的劳动密集型行业,就业人口多,是一个涉及民生的基础工业,其特点是多品种、多订单、小批量、生产流程长、生产过程呈连续性。一直以来企业依靠传统的生产经营方式,造成市场反应速度慢,生产成本忽高忽低,产品质量波动大。随着人民币升值,劳动力成本日益提高,原材料价格的不断攀升,原有生产成本低廉的优势已经逐渐消失,这些因素的形成严重制约了企业的发展。因此,用信息化改造传统手工管理,实现管理创新和效益的提升,是提升企业竞争力的重要手段。

(一)经济效益分析

企业信息化项目的成功实施,为纺织服装企业带来可观的经济效益,特别是在降低库存,提高生产效率,降低生产成本,加快企业反应速度,缩短交货期,提高产品质量,优化生产工艺等诸多方面取得了较大突破,有效地推动了企业经济效益的增长。

(二)社会效益分析

信息化除了给企业带来了直接经济效益外,还取得了良好的社会效应。企业将企业信息化建设与节能减排、循环经济结合在一起,利用信息化带动节约资源、节约能源和改善环境,为保护社会环境,打造绿色纺织做出了积极贡献。

四、纺织行业信息化应用的现状与特点

纺织企业信息化建设近年来在国家及行业主管部门的大力推动下,也得到较快的发展,尤其是在 2005 年后,在纺织行业内树立了多个信息化应用水平较高的样板企业,有效带动了整个行业内企业信息化应用水平的提升,如宁波雅戈尔毛纺织染整有限公司、帛方纺织有限公司等企业的 ERP 系统分别为毛纺、棉纺等行业的成功应用案例。上述企业信息系统的建设不仅为企业自身竞争力的提升发挥了巨大作用,而且吸引了很多企业前来参观、学习,对纺织企业的信息化建设起到显著的推动作用。以下几点大致能够反映纺织企业信息化应用的现状。

(一)企业实施信息化的主动性增强,实施效果提升

以往纺织企业实施信息化工程大多受到政府、协会等外界力量的推动,而现在,企业对信息化建设的认识和理解更为深刻,自身发展对信息化的需求更为强烈,企业对于信息化建设的积极主动性明显提高,信息系统的实施效果也得到提升。

(二)信息化服务供应商更趋专业化,但产品成熟度有待提高

自 2000 年以来,纺织企业对 ERP 等信息系统需求持续增长,提供专业服务的厂商数量也随之增加。目前,部分企业一直致力于推进纺织企业信息化事业的国内服务商仍然占据市场主流,能够提供纺织企业信息化应用产品,并具备一定市场影响力的服务商已经超过 20 家,其中四成厂商专门面向纺织服装企业,比较突出的有:北京中纺达、上海环思、杭州开源等公司。尽管出现了具有行业特色的专业服务商,但由于纺织领域信息化应用时间比较短、厂商技术积累需要一定的过程、缺少高水平的行业专家等因素,使得信息化产品成熟度还有待进一步提升,要开发出满足行业需求的信息化产品依然有大量艰苦的工作要做。

(三)行业总体信息化应用程度仍然不高

据中国纺织工业协会于 2007 年对 2650 个企业的抽样调查显示:尽管所选样本为规模靠前、实力较强的企业,但是其中已全部或部分应用信息化进行管理的企业不足一成,仅占总样本的 7.4%(不包括像仅有财务系统或 CAD 等范围较小的局部应用)。若把更多的中小型企业计入其中,这一比例将更低。

出现企业总体信息化应用程度不高的局面,其原因是多方面的。其一,企业管理者对信息化工作的意义不完全了解,对实施信息化建设的紧迫性认识不足。其二,在本币升值、原材料、劳动力成本增加等多因素作用下,企业经营压力日渐增大,大多数企业的决策者难以顾及信息化问题。其三,信息化产品的行业适用性有待加强,对于纺织信息化建设,由于每一个细分行业特点不同,行业的需求差异性明显,要求信息化产品必须具有符合行业发展的特点。

第二节　纺织企业管理信息化应用

一、生产信息监控系统

由于近年来纺织企业设备更新和技术改造步伐加快,基于物联网的 MES 推广很快,在线监测系统建立了典型应用。印染生产过程监控系统近年来推广极快,有多种解决方案可供用户选择,如杭州开源、常州宏大、西安德高、佛山南海天富等,对于印染企业稳定产品质量、提高生产效率、优化生产工艺、促进节能减排发挥了重要作用;棉纺在线监测和管理系统的集成化水平明显提高,适应性增强,一般不局限于特定供应商,可以连接多种型号设备,还可以与 ERP 对接,经纬新技术、厦门软通、长岭纺电等开发的系统都有典型应用;服装生产管理系统应用射频识别(RFID)技术,实现了生产任务进度控制、生产物料追踪、生产品质监控以及生产核心环节实时监控调度等功能;基于互联网的针织网络管理系统,如福建睿能、江南大学针织中心等单位开发的系统,具备生产绩效分析、生产质量追溯和生产智能排产等功能。越来越多的供应商推出了MES 与 ERP 集成的整体解决方案,应用水平和技术水平显著进步。

二、主要管理信息系统

纺织行业主要管理系统有企业资源管理系统(ERP)、供应链管理系统(SCM)、客户关系管理系统(CRM)和辅助设计制造系统(CAD/CAM)等信息技术系统。这些信息系统在企业生产工艺管理、市场营销、进销存管理、技术开发等方面都发挥了很大作用,提高了企业的信息化水平和管理水平,也提高了企业的综合竞争能力。

首先,大大提高了企业市场应变能力。产品开发速度加快,开发周期缩短,企业不断推出新产品更好地应对快速变化的市场需求,实现对市场的快速响应;企业及时制订营销计划,并安排指导生产,缩短了交货期。企业应用信息化管理后,特别是 ERP 系统后,企业在生产过程中的管理水平得以提高,如生产计划安排更加合理,生产的调度更加灵活,对生产进度可以进行及时的跟踪与控制。同时,也加快决策速度。通过快速预测订单成本、加快企业信息处理速度、为决策提供综合分析等,能够使企业领导者的决策更加及时、科学,能够对快速变化的市场做出及时、正确的响应。例如,在应用 ERP 系统之前的平均交货期为 10 天,实施 ERP 后,现在的交货期已经缩短为 7 天;原料的成本核算时间从原来的三四天缩短到一天;原来销售到月底结存时需紧张工作三四天才能得到结果,现在只需一天,就能得到正确的结果。

其次,降低资金占用。应用库存的信息化管理能够对企业原料、成品、半制品、机物料等仓库进行科学的管理,使企业库存保持在一个合理的水平,减少库存资金的占用。

最后,提高产品质量、降低生产成本。由于采用信息化管理,企业能够对生产过程进行有效的跟踪和监控,从而及时了解产品在生产过程中的质量状况,信息系统能够对生产中出现的质量问题进行报警、反馈和及时的处理,并使 ISO 的管理思想通过系统得以贯彻执行,从而保证了产品的质量,降低了成本。

第三节　纺织企业信息化基础

一、信息化基本概念

纺纱企业信息化是指企业在产品设计、开发、生产、管理、经营等多个环节中广泛利用信息技术的一种行为。进入 21 世纪后,信息作为重要的生产要素,信息化对纺纱企业的运行管理和发展壮大具有重要的优化、增值及替代作用:

(1)有助于构建采购、设计、生产、营销全流程资源有效组织的协同制造体系。

(2)实现企业人力资源、生产调度、计划安排、生产工艺等深度优化,提升产品质量,降低生产成本。

(3)替代低效、臃肿的生产管理方法,实现企业生产与运营管理的智能决策,增强企业经济活动预判能力,促进经济效益的提高。

实现信息化就要构筑和不断完善信息化体系,从技术层面讲,该体系是一个包含硬件和软件的分布式系统。硬件系统主要是指计算机及其外部设备(打印机、扫描仪、显示器、输入输出装置等)和网络设备;软件系统有操作系统及为达到各种信息化要求的应用系统。

二、硬件系统的组成

(一)服务器

服务器是计算机的一种,它比普通计算机运行更快、负载更高、价格更贵。服务器在网络中为其他客户机(如 PC 机、智能手机、ATM 等终端甚至是火车系统等大型设备)提供计算或者应用服务。

1. 按服务类型分类

它可分为文件服务器、数据库服务器、应用程序服务器、WEB 服务器等。

2. 按体系架构分类

它可分为非 x86 服务器和 x86 服务器。

(1)非 x86 服务器:包括大型机、小型机和 Unix 服务器,它们是使用 RISC(精简指令集)或 EPIC(并行指令代码)处理器,并且主要采用 Unix 和其他专用操作系统的服务器。这种服务器价格昂贵,体系封闭,稳定性好,性能强大,主要用在金融、电信等大型企业的核心系统中。

(2)x86 服务器:即 PC 服务器,它是基于 PC 机体系结构,使用 Intel 或其他兼容 x86 指令集的处理器芯片和 Windows 操作系统的服务器。价格便宜、兼容性好,主要用在中小企业和非关键业务中。

3. 按外形分类

它可分为机架式、刀片式、塔式和机柜式。

(1)机架式:机架式服务器的外形看来不像计算机,而像交换机,有 1U(1U = 1.75 英寸 = 4.445cm)、2U、4U 等规格。机架式服务器安装在标准的 19 英寸机柜里面。此种结构多为功能型服务器。

(2)刀片式:刀片服务器是指在标准高度的机架式机箱内可插装多个卡式服务器单元,实现高可用和高密度。每一块"刀片"实际上就是一块系统主板。

(3)塔式:塔式服务器较为常见,外形以及结构都与平时使用的立式 PC 差不多,当然,由于服务器的主板扩展性较强、插槽多,所以个头比普通主板大一些。

(4)机柜式:应用在内部结构复杂,内部设备较多,有的还具有许多不同的设备单元或几个服务器都放在一个机柜中的情况,机柜式通常由机架式、刀片式服务器再加之其他设备组合而成。

(二)工作站

工作站是以个人计算环境和分布式网络计算环境为基础,其性能高于微型计算机的一类多功能计算机。个人计算环境是指为个人使用计算机创造一个尽可能易学易用的工作环境,为面向特定应用领域的人员提供一个具有友好人机界面的高效率工作平台。分布式网络计算环境是指工作站在进行信息处理的过程中,可以通过网络与其他工作站或计算机互通信息和共享资源。工作站的多功能是指它的高速运算功能,适应多媒体应用的功能和知识处理功能。高速运算包括中央处理器的高速定点、浮点运算以及高速图形和图像处理。多媒体应用是指工作站不仅能用于数值与文本数据处理,而且还能处理图形、图像、语音和声音。知识处理功能是指工作站能用于人工智能,如专家系统和基于知识的推理等。

工作站主要由以下部件组成:显卡、内存、CPU、硬盘等。

1. 显卡

作为图形工作站的主要组成部分,一块性能强劲的 3D 专业显卡的重要性,从某种意义上来说甚至超过了处理器。与针对游戏、娱乐市场为主的消费类显卡相比,3D 专业显卡主要面对的是三维动画(如 3DS Max、Maya、Softimage 3D)、渲染(如 Lightscape、3DS VIZ)、CAD(如 auto-CAD、Pro/Engineer、Unigraphics、Solidworks)、模型设计(如 Rhino)以及部分科学应用等专业 OpenGL 应用市场。对这部分图形工作站用户来说,它们所使用的硬件无论是速度、稳定性还是软件的兼容性都很重要。用户的高标准、严要求使得 3D 专业显卡从设计到生产都必须达到极高的水准,加上用户群的相对有限造成生产数量较少,以至于其总体成本的大幅上升也就不可避免了;与一般的消费类显卡相比 3D 专业显卡的价格要高得多,达到了几倍甚至十几倍的差距。

2. 内存

主流工作站的内存为 ECC 内存和 REG 内存。ECC 主要用在中低端工作站上,并非像常见的 PC 版 DDR3 那样是内存的传输标准,ECC 内存是具有错误校验和纠错功能的内存。ECC(error checking and correcting)也是通过在原来的数据位上额外增加数据位来实现的。如 8 位数据,则需 1 位用于 Parity(奇偶校验)检验,5 位用于 ECC,这额外的 5 位是用来重建错误数据的。当数据的位数增加一倍,Parity 也增加一倍,而 ECC 只需增加一位,所以当数据为 64 位时所用的 ECC 和 Parity 位数相同(都为 8)。在那些 Parity 只能检测到错误的地方,ECC 可以纠正绝大多数错误。

3. CPU

传统的工作站 CPU 一般为非 Intel 和 AMD 公司 CPU,而使用 RISC 架构处理器,如 PowerPC 处理器、SPARC 处理器、Alpha 处理器等,相应的操作系统一般为 UNIX 或者其他专门的操作系统。全新的英特尔 NEHALEM 架构四核或者六核处理器有以下几个特点:

(1)超大的二级、三级缓存,三级缓存六核或四核达到 12M;

(2)内存控制器直接通过 QPI 通道集成在 CPU 上,彻底突破前端总线带宽的瓶颈;

(3)英特尔独特的内核加速模式 turbo mode 根据需要开启、关闭内核的运行;

(4)第三代超线程 SMT 技术。

4. 硬盘

用于工作站系统的硬盘根据接口不同,主要有 SAS 硬盘、SATA(Serial ATA)硬盘、SCSI 硬盘、固态硬盘。工作站对硬盘的要求介于普通台式机和服务器之间,因此低端的工作站也可以使用和台式机一样的 SATA 或者 SAS 硬盘。而中高端的工作站会使用 SAS 或固态硬盘。

三、计算机网络的组成

(一)计算机网络

计算机网络(computer networks)又称计算机通信网(图 5-1-1)。它是利用通信线路将地理上分散的,具有独立功能的服务器、客户机和通信设备按不同的形式连接起来,以功能完善的网络软件及协议实现资源共享和信息传递的系统。对用户而言,整个网络就像一个大的计算机系统。

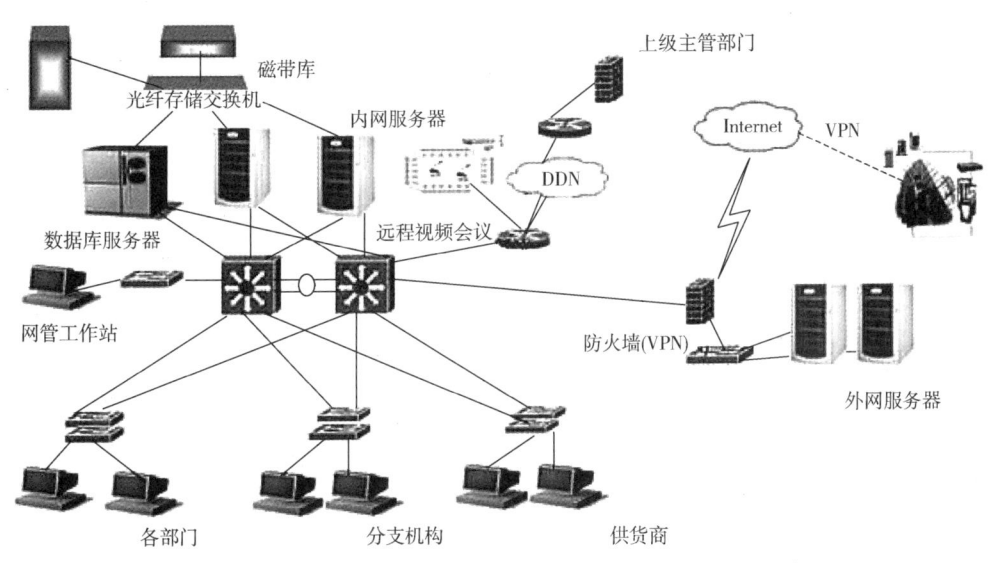

图 5-1-1　计算机网络

服务器是提供计算服务的设备,和通用计算机类似,但是由于需要提供高度可靠的服务,因此在处理能力、稳定性、可靠性、安全性、可扩展性、可管理性等方面具有更好的性能,在网络中处于中心枢纽地位。

客户机有工作站和 PC 终端,可分别运行独立的、不同的操作系统执行统一的网络协议,享用网络服务器的各种服务。

通信线路是保证信息传递的通路,是网络通信的基石。常见的通信线路有光纤、双绞线、无线卫星、微波等线路,它决定了电信号(0和1)的传输方式,物理介质的不同决定了电信号的传输带宽、速率、传输距离以及抗干扰性等。

(二)网络通信及 TCP/IP 协议

网络通信就像快递,商品外面的一层层包裹就是各种协议,协议包含商品信息、收货地址、收件人、联系方式等,然后还需要配送车、配送站、快递员,最终商品才能到达用户手中。配送车就是通信线路,配送站就是网关,快递员就是路由器,收货地址就是 IP 地址,即 TCP/IP 通信协议中确定的计算机地址,联系方式就是 MAC 地址,即网络设备位置的位址。

TCP/IP(transmission control protocol/internet protocol,传输控制协议/网际协议)是指在多个不同网络间实现信息传输的一系列网络协议的总和,是构成网络通信的核心骨架,它定义了电子设备如何连入互联网,以及数据如何在网络间进行传输。TCP/IP 协议不仅指的是 TCP 和 IP 两个协议,而是指一个由文件传输协议(file transfer protocol,FTP)、简单邮件传输协议(simple mail transfer protocol,SMTP)、TCP、用户数据报协议(user datagram protocol,UDP)、IP 等协议构成的协议簇,只是因为在 TCP/IP 协议中 TCP 协议和 IP 协议最具代表性,所以被称为 TCP/IP 协议。

TCP/IP 协议采用四层结构,分别是应用层、传输层、网络层和链路层,每一层都呼叫它的下一层所提供的协议来完成自己的需求。当通过 http 发起一个请求时,应用层、传输层、网络层和链路层的相关协议依次对该请求进行包装并携带对应的首部,最终在链路层生成以太网数据包,以太网数据包通过通信线路传输给对方主机,对方接收到数据包以后,然后再一层一层采用对应的协议进行拆包,最后把应用层数据交给应用程序处理。

(三)工业控制现场总线

现场总线技术是一种数字通信协议,是连接智能现场设备和自动化系统的数字式、全分散、双向传输、多分支结构的通信网络。现场总线采用数字信号传输,允许在一条通信线缆上挂接多个生产现场设备。现场总线可与 Internet 互联构成不同层次的复杂网络。

现代纺纱设备一般都具有通信接口或网络接口,利用现场总线可实现纺纱生产中各种生产设备、检测仪器的互联并网。

(四)纺织企业分层式网络系统

服装企业自动化网络系统一般可以分成三个层次,即管理层、监控层和现场层。其中现场层是机台自动化各模块控制或监控决策的层次。监控层是生产线各工序设备之间控制或监控决策的层次,这两层物理上主要通过现场总线(如 CANopen、Profibus、EtherCAT、Lightbus、Interbus、ControlNet、Ethernet、Profinet、USB、CAN 等)的手段来实现。监控层也有用工业以太网来实现的。管理层是整个网络的最高层次,整个生产系统的管理决策与实施,各子系统之间或与外系统的信息互换与交流以及数据库管理等职能都属于这个网络层次。这里同时又是广域网的节点,是企业与外界更高层次的信息交流。管理层通常使用以太网的结构和 TCP/IP 协议。现场自动化网络系统示意如图 5-1-2 所示。

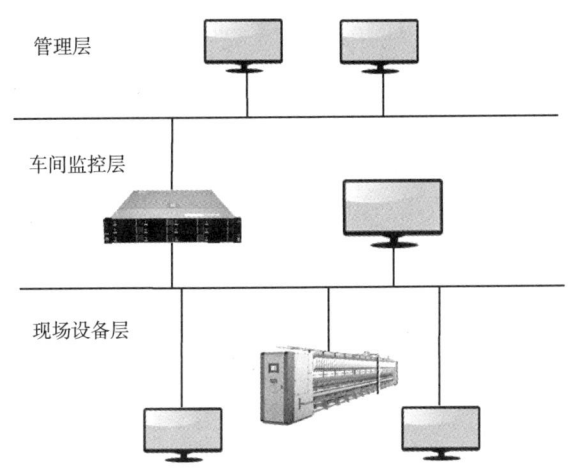

图 5-1-2　现场自动化网络系统示意

四、信息化软件系统建设

支撑各种业务的信息系统,包括纺纱原料选配、工艺设计等计算机辅助设计系统、用于纺纱生产及过程控制的计算机辅助制造、辅助诊断、集成制造等生产信息化软件系统和管理信息化软件系统。

(一)生产信息化系统

纺纱企业的生产信息化系统包括:计算机辅助设计、辅助制造、辅助诊断测试以及计算机集成制造系统等各个生产应用系统。

1. 计算机辅助设计(computer aided design,CAD)

它是指在纺纱企业利用计算机进行产品、工艺设计的技术,在产品或工艺的设计中,首先要求设计者根据给定的产品要求和设计规则,参考已有的经验,经过构思、计算、分析和反复修改等过程,设计出满足要求的方案、技术数据等。例如,可利用计算机进行辅助配棉、工艺流程和工艺参数的设计及纱线产品结构的设计等。

2. 计算机辅助制造(computer aided manufacturing,CAM)

它是指利用计算机直接控制制造加工和生产过程的技术。纺纱中,可通过现场总线从纺纱机上取得的实时信息进行生产过程及产品质量控制。例如:梳棉、并条机上的自调匀整装置,络筒机上的清纱监测装置、筒纱自动输送包装系统、异纤控制系统、乌斯特细纱优化系统等。

3. 计算机辅助诊断测试(computer aided diagnostic testing,CAT)

它是利用测试仪器对设备进行定时或连续的测试,所得数据通过计算机进行分析、比较,并由计算机作出判断或自动调整。如乌斯特专家系统、实验室条干均匀度仪上的专家系统等。

4. 计算机集成制造系统(computer integrated manufacturing system,CIMS)

其基本思想是致力于企业全部业务的计算机化,通过计算机完成生产、市场、库存、财务、质量和设备管理等方面的统筹与协调,形成适用于多品种、小批量生产,实现整体效益的集成化和智能化的制造系统。

(二)管理信息化系统

管理是通过计划、组织、控制、激励和领导等环节来协调人力、物力和财力资源,以期更好地达到目标的过程。管理信息化系统有:企业资源规划、电子商务、客户关系管理、供应链管理等系统。

1. 企业资源规划(enterprise resource planning,ERP)

它是一个集成企业各方面资源,使企业内部原本分散的"信息孤岛"通过 Intranet 或 Internet 连接到一起的系统,为企业提高生产效率、提高客户服务水平等方面提供有力支持。

2. 电子商务(electronic commerce,e-commerce)

它是指以信息网络技术为手段,以商品交换为中心的商务活动;也可理解为在互联网、企业内部网和增值网上以电子交易方式进行交易活动和相关服务的活动,是传统商业活动各环节的电子化、网络化、信息化。买卖双方不谋面地进行各种商贸活动。电子商务可分为 B2B、B2C、C2C、O2O 等模式。

3. 客户关系管理(customer relationship management,CRM)

它是指企业用 CRM 技术来管理与客户之间的关系。通常是指用计算机自动化分析销售、市场营销、客户服务以及应用等流程的软件系统。CRM 是选择和管理有价值客户及其关系的一种商业策略,CRM 要求以客户为中心的企业文化来支持有效的市场营销、销售与服务流程。

4. 供应链管理(supply chain management,SCM)

它是一种集成的管理思想和方法,它执行供应链中从供应商到最终用户的物流计划和控制等职能。从单一的企业角度来看,是指企业通过改善上、下游供应链关系,整合和优化供应链中的信息流、物流、资金流,以获得企业的竞争优势。

五、机房建设

机房是各类信息系统的中枢,机房工程必须保证网络和计算机等高级设备能长期而可靠地运行的工作环境。电子化基础设施的建设,很重要的一个环节就是计算机机房的建设。机房工程不仅集建筑、电气、机电安装、装修装饰、网络构建等多个专业技术于一体,需要丰富的工程实施和管理经验。机房设计与施工的优劣直接关系到机房内整个信息系统是否能稳定可靠地运行,是否能保证各类信息通信畅通无阻。由于机房的环境必须满足计算机等各种微机电子设备和工作人员对温度、湿度、洁净度、电磁场强度、噪声干扰、安全保安、防漏、电源质量、振动、防雷和接地等的要求。

机房建设,即指通过对机房的四个基本要素:结构、系统、服务、管理以及它们之间相互联系的最优考虑,来提供一个投资合理,同时又高效、便利的环境,帮助企业实现包括成本、便利和安全多方面的目标。

机房建设的基础首先需要一个模块化的、灵活性的、可靠性极高的布线网络,它能连接话音、数据、图像以及各种用于控制和管理的设备与装置。企业就是利用这种布线网络的特点,来满足不断变化的使用者的需要,同时尽可能减少建设单位的花费。

机房建设包括:机房装饰、供配电系统、空调新风系统、消防报警系统、防盗报警系统、防雷接地系统、安防系统、机房动力环境监控系统。

机房建设的总体要求:布局合理、色彩明快、视野宽阔,具备防火、防潮、防尘、隔热、抗静电、抗腐蚀、易清洁、美观耐用等性能特点,并且材质轻盈、结构坚固、不易变形、拆装方便,便于地板下、吊顶内管线的连接、维修、机房装饰。

六、信息化基础设施建设参考标准和参考技术要求

(一)信息产业部有关综合布线的文件及标准
通信电源设备安装工程设计规范(GB 51194—2016)
通信线路工程设计规范(GB 5118—2015)
接入网工程设计规范(YD/T 5097—2001)
通信管道工程施工及验收技术规范(GB/T 50374—2018)
本地网通信线路工程验收规范(YD/T 5138—2005)
(二)国家建设部有关综合布线的文件及标准
建筑与建筑群综合布线工程设计规范(GB/T 50311—2016)

综合布线工程验收规范（GB/T 50312—2016）

智能建筑设计标准（GB 50314—2015）

城市住宅建筑综合布线系统工程设计规范（CECS 199—2000）

通用用户管线建设企业资质管理办法（试行）

（三）国际主要标准

商业建筑电信布线标准　第1部分：一般标准（ANSI/TIA/EIA568-B.1）

光缆布线标准（ANSI/TIA/EIA568-B.3）

电信通路和空间商业建筑布线标准（ANSI/TIA/EIA569-A）

住宅电信电缆布线标准（ANSI/TIA/EIA570-A）

电信用商业建筑物接地和接线标准（ANSI/TIA/EIA607）

第四节　纺织企业信息化实现方法

一、企业信息系统规划

（一）信息系统的总体规划

根据企业的战略目标要制定出信息化系统的总体规划,使资源分配平衡,系统与各组织环境相匹配,提高系统开发的经济效益(图5-1-3)。

（二）信息系统的开发规划

开发规划是对战略规划制定的各项任务进行具体安排,包括各系统项目的具体时间、人员组织、资金筹措、工作步骤、管理办法和控制指标等。

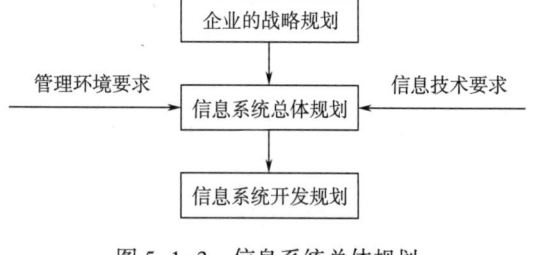

图5-1-3　信息系统总体规划

（三）信息系统的规划方法

管理信息系统规划的方法很多,主要是关键成功因素法(critical success factors,CSF)、战略目标集转化法(strategy set transformation,SST)和企业系统规划法(business system planning,BSP)。其他还有企业信息分析与集成技术(BIAIT)、产出/方法分析(E/MA)、投资回收法(ROI)等。用得最多的是前面三种。

二、信息系统开发组织与方法

(一)开发组织

(1)自行开发。企业自行组织开发力量,自行完成系统的分析和设计方案,完成培训和编码等过程,完成系统接口预留、个性化界面等特异性设计,给企业后期的系统维护和扩充带来便利。

(2)合作开发。用户企业与专业性有实力的技术开发单位协作,共同完成开发任务。一般由用户企业负责开发投资,开发小组由双方联合组成,利用企业业务优势与合作方信息技术优势互补有利条件,可开发出适应性较强、技术水平较高的应用系统。

(3)委托开发。企业将系统开发项目完整地承包出去,由专业性公司或科研机构进行开发,企业直接拿“成品”。用户企业先要审视自己的需求,然后选择委托单位,签订开发合同,并先行注入资金,企业无须为系统开发专门招聘和配备人员,无须支付高昂成本来维持庞大的开发部门,但用户企业要承担对项目的监督责任,重视阶段性的检查评估和认定工作。

(4)购买软件。购买软件方式一般比自己制造的方式成本要低,购买的软件有些可直接支持用户的业务处理过程,有些需进行二次开发后才能投入运行开发工作量比起自己研制要简单得多,但有时配备商用软件时,系统的安装和二次开发成本会比系统的开发成本高。

(5)购买服务。企业在拥有一定的软硬件平台之后,可通过付费的方式直接购买信息和信息服务,这种方式被称为“资源外包”,是 20 世纪末发达国家企业信息系统发展的重要趋势。企业可通过各种外包合同让专业化的信息服务组织代为执行通信网络的运营、各种应用系统的开发和管理、信息中心的建设,此种方式受到那些信息需求波动较大的企业的欢迎,有效地降低了信息技术的投资。

(二)信息系统开发方法

信息系统开发工作的一个重要特点,即一个错误发现得越迟,纠正这一错误所付出的代价也就越高,这是典型的“堆栈现象”,应采用合适的开发方法,尽可能避免这种现象,可供选择的系统开发方法有以下几种。

1. 生命周期法

该方法将系统的开发过程分成系统调研系统分析、系统设计、系统实施、系统维护和评价等连续性阶段,强调开发方和用户方各自的职责,遵循规范化的工作程序,使开发项目朝正确的设计目标不断前进。该方法的特点是软件开发实现规范化,缺点是不能解决早期发现的错误并纠正错误。

2. 原型法

该方法是以用户和开发者的合作为基础。系统开发是一个循环往复的反馈过程,先开发一个基本的原型交付企业方试用,根据企业反馈意见,对先一代原型修改,形成第二代原型,依次反复,直至完善。主要优点是系统可较早地发现错误和漏洞,主要缺点是由于省却了完整方案的设计和阶段性的检查,因此很难确定原型的范围,会使循环无休止地进行下去。

3. 快速应用开发法

该方法由用户和开发人员共同组成合作小组,对系统进行划分,利用现成工具进行开发,逐个地交付各子系统使用。其主要优点是对适宜的项目可明显缩短开发时间,主要缺点是需要用户参与开发的程度更深。

4. 面向对象法

与传统方法相比,该方法具有抽象性、封装性、继承性和多态性等特点。传统的结构化开发方法需从分析、设计到软件模块结构之间多次转换映射,面向对象的方法突破了这种繁杂过程,是当前主导的一种开发方法,它需要与自顶向下的结构化设计过程配合使用。

三、信息系统开发步骤

信息系统开发步骤如下:

建立系统功能结构框图→建立系统网络基础设施→系统数据库设计→系统应用软件设计→信息系统的实施→信息系统的切换

(一)建立系统功能结构框图

图5-1-4所示是某棉纺企业 ERP 系统的结构框图示例。

纺纱厂建立计算机网络系统举例如下。

1. 系统功能连接

企业各主要职能部门、生产车间实验室及有关领导办公室,实现企业内部计算机软、硬件设备及信息资源共享以及企业内所需信息的快速传递和资料的动态联机查询。

2. 系统配置

(1)根据用户需要配备服务器、交换机、集线器、调制解调器、不间断电源 UPS 若干终端、打印机、扫描仪等,从硬件上保证系统高速、高效、安全、可靠地运行和对多个部门的综合管理。

(2)传输方式可以有线(双绞线、光纤、电话线)、无线等。

(3)系统配置有防火墙和防病毒软件,保证了系统的安全、可靠运行。

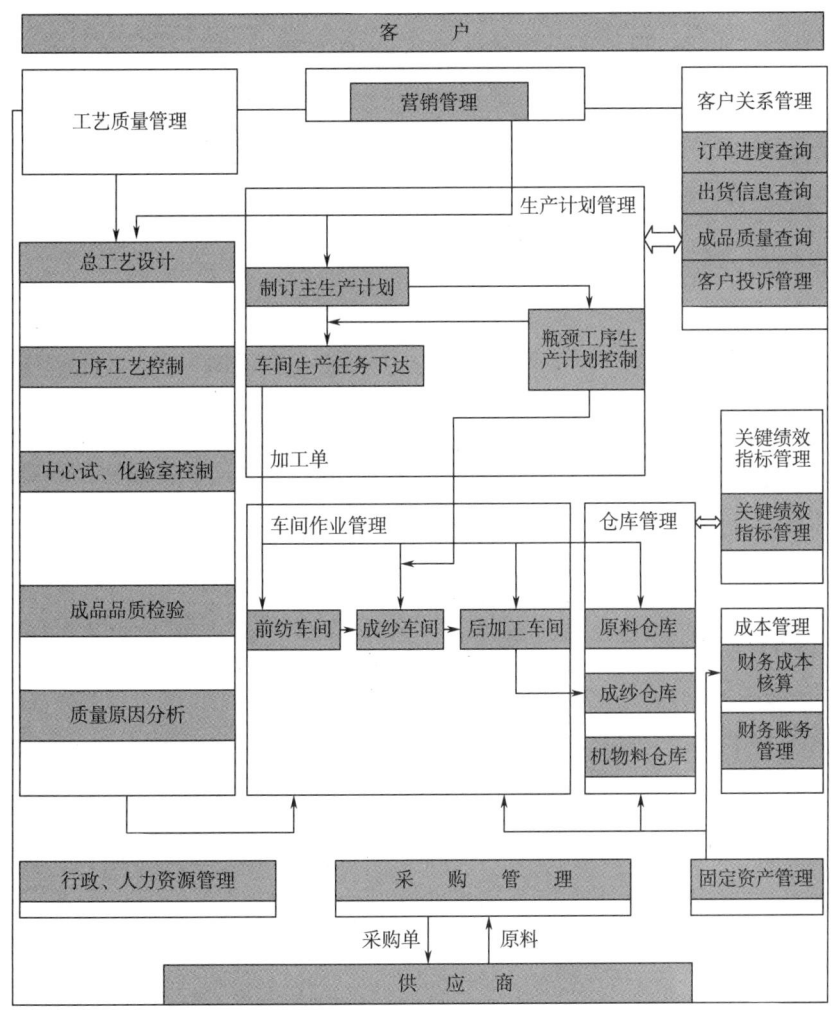

图 5-1-4　棉纺企业的 ERP 系统结构框图

(4) Window Server 为网络服务器操作系统, SQL Server 2000 为网络数据库服务器。

(5) 管理软件模块保证系统强大管理功能的实现。

(6) 纺织电子产品子系统能对纺织电子产品进行集中管理。

3. 主要子系统配置

(1) 领导查询管理子系统。包括厂长(经理)对下属各部门的数据进行查询打印。此子系统分生产车间情况查询管理、日常事务情况查询管理、辅助决策处理等。

(2) 财务管理子系统。包括账务处理、成本核算、奖金核算、工资核算、票据管理等。

(3) 销售管理子系统。包括合同管理、销售计划管理、客户档案和报表。

(4) 供应管理子系统。包括原料(棉、化纤、标准件辅料等)采购管理、设备采购管理、供应商档案管理、资金管理、报表管理、历史档案管理。

(5)设备管理子系统。包括设备购置计划管理、计量器具管理、工具购置管理、图纸管理、报表管理。

(6)计划调度管理子系统。包括生产计划制订和管理执行情况查询、统计报表管理。

(7)行政人事管理子系统。包括职工档案管理、干部档案管理、员工工资管理、员工培训管理、报表管理、业绩考核管理、行政办公管理、公文流转管理。

(8)生产技术管理子系统。包括工艺参数管理、试验室仪器管理、报表管理等。

(9)成品质量管理子系统。包括质量检验管理、质量统计管理、质量奖惩管理、成品分类及产量统计报表管理等。

(10)车间管理子系统。包括车间作业计划和生产管理、车间设备管理、责任奖惩管理、报表管理等。

(11)仓库管理子系统。包括原棉仓库管理、成品仓库管理和物料仓库管理。

(12)客户关系管理子系统。有订单进度查询、出货信息查询、成品质量查询、客户投诉管理、客户评估分析等。

(13)动力管理子系统。包括对水、电、煤、汽、空压机等动力监控管理和设备购买、维护、管理等内容。

4. 网络系统结构

计算机网络系统结构图如图 5-1-5 所示。

(二)系统数据库设计

根据系统规模、功能要求,选择合适的数据库,开展数据库的设计,主要包括数据库字段设计和数据库关联性设计。

数据库是存放数据的仓库,是以一定方式储存在一起、能与多个用户共享、具有尽可能小的冗余度、与应用程序彼此独立的数据集合,可视为电子化的文件柜,用户可以对文件中的数据进行新增、查询、更新、删除等操作。

1. 数据库管理系统

数据库管理系统是为管理数据库而设计的计算机软件系统。数据库管理系统是数据库系统的核心组成部分,主要完成对数据库的操纵与管理功能,实现数据库对象的创建,数据库存储数据的查询、添加、修改与删除操作和数据库的用户管理、权限管理等。它的安全直接关系到整个数据库系统的安全,其防护手段主要包括:

(1)使用正版数据库管理系统并及时安装相关补丁。

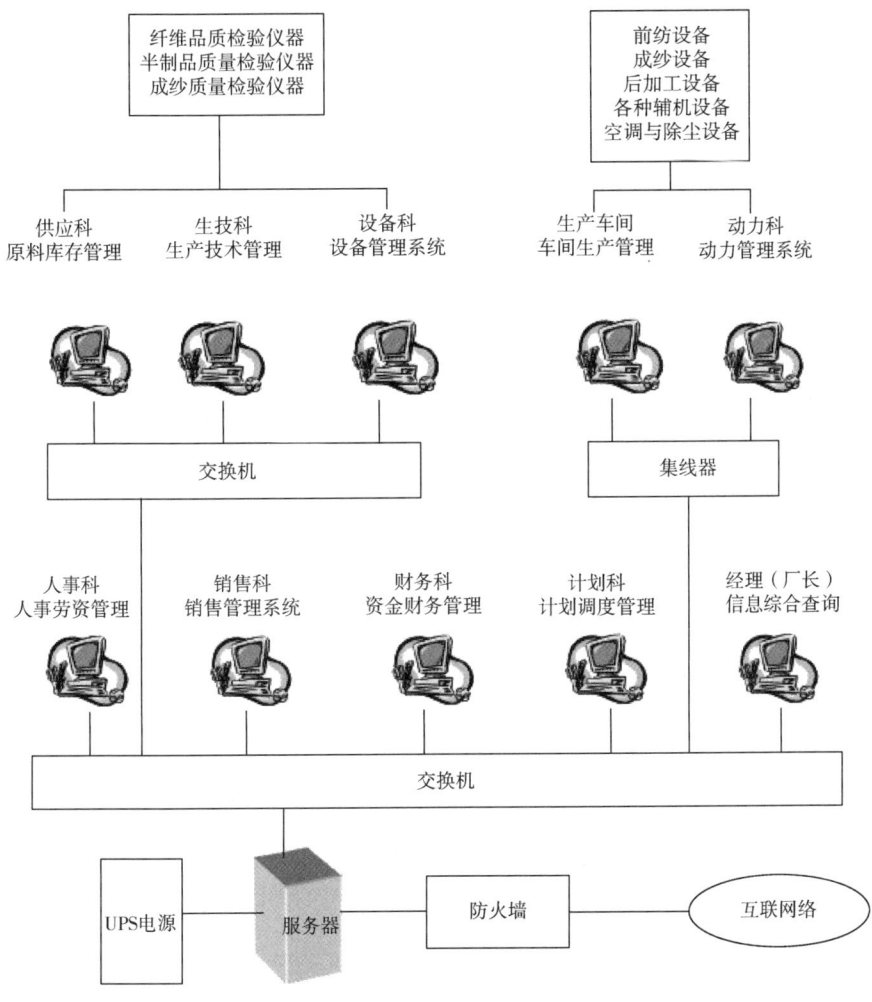

图 5-1-5　棉纺厂计算机网络系统结构图

（2）做好用户账户管理,禁用默认超级管理员账户或者为超级管理员账户设置复杂密码;为应用程序分别分配专用账户进行访问;设置用户登录时间及登录失败次数限制,防止暴力破解用户密码。

（3）分配用户访问权限时,坚持最小权限分配原则,并限制用户只能访问特定数据库,不能同时访问其他数据库。

（4）修改数据库默认访问端口,使用防火墙屏蔽对外开放的其他端口,禁止一切外部的端口探测行为。

（5）对数据库内存储的重要数据、敏感数据进行加密存储,防止数据库备份或数据文件被盗而造成数据泄露。

（6）设置好数据库的备份策略，保证数据库被破坏后能迅速恢复。

（7）对数据库内的系统存储过程进行合理管理，禁用不必要的存储过程，防止利用存储过程进行数据库探测与攻击。

（8）启用数据库审核功能，对数据库进行全面的事件跟踪和日志记录。

2. 数据库类型

（1）关系数据库。该数据库存储的格式可以直观地反映实体间的关系。关系型数据库和常见的表格比较相似，关系型数据库中表与表之间是有很多复杂的关联关系的。常见的关系型数据库有 Mysql、SQLServer 等。在轻量或者小型的应用中，使用不同的关系型数据库对系统的性能影响不大，但是在构建大型应用时，则需要根据应用的业务需求和性能需求，选择合适的关系型数据库。

虽然关系型数据库有很多，但是大多数都遵循结构化查询语言（structured query language，SQL）标准。

（2）非关系型数据库（NoSQL）。随近些年技术方向的不断拓展，出于简化数据库结构、避免冗余、影响性能的表连接、摒弃复杂分布式的目的设计了大量的 NoSQL 数据库，如 MongoDB、Redis、Memcache。

NoSQL 数据库技术具有应用优势，如数据库结构相对简单，在大数据量下的读写性能好；能满足随时存储自定义数据格式需求，非常适用于大数据处理工作。

（3）分布式数据库。所谓分布式数据库技术，即数据库技术与分布式技术的一种结合。具体指的是把那些在地理意义上分散开的各个数据库节点，但在计算机系统逻辑上又是属于同一个系统的数据结合起来的一种数据库技术。

在分布式数据库中，数据冗杂是一种被需要的特性，这和一般的集中式数据库系统有两点不同：一是，这是为了提高局部的应用性而要在那些被需要的数据库节点复制数据；二是，因为如果某个数据库节点出现系统错误，在修复好之前，可以通过操作其他数据库节点里复制好的数据让系统能够继续使用，提高系统的有效性。

（三）系统应用软件开发

根据系统功能规划要求，开发相关系统应用软件。如纺纱过程计算机配棉系统、纺纱工艺自动设计系统、纺纱过程 ERP 系统等。

（四）信息系统的实施

系统设计完成后到投入运行前的工作称为系统实施，这一过程的任务是，根据设计方案编程，软硬件采购和安装，对开发的系统进行测试和验收，对用户进行培训，对业务数据的录入，对业务工作流程和企业组织结构进行必要调整,实现系统切换等。

(五)信息系统的切换

新系统试运行成功后代替原有系统运行过程称为系统切换,切换方式有以下四种。

1. 直接切换

在确定的时刻停止老系统,由新系统接替,此种方式风险大,一般在老系统无法继续工作或新系统复杂性不高的情况下采用。

2. 逐步切换

分多步进行切换,每次用部分新系统代替老系统中的某些部分运行平稳后再进行另外一部分切换,直到整个系统切换完成。切换时应加强管理,避免混乱。

3. 试点过渡

采用试点方式,先在一组用户中安装运行没有问题时再逐渐推广到其他部门和组。

4. 并行切换

新老系统同时运行一段时间,对其输出值和结果相互比较,对差异进行调整,当新系统没有错误时再停止老系统。要掌握好两系统并行运行的时间,过短会带来风险,过长会使资源双倍支出。

四、信息系统的管理

建立信息管理机构,其任务是:负责信息系统的正常运行和维护,建立和实施企业内部信息系统的使用指南和规章制度;向各业务部门提供信息技术服务;根据自身实力开展对新技术项目的学习、研究和开发。

五、纺织信息化实施要点

1. 企业领导重视

对支持信息化项目与一般建设和技术改造项目不同,它是一项系统工程,涉及企业的方方面面,工作量大,实施周期长,投资大,见效益慢,所遇到的问题远非信息部门或技术部门所能解决的,必须有企业主要领导,参与和把关。

2. 选择适合企业需求的项目

企业成为项目的投资主体和实施主体,都能够根据自身的切实需求和投资能力,自主选择项目,克服了盲目性,不搞一哄而上。

3. 拥有一支专业的开发队伍

保持合理的人员结构实施信息化项目必须有本企业的各级管理人员和技术人员积极参与和配合,单靠外面请来的专家,即使水平再高,也很难奏效。拥有一支专业的应用开发队伍是企业系统正常运行的保证。成功企业在多年的应用开发中培养了一批计算机应用专业技术骨干,形成了一定的基础力量。他们既熟悉本企业的情况,又具备专业的计算机知识,在信息化应用中发挥了巨大的作用,是企业宝贵的人才资源。有些项目验收后不能正常运行,或者几年后中断,人才流失是一个重要原因。

4. 保证一定的资金投入

信息化建设需要资金投入作为保证。以前国家有拨款支持,现在主要靠企业自筹资金解决。这些企业的资金投入不仅用于购置计算机设备,还包括系统规划和咨询、软件开发、人员培训等费用。在开发完成后,还有系统运行和维护费用,都列入企业每年的财务计划。

5. 选择适当的开发方式

许多企业与软件开发商采用合作开发的方式,与企业自行开发、交钥匙式的委托开发等方式相比,有利于企业人员熟悉和维护系统,减少实施风险,也能借助开发单位的经验,减少重复劳动,提高系统水平。这种方式在前一时期的开发中采用较为普遍。而具体到 ERP、MES 项目,越来越多的企业选择商品化软件,由专业化机构实施,并辅以适当的二次开发。主要问题是选择合适的软件开发商作为开发伙伴,它应该有技术实力,有成熟技术和产品,能提供整体解决方案。近期,企业更加注重有同行业企业的开发经历,熟悉行业特点。不少企业采取招标的方式进行选择,也有的请咨询机构介入。

6. 采用先进适用的技术和产品

许多企业以务实的态度,在着眼系统技术先进性的同时,关注其适用性和成熟度,特别是应用软件的行业性。采用适合纺织各个细分行业的商品化软件是一个趋势,不仅降低实施风险,也更加贴近企业的应用实际,满足其行业化需求。

第五节　常见信息化缩略词和术语

1. IP 地址

IP(internet protocol)地址是 32 位的二进制数值,用于在 TCP/IP 通信协议中标记每台计算机的地址,有动态和静态之分。所谓动态就是指每一次上网时,随机分配的 IP 地址;静态指的是固定分配的 IP 地址,每次都用此地址。通常使用点式十进制来表示,如 192.168.0.5 等。

2. 媒体存取控制地址

媒体存取控制地址(media access control address,MAC),也称为局域网地址(LAN address)、MAC 地址、以太网地址(ethernet address)或物理地址(physical address),它是一个用来确认网络设备位置的位址。MAC 地址存储在设备的 EPROM 中,长度为 48 位,前 24 位作为组织唯一性标识符,由 IEEE 分配给各个厂家,也就是前 24 位标识设备厂商;后 24 位厂家自己分配。

3. 地址解析协议

地址解析协议(address resolution protocol,ARP),是根据 IP 地址获取物理地址的一个 TCP/IP 协议,用于网络通信过程中的地址解析。

4. 互联网控制报文协议

互联网控制报文协议(internet control message protocol,ICMP),是 TCP/IP 协议族的一个子协议,用于在 IP 主机、路由器之间传递控制消息。

5. 文件传输协议

文件传输协议(trivial file transfer protocol,TFTP),是 TCP/IP 协议族中的一个用来在客户机与服务器之间进行简单文件传输的协议,提供不复杂、开销不大的文件传输服务。

6. 超文本传输协议

超文本传输协议(hypertext transfer protocol,HTP),是一个属于应用层的面向对象的协议,由于其简捷、快速的方式,适用于分布式超媒体信息系统。

7. 动态主机配置协议

动态主机配置协议(dynamic host configuration protocol,DHCP),是一种让系统得以连接到网络上,并获取所需要的配置参数手段,使用 UDP 协议工作。具体用途:给内部网络或网络服务供应商自动分配 IP 地址,给用户或者内部网络管理员作为对所有计算机作中央管理的手段。

8. 网络地址转换

网络地址转换(network address translation,NAT),是一种将私有(保留)地址转化为合法 IP 地址的转换技术。

9. 物联网

物联网(internet of things,IOT),即万物相连的互联网,是互联网基础上的延伸和扩展的网络,将各种信息传感设备与互联网结合起来而形成的一个巨大网络,实现在任何时间、任何地点,人、机、物的互联互通。

10. 第五代移动通信网络

第五代移动通信网络(5G network),其峰值理论传输速度可达每8s 1GB。

11. 计算机辅助设计

计算机辅助设计(computer aided design,CAD),利用计算机进行产品、工艺设计的技术。

12. 计算机辅助制造

计算机辅助制造(computer aided manufacturing,CAM),利用计算机直接控制制造加工和生产过程的技术。

13. 计算机辅助诊断测试

计算机辅助诊断测试(computer aided diagnostic testing,CAT),通过计算机对仪器测试数据进行分析、比较,并由计算机作出判断或自动调整的技术。

14. 计算机集成制造系统

计算机集成制造系统(computer integrated manufacturing system,CIMS),通过计算机完成生产、市场、库存、财务、质量和设备管理等各方面的统筹与协调的集成化和智能化制造系统。

15. 制造执行系统

制造执行系统(manufacturing execution system,MES),通过信息传递对从订单下达到产品完成的整个生产过程进行优化管理的信息系统。

16. 企业资源计划系统

企业资源计划系统(enterprise resource planning,ERP),是将企业的各方面资源整合在一起的系统。

17. 客户关系管理系统

客户关系管理系统(customer relationship management,CRM)。

18. 电子商务

电子商务(e-business,EB),是一种通过网络实现远程交易和网络支付的商业模式。

19. 供应链管理

供应链管理(supply chain management,SCM),是一种把供应商、制造商、仓库、配送等有效地组织在一起的管理思想和方法。

20. 物料清单

物料清单(bill of materials,BOM)是一种物料项之间结构关系(包括装配关系、加工关系、基准依赖关系和互换关系等)的形式化表示方法。在产品开发的不同阶段,各部门为了不同目的设计、使用和维护各自相关的BOM,并从中获取特定数据。设计BOM、工艺BOM和制造BOM

是产品开发过程中主要使用的三种 BOM。

21. 准时制生产方式

准时制（just in time，JIT）生产方式，又称无库存（stockless）生产方式、零库存（zero inventories）或者超级市场（supermarket）生产方式，其基本理念是按需定供，即供给方根据需要方的要求，将物资配送到指定地点。在实现 JIT 生产中通常通过看板来控制生产现场的生产排程。

第二章　纺纱企业生产信息化

第一节　信息化智能纺纱厂

一、智能纺纱厂总体规划

智能纺纱工厂规划充分运用精益生产、信息化管理等先进制造理论和管理思想,以工业互联网、基础共性标准和行业标准为基础平台,采用仿真技术、智能传感、智能物流等关键技术和优化配棉、工艺仿真、智能监控、企业资源计划等应用系统,从生产计划、制造过程、仓储物流、质量检测等多个维度进行整体规划,实现纺纱信息化和智能制造,如图 5-2-1 所示。

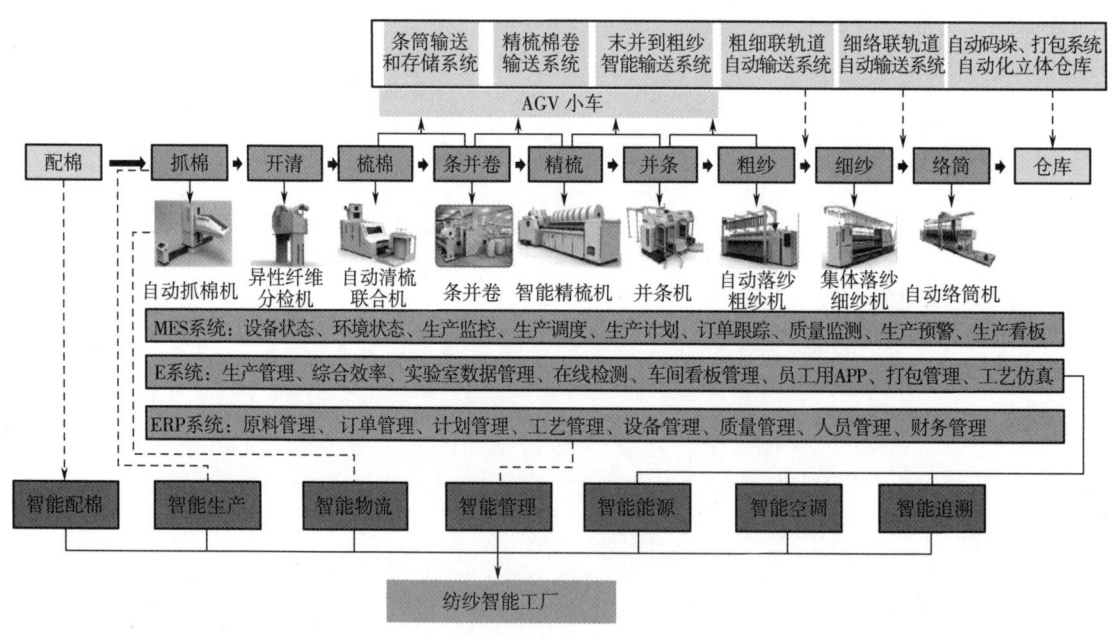

图 5-2-1　智能纺纱厂总体规划

二、经纬信息化智能纺纱工厂

经纬纺织机械股份有限公司通过原始创新、集成创新和消化吸收再创新,利用纺纱装备开发平台开展协同研发,打造信息化智能纺纱工厂(图 5-2-2)。

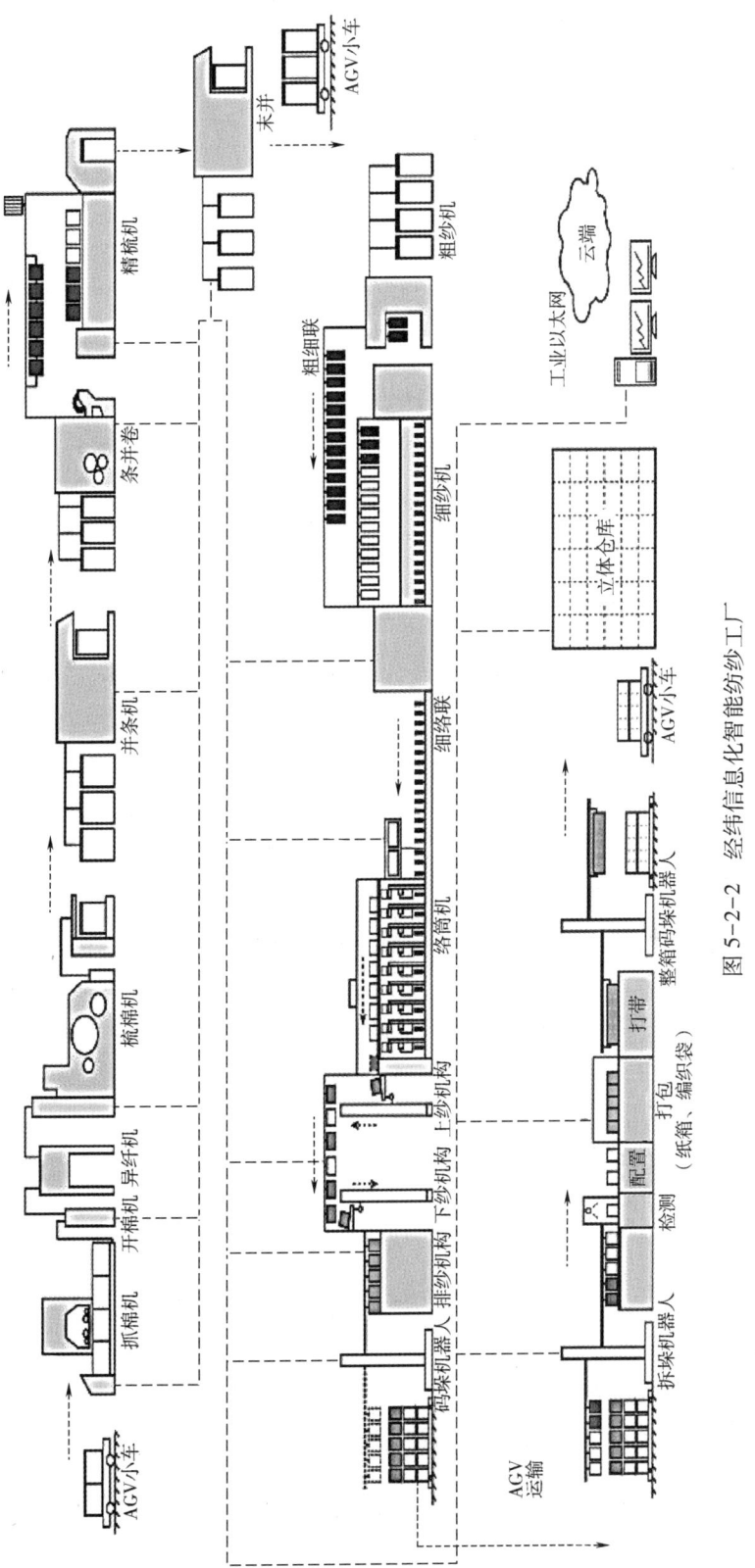

图 5-2-2　经纬信息化智能纺纱工厂

经纬纺机信息化智能纺纱工厂主要由智能化单元设备、智能物流与搬运系统、车间数据采集与监控系统、基于大数据和云计算的智能数据处理与分析系统组成。

(一)智能化单元设备

(1)在机电一体化的基础上进一步融合机器视觉、模式识别等技术实现质量在线监测系统,如异纤分检机、自动络筒机的断纱智能检测装置和空管自动识别装置。

(2)应用先进的控制技术,实现并条机自调匀整、细纱机集体落纱全过程恒张力控制、半自动转杯纺纱机张力的精确控制。

(3)采用先进变频调速、交流伺服、步进电机等的驱动技术。

(4)通过联网接口、RFID 射频识别、现场总线和人机界面,实现工艺参数、运行状态的在线监测、自动调节、故障自动排除、远程诊断和服务等功能。

(二)智能化工序间物流

1. 清梳联

将清花工序与梳棉工序组合成一条新的生产线,实现棉纤维的抓取、开松、除杂、混合、梳理自动连接,直接生成棉条。该设备精确配合自调匀整系统,对棉流、棉箱、棉层、棉条进行智能控制,工艺参数在线调整,数据实时采集、传递,设备故障自动诊断和维护。

2. 粗细联

与自动落纱粗纱机配合,使用空中轨道小车牵引运纱单元将满筒粗纱经过筒纱库送至需求粗纱的细纱机,再将空管从细纱机经空管库送回需求空管的粗纱机,实现粗细联。

3. 细络联

将细纱机自动落纱装置落下的管纱通过轨道输运到自动络筒机进行络纱,并将空管自动运回细纱机,实现管纱从细纱机到络筒机的自动输送,避免了纱线的接触损伤,减少了毛羽增量,提高了生产效率。

(三)智能化柔性搬运

利用无人搬运车(AGV)与机器人技术,实现智能物流系统的柔性搬运、传输、打包等功能,包括条桶智能输送系统、精梳棉卷智能输送系统、粗纱空中输送系统、筒纱智能整理输送与包装系统等。

(四)车间数据采集与监控系统

经纬 E 系统以数据采集为基础,通过有线或无线网络把棉纺工厂的各个单元连接起来,实现设备状态实时显示,班组、员工、品种报表自动统计,车间温湿度、空压、粉尘浓度等环境状况智能监控。

（五）基于大数据和云计算的智能数据处理与分析

通过 web 方式、PC 客户端、手机客户端等形式访问云存储数据，对数据进行统计分析，对设备状态进行监控，对生产进行控制和管理等。

三、格罗瑞智能纺纱生产行驶平台

（一）纺纱智能数字化工厂建设背景

面对国际市场的贸易竞争越发激烈，我国现代纺纱企业为了更好地生存和发展需要而不断进行管理理念和模式的改革与创新。信息化水平已经不满足当前"小批量、多品种、快交货"，即大规模工业定制的商业模式。虽然从目前看，工厂可以通过订单选择的方式规避这种商业模式，保持工厂的盈利水平。但可以预计，棉纺行业的整体产能有可能在短期内达到供需平衡或过剩，届时"小批量、多品种、快交货"的商业模式将会成为主流，如果纺纱厂没有在这方面形成竞争力，势必影响公司的长远健康发展。

结合纺纱厂现实状况和外部宏观环境，现有的信息化水平和拟定的信息化发展规划仍尚欠缺。同时，在实现横向集成和纵向集成方面，纺纱厂还需要长足的进步。这个短板不及时解决，一旦外部市场环境发生变化，就可能对纺纱厂的发展产生重大影响。目前存在以下情况：

（1）计划工艺下达需要纸质记录，并且层层传递，无法快速有效接到生产指令；

（2）品种了机需要依靠车间计划员进行走动式盘点，无法提前获得订单预警信息；

（3）前后纺品种开台的生产看板更新无法做到及时准确；

（4）机台产量的报工依靠人员手工登记，层层纸质手动计算，耗时耗力；

（5）看台人员绩效计算耗费统计人员很多时间进行汇总，不能快速进行对比分析；

（6）无法通过生产订单实时快速了解机台生产状态；

（7）机台维修故障处理均采用手工登记，无法快速传承设备维修经验；

（8）机台维修的现场作业工时和巡检工时无法进行量化；

（9）机台配件更换均以工序方式进行领用，无法跟踪到每个机台的机配件消耗；

（10）生产现场的在制品盘点每月都需要耗费一定量人力时间，影响到设备生产效率。

综上所述，纺纱厂的信息化是决定公司未来一段时间内行业地位的关键因素。实施结合先进的精益化管理理念打造的设备运行维护管理信息系统，不仅是打通工厂信息化最后一公里的问题，而且是支撑工厂抢跑行业龙头的关键点。

(二)纺纱生产行驶平台的价值

江苏格罗瑞智能科技有限公司凭借自身在纺纱行业内的多年生产运营管理经验的积累,自主研发了一套适合纺纱行业通用的生产行驶管理平台。平台将工业物联网、工业互联网思维技术引进工厂,能够实现生产模式的创新,有效诊断生产现场管控痛点,实现增产增效、降本增效、减人增效、提质增效,再创纺织企业核心与综合竞争力,再创高质量发展的新优势。

(1)利用移动终端技术,将人员产能和设备自动挂钩,实现柔性派工,产量自动统计。

(2)生产订单及批次的实时下达,精准掌握和统计各订单生产批次的生产进度。

(3)贯通工艺、计划、设备循环改善执行体系,养成设备点检、揩车预防作业标准。

(4)通过生产工序行驶看板,统计各班效率,人员产量排名等,提高生产积极性。

(5)对现有的数据深度挖掘利用,做到流程和部门间的数据利用。例如:吨纱用工、吨纱用电、吨纱机配件消耗等。

通过纺纱生产管理平台(图5-2-3),确保企业低成本零门槛地实现生产数据和纺机数据上云平台,提升生产管理和生产品质,降本增效,提升企业竞争力。

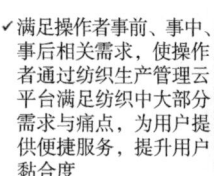

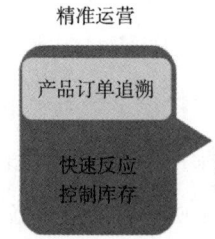

图 5-2-3　纺纱生产管理平台

(三)纺纱生产行驶平台的功能设计

纺纱生产行驶平台的功能设计如图5-2-4所示。

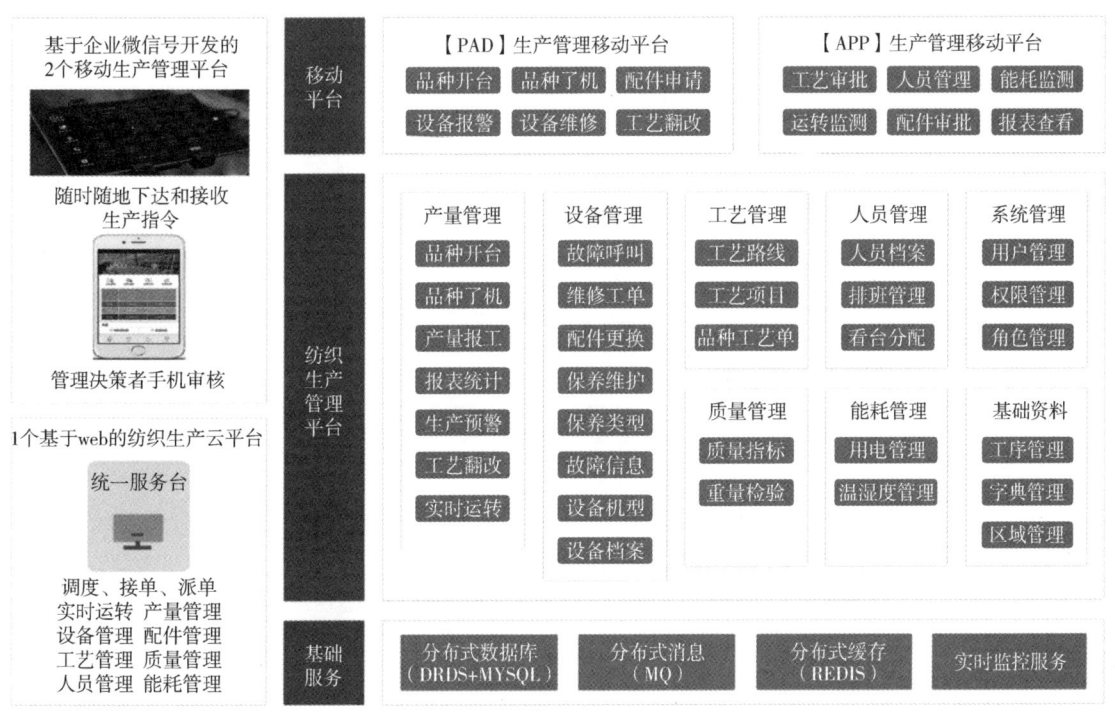

图 5-2-4　纺纱生产行驶平台的功能设计

(四)纺纱生产行驶平台的功能清单(表5-2-1)

表 5-2-1　纺纱生产行驶平台的功能清单

模块	功能	功能描述
基础资料	环境区域设置	对车间环境进行区域划分,并设定相应的温湿度预警值
	字典管理	主要包含岗位分类、工段分类、存货类型、设备类别等字典数据的管理
	工序管理	对纺纱生产的工序进行定义
	色号管理	管理产品的色号信息
	计量单位	管理产品的计量单位信息
系统管理	通知公告	工厂车间生产通知公告发布
	公司管理	管理公司的信息
	角色管理	管理公司的角色信息
	权限管理	管理系统一些操作的权限信息
	参数配置	管理系统全局的配置信息

续表

模块	功能	功能描述
人事管理	员工管理	管理公司员工的信息
	岗位管理	管理公司岗位的信息
	组织架构	管理公司部门的信息
	员工数据导入	员工数据批量导入
排班管理	班次人员分析	查看各个工序人员情况信息,掌握人员出勤情况
	排班管理	对每天进行班次、班组分配,每天可以对相应班次和班别的人员进行调整
	人员机台设定	对人员绑定默认的机台
	班次机台调整	对排班后的人员机台调整
	人员机台查询	查看排班后人员机台的信息
	班制管理	管理班制的开始时间、结束时间等信息
生产管理	生产监控看板	查看实时生产订单的生产信息
	机台历史查询	查看开过台的机台信息,所有数据都为人工输入的开始与了机时间,根据此时间,从设备中读取数据
	实时品种开台状态	查看品种对应的实时开台机台的信息
	生产订单	对要生产的产品下达订单,此为手工录入订单模块
	制造 BOM	对生产订单进行工艺设计,包含工艺路线、工艺信息、生产投料等
	前纺排产	对前纺工序产品添加机台进行排产
	后纺排产	对后纺工序产品添加机台进行排产
	生产通知单	可对前后纺排产的机台调整
	工艺翻改	对工艺进行调整
	试纺质检	对更换品种的机台检验其品种是否合格
	品种开台	对设备进行开台,可修改锭数、开始产量
	品种了机	对设备进行了机,可修改了机产量、可重新开台
	生产报工	对班次每个工序机台进行产量报工,可自动报工
工艺管理	品种工艺单	对品种创建对应的生产工艺单
	工艺路线	满足生产流程,对工序进行组合
	工艺项目	管理工艺单的工艺项目信息

模块	功能	功能描述
设备管理 （选配）	设备看板	实时掌握设备的保养、故障、维修情况
	保养计划	设定一定周期的设备保养安排
	保养管理	设定计划后对设备进行保养处理
	故障呼叫	对出现问题的设备进行故障呼叫处理
	维修工单	故障呼叫后生产的维修工单
	配件更换	主要对维修和保养中的要更换的配件生成单据
	设备档案	管理设备档案信息
	工作中心	主要针对设备分配工作中心和适纺品种
	设备机型	管理设备机型信息
	故障原因	管理设备故障原因信息
	故障小类	管理设备故障小类信息
	故障信息	展示故障信息
	保养类型	管理设备保养类型信息
	保养项目	管理设备保养项目信息
物料管理	支数折标系数	管理报表所用的支数折标系数信息
	物料档案	管理生产产品的信息
	物料分类	管理物料的分类信息
	物料属性	管理物料的一些属性信息
	批号管理	管理生产中生成的批号信息
	包装料颜色	管理包装报工的包装料颜色信息
专件管理 （选配）	专件档案	管理设备专件的档案信息
	专件更换	对设备进行专件的更换
	专件预警	对需要更换设备预警提醒
计件管理 （选配）	品种计件定额	管理计件的品种所在工序及计件单位信息
	目标产量配置	管理报表所用的目标产量配置信息/折标准纱支、标准捻度、标准车速
	辅助计件定额	管理计件的辅助计件定额信息
	生产计时	对一些员工进行计时工资
	生产考核	对一些员工进行奖罚
	计件核算	对产量报工的信息进行计件核算

续表

模块	功能	功能描述
统计分析	产量报表	人员、班组、品种、机台产品报表信息
	生产报表	生产相关的报表信息
	电能报表	日报表、月报表,统计班次机台电能信息

(五)纺纱生产行驶平台的功能示例

1. 细纱生产行驶看板

通过时间段直观展示机台的运行情况(不同的颜色代表不同的运行状态),管理人员可以在任何具备访问外网的环境下查看当前车间设备的实时生产状况。

整体看板分为四个区域(图 5-2-5)。

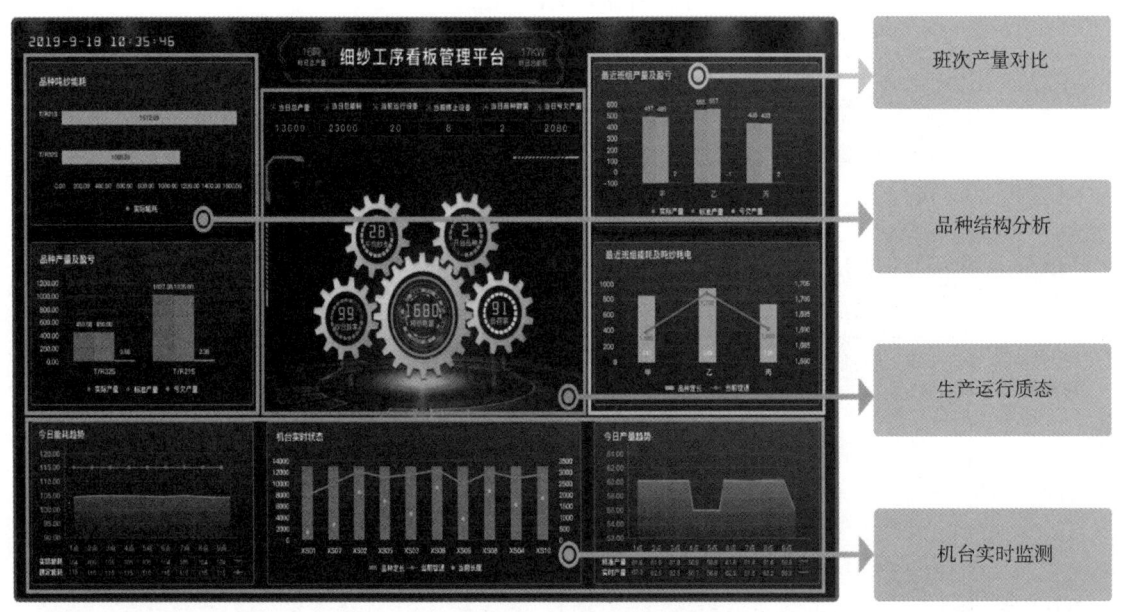

图 5-2-5 细纱生产行驶看板

(1)班次产量对比。它是用来进行班组人员绩效对比管理,围绕实际产量和标准工艺产量进行分析,同时分析每个班组的吨纱能耗运行管理状态,显示的内容为当前生产班组和最近上一个班组的生产运行状态对比。

(2)品种结构分析。它是用来从品种结构角度进行分析,每个品种的吨纱耗电情况和产量情况,同时可以从品种结构角度分析实际产量与标准工艺产量之间的盈亏关系。

(3)生产运行质态。它是用来反应车间的生产运行状态和相关生产运转的 KPI 管理指标,包括开台品种、停机设备、运行设备、当日产量、当日能耗等信息。

（4）机台实时监测。它是用来反映车间当前生产设备的产量趋势、能耗趋势以及每个机台的瞬时产量、瞬时车速、瞬时能耗等关键生产指标趋势。实时监测可以用来对比同种纱支、不同种机台的生产能力和吨纱耗电对比，提高机台和机台之间的看台运转效率。

工序生产行驶看板主要用于纺纱生产关键细纱工序运行质态的监测，从实时数据出发，横向对比不同机台，不同品种，不同班组的运行状态，以此促进生产现场不断总结和分析纺纱运行过程，为进一步提高生产效率以及操作工岗位的工作积极性，提供大数据的支持。

2. 生产现场作业管理

通过云平台的系统化设计，结合纺纱工厂的生产现场管理模式，建立流程化、标准化的生产管控体系，确保生产过程中的各项管理数据得到透明化，实时追溯生产订单，从而达到有序生产的管理目标（图5-2-6）。

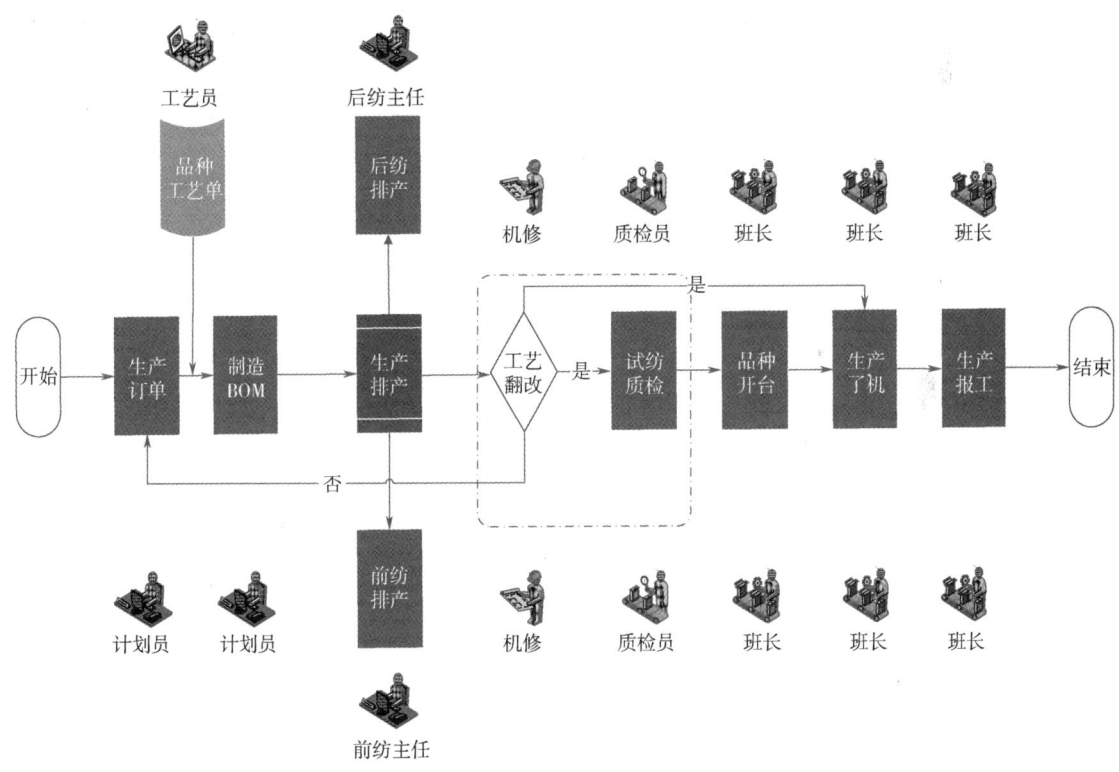

图 5-2-6 生产现场作业管理

3. 平台应用前后对比分析

（1）班组、机台产量统计。应用前，统计员每天逐台抄轮班产量数据，100台机器需要1h，统计结果还要耗费更长时间；应用后，无须去抄表，不超过3min生成各类统计数据。

（2）实时生产状态。应用前,管理人员需要逐台细纱机查看机台面板;应用后,系统可实时反映真实的生产数据。

（3）在线品种开台统计。应用前,手工账不能实时掌握品种真实的开台情况,如换品种、换批号等情况;应用后,能即时反映各个品种的开台情况。

（4）下机产量分析。应用前,手工账要好几天,根据统计人员的情况而定,且数据会有错误;应用后,在终端实时采集落纱情况,系统自动根据机型、品种等条件统计下机数据。

（5）停台信息统计分析。应用前,手工无法统计停台信息;应用后,可以实时监测各种细纱机的生产运转情况,及时为生产决策提供数据支持,设备停台状态及停台次数、时间都可体现。

（6）机修情况分析。应用前,只能通过电话报修或现场找机修,既耽误时间,又无法考核机修工到场时间与处理情况;应用后,机台实时发出机修呼叫,机修工在办公室或者车间 LED 屏可直接看到需处理的机台,通过机修响应率、处理时间,考核机修工,提高机台运转率。

（7）生产任务显示。应用前,手工将当前上机任务写在黑板上,信息传递慢;应用后,结合织机预排模块,将当天需上轴的机台信息反映在车间 LED 屏,相关人员可实时了解。

（8）品种了机情况。应用前,挡车工、挂纱工或者落纱工无法及时了解车间哪个细纱机需要品种了机,导致细纱机的任务等待时间过长;应用后,通过实时效率算出细纱机预计了机时间,提前将挂粗纱、了机信息推送到相关人员,压缩了细纱机任务等待时间,提升了细纱机的综合效率。

第二节　智能化产品设计

一、智能化配棉

（一）白纺智能化配料系统

白纺智能化配料系统基于关系型数据库和纺纱过程原料选配、质量预测的理论与方法,采用优化技术、数据挖掘技术、模糊聚类分析技术设计开发而成。

该系统适用于各种规模的纺纱厂,实现多目标智能优化、多指标组合筛选、自定义模型评价、可视化动态监控的智能化配料目标,具有优化配料、节省成本、稳定质量、加强管理、辅助决策的重要作用。系统包含自动配料、接批配料、配料查询、质量预测、排包优化、原料分析、原棉管理、分类排队、规则提取、报表输出等多种功能。系统具有纱线质量指标、原料性能指标均可由用户自定义和配料过程可视化的智能化特征。

(二)色纺智能化配料系统

基于色料混合的理论和质量预测方法以及智能化关系数据库技术设计开发。

本系统包含全谱配色、全谱测色、色纱模拟、颜色设计、质量预测、色差检测、原料管理等多种功能,能满足纯纺、混纺的不同配色要求,能实现特定原料加入配色方案中,从而降低配料成本的目的。系统同样具有纱线质量指标、原料性能指标均可由用户自定义和配料过程可视化的智能化特征。

二、智能化工艺设计

基于纺纱过程工艺设计、质量控制、生产统计的理论与方法,采用优化技术、数据挖掘技术、模糊聚类分析技术、六西格玛控制技术、智能化关系数据库技术设计开发。

系统包含工艺设计、工艺修改、工艺分析、工艺优化、工艺查询、工艺管理、齿轮管理、产量统计、定量控制、质量控制、试验设计、报表打印等多种功能。系统具有如下显著的智能化特征:

1. 工艺设计范围宽泛,不受纺纱系统限制

能设计各种系统(环锭纺、气流纺、喷气纺等)纺纱工艺,能从任意一道工序开始设计工艺。

2. 工艺设计自我总结、自我完善

能够根据引导工艺和自积累工艺,自动总结和优化设计纺纱工艺。

3. 系统完全开放,满足不同用户需求

可任意添加新设备、新规则,可屏蔽系统定义工艺、接受用户自定义工艺,系统定义与用户定义工艺参数可自动汇集输出。

4. 自动构建工艺设计关系数据库

可根据设备计算公式、齿轮规格或变频参数自动建立牵伸、速度数据库,自动构建齿轮台账框架。

5. 适时更新控制范围,实时预警成纱质量

通过适时更新质量控制图,及时提升成纱质量控制要求,及时预报生产过程不稳定状态。

第三节　生产现场在线检测监控

一、长岭 SM-1 型细纱机单锭监测系统

长岭 SM-1 型细纱机单锭监测系统采用微分光电式检测器,通过捻度实时监测、落后及打

滑锭检测、不良锭原因分析等技术,实时给出断头率、断头分类、接头时间等数据,形成可显示于计算机屏幕或手机的产量、停机、生产效率的图形分析报告,并在机台上通过指示灯显示弱捻锭、强捻锭、正常断头、闲置空锭、打滑锭、落后锭等实时信息。

二、纺纱全流程监测系统 SpinMaster

SpinMaster 系统是比利时 BMS Vision 公司开发的纺纱全流程监测系统,该系统可以连接梳棉机、并条机、精梳机、粗纱机、细纱机、倍捻机、络筒机的控制器,集成所有工序的监控管理。对外可以与 SAP、微软、Oracle、Intex 的 ERP 系统连接。

三、山东金信纺织空调温湿度管控系统

纺织空调智能化温湿度控制系统能根据车间传感器的检测值,且依据温湿度变化的趋势曲线,对温湿度的变化方向实现预警,能快速实时地自动调整车间温湿度,以达到满足生产工艺所要求的温湿度值。该控制系统主要实现的功能包括:车间通信状态显示;车间温度数值实时显示;车间各执行器参数实时显示;车间工艺流程形象显示;远程警报;温湿度、执行器参数数值历史/实时曲线显示;当日各车间报表生成。通过该系统管理者和工程师可以远程修改控制器参数和远程设定各车间控制目标,如图 5-2-7 所示。

四、生产安全监控

纺织企业通过信息化、智能化建设,提高了自动化水平,减少了用工,同时对生产现场的安全监控提出了更高的要求。

信息物理融合系统(cyber-physical system,CPS)基于对环境的感知,建立纺纱厂的生产车间安全监控和仓储安全监控系统。该系统以安全、可靠、高效、实时的方式监测或者控制各个物理实体,实现生产现场火警监控、设备安全监控、仓储安全监控、仓储环境监控、仓储设备监控等方面的生产安全监控。

五、智能化输运

(一)青岛赛特环球公司的筒纱自动包装物流系统

环球筒纱自动包装物流系统分为编织袋包装物流系统、纸箱包装物流系统、编织袋、纸箱并线包装物流系统以及托盘缠绕包装系统和不带包装线的筒纱输送系统等。该系统为每台落筒机独立配置取纱机械手,具有识别筒纱存放位置和状态、记忆转运筒纱品种、将筒纱从落筒机落

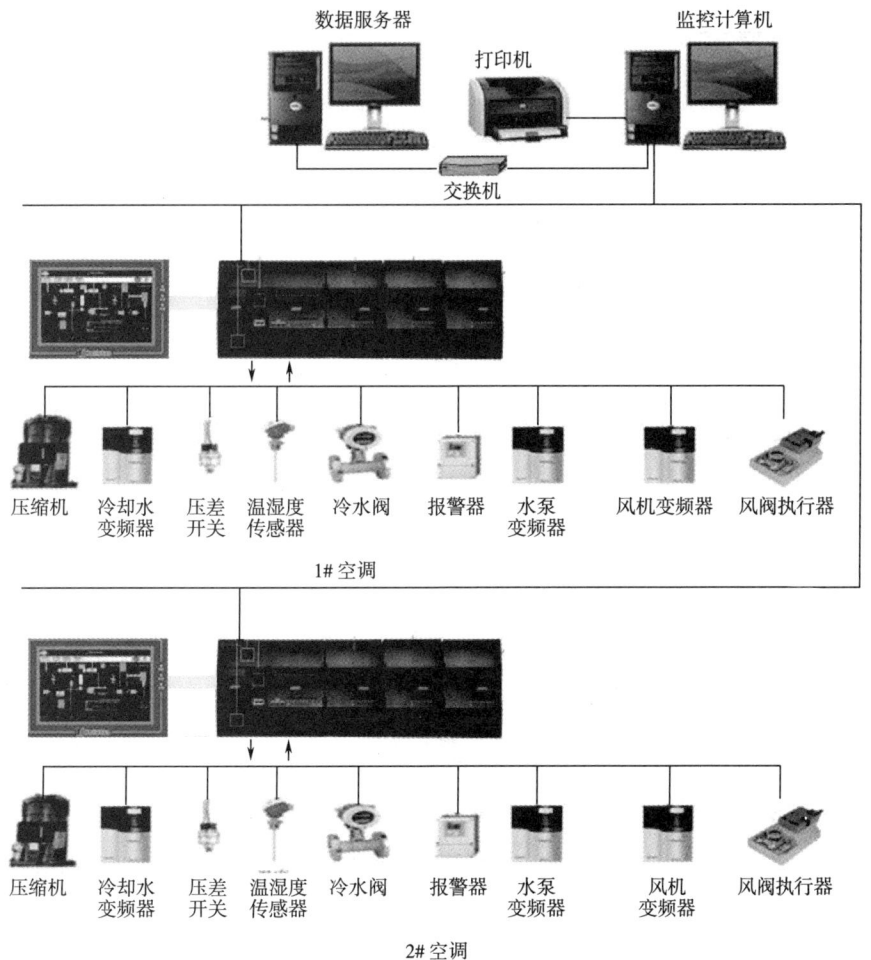

数据服务器　　　　　　　　　监控计算机
　　　　　　　打印机
交换机

压缩机　冷却水　压差　温湿度　冷水阀　报警器　水泵　风机变频器　风阀执行器
　　　　变频器　开关　传感器　　　　　　　　变频器

1# 空调

压缩机　冷却水　压差　温湿度　冷水阀　报警器　水泵　风机　风阀执行器
　　　　变频器　开关　传感器　　　　　　　　变频器　变频器

2# 空调

图 5-2-7　山东金信纺织空调自动控制系统构成图

纱输送带转运到自动输送线的功能。

(二)北京经纬纺机新技术公司的筒纱自动输送包装系统

该系统具有多自由度自动取放纱、自动取放隔板、自动输送托盘、自动区分品种、自动识别排纱数量、自动优化码垛、自动检测筒纱外观质量、自动套袋配重打包等功能。

六、智能化质量控制(乌斯特质量管理平台™)

乌斯特实验室检测仪器、在线检测设备的专家系统以及 USTER® QUALITY EXPERT 质量专家系统构建了纺纱工厂智能化质量控制平台 USTER Quality Management Platform™,即乌斯特质量管理平台™(图 5-2-8)。

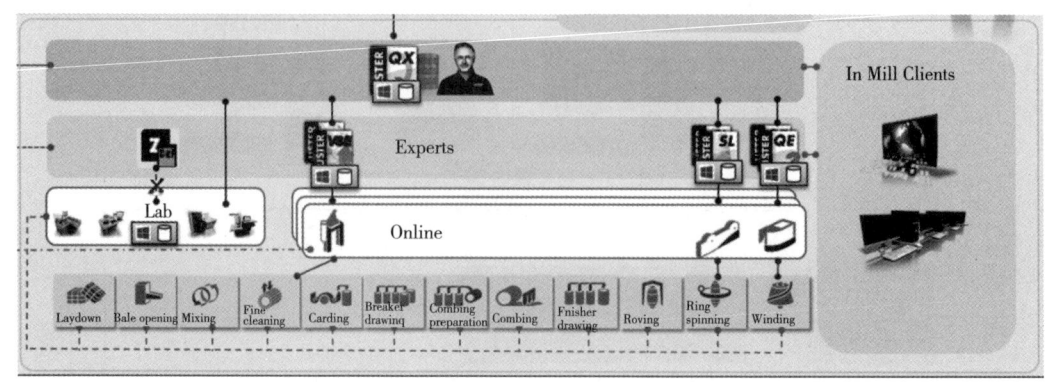

图 5-2-8　USTER 质量管理平台™

乌斯特质量管理平台™以 USTER® QUALITY EXPERT 质量专家系统为中心,将分布于纺织生产过程的质量数据集成在一个专家系统中,整合了纺纱生产流程中在线、离线的纤维加工和纱线质量数据,同时,将乌斯特公司 70 多年的纺织应用经验以 Q 助手的形式内置在质量专家系统中,为客户提供详细的数据分析和质量评估,为纺纱工厂提供全新的测试和质量评估方式。

(一)连接到乌斯特质量专家系统的仪器及在线专家系统

1. 实验室检测仪器

乌斯特条干仪:USTER®TESTER 5、USTER® TESTER 6、USTER® TESTER ME 6。

乌斯特强伸仪:USTER® TENSORAPID 4、USTER® TENSORAPID 5、USTER® TENSOJET 4、USTER® TENSOJET 5。

乌斯特单纤维检测仪:USTER® AFIS PRO 2。

2. 在线设备专家系统

乌斯特清纱器专家系统:USTER®QUANTUM EXPERT 3。

乌斯特细纱单锭监控专家系统:USTER® SENTINEL。

乌斯特异纤机专家系统:USTER® VISION SHIELD EXPERT。

(二)乌斯特质量专家系统功能

目前,乌斯特质量管理平台已实现了 5 大价值模块的功能,如图 5-2-9 所示。

1. 织物预判

根据接受到的来自不同测试仪器的纱线质量数据,由 Q 助手完成对织物外观、起毛起球性能、织造性能的预判分级,预测纱线在下游工序可能出现的结果,以便改进纱线质量。

图 5-2-9　USTER® QUALITY EXPERT 价值模块

2. 工厂分析

USTER® QUALITY EXPERT 专家系统能自动分析和检查异常状态,生成人工分析所需的各种类型的质量、管理报表。

3. 报警中心

USTER® QUALITY EXPERT 专家系统能自动识别生产过程中异常质量数据,通过 Q 助手或者报警中心来通知用户,并提供处理报警的解决方法,存储用户实际报警处理措施,帮助用户建立详尽的纺纱经验数据库。

4. 全面异纤控制

全面异纤控制(total contamination control)是将乌斯特异纤机专家系统 USTER® VISION EXPERT (UVE)和乌斯特电子清纱器专家系统 USTER® QUANTUM EXPERT 3 (UQE3)连接到乌斯特质量专家系统 USTER® QUALITY EXPERT 而实现的价值模块。该模块帮助纺纱工厂实现异纤控制的成本最优化和提前预防疵点。

5. 细纱优化

细纱优化系统(ring spinning optimization)是将乌斯特细纱单锭监控专家系统 USTER® SEN-TINEL(USL)和乌斯特电子清纱器专家系统 USTER® QUANTUM EXPERT 3 (UQE)连接到乌斯特质量专家系统 USTER® QUALITY EXPERT 而实现的功能模块,实现在一个系统内细纱质量和络筒质量数据的智能化关联,提供细纱断头和纤维性能及纺纱环境的相关性报告,明确降低断头的方法,提高工厂盈利能力。

第四节　纺纱企业管理信息化

运用管理信息系统不仅代替了人工管理方式,而且深刻地影响着人们重新认识和再造企业原有的业务流程。

一、企业资源计划系统

ERP 系统一般由制造管理子系统、财务管理子系统、分销管理子系统、人力资源管理子系统、质量管理子系统和内控内审管理工作子系统组成,如图 5-2-10 所示。

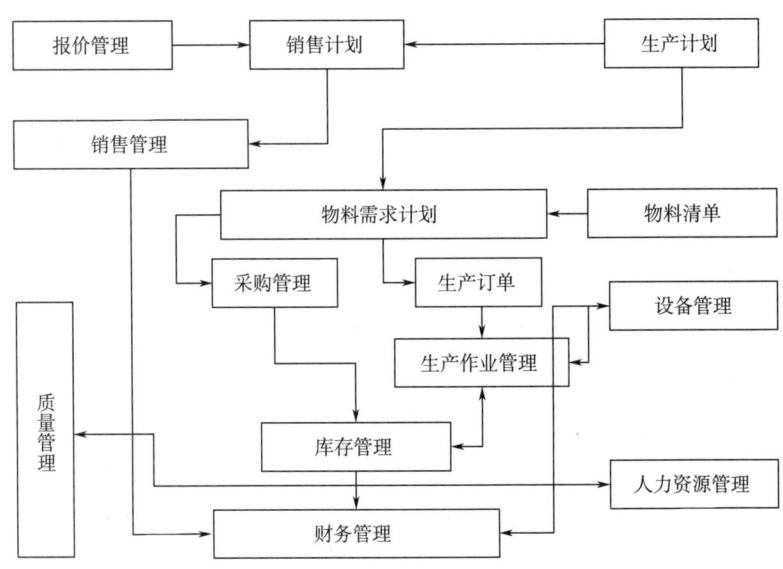

图 5-2-10　ERP 系统业务流程

1. 计划管理

ERP 系统的计划管理可以根据企业信息化基础分阶段集成和运行,提高了软件系统的适应性、经济性和实用性。

2. 需求管理

需求管理的对象是企业外部的客户和客户订单,它既要有效地管理已签订的客户订单,还要预测未签订的预测订单量。因此,需求管理的主要内容是产品销售市场预测和客户订单管理。

3. 工厂维护管理

ERP 系统的维护管理是以资产、设备信息管理为基础,主要包括预防性维修、预测性维护、全员生产维护、工作单管理、故障分析、物料清单 BOM、准时制生产 JIT、看板管理以及项目管理、预算管理等功能。

4. 人力资源管理

在 ERP 系统中,人力资源部门的领导可以通过 ERP 系统的中央数据库进行实时、全面的员工招聘、培训、人事和考核等管理。

5. 财务管理

具有会计电算化的所有功能,并能实测企业经济活动,做到事前计划(标准成本、模拟成本、定额成本等)、事中控制(作业成本、成本定额等)和事后分析(在线数据分析、管理导航、提供解决方案等)。

二、客户关系管理系统

(一)CRM 作用

CRM 系统的核心是客户数据的管理。CRM 把客户数据库看作是一个数据中心,该中心记录 CRM 系统用户在整个市场与销售的过程中和客户发生的各种活动,跟踪各类活动的状态,建立各类数据的统计模型用于后期的分析和决策支持。

(二)CRM 功能模块

CRM 系统(图 5-2-11)大都具备市场管理、销售管理、销售支持与服务和竞争对象记录与分析的功能。因此,CRM 系统主要包括销售管理、市场管理、客户服务与支持、数据智能分析以及电子商务等几个子系统。有时,为了使 CRM 系统相对独立,也可以基础数据管理引入 CRM 系统,但一般这个子系统主要由 ERP 系统支持。

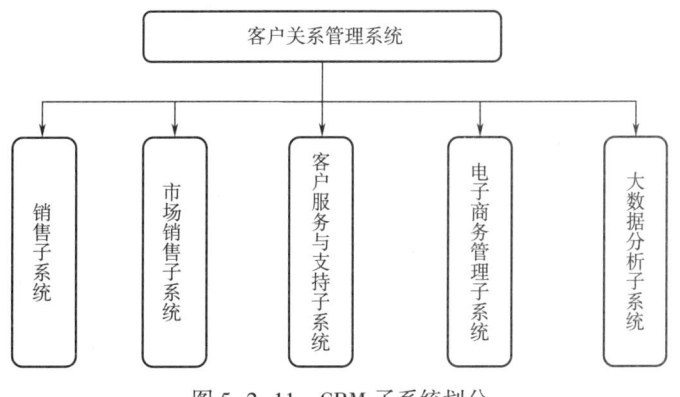

图 5-2-11　CRM 子系统划分

由这些子系统构成的 CRM 具有各类报表管理、各类图形管理、各类分析管理、知识库日常管理、各类辅助决策管理、统计分析管理和决策方案管理等功能模块。

三、电子商务

(一)EB 的内涵

EB 是一种在网络环境下把买方、卖方通过互联网(internet)、企业内部网(intranet)和企业外部网(extranet)等平台实现远程交易、空中贸易和网络支付的商业模式。

(二)EB 系统的体系结构

总体来看,EB 系统具有三层框架结构:底层是网络平台,是信息传送的载体和用户接入的手段,它包括各种物理传送平台和传送方式;中间是 EB 基础平台,包括认证中心(certificate authority,CA)、支付网关(payment gateway)和客户服务中心三个部分,其核心是 CA 认证中心;顶层是各种各样的 EB 应用系统,由 EB 安全体系负责商务交易过程中的信息安全。EB 基础平台是各种 EB 应用系统的基础。基于三层体系结构的 EB 系统见表 5-2-2。

表 5-2-2　EB 三层体系结构

应用系统:电子邮件、新闻、网络订购、电子商厦……	EB 安全系统
CA 认证中心、支付网关和客户服务中心	
信息传送的网络平台	

(三)EB 模式及其作用

根据电子商务的参与者,可以将其分为 B(business)、C(customer)、G(government)三类角色。由此形成 B2B(企业对企业)、B2C(企业对消费者)、B2G(企业对政府)、C2G(消费者对政府)、C2C(消费者对消费者)等商业运作模式。

1. B2B 模式

B2B(business to business)模式即企业与企业之间通过专用网络或 Internet,进行数据信息的交换、传递,开展贸易活动的商业运作模式。

B2B 由电子市场(e-market)和电子基础设施(e-establishment)构成。B2B 的基础设施包括物流配送、ASP(应用服务提供商)、外包解决方案、拍卖解决方案、内客管理、应用集成、财务、网络商业、ERP 等。电子市场把企业名录、商品目录放在网上,让买卖双方进行交易。具体来讲,B2B 电子商务模式的分类有以下四种:

(1)在线商店模式。企业在网上开设虚拟商店,以宣传、展示所经营的商品和服务。

（2）内联网模式。企业将内联网络有限度地对其已有的或潜在的商业伙伴开放,从而最大限度地实现企业信息的传输、共享和业务流程的优化。

（3）中介模式。企业根据中介结构的网址查询销售商或销售的商品与服务。

（4）专业服务模式。网上机构通过标准化的网上服务为企业内部管理提供专业的解决方案,以减少开支,降低运营成本。

B2B 电子商务将会为企业带来更低的价格、更高的生产率、更低的劳动成本和更多的商业机会。

2. B2C 模式

B2C（business to customer）模式即企业和消费者之间通过 Internet 进行信息的交换、传递以及交易活动的商业运作模式,又称直接市场销售。目前主要分为以下四种模式:

（1）入口网站（portal）。消费者通过入口网站的搜索引擎,寻找他所需要的东西。

（2）虚拟社群（virtual communities）。通过网络,消费者建立或加入其向往的社群。

（3）交易集群（transaction aggregators）。消费者通过网站进行交易。

（4）线上广告（advertising network）。利用广告来吸引消费者。

其中,常见的 B2C 模式为交易集群（transaction aggregators）,按商品种类可分为两种,一是综合类的 B2C 电子商务,它在网上销售多种类型的商品,这些网站大多是由经营离线商店企业和网络交易服务公司建立的,如卓越亚马逊、易趣网、8848 等;二是专门类的 B2C 电子商务,仅销售某一类适合网上销售的商品,如中国棉纱交易网、中国纱线网等。

B2C 相对于传统商务模式减少了商品到达最终消费者的流通环节,从而也提高了电子商务企业利润空间、降低了转嫁在顾客身上的费用。可以说 B2C 模式无论是对于 B 还是 C,是一种"双赢"的商务模式。

3. B2G 模式

B2G（business to government）模式即企业与政府之间通过网络所进行的交易活动的运作模式,如电子通关、电子纳税等。B2G 的特点是速度快和信息量大。由于活动在网上完成,使得企业可以随时随地了解政府的动向,还能减少中间环节的时间延误和费用,提高政府办公的公开性和透明度。B2G 比较典型的例子是网上采购,即政府机构在网上进行产品、服务的招标和采购。

4. C2G 模式

C2G（customer to government）模式是政府机构为提高工作效率和服务质量,将就业服务、社会福利保险、个人电子税务等通过网上来进行电子商务模式。

5. C2C 模式

C2C(customer to customer)模式是在互联网上提供"个人对个人"的交易平台,为每个上网的用户提供参与电子商务的机会,其特点是:参与者众多,覆盖面广,产品种类和数量极为丰富,交易方式灵活,对用户具有广泛的吸引力。如拍拍网、yabuy(雅宝)、eBid(易必得)等。

四、供应链管理

(一)SCM 的作用

供应链管理(supply chain management,SCM)是一种把供应商、制造商、仓库、配送中心和渠道商等有效地组织在一起进行产品制造、转运、分销及销售的管理思想和方法,它执行从供应商到最终用户的物流计划和控制等职能。其作用能使整个供应链系统成本达到最小,使商品以正确的数量、正确的品质,在正确的地点以正确的时间、最佳的成本进行生产和销售。

(二)SCM 的功能模块

SCM 是在节点企业的采购和销售信息化的基础上实现企业间的信息化,它是沿着物流、资金流和信息流开展企业间的协调、融合和优化等管理。其功能不仅包含企业内部管理的全部功能,而且衍生了企业合作关系的企业联盟相关的管理功能。主要有:配送网络的重构、配送战略、供应链集成与战略伙伴、库存控制、信息技术和决策支持、顾客价值的衡量等功能模块。

第三章　织造企业生产信息化

第一节　纺织生产监控

在纺织业信息化领域,纺织生产监控系统也属于制造执行系统(MES)的一种,可以采集生产设备的状态数据,实时监控底层设备的运行状态,为 ERP 提供生产现场的实时数据;也可以对来自 ERP 的生产计划信息进行细化、分解,进行生产调度和物流调配,从而加强计划管理层与底层控制系统(CS)之间的沟通,起承上启下的关键作用。

与耳熟能详的 ERP 相比,生产监控系统尽管在纺织行业还比较陌生,但是行业特点更加鲜明。除了要求数据的实时性之外,生产监控系统必须与各行各业特有的工业生产设备紧密结合,必须体现特有的生产制造管理特点。

就应用现状而言,纺织企业多年来应用的棉纺织厂自动监测系统、服装厂车间生产物流系统、印染厂生产过程集中管理系统等都属于 MES 的内容。由于长期被看作不同的应用系统,不能做到综合集成,往往成为信息孤岛,作用没有得到充分发挥。

随着"十五"期间企业信息化的不断深入,纺织企业精细生产管理的要求越来越高。有些情况下,车间管理、排产、质量跟踪等功能包括在 ERP 之内。但是由于行业化、个性化的要求高,通用模块很少能应用,需要二次开发或定制开发。这对于缺乏行业背景的 ERP 供应商来说十分困难。因此,在 ERP 和底层 CS 之间的车间管理层,逐渐成为上下沟通的瓶颈问题。许多企业转而寻求专业化开发商,新的需求就应运而生。那时可能还没有明确提出生产监控系统,但是这一类需求都属于生产监控系统最适合的范畴。

中国纺织工业联合会发布的《纺织工业科技进步发展纲要》,重点突破和亟待解决推广的 28 项关键技术中,第 27 项"纺织厂生产监测和管理系统"就是 MES 的重要内容,表明了行业的科技发展导向。

近年我国纺织工业的高速发展带动了设备改造,从而为生产监控系统应用带来契机。目前,国际上最先进的纺机设备大部分落户于中国企业,大大提高了生产的自动化、连续化水平。国际纺机展上,全线的纺纱织布设备都配置了数据在线采集装置,并大多数配有计算机监测系统。这样,一方面,解决了长期困扰纺织行业的生产设备数据自动采集问题,为企业实现生产制造管理自动化提供了基础条件;另一方面,也暴露了企业现有管理的不适应,对整个生产过程的跟踪管理提出了更高的要求。

纺织业企业应用生产监控系统可以采用循序渐进的方式。

一是,要理解生产监控系统的理念和内涵,明确企业的现状和需求。生产监控系统与用户需求密切相关,涉及车间生产制造的方方面面,需要相当的实施周期。企业要按照自身需求、实施条件、车间管理基础、人员素质、投资能力等多方面因素,从实际出发,量力而行,不要盲目攀比,追大求全。

二是,企业要具备一定的信息化应用基础和条件。如底层生产设备是否实现自动化,是否带有数据采集接口;企业是否应用 ERP 等管理信息系统。虽然 ERP 并不是用生产监控系统的先决条件,但先创造信息化应用环境是生产监控系统应用成功的关键要素。

一、织机生产在线监控

(一)织机生产在线监控的意义

纺织企业行业的织机生产在线监控系统具有如下重要意义。

1. 织机生产过程的信息化、可视化

目前国内大多数企业是靠人工方式监控织机运转情况,这种方式存在管理滞后、时效性差、数据单一等问题,不能及时掌握织机的实时运转数据。企业能应用织机生产在线监控系统在线监测所有织机的生产动态信息,并将这些设备运转数据、停台信号等与相对应的机台、车间、班组相结合,现场管理人员可了解和掌握生产设备的实时生产状况、车速、故障报警等实时运行参数信息。

2. 织机产能、开台率信息统计

企业织机在线监控系统自动生成的多种信息统计图形、曲线和报表,如以日、周、月、年为周期的设备开台率统计报表,报表类型可以到班、组、人,为管理人员提供产能、开台率分析依据,评估管理措施的效果和关联影响。

通过综合统计报表,快捷、直观地反映相应机台、班组产能信息、设备故障情况。

3. 生产管理以及预测

织机在线监控系统具有强大的历史能耗数据追溯和分析功能,管理人员通过品种设定、工艺参数设置、系统预测了机、及时为计划管理提供可靠依据,减少被动停台、实现机台生产安排满负荷运转,也进一步为建立起以交期会指导的订单生产计划管理系统打下基础,进一步方便管理人员管理、优化机台生产方案。

(二)纺织企业织机在线监控系统的目标

纺织企业织机在线监控系统旨在提高现有织机生产管理水平,对织造机台的日常运行维护和工人生产行为方式实施有效的管理,通过科学的数据分析、采取对应管理策略实现生产提升。织机在线监控系统在织机运转实时监控的基础上,对纺织生产过程中停机、运转、纬停、故障等信息进行统计、分析,得出与生产效率相关的决策性数据和信息,帮助管理人员了解历史和当前的织机生产情况,辅助管理人员做出有效的生产安排及产品质量提升。

系统可帮助纺织生产设备优化现有的生产管理流程,形成以客观数据为依据的质量管理评价体系,降低质量管理的成本,提高质量管理的效率,及时了解真实的生产情况,改善工艺技术和管理措施,协助管理者制订对纺织生产各区域的质量管理措施和考核办法。

纺织企业织机在线监控系统建成后可达到以下目标:

(1)采集分散于各台机织机上的相关信号,汇集到监控管理平台;

(2)集中监控每台织机的运行状态和告警信息;

(3)记录织机运行的 LOG 数据;

(4)分类统计织机的故障和停车次数及时间;

(5)按班次产品类别定制织机的统计组合和时间段、统计产品质量;

(6)自动输出各种生产报表和报告;

(7)积累历史数据、帮助车间管理人员提高生产管理水平。

(三)织机在线监控系统网络架构图

纺织企业在线监控系统网络架构一般由终端转换模块、以太网模块、应用服务器、输出监控设备等构成。

1. 终端转换模块

实际投入情况:一般通过现场总线或者数据采集器实现转换。

现场总线是连接现场设备和控制系统之间的一种开放式、全数字化、双向、多站点的通信系统。数据采集器是高度集成的转换接口、直接对接纺织设备控制模块。

2. 以太网模块

通过该模块与终端总线接口一对一的关系相连,每个以太网模块通过有线或者无线接入近邻交换机,实现以太网数据传输。

3. 应用服务器

执行数据实时采集、处理、存取实时数据。

4. 输出监控设备

输出织机在线监视信息。

总体网络结构如图 5-3-1 所示。现场终端接入总网可以走无线和有线两种方式,具体应根据现场实际情况决定。总线结构图如图 5-3-2 所示。

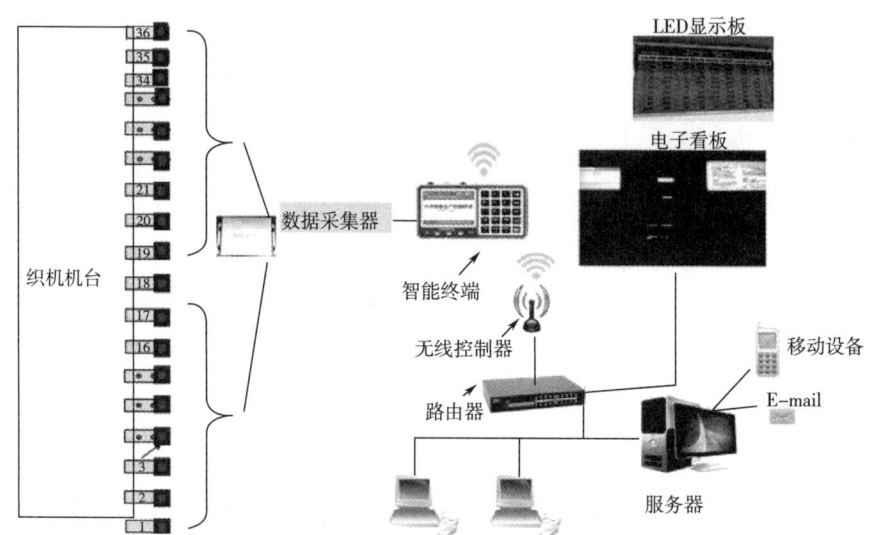

图 5-3-1　总体网络结构图

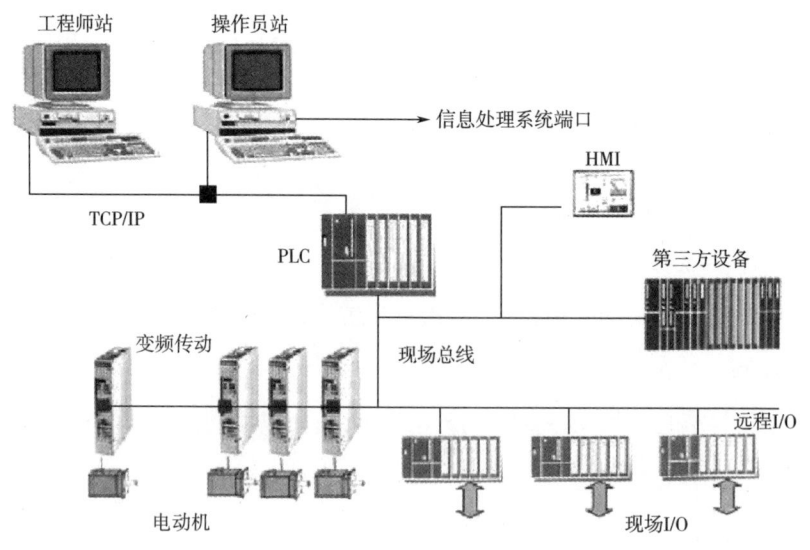

图 5-3-2　总线结构图

一般织机自带状态输出接口,下面列举一些织机的输出实例。

中国台湾某织机结构图如图 5-3-3 所示,韩国某织机结构图如图 5-3-4 所示,日本某织机结构图如图 5-3-5 所示。

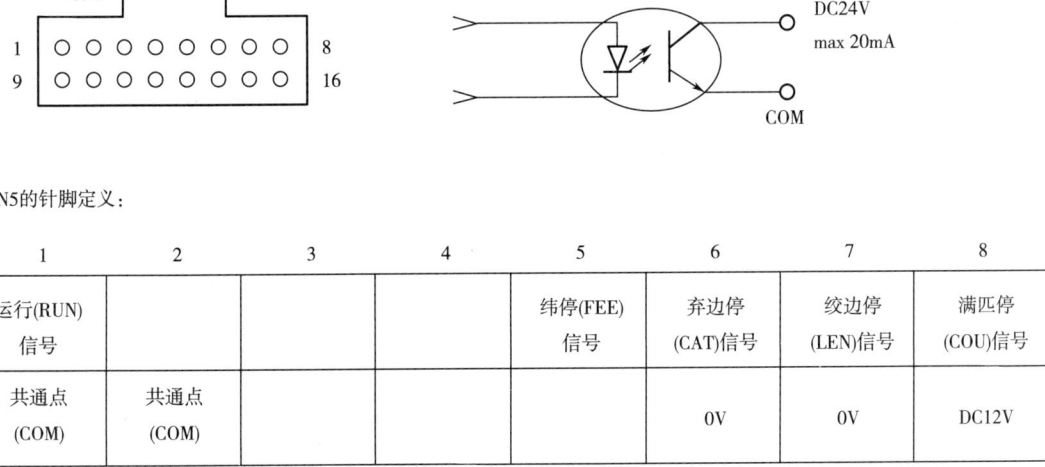

CN5 的针脚定义:

1	2	3	4	5	6	7	8
运行(RUN)信号				纬停(FEE)信号	弃边停(CAT)信号	绞边停(LEN)信号	满匹停(COU)信号
共通点(COM)	共通点(COM)				0V	0V	DC12V
9	10	11	12	13	14	15	16

图 5-3-3　中国台湾某织机结构图

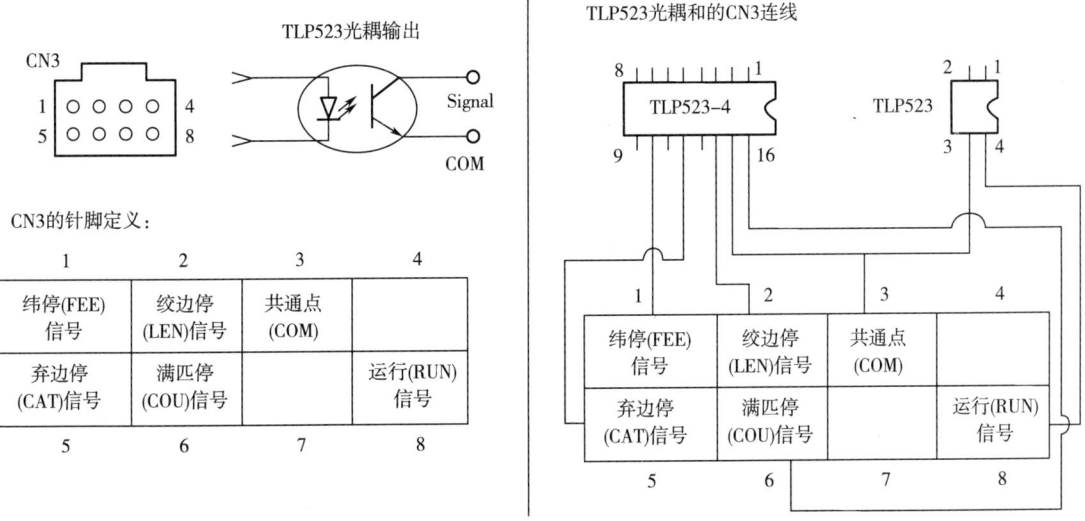

CN3 的针脚定义:

1	2	3	4
纬停(FEE)信号	绞边停(LEN)信号	共通点(COM)	
弃边停(CAT)信号	满匹停(COU)信号		运行(RUN)信号
5	6	7	8

图 5-3-4　韩国某织机结构图

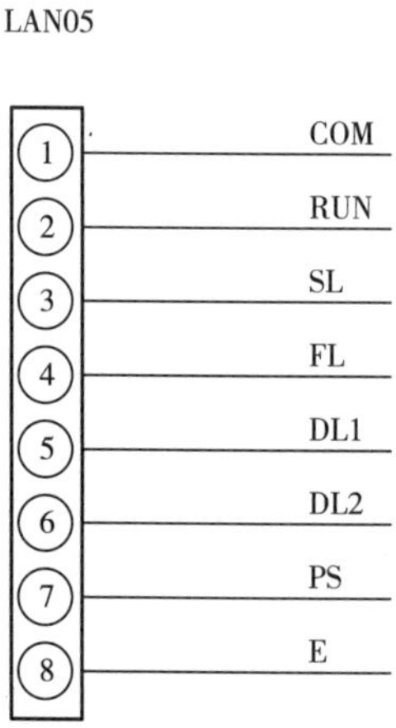

LAN05

针脚	名称	输出内容	输出电平	信号灯柱
1	COM	公共点		
2	RUN	织机运转信号	运转时低，停止时时高	运转时红灯闪烁
3	SL	黄灯信号	停止时低，准备状态时高	电源通且织机停黄灯亮
4	FL	纬停信号	纬停时低	纬停时红灯亮
5	DL1	弃边、绞边停信号	弃边、绞边停时低	弃边、绞边停蓝灯亮
6	DL2	满匹停信号	满匹停时低	满匹停绿灯亮
7	PS	PS信号	主轴290~320°时高，其他时低	
8	E	织机接地		

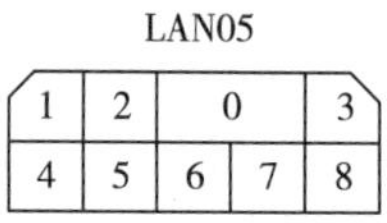

① COM
② RUN
③ SL
④ FL
⑤ DL1
⑥ DL2
⑦ PS
⑧ E

LAN05

1	2	0	3
4	5	6	7	8

图 5-3-5　日本某织机结构图

(四)织机在线监控系统主要应用功能

(1)对织机的车速、运行、停车等状态和产量信号实时监控及记录。

(2)生产监控系统可以图像化显示每台织机的当前状态。

(3)根据具体需要，体系提供各类统计报表，如织机运转率、停机原因、每种原因下的停机次数和停机时间等。

(4)对所有织机可进行任意分类统计，按日、按月数据汇总表。

(5)对接 ERP/MES 系统。

二、能源环境监察系统

目前国内大多数企业是靠人工定时抄表的方式统计用电及能源消耗状况，这种方式存在数据滞后、时效性差、数据单一等问题，不能及时掌握各生产环节和重点能耗设备的实时能耗数据。企业能效管理信息系统在线监测整个企业(集团)的生产能耗动态信息，并将这些能耗数据与相对应的设备、车间、班组生产数据相结合，现场运行管理人员可了解和掌握生产环节及重点设备的实时能耗状况、单位能耗数据、能耗变化趋势，实时运行参数等信息。

(一)能耗/能效信息统计、管理

企业能效管理系统自动生成的多种能耗信息统计图形、曲线和报表，如以 日、周、月、年为周期的电、水、气、煤等能耗统计报表，报表类型分为公共部门、生产车间设备、重要耗能设备三个层次，为用户提供能源消耗结构和能源消耗成本分析依据，评估节能措施的效果和关联影响。

通过综合能耗/能效统计报表,快捷、直观反映企业、生产车间、班组和重要生产环节实时和历史能耗/能效信息。

(二)历史能耗数据对比、分析

管理系统具有强大的历史能耗数据追溯和分析功能,企业能效管理及生产工艺分析人员可按不同需要灵活设置工作点参数,在不同时段下生成各种能耗数据报表与能耗曲线,如设备单耗、生产线和班组单耗等,用多种方法对主要能耗设备和生产线的能耗数据进行查询和追溯,并可对多种参量的变化趋势进行对比、分析,从而发现能源消耗结构和过程中存在的深层次问题,对企业能源消耗结构和方式的改进、优化提出方案和建议。

通过动态的单位产量能耗曲线和数据,可以直观地比较企业生产能耗与国际、国内标准的差距,从而对生产、管理、工艺及时进行指导和调整,使企业生产过程的单位能耗和能源效率保持在科学、合理的水平。

第二节　织造 ERP 的基本原理和方法

一、ERP 的形成与发展

作为企业管理软件的高级应用,ERP 是伴随管理矛盾的解决与新矛盾的产生而不断发展的,经历了从简单、局部应用到高级、全面解决管理问题的一段比较长时期的发展历程,管理的侧重点也从原先的侧重于物流(原料、产品)扩展到物流与资金流相结合,进而扩展到再与信息流结合在一起。

综合来看,从 20 世纪 40 年代至今,ERP 的发展经历了下面五个重要阶段(图 5-3-6):订货点法、时段式物料需求计划(material requirement planning, MRP)、闭环物料需求计划、制造资源计划(manufacturing resource planning, MRP Ⅱ)以及 ERP、ERP Ⅱ。从订货点法到 ERP 的发展过程,是从库存管理到物流和资金流,从企业内部到整个供应链的信息集成范围不断扩大,功能不断包容和增强的过程。

二、ERP 的基本概念

(一)基本概念

企业资源计划系统,是指建立在信息技术基础上,以系统化的管理思想,为企业决策层及员工提供决策运行手段的管理平台。ERP 系统集中信息技术与先进的管理思想于一身,成为现

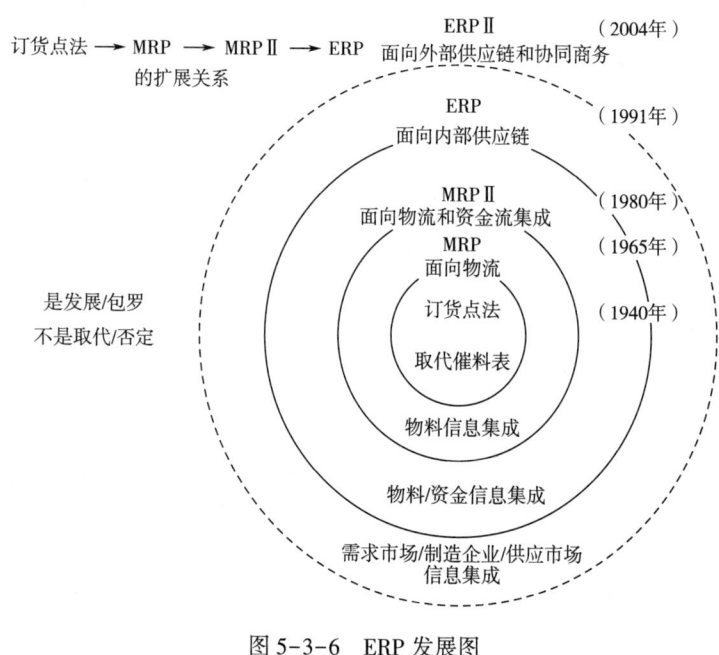

图 5-3-6　ERP 发展图

代企业的运行模式,反映时代对企业合理调配资源,最大化地创造社会财富的要求,成为企业在信息时代生存、发展的基石。

　　我们进一步可以从管理思想、软件产品、管理系统三个层次给出它的定义:是由美国著名的计算机技术咨询和评估集团 Garter Group Inc. 提出的一整套企业管理系统体系标准,其实质是在 MRP II 的基础上进一步发展而成的面向供应链(supply chain)的管理思想;是综合应用了客户机/服务器体系、关系数据库结构、面向对象技术、图形用户界面、第四代语言(4GL)、网络通信等信息产业成果,以 ERP 管理思想为灵魂的软件产品;是整合了企业管理理念、业务流程、基础数据、人力物力、计算机硬件和软件于一体的企业资源管理系统。

(二)ERP 与企业资源的关系

　　厂房、生产线、加工设备、检测设备、运输工具等都是企业的硬件资源,人力、管理、信誉、融资能力、组织结构、员工的劳动热情等就是企业的软件资源。企业运行发展中,这些资源相互作用,形成企业进行生产活动、完成客户订单、创造社会财富、实现企业价值的基础,反映企业在竞争发展中的地位。ERP 系统的管理对象便是上述各种资源及生产要素,通过 ERP 的使用,使企业的生产过程能高效、高质地完成客户的订单,最大限度地发挥这些资源的作用,并根据客户订单及生产状况做出调整资源的决策。

(三)ERP 的作用

　　企业发展的重要标志便是合理调整和运用上述资源,在没有 ERP 这样的现代化管理工具时,企业资源状况及调整方向不明确,要做调整安排是相当困难的,调整过程会相当漫长,企业的组织结构只能是金字塔形的,部门间的协作交流相对较弱,资源的运行难于比较把握,并做出调整。信息技术的发展,特别是针对企业资源进行管理而设计的 ERP 系统正是针对这些问题设计的,成功推行的结果必使企业能更好地运用资源。

(四)ERP 与信息技术的发展关系

计算机技术特别是数据库技术的发展为企业建立管理信息系统,甚至对改变管理思想起着不可估量的作用,管理思想的发展与信息技术的发展是互成因果的环路。实践证明信息技术已在企业的管理层面扮演越来越重要的角色。

三、ERP 的发展前景

近年来,ERP 在我国获得了迅速的发展,众多的企业通过实施 ERP 收到了良好的成效,提高了管理水平,改善了业务流程,增强了企业竞争力。

ERP 体现了当今世界上领先的企业管理理论,并提供了企业信息化集成的最佳方案。它将企业的物流、资金流和信息流统一起来进行管理,对企业所拥有的人力、资金、材料、设备、方法(生产技术)、信息和时间等各项资源进行综合平衡和充分考虑,最大限度地利用企业的现有资源取得更大的经济效益,科学、有效地管理企业人、财、物、产、供、销等各项具体工作。

随着我国的电子商务发展迅猛,尤其是国家"互联网+"的战略提出以后,互联网为企业供应链提高运作效率、扩大商业机会和加强企业间协作提供了更加强大的手段——电子商务平台。在电子商务环境下,它们对企业现有的 ERP 系统提出了新的要求,使 ERP 的功能如虎添翼,拓宽了 ERP 的外延,使之从后台走向前台,从内部走向外部,从注重生产走向注重销售、市场和服务,并且将 ERP 的应用领域扩展到非制造业,把 ERP 带入一个新的发展天地。

互联网时代,ERP 大发展也会紧跟潮流,未来的 ERP 软件一定会更人性化,功能更多样化、智能化。

四、ERP 的相关概念和术语

(一)物料编码

物料编码是以简短的文字、符号或数字、号码来代表物料、品名、规格或类别及其他有关事项的一种管理工具。在物料极为单纯、物料种类极少的工厂或许有没有物料编码都无关紧要,但在物料多到数百、数千、数万种以上的工厂,物料编码就显得格外重要。此时,物料的领发、验收、请购、跟催、盘点、储存等工作极为频繁,而借着物料编码,使各部门提高效率,各种物料资料传递迅速,意见沟通更顺畅。

物料编码的主要功能如下。

1. 增强物料资料的正确性

物料的领发、验收、请购、跟催、盘点、储存、记录等一切与物料有关的活动均有物料编码可以查核,因此物料数据更加正确。类似一物多名,一名多物或物名错乱的现象不易发生。

2. 提高物料管理的工作效率

物料既有系统的排列,以物料编码代替文字的记述,物料管理简便省事,效率大大提高。

3. 利于计算机管理

物料管理在物料编码推行彻底之后,方能进一步利用计算机作更有效的处理,以达到物料管理的效果。

4. 降低物料库存,降低成本

物料编码利于物料库存量的控制,同时利于呆料的防止,并提高物料管理工作的效率,因此可减轻资金的积压,降低成本。

5. 防止物料舞弊事件的发生

物料一经编码后,物料记录正确而迅速,物料储存井然有序,可以减少舞弊事件的发生。

6. 便于物料领用

库存物料均有正确、统一的名称及规格予以编码。对用料部门的领用以及物料仓库的发料都十分方便。

7. 便于压缩物料的品种、规格

对物料进行编码时,可以对某些性能相近或者相同的物料进行统一、合并和简化,压缩物料的品种、规格。

(二)物料清单

物料清单是企业物料管理中的一个重要文件,它不仅列出了制造最终产品所需的原材料、零件和组件,还列出了产品生产的顺序。

物料清单的具体要求如下:

物料清单上的每一种物料有唯一的编码,即物料号;物料清单中的零件、部件的层次关系要反映生产的工艺装配过程,包括材料的消耗定额(标准用量、工艺用量和非工艺用量)和不同的工艺状态;物料清单应包括包装材料、标签和说明书等项,一些专门工具也应该包括在物料清单里;物料清单有单层物料清单和多层物料清单之分,其关系按照产品与组件、组件与零件、零件和毛坯或原材料之间的工艺加工过程决定,分为父项和子项,具体如图5-3-7所示。

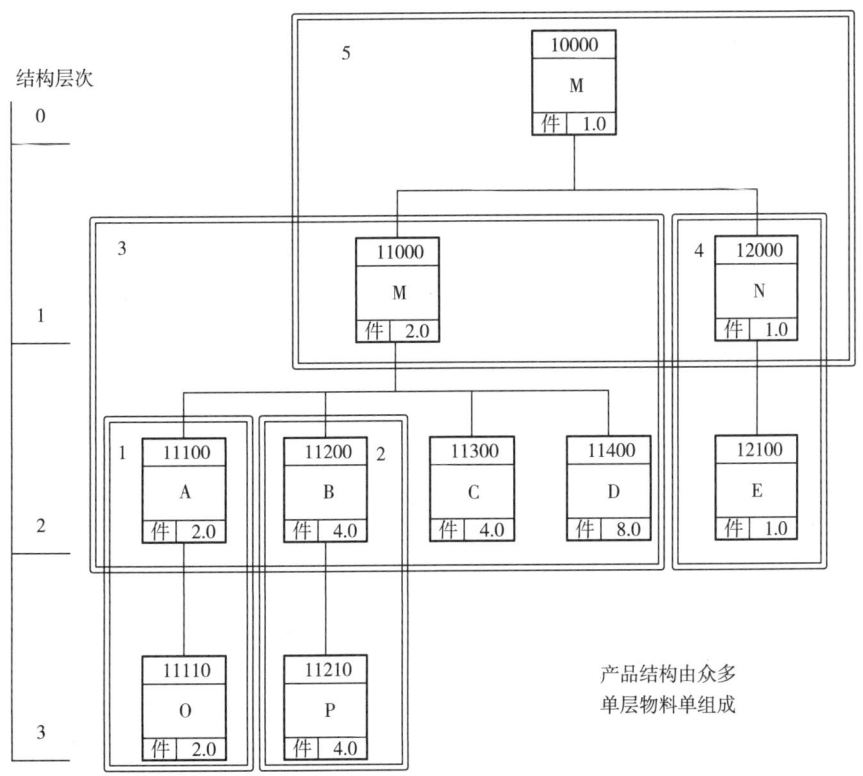

图 5-3-7　产品结构层次

之所以将物料清单视为企业物料管理和规划的源头,是因为它所包含和体现的是制造企业进行生产运营最基本的内容,具体分析其重要性可以体现为以下几点:

(1)物料清单是 MRP 系统的三个主要输入之一,其他两个是主生产计划和库存记录文件,它的正确性对于企业各类物料的采购有着直接影响,一旦出现问题就会导致原材料的积压;

(2)物料清单的错误还会导致生产环节出现问题,进而使半成品和在制品的报废率提高;

(3)真正的物料清单还包括生产过程中所要使用到的一系列辅料,如工装、夹具及其他简单工具,这些工具必须清楚地罗列出来,即便它们只用于某一个工段之中;

(4)物料清单中需要对物料进行编码,如果编码无法确实地保证唯一性,就极有可能造成生产过程的混乱。

(三)工作中心

1. 工作中心的定义

工作中心是用于生产产品的生产资源,包括机器设备、人员,是各种生产或能力加工单元的总称。

一个工作中心可以是一台设备、一组功能相同的设备、一条自动生产线、一个班组、一块装配面积或者是某种生产单一产品的封闭车间。对于外协工序,对应的工作中心则是一个协作单位的代号。

2. 工作中心的作用

它是物料需求计划(ERP)与能力需求计划(CRP)运算的基本单位。它是定义物品工艺路线的依据,在定义工艺路线文件前必须先确定工作中心,并定义好相关工作中心数据。它是车间作业安排的基本单位,车间任务和作业进度被安排到各个加工工作中心,如图5-3-8所示。它是完工信息与成本核算信息的数据采集点。

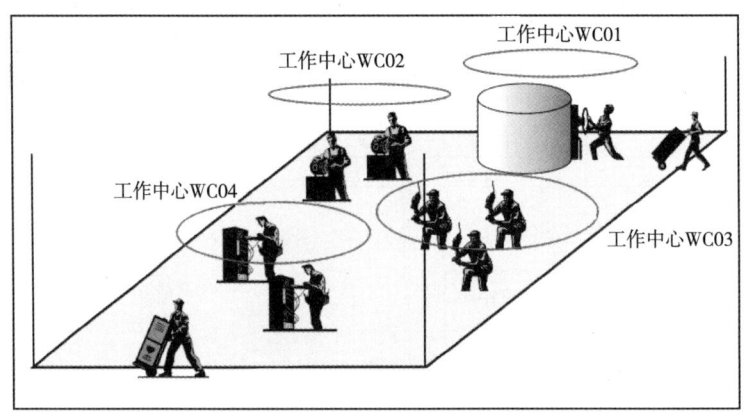

图 5-3-8　工作中心示意图

关键工作中心(critical work center),又称为瓶颈工作中心(bottleneck work center),是决定产品或零部件生产产量的工作中心。关键工作中心一般具有以下四个特点:

(1)经常加班,满负荷工作;

(2)操作技术要求高,工人操作技术要求熟练,短期内无法自由增加工人(负荷和产量);

(3)使用专用设备,而且设备昂贵,如多坐标数控机床、波峰焊设备等;

(4)受多种限制,如短期内不能随便增加负荷和产量(通常受场地、成本等约束)。

注意:关键工作中心会随加工工艺、生产条件、产品类型和生产产量等条件而变化,并非一成不变,不要混同于重要设备。

(四)工艺路线

工艺路线(routing)主要说明物料实际加工和装配的工序顺序、每道工序使用的工作中心,各项时间定额(如准备时间、加工时间和传送时间,传送时间包括排队时间和等待时间)及外协工序的时间和费用,如图5-3-9所示。

工艺路线是一种计划文件而不是工艺文件。主要说明加工过程的工序顺序和生产资源等计划信息。

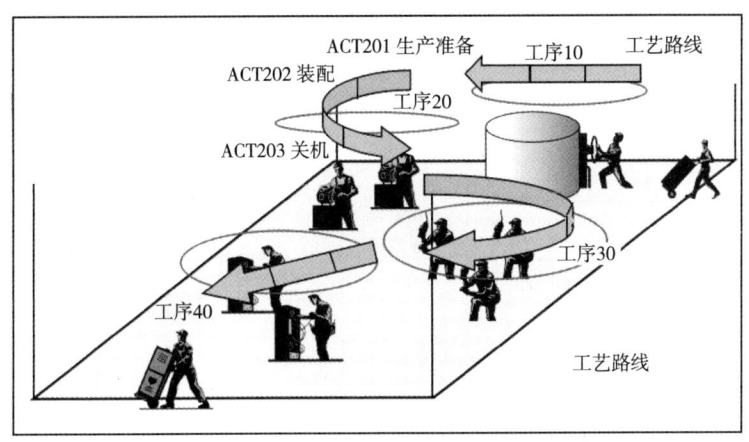

图 5-3-9　工艺路线示意图

工艺路线的作用：

（1）计算加工件的提前期，提供运行 MRP 的计算数据。系统根据工艺路线和物料清单计算出最长的累计提前期，这相当于网络计划中关键路径的长度。企业的销售部门可以根据这个信息与客户洽谈交货期限。

（2）提供能力需求计划（CRP）的计算数据。

（3）提供计算加工成本的标准工时数据。

(五)工作日历

工作日历，也称为工厂生产日历，它包含各个生产车间、相关部门的工作日历，在日历中标明生产日期、休息日期、设备检修日，这样在进行 MPS 与 MRP 的运算时会避开休息日。不同的分厂、车间、工作中心因为生产任务不同、加工工艺不同而受不同的条件约束，因而可能会设置不同的工作日历。

五、织造 ERP 的功能模块

(一)纺织 ERP 系统结构

对于纺织企业这种典型的连续化生产类型的企业实施 ERP 系统建设，除了应实现从原料采购到成品销售完整供应链及链上每个环节的管理外，更应注重行业的特点，建设真正能够适用于大多数纺织企业的 ERP 系统。

纺织企业生产过程中所有工序都有自身的特点和生产规律，概括来讲，纺织行业的生产特点可以表现为连续化、多机台、手工操作，对产品质量影响的四大因素为原材料、设备、工艺、人。除此以外，纺织企业的产品在市场方面常体现为：市场需求变化快，多为小批量、多品种、多订单,需要生产能够及时进行调整。

纺织 ERP 系统主要包括如下功能模块,如图 5-3-10 所示。

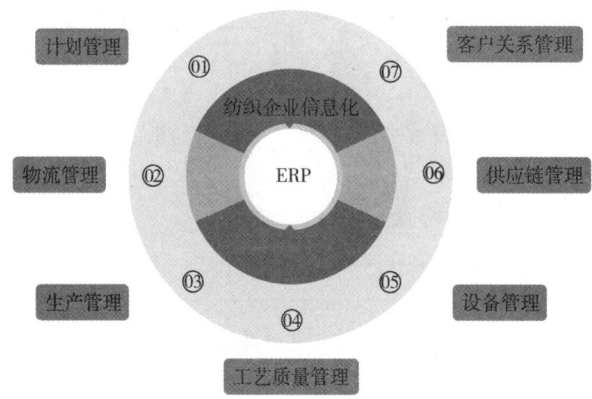

图 5-3-10　七大模块示意图

(二)计划管理模块

企业生产计划是企业生产管理的依据,也是企业生产管理的核心内容。从目前的几种企业管理系统来看,无论是 MRP、MRP II,还是 ERP 系统,都是从生产计划开始运行的,并且都是生产计划作为主线,可见生产计划对于企业生产管理的重要程度。

计划管理工作是以生产预测和生产能力作为依据,通过优化决策来决定纺织企业的生产任务,并从时间上对生产任务做出总体安排,进一步编排生产作业计划,对生产任务进行层层分解,落实到车间、班组,以保证计划任务的实现。

现行的计划管理和控制模块,主要针对各个企业生产方式的不同分为以下三种模式:

1. 三级集成计划和控制模型

马士华教授于 1995 年提出的三级集成计划与控制模型,把主生产计划(MPS)、物料需求计划(MRP)和作业计划与订单控制、生产控制和作业控制三级控制系统集成于一体。该模型理论现今已比较成熟,适用于大多数制造业。

2. JIT 计划控制模型

适应准时制(just in time,JIT)生产方式的 JIT 比率计划(rate based planning)模型与上述三级集成计划和控制模型在生产管理的思路和方法上,有着明显的差别,三级集成计划控制模型对 MRP II 生产作业计划和控制中指导的是一种"推动式(push)"的系统方法,而 JIT 则是一种"拉动式(pull)"的系统方法。可以说,JIT 计划控制模型的目标是一种理想的境界,是一种执行策略,侧重于近期甚至当前。

3. 基于供应链管理的 APS 计划模型

该模型是基于供应链管理提出的一个层级的计划管理系统,从企业的供应商甚至于更广泛的企业网络到企业的客户,对其整个供应链进行综合计划通过定义各种计划问题的选择、目标和约束,使用精确的或启发式的优化算法,最终达到整个供应链计划最优。其优点在于它是一个信息可视化的,可以减少计划时间和方便应用的方法。其主要功能如下:

(1)订单交期审核。根据当前已有订单的交期和新订单的订货数量、生产机型、品种难易程度等进行交期审核,对于不能按时交货的订单,系统给出最早的可行交货期。如果该订单交期不能接受,则需要寻找其他途径(如外发加工或与客户协商交期)。

(2)制订主生产计划。主生产计划是确定每一个具体产品在每一个具体时间段生产的计划。主生产计划是一个重要的计划层次,可以说信息系统的真正运行是从主生产计划开始的。企业的物料需求计划、采购计划等均来源于主生产计划。即先由主生产计划驱动物料需求计划,再由物料需求计划生成采购计划。所以,主生产计划在信息系统中起承上启下的作用。同时,主生产计划又是联系客户与纺织企业销售部门的桥梁,所处位置非常重要。主生产计划必须是可以执行的、可以实现的,它应该符合纺织企业的实际情况,其制订与执行的周期视企业的情况而定。

主生产计划的来源主要有客户订单、预测、备品备件和计划维修件这几种途径。

纺织企业的生产计划是逆向的,也就是根据订单的交期来组织生产。由于纺织企业的生产能力受瓶颈资源的限制,因计划编排时只需对车间瓶颈资源进行计划编排,根据瓶颈工序的加工时间来推断其他工序的加工时间,最后确定订单在各个工序的要求计划完成时间。

(3)制订物料需求计划。物料需求计划是对主生产计划的各个项目所需的全部制造件和全部采购件的时间进度计划。物料需求计划与主生产一样处于 ERP 系统计划层次的计划层,由 MPS 驱动 MRP 的运行。物料需求计划是生产管理中的主要组成部分之一,也是计划管理部分的核心。

物料需求计划主要解决这样几个问题:要生产什么?生产多少?要用到什么?已经有了什么?还缺什么?什么时候安排?

物料需求计划所需要的需求方面的数据来源有以下两个:一个是主生产计划数据,即从MPS 中得到在何时、应产出何种产品及数量;另一个是独立需求数据。

①原料数量需求。对于一个客户订单,企业应根据订单中的产品名称、规格和订货数量来确定产品的生产工艺流程,所需各种原料的名称、规格及需求量。

②原料准备时间。原料的准备周期,当原料有库存时,准备周期为 0。

（三）生产管理模块

生产管理系统是通过生产组织工作,按照纺织企业目标的要求,设置技术上可行、经济上合算、物质技术条件和环境条件允许的生产系统;通过生产计划工作,制订生产系统优化运行的方案;通过生产控制工作,及时有效地调节企业生产过程内外的各种关系,使生产系统的运行符合既定生产计划的要求,实现预期生产的品种、质量、产量、出产期限和生产成本的目标。生产管理的目的就在于,做到投入少、产出多,取得最佳经济效益。

生产管理系统主要功能包括:生产现场的调度,穿综、上了机等进度的跟踪,产量统计及工资核算,并可与织机监控进行数据对接,实时读取每台织机的生产效率、转数、停机时间等生产数据,帮助车间调度时间调整生产安排,有效地协调指挥车间的现场生产工作,实现对生产车间的有效控制,并通过系统数据对车间员工以及班组长等管理人员进行考核,提升企业的核心竞争力。

生产管理模块的具体功能如下。

1. 系统设置

创建账套、部门结构设置、职工档案管理、操作权限管理、货币代码维护。此外,还能对兑换汇率、地区、运输方式、结算方式、单据说明等代码进行设置及管理。

2. 物料编码管理

对各种物料的编码维护、对物料以及计量单位等进行分类管理。

3. 基础数据管理

定义生产管理中的期量标准和基础代码的维护,是整个系统的运行基础。生产基础数据的定义和变更可及时反映到采购部、计划部、生产车间,避免因手工传递造成的不必要的损失和误差。

（1）物料清单管理（BOM 管理）。BOM 是企业生产物料组成的基本文件,物料管理是企业生产发展的基础,企业也越来越重视物料清单的管理。

现实生产过程中,物料清单会与计划的数量、种类有差异,且物料也会有损益情况,BOM 管理模块能记录意外发生的物料,并能识别计划之外的物料,能有效控制增加或者节省物料,有利于控制生产成本。

（2）工序管理。按不同生产的品种定义工序、人工工时定额,设备工时定额、难度系数、计件单价等,并指明各生产品种对应生产的机型。工序定额在生产管理过程中占有十分重要的位置,它是生产能力评估的依据,同时也是车间操作人员计件工资核算的基本资料。

不同企业、不同产品的生产工序都可能存在差异,生产管理系统的产品生产工序设计可以满足企业的需求,生产管理人员可根据实际生产状况设计不同的方案,并通过产品生产工序设计模块严格控制设计流程。

(3)生产日历。生产日历是企业用于编制计划的特殊日历。在此日历上编制计划,安排生产和进行能力核算才是准确的。本系统将生产日历直接定义在生产线上,即不同的生产线可以有不同的生产日历。

(4)设备档案管理。设备档案管理主要功能是定义和维护设备的信息。通过加强对设备档案的管理可以将有限的设备充分利用。

4. 车间作业管理

车间作业管理为浆纱、织造、后整理、成品几大关键车间提供车间工序跟踪。可以通过手工、车间刷卡、智能在线采集三种模式和车间收付两种管理方式,帮助进行车间排产、排班、执行等业务管理功能,支持工序委外、回修等业务处理;生产任务全程跟踪等实现生产过程的监控。

(1)浆纱车间。记录工人浆纱产量、排花产量、浆缸批次、机型和产出织轴信息。

(2)织造车间。跟踪织轴卡的生产进度包括穿综、插筘、上了机、落布时间、工人落布产量、班组不合格品记录等。

(3)后整理车间。接收坯布车间的来坯,并根据订单工艺生产路线,记录烧毛、退浆、丝光、定型等工序的产量及完成时间点,生成班组产量报表。

(4)成品车间。检验后整车间来布质量,并根据评分体系做出相应的评分,系统提供智能开剪方案和手工开剪两种模式。并根据销售出货计划信息对成品布打卷组包,产生出货码单。

(5)车间回修管理。将异常在制品和成品布转到待返修任务区,根据回修任务生成工艺任务清单,支持厂内回修和厂外回修两种处理模式。

5. 生产进度跟踪

生产管理人员可通过系统查询生产订单的生产情况,实时跟进并掌握生产进度,确保产品在规定的时间内完成。

6. 产量工资管理

可按日期、班次、机台、车间等条件统计各个车间、各个工序的班产、日产。

可根据生产品种的纬密计算折产,与指标产量进行对比,统计产量的达标情况。

根据实际产量记录统计操作工计件工资,并形成日计件工资报表,打印、粘贴。

(四)工艺质量管理模块

工艺质量管理系统是面向车间层级的管理信息系统,强调工艺的执行和生产质量过程的动态控制。产品的工艺流程是各车间生产的主要依据,工艺参数则直接影响产品的产量、质量和消耗。合理的工艺流程可以保证质量,减少劳动损耗,合理利用设备和厂房,从而提高生产效率。通过系统将工艺与车间生产质量反馈和物测信息连贯起来,可以随时对当前及历史品种工艺的质量反馈和物测信息进行汇总分析,有利于工艺人员对工艺的持续创新和改进。

工艺质量管理模块具体功能如下。

1. 工艺管理

(1)工艺标准化。工艺标准化是将企业内部工艺技术信息,如组织图、纹版图、上机工艺等工艺进行标准化管理,加强企业关键知识的标准化积累。

通过工艺标准化的管理,将企业原先按来一单做一个工艺,改变为直接调用工艺标准库,提升工艺技术信息的复用率。通过相近工艺再修改的工作形式,不仅减少翻单、相似单重复性的工艺制作,也降低工艺出错率,提高工作效率。将经验数据转换成系统信息记录,减少对人的依赖性和随意性,有利于提升工艺和生产品质的稳定性。

(2)工艺设计。工艺设计子模块主要包括订单的花型组织结构图设计、纹版图设计、穿综插箔法、经纱排列和纬纱排列等,并可根据设计的工艺内容动态形成布面效果模拟图。在工艺设计中,工艺设计人员根据产品的规格、特性及质量要求,确定订单生产的工艺流程、加工方法及工艺参数;制订工时和相关原材料的消耗定额。

通过系统进行订单工艺分析,解决以往纺织企业工艺设计效率低、出错率高、工艺数据存档不方便、布面模拟图难实现等问题。

车间工艺设计子模块包括浆纱工艺制作和织造工艺制作。可以通过系统自动打印工艺单,减少手工制作工艺易出错的情况。

(3)工艺审核。工艺审核人员主要是审查工艺流程是否正确及工艺参数是否合理。审核之后的工艺同系统可直接下发至车间。

2. 质量管理

质量管理模块的核心是质量检验,几乎所有的质量功能都与质量检验有关,在质量检验中要确定检验类型,基本检验类型有收货检验、外协检验、生产过程检验、发货检验、对客户退货检验、库存转移检验等,集成到物料采购、生产和销售的运作活动中,涉及组织运作的各个环节;质量标准和计划是质量检验的前期准备,确定产品的检验过程和标准,质量管理系统对检验特性、代码、检验方式、检验标准、取样过程、取样体系等基本数据进行设置,通过科学的编码分类,使质量信息能够按类型、分产品、分工序、分原因地汇总分析;ERP 系统中质量控制可实现与采购、生产、销售紧密集成的流程控制,充分体现全面质量管理,全员参加,全过程控制的思想。

(1)质量标准。建立质量管理运行所需的基本参数和技术标准;包括质量等级、质量缺陷分类、检测方法、检测项目、抽样标准和检测标准等。

（2）物料采购的质量管理。ERP系统中采购和质量管理模块的衔接实现采购流程的质量控制，在ERP的流程设置中，采购业务的处理流程为采购计划—订单分配—收货—入库—付款，把收货和入库严格区分开，流程中的控制点设置为未经检验的物料不能入库；检验的标准和实际检验的结果在质量管理模块中采集和记录，物品入库的批次号和检验结果以及所放货位相匹配，库存管理模块根据以上信息实现先进先出、质量追溯、状态查询等功能。

从供应链的角度看物料采购中的质量管理格外重要。任何企业生产产品都离不开相关企业的产品、服务的支持，要保证产品的品质，一定需要相关企业技术的同步发展。供应链的管理只有建立在信息化平台之上，才能形成对供应商情况的全面了解和监控。

3. 生产过程的质量管理

ERP系统中生产和质量管理模块的衔接实现的是制造过程中的产品检验和控制以及对产品性能的测试与控制，目的在于通过测量半制品和产成品的特性，并把测量结果与规定的质量标准相比较，严格的不合格品审理流程有效控制不合格品向下一道工序流转，使质量问题尽可能不扩散到更大范围，并且针对已出现的质量问题进行快速追溯与跟踪，精准锁定质量问题范围。

质量管理模块中具有设置检验标准的功能，可以把检验结果输入进行比较，也可以连接计算机辅助在线质量检测与控制系统，实时收集生产过程的数据，对生产过程进行监控，当异常因素刚露出苗头，甚至在未造成不合格品之前就能及时被发现，有效地使质量差异变小。

4. 质量分析与改进

质量分析运用科学的数理统计方法，充分发挥信息技术编码、分类的优势，对质量信息进行结构、关键、趋势、原因等细致的分析，为产品、工艺、检验规程的设计和操作规程提供了参考依据；通过对质量要素的分析，找出产生质量问题的原因，采取有效的措施，不断提升产品品质。

（五）设备管理模块

设备是制造企业固定资产的重要组成部分，是企业组织生产的手段，其使用率、完好率直接关系到企业生产的效率和组织情况。纺织企业必须配备专职或兼职设备管理人员负责设备的基础管理工作，建立健全相应的设备管理制度。对于流程型企业来说，设备资产的使用年限较长，工艺稳定变化，因此，设备管理的重点是使纺织企业消除设备故障，减少设备停机时间，提高设备利用率，从而降低设备的维修成本。并使企业可充分利用设备资源，提高设备可靠性，最终达到提高生产率的企业目标。

设备管理模块与固定资产管理、设备产能管理等模块是集成的。通过设备状态的维护，实现生产线和工作中心的能力维护,反映到整个工厂系统,帮助计划、生产调度等监控设备状况,具体如图5-3-11所示。

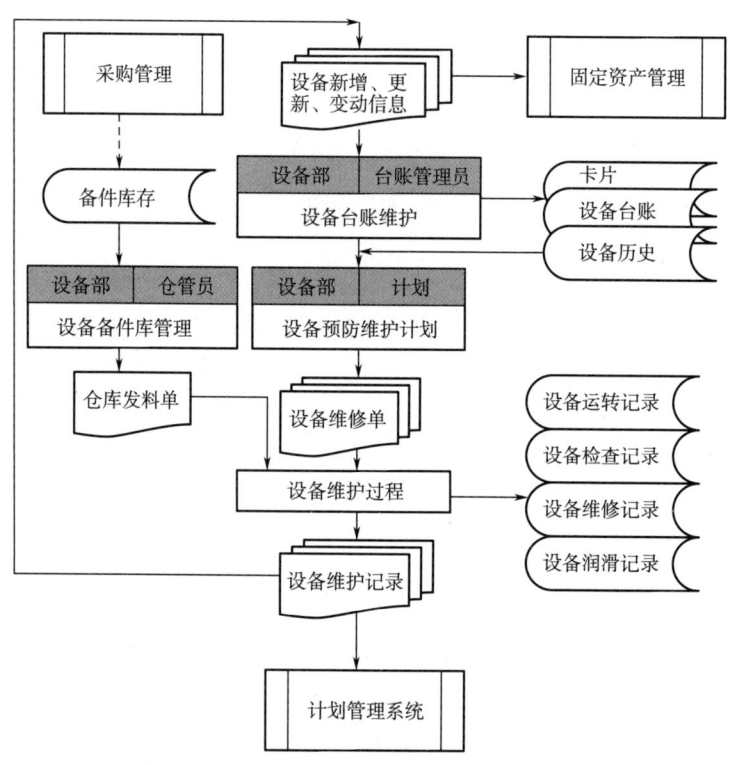

图 5-3-11　设备管理模块示意图

1. 设备台账管理

按照生产管理、质量管理和财务管理的要求建立卡片,标识、设备台账和更新记录。所有设备、仪器、仪表、衡器必须登记造册。固定资产设备必须建立台账、卡片。主要设备要逐台建立档案,内容包括:生产厂家、型号、规格、生产能力;技术资料(说明书、设备图纸、成品图、易损件备品清单等)。描述设备物理位置,使用情况。

2. 设备维护管理

设备维护管理主要包括,检修、维护、保养周期和记录;要制订设备保养、检修规程(如维修保养职责,检查内容,保养方法、计划、记录等),并制订保养计划,检查设备润滑情况,确保设备经常处于完好状态。做到无跑、冒、滴、漏。保养、检修的记录应建立档案并保存。

(六)供应链管理模块

1. 供应链管理的形成

随着市场竞争程度的不断激化,全球经济一体化加剧,光凭一个企业本身内部的资源难以适应市场的发展,企业对资源的争夺已经发展到企业之外的整个供应链,因而 ERP 的资源计划对象从企业内部发展至企业外部的整个供需链的所有资源。

从 20 世纪 60 年代至 90 年代,由 MRP-H、JIT 发展到 ERP,企业总是在努力适应市场要求,提高企业的市场应变能力与竞争力,不断扩大经营规模,向集团化、多元化的经营发展,也就是向纵向一体化方向发展,尽量扩充企业的内部资源,以至于什么零部件都想自己生产、制造。但随着经济全球化与知识经济的促进,尤其是 Internet 的飞速发展,市场的资源组合发生巨大的变化,直接导致了企业由纵向一体化转向横向一体化方向发展,全面的供需链网络正在飞速构成。

2. 构建供应链管理

通过进一步分析与研究,可以知道,每个供应链的节点中都有一个核心企业,供应链是由核心企业向供应链前、后扩充而形成的一个综合网络,每个网络中的节点企业的资源在网络中流动。因此,概括来说,供应链管理是围绕核心企业,主要通过信息手段,对供应各个环节中的各种物料、资金、信息等资源进行计划、调度、调配、控制和利用,形成用户、零售商、分销商、制造商、采购供应商的全部供应过程的功能整体。

进入供应链式管理时代,各个节点企业的主控生产计划已经从主生产计划转移到对整个供应链的物流运作计划轨道上来。如图 5-3-12 所示,最终用户的需求推动了供应链的运作,产生需求计划,这个计划是供应链物流计划的输入源,通过供应链中的核心企业平衡了整个供应链的资源后做出供应链物流计划,并产生各种资源计划。计划输入制造企业后,由制造企业产生制造企业的主控生产计划,即 MPS、MRP 等,同时,结构可以进一步反馈到供应链物流计划。

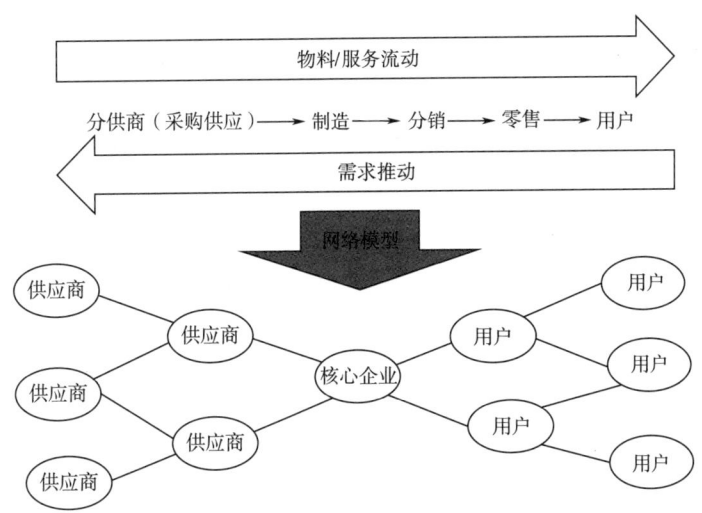

图 5-3-12　典型的供应链结构模型

3. 供应链管理的信息技术支撑

信息共享是供应链管理的基础,只有供应链中的各个企业共享管理的各种有关信息,才能提供有效的供应信息,进行资源调配决策。信息技术的飞速发展也为供应链管理的实现提供了可行的技术保障,信息技术的竞争往往是供应链竞争的最前沿、最激烈的领域,高效的信息网络是供应链高效运行的重要保障与基础条件。因此,如何构建供应链的信息支撑体系是供应链必须优先考虑的问题。

(七) 客户关系管理

客户关系管理(CRM)其核心思想为:客户是企业的一项重要资产,客户关怀是 CRM 的中心,客户关怀的目的是与所选客户建立长期和有效的业务关系,在与客户的每一个"接触点"上都更加接近客户、了解客户,最大限度地增加利润和利润占有率。

1. 客户关系管理出现的原因

(1)需求的拉动。企业的销售、营销和客户服务部门难以获得所需的客户互动信息。来自销售、客户服务、市场、制造、库存等部门的信息分散在企业内,这些零散的信息使得企业无法对客户有全面的了解,各部门难以在统一的信息的基础上面对客户。这需要各部门对面向客户的各项信息和活动进行集成,组建一个以客户为中心的企业,实现对面向客户活动的全面管理。

(2)技术的推动。计算机、通信技术、网络应用的飞速发展使得上面的想法不再停留在梦想阶段。电子商务在全球范围内正开展得如火如荼,正在改变着企业经营的方式。通过互联网,可开展营销活动,向客户销售产品,提供售后服,收集客户信息。客户信息是客户关系管理的基础。数据仓库、商业智能、知识发现等技术的发展,使得收集、整理、加工和利用客户信息的质量大大提高。

(3)管理理念的更新。经过二十多年的发展,市场经济的观念已经深入人心。当前,一些先进企业的重点正在经历着从以产品为中心向以客户为中心的转移。有人提出了客户联盟的概念,也就是与客户建立共同获胜的关系,达到双赢的结果,而不是千方百计地从客户身上谋取自身的利益。

在互联网时代,企业仅依靠传统的管理思想去经营已经不够。互联网带来的不仅是一种手段,它触发了企业组织架构、工作流程的重组以及整个社会管理思想的变革。

2. 客户关系管理的实现

客户关系管理的实现,可从两个层面进行考虑:其一是解决管理理念问题,其二是向这种新的管理模式提供信息技术的支持。其中,管理理念的问题是客户关系管理成功的必要条件。这个问题解决不好,客户关系管理就失去了基础。而没有信息技术的支持,客户关系管理工作的效率将难以保证,管理理念的贯彻也失去了落脚点。

3. 客户关系管理系统的功能

图 5-3-13 可以代表当前人们对客户关系管理的主流认识。

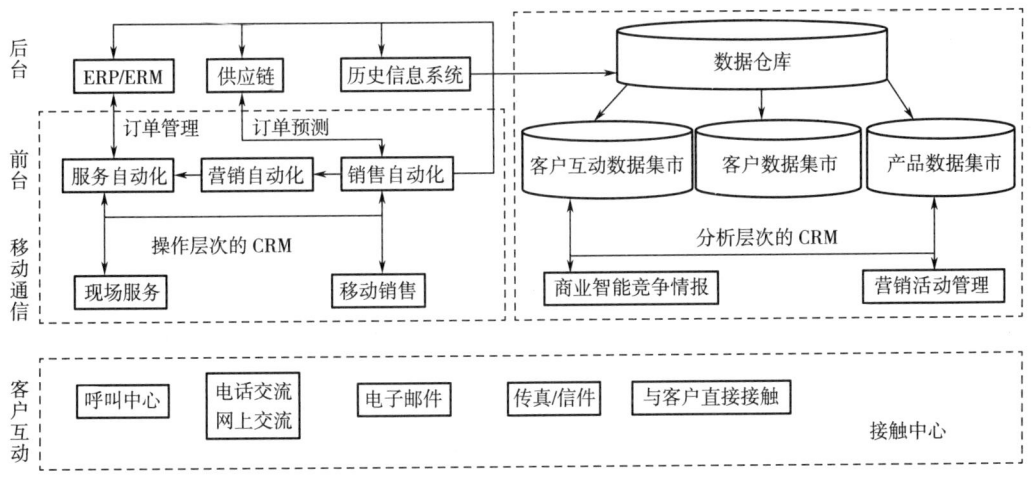

图 5-3-13 客户关系管理示意图

客户关系管理的功能可以归纳为三个方面:对销售、营销和客户服务三部分业务流程的信息化;与客户进行沟通所需要的手段(如电话、传真、网络、E-mail 等)的集成和自动化处理;对上面两部分功能所积累下的信息进行的加工处理,产生客户智能,为企业的战略战术决策作支持。

参考文献

[1]刘秋生,赵广凤,刘涛.企业信息化工程理论与方法[M].南京:东南大学出版社,2016.

[2]王鲁滨.企业信息化建设:理论·实务·案例[M].北京:经济管理出版社,2012.

[3]奚惠鹏,王源.浅谈学会工作信息化[J].科协论坛(上半月),2009(7):29-31.

[4]刘红冰.计算机应用基础教程 Windows 7+Office 2010[M].3 版.北京:中国铁道出版社,2015.

[5]王珊,萨师煊.数据库系统概论[M].5 版.北京:高等教育出版社,2014.

第六篇　棉纺织厂生产公用工程

第一章　棉纺织厂空气调节

棉纺织厂空气调节的任务是使生产车间的空气环境满足生产工艺所要求的温度、湿度和含尘量条件,提高劳动生产率;同时改善劳动条件,保护职工健康,满足国内对工人劳动条件日益增高的要求。

第一节　湿空气的性质及车间环境

一、湿空气及其性质

(一)湿空气的组成

大气是干空气和低压水蒸气(水汽)的混合物,干空气的组成与含量见表6-1-1。

表6-1-1　干空气的组成与含量

气体名称	分子式	含量/%	
		按质量计	按容量计
氮	N_2	75.52	78.08
氧	O_2	23.15	20.94
二氧化碳	CO_2	0.05(变动)	0.03(变动)
稀有气体		1.28	0.95

(二)湿空气的主要参数

1. 大气压力 p_a

以纬度45°处的海平面上0℃时所测得的平均压力为一个标准大气压,相当于 $1.01325×10^5 Pa$

（760mmHg 或 1013.25mbar）。大气压力随所在地区海拔高度的增加而降低,海拔高度与大气压力的关系见表6-1-2。

表6-1-2 海拔高度与大气压力的关系

高度/km	0	1	2	3	4	5
大气压力/($\times 10^2$Pa)	1013	899	795	701	617	540

压力单位换算关系见表6-1-3。

表6-1-3 压力单位换算表

帕斯卡 （Pa）	千帕斯卡 （kPa）	巴 （bar）	毫巴 （mbar）	千克/米² （kg/m²）	千克/厘米² （kg/cm²）	标准大气压 （atm）	毫米汞柱 （mmHg）
1	10^{-3}	10^{-5}	10^{-2}	0.101972	0.101972×10^{-4}	9.86923×10^{-6}	7.50062×10^{-3}
10^3	1	10^{-2}	10	101.972	0.101972×10^{-1}	9.86923×10^{-3}	7.50062
10^5	10^{-2}	1	10^3	10.97.2	1.01972	9.86923×10^{-1}	7.35559×10^2
10^2	10^{-1}	10^{-3}	1	10.1972	0.101972×10^{-2}	9.86923×10^{-4}	7.35559×10^{-1}
9.80665	9.80665×10^{-3}	9.80665×10^{-5}	9.80665×10^{-2}	1	10^{-4}	9.6784×10^{-5}	7.35559×10^{-2}
9.80665×10^4	9.80665×10	9.80665×10^{-1}	9.80665×10^2	10^4	1	9.6784×10^{-1}	735.559
101325	101.325	1.01325	1013.25	10332.3	1.03323	1	760
133.332	0.133332	1.33332×10^{-3}	1.33332	13.5951	1.35951×10^{-4}	1.35951×10^{-3}	1

仪表测出容器内的气体压力为工作压力（表压力）p_b,表压力加上大气压力 p_a 为绝对压力 p,公式如下:

$$p = p_b + p_a$$

绝对压力小于大气压力时的表压为负压,即真空度。

2. 水蒸气分压力 p_q

地球上的湿空气由干空气和水蒸气组成,所以大气压力为干空气分压力 p_g 与水蒸气分压力 p_q 之和,即:

$$p_a = p_g + p_q$$

3. 温度

常用摄氏温度 t（℃）表示,换算公式如下:

$$T = 273.15 + t$$

$$F = 32 + 1.8t$$

式中: t ——摄氏温度, ℃ ;

　　　T ——绝对温度, K ;

　　　F ——华氏温度, ℉ 。

在空调中还经常用到湿球温度(℃)、露点温度(℃)和机器露点温度(℃)。

在车间干湿球温度计上包有湿纱布时测得的是湿球温度。

4. 绝对湿度 γ_q

1m³湿空气中含有水蒸气的质量(g)称为绝对湿度,单位为 g/m³ 。

$$\gamma_q = \frac{m_q}{V_q} \times 1000$$

式中: m_q ——湿空气中含有水蒸气的质量, kg ;

　　　V_q ——水蒸气的体积,即湿空气的体积, m³ 。

5. 相对湿度 ϕ

相对湿度表示空气的干湿程度,指空气中绝对湿度 γ_q 和同温度下的饱和绝对湿度 γ_b 的比值,也可用水蒸气分压力 p_q 与同温度下饱和水蒸气分压力 p_{bq} 的比值表示,或者近似地用空气含湿量 d 与同温度饱和空气的含湿量 d_b 的比值表示。

$$\phi = \frac{\gamma_q}{\gamma_b} \times 100\% = \frac{p_q}{p_{bq}} \times 100\% \approx \frac{d}{d_b} \times 100\%$$

6. 含湿量 d

1kg干空气中水蒸气的质量,单位为 g/kg干空气。可用理想气体方程整理出含湿量。

$$d = 622 \frac{p_q}{p_a - p_q}$$

在一定温度下,一定量的空气中能容纳水蒸气量达到最大限度时,称为饱和空气。与此相应的有饱和水蒸气分压力 p_b 、饱和绝对湿度 γ_b 和饱和含湿量 d_b 。

7. 焓 h

焓即空气的含热量,它包括干空气显热、水蒸气的显热和潜热,单位为 kJ/kg 。

$$h = (1.01 + 1.84d)t + 2500d$$

式中: t ——空气温度, ℃ ;

　　　d ——空气的含湿量, kg/kg干空气;

　　1.01——干空气的平均定压比热, kJ/(kg · K) ;

　　1.84——水蒸气的平均定压比热, kJ/(kg · K) 。

　　2500——0℃时水的汽化潜热, kJ/kg 。

在空调工程中,一般以0℃时干空气的含热量和0℃时水蒸气的含热量为0作为含热量的计算基准。在热量交换中,若只有使物质的温度发生变化,而无状态(固、液、气)的变化,这种热量称为显热,如上式中"$(1.01+1.84d)t$"部分;若只有使物质的状态发生变化,而无温度的变化,这种热量称为潜热,如上式中"$2500d$"部分,是0℃时$d$kg水的汽化潜热,它仅随含湿量而变化,与温度无关。显热和潜热之和称为全热,即为湿空气的焓。

8. 比体积 v 和密度 ρ

内含1kg干空气的湿空气所占的容积称为比体积,单位为m³/kg干空气,即:

$$v = 287 \times \frac{273 + t}{p_a - p_q}$$

比体积的倒数称为密度,湿空气的密度是干空气的密度ρ_g与水蒸气的密度ρ_q之和,即:

$$\rho = \frac{1}{v} = \rho_g + \rho_q = 0.00349 \times \frac{p_a}{273 + t} - 0.00132 \times \frac{p_q \cdot \phi}{273 + t}$$

对干空气而言,上式右端第二项为零,即干空气的密度比湿空气的密度大。如在标准大气压下,温度为20℃,相对湿度为80%,经计算这种湿空气的密度为1.195kg/m³;若在上述条件下,干空气的密度为1.203kg/m³,则在常温常压下,湿空气的密度可近似地认为是1.2kg/m³。

二、焓湿图及其应用

焓湿(h—d)图是以焓h为纵坐标,含湿量d为横坐标,其他参数线均以此为基础作出。大气压力为101325Pa和79993Pa时的h—d图如图6-1-1和图6-1-2所示。

(一)湿空气状态参数确定

例1:已知大气压力为101325Pa,车间空气温度为30℃,相对湿度为60%,求车间空气的状态点及含湿量、含热量、水蒸气分压力。

解:如图6-1-3所示,在大气压力为101325Pa的h—d图上,找出$t=30$℃与$\phi=60\%$的交点A,即为该车间空气的状态点,由A点查出$d_A=16$g/kg干空气,$h_A=71.2$kJ/kg干空气,$p_q=2540$Pa。

例2:已知车间空气温度20℃,相对湿度50%,求空气的含湿量、饱和含湿量、焓、露点温度以及在$\phi=95\%$时的机器露点温度和湿球温度。

解:由图6-1-4可知,A点空气状态的含湿量$d_A=7.2$g/kg干空气,饱和含湿量$d_B=14.6$g/kg干空气,焓$h_A=38.52$kJ/kg干空气,露点温度$t_1=9.2$℃,在$\phi=95\%$的机器露点温度$t_k=10$℃,湿球温度$t_C=13.8$℃。

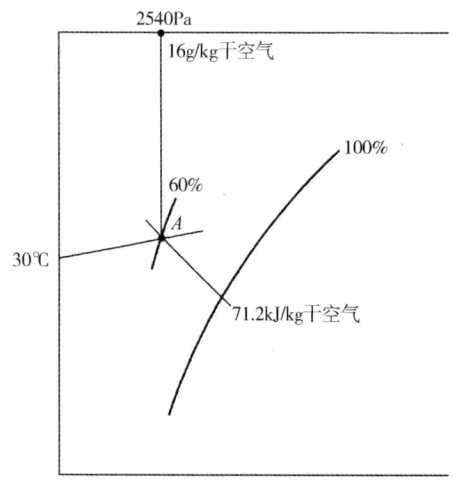

图 6-1-3　在 h—d 图上确定空气的
状态点及其参数

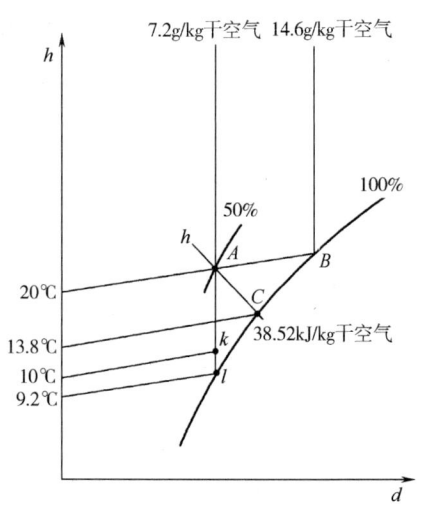

图 6-1-4　在 h—d 图上确定空气的露点
温度、湿球温度和机器露点

(二)空气热湿处理过程及标示

1. 热湿交换过程变化及其处理方法

表 6-1-4 和图 6-1-5 列出了以 A 为原点的 12 种热湿交换过程变化及其处理方法。

表 6-1-4　空气参数变化过程及处理方法

过程线	处理过程热湿变化	空气参数变化				处理方法举例
		h	d	t	ϕ	
A-1	减焓去湿	↓	↓	↓	↑	低温水喷淋或表冷器
A-2	减焓等湿	↓	不变	↓	↑	低温水喷淋或表冷器
A-3	减焓加湿	↓	↑	↓	↑	低温水喷淋
A-4	等焓加湿	不变	↑	↓	↑	循环水喷淋
A-5	增焓加湿降温	↑	↑	↓	↑	热水喷淋
A-6	增焓加湿等温	↑	↑	不变	↑	喷饱和蒸汽
A-7	增焓加湿升温	↑	↑	↑	↑	喷过热蒸汽
A-8	增焓等湿	↑	不变	↑	↓	加热器加热
A-9	增焓去湿	↑	↓	↑	↓	吸湿剂去湿

过程线	处理过程热湿变化	空气参数变化				处理方法举例
		h	d	t	ϕ	
$A-10$	等焓去湿	不变	↓	↑	↓	吸湿剂去湿
$A-11$	减焓去湿升温	↓	↓	↑	↓	吸湿剂水溶液喷淋
$A-12$	减焓去湿等温	↓	↓	不变	↓	吸湿剂水溶液喷淋

2. 不同状态空气的混合过程

图 6-1-6 所示为不同状态空气的混合过程,点 1、点 2 为两种空气的状态点,混合后的状态点为 3,其状态参数为:

$$d_3 = \frac{G_1 d_1 + G_2 d_2}{G_1 + G_2}, \quad h_3 = \frac{G_1 h_1 + G_2 h_2}{G_1 + G_2}$$

或

$$\frac{\overline{23}}{\overline{31}} = \frac{h_2 - h_3}{h_3 - h_1} = \frac{d_2 - d_3}{d_3 - d_1} = \frac{G_1}{G_2}$$

式中:G_1——状态点 1 的空气量,kg/h;

G_2——状态点 2 的空气量,kg/h;

G_3——混合空气状态点的空气量,kg/h。

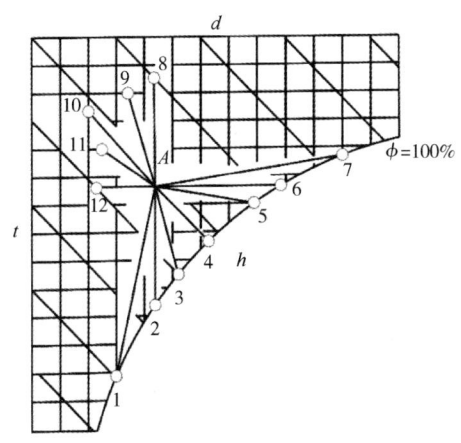
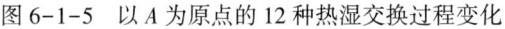

图 6-1-5　以 A 为原点的 12 种热湿交换过程变化

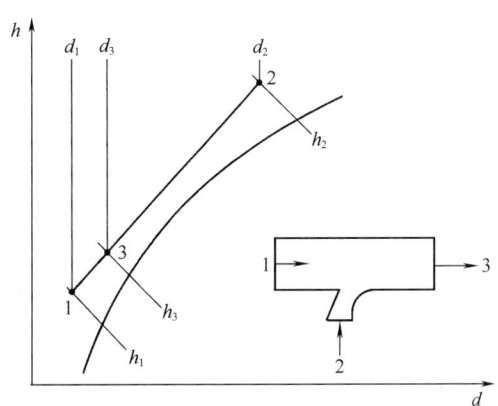

图 6-1-6　不同状态空气的混合过程

3. 举例

例 1:设一织布车间的空气状态点为 B,其参数 $t_B = 24℃$,$\phi_B = 70\%$,$d_B = 13.2\text{g/kg}$干空气,

$h_B = 57.9$kJ/kg干空气,机器露点为k,其参数为$t_k = 19.5℃$,$\phi_k = 95\%$,$d_k = 13.2$g/kg干空气,$h_k = 52.75$kJ/kg干空气。经计算可知,车间需要再热❶,再热后的焓值57.31kJ/kg干空气,试确定再热后的状态点及参数。

解:如图6-1-7所示,作一57.31kJ/kg干空气的h线,与d_B线交于k'点,k'点就是送风状态点,其参数$t'_k = 23.9℃$,$\phi'_k = 70\%$。

例2:设车间空气温度34℃,相对湿度65%,若用自来水在车间内直接喷雾,要求相对湿度80%,试确定每千克空气中的喷雾量及空气温度。

解:如图6-1-8所示,查得$d_1 = 22$g/kg干空气。经点1作h线与80%的相对湿度线交于点2,查得$d_2 = 23$g/kg干空气,$t_2 = 31℃$。其加湿量为:

$$\Delta d = d_2 - d_1 = 23 - 22 = 1(\text{g/kg 干空气})$$

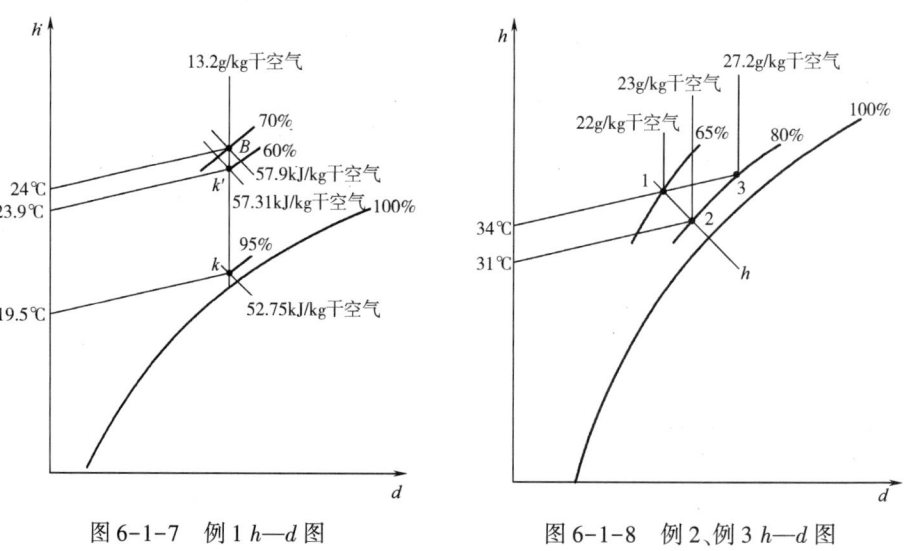

图6-1-7　例1 h—d 图　　　　图6-1-8　例2、例3 h—d 图

例3:在例2中,若用喷蒸汽加湿空气,要求相对湿度80%,试确定每千克空气中的喷蒸汽量。

解:如图6-1-8所示,经点1作等温线与80%的相对湿度曲线交于点3,查得$d_3 = 27.2$g/kg干空气,则喷蒸汽量为:

$$\Delta d = d_3 - d_1 = 27.2 - 22 = 5.2(\text{g/kg干空气})$$

例4:设室外空气温度为-4℃,相对湿度为73%;车间空气温度为22℃,相对湿度为65%。若将4391kg/h的新风和39516kg/h的车间回风混合,求混合后的状态点及参数。

---

❶再热是提高热力设备或热机效率的一种措施,让工质(一般为水)在湿蒸汽区工作的干度不低于大约0.99,所以又常被称为蒸汽热动力设备或热机提高效率的措施。

解:如图 6-1-9 所示,车间总风量 $L =$ 4391kg/h+39516kg/h = 43907kg/h,新风量是总风量的 1/10,回风量是总风量的 9/10,由此在 BH 线上得 C 点,即为混合空气状态点,查得参数为 $t_C = 19℃$, $\phi_C = 73\%$, $d_C = 9.3g/kg$, $h_C = 44kJ/kg$ 干空气。

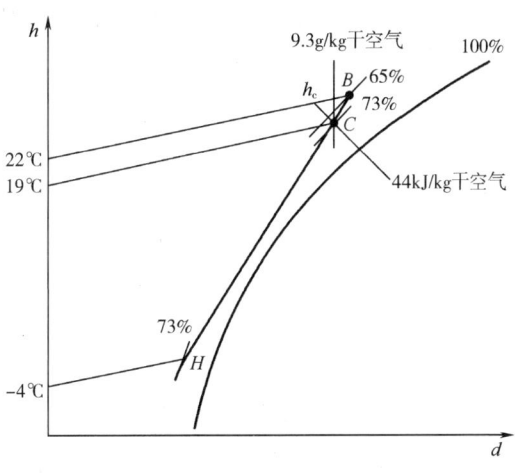

图 6-1-9 例 4 $h-d$ 图

三、车间空气环境与人体健康

车间空气环境对人体健康影响很大,这一环境是指车间空气的温度、相对湿度、空气的流动速度、空气的清洁度和空气的新鲜度。

人体要不断散发一定热量,如果空气温度过低或过高,则要增减衣服,调节人体的散热量,保持正常的体温。散热量还与劳动强度有关。

人体散发的热量与空气相对湿度有关。在夏季,如果是高温低湿天气,汗水容易蒸发,人体感到凉爽;如果是高温高湿天气,汗水不易蒸发,则有闷热感。在冬季,如果是低温低湿天气,则称"干冷";如果是低温高湿天气,则称"湿冷"或"阴冷"。在相同气温下,湿冷在感觉上比干冷要冷一些。潜热是指在温度保持不变的条件下,物质在从某一相转变为另一相的相变过程中所吸收或放出的热量。汗液蒸发的热量属于潜热,其他只有温度变化而散发的热量称显热。人体散发的总热量包括显热和潜热。合适的温湿度条件和工作环境可减轻操作工人疲劳,提高工作效率。

(一)车间空气参数要求

气象预报用不舒适指数 DI (discomfort index) 表示,见表 6-1-5。

$$DI = 0.72(t + t') + 40.6$$

式中: t ——气温,℃ ;

t' ——湿球温度,℃ 。

表 6-1-5 DI 值与肌肤感觉

DI	55~59	60~74	75~79	80~84	85 以上
肌肤感觉	有寒意	舒适	稍热	炎热	极热

稍热表示少部分人不适,炎热则大部分人不适,极热时应注意中暑等疾病发生。

棉纺织企业工人操作要求手指灵活、精神集中，车间温度18~26℃、相对湿度40%~70%较合适。车间工人一般巡回作业行走约2km/h，散发热量150~200W/(h·人)，散湿量在30mL/(h·人)左右，不显汗。在34℃以上高温条件下要出大量汗来散热，散湿量可达270mL/(h·人)。

人体需氧量与劳动强度有关，棉纺织厂工人劳动强度属轻、中等作业强度，需氧量为24~33L/(h·人)，呼出CO_2 22~30L/(h·人)。国家标准《工业建筑供暖通风与空气调节设计规范》(GB 50019—2015)以及《棉纺织工厂设计标准》(GB/T 50481—2019)都提出了在生产区域应保证每人每小时有不少于30m³的新鲜空气量。

(二)人体与外界的热交换形式

人体与外界的热交换形式包括对流、辐射和蒸发，且受以下因素影响，见表6-1-6。

表6-1-6　热交换形式的影响因素

热交换形式	环境空气温度	空气流速	周围物体表面温度	相对湿度	劳动强度
对流	↑	↑	↑	—	↑
辐射	↑	—	↑	—	—
蒸发	↑	↑	↑	↓	↑

注　↑表示有相关性，—表示无相关性。

(三)人体散热量和散湿量

人体散热量和散湿量最显著的决定因素是劳动强度，在相同的活动条件下，人体散出的显热量随室温升高而减少，潜热量与散湿量则随室温升高而增加。我国成年男子在不同环境温度条件和不同劳动强度下的散热量和散湿量见表6-1-7。

表6-1-7　成年男子在不同环境温度条件和不同劳动强度下的散热量和散湿量

活动强度	散热散湿	环境温度/℃										
		20	21	22	23	24	25	26	27	28	29	30
静坐	显热/W	84	81	78	74	71	67	63	58	53	48	43
	潜热/W	26	27	30	34	37	41	45	50	55	60	65
	散湿/(g/h)	38	40	45	50	56	61	68	75	82	90	97
极轻劳动	显热/W	90	85	79	75	70	65	61	57	51	45	41
	潜热/W	47	51	56	59	64	69	73	77	83	89	93
	散湿/(g/h)	69	76	83	89	96	102	109	115	123	132	139

活动强度	散热散湿	环境温度/℃										
		20	21	22	23	24	25	26	27	28	29	30
轻度劳动	显热/W	93	87	81	76	70	64	58	51	47	40	35
	潜热/W	90	94	100	106	112	117	123	130	135	142	147
	散湿/(g/h)	134	140	150	158	167	175	184	194	203	212	220
中等劳动	显热/W	117	112	104	97	88	83	74	67	61	52	45
	潜热/W	118	123	131	138	147	152	161	168	174	183	190
	散湿/(g/h)	175	184	196	207	219	227	240	250	260	273	283
重度劳动	显热/W	169	163	157	151	145	140	134	128	122	116	110
	潜热/W	238	244	250	256	262	267	273	279	285	291	297
	散湿/(g/h)	356	365	373	382	391	400	408	417	425	434	443

注　纺织行业的劳动强度一般属于轻、中等劳动强度。

(四)影响热舒适的因素

人体不仅有主观对热环境表示满意的意识状态,还能对热舒适性进行主观评价。

影响热舒适主要有空气温度、气流速度、空气相对湿度、平均辐射温度四个环境因素和人体代谢率与人体服装热阻两个人体因素,人体的代谢差异大,这两个人体因素受主观因素影响大,同一种环境会有不同的结果。因此,环境因素能够较直接反应对热舒适的影响。

1. 空气温度

室内空气温度是表征室内热环境的主要指标及影响热舒适的主要因素,空气温度对人们的工作效率有很大影响,空气温度在25℃左右时,脑力劳动工作效率最高,低于18℃或高于28℃,工作效率会显著下降。

2. 气流速度

空气流速会对人体的皮肤换热和蒸发速率产生影响,当人体感觉到热时,希望增加空气的流动速度,以增加皮肤表面的汗液蒸发,使皮肤表面温度降低,而增加空气流速可以增加环境温度舒适的上限值,美国采暖、制冷与空调工程师学会(American Society of Heating, Refrigerating and Air-Conditioning Engineers, ASHRAE)标准中规定风速上限为0.8m/s。

3. 空气相对湿度

当气温较低时,如果空气湿度大,则由于潮湿空气的导热性能和吸收辐射热的能力增强,人会感到更阴冷。温度较高时,如果空气湿度大,汗液不易蒸发,人们会感到更闷热。此时,如果相对湿度过小,人会感到干燥,皮肤发生干裂等。纺织车间的相对湿度一般偏高,对热舒适的影响较大。

4. 平均辐射温度

平均辐射温度是指环境四周表面对人体辐射作用的平均温度。人体或周围物体之间会通过辐射进行热交换,不受空气流速影响,只是高温物体向低温物体辐射散热。对于纺织车间,会存在机器产热向人体或周围环境辐射,热量若不及时排出,会对人体或产品产生不良影响。

第二节　棉纺织生产与空调

一、纤维原料在湿空气中的回潮率变化

(一)回潮率

纤维原料是纤维、水分和空气的集合体,纤维的吸湿能力可用回潮率来表示。

1. 平衡回潮率

当大气条件一定时,经过若干时间,单位时间内被纤维吸收的水分子数等于从纤维内脱离返回大气的水分子数时,纤维的回潮率才会趋于一个稳定值。处于平衡状态的回潮率称为平衡回潮率。温度对平衡回潮率的影响较小,在日常大气变化范围内,温度高,回潮率略低。不同温度条件下棉纤维平衡回潮率对应相对湿度和水汽分压的关系如图 6-1-10 所示,温度越高,水汽分压越大。

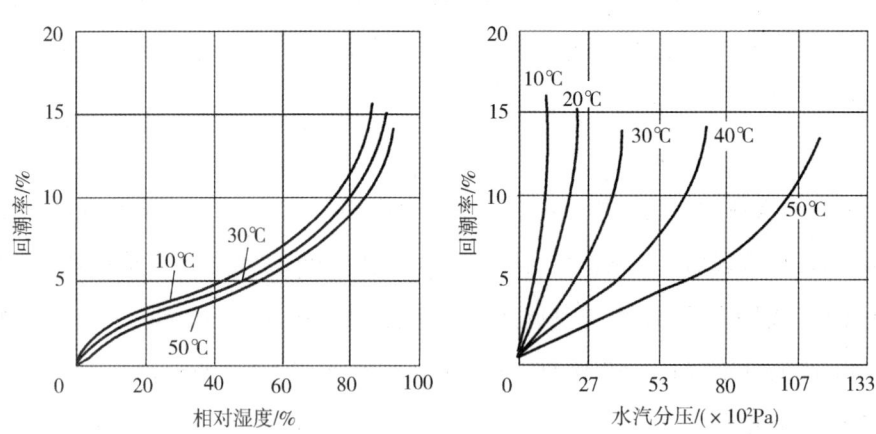

图 6-1-10　棉纤维平衡回潮率对应不同温度的水汽分压

在同样空气条件下,测定纤维的平衡回潮率时,放湿达到的平衡回潮率要大于吸湿达到的平衡回潮率,如图 6-1-11 所示。这一现象称为纤维的吸湿滞后性。纤维的平衡回潮率是指理论平衡回潮率,而不是实际放湿平衡回潮率或实际吸湿平衡回潮率或其他任何一个数值。

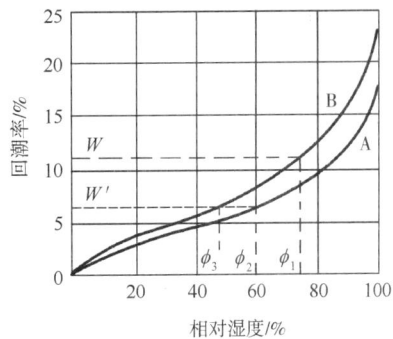

图 6-1-11 回潮率与相对湿度的关系
(经碱煮的棉纤维)

A—吸湿等温线 B—放湿等温线

W—回潮率 ϕ—相对湿度

2. 即时回潮率和平衡回潮接近度

纤维中的水分随着大气环境变化总是不断吸湿或放湿,平衡回潮只有在恒温恒湿实验室中放置足够时间后才能达到。实际回潮率都是即时的或瞬间的。在某一气象条件下,回潮率随时间变化过程中,可用平衡回潮接近度表示其过程的完成状态。对吸湿过程可用下式表示:

$$平衡回潮接近度 = \frac{即时回潮率 - 原来回潮率}{平衡回潮率 - 原来回潮率} \times 100\%$$

放湿过程中分子、分母均为负值,可前后项互换或取绝对值。

(二)吸湿和放湿中的热变化

1. 吸湿热

纤维在空气中吸湿会放出水汽冷凝潜热。松散单根干纤维在等温下,只需数秒便可达到回潮平衡。但干纤维吸湿的同时大量放热,温度上升,使周边空气湿度降低并与纤维回潮率达到暂时的平衡,延缓了吸湿时间。按理论计算和 King&Cassie 实验,可制作一束散棉绝干纤维在 25℃、3133Pa 水汽分压下的饱和空气中吸湿曲线,如图 6-1-12 所示。开始时,纤维温度可升至 80℃ 以上,在即时回潮率 2% 左右时,与纤维表面空气 $t=70℃$($\phi \approx 10\%$)出现瞬间平衡点,然后在空气中不断冷却吸湿。可认为变化中的每一点都是瞬间的暂时平衡。

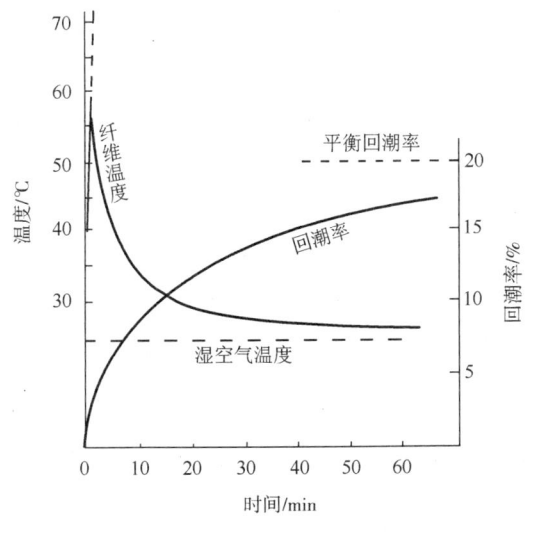

图 6-1-12 棉纤维的吸湿曲线

在空调环境中,将散棉纤维在 20℃、回

潮率5%(相应相对湿度45%)下突然移至同温度、湿度65%的环境下,其吸湿变化如图6-1-13所示。$t=20℃$,$\phi=65\%$的空调环境相对于松散棉纤维有足够容量,可认为纤维的吸湿是在等焓状态下进行的。

原纤维状态点A水汽分压1067Pa,在环境点D1533Pa中吸湿,由于相对放热量大,开始时可假设纤维回潮基本不变,沿$\phi=45\%$线自A向B升温,与环境焓h线相交于点C(23.5℃,$\phi=45\%$),与纤维回潮率5%一致,即瞬间初平衡点。从此C趋向D先快后慢地冷却吸湿,达D(回潮率7%)最终平衡。

2. 放湿热

湿纤维在大气中放湿或干燥,因水分蒸发冷却,需要吸收热量。浸湿纤维在干热空气中可以加快干燥速度,分三个阶段,如图6-1-14所示。

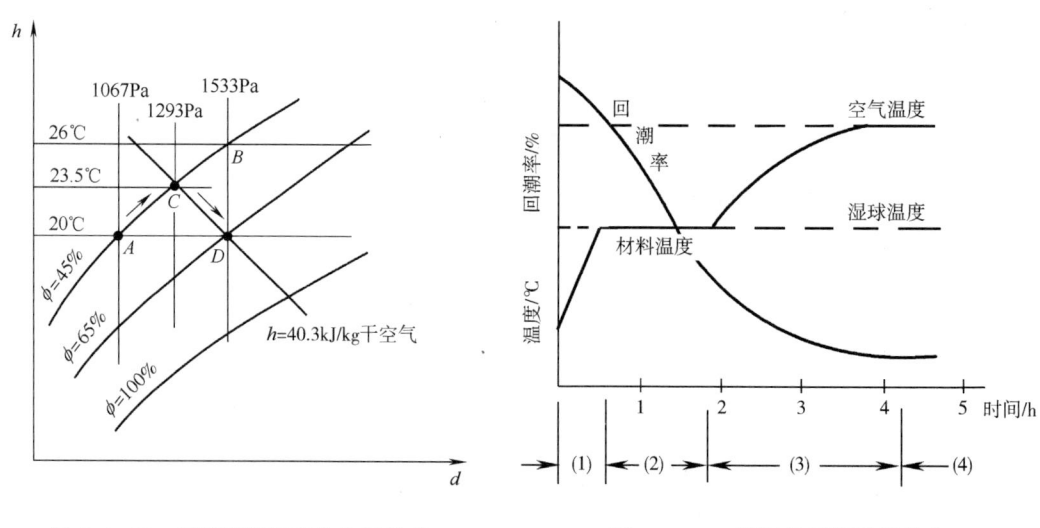

图6-1-13　纤维吸湿相应的空气状态　　　　图6-1-14　湿纤维干燥阶段状态

(1)预热阶段。回潮率变化很小,纤维温度上升。

(2)等速干燥。纤维温度等于空气湿球温度。

(3)降速干燥。干燥速度减慢,纤维温度上升趋向空气温度,直至平衡。

吸湿纤维在空气中放湿,一般不存在第二阶段,纤维温度总在干湿球温度间。例如,设少量棉纤维在20℃、平衡回潮率7%(相当于$\phi=60\%$)时,当空气温度升高至35℃,水汽分压不变,湿度降为24%,平衡回潮率应为3%。首先纤维经预热温度上升,回潮率基本不变,变化过程如图6-1-15所示。

图6-1-15(a)上点A(20℃)纤维在35℃空气中预热,沿$\phi=60\%$线与点C(35℃、$\phi=24\%$)

等焓线交点为 $B(26℃)$。$A→B$ 为预热阶段,B 是纤维放湿、空气吸湿的初平衡点。自 B 至 C 温度上升、回潮率降低,互相对应无数瞬间平衡点(例如 $30℃$,5% 平衡回潮接近 50%)直至最终平衡。部分纤维的温度变化如图 6-1-15(b)所示。

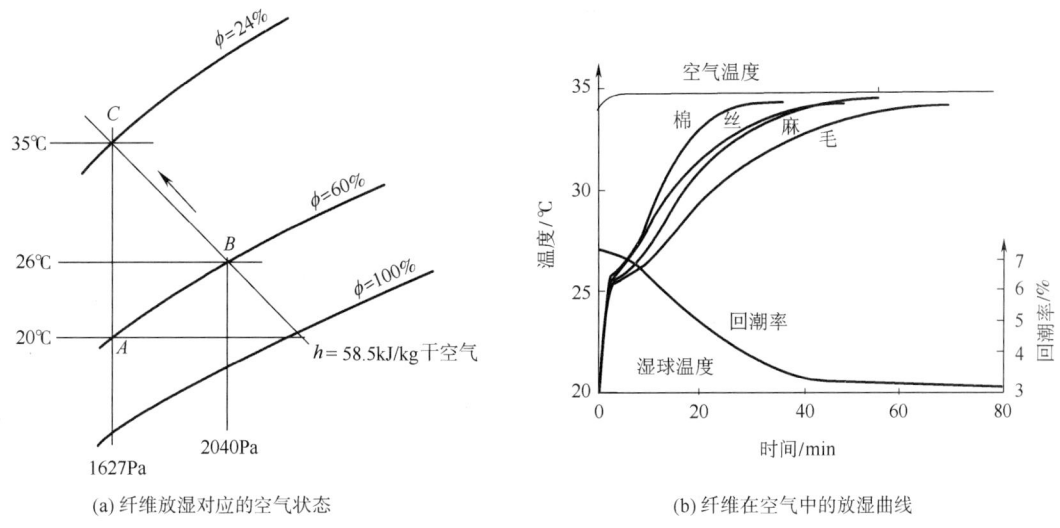

(a) 纤维放湿对应的空气状态   (b) 纤维在空气中的放湿曲线

图 6-1-15　纤维放湿曲线及对应的空气状态

当纤维温度低于空气露点时,周边空气冷却瞬间可能冷凝成水滴吸附在纤维表面,随着纤维的吸热再行蒸发冷却。夏季人体出汗浸湿内衣,蒸发冷却可降温至湿球温度,因此会感到凉爽。

(三)实际纤维原料回潮率平衡和时间关系

进厂纤维原料大都包装紧密,受天气变化回潮率影响很小。据英国锡莱研究所测试资料记载:60cm×60cm×150cm 棉包,回潮率8%,在高湿(相对湿度95%)的大气中,要吸湿至接近平衡回潮率15%,需 240 天,其变化过程见表 6-1-8。

表 6-1-8　回潮率平衡时间表

原棉回潮率8%,吸湿至/%	10	12	14
平衡回潮接近度/%	28.5	57.1	85.7
需要天数/天	10	60	200

纤维原料的不同包装密度、尺寸、形状等与回潮率平衡时间的关系如下。

(1)包装尺寸。时间与包装尺寸大小的平方成正比,包装减小 1/5,时间可减少 1/25。

(2)密度。压缩后水汽渗透性差,时间与密度成正比。

（3）形状。时间与单位容积的表面积成反比。

（4）温度。相对湿度不变，温度升高11℃，时间约可减半，温度升高22℃，时间减至1/4，但升温必须同时给湿，才能维持原湿度。

（5）气流。气流速度可缩短平衡时间，对小块和松散纤维影响更大。

（6）平均回潮率。与原料包装的平均回潮率直接有关，回潮率很低或很高，平衡需要的时间相应增加。

综合上列因素，以标准包装、标准状态需要的时间作基准，以平衡回潮接近度50%即半程平衡时间12h为对比，乘表6-1-9中校正系数，可求大致需要时间。

例：现有一松棉包，容积/表面积＝3，密度0.173g/cm³，原平均回潮率12%，在温度26.5℃、$\phi=60\%$（平衡回潮率7%）下，要求放湿至8.5%$\left(接近度：\dfrac{12-8.5}{12-7}=70\%\right)$，求大致需要时间。

$$估算平衡时间 = 平衡回潮率 \times K_1 K_2 K_3 K_4 K_5 K_6$$

解：估算平衡时间

$$12\times\left(\frac{3}{5.08}\right)^2\times1\times\frac{1}{2}\times3\times\frac{1}{2}\times2=6.27(h)$$

表6-1-9 各参数平衡回潮时间校正系数 K 值

K_1	纤维种类	K_2	包装密度/(g/cm³)	K_3	平衡回潮率/%	K_4	温度/℃	K_5	接近度/%	K_6
$\left(\dfrac{容积}{表面积}\times\dfrac{1}{5.08}\right)^2$	原棉	1	0.086	1/6	0	6	4.5	2.5	5	1/60
	漂白棉	1.25	0.173	1/2	1	2	10	1.75	10	1/20
	丝	1.5	0.345	2/3	2	1	15.5	1.5	20	1/6
	黏胶纤维	2	0.518	1	4	2/3	21	3/4	30	1/2
	锦纶	2/3	0.69	1.5	6	3/4	26.5	1/2	40	2/3
					7	1	32	1/3	50	1
					8	1.25			60	1.5
					10	2			70	2
					12	3			80	3
					14	5			90	6
									95	8
									99	14

成纱在$t=21℃$、$\phi=65\%$实验室中，接近平衡的时间可参照表6-1-10。

表 6-1-10 棉纱回潮率平衡时间表

棉纱线密度/tex	平衡回潮率/%	接近平衡所需时间/h
29.25 以上	7	3
29.25~14.6	7	2
14.6 以下	7.5	1~1.5

管纱、筒子纱在 $t=21℃$、$\phi=60\%$ 环境下，回潮率 4% 接近度超过半程所需平衡时间约 3h，达到 90% 所需平衡时间为 12h。

(四)常用棉纤维原料纺纱回潮率控制参考指标

国内常用棉纤维原料纺纱回潮率控制参考指标见表 6-1-11。

表 6-1-11 国内常用棉纤维原料纺纱回潮率控制参考指标

工序	开清棉、梳棉	并条、粗纱	细纱	络筒、整经	浆纱	织造	整理
回潮率控制范围/%	5~6.5	7~8	6~7	6.5~7.5	5~7	7~8	8.5 以下

二、棉纺织各工序要求温湿度环境

纺织材料的吸湿性是关系到材料性能和工艺加工的一项重要特性，直接影响纺织纤维的断裂强度、断裂伸长率、弹性、导电性、摩擦系数等物理性能，进而影响纺织生产加工的效率和产品质量。生产中大多采用回潮率衡量纤维吸湿性强弱。

影响纤维回潮率的主要因素除纤维自身性质和结构外，周围的空气环境、放置时间及吸湿放湿过程等对纤维回潮率也有较大影响，其中生产环境温度、相对湿度最关键。因此在纺织纤维生产加工过程中，一般采用控制各生产车间的温湿度来控制纺织纤维的回潮率。

(一)车间温湿度对纤维性能的影响

温湿度对常用纤维性能的影响见表 6-1-12 和表 6-1-13。

表 6-1-12 温度对纤维性能的影响

纤维名称	温度升高	温度降低
棉纤维	吸湿性降低，回潮率降低，纤维大分子间范德瓦耳斯力减小，柔软性和延展性增加；拉伸强力降低，摩擦系数减小，导电性增强。温度过高，棉蜡融化，黏性增加	长分子链的整列度提高，纤维柔软性、延展性减少，导电性降低；吸湿性增加，回潮率提高，纤维强力增大。温度过低，棉蜡硬化，润滑作用降低，摩擦系数增加，纤维硬化，牵伸力增加

纤维名称	温度升高	温度降低
麻纤维	柔软性增加,摩擦系数减小,强力降低。温度过高,表面胶质融解,纤维发黏	吸湿性增加,摩擦系数增加,强力提高。温度过低,纤维硬化
毛纤维	柔软性增加,强力增加。温度过高,表面油脂蒸发,纤维发黏,易缠绕	油脂润滑性能差,摩擦系数增大,柔软性降低。温度过低,毛脂凝固,纤维粘连,不易开松
再生纤维(黏胶纤维)	吸湿性下降,导电性减弱,可纺性变差,易缠绕皮辊及罗拉	吸湿性上升,回潮率提高,抗静电性能提高,易吸湿膨胀,强力下降
合成纤维	柔软性增加,摩擦系数减小。温度过高,表面油剂挥发,纤维发黏,易黏结	柔软性降低,摩擦系数增大。温度过低,表面油剂易凝固,柔软性变差,纤维发硬,纺纱加工困难

表 6-1-13　湿度对纤维性能的影响

纤维名称	相对湿度升高	相对湿度降低
棉纤维	柔软性和延展性增加,吸湿性增高,回潮率提高,摩擦系数增大,导电性提高,强力增加。相对湿度过高,纤维间易黏结,适纺性能变差	柔软性、延展性减少,摩擦系数增加,导电性能减弱,强力降低。相对湿度过低,纤维变脆,易断裂,飞花增多,成纱能力变差
麻纤维	柔软性、延展性、吸湿性、回潮率、摩擦系数、导电性和强力增加。相对湿度过大,纤维中的残留胶质溶解,纤维发黏进而形成黏结,不易开松	柔软性、延展性减少,强力降低,导电性能减弱,摩擦系数增加。相对湿度过低,纤维发脆,易损伤;静电增加,粉尘多
毛纤维	柔软性增强,导电性增加,静电减少。相对湿度过大,强力降低,易黏结	导电性能减弱,静电增强,柔软性减弱,强力升高。相对湿度过低,静电现象严重,易缠绕机件
再生纤维(黏胶纤维)	导电性增强,静电减少。相对湿度过大,吸湿膨胀明显,强力明显降低,湿强为干强的 45%~80%	导电性减弱,静电增强,易缠绕机件,不利于梳理和成纱
合成纤维	柔软性提高,导电性增强,静电减弱。相对湿度过大,摩擦系数增加,强力降低	柔软性降低,导电性变弱,不利消除静电,强力升高。相对湿度过低,纤维刚挺,静电现象严重,易缠绕机件

(二)车间温湿度的确定

1. 车间温湿度对棉纺织生产的影响

由于纺织纤维加工各工序的目的和方法不同,对纺织纤维回潮率的要求就有所不同。车间相对湿度是影响纤维回潮率的主要因素,当车间空气温度恒定时,空气的相对湿度增大,纤维回潮率也增大;当空气相对湿度减小,纤维的回潮率也减小。因此,空气调节的任务应针对不同工序的加工目的和要求,重点控制车间相对湿度,保证车间生产正常。棉纺织主要工序加工目的和相对湿度的影响见表 6-1-14。

表 6-1-14　棉纺织主要工序加工目的和相对湿度的影响

工序	加工目的	相对湿度过小	相对湿度过大
开清棉	对原棉进行开松、除杂、混合和成卷	棉纤维脆弱,易被打断,增加短绒率,影响成纱强力,飞花、落棉增多,棉卷制成率降低,且卷棉过于膨松	棉块不易开松,杂质清除困难;纤维经多次打击,易产生束丝,棉结增多,棉卷易粘层从而造成质量不匀
梳棉	对原棉进一步开松与梳理及除杂,制成生条	纤维强力下降,短绒和飞花增加,静电作用增强,纤维吸附在道夫上不易剥离,造成棉网不匀和破裂,影响产品质量,棉卷制成率降低	纤维分梳困难,杂质不易清除,棉结增加,易造成棉卷粘层,棉网下垂、断头增多,生条均匀度降低
并条	对棉条进行并合、牵伸、混合,制成熟条	纤维静电增强,易缠绕胶辊,飞花增多;棉网易破裂,圈条成形不良,棉条蓬松发毛	纤维粘绕胶辊和罗拉,牵伸困难,影响条干均匀,机件易发涩产生涌条
精梳	排短绒,除杂,伸直纤维,制成精梳条	飞花短绒增多,落棉增多,条子易发毛,条干均匀度恶化	易粘卷,纤维缠绕梳针、胶辊和罗拉,梳理效能降低;棉结、杂质增多,易产生涌条,设备易生锈
粗纱	对棉条进行牵伸、加捻并制备成粗纱	纤维抱合力减弱,粗纱松散,成形不良,断头多,条干均匀度下降,强力下降	纤维易缠绕胶辊和罗拉,断头增多;锭壳发涩,卷绕困难,粗纱松弛下垂,捻度不匀
细纱	牵伸、加捻并制成细纱	纤维易产生静电进而不平直,不能紧密抱合,形成松纱;成纱条干恶化,毛羽增加,强力下降。同时飞花增多,纤维缠绕胶辊现象增加,断头增多	胶辊发黏,罗拉和胶辊黏附飞花,牵伸不良,细纱粗节增多,条干不匀;钢领钢丝圈发涩,摩擦力增加,断头增多,影响生产
络筒	改变纱线卷装,清除纱线杂疵	纱线毛羽增加,强力降低;筒子卷绕松散,成形不良	易引起电容式电子清纱器误操作以及线路故障;机件黏附飞花且易生锈
织造	纱线按组织要求交织成坯布	纱线脆硬,断裂伸长率降低,强力下降,断头增加;易起静电,布面起毛,影响质量和外观;落浆大,车间飞花增多;易产生宽幅短码布	纱线吸湿再粘,开口不清,易造成纱线断头及"三跳"疵点;经纱伸长,张力松弛,易产生窄幅长码布;机件易生锈腐蚀

2. 棉纺织厂各车间温湿度一般控制范围

棉纺织厂各车间温湿度控制范围见表6-1-15。

表6-1-15　棉纺织厂各车间温湿度控制范围

车间	冬季		夏季	
	温度/℃	相对湿度/%	温度/℃	相对湿度/%
清棉	18~22	55~65	30~32	55~65
梳棉	22~24	55~65	30~32	55~60
精梳	22~24	55~60	28~30	55~60
并粗	22~24	60~65	30~32	60~65
气流纺	25~27	65~70	31~33	65~70
涡流纺	22~24	60~65	29~31	60~65
细纱	24~26	55~60	30~32	55~60
并捻	20~22	65~70	30~32	65~70
络筒	20~22	65~70	30~32	65~70
浆纱	>20	60~80	<33	70~85
穿筘	18~22	65~70	29~31	65~70
织造	22~25	70~75	29~31	70~75
整理	18~20	60~65	30~32	60~65

注　浆纱车间是一个开放体系,湿度无法精确控制,重点是控制浆纱的回潮率。

在不同季节的气候中,生产对空调温湿度指标的需求是随室外气候条件的变化而做相应调整的。但纤维的回潮率则以稳定为优,即空调工程要以稳定纤维回潮率为准,相应地按季节变化调节满足回潮率指标的空气温度和相对湿度。让半制品在生产过程中适当地放湿或吸湿,从而达到半制品回潮率要求。

应该指出的是,表6-1-15中所列数据是一般温湿度的参考控制范围,具体制订时还必须综合考虑原棉的含水、含杂、成熟度、细度以及所纺纱线的线密度、纺织工艺设计参数、主机设备性能、地区的气象条件、能源条件等因素。特别是新型纺纱工艺和设备的应用,车间温湿度条件还需进一步加强理论研究与实践优化。一般情况下,可在满足车间工艺生产要求、确保车间相对湿度条件和人员身体健康的基础上,适当降低冬季车间设计温度和提高夏季车间设计温度,以降低能源消耗。同时,针对不同纤维混纺产品,车间温湿度调节应结合纤维混纺比例综合考虑。

　　化学纤维与棉纤维混纺时,由于化学纤维的高电阻性、吸湿差异性和表面含有油剂的特点,在其各工序的生产中,除和上述纯棉纺织有相似的要求外,对各车间温湿度的要求更为严格。涤棉混纺及黏棉混纺产品生产车间温湿度控制范围见表6-1-16和表6-1-17。

表6-1-16　涤棉混纺各生产车间温湿度

车间	冬季		夏季	
	温度/℃	相对湿度/%	温度/℃	相对湿度/%
清棉	20~22	60~70	30~32	60~70
梳棉	22~24	55~65	30~32	55~65
精梳、并粗	22~24	55~60	28~30	55~60
细纱	22~26	50~55	30~32	50~55
涡流纺	22~24	40~50	28~30	40~50
络筒、捻线	20~22	60~70	30~32	60~70
整经	20~22	60~70	30~32	60~70
浆纱	>20	60~80	<33	70~85
穿箱	20~22	60~70	30~32	60~70
织造	22~25	65~75	28~30	65~75
整理	18~20	60~65	30~32	60~65

表6-1-17　黏棉混纺各生产车间温湿度

车间	冬季		夏季	
	温度/℃	相对湿度/%	温度/℃	相对湿度/%
清棉	20~22	60~70	30~34	60~70
梳棉	22~25	55~65	32~34	55~65
并粗	22~24	60~70	30~34	60~70
细纱	24~27	50~60	30~35	50~60
涡流纺	22~24	60~70	22~24	60~70
络筒、捻线	20~26	55~60	30~34	55~60
织前准备	20~22	65~70	30~34	65~70
织造	22~24	65~75	28~30	65~75

三、车间气流组织

(一)气流组织与生产的关系

气流组织是要合理地布置送风口和回风口,把过滤净化、热湿处理后的空气由送风口送入空调区,均匀地消除空调区内的余热余湿,也是保证纺织车间热湿环境、室内空气品质、工作区风速等指标处于一个合理范围的首要条件。纺织车间对空气的温湿度敏感度很高,直接影响产品品质,而室内风速,空气含尘品质是对工人工作环境、热舒适性的重要指标,也是保证车间正常生产、保证产品质量的重要因素,因此气流组织是保证良好生产的前提。

(二)车间气流组织确定

由于气流组织对车间正常生产、温湿度的控制和室内空气含尘浓度的影响极大,因此纺织车间的气流组织设计是纺织厂空调设计的重要部分。纺织车间气流组织设计步骤见表6-1-18。

表6-1-18　纺织车间气流组织设计步骤

步骤	主要内容
送风参数的计算	根据不同生产工序,分别计算冷热负荷,再对送排风量、出口和工作区风速、送风温度等参数进行计算
确定气流分布方式	根据生产功能区的不同,考虑采用上送下回、下送上回、置换和工位等送风方式,纺织厂飞花棉尘较多,气流分布方式直接影响了送风参数计算、室内环境和温湿度情况
送、回风口的选择	见此章第四节

不管采用哪种送、回风形式,都应该严格控制工作区风速,纺织厂的主要工序工作区风速见表6-1-19。

表6-1-19　纺织厂的主要工序工作区平均风速　　　　　单位:m/s

工序	上送下排	下送上排
清花、开棉、络筒、整理	0.3~0.5	
梳棉、并粗、精梳、整经	0.2~0.4	
细纱、捻线	0.5~0.7	
浆纱	0.7~1.0	0.5~0.7
织造	0.4~0.6	0.2~0.3
整理	0.5~0.7	0.3~0.5

（三）车间新风量确定

室内新风一是用来稀释人员和建筑污染物浓度,保证人员的卫生要求,二是补充室内排风和保持室内正压。新风量的计算方法见表6-1-20。

表6-1-20　新风量的计算方法

计算方法	说明
方法一	国家标准《工业建筑供暖通风与空气调节设计规范》(GB 50019—2015)以强制性条文列出:建筑物室内人员所需最小新风量,工业建筑应保证每人不少于30m³/h的新风量
方法二	维持室内正压的要求,一般采用5Pa的正压值,根据风量平衡,新风量=排风量+维持正压所需要的渗透风量

纺织厂工作空间大,人员密度小,应该综合考虑操作工人人均占有空间体积中新风的多少和维持室内正压来确定新风量,把空气新鲜程度作为最小新风量确定的主要依据。结合纺织车间的特点,参考民用建筑的情况,纺织车间空调系统的最小新风量可按下式来确定:

$$V_{ot} = d_f \times V \times a_1 \times a_2 \times a_3 \times a_4$$

式中:V_{ot}——封闭式车间的最小新风量,m³/h;

　　d_f——空气新鲜度,取0.5~1.0;

　　V——车间的体积,m³;

　　a_1——劳动强度影响系数,取1.0~1.1,其中劳动强度越大,取值越大;

　　a_2——环境影响系数,取0.95~1.15,其中车间温度越高,取值越大;

　　a_3——送排风方式影响系数,取0.9~1.0,其中下送风方式取值较大;

　　a_4——人员密度影响系数,一般取0.9~1。其中人员密度越大,取值越大。

因此,纺织车间最小新风量的取值范围为(0.38~1.15)m³/h。

第三节　棉纺织空调设备

一、纺织空调室与机组

目前棉纺织企业空调结构形式可分为以下两种:土建式空调和组合式空调机组。

（一）土建式空调

土建式空调是空调部件安装在砖混结构的建筑物内,作为用户的一种永久性空调设备系统。土建空调一般占地面积较大,相比同等配置的其他形式空调,稳定性好、初投资相对较低。土建式空调由回风过滤室、新回风混合室、喷水室和送风室组成,它和送风管道、回风沟道组成一套完整的空调系统。图 6-1-16 所示为常规纺织厂土建空调形式。

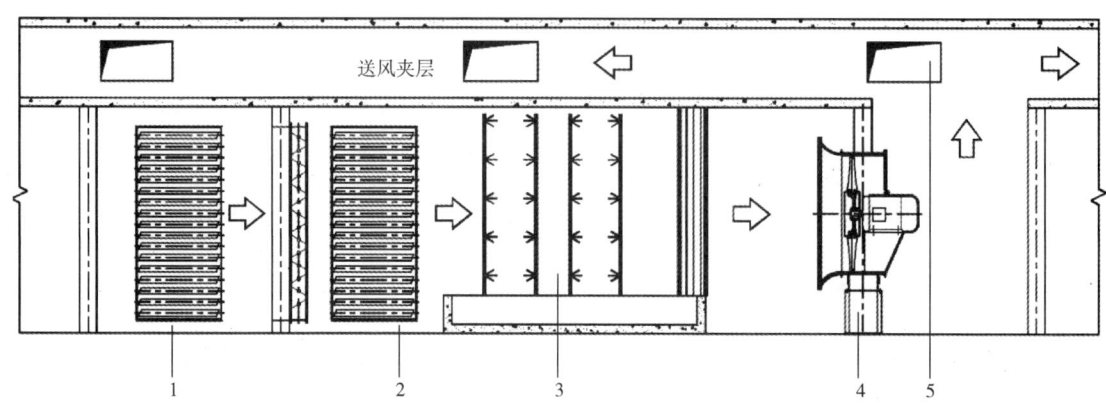

图 6-1-16　土建式空调示意图

1—回风过滤室　2—新回风混合室　3—喷水室　4—送风风机　5—送风管道

回风过滤室内包含回风过滤器、回风风机、调节窗等;喷水室包含整流格栅、喷淋排管、水过滤器、水泵、挡水板等;送风室主要有送风风机。

(二)组合式空调机组

组合式空调机组是由制造厂家提供的一种空调形式,用户可根据功能需要选用和组合。空调箱体及内部空调部件预制后现场安装简便,施工工期短。箱板可选用聚氨酯泡沫板、岩棉保温板等制作,箱体框架可采用铝型材或热镀锌钢板制作,喷淋段内壁板及水箱可采用不锈钢板制作。

组合式空调机组主要有纺织用组合式空调机组和喷雾风机式空调机组两种形式。

1. 纺织用组合式空调机组

图 6-1-17 所示为纺织用组合卧式空调机组(ZKW)示意图,表 6-1-21 为 ZKW 部分机组主要技术性能参数。

2. 喷雾风机式空调机组

喷雾轴流风机配套组成的空调机组结构如图 6-1-18 所示。在夏季可利用低温水喷淋起降温作用,弥补其蒸发冷却的不足。春、秋、冬三季不用喷淋段,可比传统空调节约能源。表 6-1-22 为其性能参数。

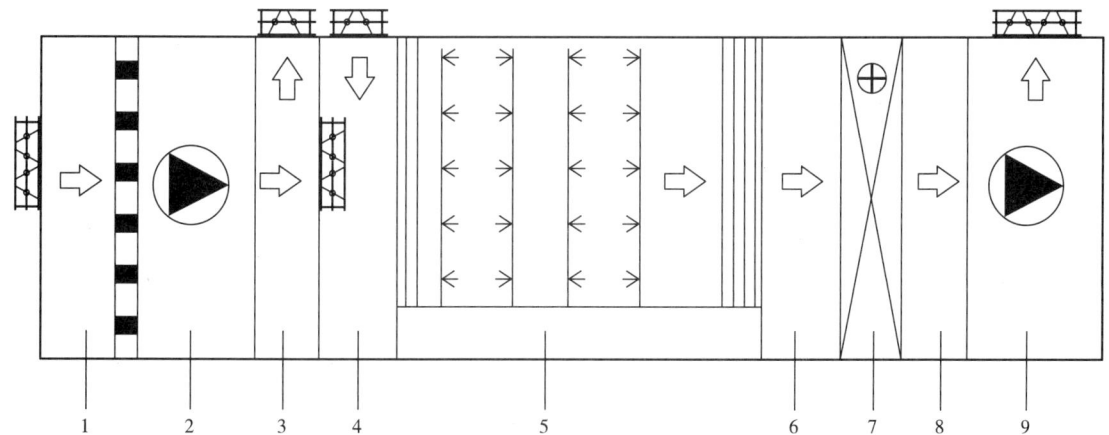

图 6-1-17　ZKW 纺织用组合卧式空调机组及其功能段的组成

1—过滤段(带回风)　2—回风机段　3—排风段　4—混风段　5—喷淋段

6—中间段　7—光管加热段　8—干蒸汽加湿段　9—风机段

表 6-1-21　ZKW 部分机组主要技术性能参数

机组型号	额定风量/ (m³/h)	风量范围/ (m³/h)	机组外形尺寸/mm		基座高度/ mm	额定冷量/ kW	额定热量/ kW
			宽度	高度			
ZKW-20	20000	18000~20000	1750	1950	120	123	229
ZKW-30	30000	28000~34000	2050	2300	120	198	331
ZKW-50	50000	45000~54000	2600	2850	120	349	542
ZKW-80	80000	69000~88000	3150	3500	120	508	877
ZKW-120	120000	109000~125000	4350	3800	140	775	1254
ZKW-160	160000	148000~170000	5100	4000	140	1005	1611
ZKW-200	200000	191000~220000	5600	4450	140	1258	1926

注　根据空调系统设计送风量,选择相应的 ZKW 空调机组。

表 6-1-22　喷雾轴流风机配套组成的空调机组性能参数

规格	风量范围/ (m³/h)	雾化水量推荐值/ (m³/h)	夏季加喷淋 冷量范围/kW	配套喷雾风机	
				型号	转速/(r/min)
C16	38000~60000	5~6.5	94~254	12.5A	750~1000
C21	54000~83000	7~9	133~254	14A	750~1000

续表

规格	风量范围/ （m³/h）	雾化水量推荐值/ （m³/h）	夏季加喷淋 冷量范围/kW	配套喷雾风机	
				型号	转速/（r/min）
C32	80000~123000	10~13.5	197~534	16A	750~1000
C34	88000~133000	11~14.5	220~575	18A	580~750
C38	97000~150000	12~16	244~651	18C	640~850
C46	120000~180000	15~20	302~790	20A	580~750
C55	130000~210000	17~22.5	331~880	20C	640~850

注　根据空调系统设计送风量，选择相应型号的空调机组。

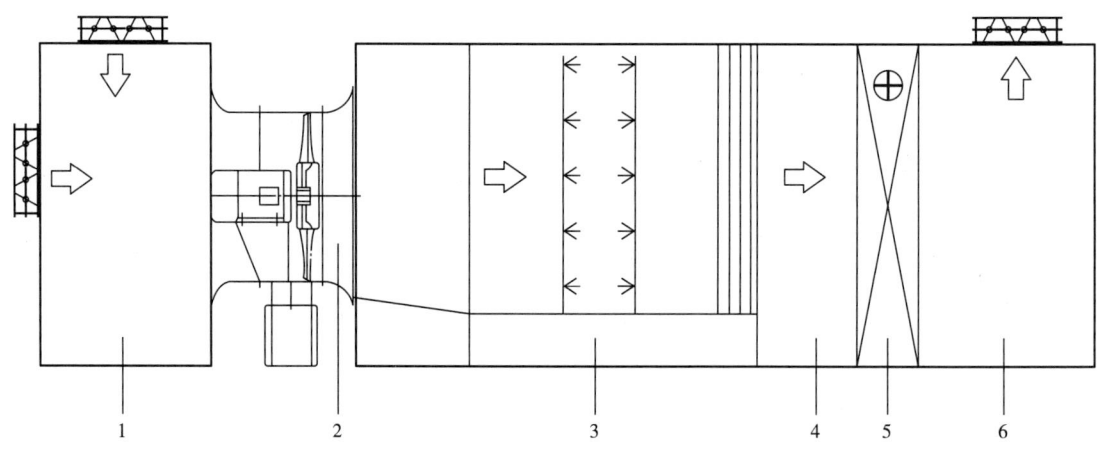

图 6-1-18　喷雾轴流风机配套组成的空调机组

1—新回风混合段　2—喷雾风机段　3—喷淋段　4—中间段　5—加热段　6—送风段

二、空调部件及结构

（一）空调室

空调室是水与空气直接接触进行热湿交换，从而对空气进行温度、湿度控制的淋水式空调设备。空调室主要由风量调节窗、喷淋排管、挡水板、整流器、回转式水过滤器、风机、水泵和回风过滤器等部件组成，它们组成一套完整的空气处理单元。

1. 风量调节窗

风量调节窗适用于空调系统中对气流量进行控制和调节的场合，如新风、回风、送风、排风及风道等场合。

风量调节窗一般采用薄钢板合金或玻璃钢板制成。有联动控制机构的风量调节窗,开启方式有手动或自动(气动、电动)两种,自动式调节窗是在手动调节窗的操作手柄上安装一只电动或气动执行机构。叶片开启角度有顺开和对开两种,顺开叶片形式调节窗连杆机构简单,制作方便;对开叶片形式调节窗联杆机构相对复杂,开启阻力小。风量调节窗结构如图6-1-19所示,外形尺寸见表6-1-23。

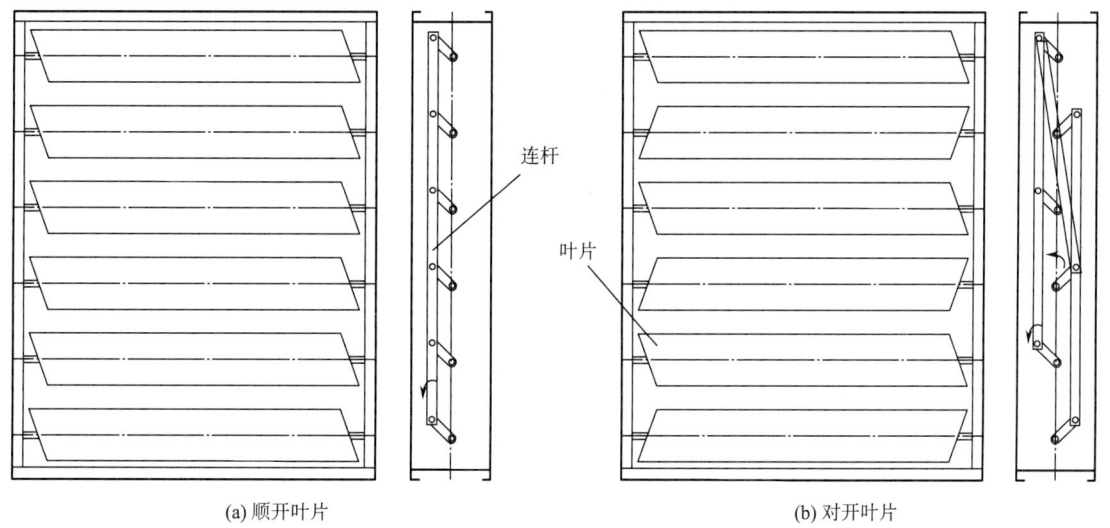

(a) 顺开叶片　　　　　　　　　　　　　　　　　(b) 对开叶片

图 6-1-19　风量调节窗结构示意图

表 6-1-23　风量调节窗净截面尺寸　　　　　　　　　　　　　单位:m²

叶片数量	窗高/mm	窗宽(单扇)/mm						
		760	912	1064	1216	1368	1520	1672
2	304	0.23	0.28					
3	456	0.35	0.4					
4	608	0.46	0.55	0.64	0.74			
5	760	0.58	0.69	0.81	0.92			
6	912	0.69	0.83	0.96	1.11	1.24	1.39	1.52
7	1064	0.81	0.94	1.13	1.29	1.46	1.62	1.78
8	1216	0.92	1.11	1.3	1.47	1.66	1.85	2.02

叶片数量	窗高/mm	窗宽(单扇)/mm						
		760	912	1064	1216	1368	1520	1672
9	1368	1.04	1.25	1.45	1.66	1.87	2.08	2.28
10	1520	1.16	1.39	1.62	1.84	2.08	2.31	2.58
11	1672		1.52	1.78	2.03	2.28	2.53	2.8
12	1824		1.66	1.94	2.22	2.5	2.77	3.08
13	1976		1.8	2.1	2.4	2.7	3	3.3
14	2128			2.16	2.6	2.9	3.2	3.6
15	2280			2.43	2.78	3.1	3.5	3.8
16	2432				2.96	3.3	3.7	4.1
17	2584				3.42	3.53	3.9	4.3
18	2736					3.74	4.2	4.6
19	2888					3.95	4.39	4.83
20	3040					4.16	4.62	5.08
21	3192					4.37	4.85	5.34

风量调节窗叶片角度全开时进风风速与阻力关系见表6-1-24。

表6-1-24　风量调节窗进风风速与阻力关系

风速 V/(m/s)	2.0	2.5	3.0	3.5	4.0	4.5	5.0	5.5
阻力 ΔP/Pa	0.1	0.18	0.27	0.38	0.52	0.70	0.88	1.2

2. 喷淋排管

喷淋排管在喷水室内将水定量定向雾化且均匀分布于若干断面上,对流经喷水室的空气喷淋洗涤并进行热湿交换。喷淋排管由喷淋管道和喷嘴组成。

(1)喷淋管道。由一根横管和若干根立管与喷嘴相连的支管组成,有塑料管和镀锌钢管或不锈钢管之分,安装在水池上方,水池深度一般为500~600mm。喷淋排管的喷嘴数根据流量要求用不同档次密度,喷嘴布置密度见表6-1-25。

表 6-1-25　喷嘴布置密度参考表

立管管径 ϕ/mm	立管间距/mm	喷嘴密度/(只/m²)	配用喷嘴孔径/mm
42	300~400	44~22	3.5~4.5
	400~500	25~14	6
	500~600	16~10	8

　　喷淋总管进水主要有底边进水、底中进水、中边进水和上边进水四种形式,如图 6-1-20 所示,根据喷水室断面大小、水泵位置、管道阻力等选择合理的进水方式。

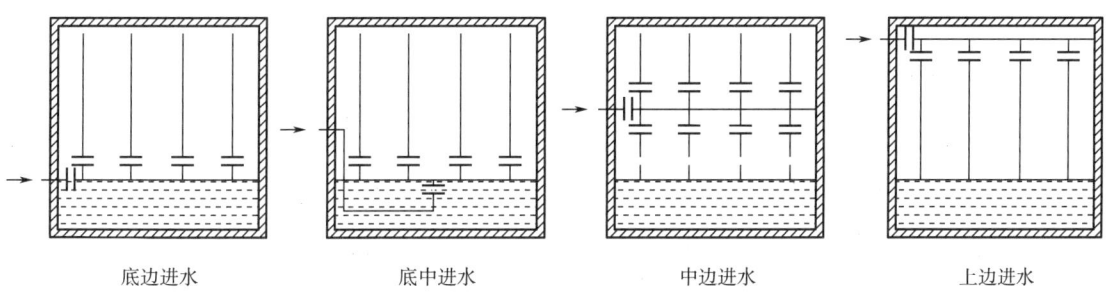

底边进水　　　　　　　底中进水　　　　　　　中边进水　　　　　　　上边进水

图 6-1-20　喷淋总管进水形式示意图

　　为了使喷水室适用不同的空气流速、水源条件和不同的送风状态,喷淋排管排数及喷水方向主要有以下几种方式,如图 6-1-21 所示,详细尺寸见表 6-1-26。

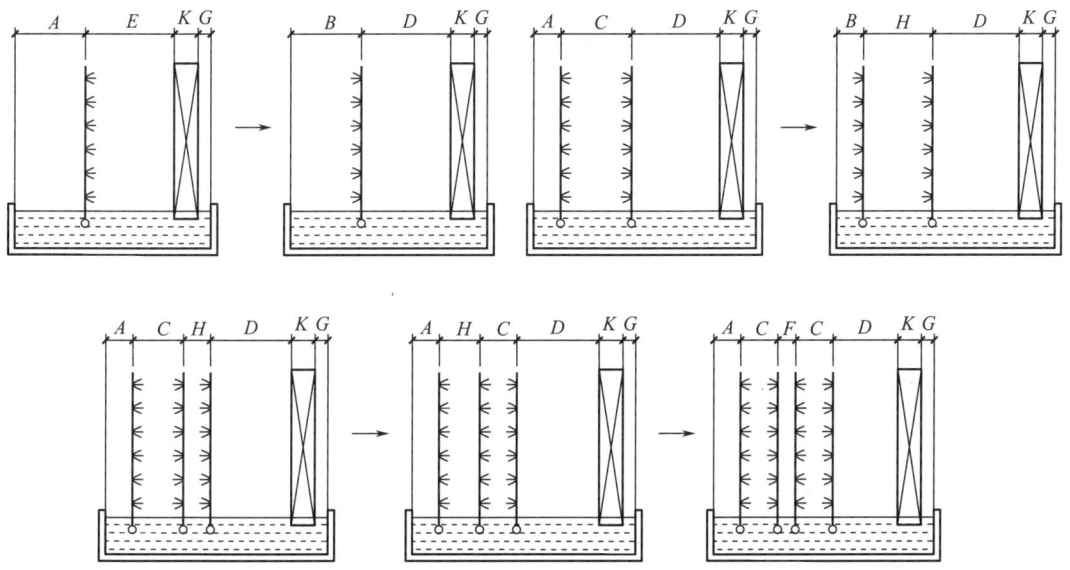

图 6-1-21　喷淋排管及喷水方向的布置形式

表 6-1-26　喷淋排管布置间距尺寸

代号	A	B	C	D	E	F	G	H	K
尺寸/mm	>500	1500	304	1800~2200	2100~2500	500~1500	100~200	500~1000	270

注　K 为挡水板尺寸。

（2）喷嘴。目前棉纺织企业空调常用大口径离心式喷嘴（CLF 型）。喷嘴出水量大小、雾点粗细、射程长短与喷嘴形式、喷孔大小和水压力有关。CLF-6 型喷嘴比 CLF-9 型喷嘴孔径大，相同压力下喷水量大。两种形式的喷嘴结构如图 6-1-22 所示，性能参数见表 6-1-27 和表 6-1-28。

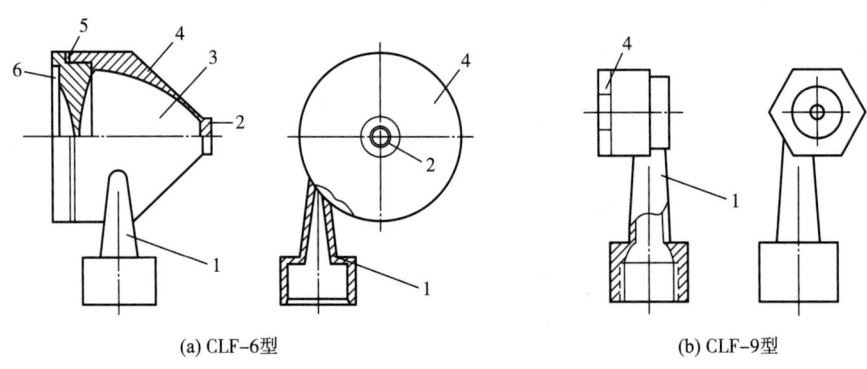

(a) CLF-6型　　　　　　　(b) CLF-9型

图 6-1-22　CLF 型喷嘴结构图

1—进水管　2—出口导流管　3—旋流室　4—出口端盖　5—橡胶密封圈　6—后盖

表 6-1-27　CLF-6 型喷嘴性能参数

孔径 ϕ/mm	性能指标	压力/($\times 10^5$ Pa)				
		1	1.5	2	2.5	3
6	水量/(kg/h)	675	825	990	1120	1230
	喷射锥角/(°)	110	115	118	123	125
	射程/m	1.65	1.70	1.78	1.84	1.96
8	水量/(kg/h)	815	990	1160	1295	1385
	喷射锥角/(°)	115	118	120	122	126
	射程/m	1.70	1.76	1.82	1.88	2.00
10	水量/(kg/h)	998	1170	1330	1495	1640
	喷射锥角/(°)	120	122	125	128	130
	射程/m	1.80	1.89	1.97	2.08	2.15

表 6-1-28 CLF-9 型喷嘴性能参数

孔径 ϕ/mm	性能指标	压力/($\times 10^5$Pa)				
		1	1.5	2	2.5	3
2	水量/(kg/h)	79	92	108	119	134
	喷射锥角/(°)	74	76	78	81	82
	射程/m	0.65	0.75	0.80	0.90	1.05
3	水量/(kg/h)	130	158	182	203	225
	喷射锥角/(°)	90	92	94	96	97
	射程/m	0.71	0.78	0.82	0.96	1.10
4	水量/(kg/h)	215	248	288	327	348
	喷射锥角/(°)	92	94	96	98	99
	射程/m	0.82	0.91	1.05	1.26	1.38
5	水量/(kg/h)	282	335	378	416	462
	喷射锥角/(°)	94	95	97	100	102
	射程/m	0.96	0.99	1.18	1.48	1.60
6	水量/(kg/h)	328	392	456	504	542
	喷射锥角/(°)	95	98	101	103	105
	射程/m	1.06	1.28	1.45	1.60	1.80

注 实际使用时应根据水泵大小、喷嘴布置密度选择合适孔径的喷嘴,喷嘴安装可采用丝扣连接或卡箍连接。

3. 挡水板

挡水板的作用是将未汽化的水滴与空气分离出来,并起到整流作用。目前纺织企业较多使用的为波形挡水板和多折形挡水板。

(1)波形挡水板。具有挡水效率高、阻力小、耐老化、在蒸汽和加热器辐射下不易变形等特点,可采用 ABS 材料、PVC 材料或金属材料制作。适合断面风速 2.5~6.5m/s 的范围使用。

根据车间湿度要求不同,挡板间距离为 22mm、26mm、30mm,结构示意如图 6-1-23 所示。织造车间可选偏大,增加带水量,减少送风量,节约能源。波形挡水板阻力曲线如图 6-1-24 所示。

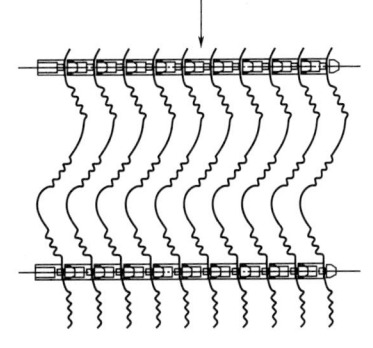

图 6-1-23 波形挡水板结构示意图

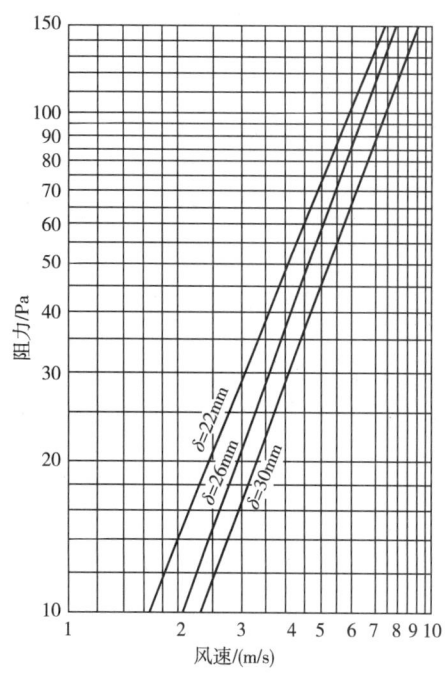

图 6-1-24　波形挡水板阻力曲线图

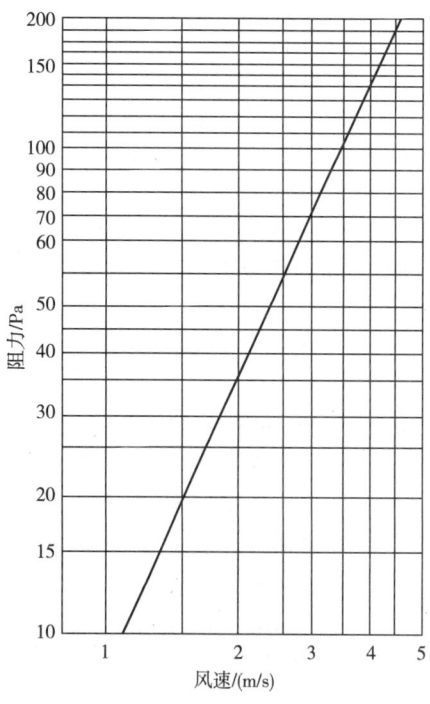

图 6-1-26　多折形挡水板阻力曲线图

（2）多折形挡水板。对于断面风速低于 2.5m/s 的喷水室,可采用多折形挡水板,一般为 2~6 折,每折宽度 100mm,夹角 90°~120°,间距 25~40mm,材料为玻璃钢整体成形,价格相对便宜。图 6-1-25 所示为四折形挡水板结构示意图。图 6-1-26 所示为四折形挡水板阻力曲线图。

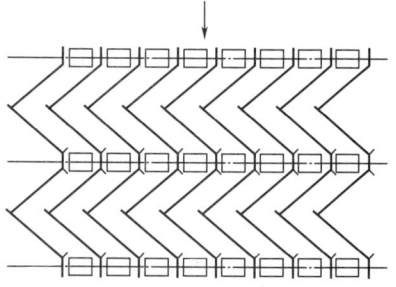

图 6-1-25　多折形挡水板结构示意图

4. 整流器

整流器又称导流栅,使用塑料管或尼龙制成的方形格栅,结构如图 6-1-27 所示。方形格栅尺寸为 38mm×38mm,每块格栅尺寸为 608mm×304mm,由每块格栅

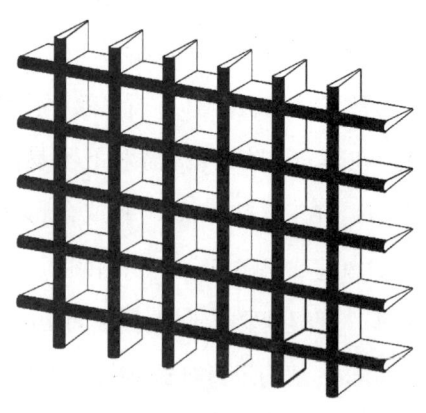

图 6-1-27　整流器示意图

单件组成。格栅断面呈机翼流线型,国内改进为橄榄形,使阻力减小(机翼形阻力系数为1.1,橄榄形阻力系数为0.6),节省材料,制造工艺简单,价格低。整流器安装在喷水室入口处,喷淋管之前。主要作用是对进入喷水室的空气进行整流,使气流稳定,减少涡流,提高空气与水之间的热湿交换效率。

5. 回转式水过滤器

回转式水过滤器用于对重复使用的工业污水的过滤。对含有纤维、尘杂及颗粒悬浮物的污水具有良好的净化作用。回转式水过滤器由过滤组件、传动组件、反冲洗集尘组件和机架组成,结构示意如图6-1-28所示。

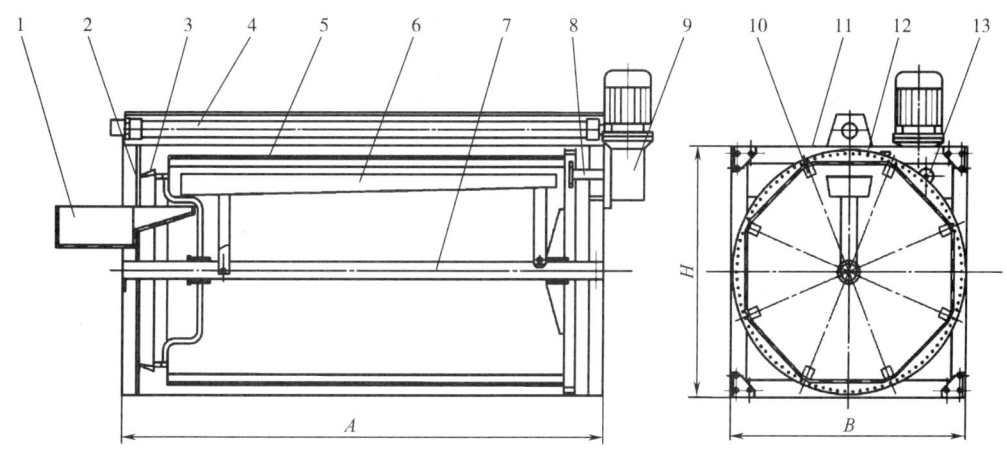

图6-1-28　回转式水过滤器结构示意图

1—主轴　2—大皮带轮　3—减速机支架　4—冲水管　5—集尘槽　6—笼体支撑　7—集尘框挂钩

8—集尘网袋　9—右墙板　10—滤网　11—张紧轮　12—小皮带轮　13—三角皮带

回转式水过滤器安装在喷淋水池中,也可放在挡水板后面或空调室水池外面,运转时喷淋回水连续地通过缓慢回转的滤网转笼,使水中的纤维尘杂被阻留在滤网的表面上,过滤后的水由转笼内孔流入另一面清水池内,供水泵循环使用,滤网表面的纤维尘杂被反冲水向外反冲入集尘槽内,定期人工收集。回转式水过滤器工作原理如图6-1-29所示。

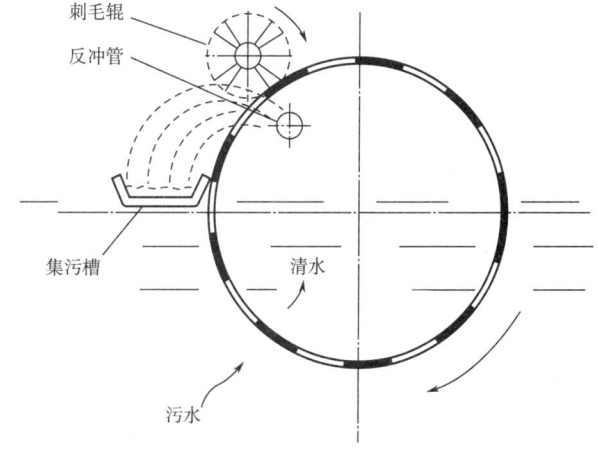

图6-1-29　回转式水过滤器工作原理图

回转式水过滤器的技术性能参数见表6-1-29。

表6-1-29　回转式水过滤器的技术性能参数

项目	性能参数			
过滤水量/(m³/h)	100	150	200	350
电动机功率/W	370	370	370	370
正常过滤面积/m²	0.7	0.87	1.05	1.23
不锈钢网目数/(目/25.4mm)	30(可选16,20,24)			
网笼转速/(r/min)	0.53			
冲刷水源	DN25水管,水压0.05~0.10MPa			
外形尺寸(宽×高×长)/mm	600×600×1080	600×600×1300	700×700×1300	700×700×1300

注　选择不同目数的不锈钢网实际过滤水量会有偏差。

6. 风机

风机是纺织空调系统回风室、送风室内核心部件,是输送空气的动力来源。风机根据结构形式分为轴流风机和离心风机。

空调室多采用轴流风机,风量大,风压适中,风机体积小,安装方便。

7. 水泵

水泵是纺织空调系统喷水室内核心部件。常用的水泵,小流量时为单级单吸离心泵,大流量时为单级双吸离心泵。空调室用喷淋水泵根据喷嘴压力要求一般在0.15~0.25MPa,故水泵扬程选用25~30m即可,流量根据喷嘴数量而定。

8. 回风过滤器

回风过滤器主要用在空调系统回风室,用于过滤回风中的纤尘,能够自动吸除网面过滤的纤尘并集中收集。

目前棉纺织企业空调回风过滤器主要采用圆盘式回风过滤器和转笼外吸式回风过滤器。其中圆盘式回风过滤器又可分为摆吸式和回转式两种结构形式。

(1)摆吸式回风过滤器。由圆盘过滤网面、摆动吸嘴和吸尘风机组成,圆盘转动时吸嘴同时往复摆动,通过吸尘风机将滤料上棉尘、杂质吸到布袋集尘器收集,如图6-1-30所示。性能参数见表6-1-30。

(2)回转式回风过滤器。由固定圆盘过滤网面、转动吸嘴和吸尘风机组成。工作时过滤网面固定,吸嘴做360°连续转动,通过吸尘风机将滤料上棉尘、杂质吸到布袋集尘器收集,如图6-1-31所示。回转式回风过滤器技术性能参数见表6-1-31。

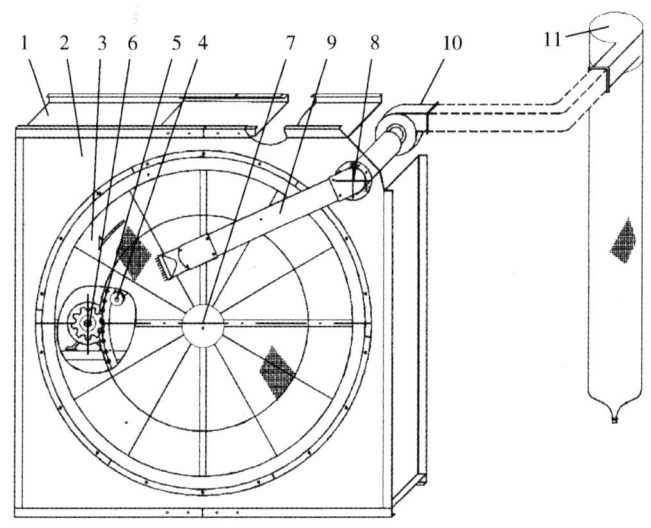

图 6-1-30　摆吸式回风过滤器

1—框架　2—圆孔面板　3—圆盘网面　4—挂轮　5—圆盘滚轮　6—电动机变速箱

7—圆盘传动轴　8—摆臂传动杆　9—摆臂吸嘴　10—吸尘风机　11—集尘袋

表 6-1-30　摆吸式回风过滤器的技术性能参数

项目	规格及性能参数		
圆盘直径 ϕ/mm	2000, 2200, 2400, 2600, 2800, 3000, 3200		
过滤风速/(m/s)	1.5~4.5		
滤网目数/(目/25.4mm)	20, 30, 40, 60		
滤网阻力/Pa	< 80		
滤尘袋尺寸/mm	$\phi400\times2000$		
滤尘袋过滤面积/m²	单筒 2, 双筒 4		
网面清洁周期/min	8	6	4
摆臂摆角/(°)	45		
集尘风机	350m³/h, 3200Pa		
风机电动机/kW	Y2-90S-2 型, 1.5		
变速箱主电动机/kW	Y802-6 型, 0.55		

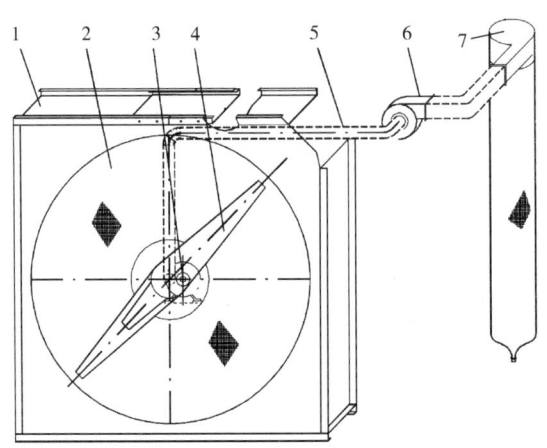

图 6-1-31　回转式回风过滤器

1—框架　2—固定过滤网面　3—电动机变速箱　4—吸嘴　5—吸尘管　6—吸尘风机　7—集尘袋

表 6-1-31　回转式回风过滤器的技术性能参数

项目	规格及性能参数		
圆盘直径 ϕ/mm	2000, 2200, 2400, 2600, 2800, 3000, 3200		
过滤风速/(m/s)	1.5~4.5		
滤网目数/目	20, 30, 40, 60		
滤网阻力/Pa	< 80		
滤尘袋尺寸/mm	$\phi400 \times 2000$		
滤尘袋过滤面积/m²	单筒2,双筒4		
网面清洁周期/min	6	4	2
集尘风机	350m³/h, 3200Pa		
风机电动机/kW	Y2-90S-2 型, 1.5		
变速箱主电动机/kW	Y802-6 型, 0.55		

(3)转笼外吸式回风过滤器。该过滤器为一金属格网制成的中空圆笼,两端由轴与轴承支撑,外表面包覆过滤材料,一端封闭,另一端敞开。并与墙板(或方箱)靠接。靠接处设有密封条,以防止漏风。含尘空气从转笼外向转笼内流动,将其中的尘杂截留在过滤材料上,洁净空气则从转笼内通过其敞开端流出墙板(或方箱),墙板(或方箱)外有风机,将洁净空气抽出。转笼由减速电动机通过平皮带传动,按图 6-1-32 所示方向缓慢回转。详细结构如图 6-1-32 所示。

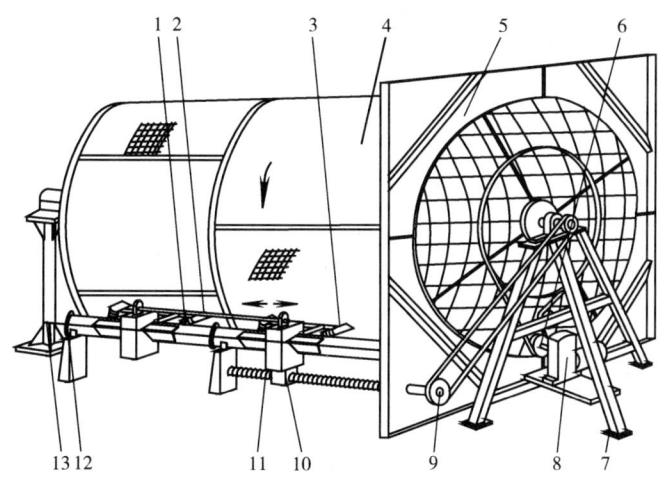

图 6-1-32　转笼外吸式回风过滤器

1—塑料吸尘软管　2—吸嘴往复架　3—吸嘴　4—转笼　5—墙板　6—传动皮带轮　7—前支撑　8—电动机和减速器
9—丝杠传动皮带轮　10—往复传动机构　11—往复丝杠和护套　12—接风机吸口　13—后支撑

　　吸嘴由外径 50mm、壁厚 3mm（$\phi50\times3$）的硬塑料管制作，与转笼表面相接触的一端是一个 50° 的斜面，由往复丝杆带动，左右往复。另一端则与固定吸风管相通，在固定吸风管的尾端设有带法兰盘的吸风口，它通过管道与集尘风机入口相连接。使吸嘴获得足够的风量和真空度，周期性地逐点吸净滤料表面所附着的尘杂，使过滤工作得以连续进行。

　　转笼外吸式回风过滤器技术性能参数见表 6-1-32。

表 6-1-32　转笼外吸式回风过滤器技术性能参数

型号		200/170	200/340	200/510	200/170	250/340	250/510	300/170	300/340	300/510
转笼尺寸										
直径 ϕ/mm		2000			2500			3000		
长度 L/mm		1700	3400	5100	1700	3400	5100	1700	3400	5100
有效过滤面积/m²		6.85	13.71	20.56	8.57	17.14	25.7	10.28	20.56	30.84
处理风量/($\times10^4$ m³/h)										
用于含尘空气第二级过滤	细号纱、化纤	2.56	5.13	0.77	3.19	6.38	9.58	3.84	7.68	11.52
	中号纱	19.68	3.94	5.90	2.45	4.90	7.35	2.95	5.90	8.85
	粗号纱、苎麻	1.28	2.560	3.84	1.59	3.19	4.78	1.92	3.84	5.76
	废纺纱	8.53	1.70	2.56	1.06	2.13	3.19	1.28	2.56	3.84

续表

型号	200/170	200/340	200/510	200/170	250/340	250/510	300/170	300/340	300/510
处理风量/(×10⁴m³/h)									

处理风量/（×10⁴m³/h）

| 用于空调回风过滤 | 纺部及准备 | 7.4 | 11.90 | 15.00 | 9.5 | 16.00 | 21.00 | 11.60 | 2.06 | 28.00 |
| | 织部 | 6.1 | 10.20 | 13.10 | 7.9 | 13.50 | 17.80 | 9.60 | 17.40 | 24.80 |

全机外形尺寸/mm

长	2678	4378	6078	2678	4378	6078	2678	4378	6078
宽	2586			2890			3346		
高	2602			3042			3498		

　　除尘效果与被滤空气含尘浓度、尘杂性质、转笼过滤面积及其过滤负荷、滤料种类等诸多因素有关,表6-1-33中数据是指按表6-1-32数据选择转笼规格、设备正常运行所能达到的效果。

表6-1-33　转笼外吸式回风过滤器除尘效果

项目	非织造布 δ=5~8mm	针织绒或长毛绒 δ=5~8mm	尼龙网或不锈钢丝网 100~120目/25.4mm
工作期间容许压力差小于/Pa	250	300	150
除尘效率/%	95	97	85
滤后空气含尘浓度不大于/(mg/m³)	1~1.2	1	1~3

　　回风过滤器的选择要根据回风室结构、回风风量、尘杂特性等多种情况选择合适的形式。三种形式的回风过滤器的特点综合比较见表6-1-34。

表6-1-34　回风过滤器特点综合比较

类型	优点	缺点
摆吸式回风过滤器	1. 吸嘴局部点吸,对浆料的纤维尘灰有较强的清除效果,适用棉织车间空调回风过滤 2. 占地面积小,安装方便	1. 单台有效过滤面积小(3.1~5.1m²),处理较大风量时需多台并联适用 2. 滤料为不锈钢网,过滤等级较低 3. 网面清理周期较长
回转式回风过滤器	1. 结构相对简单,网面清理周期短,适用于除尘设备的一级滤尘 2. 占地面积小,安装方便	1. 单台有效过滤面积小(3.1~5.1m²),处理较大风量时需多台并联适用 2. 滤料为不锈钢网,过滤等级较低 3. 吸嘴吸力不足,网面清洁不彻底

类型	优点	缺点
转笼外吸式回风过滤器	1. 有效过滤面积大（6.9~30.8m²），适用于处理较大风量的场所 2. 滤料多样化，处理含尘空气的范围更广	设备占地面积大，安装有一定局限性

（二）独立加湿设备

独立加湿设备适用于缺少配套加湿系统的场所，用于该生产区域的独立加湿，使该区域的相对湿度满足生产工艺需求。根据加湿方式的不同，主要有蒸汽加湿器、离心式加湿器、汽水混合式加湿器和喷雾式加湿器四种加湿形式。

1. 蒸汽加湿

蒸汽加湿是蒸汽通过管道上布置均匀的喷孔将蒸汽喷向被加湿空气，对空气进行加湿。简易式蒸汽喷雾管制作简单，安装方便，可安装在风道内或空调室内进行加湿。缺点是喷口会有来自管道内的凝结水喷出。蒸汽加湿管布置示意如图6-1-33所示，蒸汽管大小、开孔数量、孔径等参数根据需求加湿量确定。

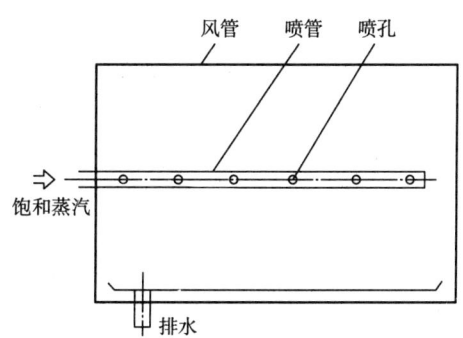

图6-1-33　蒸汽加湿管布置示意图

2. 离心式加湿器

离心式加湿器是利用旋转盘在电动机作用下高速转动，将水甩出打在雾化盘上，把自来水雾化成5~20μm的超微粒子后喷射出去，吹到空气，通过空气与水微粒热湿交换，达到对空气加湿和降温的目的。离心式喷雾机夏季可用低温水对空气降温去湿，冬季可用热水对空气进行加温加湿，春秋季可用自来水绝热加湿❶处理。该机可装在风道内或空调室内。每台加湿器加湿量为3~48kg/h。

离心式加湿器安装方式有壁挂、落地和移动等多种形式，根据气流方向分为立式离心式加湿器和卧式离心式加湿器。

立式离心式加湿器结构示意如图6-1-34所示，这种加湿器有一个圆筒形外壳。垂直安装的封闭电动机1驱动旋转盘4和吸水管5高速旋转。水泵管从储水器8中吸水并送至旋转圆

---

❶在空气处理过程中，在绝热情况下对空气加湿，称为绝热加湿过程（也称为等焓过程）。因为是绝热的，水分蒸发所吸收的潜热完全来自空气自身，加湿以后空气温度将降低。

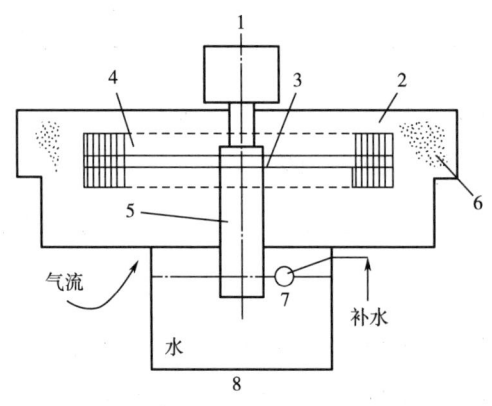

图 6-1-34　立式离心式加湿器结构示意图

1—电动机　2—破碎梳　3—水膜　4—旋转盘
5—吸水管　6—水滴　7—浮球阀　8—储水器

盘形成水膜 3,水由离心力作用被甩向破碎梳 2,并形成细小水滴。干燥空气从圆盘下部进入,吸收雾化的水滴 6 从而被加湿,被加湿后的空气从上部吹出。

卧式离心式加湿机又称旋转式喷雾机,原理与立式相同,主要区别是电动机水平安装,湿空气水平吹送,送风距离可达 10m。自来水通过供水管进入雾化盘后,经过高速旋转雾化后被空气吸收,加湿后的空气被水平吹出,未雾化的水滴汇集在集水盘内通过管道排出。卧式离心式加湿机结构示意如图 6-1-35 所示。

3. 气水混合式加湿器

该加湿器是以压缩空气为动力,将水直接雾化后均匀喷向空间,可提高空气相对湿度。在纺织车间多尘多毛的情况下,喷嘴不易堵塞,雾化比较好,无滴水现象。

气水混合加湿器根据压缩空气的压力可分成低压和高压两种,低压空气一般压力为 0.04~0.05MPa,每只喷水嘴用气量为 0.07m³/h,喷水量为 1.2kg/h;高压空气压力一般为 0.7~1.0MPa,每只喷水轮耗气量为 70L/min,最大加湿量为 7kg/h,由于气压比较高,故喷出雾点更细。气水混合式加湿器结构示意如图 6-1-36 所示。

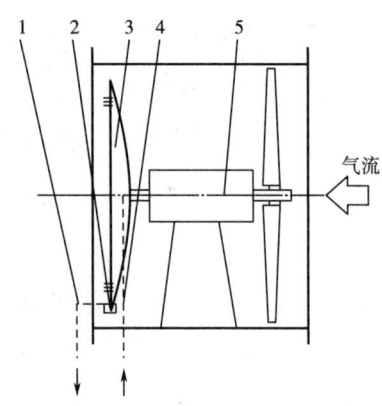

图 6-1-35　卧式离心式加湿器结构示意图

1—回水管　2—集水槽　3—喷雾盘
4—供水管　5—电动机

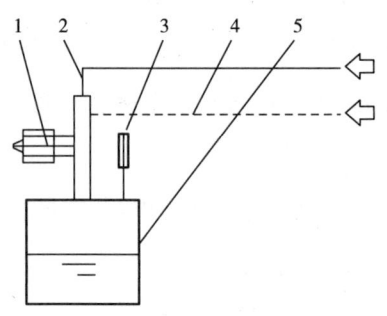

图 6-1-36　气水混合式加湿器结构示意图

1—喷嘴　2—压缩空气管　3—温湿度传感器
4—进水管　5—集水箱

4. 高压喷雾式加湿器

高压喷雾加湿是通过高压泵将过滤后的洁净水通过增压(一般加压到4~15MPa)并由高压管路输送到喷嘴,通过高压雾化喷嘴的细微孔口高速旋转喷出而形成雾状(雾粒径为5~15μm),它具有加湿、降温、防静电、增加负离子、清新空气等功能。高压喷雾加湿工作流程如图6-1-37所示。

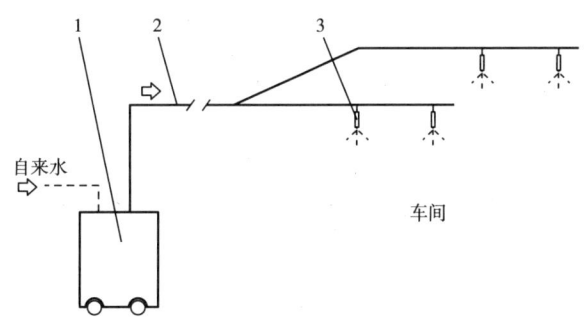

图 6-1-37　高压喷雾加湿工作流程示意图

1—高压喷雾主机　2—供水管道　3—高压雾化喷嘴

高压喷雾主机主要由高压泵、水过滤器和控制器组成,最大流量达30L/min以上,可配多只高压雾化喷嘴。

高压管路可采用铜管或PE管,安装简单可靠,管径6~10mm。

高压雾化喷嘴一般由主体、顶针、弹簧、喷片等组成,主体材质一般为铜、不锈钢、橡胶或陶瓷。高压雾化喷嘴结构示意如图6-1-38所示,性能参数见表6-1-35。

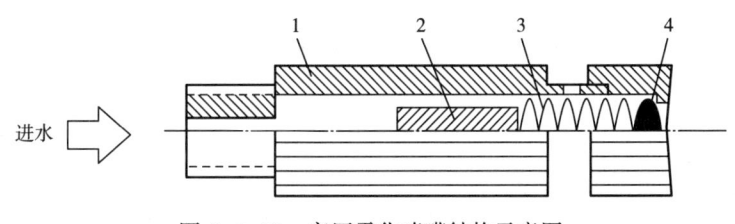

图 6-1-38　高压雾化喷嘴结构示意图

1—主体　2—顶针　3—弹簧　4—喷片

表 6-1-35　高压雾化喷嘴在不同孔径和不同压力下的流量　　　　单位:L/min

孔径/mm	压力/MPa		
	1	3.5	70
0.1	—	0.03	0.03
0.2	—	0.07	0.05

孔径/mm	压力/MPa		
	1	3.5	70
0.4	0.15	0.22	0.28
0.6	0.17	0.27	0.38
0.8	0.18	0.30	0.48

注　喷嘴实际流量随供水压力变化,表中数据仅供参考。

第四节　棉纺织空调系统

对于某一建筑或区域,采用完整匹配的冷热源系统、流体输配系统、末端和气流组织将室内负荷散到室外的系统称为空调系统。以满足使用者及生产过程的要求,改善劳动卫生和室内气候条件。

一、送风系统

(一)送风管道

送风管道一般采用薄钢板制成(也有用玻璃钢风道,但必须用非燃材料),也有利用厂房建筑预制混凝土风道;风道形状一般为矩形,也有圆形。管道的经济风速见表6-1-36。

表 6-1-36　管道的经济风速

位置	总风道	支风道	出风口	回风口	排风口
适宜风速/(m/s)	6.0~9.0	4.0~6.0	3.0~4.0	8.0~10.0	1.5~3.0
最大风速/(m/s)	11	9	5	12	4

(二)送回风口及送排风方式

风口的位置直接影响空调区域的气流场以及温度分布,因此,布置合理的气流组织十分重要,纺织厂应根据车间的特点,如发尘位置、发尘量大小以及热源分布等情况布置风道和风口。

1. 上送下回

纺织厂车间送风方式大多用上送下回,上送下回式送回风方式可以抑制粉尘飞花的飞扬,有利于产品质量的提高和车间环境的改善,车间内温湿度差异小。适用于车间对飞花要求较高、相对湿度较低的细纱、精梳、并粗等车间,要求较高的织布、络筒车间也较多使用。送风口形式主要有挡板式(或折流板式)送风口、条缝形送风口、矩形百叶送风口和圆形、矩形散流器送风口。

折流板式送风口如图 6-1-39 所示。条缝形送风口如图 6-1-40 所示,条缝形风口宽度一般为 50~150mm,适合工作区风速 0.25~1.5m/s 的长机台车弄送风,安装在风道两侧或风道底面,主要用于细纱和筒捻等车间。图 6-1-41 所示为矩形百叶送风口,一般均装有可转动百叶调节风量和送风角度,安装在风道两侧。图 6-1-42、图 6-1-43 所示为散流器送风口,风口安装均紧贴吊平顶下,

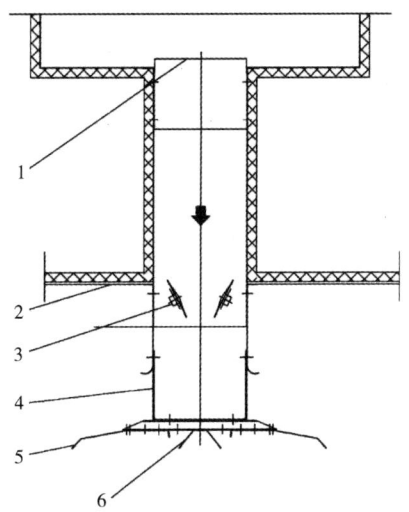

图 6-1-39　折流板式送风口

1—导流格栅　2—吊顶　3—调节阀

4—悬吊支架　5—导风板　6—导风板

适用于工作区风速较低、送风量较大的场所。回(排)风地吸口如图 6-1-44 所示,在织机车肚下的地吸口要考虑浆屑黏性,以防止堵塞,一般有两种做法,一种是在地面下做混凝土大地沟,优点是有沉淀时工人可进入清洁;另一种是采用光滑塑料管,风速在 15m/s 以上,按均匀吸尘管不沉淀设计。

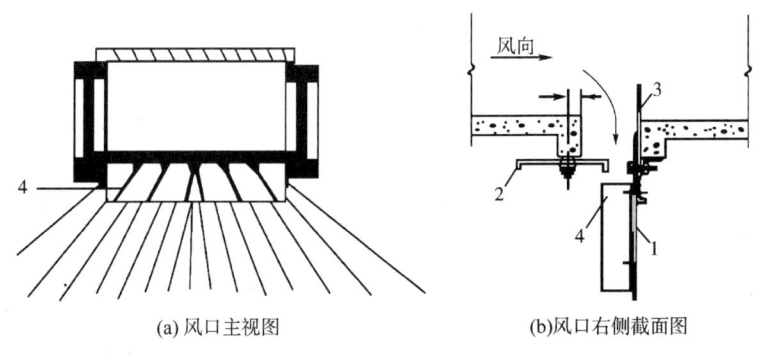

(a)风口主视图　　　　(b)风口右侧截面图

图 6-1-40　条缝形送风口

1—导风板　2—横调节板　3—纵调节板　4—扩散导风叶

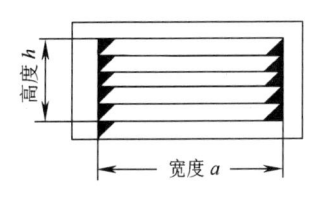

图 6-1-41　矩形百叶送风口

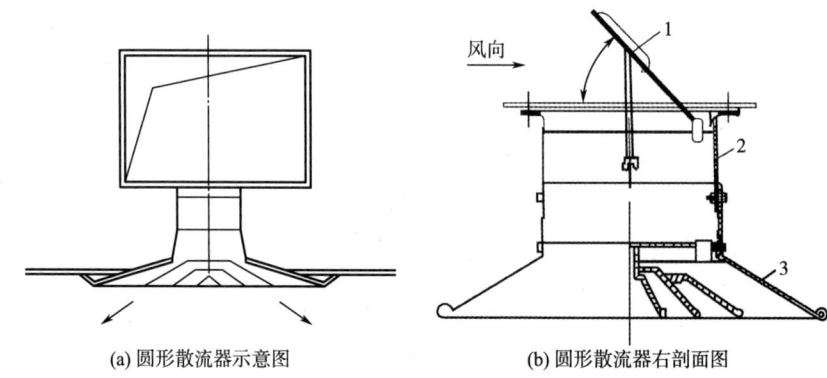

(a) 圆形散流器示意图　　　　(b) 圆形散流器右剖面图

图 6-1-42　圆形散流器送风口

1—调节风门板　2—喉管　3—流环

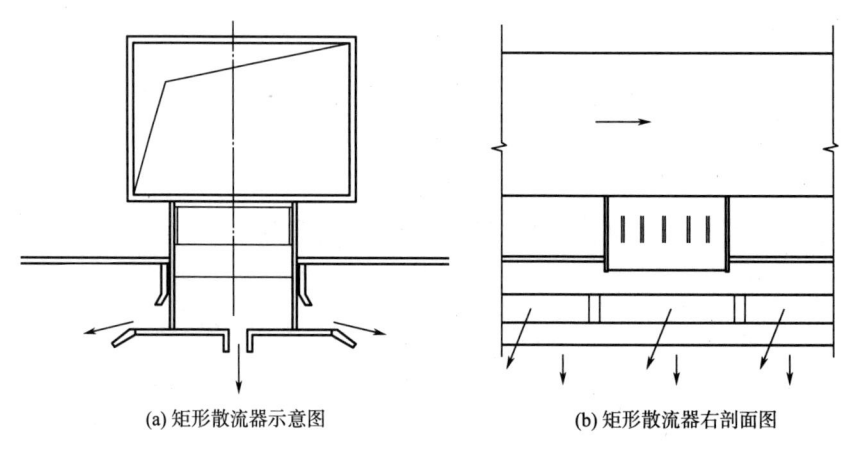

(a) 矩形散流器示意图　　　　(b) 矩形散流器右剖面图

图 6-1-43　矩形散流器送风口

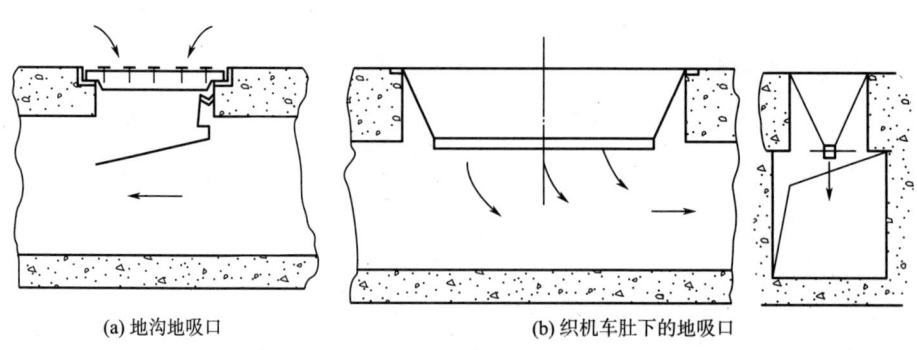

(a) 地沟地吸口　　　　(b) 织机车肚下的地吸口

图 6-1-44　地吸口

2. 下送上回

空气从地下风道竖起的送风箱或地面送风口送出,新风直接送到工作区,空调风量可以减小,但风速必须较低,上升气流不利于灰尘沉淀。在车间湿度要求较高,粉尘飞花对产品质量影响较小的织布、络筒、气流纺、开清棉、浆纱等车间有一定应用。图 6-1-45 所示为旋流送风口,适用于高大空间、风口安装高度≥4m 的下送风空调场所,最大送风温差为±6℃。

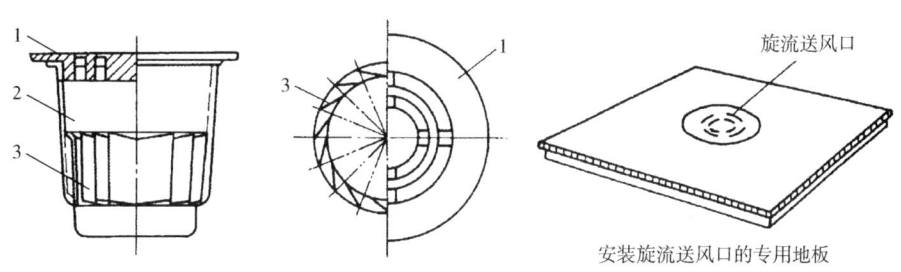

图 6-1-45　旋流送风口

1—出风格栅　2—集尘箱　3—旋流叶片

二、回风系统

回风系统由回风口、回风管道、滤尘装置等构成。

(一)回风量的确定

空调系统的回风量大小,只要满足维持室内正压要求即可。纺织车间一般根据车间的密封程度,车间正压排风量取送风量的 3%~5%。由于新风和正压排风、工艺排风的存在,应使车间内的回风量小于送风量,纺织车间风量平衡如图 6-1-46 所示。可以看出,回风量、送风量、正常排风量、工艺排风量与新风量等有如下关系:

$$车间回风量=送风量-车间正压排风量$$

$$空调室回风量=车间回风量-工艺排风量$$

$$送风量=空调室回风量+新风量$$

(二)均匀风道

均匀风道是通过风道侧壁上开设的孔口,或通过带有分支管的吸风口吸走等量的空气。

要保证吸风量相等,则要求风道干管各开孔处或与分支管连接处的静压相等。图 6-1-47 所示为均匀吸风风道及其压力分布图。图中 ab 线表示大气压力线;风道的全压损失是沿气流流动方向增加的,因此全压 ac 线越走越低;要使各吸风口处的静压值 P_j 保持不变(即 de 水平线),由伯努利方程分析可知:必须使动压 P_d 沿管道气流方向减小(即阴影区部分)。而风量又

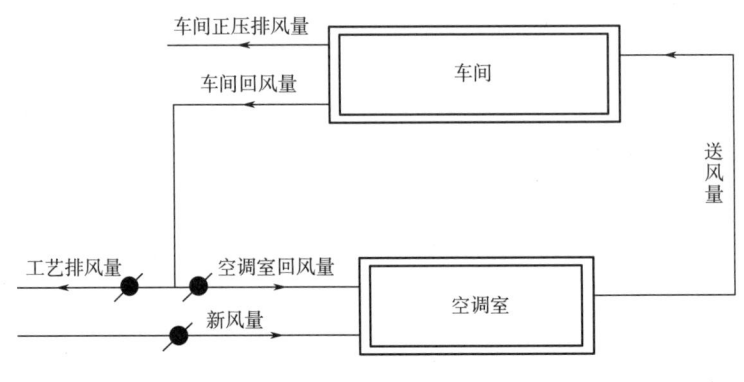

图 6-1-46　车间风量平衡图

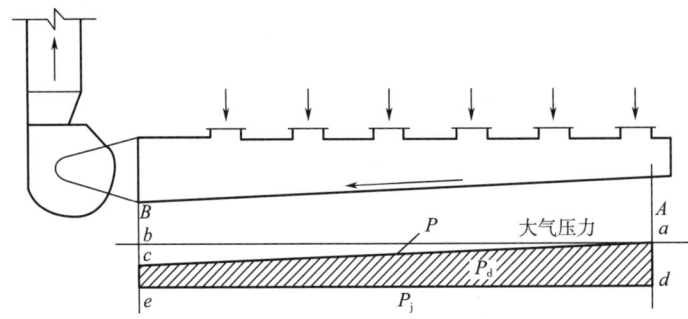

图 6-1-47　变截面均匀吸风风道及其压力分布图

P—全压　P_j—静压　P_d—动压

是沿气流方向增加的,所以,要使各孔口处静压值恒定,吸风风道必定是变截面的,沿 *AB* 方向(气流流动方向)截面积应逐渐增大,风速应逐渐降低。

三、节能型纺织空调系统

(一)喷雾加湿系统

传统纺织空调系统是采用机器露点送风,但有些车间加湿要求高,即使送风空气为饱和状态,到达车间后的湿度也不满足要求,因此要在传统空调系统上提出新的单独加湿方案。目前常用的加湿方式有:高压喷雾加湿系统、喷雾加湿风机、湿风道送风系统。

1. 高压喷雾加湿系统

(1)高压喷雾加湿系统原理。采用工业柱塞水泵将三级净化过滤的洁净水加压至 7MPa,通过高压铜管传送到喷嘴,高压水从喷嘴特制的喷孔旋转喷出,经雾化后以 3~15μm 雾滴喷射到车间,与空气进行热湿交换,使车间相对湿度增大,并达到降低车间空气温度的目的,整个过程实现等焓加湿,同时压力水的喷射作用形成大量的空气负离子,使人感到舒适。

(2)高压喷雾加湿特点。

①加湿量大。根据高压泵压力不同,加湿量不同。一般高压喷雾加湿的加湿量可达到每小时1000kg,而且加湿量可变化。在给湿范围内可任意配置喷嘴,还可以任意组合进行加湿精度调整,加湿效率可达90%以上。

②耗电少。高压喷雾加湿的能量主要用于高压水泵的消耗,其消耗功率很低。一般的高压喷雾水泵的装机功率约为3kW以下。以1万锭棉纺为例配置喷嘴,前后纺车间整体加湿,水泵电动机功率可变频至1.5kW。以每天实际喷雾时间为10h计算,全天耗电15kW·h。

③加湿效率高。高压喷雾加湿出来的空气进行了充分的热湿交换,其加湿效率很高,可达90%以上。

④反应速度快。高压喷雾加湿利用高压向空气进行直接喷雾加湿,因此从静止状态到产生额定加湿量需要的时间很短,加湿的反应速度很快。

(3)高压喷雾加湿系统的选型设计。高压喷雾加湿系统设计时,要注意高压喷雾加湿器的加湿量与喷雾量是两个有着本质区别的概念。加湿量是指在标准工况下,喷到空调机组内的水雾在单位时间内被空气吸收的那部分水量(又称为有效加湿量)。喷雾量是指加湿器在正常工作状态下,单位时间内(通常指每小时)所有喷头喷出的水雾总和,即有效加湿量=喷雾量×加湿效率。除此以外,还应注意如下问题。

①高压喷雾系统可以放置在空调室内,也可以直接放置在车间内。空调室内的高压喷雾系统喷出雾滴,和空气混合,由送风系统送入车间;放置在纺织车间内的高压喷雾系统,可以直接向车间喷雾。后者加湿直接,能耗低,但有滴水隐患,前者则相反。对中小型纺织厂,应尽可能在车间加湿,以增强加湿效果,降低能耗。

②喷嘴车间加湿选用的喷嘴要细,以使喷出的雾滴细小,降低滴水隐患。喷嘴要均匀分布在车间。空调室中的高压喷雾系统则可选用较粗大的喷嘴,喷头安装位置及喷射角度需慎重考虑,必要时应加装挡水板,防止空气中的水滴直接进入送风道。

③对高压喷雾系统使用的水要进行严格的过滤及软化,避免杂物及结垢堵塞喷嘴,并定期检修,防止系统堵塞渗漏。

④有效加湿量。

$$E = \frac{\rho G(d_2 - d_1)K}{1000}$$

式中:E——有效加湿量,kg/h;

　　G——送风量,m^3/h;

　　ρ——空气密度,这里取 $1.2kg/m^3$;

　　d_1——加湿前的空气含湿量,g/kg;

　　d_2——加湿后的空气含湿量,g/kg;

　　K——安全系数,一般取 1.1。

　　⑤喷雾量。

$$W = \frac{E}{\eta}$$

式中:W——喷雾量,kg/h;

　　　E——有效加湿量,kg/h;

　　　η——加湿效率。设置在车间的高压喷雾加湿器,$\eta = 90\% \sim 95\%$;设置在空调室内的高压

　　　　　喷雾加湿系统,$\eta = 80\% \sim 90\%$。

　　⑥示例。某纺织车间的风量 $G = 20000m^3/h$,加湿前空气参数为 $36.8℃$,相对湿度 30%,室内空气参数为 $30℃$,相对湿度 65%;选用高压喷雾加湿器对送风进行空气加湿,计算所需的有效加湿量和喷雾量。

　　根据焓湿图可查得:$d_1 = 11.7g/kg$,$d_2 = 17.4g/kg$。

　　所需要的有效加湿量:

$$E = \frac{\rho G(d_2 - d_1)K}{1000} = 1.2 \times 20000 \times (17.4 - 11.7) \times \frac{1.1}{1000} = 150.48(kg/h)$$

　　所需要的喷雾量:

$$W = \frac{E}{\eta} = 150.48 \div (90\% \sim 95\%) = 167.2 \sim 158.4(kg/h)$$

　　高压喷雾系统的加湿方式比较成熟、设备简单、选型方便、加湿效率高、能耗低,比较适合中小型纺织车间加湿需要。

2. 喷雾加湿风机

　　(1)喷雾加湿风机原理。喷雾加湿风机是在送风的同时,向送风中喷雾从而加湿空气的一种改进型风机,如图6-1-48所示。工作原理是:采用在电动机和风机叶片之间设置高效雾化喷头,直接向风机叶轮根部喷雾,多个喷嘴喷出的水雾交错重叠后在叶轮根部喷向叶轮,一部分沿着高速旋转的叶片运动,被叶片打击粉碎形成细小的颗粒——水雾。经风机叶轮二次切割形成更为细小的雾滴,在空气的强力搅和下混合成通风雾气,被加湿风机输送出来,形成高效加湿过程。喷雾加湿风机可分为固定式和移动式,固定式直接安装到空调送风机上,移动式可随意

更改加湿位置。

（2）喷雾加湿风机特点。

①单独提供喷雾所耗功率，与送风机分开控制，喷雾可随时启停；风机叶轮可以二次切割水雾，但不会对风机风量风压产生影响。

②喷水量小，加湿能力强，送风饱和度高，热湿交换效率高，充分利用水分蒸发，吸收汽化潜热，降低空气显热，节能效果显著。

③移动型喷雾加湿风机具有多数量、分散、布置简单的优点。

（3）喷雾加湿风机的选型应用。喷雾风机风量与喷水量按照水汽比 $\mu \leqslant 0.01$ 来选取，喷雾加湿风机由于效率更高，喷雾基本上对送风量和风机全压无任何影响，常用于络筒、布机等相对湿度要求较高和需用重点加湿的场所，具有较好的节能效果。

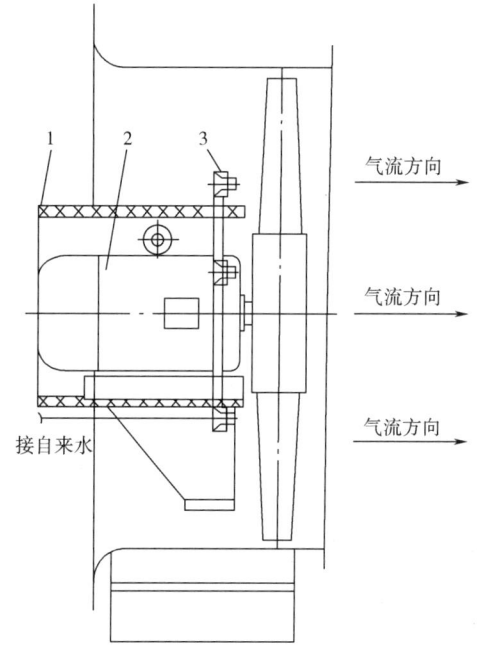

图 6-1-48　喷雾加湿风机结构图

1—挡板　2—电动机　3—喷嘴

3. 湿风道送风系统

湿风道送风系统可以增加单位送风的含湿量，从而降低纺织车间的送风量，降低能耗。

（1）湿风道送风系统原理。车间空气经过回风过滤器，通过回风窗和室外空气汇合，然后混合经喷雾轴流风机的喷雾，经过整流格栅空气均匀地送到"湿风道"内。空气在湿风道内运动，使水和空气有充裕的时间进行热湿交换，进行蒸发冷却，然后通过特殊的送风口送至车间。如图 6-1-49 所示，它由回风段、加热段、喷雾轴流风机、湿风道、托水盘、送风口等组成。

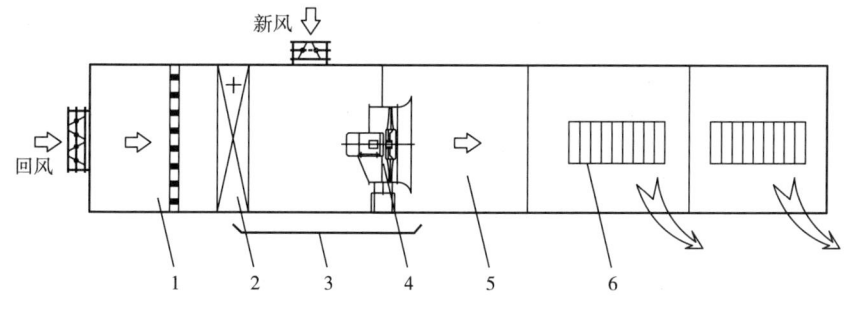

图 6-1-49　单独湿风道送风系统

1—回风段　2—加热段　3—托水盘　4—喷雾轴流风机　5—湿风道　6—送风口

（2）湿风道送风系统的特点。

①加湿性能良好,调节方便。利用喷雾轴流风机的离心力和负压,输送100%饱和以至过饱和带水空气。随着相对湿度的增加,相应地可使车间温度下降。调节喷雾轴流风机进水量,就可调节车间相对湿度,调节简单易行。

②节水节电,一次性投资低,经济效益好。直接蒸发冷却,水气比小;采用自来水或管道泵低压输送循环水,大大降低原水泵的耗能;由于不需要附房,产品结构简单,故一次性投资大大降低。

③安装灵活,维修方便。湿风道悬挂在车间上方,不占地,不需附房,并可根据各企业车间不同情况组合成多种节能空调系统。由于省去了喷淋排管装置,对水质、水压的要求大为降低,不会出现堵塞的现象,容易维修。

④适合于车间相对湿度要求比较高的场合。湿风道送风系统适合于车间相对湿度要求比较高的场合,如各种高速无梭织机车间,可大大降低所需送风量,减少一次性投资和日常运行费用,提高车间温湿度调节能力,满足生产工艺要求,提高经济效益。

⑤有滴水隐患。湿风道送风系统存在滴水隐患,现实使用过程中还需要设计方和厂方加强沟通,才有利于进一步推广使用。

（二）间接蒸发冷却技术

1. 间接蒸发冷却原理及应用形式

（1）间接蒸发冷却原理。间接蒸发冷却是蒸发冷却的一种独特的等湿降温方式,如图6-1-50所示。其基本原理是:利用直接蒸发冷却后的空气与管外喷淋循环水发生等焓降温过程[图6-1-51（b）],使水温达到二次空气湿球温度,通过管壁间接等湿冷却新风[图6-1-51（a）]。

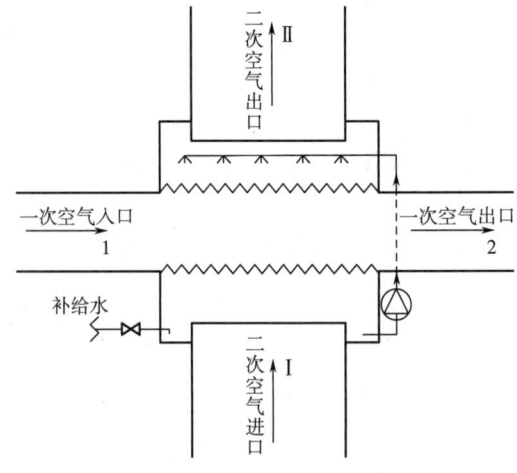

图6-1-50　间接蒸发制冷示意图

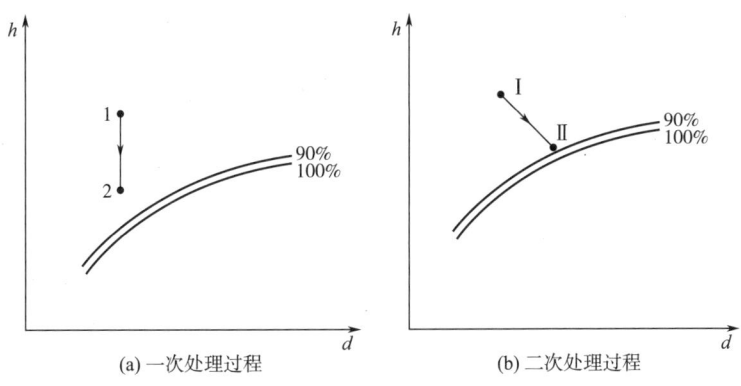

(a) 一次处理过程　　　　　　(b) 二次处理过程

图 6-1-51　间接蒸发制冷焓湿图

（2）间接蒸发冷却技术应用形式。间接蒸发冷却器的应用形式有：在干燥地区，通过间接+直接蒸发冷却空调机组对新风处理后直接送入室内；在潮湿地区，间接蒸发冷却器作为机械制冷的预冷器，降低机械制冷的制冷量。其热湿处理过程如图 6-1-52 所示，图中实线为采用间接蒸发冷却器后的过程，而虚线为不加间接蒸发冷却器的传统过程。W 为室外新风点，W' 为新风经过蒸发冷却器预冷后的点，C' 为新回风混合点，$C \rightarrow L$ 线为喷水室处理线，L 为送风状态点，N 为室内状态点。由图6-1-52可以看出，在送风量、新风量相同的条件下，$(h_C - h_L) > (h_{C'} - h_L)$，说明经过间接蒸发冷却技术对新风预处理后的热湿处理过程节约制冷量。当然，节能效果是由空气的干湿球温度差决定的，当地干湿球温度相差越大，节能越显著。

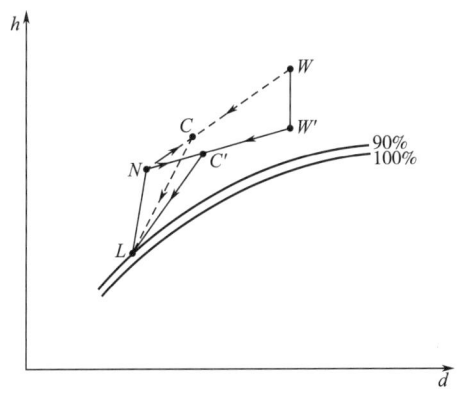

图 6-1-52　纺织厂间接蒸发冷却处理过程

2. 间接蒸发冷却技术的应用

（1）应用前提。

①适当的干湿球温度差。间接蒸发冷却技术的应用核心是通过水的蒸发吸热来制冷，因此只有当所使用的空气具有较大的干湿球温度差的情况下，才可能有良好的制冷效果。

②良好的换热设备。要求换热设备具有良好的换热性能，且加工成本低，便于管理。换热设备内部通道要大，不易堵塞设备，能方便拆卸，以进行内部的清洗等因素。

(2)间接蒸发冷却技术在纺织厂的应用。在纺织厂车间尤其是细纱车间,设备发热量比较大,生产工艺对车间内温湿度要求高。因此,必须对车间内环境进行人为调节。在过渡季节,可以利用喷水室进行直接蒸发冷却制冷,但是在夏季,单纯使用喷水室对空气进行等焓加湿达不到要求。这时可以在喷水室前端加一个间接蒸发冷却器,利用间接蒸发冷却器对进入的室外新风进行预冷,在降低喷水室机械制冷负荷的同时,使车间温湿度达到生产工艺的要求,节约能源。

在西北地区采用间接蒸发冷却技术,无须机械制冷;在非干燥地区的气流纺、络筒、织机等湿度要求较高的车间,可采用间接冷却技术,结合喷水室的空调形式,将空气处理到规定的温湿度,直至达到规定的送风参数。室外的空气首先进入间接蒸发冷却器进行等湿冷却,然后进入喷水室进行热湿处理。可以取代或减少机械制冷,节约大量能源。

(三)热转移回收系统

热能转移技术是通过风量平衡的手段,把部分车间的余热通过通风方法转移至需要供热的车间。具体方法如下。

1. 细纱电动机散热排风处理后送至产热量较少的车间

电动机散热排风回细纱空调室过滤后,由电动机散热排风机单独设置的通道送至产热量较少车间的空调室,然后由该空调室的送风机送至车间。该方法的主要设计要点如下。

(1)单独设置电动机散热排风沟道。其排风量要略大于电动机的工艺排风,以避免电动机散热逸入车间。

(2)电动机散热回风应过滤。

(3)电动机散热排风的处理。排风在过滤后,夏季直接排放。冬季部分回用,部分转移至络筒、并粗等车间。

(4)应设专用的转移风道,热能转移距离短。

(5)风量平衡。采用热能转移技术,应做好全厂各车间的风量平衡。图6-1-53为某车间使用该方法进行热能转移技术的风量平衡示意图。以细纱车间的电动机散热排风排入相邻的前纺车间为例。

2. 细纱车间部分空气通过专用通道直接流向产热量较少的车间

在两个车间的隔墙下方开设条形窗,并安装调节阀。冬季时减少细纱车间的回风量,增加新风量,保证细纱车间相对隔壁车间为正压状态。隔壁车间回风量大于送风量,使细纱车间的热空气自动渗入络筒或并粗车间。

利用车间热转移回收技术,除西北、东北等寒冷地区之外的纺纱厂,冬季不设供热系统,车间温湿度即可满足工艺要求。

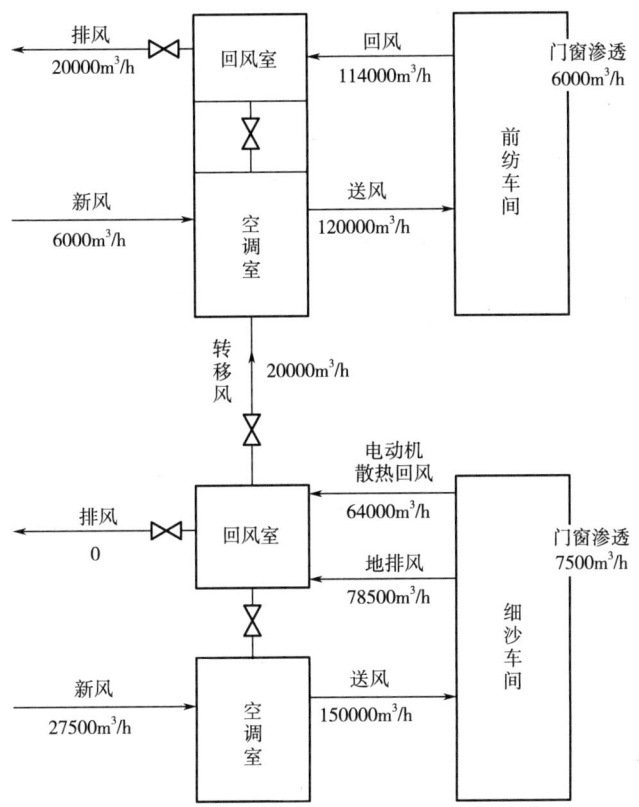

图 6-1-53　某车间热能转移风量平衡示意图

(四)过饱和送风系统

1. 过饱和送风的原理

在风机前加装前置式高压喷头，使水雾化经风机叶轮二次切割后增强雾化效果，并适当增加挡水板后的雾滴,产生带水送风,水滴在风口处直到工作区范围内吸收汽化潜热迅速蒸发,从而可降低工作区的温度。

2. 过饱和送风的应用与特点

鉴于纺织厂织布、络筒、气流纺等高湿车间的特点,采用过饱和送风空调系统,可获得较好的实用效果。

(1)可保证工作区良好的作业环境。

①可满足高湿车间高湿度的环境要求。纺织厂织布、络筒、气流纺等车间要求有较高的相对湿度($\phi>75\%$),而目前由于冷源的问题,车间温度较高(有些达35℃以上),车间环境恶化。采用过饱和送风,将经过空调室处理的过饱和空气直接从地面送入,造成车间垂直方向上存在着明显的温度梯度和相对湿度梯度分布,下部温度低,相对湿度大。此外,此送风中所带微小水

滴在进入车间后蒸发,吸收车间热量,降低车间温度;同时进一步增加了车间相对湿度,从而可实现高度 2m 以内的工作区具有较高的相对湿度和降温要求。而采用过饱和送风方式,由于送风管道采用地沟,不需保温,不存在滴水问题,而且带水量大,可达 2~5g/kg,从而解决了这一矛盾,使复杂问题简单化。

②可将高湿车间的含尘浓度控制到较低水平。除了雾化带水送风外,纺织厂能否采用过饱和送风的主要疑虑还有是否会使车间飞花向上随气流运动,使车间的纤维粉尘浓度升高,进而影响车间空气品质的问题。

(2)可实现大幅度节能要求。过饱和送风与传统的上送下回式相比,同等负荷和冷源的条件下,可实现小风量和大焓差送风,大大减少了风机的动力消耗。

3. 过饱和送风系统的设计

过饱和送风方式要保证一定数量的雾滴随风吹入室内蒸发,对输送过程有较高的要求。

(1)空调室设计。过饱和送风需使用前置式喷雾加湿风机,以保证送风能够携带一定数量的雾滴。前置式喷雾加湿风机一般采用压入式,尽量减少电动机受潮的可能性。

(2)送风系统设计。

①送风量风道的末端深度不得低于 800mm,要求较高时甚至在风道内设置紫外线杀菌消毒等措施。另外,应当对整个系统进行均匀送风设计、计算,力求风量自然平衡。

②风道内送风参数。为防止雾滴的重力沉降,在风道内输送时应具有一定的速度以保证雾滴始终呈雾态输送,为此风速不能太低,一般取 4~6m/s,而且要求内壁光滑不挂花,风道宜呈同一坡度缓变,不宜有上送风那种突扩或突缩的情况出现。

③送风口空气参数。为了能够很好地使用天然冷源,以及减少下部吹冷风感,送风口除了低速送风外(0.25~0.5m/s),出口温度可控制在 25~29℃,有利于节能;排风温度宜在 31~35℃。送风的空气的雾态带水量应≤1g/kg干空气。

④送风口。为减轻雾滴对设备的腐蚀,送风口一般不要设置于设备的正下方,应设置在操作通道上为宜;风口材料应为耐腐蚀材料,且风口应经常擦拭,保证光滑不挂花,并且应做成可调式风口。

第五节　纺织风机与水泵

纺织风机和水泵是纺织空调除尘系统重要的动力设备。纺织风机不同于其他行业风机,其结构和类型是针对纺织空调除尘应用场所的特殊要求进行设计开发的。

一、纺织风机

(一)纺织风机的分类

按照风机的结构和气流的输送方向,可分为轴流风机和离心风机。

1. 轴流风机

(1)轴流风机的结构。常用的轴流风机结构如图 6-1-54 所示,主要由叶轮、壳体、电动机、集流器、扩散筒、机架、支架等组成。工作时气体轴向进入旋转的叶轮,在叶轮的作用下气体获得能量,然后从轴向流出。

(2)轴流风机的分类。轴流风机的分类、特点和用途见表 6-1-37。

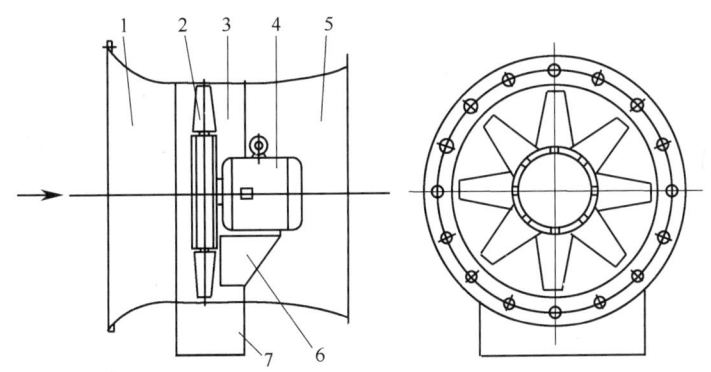

图 6-1-54　轴流风机结构示意图

1—集流器　2—叶轮　3—壳体　4—电动机　5—扩散筒　6—机架　7—支架

表 6-1-37　轴流风机的分类、特点、用途

分类	名称	结构	特点	用途
安装方式	墙式		无支座,安装时需对所在的墙体做适当的抗震加固处理,一般适用于 16 号以下的风机	空调室送回风系统
	落地式		自带底座,安装前需预做混凝土支撑座基,一般适用于 18 号以上的风机	空调室送风系统

分类	名称	结构	特点	用途
电动机位置	吸入式		在空调喷淋系统中,安装在喷水室之后,以减少电动机受潮而烧坏电动机	空调室送回风系统
	压入式		在空调喷淋系统中,安装在喷水室之前,以减少电动机受潮,进而烧坏电动机	空调室送风系统

2. 离心风机

(1)离心风机的结构。如图 6-1-55 所示,离心风机主要由叶轮、机壳、进风口、传动机构等组成。空气从进风口进入,约转 90°弯进入叶轮通道,在叶轮离心力的作用下气体获得能量,然后沿蜗壳流道垂直于进风口向出风口流出。

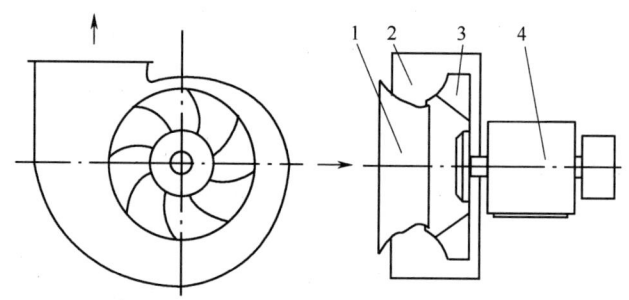

图 6-1-55　离心风机示意图

1—进风口　2—机壳　3—叶轮　4—传动机构

(2)离心风机的分类。离心风机的分类、特点和用途见表 6-1-38。

表 6-1-38　离心风机的分类、特点和用途

分类	名称	结构	特点	用途
叶轮轴向结构	单吸		单吸口,接管方便,安装方便	除尘系统排风
	半开式无前盘		不绕棉尘,效率低	输送纤维杂质

分类	名称	结构	特点	用途
叶轮轴向结构	双吸		双吸口,直径相同时风量比单吸大,安装要有独立机房	空调系统送风
叶片形状	前弯		在叶轮尺寸和转速相同的条件下,前弯式叶轮的通风机总压头较高,径向式叶轮次之,后弯式叶轮最低	除尘系统排风
	径向			输送纤维杂质
	后弯			除尘系统排风

(二)纺织风机的工作特性

1. 风机性能参数关系式

纺织风机性能参数关系式见表6-1-39。

表6-1-39 纺织风机性能参数关系式

内容	换算、计算式
改变转速和空气密度,风机的流量、全压和功率的变化	$$Q = Q_0 \frac{n}{n_0}$$ $$P = P_0 \left(\frac{n}{n_0}\right)^2 \frac{\rho}{\rho_0}$$ $$N = N_0 \left(\frac{n}{n_0}\right)^3 \frac{\rho}{\rho_0}$$ 式中:Q——风机使用条件下的流量,m^3/s; P——风机使用条件下的全压,Pa; N——风机使用条件下的理论功率,kW; n——风机使用条件下的转速,r/min; ρ——风机使用条件下输送气体的密度,kg/m^3; Q_0——风机铭牌标定的流量,m^3/s; P_0——风机铭牌标定的全压,Pa; N_0——风机铭牌标定的理论功率,kW; n_0——风机铭牌标定的转速,r/min; ρ_0——标准状态下输送气体的密度,$1.2kg/m^3$

内容	换算、计算式
改变叶轮直径和空气密度,风机的流量、全压和功率的变化	$$Q = Q_0 \left(\frac{D}{D_0}\right)^3$$ $$P = P_0 \left(\frac{D}{D_0}\right)^2 \frac{\rho}{\rho_0}$$ $$N = N_0 \left(\frac{D}{D_0}\right)^5 \frac{\rho}{\rho_0}$$ 式中:D——风机使用条件下的叶轮直径,m; D_0——风机铭牌参数下的叶轮直径,m
风机的效率	$$\eta_t = \frac{P \cdot Q}{1000 N_Z}$$ 式中:N_Z——风机在使用条件下消耗的实际轴功率,kW; η_t——风机的全压效率
电动机实际配置功率	$$N_P = \frac{P \cdot Q \cdot m}{1000 \eta_t \cdot \eta_c}$$ 式中:N_P——电动机实际配置功率,kW; η_c——风机的机械传动效率,直联 $\eta_c = 1.0$、联轴器直联 $\eta_c = 0.98$、三角皮带轮传动 $\eta_c = 0.95$; m——电动机容量安全系数,当电动机功率为小于5kW时,$m = 1.2 \sim 1.3$;大于 5kW 时,$m = 1.15$
风机的温升	$$\Delta t = \frac{P \cdot \eta_W}{1212 \eta_t \cdot \eta_e}$$ 式中:Δt——空气通过风机后的温升,℃; P——风机在使用条件下的全压,Pa; η_t——风机的全压效率; η_e——电动机的效率,一般 $\eta_e = 0.8 \sim 0.9$; η_W——电动机位置修正系数,当电动机在气流内时,$\eta_W = 1.0$;当电动机在气流外时 $\eta_W = \eta_e$

2. 风机与管道的联合工作特性

风机与管道的联合工作特性见表6-1-40。

表 6-1-40 风机与管道的联合工作特性

内容	简图	特性曲线	说明
单风机运行			E_1 曲线表示管网阻力特性曲线,两者的交点 A 即为联合工作点
风机串联运行			要求串联的两风机完全相同,以避免性能曲线不同时风量和压力出现的"抵消"和功耗的增加
风机并联运行			风机并联使用,设计时应避免出现"抢风"现象,否则会引起风机工作不稳定

(三)纺织风机选型要点

纺织风机选型要点见表 6-1-41。

表 6-1-41 纺织风机选型要点

内容		选型要点
风机型号选择	根据风机的全压和流量的关系进行选型	纺织空调系统由于阻力小、风量大,在选择时应选用低风压、大流量、高效率的轴流风机;个别风道较长、阻力较大的系统也可选用离心风机 除尘系统由于阻力较高,一般选取高风压的离心风机
	根据风机在空调除尘系统中的位置进行选型	空调送风机如果位于喷水室进风端,该空调系统称为压入式空调系统,此时采用压入式风机;如果位于喷水室出风端,该空调系统即为吸入式空调系统,此时采用吸入式风机;空调回风机一般选用吸入式风机 除尘系统位于除尘器之后的主风机,应采用高效后弯式离心风机;位于除尘器之前的排尘风机,以输送纤维为主的应采用有效防止挂花的径向叶片风机,以输送纤尘为主的可采用前弯或后弯叶片风机

续表

内容		选型要点
风机参数选择	风机流量选择计算	$Q = k \cdot Q_0$ 式中：Q_0——计算确定的系统流量，m^3/h； 　　　k——修正系数，一般取 1.05～1.10
	风机压力选择计算	$P = k \cdot P_0$ 式中：P_0——计算确定的系统压力，Pa； 　　　k——修正系数，一般取 1.05～1.10
风机参数的换算		见表 6-1-39 纺织风机性能参数的换算、计算方法

(四)纺织常用风机的性能参数

棉纺织厂常用风机的性能参数见表 6-1-42。

表 6-1-42　棉纺织厂常用风机的性能参数

型号	名称	全压范围/Pa	风量范围		电动机功率/kW	效率/%	主要用途
			m^3/s	m^3/h			
FZ40/35-11/12	轴流风机	66～740	8.33～61.11	30000～220000	3.0～55	80～85	纺织厂空调送回风用
SFF232-11/21	离心风机	350～2156	5.08～33.67	18290～121212	5.5～75	80～82	空调、除尘主风机
FC6-48-11/12	排尘风机	440～3327	0.37～1.39	1330～5000	3～15	64～70	输送含纤维尘杂空气
SFF233-11	排尘风机	500～6000	0.14～1.11	500～4000	2.2～15	64～70	纺织除尘设备配套用

二、水泵

(一)水泵种类与结构

1. 单级单吸清水离心泵

单级单吸清水离心泵是纺织空调中最常用的一种泵，主要由叶轮、泵体、泵轴和电动机等组成。从泵壳体与电动机的连接方式来看，可分为直联式和联轴器式连接两种，如图 6-1-56 和图 6-1-57 所示。

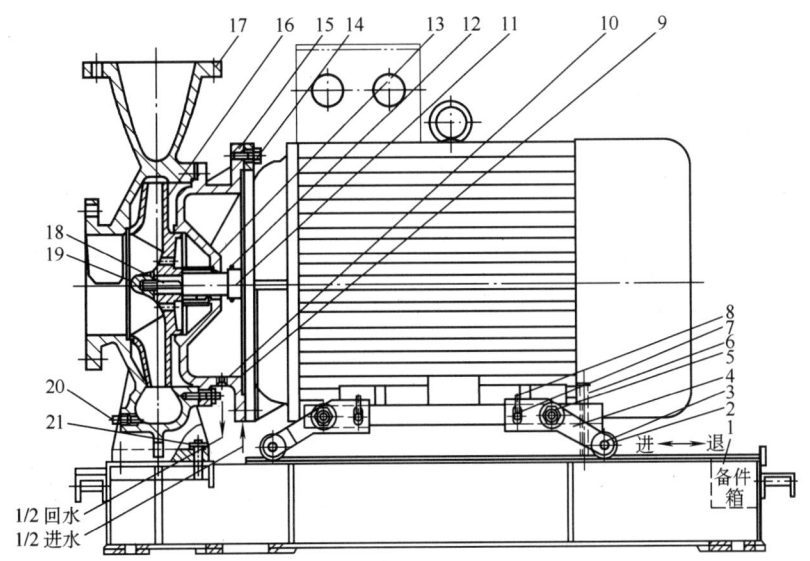

图 6-1-56 直联式单级单吸清水离心泵结构示意图

1—底盘 2—滚轮 3—销轴 4—支架 5,10—螺母 6—保险螺钉 7,8—双头螺钉 9—双头螺柱 11—电动机

12—挡水圈 13—机械密封 14,21—螺栓 15—尾盖 16—叶轮 17—泵体 18—键 19—叶轮螺母 20—锥螺塞

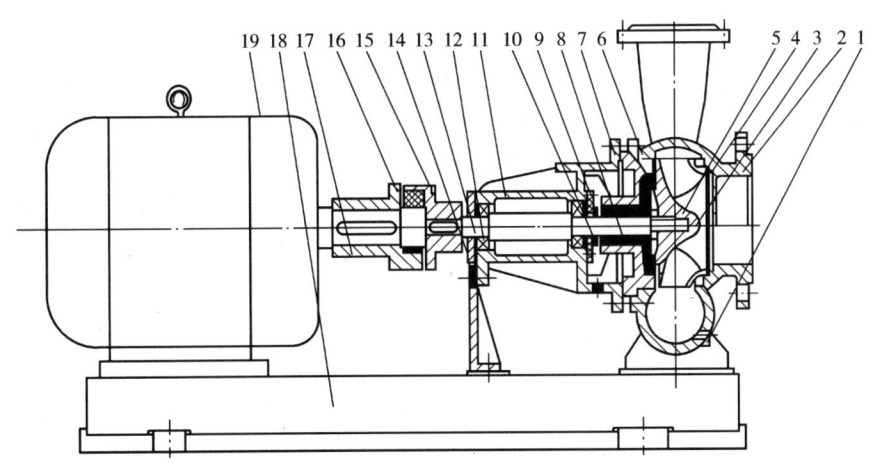

图 6-1-57 联轴器式单级单吸清水离心泵结构示意图

1—放水螺栓 2—泵体 3—叶轮螺母 4—泵体密封环 5—叶轮 6—尾盖密封环 7—尾盖

8—机械密封 9—轴承盖 10—挡水圈 11—轴承体 12—单列向心轴承 13—主轴

14—支架 15—泵端联轴器 16—弹性块 17—电动机端联轴器 18—底座 19—电动机

单级单吸离心泵的适用条件为:最高工作压力不大于1.6MPa,输送液体的温度在0~80℃,输送液体不应含有体积超过0.1%和粒度大于0.2mm的固体杂质。该泵适用于纺织空调的工作环境。

2. 单级双吸清水离心泵

当系统流量较大,单台泵由于体积过大、位置受限时,可采用单级双吸清水离心泵。这种泵在大型纺织空调系统的制冷站中使用较多,其外形如图6-1-58所示。

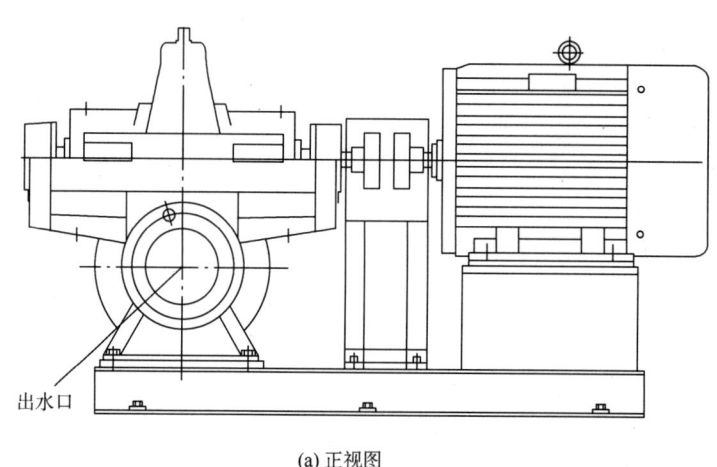

(a) 正视图

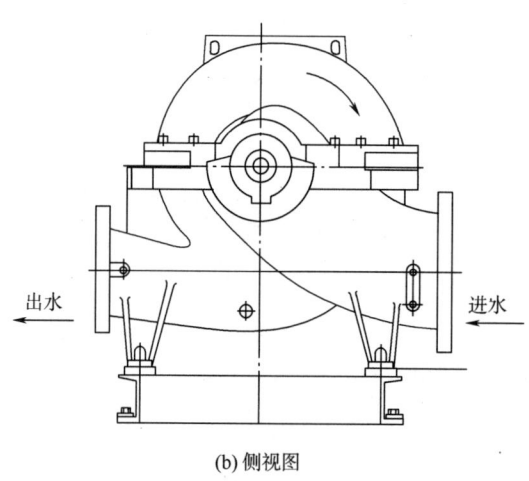

(b) 侧视图

图6-1-58　单级双吸清水离心泵

(二)水泵性能参数

水泵的性能参数包括流量Q、扬程H、轴功率N、效率η、转速n等,它们之间的主要关系见表6-1-43。

表 6-1-43　水泵主要性能参数之间的关系

内容	关系式
水泵的轴功率与流量、扬程关系式	$$N = \frac{P \cdot Q \cdot \rho \cdot g}{1000\eta}$$ 式中: N——水泵在使用条件下消耗的实际轴功率, kW; P——水泵的轴功率, kW; Q——水泵流量, m^3/s; η——水泵的效率, %; ρ——水的密度, kg/m^3; g——重力加速度, 取 9.807m/s^2
改变水泵转速与流量、扬程、轴功率关系式	$$\frac{Q_1}{Q_2} = \frac{n_1}{n_2}$$ $$\frac{H_1}{H_2} = \left(\frac{n_1}{n_2}\right)^2$$ $$\frac{N_1}{N_2} = \left(\frac{n_1}{n_2}\right)^3$$
改变叶轮直径与流量、扬程、轴功率关系式	$$\frac{Q_1}{Q_2} = \left(\frac{D_1}{D_2}\right)^3$$ $$\frac{H_1}{H_2} = \left(\frac{D_1}{D_2}\right)^2$$ $$\frac{N_1}{N_2} = \left(\frac{D_1}{D_2}\right)^5$$ 式中: D_1, D_2——叶轮改变前、后的直径, m 一般离心泵的叶轮允许车削量为叶轮外径的 10%~20%, 此时效率约降低 1%, 当车削量小于叶轮外径 9%时, 泵的效率基本保持不变

(三)水泵选型要点

纺织厂选择水泵时, 首先要使水泵满足最高运行工况的流量和扬程, 并使水泵的工作状态点位于高效范围内。

1. 水泵流量和扬程的确定

喷淋水泵的流量通过喷水室的热工计算来确定, 冷冻站水泵的流量按制冷机提供的参数来确定; 水泵的扬程应由输送流体最不利环路的压力损失来确定; 流量和扬程均应附加 10%~20%的安全裕量。空调室喷淋水泵的扬程可用下式求得:

$$H = H_1 + H_2 + H_3$$

式中: H——水泵的扬程, MPa(水泵选型时, 应将 MPa 换算为 m);

H_1——喷嘴所需喷水静压力,MPa,一般按 0.15~0.2MPa 计算;

H_2——喷水室上部喷嘴与水池水面间的压差,MPa,一般按 0.025~0.035MPa 计算;

H_3——管路阻力损失,MPa,一般按 0.02~0.03MPa 计算。

因此,喷淋水泵扬程设计选型时一般按 0.25~0.3MPa 选取。

2. 多台水泵并联

离心水泵与离心风机的结构和工作原理相似,两台同型号设备并联时的流量与压力变化曲线也相似。

在车间空调负荷较大时,制冷机房内冷冻、冷却水泵有多台并联的情况,并联时宜采用同型号的水泵,一般制冷系统中要求并联台数尽可能不超过 3 台。

(四)喷淋系统常用水泵的性能参数

纺织厂喷淋系统常用水泵的性能参数见表 6-1-44。

表 6-1-44　纺织厂喷淋系统常用水泵的性能参数

水泵	流量/(m³/h)	扬程/m	配用功率/kW	备注
IS 型	6.3~300	20~32	0.75~30	卧式泵
SB 型	25~300	20~32	4~30	卧式泵

三、风机和水泵的节能设计与运行

风机和水泵在纺织空调中能耗所占的比重大,一般占空调系统能耗的 90% 以上,因而其选用及运行调节,应该考虑尽可能降低能源消耗。

(一)风机的节能设计和运行

1. 正确选择风机型号和性能参数

(1)在系统阻力小、风量大的情况下,应选用低风压、大流量、高效率的轴流风机;在系统阻力较高、风量较大的情况下,一般选取高风压、大流量、高效率的离心风机。

(2)所选择的风机,应当尽可能与管网的阻力特性相匹配,以保证风机的高效运行。

2. 正确采用风机的串并联

在采用风机的串并联时,宜采用相同型号的风机。

(1)风机的串联。应严格控制"零压点",使选用的回风机送风端和送风机进风端的"零压点"相重合,且均在高效的单机状况下运行。

(2)风机的并联。尽可能使各风机的进风位置相对于空调室出风口对称布置,使得各风机的进风量大致相同;尽可能增大送风主风道的容积,使风机进风口处的静压接近相等,以利于各风机吸风均匀。

(3)风机进出口接管。风机的进出口安装及接管方式应能保证气流顺畅、局部阻力最小,离心风机进出口接入管网系统,必须在进出口和风管之间做软接减震处理,通常加装150~200mm的三防帆布(防火、防水、防静电),而且不能用软接做变径处理。

3. 采用变频调速措施

通过变频调速,使风机运行在工作频率以下的需要工况点,实现节能。

(二)水泵的节能设计和运行

1. 合理选择水泵

(1)所选用的水泵在使用条件下的压力和扬程必须与管路的阻力特性相匹配,确保水泵在大多数工况下均能够高效运行。

(2)水泵最好能够位于阻力最大设备的入口端,即采取压入式的设计安装方法,避免对水泵造成气蚀,延长水泵的使用寿命。水泵的串并联宜采取同种型号,并联时一般不应超过3台,以便降低多台并联时造成的单台实际流量的急剧减少。

2. 水泵的节能运行调节

(1)喷淋水泵采用变频调速,以适应不同季节喷水加湿量大小的变化,起到节能的目的。

(2)采取冷冻水喷淋时,宜分别设置冷冻水泵和循环喷淋泵,喷淋泵仅对池中的水进行循环喷淋;采用冷冻水喷淋时,宜设置冷冻水储水池,并采用变频调速。

第六节　冷热源设备

一、天然冷源

天然冷源中,使用最广的是深井水。地下含水层水流不受气温的影响,地表下水温约相当于当地全年平均气温。北方水温较低,但资源不丰富。随着深度的增加,水温逐渐上升,以华东地区为例,其地下水温与深度的变化关系见表6-1-45。

表6-1-45　华东地区地下水温与深度的变化

深度/m	15~20	100	150~180	300
水温/℃	16~17	19~19.5	21	23~25

夏季时,深井水可用于初步降温;冬季时,可用于采暖给湿,不少地区还采取冬灌冷水储存夏用。华东沿海地区,水温更低,低至10℃左右,地下水流速很慢,有利于蓄冷。同理,夏灌冬用井水温度也可提高。如有地热资源的地方,深井水也可用于空调加热。

在20世纪60年代,不少城市因抽用过多地下水,水位不断下降,地面沉降严重,因此,抽用地下水受到限制,虽经回灌补充,但仍严格控制新井开凿,为此已多采用人工冷源。

二、人工冷源

机械制冷主要有蒸汽压缩式、蒸汽喷射式和加热吸收式制冷三类。目前广泛使用蒸汽压缩式制冷。蒸汽压缩式制冷装置主要由压缩机、冷凝器、节流装置和蒸发器等部分组成,其中压缩机分活塞式、螺杆式和离心式;冷凝器分水冷却、风冷却和蒸发冷却。

(一)蒸汽压缩式制冷

蒸汽压缩式制冷压缩机的性能对比见表6-1-46。

表 6-1-46　蒸汽压缩式制冷压缩机的性能对比

压缩机种类	活塞式	螺杆式	离心式
压缩原理	活塞在气缸中往复运动,工作腔容积周期性地改变,吸、排气阀周期性地启闭,从而周期性地吸入、压缩和排出气态制冷剂	一对相互啮合的阴、阳螺杆按一定传动比反向旋转,使工作腔容积发生变化,从而周期性地吸入、压缩和排出气态制冷剂	气态制冷剂流经高速旋转的叶轮获得静压和动压,并经扩压器进一步将动能转换为压能,从而使气态制冷剂压力提高
单级最大压缩比/kW	8~10	19~25	3~5
单机制冷量/kW	30~110	116~2400	290~4400(国外最大有28000)
易损零件及维修费用	零部件多,有气阀、活塞环、密封填料等易损件,磨损快,维修工作量大	无往复运动的易损部件,运转可靠性高,安装维修费用较低	无往复运动的易损部件,运转可靠性高,操作方便,维修费用较低
机组外形尺寸、振动及噪声	结构复杂,重量较重,外形尺寸大,活塞往复运动,振动大,噪声较大,要求基础厚	结构紧凑,重量较轻,外形尺寸较小,振动小;但由于气流通过配合间隙从高压区向低压区泄露,噪声较大	结构紧凑,重量轻,外形尺寸小;叶轮连续运转,排气连续,振动小,噪声低

压缩机种类	活塞式	螺杆式	离心式
对液态制冷剂的敏感程度	不允许有液态制冷剂进入气缸,避免液击事故的发生,压力比不能太大	对湿压缩不敏感,没有液击危险,可在较大的压力比下工作	对湿压缩不敏感
制冷量的调节	多缸压缩机采用某些气缸卸载(吸气阀片被顶开,活塞作空行程)的方法实现分级调节	采用滑阀机构调节油活塞的位置,从而改变吸气量,使制冷量在10%~100%之间实现无级调节	当采用进口导流叶片调节器时,制冷量可在0~100%的范围内进行高效率无级调节

压缩机的制冷水温度分为低温冷水(7~9℃)、中温冷水(12~14℃)和高温冷水(16~18℃)。中、高温冷水的制取,可以采用不同的制冷剂蒸发温度,也可以采用低温冷水与高温水的混合。低温冷水水温比空气的露点温度低,用在需要低温除湿的场所,或者使用场所对送风温度和送风量有要求的场所;而中、高温压缩机的水温不足以对空气产生除湿效果,因此,适合用在纺织厂等高显热、几乎无散湿或者要经过加湿之类的场所,有实验研究表明,高温压缩机工作的压缩比明显降低,有利于提高机组的能效比。

(二)溴化锂吸收式制冷

溴化锂吸收式制冷是在真空中使用溴化锂水溶液中的水蒸发吸热制冷(蒸发器)和液化放热(冷凝器)的过程来完成循环,制冷温度在6~10℃。吸收式制冷以热能为驱动能源,勿须耗用大量电能,除了利用锅炉蒸汽、燃料产生的热能外,还可以利用余热、废热、太阳能等低品位热能,在同一机组中还可以实现制冷和制热(采暖)的双重目的。溴化锂吸收式制冷可分为单效和双效;若按热源分有油、气直燃式及蒸汽和热水加热等几种。

吸收式制冷与压缩式制冷的区别见表6-1-47。

表6-1-47 吸收式制冷与压缩式制冷的区别

制冷方式	补偿条件	使用工质	工作循环	主要设备	经济性指标
压缩式	消耗机械能或电能	单元工质,即制冷剂	只有制冷剂循环	压缩机、冷凝器、节流机构、蒸发器四大件	单位输入功率的制冷量
吸收式	消耗高品位热能,如高温热水、高低压蒸汽、燃油、燃气等	二元溶液,沸点高的为吸收剂,沸点低的为制冷剂	包括制冷剂循环和吸收剂循环	发生器、冷凝器、蒸发器、吸收器、泵等	单位耗热量的制冷量

溴化锂吸收式制冷机的特点如下。

(1)以热能为动力,耗电量少,且对热源要求不高,可利用太阳能、地热、工业余热、废气(压力高于 0.2kPa)、废水(温度高于 75℃)等较低品位的热能,有利于热能的综合利用。

(2)整个机组除功率很小的屏蔽泵外,没有其他任何运动部件,振动小,噪声低,运行平稳。

(3)以溴化锂溶液为工质,属无公害物质;机组在高真空下工作,无毒、无臭、不燃、不爆,运行安全可靠。

(4)除屏蔽泵、真空泵、真空阀等附属设备外,机组基本上是热交换器的组合体,制造简单,操作、维修、保养方便,机组的维修保养工作主要是保持其气密性。

(5)安装简单,对基础要求低,可安装在室内、室外、楼底、楼层甚至屋顶。安装时只需作一般校平,按要求连接气、水、电即可。

(6)制冷量调节范围宽。机组冷量可在 10%～100%的范围内进行无级调节,且热效率几乎不下降,能很好地适应负荷变化的要求,对外界条件变化的适应性也强。

(7)以水为制冷剂,只能制取 5℃以上的冷媒水,不适合低温工况使用。

(8)溴化锂溶液对普通碳钢具有强烈的腐蚀性,腐蚀不仅导致机组寿命下降,而且会影响机组的性能和正常运转。

(9)机组在真空下运行,空气很容易渗入,这会使机组性能下降,腐蚀加剧。因此,要求机组具有严格的密封性,从而增添了机组制造和管理的难度。

(10)机组的热负荷较大,冷却水消耗量也大,且对水质要求高。

吸收式制冷机使用热源制冷,其热源有热水(75～200℃)、蒸汽(0.25～0.8MPa)、直燃气、油或太阳能。图 6-1-59 所示为直燃型溴化锂吸收式冷暖机组工作流程图。

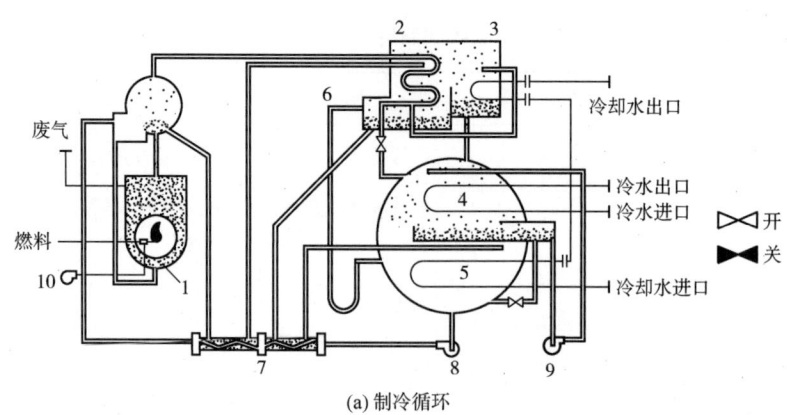

(a)制冷循环

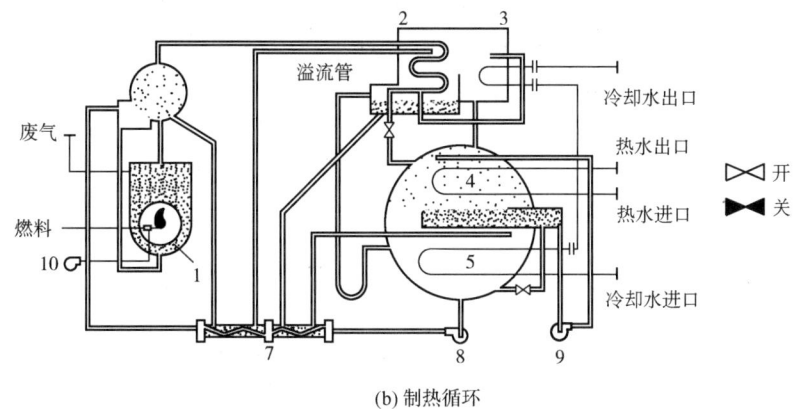

(b) 制热循环

图 6-1-59　直燃型溴化锂吸收式冷暖机组工作流程图

1—高压发生器　2—低压发生器　3—冷凝器　4—蒸发器　5—吸收器

6—溢流管　7—溶液热交换器　8—溶液泵　9—冷剂泵　10—燃烧器风机

三、热源

纺织厂主要采用蒸汽供热,散热器是增加空气温度(显热)的方式;在喷水室前安装散热器为预热器加热新风;而在喷水室挡水板后的再热器补充车间热量不足。散热器一般采用光管式或肋(翅)式,如图 6-1-60 和图 6-1-61 所示。

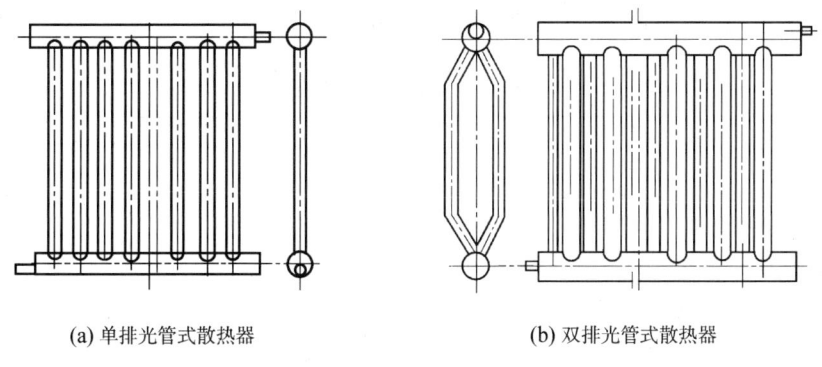

(a) 单排光管式散热器　　　　　　　(b) 双排光管式散热器

图 6-1-60　光管式散热器

光管式散热器材料一般采用 $\phi 25 \sim 40mm$ 无缝管焊接成形,构造简单,空气阻力小,不易积灰,便于清扫,缺点是散热面积较小,适宜于纺织厂空调室使用。

肋(翅)式散热器材料由钢或铜管外缠绕钢、铝材料的皱折片带而成,散热面积大,散热效

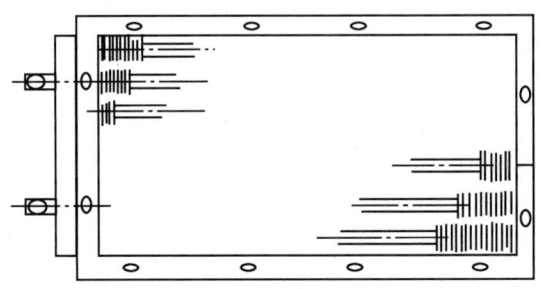

图 6-1-61　肋(翅)式散热器

果佳,占地少,但易积灰,难清扫,阻力也较大,适用于一般空调机组中的热交换器。

四、散热

(一)冷却塔

冷却塔是用水作为循环冷却剂,从一系统中吸收热量排放至大气中,以降低水温的装置;其冷却原理是利用水与空气流动接触后发生蒸发散热、对流传热和辐射传热等原理来散去空调中产生的余热,从而降低水温的蒸发散热装置。

冷却塔按水和空气是否直接接触分为开式冷却塔和闭式冷却塔;按水和空气的流动方向分为逆流式冷却塔和横流式冷却塔。

1. 开式冷却塔与闭式冷却塔

开式冷却塔与闭式冷却塔特点对比见表 6-1-48。

表 6-1-48　开式冷却塔与闭式冷却塔特点对比

开式冷却塔	闭式冷却塔
被冷却介质在开式系统中循环,循环介质因蒸发而浓缩,须常年补水加药,而且由于被冷却介质直接接触空气,容易被污染,当遇到硫化天气时,流体发生酸性反应,造成相连设备损坏	被冷却介质在密闭的管道内流动不与外界空气相接触,热量通过换热器管壁与外部的空气、喷淋水等进行热质换热,最终实现冷却介质降温的设备。所以被冷却介质不会被污染、蒸发、浓缩,无须补水加药,因而保障了相连设备的使用性能和寿命,日常管理方便
须经常停机保养维护,不适合需要连续运转的系统	无须经常停机保养维护,运行稳定安全,可降低相连设备故障率,适合需要连续运转的系统
无法进行干式运行	可以进行干式运行,不会滋生各类病菌,所以特别适用于有空气净化需求的场合,也经常应用于缺水干燥的地区

开式冷却塔	闭式冷却塔
被冷却介质开式运行,受太阳光照射,容易产生藻类和盐类结晶,从而影响系统的使用性能	被冷却介质因无阳光照射且不与空气接触,所以不会产生藻类和盐类结晶,无须除藻、除盐,从而保障系统高性能运行
当流体为挥发性、毒性或刺激性溶液时,使用开放式冷却塔运行模式存在安全隐患	当流体为挥发性、毒性或刺激性溶液时,使用密闭式循环系统,不会污染环境,所以广泛适用于对流体有严格要求的系统
被冷却介质在开式中循环,系统管道以及被冷却设备换热器易结垢,从而降低被冷却设备的换热效率,增加系统的运行费用	被冷却介质在密闭的管道内流动,被冷却介质一般为软化水,系统管道以及被冷却设备换热器内不会结垢,被冷却设备运行效率高,整个系统运行节能。但闭式冷却塔价格是开式冷却塔的三倍

2. 逆流式冷却塔与横流式冷却塔

逆流式冷却塔与横流式冷却塔性能对比见表6-1-49。

表6-1-49　逆流式冷却塔与横流式冷却塔性能对比

项目	逆流式冷却塔	横流式冷却塔
效率	水与空气逆流(对流)接触,热交换效率高,理论分析简单	如水量和相同,填料容质要比逆流塔大15%~20%,理论分析复杂
配水设备	对气流有阻力,所以风机功率大,维护检修不便	对气流无阻力,与风机动力无关,构造简单,维护检修方便
给水压力(水泵扬程)	进风口高度高,使给水压力增加	给水压力比逆流式冷却塔低
塔内气流分布	为了减少进风口的阻力往往提高进风口高度以减小进风速度,并取消进风百叶窗(大中型塔进风速度平均为4m/s左右,中小型塔平均进风速度为2.5~3.0m/s,塔内气流不受进风口高度影响)	填料高度接近于塔高,也是进风口的高度,所以平均风速可低些,一般为2~2.5m/s,气流分布随塔高的增高而变化
风机功率	因水与空气逆向流动(对流),所以空气阻力大,故风机功率大	因水与空气基本上垂直流动,故空气阻力和风机功率比逆流式冷却塔低
塔的高度	由于进风口高度、收水器水平布置、塔底盘等因素影响,塔的整个高度略高	填料高度接近塔高,收水器不占高度,塔的总高度低

项目	逆流式冷却塔	横流式冷却塔
总面积	塔的横断面积,也是淋水填料面积,即热交换面积	塔的横断面积还包括通风机的进风室面积,故比较大
水池水温	集水池内水温较均匀	池内水温不够均匀,从外至池中心逐渐增高
排出空气的回流循环	少	两侧吸入高温、多湿的回流湿空气,比例较大

3. 逆流开式圆形冷却塔与横流闭式方形冷却塔

逆流开式圆形冷却塔如图 6-1-62 所示,规格参数见表 6-1-50;方形横流闭式冷却塔如图 6-1-63 所示,规格参数见表 6-1-51。

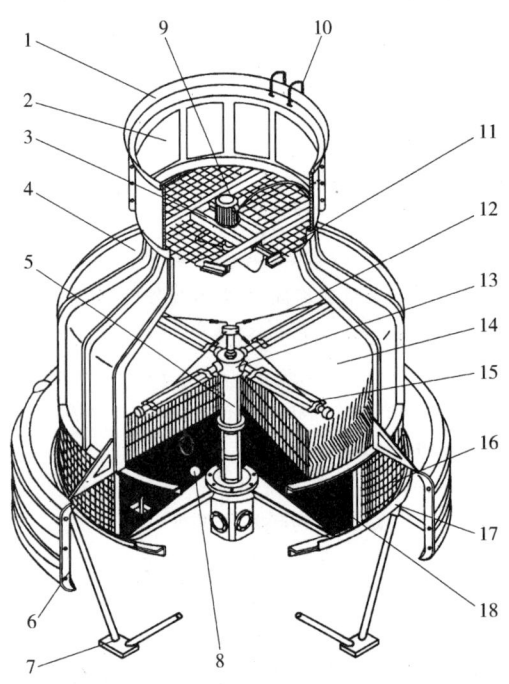

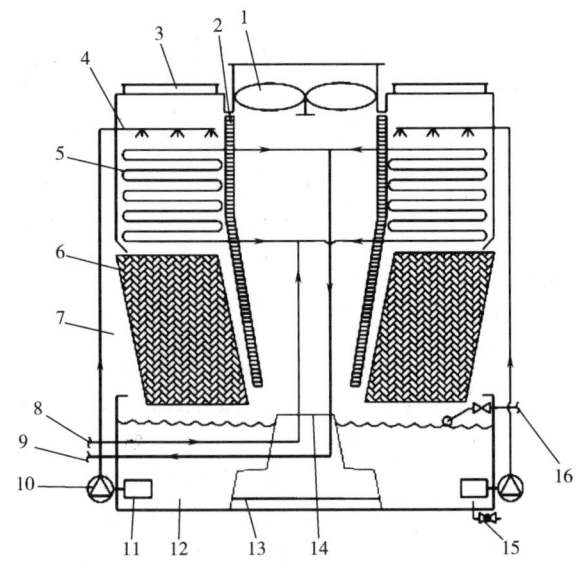

图 6-1-62　逆流开式圆形冷却塔示意图

1—消音器　2—微孔吸音板　3—电动机架　4—外壳

5—中心管　6—隔音屏　7—塔脚　8—浮球阀组合

9—电动机减速器　10—钢梯　11—风机　12—吊筋

13—布水器　14—填料　15—布水管

16—百叶窗　17—底盆　18—滴水层

图 6-1-63　横流闭式方形冷却塔示意图

1—排风机　2—挡水板　3—新风口　4—布水装置

5—冷却盘管　6—填料　7—新风口　8—回水口

9—供水口　10—循环水泵　11—水处理器

12—循环水箱　13—平衡管　14—检修通道

15—排污口　16—自动补水系统

表 6-1-50 逆流开式圆形冷却塔规格

型号	处理水量/（m³/h）28℃	外形尺寸 高度/mm	外形尺寸 直径/mm	风机 风量/（×10⁴m³/h）	风机 直径/mm	风机 电动机功率/kW	重量 干重/t	重量 湿重/t	进水压力/（×10⁴Pa）	噪声/dB(A)
5BNP/D10	10	1938	1000	0.59	600	0.37	0.16	0.33	2.40	42/38
5BNP/D20	20	2038	1400	1.18	800	0.55	0.21	0.43	2.60	45/41
5BNP/D30	30	2138	1700	1.77	900	0.75	0.30	0.63	2.80	47/43
5BNP/D40	40	2218	1900	2.36	1000	1.1	0.46	0.84	3.10	48/45
5BNP/D50	50	3300	2215	2.95	1500	1.5	0.65	1.06	3.93	49/46
5BNP/D60	60	3400	2215	3.54	1500	1.5	0.69	1.19	4.03	49/46
5BNP/D70	70	3600	2700	4.13	1800	2.2	0.84	1.42	4.23	53/50
5BNP/D80	80	3700	2700	4.72	1800	2.2	0.85	1.53	4.33	53/50
5BNP/D100	100	3560	3240	5.90	2000	3	1.06	1.89	4.28	55/52
5BNP/D125	125	3730	3240	7.37	2000	4	1.08	2.17	4.43	55/52
5BNP/D150	150	3945	3800	8.85	2500	4	1.74	2.99	4.37	57/54
5BNP/D175	175	4130	3800	10.33	2500	5.5	1.97	3.35	4.55	58/55
5BNP/D200	200	4300	4400	11.80	2800	5.5	2.31	3.96	4.63	60/57
5BNP/D250	250	4525	4400	14.75	2800	7.5	2.66	4.64	4.83	60/57
5BNP/D300	300	4605	5340	17.70	4000	11	3.84	6.34	4.73	62/59
5BNP/D350	350	4695	5340	20.65	4000	11	4.09	7.01	4.97	62/59
5BNP/D400	400	4845	6200	23.60	4000	11	4.68	8.01	4.97	64/61
5BNP/D450	450	4995	6200	26.55	4000	15	4.90	8.66	5.10	65/62
5BNP/D500	500	5410	6840	29.50	5000	15	6.29	10.46	5.15	66/63
5BNP/D600	600	5650	6840	35.40	5000	18.5	6.69	11.49	5.31	67/64
5BNP/D700	700	6600	7750	41.30	5000	18.5	8.05	13.68	6.90	69/66
5BNP/D800	800	7200	8270	47.20	5000	22	9.20	14.68	7.10	70/67
5BNP/D1000	1000	7400	8850	60.00	6000	30	10.8	18.10	7.50	72/67

表 6-1-51　横流闭式方形冷却塔规格

型号	处理水量/（m³/h） 28℃	外形尺寸			动力系统			重量		接口管径					
		长度/mm	宽度/mm	高度/mm	风机直径/mm	电动机功率/kW	水泵功率/kW	自重/t	运行/t	进水DN/mm	出水DN/mm	溢流DN/mm	排污DN/mm	自动补水DN/mm	手动补水DN/mm
YCH-10	10	1500	2200	2400	900	0.75	0.55	1200	2015	50	50	50	40	20	40
YCH-20	20	1500	2800	2400	1200	1.5	0.75	1400	2915	65	65	50	40	20	40
YCH-30	30	1700	3100	2400	1400	2.2	1.1	1600	3515	65	65	50	40	20	40
YCH-40	40	1700	3500	2500	1500	3	1.1	2000	3615	100	100	50	40	20	40
YCH-50	50	2000	3500	2800	1500	3	1.5	2200	4015	100	100	50	40	20	40
YCH-60	60	2200	3500	2800	1600	4	1.5	2700	4715	100	100	50	40	20	40
YCH-70	70	2200	3500	2800	1600	5.5	1.5	2800	4815	100	100	50	40	20	40
YCH-80	80	2500	4100	3000	1800	5.5	2.2	3200	5815	125	125	50	40	20	40
YCH-90	90	2500	4100	3000	1800	5.5	3.0	3300	5915	125	125	50	40	20	40
YCH-100	100	2500	4300	3700	2200	7.5	3.0	3600	6315	125	125	50	40	20	40
YCH-110	110	2650	4300	3700	2200	7.5	3.0	3900	6815	150	150	50	40	25	40
YCH-125	125	2750	4300	3700	2200	11	4.0	4200	7215	150	150	50	40	25	40
YCH-150	150	2750	4900	3700	2400	11	4.0	5300	8615	150	150	50	40	25	40
YCH-175	175	2750	4900	3700	2400	15	5.5	6500	9615	150	150	50	40	25	40
YCH-200	200	3000	4900	3700	2400	15	5.5	7000	10015	200	200	50	40	25	40

（二）空调系统水处理

开式系统循环冷却水的水质标准可参考国家标准 GB 50050—2017，详见表 6-1-52。

表 6-1-52　开式系统循环冷却水水质指标

项目	要求或使用条件	许用值
浊度/NTU	根据生产工艺要求确定	≤20.0
	换热设备为板式、翅片管式、螺旋板式	≤10.0
pH（25℃）	—	6.8~9.5

项目	要求或使用条件	许用值
钙硬度+全碱度(以 CaCO₃计)/ (mg/L)	—	≤1100
	传热面水侧壁温大于 70℃	钙硬度小于 200
总 Fe/(mg/L)	—	≤2.0
Cu^{2+}/(mg/L)	—	≤0.1
Cl^-/(mg/L)	水走管程;碳钢、不锈钢换热设备	≤1000
	水走壳程;不锈钢换热设备 传热面水侧壁温度小于或等于 70℃ 冷却水出水温度小于 45℃	≤700
SO_4^{2-} + Cl^-/(mg/L)	—	≤2500
硅酸(以 SiO₂计)/(mg/L)	—	≤175
Mg^{2+}×SiO₂(Mg^{2+}以 CaCO₃计)	pH(25℃)≤8.5	≤50000
游离氯/(mg/L)	循环回水总管处	0.1~1.0
NH_3—N/(mg/L)		10.0
	铜合金设备	1.0
石油类/(mg/L)	非炼油企业	≤5.0
	炼油企业	≤10.0
化学需氧量 COD/(mg/L)	—	≤150

目前循环水处理方法主要分为化学处理法和物理处理法。

1. 化学处理法

化学处理法是在循环水中投加一定量的缓蚀阻垢剂和杀菌灭藻剂,来对水质问题进行预防和控制。缓蚀阻垢剂处理水的机理主要是药剂中的阳离子可以抑制水中阳、阴离子的结合,防止沉淀的发生,阻止因循环水不断浓缩而造成水垢的形成,同时杀菌灭藻剂能够抑制水中菌藻的繁殖。通常采用的阻垢剂有聚磷酸盐类,如三聚磷酸钠和六偏磷酸钠;有机磷酸盐类,如 ATMP、HEDP、EDTMPS、DTPMPA、PBTCA、BHMT 等;聚羧酸类,如聚丙烯酸 PAA、水解聚马来酸酐 HPMA、AA/AMPS、多元共聚物等。

用偏磷酸盐作为阻垢剂时,循环水的极限碳酸盐硬度的估算式为:

$$H_j = 6 - 0.15 H_y$$

式中:H_j——极限碳酸盐硬度,mmol/L;

H_y——补充水的非碳酸盐硬度,mmol/L。

各阻垢剂加药量与极限碳酸盐硬度的关系
如图 6-1-64 所示。

加药量也可按下式计算。

(1)首次加药量计算。循环冷却水系统缓
蚀阻垢剂的首次加药量为:

$$G_i = \frac{V \cdot g}{1000}$$

式中:G_i——系统首次加药量,kg;

$\quad g$——单位循环冷却水的加药量,mg/L;

$\quad V$——系统容积,m³。

(2)敞开式加药量计算。敞开式循环冷却
水系统运行时,缓蚀阻垢剂的加药量为:

$$G_r = \frac{Q_e \cdot g}{1000(N-1)}$$

式中:G_r——系统运行时加药量,kg/h;

$\quad Q_e$——蒸发水量,m³/h;

$\quad N$——浓缩倍数。

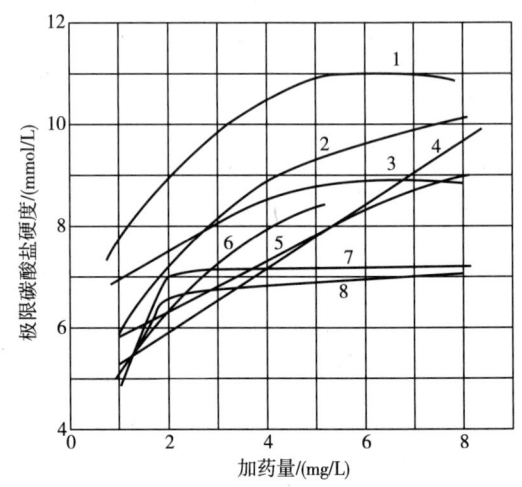

图 6-1-64　常用的几种药剂效能

1—ATMP　2—EDTMP　3—HEDP

4—聚丙烯酸　5—聚丙烯酸钠　6—聚马来酸

7—三聚磷酸钠　8—六偏磷酸钠

(3)密闭式加药量计算。密闭式循环冷却水系统运行时,缓蚀阻垢剂的加药量为:

$$G_r = \frac{Q_m \cdot g}{1000}$$

式中:Q_m——补充水量,m³/h。

化学加药法存在环境化学污染,初投资较低,但运行费用高。

2. 物理处理法

目前,国内在小型循环冷却水系统的阻垢中,采用物理处理法的有内磁水处理器和电子式
水处理器等。

(1)内磁水处理器。内磁水处理器是水以一定的流速切割磁线,使各种分子、离子都获得
一定的磁能而发生形变,改变其晶体结构使其形成松散的软垢,破坏了它的结构。经过磁化的
水作为冷却水能使水管中结垢的钙、镁等离子变成松散软垢并随水流失,以达到防止水垢产生
和除去水垢的目的。

其适用条件一般为:pH 为 7~11;水温为 0~80℃;垢型为碳酸盐垢;流速≥2m/s。

（2）电子式水处理器。利用高频电磁场、高压静电场、低压电场等物理场对循环冷却水进行处理,达到阻垢等目的。电子式水处理器由电子筒体和电控器组成。高频电磁场是指大于3MHz 的电磁场,高压静电场是指大于 1.5kV 的静电场,低压电场是指小于 45V 的电场。

其适用条件一般为:水温<90℃;压力<1.6MPa;总硬度(CaCO₃计)<700mg/L;总碱度(碳酸盐硬度,以 CaCO₃ 计)<500mg/L;悬浮物<50mg 或根据换热器对水质的要求而定;油含量<5mg/L;pH>6.5;Fe^{2+} 含量<0.5mg/L。

物理处理法无化学污染,虽初投资很高,但运行费用低,无须人工管理。

第七节　空调系统设计

一、室内外温湿度计算参数

(一)室外参数

室外空气计算参数取值的大小,将会直接影响室内冷热负荷的大小,从而影响空调系统各设备容量的大小。容量太大,造成初期投资大;容量太小,则不能保证室内规定的温湿度。

我国部分主要城市的室外计算参数见表 6-1-53。

表 6-1-53　我国部分主要城市室外空气计算参数

序号	地名	海拔/m	大气压力/(×10²Pa)		冬季气温/℃		夏季气温/℃	夏季空调室外计算湿球温度/℃
			冬季	夏季	采暖	空调	空调	
1	北京	31.2	1020.4	998.6	−9	−12	33.2	26.4
2	上海	4.5	1025.2	1005.3	−2	−4	34	28.2
3	天津	3.3	1026.6	1004.8	−9	−11	33.4	26.9
4	哈尔滨	171.7	1001.5	986.1	−26	−29	30.3	23.4
5	长春	236.8	994.0	977.9	−22	−25	30.6	24.5
6	沈阳	41.6	1020.8	1000.7	−19	−22	31.4	25.4
7	大连	92.8	1013.8	994.7	−11	−14	28.4	25.0
8	石家庄	80.5	1016.9	995.6	−8	−11	35.1	26.6
9	太原	777.9	932.9	919.2	−12	−15	31.2	23.4
10	呼和浩特	1063.0	900.9	889.4	−19	−22	29.9	20.8

续表

序号	地名	海拔/m	大气压力/(×10²Pa)		冬季气温/℃		夏季气温/℃	夏季空调室外计算湿球温度/℃
			冬季	夏季	采暖	空调	空调	
11	西安	396.9	978.7	959.2	−5	−8	35.2	26.0
12	银川	1111.5	895.7	883.5	−15	−18	30.6	22.0
13	西宁	2261.2	775.1	773.5	−13	−15	25.9	16.4
14	兰州	1517.2	851.4	843.1	−11	−13	30.5	20.2
15	乌鲁木齐	917.9	919.9	906.7	−22	−27	34.1	18.5
16	济南	51.6	1020.2	998.5	−7	−19	34.8	26.7
17	南京	8.9	1025.2	1004.0	−3	−6	35	28.3
18	合肥	29.8	1022.3	1000.9	−3	−7	35	28.2
19	杭州	41.7	1020.9	1000.5	−1	−4	35.7	28.5
20	南昌	46.7	1018.8	999.1	0	−3	35.6	27.9
21	福州	84.0	1012.6	996.4	6	4	35.2	28.0
22	郑州	110.4	1012.8	991.7	−5	−7	35.6	27.4
23	武汉	23.3	1023.3	1001.7	−2	−5	35.2	28.2
24	长沙	44.9	1019.9	999.4	0	−3	35.8	27.7
25	南宁	72.2	1011.4	996.0	7	5	34.2	27.5
26	广州	6.6	1019.5	1004.5	7	5	33.5	27.7
27	成都	505.9	963.2	947.7	2	1	31.6	26.7
28	贵阳	1071.2	897.5	887.9	−1	−3	30	23
29	昆明	1891.4	811.5	808.0	3	1	25.8	19.9
30	重庆	259.1	991.2	973.2	4	2	36.5	27.3
31	拉萨	3658.0	650.0	652.3	6	−8	22.8	13.5

　　注　设计用室外气象参数具体参见《工业建筑供暖通风与空气调节设计规范》(GB 50019—2015)。

(二)室内参数

(1)棉纺织厂各工序对温度的要求,国内通常以冬季22℃以上、夏季30℃以下为设计数据。

(2)各工序对相对湿度的要求根据工艺要求确定,各工序最好有车间单独用空调系统。在同一送风系统下,各工序要求不同的温湿度时会受到一定限制。

（3）纺织厂室内设计参数可参阅本篇第一章第二节中的棉纺织厂各车间温湿度一般控制范围。

二、棉纺织厂空调负荷计算

（一）空调负荷的构成

（1）厂房围护结构负荷。厂房围护结构产生的负荷所占比重较小，一般不到总负荷的10%，其大小与不同地区的气候条件和车间面积大小有关。

（2）车间设备负荷。设备负荷所占总负荷的比重比较高，一般达到总负荷的85%~90%，其大小与车间的性质、机器的型号以及布置的疏密有关。

（3）人体和照明负荷。人体和照明负荷较为恒定，一般占比在5%左右，其大小与人员多少和车间面积大小有关，人体散热量每人约0.2kW。

（4）车间湿负荷。纺织车间的湿负荷较小，主要集中在有限的人体散湿，人体散湿量每人约198g/h，所占的负荷相对总负荷可忽略不计。

（二）空调负荷计算方法

纺织企业经过多年的发展，形成了多种具有显著特点的厂房结构，主要厂房结构综合性能比较见表6-1-54。

表6-1-54　各类厂房综合性能比较

厂房类型	锯齿形结构	风道大梁排架结构	双T形板结构	轻钢结构	多层框架
工程造价比	1.12	1.00	1.24	0.88	1.18
防火性能	较好	较好	较好	较差	合格
保温隔湿性能	差	优	优	一般	优
光环境质量	优良	一般	一般	一般	一般
照明能耗/[kW·h/(m²·年)]	21.8	34.08	34.08	34.08	34.08
夏季冷负荷比率	2.10	1.0	1.0	1.21	0.96
冬季热负荷比率	2.30	1.0	1.0	1.1	0.8
节能效果	差	优	优	良	一般

注　1. 工程造价按未满足生产需要，设置风道和设置吊顶计算费用比较。

　　2. 表中工程造价比是以风道大梁排架结构厂房的造价为标准进行比较。

　　3. 年工作日按355天，照明耗电按4.0W/m²，利用天窗采光按每天11.5h计算。

　　4. 节能效果综合考虑采光、节电、供热等因素产生的能耗情况。

纺织车间围护结构的传热系数,应根据各车间温湿度要求和当地室外气象条件计算确定,在减少能耗、防止结露和有效隔热的条件下,可根据不同地区的气象条件,针对不同的围护结构进行选择。常用纺织建筑围护结构最大传热系数 K 值见表6-1-55。

表6-1-55　常用纺织建筑围护结构最大传热系数 K 值　　单位:W/(m^2·K)

分区名称	屋面	外墙	总风道顶板	外窗	屋顶采光带
严寒地区	0.35~0.45	0.45~0.50	0.40~0.45	1.7~3.0	≤2.5
寒冷地区	≤0.55	≤0.60	≤0.50	2.0~3.5	≤2.7
夏热冬冷地区	≤0.70	≤0.8	≤0.55	2.5~4.7	≤3.0
夏热冬暖地区	≤0.80	≤1.0	≤0.60	2.5~4.7	≤3.5
温和地区	≤0.80	≤1.0	≤0.60	2.5~4.7	≤3.5

注　1. A类严寒地区采用下限值,B类严寒地区采用上限值。其中,A类、B类地区的划分详见《严寒和寒冷地区居住建筑节能设计标准》JCJ 26。

　　2. 外窗窗墙比较小时取上限值,较大时取下限值。

由于围护结构在总负荷中所占的比重较小,因此,在目前的纺织空调负荷计算中,特别是在方案设计或初步设计中,一般采用稳态传热法进行计算。纺织车间空调负荷稳态传热计算方法见表6-1-56。

表6-1-56　纺织车间空调负荷稳态传热计算方法

内容		稳态传热计算方法
围护结构	屋面辐射传热	$$Q_{11} = 4.04 \times 10^{-5} K \cdot F \cdot \rho \cdot J_1 \cdot \alpha$$ 式中:Q_{11}——屋面太阳辐射热,kW; K——屋面传热系数,W/(m^2·℃); F——屋面水平投影面积,m^2; ρ——屋面表面吸热系数; J_1——当地的太阳辐射照度,取12时水平朝向上的值,W/m^2; α——屋面太阳辐射热热迁移系数,天窗排风 $\alpha=0.5$,侧墙排风 $\alpha=0.8$,下排风 $\alpha=1.0$
	外墙和屋面稳态传热	$$Q_{12} = 10^{-3} K \cdot F \cdot (t_w - t_n)$$ 式中:Q_{12}——外墙或屋面的稳态传热,kW; K——外墙或屋面传热系数,W/(m^2·℃); F——外墙或屋面的水平投影面积,m^2; t_w——空调室外计算温度,℃; t_n——室内计算空气温度,℃

内容		稳态传热计算方法
围护结构	玻璃天窗辐射传热	$$Q_{13} = 1.0 \times 10^{-3} F_2 \cdot J_2 \cdot C$$ 式中: Q_{13}——透过天窗或者采光带的太阳辐射热,kW; F_2——玻璃天窗或者采光带的面积,m²; J_2——当地的太阳辐射照度,取14时水平朝向上的值,W/m²; C——玻璃天窗或者采光带的投射系数
	玻璃天窗稳态传热	$$Q_{14} = 10^{-3} K \cdot F \cdot (t_w - t_n)$$ 式中: Q_{14}——玻璃天窗的稳态传热,kW; K——外墙或屋面传热系数,W/(m²·℃); F——玻璃天窗的面积,m²; t_w——空调室外计算温度,℃; t_n——室内计算空气温度,℃
机器设备		$$Q_2 = \sum n \cdot N_机 \cdot \eta_1 \cdot \eta_2 \cdot \eta_3$$ 式中: Q_2——机器设备散热量,kW; n——同类机器的台数; $N_机$——机器的品牌功率,kW; η_1,η_2,η_3——电动机负荷系数、机台同时工作系数和机器散热热迁移系数
照明		$$Q_3 = \psi \cdot N_照$$ 式中: Q_3——照明灯散热量,kW; ψ——散热系数,白炽灯、整流器位于车间吊顶内的荧光灯取1.0,整流器位于吊顶下的荧光灯取1.2; $N_照$——整个车间的照明总负荷,kW
人体散热		$$Q_4 = 0.198n$$ 式中: Q_4——人体散热量,kW; 0.198——每人散热量,kW/人; n——车间总人数
车间空调总负荷		$$Q = Q_1 + Q_2 + Q_3 + Q_4$$ $$Q_1 = Q_{11} + Q_{12} + Q_{13} + Q_{14}$$ 式中: Q——车间空调总负荷,kW

注　表中的参数与有关规范、手册的通用表示含义一致,需用时可参考相关内容。

(三)送风量的计算方法

1. 按焓差法计算

图 6-1-65 所示为空气进入喷水室处理后,送入车间的状态变化过程。

$$G = \frac{Q}{h_N - h_{O'}}$$

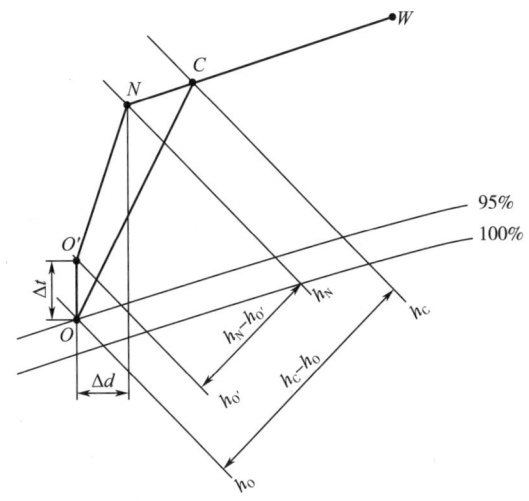

式中:G——送风量,kg/s;

Q——车间空调负荷,kW;

h_N——室内空气的焓,kJ/kg;

$h_{O'}$——送风状态点的焓,kJ/kg。

图中:h_O——空气露点的焓,kJ/kg;

h_C——进入喷水室空气的焓,kJ/kg。

图 6-1-65　空气状态变化过程

注意:(1)确定送风参数时应考虑空调喷水室过水量和送风机温升,一般取过水量 $\Delta d = 0.5$g/kg干空气,送风机温升取 $\Delta t = 0.5$℃。

(2)喷淋后的空气平均饱和度按95%选取。

2. 按经验值估算

为简化计算,表 6-1-57 提供了棉纺织厂各工序的经验送风量和换气次数。

表 6-1-57　棉纺织厂各工序经验送风量和换气次数

工序		车间送风量估算	换气次数/(次/h)
清花		工艺排风量×1.1	10~13
梳棉		工艺排风量×1.1(如有地沟则增加相应风量)	12~15
精梳、并条		3000~5000m³/(h·台)	12~15
粗纱		8000~10000m³/(h·台)	15~20
细纱	环锭纺	110000~130000m³/(h·万锭)	25~30
	紧密纺	140000~180000m³/(h·万锭)	30~35
络筒	细络联	6000~8000m³/(h·台)	20~25
	自动络筒机	10000~12000m³/(h·台)	25~30
捻线		6000~8000m³/(h·台)	20~25
整理、整经		—	5~10

工序		车间送风量估算	换气次数/(次/h)
织造	剑杆织机	3000~5000m³/(h·台)	30~40
	喷气织机	2500~3500m³/(h·台)	25~35

注 1. 换气次数 $n = L/V$,单位为次/h,其中 L 为车间送风量(m³/h), V 为车间总体积(m³)。

2. 本表可作为项目初步设计估算用,准确风量应结合纺纱工艺品种、机台装机功率、客户对车间环境的要求、工艺布置、厂房类型及辅房位置综合考虑。

3. 车间送风量确定原则

(1)满足消除车间内余热余湿所需的送风量。

(2)维持车间微正压,送风量为排风量的1.1倍左右。

(3)为保证车间加湿效果,车间送风温度不宜过低,宜采用小温差、大风量送风。

(4)保证空调车间内空气的新鲜度和含尘浓度达到基本要求,一般根据换气次数确定。

(四)冷量、冷水量的计算方法

1. 冷量计算

根据图6-1-65所示的空气状态变化过程,喷淋降温去湿所需的冷量为:

$$Q_L = G \cdot (h_C - h_O)$$

式中: Q_L——降温去湿所需的冷量,kW;

h_C——进入喷水室空气的焓,kJ/kg;

h_O——机器露点的焓,kJ/kg。

2. 冷水量计算

$$W = \frac{Q_L}{t_Z - t_C}$$

式中: W——冷媒喷水量,kg/s;

t_Z——水的终温,℃;

t_C——水的初温,℃。

3. 车间万锭需要总风量、水量、冷量估算值

车间万锭需要总风量、水量、冷量估算值参见表6-1-58,其中,车间包括清花、梳棉、并条、粗纱、细纱、络筒等工序。

表 6-1-58　车间万锭需要总风量、水量和冷量估算值

总风量/ (×10⁴m³/h)	新风量/%	喷淋焓差/ (kJ/kg)	送风焓差/ (kJ/kg)	水温差/℃	冷媒喷水量/ (t/h)	总冷量/kW
20~30	10	9~12	9.5~10.5	5	85~125	600~1000

注　1. 混合空气焓值,按10%室外新风计算。

　　2. 水温差按机械制冷水,进水7℃、出水12℃计。

　　3. 冷量配置按室外设计,计算湿球温度在22℃以上、29℃以下;当计算湿球温度在20℃以下时,可不用冷量;当计算湿球温度在20~22℃时,夏季空调使用全新风,总冷量可减少60%。

三、棉纺车间空调主要设计参数与设计案例

(一)项目简介

1. 10万锭紧密纺纱车间

该车间地理位置属北亚热带季风性湿润气候,有雨量充沛、日照充足、夏季酷热、冬季寒冷的特点。一般年均气温在15.8~17.5℃,一年中一月平均气温最低为0.4℃;七月、八月平均气温最高,为28.7℃。夏季极长,达135天,且夏季室外气温普遍高于37℃,极端最高气温达44.5℃。初夏梅雨季节雨量集中,年降水量为1100mm。年无霜期为240天,年日照总时数为2000h。因此,在梅雨季节及夏季炎热季节需要使用冷冻水对车间进行降温除湿。

2. 主机设备

主机设备见表6-1-59。

表 6-1-59　10万锭主机设备配置

工序	机型	纯棉
清梳联	经纬清梳联 梳棉机 JWF1213	2套一机一线带12台梳棉机,1套一机一线带10台梳棉机,合计34台梳棉机
头并	JWF1313	8台
条并卷机	JWF1383	5台
精梳机	JWF1286	30台
二并	JWF1312B	12台
粗纱机	JWF1458-156	12台外置集体落纱
尾纱清除机	JWF0123	8台
紧密纺细纱机(细络联型)	JWF1572E	84台(1200锭/台)

工序	机型	纯棉
自动络筒机	VCRO-Ⅰ	84 台(24 锭/台)
自动包装系统		2 套
纱线线密度		12.5tex(80 支)纺棉 23 台,25tex(40 支)纺棉 23 台,16.7tex(60 支)纺棉 38 台

(二)室内外温湿度参数的选定

1. 室外参数

根据《实用供热空调设计手册》(第二版),该项目室外温湿度计算参数见表 6-1-60。

表 6-1-60　室外温湿度计算参数

项目	数值	项目	数值
冬季供暖室外计算温度/℃	0.1	夏季通风室外计算相对湿度/%	67
冬季空调室外计算相对湿度/%	67	夏季空调室外计算日平均温度/℃	31.0
夏季空调室外计算干球温度/℃	35.3	冬季室外大气压力/hPa	1024.5
夏季空调室外计算湿球温度/℃	28.4	夏季室外大气压力/hPa	999.7

2. 室内参数

紧密纺各工序对温度的要求:冬季 20℃以上、夏季 32℃以下为最佳范围,随着室外温度的升降,室内温度以较小的幅度相应地升降。本项目室内温湿度要求见表 6-1-61。

表 6-1-61　室内温湿度要求

工艺区域	夏季/℃	夏季相对湿度/%	冬季/℃	冬季相对湿度/%
清花	30±1	62±2	20±1	62±2
梳棉	30±1	62±2	22±1	62±2
头并、条卷、精梳	30±1	55±2	22±1	55±2
末并	30±1	60±2	22±1	60±2
粗纱	30±1	60±2	22±1	60±2
细纱	31±1	55±2	28±1	55±2
络筒	30±1	65±2	22±1	65±2

3. 各工序温湿度计算参数

各工序温湿度计算参数见表6-1-62。

表6-1-62　各工序温湿度计算参数

工序	夏季				冬季			
	温度 t/℃	相对湿度 ϕ/%	焓值 h/(kJ/kg)	含湿量 d/(g/kg)	温度 t/℃	相对湿度 ϕ/%	焓值 h/(kJ/kg)	含湿量 d/(g/kg)
清花	30	62	73.2	16.8	20	62	43.4	9.2
梳棉	30	62	73.2	16.8	22	62	48.6	10.4
头并、条卷、精梳	30	55	68.2	14.8	22	55	45.6	9.2
末并	30	60	71.8	16.2	22	60	47.7	10
粗纱	30	60	71.8	16.2	22	60	47.7	10
细纱	31	55	71.5	15.7	28	55	62	13.2
络筒	30	65	75.3	17.6	22	65	49.9	10.9

(三)夏季得热量计算

1. 围护结构得热量

车间为双层楼层厂房,设备位于一楼,四面均由辅房围绕,屋面保温良好。为此,该厂房的围护结构得热量与总负荷比可以忽略不计。

2. 机器发热量

根据工艺流程、各工序的设备数量、总装机功率以及负荷系数,得到机器发热量的数值,见表6-1-63。

表6-1-63　10万锭机器发热量计算

工艺区域	设备数量	总装机功率/kW	综合负荷系数	发热量/(kJ/h)
清花、分级	3套	150.45	0.7	379134
梳棉	34台	421.26	0.7	1061575
头并	8台	49.6	0.7	124992
条卷	5台	55	0.7	138600
精梳	30台	205.5	0.7	517860

续表

工艺区域	设备数量	总装机功率/kW	综合负荷系数	发热量/(kJ/h)
末并	12 台	74.4	0.75	200880
粗纱	12 台	420	0.75	1134000
细纱	84 台	6300	0.6	13608000
络筒	84 台	1280.16	0.7	3226003
小计				20391044

3. 照明灯具发热量

厂房内采用日光灯照明,照明功率根据车间面积估算,计算结果见表 6-1-64。

表 6-1-64　10 万锭照明灯具发热量

工艺区域	长/m	宽/m	面积/m²	照明负荷/(W/m²)	发热量/(kJ/h)
清花、分级	130	25	3250	10	117000
梳棉	130	20	2600	10	93600
头并、条卷、精梳	130	22	2860	10	102960
末并	130	20	2600	10	93600
粗纱	130	26	3380	10	121680
细纱	130	100	13000	10	468000
络筒	130	34	4420	10	159120
小计					1155960

4. 人员发热量

纺织厂一般工作环境为 28~32℃,工人劳动属中等体力劳动强度,在空调负荷计算中,按照平均每人全热发热量 198W 计算。在计算夏季得热量时,应按照最大班人数计算;在计算冬季得热量时,应按照一个运转班人数计算。最大班人数=运转班人数+常日班人数+管理人员。因该车间智能化程度高,考虑最大班人数 150 人,则发热量 $Q=150×0.198×3600=106920(kJ/h)$。

5. 湿负荷

对于纺织厂空调设计,细纱车间的湿负荷的来源主要是工作人员的散湿。由于人员散湿量非常小,因此,计算时不予考虑,车间热湿比线按无穷大考虑。

6. 夏季得热量汇总

夏季得热量汇总见表 6-1-65。

表 6-1-65　10 万锭夏季得热量汇总

区域	得热量汇总/(kJ/h)	区域	得热量汇总/(kJ/h)
清花、分级室	503262	粗纱	1264234
梳棉	1160877	细纱	14111640
头并、条卷、精梳	891540	络筒	3420763
末并	299469.6	总得热量	21651786

(四)夏季送风量计算

送风量计算参数见表 6-1-66,风量计算结果见表 6-1-67。

表 6-1-66　风量计算参数

区域	得热量汇总/(kJ/h)	车间参数				送风状态点参数			
		温度 t/℃	相对湿度 ϕ/%	焓值 h/(kJ/kg)	含湿量 d/(g/kg)	温度 t/℃	相对湿度 ϕ/%	焓值 h/(kJ/kg)	含湿量 d/(g/kg)
清花、分级室	503262	30	62	73.2	16.8	22.3	95	63.9	16.3
梳棉	1160877	30	62	73.2	16.8	22.3	95	63.9	16.3
头并、条卷精梳	891540	30	55	68.2	14.8	20.2	95	56.7	14.3
末并	299469.6	30	60	71.8	16.2	21.7	95	61.8	15.7
粗纱	1264234	30	60	71.8	16.2	21.7	95	61.8	15.7
细纱	14111640	31	55	71.5	15.7	21.2	95	60	15.2
络筒	3420763	30	65	75.3	17.6	23.1	95	66.8	17.1
汇总	21651786								

表 6-1-67　风量计算结果

区域	得热量汇总/(kJ/h)	送风焓差/(kJ/kg)	湿差/(g/kg)	送风空气密度/(kg/m³)	计算送风量/(m³/h)	修正送风量/(m³/h)	换气次数/(次/h)
清花、分级室	503262	9.3	0.5	1.15	47055	110000	8
梳棉	1160877	9.3	0.5	1.15	108543	181000	18
头并、条卷、精梳	891540	11.5	0.5	1.15	67413	142500	13

续表

区域	得热量汇总/ (kJ/h)	送风焓差/ (kJ/kg)	湿差/ (g/kg)	送风空气密度/ (kg/m³)	计算送风量/ (m³/h)	修正送风量/ (m³/h)	换气次数/ (次/h)
末并	299469.6	10	0.5	1.15	26040	100000	10
粗纱	1264234	10	0.5	1.15	109933	171000	13
细纱	14111640	11.5	0.5	1.15	1067042	1580000	35
络筒	3420763	8.5	0.5	1.15	349950	546000	36
汇总	21634111				1775976	2830500	

注　修正后的送风量是指按换气次数及除尘风量进行的修正。

(五)送风系统划分和机房的设计

1. 空调室数量的确定

分级室和清花梳棉区域设计 2 套空调室(南北各 1 套);

精梳并条和粗纱区域设计 2 套空调室(南北各 1 套);

细纱(紧密纺)区域设计 4 套空调室(南北各 2 套);

络筒区域设计 2 套空调室(南北各 1 套);

共计 10 套空调。

2. 送风量分配

送风量分配见表 6-1-68。

表 6-1-68　送风量分配

空调编号	控制区域	空调送风量/ (m³/h)	空调编号	控制区域	空调送风量/ (m³/h)
AC-1	清花、梳棉	176000	AC-6	细纱	360000
AC-2	清花、梳棉	115000	AC-7	络筒	300000
AC-3	精梳、并条粗纱	242500	AC-8	络筒	246000
AC-4	精梳、并条粗纱	171000	AC-9	细纱	430000
AC-5	细纱	430000	AC-10	细纱	360000

注　由于车间设备布局为非对称,风量分配存在差异。

(六)空调计算参数汇总

空调计算参数汇总见表 6-1-69。

表 6-1-69 10 万锭空调系统计算参数

工艺	区域尺寸/m			区域送风量/(m³/h)	换气次数/(次/h)	空调室	空调送风量/(m³/h)	除尘回风量/(m³/h)	车间回风量/(m³/h)	工艺回风量/(m³/h)	冷量/kW
	长	宽	高								
清花	75	25	4.5	60000	7	AC-1	176000	158620	—	—	379
梳棉	75	20	4	116000	19						
清花	52	25	4.5	50000	9	AC-2	115000	84590	—	—	205
梳棉	52	20	4	65000	16						
精梳预并	75	22	4	82500	13	AC-3	242500	69300	173200	—	518
并条	75	20	4	60000	10						
粗纱	75	26	4	100000	13						
精梳预并	52	22	4	60000	13	AC-4	171000	46200	124800	—	369
并条	52	20	4	40000	10						
粗纱	52	27	4	71000	13						
细纱	62	50	4	430000	35	AC-5	430000	—	209200	220800	1271
细纱	52	50	4	360000	35	AC-6	360000	—	177600	182400	1114
络筒	62	34	4	300000	36	AC-7	300000	—	225480	74520	629
络筒	52	34	4	246000	35	AC-8	246000	—	184440	61560	520
细纱	62	50	4	430000	35	AC-9	430000	—	209200	220800	1271
细纱	52	50	4	360000	35	AC-10	360000	—	177600	182400	1051
合计				2830500	—	—	2830500	388960	1486520	942480	7327

(七)空调、除尘系统装机功率计算汇总

空调、除尘系统装机功率计算汇总见表 6-1-70。

表 6-1-70 10 万锭空调、除尘系统装机功率

空调编号	空调送风量/(m³/h)	送风系统装机功率/kW	回风系统装机功率/kW	装机功率/kW
AC-1	176000	63.75	0	63.75
AC-2	115000	44.75	0	44.75
AC-3	242500	74.25	43.6	117.85
AC-4	171000	59.75	41.55	101.3

空调编号	空调送风量/ （m³/h）	送风系统装机 功率/kW	回风系统装机 功率/kW	装机功率/kW
AC-5	430000	141.5	129.75	271.25
AC-6	360000	134.5	104.7	239.2
AC-7	300000	90.5	86.15	176.65
AC-8	246000	90.5	59.15	149.65
AC-9	430000	141.5	129.75	271.25
AC-10	360000	134.5	104.7	239.2
空调系统合计				1674.85
除尘系统合计				597
空调、除尘系统总计				2271.85

注 织造车间空调系统设计算例同棉纺车间。

第二章　棉纺织厂除尘

第一节　棉尘的危害、控制要求和控制方法

一、棉尘

棉尘是棉纺织厂在棉纤维制品生产加工过程中产生并发散到车间空气中的飞花(纤维尘)、杂质和粉尘(土杂尘)的总称。在棉纺织厂的纺纱工艺中,棉纱用棉量大致为成纱重量的120%,即纺纱过程有20%原料成为棉尘。

棉尘中含有的纤维长度为几毫米至几十毫米,大多是可回用纤维,占全部棉尘总量的60%~70%,而其余细小粉尘又主要分布在5μm以下,粒径及质量分布范围较大,某纺织企业粉尘粒径分散度调查见表6-2-1。因此,要求棉纺织厂除尘系统能对不同粒径分别进行处理,尽量把可用纤维和无用粉尘分开,并尽量保护可用纤维。

表6-2-1　某纺织厂粉尘粒径分散度

粒径范围/μm	清棉	梳棉	细纱
≤5	69.5	81	62.3
5~10	12.5	12	23.9
10~15(不含10)	3.0	1.0	13.8
>15	15.0	6.0	

二、棉尘的危害

(一)对人体的危害

棉纺织车间空气含尘量的多少直接影响车间工作人员的身体健康。棉尘中短纤、棉铃皮、灰尘、细菌等物质能刺激眼膜、玷污皮肤,吸入鼻喉、气管会引起咳嗽、过敏等慢性病。特别是小于10μm的棉尘大量进入呼吸器官后,会刺激上呼吸道黏膜,引起鼻炎、咽炎。如果人们长期工作在含有棉尘的环境中,会因棉尘在肺内逐渐沉积,引发慢性肺部"棉尘病",呼吸功能受到严

重损害,可能会丧失劳动力,较难治愈。

(二)对生产的危害

棉尘中的棉纤维纵向呈天然扭曲,极易搭接在一起,形成黏附,又因棉尘含棉蜡成分,使棉尘具有较强的黏附性。特别是空气温度较高、湿度较大时,黏附性更强。棉尘的强黏附性使其易附着于生产设备、半制品、车间地面和墙壁表面,影响车间环境的同时直接影响产品的质量。棉尘落入半制品或成品纱中,会产生次品,煤灰污染空气产生煤灰纱,不同品种纤维的飞花落入成纱,导致织物染色疵点。

同时,棉尘的强黏附性虽可使棉尘由小粒集结成大粒棉尘而有利于分离,但棉尘相互黏附在除尘器表面时,会大大减小过滤面积;黏附在气力输送管道上时,容易凝聚成块或在管道内沉淀,甚至会阻塞管道,严重影响除尘系统效能。

(三)棉尘的易燃性

棉纤维、化学纤维是易燃品,棉纤维的点燃温度较低,约400℃,因此,棉纺厂一旦发生火警,会导致火势的迅速蔓延,空调除尘设备和系统必须符合国家有关防火安全规范和电气规范(如设备和管道需采用金属和不燃型材质)。棉纺厂除尘设备和系统的燃烧事故,其火源往往来自工艺设备,尤其是清梳设备中金属件、杂物撞击后引起的火种,通过除尘管道进入除尘器而引起棉尘、滤料燃烧。因此,在除尘管道内、除尘设备进口处加装红外线火星探测器等,以自动报警和停开主风机等,是行之有效的防火方法。

(四)棉尘的可爆性

在同时具备以下条件时,棉尘可能发生爆炸。

(1)干燥而微细的棉尘悬浮在空气中,并且浓度超过 $50g/m^3$(亚麻的浓度超过 $16g/m^3$)。

(2)处于相对封闭状态下的空间内有足够的空气。

(3)有明火,并达到引爆的着火能量 124mJ(亚麻为 30mJ)。

棉尘爆炸时,其爆炸压力上升速率为 2.5MPa/s(亚麻为 7.5MPa/s)。棉尘爆炸力较小,常为爆燃。单位体积空气中能够发生爆炸的最低粉尘含量称为这种粉尘的爆炸浓度下限。在实验条件下,能引起粉尘云着火的最小能量称为粉尘云的最小着火能量。在耐压密闭容器内,粉尘发生爆炸所产生的压力随时间变化曲线的斜率称为最大压力上升速度。从爆炸下限起,爆炸压力随粉尘浓度增加而升高,在最大爆炸浓度时产生的压力最大,称为最大爆炸压力,随后,随粉尘云的浓度增加而降低,在达到上限浓度时,爆炸压力接近零。纺织粉尘的爆炸性能见表6-2-2。

表 6-2-2 纺织粉尘的爆炸性能

性能指标	棉尘	亚麻尘	苎麻尘	黄麻尘	毛纤维粉尘
爆炸浓度下限/（g/m³）	50	35	100	70	100
最小点火能量/mJ	124	30	110	640	256
爆炸最大压力/MPa	0.32	0.39	0.22	0.17	0.284
压力上升速度/（MPa/s）	2.5	7.5	1.86	3.33	0.168

现在,国内先进的除尘设备具有连续过滤、连续集尘、连续压实和排出等处理方法,还必须管理严格、认真。为避免爆炸,需注意以下几点。

(1)在除尘设备和系统中,要防止大量松散纤维和细微粉尘沉积或有可能形成高浓度尘云的情况。

(2)严禁在上述地段引入或发生火种。

(3)除尘设备及除尘室不应处于密封状态。

三、车间含尘浓度及控制要求

(一)含尘浓度

在标准状态下,单位体积含尘空气中棉尘所含的总质量(或总含尘粒子数)称空气的含尘浓度,又称含尘量。通常用标准单位体积的气体中含尘粒子数(个/标准 m³)或质量(g/标准 m³)表示。

测试粉尘浓度的方法很多,我国主要采用滤膜测尘方法。气体经过滤膜时,粉尘会被阻留在滤膜上,测量滤膜的质量变化情况和通过滤膜的空气量,就能估算含尘浓度。计算公式为:

$$Y_{\mathrm{m}} = \frac{m_2 - m_1}{L_{\mathrm{m}} \times t \times a}$$

式中:m_1——采样前干净滤膜质量,mg;

m_2——采样后滤膜的质量,mg;

Y_{m}——采样状态下的质量含尘浓度,mg/m³;

L_{m}——采样状态下的空气流量,m³/min;

t——采样持续时间,min;

a——流量修正系数,工作状态的采样流量换算为标准状态的流量修正系数。

（二）车间含尘浓度的控制要求

棉纺织车间由于粉尘组成以及性质的不同，我国相关标准中规定的粉尘容许浓度也不同，棉纺织工厂设计规范规定纺织各车间空气中棉尘允许浓度见表6-2-3。

表 6-2-3　纺织车间空气中棉尘允许浓度　　　　单位:mg/m³

车间	纯棉纺	化纤混纺	车间	纯棉纺	化纤混纺
清棉	3	1	捻线	1	1
梳棉	2	1	络筒、整经	2	1
精梳	2	1	织布	2	1
并粗	2	1	整理	1	1
细纱	2	1			

注　允许浓度为时间加权平均允许浓度，指以时间为权数规定的8h工作日的平均允许浓度。

强制性国家职业卫生标准 GBZ 2.1—2019《工作场所有害因素职业接触限值　第 1 部分：化学有害因素》也对纺织粉尘允许浓度做了相应规定。

四、降低车间空气含尘量的途径

降低车间空气含尘量要从以下几方面综合考虑。

（1）原棉的品级。直接影响工艺设备排尘量和扩散到空气中的粉尘量，对使用低级棉的车间，在设备选用和系统设计上更需加以特殊考虑。

（2）加强工艺设备的密封。工艺设备和输棉管道的密封能有效地防止高浓度含尘空气的泄漏，因此，应加强设备和管道的定期检查，保持良好状态。

（3）良好的除尘设备和设计。应配置良好有效的除尘设备和科学的系统设计，以清除尘杂，并充分利用好净化后的空气。

（4）合理的空调系统。控制车间送风量、排风量，保持车间微正压，适当加大车间换气次数，降低送入（回入）车间的空气含尘量和合理的气流组织（如上送下回），对降低车间空气含尘量有重要作用。

五、棉纺织厂棉尘爆炸危险场所划分

根据纺织企业爆炸性粉尘混合物出现的频繁程度和持续时间，国家标准 GB 32276—2015《纺织工业粉尘防爆安全规程》将纺织纤维粉尘爆炸危险场所划分为 20 区、21 区和 22 区。

20区:在正常操作过程中,纺织纤维粉尘连续出现或经常出现,其数量足以形成可燃性粉尘与空气混合物或可能形成无法控制的和极厚的粉尘层的场所。

21区:未划为20区的场所。但在正常操作条件下,可能出现数量足以形成可燃性粉尘与空气混合物的纺织纤维粉尘。

22区:未划分为21区的场所。纺织纤维粉尘云偶尔出现并且只是短时间存在,或在异常条件下,出现纺织纤维粉尘的堆积或可能存在粉尘层,并且与空气混合产生纺织纤维粉尘混合物。如果不能保证排除纺织纤维粉尘堆积或粉尘层,则应划分为21区。

按棉纺织企业各生产工序棉尘释放源位置、释放数量及可能性、爆炸条件和通风除尘条件,棉纺织厂粉尘爆炸危险场所分区见表6-2-4。

表6-2-4 棉纺织厂棉尘爆炸危险场所分区

车间	20区	21区	22区
开清棉车间		V	
梳棉车间			V
并条车间			V
粗纱车间			V
细纱车间			V
纺纱后加工(络筒、并纱、捻线、摇纱与成包)			V
织布车间			V
除尘室		V	
打包、下脚回收车间		V	
原料仓库			V

注 V表示危险分区。如开清棉车间在21区下有V,说明开清棉车间的危险分区为21区。

不同爆炸危险场的建筑结构、粉尘控制、电气设备、作业安全和除尘室管理需严格遵循《纺织工业粉尘防爆安全规程》执行,尤其是在粉尘爆炸危险性高的环境中应采用相应的高防护等级电气设备,尽可能降低粉尘爆炸的可能性。

第二节 除尘设备

除尘设备是纺织除尘系统的关键设备,随着纺织车间整体智能化水平的不断提升,纺织除尘设备设计选型应采用机组化、机电一体化、性能先进、自动化程度高、滤尘效果好、阻力低、占地面积小的除尘机组。

一、除尘机组

由于工艺设备排风中含有大量纤维、尘杂和微尘,可采取以下处理方式。

(1)两级处理:先将纤维杂质与粉尘分离,再予以分别处理。

(2)分离出来的纤尘分别自动收集、压缩、排出。

(3)机组化:将主过滤设备与其他纤尘收集、压缩等辅助设备以及风机、仪表等有机地组成机电一体化的除尘机组。机组流程如图6-2-1所示。

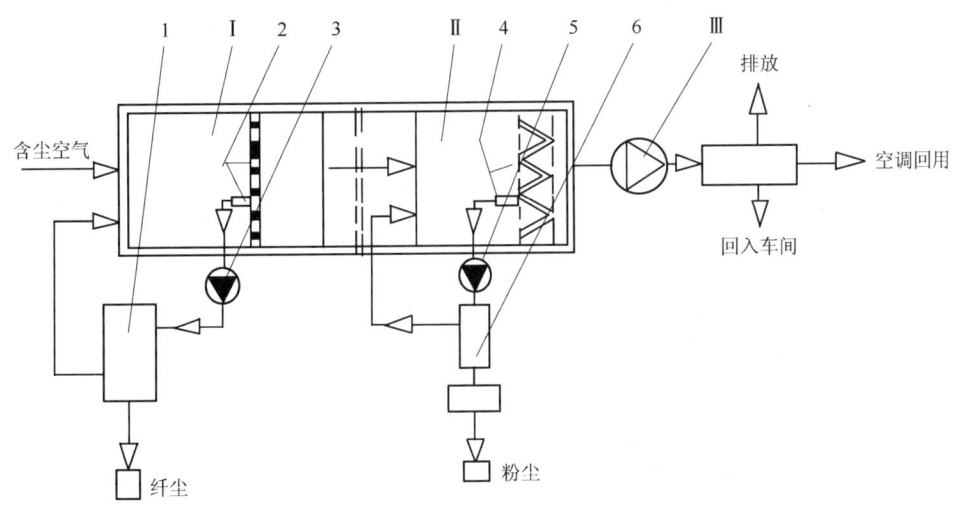

图 6-2-1　除尘机组流程图

Ⅰ—第一级　Ⅱ—第二级　Ⅲ—主风机

1—纤维压紧器　2—第一级滤网及吸嘴　3—排尘风机　4—第二级滤料及吸嘴　5—集尘风机　6—粉尘收集挤压器

第一级过滤器:组合式除尘机组的第一级称预过滤器,一般多用圆盘过滤器,通过采用不同目数的滤网先捕集被处理空气中的纤维和尘杂,圆盘过滤器也用于车间回风、细纱吸棉和精梳排风过滤。

第二级过滤器:除尘机组的第二级是将第一级过滤后空气中的细微粉尘用不同型号的滤料予以过滤掉,使净化后排出的空气含尘量符合要求。阻留在滤料上的细尘通过吸嘴吸取,由集尘风机送入粉尘收集挤压器,压实后排出。净化后空气由主风机根据需要送到空调室,或回入车间,或排放室外。

各制造厂通过其对滤料不同形式的布置,相应的吸尘机构(吸嘴、传动机构)和粉尘收集系统设计出各自不同风格的第二级滤尘器,其目标是使滤尘器在滤料面积、过滤效率、占地面积、能耗、价格以及稳定可靠、维修方便等方面具有特色。

现将市场上使用较多的第二级滤尘器的机构特点介绍如下。

(一)蜂窝式滤尘器

蜂窝式滤尘器是由众多长毛绒滤料制成的圆筒形小尘笼,按每排六只布置成"方阵",形似蜂窝,含尘空气经过小尘笼时,粉尘被阻留在尘笼内表面,滤后空气得以净化。六只小吸嘴由机械吸臂驱动按程序吸除每排尘笼中的粉尘,以保持滤尘器正常工作,集尘风机通过小吸嘴吸尘并送入布袋粉尘分离压紧器进行气尘分离与粉尘压实收集,分离后的空气直接返回滤尘器内。JYFO 型系列蜂窝式除尘机组的机构如图 6-2-2 所示,性能参数见表 6-2-5,型号规格见表 6-2-6。

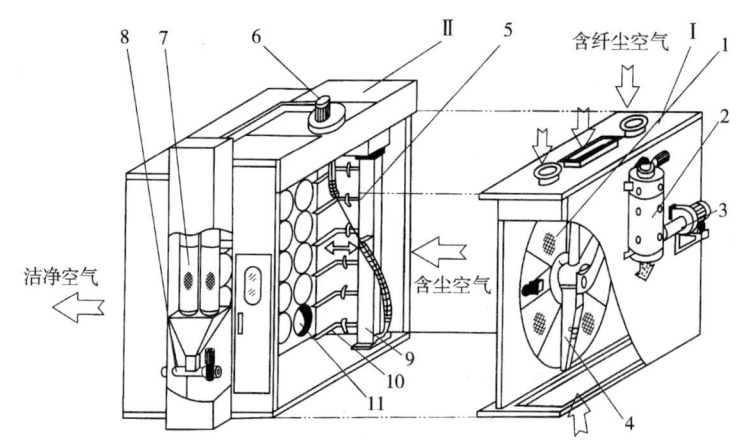

图 6-2-2 JYFO 型系列蜂窝式除尘机组机构示意图

Ⅰ(一级除尘机组):1—圆盘过滤网 2—纤维分离压紧器 3—排尘风机 4—条缝口吸嘴

Ⅱ(二级除尘机组):5—蜂窝式滤尘器 6—集尘风机 7—布袋集尘器 8—粉尘分离压紧器

9—吸箱 10—旋转小吸嘴 11—尘笼滤袋

表 6-2-5 JYFO-Ⅲ型系列性能参数

| 型号 | 处理风量/(×10⁴m³/h) | | | | | 阻力/Pa | 效率/% |
| | 滤尘系统 | | | | | | |
	废棉	粗特纱 (≥32tex)	中特纱 (21~31tex)	细特纱 (11~20tex)	化纤纱		
JYFO-Ⅲ-5	1.7~2.1	1.9~2.5	2.1~3.0	2.3~3.4	2.5~3.9	100~250	≥99
JYFO-Ⅲ-6	2.0~2.5	2.2~3.0	2.5~3.6	2.8~4.1	3.0~4.6		

型号	处理风量/(×10⁴m³/h)					阻力/Pa	效率/%
	滤尘系统						
	废棉	粗特纱 (≥32tex)	中特纱 (21~31tex)	细特纱 (11~20tex)	化纤纱		
JYFO-Ⅲ-7	2.3~2.9	2.6~3.5	2.9~4.2	3.2~4.8	3.5~5.4	100~250	≥99
JYFO-Ⅲ-8	2.6~3.3	3.0~4.0	3.3~4.8	3.7~5.5	4.0~6.2		
JYFO-Ⅲ-8B	3.5~4.4	3.9~5.3	4.4~6.2	4.8~7.1	5.3~8.1		

注 滤尘系统处理风量:清棉按下限选择,梳棉按上限选择。

表 6-2-6 JYFO-Ⅲ型系列型号规格

型号规格			JYFO-Ⅲ-5	JYFO-Ⅲ-6	JYFO-Ⅲ-7	JYFO-Ⅲ-8	JYFO-Ⅲ-8B
一级 (Ⅰ)	网盘	盘径/mm	2000	2300	2600	2600	2600
		过滤面积/m²	2.94	3.77	4.67	4.67	4.67
		滤网/(目/25.4mm)	60~120(不锈钢丝网)				
	尺寸	长度/mm	1010+620(辅机)=1630				
		宽度/mm	2130	2520	2910	3300	3300
		高度/mm	2580			2855	
二级 (Ⅱ)	尘笼	数量/(只/排)	30/5	36/6	42/7	48/8	48/8
		过滤面积/m²	22.0	26.4	30.8	35.2	46.4
	尺寸	长度/mm	1890			2290	
		宽度/mm	2560	2950	3340	3730	3730
		高度/mm	3359				
机组 (Ⅲ)	尺寸	长度/mm	2900+620(辅机)=3520				3300+620 (辅机)
		宽度/mm	2560	2950	3340	3730	3730
		高度/mm	3359				
	重量/kg		2040	2230	2430	2650	2890
	装机容量/kW		7.49				

（二）复合圆笼滤尘器

复合圆笼滤尘器又称为鼓式、多筒式、多层圆笼滤尘器,采用大小尘笼多层套装布置,尘笼层间为空气进出通道。尘笼上覆有滤料,可同侧或相对侧布置,有多只吸臂及其吸嘴伸入尘笼间的通道中做旋转或往复运动,将滤料上的粉尘吸去送入布袋粉尘分离压紧器进行气尘分离与粉尘压实收集,分离后的空气直接返回滤尘器内。

各制造厂的复合圆笼滤尘器的主要规格特点见表6-2-7,如图6-2-3所示为JYFL型系列复合圆笼除尘机组机构示意图,表6-2-8为其型号规格,表6-2-9为其性能参数。

表 6-2-7　各制造厂的复合圆笼滤尘器的主要规格特点

滤尘器名称	型号	过滤面积/m²	装机功率/kW	滤料布置方式	吸尘机构特点
复合圆笼	JYFL-Ⅲ	20.8~44.9	3.5~4.5	滤槽内两侧布置	回转多吸臂,间歇吸
鼓式	SZGJ(Ⅱ)	20~40	3.5~4.5	滤槽内两侧布置	回转多吸臂,往复运动
多筒式	SFU-017	16~44	3.5~4.5	滤槽内单侧布置	回转多吸臂,往复运动
多层圆笼	FO-0261D	20~32.5	3.5~4.5	滤槽内单侧布置	回转多吸臂,往复运动

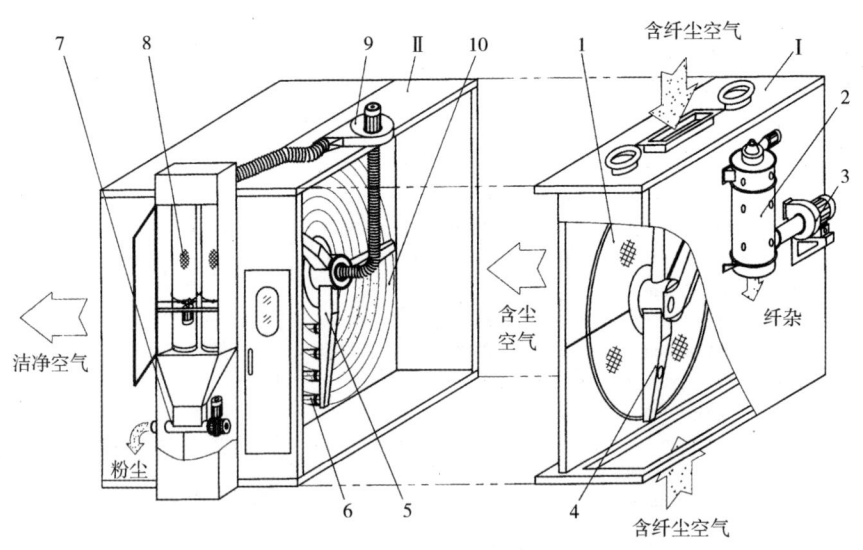

图 6-2-3　JYFL型系列复合圆笼除尘机组机构示意图

Ⅰ(圆盘预过滤器):1—圆盘滤网　2—纤维分离压紧器　3—排尘风机　4—吸嘴

Ⅱ(复合圆笼滤尘器):5—吸臂　6—吸嘴　7—粉尘分离压紧器　8—布袋集尘器　9—集尘风机　10—滤槽

表 6-2-8 JYFL-Ⅲ系列型号规格

型号规格			JYFL-Ⅲ-19	JYFL-Ⅲ-23	JYFL-Ⅲ-27A
一级 （Ⅰ）	圆盘 滤网	盘径/mm	2000	2300	2600
		过滤面积 F_1/m²	2.94	3.77	4.67
		滤网/(目/25.4mm)	60~120(不锈钢丝网)		
	箱体 尺寸	宽度 B/mm	2130	2520	2910
		高度 H_1/mm	2580	2580	2855
二级 （Ⅱ）	圆笼 滤网	最大直径/mm	1900	2300	2700
		过滤面积 F/m²	20.8	31.7	39.6
	箱体 尺寸	宽度 B/mm	2130	2520	2910
		高度 H_2/mm	2580	2620	2990
机组 （Ⅲ）	外形 尺寸	宽度 B/mm	2130+476(辅机)	2520+476(辅机)	2910+476(辅机)
		高度 H/mm	2580+596(风机)	2620+596(风机)	2990+596(风机)
	总装机容量/kW		8.24		

表 6-2-9 JYFL 型系列的性能参数

型号	处理风量/(×10⁴m³/h)					过滤阻力/Pa	除尘效率/%
	滤尘系统						
	废棉	粗特纱 （≥32tex）	中特纱 （21~31tex）	细特纱 （11~20tex）	化纤纱		
JYFL-19	1.2~2.0	1.6~2.4	2.0~2.8	2.4~3.2	2.8~3.6	≤250	≥99
JYFL-23	2.0~3.0	2.4~3.5	2.8~4.2	3.2~4.8	3.6~5.4		
JYFL-27A	2.8~4.0	3.2~4.8	3.6~5.8	4.0~8.0	4.4~8.0		

二、巡回清洁器

巡回清洁器是安放在轨道上的可移动运行清洁装置,其主体由主机(风机箱)、吹风管和吸尘管组成,主要用于纺织厂的粗纱机、细纱机、转杯纺纱机、络筒机、倍捻机、织布机等设备上的自动清洁工作,从而减少断头,减少纱疵、织疵等缺陷,提高产品质量,减轻挡车工的清洁工作量,减少用工,降低车间含尘量,改善工作环境。

(一)产品形式与性能参数

巡回清洁器分为龙带式、拖链(龙骨)式和滑触线(电排)式三大类,其中龙带式、拖链(龙骨)式主要用于纺纱设备,滑触线(电排)式主要用于布机设备。

1. 龙带式巡回清洁器

安装在轨道一端的电动机通过细长平皮带传动运行主体上的差速轮系,使主体实现直线往复清洁运动,简称龙带式。

2. 拖链(龙骨)式巡回清洁器

通过轨道上安装的拖链和电缆,将电源传输到运行主体上的电动机,使主体实现直线往复清洁运动,简称拖链(龙骨)式。

3. 滑触线(电排)式巡回清洁器

通过轨道上安装的固定滑触线输电装置,经集电器将电源传输到运行主体上的电动机,使主体实现直线或弧形往复式清洁运动,简称滑触线(电排式)。

巡回清洁器类型与性能参数见表6-2-10。

表 6-2-10　巡回清洁器类型与性能参数

项目	类型和性能参数		
产品类型	龙带式	拖链(龙骨)式	滑触线(电排)式
传动方式	电动机—皮带	拖链/电缆—电动机/减速器	滑触线—电动机/减速器
运行方式	直线往复式	直线往复式	直线往复、闭式环形或开式环形
装机功率/kW	≤3	≤3	≤5.75
行走速度/(m/min)	9.5~15	10~12	10~20
风量(最大)/(m³/h)	2200	1500	3800
风压最大/Pa	2650	2100	2680
应用场合	纺纱设备		布机设备
纤尘收集方式	集尘盒、集中箱式集尘器		集中袋式集尘器

(二)纺纱设备用巡回清洁器示例

巡回清洁器在细纱机上得到了广泛的应用,图6-2-4为细纱机用巡回清洁器示意图。

图 6-2-5(a)为集尘盒纤维收集装置,图 6-2-5(b)为机外吸尘系统及配套用集中箱式集尘器,一套机外吸尘系统最多可配 20 台巡回清洁器。

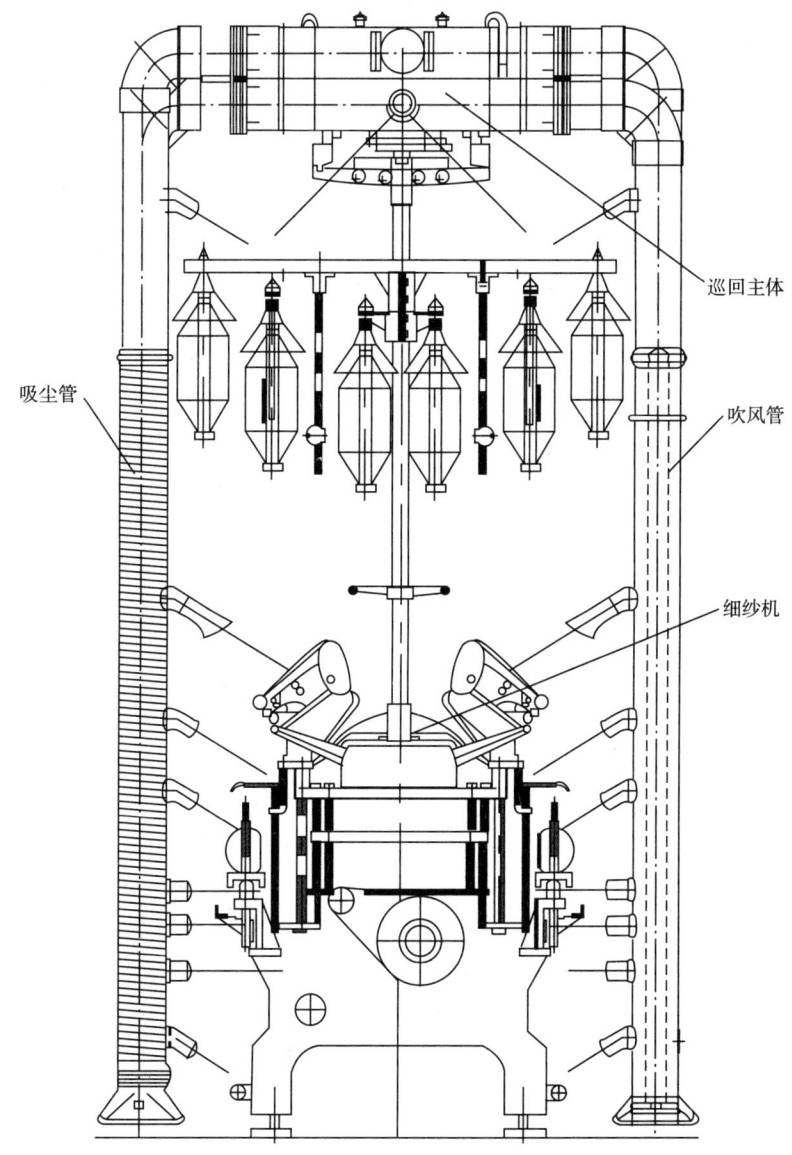

巡回主体

吸尘管

吹风管

细纱机

图 6-2-4　细纱机用巡回清洁器示意图

(三)织造设备用巡回清洁器示例

织造设备用巡回清洁器应用示意图如图 6-2-6 所示,其常见的轨道布置方式有直线式、环形封闭式和环形敞开式三种。

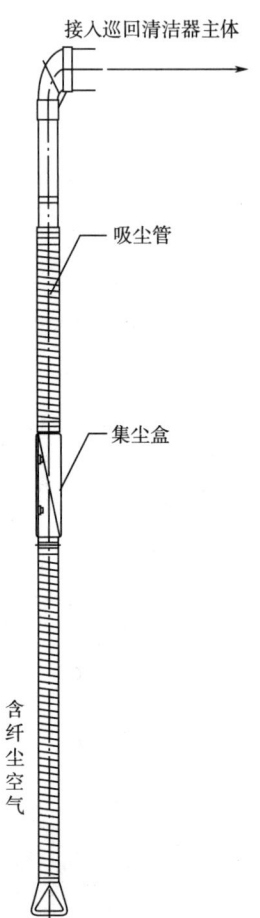

(a) 集尘盒纤维收集装置

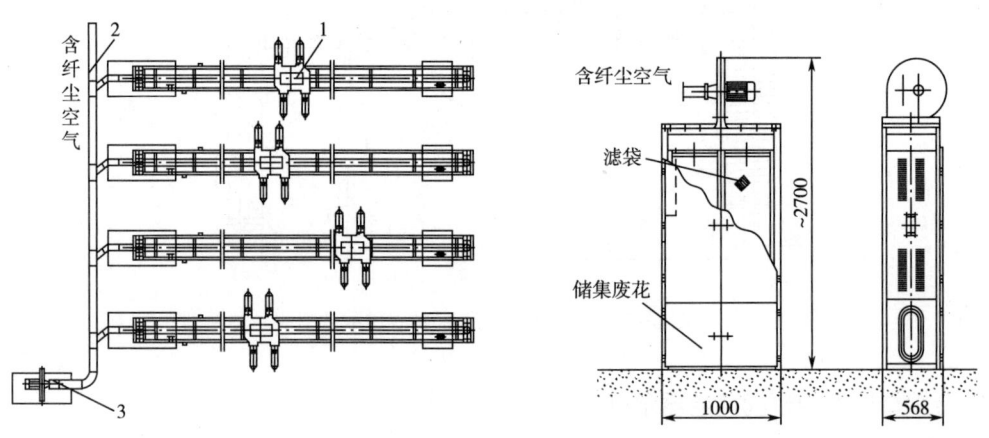

(b) 机外吸尘系统及配套用集中箱式集尘器

图 6-2-5　吸尘系统

1—(吹吸式)龙带巡回清洁器　2—机外管路　3—箱式集尘器

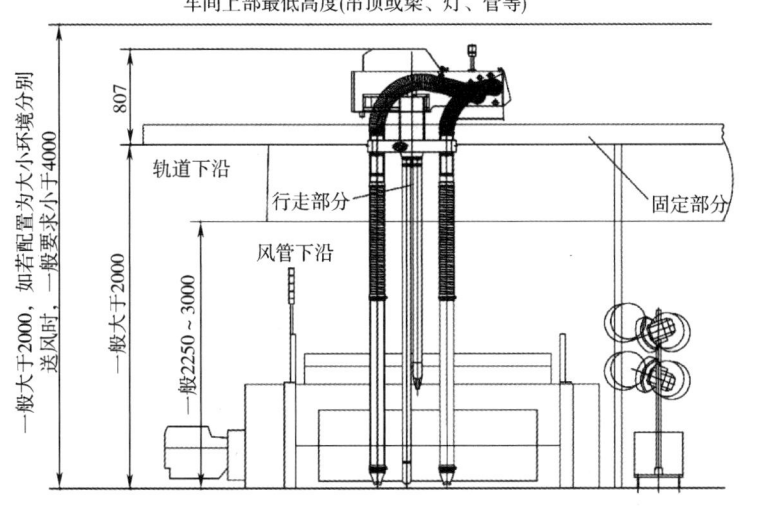
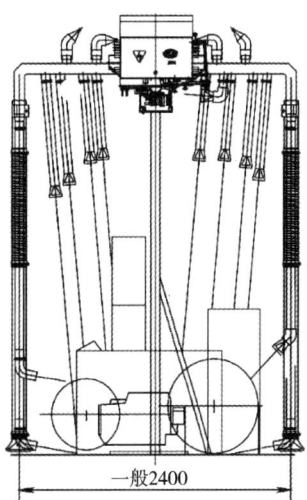

图 6-2-6 织造设备用巡回清洁器示意图

1. 直线式

轨道沿织机轴线方向直线布置,巡回清洁器在导轨上来回往复运动。适用于直线方向织机台数较多的场合,其直线距离可达百米,如图 6-2-7 所示。

2. 环形封闭式

轨道沿织机轴线方向环形布置,巡回清洁器在导轨上做环形回转运动。适用于直线方向织机台数较少的场合,如图 6-2-8 所示。

3. 环形敞开式

轨道沿织机轴线方向环形布置,但一端为开口(主要是避让织机小环境空调风管),巡回清洁器在导轨上做环形往复运动。适用于直线方向织机台数较少的场合,如图 6-2-9 所示。

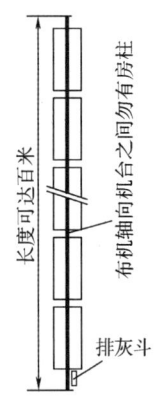
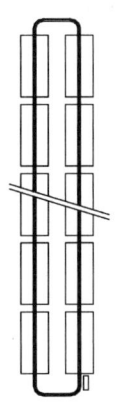
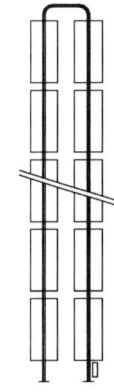

图 6-2-7 直线式 　　　　 图 6-2-8 环形封闭式 　　　　 图 6-2-9 环形敞开式

三、附属设备

(一)纤维分离压紧器

纤维分离压紧器简称纤维压紧器,具有分离和压紧含尘气流中的纤维尘杂的功能,如图 6-2-10 所示,主要由筒体、过滤网、密闭门等组成。含尘空气由圆筒上部侧面进风口以切线方向进入,沿着圆筒内部圆锥形钢板旋转,纤维尘杂被阻留在钢板网壁上,经回转的螺旋括板向下推移压紧,当纤维性团块超过下部密闭门的弹力时,即被挤出落入下面专用集尘袋内,经过滤后的空气穿过网孔从下部侧面出风口由排尘风机送回一级进风箱。

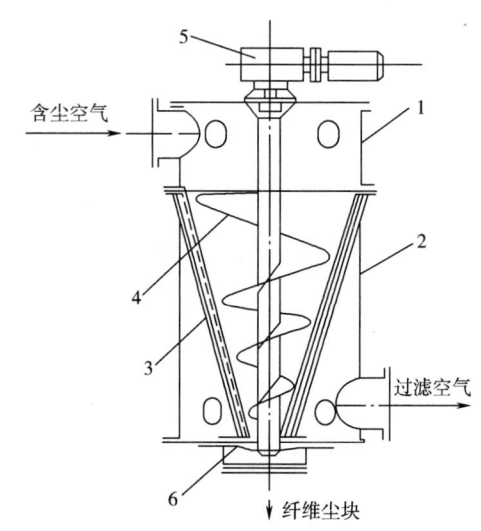

图 6-2-10　纤维压紧器示意图

1—上圆筒　2—下圆筒　3—过滤网
4—螺旋刮片　5—减速器　6—密闭门

纤维压紧器共分三个型号,应根据纤维收集量选择其型号规格。表 6-2-11 为纤维压紧器的主要技术参数。

表 6-2-11　JYLC 型纤维压紧器主要技术参数

型号	筒体直径/mm	容许通过风量/(m^3/h)	纤尘收集量/(kg/h)	最大阻力/Pa	功率/kW
JYLC-01	900	2500~7000	4~100	≤750	0.55
JYLC-02	650	1750~5500	3~80	≤650	0.37
JYLC-03	450	1000~4000	2~65	≤500	0.37

(二)布袋集尘器

布袋集尘器是用棉缎纹布或锦纶布制成的两个大布袋,将含尘空气中过滤的纤维尘杂予以集中(JYLB 型)或进一步压紧后排出(JYQY 型)。布袋集尘器常与圆盘回风过滤器配套,也可与除尘机组的第一级或第二级过滤段配套使用。

JYQY 型压紧式布袋集尘器由集尘风机、进风箱、灰斗、挤压螺杆等组成,如图 6-2-11 所示,含尘空气通过集尘风机从进风箱入口进入大布袋,尘杂被截留在布袋内,并逐渐积聚下落,螺杆慢速旋转,将灰斗内松散的细尘挤压,从出尘口挤出。常规的 JYLB 型布袋集尘器不设挤压装置,如图 6-2-12 所示,尘杂积聚在布袋底部,定期掏清运走。表 6-2-12 和表 6-2-13 所示为 JYQY 型压紧式布袋集尘器和 JYLB 型布袋集尘器技术参数。滤后空气含尘浓度为 1~2mg/m³。

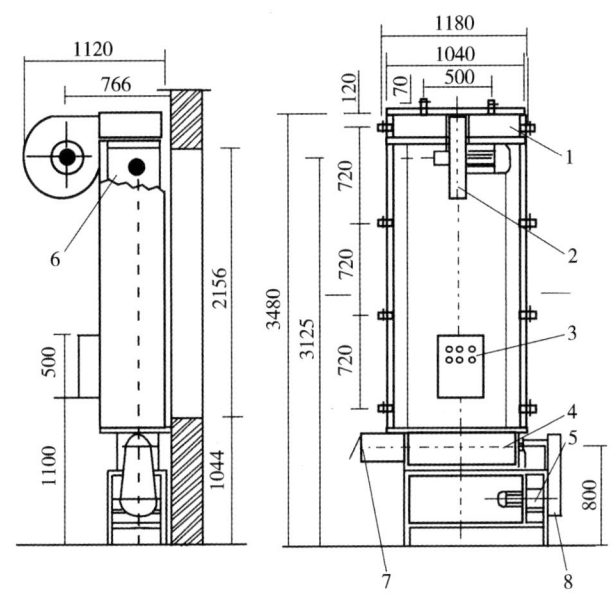

图 6-2-11 JYQY 型压紧式布袋集尘器结构示意图

1—进风箱　2—集尘风机　3—电控箱　4—接灰斗和挤压螺杆　5—电动机及减速器

6—布袋　7—出尘口和封盖　8—皮带盘与传动带

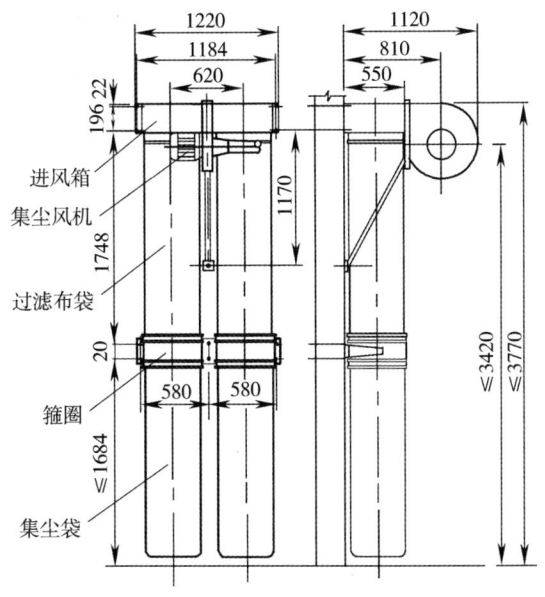

图 6-2-12 JYLB 型布袋集尘器结构示意图

表 6-2-12　JYQY 型压紧式布袋集尘器技术参数

项目		技术参数	
过滤风量/(m³/h)		≤500	500~1000
入口断面(宽×高)/mm		集尘风机入口直径	70×180
集尘风机	型号	JYJF-1 No 4A	JYJF No 5.5A
	风量/(m³/h)	320~360	580~730
	全压/Pa	3040~3240	3830~4030
	电动机型号	Y90L-2(2.2kW)	Y112M-2(4kW)
	安装位置	装在本机进风箱上	装在地面上
布袋	直径×高度/mm	φ400×2000×2 只,过滤面积 5m²	
挤压螺杆	直径×螺距/mm	φ200×120	
	工作长度/mm	960	
	转速/(r/min)	63	
	电动机型号及减速器型号	电动机 Y802-4(B5)(0.75kW),减速器 BL15-23	
性能参数	过滤风速/(m/s)	<0.028	0.026~0.056
	阻力/Pa	<150	150~250
	最大尘杂收集量/(kg/h)	20	30
外形尺寸(宽×长×高)/mm		1555×1120×3580	
总装机容量(含集尘风机)/kW		2.95	4.75

表 6-2-13　JYLB 型布袋集尘器技术参数

项目		技术参数		
过滤风量/(m³/h)		<500	500~1000	1000~2000
入口断面(宽×高)/mm		集尘风机入口直径	70×180	70×180
集尘风机	型号	JYJF-1 No 4A	JYJF No 5.5A	用户自理
	风量/(m³/h)	320~360	580~730	
	全压/Pa	3040~3240	3830~4030	
	电动机型号	Y90L-2(2.2kW)	Y112M-2(4kW)	
	安装位置	装在本机进风箱上	装在地面上	

续表

项目			技术参数		
布袋	直径×高度/mm	分段式	过滤段 ϕ465×1590,集尘袋 ϕ465×1520×2 只,过滤面积 4.6m²		
		整体式	过滤袋 ϕ465×3400×2 只		
性能参数	过滤风速/(m/s)		<0.03	0.03~0.06	0.06~0.12
	阻力/Pa		<150	150~250	200~300
	最大纤维收集量/(kg/h)		20	30	30
	外形尺寸(宽×长×高)/mm		1220×1120×3770		
	装机功率(含集尘风机)/kW		2.2	4	用户自选

(三)排尘风机

排尘风机要求不缠绕纤维、不堵塞和不振动。纺织排尘离心风机 FC-6-48-11/12 型可输送原棉和清、梳吸落棉,SFF233-11/12 型适用于输送含尘纤维、绒杂等气体并作为纤维压紧器及二级过滤吸嘴配套,具有防撞击产生火花(防爆)的性能。风机性能见本篇第一章表6-1-39,具体性能参数见各制造厂样本。

(四)打包机

打包机主要用于棉纺厂车肚棉、斩刀花等下脚棉的打包、捆绑处理,它既可单机工作,也能与多台纤维分离器或废棉处理机配合使用,实现自动化打包处理。如图 6-2-13 所示,卧式液压打包机由机械、液压、电气等三部分组成,自动化程度高,安装使用方便。表6-2-14 为打包机主要技术参数。

表6-2-14　打包机主要技术参数

项目	技术参数	备注
包型尺寸(长×宽×高)/mm	600×600×860	
成包重量(棉花)/kg	80~100	
全机外形尺寸(长×宽×高)/mm	4647×900×2355	不含凝棉器及斗型棉箱
全机功率/kW	7.5	不含凝棉器或纤维分离器
全机重量/kg	约3000	
最大推力/kg	约13000	
打包额定工作压力/MPa	9	

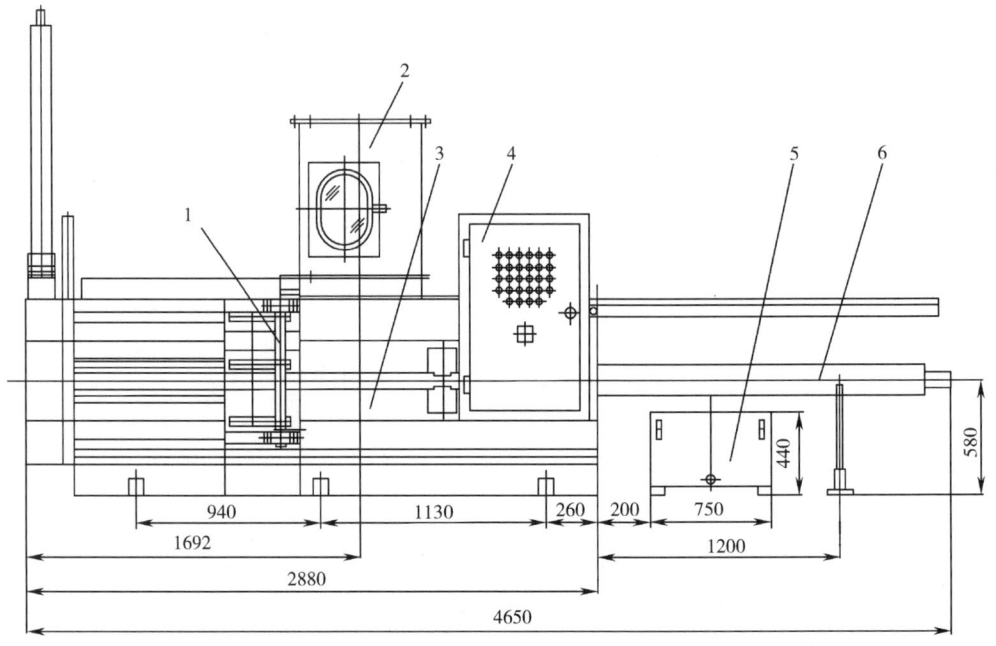

图 6-2-13　卧式液压打包机示意图

1—侧挡棉板　2—落棉箱　3—打包机架　4—电气控制箱　5—液压油箱　6—压棉油缸

第三节　过滤材料

滤料直接影响过滤后空气的含尘量及日常运行的动力消耗,应根据不同使用场合和要求,选择不同种类、规格的滤料,使滤尘系统取得良好的效果。对滤料的要求如下。

(1)过滤效率高、阻力小、容尘量大。

(2)易清灰、不易沉积板结。

(3)强度高、不变形、不起球、耐摩擦、寿命长。

(4)防火、导电性好。

(5)价格合理。

一、回风过滤和机组第一级预过滤用滤料

回风过滤和机组第一级预过滤用滤料大多采用有防火功能的不锈钢丝网,对回风过滤有更高要求时,可采用轻型的长毛绒滤料（JM1、JM4 等）。不锈钢丝网的规格见表6-2-15。

表 6-2-15　不锈钢丝网规格

目数		丝径/mm	孔宽/mm	有效筛滤面积/%	单孔面积/mm²
目/25.4mm	目/cm				
50	19.7	0.15	0.358	49.67	0.128
60	23.6	0.12	0.303	51.31	0.092
70	27.6	0.11	0.253	48.56	0.064
80	31.6	0.09	0.228	51.43	0.052
90	35.4	0.09	0.192	46.42	0.037
100	39.4	0.08	0.174	46.98	0.032
120	47.2	0.08	0.132	38.75	0.017
150	59.1	0.06	0.109	41.61	0.012
180	70.9	0.05	0.091	40.31	0.0083
200	78.7	0.05	0.077	36.65	0.0059

不锈钢丝网的过滤风速一般选用 1.5~4.0m/s,风速<1.5m/s 时,可能发生纤尘不上网的情况而影响正常运行,此时可用镀锌铁板将圆盘内圈封去一部分,以减少网面面积,提高风速。

二、除尘机组第二级精过滤用滤料

第二级滤料是决定滤后空气含尘量和整个系统良好与否的关键材料。JM 型长毛绒滤料由于其独特的滤尘和吸清机理,在过滤效率和阻力等各项经济指标都有优势,已逐步成为棉纺滤尘的首选产品。JM 型长毛绒滤料的性能规格见表 6-2-16。

表 6-2-16　JM 型长毛绒滤料性能规格

型号	幅宽/m	毛高/mm	重量/ (g/m²)	在下列初阻力下的过滤量/[m³/(m²·h)]				适用场合
				40Pa	60Pa	80Pa	100Pa	
JM1	1.5~1.7	12~14	365	3500	4800	5400	7000	回风过滤
JM4	1.5~1.7	10~12	295	3900	5300	6400	7500	回风过滤
JM2	1.35~1.8	14~16	400	3200	3800	4600	5400	除尘
JM3	1.35~1.8	12~14	450	2400	3200	4000	4700	除尘
JM5B	1.2~1.35	14~16	510	1500	2100	2700	3200	除尘

滤料的实用过滤量需考虑进风含尘状态、出风要求、允许阻力及该滤料性能等综合因素后得出,下列经验公式可供参考:

$$q = 1250 \times k_1 \times k_2$$

式中:q——实用单位面积过滤量,$m^3/(m^2 \cdot h)$;

k_1——对粗、中、细特纱的清花废棉取 0.9,纯棉取 1,对化纤、车间回风取 1;

k_2——不同线密度纱的系数,见表 6-2-17。

表 6-2-17 不同线密度纱的 k_2 值及滤料配置表

系数 k_2		废棉	粗特纱	中特纱	细特纱	化纤混纺	车间回风
		0.6	0.8	1.0	1.2	1.4	1.5
第一级	不锈钢丝网网孔/(目/25.4mm)	120	100~120	100	80~100	80	60~80
第二级	JM 系列	JM5B	JM5B	JM3 JM5B	JM2 JM3	JM1 JM1	JM1 JM4

在上述条件下,正常运行时,第一级滤料阻力 50~100Pa,第二级滤料阻力 100~200Pa;过滤后空气含尘量 ≤0.9mg/m³(废棉含量 ≈2.5mg/m³);机组过滤效率>99%。

三、布袋集尘器用滤料

布袋集尘器用滤料应综合考虑集尘器安装位置、使用场合、排放浓度要求而定。布袋外置过滤后空气直接排放的集尘器,以收集纤维为主的可采用 200 目/25.4mm 左右的锦纶筛绢滤料,以收集纤维性粉尘为主的可采用斜纹或平纹针织绒滤料,除尘机组内部使用的集尘布袋可选用锦纶筛绢。

布袋集尘器用滤料过滤负荷一般按 100~400m³/(m² · h)选取。

第四节 除尘系统的设计

一、总述

(一)除尘系统的设计要求

除尘系统的设计,要在满足生产工艺和劳动保护的前提下,达到运行安全可靠、管理方便、投资少、费用低、车间管路整洁的目的。

（1）掌握工艺设备特点和尘杂排出点（吸尘点）的有关情况和参数，如位置、排尘方式、排风量、余压、尘杂内容和数量等。

（2）根据工艺与计算结果正确选定除尘流程模式、系统划分方案和合理的管道设计。

（3）选用高效优质、体积小、能耗低、易管理、智能化水平高、价格合理的除尘设备。

（4）安排好除尘室的位置及内部设备布置。

（二）除尘系统的划分原则

（1）便于与其服务的工艺设备同步启停，例如，一套清花系统配一套除尘设备。

（2）同类产品的设备划为同一个除尘系统，例如，粗特纱与细特纱、纯棉与化纤要分开。

（3）考虑不同工序对吸风量、压力均匀性的不同要求，除尘系统不宜过大，尽量将相同工序、相同压力要求的设备放在同一除尘系统中。

（4）要考虑与生产规模大小和除尘设备规格相适应，有的企业一个工序要划分为几个除尘系统，对于小型工厂有时几个工序可合用一个除尘系统。

（三）除尘管道的设计要求

除尘管道对设计的总要求是：管道内不积尘，保证各排尘点排风量和压力在允许范围内，同时，要考虑减少阻力、美观和便于操作维修。

1. 管道风速

采用适当的风速是管道设计的关键，考虑各综合因素的除尘管道"经济风速"见表6-2-18。

表6-2-18　除尘管道经济风速

尘杂排出的部位		尘杂种类	尘杂状态分析		管道风速/（m/s）
			松散状态密度/（kg/m³）	含纤维率/%	
开清棉机各排尘风管	纯棉	地弄花	20~30	6~75	11~13
	废棉		40~45	55~65	14~16
开清棉机落棉	纯棉	清棉破籽花	55~60	30~40	13~16
	废棉		100~110	20~30	14~16
梳棉机前后吸尘落棉	纯棉	梳棉车肚花	15~20	45~60	9~14
	废棉		25~35	35~50	12~16
梳棉机盖板	纯棉	梳棉盖板花	10~15	80~90	8~14
	废棉		20~25	70~80	9~16
精梳落棉	精梳落棉	精梳落棉	10~15	85~95	8~14

对多机台吸风系统应考虑各吸点的风量差异保持在要求范围内。简单有效的吸风管道设计,要使各分支管节点或吸点的静压接近。例如,某4~6台梳棉机为一干管的吸风系统,采用提高机台支管风速(18~20m/s)和控制干管头尾端风速(尾端10~12m/s,头端13~14m/s),同时,支管以30°角度插入干管,可使机台之间吸风量偏差控制在±5%。

2. 沟道要求

对于需人工进入清扫的沟道,其尾端应考虑清扫所需的最小截面,然后再逐段选用合理的风速,在地沟向上弯曲时需用弧形弯头,风速应大于10m/s。当工艺设备从机台下排风时,可采用有良好防水性能及表面光洁的方截面风道,并在头、中、尾端各设600mm×600mm钢盖入孔。

3. 管道材料

对清梳排风多采用镀锌薄钢板制成的圆风道(不得用塑料或玻璃钢),不同直径的圆管所选用的钢板厚度及法兰间距见表6-2-19。

表6-2-19　管径与钢板厚度、法兰间距

管径/mm	钢板厚度/mm	法兰间距/m	管径/mm	钢板厚度/mm	法兰间距/m
100~200	0.5	4~6	560~1120	1.0	2.8~5.6
220~500	0.75	4~6	1125~2000	1.2~1.5	1.8~2.1

(四)除尘室的位置与内部布置要求

1. 除尘机房布置要求

(1)除尘机房应尽量靠近需设计除尘的工艺设备,以减少管道长度,降低阻力损失,并和需要采用回风的空调室相连。

(2)除尘机房不宜布置在建筑物地下室、半地下室内,严禁采用沉降室除尘。

(3)除尘机房与车间相邻的墙上,除设置供检修和运输尘杂的防火防爆门以外,不应设置和车间相通的内窗,以保证车间内的安全和清洁。若除尘后的回风需要由除尘室直接回用车间时,除尘室和车间相连的墙上可开设高于1.8m的高窗回风,高窗上应设置防火调节窗。

(4)除尘机房宜设计成在常压或微负压下运行,不宜采用正压运行。除尘后的排风,宜通过管道回至空调室回用或单独排放。

(5)不同粉尘爆炸危险等级的区域,除尘设备应分别布置。

(6)除除尘系统专用配套电路外,其他电气设备和布线不得置于除尘室内。

2. 除尘设备布置要求

(1)除尘设备布置时,四周应留有不小于0.8m的检修空间,主要操作侧预留确保不小于

1.2m 的操作空间,以便于除尘室的检修和正常操作。

(2)除尘设备与房顶之间应留有不小于 0.8m 的净高空间,以保证顶部设备配件的安装和检修。

(3)除尘机组电气控制柜应就近除尘设备布置,以方便布线,确保操作人员在开关车时可以方便地观察除尘设备的运转与停车。

(4)应合理配备除尘机组左右手,以方便进出除尘设备管道的连接,减少管道长度和弯头数量,降低管道阻力,并正确配置离心风机的左右旋向与出风口方向、角度,以方便操作和减少出风口阻力。

(5)除尘设备宜布置在除尘系统的负压段,不应直接布置在车间内。

(6)除尘设备一级过滤器分离出的纤维和尘杂,应及时收集回用处理,严防在除尘室内堆积。

(7)除尘设备应做防静电接地。

(五)设备选用要求

1. 除尘设备选用要求

(1)纺织厂除尘设备应采用两级过滤,一级采用不锈钢丝网,二级采用阻燃型长毛绒滤料。

(2)除尘设备过滤后的空气排放浓度应符合棉纺织工厂设计规范 GB 50481 规定的要求。

(3)除尘设备应具有抑爆、防爆、泄爆三者功能中的其中一项要求。

(4)除尘机组应设计有压差报警装置。

2. 除尘主风机选用要求

(1)主风机风量。按所负担的主机设备总排风量附加 10%~15%漏风量选取。

(2)主风机全压。按系统计算总阻力(包括主机设备、管路、除尘设备)附加 15%~20%选取。

(3)主风机型号。一般选用 SFF232-11 系列高效节能风机。

(六)清、梳工艺排尘数据汇总

1. 清、梳设备的落棉率

清、梳设备的落棉率见表 6-2-20。

表 6-2-20　清、梳设备的落棉率

品种	总落棉率(以喂入量为100%计)/%		
	开清棉	梳棉锡林、刺辊落棉	梳棉盖板花
纯棉细特纱	3.5~4	3~3.5	1~1.5
纯棉中、粗特纱	4~4.5	3.5~4	1.5~2

续表

品种	总落棉率(以喂入量为100%计)/%		
	开清棉	梳棉锡林、刺辊落棉	梳棉盖板花
废棉预处理机组	20~40	—	—
废棉成卷、条	10~20	8~18	3~3.5
苎麻与棉混纺	4~4.5	3~3.5	1.5~2
涤纶、腈纶等化纤	1~2	0.5~1	1~1.5

2. 工艺排风的空气含尘量

工艺排风的空气含尘量见表6-2-21。

表6-2-21　清、梳设备工艺排风的空气含尘量

工序	空气含尘量/(mg/m^3)			
	纯棉	化纤	苎麻/棉	废棉
清花凝棉器	200~300	30~90	300~600	800~1000
梳棉三吸	600~900	60~110	800~1200	1800~2700
精梳落棉	2500~3500	—	—	—

3. 尘杂吸口的设计风速

尘杂吸口的设计风速见表6-2-22。

表6-2-22　清、梳设备尘杂吸口的设计风速

纤维尘杂种类	吸入风速/(m/s)		吸口部位举例
	条缝形吸口	圆形或矩形吸口	
棉籽、破籽和破籽尘杂	16~20	20~24	开清棉各机落棉
短纤维和破籽尘杂	14~18	18~20	梳棉机刺辊落棉和锡林落棉
以短纤维为主,夹有少量细尘杂	6~10	8~14	梳棉机道夫罩盖,刺辊低压罩内的条缝形吸口,梳棉机盖板花,精梳机落棉
以飞花为主(上抽式吸尘罩下部断面风速)	—	1~1.5	破籽机,混棉机喂入帘子上方的吸尘罩,废棉打包机操作部位上方的吸尘罩

注　用于废棉、低级棉需乘1~1.3;用于化纤混纺需乘0.7~0.9。

二、清棉除尘系统设计

(一)清棉工艺流程

常用的清棉工艺流程为一机两线,即前端一台抓棉机,后端接两台多仓,如图 6-2-14
所示。

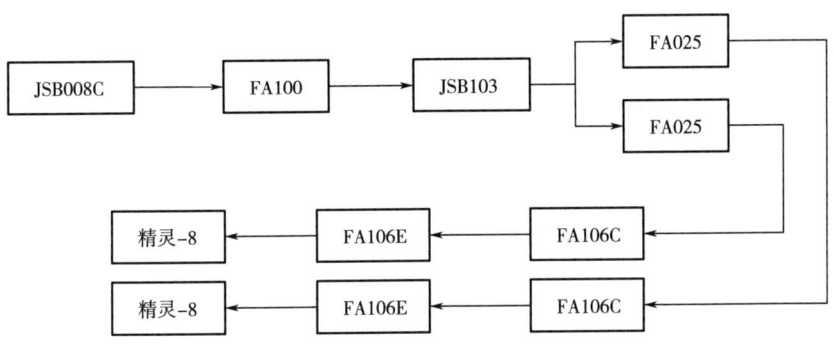

图 6-2-14 清棉工艺(一机两线)流程图

(二)开清棉设备排风点和吸尘点参数

开清棉设备排风点参数见表 6-2-23,开清棉设备落棉量和吸尘点风量参数见表 6-2-24。

表 6-2-23 开清棉设备排风点参数

主机名称	主机型号	凝棉器型号	排风量/ [m³/(h·台)]	余压/Pa
混棉机	A006C,FA009	A045,A045A,A045B, A045B-5.5	4000~5000 5500~6000	490~588 490~588
混开棉机	A035A,A035B			
六滚筒开棉机	A034A,A104B			
豪猪式开棉机	A036B,A306C, FA106A,FA106B			
四刺辊开棉机	FA101			
双棉箱给棉机	A092,A092AST,FA046			
锯齿开棉机	FA108E		1200~1800	343~490
多仓混棉机	FA209		4300~5000	49~98
强力除尘机	FA061		15000~18000	

续表

主机名称	主机型号	凝棉器型号	排风量/ [m³/(h·台)]	余压/Pa
除微尘机	FA151		3000~4500	−150~−350
	FA156		2500	−300
单打手成卷机	A076C，FA141		2500~3000	245~343
废棉处理机	SFU101	SFA100	5000~5600	490~588
	SFU001	SFA100	7000~8000	

表6-2-24　开清棉设备落棉量和吸尘点风量参数

设备名称	设备型号	落棉率/%	落棉量/ (kg/h)	吸点风量/ (m³/h)	吸点压力/ Pa
混棉机	A006B，A006C	0.4~0.5	2~4	≥2000	−500~−800
六滚筒开棉机	A034，A034A	0.8~1.0	4~8	≥2500	−500~−800
混开棉机	FA104，A035A，A035B				
豪猪开棉机	A036B，A036C，FA106	0.5~0.6	2.5~4.8	≥2000	−500~−800
四滚筒开棉机	FA101				
单打手成卷机	A076C，FA141	0.3~0.5	0.75~1.25	≥2000	
废棉处理机	SFU101，SFU001	35~40	50~80	≥3000	−800
高效废棉处理机	SFU002			4500~6000	−800

注　间歇吸风量≥4000m³/h。

(三)开清棉除尘系统模式

开清棉除尘系统模式见表6-2-25。

表6-2-25　开清棉除尘系统模式

模式	序号	系统流程	说明
负压 运行	1	FA100 JWB103 → 除尘机组 → ⌀ FA025 FA106C	利用后置主风机，克服系统阻力，主风机全压根据吸落棉排杂管道最大负压要求选取

续表

模式	序号	系统流程	说明
负压运行	2	JWF1102 FA051A JWF1026 JWF1124C → 除尘机组	利用后置主风机,主风机全压根据多仓、凝棉器排尘最大负压要求选取,吸落棉排杂管道上加接力风机
清梳合用	3	FA106E JFA030 FA076 JWF1203 → 除尘机组	开清棉与若干台梳棉机合用一套除尘机组,主风机全压根据最大负压要求选取

注　◑为排尘风机,◒为主风机。

(四)常用参考数据

1. 除尘设备的选用

根据工艺设备的总排风量,可参阅设备制造厂样本及本章第三节滤料部分推荐的 q 值予以复核,以决定设备型号规格。

2. 管道风速

凝棉器排风管道风速为 $13\sim15\text{m/s}$,并以单机单管直入滤尘器;单轴流等排杂管道风速为 $13\sim15\text{m/s}$,两根压力要求相近的管道合并时须采用 $30°$ 斜三通接入。

3. 除尘主风机的全压选用参数

(1)当风机出口敞开时,可参考下列数据。

①吸落杂配有接力风机时,同时,最远一台的凝棉器出口处静压为 50Pa,选用除尘主风机的全压 H 为 $1000\sim1400\text{Pa}$。

②当吸落杂不配接力风机时,选用除尘主风机的全压 H 为 $1700\sim2000\text{Pa}$。

(2)当主风机出口接有风管时,需再加管道阻力及末端压力。

(五)开清棉除尘系统工程设计实例

开清棉除尘系统工程设计实例如图 6-2-15 所示。

三、梳棉除尘系统设计

现代梳棉机各机型都设有若干吸尘点和吸落杂点,分为上吸和下吸两类。

上吸:即锡林道夫三角区,刺辊低压罩、盖板入口、盖板花、剥棉罗拉、圈条器等部分,其中盖板花量大,比较纯净,可直接降档回用。

下吸:即刺辊落棉与锡林落棉,刺辊落棉量占输入量的 3%~5%,但较脏,需经处理后才能降档回用。因此,在考虑系统设计配置时,根据不同机型与要求,采用连续吸或间歇吸等不同形式的处理方法。

目前,新型梳棉机大部分将上吸、下吸合并为一个口,采用连续吸尘的处理方法。也有部分机型将上吸和下吸独立分开,便于分类回收落棉。

(一)梳棉机除尘主要参数

梳棉机设备排风参数见表 6-2-26。

表 6-2-26　梳棉机设备排风参数

型号	单产/ [kg/(h·台)]	吸尘排风 方式	排风量/(m³/h)			
			连续排风		间歇排风	
			风量/ [m³/(h·台)]	吸口负压 要求/Pa	风量/ [m³/(h·台)]	吸口负压 要求/Pa
FA1213	60	连续	4200	-920	—	—
FA1216	60	连续	4000	-920	—	—
JSC326	60	连续	4500	-920	—	—
TC10	60	连续	3700~3900	-780	—	—
FA231,FA203, FA221	50	上吸连续 下吸间歇	2500~3000	-400~-600	4000 (≤20 台)	-2000
FA221A, FA203A	50	上吸连续 下吸间歇	3700~3900	-960	—	—
FA201B,FA213, FA214	30	上吸连续 下吸间歇	1800	-400~-600	4000 (≤20 台)	-2000
FA212	25	连续	1800	-800	—	—

(二)连续吸除尘系统设计

1. 运行模式

负压运行,即纤尘空气先经除尘机组再经主风机排放,主风机一般选用 SFF-232-11 型。

2. 吸尘部位设计

(1)上吸。道夫三角区和刺辊低压罩吸口汇集为一根,汇总管出口处静压为-650~-550Pa。

(2)下吸。后车肚、前车肚吸口汇集为一根,汇总管出口处静压为-920~780Pa。目前,大部分梳棉机的上、下吸在机器内部汇总为一根管道出机组,吸口负压按照下吸需要的负压值设计。

(3)吸风管道设计。为保证机台吸风均匀,采用锥形汇总干管增速设计,各机台支管风速为16~18m/s,汇总到锥形干管时,每一支管成30°角同一斜率方向接入干管。每根干管负担2~4台(部分风量小的老设备5~6台),干管最小端风速为10~12m/s,最大端风速为13~14m/s。

(三)间歇吸除尘系统设计

间歇吸落棉以FA201B型梳棉机工艺流程为例介绍,如图6-2-16所示。

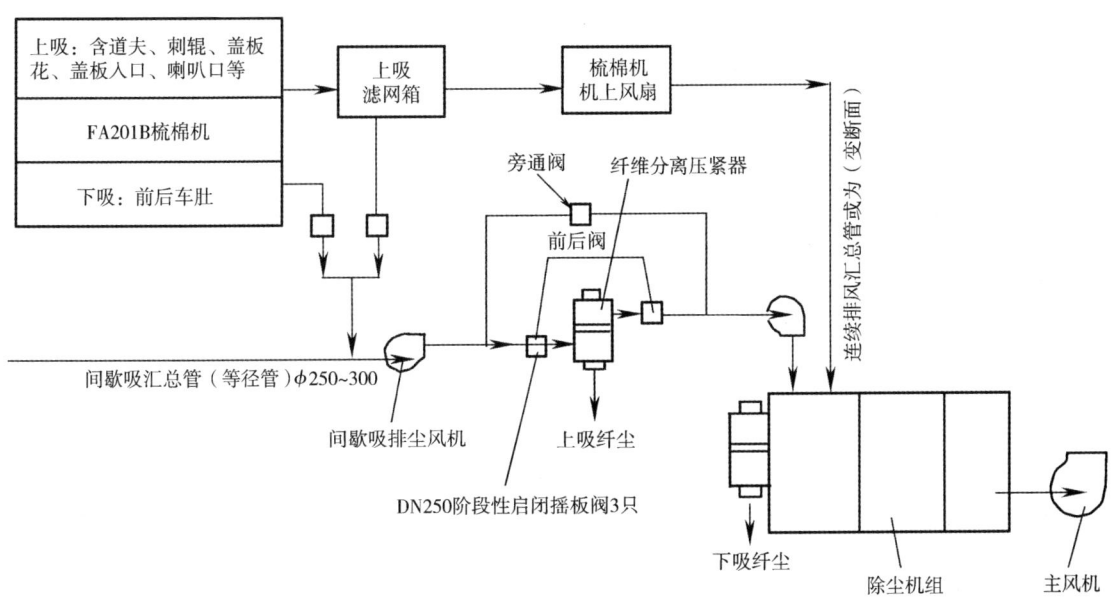

图6-2-16　FA201B型梳棉机间歇吸除尘系统流程图

图6-2-17所示为12台FA201B型梳棉机间歇吸除尘工艺流程图。

(四)常用参考数据

1. 管道设计

机上连续吸部分可参照本节清棉吸风管道设计,采用地沟或架空铺设。支管风速为16~

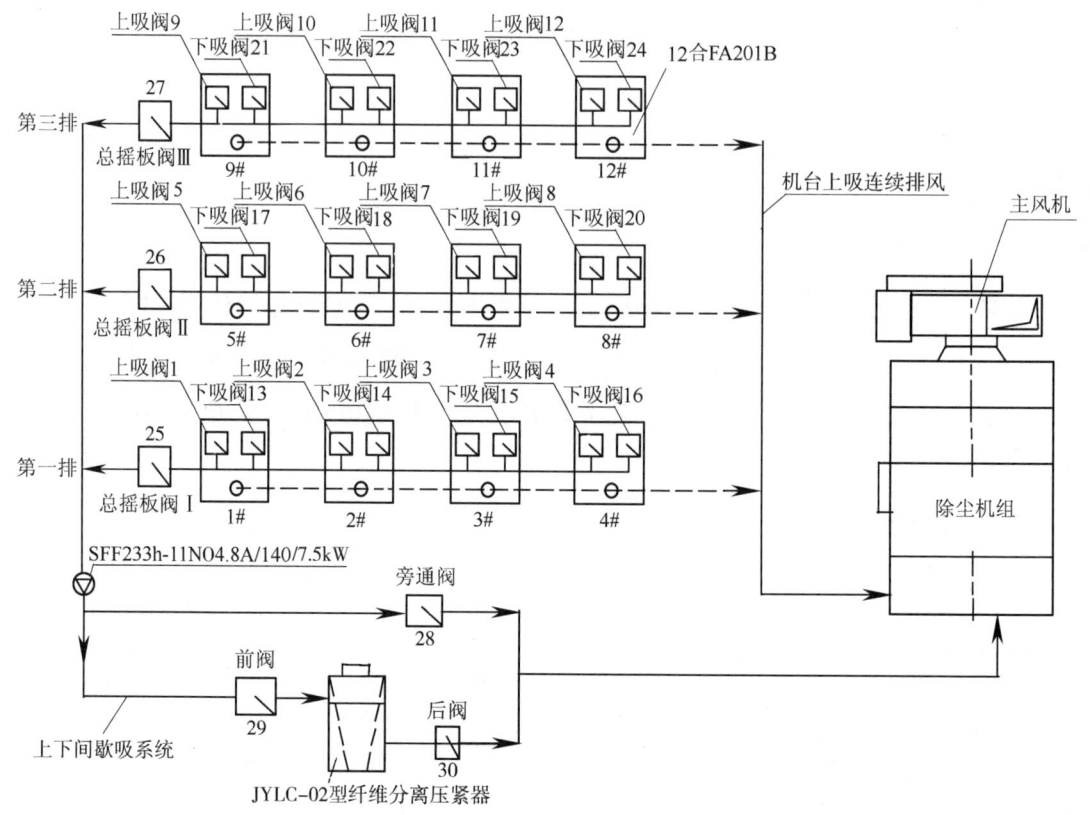

图 6-2-17　12 台 FA201B 型梳棉机间歇吸除尘工艺流程图

18m/s，汇总风道风速为 13~15m/s，架空铺设，以便摇板阀检修。

2. 风机选配

(1)间歇吸排尘风机。风量为 4000m³/h，全压为 2500~3500Pa。

(2)主风机风量。连续吸每台风量×本系统台数×(1.05~1.10)+间歇吸尘风量。按图 6-2-13 所示的 12 台梳棉机，主风机风量=1800m³/(h·台)×12 台×1.1+4000m³/h=27760m³/h，全压为 1000~1200Pa。

(五)梳棉除尘系统工程设计实例

梳棉除尘系统工程设计实例如图 6-2-18 所示。

四、清梳联除尘系统设计

(一)清梳联设备排风参数

清梳联设备排风参数见表 6-2-27。

表 6-2-27　清梳联设备排风参数

机器名称	风量/(m³/h)		风压/Pa		主要生产厂家设备型号				
	工艺排风	吸落棉	工艺排风	吸落棉	郑纺机	青纺机	金纺机	TRUTZ SCHLER	RIETER
往复抓棉机	—	—	—	—	FA006	FA009	SFA008A	BDT019	A10, A11
微尘分流器	2000~3000	—	-50~-500	—	—	FT215A	JFA005	—	C
凝棉器	5500~7600	—	-50~-100	—	FA051A, A045B-5.5	FA052, FA052A	JFA027, A045B-5.5	LVSAB	A20
轴流开棉机　单	2500~3000	2000~2500	-50~-300	-600~-800	FA113	FA105A	FA102	—	B11
轴流开棉机　双	—	2000~2500	—	-600~-800	FA103	—	—	MFC	—
多仓混棉机	4500~5600	1000（FA029） 2500（FA025A）	-80~-110	-500~-600	FA028	FA029	FA025A	MCM6	B70
精细开棉机	—	3400~4400	—	-700~-800	FA109	FA116	FA111	CXL-3	B60
除微尘机	4500~5000	—	-50~-300	—	FA151	FA156	SFA201	DX	—
梳棉喂棉箱	（4000~4500）/组		-80~-300		FA177A	FA178A	FA172B	FBK DFK	A70
梳棉喂棉箱	（400~800）/台				无	有	有	无	有
高产梳棉机	—	3700~4000	—	-760~-1000	FA221B	FA203A	—	DK903	C51（间歇）

(二)清梳联除尘系统模式

清梳联合机根据工艺设备品种、规模不同,除尘系统相应的有各种组合模式,见表6-2-28。

表 6-2-28　清梳联除尘系统模式

模式	系统流程	说明
负压运行		清梳棉有各自的除尘机组,清花落棉经加压风机,梳棉棉箱排风进清棉除尘机组

续表

模式	系统流程	说明
间歇吸落棉	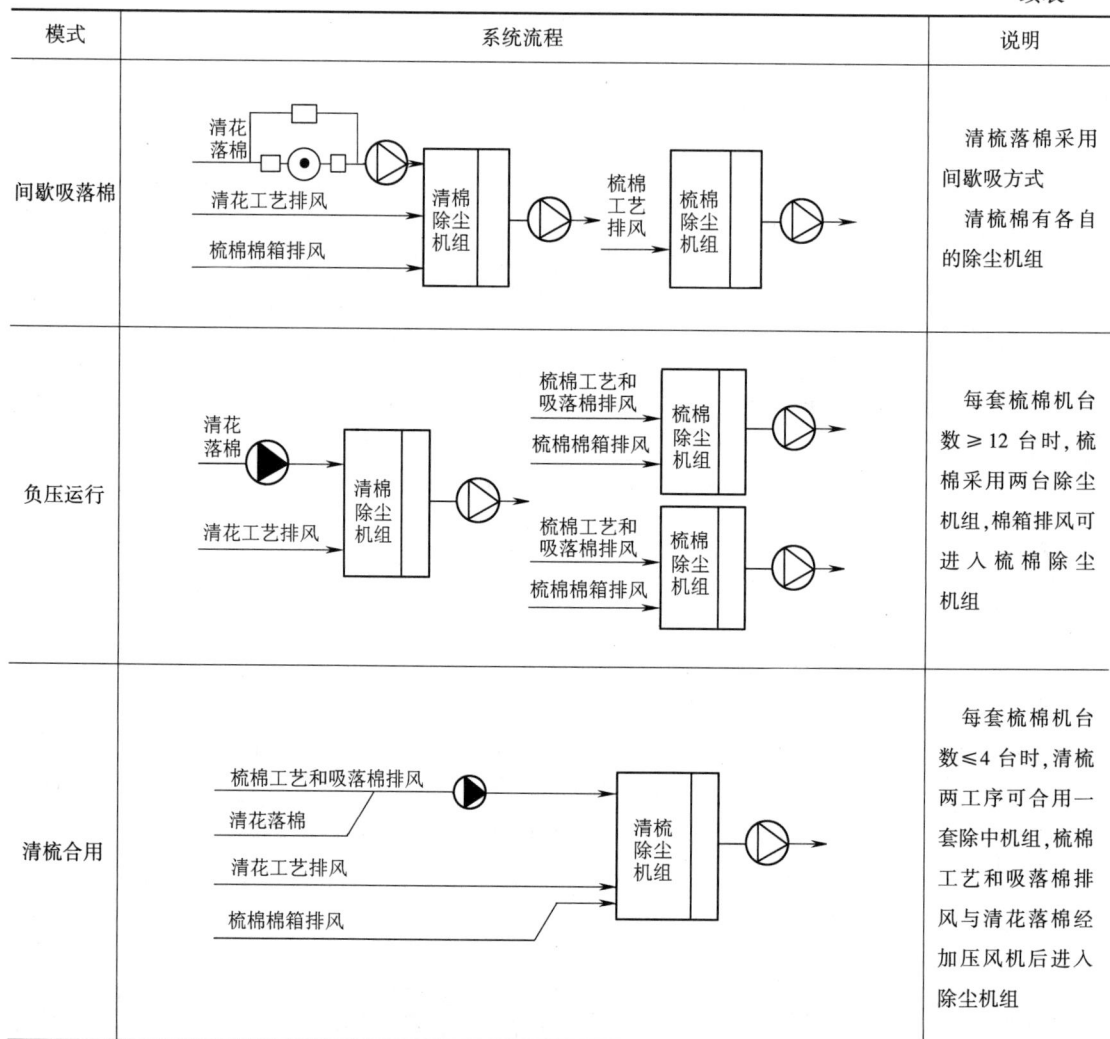	清梳落棉采用间歇吸方式　清梳棉有各自的除尘机组
负压运行		每套梳棉机台数≥12台时,梳棉采用两台除尘机组,棉箱排风可进入梳棉除尘机组
清梳合用		每套梳棉机台数≤4台时,清梳两工序可合用一套除中机组,梳棉工艺和吸落棉排风与清花落棉经加压风机后进入除尘机组

注　⊙为纤维分离压紧器,◐为排尘风机,◑为高效离心风机,→为管道。

(三)清梳联除尘系统工程设计实例

清梳联除尘系统工程设计实例如图 6-2-19 所示。

五、精梳除尘系统设计

精梳工序是通过工艺设备将棉条中短于某一长度的短纤维梳出成为落棉,这些落棉较纯净,可以降档回用纺纱,收集这些含尘很少的落棉系统必须单独设置。

(一)精梳机设备排风参数

精梳机设备排风参数见表 6-2-29。

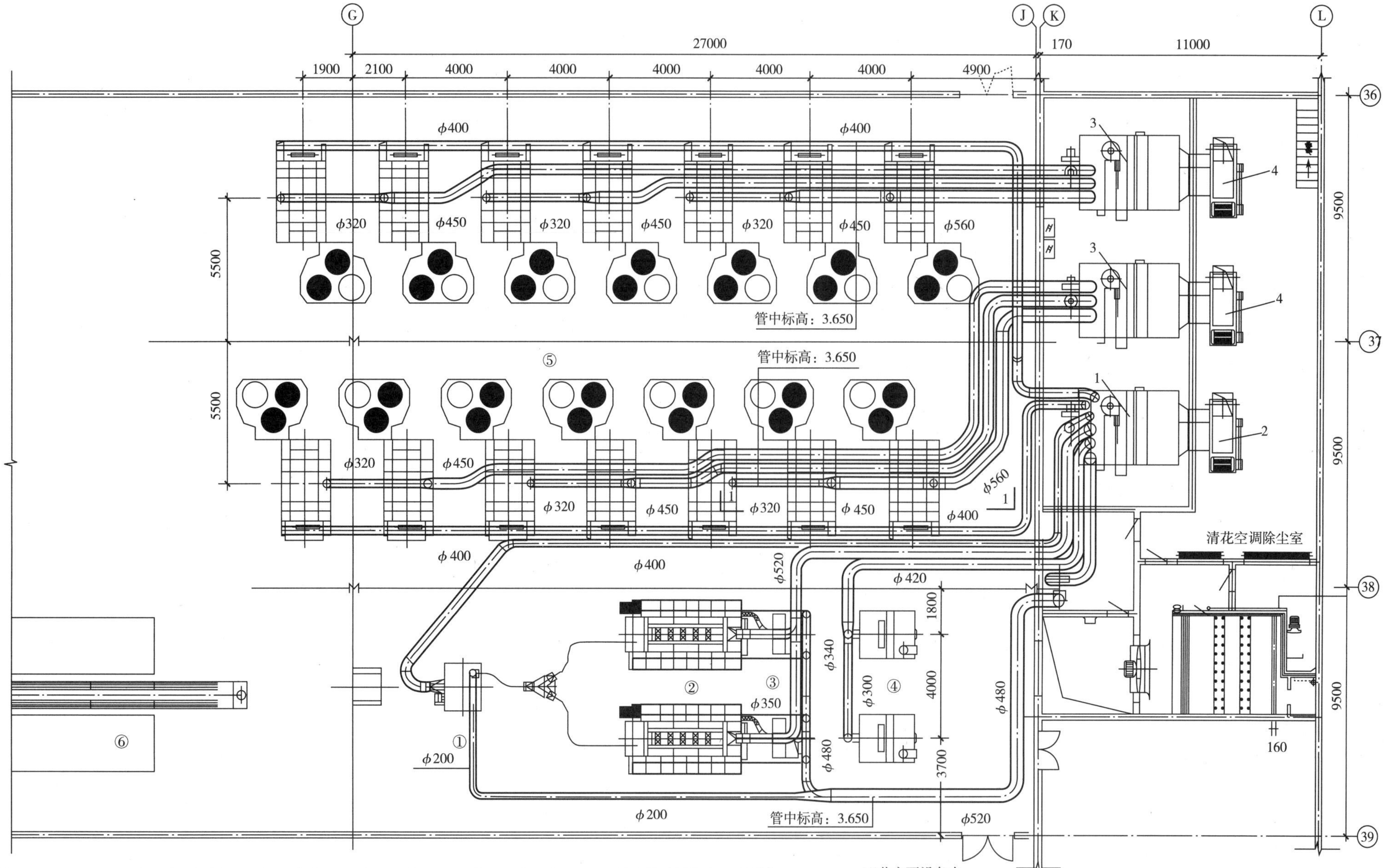

图 6-2-19 清梳联除尘系统工程设计实例

除尘主要设备表

序号	名称	型号及规格	单位	数量	备注
1	蜂窝滤尘机组	JYFO-Ⅲ-8B	台	1	N=6.69kW
2	离心式风机	SFF232-11 NO.11.2E P=981Pa L=50220m³/h n=860r/min	台	2	Y200L_2-6 N=30kW
3	蜂窝滤尘机组	JYFO-Ⅲ-6	台	2	N=6.69kW
4	离心式风机	SFF232-11 NO.10E P=1503Pa L=2988m³/h n=1040rpm	台	2	Y200L_2-6 N=22kW

工艺主要设备表

序号	名称	型号及规格	单位	数量	备注
①	双轴流开棉机	FA103A	台	1	
②	多仓混棉机	FA028B	台	2	
③	三辊筒清棉机	FA109A	台	2	
④	除微尘机	FA151	台	2	
⑤	梳棉机	JWF1204	台	14	
⑥	抓棉机	FA006D-230	台	1	

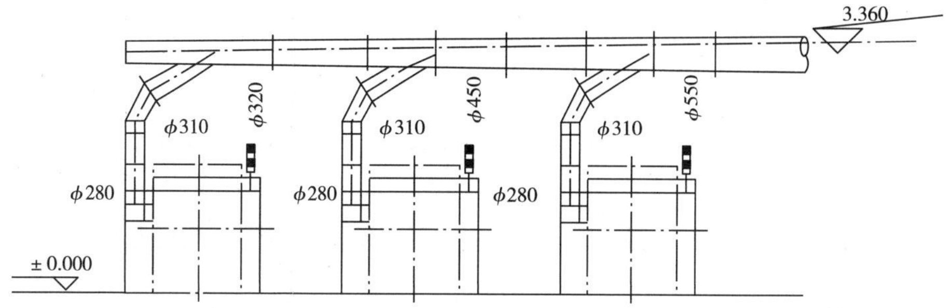

表 6-2-29　精梳机设备排风参数

型号	单产水平/ [kg/(h·台)]	最大落棉量/ [kg/(h·台)]	吸落棉排风量		备注
			连续吸方式/ [m³/(h·台)]	间歇吸方式/ [4000m³/(h·组)]	
FA251(A-E)	20	4	800~1200	≤16 台	可以人工收集
FA266	50	10	2500~3000	≤16 台	集中式
FA1268			500~600		纤维分离器
PX-2	50	10	3000		集中式
JWF1278			3000	—	纤维分离器
JSFA388A			3050	—	纤维分离器
E80			2880	≤16 台	间歇吸选配

(二)精梳机吸落棉方式

精梳机吸落棉方式有连续吸和间歇吸两种。

1. 连续吸

连续吸方式就是把机上尘笼改为吸风管,保留原有风机(也可以取消),将其出口接入吸尘管网,机上的纤尘空气通过管网进入除尘机组过滤后,由主风机送入空调室、车间或外排。

2. 间歇吸

间歇吸方式就是把尘笼改为吸风管,并加设滤网集尘箱,保留原有机上小风机,使其连续运转,落棉被截留在滤网集尘箱内,而空气则过滤后就地排放。在每一台滤网集尘箱的出口设置摇板阀,通过等径吸风管与吸尘管网和除尘设备连接,自控装置控制摇板阀依次开启,将各台精梳机集尘箱内落棉集中抽吸到除尘机组或纤维分离器过滤后,由主风机送入空调室、车间或外排。

由于间歇吸落棉设备控制复杂,管理不便,大多采用连续吸落棉方式。

(三)除尘设备的配置

(1)应根据总排风量及落棉量来选用除尘设备的型号规格。

(2)离心风机配置。风量应为精梳机吸落棉总风量乘以(1.1~1.2)。风压选择分为以下两种情况。

①用纤维分离压紧器作为除尘设备时,全压在 2000Pa 左右。

②用除尘机组第一级时全压为:连续吸 1400~1600Pa,间歇吸 3000~3500Pa。

(3)管网风速。连续吸时,其管网采用吸尘支管和锥形汇总管的设计形式,计算配置方法参阅梳棉除尘设计。

间歇吸的管网为等径管,风速一般在 16~18m/s。

(四)精梳除尘系统工程设计实例

精梳除尘系统工程设计实例如图 6-2-20 所示,精梳机为 JWF1278 共 11 台。

六、细纱排风系统设计

(一)环锭纺细纱机排风系统设计

环锭纺细纱机的工艺排风是断头吸棉排风和电动机散热排风。细纱机上设有吸棉滤网和机上小风机,细纱吸棉排风中的纤维在经过细纱机车尾滤网棉箱时,被截留在滤网箱内,滤后的排风夹带着少量短纤尘,经车尾电动机箱、总管道,再经除尘设备过滤后排向室外或空调室回用。

1. 除尘设备的配置

(1)吸棉排风和细纱车间回风含尘中大部分为短纤维,只需一级过滤,一般采用外吸式回风过滤器(用 80~100 目/25.4mm 不锈钢丝滤网或 JM4 长毛绒滤料)或圆盘回风过滤器(用 40 目/25.4mm 不锈钢丝滤网)。

(2)主风机的风量为 4~4.5m³/h×锭数×1.05,全压为 600~1000Pa。

(3)风机设置在除尘设备出口处,一般选用轴流风机,设备布置应考虑防止管(沟)道出口高速气流直吹滤料表面。

(4)车间空调回风量一般选用 6~7m³/(h·锭),根据车间锭数计算总风量,进行配置地沟风道。

2. 风管设计

为了合理使用吸棉和电动机排风(外排或回入空调室),以节约能耗,吸棉排风管宜单独设置,一般均采用地沟风道,见本章第四节。

(二)紧密纺细纱机排风系统设计

紧密纺细纱机是在环锭纺细纱机牵引装置前增加了一个纤维凝聚区,以消除加捻三角区。紧密纺细纱机除配置断头吸棉风机外,还配置了紧密纺风机,两风机排风经总风道进入除尘设备过滤后,排向室外或空调室回用。紧密纺细纱机排风中大部分是短纤维,只需一级过滤,一般采用外吸式过滤器(用 80~100 目/25.4mm 不锈钢丝滤网或 JM4 长毛绒滤料)或圆盘回风过滤器(用 40~60 目/25.4mm 不锈钢丝滤网)。

主风机的风量为 8~9m³/(h·锭数)×1.05,全压为 600~1000Pa。

风机设置在除尘设备出口处,一般选用轴流风机,设备布置应考虑防止管(沟)道出口高速

序号	名称
1	蜂窝滤尘机组
2	离心式风机

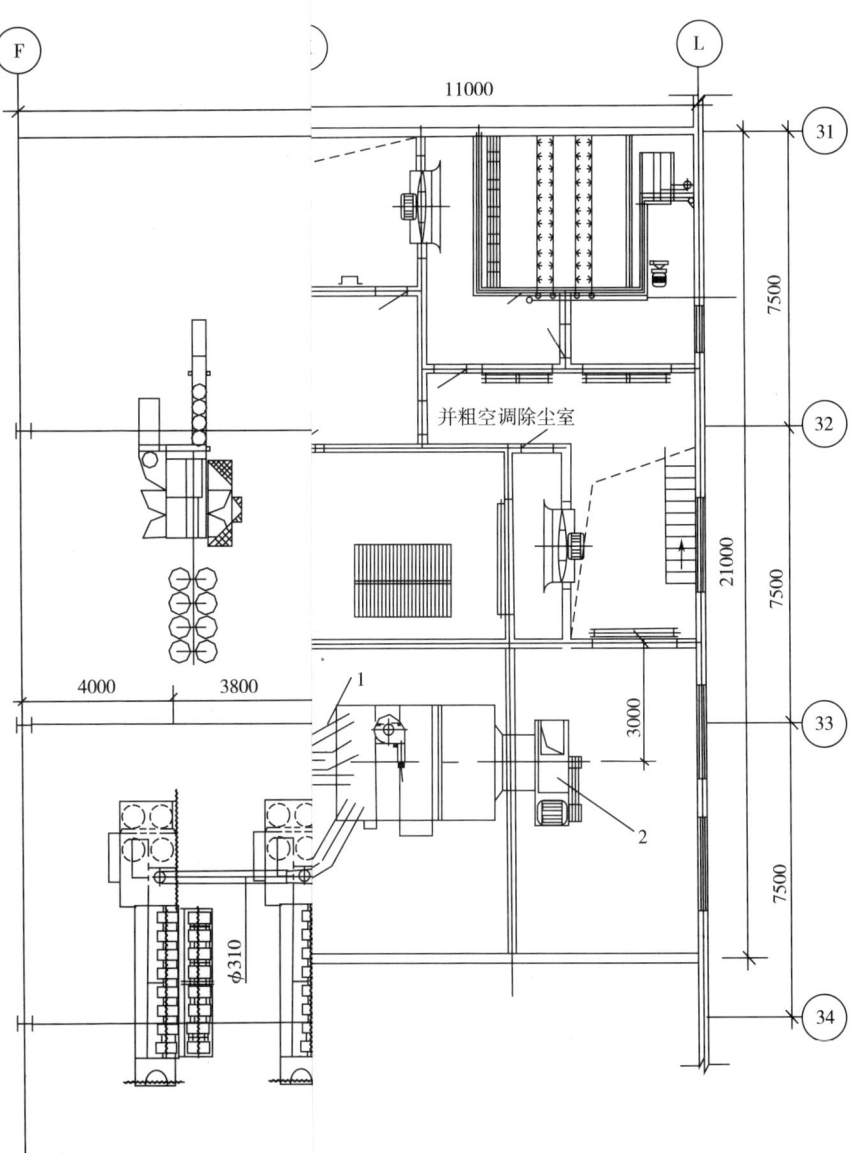

并粗空调除尘室

气流直吹滤料表面。

车间空调回风量一般选用 $5\sim6m^3/(h\cdot锭)$，根据车间锭数计算总风量，进行配置地沟风道。

(三)细纱除尘系统工程设计实例

图 6-2-21 为 24 台 JWF1516 型环锭纺细纱机工艺排风及地回风除尘系统工程设计实例。

七、主要新型纺纱除尘系统设计

(一)转杯纺除尘系统设计

1. 工艺排风参数

根据纺纱杯负压的排风形式，转杯纺纱机分为自排风式和抽气式两大类。转杯纺纱机排风包括转杯排杂排风、工艺排风和电动机散热排风，其排风温度较高，一般高于车间温度 15~20℃。自排风式转杯纺纱机的排风参数见表 6-2-30，抽气式转杯纺纱机的排风参数见表 6-2-31。

表 6-2-30 自排风式转杯纺纱机的排风参数

型号	FA601A		BD200SN		F1603		BT903	
	风量/ (m^3/h)	风压/ Pa	风量/ (m^3/h)	风压/ Pa	风量/ (m^3/h)	风压/ Pa	风量/ (m^3/h)	风压/ Pa
工艺排风	2520~3650	-600~-800	2160~4700	-600~-800	2400~3600	-600~-800	2880	-800
排杂排风	900~1260	-150~-350	900~1260	-150~-350	1320~2000	-150~-350		-150~-350
散热排风	2520	-150	2520	-150	3120	-150	6480	-150
合计	5940~7430		5580~8480		6840~8720		9360	

注 自排风式的转杯纺纱机由于其工艺排风和排杂排风的风量及负压对工艺生产影响很大，设计时应详细分析各生产厂家的产品说明书，并应适当加大。

表 6-2-31 抽气式转杯纺纱机的排风参数

型号	AUTOCORO-360		R-2D,R40		RFRS10,FA621		TQ268	
	风量/ (m^3/h)	风压/ Pa	风量/ (m^3/h)	风压/ Pa	风量/ (m^3/h)	风压/ Pa	风量/ (m^3/h)	风压/ Pa
工艺排风	6800	-200~-350	7500	-200~-350	5000	-200~-350	5760	-200
散热排风	1200	-150	2760	-150		-150	1440	-200
合计	8000		10260		5000		7200	

2. 除尘系统及设备

转杯纺纱机排风中含有的短纤、粉尘和电动机热量与细纱断头吸棉排风相类似,所以,除尘系统可参照细纱断头吸棉排风系统。

在纺制原料较差的粗特纱时可选用除尘机组,纺制原料较好的中细特纱时可选用除尘机组一级圆盘回风过滤器或外吸式滤尘器。

主风机的全压一般在 1200~1400Pa。

3. 管道设计

可采用架空管道或地下沟道形式,一般车头车尾各一条地沟,方向与机台垂直,到滤尘室汇总,使用除尘机组过滤时,管内风速≤12m/s;使用外吸式过滤器过滤时,回风沟内风速≤7m/s。

4. 转杯纺除尘系统工程设计实例

自排风式转杯纺除尘系统工程设计实例如图 6-2-22 所示。

(二)涡流纺除尘系统设计

1. 工艺排风参数

当前,涡流纺纱机主要以纺化纤纱为主,其排风主要为工艺排风。以 VORTEX Ⅲ 870 型为例,工艺排风设为 8400m³/(h·台)。机器型号及锭数不同时,排风量各有不同。

一般涡流纺纱机上均自带高压抽风机,其出口所需负压在-200Pa 左右。

2. 除尘系统及设备

涡流纺纱机排风中含有短纤,与细纱断头吸棉排风相类似,其除尘系统可参照细纱断头吸棉排风系统。

3. 管道设计

可采用架空管道或地下沟道形式,一般车头车尾各一条地沟,方向与机台垂直,到滤尘室汇总。采用架空管道时,管内风速为 13~15m/s;采用地下沟道时,回风沟内风速为 5~7m/s。

八、废棉处理除尘系统设计

(一)工艺设备排风及参数

废棉处理工艺流程模式不一,要求也各不相同。常用的废棉处理设备排风参数见表 6-2-32。

(二)除尘系统及设备配置

废棉处理设备工艺排风分别直接接入除尘机组,再经主风机将风排出室外或回入空调室。

除尘机组的第一级采用 100~120 目/25.4mm 滤网,第二级选用 JM5B 长毛绒滤料,过滤负荷控制在 700~900m³/(m²·h);主风机全压约为 1600Pa。

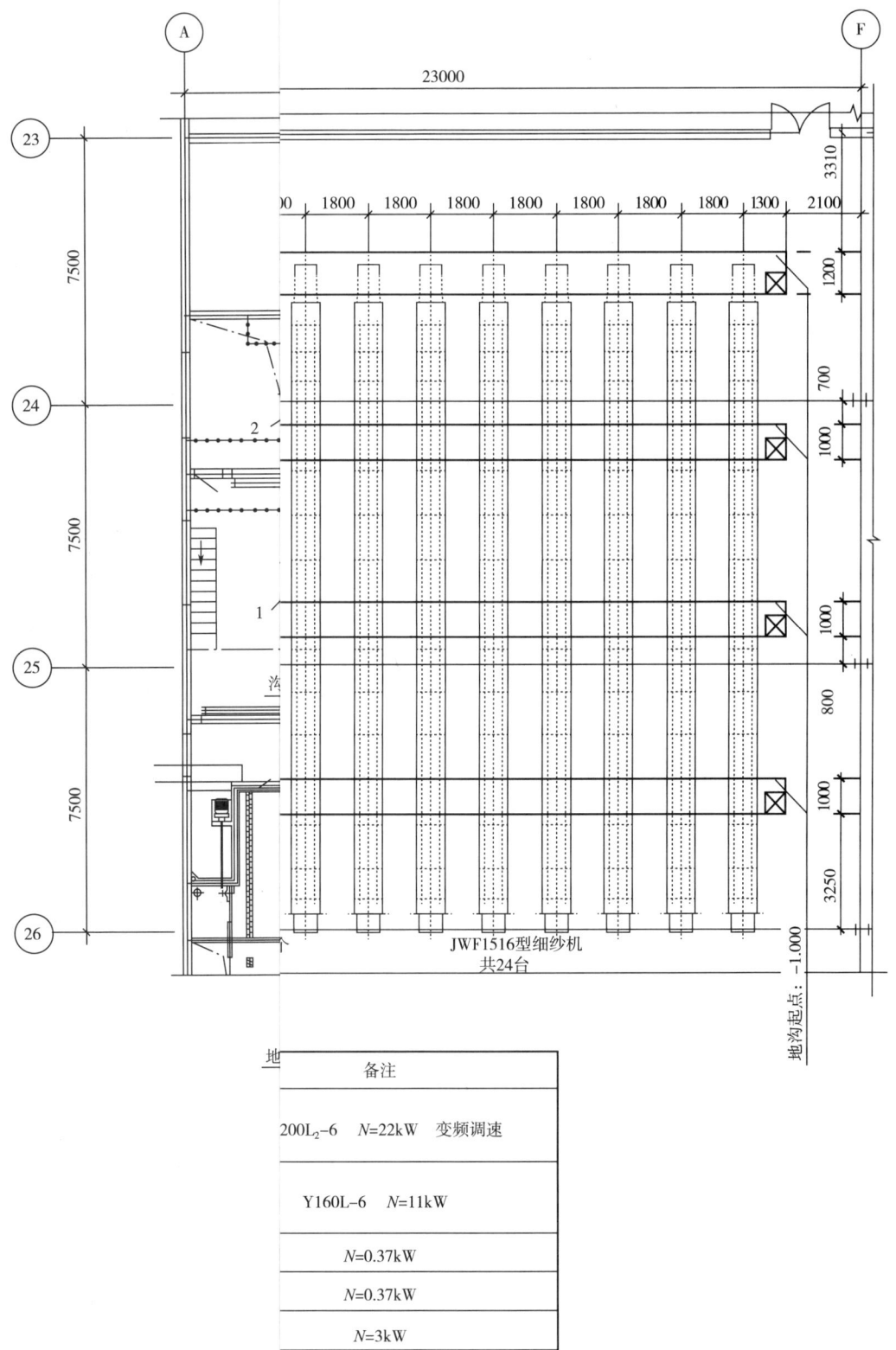

JWF1516型细纱机
共24台

备注		
200L$_2$-6	N=22kW	变频调速
Y160L-6	N=11kW	
	N=0.37kW	
	N=0.37kW	
	N=3kW	

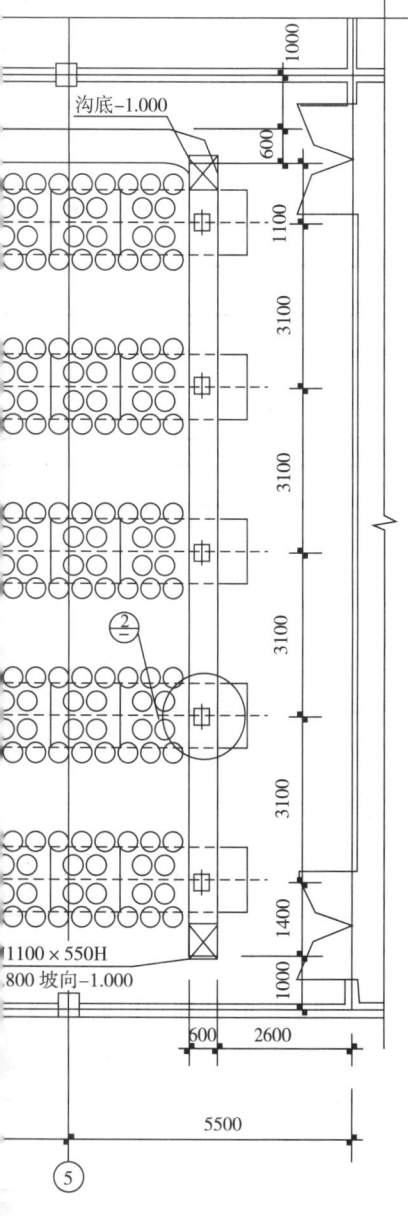

沟底-1.000

1000

600

1100

3100

3100

3100

②

3100

1400

1000

1100×550H
800 坡向-1.000

600 2600

5500

⑤

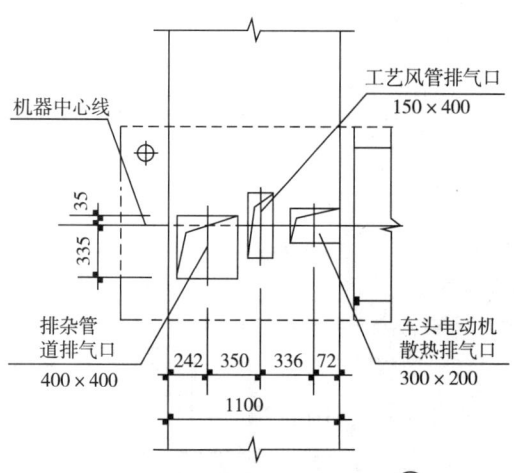

机器中心线

工艺风管排气口
150×400

35

33.5

排杂管
道排气口
400×400

242 350 336 72

1100

车头电动机
散热排气口
300×200

F1603型气流纺纱机车头放大图 ①

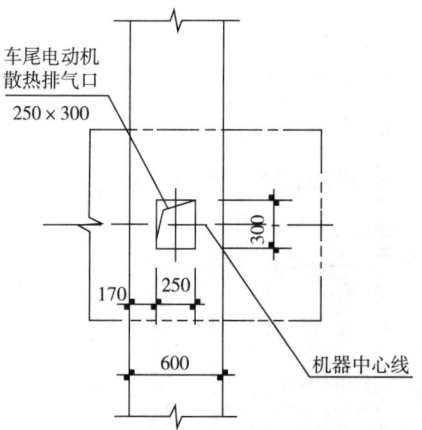

车尾电动机
散热排气口
250×300

300

170 250

600

机器中心线

F1603型气流纺纱机车尾放大图 ②

数量	备注
1	$N=30\text{kW}$
1	$N=6.69\text{kW}$
1	$N=2.57\text{kW}$

表 6-2-32　废棉处理设备排风参数

设备型号和名称	凝棉器(车肚)排风量/(m^3/h)	吸口要求负压/Pa	含杂量/(mg/m^3)
A002D 型圆盘抓棉机	—	—	—
A035D 型开棉机	凝棉器排风 5500	−50~−100	800~1000
	车肚排风 2500	−1100	8000~15000
CJFA102 型双轴流开棉机	车肚排风 2000	−1100	800~1000
SJFU002 型双打手废棉处理机	凝棉器排风 5500	−50~−100	800~1000
	车肚排风 3000×2	−600	8000~15000
SFU150 型废棉打包机	凝棉器排风 5500	−50~−100	800~1000

(三)废棉处理除尘系统工程设计实例

废棉处理除尘系统工程设计实例如图 6-2-23 所示。

九、纤尘集中收集系统设计

近年来,随着纺织工业智能化水平的不断提高,棉纺织厂各工序的纤维、粉尘集中收集已成为发展趋势。

(一)棉条(生条、熟条)集中收集系统及设备配置

生条、熟条指的是梳棉条筒、预并条筒、末并条筒、粗纱条筒内残余的尾条。

收集系统设备配置由固定点位吸盘(带摇摆阀)、吸棉风机、回条切断机、凝棉器、打包机、系统管路、智能控制系统等组成。固定点位吸盘设于条筒物流轨道上方,吸棉风机提供系统动力,条筒经过固定吸盘时,智能系统驱动摇摆阀打开,条筒内的尾条通过管道吸至气纤分离器进行料气分离,分离出的尾条经回条切断机处理后输送至凝棉器,打包机将凝棉器落下的纤维进行集中打包。每个吸盘吸点风量为 4000~4500m^3/h,负压为 800~1200Pa。棉条(生条、熟条)集中收集系统原理如图 6-2-24 所示。

(二)尾纱集中收集系统及设备配置

尾纱指的是粗纱管上残余的尾条,该尾纱首先需通过尾纱清理机进行预处理,将纱条变成纤维状。

收集系统设备配置由吸棉风机、纤维压紧器(或凝棉器)、打包机、系统管路等组成。每台尾纱清理机一般同时处理 6~8 尾纱管,每台尾纱清理机配置风量按 250~300m^3/h 设计,一般系统不大,可直接采用连续吸。吸棉风机在系统内提供动力,纤维压紧器(或凝棉器)把经尾纱机

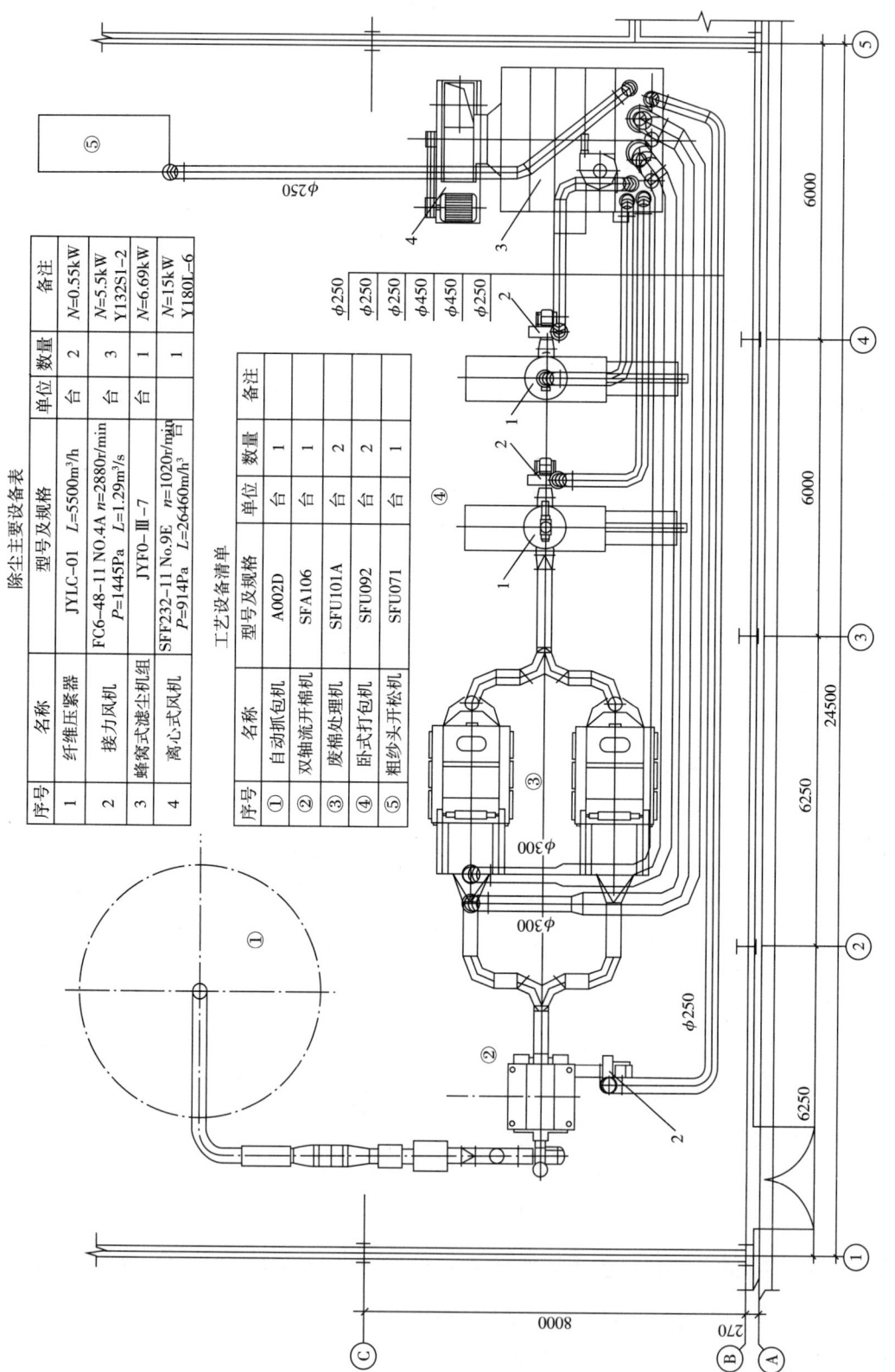

除尘主要设备表

序号	名称	型号及规格	单位	数量	备注
1	纤维压紧器	JYLC-01　L=5500m³/h	台	2	N=0.55kW
2	接力风机	FC6-48-11 NO.4A n=2880r/min P=1445Pa　L=1.29m³/s	台	3	N=5.5kW Y132S1-2
3	蜂窝式滤尘机组	JYF0-Ⅲ-7	台	1	N=6.69kW
4	离心式风机	SFF232-11 No.9E n=1020r/min P=914Pa　L=26460m³/h	台	1	N=15kW Y180L-6

工艺设备清单

序号	名称	型号及规格	单位	数量	备注
①	自动抓包机	A002D	台	1	
②	双轴流开棉机	SFA106	台	1	
③	废棉处理机	SFU101A	台	2	
④	卧式打包机	SFU092	台	2	
⑤	粗纱头开松机	SFU071	台	1	

图6-2-23　废棉处理除尘系统工程设计实例

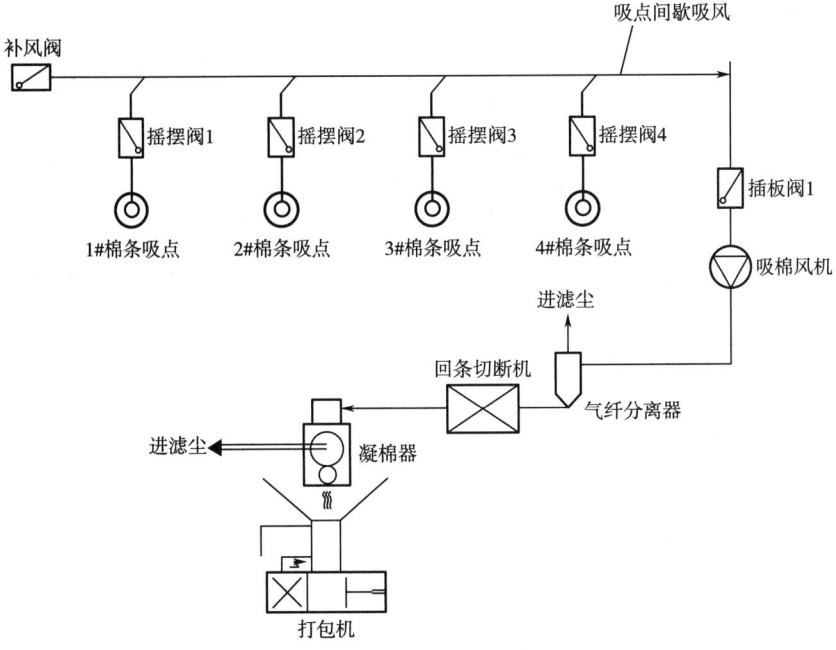

图 6-2-24　棉条(生条、熟条)集中收集系统原理示意图

处理后的尾纱进行料气分离,打包机将压紧器(凝棉器)落下的纤维进行集中打包。尾纱清理机排风点负压为 250~300Pa。尾纱集中收集系统原理如图 6-2-25 所示。

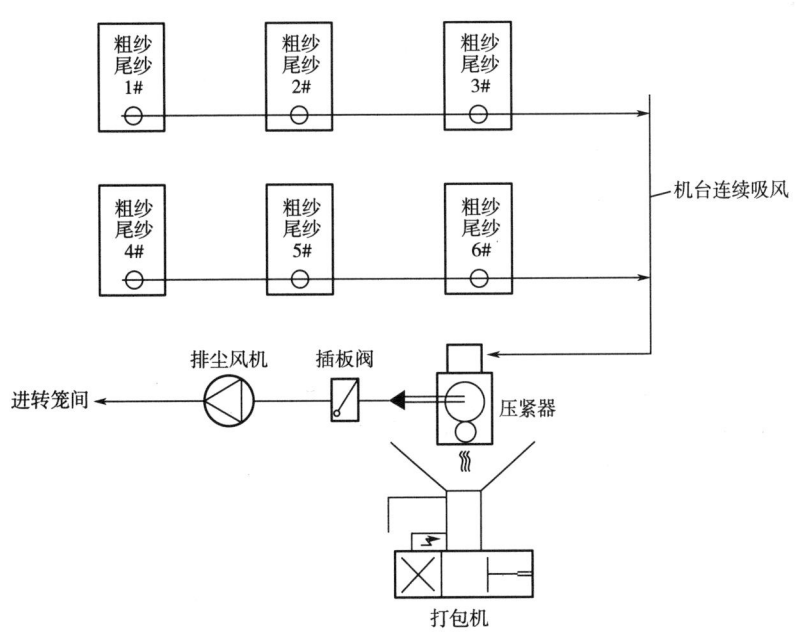

图 6-2-25　尾纱集中收集系统原理示意图

(三)风箱花(粗纱、细纱)集中收集系统及设备配置

风箱花指的是细纱锭子高速运转断头后,粗纱管上的纱线通过笛管吸入细纱机风箱中的回花。

系统设备配置由输棉风机、纤维压紧器、摇摆阀、打包机、管路系统等组成,细纱风箱花集中收集形式一般采用间歇吸方式。输棉风机在系统内提供动力,即通过对细纱机内部自带(或外加)摇摆阀的控制,逐个对每台细纱机风箱花进行轮流循环收集。一般每个吸点上的摇摆阀开启 10~20s 可调,一台细纱机风箱花摇板阀打开时,其余细纱机风箱花摇板阀关闭;打包机将凝棉器落下的纤维进行集中打包。输棉风机风量一般按 4500~5000m³/h 进行配置。细纱风箱花集中收集系统原理如图 6-2-26 所示。

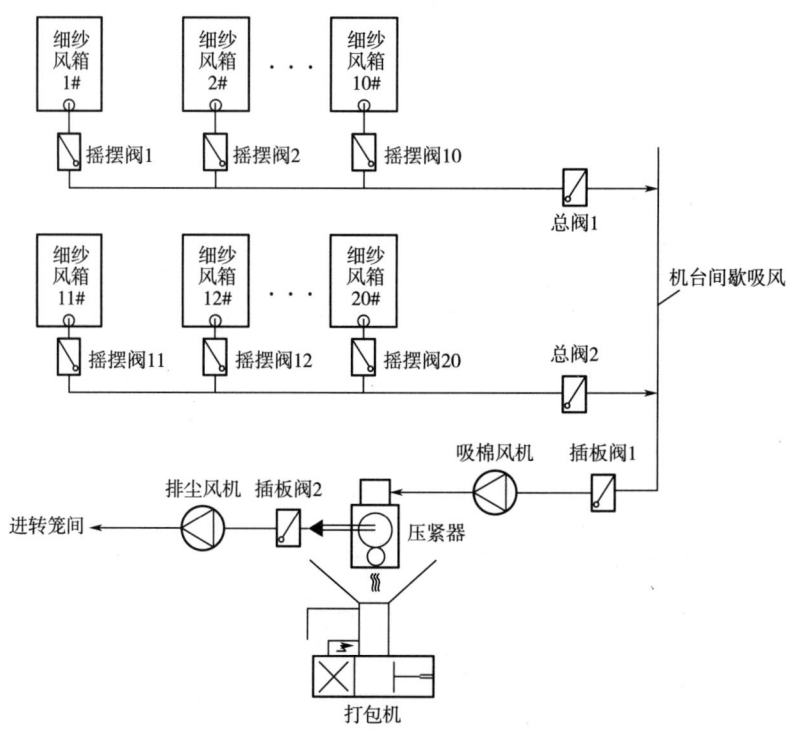

图 6-2-26　细纱风箱花集中收集系统原理示意图

(四)除尘一级纤维集中收集系统及设备配置

除尘一级纤维指的是清花、梳棉、精梳等工序的除尘机组一级落棉。不同品种、不同品质的落棉应分别收集打包。

系统设备配置由除尘一级旋流器、吸棉风机、凝棉器、打包机、管路系统等组成。旋流器可使除尘一级的落棉保持松散状态。该系统一般采用连续吸,单台吸点风量 600~800m³/h。除尘一级纤维集中收集系统原理如图 6-2-27 所示。

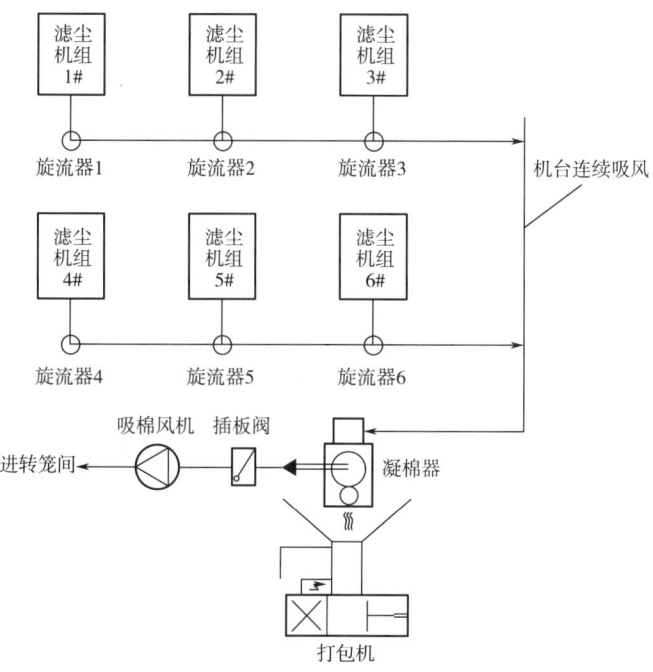

图 6-2-27　除尘一级纤维集中收集系统原理示意图

(五)除尘二级粉尘集中收集系统及设备配置

除尘二级粉尘指的是清花、梳棉、精梳等工序的除尘机组粉尘压实器压出的细小粉尘颗粒。

系统设备配置由排尘风机、旋风除尘器(或箱式集尘器)、摇摆阀、管路系统、智能控制系统等组成。排尘风机在系统内提供动力,使得粉尘可通过集尘管路顺利收集;旋风除尘器(或箱式集成器)把收集的粉尘集中处理压实;粉尘收集采用间歇吸方式,即通过对摇摆阀的控制,逐个对产尘点进行轮流循环收集。一般每个产尘点上的摇摆阀开启 $5 \sim 30s$ 可调。单台吸点风量为 $2000m^3/h$ 左右,除尘二级粉尘集中收集系统如图 6-2-28 所示。

(六)真空吸尘系统及设备配置

随着国内织机无梭化的迅速发展,在高速、高产的同时,除喷水织机外,带来大量飞花和尘埃,不仅恶化车间的劳动环境,而且对产品质量、生产效率造成很大影响,真空吸尘系统能有效、快捷地清理车间沉积的飞花和尘埃等。

真空吸尘系统由真空吸尘主机、集尘桶、吸尘管网、吸座及手持吸管组成。真空吸尘系统利用罗茨鼓风机,使管网系统各吸点产生真空,各吸点插座平常处于关闭状态,当打开盖子插入装有软管的吸口组件后,人工手持硬质吸嘴吸尘作业。吸口处始终保持 $20 \sim 35kPa$ 的真空抽吸能力,能彻底清除车间、机台每个角落、每个附在机件上的积尘积花,吸出的纤维尘埃由大型滤尘、

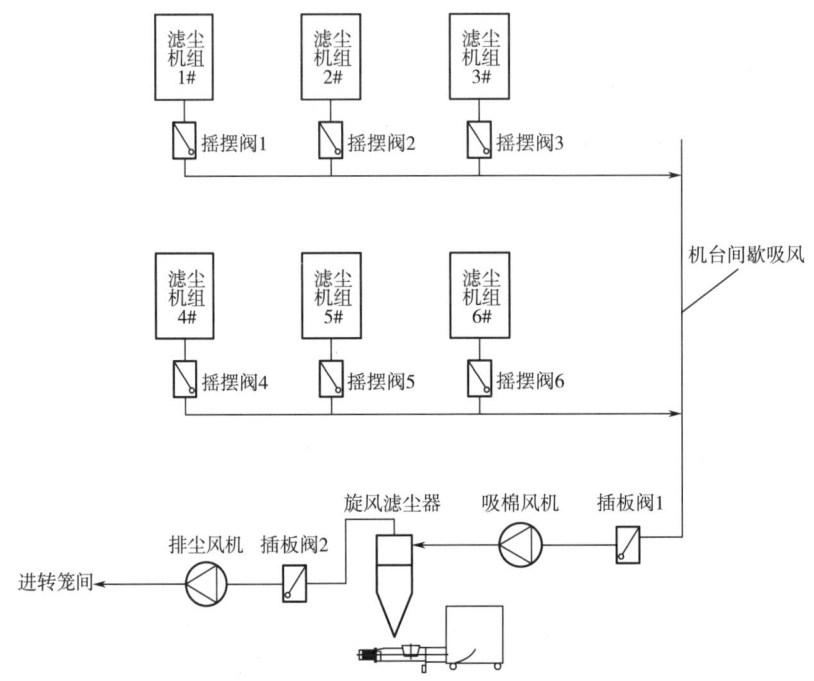

图 6-2-28　除尘二级粉尘集中收集系统示意图

集尘桶收集,清洁空气进入罗茨鼓风机后排到室外。

真空吸尘主机和集尘桶安装在独立的机房内,占地面积 18m² 左右。吸尘管道可采用 UPVC 管、金属管等,对有防火、防爆等要求严格的场所,管道可采用铝管;车间管道直径范围为 110~160,可架空或埋地安装。

真空吸尘系统流程如图 6-2-29 所示,真空吸尘主机性能参数见表 6-2-33。

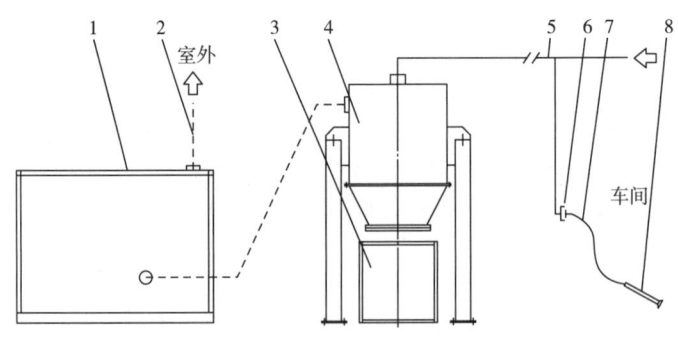

图 6-2-29　真空吸尘系统流程示意图

1—真空吸尘主机　2—排风管　3—集尘斗　4—集尘桶　5—车间吸尘管路

6—铝合金吸座　7—软管　8—手持吸嘴

表 6-2-33　真空吸尘主机性能参数

系统型号	15	22	37
同时使用吸口/个	2	3	5
抽吸量/（m³/h）	900	1300	2400
适用织机规模/台	~50	~120	~200
额定操作真空/Pa	35000	35000	35000
经济操作真空/Pa	28000	28000	28000
装机功率/kW	15	22	37
主机转速/（r/min）	1450	980	760
机组噪声（A）/dB	<81	<82	<82

第三章　棉纺织厂空调系统的自动控制

早期的纺织厂空调系统都是通过人工调节,随着生产规模不断扩大,车速不断提升,对于纺织厂空调精度的要求越来越高。人工调节过于依赖操作人员专业水准和工作态度的缺点越发明显,伴随着工业技术的发展和进步,纺织厂空调自动控制应运而生。变频调速、温湿度自动控制等节能控制技术在纺织空调系统中得到广泛应用。现如今国内棉纺织工厂越来越多地采用自动控制系统,在享受自控系统带来的灵活性、精确性及易操作性等优势的同时,还可以通过采用自控系统,随时引进优质新风排出系统热量,并随时调节空调风机水泵的能力,大大降低了空调系统的能耗。

第一节　纺织空调自动控制系统的组成及分类

纺织空调自动控制系统是集传感器检测技术、伺服驱动技术、变频调速技术、计算机自动控制技术、计算机网络技术于一体的控制系统,良好的纺织空调自动控制系统不仅能够高效保障生产工艺需求,而且可以节约大量能源。

一、纺织空调自动控制的任务

纺织空调自动控制的任务就是对纺织生产各工序温湿度及其他参数进行自动检测,根据生产工艺要求对车间温湿度进行自动调节,完成有关的信号报警和连锁保护。此外,还需对空调中使用的冷热媒进行温度、压力、流量、清洁度等参数的自动测量、调节及其连锁控制,以保证空调系统的正常运行。

二、纺织空调自动控制系统基本组成

纺织空调自动调节系统一般由传感器、控制器(调节器)、执行器和调节对象等基本环节组成,如图6-3-1所示。通过这些环节的相互作用,完成自动调节的功能。

1. 传感器

传感器又称敏感元件、变送器,需要进行调节的参数称为被调参数。传感器就是感受被调

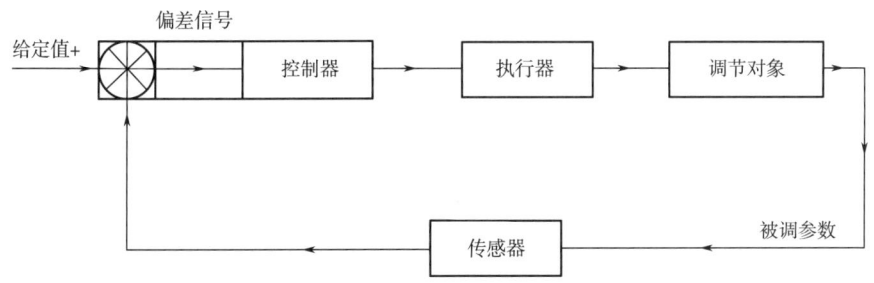

图 6-3-1　纺织空调自动调节系统

参数的大小,并及时发送信号给控制器。如敏感元件发送的信号与控制器所要求的信号不符时,则需要利用变送器将敏感元件发送的信号转换成控制器所要求的标准信号,因此传感器的输入是被调参数,输出的是检测信号。传感器种类很多,按控制参数不同可分为:温度传感器,相对湿度传感器,压力和压差传感器,焓值、含湿量变送器等,其中单温度传感器和温湿度传感器具体介绍如下。

(1)单温度传感器。纺织空调中回风温度和露点温度的检测一般都采用单温度传感器。温度传感器常采用热电偶、热电阻及热敏电阻三种。

①热电偶。热电偶是利用两种不同成分的材质导体组成闭合回路,当两端存在温度梯度时,回路中就会有电流通过,此时两端之间就存在电动势——热电动势。热电偶测温范围宽,热响应时间快,机械强度好,但在使用过程中需进行参考端温度补偿。

②热电阻。热电阻测温是基于金属导体的电阻值随温度的增加而增加这一特性来进行温度测量的。热电阻大都由纯金属材料制成,目前应用最多的是铂和铜。它的主要特点是测量精度高,性能稳定。

③热敏电阻。热敏电阻的工作原理与热电阻类似,其电阻值随温度变化而改变。热敏电阻由半导体材料或金属材料制成。热敏电阻的典型特点是对温度敏感,适合 0~150℃ 范围测量,且相对便宜,因此在纺织空调系统温度测量中使用较为广泛。

(2)温湿度传感器。温湿度传感器多以温湿度一体式的探头作为测温元件,将温度和湿度信号采集出来,经过稳压滤波、运算放大、非线性校正、V/I 转换、恒流及反向保护等电路处理后,转换成与温度和湿度呈线性关系的电流信号或电压信号输出,也可以直接通过主控芯片进行 485 或 232 等接口输出。

纺织空调中温湿度传感器的型号比较多,一般采用温度精确度±0.5%,测量范围在−60~80℃ 的区间划分不等;相对湿度在 5%~95% 的范围内,精度为±2.5% 或±3.0%。温湿度传感器长时间使用后易老化,一般使用寿命为 2~3 年,精度会随使用时间发生变化,须定期进行校验和更换。

2. 控制器

控制器是指挥各个部件按照指令的功能要求协调工作的部件,因此控制器是自动控制系统的核心设备。它实时接收温湿度传感器的检测数据和执行器的反馈数据、人机界面的响应数据、远程操作数据,然后经过程序处理单元进行逻辑处理和计算处理,按预定的程序控制执行器的动作。常用的控制器有可编程控制器(PLC)、直接数字控制器(DDC)以及控制仪表、工控机等。

3. 执行器

执行器是接受控制器送来的控制信号,对受控对象施加控制,将被控变量维持在所要求的数值或一定范围内的装置。

在过程控制系统中,执行器由执行机构和自动调节机构两部分组成。调节机构通过执行元件直接改变生产过程的参数,使生产过程满足预定的要求。执行机构则接受来自控制器的控制信息,并把它转换为驱动调节机构的输出(如角位移或直线位移输出)。它也采用适当的执行元件,但要求与调节机构不同。执行器直接安装在生产现场,有时工作条件相对严苛,其能否保持正常工作直接影响自动调节系统的安全性和可靠性。

在纺织空调系统应用比较广泛的执行器有变频器、三通调节阀、二通阀、电动风阀等。执行器的分类如下。

(1)按所用驱动能源不同执行器可分为气动、电动和液压执行器三种。

(2)按输出位移的形式不同,执行器可分为转角型和直线型两种。

(3)按动作规律不同,执行器可分为开关型、积分型和比例型三种。

(4)按输入控制信号不同,执行器可分为空气压力信号、直流电流信号、电接点通断信号、脉冲信号四种。

4. 调节对象

纺织车间空调自动控制的调节对象通常是指纺织生产各工序环境温湿度以及气流组织。

三、纺织空调自动控制系统分类、流程及控制方式

(一)纺织空调自动控制系统分类

1. 按控制原理不同分类

自动控制系统按控制原理不同可分为开环控制系统和闭环控制系统。

（1）开环控制系统。系统的输入和输出之间不存在反馈回路,输出量对系统的控制作用没有影响,这样的系统称为开环控制系统。开环控制系统又分为无扰动补偿和有扰动补偿两种,如图6-3-2所示。由于开环控制系统没有负反馈控制,所以只适合干扰不强烈、控制精度要求不高的场合。

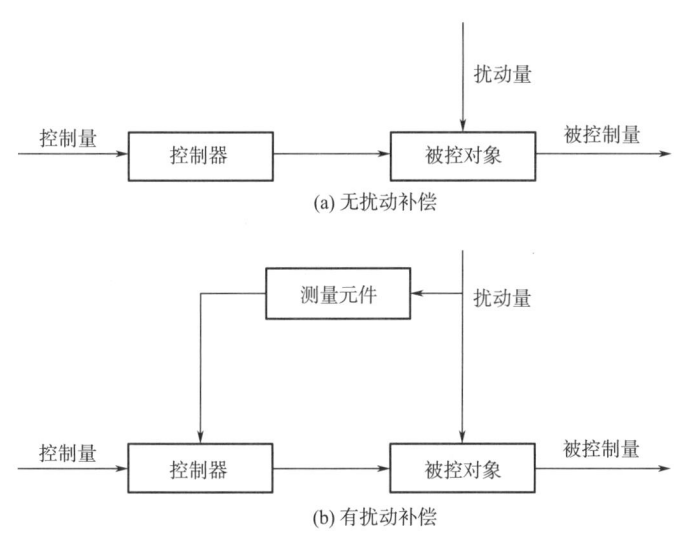

图6-3-2　开环控制系统

（2）闭环控制系统。控制装置与被控对象之间不但有顺向联系,而且还有反向联系,即有被控量(输出量)对控制过程的影响,这种控制称为闭环控制,相应的控制系统称为闭环控制系统,如图6-3-3所示。闭环控制是按偏差调节的。闭环控制又称为负反馈控制或按偏差控制。闭环控制系统不论造成偏差的扰动来自外部还是内部,控制作用总是使偏差趋于减小。

纺织厂空调对温湿度精度要求较高,干扰因素较多,一般均采用闭环控制系统。

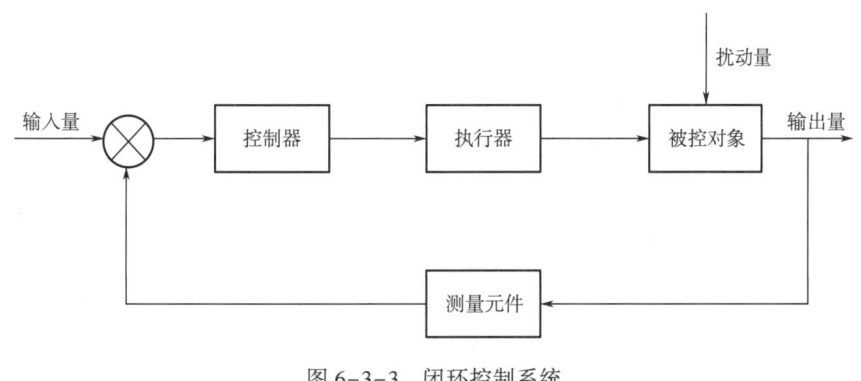

图6-3-3　闭环控制系统

2. 按给定信号不同分类

自动控制系统按给定信号不同可分为恒值控制系统、随动控制系统和程序控制系统。

(1)恒值控制系统。它是指给定值不变,要求系统输出量以一定的精度接近给定期望值的系统。如生产过程中的温度、压力、流量、液位高度、电动机转速等自动控制系统属于恒值控制系统。

(2)随动控制系统。它是指给定值按未知时间函数变化,要求输出跟随给定值变化的系统,如跟随卫星的雷达天线系统。

(3)程序控制系统。它是指控制系统按照预先规定的时间函数进行控制,给定值随时间函数变化的系统,如程控机床系统。

纺织空调自动控制系统中,一般对变频器、风阀执行器、水阀执行器、蒸汽阀门执行器等采用开环控制;而从整体来讲,是闭环控制系统,被调对象是温度和湿度。

(二)纺织空调自动控制流程

纺织空调自动控制系统流程如图 6-3-4 所示。

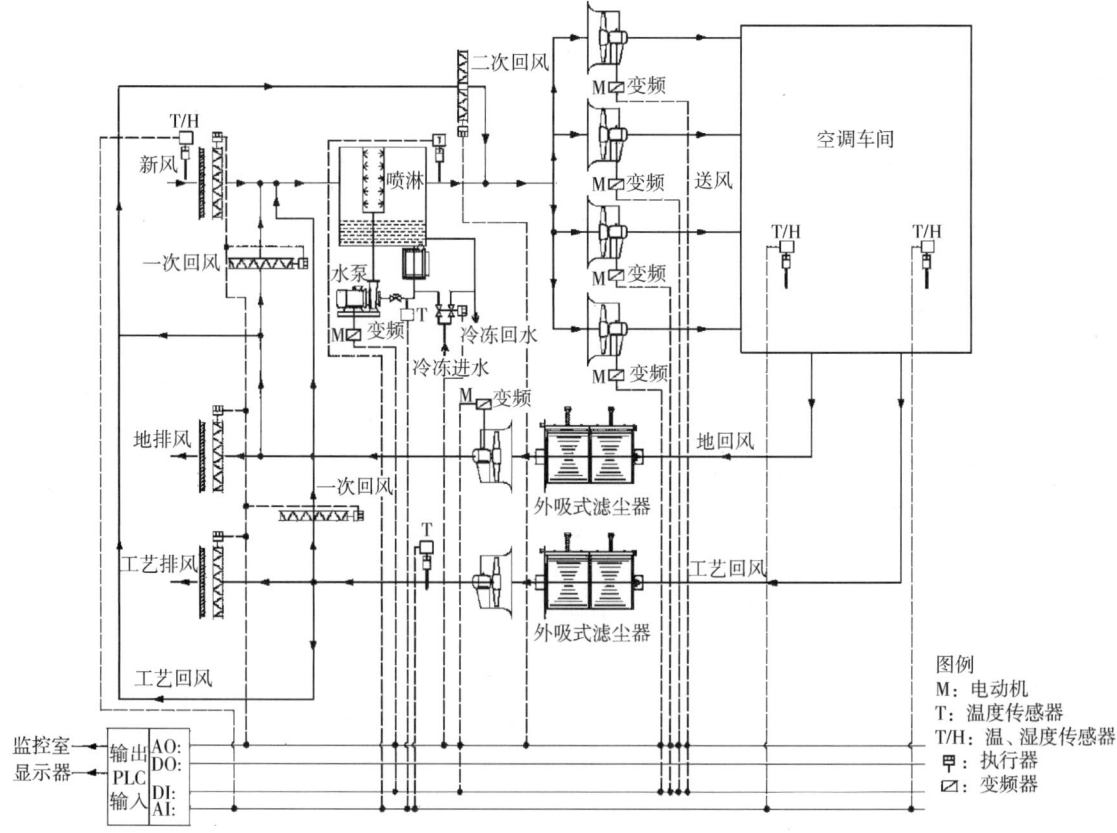

图 6-3-4　纺织空调自动控制系统流程示意图

(三)纺织空调自动控制方式

纺织空调自动控制通常采用比例积分(PI)或比例积分微分(PID)控制规律结合串级控制和分程控制技术。

1. PI 和 PID 控制规律

调节器的特性也即控制规律,是当调节器接受偏差信号后,它的输出信号的变化规律。选取适当的调节规律对自控系统的最终效果至关重要。

(1)双位控制规律。双位控制规律是当测量值大于设定值时,调节器的输出量为最小(或最大),而当测量值小于设定值时,调节器的输出量为最大(或最小),即调节器只有两个输出值。

$$P = \begin{cases} P_{max}, e > 0(或\ e < 0) \\ P_{min}, e < 0(或\ e > 0) \end{cases}$$

双位控制只有两个输出值,相应的执行器的调节机构也只有"开"和"关"两个极限位置,而且从一个位置变化到另一个位置在时间上是很快的。双位控制规律是最简单的控制形式之一,作用不连续,被控变量始终不能真正稳定在设定值上,而在设定值附近上下波动。因此实际的双位调节器都有一个中间区。

这种控制模式只在非常早期的纺织厂空调中使用,波动太大,现代纺织厂不会采用这样简单的控制规律的。

(2)比例控制规律。如果调节器的输出信号变化量与输入的偏差信号之间呈比例关系,称为比例控制规律,一般用字母 P 表示。比例控制规律的表达式为:

$$\Delta_P = K_P e$$

式中:Δ_P——调节器的输出变化量;

$\quad K_P$——比例调节器的放大倍数,$K_P > 1$,起放大作用;$K_P < 1$,起缩小作用,K_P是可调的,决定
$\qquad$ 了比例作用的强弱;

$\quad e$——调节器的输入偏差信号。

比例控制的优点是反应快,有偏差信号输入时,输出立即和它成比例变化,偏差越大,输出的控制作用越强。

(3)比例积分控制规律。为了克服稳态误差,而引入积分控制规律。如果调节器的输出变化量与输入偏差 e 的积分呈比例关系,称为积分控制规律,一般用字母 I 表示。

$$\Delta_P = K_I \int e dt$$

式中:K_I——积分比例倍数,称为积分速度;K_I越大,积分作用越强,反之越弱。

传递函数 $G(s)$：

$$G(s) = \frac{1}{T_{\mathrm{I}}s}$$

式中：T_{I}——积分时间。

积分控制作用输出信号的大小不仅取决于输入偏差信号的大小，而且还取决于偏差所存在的时间长短。

积分控制规律的特点是只要有偏差存在，调节器输出就会变化，系统不稳定；直至偏差消除，输出信号不再变化，系统稳定下来。积分控制规律能够消除稳态误差，但其不能较快地跟随偏差的变化，从而出现迟缓的控制，落后于偏差的变化，作用缓慢，波动较大，不易稳定。因此积分控制规律一般不单独使用。

所以常用的是比例积分控制规律。将积分和比例作用结合在一起，构成比例积分控制规律，用字母 PI 表示。

$$\Delta_{\mathrm{P}} = K_{\mathrm{P}}\left(e + \frac{1}{T_{\mathrm{I}}}\int e\mathrm{d}t \right)$$

传递函数：

$$G(s) = K_{\mathrm{P}}\left(1 + \frac{1}{T_{\mathrm{I}}s} \right)$$

表示 PI 控制作用的参数有两个：比例系数和积分时间常数 T_{I}。比例系数不仅影响比例部分，也影响积分部分，比例作用是及时的、快速的，而积分作用是缓慢的、渐进的，因此具有控制及时、克服偏差，减小甚至消除稳态误差的性能。积分时间常数 T_{I} 越小，积分作用越强，克服稳态误差的能力增加，但使过渡过程振荡加剧，稳定性降低。积分作用加强振荡，对于滞后大的对象更为明显。

（4）比例微分控制规律。如果调节器输出的变化与偏差变化速度呈正比关系，为微分控制规律，一般用字母 D 表示。

$$\Delta_{\mathrm{P}} = K_{\mathrm{D}}\frac{\mathrm{d}e}{\mathrm{d}t}$$

式中：K_{D}——微分比例系数；

$\dfrac{\mathrm{d}e}{\mathrm{d}t}$——微差信号变化的速度。

传递函数 $G(s)$：

$$G(s) = T_{\mathrm{D}}s$$

微分作用的输出与偏差的变化速度呈正比，当偏差固定不变时，微分作用为零。但在实际工作中,很难实现,称为理想微分控制作用。微分调节器不能单独使用。

当微分作用与比例作用组合使用时,构成比例微分控制规律,一般用字母 PD 表示。

$$\Delta_{\mathrm{P}} = K_{\mathrm{P}}e + K_{\mathrm{D}}\frac{\mathrm{d}e}{\mathrm{d}t} \quad 或 \quad \Delta_{\mathrm{P}} = K_{\mathrm{P}} + \left(e + T_{\mathrm{D}}\frac{\mathrm{d}e}{\mathrm{d}t}\right)$$

式中:T_{D}——微分时间。

传递函数 $G(s)$:

$$G(s) = K_{\mathrm{P}}(1 + T_{\mathrm{D}s})$$

改变比例系数 K_{P} 和微分时间常数 T_{D} 可分别改变比例作用和微分作用的强弱。微分作用具有抑制振荡的效果,适当地增强微分作用,既可提高系统的稳定性,又可减小被控量的波动幅度,并降低稳态误差。如果微分作用增加过大,调节器输出剧烈变化,不仅不能提高系统的稳定性,反而会引起被控量大幅度振荡。

(5)比例积分微分控制规律。比例微分控制总是存在稳态误差,为了克服稳态误差,加入积分作用,构成具有比例、积分、微分三种作用的控制,称为比例积分微分控制规律,用 PID 表示,数学表达式为:

$$\Delta_{\mathrm{P}} = K_{\mathrm{P}}\left(e + \frac{1}{T_{\mathrm{I}}}\int e\mathrm{d}t + T_{\mathrm{D}}\frac{\mathrm{d}e}{\mathrm{d}t}\right)$$

传递函数为 $G(s)$:

$$G(s) = K_{\mathrm{P}}\left(1 + \frac{1}{T_{\mathrm{I}s}} + T_{\mathrm{D}s}\right)$$

在 PID 控制中,比例作用一直存在,积分作用使积分输出不断增加,直到静差完全消失,积分停止作用;微分作用产生一个"超前"控制作用,这种控制作用称为"预调"。

一般当控制对象滞后较大,符合变化较快、不允许有稳态误差的情况时,采用 PID 调节器。

具体采用哪种调节器,需要根据实际需求来选择,并不一定最复杂的就是最好的。纺织厂空调中较为常用的是比例积分控制规律和比例积分微分控制规律,即 PI 和 PID 调节器。

2. 串级控制

与简单的单回路控制系统相比,串级控制系统在其结构上形成两个闭环,一个闭环在里面,被称为内回路或者副回路;另一个闭环在外,被称为外回路或者主回路。副回路在控制过程中负责粗调,主回路则完成细调,串级控制就是通过这两条回路的配合控制完成普通单回路控制系统很难达到的控制效果。

纺织空调系统有温、湿度相关性的特点。描述空气状态的两个主要的参数温度和相对湿度并不是完全独立的两个变量。当相对湿度发生变化时要引起加湿(或减湿)动作,其结果将引起室温波动;而室温变化时,使室内空气中的水蒸气饱和压力发生变化,在绝对含湿量不变的情况下,就间接改变了相对湿度。纺织车间的相对湿度一般对工艺参数性能影响较大,因而要尽可能地严格控制车间的相对湿度,可以允许车间温度有一定的波动。在设计空调控制系统时,采用串级控制,即分别有温度、湿度控制器,选用湿度优先原则。在先调节湿度值到限定值的情况下,再细化控制相关执行器,稳定车间温度,同时采用湿度优先原则。

空调系统用来调节控制温度、湿度的执行机构主要包括喷淋阀(用来加湿和洗涤空气)、二次加热阀、二次回风阀、送风阀、新风阀及一次加热阀等。湿度控制回路是主控制回路,以车间湿度为控制目标参数,主要执行机构有喷淋阀、二次加热阀、二次回风阀和送风机等,如图6-3-5所示。温度控制回路为副控制回路,系统采用定露点控制原理,以露点温度为控制目标参数,主要执行机构为新/回风阀、一次加热阀、喷淋阀及二次加热阀等,如图6-3-6所示。两个回路相对独立,优先调节主控制回路,副控制回路对主控制回路影响相对不大。

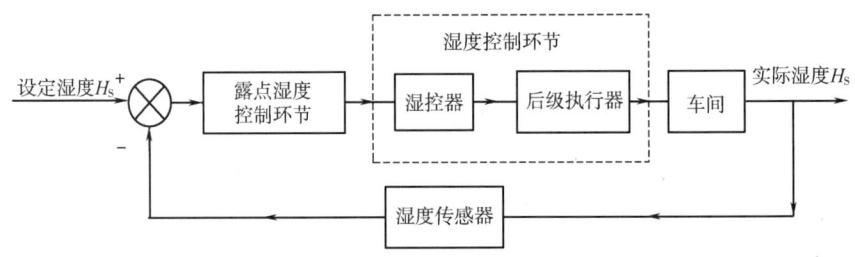

图 6-3-5　湿度控制策略图

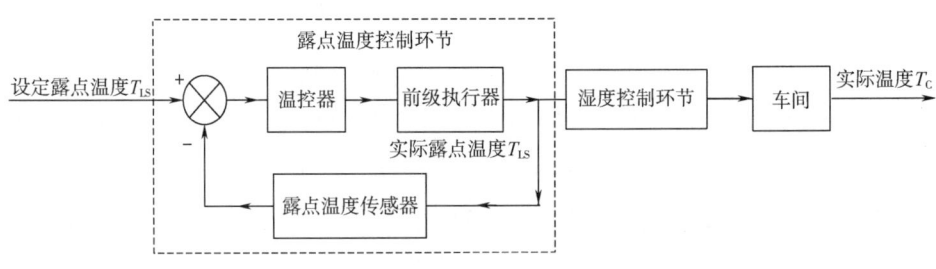

图 6-3-6　温度控制策略图

3. 分程控制

分程控制就是输入两个或两个以上调节阀来调节输出,从而控制一个调节器,借助于阀门定位器,每个调节阀的全程动作都能使调节器输出信号处于某段范围,全部调节阀的共同作用可使调节器输出信号达到全程。在该控制系统中的主控制和副控制回路中,两个或两个以上的调节阀控制着同一个调节参数(湿度或温度)。

在控制系统中,为了改善原系统的空气调节质量,节约空调系统的能耗,增大调节器的调整范围,参与调节温湿度参数的执行器(调节阀)采用相应的优化调节顺序。根据纺织工艺要求,基于自主生产的空气调节设备,对于两个温湿度控制器,该系统采用分程控制,采取相对应的前、后级执行器,并优化各调节阀的调节顺序。

纺织厂能耗中空调能耗占很大比例,而绝大多数空调能耗都来自风机水泵,所以如何安排自控序列对于节约系统能耗至关重要。纺织空调湿度控制节能三序列法就是分程控制的实际应用。当系统湿度偏高时,先减小高能耗设备风机变频器,再减小中能耗设备水泵变频器,最后调节喷淋阀达到湿度调节作用。反之操作相反,由低能耗设备开始启动至高能耗设备。科学的控制方法可大大节约系统能耗。湿度控制节能三序列法如图6-3-7所示。

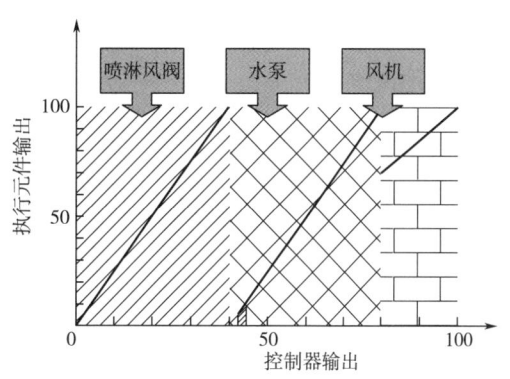

图6-3-7　湿度控制节能三序列法

第二节　纺织空调自动控制系统的设计

一、自动控制系统设计原则

1. 经济性

在最大限度地满足被控对象的控制要求前提下,纺织空调自动控制系统设计应简单可靠,且使用和维护方便。不宜盲目追求自动化和高指标。

2. 可靠性

纺织车间具有高温、高湿、多尘、电磁干扰多、热容量大等特点,因此纺织空调自动控制设备和元件应具有较好的防潮、防尘、抗电磁干扰的能力,以确保自控系统长期安全、可靠、稳定地运行。

二、纺织空调自动控制系统设计过程

设计纺织空调自动控制系统,应根据纺织空调系统图与空气处理过程焓湿图,对照空调系统设计任务书中在冬季、夏季及过渡季节对室内空气参数要求(温湿度最大允许静态偏差和动态偏差)进行设计,设计步骤如下。

(1)根据空调结构及系统的布置,分析对象特性,估算对象的时间常数及迟延值。

(2)根据空气处理过程焓湿图,确定调节的控制点和控制手段,设计电气控制和自动调节系统。

(3)根据系统设计的要求和纺织工艺的生产要求来确定温湿度测量元件的型号、安装位置及布置需要调节的执行机构以及相关参数。

(4)根据单个调节对象特性及调节质量要求,可选择调节器动作规律(双位、比例或比例积分,是否需要带补偿调节等),选择调节器类型(直接作用、气动、电动或混合式)与型号,同时选择测量元件或根据温湿度控制要求和系统关联要求、全年度无扰动实时检测和调节,编制出复杂的程序设计。

(5)根据空调设计提供的资料,对调节阀进行计算和选型,确定阀头流量特性、尺寸,同时考虑季节自动转换设计中,是否对执行机构有分程控制的要求,然后按产品目录选择调节阀型号,并选定相应的执行机构。

(6)画出调节系统图与布置图,编写调节系统动作原理说明书。

(7)编写调节仪表和调节设备的明细表。

三、纺织空调自动控制系统实例

纺织空调自动控制系统原理如图6-3-8所示,其控制方式是采用PLC/DDC控制单元。通过对车间空气的温度、湿度、焓值等参数测量和比较,对新回风比例、一次加热量、喷水温度、再热量、送回风机的风量进行调节,从而达到稳定的车间温湿度参数,实现最大限度节能的目的。

根据纺织厂特点,空调自动控制系统常采用定露点调节和变露点调节方案。

1. 定露点调节方案

纺织车间由于余热量变化较大,余湿量基本不变,室内热湿比接近无穷大。空调室送入车间的空气状态变化过程接近等湿线变化,这就为定露点送风控制提供了条件。在某一个特定的时期内,只要送风机器露点保持稳定,就可以利用改变送风和二次回风比的方法,控制室内温湿度,主要调节过程如下。

(1)机器露点的控制。

①利用改变喷水温度控制送风露点。由于负荷的变化引起送风露点变化时,控制器按一定的调节方案输出控制信号,控制电动调节阀,调节冷冻水或蒸汽的流量,利用改变冷(热)水和

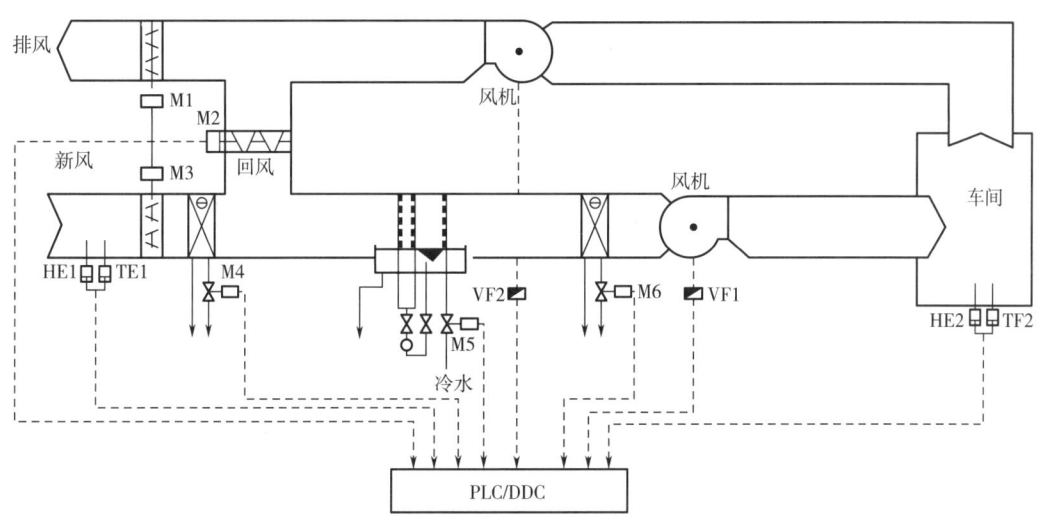

图 6-3-8　纺织空调自动控制系统原理示意图

循环水的混合比,将露点温度控制在给定的范围内。

②利用改变新回风的混合比、喷淋循环水控制露点。当采用调节新回风比,并在喷水室内喷淋循环水进行露点控制时,利用空调室露点温度计检测机器露点。根据露点温度测量值和调节器的设定值进行比较,根据露点温度的偏差,调节器按一定规律输出控制信号,由电动风阀调节新回风比,使新回风混合点在某一时期内稳定在某一等焓线上,利用喷淋循环水等焓加湿的方法稳定机器露点。

(2)定露点调节。由于纺织空调的特点,利用定露点进行送风调节是一种应用较多的方法。

①定风量调节。机器露点确定以后,若采用定风量调节方法,这时可以采用调节二次回风比的方法,调节向车间送风的状态点,达到控制车间温度和相对湿度的要求。如车间温度升高,相对湿度下降,则减小二次回风比;反之,应增大二次回风比。调节过程如图 6-3-9 所示。

②变风量调节。机器露点一定,若采用变风量调节方法,这时空调室可以根据车间负荷引起的车间温湿度变化,输送同一露点的空气,采用不同的风量,达到车间温湿度的要求。调节过程如图 6-3-10 所示。当车间温度升高,相对湿度降低时,则增加送风量;反之,当车间温度降低,相对湿度升高时,则降低送风量。

纺织车间由于某一时期喷淋水的温度一定,而且大多数企业感到冷量不足,因此,机器露点在某一时期一般稳定在一个温度范围之内,这时采用定露点变风量的控制方法可较好地稳定车间的温湿度。由于送风量的变化有较好的节能效果,因此,定露点变风量的控制方法在多数纺织企业得到了应用。

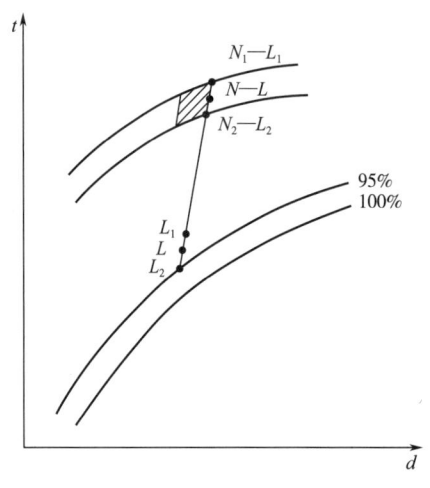

图 6-3-9　定露点定风量调节图

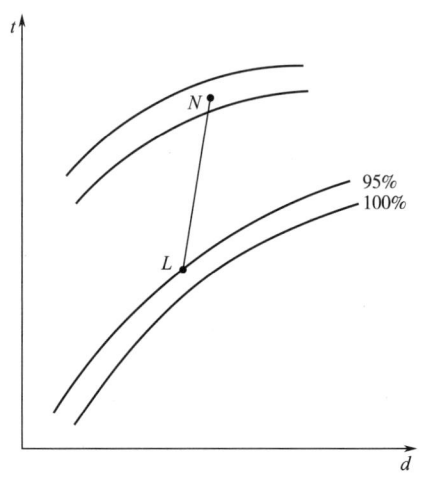

图 6-3-10　定露点变风量调节图

2. 变露点调节方案

露点温度传感器由于工作在高湿的环境下而极易损坏,因此,逐步取消了露点温度的检测,而代之以更为先进的算法实现。因此,对于室内相对湿度要求较严格、室内产湿量变化较大的场所,可以在车间直接设置温湿度传感器,利用车间温湿度直接和控制器的设定参数相比较,给出控制信号,控制相应的调节机构。这种直接根据室内温湿度偏差进行调节, 采用浮动机器露点并辅以送风量调节的方法来平衡车间扰动因素的影响,称为变露点控制方法,或称为直接控制法。它与定露点控制方法相比,具有调节质量好、适应性强、节能效果更加显著的优点,目前已得到广泛应用。

变露点控制过程如图 6-3-11 所示。假定室内余热量恒定而余湿量变化,则热湿比 ε 将发生变化。当热湿比为 ε_0 时,送风露点为 L_0;如果余湿减少,热湿比增加为 ε_1,则送风应增加含湿量,相应地送风露点应升至 L_1;如果余湿增加,热湿比减少为 ε_2,则送风应减少

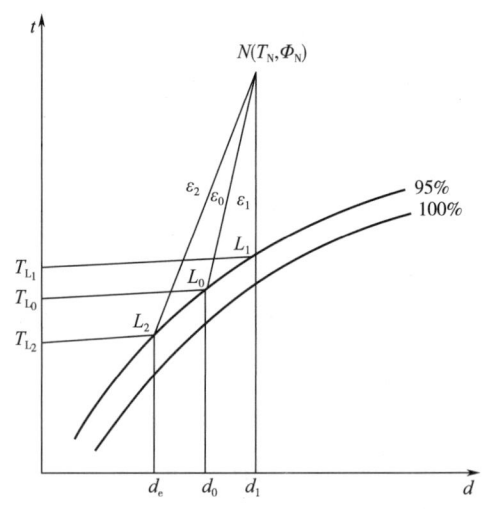

图 6-3-11　变露点控制过程

含湿量,相应地送风露点应降至 L_2。这时可以采用改变送风量或二次回风比的方法控制车间温湿度。可以看出,当余湿变化时,只要改变送风状态露点温度就能满足被调对象相对湿度不变的要求,这就是变露点控制方法的调节原理。

在冬季,若车间需要加热时,车间热湿比为 ε_D,可以采用二次加热的方法达到室内热湿比 ε_D 需要的送风状态点。

随着自动控制技术的发展和计算机技术的应用,空调自动控制已成为纺织空调节能控制的重要手段之一,应用计算机强大的处理能力,可同时实现新回风比调节、喷水温度控制、变风量调节等内容,并可随时根据空气调节室外气候分区和车间温湿度控制范围确定最节能运行方案,实现大幅度节能。

四、纺织空调常用设备控制方法

1. 水泵

水泵控制须区分冷水系统和循环水系统,在定露点系统控制中,一般采用工频控制启停,也可通过检测冷水的供水温度或者回水温度来控制;在变露点控制中,则采用变频器控制水泵的流量来控制室内相对湿度和温度。

2. 风机

风机在节能使用中一般采用变频控制,可在各种室外天气的环境下,进行不间断调节,既节能又可对室内温湿度通过送风量和回风量进行精确调节。

3. 冷水阀门和蒸汽阀门

冷水阀门和蒸汽阀门的控制一般都是通过室内温度或露点温度来进行闭环控制,因为冷水可以降温和去湿,因此,对冷水的控制要充分考虑到室内温湿度的波动。

4. 新回排风窗和二次回风窗、洗涤窗

新回排风窗的控制既要考虑室内温度,还要兼顾室内湿度,因此,在纺织空调的控制中不能简单地以焓值控制或以温度控制,而必须兼顾室内含湿量,否则在梅雨季节的低温高湿环境下就易失控,或者在有冷水的情况下会消耗大量的冷源。二次回风窗和洗涤窗一般都是以控制室内相对湿度为主,但是同样需要兼顾室内温度,否则会形成高温高湿状态。

5. 工艺排风和热风回用

在细纱机的车头或车尾的电动机会产生大量的余热,因此,对该区域的控制要分别加以对待,一般都是单独送风和回风控制;在冬季大量的余热可以通过管道和热风回用风机送往前纺等发热量较小的区域进行回用,因此,一般都是以温度为主进行控制。

第三节　中央集中监控系统

纺织空调和楼宇空调的中央集中监控系统是由中央监控站、PLC（DDC、调节器等）现场控制器（下位机）、传感器与执行器三个基本层次组成。本着"分散控制、集中管理"的原则，由分布在现场的控制器实现对现场空调设备的实时监控，在空调室配有人机界面（HMI）等操作和显示器，来监视空调系统的运行状态及完成工艺参数设置，可在现场独立运行。

多台控制器通过网络通信接口联网，在中央站用计算机实现集中监控与管理，并可根据需要，结合工业控制、通信网络，将管理数据纳入数据库，构成管理级、监控级、现场级的三级一体化系统，满足企业生产和管理的需要。纺织空调自动控制系统构成如图6-3-12所示。

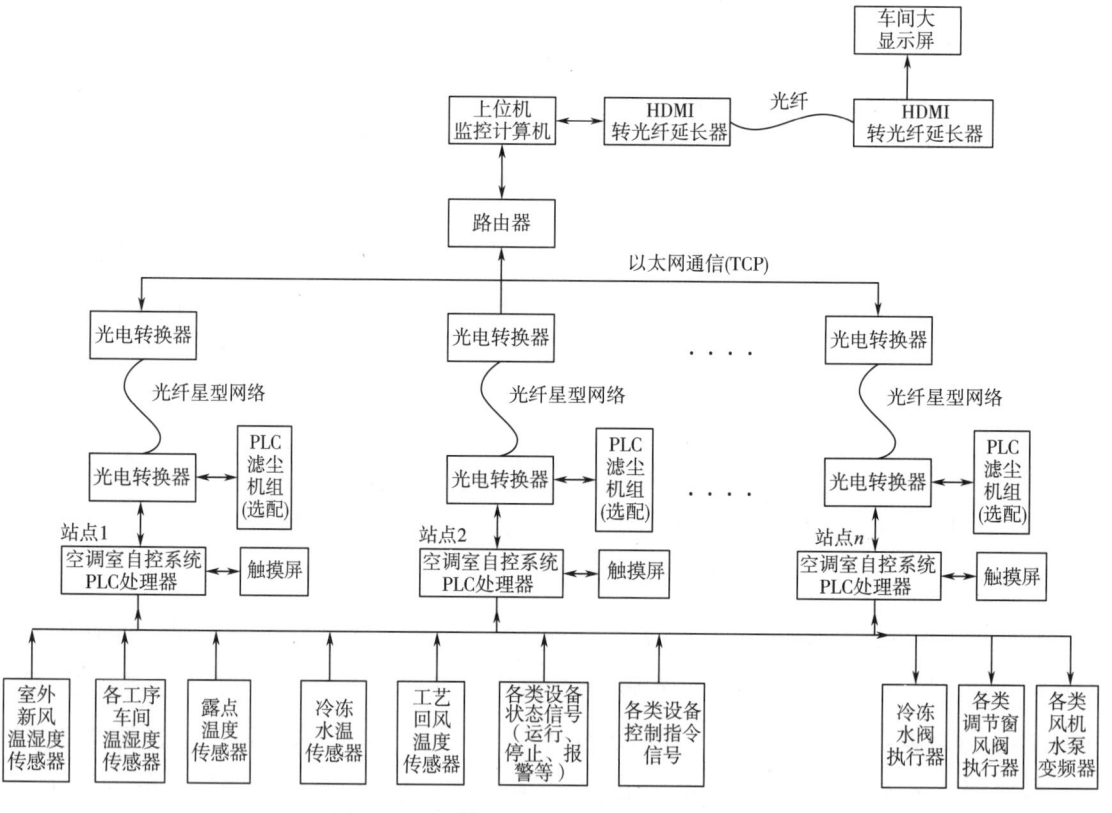

图6-3-12　纺织空调自动控制系统构成图

中央监控系统的硬件主要由计算机、打印机、路由器或网络通信设备、不间断电源（UPS）等构成，而软件系统主要是Windows操作系统、组态软件平台和为特定用户和特定工艺需求开发的控制系统软件。中央集中监控系统具有以下管理功能和实用特点。

一、操作管理

现场控制系统一般都采用专业化的人机界面触摸屏操作,如图 6-3-13 所示,通过某个界面,人可以向机器发出指令,机器可以通过该界面返回执行状态和系统状态。操作简便,充分体现了"以人为中心"的界面设计思想,大大减少了操作员的误操作,提高了系统的控制精度;触摸屏滚动播放系统的报警,多级操作级别设定操作员、管理员、高级用户的使用功能,充分保证了系统的安全性。

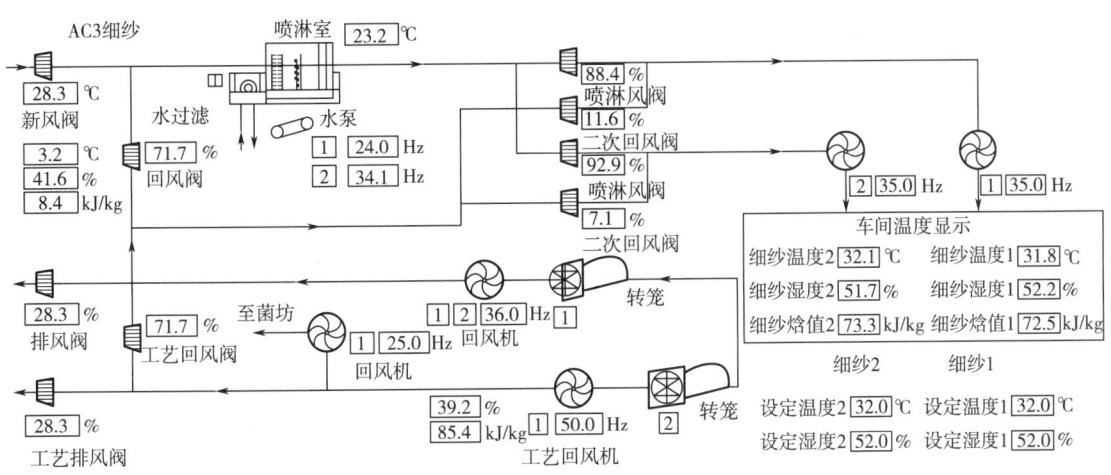

图 6-3-13　空调室人机操作界面

二、数据管理

系统的实时数据库提供了大量和准确的设备数据记录,同时对大量的历史数据进行有效的存储,并能进行高效检索查询。记录间隔时间的设定可根据用户的需求从 5s 到 24h 不等。报警和事件数据自动登录到报警、事件分类数据库中,可实时检索和查询。实时数据库中的数据可用于历史数据趋势图、用户生产方案及工艺方案追溯、数据报表、应用程序、企业级应用分析等多种用途。现场触摸屏和集中监控系统均可提供历史数据存储功能。

三、报警管理

系统按客户的要求可提供全面的报警管理,包括报警记录、声音提醒、自动跳图、报警拷机等多种增强的处理功能。系统中每个点都可被设定为不同的报警条件,每个条件都有不同的报警优先级、丰富的报警类型,并且可使用自定义的画面和指定点相对应,使用户直接和快速地获得报警地点的详细信息或建议采取的措施。

四、报表管理

系统提供各种专业的、标准的设备运行数据报表功能,让用户以定制的方式获得可配置其所需表格的形式,还可根据设定时间或响应指定系统事件来自动产生报表,并可进行打印、存储等操作。

五、综合管理

系统利用标准关系型数据库和大容量存储器建立监控系统的数据库,并形成棒状图、曲线图等显示或打印功能。

系统提供一系列汇总报告,作为系统运行状态监视、管理水平评估、运行参数进一步优化及作为设备管理自动化的依据。如能量使用汇总报告,记录每天、每周、每月各种能量消耗及其积算值,为节约使用能源提供依据;又如设备运行时间、启停次数汇总报告(区别各设备分别列出),为设备管理和维护提供依据。

所有控制数据及命令的传送都经过网络完成,并且所有设备状态、控制模式都在监控系统工作站画面中得到显示,并在工作站上实现所有功能操作、系统组态、参数设置、数据库维护和报表建立等功能。

第四章 棉纺织厂空调除尘系统的运行管理

第一节 棉纺织厂空调除尘系统主要性能参数测定与调试

一、主要性能参数测定

(一)温湿度的测定

1. 测量仪表

常用温湿度测量仪表见表6-4-1。

表6-4-1 常用温湿度测量仪表

仪表名称	型号	主要技术特征
水银温度计	—	0~50℃,分刻度±0.5℃或±0.2℃(空调用);−35~200℃(冷热源用)
半导体点温计	95型	0~50℃,精度±0.5℃;0~100℃,精度±1℃(供测量物体表面温度)
干湿球温度计	DWM1	−35~+45℃,分刻度0.2℃
通风干湿计	DWM2	相对湿度10%~100%,温度范围−35~+45℃和−35~50℃两种
电动通风干湿计	HM3	温度−26~+51℃,精度0.2℃,相对湿度10%~100%,通风速度2~3m/s,电源220V/50Hz
毛发湿度计	KL5-DHJ1	测量范围30%~100%(RH),精度≤±5%(RH),自记钟转一周26h
数字温度计	1310	−50~199℃,分刻度0.1℃
数字温湿度仪	WMSS-02	温度0~50℃,±0.2℃,相对湿度±5%

2. 湿度对照表

车间大量使用干湿球温度计测量低风速下的温湿度。相对湿度 ϕ 计算公式如下:

$$\phi = \frac{P' - A(t - t')P_D}{P_S} \times 100\%$$

式中:P'——湿球温度下的饱和水蒸气压力,Pa;

P_S——干球温度下的饱和水蒸气压力,Pa;

P_D——当地实际大气压力,Pa;

t——测得干球温度,℃;

t'——测得湿球温度,℃;

A——湿球表面水的蒸发系数。

$$A = 0.00001 \times \left(65 + \frac{6.75}{v}\right)$$

式中:v——湿球表面风速,m/s。

（1）标准大气压力下,风速为 0.2m/s 时的温湿度。标准大气压力下,风速 0.2m/s 时的温湿度换算关系见表6-4-2。

表 6-4-2　温湿度换算关系

干球温度/℃	干湿球温度差/℃																				
	0	0.5	1	1.5	2	2.5	3	3.5	4	4.5	5	5.5	6	6.5	7	7.5	8	8.5	9	9.5	10
16	100	94	88	83	77	71	65	60	55	50	45	40	35	30	25	20	15				
16.5	100	94	88	83	77	71	66	61	56	51	46	41	36	31	26	21	16				
17	100	94	88	83	78	72	67	62	57	52	47	42	37	32	27	23	18				
17.5	100	94	88	83	78	72	67	62	57	52	48	43	38	33	28	24	19				
18	100	95	89	83	78	73	68	63	58	53	48	44	39	34	30	25	20				
18.5	100	95	89	84	79	74	69	64	59	54	49	45	40	35	31	26	22				
19	100	95	89	84	79	74	69	64	59	55	50	45	41	36	32	27	23				
19.5	100	95	89	84	79	74	70	65	60	55	51	46	42	37	33	29	24				
20	100	95	90	85	80	75	70	65	61	56	51	47	42	38	34	30	26				
20.5	100	95	90	85	80	75	71	66	61	57	52	48	43	39	35	31	27				
21	100	95	90	85	80	76	71	66	62	57	53	49	44	40	36	32	28				
21.5	100	95	90	85	81	76	71	67	62	58	54	49	45	41	37	33	29				
22	100	95	90	86	81	76	72	67	63	58	54	50	46	42	38	34	30				
22.5	100	95	90	86	81	76	72	68	63	59	55	51	47	43	39	35	31				
23	100	95	90	86	81	77	72	68	64	60	56	52	48	44	40	36	32	28	25		

续表

干球温度/℃	干湿球温度差/℃																				
	0	0.5	1	1.5	2	2.5	3	3.5	4	4.5	5	5.5	6	6.5	7	7.5	8	8.5	9	9.5	10
23.5	100	95	91	86	82	77	73	68	64	60	56	52	48	44	41	37	33	29	26		
24	100	95	91	86	82	77	73	69	65	61	57	53	49	45	42	38	34	30	27		
24.5	100	95	91	86	82	78	73	69	65	61	58	54	50	46	42	38	35	31	28		
25	100	96	91	86	82	78	74	70	66	62	58	54	50	47	43	39	36	32	29		
25.5	100	96	91	87	82	78	74	70	66	62	59	55	51	47	44	40	37	33	30	26	
26	100	96	91	87	83	79	75	71	67	63	59	55	52	48	45	41	37	34	31	27	
26.5	100	96	91	87	83	79	75	71	67	63	60	56	52	48	45	42	38	35	32	28	
27	100	96	92	87	83	79	75	71	68	64	60	56	53	49	46	42	39	36	32	29	
27.5	100	96	92	87	83	79	76	72	68	64	61	57	53	50	47	43	40	36	33	30	
28	100	96	92	88	84	80	76	72	68	65	61	57	54	51	47	44	40	37	34	31	28
28.5	100	96	92	88	84	80	76	72	69	65	62	58	55	51	48	44	41	38	35	32	29
29	100	96	92	88	84	80	76	73	69	66	62	58	55	52	48	45	42	39	36	33	30
29.5	100	96	92	88	84	80	77	73	69	66	62	59	56	52	49	46	43	40	37	34	31
30	100	96	92	88	84	80	77	73	70	66	63	60	56	53	50	46	44	40	37	34	31
30.5	100	96	92	88	85	81	77	74	70	67	64	60	57	54	51	47	44	41	38	35	32
31	100	96	92	88	85	81	77	74	70	67	64	60	57	54	51	48	45	42	39	36	33
31.5	100	96	92	88	85	81	78	74	71	67	64	61	57	54	51	48	45	42	39	37	34
32	100	96	92	89	85	81	78	74	71	68	64	61	58	55	52	49	46	43	40	37	35
32.5	100	96	92	89	85	81	78	74	71	68	65	61	58	55	52	49	46	44	41	38	35
33	100	96	92	89	85	82	78	75	72	68	65	62	59	56	53	50	47	44	41	39	36
33.5	100	96	92	89	86	82	78	75	72	69	65	62	59	56	53	51	48	45	42	39	37
34	100	96	93	89	86	82	79	75	72	69	66	63	60	57	54	51	48	45	43	40	37
34.5	100	96	93	89	86	82	79	76	72	69	66	63	60	57	54	51	48	46	43	41	38
35	100	96	93	89	86	83	79	76	73	70	67	64	61	58	55	52	49	46	44	41	39

续表

干球温度/℃	干湿球温度差/℃																			
	0	0.5	1	1.5	2	2.5	3	3.5	4	4.5	5	5.5	6	6.5	7	7.5	8	8.5	9	9.5	10
35.5	100	96	93	89	86	83	79	76	73	70	67	64	61	58	55	52	50	47	44	42	39
36	100	96	93	89	86	83	79	76	73	70	67	64	61	58	55	53	50	47	45	42	40
36.5	100	96	93	89	86	83	80	77	74	71	68	65	62	59	56	53	51	48	45	43	40
37	100	96	93	90	86	83	80	77	74	71	68	65	62	59	57	54	52	48	46	43	41

（2）不同大气压力、风速条件下的相对湿度。不同大气压力、风速条件下的相对湿度差异情况见表6-4-3。

表6-4-3　不同大气压力、风速条件下的相对湿度差异情况对照表

干球温度/℃	大气压力/ （×10²Pa）	风速/ （m/s）	干湿球温差/℃					
			0.5	2	3.5	5	6.5	8
16	1013.25	0.2	94	77	60	45	30	15
		0.45	95	79	64	50	36	23
		2.5	95	80	67	53	41	29
	799.93	0.2	95	79	64	51	37	24
21	1013.25	0.2	95	80	66	53	40	28
		0.45	95	82	69	57	45	34
		2.5	95	83	71	59	48	38
	799.93	0.2	95	82	69	57	46	35
26	1013.25	0.2	96	83	71	59	48	37
		0.45	96	84	73	62	52	42
		2.5	96	85	74	64	54	45
	799.93	0.2	96	84	73	62	52	43
31	1013.25	0.2	96	85	74	64	54	41
		0.45	96	86	75	66	57	44
		2.5	96	86	75	67	59	47
	799.93	0.2	96	86	75	66	57	48

续表

干球温度/℃	大气压力/ (×10²Pa)	风速/ (m/s)	干湿球温差/℃					
			0.5	2	3.5	5	6.5	8
35	1013.25	0.2	96	86	76	67	58	49
		0.45	97	87	77	68	60	52
		2.5	97	87	78	69	61	54
	799.93	0.2	97	87	77	68	60	52

注　1. 一般车间悬挂的干湿球温度计应用的为标准大气压力,风速为 0.2m/s。

　　2. 高原地区大气压力低,同样由干湿球温度算出的相对湿度偏高。

(二)压力、流速及流量的测定

1. 常用压力表和流速表

常用压力表和流速表的型号及主要技术特征见表 6-4-4。

表 6-4-4　常用压力表和流速表的型号及主要技术特征

仪表名称	型号	主要技术特征
动槽式水银气压表	DYM1	600~800mmHg,游标读数 0.05mmHg
叶轮风速仪	DEM2	1~20m/s,启动风速不大于 0.8m/s
转杯风速风向仪	DEM6	1~30m/s,灵敏度小于 0.8m/s
电传风向风速仪	EY1	一挡 5~40m/s,一挡 2~12m/s 电源 220V/60Hz 或 24VDC
热球式热电风速仪	QDF-2A	0.05~10m/s,自 0.05m/s 起刻度分格清楚
电子微压计	SYT-2000	0~±30kPa,0.5(20±1)℃、1.0 满量程(20±3)℃
倾斜微压计	Y-61	0~50,0~75,0~100,0~150,0~200(mmH₂O)
补偿式微压计	DJM9	0~150mmH₂O,最小分度 0.01mmH₂O

注　压力换算:$1mmH_2O = 9.807Pa$,$1mmHg = 133.322Pa$。

2. 测定方法

(1)风量与风压。采用热球式风速仪、转杯式风速仪或翼式风速仪测量风速,按下式计算风道风量:

$$L = A \cdot v \times 3600$$

式中：L——风量，$\mathrm{m^3/h}$；

　　　A——风道截面积，$\mathrm{m^2}$；

　　　v——平均风速，$\mathrm{m/s}$。

圆形截面用分环法测定，如图 6-4-1(a)所示，矩形截面用分块法测定，如图 6-4-1(b)所示，均采用平均风速计算风量。

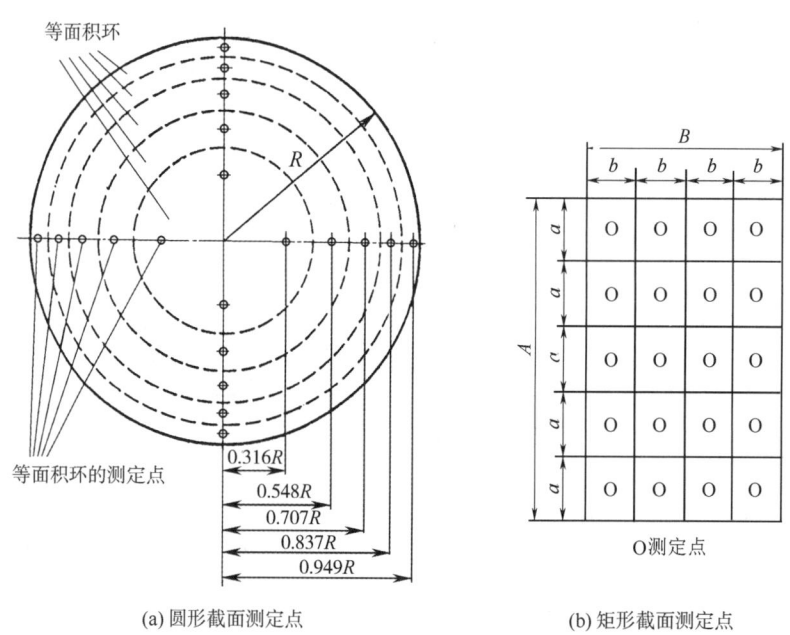

(a) 圆形截面测定点　　　　　　　　　(b) 矩形截面测定点

图 6-4-1　风速测定点

如图 6-4-2(a)所示，用风压(比托)管和压力计测量系统中的气流动压，可换算成相应风速 $v(\mathrm{m/s}) = 1.29 \times H_v^{1/2}$，$H_v$ 为动压，单位为 Pa，再用上式计算风量。风压管的连接如图 6-4-2(b)所示。压差较小时，可用倾斜压力计放大压差，如图 6-4-2(c)所示，当玻璃瓶截面积比玻璃管截面积大数倍时，液柱垂直变动高度 $h = l\sin\alpha$，α 越小，放大倍数越大，小数值读取越方便。倾斜压力计放大倍数见表 6-4-5。

表 6-4-5　倾斜压力计放大倍数

$\alpha/(°)$	$\sin\alpha$	放大倍数
5.8	0.1	10
11.5	0.2	5
30	0.5	2

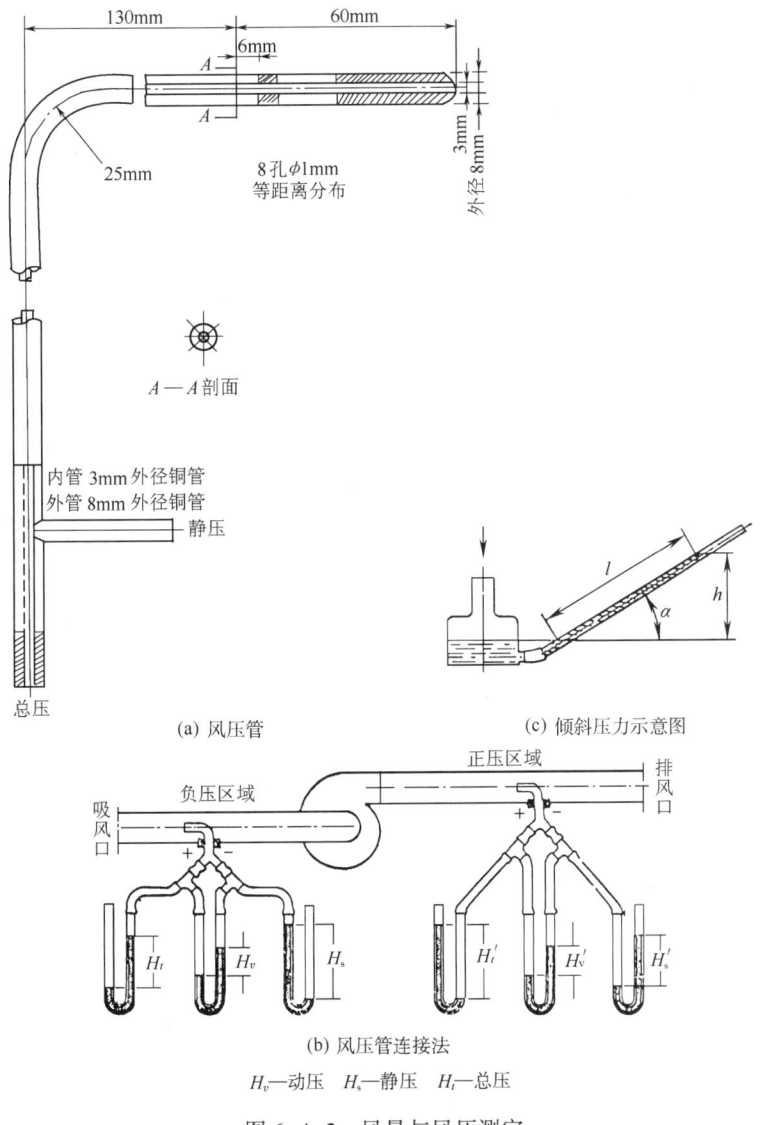

图 6-4-2　风量与风压测定

(a) 风压管　　(c) 倾斜压力示意图

(b) 风压管连接法

H_v—动压　H_s—静压　H_t—总压

圆形风管中的气流为紊流及对称速度场时,可以只测中心动压(H_v),再由经验公式 $H_{v均}$ = $(0.81{\sim}0.82)H_v$ 计算平均动压 $H_{v均}$。

(2)吸棉真空度。吸棉真空度用 U 形压力计测量。测量时把橡皮管的一端接在 U 形压力计上,另一端与开有小孔的特制弧形板的短管连接,而后把弧形板紧贴着吸棉笛管,使吸口对准笛管吸孔,U 形压力计的压差即为吸孔真空度压差(h)。吸孔的空气流速如下:

$$v = 0.91\sqrt{h}$$

式中:v——吸孔气流速度,m/s;

h——吸口压差,Pa。

（3）水量。水量测试常用仪表见表6-4-6。

表6-4-6　水量测试常用仪表

名称		测试范围	特点
翼轮式水表	干式水表	根据需要选用	精确度较高,使用范围较广 表上视面保持干燥 能用于计量冷水 构造较湿式水表复杂
	湿式水表	根据需要选用	计量性能敏感,较准确 仅用于计量冷水 水中沉凝物会积聚在视面上使字迹模糊
涡轮式水表(干式)		根据需要选用, 口径80~200mm	适用于计量冷水 水头损失较小
分流管水表(包括分流文氏 管表、分流孔板式水表)		根据需要选用, 分流管径15~40mm	可用于大直径管路,计量范围较广 价格低廉 准确度较差 适用于计量冷水,对水质要求较高 要逐只校验 流量变化较大时,误差较大

(三)冷热源设备的性能测定

1. 蒸汽耗用量测定

（1）直接蒸汽的喷孔流量。从小孔中喷出的蒸汽流量直接可由图6-4-3查得,方便估算。例如,蒸汽压12105Pa,蒸汽温度250℃,查图6-4-3得最大蒸汽流量为5.81kg/（mm² · h）。

（2）间接蒸汽及供热量。

①间接蒸汽用热设备的测试。用软管把疏水器出口的冷凝水接入一盛有冷水的容器中,用秒表测时间并测温称重。

$$G = \frac{G_2 - G_1}{\theta} \times 3600$$

$$h = 4.1688\left(\frac{G_2\,t_2 - G_1\,t_1}{G_2 - G_1}\right)$$

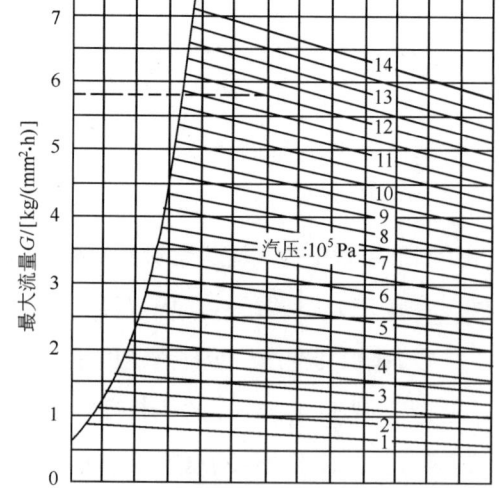

图6-4-3　喷孔蒸汽流量图

式中:G——耗蒸汽量,kg/h;

　　h——冷凝水的焓,kJ/kg;

G_1,G_2——容器内原有冷水净重和接入冷凝水后温水净重,kg;

t_1,t_2——容器内原有冷水和接入冷凝水后温水水温,℃;

θ——秒表测量接入冷凝水时间,s。

②间接蒸汽用热设备供热量。

$$Q = G(h' - h)$$

$$G' = G \times h$$

$$x = \frac{h - 4.1868t'}{\gamma} \times 100\%$$

式中:Q——用热设备供热量,kJ/h;

　　G'——疏水器排热损失,kJ/h;

　　h'——该压力下的饱和蒸汽焓,kJ/kg;

　　t'——该压力下的饱和水温度,℃;

　　γ——该压力下水的汽化潜热,kJ/kg;

　　x——漏汽率,%。

2. 制冷机的制冷量测定

(1)冷水机组的制冷量 Q_c(kJ/h)计算。

$$Q_c = 4.1868 W_c(t_1 - t_2)$$

式中:W_c——制冷水量,kg/h;

　　t_1——进水温度,℃;

　　t_2——出水温度,℃。

①水量测试可用水表或量箱法进行测量。

②进出水温须用0.1℃精度温度计测量。机组上或管道上安插的测温计误差大,可根据冷水管引出的冷水测量,测量方法如图6-4-4所示。

③制冷能力的测试要在制造厂提供的标准状态(一般采用制冷水温7℃和冷却水温32℃)下进行,还应测量制冷水温与冷媒的蒸发温度之差,并与制造厂数据对比,不能增大。

(2)制冷机组的负荷特性。图6-4-5为各种制冷

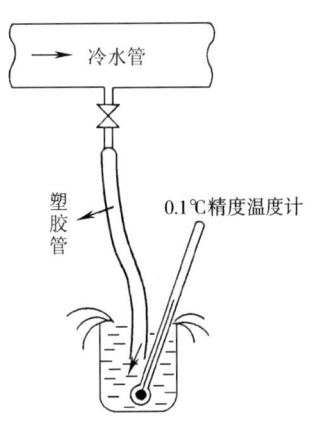

图6-4-4　水温测量图

机部分负荷特性,图6-4-6为冷水机组制冷特性曲线。

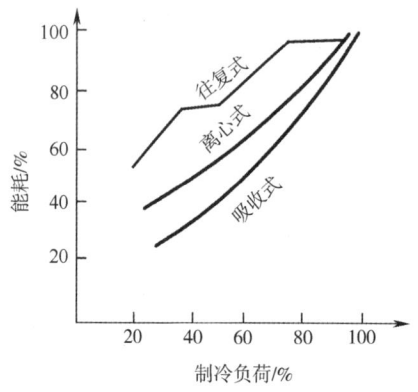

图6-4-5　各种制冷机部分负荷特性图

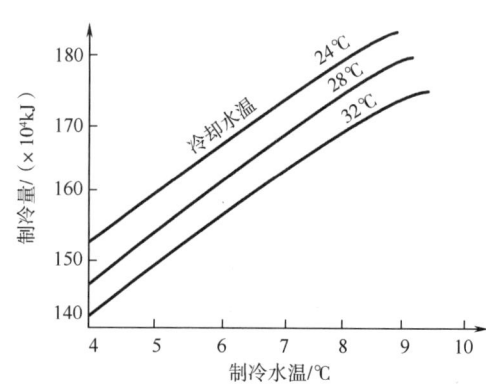

图6-4-6　冷水机组制冷特性曲线

(3)冷却塔的测试。

①制冷用冷却塔标准工况是按室外空气湿球28℃,进水温度37℃,出水温度32℃,接近度4℃设计的。测试数据表达式为:

$$t_2 = t_1 - \frac{L}{W}\left(\frac{h_2 - h_1}{4.1868}\right)$$

式中:t_2——出冷却塔水温,℃;

t_1——进冷却塔水温,℃;

W——进冷却塔水量,kg/h;

L——参与水汽热交换的空气量,kg/h;

h_1——进塔空气焓,即室外空气焓,kJ/kg;

h_2——出塔空气焓,kJ/kg。

根据出水温度t_2可以分析冷却塔的冷却能力。

②我国东南部夏季室外湿球温度往往超过28℃,同时考虑到冷却塔的实际效率问题,因此冷却塔应考虑容量选大些,以免热天制冷剂冷凝温度过高而引起制冷效果大减,甚至产生不能制冷的状况。

(四)含尘量的测定

1. 测量仪器

棉尘的测定分空气中总含尘浓度和可吸入棉尘浓度测量两种,国内一般采用总含尘浓度法(总重法)。

仪器包括采样头、流量计和抽气泵等。采样装置如图6-4-7所示,采样头及流量计如图6-4-8和图6-4-9所示。

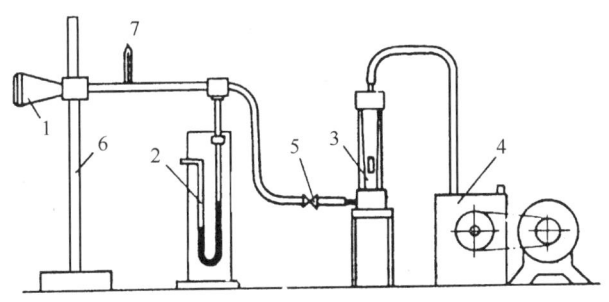

图 6-4-7 棉尘采样装置示意图

1—采样头 2—压力计 3—流量计 4—抽气泵 5—流量调节阀 6—支架 7—温度计

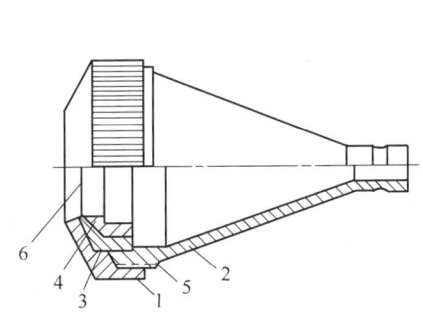

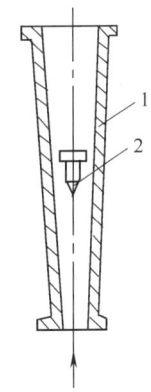

图 6-4-8 采样头

1—顶盖 2—漏斗 3—滤膜盖 4—锥形杯 5—底座 6—滤膜

图 6-4-9 转子流量计

1—锥形玻璃管 2—浮子

2. 测量仪器的型号及特征

总含尘浓度测量仪器型号及特征见表6-4-7。

表 6-4-7 总含尘浓度测量仪器型号及特征

型号		采样方式	滤膜	特征
总含尘	DK60-2	采样头横放,可两个头同时采样	带负电荷过氯化烯超细纤维滤膜,规格有φ40mm滤膜和φ75mm锥形滤膜	抽风 15~30L/min,阻力 190~470Pa
	武安76、72			用于含尘<50mg/m³
	鞍劳 D-4			用于含尘>200mg/m³

3. 测定方法

(1)滤膜准备。将滤膜盒编号,用镊子去除滤膜两面保护纸,称重后绒毛面向上逐一放入盒内备用。

(2)选择采样点。在各工序工作区离地 1.5m 处工人呼吸带附近放置采样头,坐着作业的可取离地 1.1~1.2m。采样头水平放置,避免粉尘落入。

(3)采样仪安放定位后,调整抽气机流量至 15L/min(按人体呼吸量 10~20L/min),取出滤膜,使绒毛朝外置入采样头中心,拧紧夹盖。

(4)采样时间要根据空气含尘浓度而定,一般 30min 至数小时,滤膜增重不应<1mg,注意计时。

(5)采样完毕,关抽气机取出滤膜,将集尘面朝上放入编号盒,至实验室称重,使用不吸湿性过滤膜可以不经烘干流程,两采样膜增重差应在 20% 以内。

(6)计算空气含尘浓度。由下式计算空气含尘浓度 $C(\mathrm{mg/m^3})$:

$$C = \frac{m_2 - m_1}{qt}$$

式中:m_1,m_2——采样前、后滤膜质量,mg;

$\quad\quad\quad q$——采样流量,$\mathrm{m^3/h}$;

$\quad\quad\quad t$——采样时间,h。

(7)计算除尘效率。总含尘量测定也可用于对除尘设备及其管道内空气含尘总量的测定,用等速采样法决定其采样空气量。按滤尘器进出气流中的含尘浓度计算除尘效率 η。

$$\eta = \left(1 - \frac{C_1}{C_2}\right) \times 100\%$$

式中:C_1,C_2——过滤器进口、出口处气流中的含尘浓度,$\mathrm{mg/m^3}$。

美国、英国等用可吸入性棉尘浓度测定,标准和测定方法各国各不相同,测得结果均比总量要低,不可对比。

二、棉纺织厂空调除尘系统调试

(一)喷水室的调试

喷水室是调节车间温湿度的调节枢纽。

1. 给湿能力

选择当地春秋季干燥天气进行绝热蒸发冷却送风给湿测试,进风为室外空气或室内外混合空气,用下式求绝热饱和系数 η,参数变化如图 6-4-10 所示。

$$\eta = \frac{d_2 - d_1}{d_3 - d_1} = \frac{t_1 - t_2}{t_1 - t_3}$$

式中: t_1,t_2,t_3——进入空气、输出空气、绝热饱和空气
　　　　　　　的温度,℃;

　　　 d_1,d_2,d_3——进入空气、输出空气、绝热饱和空气
　　　　　　　含湿量,g/kg。

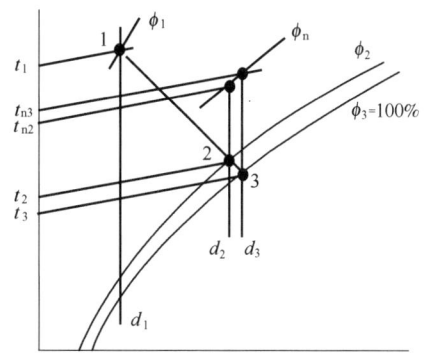

图 6-4-10　绝热饱和送风

测定进出风温湿度求得点 1 和点 2,其连线得绝热饱和点 3(t_3、d_3)。喷水室的给湿效率由喷淋工况决定,蒸发水只占很小部分,运行的饱和系数见表 6-4-8。

表 6-4-8　喷水室的绝热蒸发饱和系数

喷淋排列方式	饱和系数	喷淋排列方式	饱和系数
一排顺喷	0.6~0.7	二排逆喷及对喷	0.9~0.95
一排逆喷	0.65~0.75	三排一顺二逆	0.95
二排顺喷	0.85~0.9		

影响饱和系数的主要因素有:

(1)水气比,即喷水量与处理空气量之比。

(2)喷出水滴的粒径(细度)。

(3)喷射水与空气接触的面积和状态。

(4)喷射水与空气的接触时间。

(5)进入喷水室的空气湿度。

一般喷水室的水汽比在 0.4~1.2,绝热给湿多用细喷、小水汽比。

2. 热湿交换能力

可以选择典型的夏季进行降温去湿测试。选择夏季室外空气设计参数和新风率,在最大风量和水量时测定挡水板后空气温度、湿度和焓。热湿交换关系式为:

$$h = h_0 - 4.1868 \frac{W}{L}(t_2 - t_1)$$

式中: h——送风露点焓,kJ/kg;

　　　 h_0——进风焓,kJ/kg;

W——喷水量,kg/h;

L——送风量,kg/h;

t_1——喷水温度,℃;

t_2——回水温度,℃。

如果车间要求温度 30℃、湿度 55%,送风露点必须在 23℃(67kJ/kg)。

(二)风机能力及风量调整

1. 风机能力

在建设完成的空调除尘系统中,实测的风机运行风量需达到或大于设计风量。实测风量、风压可在厂家提供的风机特性曲线(图 6-4-11)上找到 A 点,应在高效率(η)区。在滤尘系统中,需考虑系统阻力增加对风量的影响,例如特性曲线中系统阻力由 $R_1 \rightarrow R_2$,风量将由 $A \rightarrow A'$,影响滤尘效果。

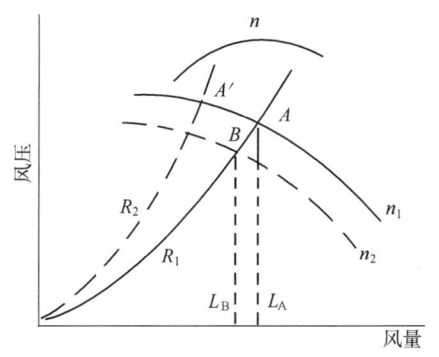

图 6-4-11 风机特性曲线图

2. 变风量调整

实现风机风量调节的方法主要有进口叶片角度调节、风阀开度调节和风机转速调节。由图 6-4-12 可以看出调节风机转速所消耗的能量最少,因此目前在各种变风量调整方式中,基本采用风机变频调速。

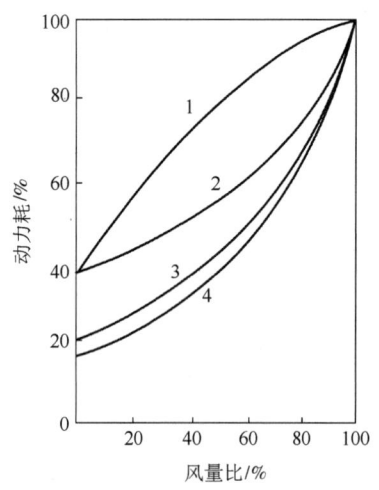

图 6-4-12 变风量方式与节能效益

1—调节阀门 2—进口叶片 3—变叶角 4—变速

3. 送风口风量调整

采用等比分配法(对某一分支风道)进行送风口风量调整,调整步骤见表 6-4-9。调整结果,各风口风量都比设计值大 13%,该分支风道风量计算 0.67×(1+13%)= 0.7571m³/s。可将支风道风门送风量调到设计风量 0.67m³/s,各风口风量即可满足设计值。同样其他分支也可有一 R 值,只要调节各分支风门,使 R 相同,最终调整总送风量。

棉纺厂一般要求均匀送风,考虑风道温升,尾部应适当增加风量。同时,清棉、梳棉送风应对着工人操作区,梳棉机前应避免直接吹风,以免棉网波动。对粗、细、筒、捻等工序要调整条缝风口叶片,形成沿长车弄自上而下扇形片状送风气流,均匀稳定送到车弄工作区。除尘及排风系统吸口风量调整方法类似,特别要注意漏风影响。

表6-4-9　送风口风量调整步骤

出风口编号		5	4	3	2	1	备注
设计流量 $V_d/(m^3/s)$		0.11	0.14	0.17	0.15	0.1	共0.67
(1)实测出风口风量 $V_m(m^3/s)$					0.18	0.09	
实测出风口风量与设计值之比 $R=V_m/V_d$					1.2	0.9	
调整风口2使出风口1、2的 R 相同					0.147	(0.098)	($R=0.98$)
(2)实测出风口3	风量 V_m			0.23			
	R			1.35			
调整风口3使出风口1、2、3的 R 相同				0.1785	0.1575	0.105	$R=1.05$
(3)实测出风口4	风量 V_m		0.21				
	R		1.5				
调整风口4使出风口1、2、3、4的 R 相同			0.154	0.187	0.165	0.11	$R=1.1$
(4)实测出风口5	风量 V_m	0.19					
	R	0.73					
调整风口5使出风口1、2、3、4、5的 R 相同		0.1234	0.1582	0.1921	0.1695	0.113	$R=1.13$

(三)除尘设备性能调试

除尘机组性能主要是指除尘机组的效率及压力损失,但同时也要考虑处理风量、能源消耗、总占地面积、投资费用、维护保养及使用寿命等。

(1)除尘设备的效率 η。可用下式计算:

$$\eta = \frac{G_1 - G_2}{G_1} = \frac{G_3}{G_1} \times 100\%$$

式中:G_1,G_2——除尘器进、出口气流中粉尘的质量,mg/h;

　　　G_3——被除尘器捕集的粉尘质量,mg/h。

若除尘器结构密封严密,没有漏风情况,除尘效率计算公式为:

$$\eta = \frac{L(C_1 - C_2)}{LC_1} = \left(1 - \frac{C_2}{C_1}\right) \times 100\%$$

式中:C_1,C_2——除尘器进、出口气流中的含尘浓度,mg/m³;

L——通过除尘器的风量，m^3/h。

棉纺织企业生产过程中产生的粉尘，通常可以分成纤维、短绒及细小尘杂，在进行除尘处理时可采用除尘器串联运行的方式对车间粉尘进行分级处理，例如用第一级除尘器来回收较长的纤维和分离粗尘杂，用第二级除尘器清除气流中的短绒和细小尘杂。

对于除尘器串联运行，串联后的除尘效率为：

$$\eta = 1 - (1 - \eta_1)(1 - \eta_2)\cdots(1 - \eta_n)$$

式中：$\eta_1, \eta_2, \cdots, \eta_n$——串联运行各级除尘器的除尘效率。

选择合适的一级过滤网目数和二级长毛绒滤料型号，是提高过滤效率的关键。因此，对不同品种不同原棉要进行具体分析和应用。

(2)除尘机组投入运行后，需用微压计测量除尘系统生产主机真空度是否达标（例如梳棉机系统）。一般有以下三种调整情形：当生产主机每台真空度都超过标准较多时，可以减小除尘主风机转速，使其真空度接近标准，以便节约能耗；反之需要增加除尘主风机转速，使其真空度增加。当生产主机机台真空度偏离设计值有高有低时，可在机台支风管或汇总支风管上加装调节阀进行压力平衡调节，以满足生产需要。

第二节　棉纺织厂空调除尘系统的运行调节与管理

一、空调除尘系统的运行调节

棉纺织厂空调系统要求尽可能配合生产工艺变化，保持合适的清洁的车间温湿度环境；并节约能源和成本费用。

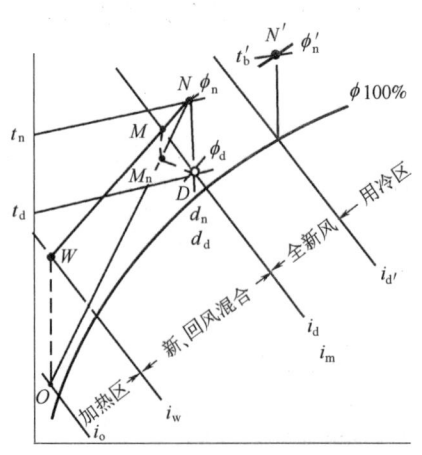

图6-4-13　春、秋、冬三季调节示意图

(一)常规运行调节要点

常规运行是指全年中无须用冷、热源的时段。可分为以下两种情况。

1. 维持室内最佳条件

例如，细纱车间温度25℃，相对湿度 $\phi = 55\% \sim 60\%$ 和冬季状态 $N(t_n, \phi_n)$，如图6-4-13所示。定送风露点 $D(t_d, \phi_d)$ 风量微调，用室内外空气比例混合点 M，小水量循环细喷 $h_m \to h_d$，$d_m \to d_d$。

新风和回风比例随气候变化，保持新风量≥

10%,变化范围10%~100%,随时注意送排风平衡,结合除尘系统保持车间微正压。

(1)除尘风量较大的如清、梳等车间,如图6-4-14(a)所示,除尘滤后排风部分送回车间,空调送风可直接送至工人操作区域。

(2)空调送风量大的如细纱车间,如图6-4-14(b)所示,还需直接利用车间回风。对于无回风系统,仅采取墙式回风窗经圆盘式过滤器过滤后回用的车间,在采用大量新风时,吸棉和电动机排风量小,如果车间排风不畅,会引起车间气流混乱,二次气流带动飞花灰尘飘扬循环,恶化车间环境。

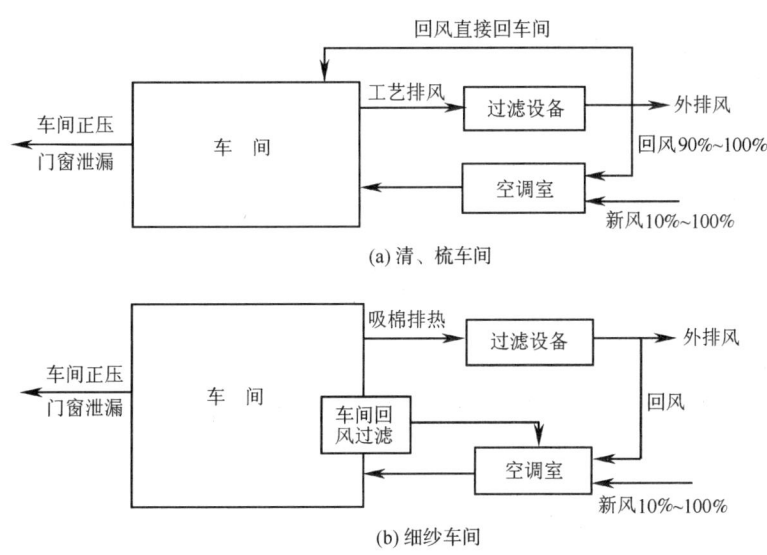

图6-4-14 纺纱车间风量平衡示意图

(3)车间含尘控制要注意除尘机组运行中的排风含尘浓度必须符合排放要求,回风过滤要达到回用标准。圆盘式回风过滤器减慢吸嘴转速,使钢丝网上聚集一层纤维网,可增强过滤细尘的能力,但阻力相应增加。

2. 变送风露点与全新风调节

车间温度可在允许范围(t_n~t'_n)内变化,一般在初夏和夏末秋初。总体上送风露点随室外气候变化,在具体掌提上则需稳定送风露点,减少车间日夜温湿度波动。

3. 提高送风露点饱和程度及带水送风

如图6-4-15(a)所示,不饱和送风t_1,$\phi_1<100\%$;饱和送风t_2,$\phi_2=100\%$;带水送风t_3饱和并带水,过水量为Δd。图6-4-15(b)表示车间每10^2kW余热量,温度30℃,在不同湿度下,不同送风状态所需送风量的示意图。带水送风要防止风道滴水,露点温度必须相应降低($t_3<t_2$),否

则车间温度将升高。

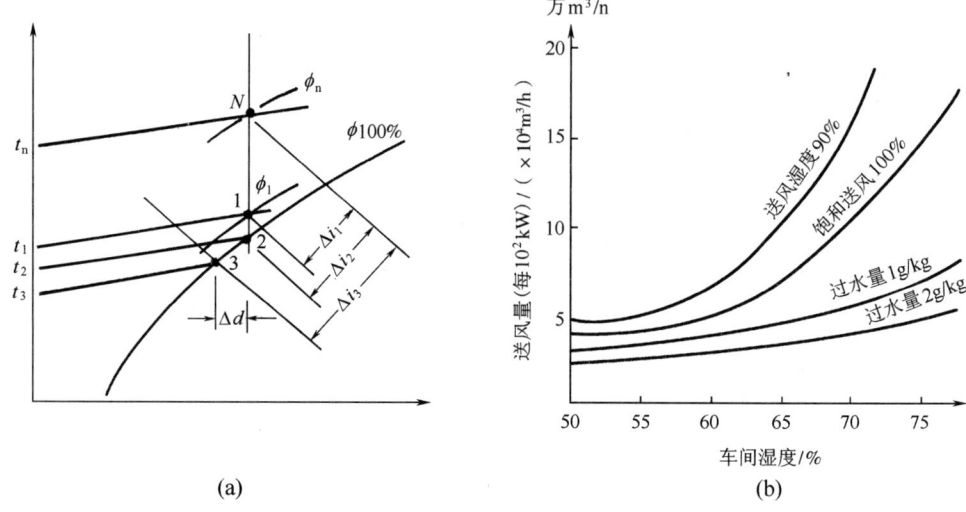

图 6-4-15 带水送风与风量

（二）日常调节

日常调节就是根据当时室外气候变化及车间热湿负荷状况,随时运用调节手段进行调节,使车间的温湿度达到预期效果。

日常调节的内容及方法见表 6-4-10。

表 6-4-10 日常调节的内容及方法

现象	原因	调节方法
相对湿度正常,温度偏高	车间余热量增多,机器露点高	采用降低喷水温度或调整新、回风混合比的方法降低机器露点,调节过程出现车间相对湿度偏低的情况时,要适当增加送风量
相对湿度正常,温度偏低	冬季气候寒冷,厂房建筑保温差,车间损失大或发热量少,机器露点低	采用改变新、回风混合比,提高喷水温度和预热混合空气等方法来提高机器露点温度
相对湿度偏低,温度正常	室外干燥空气漏入,送风的机器露点饱和度或送风量不够,车间热量与送风量失调,送风量偏小,室外气候寒冷	减少漏风,提高送风饱和度,提高机器露点温度,结合增加送风量

续表

现象	原因	调节方法
相对湿度偏低,温度偏高	送风量不足或建筑保护结构传热系数大,传入车间的太阳辐射热增加	增加送风量或降低机器露点温度,同时增加风量
相对湿度偏低,温度偏低	室外气候寒冷,干燥强冷空气侵入车间或送排风量控制不当,车间形成负压状态	采用增加回风,减少外气和提高喷水温度的方法提高机器露点温度
相对湿度偏高,温度正常	室外空气湿度大,机器露点发生变化,送风量偏大,室内热量散失大	减少喷水量,停开给水泵或降低机器露点温度,减少送风量
相对湿度偏高,温度偏高	室外出现梅雨潮湿气候或湿球温度突然升高,夏季冷量配备不足	降低机器露点温度(降温去湿),梅雨季节应采用"小风量、低水温、低露点"的调节法
相对湿度偏高,温度偏低	送风量偏大或冬季因车间关车,机器发热量小,热损失大	降低送风量,冬季提高机器露点温度或条件合适时用二次回风

(三)全年性调节

全年性调节是指一年四季中,根据不同季节的气候特点和室内空气温湿度要求,按照运行的经济性、可靠性和操作方便等原则,制订空调系统的调节和管理方法。全年性调节的内容及方法见表6-4-11。具体的分区调节内容及方法见表6-4-12。其中Ⅰ区为冬季最寒冷的季节;Ⅱ区为冬季;Ⅲ区为春秋季;Ⅳ区为夏季;Ⅴ区为夏季最炎热的季节。

表6-4-11　全年性调节的内容及方法

调节量	调节方法
风量	当风量增加或减少不是太大时,可利用改变送风系统的阻力,即将风量调节阀门开大或关小的方法来改变风量。目前空调送、回风机一般采用变频控制,利用变频技术来调节风量既简单又方便
新风和回风混合比	通过新风和回风调节风门的开启程度调节新风和回风混合比。通过调节风门的空气量与它的开启角度成正比,但风量的增加并不与角度的增大呈线性关系,通常开启度越大,增加风量的比例数越小
水量	若水量变化不大时,可将喷嘴供水管路上的阀门开大或关小,以进行水量调节。若水量变化较大时,可考虑减少或增加水泵的运转台数
水温	冬季用热水喷射时,可在喷水室水池内装设加热管以调节水温,如被处理的空气需要加热、加湿,也可在喷水室内直接喷射蒸汽。当需要使用混合水时,可利用调节水泵吸入网路上循环水管和低温水管上的阀门的开启度来改变两者的混合比,以达到要求的水温
加热量	调节加热器上的进汽阀门或改变加热器的排数,以进行加热量的调节

表 6-4-12　全年性分区运行调节内容及方法

区域	调节内容	新风和回风的混合比例	调节方法	特点
I	预热器加热量	满足卫生要求的新风量	用阀门调节热媒量	新风量全年最小
II	新风和回风的混合比例	新风量逐渐增加	用联动多叶阀调节新风与回风混合比例	预热器全关闭
III	新风和回风的混合比例	新风量逐渐增加	用联动多叶阀调节新风与回风混合比例	循环水温逐渐升高
IV	喷水温度	全新风	用三通阀调节冷水与循环水的混合比例	开始使用冷冻水
V	喷水温度与新、回风的混合比例	喷水温度逐渐降到最低,新风量逐渐减小到满足卫生要求量	调节三通阀与联动多叶阀	制冷量达到设计参数

1. 冬季空调采暖

(1)采暖用热量。我国南方棉纺厂主要车间冬季一般不需采暖。空调用热可分为以下两方面。

①新风预热。维持一定送风露点条件,如图 6-4-13 所示。例如:在室内 $t_n = 23℃$, $\phi_n = 55\%$ 、露点 $\phi_d = 95\%$ 、新风率 10%、室外焓 $h_o < h_w$ ($h_w = 0$,例 $-3℃$, $\phi = 50\%$)时,需新风加热或温水喷淋,必要时可适当减少新风摄入量 L_0 (kg/h),加热量 H_0 (kJ/h)计算公式如下:

$$H_0 = (h_w - h_o) L_0$$

②再热量。在冬季送风量为 L (kg/h)的情况下,设车间余热量为 H_Y ,需补足所需热量 H_z (kJ/h),计算公式如下:

$$H_z = (h_n - h_d)L - H_Y$$

式中: h_n ——室内焓;

h_d ——露点焓。

北方严寒地区要加强建筑隔热。热源主要有蒸汽和热水,也可利用废热和天然热源,如地热、深井水等。寒冷地区还可采用排风热回收技术。

需注意的是北方地区空调室要设计值班采暖,防止水系统冻坏。

(2)车间温湿度区域分布。采暖期室内外温差大,寒潮大风影响围护建筑,内部周边温度降低、湿度相应增加。尤其在寒冷地带要保持车间的密闭性,减少门窗侵入冷空气,必要时可采取周边加热,同时还要防止风道和建筑物的冷凝水。区域湿度过低时,喷蒸汽相当于等温给湿。

2. 夏季空调供冷

使用全新风，$h_w > h_d$，即室外空气经处理后不能达到送风焓值要求时，需要用冷。当，即 $h_w > h_n$ 时，应该使用回风，如图 6-4-16 所示。夏季最高湿球温度低的地区，如 $h_w < h_d$（高原、严寒和西北干寒地带）一般无须用冷。我国中部、东南沿海及东北大部分区域夏季都需用冷。

（1）冷负荷及用冷时间。我国南方、北方冷负荷及年用冷时间差异很大，部分代表性地区室外设计湿球温度和用冷时间见表 6-4-13，多数地区用冷时间不长。

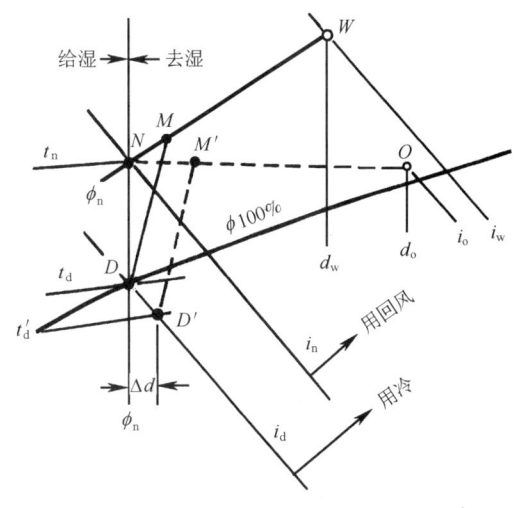

图 6-4-16　夏季用冷去湿示意图

表 6-4-13　我国夏季部分地区的平均室外设计湿球温度和用冷时间统计

地区	室外湿球温度/℃									用冷时间/h
	22	23	24	25	26	27	28	29	设计值	
北京	342	402	216	186	18	18	—	—	26.4	1182
上海	378	414	230	246	246	196	126	30	28.2	1966
广州	456	432	486	588	984	702	90	18	27.7	1756

（2）冷热源选用及匹配。冷源选用要考虑当地天然资源及能源供应可能、经济和使用方便。

①天然冷源。棉纺厂多利用深井水，投资省、使用方便。实行冬灌冷水，夏季可获 10℃ 左右的低水温，一口井相当于最大制冷能力 $400 \times 10^4 kJ/h$。但抽出水温有变化，需控制利用；还有不少地区因地面沉降，打井和抽用受到限制。

②制冷机组的选用和匹配。按用冷容量需要、运行调节特性和能耗经济性选用相匹配的制冷机组。各种制冷机组的容量和投资（不包括供能部分）比较如图 6-4-17 所示。

企业制冷站可配备数种冷源，其容量和台数要考虑节省占地、方便部分负荷调节并发挥各自

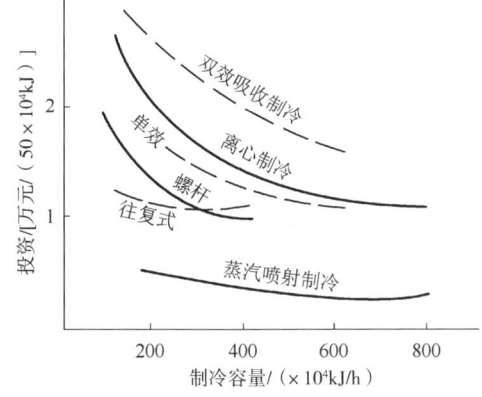

图 6-4-17　设备制冷容量与投资比较

特长,有效匹配使用。如吸收式制冷机组部分负荷性能好,但开机到稳定需一定时间,宜连续使用;离心机组容量大,部分负荷调节和开关方便,螺杆和往复式属中小容量,更利于多台开关调节使用。另最终回水温度仍较低时,可用于补充空调水,参与冷却水系统,还可防止炎夏冷却水温度过高影响制冷能力的问题。

(3)蓄冷。空调冷负荷的日夜峰谷差约20%或更大。

①西北干燥地区日夜温差大,利用夜间喷淋冷水蓄积于冷水池中,白天高温时用作冷源,有可能无须配备机械制冷。

②广大用冷地区利用夜间多余冷量储存,供白天填峰,可削减最大冷负荷。棉纺厂24h连续生产可减少15%~20%最大冷负荷,如利用备用制冷机械夜间开出效果更佳。不少地区还可利用夜间电费成倍降低的优惠政策来节约成本。

③蓄冷技术。图6-4-18所示为改良潜堰式蓄冷水池及其使用方法,可建于地下。地下制冰蓄冷可节省地面空间,需根据制冷工况不同采取不同措施。

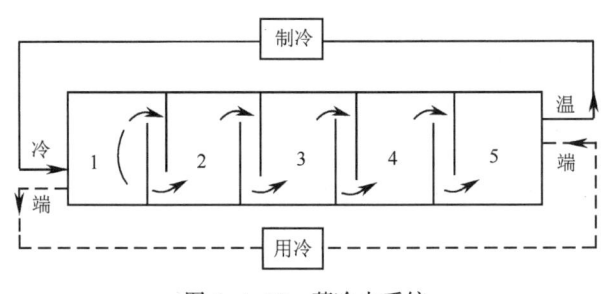

图6-4-18　蓄冷水系统

(四)特殊情况调节

1. 梅雨季节

梅雨季节室外空气气压低,阴雨连绵,相对湿度大,风速很低。人体汗液蒸发困难,甚至易使产品发生霉变。这种特殊的气候条件俗称黄梅天。此时应根据不同情况,及时采取下列调节方法:

(1)当遇到室外空气湿度大,温度不高时,可将室外空气不经处理直接送入车间(俗称打干风)。此时喷水室可停止工作,但必须随时注意室内外的气候变化,及时调节送风量来控制车间的相对湿度。

(2)如空调系统具有较低温度的深井水或冷冻水,可考虑采用"低露点、小风量"的调节方法,将室外空气用低温水处理,以降低送风的机器露点温度。但送风量必须大于排风量,使车间能维持符合要求的空气状态。

(3)当深井水温与室外湿球温差不大时,一般还是以打干风升温去湿为宜。

（4）合理组织送排风，保持车间内空气维持正压状态，并严格控制好各车间门窗，加强门窗管理，防止室外湿空气侵入，影响室内空气状态。

（5）控制清棉车间棉卷回潮率。需要时可采用烘棉去湿法，以降低原棉含水率。

（6）加强原棉预处理工作，对含水率较高的原棉必须经过烘棉处理，控制棉卷回潮率，保持后道原棉回潮率稳定。

（7）做好预防性调节，使车间相对湿度逐步靠近控制范围，不要猛增猛降，避免起伏过大。

（8）稳定清、梳、条、粗各工序的相对湿度。清梳车间相对湿度可适当提高一些，有时会使后工序加工顺利。

（9）利用车间余热，降低其他车间的相对湿度。例如，用过滤后的细纱断头吸棉排风送往前纺车间（或空调室），降低车间相对湿度。

如图 6-4-16 所示，当室外焓 h_w >室内焓 h_n 时，要从全新风切换到用足回风以削减冷负荷。在夏季冷水喷淋去湿条件下，送风露点可达饱和甚至过饱和（未及冷凝水汽）状态，不利于去湿。带水（或过饱和）送风可减小风量但不利于去湿。带水送风要求喷淋水温更低（要求露点低），用冷时间也要延长。

长江中下游地区夏季（梅雨季）高温高湿，室外空气含湿高，一般 h_o > h_w ，但 $d_o \geq d_w$ ，如图 6-4-16中的 O 点。混合进风 M 需要投入更多冷量，这时应适当减少新风和送风量。

2. 开冷车

在冬季车间停产或节假日停车时，发热量显著减少，车间温度下降，造成开冷车时车间相对湿度偏高，生产不能顺利进行。根据纺织厂生产的实践经验，开冷车前后要做好如下几项工作。

（1）休假期间对平时缺热的车间（清花、络筒、整经、穿箔等），需用加热设备维持在 12～14℃以上的值班温度。对纺纱、织布等有采暖的车间应保持 16～18℃的值班温度。停车前，在不影响生产的前提下，应适当减少通风量，停车后要及时关闭门窗，堵塞漏风，做好保暖工作。

（2）开冷车时，采用"绝湿升温"措施，先打干风，切忌过早喷水，尤其不能喷热水。

（3）在夏季开冷车时，必须做好开冷车的"降温去湿"工作，做好低温水供应准备，然后开空调。送风系统掌握"小风量、低露点"的运行调节方法。

（4）黄梅天气开冷车时，以"去湿"为主。要注意多使用干风升温去湿。有必要并有可能时，可适当采用低温水调节。

（5）开冷车时不宜操之过急，冷车开出后，应详细记录开车情况和生产反馈，以供下次开冷车时参考。

（6）停车期间，宜有专人值班，记录室内外温湿度的变化情况。开冷车前进行调节时，最好对半制品回潮率变化进行测定,并根据室内外气象情况,做好相应的加温加湿工作。一般来说,开冷车时,车间相对湿度不宜偏高,应适当低于正常生产时的标准。而当车间温度升高时,相对湿度要逐步增大。

二、空调除尘系统的运行管理

(一)空调系统的运行管理

纺织空调是纺织生产过程中不可缺少的重要一环,主要目的是使车间保持一定的温度、湿度、气流速度和清洁度。因此空调系统管理同样也是生产管理的一个重要环节,空调系统性能和设备管理见表6-4-14。

表 6-4-14　空调系统性能和设备管理

项目	主要内容
空调系统性能管理	纺织厂空气调节人员的主要任务就是要执行并保持温湿度标准,超出空调设计值时,应该采取"保湿不保温"的调节理念
	车间温湿度计设定应考虑机台排列、考虑生产品种,避开风口直吹气流的影响,一般300~400m² 设置一个温湿度计为宜
	室外温湿度计设定应将干湿球温度计(或传感器)放在百叶箱中,将百叶箱放置在厂区空旷地带,百叶箱距地面1.5m
空调设备管理	风机运行管理:运行前首先检查地脚安装、皮带轮安全罩、叶轮旋向、皮带松紧程度、轴承箱是否加油、有无漏油现象;在确认上述情况无误后,启动风机,注意启动过程中有无刮碰、摩擦及其他异常杂音;运行平稳后,立即查看电流、风量、风压,如果与设计要求相差较大要及时调整
	水泵运行管理:运行前检查水泵地脚、叶轮旋向、有无刮碰异响、有无漏水、水泵是否加油;运行正常后及时查看电流、系统流量和压力,调整方法与风机相同
	喷淋排管运行管理:根据不同季节热湿交换处理要求采用不同孔径的喷嘴,提供相应的喷水量及喷水压力;运行中密切关注喷嘴的雾化程度、压力变化、喷淋排管喷嘴结垢堵塞情况
	挡水板运行管理:选用效果好、阻力小的挡水板,根据车间加湿要求,选择不同间距的挡水板;严防使用过程中结垢堵塞;上下两层形式的挡水板,尽管集水槽方式不同,但都需要及时导出挡水板水量,防止阻力和过水量增加

(二)除尘系统的运行管理

除尘设备在承担除尘任务的同时,还要承担分离纤维的功能。除尘设备运转机件多,制造精度要求高,因此应制订合理的安全管理制度,使用中应对主要除尘机械设备定期检查、保养和维护,使其在良好的状态下运行,除尘系统运行管理见表6-4-15。

表 6-4-15　除尘系统运行管理

项目	主要内容
管理制度	贯彻开关车原则,工艺设备开车前要先开除尘设备,工艺设备停机后再关除尘设备;除尘系统各设备也应按开关车顺序开启及关闭;开车后一定要仔细检查各设备情况,待正常运转后,方可离开现场,对除尘设备的安全操作方法应列于除尘室墙上
检查制度	除尘系统的检查孔、密闭门、法兰连接处、测量孔、风管、除尘器等应定期检查,以防漏风和堵塞
	除尘系统的易损部分要经常检查
	经常检查风机是否缺油,避免因干摩擦发热引起火灾
	及时清理散落在设备上、车间围护结构上的粉尘,以免因发生氧化分解反应而导致自燃
	各除尘设备和消防系统应有专人负责安全维护,经常检查消防器材是否处于完好状况
	运行中应观察各测量除尘设备各部位的压力是否符合设计要求,并不断观察各部件的压差变化情况,确保各部件压差在设定值范围内
保养制度	除尘系统应有设备保养制度。如吸嘴堵塞应及时处理,滤料破损应及时更换,防火报警系统失灵应及时修复,漏风现象要及时处理
	除尘设备的压差报警装置、除尘室的火灾报警装置应定期保养
维护制度	必须加强对除尘设备、除尘室内的电气设备和线路的维护
	除尘系统应有大、中、小的检修制度。以便及时发现问题,防止重大事故发生,保证系统运行良好

第五章　棉纺织厂压缩空气系统与车间照明

第一节　压缩空气设备和系统

压缩空气具有清洁、安全、使用方便等特点,在纺织行业中已成为仅次于电力的第二大动力源。

一、纺织压缩空气状态参数与品质

压缩空气是空气经过加压而产生的。由于空气是多种气体的混合物,存在水蒸气和灰尘,经压缩过程会带有油污,因而压缩空气的状态参数和品质对生产效率和产品质量有很大的影响。

(一)压缩空气状态参数

空气经过压缩后,其压力、温度升高,饱和含湿量降低。因此,压缩空气的主要状态参数是压力、温度、含湿量等,其含义和相互转换关系符合工程热力学规律。

1. 压力和温度

压缩空气的压力随不同生产工序生产工艺需求的不同而不同,采用 MPa 为单位。压缩后的空气由于分子运动加快而温度升高,需要经过冷却处理达到要求后再送入车间。

2. 空气的含湿量

在一定的温度和压力下,湿空气中水蒸气的含量有一个最大值,当达到这一限度时,多余的水蒸气就会从湿空气中析出。在一定的温度下,水蒸气含量达到最大值的湿空气称为饱和空气,这时的空气含湿量称为饱和含湿量。饱和含湿量与湿空气的温度和压力有关,压缩空气的温度降低,压力增大时,其饱和含湿量将减小,反之则增大。因此,当湿空气被压缩后,由于其饱和含湿量大大降低,原来没有达到饱和的湿空气有可能达到饱和,并有大量的水分析出,凝结在压缩空气管路系统中。因此,压缩空气系统必须妥善收集、排除凝结水,解决压缩空气的干燥问题。

3. 压力露点温度

在空气所含水气量(含湿量)不变的情复况下,通过冷却降温而达到饱和状态时的温度称为露点温度。在一定的压力下,将压缩空气冷却降温达到饱和状态时的温度称为压缩空气的压力露点温度,因此压缩空气的压力露点温度和空气所含水量(含湿量)有关。因此,工程上常用压力露点温度来表示压缩空气的干燥程度。

(二)压缩空气品质

纺织用压缩空气由于工艺生产的需要,除了对压缩空气的压力有一定的要求外,对压缩空气的品质(含尘量、含水量、含油量)也有较高的要求。因此,压缩空气的品质也是选择空压机和配套净化设备的依据之一。

1. 压缩空气品质等级的划分

空气的品质等级可参照国际通用的《压缩空气　第1部分:杂质和质量等级》(ISO 8573-1:2010)划分,见表6-5-1。

表6-5-1　压缩空气品质等级标准

品质等级[a]	含尘				水		油
	每立方米的最大颗粒数与颗粒大小的函数 db			质量浓度 C_p[b]/ (mg/m^3)	压力露点温度/℃	液态水浓度 C_w/ (mg/m^3)	总油浓度/ (mg/m^3)
	$0.1<d\leqslant0.5\mu m$	$0.5<d\leqslant1\mu m$	$1<d\leqslant5\mu m$				
1	≤20000	≤400	≤10		≤-70		≤0.01
2	≤400000	≤6000	≤100		≤-40		≤0.1
3		≤90000	≤1000		≤-20		≤1.0
4			≤1000		≤+3		≤5.0
5			≤10000		≤+7		
6				$0<C_p\leqslant5$	≤+10		
7				$5<C_p\leqslant10$		$0<C_w\leqslant0.5$	
8						$0.5<C_w\leqslant5$	
9						$5<C_w\leqslant10$	
X				$C_p>10$		$C_w>10$	>5

a 若要符合类指定,则应满足类中的每个粒度范围和粒子数。

b 气体体积的参考条件为:空气温度20℃;绝对空气压力100kPa(1bar);相对水蒸气压力为0。

2. 纺织各工序对压缩空气品质的要求

随着现代纺织技术的不断发展,压缩空气在棉纺织生产中得到广泛的应用,如气流喷射引纬、气流加捻、气动落纱、气动加压、气流清洁、仪表自控等。

因棉纺织生产各工序所使用压缩空气的作用不同,则对其品质提出不同的要求,棉纺织厂主要用气设备对空气品质要求见表6-5-2。

表6-5-2　主要棉纺织用气设备对空气品质要求

设备名称	压力/MPa	含尘量/（mg/m³）	压力露点温度/℃	含油量/（mg/m³）	空气品质 ISO 8573-1:2010
喷气织机	0.4~0.6	≤0.1	2~10	≤0.1	2.5.2
自动穿经机	0.6~1.0	≤1.0	≤-17	<1.0	3.3.3
自动络筒机	0.7~0.8	≤0.1	2~10	≤0.1	2.5.2
涡流纺纱机	0.6~0.7	≤0.1	2~10	≤0.01	2.5.1
其他辅助设备	0.5~0.7	≤0.5	2~10	≤0.1	4.5.2

注　空气品质2.5.2指压缩空气品质应符合ISO 8573-1:2010标准所规定的含尘2级、含水5级、含油2级标准。

喷气织机是以压缩空气作为引纬的动力载体,为了保证喷射引纬的正常进行和织物的布面质量,减少能耗,对压缩空气的品质和压力都提出了严格要求。

(1)含油要求。喷气引纬用的压缩空气不能含油或者含油量极少。若使用含油的空气引纬,油污不仅会污染织物,还会粘附在喷嘴及钢筘上,影响喷射力量并增大引纬阻力,使引纬恶化。生产车间中的空气若含油粒,会污染环境且对人体健康造成危害。因此,无论是无油型还是油润滑型的空气压缩机,都必须将空气中的油粒滤净,最大含油量不超过0.1mg/m³,即达到ISO 8573-1:2010空气品质标准含油量分类的2级要求。

(2)压力露点温度要求。不同地区、不同季节的空气均有不同的含湿量,含湿量大的压缩空气在管路中会析出水分,并凝结成水珠,使管壁粘附灰尘,造成输送压力损失。同时若引纬压缩空气中含湿量大,还会对钢筘、喷嘴、织机部件造成污染和锈蚀。因此,必须对喷气引纬用压缩空气进行干燥处理,通常要求其压力露点温度在10℃以下,4~10℃为宜,即达到ISO 8573-1:2010空气品质标准含湿量分类的5级要求。

(3)含尘要求。不洁净的空气会磨损空气压缩机,影响织机的使用效能和寿命。喷气织机引纬用压缩空气中的最大含尘微粒应小于1μm,应去除0.3μm以上的粉尘和炭粉,最大含尘量不超过1mg/m³,即达到ISO 8573-1:2010空气品质标准含尘量分类的2级要求。

(4)压力要求。均匀、稳定、合理的引纬空气压力是确保喷气织机提高工作效率、节约能源和延长设备使用寿命的关键。喷气织机引纬用的空气压力大小,根据织物规格、幅宽、纤维种类和织机需求情况而定。通常要求进入织机的空气压力在0.3MPa以上,压缩机输出压力为0.4~0.8MPa,压力波动应小于0.01MPa。为确保喷气织机气压稳定,喷气织机空压机供气压力一般要求比喷气实际使用压力高0.15MPa以上。

除喷气织机外,在纺部及准备车间主要用于气动加压、气动落纱、气流喷射加捻、气流喷射捻接和气流喷射清洁等部位。上述部位除了气动加压和气动落纱对压缩空气品质要求相对较低外,其余部位均和纱线接触,品质要求应和喷气织机对压缩空气品质的要求相近。用于气动加压的场所,一般要求压缩空气压力为 0.6~0.8MPa。

二、纺织用空气压缩机

(一)纺织用空气压缩机的分类

空气压缩机(简称空压机)有许多种分类方法,不同类型应用于不同的场合。

(1)按工作原理不同分类。目前纺织厂常用空压机的类型主要有活塞式、螺杆式、离心式几大类,其中活塞式、螺杆式属于容积型空压机,离心式属于动力型空压机。

(2)按排气压力 p 不同分类。可分为低压空压机($0.3MPa \leqslant p < 1.6MPa$),中压空压机($1.6MPa \leqslant p < 10MPa$),高压空压机($10MPa \leqslant p \leqslant 100MPa$),超高压压缩机($p > 100MPa$)。纺织企业使用的空压机压力均低于 1.6MPa,为低压空压机。

(3)按排气量 Q 不同分类。可分为微型空压机($Q < 1m^3/min$)、小型空压机($1m^3/min \leqslant Q < 10m^3/min$)、中型空压机($10m^3/min \leqslant Q \leqslant 60m^3/min$)、大型压缩机($Q > 60m^3/min$)。纺织企业使用的空压机由于使用场所的不同,排气量一般为 $1~80m^3/min$,排气量范围较广。

(4)按润滑方式不同分类。可分为有油润滑和无油润滑两种形式空压机。

(二)空气压缩机的工作原理及特点

1. 活塞式空气压缩机

活塞式空气压缩机(空压机)是使用时间最长、工业应用中最常见的压缩机,可分为单动式和双动式,有油润滑式和无油润滑式,不同形式配置的气缸数不同。

(1)活塞式空压机的工作原理。活塞式空气压缩机带有气阀系统,其工作原理如图 6-5-1 所示,电动机通过传动装置带动活塞在气缸内做往复直线运动。当活塞向下运动时,排气口阀门关闭,吸气口阀门打开,把空气吸入气缸。当活塞向上运动时,吸气口阀门关闭,排气口阀门打开,吸入的空气被压缩后由排气口排出。这样,在吸气

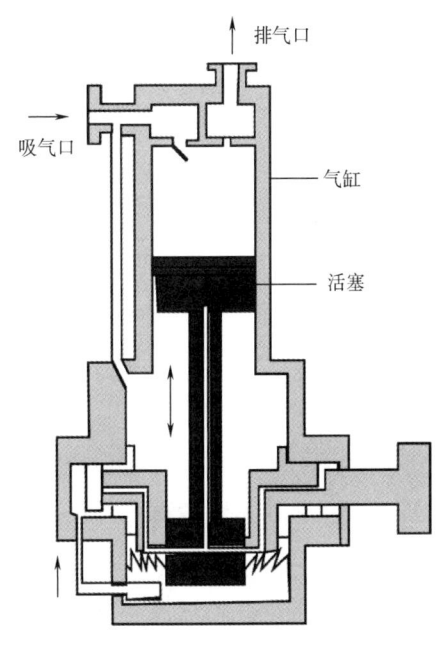

图 6-5-1　活塞式空气压缩机的工作原理图

阀和排气阀的控制下,周而复始地进行吸气和排气过程,从而实现对气体的吸入、压缩、排出及供气过程。

(2)活塞式空压机的特点。活塞式空压机依靠容积变化的原理工作,适用压力范围广,工业上超高压空压机的工作压力可达 350MPa;同时空压机空气压缩过程属封闭过程,热效率较高,气量调节时,排气量几乎不受排气压力变动的影响。但活塞式空压机由于进、排气不连续,机器运转中设备及管道的振动以及噪声都比较大,设备易损件多,维修工作量大,使用周期较短。

2. 螺杆式空气压缩机

(1)螺杆式空压机的工作原理。螺杆式空压机是依靠气缸内平行布置的两个呈 ∞ 形且相互啮合的螺旋转子按一定传动比反向旋转完成吸气、压缩和排气过程来生产压缩空气,其结构如图 6-5-2 所示。节圆外具有凸齿的转子称为阳转子,节圆内具有凹齿的转子称为阴转子。一般阳转子与原动机连接,由阳转子经同步齿轮组带动阴转子转动。螺杆压缩机工作时,气体经吸入口分别进入阴阳螺杆的齿间容积,随着螺杆的不断旋转,各自的齿间容积也不断增大,当齿间容积达到最大值时与吸气口断开,吸气过程结束。压缩过程是紧随其后进行的,阴阳螺杆的相互啮合使齿间容积值不断减小,气体的压力逐渐提高,当齿间容积与排气口相通时,压缩过程结束而进入排气过程。在排气过程中,螺杆不断旋转,连续地将压缩后的气体送至排气管道,一直到齿间容积达到最小值为止。随着转子的连续回转,上述过程周而复始地进行。

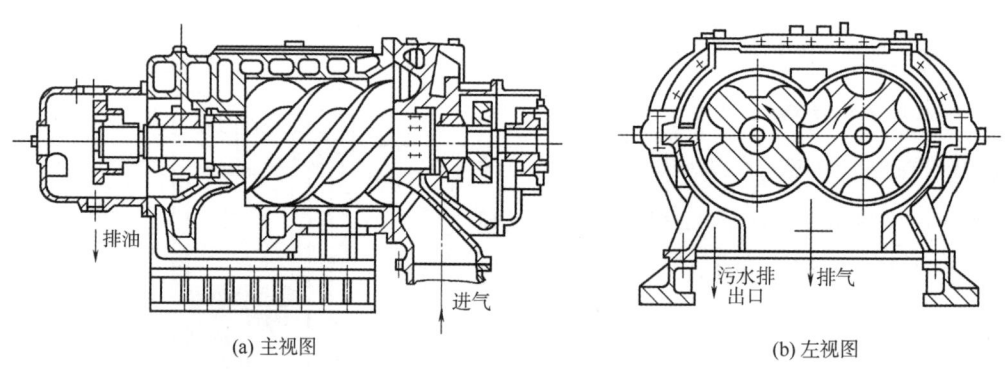

(a) 主视图　　　　　　　　　　　　(b) 左视图

图 6-5-2　螺杆式空气压缩机的结构图

(2)螺杆式空压机的特点。螺杆式空压机具有进排气均匀、无压力脉动、机器运转平稳、无须设置储气罐、基础小甚至可以采用无基础运转的特点。喷油螺杆可获得较高的单级压力比(可高达 20~30)及较低的排气温度,具有强制输气的特点,即排气量几乎不受排气压力的影响,压力比与转速、密度基本无关,特别适合于多机并联运行。但设备运行噪声、螺杆加工精度和制造成本较高。

（3）螺杆式空压机的分类及比较。螺杆式空压机压缩元件的核心是螺杆转子,螺杆转子与外壳组成压缩腔,按压缩腔是否喷入润滑油可划分为喷油螺杆式空压机和无油螺杆式空压机。

①喷油螺杆式空压机采用的是阳转子带动阴转子,两转子之间是接触的,如同齿轮传动,接触面之间存在大量摩擦,在压缩空气的过程中,有热量产生,需喷入大量的润滑油,压缩空气与润滑油混合后一起升压,再离开压缩腔,然后通过油气分离器分离。喷油螺杆式空压机整机价格相对低廉,但润滑油消耗量大,油分离器滤芯等耗件费用以及运行维护费用较高。机组冷却方式分为风冷和水冷,并带有内置式冷冻干燥机。

②无油螺杆式空压机与喷油螺杆式空压机则完全不同。该机压缩腔由一对不接触的阴阳螺杆转子组成,在压缩的过程中,阳转子和阴转子的运动是靠一对同步齿轮做非常精密的传动,转子既要保证对空气进行压缩,又要保证优良的气密性,所以对转子加工工艺的要求极高,无油空压机采用无油润滑螺杆啮合实现压力升高。

无油螺杆式空压机压缩腔内无油,螺杆之间的密封和润滑采用喷涂自润滑材料和四氟乙烯膜进行密封润滑。为防止压缩空气沿轴向泄漏,在轴上装有气封环和油封环,而且两环中间设置和大气相通的通道,确保轴承润滑油不会渗漏到压缩腔内。转子之间、转子和壳体之间的间隙相当小,压缩过程中靠自身密封。该机的主要优点是输出的空气可以做到全无油,且设备运行与维护费用低。但由于螺杆自身密封的特点,单级压缩比受到一定限制,需要采用两级压缩,排气压力一般小于 0.75MPa,且该种机型价格昂贵。机组冷却方式也分为风冷和水冷。

喷油螺杆式空压机和无油螺杆式空压机系统工作流程分别如图 6-5-3 和图 6-5-4 所示。

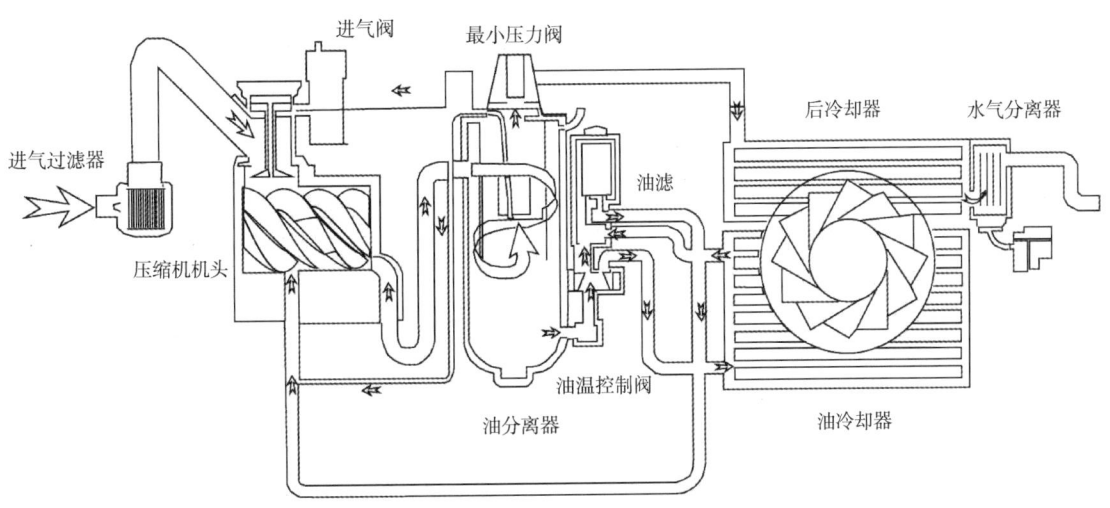

图 6-5-3　喷油螺杆式空压机系统工作流程图

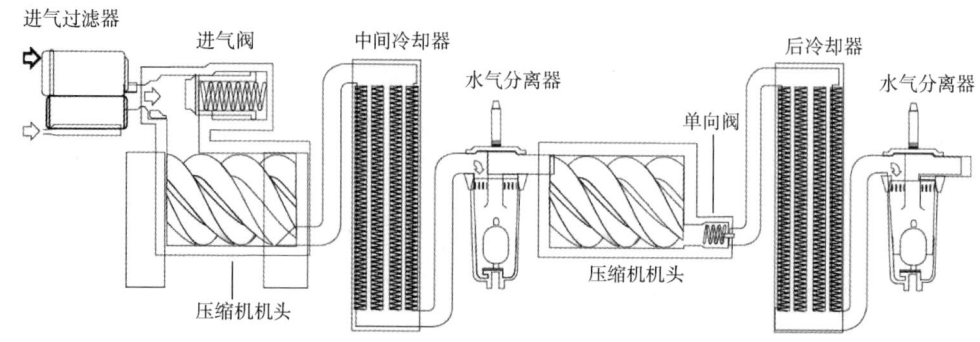

图6-5-4　无油螺杆式空压机系统工作流程图

3. 离心式空气压缩机

(1)离心式空压机的工作原理。离心式空压机是利用高速旋转的叶轮使空气受到离心力的作用产生压力,同时获得速度,离开叶轮后空气经扩压器等扩张通道将动能逐渐转化为压力能,从而使压力得到提高。离心式空压机一般由多级组成,排气压力越高,级数也就越多。一级或几级可以分为几段,段与段之间一般有中间冷却器。离心式空气压缩机的结构如图 6-5-5

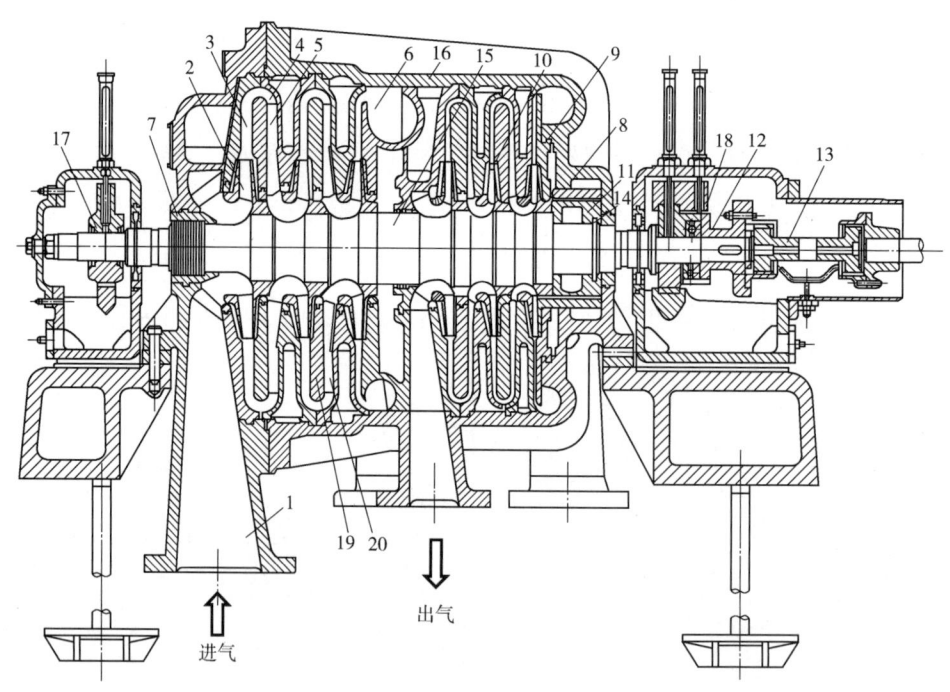

图6-5-5　DA120-61离心式空气压缩机剖面构造图

1—吸气室　2—叶轮　3—扩压器　4—弯道　5—回流器　6—蜗室　7,8—轴端密封　9—密封隔板

10—密封轮盖　11—平衡盘　12—推力盘　13—联轴器　14—卡环　15—主轴　16—机壳

17—支持轴承　18—止推轴承　19—隔板　20—回流器导流叶片

所示。一级压缩后的空气流入扩压器,使速度降低,压力提高。再经弯道、回流器使气体流入下一级继续压缩。由于气体在压缩过程中温度升高,气体在高温压缩时,消耗功将会增大。为了减少压缩功耗,故在压缩过程中采用中间冷却,由第一级出口的气体不直接进入第二级,而是通过蜗室和出气管,引到中间冷却器进行冷却,冷却后的低温气体再经吸气室进入第二级进行压缩。然后再经下一级压缩,最后,由最末级出来的高压气体经排气管排出。

(2)离心式空压机主要特点。离心式空压机具有易损件少、结构紧凑、质量轻、单机排气量大的特点,纯无油工况运行时,压缩空气不受润滑油污染,品质高。但设备启动和停车过程中容易产生喘振现象,且排气量的变化对空压机效率影响明显,并联特性较差,不宜采用多台机组并联运行,设备制造、操作和维护的要求较高。

(三)空气压缩机的性能比较与选择

空压机选型应在满足纺织生产各工艺设备对压缩空气用气压力、用气量、品质的不同要求前提下,统筹兼顾,优化最佳选型与组合方案,力求工作效率高、能耗省、操作维修简便、价格合理。

1. 纺织常用空压机性能比较与选择

由于空压机的压缩原理不同,造成各种空压机的应用范围、经济指标及性能有较大的区别。纺织常用各类型压缩机的应用范围和经济指标如图 6-5-6 和图 6-5-7 所示,主要性能参数见表 6-5-3。

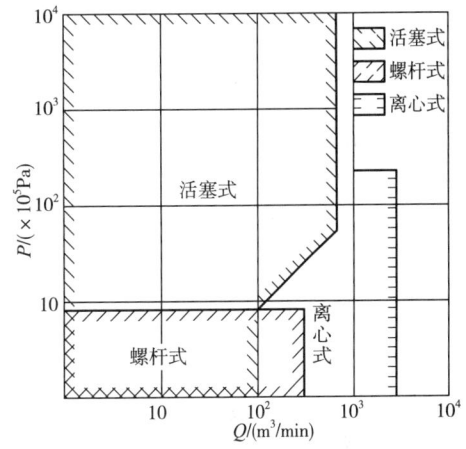

图 6-5-6 各类型压缩机应用范围

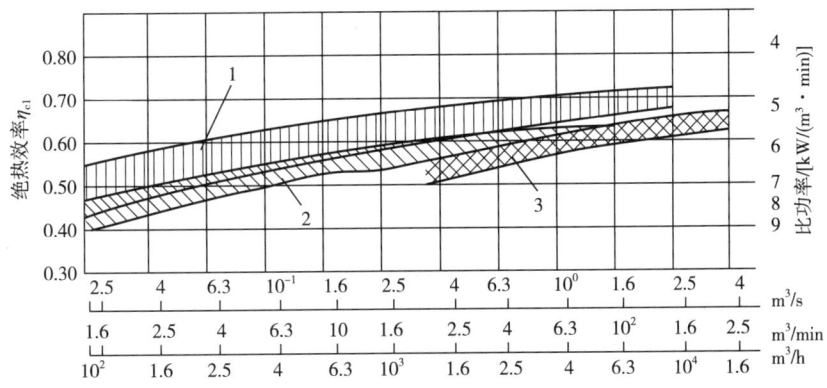

图 6-5-7 各类型压缩机的经济指标(排气压力为 0.8MPa)

1—活塞式 2—螺杆式 3—离心式

表 6-5-3　纺织常用各类型空压机的主要性能参数

机型性能	离心式	螺杆式		活塞式
		有油螺杆式	无油螺杆式	
流量/(m³/min)	73~183	0.5~90	2~147	0.1~3.3
压力/MPa	0.35~1.04	0.75~1.3	0.75~1.0	0.69~0.86
装机功率/kW	315~1120	5~500	15~900	1.1~30
比功率/[kW/(m³·min)]	6.0~6.5	5.7~5.9	5.6~5.8	7.1~7.3
含油量/(mg/m³)	0	0.1	0	0.1
噪声/dB	68~83	72~76	68~78	75~85
流量调节/%	70~100	60~100	0~100	—

由所列图、表可以看出,离心式空压机主要应用于用气量较大、气压较低、压缩空气品质要求高的场所。螺杆式空压机主要性能技术参数介于离心式和活塞式空压机之间,但螺杆式空压机的运行稳定性好,多机并联特性佳,因此它主要应用于多机台并联的用气场所。活塞式空压机由于易损件多,维修工作量大,且使用周期较短,目前在纺织行业中较少应用,仅有部分生产现场无气源且用气量较小时,采用移动活塞式空压机作为补充。

根据棉纺织企业生产各工序用气分析可知,纺部及整经、浆纱准备车间用气主要用于气动加压、气动落纱、气动上落轴、气流喷射清洁等,属于间歇式用气,且对压缩空气品质要求相对较低,宜采用无油螺杆式空压机,也可采用喷油螺杆加油过滤器的后处理方案。虽然喷油螺杆空压机的单机成本低于无油螺杆式空压机,但由于增加了油气分离器芯和除油器滤芯,系统阻力增加,为保证用气端压力不变,则喷油螺杆式空压机出口压力需提高,轴功增加,所以喷油螺杆式空压机的电耗随运行时间延长而增加。因此在选择空压机的润滑方式时,应根据企业的综合情况来决定。

自动络筒、涡流纺、喷气织造等工序具有压缩空气耗量大、用气压力较低、用气量稳定、品质要求高的特点,如喷气织造车间,布机台数多、单台用气压力不高($P \leqslant 0.5$ MPa)且要求气压稳定($\Delta P \leqslant 0.01$MPa),宜采用离心式压缩机。

在用气压力较高($P \geqslant 0.7$MPa)、负荷变化较大,单台机组难以适应调节工况时,宜采用多台螺杆式空压机并联工作,也可以采用离心式空压机和螺杆式空压机并联工作,利用螺杆式空压机进行流量调节。前者因机组间的协调性较好而应用较广,后者仅适用于负荷变化较大,在高峰负荷时需启动辅助机组联合工作的情况,并联机组不论排气量大小,其排气压力必须相等或基本相等。

2. 冷却方式选择

空压机常用的冷却方式有风冷和水冷两种。由于水冷采用蒸发冷却方式，一般可以得到低于空气干球温度的冷却水，而且水的比热容和密度比空气大，对空压机的冷却效果好，一般选用较多。但水冷机需要配备冷却塔和冷却水泵，系统运行复杂，且冷却水容易结垢，影响传热效果。风冷机设备简单，维护费用低，但对于大型空压机和南方炎热地区，室外空气温度高会使空压机气缸温度偏高而停机。故采用风冷机时应确保机台间距离和机房通风散热，使机房温度低于40℃。

因此，在选择空压机的冷却方式时，应根据当地的气象条件、冷却水源水质情况进行分析确定。一般情况下空压机的冷却方式可按表6-5-4进行选择。

表6-5-4　空压机的冷却方式选择

地区	排气量/（m³/min）		
	≤5	5~20	≥20
温和地区	风冷	水冷	水冷
夏热冬暖地区	风冷	风冷、水冷	水冷
夏热冬冷地区	风冷	风冷、水冷	风冷、水冷
寒冷地区	风冷	风冷	风冷
严寒地区	风冷	风冷	风冷

三、纺织空气压缩系统设计

空气压缩系统一般由空气压缩机、辅助设备储气罐、干燥器及过滤器等组成。

空气压缩机为空压系统的主体，是将机械能转换成气体压力能的装置，是压缩空气的气压发生装置。

过滤器可将空气中含有的杂质（水分、油、灰尘等）进行过滤，尽量避免其进入空气压缩机内，减轻运动件的磨损和润滑油的老化。

储气罐的主要功能：一是储存作用，维持压空供需平衡，保证连续供气；二是缓冲作用，减少气流脉动；三是沉淀过滤作用，进一步分离油、水等杂质。储气罐的最大操作压力由空气压缩机组排出压力决定。

干燥器是有效去除压缩空气中的水分以获得干燥压缩空气的一种设备。

压缩空气系统设计主要包括压缩空气站房的设计、附属配套设备设计、压缩空气管网系统设计等。

（一）设计原始资料

设计压缩空气站时，应了解的原始资料主要分为以下两类。

1. 厂址资料

厂址资料包括建厂地区水文气象工程地质资料、城市规划要求、周围相邻建筑性质等因素。

2. 压缩空气负荷资料

压缩空气负荷资料包括设备用气量、用气压力、负荷均匀情况、压缩空气品质、用气设备对供气的可靠性要求等，需准确计算压缩空气用气量，确定站房供气压力，采用正确的干燥过滤设备和中间储存设备，达到供气品质和可靠度的要求。

（二）压缩空气供气方案

纺织企业压缩空气供气方案需根据工厂规模、用户分布情况、供气压力等级以及要求供应压缩空气的品质等因素，经综合考虑和技术经济比较后确定。

按用气负荷分布情况分，一般压缩空气供气方案有集中供气和分散供气两种主要供气方案。

1. 集中供气方案

建一个压缩空气站供应全厂所有的压缩空气用户是一般中、小型企业的首选解决方案。与数台分散分布压缩机相比，压缩机站便于集中监视与管理，运行和维护费用低。且一个中央供气系统中的压缩机之间可以有效地相互连接，控制工作顺序，提高工作效率，从而降低能量消耗。压缩机集中安装还能进一步优化过滤器、冷却器和其他辅助设备规格参数以及进气口尺寸，降低噪声、节省总建筑面积。

2. 分散供气方案

企业规模较大、压缩空气用量大且主要用气负荷又较分散，或用气负荷不稳定，压降变化较大的场合，可选择分散供气方案，设区域性压缩空气站供气。如在喷气织机车间单独设区域压缩空气站，就近供气，减少功耗；在纺部的机台附近就近设置小型空压机组供气，减少管道用量。区域站房之间也可管道连通，在保证重点用户的供气的同时，达到相互调节负荷，互为备用的目的。

压缩空气供气还可按就近供气、分压力供气、按品质供气三种方式进行，见表6-5-5。

压缩空气供气方案的设计直接关系到一次性建设投资和长期运行费用。在设计时，应结合具体工程情况，充分进行技术经济的分析和比较，力求达到既满足使用要求，又实现技术经济上的先进性和合理性。

表 6-5-5 压缩空气供气方案

方式	应用场合与特点
就近供气	当工厂总耗气量不大,用户少而分散时,可考虑选用小型空气压缩机组就近供气的方案
分压力供气	用户需求的压缩空气压力不同且低压用气量又较大时,应配置不同压力的空压机组与不同压力等级的供气系统,以减少因减压而造成的能量损失,如喷气织机车间用气量大、用气压力较低;而前纺等车间用气量小,用气压力高,可分设压缩空气站分压力供应,纺部和织部采用不同的压力等级供气,降低能耗。为便于维护管理和节省投资,供气系统压力等级一般不超过两种
按品质供气	当工厂有少量用气设备要求供应品质较高的压缩空气时,可单独采用无油润滑空压机,配套相应的干燥净化设备的工艺系统供气,也可利用集中压缩空气站的含油压缩空气经除油、干燥净化等处理后供气

(三)压缩空气站负荷及空气压缩机台数选择

1. 压缩空气消耗量

压缩空气消耗量、供气压力和品质的要求是设计压缩空气站的主要依据,它由用气部门提出,一般按设备平均消耗量与最大消耗量进行提供。其中工艺设备压缩空气消耗量应为不同工作压力下,折合到标准状态(温度 20℃,大气压力 0.1MPa,空气相对湿度为零)下的用气量。不同状态时用气量计算式如下:

$$L_2 = L_1 \frac{T_2 (P_1 - P_{1s} \phi_1)}{T_1 (P_2 - P_{2s} \phi_2)}$$

式中:L_2——2 状态下气体流量,m^3/min;

L_1——1 状态下气体流量,m^3/min;

T_2——2 状态下空气温度,K;

T_1——1 状态下空气温度,K;

P_2——2 状态下空气压力,MPa;

P_1——1 状态下空气压力,MPa;

P_{2s}——2 状态下空气水蒸气分压力,MPa;

P_{1s}——1 状态下空气水蒸气分压力,MPa;

ϕ_2——2 状态下空气相对湿度;

ϕ_1——1 状态下空气相对湿度。

工程计算中,由于空气中的水蒸气因素影响较小,一般可以忽略不计,计算公式可简化为:

$$\frac{P_1 L_1}{T_1} = \frac{P_2 L_2}{T_2}$$

可以根据上述公式计算在不同状态时,设备的压缩空气消耗量和空压机的实际供气量。

2. 压缩空气站设计容量

压缩空气站设计容量的确定一般采用三种方法,即用平均消耗量、最大消耗量、主要用气设备的最大计算消耗量计算设计容量。

(1)以平均消耗量总和为依据计算设计容量 L 的方法。

$$L = \sum L_0 K(1 + \phi_1 + \phi_2 + \phi_3)$$

式中:L——设计容量,$\mathrm{m^3/min}$;

$\sum L_0$——用气设备或车间平均消耗量总和,$\mathrm{m^3/min}$;

K——消耗量不平衡系数(取 1.2~1.4):

ϕ_1——管道漏损系数(当管道全长小于 1km 时,取 0.1;1~2km 时,取 0.15;大于 2km 时,取 0.2);

ϕ_2——用气设备磨损增耗系数,取 0.15~0.2;

ϕ_3——未预见的消耗量系数,取 0.1。

例:喷气织造车间,由于喷气织机用气量较为平稳,且用气设备台数较多,可采用这种计算方法来确定其压缩空气站设计容量。

(2)用最大消耗量为依据计算设计容量的方法。

$$L = \sum L_{\max} K_{\mathrm{T}}(1 + \phi_1 + \phi_2 + \phi_3)$$

式中:$\sum L_{\max}$——用气设备最大消耗量总和,$\mathrm{m^3/min}$;

K_{T}——同时使用系数。

同时使用系数 K_{T},应根据各用气设备的情况,由经验数据确定,也可参照类似工程的 K_{T} 值来选用。

例:纺部车间用气波动性较大,且用气设备台数较少,宜采用上述方法确定用气量。

(3)用主要用气设备的最大计算消耗量,加其余用气设备的平均消耗量,计算设计容量的方法。

$$L = (L_{\mathrm{z}} + \sum L_0)(1 + \phi_1 + \phi_2 + \phi_3)$$

式中:L_{z}——主要用气设备的最大消耗量,$\mathrm{m^3/min}$;

L_0——用气设备或车间平均消耗量,$\mathrm{m^3/min}$。

这种计算方法可用于全厂有个别耗气量大的设备即 L_{z} 和 L_0 相差悬殊的压缩空气站设计容量计算。

针对以上三种计算方法,设计时应根据企业用气设备的特点进行选择。当净化系统中采用有热或无热再生吸附干燥器时,其设计容量还需分别增加8%~10%或15%~20%再生自耗气量。

3. 高原环境压缩机选择

无论是大气环境压力还是环境温度都会随着海拔高度升高而下降。空压机的进口压力降低将会影响压缩机的压缩比,为达到所要求的工作压力,空气流量及设备能耗将提高。海拔高度每增加1000m,单级、多级空压机、移动活塞压缩机和离心式空压机流量降低率见表6-5-6。随海拔高度增加,驱动空压机工作的电动机额定功率的允许负荷降低百分比见表6-5-7。

表 6-5-6　海拔高度每增加 1000m 不同形式空压机流量降低率

压缩机形式	自由排气量降低率/%	质量流量或标准流量降低率/%
单级无油螺杆空压机	0.3	11
两级无油螺杆空压机	0.2	11
单级喷油螺杆空压机	0.5	12
单级活塞空压机	5	17
两级活塞空压机	2	13
多级离心空压机	0.4	12

表 6-5-7　随海拔高度增加电动机允许负荷降低百分比(%)

海拔高度/m	环境温度/℃					
	<30	40	45	50	55	60
1000	107	100	96	92	87	82
1500	104	97	93	89	84	79
2000	100	94	90	86	82	77
2500	96	90	86	83	78	74
3000	92	86	82	79	75	70
3500	88	82	79	75	71	67
4000	82	77	74	71	67	63

在高原地区建设压缩空气站,其设计容量还可根据所在地区的海拔高度,以正常设计容量乘以表6-5-8中的高原修正系数进行。

表 6-5-8　高原修正系数表

海拔高度/m	0	305	610	914	1219	1524	1829	2184	2438	2743	3048	3658	4572
修正系数	1.0	1.03	1.07	1.10	1.14	1.17	1.20	1.23	1.26	1.29	1.37	1.32	1.43

4. 压缩空气站设计工作压力

压缩空气站设计工作压力应该保证经过滤和干燥设备消耗、管道输送设备的压力损失后，仍能满足车间设备用气的压力要求。纺织厂喷气织机的工作压力与织物规格、纤维种类、织机幅宽、织机转速及织机性能等因素有关，数据应由织机供货商提供，压力波动要小于 0.01MPa，也可根据表 6-5-9 初步确定(表中数据以常用机型为例)。

表 6-5-9　常用织机工作压力　　　　　单位：MPa

机型	纱线类型			
	细特(9.7~19.4tex)	中特(20~30.7tex)	粗特(32~83.2tex)	长丝(84~330dtex)
ZAX-190	0.40	0.45	0.50	0.40
JAT-190	0.50	0.55	0.60	0.50
GA710-190	0.45	0.50	0.55	0.45

由于喷气织机的生产效率和质量与供气压力关系密切，因此合理确定空压机的供气压力，对确保喷气织机的工作效率、节约能源和延长空压机的使用寿命至关重要，一般在机台处附加 0.1MPa 的裕度。空压机的供气压力可按下式计算：

$$P_g = (P_z + 0.1) + P_R$$

式中：P_g——空压机的供气压力，MPa；

P_z——织机的工作压力，MPa；

P_R——空压管道、干燥器、过滤器等阻力损失，应经系统管网阻力计算确定，一般取
　　　0.05~0.1MPa。

经上式计算后得出的压缩空气站供气压力若能满足纺织厂其他车间的供气压力要求，纺部、织部可合用一个压缩空气站。若不能满足纺部压缩空气的压力要求，不宜合用一个系统，应专门对纺部确定空压机的供气压力，分别供气以节约能源。

5. 空气压缩机类型的选择原则

在压缩空气站的设计容量和设计压力确定后，可根据用户的特点和要求，经综合考虑后进行压缩机类型的选择。

空气压缩机的型号、台数和不同空气品质、压力的供气系统，应根据供气要求和压缩空气负

荷,经技术经济比较后确定。为便于设计、安装和维护管理,站内宜选用同类型的压缩机。对同一品质、压力的供气系统,空气压缩机的型号不宜超过两种。对纺织厂来说,为考虑不同负荷下运行的经济性,站房可选择不同型号和不同单机容量的压缩机,但不宜超过两种型号。

6. 空气压缩机台数确定

压缩空气站内机组的台数应以在正常计划检修条件下能保证生产用气量为原则。压缩空气站内,活塞空气压缩机或螺杆空气压缩机的台数宜为 3~6 台。离心空气压缩机的台数宜为 2~5 台,并宜采用同一型号。对于大规模的喷气织机车间,由于车间生产调整的需要,有可能选用较多台数的螺杆式空压机并联运行,此时应详细分析车间主机设备的开台情况,尽量减少压缩空气站机组台数。

空气压缩机需定期轮换进行检修,在运行中还可能发生故障需临时停机,为保证生产用气量,必须考虑设置备用容量,备用容量按下式计算:

$$n = \frac{L_A - L_D}{L} \times 100\%$$

式中:n——备用容量;

L_A——机组总安装容量,m^3/min;

L_D——最大机组容量,m^3/min;

L——设计容量,m^3/min。

压缩空气站备用容量的确定,应确保当最大机组检修时,除允许通过调配措施减少供气外,其余机组应保证全厂生产的需气量。

关于备用机组的台数,根据检修所需停机时间推算,安装 6 台及以下机组的压缩空气站,其中 1 台作为备用,大多数能满足生产和机组轮换检修的需要。备用机组的容量最好和压缩空气站机组容量一致,便于检修时互换。具有连通管网的分散压缩空气站,其备用容量应统一设置。

对于短时间用气量很大或一个班中用气次数很少的用户,如采取选择与之相应容量的压缩机来满足其短时的需要,是很不经济的,因此常采取设置大容积的储气罐来实现气量供需的平衡。

(四)压缩空气站房设计

1. 压缩空气站房的布置

压缩空气站在厂区内的布置,应根据下列因素,经技术经济比较后确定。设计时主要应考虑如下问题。

(1)靠近用气负荷中心。

（2）供电、供水合理。

（3）有扩建的可能性。

（4）避免靠近散发爆炸性、腐蚀性、有毒气体以及粉尘等有害物的场所，并将其设置于上述场所全年风向最小频率的下风侧。

（5）压缩空气站与有噪声、振动防护要求场所的间距，应符合国家现行的有关标准规范的规定。

（6）压缩空气站的朝向，宜使机器间有良好的自然通风，并减少西晒。

（7）装有活塞式空压机或离心式空压机或单机额定排气量大于或等于 $20m^3/min$ 的螺杆式空压机的压缩空气站宜为独立建筑物。压缩空气站与其他建筑物毗连或设在其内时，宜用墙隔开，空压机宜靠外墙布置。设在多层建筑内的空压机，宜布置在底层。

2. 压缩空气站房工艺系统设计

（1）空压机的吸气系统，应设置空气过滤器或空气过滤装置。离心式空压机驱动电动机的风冷系统进风口处，宜设置空气过滤器或空气过滤装置。空压机吸气系统的吸气口，宜装设在室外，并应设有防雨措施。夏热冬暖地区，螺杆式空压机和排气量小于或等于 $10m^3/min$ 的活塞式空压机的吸气口可设在室内。

（2）冷却排风装置。风冷螺杆式空压机组和离心式空压机组的空气冷却排风宜排至室外。

（3）储气罐布置。活塞式空压机的排气口与储气罐之间应设后冷却器。各空压机不应共用后冷却器和储气罐。离心式空压机后冷却器和储气罐的配置，应根据用户的需要确定。

（4）空气干燥装置的选择。空气干燥装置应根据供气系统和用户对空气干燥度及需干燥空气量的要求，经技术经济比较后确定。当用户要求干燥压缩空气不能中断时，应选用不少于两套空气干燥装置，其中一套为备用。当压缩空气需干燥处理时，在进入干燥装置前，其含油量应符合干燥装置的要求。装有活塞式空压机的压缩空气站，其空气干燥装置应设在储气罐之后。进入吸附式空气干燥装置的压缩空气温度不得超过 $40℃$。进入冷冻式空气干燥装置的压缩空气温度，应根据装置的要求确定。

（5）压缩空气过滤器的设计。根据用户对压缩空气质量等级的要求，应在空气干燥装置前、后和用气设备处设置相应精度的压缩空气过滤器。空气干燥装置和过滤器的出口，宜设分析取样阀。除要求不能中断供气的用户外，可不设备用压缩空气过滤器。

（6）为保证压缩空气管路的安全运行，必须采用一些安全措施。

①活塞式空气压缩机与储气罐之间，应装止回阀。在压缩机与止回阀之间，应设放空管。放空管应设消声器。

②活塞式空气压缩机与储气罐之间，不应装切断阀。当需装设时，在压缩机与切断阀之间，必须装设安全阀。

③离心式空气压缩机的排气管上，应装止回阀和切断阀。压缩机与止回阀之间，必须设置放空管。放空管上应装防喘振调节阀和消声器。

④离心式空气压缩机与吸气过滤装置之间，应设可调节进气量的装置。离心式空压机应设置高位油箱和其他能够保证可靠供油的设施。离心式空压机宜对应设置润滑油供油装置，出口的供油总管上应设置止回阀。

⑤储气罐上必须装设安全阀。安全阀的选择，应符合国家现行的《压力容器安全技术监察规程》的有关规定。储气罐与供气总管之间，应装设切断阀。

(7)空气压缩机的吸气、排气管道及放空管道的布置。设计时应减少管道振动对建筑物的影响，其管道上设置的阀门，应方便操作和维修。活塞式空压机至后冷却器之间的管道，应方便拆卸，容易清除积炭。排气管道应设热补偿。在寒冷地区，室外地面上的排油水管道，应采取防冻措施。

(8)隔声设计。压缩空气站宜设置隔声值班室，在空压机组、管道及其建筑物上，应采取隔声、消声和吸声等降低噪声的措施。压缩空气站的噪声控制值不宜高于90dB(A)，最高不得高于115dB(A)，有空压站辐射至厂界的噪声应符合 GB 12348—2008《工业企业厂界噪声排放标准》的规定。

(9)压缩空气站应设置废油收集装置。废水的排放，应符合国家现行的有关标准、规范的规定。

3. 压缩空气站房设备布置

在进行压缩空气站的设备平面布置时，除机器间外，宜设置辅助间，其组成和面积应根据压缩空气站的规模、空压机的形式、机修体制、操作管理及企业内部协作条件等因素综合确定。机器间内设备和辅助间的布置，以及与机器间毗连的其他建筑物的布置，不宜影响机器间的自然通风和采光。离心空气压缩机的吸气过滤装置宜独立布置，与空气压缩机的连接管道力求短、直。严寒地区，油浸式吸气过滤器布置在室外或单独房间内时，应有防冻防寒措施。压缩空气储气罐应布置在室外，并宜位于机器间的北面。立式储气罐与机器间外墙的净距不应小于1m，且不应影响采光和通风。对压缩空气中含油量不大于1mg/m³的储气罐，在室外布置有困难时，可布置在室内。夏热冬冷和夏热冬暖地区压缩空气站机器间内，宜对设备和管道采取减少热量散发的措施。

(1)压缩空气站房间通道间距。螺杆式空压机组及活塞空气压缩机组宜单排布置。机器间通道的宽度,应根据设备操作、拆装和运输的需要确定,其净距不宜小于表 6-5-10 的规定。

(2)设备布置。离心式空压机组的设备布置,可采用单层或双层布置。

①双层布置。在采用双层布置时,应符合下列要求。

a. 宜采用满铺运行层形式,底层宜布置辅助设备,运行层机组旁可作检修场。

b. 滑油供油装置应布置在底层。底盘与主油泵入口高差应符合主油泵吸油高度要求。

表 6-5-10　机器间通道的净距　　　　　单位:m

名称及布置方法		空气压缩机排气量 Q/(m³/min)		
机器间的主要通道	单排布置	$Q<10$	$10\leq Q<40$	$Q\geq40$
	双排布置	1.5		2.0
空气压缩机组之间或空压机与辅助设备之间的通道		1.0	1.5	2.0
空气压缩机组与墙之间的通道		0.8	1.2	1.5

注　1. 当必须在空压机组与墙之间的通道上拆装空气压缩机的活塞杆与十字头连接的螺母零部件时,表中 1.5m 的数值应适当放大。

2. 设备布置时,除保证检修能抽出气缸中的活塞部件、冷却器中的芯子、电动机转子或定子外,并宜有不小于 0.5m 的余量;如不能满足要求表中所列的间距时,应加大。

3. 干燥装置操作维护用通道不宜小于 1.5m。

c. 机器间底层和运行层应有贯穿整个机器间的纵向通道,其净宽不应小于 1.2m,机组旁通道净距应符合空压机、电动机、冷却器等主要设备的拆装、起重设备的起吊范围、设备基础与建筑物基础的间距等要求。

d. 各层机器间的出入口不应少于 2 个,运行层应有通向室外地面的安全梯。

e. 在机器间的扩建端,运行层应留出安装检修吊装孔,当底层设备需采用行车吊装时,其设备上方的运行层也应留有相应的吊装孔。

②单层布置。空气压缩机房单层布置时,应符合下列要求。

a. 机器间的出入口也不应少于 2 个。

b. 离心式空气压缩机组的高位油箱底部距机组水平中心线的高度不应小于 5m。

c. 空气干燥净化装置设在压缩空气站内时,宜布置在靠辅助间的一端。

d. 当用户要求压缩空气压力露点低于 -40℃ 或含尘粒径小于 1μm 时,空气干燥净化装置宜设在用户处。

e. 压缩空气站内,需设置专门检修场地时,其面积不宜大于一台最大空气压缩机组占地和运行所需的面积。

f. 单台排气量大于或等于 20m³/min,且总安装容量大于或等于 60m³/min 的压缩空气站,宜设检修用起重设备,其起重能力应由空气压缩机组的最重部件确定。

g. 空气压缩机组的联轴器和皮带传动部分,必须装设安全防护设施。

h. 当空气压缩机的立式气缸盖高出地面 3m 时,应设置移动的或可拆卸的维修平台和扶梯。

i. 空气压缩机的吸气过滤器,应装在便于维修之处,必要时应设置平台和扶梯。平台、扶梯、地坑及吊装周围均应设置防护栏杆。栏杆的下部应设防护网。压缩空气站内的地沟应能排除积水,并应铺设盖板。

4. 压缩空气站房土建设计

压缩空气站机器间屋架下弦或梁底的高度,应符合设备拆装起吊和通风的要求,其净高不宜小于4m。夏热冬冷和夏热冬暖地区,机器间跨度大于9m时,宜设天窗。

机器间通向室外的门,应保证易于安全疏散,便于设备出入和操作管理。机器间宜采用金刚砂耐磨地坪,墙的内表面应抹灰刷白。隔声值班室或控制室应设观察窗,其窗台标高不宜高于 0.8m。空气压缩机的基础应根据环境要求采取隔振或减震措施。双层布置的离心式空气压缩机的基础应与运行层脱开。有发展可能的压缩空气站,其机器间的扩建端,应便于接建。

5. 压缩空气站房暖通、给排水、电气设计

(1)暖通设计。在冬季应保证压缩空气站机器间的采暖温度不宜低于15℃,非工作时间机器间的温度不得低于5℃。由于空压机工作时的效率仅有 30%~40%,大部分能量以热能的方式排出,排热量很大,站内温度很高。在夏季应加强通风降温措施,降低空压站的环境温度,一方面对空气压缩机工作效率提高有利,另一方面也对压缩空气中的含油量降低有利。如所在环境温度为 10℃时,经空气压缩机后的压缩空气温度为 21℃时,油过滤器后的压缩空气含油量为 0.1mg/m³;所在环境温度为 15℃,若排气温度为 25℃时,则压缩空气的含油量为原来的 10 倍,达到1mg/m³;所在环境温度为 35℃,若排气温度为 45℃时,则压缩空气的含油量为原来的 40 倍,达到4mg/m³。压缩空气的含油量,过滤时需要消耗一定的压力,造成压缩空气站能量消耗增加。

采用通风措施后,整个机器间地面以上 2m 内空间的夏季空气温度,应符合国家现行标准 GBZ 1—2010《工业企业设计卫生标准》中关于车间内工作地点的要求。压缩空气站的隔声值班室或控制室内应设通风或降温装置。

安装有螺杆空气压缩机的站房,当空压机吸气口或机组冷却吸风口设于室内时,其机器间内环境温度不应大于 40℃。空气压缩机室内吸气时,压缩空气站机器间的外墙应设置进风口,其流通面积应满足空气压缩机吸气和设备冷却的要求。压缩空气站内设备通风管道的阻力损失超过设备自带风扇压头时,应设置通风机。通风管道内的风速在不采用通风机时,宜为3~5m/s;采用通风机时,宜为6~10m/s。近年来某些企业采用对空气压缩机吸口空气进行冷却、除湿、过滤处理,一方面降低了空气的温度和含湿量,另一方面降低了空气中的含尘量,对空气压缩机的工作状况和效率、螺杆的磨损情况有较大的帮助,节能效果明显。

冬季需采暖的地区,冷却螺杆压缩机组及离心压缩机组产生的热风,宜综合利用,用于提高站房温度。

(2)给排水设计。压缩空气站的生产用水,除中断压缩空气供气会造成较大损失外,宜采用一路供水。压缩空气站的冷却水应循环使用,循环水系统宜采用单泵冷却系统,空气压缩机入口处冷却水压力p(表压),应符合下列规定:活塞空气压缩机为$0.1MPa \leqslant p \leqslant 0.4MPa$,螺杆空气压缩机为$0.15MPa \leqslant p \leqslant 0.4MPa$,离心空气压缩机为$0.15MPa \leqslant p \leqslant 0.52MPa$。

由于空气压缩机的冷却水硬度对机组的冷却效果影响极大,因此空气压缩机及其冷却器的冷却水的水质标准,应符合现行国家标准GB/T 50050—2017《工业循环冷却水处理设计规范》的规定。当企业内部有软化水可以利用,且系统又经济合理时,系统内的循环水可采用软化水。在江河湖泊附近,空气压缩机及其冷却器的冷却水,采用直流系统供水时,应根据冷却水的碳酸盐硬度控制排水温度,且不宜超过表6-5-11的规定,否则应对冷却水进行软化处理。在空气压缩机的排水管上,必须装设水流观察装置或流量控制器。并应在压缩空气站的给水和排水管道上设放尽存水的设施。

表6-5-11　碳酸盐硬度与排水温度的关系

碳酸盐硬度(以 CaO 计)/(mg/L)	排水温度/℃	碳酸盐硬度(以 CaO 计)/(mg/L)	排水温度/℃
≤140	45	≤196	35
≤168	40	≤280	30

(3)电气控制设计。压缩空气站除应按照国家相关设计规范进行供电设计外,压缩空气站还应设置热工报警信号和自动保护控制,并应将热工报警信号接入集中控制室。在控制室和机器旁均应设置空气压缩机紧急停车按钮。没有备用空气压缩机的压缩空气站,可根据工艺要求设置自投备用的联锁。对离心式空气压缩机的机房,还应设置进气调节控制系统、机组防喘振控制系统及排气气压恒压控制系统。

6. 压缩空气站节能设计要点

压缩空气站的节能设计,是空压系统节能设计的关键。近年来,由于喷气织机的大量采用,压缩空气站的规模越来越大,装机功率很大,节能设计十分必要。近年来多数企业采用节能措施,取得了较好的效果,主要有以下几个方面。

(1)准确计算用气量,合理选择空气压缩机型号和台数。精确计算工艺生产用气量,正确选择空气压缩机的型号和台数,是节能的关键。应尽量选择能效比较高,容量较大的机组,以减少装机功率,负荷变动较大时,应选择一台小型机组用于调节。

(2)采用空压机节能控制技术。

①进气控制变换品种时可根据纱线线密度、车速等参数变化,预设调节进气阀门的开度。

②变频控制在不改变空气压缩机电动机转矩的前提下,即时控制电动机转速,从而改变压缩机转速,来响应系统压力的变化,并保持稳定的系统压力设定值,以实现高品质压缩空气的按需输出。变频调速技术能大幅度降低能源消耗,节约生产成本,节电率达到 20% 以上。该装置同时还可以提高电动机功率因数达到 0.95 以上,降低启动电流,减少对电网的冲击,延长压缩机使用寿命,降低故障率,减少维护成本,降低设备运转噪声的功能。但变频控制需要专用的变频电动机,整体成本较高。压缩机采用变频技术一般能达到 30%~100% 气量变化控制。

③变容控制通过调整有效压缩容积,使得用气与产气达到一定的匹配。通过气动元件驱动螺旋阀来调节压缩气量,这种调节方式属于机械调节方式,故障率极低,维护成本很低,无须定制电动机,综合成本相对变频要低。实际工作中,气量调节范围在 70%~100% 时明显优于变频控制。

(3)增设空压机吸气预处理装置。针对喷气织机需要干燥洁净压缩空气的使用要求,采用压缩空气预处理设备,可以预先除去空气中的水分和微尘,优化压缩机转子的工作状况,提高压缩机的效率,并可减小干燥过滤器的负荷和阻力,降低空压机出口压力,降低能源消耗。采用压缩空气预处理设备后,可以减轻冷干机的除湿负荷,增强压缩空气的除湿效果,还可以延长过滤器芯子的使用寿命,减少空压系统设备配件维修费用,提高织物的产品质量。

(五)压缩空气的干燥与净化

1. 压缩空气的干燥

湿空气经压缩后压力升高,空气中有大量的水分要析出,虽经后冷却器冷却后有大量的水分排出,但空气中的水分仍不能满足纺织生产的品质要求。此时空气中水分的含量取决于压缩空气的温度和压力,温度越高压力越低,含水分量就越大。工程上常用空气干燥器进一步去除压缩空气中的液滴和水分,达到干燥的要求。按照对压缩空气进行干燥的原理分为吸附法和冷冻法,纺织企业常用压缩空气干燥方法的特性见表 6-5-12。

表 6-5-12　纺织常用压缩空气干燥方法的特性

干燥方法	干燥剂	干燥后含湿量/（mg/m³）	压力露点温度/℃
吸附法	硅胶	0.03	-52
	活性氧化铝	0.005	-64
	分子筛	0.003~0.011	-70~-60
冷冻法	氟利昂一级制冷干燥		2~10

（1）压缩空气的吸附干燥。压缩空气的吸附干燥是利用硅胶、活性氧化铝、分子筛等吸附剂吸附空气中的水分，达到干燥压缩空气的目的。吸附法可以使压缩空气的露点达到-70~-20℃，采取措施后可使压缩空气的露点达到-80℃以下。

吸附剂经一段时间使用后，吸水量达到饱和，除湿量显著下降，则需要再生。再生是利用高温、常压或真空条件下吸附剂中水分能被脱除的特点，使吸附剂恢复正常工作。吸附干燥法按吸附剂的再生方式分为加热再生、无热再生及微热再生法三种。

①加热再生法。由于吸附剂对压缩空气中水分的吸附量，与吸附时温度有极大关系，温度升高时，吸附容量减少，温度降低时吸附容量提高。加热再生法就是利用吸附剂的这一特性，利用加热的方式使吸附剂进行再生，一般采用双塔式，两塔轮流进行吸附、再生。工作时每罐都经历吸附、再生、吹冷、均压四个阶段。

②无热再生法。由于吸附剂对水的吸附容量与吸附时压缩空气中的水蒸气分压力有极大关系，水蒸气分压力降低时吸附容量变小，水蒸气分压力升高时吸附容量增大。无热再生是利用吸附剂的这一特性工作，吸附时吸附器内为正常压力，再生时为真空或常压。一般也采用双塔制，一塔吸附的同时另一塔再生。无热再生法实际工作过程分为干燥、再生、均压三个阶段。压缩空气在压力下通过 A 塔，被吸附剂吸附其水分，得到干燥。大部分干燥的空气送往用户，部分干燥空气降压后进入 B 塔，脱除吸附剂吸附的水分后排到大气中，完成对 B 塔吸附剂的再生。再生完成后，再使 B 塔的压力恢复到吸附状态，如此循环。

③微热再生法。微热再生空气干燥法是在无热再生法的基础上，对再生气适当加热，提升温度至 40~50℃，以减少再生耗气量。

三种吸附干燥法特点比较见表 6-5-13。

（2）压缩空气的冷冻干燥。冷冻干燥原理利用水的饱和蒸汽压力和温度之间的对应关系，利用制冷装置对压缩空气间接冷却，使气体中水分在低温下饱和凝结成水，通过液气分离器将其除去，压缩气体得到干燥。冷冻干燥法一般可将空气的露点温度降至 2~10℃（工作压力下）。

表 6-5-13　三种吸附干燥法特点比较

技术指标	加热再生法	无热再生法	微热再生法
吸附塔体积(相对)	1.0	1/2~2/3	2/3
吸附剂	硅胶、活性氧化铝、分子筛	硅胶、活性氧化铝、分子筛	硅胶、活性氧化铝、分子筛
处理气量/(m³/h)	1~5000	1~5000	1~6000
工作压力/MPa	0~3.0	0.5~1.5	0.3~2.0
饱和含水量温度/℃	20~40	20~30	20~40
工作周期/min	360~480	5~10	30~60
出口露点温度/℃	-70~-20	-40 以下	-40 以下
再生温度/℃	硅胶 150~200 活性氧化铝 250~300 分子筛 300~350	20~30	40~50
再生压力	排气压力、常压或真空	常压或真空	常压或真空
再生气耗比/%	0~8	15~20(0.7MPa)	6~8(0.7MPa)
加热器能耗	大	无	小

冷冻干燥法的特点:冷冻干燥装置在压缩空气的露点温度在零摄氏度以上时,可连续工作,无须再生。与吸附法相比,能耗低。在冷却过程中油蒸汽凝结成油雾、液滴随水分排出系统,除油效果较好。对原料空气含湿量无限制,在高含湿量、大流量情况也能较好地工作。

鉴于冷冻干燥法的上述特点,纺织厂由于需要压缩空气的露点在 4~10℃,所以较多采用冷冻干燥法。

2. 压缩空气的净化

压缩空气吸入的环境空气中,通常含有一定量的水蒸气、微尘、油污及其他杂质,这些未经处理的空气进入压缩机后将会造成空压机运行效率降低,停机故障率增加,甚至造成损坏机器等严重后果。含有杂质的压缩空气进入用气设备,将会影响使用效果和产品质量,特别是喷气织机利用压缩空气进行引纬,如压缩空气含有油污、尘粒、水分等杂质,将会在布面上形成水迹、油污等疵点,严重影响成品质量,甚至引起下道工序索赔,严重影响企业经济效益。因此应对进入空气压缩机的空气和压缩后的空气进行净化,使之达到各种使用要求的净化品质要求。

空压系统常用的空气净化设备有空气过滤器、油水分离器、吸附过滤器等,用于过滤空气中的尘粒、油雾和微尘,使之达到不同的净化要求。

(1)空气过滤器。

①过滤器结构。过滤器按其过滤元件的结构不同可分为两类。

a. 深层型:深层型的过滤器有多孔陶瓷、微孔玻璃、粉末冶金多孔滤芯、化学纤维、玻璃纤维、金属纤维等材料制成的缠绕式蜂窝滤芯,采用不同的工艺加工滤材可制成各种过滤精度的滤芯,一般为初、精过滤器所采用。

b. 膜型:膜型过滤器的滤芯做成膜状,是一种表面过滤筛。该类过滤元件有电解镍粉末冶金薄膜过滤芯,由聚四氟乙烯、聚偏氯乙烯等高分子材料制成的过滤膜,主要用于过滤精度要求高的场合,其中专用高分子滤膜用于超级过滤器的滤材。

②过滤器精度。在实际生产中压缩空气供气系统常用的过滤器按其结构不同具有不同的过滤精度,常用过滤器精度见表6-5-14。

表 6-5-14　常用过滤器精度

过滤器名称	过滤精度		常用型号
	微尘粒径/μm	残油含量/（mg/m³）	
初过滤器	5		FB
精过滤器	1	1.0	FC,DP,PF,MPF
高精过滤器	0.1	0.1	DD
超级过滤器	0.01	0.005	PD,QD,PH,HP
活性炭过滤器		0.003	FE,PC,MPC
油过滤器	0.5	0.5	

（2）干燥净化系统配置。压缩空气干燥净化系统配置,由于气源、用户使用要求的不同,净化方法及配置方式有较大差异。净化过滤装置工作时要消耗供气压力,为使用户供气压力不降低,须提高空压机出口压力,造成空气压缩机运行耗能增加。同时过滤器须定期更换,消耗日常运行费用。因此,不宜人为地过度提高压缩空气的过滤精度,应以满足用户使用要求为依据。

（六）压缩空气管网设计

压缩空气管网的设计内容包括室外管道系统和车间管道系统设计,室外管道系统应与热力管道、煤气管道、给水排水管道、采暖管道和电缆电线等室外管线协调处理,统一安排。车间管道应根据车间各用气点的位置、要求以及车间内各种管道的布置情况确定。

1. 确定管道系统的一般原则

压缩空气的管道系统应满足用户对压缩空气流量、压力及品质的要求,还应从可靠供气、节约能源、降低投资、方便维护等方面综合确定,具体可从以下几方面考虑。

（1）压力。当工厂（或车间）只有一种供气压力要求时,全厂（或车间）只需一个供气系统,如工厂（或车间）对压缩空气有两种或两种以上压力要求时,可有以下两种方式。

①管道系统按满足最高压力的用户要求设计,其余需要较低压力的用户采用就地装设降压装置供应。纺部车间常用压力为 0.3~0.8MPa,管道可按满足 0.8MPa 选定压力,在要求较低压力的用户支管阀门后加减压装置,以满足低压用户的供气要求。

②可按用户要求的压力大小,结合车间或设备布置等情况,划分成几个压力等级,以几种不同压力的管道系统供气。例如纺部和织部分设不同压力等级供气的方案。

（2）空气品质。对于纺织厂的用气品质情况,可采用以下两种供气系统。

①全部净化供气系统。纺织厂多数用气场合均对空气品质有无油、干燥、净化的要求,仅有少数用气部位对空气品质要求较低。当用气要求较低的用户用量不大时,可全部供应较高质量标准的压缩空气,简化供气管网系统。例如喷气织造车间的用气系统。

②净化与一般共存的供气系统。采用一个经初步处理的压缩空气管道系统,对品质有特殊要求的用户,可以另外装设除油、干燥、净化装置,专门供气。

（3）节约能源。

①当工厂同时使用几种不同压力的压缩空气时,采用几种压力等级的空气压缩机,组成几种压力等级的管道系统供气,能有效地节约能源。如相同排气量的空气压缩机,排气压力为 0.8MPa 的比 0.4MPa 的每压缩 $1m^3$ 空气要多耗费约 1kW 的电能。利用多压力等级供气,节能效果明显,但同时却增加了基建投资。因此,应作经济比较后才能确定供气方式。

②从减少泄漏方面,一般工厂管道漏损约占供气量的 20%,有的甚至更高。当工厂内仅个别车间需一班或两班生产用气时,对这些车间专管供气,可减少管道漏损,以利于节能。

2. 管网形式

（1）树枝状管道系统。如图 6-5-8 所示,这种管道系统简单,是常见的管道形式,有利于节约投资。

（2）辐射状管道系统。如图 6-5-9 所示,有以压缩空气站为中心向各车间专管供气的一级辐射管道系统,如图 6-5-9(a)所示,也有采用中间分配站再辐射供气的二级辐射状管道系统,如图 6-5-9(b)所示。这种系统便于维护和管理,当某一管段有故障需修理时,关闭该段管道的供气阀门,不会影响

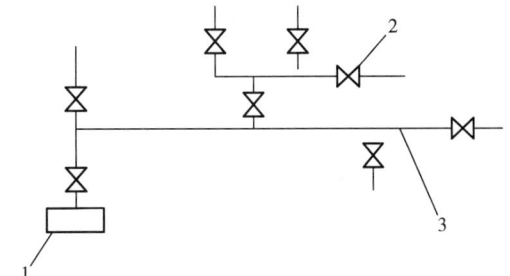

图 6-5-8　树枝状管道系统

1—压缩空气站　2—阀门　3—管道

其他车间用气;同样,当大部分车间都不用气时,可关闭这部分车间的供气阀,只开用气车间的供气阀,避免了不必要的管道漏损。在实践中常采用树枝状和辐射状混合的管道系统,既节省投资又便于维护保养。

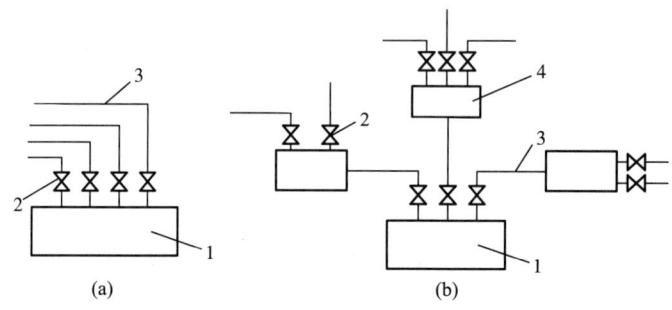

图 6-5-9 辐射管网系统

1—压缩空气站 2—阀门 3—管道 4—中间分配站

(3)环状管道系统。如图 6-5-10 所示,这种系统既能可靠供气,又能保证供气压力稳定。在引出支管前后加阀门,则支管检修时不影响其他车间用气。这种系统一般用于车间或全厂有两个以上压缩空气站的情况。此种系统管材投资比单树枝状系统增加一倍,因此只有在不允许停气的工况才采用,如喷气织造车间供气采用环状供气,另外在棉纺车间,在机台用气多、对供气质量要求高、机器布置密集的如络筒、涡流纺等区域,建议也采用环形布置,保证气压的稳定,且因机台布置密集,采用环形布置管材费用成本增加不大。

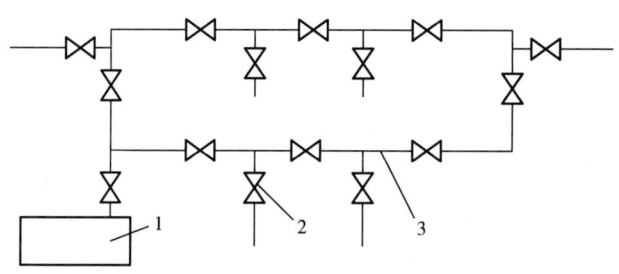

图 6-5-10 环状管网系统

1—压缩空气站 2—阀门 3—管道

压缩空气管道有多种形式,不同的管网直接影响系统的一次性投资和运行能耗,设计时应根据不同要求和条件做技术经济比较后才能选择合理方案。

3. 压缩空气管道

(1)管径的计算。选择管径是在确保不影响生产用气的前提下,寻求管路压力降与管路投资经济性的平衡。在选择管径时可参考以下公式：

$$D \geqslant 145.71 \sqrt{\frac{Q_g}{v}}$$

式中：D——管道内径，mm；

　　　Q_g——压缩空气在工作状态下的体积流量，m^3/min；

　　　v——压缩空气在工作状态下的体积流速，m/s。

压缩空气在工作状态下的体积流量：

$$Q_g = \frac{Q_z(273 + t) p_{标}}{273p}$$

式中：Q_z——自由状态下的空气流量，m^3/min，即在标准吸气状态时的流量，用气设备铭牌标定的用气量均指自由状态空气量；

　　　t——压缩空气工作温度，℃；

　　　p——压缩空气的工作压力，MPa。

　　　$p_{标}$——空气标准状态[温度 273.15K(0℃)，压强 101.325kPa]压力，MPa。

压缩空气流速应根据压缩空气管段允许的压力损失经计算确定，在初步计算时，压缩空气在工作压力下的流速应按以下范围选择：当管径 $D_N \leqslant 25m$ 时，v 取 5~10m/s；当管径 $D_N > 25m$ 时，v 取 8~12m/s；厂区管道 v 取 8~12m/s；车间管道 v 取 5~15m/s。

（2）管道压力损失。气体在管内流动时，在直线管段产生沿程阻力，在阀门、三通、弯头、变径管等处产生局部阻力，这两种阻力导致气体压力损耗。因此管道的压力损失为管道的直线管段沿程阻力和局部阻力之和。即：

$$\Delta P = \Delta P_m + \Delta P_j$$

式中：P——管道压力损失，Pa；

　　　P_m——直线管段沿程阻力，Pa；

　　　P_j——管道局部阻力，Pa。

①直线管道沿程阻力损失。压缩空气沿直线段长度流动时形成的阻力损失 ΔP_m，计算按下式进行。

$$\Delta P_m = \lambda \frac{L v^2 \rho}{2 d_n}$$

式中：L——直线管段长度，m；

　　　d_n——管道内径，m；

　　　ρ——工作状态下压缩空气密度，kg/m^3；

v——工作状态下压缩空气流速,m/s;

λ——管道摩擦系数。

摩擦系数 λ 值取决于气体流动时的雷诺数 Re 和管道的绝对粗糙度。压缩空气在管内流动绝大部分是处于完全紊流状态,故 λ 值仅与管道内壁粗糙度有关,与 Re 无关,其值按下式计算:

$$\lambda = \frac{1}{1.14 + \lg\dfrac{d_n}{Ra}}$$

式中:d_n——管道内径,m;

Ra——管道内壁绝对粗糙度,mm。

各种材质管道的绝对粗糙度见表 6-5-15。一般压缩空气管道采用钢制材料,其绝对粗糙度取 $Ra=0.2$mm。输送经干燥、净化处理后的压缩空气管道采用铜管、不锈钢管等,取 $Ra=0.05$mm。

表 6-5-15　各种材质管道绝对粗糙度

管道材料	Ra/mm	管道材料	Ra/mm
不锈钢管	约 0.05	略有腐蚀、污垢的钢管及带法兰的铸铁管	0.2~0.3
铜管、黄铜管、铝管、锌管	0.5	旧钢管	0.5~2.0
新钢管、带法兰的铸铁管	0.1~0.2		

②局部阻力。局部阻力是压缩空气通过弯头、变经、三通、阀门等局部位时形成的阻力损失 ΔP,计算按下式进行:

$$\Delta P = \xi\frac{v^2}{2}\rho$$

式中:ξ——局部阻力系数。

为便于计算管道压力损失,局部阻力可按下式换算成当量长度:

$$L_d = \xi\frac{d_n}{\lambda}$$

式中:L_d——管道局部阻力当量长度,m。

可以利用当量长度用下式计算管道阻力值:

$$\Delta P = \lambda\frac{(L + L_d)\,v^2\rho}{2\,d_n}$$

根据上式,当 $Ra=0.2$mm 时,管道附件局部阻力当量长度见表 6-5-16。

表 6-5-16　管道附件局部阻力系数和当量长度 L_d（$Ra = 0.2$mm）

单位：m

名称		图例	局部阻力系数 ξ	当量长度 L_d															
				φ15mm	φ20mm	φ25mm	φ32mm	φ40mm	φ50mm	φ70mm	φ80mm	φ100mm	φ125mm	φ150mm	φ200mm	φ250mm	φ300mm
闸阀			0.30	0.12	0.17	0.24	0.34	0.41	0.53	0.74	0.98	1.28	1.68	2.13	3.18	4.17	5.24
			0.50	0.19	0.29	0.39	0.57	0.69	0.88	1.24	1.63	2.14	2.81	3.55	5.31	6.95	8.73
截止阀			4.00	1.53	2.29	3.15	4.55	5.45	7.04	9.89	13.06	17.09	22.44	28.44	42.46	55.57	69.83
			9.00	3.45	5.15	7.08	10.25	12.26	15.85	22.24	29.40	38.46	50.50	63.98	95.54	125.03	157.12
止回阀			1.30	0.50	0.74	1.02	1.48	1.77	2.29	3.21	4.25	5.56	7.29	9.24	13.80	18.06	22.69
			2.50	0.96	1.43	1.97	2.85	3.41	4.40	6.18	8.17	10.68	14.03	17.77	26.54	34.73	43.64
90°光滑弯管	$R=2d$		0.70	0.27	0.40	0.55	0.80	0.95	1.23	1.73	2.29	2.99	3.93	4.98	7.43	9.72	12.22
	$R=3d$		0.50	0.19	0.25	0.39	0.57	0.68	0.88	1.24	1.63	2.14	2.81	3.55	5.31	6.95	8.73
	$R=4d$		0.30	0.12	0.17	0.24	0.34	0.41	0.53	0.74	0.98	1.28	1.68	2.13	3.18	4.17	5.24
90°焊接弯管	二键		0.70	0.27	0.40	0.55	0.80	0.95	1.23	1.73	2.29	2.99	3.98	4.98	7.43	9.72	12.22
	三键		0.50	0.19	0.25	0.39	0.57	0.68	0.88	1.24	1.63	2.14	2.81	3.55	5.31	6.95	8.73

续表

名称		图例	局部阻力系数 ξ	当量长度 L_d													
				φ15mm	φ20mm	φ25mm	φ32mm	φ40mm	φ50mm	φ70mm	φ80mm	φ100mm	φ125mm	φ150mm	φ200mm	φ250mm	φ300mm
三通	1→3		1.00	0.38	0.57	0.79	1.14	1.36	1.76	2.47	3.27	4.27	5.61	7.11	10.62	13.89	17.46
	2→3		1.50	0.57	0.86	1.18	1.71	2.04	2.64	3.71	4.90	6.41	8.42	10.66	15.92	20.84	26.19
	1→3		1.50	0.57	0.86	1.18	1.71	2.04	2.64	3.71	4.90	6.41	8.42	10.66	15.92	20.84	26.19
	1→2		2.00	0.77	1.15	1.57	2.28	2.72	3.52	4.94	6.53	8.55	11.22	14.22	21.23	27.78	34.92
	2→1,3		2.00	0.77	1.15	1.57	2.28	2.72	3.52	4.94	6.53	8.55	11.22	14.22	21.23	27.78	34.92
	1,3→2		3.00	1.15	1.72	2.36	3.42	4.09	5.28	7.41	9.80	12.82	16.83	21.33	31.85	41.66	52.37
渐缩管	$d_1/d_2=1.5$		0.10	0.04	0.06	0.08	0.11	0.14	0.18	0.25	0.33	0.43	0.56	0.71	1.06	1.39	1.75
	$d_1/d_2=2$		0.30	0.12	0.17	0.24	0.34	0.41	0.53	0.74	0.98	1.28	1.68	2.13	3.18	4.17	5.24
	$d_1/d_2=3$		0.50	0.19	0.25	0.39	0.57	0.68	0.88	1.24	1.63	2.14	2.81	3.55	5.31	6.95	8.73
渐扩管	$d_1/d_2=1.5$		0.30	0.12	0.17	0.24	0.34	0.41	0.53	0.74	0.98	1.28	1.68	2.13	3.18	4.17	5.24
	$d_1/d_2=2$		0.60	0.23	0.34	0.47	0.68	0.82	1.06	1.48	1.96	2.56	3.37	4.27	6.37	8.34	10.47
	$d_1/d_2=3$		0.80	0.31	0.46	0.63	0.91	1.09	1.41	1.98	2.61	3.42	4.49	5.69	8.49	11.11	13.97

③管道允许单位压力损失 Δh。压缩空气管道系统压力损失值应根据每一系统的压力损失要求确定,一般按压缩空气管道起点和终点的压力值进行计算,计算按下式进行:

$$\Delta h = \frac{P_1 - P_2}{(L + L_d)r}$$

式中:P_1,P_2——管内气体起点、终点压力,Pa;

　　　L——管道直线长度,m;

　　　r——压头富裕系数,一般取 1.15。

(3)压缩空气管道材料。压缩空气管道材料选用,应符合下列规定。

①压缩空气固体颗粒等级或湿度等级不高于 5 级的管道,可采用碳钢管;

②压缩空气固体颗粒等级或湿度等级高于 5 级、不高于 3 级的干燥和净化压缩空气管道,可采用热镀锌钢管或不锈钢管;

③压缩空气固体颗粒等级或湿度等级高于 3 级的干燥和净化压缩空气管道,应采用不锈钢管或铜管;

④管道附件的强度、密封、耐磨、抗腐蚀性能应与管材相匹配。

⑤压缩空气管道的连接除设备、阀门等处用法兰或螺纹连接外,宜采用焊接。干燥和净化压缩空气的管道连接,应符合现行国家标准《洁净厂房设计规范》(GB 50073—2013)的规定。

(4)管道敷设。压缩空气管道应满足用户对压缩空气流量、压力及品质的要求,并应考虑近期发展的需要。厂区室外管道压缩空气管道的敷设方式,应根据气象、水文、地质地形等条件和施工、运行、维修方便等综合因素确定。夏热冬冷地区、夏热冬暖地区和温和地区的压缩空气管道,宜采用架空敷设。寒冷地区和严寒地区的压缩空气管道架空敷设时,应采取保温和防冻措施。严寒地区的厂区压缩空气管道,宜与热力管道共沟或埋地敷设。埋地敷设的压缩空气管道,应根据土壤的腐蚀性做相应的防腐处理。厂区输送饱和压缩空气的埋地管道,应敷设在冰冻线以下、地下水位以上。输送饱和压缩空气的管道,应设置能排放管道系统内积存油水的装置。设有坡度的管道,其坡度不宜小于 0.02。

①埋地敷设。埋地敷设压缩空气管道穿越铁路、道路时,应符合下列要求:

a. 管顶至铁路轨底的净距不应小于 1.2m。

b. 管顶至道路面结构底层的垂直净距不应小于 0.5m。当不能满足上述要求时,应加防护套管(或管沟),其两端应伸出铁路肩或路堤坡脚以外且不得小于 1.0m;当铁路基或路边有排水沟时,其套管应伸出排水沟边 1.0m。

c. 厂区埋地敷设的压缩空气管道与其他管线、建筑物、构筑物之间的最小间距,不宜小于

表6-5-17、表6-5-18的规定。

表6-5-17　厂区地下敷设的压缩空气管道与其他管线的最小间距

名称		规格	水平间距/m	交叉间距/m
给水管/mm		<75	0.8	0.10
		75~150	1.0	0.10
		200~400	1.2	0.10
		>400	1.5	0.10
排水管/mm	生产废水管与雨水管	<800	0.8	0.15
		800~1500	1.0	0.15
		>1500	1.2	0.15
	生产与生活污水管	<300	0.8	0.15
		400~600	1.0	0.15
		>600	1.2	0.15
热力沟(管)			1.0	1.25
燃气管压力 P/MPa		$P \leqslant 0.15$	1.0	0.15
		$0.15 < P \leqslant 0.3$	1.2	0.15
		$0.3 < P \leqslant 0.8$	1.5	0.15
乙炔管			1.5	0.25
氧气管			1.5	0.15
电力电缆/kV		$\leqslant 35$	0.8	0.50
		>35	1.0	0.50
电缆沟		沟外缘	1.0	0.15
通信电缆		直埋电缆	0.8	0.50
		电缆沟道	1.0	0.15

表6-5-18　厂区敷设埋地压缩空气管道与建筑物、构筑物最小水平间距

名称	水平间距/m	名称	水平间距/m
建筑物、构筑物外缘	1.5	照明通信电杆	0.8
管架基础外缘	2.5	电力杆柱	1.5
铁路钢轨外缘	0.8	排水沟外缘	0.8
道路	0.8	围墙基础外缘	1.0

②架空敷设。压缩空气管道架空敷设时应尽量与热力管道、煤气管道共架敷设,可沿建筑物外墙敷设,也可采用支架架空敷设,厂区架空压缩空气管道与建筑物构筑物之间的水平净距不应小于表6-5-19的规定。在车间敷设的压缩空气管道,也应尽量沿墙、柱敷设,车间架空压缩空气管道与其他架空管线的净距,不宜小于表6-5-20的规定。

表 6-5-19　厂区架空压缩空气管道与建筑物、构筑物之间的水平间距

建筑物、构筑物名称	最小水平间距/m	建筑物、构筑物名称	最小水平间距/m
有门窗建筑物墙壁外沿或突出部分外沿	3.0	人行道外沿	0.5
无门窗建筑物墙壁外沿或突出部分外沿	1.5	厂区围墙中心线	1.0
铁路(钢轨外沿)	3.0	照明、电信杆柱中心	1.0
道路	1.0		

表 6-5-20　车间架空压缩空气管道与其他架空管道的间距

名称	水平间距/m	交叉间距/m	名称	水平间距/m	交叉间距/m
给水与排水管	0.15	0.10	乙炔管	0.25	0.25
非燃气管	0.15	0.10	穿有导线的电力管	0.10	0.10
热力管	0.15	0.10	电缆	0.50	0.50
燃气管	0.25	0.10	裸导线或滑触线	1.00	0.50
氧气管	0.25	0.10			

四、压缩空气泄漏检测与修复

压缩空气泄漏在纺织领域普遍存在,泄漏量占压缩空气总产气量的20%~30%。泄漏主要发生在过滤器、调压箱、储纬器、气路、电磁阀、螺纹连接及管网节点等处,也就是说压缩空气输送及使用过程中由于零部件老化及破损引起泄漏。泄漏不仅使压缩空气管网压力下降,造成运行损失,而且产生能耗。压缩空气的能耗表现为耗电,由泄漏压缩空气引起的耗电量占纺织厂总耗电量的35%,甚至更高。由此可见,压缩空气泄漏检测与评估,对于纺织企业减少及消除泄漏进而达到节能目的具有重要意义。

(一)泄漏量的测定方法

1. 直接测试系统流量法

测试压缩空气系统泄漏量最直接的方法是系统在没有任何生产负荷时,测试压缩空气的流量。如果没有泄漏的产生,那么流量计的读数接近于0,如果产生泄漏,那么流量计就能直接精

确地测试出系统的泄漏量。这种测试方法的特点是不用等到系统停车时才能进行测试,只需在预装好的阀门处将流量传感器插入到管道中,传感器实时对系统泄漏量进行测试并将数据上传至计算机,计算机将数据处理后即可得到系统的泄漏量。

2. 测定上下载循环法

对具有上下载功能的压缩机,可以通过测定空压机的上下载循环确定泄漏量的大小。测试时必须在车间无负荷时进行,启动一台空压机并记录上载、下载的运行时间,根据下述公式来计算压缩空气的泄漏量 V_L:

$$V_L = \frac{V_c \cdot t}{t_y}$$

式中:V_L——系统泄漏量,m^3/min;

V_c——空压机体积流量,m^3/min;

t——空压机上载时间,min;

t_y——空压机运行时间,min。

3. 测试系统压力法

测试系统压力法确定压缩空气系统的泄漏量需要做好前提工作。首先,要计算系统的储气量,这里的储气量不仅包括储气罐容积还包括管道的容积。测试时,运行空压机组,观测压缩空气压力升高到工作压力时停止运行,以停止运行为 0 点开始记录压力下降至较低压力时所经历的时间,根据下述泄漏量的计算公式计算:

$$V_L = \frac{V_R(P_I - P_F)}{P_0 t}$$

式中:V_R——系统储气容积,m^3;

P_I——初始压力,MPa;

P_F——最终压力,MPa;

t——测试时间,min;

P_0——大气压力,$0.1MPa$。

(二)泄漏点的测定方法

车间用气设备检漏方法主要分为两类:一类是直接检测到泄漏气体的方法,称为直接检漏法;另一类是检测因泄漏而引起的其他因素的变化,例如流量、压力等,称为间接检漏法。目前,压缩空气泄漏检测方法主要有:水检法、示踪气体法、红外成像法、超声波法等。

1. 水检法

水检法是将管道放在充满水的腔体里,浸泡在水里的管道通入压缩空气,如果有漏,则管道里的空气会逃离管道进入水中,形成肉眼可见的气泡。这种方法适用于设备运行前。

2. 示踪气体法

如果对管道内充灌一种不同于空气的气体若有缝隙,该气体会在缝隙处漏出,如果能检测到泄漏出的该种气体,通过仪器检测就可以确定泄漏缝隙所在位置。此种方法需要用到气体浓度检测仪、示踪气体等。

3. 红外成像法

热红外探测器可以检测到细小的温差变化,分辨率极高,其中长波红外影像甚至可以穿透烟雾。管道内流体的温度一般情况下与外界环境温度具有一定的温差。泄漏发生时,泄漏点处由于存在能量的交换,一定会出现温度上的变化。运用红外成像仪器,记录正常运行时周围环境温度等数据,通过现场测试温度数据与记录的正常运行时温度数据进行对比,即可发现泄漏。通过上述检测原理可知,管道内外温差越大、检测时间越长。

4. 超声波法

压缩空气在泄漏小孔处泄漏时,由于内外压差的作用,气流高速流出,与此同时由于气流在泄漏孔处产生强烈振动引起超声波的产生。因为超声波的传播具有定向性,所以只需要运用超声波检测仪检测超声波信号的源头,即可发现泄漏位置。超声波检测装置包括定向麦克、放大器、耳机等。

(三)纺织厂压缩空气系统常用堵漏措施

工业常用压缩空气管道修复技术有调整式、机械式、塞孔式、焊补式等,其堵漏原理见表6-5-21。

表6-5-21　工业常用压缩空气管道堵漏方法与原理

堵漏方法	原理
调整消漏法	采用调节密封件预紧力或零件的相对位置消除泄漏
机械堵漏法	依靠机械外力将泄漏处堵住
塞孔堵漏法	采用挤瘪、堵塞的方法直接固定在泄漏处
焊补堵漏法	利用焊条将泄漏处堵住
黏补堵漏法	利用胶黏剂在管道上堵住泄漏处
胶堵密封法	使用密封胶在泄漏处形成一层新的密封层
改换密封	在管道或设备上接一段新管代替泄漏的旧管
综合治漏法	综合以上方法,组合使用上述两种或多种堵漏方法

五、空气压缩机余热回收

空气压缩机在对空气进行压缩的过程中会产生大量的热量,这部分热量致使压缩空气和设备的温度升高,不满足用气要求且不利于空气压缩机的安全运行。空气压缩机余热回收就是利用风冷和水冷技术,将空气压缩机运行过程中产生的热量通过热交换器直接或间接的传递给冷却介质,然后将得热后的冷却介质输送到用热场所。

(一)空气压缩机常用冷却方式

一般针对小型的空气压缩机或者缺乏水源的场所才较多地使用空气冷却(风冷)的形式。纺织一类企业,使用的大多为大功率的空气压缩机,一般采用的水冷却形式。

空气压缩机常用的水冷却系统主要有一次性通过系统、开式循环系统和闭式循环系统三种形式。

1. 一次性通过系统

该系统中的冷却水来自自来水、河流、水库或井水等,它们通过空气压缩机对压缩空气、润滑油和机组进行冷却回收后直接当作废水排掉。该系统的主要特点是安装简单,但水质得不到保证,而且对水资源是一种浪费。

2. 开式循环系统

该系统是将由空气压缩机来的变热的水送到冷却塔中,通过冷却塔内的喷淋系统和风机的作用,把水中的热量带走,使水的温度降低,再送入空气压缩机对机组进行冷却处理,从而形成了一个开式循环系统。该系统运行费用较低,是目前纺织厂空压站应用最多的一种形式,但设备容易产生腐蚀、滋生微生物,且很容易产生水垢,因此需要定期进行相关的水质处理。

3. 闭式循环系统

该系统中冷却水不与外界接触,也就是将开式循环的冷却塔换成一个热交换器。冷却空气压缩机后产生的热水经过该热交换器,把热量传给热交换器中的冷却介质后温度降低,然后低温冷却水又被送入空气压缩机对空压机进行冷却处理。这样形成了一个封闭的循环系统。

(二)纺织厂常用空气压缩机热能回收方式

纺织厂对空气压缩机热能回收利用的方法主要有风冷式热回收和水冷式热回收两种。

1. 风冷式空气压缩机热回收

如图 6-5-11 所示是风冷式空气压缩机热回收的一种模型,其热回收应用方式即热风的直接利用,主要是利用冷却空气压缩机压缩空气和润滑油产生的废热气与室外冷空气混合,实现办公室、生产车间采暖,目前应用较少。

2. 水冷式空气压缩机热回收

如图6-5-12所示是水冷式空气压缩机热回收的一般模型。通过换热器将空气压缩机运行过程中产生的热量传递给冷却水,进而将热量以热水的方式输送至需要用热水的场所。主要用于冬季空调喷淋、工艺用热水以及生活热水(供员工洗澡)等。

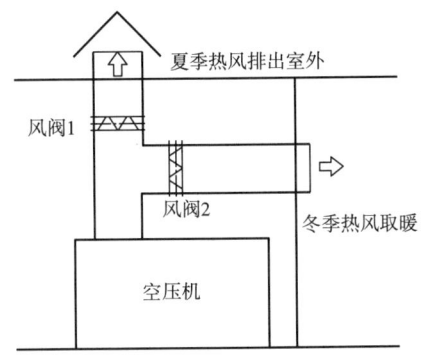 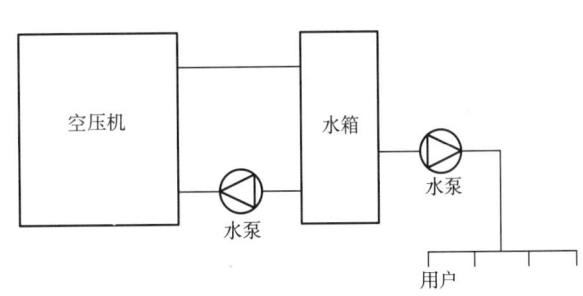

图6-5-11　风冷式空气压缩机热回收应用示例　　　　图6-5-12　水冷式空气压缩机热回收应用示例

第二节　车间照明

一、车间照明与生产的关系

棉纺织车间由于多数工序为精细作业,需要在室内造成一个人为的光亮环境,满足车间生产工作的需要。不同的工序,由于工作对象的尺寸大小、视觉特征不同,有着不同的照度要求。从清花到布机工序,由于工作对象的尺寸逐渐变小,照度逐步提高。车间的照度标准可用照明数量和照明质量来表示。

(一)照明数量

看物体的清楚程度称为视度。视度与识别物件尺寸、识别物件与其背景的亮度对比、识别物件本身的亮度等有关。照明数量就是要保证物体表面具有一定的视度。照度标准就是根据识别物件的大小、物件与背景的亮度对比、国民经济的发展情况等因素来规定必需的物件亮度。由于亮度的现场测量和计算都较复杂,故标准规定的是工作面上的照度值。国家标准推荐一般工作场所作业面上的照度标准值见表6-5-22。

表 6-5-22 一般工作场所作业面上的照度标准值(平均值)

视觉作业特性	识别对象最小尺寸 d/mm	视觉工作分类		亮度对比	照度范围/lx	
		等级			混合照明	一般照明
特别精细作业	$d \leqslant 0.15$	I	甲	小	1500~2000~3000	
			乙	大	1000~1500~2000	
很精细作业	$0.15 < d \leqslant 0.3$	II	甲	小	750~1000~15000	200~300~500
			乙	大	500~750~1000	150~200~300
精细作业	$0.3 < d \leqslant 0.6$	III	甲	小	500~750~1000	150~200~300
			乙	大	300~500~750	100~150~200
一般精细作业	$0.8 < d \leqslant 1.0$	IV	甲	小	300~500~750	100~150~200
			乙	大	200~300~500	75~100~150
一般作业	$1.0 < d \leqslant 2.0$	V			150~200~300	50~75~100
较粗糙作业	$2.0 < d \leqslant 5.0$	VI				30~50~75
粗糙作业	$d > 5.0$	VII				20~30~50
一般观察生产作业		VIII				10~15~20
大件储存		IX				5~10~15
有自行发光材料车间		X				30~50~75

注 凡符合下列条件之一及以上者,作业面上的照度标准值采用照度范围内高值。当视觉工作精度或速度无关紧要,属于临时性工作,照度标准值可取照度范围内低值。

(1)当眼睛至识别对象的距离大于 500mm 时为 I ~ V 等视觉作业。

(2)连续长时间紧张作业,对眼睛有不良影响时。

(3)工作需要特别注意操作安全时。

(4)识别对象光反射比小时。

(5)识别对象在活动面上,识别时间短促而辨别困难时。

(6)作业精度要求较高时。

纺织车间照明设计是否合理,直接影响劳动生产率、产品质量、事故率和职工的视觉健康。据国际照明委员会的调查,工厂照明条件改善后,劳动生产率可提高 2%~10%,运输事故可减少 5%~10%,产品质量可提高 10%~20%。据对我国织布工人的调查,车间照度由 90lx 提高到 140lx,产品产量可提高 1.5%~2%,次品率下降 26%~27%;若照度提高到 250lx,将增加产量 2.5%,次品率下降 48%。产量虽增加不多,次品率却大幅度下降,这对提高产品质量、增加企业效益有十分显著的作用。

(二)照明质量

照明质量是指视觉环境内的亮度分布等。它包括一切有利于视觉功能、舒适感、易于观看、安全与美观的亮度分布。如眩光、颜色、扩散、方向性、均匀度、亮度和亮度对比度都明显地影响视度,影响人们正确、迅速地观看的能力,因此应对照明装置的照度均匀度、眩光、光色、反射比等指标进行限制。

1. 照度均匀度

规定工作面上最小照度与平均照度之比,称为照度均匀度。纺织工业建筑作业区域内的一般照明照度均匀度,不应小于0.7,作业面临近周围的照度均匀度不应小于0.5。车间通道和其他非作业区的一般照明,其照度均匀度值不宜低于作业区域一般照明照度均匀度的1/3。

2. 眩光

眩光是由于视野中的亮度分布或亮度范围的不适宜,或存在着极端的对比,以致引起不舒适的感觉或降低观察细部或目标能力的视觉现象。为了提高室内照明质量,还要对照明区域的眩光进行限制,不但要限制直接眩光,而且还要限制工作面上的反射眩光和光幕反射。工程上常采用统一眩光值(UGR)来进行度量。它是度量处于视觉环境中的照明装置发出的光对人眼引起不舒适感主观反应的心理参数。

3. 光色

光源的相关色温不同,产生的冷暖感也不同。当光源的相关色温大于5300K时,人们会产生冷的感觉;当光源的相关色温小于3300K时,人们会产生暖和的感觉。在照明设计中冷色一般用于高照度水平、热加工车间等,暖色一般用于车间局部照明、工厂辅助生活设施等,中间色适用于其余各类车间。

光源的颜色主观感觉效果还与照度水平有关。在低照度下,采用低色温光源为宜;随着照度水平的提高,光源的相关色温也应相应提高。工程上常用显色指数来度量光色,是指在具有合理允许的色适应状况下,被测光源照明物体的心理物理色,与参比光源照明同一色样的心理物理色符合程度的度量,并将八个一组色试样的特殊显色指数平均值统称显色指数(Ra)。由于纺织车间是工人长期工作和停留的场所,照明光源的显色指数(Ra)不宜小于80。

4. 反射比

光线中反射辐射通量与入射辐射通量之比称为反射比,对于长时间工作的纺织车间,其车间内部各表面的反射比见表6-5-23。

表 6-5-23　工作房间表面反射比

表面名称	反射比	表面名称	反射比
顶棚	0.6~0.9	地面	0.1~0.5
墙面	0.3~0.8	作业面	0.2~0.6

纺织车间由于生产情况的原因,一般采用自然采光和人工照明的方式,采用何种照明方式应经照明和空调节能分析比较后确定。人工照明时一般采用发光效率高、光色接近天然光色的节能型荧光灯,照明方式宜采用一般照明;对于局部要求照度较高的场所(验布、穿筘等),可采用一般照明和局部照明相结合的方式节约能源。

二、纺织车间照度标准

纺织工厂照明设计的目的,就是要创造一个能使车间工人尽可能发挥技能,在确保安全生产和质量的条件下,获得高生产效率和良好的视觉环境。同时照明设计又和建筑节能有着密切的关联,照度过高,浪费能源,同时增加空调负荷。照明方式不合理,也会使照明设备不能很好地发挥效能。因此纺织车间照明设计标准应做到经济合理、切合实际。纺织车间及辅助建筑的照度标准值见表 6-5-24,也可按照《建筑照明设计标准》GB 50034—2013 相关规定进行选取。

表 6-5-24　纺织车间及辅助建筑的照度标准

房间或场所	工作面高度/m	照度标准值/lx	眩光值	显色指数	备注
分级室、回花室	—	50	22	80	—
清棉间	0.75	75~150	22	80	—
梳并粗车间	0.75	100~200	22	80	—
细纱车间	1.0	150~300	22	80	—
筒摇成车间	0.9	150~300	22	80	—
织布车间	0.8	150~300	22	80	—
整理车间	0.8	75	22	80	验布混合照明 500lx
试验室、棉检室	0.8	150	22	80	—
车间办公室	0.8	60	22	80	—
准备车间	0.9	150	22	80	—
穿筘架	0.8	75	22	80	混合照明 750lx

续表

房间或场所	工作面高度/m	照度标准值/lx	眩光值	显色指数	备注
高低压配电室	—	75	—	80	—
冷冻站	—	80	—	60	—
机修车间	—	30	—	60	—
水泵房	—	30	—	60	—
仓库	—	30	—	60	原棉废棉仓库不设照明
医护站	—	75	22	80	—
数据处理中心	0.75	150	19	80	—
锅炉房	—	60	—	60	—
风机房、空调机房	—	50	—	60	—
滤尘室	—	50	—	60	—
压缩空气站	—	70	—	60	—

　　需要说明的是,纺织车间由于人工照明面积大、照度高、照明时间长,耗电量较大,单位面积照明用电高达 $4\sim8W/m^2$,因此,各车间的照度标准应结合各车间实际生产情况进行设定。在保证正常生产的情况下,减少无谓的过高照度照明,节约照明用电。近年来有些企业采用车间一般照明和机台局部照明相结合、天然照明和人工照明相结合的照明方式,降低灯具安装高度、采用高效光源的措施,节能效果明显。

参考文献

[1] 上海纺织控股(集团)公司,《棉纺手册》(第三版)编委会.《棉纺手册》[M].3 版.北京:中国纺织出版社,2004.

[2]江南大学,无锡市纺织工程学会,《棉织手册》(第三版)编委会.棉织手册[M].3 版.北京:中国纺织出版社,2006.

[3]黄翔.纺织空调除尘手册[M].北京:中国纺织出版社,2003.

[4]周义德.纺织空调除尘节能技术[M].北京:中国纺织出版社.2009.

[5]高龙,周义德,吴子才.现代纺织空调工程[M].北京:中国纺织出版社,2018.

[6]中华人民共和国住房和城乡建设部.GB/T 50050—2017 工业循环冷却水处理设计规范[S].北京:中国计划出版社.2018.

[7]陆耀庆．实用供热空调设计手册[M].2版．北京:中国建筑工业出版社,2008.

[8]赵顺安．冷却塔工艺原理[M].北京:中国建筑工业出版社,2015.

[9]张昌．纺织空调与除尘[M].北京:中国纺织出版社,2017.

[10]周亚素,甘长德,赵敬德,等．纺织厂空气调节[M].3版．北京:中国纺织出版社,2009

[11]中华人民共和国住房和城乡建设部．GB/T 50481—2019 棉纺织工厂设计规范[S].北京:中国计划出版社,2009.

[12]全国安全生产标准化技术委员会．GB 32276—2015 纺织工业粉尘防爆安全规程[S].北京:中国标准出版社,2015.

第七篇　纤维制条

第一章　配棉、混棉与开清棉

第一节　配棉

一、原棉选配

为了合理利用和充分发挥不同原棉的特性,达到稳定生产、保证质量、降低成本的目的,纺织企业一般不会采用单唛头纺纱,而是把几种原棉组合成混合原料使用,这种多种原棉搭配使用的操作过程称为配棉。配棉是棉纺企业的一项重要的基础性技术工作,配棉技术水平的高低与产品质量、用棉成本、生产稳定性及企业经济效益有着直接的关系。

配棉的原则是"质量第一,统筹兼顾;全面安排,保证质量;瞻前顾后,细水长流;吃透两头,合理调配"。

"质量第一,统筹兼顾",是指在配棉的过程中处理好保证质量和节约用棉的关系。

"全面安排,保证质量",是指在多品种生产的情况下,各品种的质量要求不同,应在统一安排的基础上,尽量保证重点产品的用棉。

"瞻前顾后,细水长流",是指要充分考虑库存原棉、车间上机原棉、市场原棉供给三方面情况,在设计配棉方案时力求做到多唛头生产(一般一个配棉品种用5~9个唛头),以做到延长每批原棉的使作周期。

"吃透两头,合理调配",是指要及时了解到棉趋势和原棉质量,并随时掌握在产品的质量状况,机动调节、精打细算地使用原棉。

(一)配棉方法

配棉方法的基本原理是分类和排队,即根据原棉的特性和纱线的不同要求,把适合纺制某品种纱线的原棉划分为一类,此为分类;在分类基础上,将同一类中原棉产地,性质,色泽等性质基本接近的排在一队中,然后与配棉日程相结合编制成配棉排队表,即配棉方案,称为排队。

配棉方法随着原棉检测手段、棉花标准、以信息技术为代表的新技术的发展和企业管理现代化的需要而不断进步,使配棉技术在操作层面发生了重要改变。2003 年开始,我国进行了棉花质量检验体制改革,在棉花的加工环节进行公证检验,采用国际上通用的大容量快速测试仪(HVI)来测试棉花的质量指标。2012 年,国家棉花新标准 GB 1103.1—2012《棉花　第 1 部分:锯齿加工细绒棉》发布,标志着棉花质量标准全面过渡到新标准。改变了过去依靠检验人员感官检验的传统检验方式,采用大容量棉花纤维检测仪快速检验棉花质量,实行以颜色级为棉花的分级标准,全面实现对大包型成包皮棉的仪器化逐包检验。传统以品级、长度为核心的分类排队配棉体系将不再适应新的标准要求,而以 HVI 仪器检测指标为核心的分类分组配棉及与其相配合的优化算法则取而代之。此外信息技术和大数据的应用使得配棉与原棉采购、仓储、产品质量管理与销售体系结合更加紧密,管理精细化和配棉精准化程度不断提高,也形成了如倒推成本法等系统性配棉方法。

1. 一般配棉流程

(1)对已经入场检验的原棉进行分类排队。

(2)根据客户的质量需求,参照以往生产的同一品种或相近品种的配棉成分、成纱质量,初步确定本期配棉标准。

(3)根据原棉品质、库存情况、当前生产数量,确定本期配棉队数、主体成分,并相应地规定使用包数的上、下限。

(4)先以棉台的容量为制约条件,组成初步的配棉方案。

(5)计算配棉成分的平均指标,预测成纱的质量情况,若达不到质量要求,再进行适当调整配棉成分。必要时可按初步确定的配棉成分进行小样试纺,然后根据试纺结果最后确定配棉方案。

(6)在生产过程中按接批过渡的配棉原则处理断批原料。

2. 倒推成本配棉法流程

倒推成本配棉法是一种以成本控制为核心的质量管理活动,它是以产品市场调研为起点,综合考虑企业的生产规模、装备水平、管理水平、操作技术、工艺能力、人力资源等因素,进行全面客观评价后,去除上述因素对成本控制的影响,而得出对配棉成本的设计值。当配棉成本低于设计值时,该品种才有利润,否则,该品种为亏损品种。倒推成本配棉法流程图如图 7-1-1 所示。

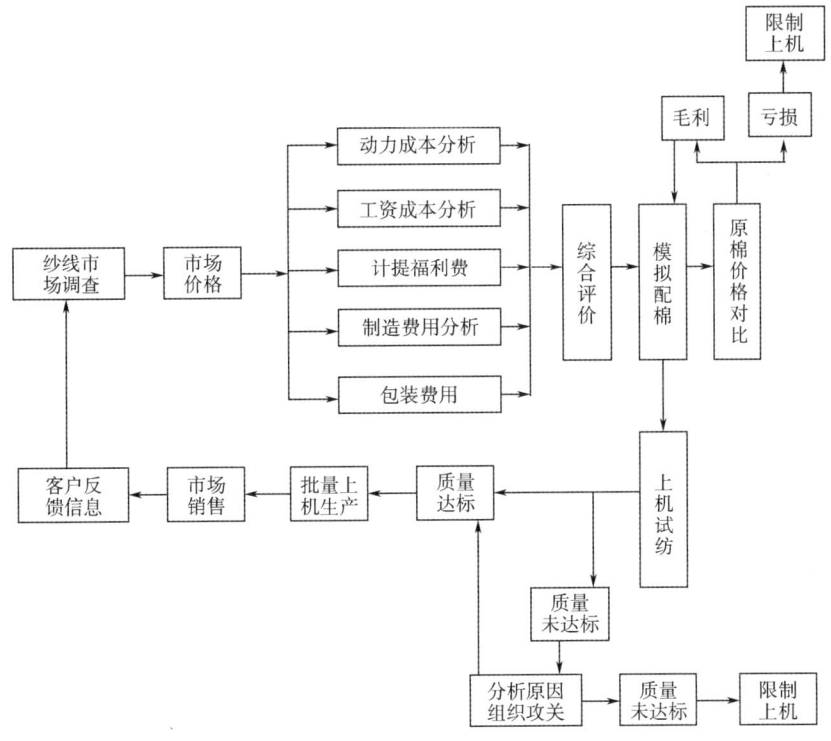

图 7-1-1 倒推成本配棉法流程图

3. 基于 HVI 指标的配棉流程

（1）对原棉 HVI 数据按技术品级和颜色级进行分类分组；分析上期配棉成分、实际纱线质量，确定本期配棉技术标准。

（2）根据当前原棉资源生产等情况，确定本期配棉的主体成分，混棉总量、混棉队数，并相应地规定各混棉队数可使用包数的上下限。

（3）以棉台容量为约束条件，计算混棉平均指标并预测纱线质量，组成初始配棉方案库。

（4）依据配棉标准，对多个配棉初始方案进行质量成本综合比较，确定实施方案；按接批原则处理断批棉，完成当期配棉进度，保证连续化生产。

（5）对包括接批棉在内的配棉实施方案进行总体评价。

4. 配棉的规划模型

配棉是对有限原棉资源的最优化分配，是在多目标约束下的优化过程。其优化的核心目标是在保证质量和生产稳定条件下的节约成本。

（1）配棉队数、各队混合包数和棉台容量约束模型。

$$W_i = \sum_{i=1}^{m} \sum_{j=1}^{n} d_j x_{ij}$$

$$G_j^- \leqslant x_{ij} \leqslant G_j^+$$

式中：W_i——棉台容量，包；

　　　m——每队混用包数的可选择数；

　　　n——配棉方案的队数；

　　　d_j——原棉混用的队数；

　　　x_{ij}——第 j 队原棉在第 i 个配棉方案中混用的包数，$x_{ij}=0,1\cdots i=1,2,\cdots,m$；

　　G_j^-,G_j^+——第 j 队原棉可混用包数的上下限，$G_j^- \leqslant x_{ij} \leqslant G_j^+$，$j=1,2,\cdots,n$。

（2）初始方案的混棉指标模型。

$$P_i = \sum_{i=1}^{m} \sum_{j=1}^{n} k_j q_{ij}$$

式中：P_i——混棉的第 i 项平均质量指标；

　　　i——原棉各项质量指标序号；

　　　j——配棉队号；

　　　k_j——第 j 队原棉混有的百分比；

　　　q_{ij}——第 j 队原棉的第 i 项质量指标值。

（3）纱线质量约束。

$$z_i \leqslant (\geqslant) Z_i$$

式中：z_i——第 i 项纱线质量预测值；

　　　Z_i——第 i 项纱线质量的标准值。

（4）混棉外观质量指标约束。混棉外观质量特指反射率（Rd）和黄度（+b）的 CV 值。

$$a_i \leqslant A_i$$

式中：a_i——第 i 项混棉实际值；

　　　A_i——第 i 项混棉标准值。

（5）混棉内在外观质量指标约束。棉内在质量特指技术品级和技术品级 CV 值。

$$b_i \leqslant B_i$$

式中：b_i——第 i 项混棉实际值；

　　　B_i——第 i 项混棉标准值。

（6）混棉差价约束。

$$c_i \leqslant C_i$$

式中：c_i——第 i 项混棉实际差价；

　　　C_i——第 i 项混棉标准差价。

其中, i 表示不同配棉类别。混棉实际差价 c_i 为各混棉成分差价的加权平均值。原棉质量差价由中国棉花协会制订。

（7）用棉量约束。

$$d_i \leqslant D_i$$

式中：d_i——第 i 项混棉实际用棉量；

　　D_i——第 i 项混棉标准用棉量。

其中, i 表示不同配棉类别。

模型的求解属于整数规划问题,可采用隐枚举法或穷举法进行求解。配棉方案的求解一般需采用计算机系统完成。

5. 接批棉的处理

（1）接批棉优先关系层次（表7-1-1）。

表7-1-1　接批棉优先关系层次排序表

排序号	接批原棉因素集			说明
	原棉产地	技术品级	颜色级	
1	一致	一致	一致	接批棉与断批棉完全一致,此情况最佳
2	一致	±0.1	±1级	产地一致,扩大技术品级、颜色级的范围
3	一致（或不一致）	±0.3	±1级	对产地无约束,扩大技术品级的范围
4	一致（或不一致）	±0.5	±1级	对产地无约束,扩大技术品级、颜色级的范围

注　技术品级是指由原棉上半部长度、整齐度、断裂强度和马克隆值组成的综合评价指数,无量纲,计算方法见后述。

（2）接批时的注意事项（表7-1-2）。

表7-1-2　原棉接批时的注意事项

项目	说明
产地	原棉产地应相同或相近,当产地差异较大时,要控制混棉比例或采用分段增减的办法
包重	各棉包的实际包重一般都不同,因此,接批棉与断批棉不能简单的以包数对应,而应统一折算为标准重量,以重量计算使混棉比例相近
技术品级	接批棉与断批棉的技术品级相差不能太大,原则上控制在±0.5以内
颜色级	相同或相邻
原棉价格	应尽可能一致

项目	说明
优选排序规则	产地→技术品级→颜色级;其中原棉产地的排序按产地聚类,技术品级按升序排序,颜色级按棉花类型级别代号降序排序

(二)HVI 指标对成纱质量的影响

1. HVI 指标与成纱质量关系

HVI 数据众多,各项指标之间有一定的相关性,生产中可结合生产工艺与纱线质量对各指标进行相关性分析,获取其对生产和质量的影响程度或贡献率,选取主体指标进行配棉操作。一般情况下可以以棉纤维上半部长度、整齐度指数、断裂比强度、马克隆值作为反映原棉内在质量的主体指标,以颜色级作为棉花的外观指标,来指导配棉操作。HVI 指标与成纱质量关系见表 7-1-3。

表 7-1-3　HVI 指标与成纱质量关系

HVI 指标	HVI 指标与成纱质量关系
上半部长度	上半部长度越大,表明纤维越长,纱线中纤维间相互接触的部位也越多,纤维间的摩擦力增加,提高了纤维间的抱合力,纺制出的棉纱强力也会提高。特别是在纺低线密度纱时,纤维的上半部长度对纱线的强力影响更大
整齐度指数	长度整齐度指数反映的是棉纤维的长度一致性分布情况,指标值越大说明纤维的长度一致性越高,对纱线的条干影响较为显著,整齐度指数越大,在棉纺生产中落棉和损耗越低,可减少落棉,有效提高制成率;整齐度指数对成纱强力也有影响
断裂比强度	棉纤维的断裂比强度反映纤维的力学性能,当棉纤维断裂比强度大时,纤维的密度小或强力高。比强度的大小显著影响纺纱过程能否顺利进行和最终的纺纱质量,如果棉纤维的断裂比强度过低会导致纺纱过程中断头增加,成纱强力下降,在加工过程中短纤维数量增加,从而使落棉率上升,影响纺纱的制成率,增加用棉量
马克隆值	马克隆值是棉纤维细度与成熟度的综合反映。马克隆值过大或过小都不好,过大则说明纤维成熟过度,纤维直径变粗,单纤维的强力会增加,在相同线密度的纱线截面内的纤维根数会减少。而过小则说明棉纤维成熟度不够,会造成纤维强力过低,单纤维的直径小。马克隆值还影响着棉花的染色性能。马克隆值对所纺棉纱的线密度高低、棉纱强力、棉纱条干以及棉布的染色等都有重要影响。所以马克隆值适中的棉花综合性能最好。当然马克隆值不同的棉花有各自不同的性能,通过配棉合理地使用不同的性能,取长补短,兼顾多个方面,获得较全面的经济效益
颜色级	棉花颜色级采用黄度和反射率两个指标来表示。颜色级指标对配棉工作有较大的影响,黄度、反射率存在着较大差异时,可能会导致纱线形成色差,布面发生黄白档的问题,特别是浅色布要求更高,不可混用反射率与黄度存在较大差异及马克隆值比较低的原棉。棉纺企业在进行配棉的过程中,纱线的用途与品种不一样,对成纱本色色差也提出了不完全相同的要求,应该结合所纺纱品种的具体质量要求进行相应的配棉,混合使用颜色、特性等各不相同的原棉

HVI 指标	HVI 指标与成纱质量关系
轧工质量和含杂率	轧工质量依据原棉外观形态平滑程度、所含疵点杂质种类及数量来评价,其与含杂率有密切的关系。轧工质量好的棉花所含破籽、不孕籽等杂质疵点少,纺纱过程中需要排除的杂物就少,纺纱损耗就低、制成率就高。残留在棉纱中的杂质、疵点还会增加纺纱生产中的纱线断头,降低生产效率。原棉中一些带有纤维的杂质、疵点,在纺纱过程中并不能完全排除掉而纺到纱体中,在纱体上形成疵点,主要表现为棉结、杂质和粗节,直接影响棉纱的品质。细特纱由于截面中纤维根数相对少,对杂质、疵点的包覆性差。所以生产细特纱或成纱要求高的棉纱时,要选配加工质量好的棉花;生产中低档棉纱时,要综合考虑棉花的加工质量和价格,选择性价比高的棉花。配棉成分中不同批次棉花杂质疵点变化较大时,要调整生产工艺,加大对杂质疵点的排除力度,才能保证成纱质量稳定
危害性杂质	危害性杂物(异纤)是棉花中混入的纤维状的其他纤维和色纤维。异性纤维和色纤维具有纤维属性——细、长、轻,在纺纱加工过程中难以清除,还可能被拉断或分梳成更短、更细、更多的细小异纤疵点,并极易造成细纱断头,影响生产效率。混有异性纤维和色纤维的棉纱织成的坯布经染色或漂白后,布面会出现各种色点形成色疵,严重影响布面外观质量而造成棉布降等
纺纱均匀性指数	纺纱均匀性指数是 HVI 测试系统给出的一个参考性指标,用来反映棉花的纺纱综合性能,是通过实验测试和回归分析得出的一个经验性公式。指数越大,棉花的可纺性能越好。纺织均匀性指标与棉纤维的主要 HVI 指标和企业实际生产状态相关,实际应用中差异较大,一般仅作为参考使用

2. 基于 HVI 指标的配棉技术标准(表 7-1-4)

表 7-1-4 普梳配棉技术标准示例

纱线规格		内在指标		外观指标		混棉差价		用棉量/(kg/t) ≤	纱线质量
线密度/tex	英支	技术品级	技术品级 CV 值/% ≤	颜色级	黄度+b CV 值/% ≤	颜色级/(元/t)	内在质量/(元/t)		
14~15	43~47	2.0~2.5	8.0	白棉21 白棉11	8.0	300~600	225~350	1090	符合国家标准或用户要求
16~20	36~29	2.5~3.0	10.0	白棉31 白棉21	10.0	0~300	100~225	1086	
21~30	28~19	3.0~3.5	12.0	白棉41 白棉31	12.0	−500~0	−450~100	1082	

(三)基于 HVI 指标的分类分组

1. 分类分组原理

所谓棉花的分类分组,就是根据企业生产产品的结构将买来的原棉按一定的要求分成不同的类组,以方便配棉,并使配棉后的棉花性能满足产品性能的要求。一般原棉按产地、性能相近分为一个类,在同类下,按物理指标的范围分为不同的组,这样原棉就会按性能被合理地划分,以利于后道计算机配棉对原棉的使用。原棉的产地及每一包棉花的马克隆值、长度、强力、颜色级等性能指标常被用作分类分组依据,分类分组后的棉包在仓库中按类、组分垛码放,这样可以方便进行棉库管理和纺纱生产。

棉花分类分组时依据的性能指标主要有棉花的产地、棉花加工厂及其他表征棉花性能的指标。分类分组时可以采用一个最重要的指标分,也可以采用数个指标联合在一起分,同时对某项指标划分分组区间时,可以将区间划得多一些,也可以划分得少一些。若分类分组要求的指标数量不同,指标划分的区间数不同,则最后分类分组得到的组数也不同,最终的分类分组结果是各个指标不同区间的全排列组合。

2. 分类分组方法

基于 HVI 的棉花检验是逐检验,每个棉包均有条码及检测数据,因此分类分组是给每包棉花确定一个配棉编号,以便进行库存管理和配棉调用。目前实际操作中未形成分类分组的具体相当标准规范,以下为一种操作实例可作参考。

(1)棉花分类及分类号的命名。把基本性能相同或相近的棉花分为一类,一般同一个产地的棉花可以分为一类。分类号用 2 位数字或字母表示。企业可以根据自己习惯来制定棉花类号的命名规则和具体的含义。如新疆棉以"X"表示,则"X5"就可以表示某个产地的新疆棉花。

(2)棉花分组及组号的命名。在一个棉花类下可以按 HVI 指标制订更加详细的分组标准。根据我国公检棉花 HVI 数据情况,这里选定了每包棉花的马克隆值、纤维长度、纤维强度、棉花反光率、黄度、长度整齐度 6 个指标进行分组。棉花的分组号由 6 位数字组成,每一位数字代表一个对应 HVI 指标,在同一位上不同的数字表示该指标不同的指标范围。例如:某类棉花下某组的组号为 314223,如果规定第一位代表的是马克隆值,则第一位的"3"表示该棉花的马克隆值处于马克隆值指标的第三个区间,而分组前马克隆值的分组范围应定好。同样的原理,可以把组号中其他不同的位数规定代表不同的指标,而某位上具体的数字值则表示的是该项指标的范围。表 7-1-5 为某类原料的分组指标区间的规定示例。

表 7-1-5　某类原料的分组指标区间的规定示例

马克隆值	长度/mm	长度整齐度/%
<3.0	<27	<75
3.0~3.7	27~29	75~82.5

续表

马克隆值	长度/mm	长度整齐度/%
3.7~4.2	29~35	82.5~90
4.2~5.5	>35	>90
>5.5		

在 HVI 指标基础上的分类分组实现了棉包数据的数字化,这种条件下的配棉方法和棉花管理方法更适合利用计算机进行管理和配棉。

(四)基于 HVI 指标的技术品级计算

1. 技术品级的计算方法

原棉技术品级可采用模糊数学的模糊分等和隶属度的概念,对原棉内在质量进行综合评价的定量计算。对原棉主要内在质量指标评价时,要先对每个具体的指标确定评价等级,规定相应的分级特征值。表 7-1-6 为细绒棉评价分级特征值表。利用模糊分等的方法计算各指标对相应等级的隶属度,由于隶属度随条件而改变,就用函数来表示这个变化的规律,称为隶属度函数。表 7-1-7 为原棉分级特征值的隶度函数。

表 7-1-6　细绒棉评价分级特征值表

项目	A 级(权重=1)	B 级(权重=2)	C 级(权重=3)	D 级(权重=4)	E 级(权重=5)
上半部长度/mm	≥31.0	≥29.0 <31.0	≥27.0 <29.0	≥25.0 <27.0	<25.0
整齐度/%	≥85.0	≥83.0 <85.0	≥80.0 <83.0	≥77.0 <80.0	<77.0
断裂比强度/(cN/tex)	≥31.0	≥29.0 <31.0	≥29.0 <31.0	≥29.0 <31.0	<25.0
马克隆值	≥3.65 <4.25	≥3.45 <3.65	≥4.25 <4.95	<3.45	≥4.95

表 7-1-7　原棉分级特征值的隶属度函数

特征值名称	隶属度函数
A 级 上半部长度、整齐度、断裂比强度	$u(x)=\begin{cases}1(X\geqslant a)\\0(X<a)\end{cases}$

续表

特征值名称		隶属度函数
B 级、C 级、D 级 上半部长度、整齐度、断裂比强度	偏大型	$$u(x)=\begin{cases}0\,(0\leqslant X\leqslant a_1)\\(x-a_1)/(a_2-a_1)\,(a_1<X\leqslant a_2)\\1\,(a_2<X)\end{cases}$$
	偏小型	$$u(x)=\begin{cases}1\,(X\leqslant a_1)\\(a_2-X)/(a_2-a_1)\,(a_1<X\leqslant a_2)\\0\,(a_2<X)\end{cases}$$
E 级 上半部长度、整齐度、断裂比强度		$$u(x)=\begin{cases}1\,(X<a)\\0\,(X\geqslant a)\end{cases}$$
A 级、B 级、C 级 马克隆值		$$u(x)=\begin{cases}1\,(a_1\leqslant X<a_2)\\0\,(a_1<X\leqslant a_2)\end{cases}$$
D 级 马克隆值		$$u(x)=\begin{cases}1\,(X<a)\\0\,(X\geqslant a)\end{cases}$$
E 级 马克隆值		$$u(x)=\begin{cases}1\,(X<a)\\0\,(X\geqslant a)\end{cases}$$

注　B 级、C 级、D 级的上半部长度、整齐度、断裂比强度的隶属度为双隶属度。

依据模糊评价原理确定的原棉技术品级评价模型如下：

$$P_k=\sum_{i=1}^{m}d_i\sum_{j=1}^{n}\frac{r_{ij}}{n}$$

式中：P_k——第 k 批原棉的技术品级；

d_i——原棉分级特征的权重值，$i=1,2,3,4,5,m=5$；

r_{ij}——原棉第 j 项质量指标对第 i 个分级的隶属度，$j=1,2,3,4,n=4$，即上半部长度、整齐度、断裂比强度和马克隆值四个指标。

技术品级是一个无量纲，数值越小，该批原棉的内在质量越好。

2. 技术品级的计算示例

基于 HVI 指标的技术品级计算示例见表 7-1-8。

表 7-1-8　技术品级计算示例

评价指标		A 级 (权重=1)	B 级 (权重=2)	C 级 (权重=3)	D 级 (权重=4)	E 级 (权重=5)
上半部长度/ mm	30	—	(30−29)/(31−29) =0.5	(31−30)/(31−29) =0.5	—	—
整齐度/%	85	—	1	—	—	—
断裂比强度/ (cN/tex)	28.5	—	—	(29−28.5)/(29−27) =0.25	(28.5−27)/(29−27) =0.75	—
马克隆值	4	1	—	—	—	—
分级隶属度		$\sum$ A×权重/4 =0.25	$\sum$ B×权重/4 =0.75	$\sum$ C×权重/4 =0.56	$\sum$ D×权重/4 =0.75	$\sum$ E×权重/4 =0

技术品级=0.25+0.75+0.56+0.75+0=2.31

(五)混棉颜色级的控制

1. 控制成纱色差的配棉原则

(1)混合棉原料中应确定一个主体颜色级,其他颜色级应是与主体颜色级相邻的颜色级,同一个配棉成分中的颜色级跨度不宜过大。颜色级类别跨度一般不应超过 3 个,级别跨度不超过 4 个。

(2)接批原料的黄度(+b)、反射率(Rd)与原批号原料的指标不能偏离过大。原则上要用同类型、同级别的原料进行接批。

(3)混棉中各批原料的黄度(+b)变异系数应小于 8.0%、反射率(Rd)变异系数应小于 6.0%。

2. 混棉颜色级的评价步骤

(1)运用重量加权平均公式,计算混棉的重量加权平均黄度(+b)和反射率(Rd)值。

(2)确定混棉的颜色级。

(3)计算混棉黄度(+b)和反射率(Rd)变异系数。

(4)根据混棉颜色级和计算结果评价配棉方案的优劣和可行性。

(5)必要时对配棉成分进行调整,重新计算黄度(+b)和反射率(Rd)变异系数并评价配棉方案。

(6)确认混棉方案。

3. 颜色级评价模型

棉花颜色级评价一般可在使用棉花标准(GB 1103.1—2012)的颜色分级图进行评判,也可根据表7-1-9的给出的等级线的函数进行评判。

表7-1-9 棉花颜色级的分区函数

颜色级	分区函数(x 表示黄度$+b$,y 表示反射率 Rd)
白棉 11	$L_1:y+2x\geqslant99.1$ $L_8:y+1.983x^2-45.858x\geqslant-1.779$
白棉 21	$L_1:y+2x<99.1$ $L_2:y+2x\geqslant97.6$ $L_8:y+1.983x^2-45.858x\geqslant-1.779$
白棉 31	$L_2:y+2x<97.6$ $L_3:y+2x\geqslant94.5$ $L_8:y+1.983x^2-45.858x\geqslant-1.779$
白棉 41	$L_3:y+2x<94.5$ $L_4:y+2x\geqslant89.4$ $L_8:y+1.983x^2-45.858x\geqslant-1.779$
白棉 51	$L_4:y+2x<89.4$ $L_8:y+1.983x^2-45.858x\geqslant-1.779$
淡点污棉 12	$L_5:y+2x\geqslant96.8$ $L_8:y+1.983x^2-45.858x<-1.779$ $L_9:y+1.6887x^2-46.032x\geqslant-224.05$
淡点污棉 22	$L_5:y+2x<96.8$ $L_6:y+2x\geqslant92.8$ $L_8:y+1.983x^2-45.858x<-1.779$ $L_9:y+1.6887x^2-46.032x\geqslant-224.05$
淡点污棉 32	$L_6:y+2x<92.8$ $L_8:y+1.983x^2-45.858x<-1.779$ $L_9:y+1.6887x^2-46.032x\geqslant-224.05$
淡黄染棉 13	$L_5:y+2x\geqslant96.8$ $L_9:y+1.6887x^2-46.032x<-224.05$ $L_{10}:y+3.1829x^2-92.251x\geqslant-583.26$

颜色级	分区函数(x表示黄度$+b$,y表示反射率Rd)
淡黄染棉23	$L_5:y+2x<96.8$ $L_6:y+2x\geq 92.8$ $L_9:y+1.6887x^2-46.032x<-224.05$ $L_{10}:y+3.1829x^2-92.251x\geq -583.26$
淡黄染棉33	$L_6:y+2x<92.8$ $L_9:y+1.6887x^2-46.032x<-224.05$ $L_{10}:y+3.1829x^2-92.251x\geq -583.26$
黄染棉14	$L_7:y+2x\geq 94.5$ $L_{10}:y+3.1829x^2-92.251x<-583.26$
黄染棉24	$L_7:y+2x<94.5$ $L_{10}:y+3.1829x^2-92.251x<-583.26$

(六)颜色级与品级的关系

1. 颜色级与品级的相关性

(1)早中期好籽棉,成熟正常,棉瓣肥大,有部分一般白棉。按颜色级可划分为白棉1~4级,品级检验时大多确定为一至三级。

(2)中期一般籽棉,光泽差,受到不同程度的污染。按颜色划分为白棉4~5级,品级检验时大多确定为四级。

(3)白棉为主,加工时分级不清,混有部分僵瓣棉,或白棉变黄、发霉。按颜色划分为淡点污棉。品级检验时大多确定为四至五级。

(4)中晚期僵瓣棉为主,混有少量雨锈棉或霉变棉,较黄的僵瓣棉,污染棉。按颜色划分为淡黄染棉,品级检验时大多确定为五至七级。

总的来看,大部分情况下棉花颜色级白棉1~4级和品级一至四级是对应的,品级五级如果基色灰而不黄和颜色级白棉5级对应,如果基色黄则会对应淡点污棉2级,品级六级一般对应的是淡点混棉3级。

2. 颜色级与品级的对应关系(表7-1-10)

表7-1-10　颜色级与品级对照表

颜色级	轧工质量等级	马克隆值等级	品品范围
11-1-2	好	A　B2　C2	一级

颜色级	轧工质量等级	马克隆值等级	品级范围
11-1-2	中	A　B2　C2	二级上
11-3	好	A　B2　C2	二级上
11-3	中	A　B2　C2	二级下　三级上
11-4	好	A　B2　C2	三级下　四级上
11-4	中	A　B2　C2	三级下
21-1-2	好	A　B2　C2	一级下层　二级上
21-1-2	中	A　B2　C2	二级下　三级下
21-1-2	差	A　B2　C2	三级下　四级上
21-3-4	中	A　B2　C2	二级下　三级上
21-3-4	差	A　B2　C2	三级基层　四级上
31-1-2	中	A　B2　C2	三级上
31-1-2	差	A　B2　C2	四级下
31-3-4	中	A　B2　C2	三级下　四级上
31-3-4	差	A　B2　C2	四级基层　五级
31-1-2	中	B1	四级上
31-1-2	差	B1	四级基层　五级
31-1-2	中	C1	四级下　五级
31-1-2	差	C1	五级及以下
41-1	中	A　B　C2	四级上
41-2	中	A　B　C2	四级下
41-1-2	差	A　B　C2	五级
41-3-4	中	A　B　C2	四级基层　五级上
41-3-4	差	A　B　C2	五级以下
41-1-2	中	C1	四级基层　五级

续表

颜色级	轧工质量等级	马克隆值等级	品级范围
41-1-2	差	C1	六级
41-3-4	中	C1	五级及以下
41-3-4	差	C1	六级及以下
51-1-2-3-4	中	A　B　C	四级基层至六级上
51-1-2-3-4	差	A　B　C	六级及以下

(七)计算机配棉系统

1. 计算机配棉系统的结构

计算机配棉系统的主要功能模块构成如图7-1-2所示。

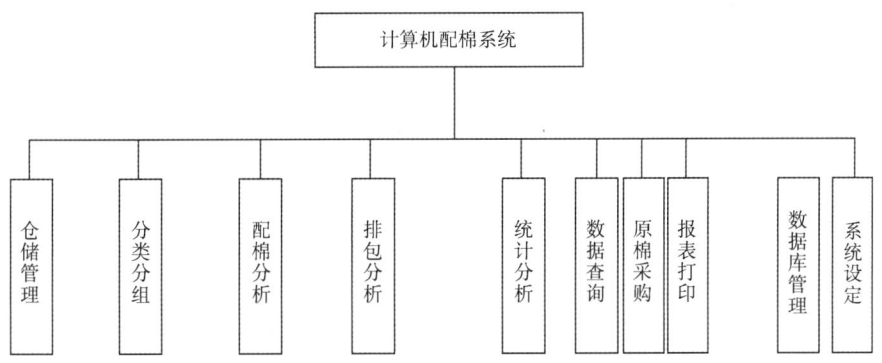

图7-1-2　计算机配棉系统

该系统具有以下八大基本功能。

(1)实现了企业原棉仓储管理的电子化。

(2)基于原棉的HVI数据,对原棉进行了精细、合理的分类、分组,降低了抽样风险。

(3)优化了配棉方案,自动给出了上机排包图。

(4)通过配棉结果可以预测棉纱质量。

(5)系统具有自学习功能,可以根据实际情况,修正棉纱质量预测模型。

(6)根据纺纱质量要求,可以给出原棉采购参考方案。

(7)建立了纱线性能要求信息库,只要提出纱线的用途等基本要求,就可以自动给出该纱线的详细性能指标。

（8）建立了全流程的纺纱工艺参数录入、查询系统，为企业的生产管理、技术改进提供了有力的技术支持。

2. 常见计算机配棉系统

当前较为成熟的计算机配棉系统有两个，一个是由美国棉花公司开发的 EFS 优化配棉管理系统，另一个是由中国纤维检验局、西安工程大学和全国棉花交易市场联合开发的 CAS 计算机自动配棉系统。

（八）纺纱工艺、品种与原棉质量的关系

1. 不同纺纱技术对棉纤维的品质要求

当前棉纺技术主要为环锭纺和转杯纺，其中环锭纺还包括传统环锭纺和紧密纺两种。不同纺纱技术对原棉品质的要求不同。表 7-1-11 为纤维品质指标对不同纺纱技术的重要性排序。

表 7-1-11　纤维品质指标对不同纺纱系统的重要性排序

优先顺序	环锭纺	转杯纺
1	长度和整齐度	马克隆值
2	强度	强度
3	马克隆值	长度和整齐度

（1）环锭纺纱技术对棉纤维的品质要求。

①传统环锭纺对棉纤维长度的要求（表 7-1-12）。

表 7-1-12　传统环锭纺对棉纤维长度的要求

配棉类别	平均品级范围/级	平均长度范围/mm	长度差异/mm
超细特（10tex 以下）	长绒棉或 1.2~1.8 细绒棉	长绒棉或 31~33 细绒棉	—
细特（10~20tex）	1.5~2.8	28.5~31.0	2
中特（21~32tex）	2.3~3.5	27.0~29.5	4
粗特（32tex 以上）	2.6~4.8	24.5~27.0	4~6

②传统环锭纺与纤维整齐度与短绒率的关系。短纤维率是指一定长度以下短纤维含量，是反应纤维长度整齐度的指标。表 7-1-13 为短绒率对成纱品质的影响。

表 7-1-13 短绒率对成纱品质的影响

产品类别	对细纱条干 CV 的影响	对成纱强力的影响
细特纱	长度 10mm 短纤维率每增加 2%，条干 CV 增加 1%	短纤维率平均增加 1%，成纱强度下降 1.0%~1.2%
中特纱	长度 12.7mm 短纤维率每增加 3%，条干 CV 增加 1%	

③传统环锭纺与纤维马克隆值的关系。纤维马克隆值是纤维成熟度和线密度的综合反映，其对成纱质量的影响也是综合性的。表 7-1-14 是成纱乌斯特公报水平与马克隆值的关系。

表 7-1-14 成纱乌斯特公报水平与马克隆值的关系

乌斯特公报水平/%	马克隆值
5	3.7~4.2
5~25	3.9~4.3
25	4.1~4.4
25~50	4.4~4.7
50	4.7~4.9
50~75	4.9~5.2
75	5.2~5.5

④紧密纺的原棉质量标准要求（表 7-1-15）。

表 7-1-15 紧密纺的原棉质量标准要求

项目	质量标准				
成纱线密度/tex	JC18~29	JC14.5~18	JC7~26	JC4.9~7	JC3.2~4.9
长度/mm	28	29	35	37	39
棉纤维线密度/dtex	1.50~1.75	1.55~1.70	1.45~1.65	1.40~1.55	1.40~1.50
马克隆值	3.7~4.6	3.8~4.3	3.6~4.3	3.6~4.0	3.6~3.9
成熟度系数	1.5	1.8	1.7	1.9	1.9
成熟度成分比/%	85	87	89	89	90
未成熟度成分比含量/%	7.5	6.5	6.0	5.0	4.5
短绒率/%	12.5	10.5	10	8.5	8.5

续表

项目	质量标准				
长度整齐度指数/%	83	86	88	88	88
强力/(cN/tex)	23	25	35	38	40
疵点数量/(个/g)	2000	1500	1500	1200	100
带纤维籽屑/(个/g)	1000	600	500	400	300

（2）转杯纺纱对棉纤维品质要求。转杯纺纱一般用于纺制中粗特纱,原料一般是精梳落棉、破籽和部分原棉,其中原棉在其中起到稳定质量的作用。表 7-1-16 为转杯纺原料配备比例。

表 7-1-16　转杯纺原料配备比例(%)

项目	精落	破籽	原棉	斩刀	回花	粗纱头
精落为主	40	25	15	10	5	5
破籽为主	30	35	15	10	5	5

2. 不同企业对棉花的质量要求

（1）漂白纱纺织企业对棉花的质量要求。对纱线供漂白面料品牌企业一般情况下,在生产超高支纱时需要采用新疆长绒棉、美国皮马棉或埃及长绒棉;生产中高支纱线主要采用 21 级或 31 级棉;生产低支纱时采用 4 级棉。对原棉异纤含量要求无三丝,一般企业要求异纤维含量控制在 0.1~0.3g/t,即生产高档漂白纱时要求异性纤维不能超过 4 根/包;加工一般漂白纱要求异性纤维不能超过 8 根/包;常规品种不能超过 20 根/包。手摘棉与机采棉在成纱质量上也存在一定差距,在其他条件相同的情况下,以 32 英支纯棉普梳纱为例,机采棉所纺纱线的强力低于手摘棉约 2%,条干均匀度值高于手摘棉纺纱约 3%。棉结(+200%)高于手摘棉纺纱约 17%。表 7-1-17 为企业采购机采棉的质量要求,表 7-1-18 为企业对新疆棉质量要求。

表 7-1-17　企业采购机采棉的质量要求

考核项目	纤维长度/mm	含杂率/%	马克隆值	长度整齐度/%	断裂强度/(cN/tex)	12.7mm 短绒率/%
品牌企业要求	≥29	≤1.5	3.8~4.5	≥83.5	≥29.9	≤7
一般企业要求	≥28.5	≤2	3.7~4.6	≥83	≥28.5	≤10
较低企业要求	≥28	≤2.5	3.6~4.9	≥83	≥27.5	≤12

表 7-1-18 企业对新疆棉质量要求

考核项目	纤维长度/mm	含杂率/%	马克隆值	长度整齐度/%	断裂强度/(cN/tex)	12.7mm短绒率/%	16.5mm短绒率/%	棉结/(粒/g)
新疆细绒棉颜色级21级及以上	≥29.5	≤1.3	3.8~4.8	≥83.5	≥29.9	≤6.8	≤10.8	≤160
新疆细绒棉颜色级31级及以上	≥29.3	≤1.5	3.7~4.8	≥83.0	≥29.9	≤7.0	≤11.0	≤170
新疆细绒棉颜色级41级及以上	≥29.0	≤1.7	3.7~4.9	≥83.0	≥29.4	≤7.5	≤11.5	≤210
新疆长绒棉1级	≥37	≤1.9	3.6~4.2	≥87.0	≥41.7	≤4.5	≤6.5	≤130

（2）色纺纱纺织企业对棉花的质量要求。色纺纱企业要求异性纤维在染深色时无三丝,而其他则比漂白纱要求低一些;色纺纱企业对棉花质量要求见表 7-1-19。

表 7-1-19 色纺纱企业对棉花质量要求

项目	指标要求
马克隆值	4.1~4.9
纤维长度/mm	≥28,40 英支以上应配 10%~50%长绒棉
成熟度系数	1.6~1.8
断裂比强度/(cN/tex)	≥28.5
纤维线密度/dtex	1.72~1.89
16mm 以下短纤维率/%	≤15
棉结/(粒/g)	≤20
带纤维籽屑/(粒/g)	≤50

（3）机织、针织企业对棉花的质量要求。以 14.5tex 纱为例,机织和针织企业对棉花质量要求见表 7-1-20。

表 7-1-20　机织和针织企业对棉花质量要求

纱线的线密度/tex	≥14.5		<14.5	
用途	机织	针织	机织	针织
纤维长度/mm	≥29.0	≥28.5	≥28.5	≥28.0
马克隆值	3.5~4.2	4.0~4.5	3.5~4.9	4.0~5.0
长度整齐度/%	≥83	≥82	≥82	≥81
断裂比强度/(cN/tex)	≥29.0	≥28.5	≥28.0	≥27.5
成熟度系数/%	≥85	≥88	≥85	≥88

(九)成纱质量与原棉品质的关系

成纱质量与原棉品质的关系见表 7-1-21 所示。

表 7-1-21　成纱质量与原棉品质的关系

成纱质量指标	原棉品质指标	影响内容
单纱断裂强度和单纱断裂强度变异系数	马克隆值和成熟度比	1. 纤维马克隆值小,线密度小,成纱截面包含纤维根数多,纤维之间的接触面大,拉伸时滑脱机会少,纱线强力高,单强 CV 值小 2. 纤维马克隆值过小,纤维成熟度差,单纤维强力降低,纤维弹性差,工艺处理困难增加,单强 CV 值大 3. 纤维马克隆值和成熟度比对纺不同线密度纱的影响有差别,对低线密度影响大一些,如果低线密度纱用细纤维,随着马克隆值和成熟度比的减小成纱强力增加显著,而对高线密度纱则影响较小 4. 纺高线密度纱,如果原棉成熟度低,纤维强力低,成纱强力显著下降 5. 配棉对低线密度纱着重考虑马克隆值,对中高线密度纱着重考虑原棉成熟度
	纤维长度、短纤维指数和轧工质量	1. 纤维长度长、纤维间接触机会多、摩擦抱合力大,成纱强力高 2. 纺低线密度纱时,纤维长度对成纱强力影响显著,但增加过多,强力增加幅度变小,反而会增加成本 3. 原棉中短纤维含量多,会减弱纤维间摩擦抱合力,拉伸时纤维间滑脱机会增加,对成纱强力不利,且强力程度不匀较大 4. 短纤维在罗拉牵伸中不易被罗拉控制,使成纱条干均匀度变差,增加强力不匀

成纱质量指标	原棉品质指标	影响内容
条干均匀度	马克隆值	1. 马克隆值越小,成纤维越细,所以成纱条干会越均匀 2. 适当降低纤维的平均马克隆值对条干均匀度有利,即采用"粗中加细",搭配5%~10%线密度较小的纤维对条干均匀度有利或不产生恶化影响,从而可降低纺纱成本
	短纤维指数	短纤维在牵伸过程中不能被牵伸机构有效控制,而在牵伸过程中处于游离状态,造成牵伸不匀
	轧工质量	1. 棉结和带纤维籽屑是形成细纱粗节的主要因素 2. 结杂会干扰牵伸过程中纤维的正常运动
百米重量变异系数		1. 主要取决于车间管理和机械状态 2. 配棉成分变异包括配棉成分和接批成分会引起工艺适应性的波动,如开松、牵伸效率等,从而造成百米重量变异系数变差
棉纱结杂粒数	成熟度指数与轧工质量	1. 成纱中的棉结,一部分是轧工不良造成的,如轧工差产生的索丝、棉结,特别是紧棉索、紧棉结,梳理排除困难 2. 原棉成熟度差的原棉,纤维刚性差,在纺纱过程中容易扭曲形成棉结 3. 成熟度差的原棉,棉籽表皮的在棉籽上的附着力小,轧棉时容易脱落形成带纤维杂质,这种杂质在纺纱中也更容易分裂
	原棉含杂	1. 原棉中的僵片、带纤维籽屑、软籽表皮等疵点对成纱棉结杂质影响较大,这些杂质在机械作用下,很容易碎裂 2. 配棉时应特别注意原棉单唛试纺中结杂粒数和带纤维粒数的稳定
	原棉含水	1. 在棉含水率高,纤维间黏连性大,刚性低,易扭曲,杂质不易排除,成纱棉结杂质增多,当原棉成熟度差时更为显著 2. 原棉含水率低,杂质容易破碎,成纱结杂增多,车间飞花多,棉纱表面产生毛羽 3. 低级棉含水率一般较高,对成纱结杂粒数影响较大 4. 接批过程中颜色级差异大,易产生黄白纱 5. 某些含糖、含蜡量高的原棉,纺纱时易产生"三绕"

二、化学纤维选配

(一)化学纤维选配方法

化学纤维包括再生纤维和合成纤维,化学纤维原料的选用目的主要是增加产品花色品种,增进产品功能性,提高产品使用价值、降低成本及改善纤维可纺性等,因此化纤的选用主要考虑的因素是纤维的品种、纤维的性质及混用纤维的比例。

1. 化学纤维品种的选择

化学纤维品种的选择一般依据产品的用途进行,表 7-1-22 为常见化学纤维的种类及用途。

表 7-1-22　化学纤维的种类及用途

种类		化学纤维名称	用途
再生纤维	再生纤维素纤维	黏胶纤维(普通黏胶纤维、富强黏胶纤维、纤维素超仿棉)	普通黏胶纤维可与棉混纺或纯纺制织中平布、细平布用于床上用品、裤装、裙装面料以及室内装饰等;富强纤维可制织细平布、府绸织物用作夏季衬衣;纤维素超仿棉(雅丝绒)具有高强低伸特性,可替代棉纤维用于服装、家纺产品
		醋酯纤维	衬衣、领带、睡衣、高级女装和裙装面料
		Lyocell 纤维(包括 Tencel)	内衣、时装、休闲服装等,微纤维化天丝可制作桃皮绒风格的纺织品
		莫代尔纤维	针织服装、睡衣、运动服和休闲服,机织、针织的内衣等贴身织物面料,同时也用于蕾丝的生产
		竹浆纤维	与丝、棉、毛等混纺用于夏季服装面料
		铜氨纤维	与羊毛、合成纤维混纺或纯纺,用于高档针织物,如针织和机织内衣、女用袜子以及丝织绸缎女装衬衣、风衣、裤料、外套
	再生蛋白质纤维	海藻纤维	抗菌运动衫、T 恤、袜子、床单、被子、内衣及家饰用品
		大豆蛋白纤维	纯纺或与棉等纤维混纺,生产高档衬衣、内衣
		牛奶蛋白纤维	儿童服饰、女士内衣
		蚕蛹蛋白纤维	高档衬衣、内衣

续表

种类	化学纤维名称		用途
合成纤维	聚酯纤维	涤纶(普通涤纶、高强涤纶)	各类服装面料、装饰面料
		逸绵(仪纶、斯棉、凯泰)	运动牛仔、职业工装、商务休闲、家居服装面料
		PET 纤维、PTT 纤维	弹性类织物,如内衣、弹力运动服、弹力牛仔服等
	腈纶		绒线、毛毯、人造毛皮、絮制品、高收缩腈纶用作膨体纱、针织绒线和花色纱线;多孔腈纶用于毛巾、浴巾、儿童服装、运动服及床上用品
	锦纶(锦纶 6、锦纶 66)		袜子、围巾、各式衣料、轻弹性面料及内衣
	丙纶		服装面料、地毯、土工布、过滤材料、人造草坪
	氯纶		针织内衣、绒线、毯子、絮制品、防燃装饰用布
	维纶	普通维纶	帆布、绳索、渔网、过滤布、水龙带、传送带、包装材料
		水溶性维纶	伴纺法生产高支纱、无捻纱及空心纱等、特种工作服、育秧、海上布雷、降落伞等
	聚乳酸纤维 PLA(玉米纤维)		内衣、外衣、运动服、衬衫
	氨纶		紧身衣、袜子

2. 化学纤维性质的选择

棉纺设备可加工的化学纤维有棉型和中长型,也可加入长丝纺制芯纱和包覆纱。化学纤维各项性质选择的要求见表 7-1-23。

表 7-1-23 化学纤维性质的选择

化学纤维性质	选择要求
长度和线密度	长细比关系:$L/Tt \approx 23$ 式中:L——纤维长度,mm; 　　　Tt——线密度,tex 不同风格需要可适当调整 (1)$L/Tt>23$,用以生产细薄织物 (2)$L/Tt<23$,用以生产粗厚织物 长细比的数值是有限度的,长细比过大纤维加工中易断裂,成纱棉结多;长细比过小,则可纺性差,易发毛 特低线密度纱:$L=38\sim42$mm,$Tt=1.0\sim1.2$dtex 低线密度纱:$L=35\sim38$mm,$Tt=1.3\sim1.7$dtex 高线密度纱:$L=32\sim38$mm,$Tt=1.7\sim2$dtex 中长纤维:$L=45\sim65$mm,$Tt=2.8\sim3.3$dtex

续表

化学纤维性质	选择要求
强伸性质	1. 纯纺情况下,应满足纺纱加工中机械打击、牵伸的需要,强伸性变异应较小 2. 混纺时,一般情况下,各组分纤维的强伸性不易差异过大
与成纱结构有关的性质	细长、卷曲小、初始模量大的纤维易分布在纱外层,反之易分布在内层;外层纤维关乎纱产品外观、手感和耐磨性。选配时应明确哪种纤维在内层,哪种在外层
沸水收缩率	混纺纤维应有接近的沸水收缩性
含油率	含油量会影响纺纱工艺的进行,应根据季节和可纺性调整含油率,一般冬天含油多,夏天含油少,表面粗糙、抱合力差含油宜多,细而柔软的含油应少
色差	对色差较大的纤维混纺,应保证条子、粗纱、细纱不出现明显的色泽差异,应根据设备的混合能力选择

3. 混纺比的确定

(1)混纺比的确定首先要满足产品的风格和用途的要求。

(2)混纺比的确定要尽量避免临界混纺比,临界混比是指两种纤维混纺时,出现强力最低时的混纺比。

(二)化学纤维选配注意事项

化学纤维一般品种质量差异小,主体成分突出,一般以 $1\sim2$ 种可纺性好的纤维作为主体成分,含量为 $60\%\sim70\%$。可采用单唛或多唛原料进行纺纱,为了降低成本也可以混入适量回花。

1. 单唛纺纱

(1)原料来源要稳定,质量波动小,可纺性能好。

(2)单一原料的储备量应有保证,原料市场供应充足。

(3)如果原料发生更改,则必须了机重新辅车试纺。

2. 多唛纺纱

(1)应关注原料接批的变动量和性能差异,避免产生色差。

(2)应在工艺上加强混合作用。

(3)有光化学纤维和无光化学纤维不能混合使用。

(4)使用前应对不同批次的原料进行染色对比试验,特别是原料变动较大时。

3. 回花的使用

混并前可按某种纯纤维处理,混并后按主体成分纤维使用。为避免出现质量差可集中处理后单独专纺使用。

三、非棉天然纤维选配

(一)麻类纤维

麻类纤维中的亚麻、汉麻、苎麻、罗布麻等都可以在棉纺设备上加工,其选配要点见表 7-1-24。

表 7-1-24　麻类纤维的特点与选配

纤维种类	纤维特点	适纺产品
苎麻	苎麻纤维及其制品具有凉爽、吸湿、透气等特点,纤维长度为 60~250mm,宽度为 20~45μm,线密度为 5~6.7dtex,称为精干麻 棉纺用苎麻纤维可用切断的精干麻为原料,也可以采用精梳落麻与其他纤维混纺 与棉纤维相比,苎麻纤维弹性差、抱合力差、成纱强力低	与棉、黏胶纤维或涤纶等纤维混纺,用于夏季服饰、床单等
汉麻	汉麻纤维具有良好的排湿、快干和抗菌作用,可屏蔽紫外线、具有阻燃和耐高温性能 汉麻单纤维长度为 15~25mm,细度为 15~30μm,纤维强度高于棉,略低于苎麻,断裂伸长与其他麻纤维相当。因此汉麻纤维具备直接在棉纺设备上加工的特性	可以纯纺或与棉、毛、丝混纺用于夏季面料、内衣等
亚麻	亚麻纤维及其产品具有较好的吸湿性能,及调温、抗过敏、抗静电、抗菌的功能,能吸收相当于自身重量 20 倍的水分,手感干爽。纤维长度为 600~900mm,线密度为 2~3dtex,棉纺一般用打成麻的落麻与其他纤维混纺,可纺性较差,也可将亚麻进行进一步脱胶后直接用于棉纺加工	一般与棉或化纤混纺中粗特纱,细化后的亚麻混纺纱也可用于针织服装
罗布麻	罗布麻纤维具有良好的吸湿、透气、透湿性,强力高,表面光滑无卷曲,具有丝一般的手感,纤维线密度为 3~4dtex,长度与棉纤维相近,平均长度为 20~25mm,但长度离散性高,在 10~40mm 之间,可直接用于棉纺加工	可与棉、毛、丝混纺用于家用纺织品、针织服装

(二)毛类纤维

用于棉纺的毛类纤维有羊毛、山羊绒、兔毛、牦牛绒等,其特点与选配见表 7-1-25。

表 7-1-25　毛类纤维的特点与选配

纤维种类	纤维特点	适纺产品
羊毛	羊毛纤维柔软而富有弹性,羊毛产品手感丰满、保暖性好、穿着舒适。用作棉纺生产的羊毛一般为半细毛,直径为 25~75μm,可以用中长设备加工,采用滑溜牵伸 转杯纺常用精梳落毛,长度为 15~35mm,便落毛多,毛粒、油脂较多,适纺性差,可与黏胶纤维等可纺性好的纤维混纺	一般与棉、黏胶纤维混纺用作高档衬衫、外衣等
山羊绒	山羊绒线密度低,手感柔软消糯,吸湿透气,穿着舒适。长度为 30~40mm,平均直径为 15~16μm,单强为 4.5cN/tex。山羊绒油脂含量高,易生静电,卷曲少,可纺性差,易产生烂、黏、松、绕等现象,应严格控制回潮率,施加抗静电剂	可纯纺或与棉、天丝等混纺制作针织纱;也可在转杯纺纱机上用山羊绒或精梳落绒生产粗特纱
兔毛	兔毛具有的绒毛和粗毛都有髓质层,含有空气,纤维细长,颜色洁白,光泽好,柔软蓬松,保暖性强,但纤维卷曲少,表面光滑,纤维之间抱合性能差,强度较低,细毛为 15.9~27.4cN/tex,粗毛为 62.7~122.4cN/tex,平均断裂伸长率为 31%~48%。一般棉纺用兔毛为次兔毛(4 级以下),手扯长度为 22~25mm,长度差异大,含杂高,必须进行预处理	一般与棉、涤纶、腈纶等两合一或三合一纺制混纺用于轻薄型针织内衣或厚重外衣,轻薄型兔毛用量在 30% 以下,厚重型则可在 30% 以上,也可在转杯纺中纺制混纺纱
牦牛绒	牦牛绒光泽柔和,弹性强,手感滑糯,比普通羊毛更加保暖柔软,直径小于 20μm,但离散度较大,在 28%~43%,长度为 34~45mm,离散度也较大,最长 60mm,最短 10mm,有不规则弯曲,纤维卷曲数量少,但卷曲率和卷曲弹性回复率高,鳞片呈环状紧密抱合,纺纱时应加入和毛油以改善其纺纱性能	一般与棉、涤、黏胶纤维混纺,与异形截面的涤纶混纺可提高面料的挺扩性,采用黏胶纤维或细旦涤纶混纺可获得柔软的手感,并有一定的抗皱性

(三)䌷丝

　　䌷丝是绢纺生产中的落棉,可分为 A 和 S 两类,其中 A 类平均长度较长,20mm 以下的短纤维较少,整齐度好,质量比电阻在 10^8~10^9Ω·g/cm^2,易产生静电,影响纤维抱合力和成卷,易产生缠绕,纺纱时需注意抗静电处理。䌷丝可与麻、棉等混纺用于针织产品和牛仔服。

第二节　混棉

一、混棉方法

(一)常用混棉方法与特征

　　混棉是将参与纺纱的各组分纤维均匀分布在纤维混合体中,纱或者织物的质量很大程度取决于纤维分布的均匀程度。针对不同的原料和产品混棉可以采用不同的方法,混棉过程中混合的成分越简单、各成分的性质差异越小、混合的比例越平均,混合的难越低;否则难度越大,比如天然纤维与化学纤维混合、色纺混合、小比例成分混合等,混合难度大,需采用较复杂的方法。表7-1-26为常用混合方法的特征及适纺品种。

表7-1-26　常用混合方法与特征

混合方法	作用特征	适纺品种
棉包混合	根据配棉表的配棉方案要求,设计棉包在抓棉机抓台上的排包图,上包后,打手按排包图的成分排列逐包抓取,然后送入后方的混棉机,再对喂入的纤维利用时差或平辅直取等方法实现由粗到细的混合 这种混合方法混合流程长,混合较为充分,但混合的随机性大,受棉包松紧、纤维性状差异、开松程度、落棉等影响较大,不易控制混纺比例的准确性	适合于单一品种的纤维纺纱,如纯棉、纯化纤或化纤与化纤混纺等。有时也用于较难成条的可纺性差的纤维与其他可纺性较好的纤维(如棉、黏胶纤维等)的混纺产品,用于改进可纺性
多仓混棉机混合	利用多台抓棉机或称重喂棉机将单一唛头的不同纤维分别送入多仓混棉机的不同棉仓,即单唛单仓喂入,各仓自控输出,按比例铺层叠放在混合道上,实现混合。多仓混合可以较为精细的比例进行混合,但混合组分数受棉仓数量限制,设备投入成本较高,混比的精确度没有条混高	一般用于不同颜色的、性质接近的纤维色纺混合,纺制彩色混色纱
小量称重混合	将几种组分的纤维按混纺比例进行小份称重配比,然后人工初步混合后,铺放在混棉帘上送入开清棉机组进行开松、混合。混合比例较为精确,混合流程长,混合充分。但受人工作业影响,仅能进行小批量生产,劳动强度高,生产效率低,质量不稳定	适用于混纺比例要求高的化纤混纺和色纺
自动称量机组	由储棉开棉机、自动称量机和混棉帘子组成,不同组分的纤维分别由不同的圆盘抓棉机或往复抓棉机分段抓取,送入不同的储棉开棉机开松后,送入自动称量机按比例称取后铺放在混棉帘子上,送入多仓混棉机实现混合。这种混合方法,采用称重按比例铺层混合,产量高、混合比例准确,混合效率高,但机组结构复杂,参与混合的纤维种类有限,一般有二至三种,占地较大	适用于原棉、色棉、棉型化纤和76mm以下的中长化纤进行高精度称重混合
棉条混合	将不同的纤维分别经过清梳加工制成规定定量的条子后,在并条机上按预定的根数喂入进行混合。棉条混合后不再有落杂加工,纤维比例保持较好,混纺比准确。但混合流程短,混合不易均匀,需增加并条道数,使工艺复杂化	适合于纤维性质,特别是含杂性质差异较大的纤维的混纺

续表

混合方法	作用特征	适纺品种
二步法混合	二步法混合是棉包混合棉条混的结合,将要混合的不同组分纤维,先按一定的比例进行棉包混合,经开清棉和梳棉加工成棉条后,再与另一单一组分纤维制成的条子在并条机上混合。二步法混合主要用于解决混合原料中某一种纤维组分的比例过低、可纺性较差而无法单独成条,或者两种纤维性质差异较大不易混合均匀的情况。混合流程和工艺较为复杂,生产效率低	适用于存在有极小混合比例的产品;某些可纺性较差,成条困难的纤维混纺以及色纺
棉网混合	并卷机、复并机上的棉层间的混合,也称片状混合。这种混合实现棉横向混合,解决条混不匀的问题,但设备工艺管理困难	可有利于解决条混效率和不匀问题

(二)常用混棉工艺组合及其适用品种(表7-1-27)

表7-1-27　常用混棉工艺组合及其适用品种

组合方法	组合流程	适用品种
抓棉多仓组合	往复式抓棉机→多仓混棉机	适合普通原料和相对单一的长线大单品种生产,如纯棉纱、纯涤纶纱及其混纺
称量多仓组合	分段往复式抓棉机→两台多仓混棉机→两台称重机→混合输送机→多仓混棉机	适合异性纤维原料,长线大单品种,纺纱或非织造均可,如涤黏混纺产品
称量换向多仓组合	分段往复式抓棉机→多台称重机→喂和输送机→换向混合机→多仓混棉机	适用混合精细度高的多组分纤维混纺产品
换向抓棉组合	双棉箱换向混合机→打包机→圆盘式抓棉机→棉箱混棉机	适合色纺等多组分、差异化、含小比例成分、纤维易损伤的品种,特别是小品种纺纱的高难度混合需求

(三)棉包上包图设计

1. 圆盘式纤维包排列

(1)纤维包排列考虑的因素。纤维包排列原则是"纵向分散,横向错开",表7-1-28是圆盘式纤维包排列考虑的因素和处理方法。

表7-1-28　圆盘式纤维包排列考虑的因素

因素	处理方法
圆周包的分布	将小比例成分的原料置于内环,大比例成分的原料置于外环

续表

因素	处理方法
松紧包的排列	将密度大的纤维包置于内环,密度小的纤维包置于外环
棉包长短边的排列	排列在内环的纤维包底的长边沿圆周方向放置,外环纤维包底的短边沿圆盘半径方向排列

(2)圆盘式纤维包排列示例(图7-1-3)。

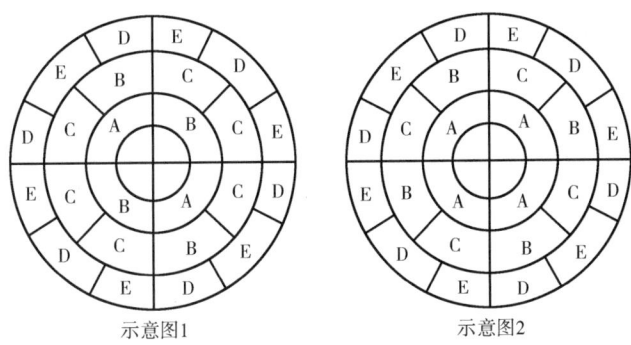

图7-1-3　两种不同的圆盘式纤维包排列示意图

2. 直线式纤维包排列

直线式纤维包排列原理如图7-1-4所示,绘制一个圆,画一水平线平分圆周,接着将所需排列的各种纤维包排在上半周,然后将上半周的各种纤维包对称于下半周,整个圆周就是抓棉器抓取纤维一个往复的情况。因此直线式纤维包排列的关键是在圆周上将各种成分的纤维包排列均匀。对于往复抓棉机在纤维包列的头尾出现重复抓取的现象,可以通过将头尾纤维包底部的长边沿纤维包列的方向,而其他纤维包沿垂直方向的方法减小重复抓取的影响。

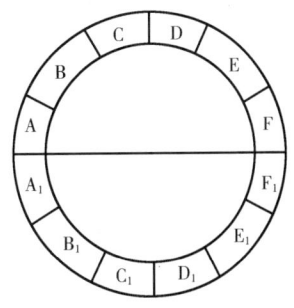

图7-1-4　直线式纤维包排列原理

3. 排包时纤维主要性能控制

为使混合均匀,排包时应尽量减小排间纤维性能差异。表7-1-29是抓棉机上排列棉包时纤维主要性能控制值。

表 7-1-29　抓棉机上排列棉包时纤维主要性能控制值

参数	排间差异推荐值	影响
马克隆值	≤0.1	织物横档 精梳落棉 纱线中棉结 成纱截面中纤维根数
长度/mm	≤0.5	牵伸参数 成纱强力及其变异 精梳落棉
长度整齐度/%	≤1	
黄度	≤0.2	织物横档 纱线染色差异

二、混棉计算

(一)混纺比计算

1. 棉包混合的计算

当 n 种原料采用棉包混合时,混纺比计算公式如下:

$$X_i = \frac{Y_i(1+m_i)}{\sum\limits_{i=1}^{n} Y_i(1+m_i)}$$

式中:X_i,Y_i——第 i 种原料湿、干混纺比;

m_i——第 i 种原料的回潮率。

例:纺涤 65/棉 35 的纱,生产时的实际回潮率是涤 0.4%、棉 7%,求两种纤维的湿重混纺比(投料比)。

解:$Y_1=0.65$,$Y_2=0.35$,$m_1=0.004$,$m_2=0.07$,则可算得:

$$X_1 = \frac{0.65 \times (1+0.004)}{0.65 \times (1+0.004)+0.35 \times (1+0.07)} = 0.6354$$

$$X_2 = \frac{0.35 \times (1+0.07)}{0.65 \times (1+0.004)+0.35 \times (1+0.07)} = 0.3646$$

计算结果表明,涤纶的湿混比(投料比)为 63.54%,棉纤维的湿混比(投料比)为 36.64%。

2. 棉条混合的计算

若采用 A、B 条子混合,其干重混纺比为:

$$\frac{y}{1-y} = \frac{n_1 \times g_1}{n_2 \times g_2}$$

式中：y，$1-y$——A、B 两种条子的混纺比（干重比）；

n_1，n_2——A、B 两种条子的混合根数；

g_1，g_2——A、B 两种条子的干重定量。

当 n 种原料的条子混合时，混纺比计算公式如下：

$$\frac{y_1}{n_1} : \frac{y_2}{n_2} : \cdots : \frac{y_n}{n_n} = g_1 : g_2 : \cdots : g_n$$

式中：y_i——第 i 种原料干混纺比，$i=1,2,\cdots,n$；

n_i——第 i 种纤维条的根数，$i=1,2,\cdots,n$；

g_i——第 i 种纤维喂入条子的干定量，$i=1,2,\cdots,n$。

例：纺涤 65/棉 35 的纱，在并条机上进行条混，如果并条机采用 6 根并合，涤/棉条子的根数为 4/2，即涤条 4 根，棉条 2 根，求两种纤维条的干重比。

解：$y=0.65$，$n_1=4$，$n_2=2$，得：

$$\frac{0.65}{1-0.65} = \frac{4 \times g_1}{2 \times g_2}$$

计算可得：$g_1 = 0.929 g_2$，若取 $g_2 = 18g/5m$，则：$g_2 = 19.38g/5m$。即涤/棉（65/35）混纺时，采用 4 根涤条，2 根棉条在并条机上混合，涤条的干定量为 18g/5m，棉条的干定量为 19.38g/5m。

（二）混料指标计算

各种纤维混合后的纤维长度、线密度、回潮率等技术指标，可以用各组分纤维相应指标的重量百分率加权平均计算。

$$X = \sum_{i=1}^{m} k_i x_i$$

式中：X——混合原料的某项指标；

k_i——第 i 个纤维组分的重量比率，$i=1,2,\cdots,m$；

x_i——第 i 个纤维组分的对应的某项指标，$i=1,2,\cdots,m$。

三、色纺配棉与混棉

（一）色纺配棉注意事项

色纺纱配棉应考虑原料、产品质量、市场、成本等个性化特征的要求，在原料选配时应注重的事项见表 7-1-30。

表 7-1-30　原料选配时应注重的事项

考虑因素	实施措施
原料选用	为减少成纱明显色结,保证色彩鲜艳,一般情况下,应选用纤维偏粗、成熟度好、含杂少的原料。纤维偏粗则刚性好,染色和纺纱时不易形成明显色结;纤维成熟度好则染色性能好,成纱色泽好;原料含杂少,成纱中因杂质形成的异色疵点少
染色棉与天然彩棉选用	天然彩棉存在可纺性差、色彩品种少、色牢度差、色彩不鲜艳、价格高等缺点。没有特殊要求,一般不选用天然彩棉
色牢度控制	色牢度包含耐皂洗、耐汗渍、耐摩擦色牢度。色牢度好坏不是纺纱过程能改变的,其决定因素在纺纱之前。色牢度的好坏也不能依赖于原料进厂时的检测。色纺企业要建立稳定、可靠的染色纤维供应基地
化纤原液着色与水染	对于化学纤维,原液着色相比本色纤维水染有两大优势,一是纤维制造过程环保无污染,二是纤维可纺性能好。所以在同样可以满足要求的前提下,首选原液着色 本色纤维水染相比原液着色纤维色彩更鲜艳,对于原液着色纤维不能满足色彩要求的产品,只能选用水染。特别是花式类产品,需要凸显色彩效果,选用水染纤维效果更好
原棉与棉网	棉网是指撕碎的梳棉条或精梳条。原棉属于纺纱的基本原料,棉网则属于色纺等特色纺纱的个性化做法,其目的主要是解决部分清梳不能去除的细小而易显的色点色结 中低档纯棉色纺纱,若客户对产品外观质量要求不高,其原料中不易形成醒目疵点的组分可选用原棉,易形成醒目疵点的组分用棉网 高档纯棉色纺纱的原料应全部选用棉网,其中易形成醒目疵点的组分用精梳棉网 纺纱过程中原棉和棉网的落棉率是不同的。原棉落棉率大,棉网落棉率小;落棉率越大,则意味着色纺过程色比变化风险越大 对于花式类产品,比如段彩纱中用于构成段彩点缀部分的纤维原料,需要凸显色彩效果,选用棉网比原棉效果好
彩色原料储备	一般情况下,除黑色原料外,其他彩色原料是不可以大量储备的。色纺纱色彩风格会随季节、流行色等多种因素的改变而变化。本季使用的色棉下季未必有用。客户根据市场色彩需求来样下单,是限时供货,所以彩色原料是不宜大量储备的
精准配棉	色纺纱产品是多色纤维原料混合而成的混合色,如果其中的某一组分原料比例发生变化,则最终成纱色彩也会随之改变,特别是其中混色比例较小、但与最终混合色差异较大的纤维组分,即使是很小的色比变化,都会使最终产品产生明显的视觉差异,即色偏差
控制成本	一般有色纤维价格高于本色纤维,棉网价格高于原棉,所以色纺纱的原料成本比本色纺纱高。同一产品可以寻找出多种配棉(配色)方案,要选择色纤维比重小、成本低、性价比最佳的方案。做好这项工作需要两个支撑:一是建立色纤(染色)快速加工供应渠道;二是具有快速打样配色技术能力 关于棉网的配用量。选用精梳棉网还是普梳棉网,或者两种棉网按比例配用,目的主要是消除有害色点结疵点,并非所有色点结都是有害疵点。色点结是否有害,一是取决于其是否为明显色结,二是该品种的客户质量要求高低

(二)色纺配棉流程

色纺配棉流程:

备棉→预处理→称重→逐色检查→打花(人工混合)→打包

1. 备棉

按照技术部门配棉投料单的要求,将需用批号的有色纤维的数量,从仓库取出备用。棉检部门、前纺车间或试验室相关部门,依照投料单分别安排配棉,逐包检查及开具工艺单。

2. 预处理

预处理是将配棉单的各种原料在混棉前进行必要处理。

(1)加湿或去湿处理。因染色棉及其他混合原料回潮率很难控制,回潮率较低的原料要加湿处理,特殊原料要喷洒抗静电剂(或油剂),对于回潮偏高的色棉或黏胶纤维等,可采用拆包后放置在相对湿度较低的环境里进行自然放湿,或在太阳光下曝晒去湿,使回潮率达到正常状态。色棉的回潮率一般应控制在 6.5%~7.5%。特殊品种回潮率要保持在公定回潮率±1.5%左右。

(2)挑"三丝"。染色棉或本色棉中"三丝"直接影响成纱质量及织物外观,深色品种更为明显。所以在配棉时要对色棉与本色棉进行挑"三丝"处理,尤其是在做相对较深色品种时更为必要。

(3)挑荧光纤维。在荧光室内将色棉或原棉中的荧光纤维挑拣出来。荧光纤维对婴幼儿健康有一定影响与危害,所以国内外一些大品牌客户用色纺纱做婴幼儿童装时,特别要求出厂色纺纱中不能含有荧光纤维,故生产投料前必须挑净。

3. 称重

将配棉原料用电子秤逐包称重,最大量程 150kg,精确度 0.01kg,全部称重后放到指定区域,并在标示牌上写清品种、批号、包重及使用次序。

4. 逐包检查

棉检部门专人对已处理、并称重的棉包进行检查,所用棉包数量与投料单是否相符,检查无误后在标牌上作标记。

5. 打花混合

打花混合即将逐包检查后的棉包运到指定区域,将各色棉包在开松机上逐色开松,然后沿着场地分散铺开,铺一层打一个,层数尽可能多,每层铺花量要尽可能少,这样有利于混合均匀与减少色差。打花时要注意不要造成束丝,使棉结增加。

6. 打包

将打花混合的原料进行打包,供开清棉流程中抓包机上使用,但向打包机抱取原料时,要求自下而上均匀的卷取开松混合的棉层,放入打包机。打包后的棉包大小与重量差异不能太大。每一个品种打包完后,统计棉包总重量与唛头重量相比较,其误差不能超过规定重量。

(三)色纺混棉方法及特征

由于色纺纱的生产过程中,各种原料混合不仅仅是成分比例要符合工艺设计要求,而且要混色均匀,达到来样或用途要求,因此混色均匀是纺好色纺纱的关键。表 7-1-31 为色纺中常用混合方法及其特点。

表 7-1-31 色纺中常用混合方法及其特点

混合方法	技术特征	适纺产品
全混法	全混法是把生产品种中各类颜色的纤维在开清棉之前称重、预混合的一种常规方法。全混法有两种形式:一种是工人拌花,另一种是机械混棉方法 工人拌花是按色纺混色比例要求,对多种色纺原料进行小份称重配比、人工初步混合后,再进行开松、混合的混色工艺。这种混色法主要依靠人工手工作业,仅适合于小批量生产 机械混棉方法采用机械连续称重配比混色,或按比例排包抓棉配比混色后再进行开松、混合的纺纱工艺	全混法混合比较充分,适合大多数色纺产品,但该方法很难做到混纺比准确,尤其是做色棉比例差异大的品种,容易造成混色不匀而出现色差
条混法	将各种原料先做成梳棉条,再经过多道并条工艺混合的一种方法。条混法需要各梳棉条的定量要符合工艺要求,应按喂入梳棉机后条子的根数和混合比例严格控制	适合生产大批量及棉与其他原料混纺品种,如棉与天丝、莫代尔、黏胶纤维、竹纤维、涤纶等混纺。色纺纱混色工艺中采用条混法较多,但工艺流程较复杂,对车间管理尤其是运转操作管理要求较高
棉网混合工艺法	棉网混合工艺法是色纺纱企业常规的做法。将已制成的梳棉条或精梳棉条(染色或不染色)撕碎作为纺纱原料,在色纺纱生产过程中至少要经过两次清棉与梳棉工序(即双普梳基本工艺),也可增加一次或两次精梳工序(即双精梳工艺)	混色精准,适合对混色要求高的高端色纺产品
半精纺生产的和毛工艺法	采用和毛机进行开松与混合后打包,在喂毛斗上进行棉层喂入,经梳理机上互配的各种原料在和毛机上逐一开松后,用气流输送至和毛仓逐一进行混合,经给油养生后打包在梳理机的喂毛斗上备用,因此批量小、品种多一般不用清花机成卷工艺	生产小批量品种或打小样
新产品特殊混合法	在试验机上进行,作为正式投产前的先锋试样	新产品或特殊产品

续表

混合方法	技术特征	适纺产品
两步混棉法	第一步是先采用包混中的任一种，将含量小的纤维与含量多的纤维进行混合，并生产出生条；同时将含量多的纤维单独生产出生条 第二步再将第一步的混合生条与含量多的单色生条在头并上进行混并，最终得到含量符合混色比例要求的半熟条	这种方法适合某种色纤维含量小于15%的小比例较浅色的色纺纱

第三节　开清棉

一、开清棉主要机型及技术特征

(一)抓棉机

抓棉机是开清棉加工的第一台设备,其作用是将各种原料按规定的配棉比例精细抓取,经初步开松和混合后,喂入后道设备。抓棉机要作到"轻抓、细抓、抓小、抓全、抓匀",保证成分正确,不伤纤维,为后道设备的进一步开松、混合、除杂创造良好的条件。抓棉机按照机构特点可分为:环行圆盘式抓棉机和直行往复式抓棉机两大类,其中直行往复式抓棉机是现代开清棉的主流机型和发展趋势,本手册主要介绍直行往复式抓棉机。

直行往复式抓棉机主要由抓棉器、转塔、塔座、轨道、吸棉槽、打手及压棉罗拉、覆盖带卷绕装置、抓棉器悬挂装置及电器控制系统组成。直行往复式抓棉机根据抓棉方式分为单打手抓棉机和双打手抓棉机,抓棉机的代表机型中,JWF1016型、A3000型为单打手抓棉,JWF1009型、JWF1011型、JWF1012型、JWF1018型、JSB008型、FA009型等均为双打手抓棉。

1. 抓棉机技术特征(表7-1-32)

表7-1-32　JWF1016型、JWF1011型、JWF1012型、JSB008C型抓棉机技术特征

机型		JWF1016	JWF1011	JWF1012	JSB008C
产量/(kg/h)		1000	1600,2000	1500	1000,1500,2000
抓棉器	工作宽度/mm	2300	2300	2300	1720,2300,2500
	工作高度/mm	1700	1600	1700	
	间歇下降量/(mm/次)	0.1~19.9	0.1~20	0.1~19.9	
	下降精度/mm	0.1	0.1	0.1	0.1~0.5

机型		JWF1016	JWF1011	JWF1012	JSB008C
抓棉打手	直径/mm	300(单)	280(双)	250(双)	250(双)
	转速/(r/min)	1350	1178	1350	1010,1220,1440
	刀片数量	112/只	44(22/根)	112/只	246,336,366
	刀尖距地面距离/mm	≥35		≥30	
压棉罗拉	形式	圆形辊筒	圆形辊筒	圆形辊筒	
	直径/mm	140		140	
	数量/根	2	2	2	
	转动方式	被动转动	被动转动	被动转动	
小车行走速度/(m/min)		5~17	1~20	5~15	18
全机尺寸(标准型,长×宽×高)/mm		24025×6320×2900	160000×5162×2942	24025×6320×2900	157000×7078×3205
总装机功率(不含风机)/kW		5.75	11.37	6.75	9
全机重量/kg		4000	5000	4200	6500

2. JWF1012 型抓棉机结构图和传动示意图(图7-1-5)

3. JWF1011 型往复抓棉机结构示意图(图7-1-6)

4. JWF1012 型抓棉机工艺计算

$$小车往返行走速度(m/min) = \frac{行走减速器转速 \times 19 \times \pi \times 行走轮直径}{40 \times 1000}$$

$$抓棉器升降速度(m/min) = \frac{抓棉器升降电动机转速 \times 18 \times 126.66 \times \pi}{34 \times 1000}$$

$$抓棉打手转速(m/min) = \frac{打手电动机转速 \times 打手电动机带轮直径}{打手带轮直径}$$

(二)混棉机

混棉是棉纺开清棉加工中的重要环节,其作用是将经过初步开松的原料进行混合。随着现代纺纱原料和产品的多样化,特别是非棉混纺产品、色纺混色产品的开发对混合方式和质量的要求逐步提高和多样化,混棉方式和混棉设备也有多样化和组合式的发展趋势。其中多仓混棉机和精确称量混棉机(棉簇混棉)是现代棉纺加工中的主要类型。

1. 多仓混棉机

(1)多仓混棉机技术特征。多仓混棉机一般设置有多个大容量的棉箱,采用不同的方式填

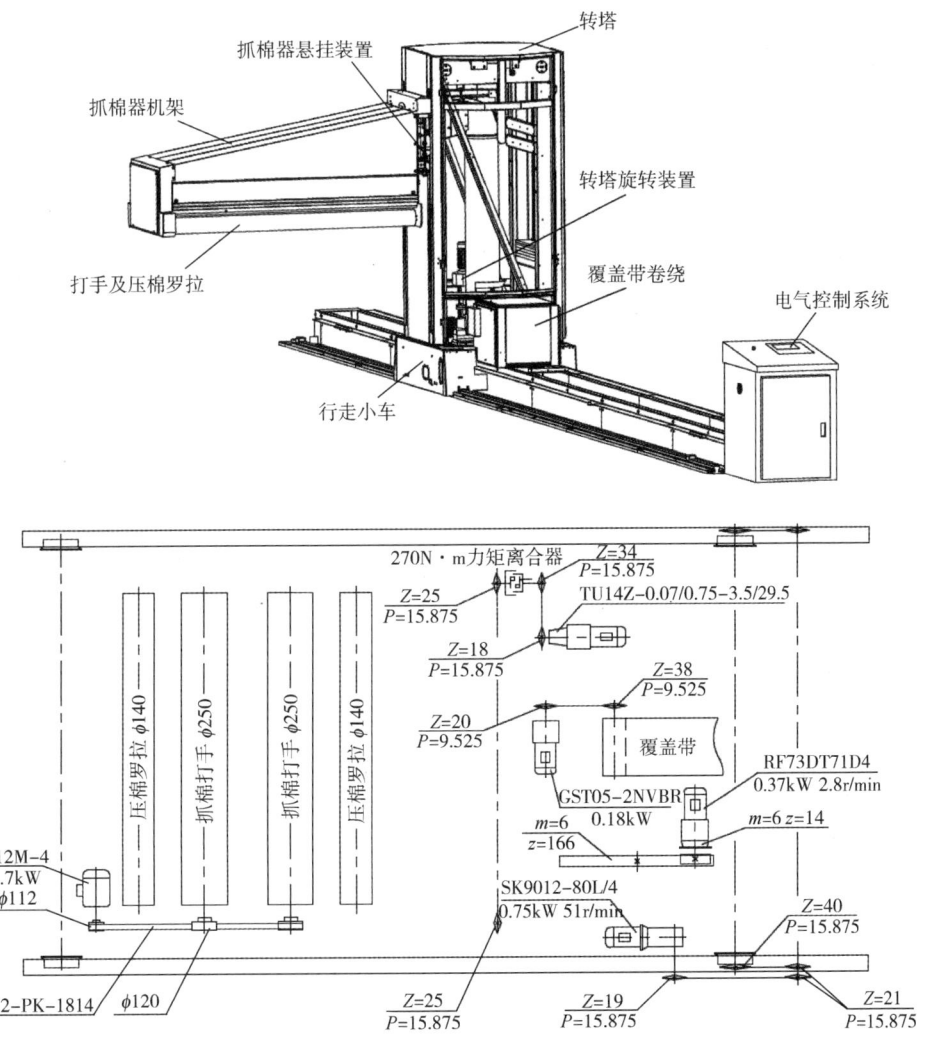

图 7-1-5　JWF1012 型抓棉机结构图和传动示意图

充各个棉箱,然后再以不同的方式形成不同棉箱中原料的输出与输入的时间差,从而实现不同时间喂入的纤维间的相互混合。其中以不同时间有序填充各棉箱,然后同时输出形成时差的方式,称为不同时喂入同时输出或称为时差混合,代表机型有 FA022 型、FA028 型、JWF1022 型、JWF1024 型、JWF1026 型等;表 7-1-33 为 JWF1204 型多仓混棉机技术特征,表 7-1-34 为 JWF1206 型多仓混棉机技术特征;以同一时间填充各棉箱,利用各棉箱输出路径不同,而不同时间到达输出位置而形时差的方式,称为同时喂入不同时输出或称为程差混合,代表机型有 FA025 型、FA029 型、JWF1029 型、JSB325 型等,表 7-1-35 为 JWF1029 型多仓混棉机技术特征,表 7-1-36 为 JSB325 型多仓混棉机技术特征。

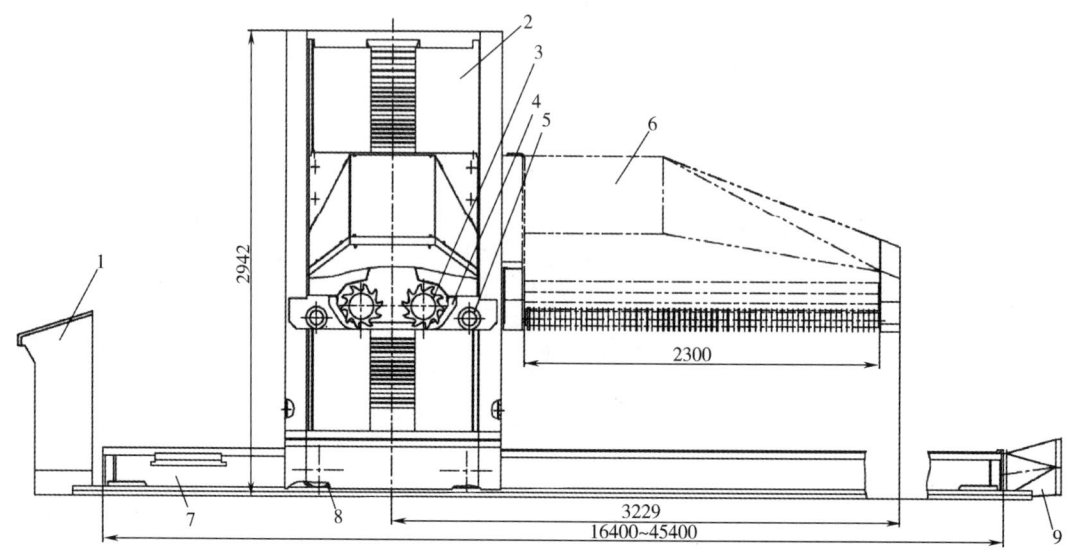

图 7-1-6　JWF1011 型往复抓棉机结构示意图

1—操作台　2—塔身　3—打手　4—肋条　5—压棉罗拉　6—抓棉头　7—地轨及吸棉槽　8—行走小车　9—出棉口

表 7-1-33　JWF1024 型多仓混棉机技术特征

机型		JWF1024-10	JWF1024-6
机幅/mm		1600	1600
最大产量/(kg/h)		1600	960
仓数		10	6
单仓最大容量/m³		1.93	
单仓最大重量/kg		57.9	
打手	直径/mm	406	
	转速/(r/min)	340,425,513	
	形式	锯齿或梳针	
给棉罗拉	直径/mm	200	
	转速/(r/min)	0.034~0.34,0.043~0.43,0.047~0.47,0.054~0.54(变频调速)	
	形式	六翼钢板	
风机	直径/mm	425	
	转速/(r/min)	2900(最高)	
	形式	六翼径向铸铝页片	

续表

机型	JWF1024-10	JWF1024-6
罗拉间隔距/mm	30	
罗拉与打手间隔距/mm	11.3	
进棉方式	左或右进棉	
装机功率/kW	16.5	12.5
外形尺寸(长×宽×高)/mm	7500×2264×3993	5500×2264×3993
全机重量/kg	8500	7000

表 7-1-34　JWF1026 型多仓混棉机技术特征

项目		技术特征				
棉仓仓数		6 或 10				
机幅/mm		1200		1600		1800
最大产量/(kg/h)		视清棉机产量而定				
单仓最大容量/m³		1.26		1.68		1.89
单仓最大重量/kg		37.8		50.4		56.7
打手直径/mm		406				
打手转速/(r/min)		356,442,552,668,730				
给棉罗拉直径/mm		200				
给棉罗拉转速/(r/min)	I 档	0.034~0.34(变频调速)				
	II 档	0.043~0.43(变频调速)				
	III 档	0.047~0.47(变频调速)				
	IV 档	0.054~0.54(变频调速)				
输棉帘平均速度/(m/min)		25.12(变频调速)				

排尘回风风量/(m³/h)	6 仓	10 仓	6 仓	10 仓	6 仓	10 仓
	最小 4000 最大 4600	最小 4000 最大 4600	最小 4200 最大 5600	最小 4200 最大 5600	最小 4200 最大 5600	最小 4200 最大 5600
排尘回风管连续负压/Pa	最小-80,最大-110		最小-90,最大-150		最小-100,最大-150	
排尘量/(kg/h)	1		1.5		1.5	

续表

项目	技术特征					
进棉方式	左进或右进					
装机功率/kW　打手	5.5					
给棉罗拉	1.5					
输棉平帘	1.1					
外形尺寸(长×宽×高)/mm	6仓	10仓	6仓	10仓	6仓	10仓
	6050×2430×4000	8050×2430×4000	6050×2830×4000	8050×2830×4000	6050×3030×4000	8050×3030×4000
全机重量/kg	6仓	10仓	6仓	10仓	6仓	10仓
	5000	6600	6100	8400	6650	9300

表 7-1-35　JWF1029 型多仓混棉机技术特征

项目	技术特征	项目		技术特征
工作宽度/mm	1600	喂棉管道	风量/(m³/h)	4320(变频可调)
最高产量/(kg/h)	1000		静压/Pa	+800
角钉帘线速度/(m/min)	14.4~140(变频调速)	出棉管道	风量/(m³/h)	1800~4000(变频可调)
输送带线速度/(m/min)	0.08~1.18(变频调速)		静压/Pa	-200
均棉罗拉　直径/mm	排风管道	排风管道	风量/(m³/h)	4320
转速/(r/min)	582,726,882		静压/Pa	-50~-100
剥棉罗拉　直径/mm	排杂管道	排杂管道	风量/(m³/h)	800~1000
转速/(r/min)	412,524,686		静压/Pa	-600~-800
隔距　均棉罗拉—角钉罗拉/mm	5~35	外形尺寸(长×宽×高)/mm		6787×2065×4135
剥棉罗拉—角钉帘/mm	5~20	机器静重/kg		5500
压缩空气/kPa	400~500	装机功率/kW		14.05(包括两个风机)

表 7-1-36　JSB325/A 型多仓混棉机技术特征

机型	JSB325	JSB325A
产量/(kg/h)	1500	

续表

机型	JSB325	JSB325A
仓数	6	
进机风量/(m³/h)	5100~6200	
棉仓正压/Pa	≤300	
出棉负压/Pa	≤-300	
吸落棉风量/(m³/h)	1800	2000
吸落棉负压/Pa	-800~-700	
排尘风量/(m³/h)	4500	
排尘负压/Pa	-150~-50	
功率/kW	10.35	15.10
外形尺寸(长×宽×高)/mm	6250×2004×4145	
全机重量/kg	5800	6000

（2）多仓混棉机结构与传动图解。图7-1-7、图7-1-8、图7-1-9分别为JWF1026型、JWF1029型和JSB325型多仓混棉机结构示意图,图7-1-10、图7-1-11分别为JWF1026型、JWF1029型多仓混棉机传动图。

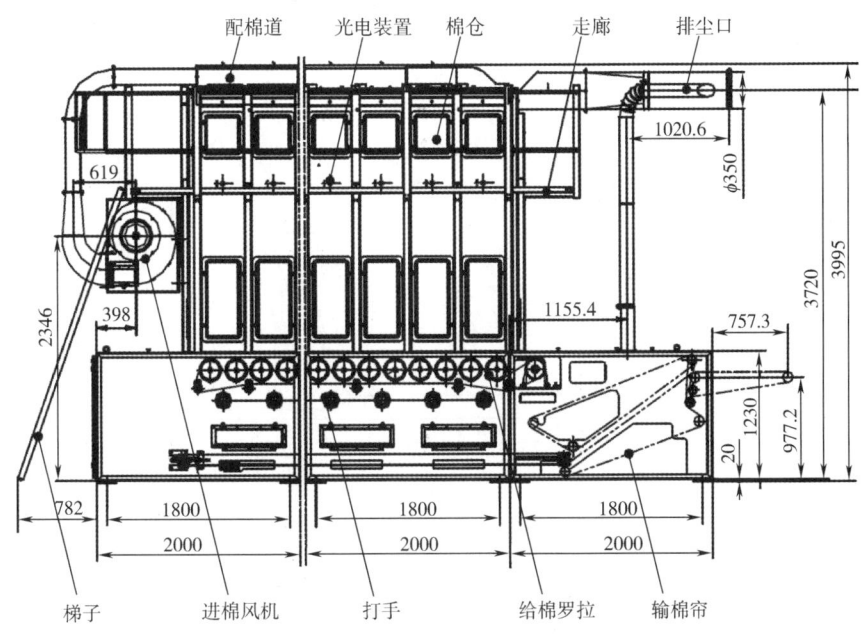

图7-1-7　JWF1026型多仓混棉机结构示意图

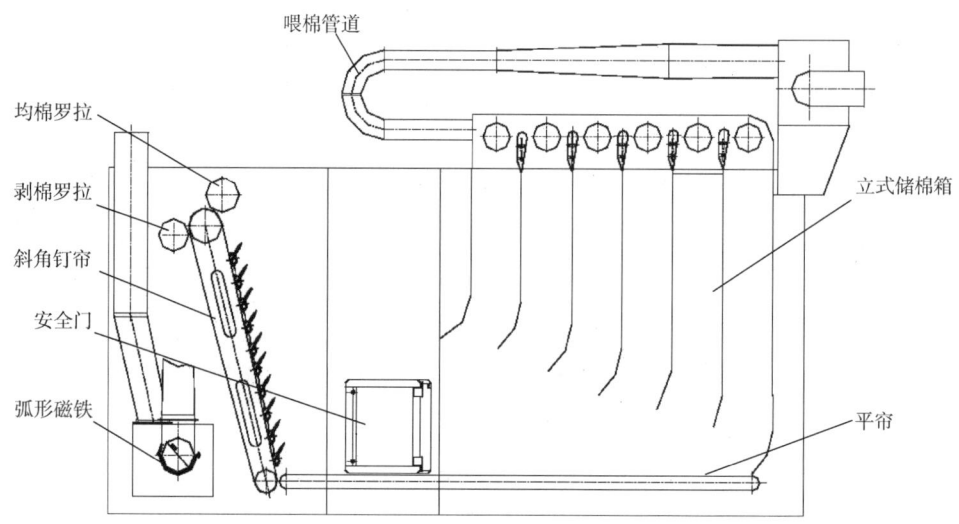

图 7-1-8　JWF1029 型多仓混棉机结构示意图

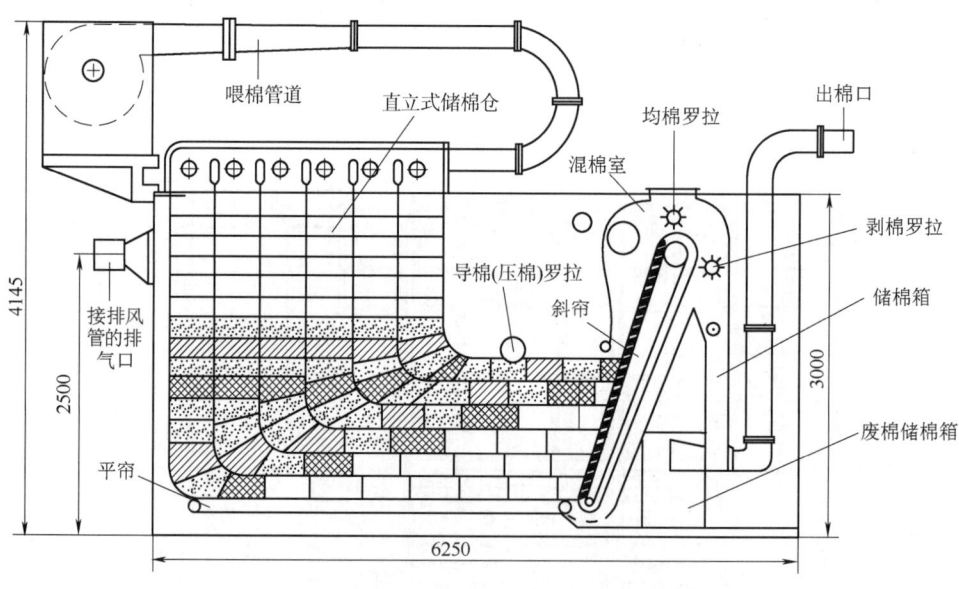

图 7-1-9　JSB325 型多仓混棉机结构示意图

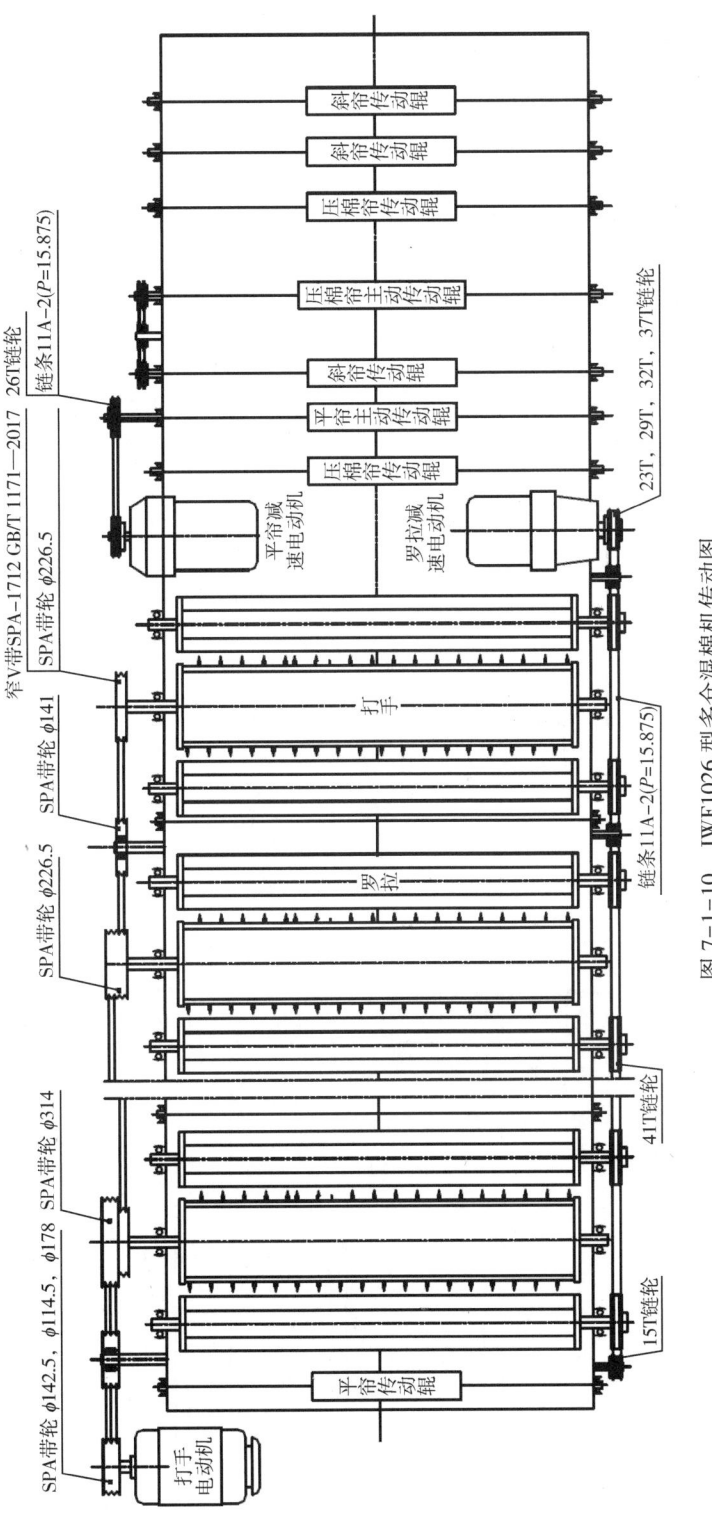

图 7-1-10　JWF1026 型多仓混棉机传动图

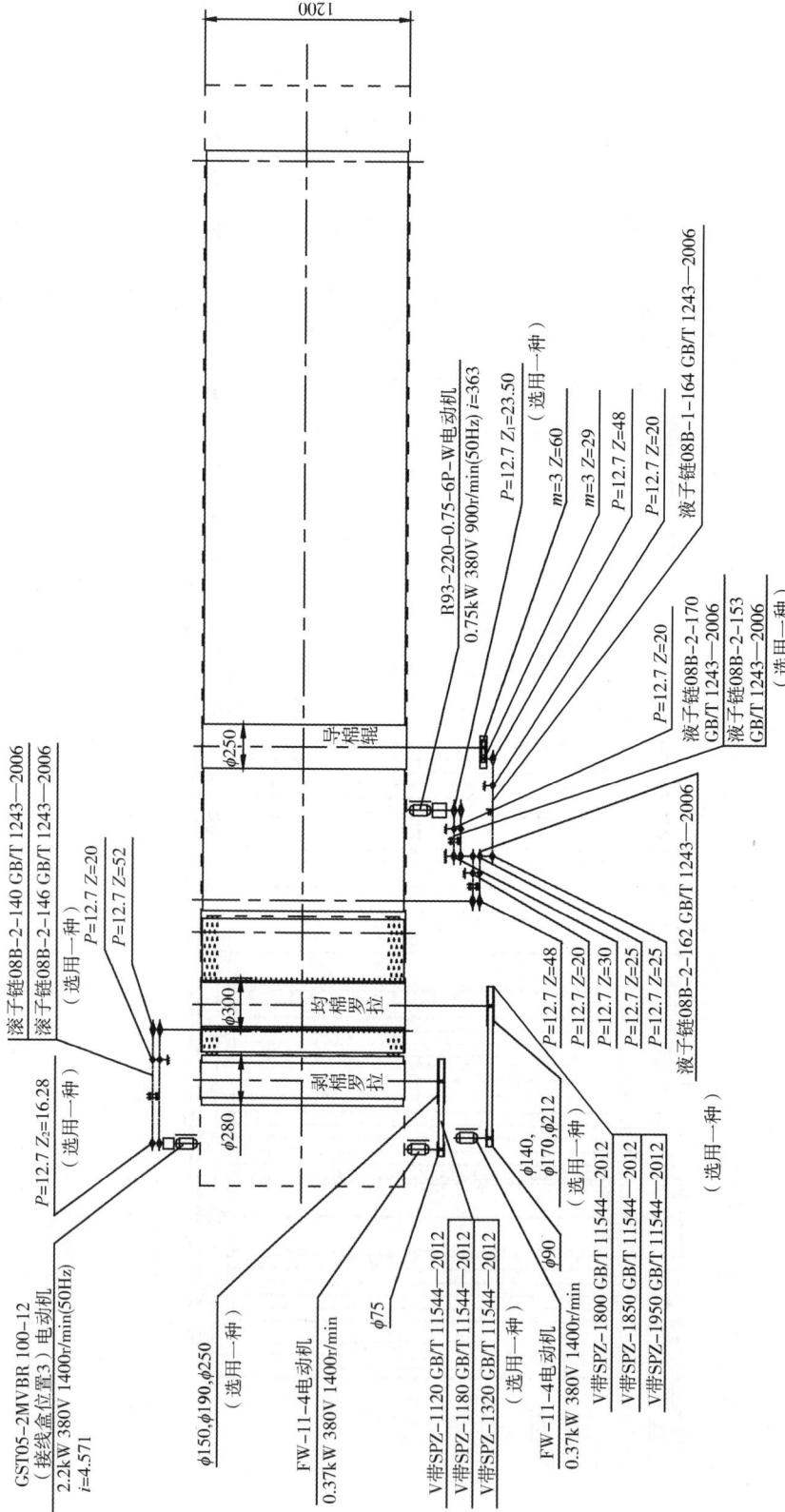

图 7-1-11 JWF1029 型多仓混棉机传动图

（3）工艺计算。

①JWF1026 多仓混棉机工艺计算。

$$打手转速(r/min) = \frac{电动机转速 \times 电动机带轮直径}{打手带轮直径}$$

式中:电动机转速为 960r/min;打手带轮直径为 250mm;电动机带轮直径为 114.5mm,142.5mm,178mm,215mm,235mm。

$$给棉罗拉转速(r/min) = \frac{减速电动机最高转速 \times 减速电动机链轮齿数}{罗拉链轮齿数}$$

式中:减速电动机最高转速为 0.6r/min;减速电动机链轮齿数为 23 齿,29 齿,32 齿,37 齿四档;罗拉链轮齿数为 41 齿。

$$输棉平帘最高速度 = \frac{\pi \times 平帘传动辊直径 \times 减速电动机最高转速 \times 电动机链轮齿数}{平帘轴链轮齿数}$$

$$= \frac{3.14 \times 0.1 \times 80 \times 26}{26} = 25.12(m/min)$$

②JWF1029 多仓混棉机工艺计算。

输送带速度 V_1(m/min):

$$V_1 = 3.5 \times (f \times z_1 \times 25) \times \pi \times (120 + 3.1 \times 2) \times 0.98/(50 \times 30 \times 52 \times 1000)$$

$$= 4.35 \times 10^{-4} \times f \times z_1$$

式中:f——电动机供电频率,8~50Hz;

z_1——变换齿轮齿数,取 23 齿、50 齿。

角钉帘速度 V_2(m/min):

$$V_2 = \frac{337 \times f \times z_2 \times \pi \times (250 + 3.4 \times 2) \times 0.98}{50 \times 30 \times 52 \times 1000} = 0.10 f z_2$$

式中:f——电动机供电频率,9~50Hz;

z_2——变换齿轮齿数,取 16 齿、28 齿。

均棉罗拉转速 n_1(r/min):

$$n_1 = \frac{1400 \times 90 \times 0.98}{d_1} = \frac{123480}{d_1}$$

式中:d_1——变换皮带轮直径,取 140mm、170mm、212mm。

剥棉罗拉转速 n_2(r/min):

$$n_2 = \frac{1400 \times 75 \times 0.98}{d_2} = \frac{102900}{d_2}$$

式中:d_2——变换皮带轮直径,取 150mm、190mm、250mm。

2. 高精度称量混棉机组

高精度称量混棉机组适用于对各种等级的原棉、色棉、棉型化纤维和 76mm 以下的中长化纤维进行高精度称重计量、混合及开松。该机组由开棉机、风机、高精度称量机和帘子混棉机组成,一般配备 2~4 台配棉称量机,分别提供 2~3 种纤维的混纺。图 7-1-12 为该机组的组合示意。

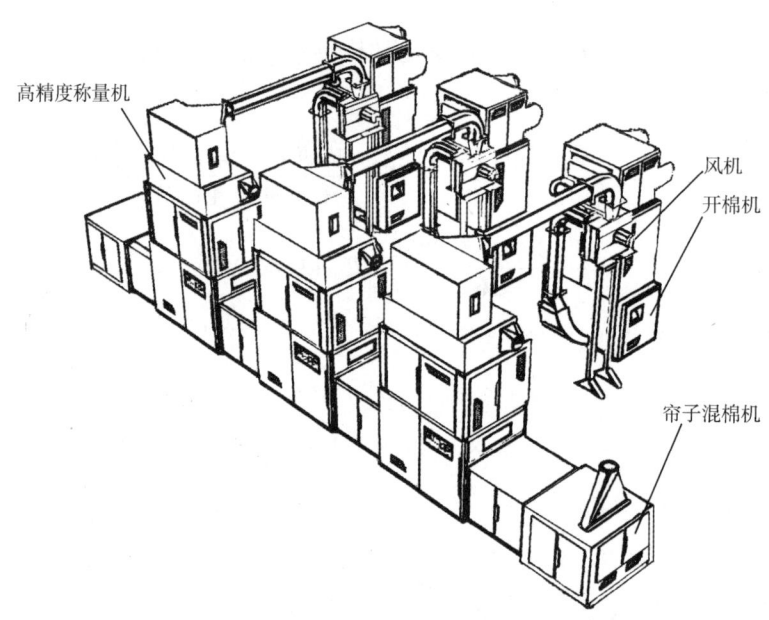

图 7-1-12　高精度称量混棉机组组合示意图

(1)高精度称量机技术特征(表 7-1-37、表 7-1-38)。

表 7-1-37　JWF1062 型高精度称量机技术特征

项目	技术特征	项目	技术特征
机幅/mm	1600	打手形式	梳针辊筒
最高产量/(kg/h)	400	打手直径	400
翼片罗拉直径/mm	165	打手转速/(r/min)	670
翼片罗拉直径/(r/min)	5~20	功率/kW	打手电动机 5.5,给棉电动机 0.75
给棉罗拉直径/mm	120	外形尺寸(长×宽×高)/mm	2100×1600×4540
给棉罗拉转速/(r/min)	5~29	全机净重/kg	2000

表7-1-38　JWF1028型帘子混棉机技术特征

项目	技术特征	项目	技术特征
机幅/mm	1200	打手直径	406
最高产量/(kg/h)	800	打手转速/(r/min)	415,606
翼片罗拉直径/mm	200	功率/kW	打手电动机2.2,给棉电动机1.5
翼片罗拉直径/(r/min)	11,18	外形尺寸(长×宽×高)/mm	2100×1600×4540
打手形式	角钉打手	全机净重/kg	2000

（2）高精度称量机组结构图解。高精度称量机组的主要单机结构如图7-1-13、图7-1-14所示,图7-1-15和图7-1-16分别为对应单机的传动图。

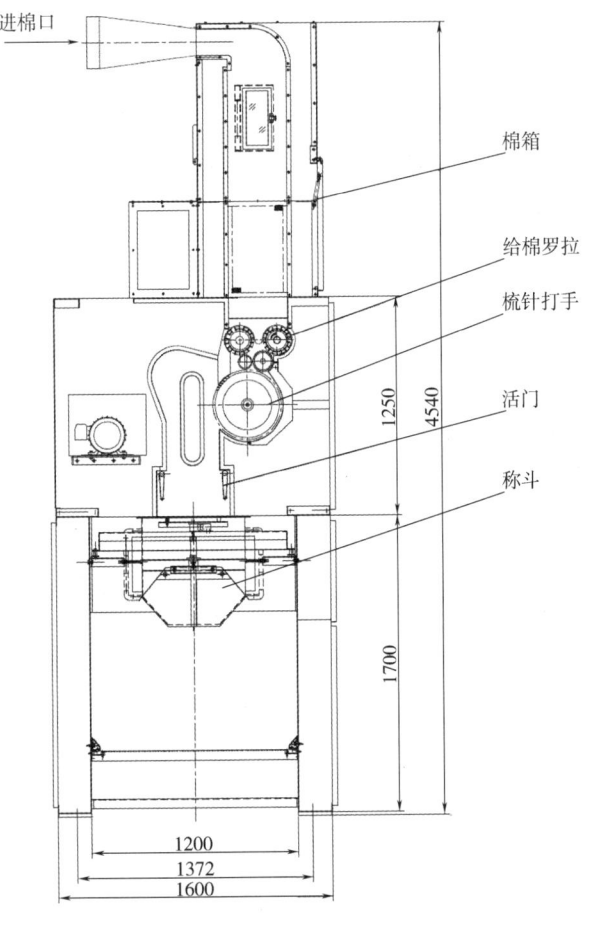

图7-1-13　JWF1062型高精度称量机结构示意图

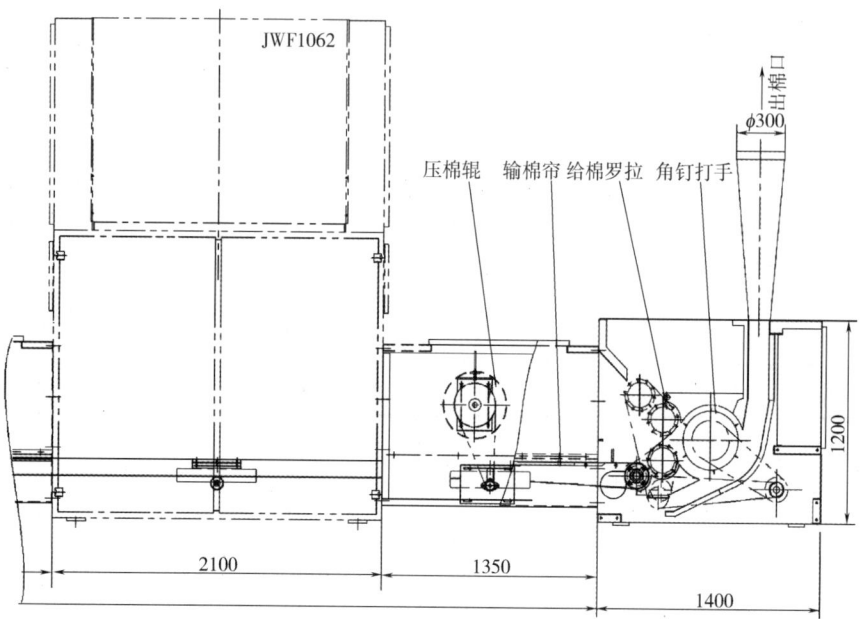

图 7-1-14　JWF1028 型帘子混棉机结构示意图

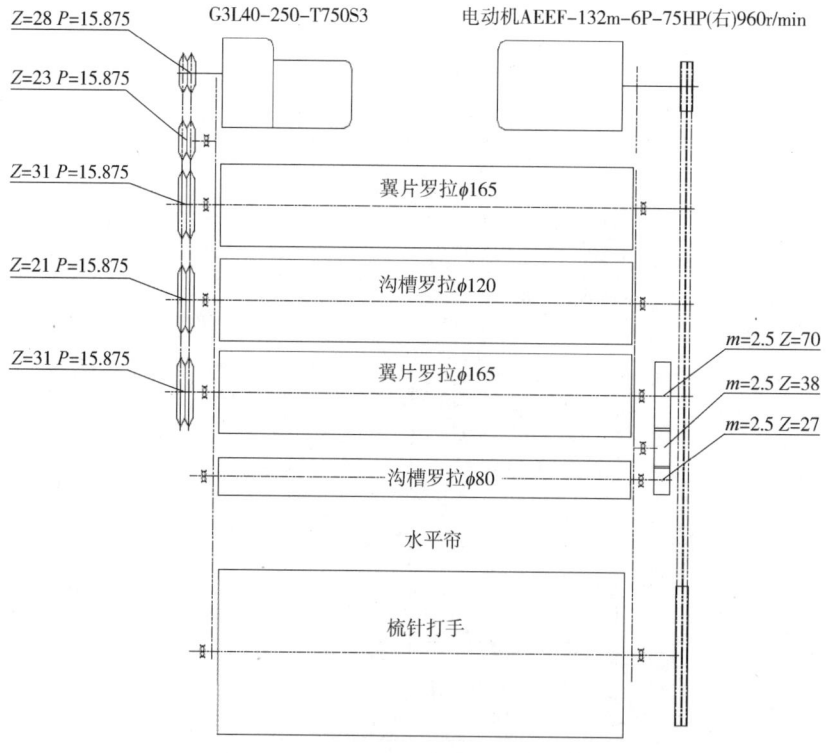

图 7-1-15　JWF1062 型高精度称量机传动图

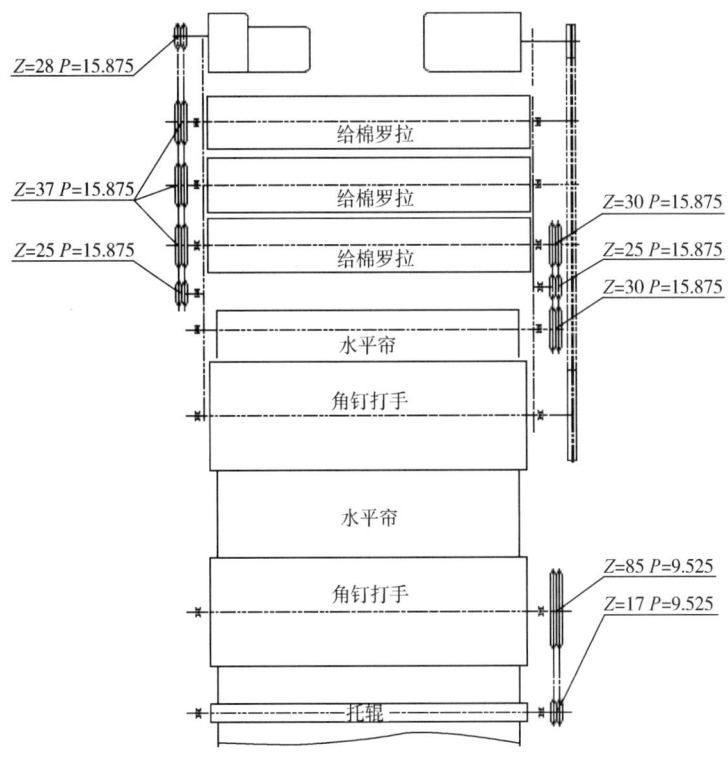

图 7-1-16　JWF1028 帘子混棉机传动图

(三)开棉机

开棉机是对喂入的原料进行充分、细致的松解,进一步提高纤维原料的分离度,同时在开松打手、尘棒及气流作用下,排除原料中的杂质,因而开棉机在开清棉中负担开松、除杂两项任务。开棉机通常都安装有一个以上的打手及围绕打手设置的排杂系统。针对不同原料和工艺的加工需要,开棉机具有不同的类型和结构。一种是原料在非握持状态下由打手进行打击开松的机械,称为自由打击式开棉机,以 FA113 型、JWF1102 型、JWF1107 型单轴流式开棉机,FA103 系列双轴流开棉机,以及传统的 FA104 系统多滚筒开棉机为代表;另一种是原料在专门握持机件的握持控制下,由打手进行打击开松的机械,称为握持打击式开棉机,以 JWF1104 型、FWF1115型、JSB108/318 型精开棉机以及传统 FA106 型豪猪开棉机为代表。

1. 单轴流开棉机

单轴流开棉机属于自由打击式开棉机,区别于传统的多滚筒式开棉机,轴流式开棉机开棉辊筒上的角钉呈螺旋式排列,并在辊筒上方设有导流板,纤维从开棉辊筒一端喂入,在受到辊筒径向旋转打击的同时,沿辊筒轴向螺旋流动,从辊筒另一端输出。这样的机构设计,具有结构简单,作用高效的特点,满足高速的需要。

（1）单轴流开棉机技术特征。表7-1-39为JWF1102型单轴流开棉机技术特征，表7-1-40为JWF1107型单轴流开棉机技术特征，表7-1-41为JSB103/C型、JSB103型单轴流开棉机技术特征。

表 7-1-39　JWF1102 型单轴流开棉机技术特征

机型			JWF1102	JWF1102A
机幅/mm			1600	
产量/(kg/h)			1300	
打手	形式		进棉品侧为V形角钉，出棉口侧为矩形刀片	
	直径/mm		进棉口侧740，出棉口侧720	
	转速/(r/min)		480~960(变频调节)	
尘格装置	尘棒形式		三角尘棒	
	尘棒数量/根		80(两组，每组40)	
	尘格调节方式		机外手动	在线自动
出棉管	直径/mm		350	
	风量/(m³/h)		2510~4180	
	静压/Pa		-50~-200	
排杂管	直径/mm		160	
	风量/(m³/h)		1800	
	静压/Pa		-700	
装机功率/kW			11	11.092
外形尺寸(长×宽×高)/mm			2275×1164×2912	
全机重量/kg			2000	

表 7-1-40　JWF1107 型单轴流开棉机技术特征

项目	技术特征	项目		技术特征
机幅/mm	1600	纤维入口	风量/(m³/h)	2160~2880
产量/(kg/h)	1200		静压/Pa	50~200

续表

项目		技术特征	项目		技术特征
打手	形式	V形角钉	纤维出口	风量/(m³/h)	2160~3660
	直径/mm	750		静压/Pa	−50~−200
	转速/(r/min)	480~800(变频) 420,470,510,560,580,680 (变换齿轮)	排尘出口	风量/(m³/h)	1080~1440
尘格	尘棒形式	三角尘棒		静压/Pa	−400~−600
	尘棒数量/根	64(四组,每组16根)	排落棉出口	风量/(m³/h)	2000(连续吸) 3000(间歇吸)
	安装角/(°)	3~30		静压/Pa	−700(最小)
	隔距/mm	6.262~10.292	装机功率/kW		11.37
皮翼罗拉	直径/mm	370	外形尺寸(长×宽×高)/mm		2300×1150×1950
	转速/(r/min)	15.9	全机净重/kg		1400

表7-1-41　JSB102/C型、JSB103型单轴流开棉机技术特征

机型		JSB102/C	JSB103
机幅/mm		1600	1800
产量		1000	2000
打手	形式	角钉	
	尺寸(长×直径)/mm	1590×750	1788×750
	转速/(r/min)	680×f/50(变频调节) 480,560,680(变换带轮)	800×f/50
尘格	尘棒形式	三角尘棒	
	尘棒数量/根	4组,每组16根	
	安装角/(°)	−12~14	−15~5
	隔距/mm	5.5~11.5	
出棉口负压/Pa		≤−300	
吸落棉风量/(m³/h)		2000	
吸落棉负压/Pa		−700~−850	

机型	JSB102/C	JSB103
排尘风量/(m³/h)	3500	
排尘负压/Pa	−5~−150	
全机功率/kW	7.5	11
外形尺寸(长×宽×高)/mm	2300×1407×3835	2502×1407×3975

（2）单轴流开棉机结构与传动图解。图 7-1-17 为 JWF1102 型单轴流开棉机结构示意图，图 7-1-18 为 JWF1107 型单轴流开棉机结构示意图，图 7-1-19 和图 7-1-20 分别为 JWF1102 型单轴流开棉机和 JWF1107 型单轴流开棉机的传动图。

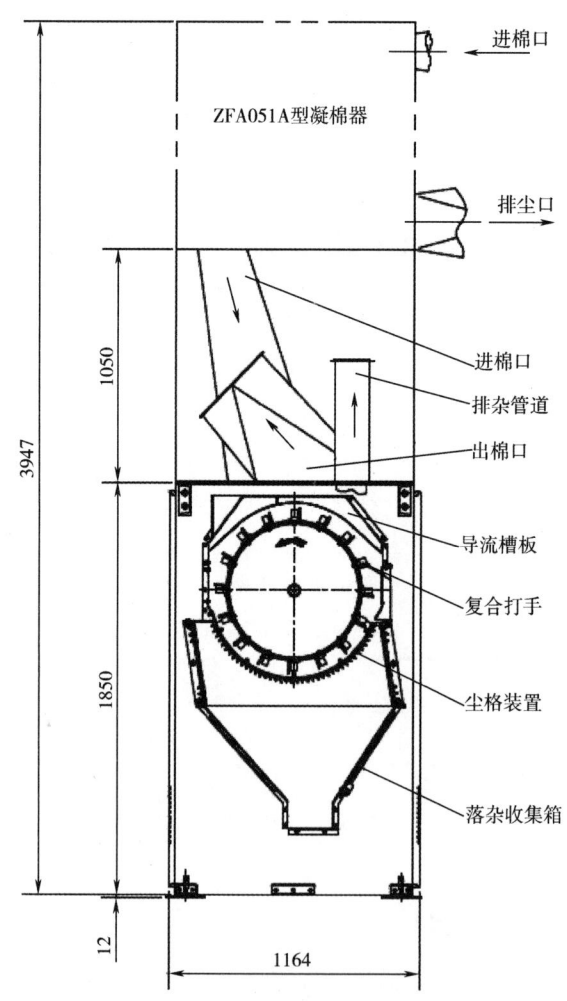

图 7-1-17　JWF1102 型单轴流开棉机结构示意图

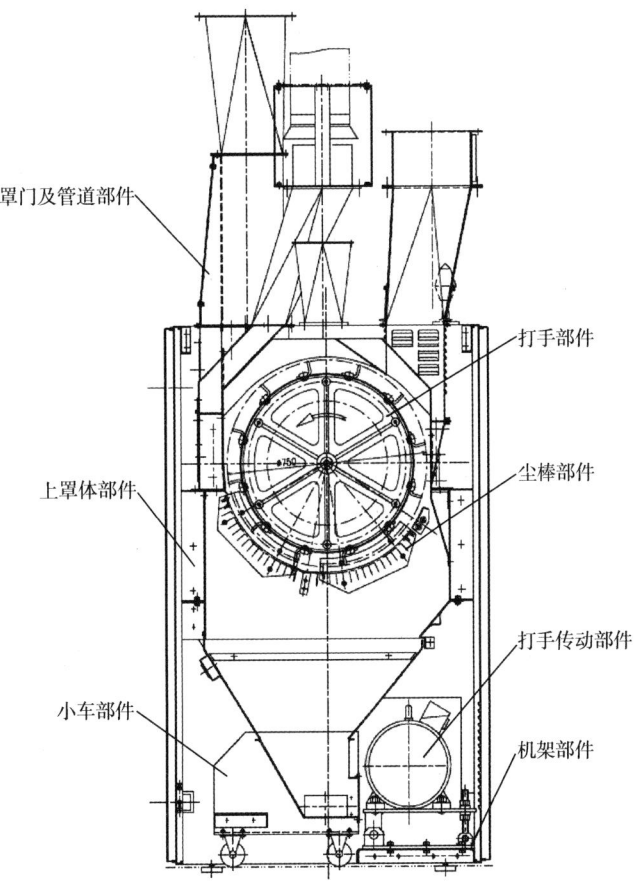

图 7-1-18　JWF1107 型单轴流开机棉机结构示意图

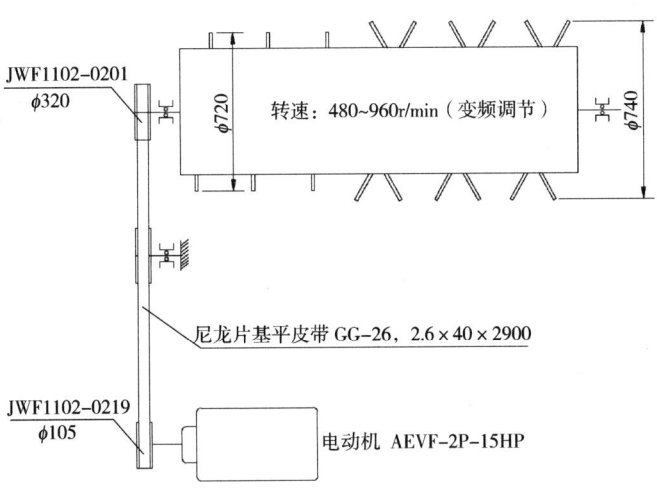

图 7-1-19　JWF1102 型单轴流开棉机传动图

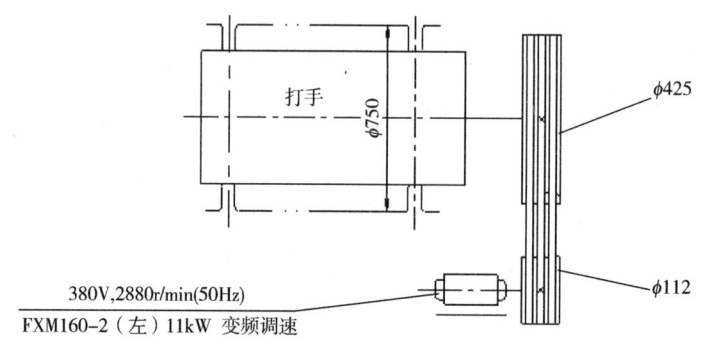

图 7-1-20　JWF1107 型单轴流开棉机传动图

（3）工艺计算。

①JWF1102 型单轴流开棉机工艺计算。

$$开棉辊筒转速（r/min）= \frac{电动机转速×电动机皮带轮直径×（1-滑动系数）}{开棉辊筒皮带轮直径}$$

②JWF1107 型单轴流开棉机工艺计算。

$$开棉辊筒转速（r/min）= 电动机转速\frac{d_1}{d_2}（1-滑动系数）= \frac{2950d_1}{d_2}0.98 = 2891\frac{d_1}{d_2}$$

式中：d_1——电动机皮带轮直径，$d_1 = 106mm、90mm、80mm$；

d_2——打手皮带轮直径，$d_2 = 450mm、550mm$。

2. 双轴流开棉机

双轴流开棉机有两个螺旋形排列角钉的辊筒组成，FA103B 型双轴流开棉机在原 FA103A 型基础上改变了纤维的喂入和输出方式，将原来由打手径向喂入和径向输出的纤维运动方式，变为了纤维从切向喂入和输出。

（1）双轴流开棉机技术特征（表 7-1-42）。

表 7-1-42　FA103B 型双轴流开梳机技术特征

项目		技术特征	项目	技术特征
机幅/mm		1300		尘棒形式	三角尘棒
产量/（kg/h）		1000	尘格	尘棒数量/根	46（两组，每组 23）
打手	形式	角钉辊筒		调节方式	机外杆式无级调节
	直径/mm	605		隔距/mm	−5~8.4
	转速/（r/min）	650（两打手相同，变频调节）	打手角钉至尘棒隔距/mm	17.9~28.6

续表

项目	技术特征	项目		技术特征
打手角钉至尘棒隔距/mm	17.9~28.6	排落棉出口	直径/mm	160
打手电动机	AEVF-6P-7.5HP,960r/min		风量/(m³/h)	1200~1300
进棉口	风量/(m³/h)	2000~3000(管道) 1800~2500(凝棉器)		风压/Pa	-530
	静压/Pa	50~150(管道) -5~-150(凝棉器)	装机功率/kW		5.5
	直径/mm	300	外形尺寸(长×宽×高)/mm		1844×1464×1905 (不包括进出棉管道)
出棉口	直径/mm	300	全机净重/kg		2000
	与进棉口压差/Pa	100~350			

(2)双轴流开棉机结构与传动图解(图7-1-21、图7-1-22)。

(3)工艺计算。

$$第一、第二打手转速(r/min) = \frac{电动机转速×电动机皮带轮直径×(1-滑动系数)}{打手皮带轮直径}$$

$$= \frac{960×200×(1-滑动系数)}{315}$$

$$= 609.5×(1-滑动系数)$$

3. 精开棉机

精开棉机属于握持打击式开棉机,采用一对由加压装置施加压力的给棉罗拉控制棉层的输入,然后由打手对棉层进行分割、撕扯后,分解成较小的棉块和棉束,在打手、尘格以及气流配合下去除纤维中的杂质和疵点。精开棉机的打手可以配置为不同的形式,包括刀片式、锯齿式、梳针式等,用于处理不同性状的原料。

(1)JWF1104型开棉机。本机主要用于对经初步开松混合后的原料进行储棉和进一步开松并除杂。被加工原料进入本机棉箱后,原料中的大部分微尘、短绒及细小杂质随原料在棉箱中下落时,可由网眼板直接排至滤尘系统。棉箱底部的原料在气压的推送下喂入给棉罗拉,在给棉罗拉握持下,由角钉打手进行开松除杂,杂质被尘格分离后落在尘箱内并被排到滤尘系统。

①JWF1104型开棉机技术特征(表7-1-43)。

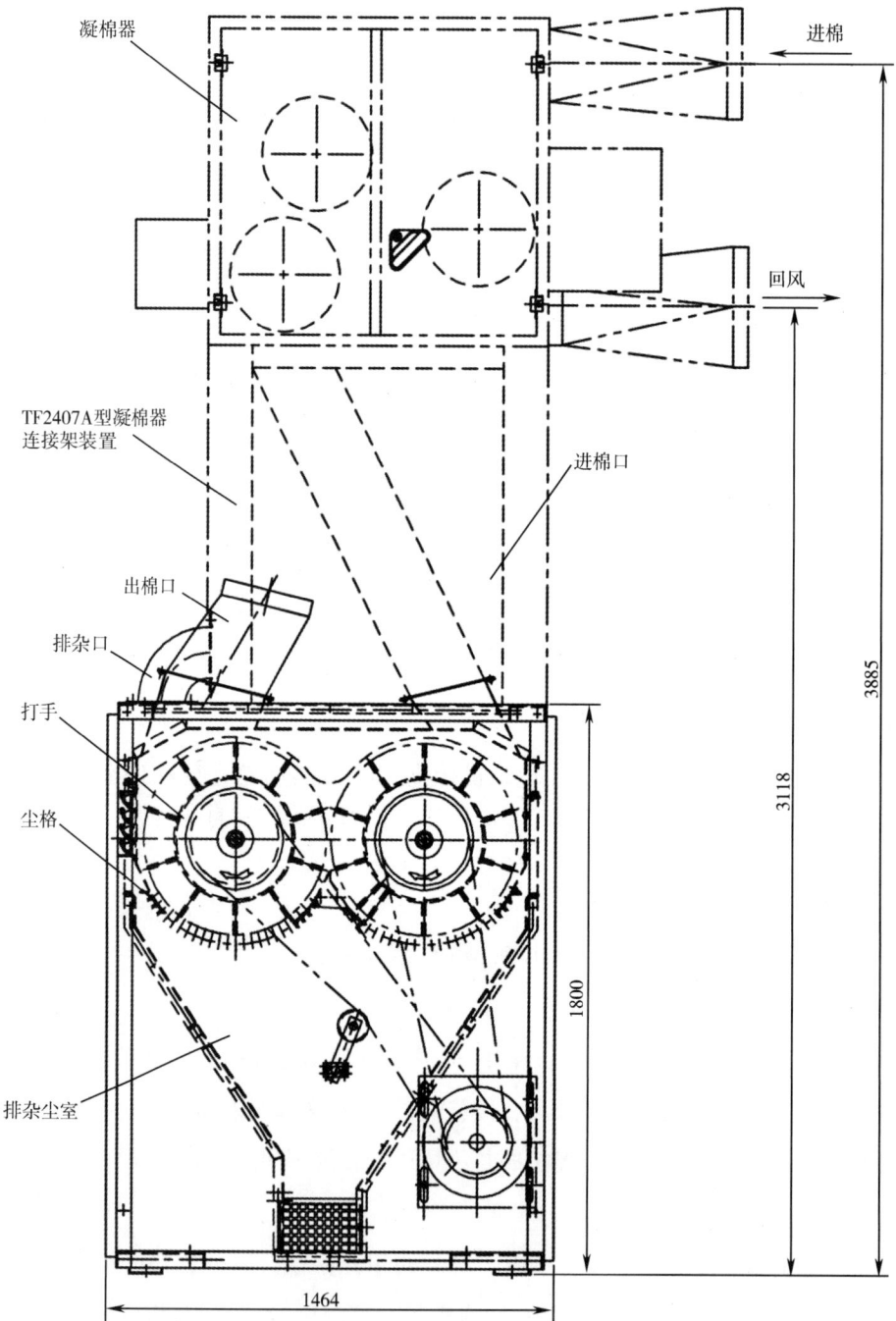

图 7-1-21　FA103B 型双轴流开棉机的结构示意图

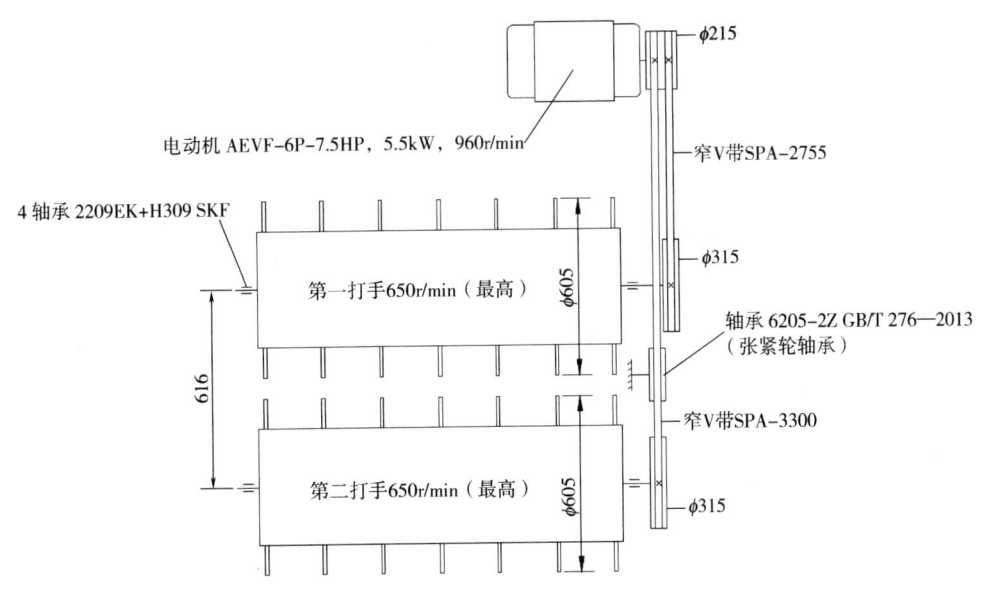

电动机 AEVF-6P-7.5HP，5.5kW，960r/min

4 轴承 2209EK+H309 SKF

616

第一打手650r/min（最高）

第二打手650r/min（最高）

φ605

φ605

φ215

窄V带SPA-2755

φ315

轴承 6205-2Z GB/T 276—2013
（张紧轮轴承）

窄V带SPA-3300

φ315

图 7-1-22　FA103B 型双轴流开棉机传动图

表 7-1-43　JWF1104 型开棉机技术特征

项目		技术特征	项目		技术特征
工作宽度/mm		2000	进棉管	直径/mm	350
产量/(kg/h)		1600		风量/(m³/h)	2800~3800
打手	形式	V 形角钉		静压/Pa	100~200
	直径/mm	750	出棉管	直径/mm	350
	转速/(r/min)	960(变频调节)		风量/(m³/h)	2800~3800
星形给棉罗拉	形式	6 叶翼片式		静压/Pa	−200~−50
	直径/mm	250	排杂管	直径/mm	250
	转速/(r/min)	最高 30(变频调节)		风量/(m³/h)	200~2600
翼片给棉罗拉	形式	30 叶翼片式		静压/Pa	−900~−700
	直径/mm	250	回风管	直径/mm	350
	转速/(r/min)	最高 30(变频调节)		风量/(m³/h)	2800~3800
尘格	形式	三角形		静压/Pa	−300~−200
	尘棒数量/根	40	电动机	打手电动机	AEVF-2P-15HP，11kW，2940r/min
	尘棒调节方式	机外手动		给棉电动机	G3L-32-30-T01500，1.5kW，出轴转速 50r/min
外形尺寸(长×宽×高)/mm		2704×1764×4223（不包括管道）	全机净重/kg		2700

② JWF1104 型开棉机结构示意图及传动图(图 7-1-23、图 7-1-24)。

③ JWF1104 型开棉机工艺计算。

$$打手转速 = \frac{电动机转速 \times 电动机皮带轮直径 \times (1-滑动系数)}{打手皮带直径}$$

$$= \frac{2940 \times 105 \times (1-滑动系数)}{320}$$

$$= 965(r/min)$$

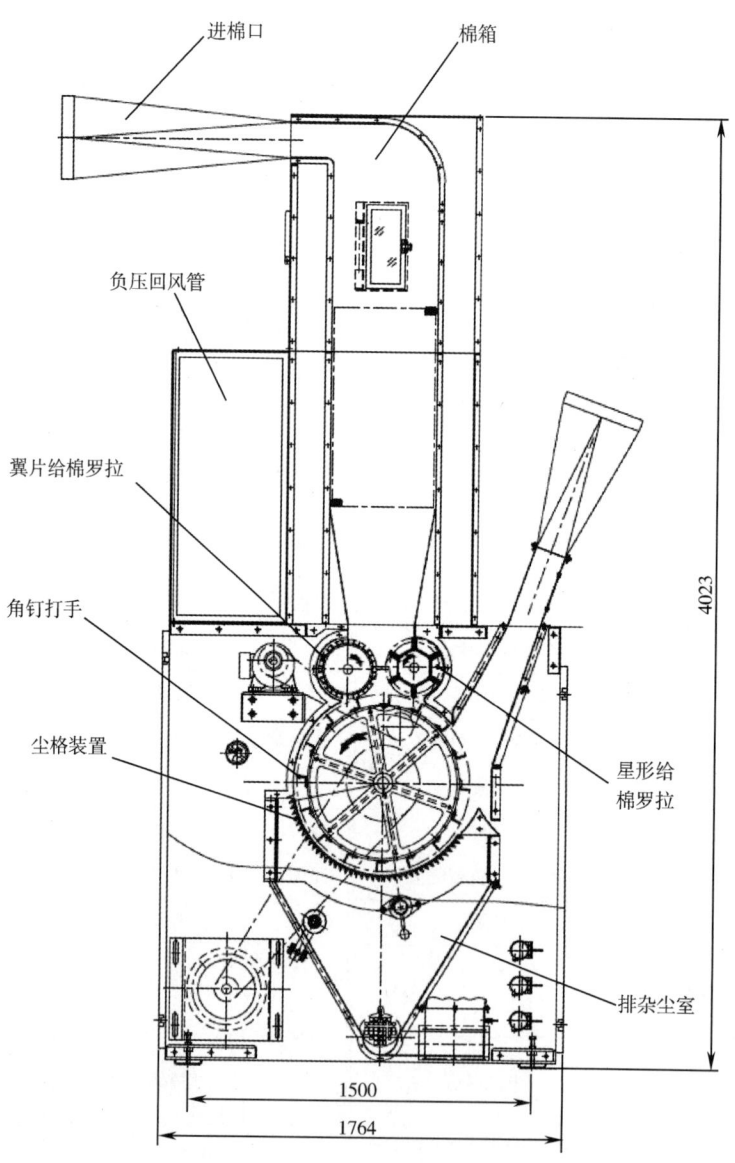

图 7-1-23　JWF1104 型开棉机结构示意图

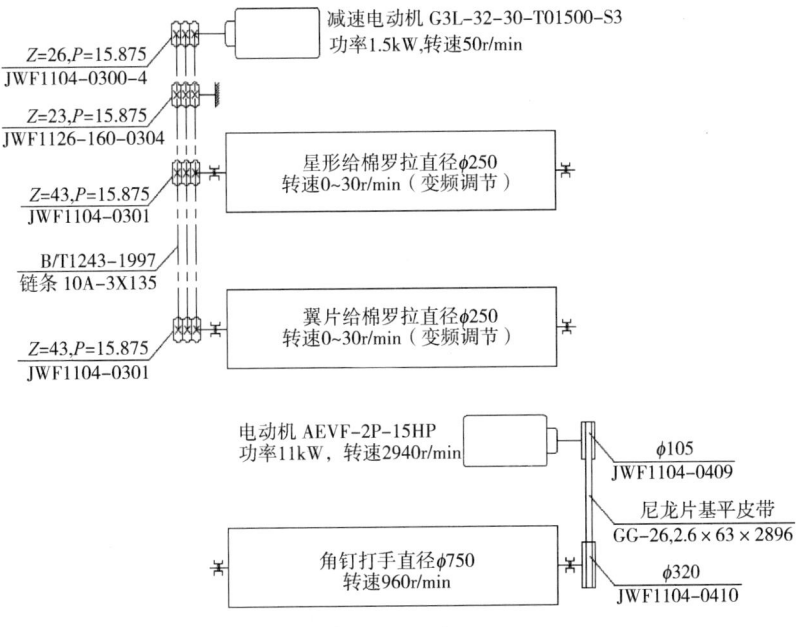

图 7-1-24　JWF1104 型开棉机传动图

$$给棉罗拉转速最高 = \frac{电动机出轴转速 \times 电动机链轮齿数}{给棉罗拉链轮齿数}$$

$$= 50 \times 26/43$$

$$= 30 (r/min)$$

（2）JWF1115 型精开棉机。

①JWF1115 型精开棉机技术特征（表 7-1-44）。

表 7-1-44　JWF1115 型精开棉机技术特征

型号		JWF1115	JWF1115-160
工作宽度/mm		1060	1600
产量/（kg/h）		600	1000
打手形式		梳针	
打手直径/mm		600	
打手转速/（r/min）		646,582,516	836,738,506
给棉罗拉	直径/mm	76	76
	转速/（r/min）	19~35,43~81	6~70

续表

型号		JWF1115	JWF1115-160
尘格	形式	三角尘棒	
	尘棒数量/根	80(四组,每组20)	
排杂口	风量/(m³/h)	1500	2250
	负压/Pa	−650~750	−800~850
外形尺寸(长×宽×高)/mm			1520×2100×2860
功率/kW		3.55	5.1

②JWF1115 型精开棉机结构示意图及传动图(图 7-1-25、图 7-1-26)。

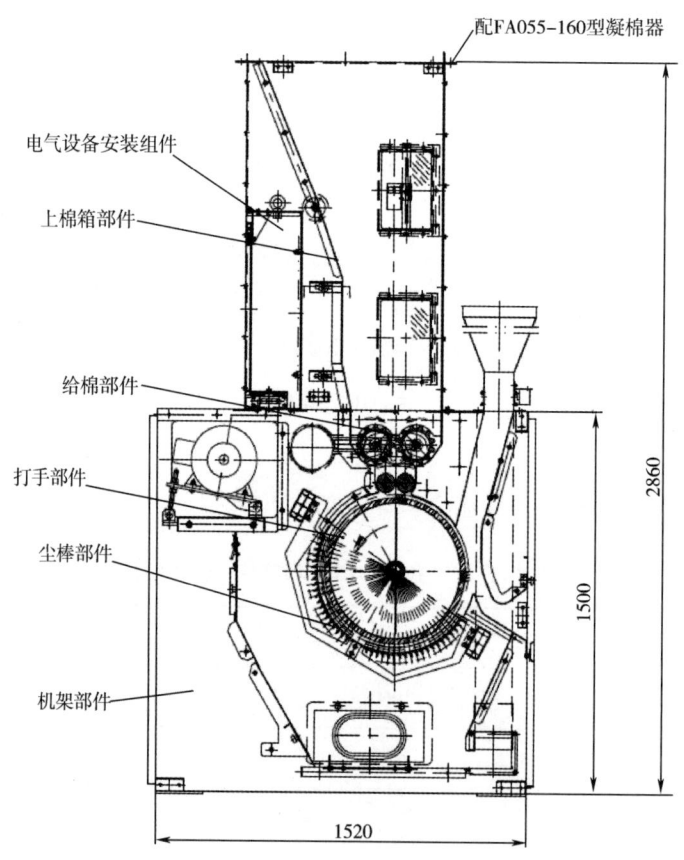

图 7-1-25 JWF1115-160 型精开棉机结构示意图

③JWF1115 型精开棉机工艺计算。

$$打手速度(r/min) = \frac{电动机转速 \times D_1}{D_2} = \frac{970 \times 132}{D_2} = \frac{128040}{D_2}$$

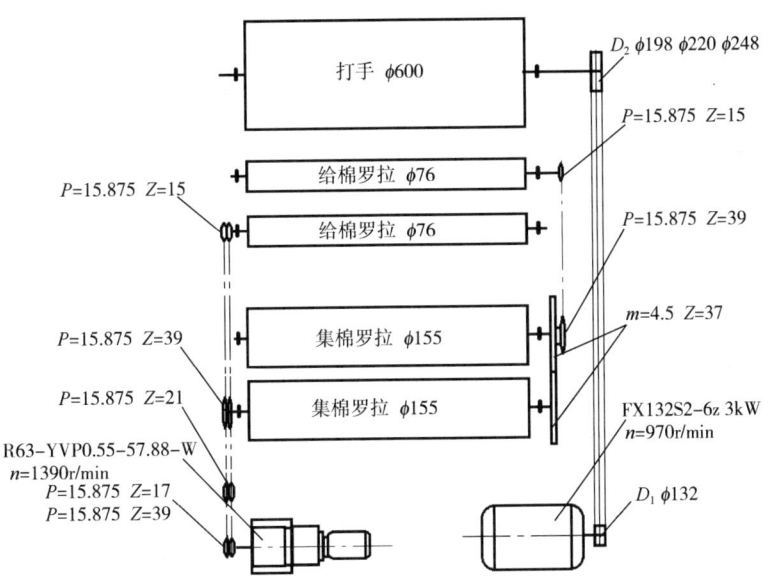

图 7-1-26　JWF1115 型精开棉机传动图

式中：D_1——电动机皮带轮直径，132mm；

D_2——打手皮带轮直径，198mm、220mm、248mm。

$$给棉罗拉速度(r/min) = \frac{电动机速度}{i} \times \frac{电动机链轮齿数}{15} \times \frac{f}{50} = 1.85\frac{f}{i}$$

式中：f——电动机设计频率，Hz；

i——减速电动机减速比。

（3）JSB108 型、JSB318 型精开棉机。

①JSB108 型、JSB318 型精开棉机技术特征（表 7-1-45）。

表 7-1-45　**JSB108 型、JSB318 型精开棉机技术特征**

机型		JSB108	JSB 318
工作宽度/mm		1060	1600
打手	形式	铝合金梳针打手（可选配豪猪打手，鼻形打手）	
	直径/mm	600	
	转速/（r/min）	600，540，480	
给棉罗拉直径/mm		76	
尘格形式		3 把除尘刀+一组尘棒	6 把除尘刀+一组尘棒
进棉风量/（m³/h）		3500~4300	4600

续表

机型		JSB108	JSB 318
出棉口负压/Pa		≤-300	
排尘	风量/(m³/h)	3500	4000
	负压/Pa	-150~-50	
吸落棉风量/(m³/h)		1800	2000
吸落棉负压/Pa		-850~-700	
功率/kW		3.75(不含凝棉器)	8.75(含凝棉器)
外形尺寸(长×宽×高)/mm		1580×1660×2875	1580×2200×4250
全机重量/kg		2000	3000

②JSB318 型精开棉机结构图(图 7-1-27)。

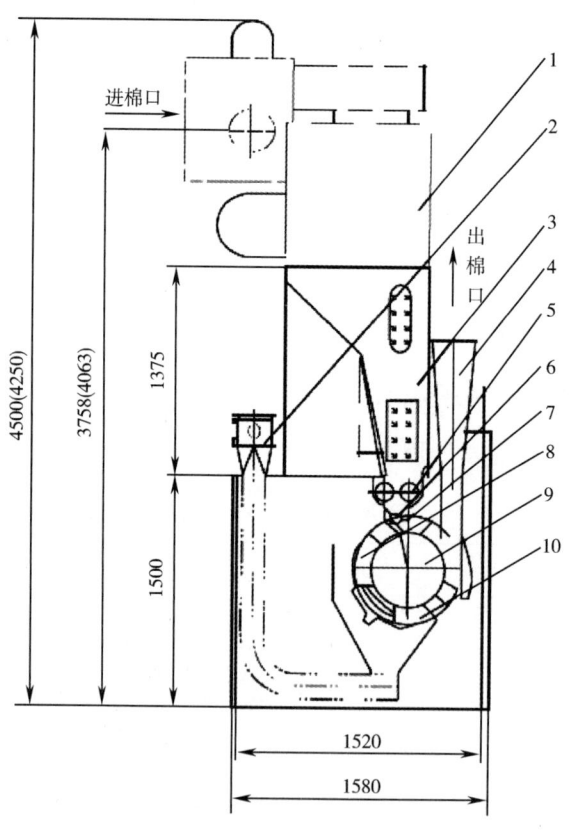

图 7-1-27　JSB 318 型精开棉机结构示意图

1—JFA030 凝棉器　2—吸落棉口结合件　3—光控棉箱　4—出棉口结合件　5—星形罗拉

6—前钢罗拉　7—后钢罗拉　8—除尘刀结合件　9—打手　10—三角尘棒结合件

(四)清棉机

清棉机一般安排在开清棉的尾部,用于将纤维束分解得更细小、更均匀,并清除纤维中细小的杂质和疵点,因此与精开棉机相比,清棉机一般采用齿形更小的锯齿或梳针打手,打手周围采用预分梳板、除尘刀和负压吸风口结构的预梳排杂装置,取代开棉机的三角尘棒,以实现更精细的松解和清洁作用。

1. JWF1116 型清棉机

JWF1116 型清机机具有开松、除杂和除微尘功能,使开清棉流程配置灵活,可以和其他清棉机组合用于高含杂原料,也可以单独使用处理低含杂原料,或在气流纺纱中与除微尘组合使用。

(1)JWF1116 型清棉机技术特征(表 7-1-46)。

表 7-1-46　JWF1116 型清棉机技术特征

项目		技术特征	项目		技术特征
机幅/mm		1600	翼片给棉罗拉	直径/mm	165
产量/(kg/h)		1000		形式	18 叶翼片式
过滤面积/m²		3.7		转速/(r/min)	30
纤维分配板摆动次数/(次/min)		30	风量/(m³/h)	进棉口	3500~4500
进棉风机	叶轮直径/mm	425		出棉口	4100~4500
	转速/(r/min)	1500~2300		排微尘	3500~4500
打手	直径/mm	400		排杂	4000~4400
	形式	梳针	风压/Pa	进棉口	−650~−450
	转速/(r/min)	最高 1000(可变频调速)		出棉口	≥−400
上给棉罗拉	直径/mm	250		排微尘	−300~−150
	形式	6 叶翼片式		排杂	≥−800
	转速/(r/min)	12.5	装机功率/kW	给棉	1.1
锯齿给棉罗拉	直径/mm	—		打手	5.5
	形式	针布		进棉风机	5.5
	转速/(r/min)	30(变频在线调速)		纤维分配板电动机	0.1
外形尺寸(长×宽×高)/mm		2182×2264×4000	全机重量/kg		3500

(2)JWF1116 开棉机结构示意图及传动图(图 7-1-28、图 7-1-29)。

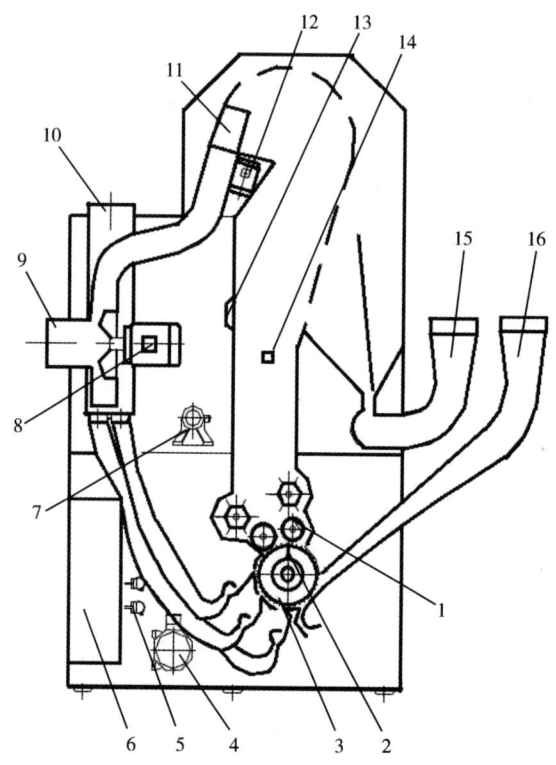

图 7-1-28　JWF1116 型开棉机结构示意图

1—给棉罗拉　2—接近开关　3—打手　4—打手电动机　5—微差压开关　6—电控柜

7—给棉电动机　8—进棉风机　9—进棉管　10—排杂管　11—摆板　12—摆板电动机

13—日光灯　14—储棉光电　15—除微尘管　16—出棉管

（3）JWF1116 型开棉机工艺计算。

$$进棉风机叶轮转速（r/min）= \frac{电动机转速×设定频率}{50}$$

$$= \frac{2950×设定频率}{50}$$

$$= 58.1×设定频率$$

$$打手转速（r/min）= \frac{电动机转速×电动机皮带轮直径×设定频率}{梳针辊筒皮带轮直径×50}$$

$$= \frac{1460×120×设定频率}{175×50}$$

$$= 20.02×设定频率$$

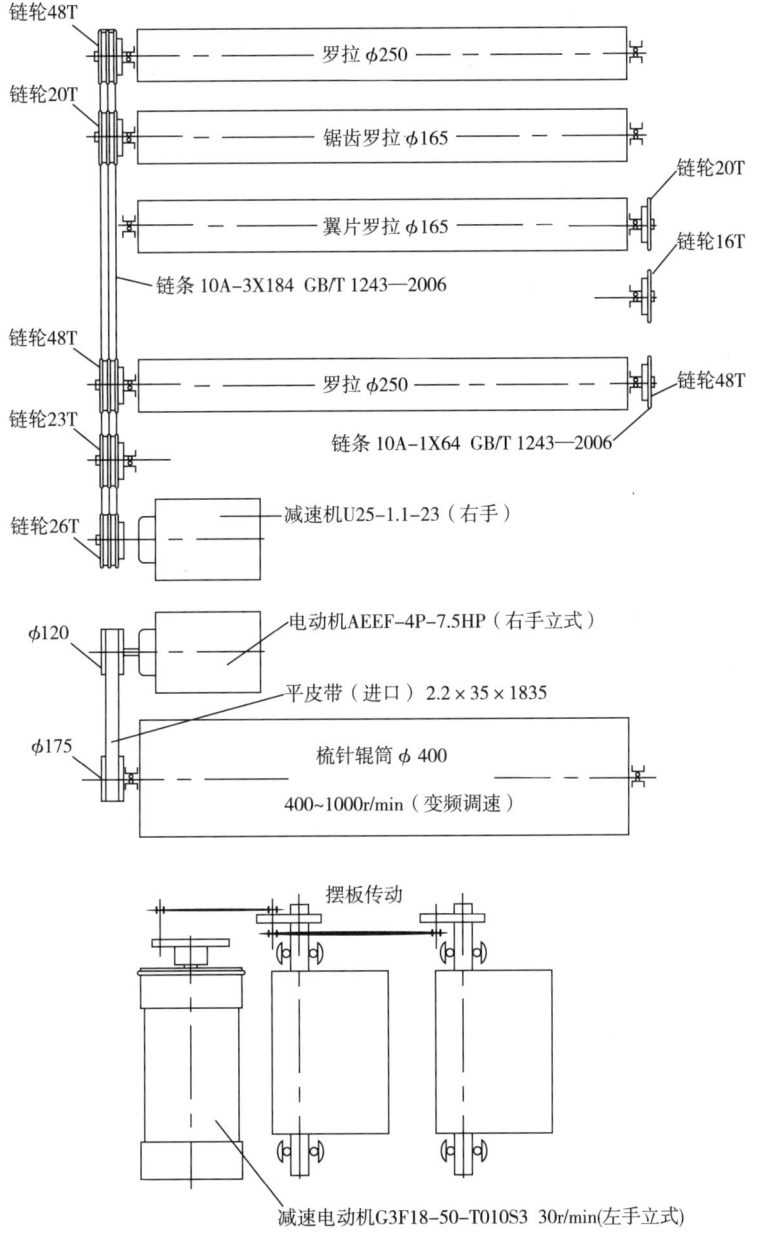

图 7-1-29　JWF1116 型开棉机传动图

$$上给棉罗拉转速（r/min）＝\frac{电动机出轴转速×电动机链轮齿数×设定频率}{下给棉罗拉链轮齿数×50}$$

$$＝\frac{23×26×设定频率}{48×50}$$

$$＝0.25×设定频率$$

$$下给棉罗拉转速(\mathrm{r/min}) = \frac{电动机出轴转速 \times 电动机链轮齿数 \times 设定频率}{下给棉罗拉链轮齿数 \times 50}$$

$$= \frac{23 \times 26 \times 设定频率}{20 \times 50}$$

$$= 0.6 \times 设定频率$$

2. JWF1124C/D 型清棉机

JWF1124C/D 型清棉机有不同的机幅宽度,适应不同的流程需要,其中 JWF1124C 型用于纯棉品种,JWF1124D 型适用于化纤的加工。

(1)JWF1124C/D 型清棉机技术特征(表 7-1-47)。

表 7-1-47　JWF1124C/D 型清棉机技术特征

机型		JWF1124C			JWF1124D	
机幅/mm		1200	1600	1800	1200	1600
产量/(kg/h)		800	1000	1250	800	1000
打手	形式	梳针或锯齿				
	直径/mm	400				
	转速/(r/min)	最高1000,可无级调速				
上给棉罗拉	形式	沟槽				
	直径/mm	80.5				
	转速/(r/min)	14~142(变频在线自动调节)				
下给棉罗拉	形式	锯齿				
	直径/mm	80				
	转速/(r/min)	14~142(变频在线自动调节)				
压棉罗拉	形式	星形				
	直径/mm	125				
	转速/(r/min)	7.6~76(变频在线自动调节)				
输棉帘速度/(m/min)		2.9~29(变频在线自动调节)				
吸落棉形式		中间吸			无吸口	
出棉口	直径/mm	300		350	300	
	风量/(m³/h)	3300~3600	4100~4500	4900~5400	3300~3600	4100~4500
	负压/Pa	≥-400				

续表

机型		JWF1124C			JWF1124D	
排杂口	直径/mm	300				
	风量/(m³/h)	3000~3300	4100~4400	4500~5000	—	—
	负压/Pa	−550~−650	−650~−750	−750~−900	—	—
装机功率/kW		6.6		7	6.6	
外形尺寸(长×宽×高)/mm		2080×1864× 1310	2080×2264× 1310	2080×2464× 1310	2080×1864× 1310	2080×2264× 1130
全机重量/kg		1800	2000	2250	1800	2000

（2）JWF1124C/D 型清棉机结构示意图与传动图。图 7-1-30、图 7-1-31 为 JWF1124C 型、JWF1124D 型清棉机结构示意图,图 7-1-32、图 7-1-33 为 JWF1124C 型、JWF1124D 型清棉机的传动图。

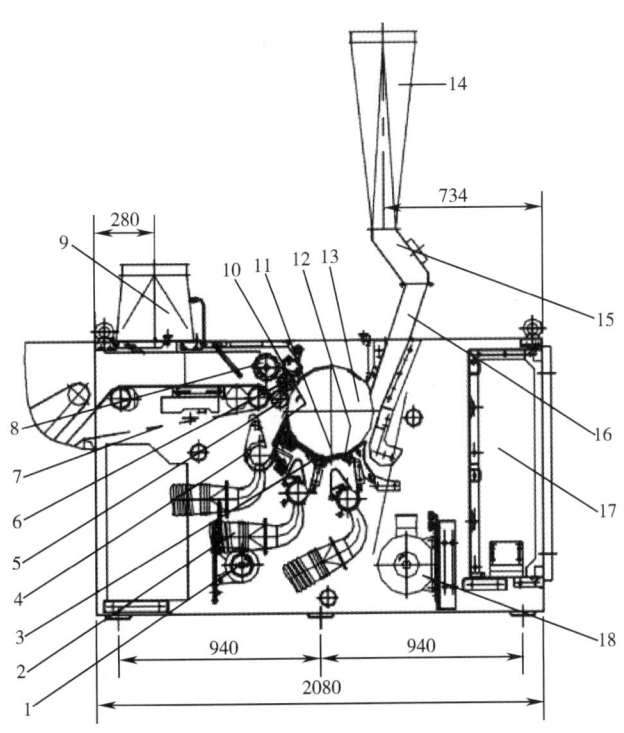

图 7-1-30 JWF1124C 型清棉机结构示意图

1—给棉电动机 2—排尘软管 3—分梳板 4—吸尘管 5—下给棉罗拉 6—上给棉罗拉

7—输棉帘(不属本机) 8—压棉罗拉 9—滤尘管 10—可调除尘刀 11—调节板 12—固定除尘刀

13— 打手机 14—出棉管 15—TF34A 磁铁装置 16—出棉口 17—电控箱 18—打手电动机

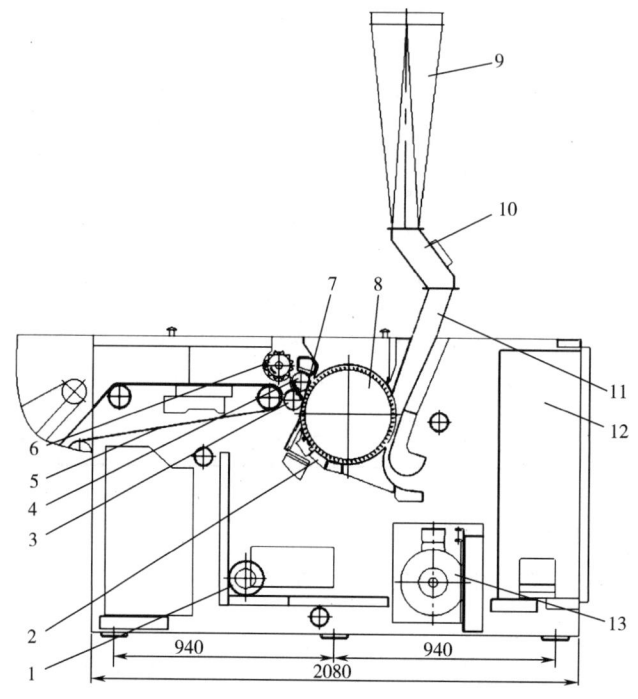

图 7-1-31　JWF1124D 型清棉机结构示意图

1—给棉电动机　2—分梳板　3—下给棉罗拉　4—上给棉罗拉　5—输棉帘(不属本机)　6—压棉罗拉

7—除尘刀　8—开棉机　9—出棉管　10—磁铁装置(不属本机)　11—出棉口　12—电控箱　13—打手电动机

（3）工艺计算。

①打手转速。

$$打手转速(r/min) = \frac{电动机转速 \times 电动机皮带轮直径 \times 设定频率}{梳针辊筒皮带轮直径 \times 50}$$

$$= \frac{1460 \times 120 \times 设定频率}{175 \times 50}$$

$$= 20.02 \times 设定频率$$

②上给棉罗拉。

$$上给棉罗拉转速(r/min) = \frac{齿轮减速电动机转速 \times 电动机同步带轮齿数 \times 压棉罗拉大同步带轮齿数 \times 在线频率}{压棉罗拉小同步带轮齿数 \times 上给棉罗拉同步带轮齿数 \times 50}$$

$$= \frac{79 \times 41 \times 52 \times 在线频率}{43 \times 28 \times 50}$$

$$= 2.80 \times 在线频率$$

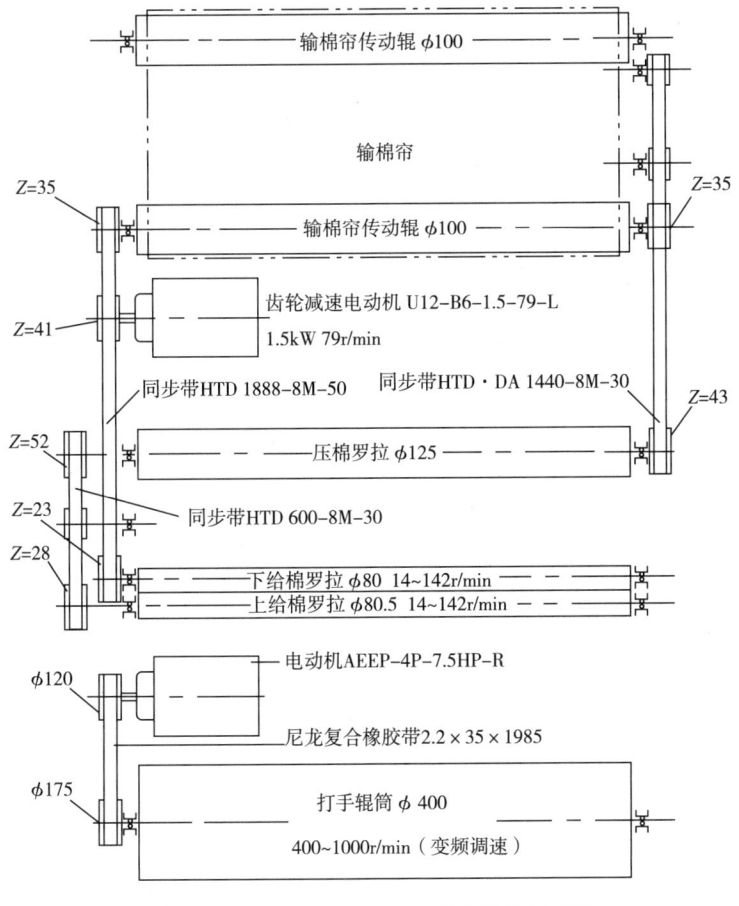

图 7-1-32　JWF1124C-180 型清棉机传动图

③下给棉罗拉转速。

$$下给棉转罗拉转速(r/min)=\frac{齿轮减速电动机转速\times 电动机同步带轮齿数\times 在线频率}{上给棉罗拉同步带轮齿数\times 50}$$

$$=\frac{79\times 41\times 在线频率}{23\times 50}$$

$$=2.82\times 在线频率$$

④输棉帘主动辊转速。

$$输棉帘主动辊转速(r/min)=\frac{齿轮减速电动机转速\times 电动机同步带轮齿数\times 在线频率}{输棉帘主动辊同步带轮齿数\times 50}$$

$$=\frac{79\times 41\times 在线频率}{35\times 50}$$

$$=1.85\times 在线频率$$

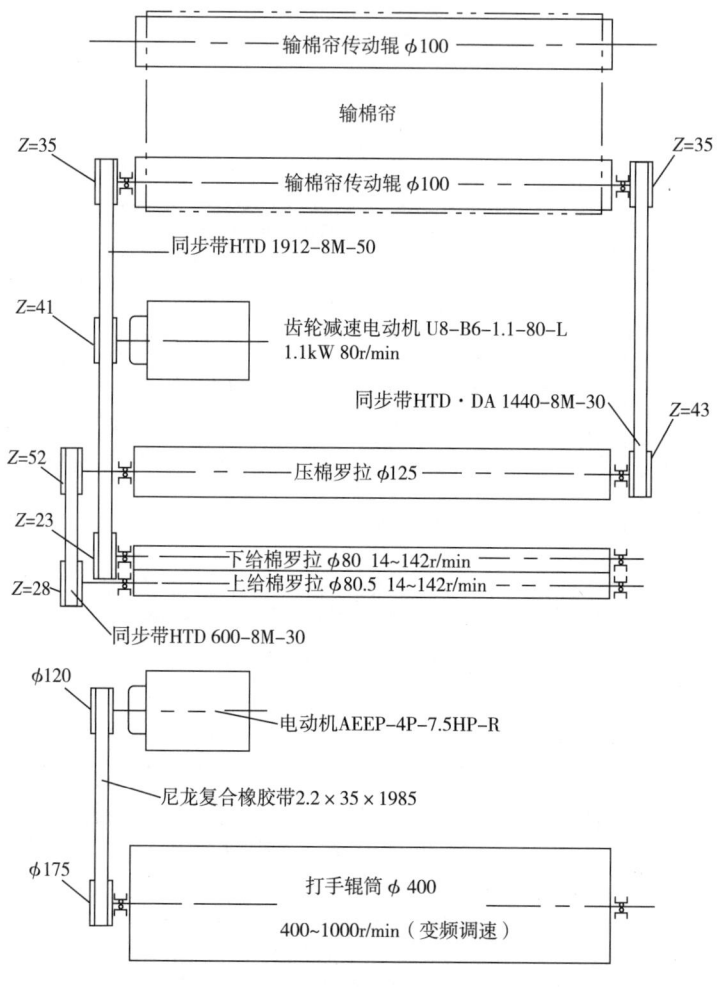

图 7-1-33　JWF1124C/D 型清棉机传动图

3. JWF1126A 型储棉开棉机

JWF1126A 型储棉开棉机配有较大容量的储棉箱,棉箱装有 3 对对射式光电装置,能够在线精确控制储棉量,保证加工过程中纤维的均匀输送。该机由下两对给罗拉握持纤维,连续均匀输送给梳针打手进行开松和除杂,适用于高产纺化纤流程。

(1) JWF1126A 型储棉开棉机技术特征(表 7-1-48)。

表 7-1-48　JWF1126A 型储棉开棉机技术特征

项目	技术特征	项目	技术特征	
机幅/mm	1600	尘棒	形式	三角形
产量/(kg/h)	1800		数量/根	2

项目		技术特征	项目		技术特征
打手	形式	梳针	进棉口	直径/mm	300
	直径/mm	500		风量/(m³/h)	3500~4500
	转速/(r/min)	580,670,781		静压/Pa	-320~-180
上给棉罗拉	形式	6叶翼片式	排杂管道	直径/mm	250
	直径/mm	250		风量/(m³/h)	1600~2100
	转速/(r/min)	最高12.5(变频调节)		静压/Pa	-300~-200
锯齿给棉罗拉	形式	针布	装机功率/kW	给棉	1.1
	直径/mm	165		打手	5.5
	转速/(r/min)	最高30(变频在线调速)	棉箱储棉调节方式		光电调节
外形尺寸(长×宽×高)/mm		2064×1164×3000(不含出棉管、排杂管、凝棉器)	除尘刀到打手间隔距调节		手动调节
			全机重量/kg		2200

（2）JWF1126A型储棉开棉机结构示意图与传动图（图7-1-34、图7-1-35）。

（3）JWF1126A型储棉开棉机工艺计算。

$$打手转速(r/min) = \frac{电动机转速×电动机皮带轮直径×(1-滑动系数)}{打手皮带轮直径}$$

$$= \frac{960×电动机皮带轮直径×(1-滑动系数)}{215}$$

$$= 15.53×电动机皮带轮直径×(1-滑动系数)$$

式中,电动机皮带轮直径为130mm,150mm,175mm。

$$上给棉罗拉转速(r/min) = \frac{电动机出轴转速×电动机链轮齿数}{上给棉罗拉链轮齿数}$$

$$= \frac{23×26}{48}$$

$$= 12.5(最高,变频调节)$$

$$下给棉罗拉转速(r/min) = \frac{电动机出轴转速×电动机链轮齿数}{上给棉罗拉链轮齿数}$$

$$= \frac{23×26}{20}$$

$$= 30(最高,变频调节)$$

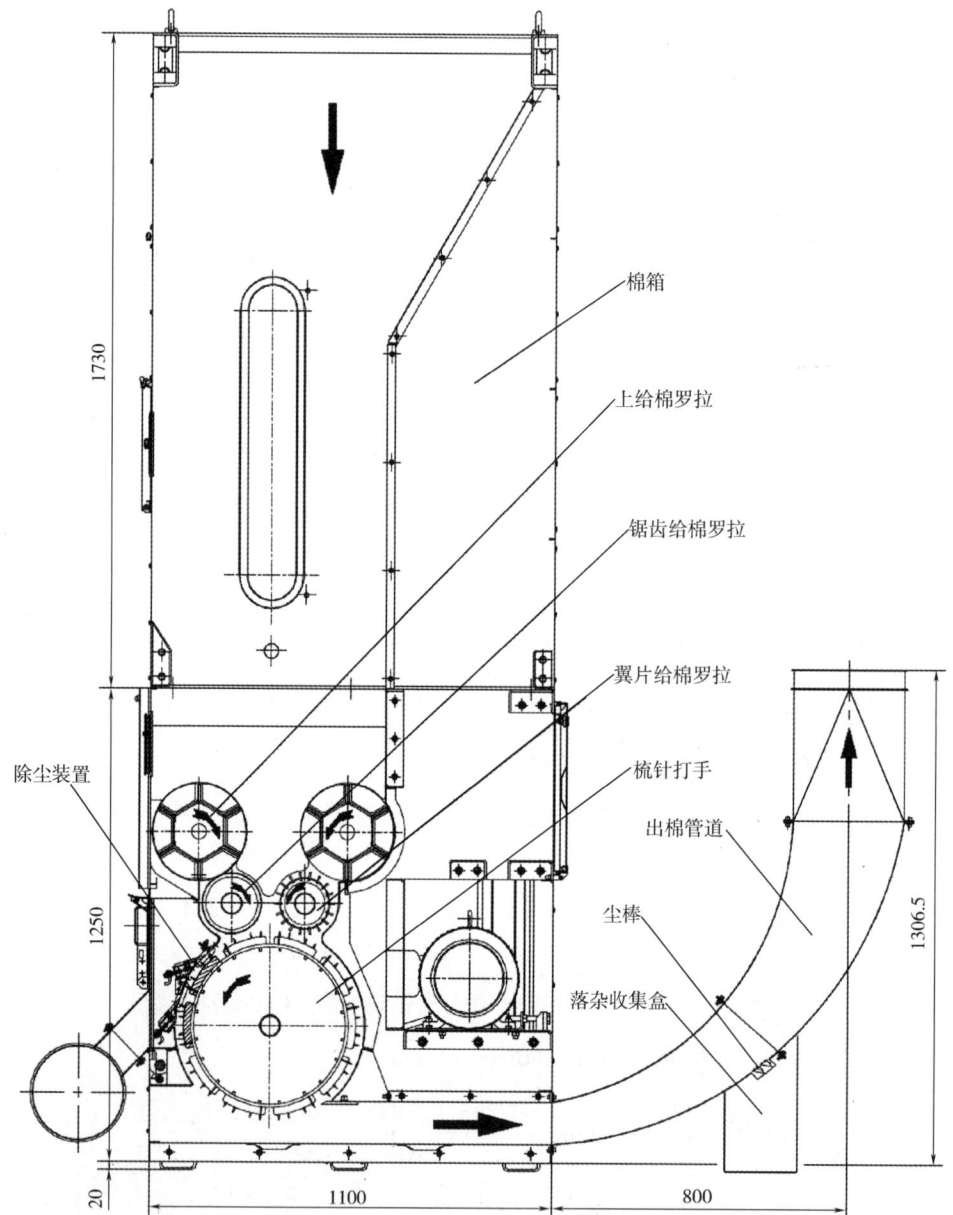

图 7-1-34　JWF1126A 型储棉开棉机结构示意图

棉箱

上给棉罗拉

锯齿给棉罗拉

翼片给棉罗拉

梳针打手

出棉管道

尘棒

落杂收集盒

除尘装置

4. JWF1125 型精清棉机

该机适用于加工各种等级的原棉,对经初步开松、混合后的棉纤维进行精细开松、除杂,并有效去除棉束中的杂质,被加工后的纤维在输棉风机的抽吸作用下送入下一机台。

(1)JWF1125 型精清棉机技术特征(表 7-1-49)。

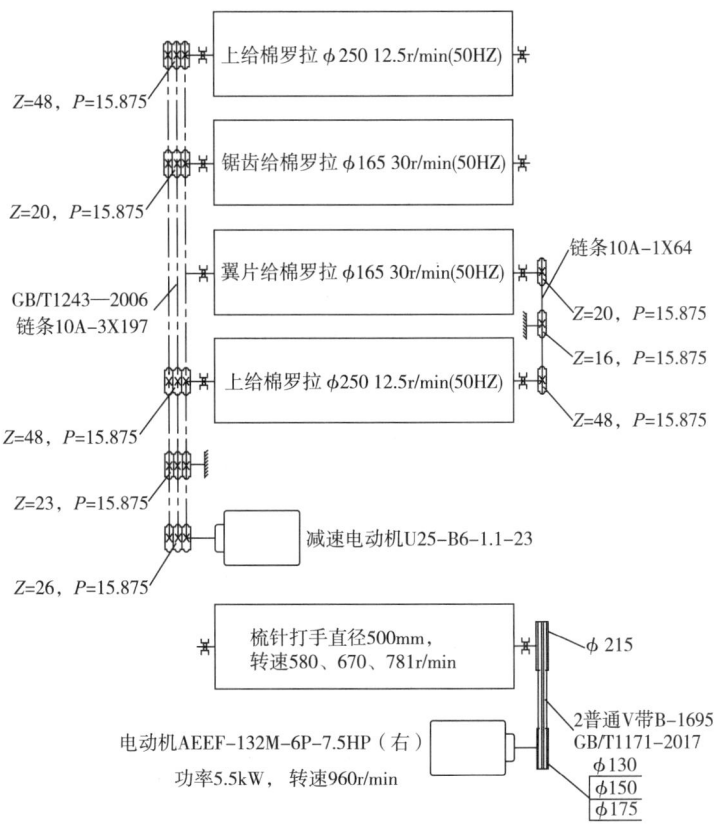

图 7-1-35　JWF1126A 型储棉开棉机传动图

表 7-1-49　JWF1125 型精清棉机技术特征

项目		技术特征	项目		技术特征
工作幅宽/mm		1600	下给棉罗拉	形式	一光辊式,一沟槽式
最高产量/(kg/h)		1200		直径/mm	120
打手	形式	铝合金梳针		转速/(r/min)	变频调速
	直径/mm	400	出棉口	直径/mm	300
	转速/(r/min)	500~1000		风量/(m³/h)	4000±400
压缩辊	形式	沟槽式		压力/Pa	不小于-440
	直径/mm	300	排杂口	直径/mm	150
	转速/(r/min)	变频调速		风量/(m³/h)	4000~4800
	排杂装置	三把除尘刀,两块分棉板		压力/Pa	-1050
外形尺寸(长×宽×高)/mm		2100×1550×4055	装机功率/kW		6.2

（2）JWF1125 型精清棉机结构示意图与传动图（图 7-1-36、图 7-1-37）。

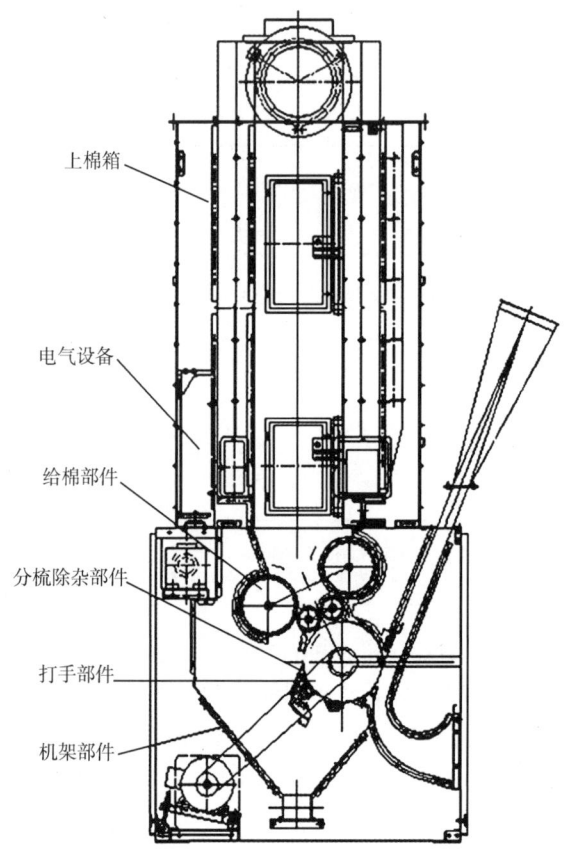

上棉箱

电气设备

给棉部件

分梳除杂部件

打手部件

机架部件

图 7-1-36　JWF1125 型精清棉机结构示意图

（3）JWF1125 型精清棉机工艺计算。

$$打手速度（r/min）= \frac{打手电动机转速 \times D_1}{D_2} = \frac{960 \times 112/125 \times f}{50} = 17.2f$$

式中：D_1——打手电动机带轮直径，mm；

　　　D_2——打手带轮直径，mm；

　　　f——电动机设定频率，Hz。

$$压棉罗拉速度（r/min）= \frac{减速电动机转速}{i} \times \frac{21}{53} = \frac{3490}{10983} \times \frac{21}{53} \times \frac{f}{50} = 0.0025f$$

式中：i——减速电动机减速比；

　　　f——电动机设定频率，Hz。

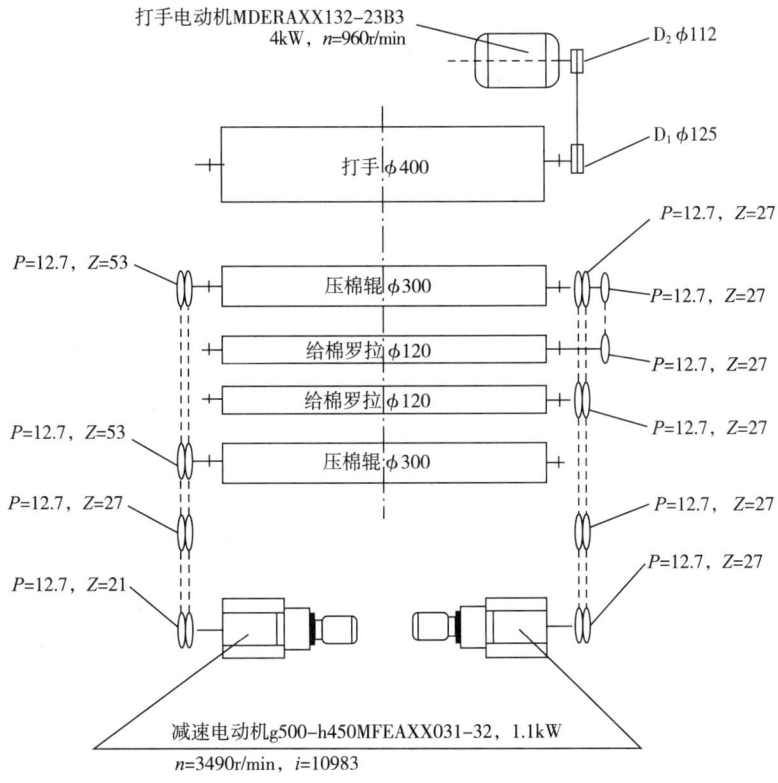

图 7-1-37　JWF1125 型精清棉机传动图

$$给棉罗拉转速(r/min) = \frac{减速电动机转速}{i} \times \frac{21}{53} = \frac{3490}{10983} \times \frac{27}{27} \times \frac{f}{50} = 0.0064f$$

式中：i——减速电动机减速比；

　　　f——电动机设定频率，Hz。

(五)给棉机

给棉机械是将经开松、除杂后输出的纤维流经纤气分离后，利用流量控制和密度均衡的方法，输出均匀的棉层。根据开清棉后续连接的设备不同，给棉机械主要有两大类型，一类是连接传统成卷机的给棉机，以 A092 系列双箱给棉机，FA046A 型、SFA161A 型振动给棉机和 FA179C 型喂棉箱为代表；另一类是连接输棉机的清梳联喂棉箱，以 FA172 系列、FA173 系列、FA177 系列、FA178 系列、FA179 系列、JWF1173A 型、JWF1177A 型、JSC371 型、JSC180 型喂棉箱以及 JWF1134 系列喂棉机等为代表。

1.SFA161A 型振动给棉机

(1)SFA161A 型振动给棉机技术特征(表 7-1-50)。

表 7-1-50 SFA161A 型振动给棉机技术特征

项目		技术特征	项目	技术特征
机幅宽度/mm		1000	平帘速度/(r/min)	10,12,15
产量/(kg/h)		150~300	均棉罗拉至斜帘隔距/mm	0~40(可调)
振动板振动频率/(次/min)		82~205	光电延时动作时间/s	2~5(可调)
角钉帘速度/(m/min)		56,65,76	全机功率/kW	Y100L-6 -1.5,1 台
均棉罗拉	直径/mm	410		BWY1-11-2.2,1 台
	速度/(r/min)	230		XWD2-35-0.55,1 台
剥棉罗拉	直径/mm	410		BWY100-99-0.55,1 台
	速度/(r/min)	354	喂棉方式	凝棉器喂入或气流配棉喂入
喂棉罗拉	直径/mm	200	外形尺寸(长×宽×高)/mm	2530×1420×2956
	速度/(r/min)	4.75,5.75, 6.45,7.45	全机重量/kg	1900

（2）SFA161A 型振动给棉机结构与传动图（图 7-1-38、图 7-1-39）。

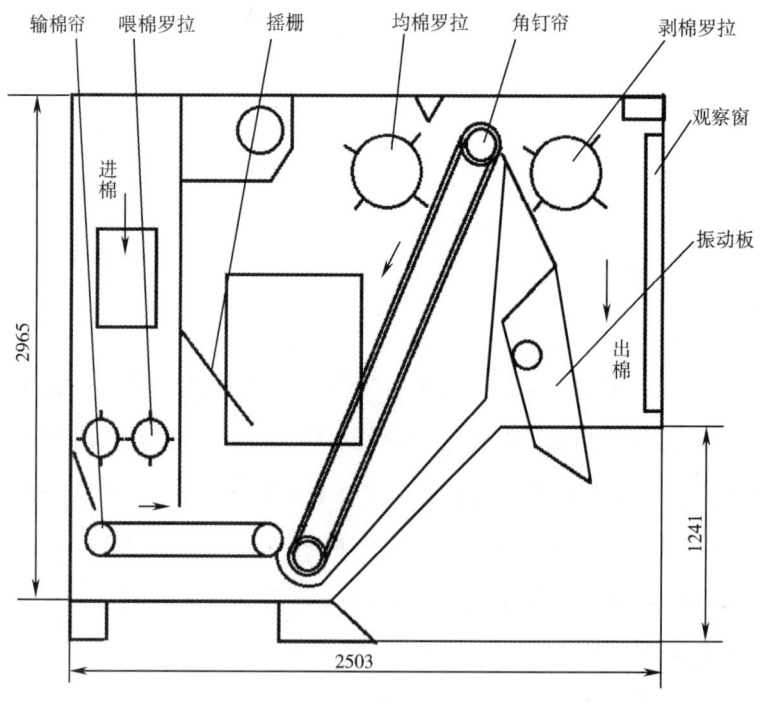

图 7-1-38 SFA161A 型振动给棉机结构示意图

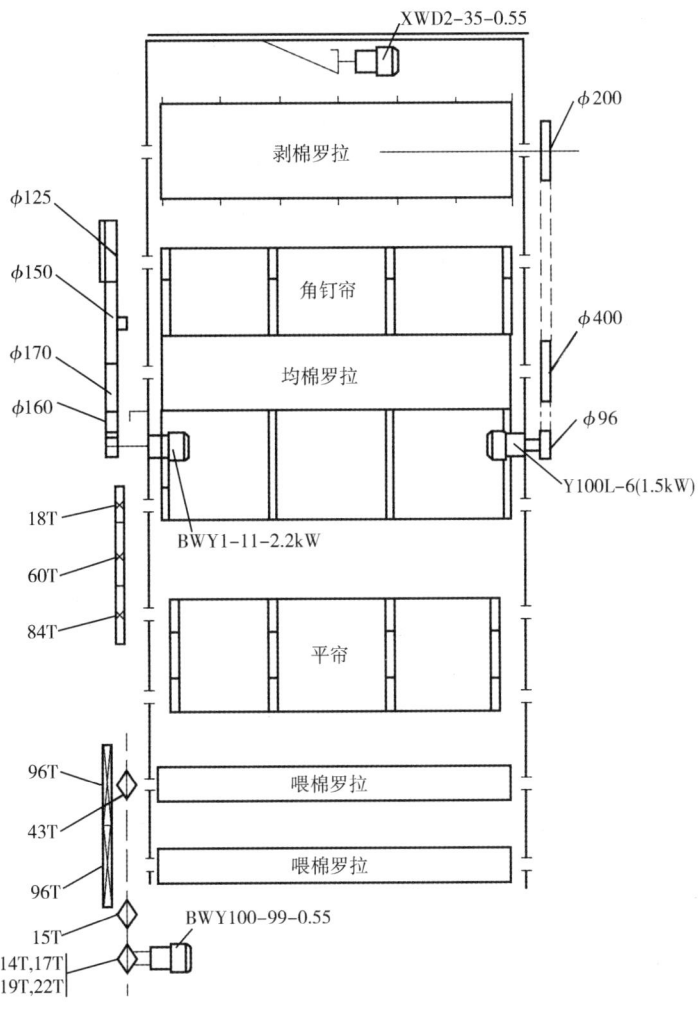

图 7-1-39　SFA161A 型振动给棉机传动图

（3）工艺计算。

$$喂棉罗拉速度（r/min）= \frac{减速电动机出轴转速 \times 主动链轮齿数}{喂棉罗拉链轮齿数}$$

$$= \frac{14.6 \times 主动链轮齿数}{43}$$

$$= 0.34 \times 主动链轮齿数$$

式中，主动链轮齿数为 14 齿、17 齿、19 齿、22 齿。

$$角钉帘速度（m/min）= \pi \times \frac{[角钉帘主动导轮直径 + 2 \times（角钉帘厚度 + 角钉长度）] \times 减速电动机出轴转速 \times 主动带轮直径}{角钉帘主动带轮直径}$$

$$= \pi \times \dfrac{[\text{角钉帘主动导轮直径} + 2 \times (\text{角钉帘厚度} + \text{角钉长度})] \times}{\text{角钉帘主动带轮直径}}$$

$$\text{平帘速度}(\text{m/min}) = \pi \times \dfrac{(\text{平帘主动导轮直径} + 2 \times \text{平帘厚度}) \times \text{减速电动机出轴转速} \times}{\text{主动带轮直径} \times \text{角钉帘主动导轮直径} \times \text{角钉帘被动轴齿轮齿数}}{\text{角钉帘主动带轮直径} \times \text{角钉帘被动导轮直径} \times \text{平帘主动轴齿轮齿数}}$$

$$= \pi \times \dfrac{(\text{平帘主动导轮直径} + 2 \times \text{平帘厚度}) \times \text{减速电动机出轴转速}}{\times 160 \times \text{角钉帘主动导轮直径} \times 18}{\text{角钉帘主动带轮直径} \times \text{角钉帘被动导轮直径} \times 84}$$

$$\text{均棉罗拉速度}(\text{r/min}) = \dfrac{\text{电动机转速} \times \text{电动机带轮直径}}{\text{均棉罗拉带轮直径}}$$

$$= \dfrac{960 \times 96}{400}$$

$$= 230$$

$$\text{剥棉罗拉速度}(\text{r/min}) = \dfrac{\text{电动机转速} \times \text{电动机带轮直径}}{\text{剥棉罗拉带轮直径}}$$

$$= \dfrac{960 \times 96}{260}$$

$$= 354$$

2. FA179C 型喂棉箱

（1）FA179C 型喂棉箱技术特征。FA179C 型喂棉箱是成卷机与成卷清花机组之间的连接设备，用于 76mm 以下的原棉或棉型化纤，其作用是将经过均匀开松、混合后的纤维形成均匀的筵棉层喂入成卷机，确保对成卷机的连续均匀供棉，技术特征见表 7-1-51。

表 7-1-51　FA179C 型喂棉箱技术特征

项目	技术特征		项目	技术特征
机幅宽度/mm	1040		喂棉罗拉 直径/mm	120
产量/(kg/h)	250		喂棉罗拉 速度/(r/min)	2.9~7.3
风机转速/(r/min)	2840		振动透气栅振动频率/(次/min)	85
开松辊 直径/mm	266		外形尺寸(长×宽×高)/mm	1506×700×2940
开松辊 速度/(r/min)	840			

（2）FA179C 型喂棉箱结构与传动图（图 7-1-40、图 7-1-41）。

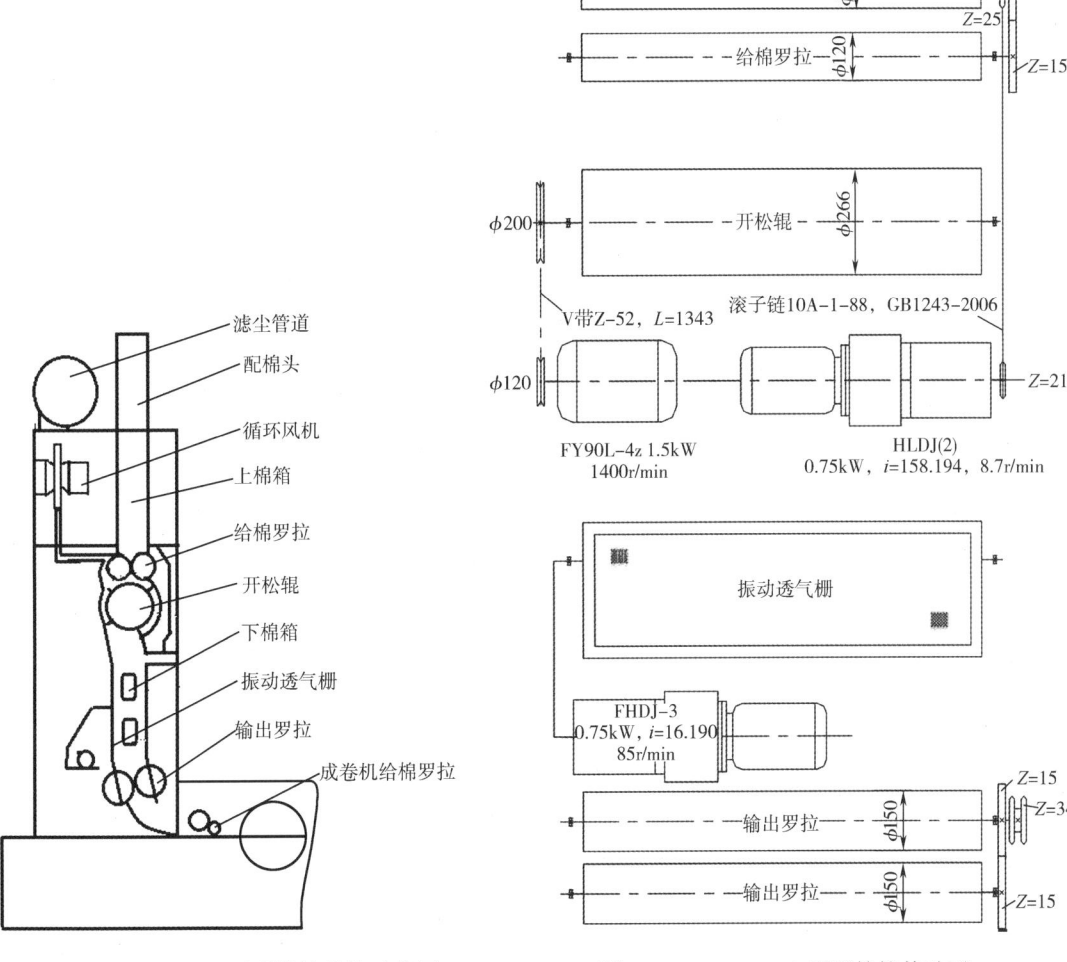

图 7-1-40　FA179C 型喂棉箱结构示意图　　　图 7-1-41　FA179C 型喂棉箱传动图

（3）工艺计算。

$$给棉罗拉转速(r/min) = \frac{给棉电动机转速 \times f}{i \times 50} \times \frac{电动机皮带轮直径}{罗拉皮带轮直径}$$

$$= \frac{1380 \times f}{158.194 \times 50} \times \frac{21}{25}$$

$$= 0.147f$$

式中：i——给棉电动机的减速比，$i=158.194$；

　　　　f——给棉电动机的频率，$20 \sim 50Hz$。

$$开松辊转速(r/min) = \frac{开松辊电动机转速 \times 开松辊电动机皮带轮直径}{开松辊电动机皮带轮直径}$$

$$= \frac{1400 \times 120}{200}$$

$$= 840$$

$$振动透气栅振动频率(次/min) = \frac{振动透气栅电动机转速}{i}$$

$$= \frac{1380}{16.190}$$

$$= 85$$

式中：i——振动透气栅电动机减速比，$i = 16.190$。

$$输出罗拉与成卷机天平罗拉之间的牵伸比 = \frac{成卷机天平罗拉直径}{喂棉机输出罗拉直径} \times \frac{喂棉机输出罗拉链轮齿数}{成卷机天平罗拉链轮齿数}$$

$$= \frac{76}{150} \times \frac{Z_1}{Z_2} = 1.325$$

3. JWF1134 系列喂棉机

JWF1134 系列喂棉机主要适用于对初步开松混合后的原料进行储棉和进一步开松除杂。被开松后的原料经由下棉箱输送到下一机台，该机一般用于清梳联流程。

（1）JWF1134 系列喂棉机技术特征（表 7-1-52）。

表 7-1-52　JWF1134 系列喂棉机技术特征

项目		技术特征	项目		技术特征
机幅/mm		1200,1600	尘格装置	形式	三角尘棒
产量/(kg/h)		800,1000		数量	21 根
打手	形式	6 排角钉		调节方式	机外手动调工节
	直径/mm	406	电动机	打手	3.7kW,1445r/min
	转速/(r/min)	803		给棉罗拉	0.75kW,25r/min
锯齿给棉罗拉	形式	针布	排杂管	直径/mm	160
	直径/mm	165		风量/(m³/h)	1800,2400
	转速/(r/min)	最高 21（变频）		静压/Pa	-200
翼片给棉罗拉	形式	18 叶翼片式	外形尺寸（长×宽×高）/mm		1864/2264×1140（不包括排杂管）/1402（包括出棉管）/3230（不包括凝棉器）
	直径/mm	165			
	转速/(r/min)	最高 21（变频）	全机重量/kg		1500,2000

（2）JWF1134 系列喂棉机结构与传动图（图7-1-42、图7-1-43）。

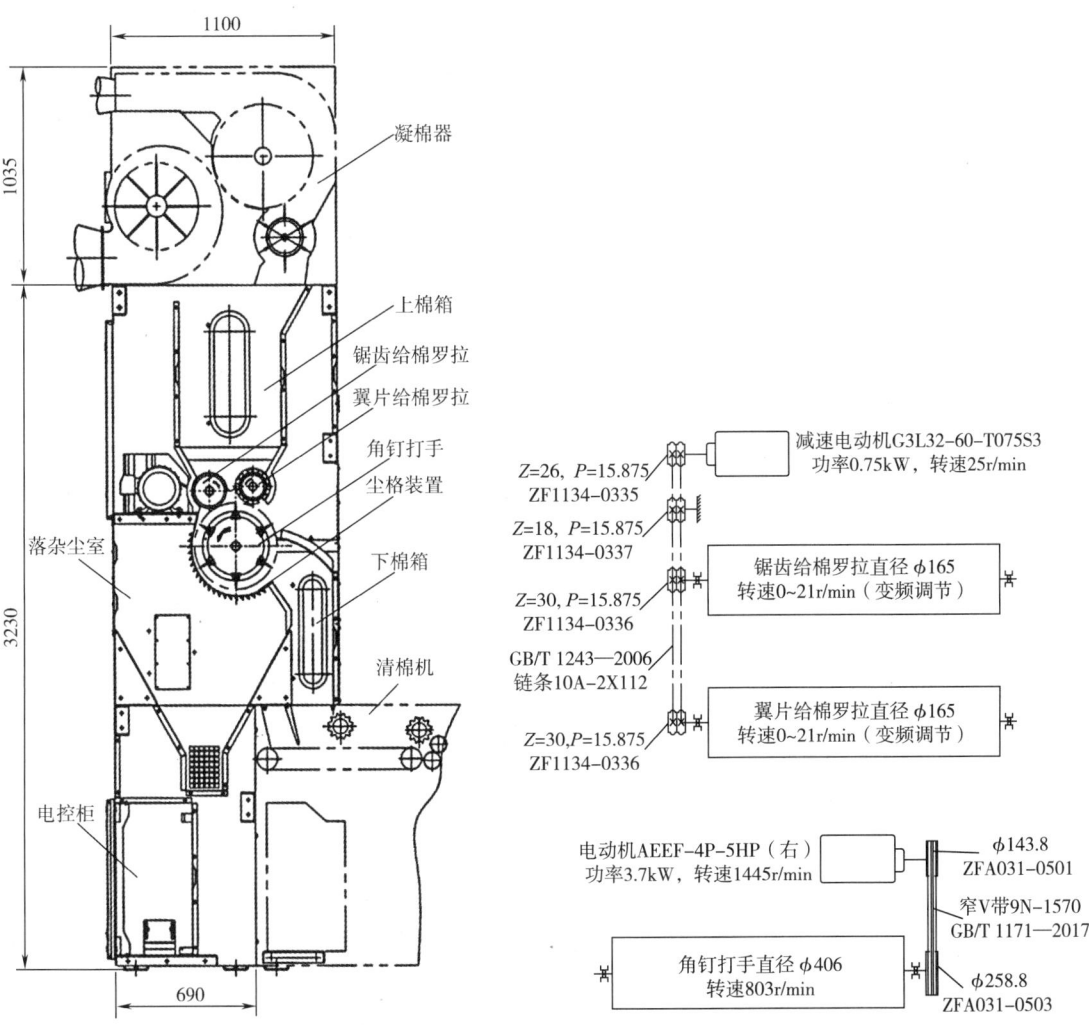

图 7-1-42　JWF1134 系列喂棉机结构示意图　　　　图 7-1-43　JWF1134 系列喂棉机传动图

（3）工艺计算。

$$打手转速 = \frac{电动机转速 \times 电动机皮带轮直径 \times (1 - 滑动系数)}{打手皮带轮直径}$$

$$= \frac{1445 \times 143.8 \times (1 - 滑动系数)}{258.8} \approx 803$$

$$给棉罗拉转速 = \frac{电动机出轴转速 \times 电动机链轮齿数}{给棉罗拉链轮齿数}$$

$$= \frac{25 \times 26}{30} = 21（最高，变频调节）$$

4. JWF1177A 型、JSC371 型、JSC180 型梳棉机喂棉箱

梳棉机喂棉箱是开清棉机组与梳棉机之间的连接设备,其作用是将开清棉工序处理好的纤维,经过进一步开松、除杂后,形成均匀的筵棉层喂入输棉机,确保梳棉机的连续均匀供棉。喂棉箱是实现清梳联合的主要设备,可以单独作为一台设备,也可以作为梳棉机的组件。

(1)JWF1177A 型喂棉箱技术特征。JWF1177A 型喂棉箱技术特征见表 7-1-53,JSC371 型、JSC180 型喂棉箱技术特征见表 7-1-54。

表 7-1-53　JWF1177A 型喂棉箱技术特征

项目		技术特征
机幅/mm		1210
单机产量/(kg/h)		150
输出筵棉宽度/mm		1180
给棉罗拉	直径/mm	172
	转速/(r/min)	0.5~4.8(变频调节)
开松辊	直径/mm	292
	转速/(r/min)	700,900
风机转速/(r/min)		2840
输出罗拉直径/mm		156
上箱压力/Pa		400~700
下箱压力/Pa		60~300
外形尺寸(长×宽×高)/mm		700×2240×2995
全机重量/kg		1200

表 7-1-54　JSC371 型、JSC180 型喂棉箱技术特征

机型		JSC371	JSC180
机幅/mm		1200	950
单机产量/(kg/h)		150	120
打手直径/mm		250	
上箱压力/Pa		600~800	
下箱压力/Pa		150~300	
排尘口	风量/(m³/h)	800	
	风压/Pa	-150~-50	

机型	JSC371	JSC180
外形尺寸(长×宽×高)/mm	1920×685×3535	1670×685×3535
全机重量/kg	1100	900

（2）FA1177A 型喂棉箱结构图与传动图（图 7-1-44、图 7-1-45）。

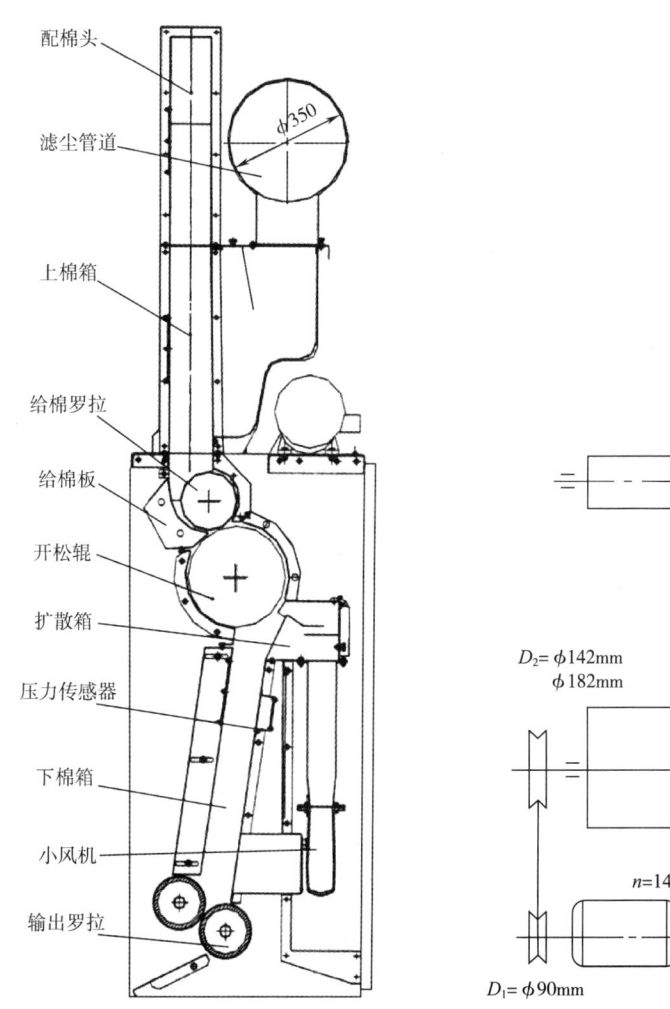

图 7-1-44　FA1177A 型喂棉箱结构示意图　　　　图 7-1-45　FA1177A 型喂棉箱传动图

（3）工艺计算。

$$给棉罗拉转速(r/min) = \frac{1400}{50} \times \frac{f}{300} \times \frac{17}{34} = 0.0467f$$

式中:f——给棉减速电动机的频率,Hz。

$$开松辊转速(\text{r/min}) = 1430 \times \frac{D_1}{D_2} = \frac{128700}{D_2}$$

式中:D_1——电动机皮带轮直径,90mm;

$\quad D_2$——开松辊皮带轮直径,142mm,184mm。

(六)成卷机

成卷机与给棉机构成开清棉流程的终端机组,其作用是将开清棉加工完成的纤维制成一定规格和质量要求的棉卷,供给梳棉机使用。成卷机一般装配有自调匀整机构,保证纤维恒定地输送,配备有清棉打手进行纤维的除杂和分解,最终经凝棉尘笼形成棉层后,由成卷面构卷绕形成棉卷。从结构上分,现代成卷机有单尘笼凝棉和双尘笼凝棉之分,FA146A 型成卷机为单尘笼,FA1141 型成卷机为双尘笼。

1. FA146A 型成卷机

(1)FA146A 型成卷机技术特征(表7-1-55)。

表7-1-55　FA146A 机型成卷机技术特征

项目		技术特征	项目		技术特征
产量/(kg/h)		150~250	风机	直径/mm	350
机幅/mm		1065		速度/(r/min)	1760
棉卷	宽度/mm	995	天平罗拉	直径/mm	70
	重量/kg	40(可调)		速度/(r/min)	9~13
棉卷罗拉	直径/mm	240	棉卷加压方式		气动加压
	速度/(r/min)	9~18	空气压缩机压力/MPa		0.6~0.8
梳针打手	直径/mm	402	全机功率/kW		9.25
	速度/(r/min)	800	外形尺寸(长×宽×高)/mm		4900×1890×1400
尘笼	直径/mm	503	全机重量/kg		4800

(2)FA146A 型成卷机结构图与传动图(图7-1-46、图7-1-47)。

(3)工艺计算。

$$综合打手转速(\text{r/min}) = \frac{电动机转速 \times 电动机皮带轮直径}{打手带轮直径}$$

$$= \frac{1440 \times 192}{350} = 790$$

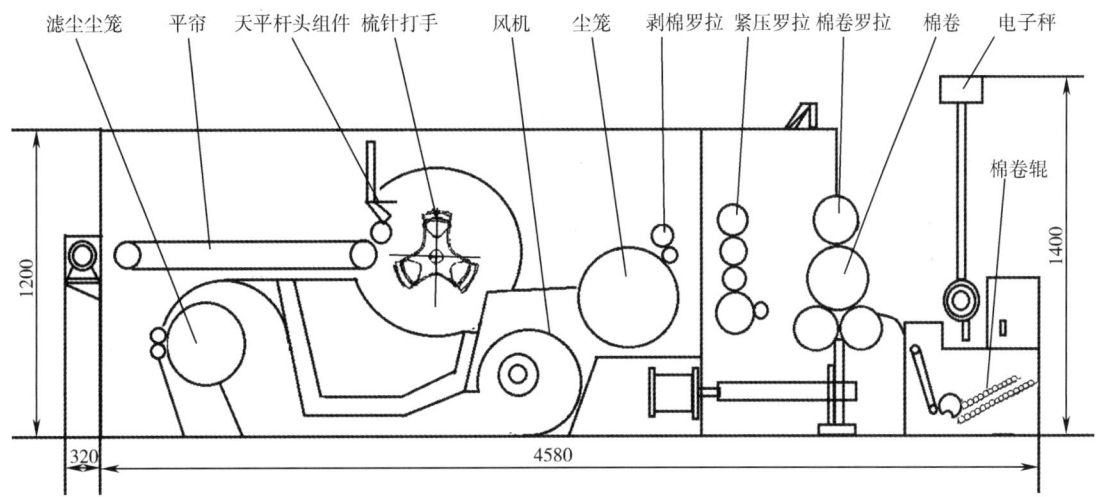

图 7-1-46 FA146A 型成卷机结构示意图

$$天平罗拉转速(r/min) = \frac{电动机转速 \times 电动机链轮齿数}{i \times 天平罗拉链轮齿数}$$

$$= \frac{电动机转速 \times 19}{59 \times 天平罗拉链轮齿数}$$

$$= 0.32 \times \frac{电动机转速}{天平罗拉链轮齿数}$$

式中,电动机转速随棉层变化调节,电动机转速为 $500 \sim 1400 \text{r/min}$;$i$ 为减速比,$i = 59$;天平罗拉链轮为可变换齿轮,天平罗拉链轮齿数为 24 齿、30 齿、35 齿。

$$棉卷罗拉转速(r/min) = \frac{电动机转速}{i} \times \frac{Z_1}{Z_2} \times \frac{25}{80} \times \frac{32}{56} = \frac{1450}{11} \times \frac{Z_1}{Z_2} \times \frac{25}{80} \times \frac{32}{56}$$

$$= 23.54 \frac{Z_1}{Z_2}$$

式中:i——电动机减速比,$i = 11$;

Z_1——电动机主动链轮齿数,14 齿、15 齿;

Z_2——电动机被动链轮齿数,30 齿。

$$第一紧压罗拉转速(r/min) = \frac{电动机转速}{i} \times \frac{Z_1}{Z_2} \times \frac{25}{80} \times \frac{24}{32} \times \frac{24}{18} \times \frac{18}{19} \times \frac{19}{25}$$

$$= \frac{1450}{11} \times \frac{Z_1}{Z_2} \times 0.225 = 29.66 \frac{Z_1}{Z_2}$$

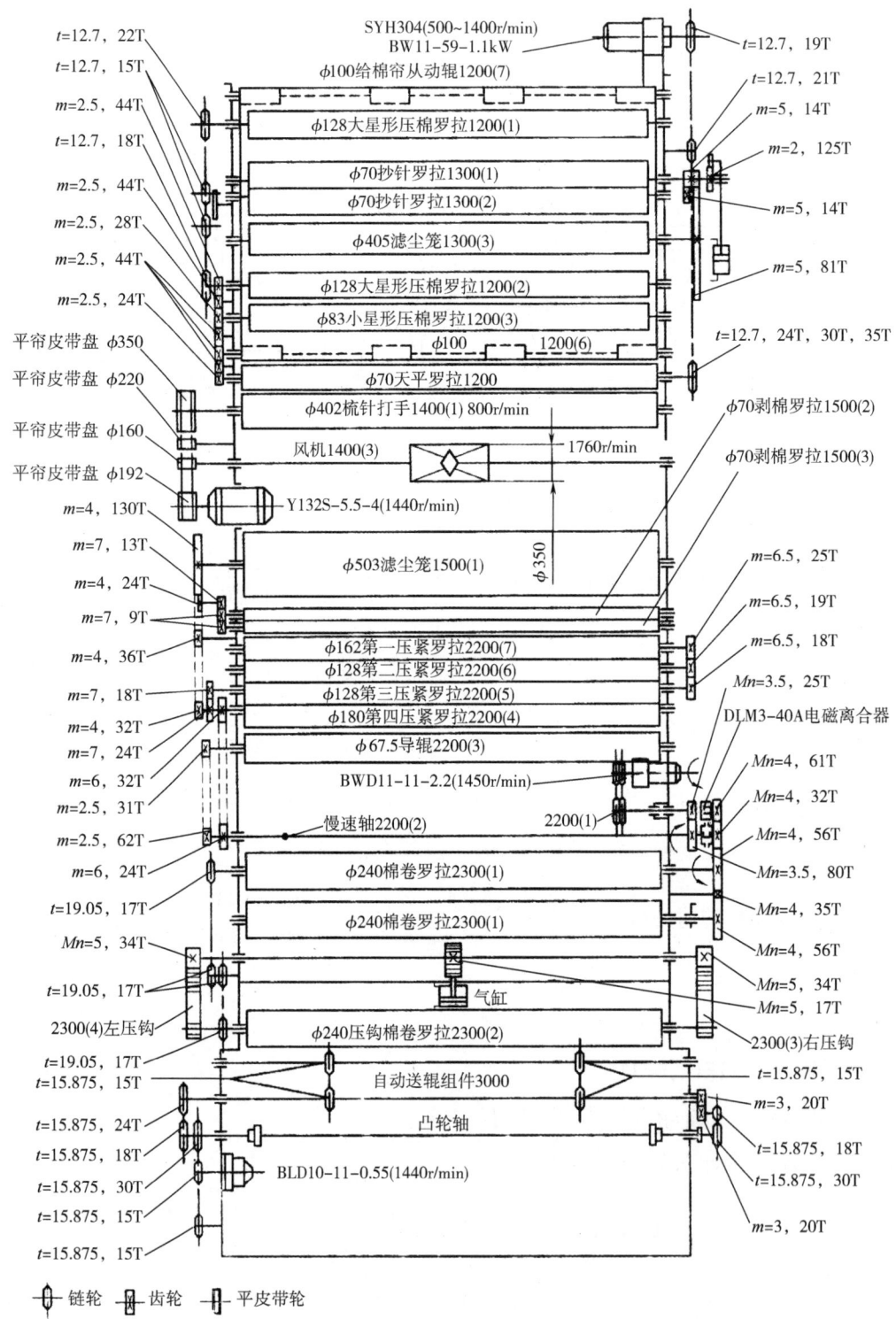

图 7-1-47 FA146A 型成卷机传动图

$$第二紧压罗拉转速(r/min) = \frac{电动机转速}{i} \times \frac{Z_1}{Z_2} \times \frac{25}{80} \times \frac{24}{32} \times \frac{24}{18} \times \frac{18}{19}$$

$$= \frac{1450}{11} \times \frac{Z_1}{Z_2} \times 0.296 = 39.02\frac{Z_1}{Z_2}$$

$$第三紧压罗拉转速(r/min) = \frac{电动机转速}{i} \times \frac{Z_1}{Z_2} \times \frac{25}{80} \times \frac{24}{32} \times \frac{24}{18}$$

$$= \frac{1450}{11} \times \frac{Z_1}{Z_2} \times 0.3125 = 41.19\frac{Z_1}{Z_2}$$

$$第四紧压罗拉转速(r/min) = \frac{电动机转速}{i} \times \frac{Z_1}{Z_2} \times \frac{25}{80} \times \frac{24}{32}$$

$$= \frac{1450}{11} \times \frac{Z_1}{Z_2} \times 0.234 = 30.85\frac{Z_1}{Z_2}$$

式中：i——电动机减速比，$i = 11$；

　　Z_1——电动机主动链轮齿数，14 齿、15 齿；

　　Z_2——电动机被动链轮齿数，30 齿。

$$风机转速(r/min) = \frac{电动机转速 \times 电动机皮带轮直径}{风机皮带轮直径} = 1440 \times \frac{192}{160} = 1728$$

$$输棉帘与天平罗拉间牵伸倍数 = \frac{天平罗拉直径 \times 输棉帘主动辊齿轮齿数}{输棉帘主动辊直径 \times 天平罗拉齿轮齿数}$$

$$= \frac{70 \times 44}{100 \times 24} = 1.283$$

$$天平罗拉与棉卷罗拉间牵伸倍数 = \frac{棉卷罗拉转速 \times 棉卷罗拉直径}{天平罗拉转速 \times 天平罗拉直径}$$

$$= \frac{23.54 \times \frac{Z_1}{Z_2} \times 240}{0.32 \times \frac{天平罗拉电动机转速}{天平罗拉链轮齿数}}$$

$$= 17655\frac{Z_1}{Z_2} \times \frac{天平罗拉链轮齿数}{天平罗拉电动机转速}$$

式中：Z_1——电动机主动链轮齿数，14 齿、15 齿；

　　Z_2——电动机被动链轮齿数，30 齿。

电动机转速随棉层变化调节，电动机转速 = 500~1400r/min；天平罗拉链轮齿数为可变换齿轮，天平罗拉链轮齿数 = 24 齿，30 齿，35 齿。

$$棉卷计算长度(m) = \frac{计数器计数}{2} \times \frac{31 \times 32}{62 \times 56} \times \pi \times \frac{棉卷罗拉直径}{1000}$$

$$= 0.108 \times 计数器计数$$

$$棉卷实际长度(m) = 棉卷计算长度 \times (1 + 棉卷伸长率)$$

$$棉卷理论产量(kg/h) = 棉卷罗拉转速 \times \pi \times 棉卷罗拉直径 \times 定量 \times \frac{60}{1000000}$$

$$= 23.54 \times \frac{Z_1}{Z_2} \times \pi \times 240 \times 定量 \times \frac{60}{1000000}$$

$$= 1.064 \frac{Z_1}{Z_2} \times 定量$$

式中：Z_1——电动机主动链轮齿数，14 齿、15 齿；

$\quad Z_2$——电动机被动链轮齿数，30 齿。

$\quad$定量——棉卷定量，g/m。

2. FA1141A 型成卷机

(1)FA1141A 型成卷机技术特征(表7-1-56)。

表7-1-56　FA1141A 型成卷机技术特征

机型		FA1141A	机型		FA1141A
棉卷重量不匀率/%		棉0.8~1.0,化纤0.9~1.1	风机	风机叶轮/mm	$\phi550\times300$
棉卷生头率/%		100		转速/(r/min)	1100,1200,1300,1400
最高产量/(kg/h)		250	尘笼	直径/mm	$\phi560$
机幅/mm		1060		转速/(r/min)	3.1~3.7
棉卷	宽度/mm	960	压卷罗拉	直径/mm	$\phi184$
	长度/m	30~80		转速/(r/min)	11.5~17.8
	重量/kg	棉16~30;化纤13~20	棉卷扦/mm		$\phi40\times1300$
	直径/mm	$\leqslant\phi500$			存扦根数18
成卷时间/min		3.22~10.27	棉卷称/kg		50(最大称量)
棉卷罗拉	直径/mm	$\phi230$	打手电动机/kW		5.5
	转速/(r/min)	10,11,12,13	成卷减速电动机/kW		2.2
天平罗拉	直径/mm	$\phi76$	棉卷罗拉双速电动机/kW		1.5
	转速/(r/min)	5~25	上扦电动机/kW		0.1

机型		FA1141A	机型	FA1141A
综合打手	直径/mm	$\phi406$	天平罗拉减速电动机/kW	0.55
	转速/(r/min)	900,1000	渐增加压伺服电动机/kW	1.5
尘格	根数	15根	装机总功率/kW	11.35
	尘棒间隔距/mm	5~8	压紧罗拉加压气缸直径/mm	$\phi80$
	形式	机外可调节的三角尘棒	压紧罗拉最大加压/kN	40
	尘棒包围角	1/4圆周	外形尺寸(长×宽×高)/mm	4230×2026×1520
打手与尘棒隔距/mm		进口8,出口18	全机重量/kg	约4500
全机总牵伸倍数		1.98~2.78		

（2）FA1141A型成卷机结构图与传动图（图7-1-48、图7-1-49）。

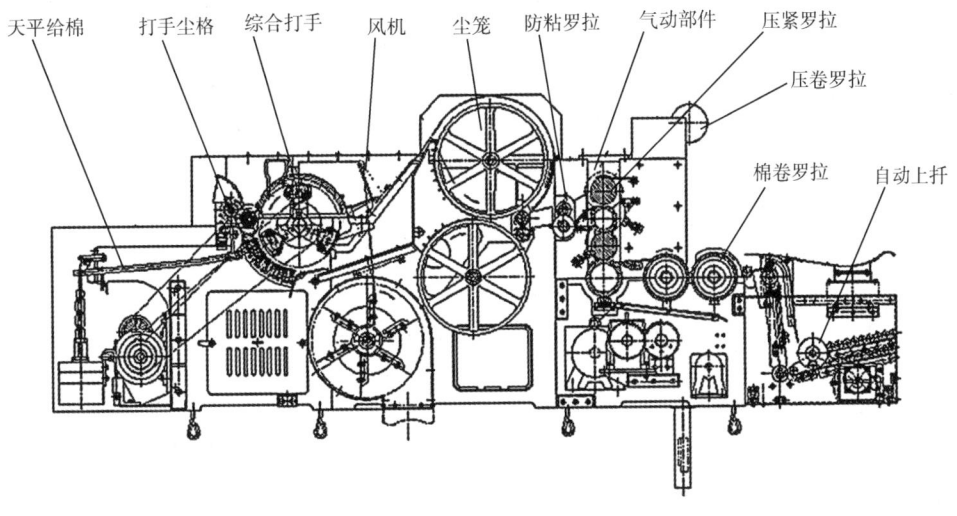

图 7-1-48　FA1141A 型成卷机结构示意图

（3）工艺计算。

$$综合打手转速(r/min) = 打手电动机转速\frac{D_1}{D_2}$$

式中：D_1——打手电动机皮带轮直径,160mm;

D_2——打手皮带轮直径,230mm、250mm。

$$风机转速(r/min) = 打手电动机转速\frac{D_1}{D_2}\frac{D_3}{D_4}$$

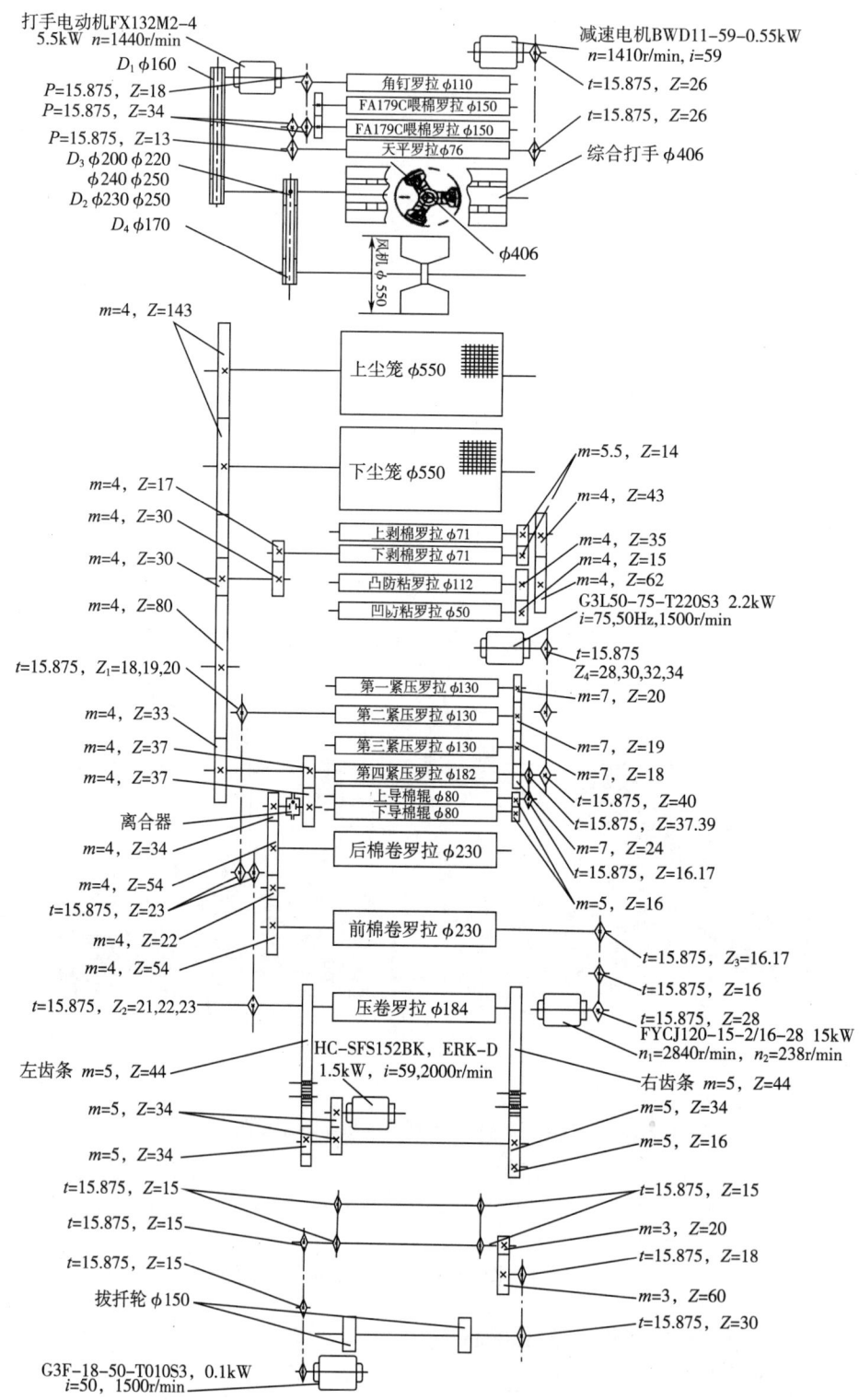

图 7-1-49　FA1141A 型成卷机传动图

式中：D_1——打手电动机皮带轮直径,160mm；

　　　D_2——打手皮带轮直径,230mm、250mm；

　　　D_3——风机主动皮带轮直径,200mm、220mm、240mm、250mm；

　　　D_4——风机被动皮带轮直径,170mm。

$$棉卷罗拉转速(r/min) = \frac{尘笼电动机转速}{i} \times \frac{Z_4}{40} \times \frac{47}{37} \times \frac{34}{54}$$

$$= \frac{1500}{75} \times Z_4 \times 0.020$$

$$= 0.4Z_4$$

式中：Z_4——尘笼电动机链轮齿数,28齿,30齿,32齿,34齿；

　　　i——尘笼电动机减速比,$i=75$。

$$棉卷罗拉加速转速(r/min) = 双速电动机转速 \times \frac{电动机链轮齿数}{前棉卷罗拉链轮齿数 Z_3}$$

$$= 双速电动机转速 \times \frac{28}{Z_3}$$

式中：Z_3——前棉卷罗拉链轮齿数,20齿、24齿、28齿；

双速电动机转速分高速和低速,高速为2840r/min,低速为238r/min。

$$第一紧压罗拉转速(r/min) = \frac{尘笼电动机转速}{i} \times \frac{Z_4}{40} \times \frac{24}{20}$$

$$= \frac{1500}{75} \times \frac{Z_4}{40} \times \frac{24}{20}$$

$$= 0.6Z_4$$

$$第二紧压罗拉转速(r/min) = \frac{尘笼电动机转速}{i} \times \frac{Z_4}{40} \times \frac{24}{19}$$

$$= \frac{1500}{75} \times \frac{Z_4}{40} \times \frac{24}{19}$$

$$= 0.63Z_4$$

$$第三紧压罗拉转速(r/min) = \frac{尘笼电动机转速}{i} \times \frac{Z_4}{40} \times \frac{24}{19}$$

$$= \frac{1500}{75} \times \frac{Z_4}{40} \times \frac{24}{18}$$

$$= 0.67Z_4$$

$$第四紧压罗拉转速(r/min) = \frac{尘笼电动机转速}{i} \times \frac{Z_4}{40}$$

$$= \frac{1500}{75} \times \frac{Z_4}{40}$$

$$= 0.5 Z_4$$

$$尘笼转速(r/min) = \frac{尘笼电动机转速}{i} \times \frac{Z_4}{40} \times \frac{33}{143}$$

$$= \frac{1500}{75} Z_4 \times 0.0058$$

$$= 0.12 \times Z_4$$

$$天平罗拉转速(r/min) = \frac{天平罗拉电动机转速}{i} \times \frac{电动机链轮齿数}{天平罗拉链轮齿数}$$

$$= \frac{1410}{59} \times \frac{26}{26} = 23.9$$

式中:i——天平罗拉电动机减速比,$i = 59$。

天平罗拉电动机转速同匀整仪根据喂入棉层厚度变化进行调速。

$$天平罗拉与棉卷罗拉间牵伸倍数 = 棉卷罗拉转速 \times \frac{230}{天平罗拉转速} \times 76$$

$$= 0.4 \times Z_4 \times \frac{230}{23.9} = 3.85 Z_4$$

$$棉箱输棉罗拉与天平罗拉间牵伸倍数 = \frac{天平罗拉直径 \times 34}{输棉罗拉直径 \times 13}$$

$$= \frac{76 \times 34}{150 \times 13} = 1.33$$

$$棉卷理论产量(kg/h) = 棉卷罗拉转速 \times \pi \times 棉卷罗拉直径 \times 60 \times (1 + 伸长率) \times 棉卷定量$$

$$= \pi \times 0.23 \times 60 \times 1.01 \times 棉卷罗拉转速 \times 棉卷定量$$

$$= 43.77 \times 棉卷罗拉转速 \times 棉卷定量$$

$$棉卷计算长度(m) = 棉罗与第四压罗间牵伸 \times 压卷罗与棉罗间牵伸 \times$$

$$第四压罗每转长度 \times PLC 设定数$$

$$棉卷实际长度(m) = 棉卷计算长度 \times (1 + 伸长率)$$

(七)开清棉附属设备

1. 除微尘设备

除微尘设备通常作为开清棉流程中最后一个除尘点,对开松后的纤维可有效地去除细小尘杂和超短短绒,可用于环锭纺、气流纺,特别是气流纺的清梳联流程,一般安装在清棉机和梳棉机之间,能有效提高生条及成纱的质量。除微尘设备主要型号有 FA151 型、FA156 型、JWF1054型、JWF1053 型和 SFA201 型。

(1)FA151 型、JWF1054 型除微尘机。FA151 型、JWF1054 型除微尘机的技术特征见表 7-1-57,其结构如图 7-1-50 和图 7-1-51 所示。

表 7-1-57　FA151 型、JWF1054 型除微尘机技术特征

机型		FA151 型	JWF1054 型
机幅/mm		1600	1600
产量/(kg/h)		1000	1250
出棉管直径/mm		350	
排尘管直径/mm		300	
排尘风量/(m³/h)		4000	3000~4500
过滤网总面积/m²		2.6	3.7
纤维分配器	传动方式	电动机	
	摆动次数/(次/min)	30	
装机功率/kW		11.1	15.1
外形尺寸(长×宽×高)/mm		2150×1864×2650	2182×1864×3440
全机重量/kg		2200	2200

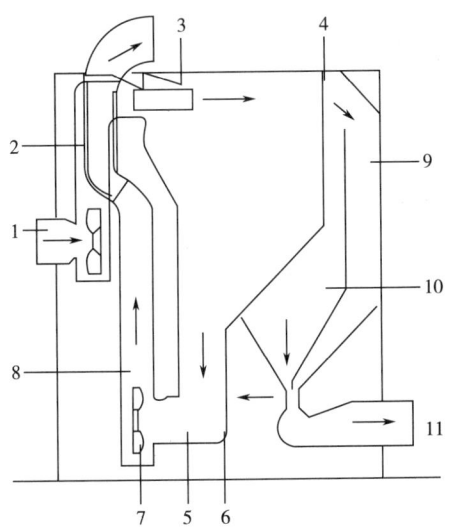

图 7-1-50　FA151 型除微尘机结构示意图

1—进棉风机　2—进棉管　3—摇板　4—网眼板

5—梳棉管　6—补风机 7—出棉风机　8—出棉管

9—排风管道　10—排尘管道　11—排风排尘管

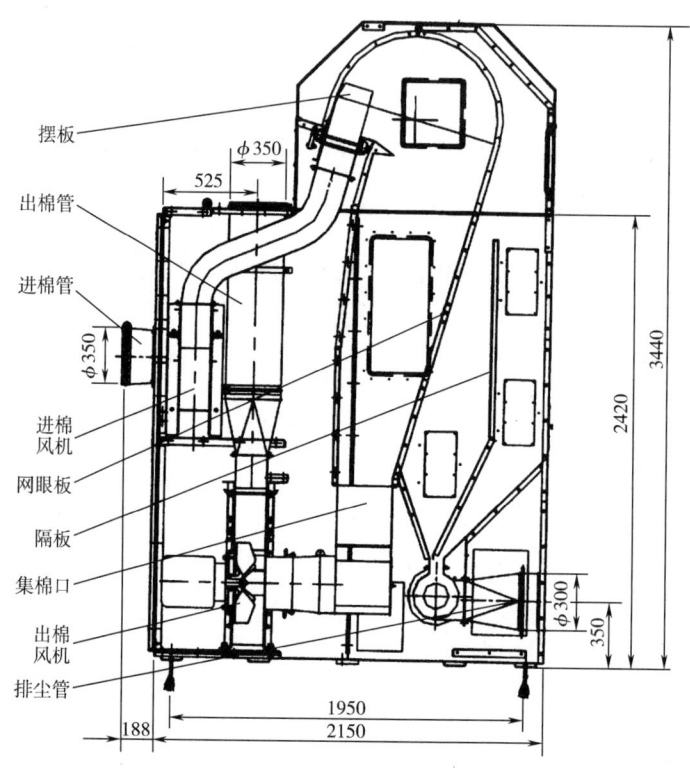

图 7-1-51　JWF1054 型除微尘机结构示意图

（2）FA156 型、JWF1053 型除微尘机。FA156 型、JWF1053 型除微尘机技术特征见表 7-1-58,其结构如图 7-1-52 所示。

表 7-1-58　FA156 型、JWF1053 型除微尘机技术特征

机型	FA156	JWF1053
机幅/mm	1600	1600
产量/(kg/h)	600	1250
输入、输出及排尘管直径/mm	300	
喂棉出口压力/Pa	0~400	
出棉吸口压力/Pa	−500	
排尘吸口压力/Pa	−800	
机内风机风量/(m³/h)	4000	2000~4000
装机功率/kW	11.1	7.5
外形尺寸(长×宽×高)/mm	2150×1864×2650	2182×1864×2650

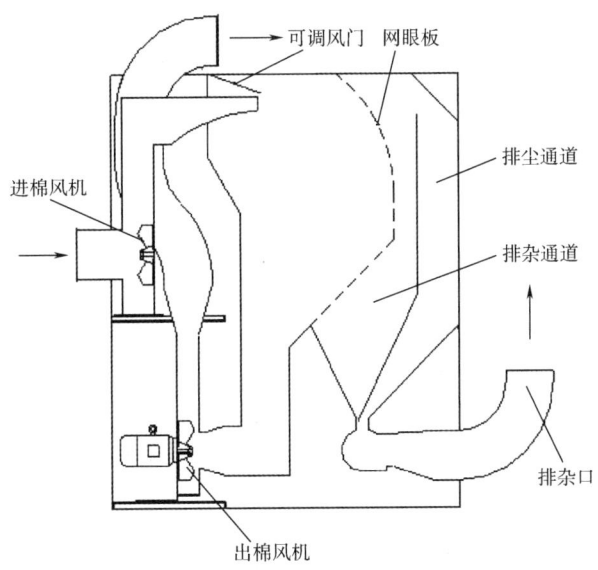

可调风门 网眼板

进棉风机

排尘通道

排杂通道

排杂口

出棉风机

图 7-1-52 FA156 型、JWF1053 型除微尘机结构示意图

（3）SFA201 型除微尘机。SFA201 型除微尘机技术特征见表 7-1-59,其结构如图 7-1-53 所示。

表 7-1-59 SFA201 型除微尘机技术特征

项目	技术特征	项目	技术特征
机幅/mm	1600	排尘风量/(m³/h)	3500
产量/(kg/h)	1500	排尘风压/Pa	−150~−50
输入、输出及排尘管直径/mm	300	装机功率/kW	7
进棉风机风量/(m³/h)	3500~4600	外形尺寸(长×宽×高)/mm	2150×1864×2650
出棉风机风量/(m³/h)	2000~3500	全机净重/kg	3300
过滤网面积/m²	3.6		

2. 异性纤维分拣机

异性纤维(俗称"三丝")主要是指棉花采摘、收购、加工等环节中混入棉纤维中的其他纤维 (如化纤丝、头发丝、麻纤维等)和脏棉纤维。异性纤维分拣机是在开清棉环节有效识别并快速 清除异纤的设备,现代异性纤维分拣机已经发展成为独立的专用设备,在分拣机中设置有专门 的检测通道,一般检测通道是封闭全透明的扁平管道,管道中间前后两面是进口的超白玻璃,保 证 95%以上的透光率,前端设备的原棉从进棉口进入检测通道后,由在检测管道两侧安装的高

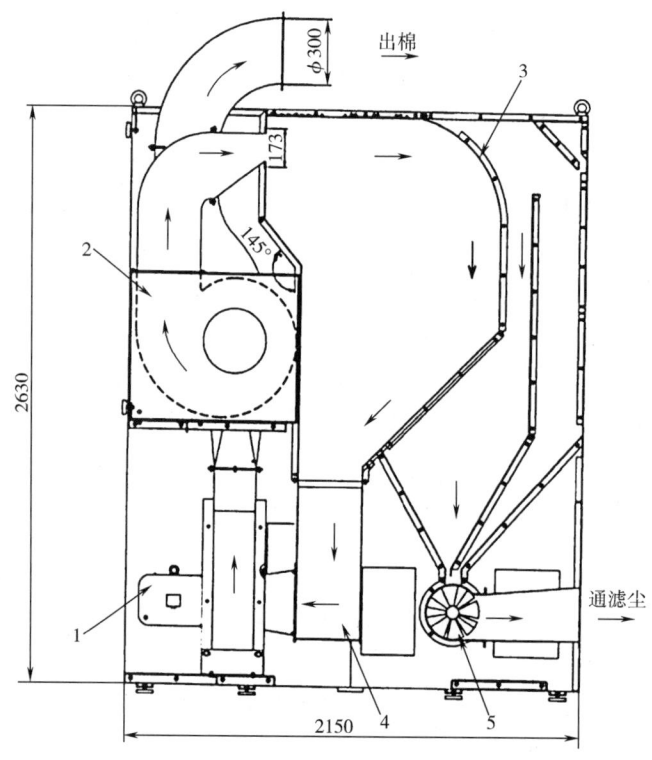

图 7-1-53　SFA201 型除微尘机结构示意图

1—出棉风机　2—进棉风机　3—滤网　4—集棉器　5—集尘槽

速高分辨率线阵相机对棉流表面进行扫描,采集的图像数据被传输到计算机进行分析处理,并将检测到的结果通知下位喷气控制单元,喷气控制单元收到发现异性纤维命令后及时开启电磁阀将其喷出,再由吸棉风机将异性纤维吸入废棉袋。异性纤维分拣机的主要机型有大恒超越 A 系列、M 系列、大简 SL300 以及乌斯特 JOSSI VISION SHIELD 2 系列等。

（1）异性纤维分拣机技术特征。表 7-1-60 为大恒超越 A 系列、M 系列、大简 LS300 系列和乌斯特 JOSSI VISION SHIELD2 系列异性纤维分拣机的技术特征。

表 7-1-60　异性纤维分拣机技术特征

机型	超越 A 系列	超越 M 系列	LS300 系列	乌斯特 JOSSI VISION SHIELD 2 系列
额定功率/kW	3.0	3.0	2.0	1.0
额定电压/V	380	380	380	380
最高产量/(kg/h)	1000	800	800	1200

续表

机型	超越 A 系列	超越 M 系列	LS300 系列	乌斯特 JOSSI VISION SHIELD 2 系列
喷阀数量	24	19	24	24
摄像头	2 组彩色+定制相机	2 组彩色+定制相机	2 组彩色+横波	光谱成像
光源	混合+定制光源	混合+定制光源	13 日光 LED+ 4 紫光 LED	4 荧光+2 背景
适应棉流速度/(m/s)	8~12	8~12	7~15	7~16
压缩空气/(MPa)	0.5~0.6	0.5~0.6	0.5~0.6	0.6
外形尺寸(长×宽×高)/mm	1800×1800×4000	2000×1460×4000	1800×1900×4000	2750×1943×4227
设备重量/kg	1200	1500		600

(2)异性纤维分拣机结构图。图 7-1-54 为大恒超越 A 系列异性纤维分拣机结构示意图，图 7-1-55 为异性纤维分拣机检测箱示意图。

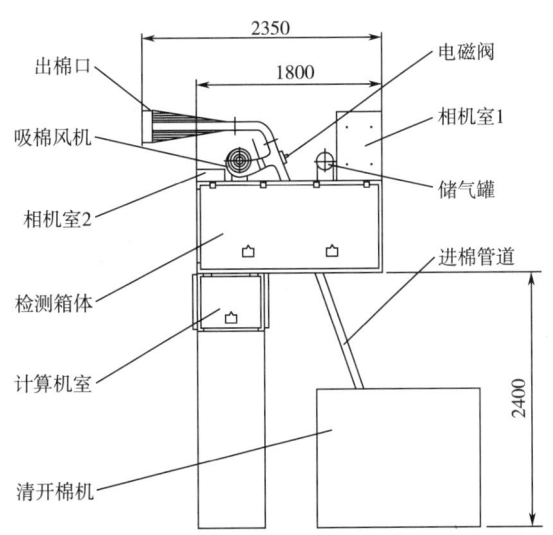

图 7-1-54　大恒超越 A 系列异性纤维分拣机结构示意图

3. 多功能分离设备

多功能分离设备一般以重物分离功能为主,设置于抓棉机和开棉机之间,利用离心力去除气流输送棉流中比纤维束重的杂质。很多的分离设备带有金属探测或火星检测功能,可以同时去除金属杂质和进行火情报警,同时该设备设置有气流平衡部件用于解决清梳联输送过程中因

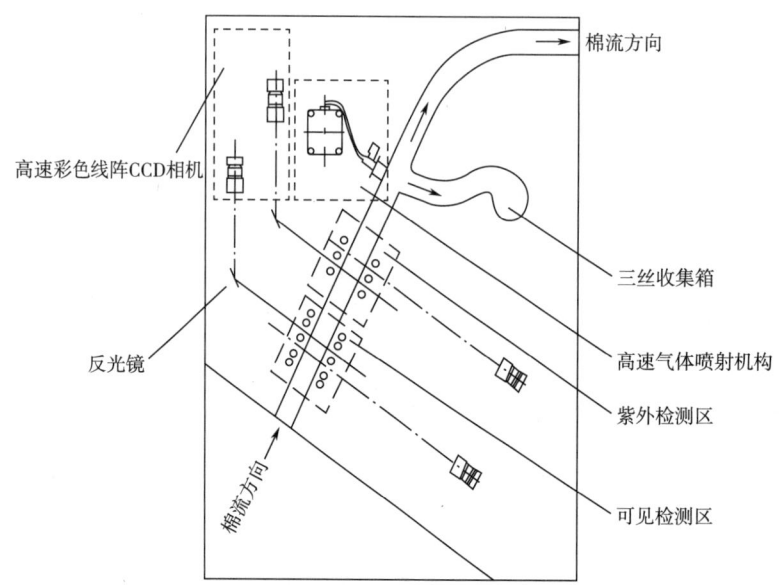

图 7-1-55　异性纤维分拣机检测箱结构示意图

前后风机风量不匹配造成的故障停车,因此也被称为多功能气流塔。主要设备型号包括 JWF0001 型多功能分离器、JWF0007 型重物分离器、FA100/A 型多功能气流塔、TF45 系列重物分离器等。

(1)JWF0001 型多功能分离器。JWF0001 型多功能分离器技术特征见表 7-1-61,其结构如图 7-1-56 所示。

表 7-1-61　JWF0001 型多功能分离器技术特征

项目	技术特征	项目	技术特征
产量/(kg/h)	1500	火星检测	≥0.5mm 火星
机幅/mm	800	重物分离结构	第一组 U 型,第二组水平结构
进棉口直径/mm	350	尘棒结构	第一组板式,第二组三角形
进棉口静压/Pa	100~200	气流平衡组件分离风量/(m³/h)	1000~3000
出棉口直径/mm	350	外形尺寸(长×宽×高)/mm	2776×1538×3535
出棉口静压/Pa	−250~−150	设备重量/kg	1200
金属检测	≥3mm 钢球,≥5mm 铝球		

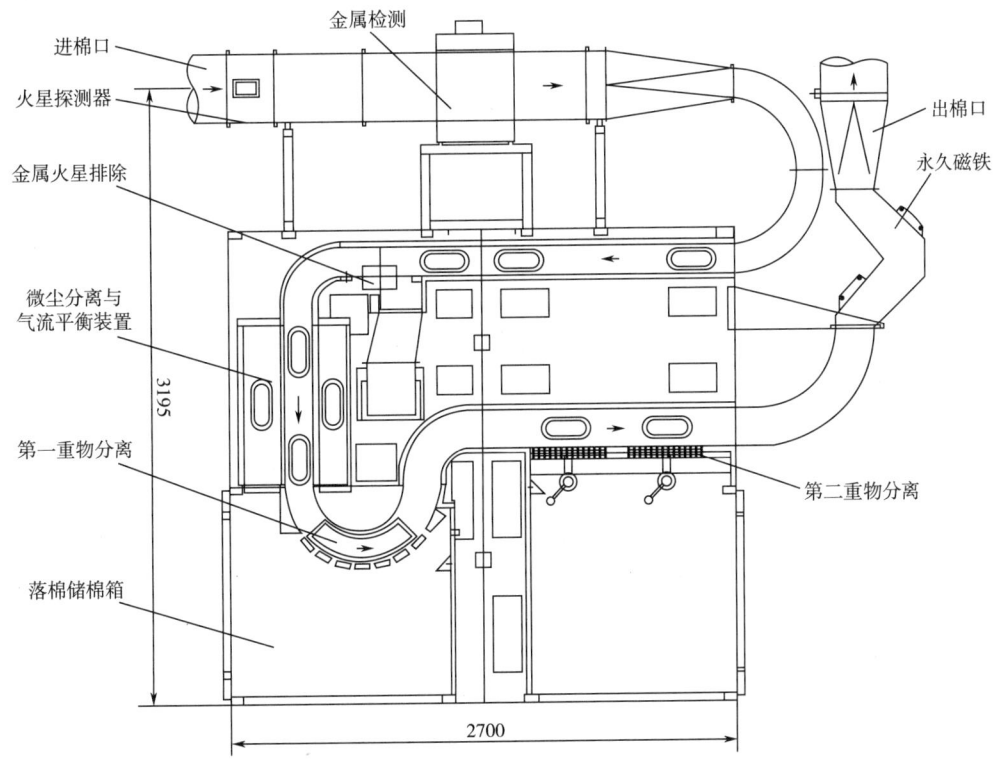

图 7-1-56 JWF0001 型多功能分离器结构示意图

（2）JWF0007 重物分离器。JWF0007 重物分离器技术特征见表 7-1-62,其结构如图 7-1-57 所示。

表 7-1-62 JWF0007 重物分离器技术特征

项目	技术特征	项目	技术特征
产量/(kg/h)	1500	重物分离结构	U 形
机幅/mm	850	尘棒结构	两组三角形
进棉口直径/mm	300	气流平衡组件分离风量/(m³/h)	2500~4000(FT217)
出棉口直径/mm	300	外形尺寸(长×宽×高)/mm	1864×850×2392
出棉口静压/Pa	−300~−150		

（3）FA100/A 型多功能气流塔。FA100/A 型多功能气流塔技术特征见表 7-1-63,其结构示意图如图 7-1-58 所示。

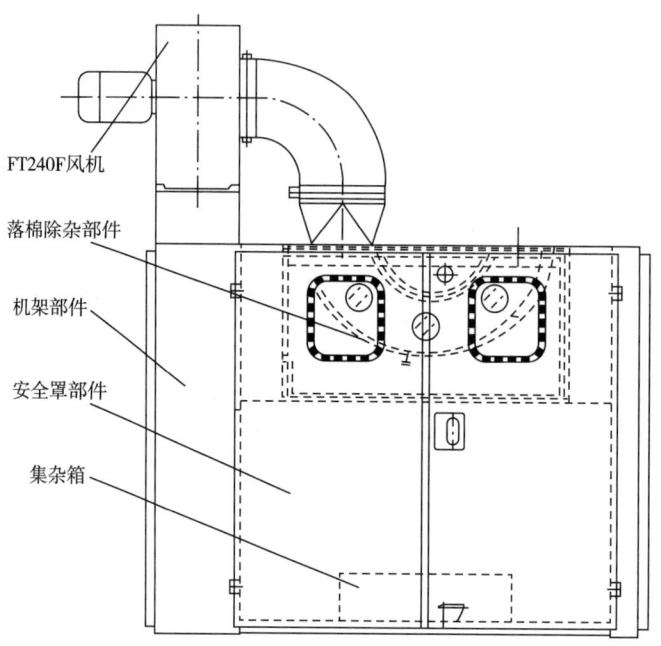

FT240F风机

落棉除杂部件

机架部件

安全罩部件

集杂箱

图 7-1-57　JWF0007 型重物分离器

表 7-1-63　FA100/A 型多功能气流塔技术特征

项目	技术特征	项目	技术特征
产量/(kg/h)	2000	排尘口负压/Pa	-150~-50
机幅/mm	1070	吸落棉风量/(m³/h)	1800
电动机型号	JFA026	吸落棉负压/Pa	-850~-700
风机风量/(m³/h)	3500~4600	外形尺寸(长×宽×高)/mm	2186×1553×3131
排尘风量/(m³/h)	3500		

（4）TF45 系列重物分离器。TF45 系列重物分离器技术特征见表 7-1-64,其结构示意图如图 7-1-59、图 7-1-60 所示。

表 7-1-64　TF45 系列重物分离器技术特征

机型	TF45A	TF45B
产量/(kg/h)	1200	1200
机幅/mm	800	1500
进棉口直径/mm	350	

续表

机型	TF45A	TF45B
进棉口静压/Pa	−400~−200	—
出棉口直径/mm	350	
出棉口静压/Pa	−600~−300	−450~−250
重物分离结构	转向叶片	
气流平衡组件分离风量/(m³/h)	—	1000~3000
滤尘口工作压力/Pa	—	−400~−200
外形尺寸(长×宽×高)/mm	800×1200×3100	3790×2362×4084(含进出口棉口的管道)
设备重量/kg	200	—

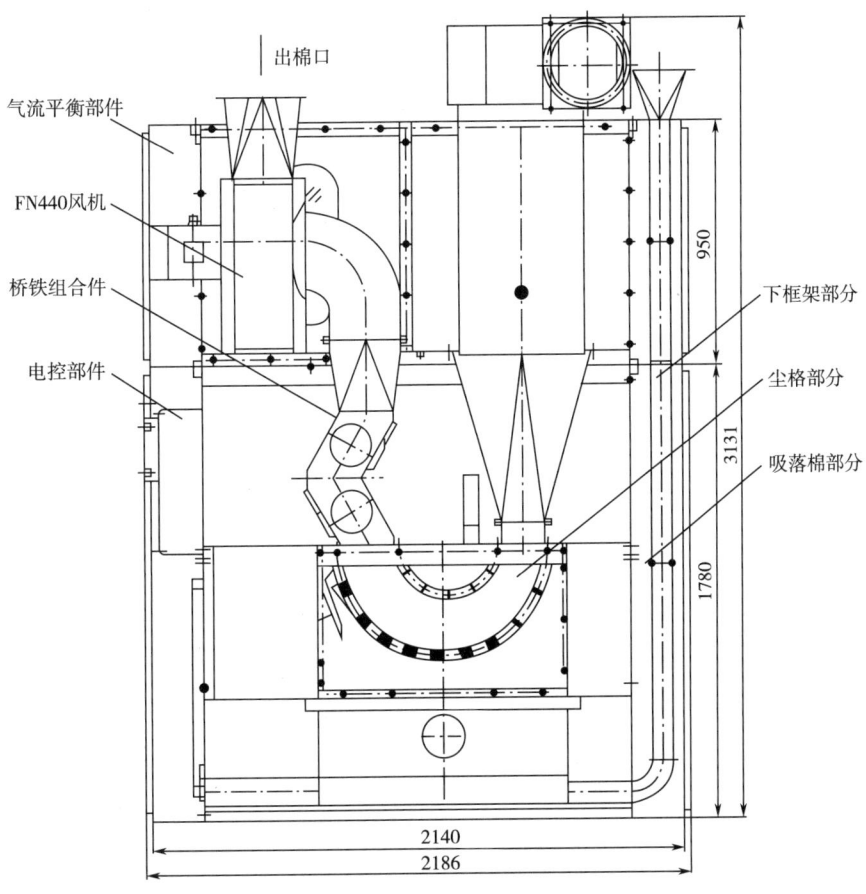

图 7-1-58　FA100/A 多功能气流塔结构示意图

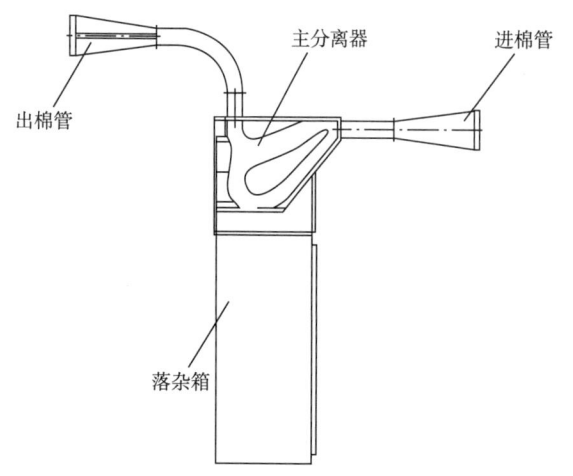

图 7-1-59 TF45A 型重物分离器

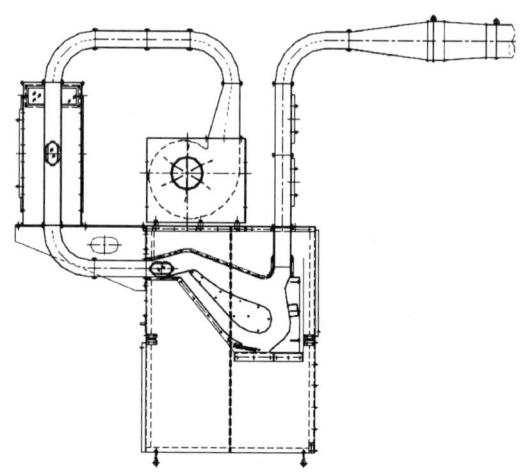

图 7-1-60 TF45B 型重物分离器

4. 金属探除器与火星探除器

(1)金属探除器。金属探除器一般安装于开清棉工序的抓棉机之后的输棉管道中。在连续生产的情况下,探测并排除混于纤维中的金属杂质。表 7-1-65 为 MT904 型金属探除器主要技术特征。

表 7-1-65 MT904 型金属探除器技术特征

项目	技术特征	项目	技术特征
电源	AC 220V±22V,50Hz	适用管道/mm	300
灵敏度/mm	磁铁材料,不小于φ3mm 钢球	环境温度/℃	0~40
功耗/VA	<100	环境湿度(40℃)/%	20~75
输棉管道流速范围/(m/s)	5~25		

(2)火星探除器。火星探除器一般安装在开清棉输棉管道中,采用红外传感器探测火警信号,能有效地检测并排除纺织纤维中含有的火星,用以防护设备免受火灾。表 7-1-66 为 119E/F 型火星探除器主要技术特征。

表 7-1-66 119E/F 型火星探除器主要技术特征

项目	技术特征	项目	技术特征
使用电源	AC 220V±22V	功率消耗/W	静态时<30,报警时<90
适用管道/mm	200~600	环境要求	温度−10~40℃,相对湿度≤80%

项目	技术特征	项目	技术特征
探测灵敏度	ϕ1mm 火星,0.5m 内	输棉管道流速范围/(m/s)	5~25
响应时间/s	<0.2		

（3）火星金属二合一探除器。火星金属二合一探除器是由火星探测器、金属探测器加上一个共同的执行机构组成,直接安装在输棉管道中,能有效地检测和排除纺织纤维中的金属杂质和火星,确保生产安全。表 7-1-67 为 119MT-6000 型火星金属二合一探除器主要技术特征。

表 7-1-67　119MT-6000 型火星金属二合一探除器主要技术特征

项目	技术特征	项目	技术特征
电源	AC　220V±22V,50Hz,60Hz	输棉管道流速范围/(m/s)	5~25
探测灵敏度	火星 ϕ1mm,0.5m 内,视角不小于 150° 金属钢球不小于 ϕ3mm	输棉管直径/mm	300
功率/VA	<100	响应时间	毫秒级

5. 凝棉器

凝棉器用于在开清棉流程中连接各棉箱,实现纤维的输送和纤维气分离,同时具有排除微尘的作用。凝棉器根据分离纤维和气流的方式不同分为尘笼式和无动力式。

（1）尘笼式凝棉器。尘笼式凝棉器是在凝棉器中纤维借风机的抽吸,凝聚在尘笼表面,被打手剥取落入棉箱内,部分尘杂和短绒则进入尘笼内部,被送到滤尘器排除。表 7-1-68 为 ZFA051A 系列凝棉器主要技术特征,图 7-1-61 为凝棉器结构示意图。

表 7-1-68　ZFA051A 系列凝棉器主要技术特征

机型	ZFA051A(5.5)	ZFA051A(7.5)	ZFA051A-120(5.5)	ZFA051A-120(7.5)
机幅/mm	1000		1200	
最高产量/(kg/h)	800		1000	
尘笼直径/mm	490			
尘笼转速/(r/min)	113			
打手直径/mm	300			
打手转速/(r/min)	368			
风机直径/mm	410			

机型	ZFA051A(5.5)	ZFA051A(7.5)	ZFA051A-120(5.5)	ZFA051A-120(7.5)
风机转速/(r/min)	1490,1670,1900,2130,2290			
全机功率/kW	6.25	8.25	6.25	8.25
外形尺寸(长×宽×高)/mm	1440×1400×1025		1440×1600×1025	
全机重量/kg	600		650	

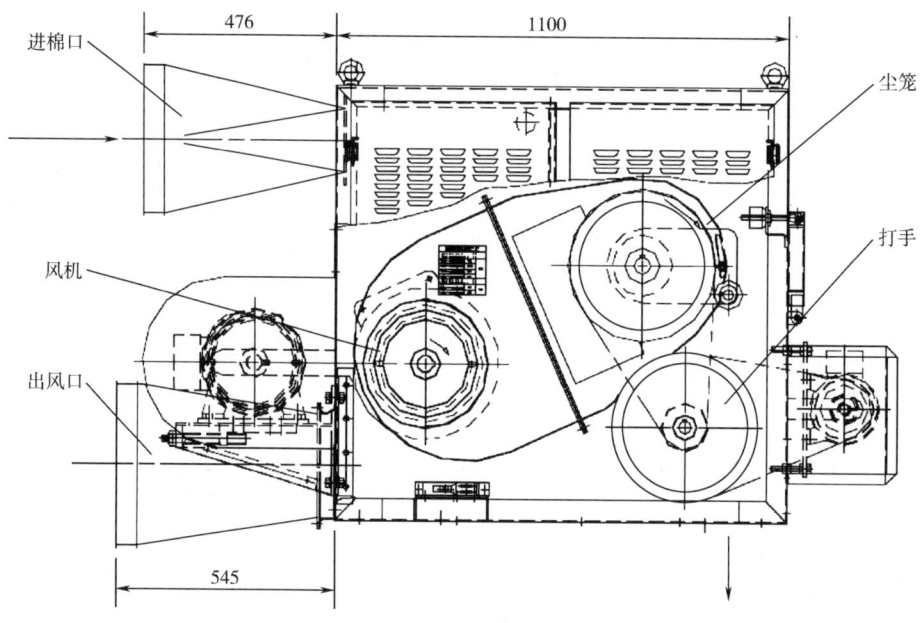

图 7-1-61 ZFA051A 型凝棉器结构示意图

（2）无动力凝棉器。无动力凝棉器中没有尘笼和打手,利用风机将纤维吹入机内,再利用弧形或环形设置的网眼板的隔离作用,实现纤维和气流的分离。无动力凝棉器根据其结构又可分为卧式和立式两种。表 7-1-69 为 FA054 型、JFA030 型、CDX-1200 型凝棉器的技术特征。图 7-1-62 为卧式无动力凝棉器的结构示意图,主要机型有 FA052 型、FA053 型、FA054 型和JFA030 型等。图 7-1-63 为立式无动力凝棉器的结构图,主要机型为 CDX-1200 型。

表 7-1-69 FA054 型、JFA030 型、CDX-1200 型无动力凝棉器的技术特征

机型	FA054	JFA030	CDX-1200
工作幅宽/mm	1000	1060	1140
产量/(kg/h)	800	800	1000

续表

机型	FA054	JFA030	CDX-1200
处理风量/m³	3000~6000	—	4200
功率/kW	—	4(风机)	3.75(风机),0.25(旋转管)

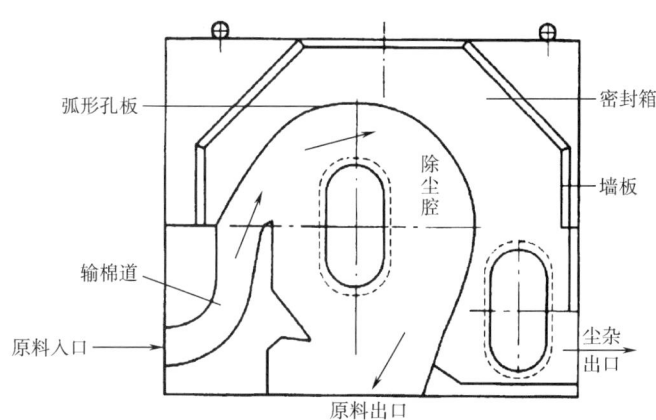

图7-1-62　卧式无动力凝棉器的结构示意图

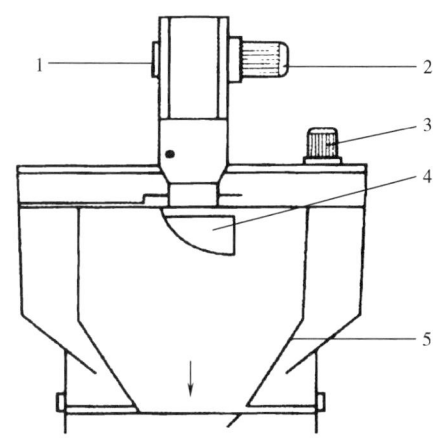

图7-1-63　立式无动力凝棉器的结构示意图

1—原料入口　2—梳棉风机　3—旋转电动机　4—甩棉管　5—过滤网

6. 输棉风机与配棉器

(1)输棉风机。风机在开清流程中利用气流的作用输送纤维到下一台设备,是开清棉设备连接的主要装置。表7-1-70 是 JFA026 型、JFA020A 型、FN440A 型、FT201B 型输棉风机技术特征,表7-1-71 是 JFA026A 型、JFA026D 型、FT240F 型、FT245 型输棉风机技术特征。

表 7-1-70　JFA026 型、JFA020A 型、FN440A 型、FT201B 型输棉风机技术特征

风机型号	JFA026	JFA020A	FA440A	FT201B
风机转速/(r/min)	1445	2875	1455,1606,1791	1500
风量/(m³/h)	4600	3500	3500,3800,4300	4000
风压/Pa	500	1400	500,650,800	750~3000
功率/kW	4	4	3	3.5
外形尺寸(长×宽×高)/mm	850×647×1042	800×598×882	1002×542×1057	884×640×1405

表 7-1-71　JFA026A 型、JFA026D 型、FT240F 型、FT245 型输棉风机技术特征

风机型号	JFA026A	JFA026D	FT240F	FT245
风机转速/(r/min)	1445,1594,1778 1580,1744,1945	2300(变频)	最高 2600	最高 2900
风量/(m³/h)	4600,5100,5700 5100,5600,6200	6800	最大 4100	最大 6150
风压/Pa	500,600,800 600,800,1000	1400	501~2000	625~2500
功率/kW	4,5.5	7.5	4	5.5
外形尺寸(长×宽×高)/mm	1024×575×1127	850×702×1042	—	—

(2)配棉器。用于开清棉流程的输棉管道中,由前方机台发出信号控制配棉器阀门开启或关闭,达到匹配输送的目的。表 7-1-72 为 JFA001A 型气动配棉器技术特征,图 7-1-64 为 JFA001A 气动配棉器结构示意图。

表 7-1-72　JFA001A 型气动配棉器技术特征

机型	JFA001A	机型	JFA001A
工作通径/mm	300	每次动作耗气量/(dm³/h)	约 0.08
处理风量/(m³/h)	2000~6000	进气管规格/mm	φ6×1
工作压力/MPa	0.2~0.6		

(八)开清棉用针布

1. 格拉夫开清棉用针布

表 7-1-73、表 7-1-74 为格拉夫开清棉用针布的规格参数。

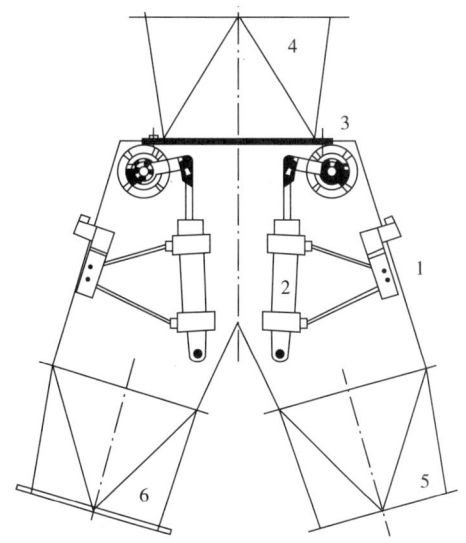

图 7-1-64   JFA001A 型气动配棉器结构示意图

1—气动控制器   2—气动驱动器   3—调节阀门   4—纤维流进口   5,6—纤维流输出口

表 7-1-73   格拉夫标准型开清棉用针布的规格参数

齿型	齿高/mm	基厚/mm	工作角/(°)	密度/(齿/英寸²)	几何结构
A11010FX2.5	10.00	2.50	10	13	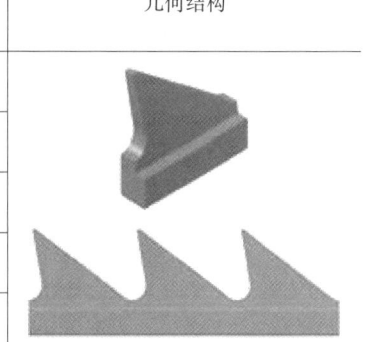
A11000FX2.5	10.00	2.50	0	13	
B21010FX2.5	10.00	2.50	10	26	
B21000FX2.5	10.00	2.50	0	26	
F23500-X3.0	3.50	3.00	0	26	

表 7-1-74   格拉夫自锁型开清棉用针布的规格参数

齿型	齿高/mm	圈数/英寸	工作角/(°)	密度/(齿/英寸²)	几何结构
V.B28515-5A	8.50	5	15	13	
V.A27510-6	7.50	6	10	10	
V.C160201-6	6.00	6	20	20	
V.D-6020-8	6.00	8	20	32	

续表

齿型	齿高/mm	圈数/英寸	工作角/(°)	密度/ (齿/英寸²)	几何结构
V. C-5510F-6	5.50	6	10	18	
V. D-5530-6	5.50	6	30	24	
V. E-5520-6	5.50	6	20	31	
V. E-5530-6	5.50	6	30	30	
V. E-5540-6	5.50	6	40	30	
V. D-5540-10	5.50	10	40	40	
V. B-5015-6	5.00	6	15	12	
V. D255-10-6	5.50	6	-10	28	
V. D255-35-6	5.50	6	-35	28	
V. E-55-10-6	5.50	6	-10	30	
V. E-55-25-6	5.50	6	-25	31	

2. 格罗次开清棉用针布

表 7-1-75 为格罗次开清棉用针布的规格参数。

表 7-1-75　格罗次开清棉用平底针布的规格参数

产品	高度/mm	基厚/mm	齿距/mm	角度/(°)	密度/(齿/英寸²)
ERM	10/10	10.00	2.50	10.00	10
ERM	10/0	10.00	2.50	10.00	0
ERM	20/10	10.00	2.50	18.20	10
ERM	20/0	10.00	2.50	18.20	0
356	10.00	2.20	12.25	-10	24
B662	5.90	1.05	26.00	25	24
B455	4.00	1.40	10.20	35	45

表 7-1-76 为格罗次开清棉用自锁针布的规格参数,图 7-1-65 和图 7-1-66 为格罗次开清棉用自锁针布齿形图。

表 7-1-76　格罗次开清棉用自锁针布的规格参数

产品	高度/mm	基厚/mm	齿距/mm	角度/(°)	密度/(齿/英寸²)
V5/9,90/75	8.50	5.08	9.90	15	13
V5/9,90/70	8.50	5.08	9.90	20	13
VA06/F100	5.50	4.23	8.10	-6	19
V6/TR10	(RH)	5.50	4.23	8.50	10
V6/TR15	(LH)	5.50	4.23	8.50	-0
V6/TR11	5.50	4.23	5.40	15	28
V6/TR35	5.50	4.23	5.00	20	31
VA06/8,50/70	5.50	4.23	8.50	20	18
V6/TR2	(RH)	5.50	4.23	5.00	20
V6/TR3	(LH)	5.50	4.23	5.00	20
V6/TR50	5.50	4.23	5.00	20	31
VA06/6,50/70	5.50	4.23	6.50	20	23
V6/TR8	5.50	4.23	6.50	30	23
V6/TR6	5.50	4.23	5.50	-36	28
V6/NT1A	6.00	4.23	15.00	10	10
V6/NT2A	6.00	4.23	7.80	20	19
V6/TR13	(RH)	7.50	4.23	15.00	10
V6/TR14	(LH)	7.50	4.23	15.00	10
V6/CR1	7.50	4.23	7.50	10	20
V6/TR4	7.50	4.23	10.00	20	15
V8/TR7	5.00	3.17	14.50	20	14
VA08/6,50/70	5.50	3.17	6.50	20	31
V8/NT3A	6.00	3.17	6.50	20	31
VA10/5,50/50	4.70	2.54	5.30	40	48
V10/9020	4.20	2.54	13.60	0	20

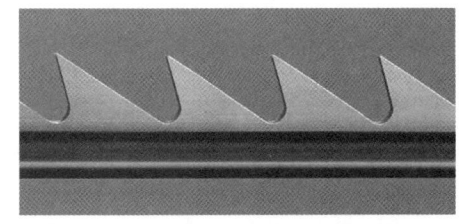

图 7-1-65　格罗次开清棉用自锁针布齿形图
（V8/NT3A）

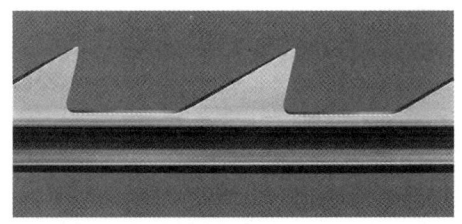

图 7-1-66　格罗次开清棉用自锁针布齿形图
（V6/TR13）

二、开清棉工艺

开清棉是纺纱的第一道工序,其作用是对原料进行初期的开松、除杂、混合和均匀输出。开清棉工序在整个纺纱过程中具有产量高、机器种类多、流程长而多样等特点,因此开清棉工序的流程组合一般与生产的产品和使用的原料有密切的关系。随着纺纱设备高效、连续化得发展,开清棉工序与梳棉工序连接而成的清梳联已经成为棉纺纱加工的主流形式,而传统的成卷流程主要适用于小批量、多组分、功能性及特殊纤维的加工。

(一)开清棉工艺原则

所谓工艺原则是指在开清棉流程配置和各机台参数设置时,整体把握指导方向。现代开清棉流程的工艺原则是"多包取用、精细抓棉、渐进开松、自由打击、早落少碎、均匀混合、以梳代打、少伤纤维"。

由于现代开清棉设备具有高产高效的特点,一般在加工纯棉、纯化纤及棉与化学纤维混纺产品时,开清棉流程采用"一抓、一开、一混、一清"的短流程配置方式,而一些较小批量、混合成分多而复杂的低产品种,一般可采用传统的长流程配置。

开清棉流程在工艺参数选择上采用不同原料不同处理的原则,一般依据纤维种类、含杂特点进行处理,特别是杂质类型不同时,应考虑清梳分工。

1. 原棉的工艺原则和处理措施(表 7-1-77)

表 7-1-77　不同原棉的工艺原则和处理措施

原棉种类	品质特性和工艺原则	处理措施
一般细绒棉,多为新疆手摘棉	原棉成熟度正常,线密度适中,单纤维强力高,轧工质量好,回潮率适中。含杂较少,有害疵点少。	1. 多包细抓:尽量增加往复式抓棉机的排包数,科学设计配棉各组分的排列位置,尽可能缩小一个配棉单元的长度,准确执行排包图方案。在满足产品产量的前提下,抓棉机刀片伸出肋条长度要小,打手转速要慢(往复式抓棉机打手速度为 900~1000r/min),以减少纤维损伤。打手

原棉种类	品质特性和工艺原则	处理措施
	开清棉工艺一般采用多包排列，勤抓细抓，早落少碎，充分混合，以梳代打，结构均匀，要充分发挥开松除杂作用，减少纤维损伤	每次间隙下降量要小，提高抓棉小车的运转效率，以达到多包抓棉、勤抓、细抓，提高混棉质量 2. 早落少碎：现代开清棉多配置"一抓、一开、一混、一清"的流程组合，加上成卷机开清点数量为3个，若使用双轴流开棉机，第二打手转速（424r/min）略高于第一打手（412r/min），原棉经反复翻滚和自由打击，杂质从可调节尘棒排出，除杂效率为15%~20%。单轴流开棉机，在原棉含杂2%的情况下单机除杂效率可达30%~35%，而切向喂入型除杂效率较轴向喂入型高。如采用六滚筒开棉机和豪猪式开棉机，则分别为自由打击和握持打击，除打手速度、打手与尘棒隔距以及尘棒与尘棒间隔距大小对原棉的开松除杂有密切关系外，补风量大小和补风位置也有相当关系。如六滚筒开棉机，当加工原棉含杂少，欲使车肚少落，可在车肚两侧补风，反之，可在出棉管两侧补风；而开棉机也可用同样方法，调整对原棉的开松与落棉的多少。豪猪打手速度在500r/min左右，若用第二豪猪打手，速度控制在400r/min左右。豪猪打手至给棉罗拉隔距不宜太小，一般为6~8mm（可改为自由打击）；A035型混开棉机小豪猪打手速度在700r/min左右，喷口大小及除尘刀调节范围对落棉量与落棉含杂率有关 3. 充分混合：利用棉流在各仓同时喂入、不同时输出的"路程差混合"以及采用不同时喂入、同时输出的"时差混合"的多仓混棉机都能获得较好的混合效果 4. 以梳代打：采用1~4只刺辊对原棉进行梳理，以代替原有的刀片和梳针对原棉的作用。FA109型三辊筒清棉机的三只辊筒依次为粗针、粗锯齿、细锯齿，能有效对原棉开松，并装有分梳板、除尘刀以及落棉调节板，可调节落棉区的大小，控制落棉量和落棉含杂率。辊筒速度不宜过高，第三锯齿辊筒速度为1125r/min（出厂速度为2261r/min），以免损伤纤维，还可以采用FA116型三滚筒主除杂机、FA111型清棉机。FA141型单打手成卷采用综合打手，先打后梳，作用柔和，打手速度不宜太高（880~900r/min），打手至天平罗拉隔距8~9mm
长绒棉	包括35mm以上特长绒棉、32~35mm的中长绒棉，纤维长度长、细度细、单强高、回潮、含杂率低，有害疵点少，大都为皮辊棉，轧工质量较好。开清棉工艺采用多松早落，少打多梳，减少返花翻滚的工艺	1. 多松早落：往复式抓棉机打手速度要慢，在产量允许条件下，打手速度在1000r/min左右，少伤纤维。棉箱机械中角钉帘速度适中，加强角钉与角钉对棉层的扯松作用，剥棉打手与尘棒之间隔距适当放大（调节范围进口为10~15mm，出口为12~20m），以减少束丝，并要做到多松早落，减少返花 2. 少打多梳：一般使用2个开清点，多用自由打击，少用握持打击，多用梳针，少用刀片打手。一般使用双轴流或多滚筒开棉机，同时速度要适当减慢，豪猪打手改用梳针辊筒，速度为450~550r/min。清棉机改用

原棉种类	品质特性和工艺原则	处理措施
		梳针打手或综合打手,速度为750~900r/min。适当放大打手与给棉罗拉之间的隔距,综合打手与天平罗拉之间一般隔距可达9~11mm,以减少纤维损伤和棉结产生 3. 减少束丝:减少原棉翻滚,放宽原棉输送通道,不致产生扭结纤维,如放大手与尘棒之间隔距,提高前方风机速度,以减少棉块在打手与尘棒之间的打击,同时调节尘棒安装角以减小尘棒之间隔距,并适当增加车肚风门补风,增加回收,以减少可纺纤维损失。在有条件的情况下,增大尘棒的除尘角 4. 输棉通道光洁、减少毛刺:棉流通道、角钉、梳针、锯齿、打手刀片、分梳板、尘棒、尘笼、罗拉等要光洁,不得有毛刺
低级棉	低级棉成熟度差,轧工不良,单强低,未成熟纤维含量高,回潮率高,有害疵点多,短绒率高。开清棉工艺一般采用多松少打,薄喂轻打,多落杂,少返少滚的工艺	1. 多松、早落、多落:充分利用棉箱机械角钉打手的开松除杂作用;各开清点的尘棒隔距可比正常原棉放大1~3mm;落杂区采取少补风或不补风的措施,减少细小杂质回收,增加落杂 2. 少打轻打:一般用1~2个开清点,同时减慢主要打手速度,豪猪打手为400~450r/min,梳针打手、综合打手为700~800r/min,多采用自由打击,减少握持打击。尘棒清除角适当加大,安装角适当减小,同时放大打手与尘棒间的隔距 3. 薄喂:适当减慢清棉机棉卷罗拉速度,减轻筵棉定量(比正常筵棉减轻10%左右),同时加快各给棉罗拉速度,如豪猪打手给棉罗拉速度可提高到80r/min左右 4. 少返少滚:在保证定量供应的前提下,储棉箱储棉量减少到1/2左右,提高棉箱机械运转率,加强剥棉效果,做到少返花、少翻滚,减少束丝、棉结
低含杂锯齿棉	多数为巴西棉、澳棉、美棉及拉丁美洲棉,锯齿轧工,机器采摘,又经多道清棉处理,含杂低,纤维棉结少但细小杂质、带纤维籽屑、束丝较多。开清棉工艺应以减少棉结增长、纤维损伤、落棉、束丝和带纤维籽屑为主	1. 多松早落:利用棉箱机械的特点,调整角钉帘之间撕扯速比,提高棉箱机械的扯松作用。同时增加剥棉打手下落杂区,加强除杂能力。可采用双轴流开棉机、豪猪式开棉机、多滚筒开棉机等,对原棉开松除杂效果更好。但要防止棉块翻滚过多,增加棉结 2. 薄喂细打:减少喂棉量,同时减慢主要打手速度,以免损伤纤维。适当减轻筵棉和棉卷定量,以使筵棉受到充分松解 3. 多落少回收:主要打手的尘棒隔距适当减小,控制车肚进风,落杂区少补风,减少细小带纤维杂质回收,增加落杂
高含杂锯齿棉	机器采摘,多为新疆机采棉,含杂率高、短绒高、纤维棉结多、带纤维籽屑多。开清棉工艺以增加落棉、排出短绒为主	1. 多松早落:措施同低含杂锯齿棉。为了多松早落大杂质,可采用单轴流开棉机或六滚筒开棉机、豪猪式开棉机、混开棉机 2. 薄喂细打:经过2~3个开清点,打手速度适中,加快各开清点的给棉罗拉转速,采用薄喂细打和自由打击,达到提高除杂效率、减少纤维损伤的目的 3. 多落:适当放大落杂区尘棒隔距,主要打手与尘棒间隔距放大,增加落杂

续表

原棉种类	品质特性和工艺原则	处理措施
皮辊棉	皮辊轧工,棉籽、籽棉等大杂较多,含杂率偏高,对纤维损伤低于锯齿加工,短绒率略低。开清棉工艺以排杂为主	1. 多松早落:采用单轴流开棉机或混开棉机、六辊筒开棉机和豪猪式开棉机,配置适当速度,增加开松除杂效能 2. 以梳代打:多用自由打击,少用握持打击,以梳代打,一般可经 2 个开清点,适当缩小打手与尘棒之间的隔距,放大落杂区尘棒间的隔距,充分发挥开清点的除杂效能 3. 排除短绒:在不影响打手除杂的前提下,适当加大凝棉器风量,增加排除短绒或采用除尘机 4. 成熟差的皮辊棉:当加工成熟差、含杂率又高的皮辊棉时,可在多松早落、薄喂少打的基础上,利用气流除杂,减少纤维损伤

2. 化学纤维的工艺原则和处理措施(表 7-1-78)

表 7-1-78　不同化学纤维的特征、工艺原则和处理措施

纤维种类	纤维特征	开清棉工艺和措施
LYOCELL 纤维系列	包括 TENCEL、天丝、希赛尔、瑛赛尔等溶剂法生产的环保型再生纤维素纤维。纤维干、湿强度优于传统黏胶纤维,回潮率高于棉纤维,纤维表面光滑、有原纤维化特征、松散、抱合力差	1. 以"勤抓少打、柔和开松、保持湿度"为原则 2. 纤维加工过程中湿度低会产生脆断,而增加短绒,应保持较高回潮率,一般回潮率不应低于 10%,否则应加湿处理 3. 为避免成卷过程中的缠绕、黏附,应采用轻定量、短棉卷长度,并采用必要的防缠措施 4. 抓棉、清棉等设备打手应根据所选原料不同采用偏低转速,一般比加工棉纤维降低 30% 左右;采用封闭式尘格或尽量收小尘棒隔距,放大安装角
铜氨纤维系列	铜氨纤维属于再生纤维素纤维。纤维干强与黏胶纤维相似,湿强远高于黏胶纤维,有较高的耐磨性和耐疲劳性,回潮率为 11%~13%,放湿效率高,比电阻低,有较好的抗静电性,纤维光洁柔软	清梳棉采用"多松少打,多梳少落"原则。减少尘棒间隔距,增大打手与尘棒间隔距,以减少纤维损伤,降低各打手速度;为防止粘卷,调节好车间温湿度,适当提高风扇速度,以提高棉卷均匀度
超仿棉类纤维	超仿棉纤维"逸棉"属于聚酯改性纤维。主要包括三大系列产品,即易染色纤维"仪纶"、高回潮纤维"斯棉"和亲水细旦纤维"凯泰"。超仿棉纤维基本性能保持了聚酯纤维的特性,但初始模量降低,柔软度增加,回潮率明显增加,最大可达到 3.0%,使强度有所下降,部分产品采用异形或中空截面结构,使导湿性、蓬松性提高。因此超仿棉纤维的开清棉加工应严格结合纤维性能,采取相应工艺措施	以"多梳少打,柔性梳理"为原则,适度降低开棉打手转速,减少纤维损伤,加强混合,抓棉打手要勤抓、少抓,防止打手缠绕。减少原料不必要的翻滚,少用凝棉器。虽然回潮率有所提高,但静电现象仍较明显,由于改性需要,纤维表面结构复杂,抱合力仍较棉纤维差,应做好纺前预处理,调整纤维油剂等提高其可纺性

纤维种类	纤维特征	开清棉工艺和措施
聚乳酸类纤维	聚乳酸纤维(PLA)常被称为"玉米纤维",是一种可完全生物降解的合成纤维。可纺性介于涤纶和锦纶之间。纤维变形能力强,柔软、顺滑,弹性回复性好,但回潮率较低,易缠绕和形成棉结,纤维短,抱合力较差,加工中应注意对纤维长度的保护	开清棉工序宜采用"短流程、多松少打,多梳少落、低速度、大隔距、微束抓取"的工艺原则,采用角钉滚筒或三翼梳针打手进行开松,以减少纤维损伤和打手返花,适当减少打手打击次数和打击速度,减小尘棒隔距,并适当减小纤维成卷定量

(二)开清棉工艺配置

1. 典型开清棉工艺流程

(1)纯棉。

流程一:

FA009 型往复式抓棉机→FT245F 型输棉风机→AMP-2000 型火星金属探除器→FT213 型三通摇板阀→FT215B 型微尘分流器→FT214A 型桥式磁铁→FA125 型重物分离器→FT204F 型输棉风机→FA105A1 型单轴流开棉机→FT222F 型输棉风机→FA029 型多仓混棉机→FT224 型弧型磁铁→FT204F 型输棉风机→FA179-165 型喂棉箱→FA116-165 型主除杂机→FT221B 型两路配棉器→(FT201B 型输棉风机+FA179C 型喂棉箱+FA1141 型成卷机)×2

流程二:

FA002 型圆盘式抓棉机×2→FA121 型除金属杂质装置→FA016A 型自动混棉机→A045B-5.5 型凝棉器→FT103 型双轴流开棉机→FA022-8 型多仓混棉机+TF 吸铁装置→FA106 型豪猪式开棉机→A045B-5.5 型凝棉器→FA106B 型锯片打手开棉机+ A045B 型凝棉器→FA133 型气动两路配棉器→(FA046A 型振动棉箱给棉机+ A045B 型凝棉器)×2→FA141A 型成卷机×2

(2)化学纤维。

流程一:

FA1001 型圆盘式抓棉机→FT245F 型输棉风机→AMP-2000 型火星金属探除器→FT213 型三通摇板阀→FT215B 型微尘分流器→FT214A 型桥式磁铁→FA125 型重物分离器→FT204F 型输棉风机→FA105A1 型单轴流开棉机→FT245F 型输棉风机→FA1113 型多仓混棉机→FT214A 型桥式磁铁→FT201B 型输棉风机→FA055 型立式纤维分离器→FA1112 型精开棉机→FT221B 型两路配棉器→(FT201B 型输棉风机+ FA055 型立式纤维分离器+FA1131 型振动式给棉机+FA1141 型成卷机)×2

流程二：

FA002 型圆盘式抓棉机×2→FA121 型除金属杂质装置→FA016A 型自动混棉机→A045B-5.5 型凝棉器→FT103 型双轴流开棉机→FA022-8 型多仓混棉机+TF 吸铁装置→FA106 型豪猪式开棉机→A045B-5.5 型凝棉器→FA106B 型锯片打手开棉机+A045B 型凝棉器→FA133 型气动两路配棉器→(FA046A 型振动棉箱给棉机+A045B 型凝棉器)×2→FA141A 型成卷机×2

2. 开清棉流程中的主要工艺参数

(1)棉卷定量(表 7-1-79)。

表 7-1-79 不同线密度细纱的成卷线密度和定量范围

细纱线密度/tex	成卷线密度/tex	成卷定量/(g/m)
9.7~11	$(350\sim400)\times10^3$	350~400
12~20	$(360\sim420)\times10^3$	360~420
21~31	$(380\sim470)\times10^3$	380~470
32 以上	$(430\sim480)\times10^3$	430~480

棉卷线密度选定后,成卷长度参照整只棉卷的总重考虑选定,一般棉卷的总重控制在 16~20kg。

(2)抓棉机工艺。抓棉机工艺包括开松工艺和混合工艺。抓棉机在开松工艺要求抓取的纤维块尽量小而均匀,做到精细抓棉,为后续开松、除杂以及均匀混合奠定基础;而混合工艺要求抓取成分正确,混合单元尽可能小。抓棉机开松工艺原则参考表 7-1-80,混合工艺原则与措施见表 7-1-81。

表 7-1-80 抓棉机开松工艺

工艺参数	工艺原则	选择依据	参考范围
打手刀片伸出肋条的距离/mm	小距离(可取负值)	打手刀片伸出肋条的距离大小决定刀片刺入棉层的深度,影响抓取棉块的体积大小和抓取阻力。有正刀工艺和负刀工艺之分。正刀工艺时,刀片伸出肋条,可直接抓取纤维,伸出越多,抓取越多,可保证抓取量和抓取均匀;负刀工艺时,刀片不能直接伸出肋条抓取纤维,利用吸风和纤维的蓬松性进入打手室才能被刀片抓取,抓取量和均匀度不易保证,一般适合蓬松程度较高的纤维	1~6

工艺参数	工艺原则	选择依据	参考范围
打手间歇下降的动程/mm	小动程	此动程大小决定了抓取棉块数量,对打手抓取阻力和纤维损伤有较大关联,也对抓棉机产量有较大影响。一般打手间歇下降动程应与打手伸出肋条的长度相配合,以适应抓取棉块的重量和抓棉机产量的要求	圆盘式抓棉机:3~6 往复式抓棉机:8~16
打手转速/(r/min)	高转速	打手的转速决定单位时间内对棉层的打击次数,影响到对棉层的开松和抓取棉块的体积大小,速度快,作用次数多,抓取棉块减小。一般转速大小应与纤维强伸性、棉层密度及刀片伸出长度相适应,做到勤抓、少抓和少损伤纤维	圆盘式抓棉机:700~900 往复式抓棉机:950~1200
抓棉小车的运行速度/(m/min)	低速度	抓棉小车运行速度决定了单位时间抓取棉层的面积。影响抓棉机的产量和抓取棉块的体积大小。一般运行速度应兼顾产量和开松效果	圆盘式抓棉机:20~25 往复式抓棉机:10~18

表 7-1-81　抓棉机混合工艺原则与措施

影响混合作用的因素	工艺原则	技术措施
排包图的编制	横向分散,纵向错开	1. 细致设计排包图,错开相同组分,缩短完全组分的长度 2. 提高上包质量,保证棉包高低一致、松紧一致,削高嵌缝,平面看齐
抓棉小车运转率的控制	少抓、勤抓、抓细、抓全、尽量少停车	

注　抓棉机运转率=$\dfrac{测定时间内抓棉小车运转时间}{测定时间内成卷机运行的时间}×100\%$。

　　(3)混棉机工艺。多仓混棉机有两种类型。一种是时差混合型,以 JWF1024 型为代表;一种是程差混合型,以 JWF1029 型为代表。前者以混合为主,辅助一定的开松作用,后者由于附带有小混棉室,配有均棉罗拉、剥棉打手、尘格等,除混合外,还有一定的开松、均匀和除杂作用,因此多仓混棉机的工艺包括混合工艺、开松工艺和除杂工艺,以混合工艺为主。多仓混棉机的混合作用是采用大容量的储棉箱使纤维在较大范围内(即较长片段上)实现现互混合,从而能实现大范围内的成分正确和稳定,不仅有利于不同成分间的混合,同时对生产过程的长期稳定也有较大作用。因此多仓混棉机的混合工艺原则上是尽可能实现最大的时差或程差,以达到最大的稳定混合效果。表 7-1-82 是多仓混棉机的混合工艺,表 7-1-83 是多仓混棉机的开松工艺。

表 7-1-82 多仓混棉机的混合工艺

工艺参数	工艺原则	选择依据	参考范围
换仓压力/Pa	高压力	在棉箱尺寸确定的情况下,换仓压力决定棉箱容量的大小,影响混合纤维的片段长度	196~230
光电管位置	低位置	光电管位置决定换仓的时间,换仓时间晚,可延长时差,但需与产量相适应,避免出现空仓	光电管的最低位置可按下式计算: $$H_m = H\left[1-\left(1-\frac{P_0}{nP}\right)^{n-1}\right]$$ 式中:H_m——光电管的最低安装高度; H——棉仓高度; P——上道机器的产量; P_0——本机产量; n——棉仓个数

注 程差混合型混棉机(JWF1029 型等)无可调混合工艺参数。

表 7-1-83 多仓混棉机的开松工艺

工艺参数	工艺原则	选择依据	参考范围
开棉打手转速/(r/min)	高转速	打手转速高,打击作用强,作用次为数多,开松效果好	260,330
给棉罗拉转速/(r/min)	低转速	给棉量少,则参与开松纤维数量少,开松作用强	0.1,0.2,0.3
输棉风机转速/(r/min)	适当	保证纤维输送顺畅	1200,1400,1700
角钉帘速度/(m/min)	低速度	速度慢,传送给打手的纤维数量少,开松作用强	13.3~129.5
均棉罗拉速度/(r/min)	高速度	转速高,回击作用强,作用次数多,通过棉纤维量少,开松效果好	582,726,882
剥棉罗拉转速/(r/min)	高速度	转速高,打击作用强,作用次数多,开松效果好	412,542,686
剥棉罗拉与角钉帘隔距/mm	小隔距	隔距小打手刀片深入棉层多,打击剧烈	0~10
均棉罗拉与角钉帘隔距/mm	小隔距	隔距小,纤维通过空间小,打手打击剧烈,通过纤维量减少,平均棉均小,开松效果好。应于角钉帘速度相适应,以满足产量要求	-5~35

注 开机打手转速、给棉罗拉转速和输棉风机转速三个参数适用于时差混合型多仓混棉机(JWF1024 型等),角钉帘速度、均棉罗拉速度、剥棉罗拉与角钉帘隔距、均棉罗拉与角钉帘隔距适用于程差混合型多仓混棉机(JWF1029 等)。

（4）开棉机工艺。开棉机包括自由打击式开棉机和握持打击式开棉机。自由打击式开棉机以单轴流式开棉机和双轴流式开棉机为主，握持打击式开棉机则以精开棉机为主。开棉机的作用是开松和除杂，完成开清棉加工的核心任务。表 7-1-84 为单轴流式开棉机的开松除杂工艺，表 7-1-85 为双轴流式开棉机的开松除杂工艺，表 7-1-86 为精开棉机的开松除杂工艺。

表 7-1-84　单轴流式开棉机开松除杂工艺

工艺参数	工艺原则	选择依据	参考范围
打手转速/（r/min）	高速度	打手速度高，打击力度大，对纤维冲击力大，开松除杂作用强	420～680
尘棒安装角/（°）	大角度	尘棒安装角大，可减少尘棒与打手之间的隔距，增大尘棒与尘棒间的隔距，提高开松作用强度和增加落棉量	3～30，对应隔距 6～10mm
进棉口和出棉口压力/Pa	合理	进棉口静压过大，会使入口处尘棒间落白花，棉流出口静压低，易使落棉箱落棉重新回收，出入口处压差过大使棉流流速过快，在机内停留时间缩短，会降低开松作用	入口：50～150 出口：-200～-50

表 7-1-85　双轴流开棉机开松除杂工艺

工艺参数	工艺原则	选择依据	参考范围
打手转速/（r/min）	高速度	打手速度高，打击力度大，对纤维冲击力大，开松除杂作用强	650
打手与尘棒间隔距/mm	小隔距	较小隔距可增强打手对纤维的冲击力度，从而增加开松除杂作用	15～23
尘棒与尘棒间隔距/mm	大隔距	较大隔距可增加落棉量	5～8
进棉口和出棉口压力/Pa	合理	进棉口静压过大，会使入口处尘棒间落白花，棉流出口静压低，易使落棉箱落棉重新回收，出入口处压差过大使棉流流速过快，在机内停留时间缩短，会降低开松作用	入口：50～150 出口：-200～-50

表 7-1-86　精开棉机开松除杂工艺

工艺参数	工艺原则	选择依据	参考范围
打手转速/(r/min)	高速度	打手速度高低影响打手对棉层的打击强度,速度高则开松除杂作用强,落棉率高,速度过高则使杂质易破碎,纤维易损伤,应根据纤维性质和杂质特征,平衡开松除杂和保护纤维	梳针打手: 棉 500~650 棉型化纤 550~750 中长化纤 450~550 锯齿打手: 应较梳针打手低一档选用
打手与尘棒间隔距/mm	小隔距	隔距小,棉束受尘棒撕扯作用强,在打手室内停留时间长,受打手与尘棒的作用次数多,开松作用强,落棉增加,一般随着开松的进行,纤维体积蓬松增大,此隔距也应随之增大	进口:10~14 出口:14.5~18.5
尘棒与尘棒间隔距/mm	大隔距	较大隔距可增加落棉量,应根据原料含杂高低和加工要求决定,一般入口大出口小	进口:11~15 中间:6~10 出口:4~7
给棉罗拉转速/(r/min)	低转速	给棉罗拉转速决定设备产量,同时决定进入打手室的纤维量。因此较低转速使进入打手室的纤维量减少,从而增加开松除杂效果,但产量会降低	14~70
打手与给棉罗拉隔距/mm	根据纤维长度与棉层厚度决定	较小的隔距,锯齿或梳针进入棉层深,开松作用强,但较长纤维易损伤或者击落后易扭结,该参数的确定应优先考虑纤维长度	棉及 38mm 以下棉型化纤:6~7 38~51mm 化纤:8~9 51~76mm 化纤:10~11

　　(5)清棉机工艺。清棉机在结构上是一种握持打击式开棉机,与一般精开棉机不同之处在于,其打手配备的是较细密的梳针或锯齿,可以对纤维进行更细致的梳理,而除杂系统则采用预分梳板、除尘刀和吸杂口的组合形式,能够排除更加细小的杂质、疵点和微尘。清棉机一般配置在开清棉工序的末端,后方直接连接梳棉机形成清梳联系统,也可以针对不同类别纤维的加工需要而配置在成卷机之前,可灵活处理不同性能和要求的原料。清棉机的开松除杂工艺见表 7-1-87,图 7-1-67 所示为 JWF1116 型打手周围主要部件工艺隔距,图 7-1-68、图 7-1-69所示为 JWF1024C/D 型清棉机打手周围主要部件工艺隔距图 7-1-70 所示为 JWF1125 型清棉机打手周围主要部件工艺隔距。

表 7-1-87　清棉机的开松除杂工艺

工艺参数	工艺原则	选择依据	参考范围
打手转速/(r/min)	高速度	打手速度高低影响打手对棉层的打击强度,速度高则开松除杂作用强,落棉率高;速度过高则使杂质易破碎,纤维易损伤。应根据纤维性质和杂质特征,平衡开松除杂和保护纤维,清棉机处于开清棉末期,纤维开松度较高,一般打手转速可以偏高掌握	500~1000
给棉罗拉转速/(r/min)	低转速	给棉罗拉转速决定设备产量,同时决定进入打手室的纤维量。因此较低转速使进入打手室的纤维量减少,从而增加开松除杂效果,但产量会降低	12~142
打手与给棉罗拉隔距/mm	根据纤维长度与棉层厚度决定	较小的隔距,锯齿或梳针进入棉层深,开松作用强,但较长纤维易损伤或者击落后易扭结,该参数的确定应优先考虑纤维长度	JWF1116 型 上给棉罗拉:4.5 下给棉罗拉:7.5 JWF1024C/D 型 上给棉罗拉:1.3 下给棉罗拉:3.8
排杂管风压/Pa	适当	排杂管风压影响排杂区落量,风压负压大,有利于杂质、短纤维和微尘排出,但过大易造成落棉增多,纤维损失增大,能量消耗增多	不小于-1050
给棉罗拉到除尘刀隔距/mm	大隔距	给棉罗拉和除尘刀的间距实际上就是第一落杂区的大小,第一落杂区通常是主除杂区,对整体落棉量起关键作用,落杂区大,落棉率高	37~70
除尘刀分梳板组件与打手隔距/mm	小隔距	除尘刀分梳板组件与打手隔距主要包括除尘刀、分梳板和导棉板出口三处隔距,较小的除尘刀隔距可以阻挡更多的气流进入落杂箱,从而增加落棉量,较小的预梳板隔距和导棉板隔距可以增强打手对纤维的开松作用,一般自除刀入口至导棉板出口按照由大至小的规律设置	如图 7-1-67、图 7-1-68、图 7-1-69、图 7-1-70 所示

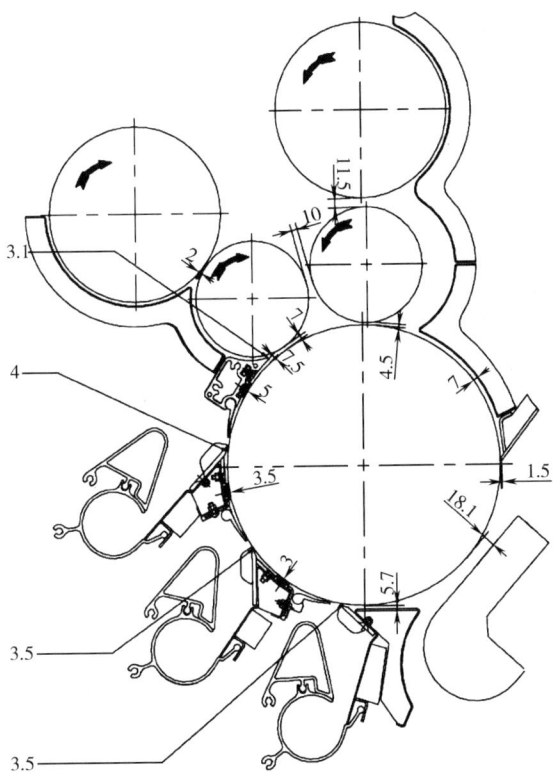

图 7-1-67 JWF1116 型清棉机工艺隔距图

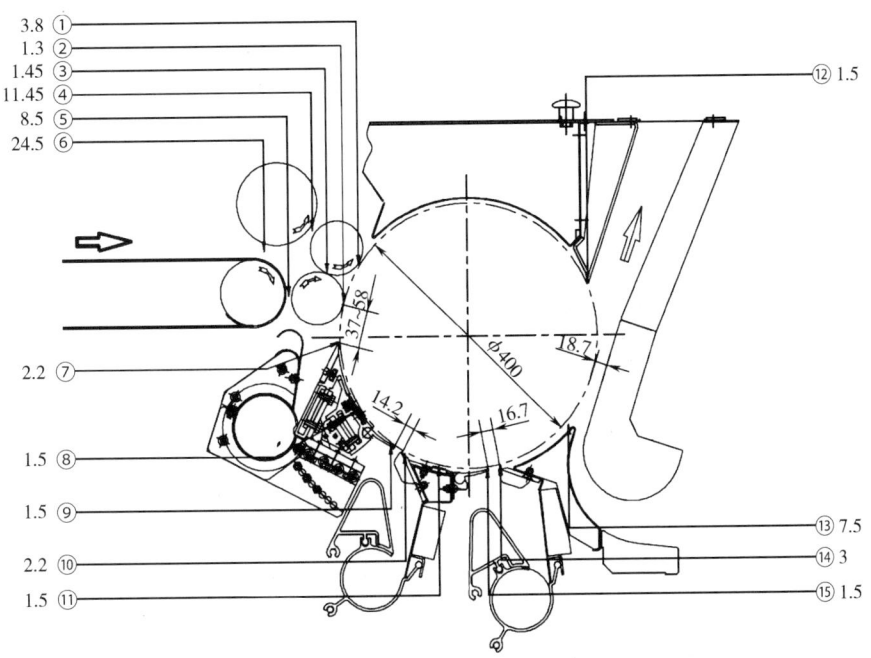

图 7-1-68 JWF1124C 型清棉机工艺隔距图

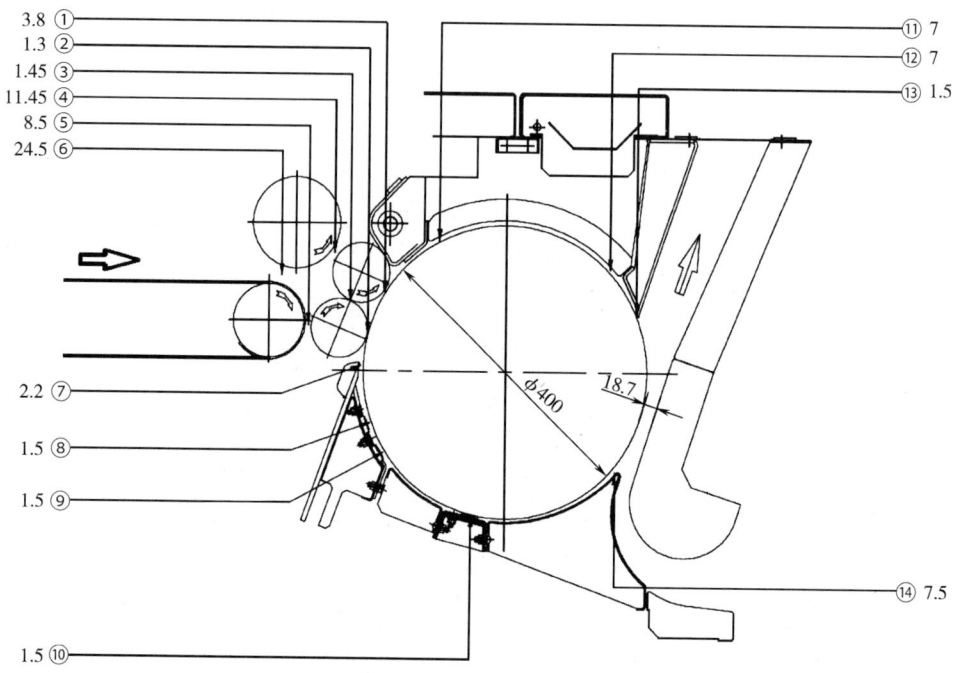

图 7-1-69　JWF1124D 型清棉机工艺隔距图

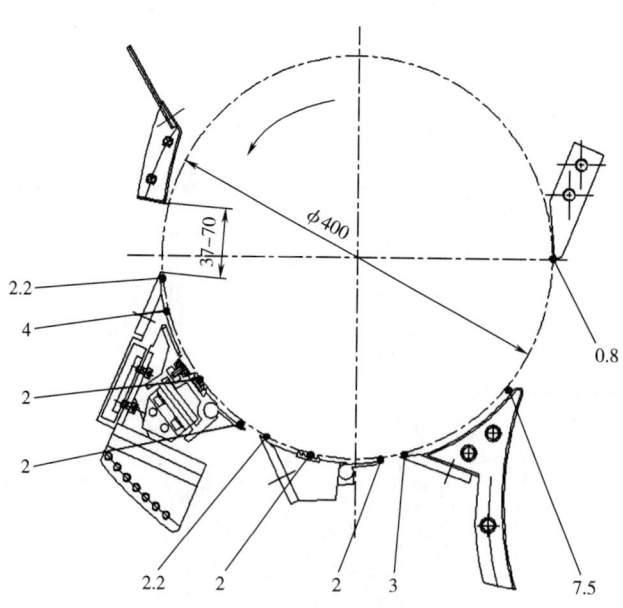

图 7-1-70　JWF1125 型清棉机工艺隔距图

（6）成卷机工艺。成卷机的作用是在对棉层进行进一步开松除杂的基础上，制成均匀的棉卷。表7-1-88为成卷机的开松除杂工艺,打手周边主要部件的隔距如图7-1-71和图7-1-72所示。图中代号含义及取值见表7-1-89。

表7-1-88　成卷机的开松除杂工艺

工艺参数	工艺原则	选择依据	参考范围
打手速度/(r/min)	高转速	打手速度高,可增加打手对棉层的打击强度,提高开松除杂效能。打手速度应根据纤维长度、强伸性能及含杂情况调整,一般长度长、强度低、含杂少的宜采用低速	900~1000
打手至天平曲杆工作面的隔距/mm	小隔距	隔距小,可增加打手刀片或针齿刺入棉层的深度,从而增强开松作用	8.5~10
打手与尘棒间隔距/mm	小隔距,逐渐放大	较小的隔距,可使纤维的自由空间被压缩,尘棒的阻滞作用和打手的冲击作用增强,从而使开松除杂作用增加。随开松的进行纤维体积增大,为适应松解需要,应逐步增大隔距	进口:8~10 出口:16~18
尘棒与尘棒间隔距/mm	大隔距	较大的隔距,使纤维和杂质下落机率增大,落棉率提高	5~8

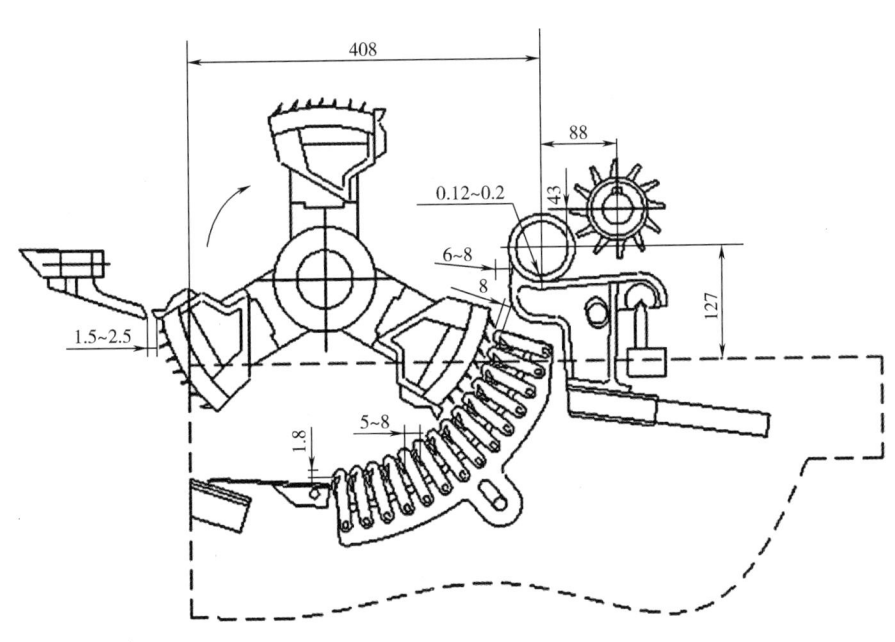

图7-1-71　FA1141A型单打手成卷机打手周边工艺隔距

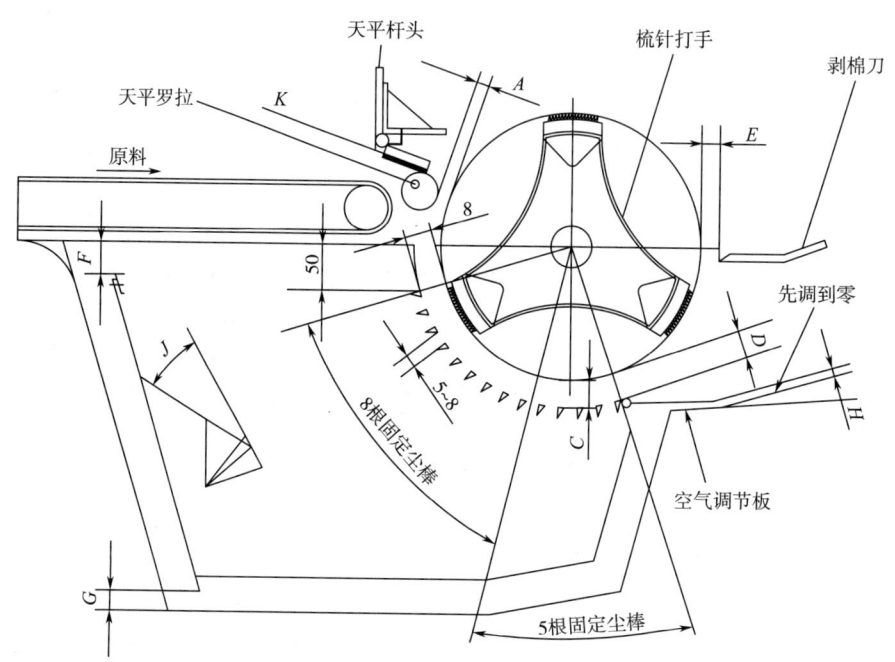

图 7-1-72　FA146 型单打手成卷机打手周边工艺隔距

表 7-1-89　FA146 型单打手成卷机打手周边工艺隔距代号与取值

代号	项目	最小	标准	最大
A	打手到天平罗拉隔距/mm	6	7	10
B	隔距/mm		(8~13)±0.5	
C	隔距/mm		17±0.5	
D	隔距/mm		20±0.5	
E	打手—剥棉刀隔距/mm		2	
F	进风口隔距/mm	10	20	30
G	进风口隔距/mm	30	50	80
H	空气调节板—隔层板	0	15	30
J	可调节尘棒角度/(°)	0	10	20
K	天平杆头—天平罗拉隔距/mm	0	0.15	0.2

FA1141A 型尘棒安装角与尘棒隔距关系见表 7-1-90。

表 7-1-90　FA1141A 型尘棒安装角与尘棒隔距关系

安装角/(°)	16	20	24	27	30	33	35	37	38
隔距/mm	8.4	7.9	7.2	7.0	6.5	6.0	5.6	5.2	5.0

三、棉卷质量控制

(一)棉卷质量监控项目及要求

开清棉工序质量监控的项目和控制范围见表 7-1-91。另外,为了全面监控棉卷的内在质量,应对棉卷结构指标进行监控,表 7-1-92 为棉卷结构的参考指标,表 7-1-93 为棉卷含杂率参考指标,表 7-1-94 为开清棉工序的总除杂效率。由于原料成本在纺纱中占重要地位,在质量监控中,还要进行机台的落棉分析,控制落棉率,提高落棉质量,减少纤维损失,以达到节约用棉的目的。

表 7-1-91　开清棉工序质量监控项项目和控制范围

监控项目	控制范围
正卷率/%	>99
棉卷重量不匀率/%	棉及棉型黏胶 0.6~1,棉型化纤及中长纤维 0.7~1.1,涤/棉 1.2
棉卷伸长率/%	棉 2.5~3.5,化纤-0.5,涤纶 < 1;台差 < 1
棉卷含杂率/%	根据原棉性质要求制订,一般 0.9~1.6,具体可参考表 7-3-92
棉卷回潮率/%	棉 7.5~8.3,涤 0.4~0.7
总除杂效率/%	按照原棉性质要求制订,一般为 45~65,具体可参考表 7-3-93
总落棉率/%	一般为原棉含杂率的 70~110

表 7-1-92　棉卷结构的参考指标

棉卷结构质量指标		控制范围
棉卷手拣疵点	带纤维籽屑数/(粒/g)	中特纱 18 以下,细特纱 15 以下
	软籽及僵瓣/%	中特纱 0.4 以下;细特纱 0.3 以下
	棉束数/(只/100g)	紧棉束、紧棉团、钩形棉束、畸形棉束总和 170 只/100g 以下,其中钩形棉束 120 只/100g 以下
化纤维硬丝、并丝等手拣疵点/(mg/100g)		1 以下
棉卷	短纤维率	比混棉增加 1% 以下
	棉结数	比混合棉增加 50% 以下

续表

棉卷结构质量指标	控制范围
棉卷纵向(重量)不匀率	参见棉卷重量不匀率与伸长率参考指标
棉卷横向(重量)不匀率	1m 长棉卷片段横向卷成小卷装在梳棉机上喂入,将其生条按 5m 计算不匀时,重量不匀率在 5% 以内
整片结构	各处均匀,无破洞、薄层
开松度	所流仪测定 85%~90%。一般以目光观察时,要求纤维松散平整,要绝对避免紧棉束和钩形棉束。一般用梳针打手可取得理想效果

表 7-1-93　棉卷含杂率参考指标

原机含杂率/%	1.5 以下	1.5~2.0	2.0~2.5	2.5~3.0	3.0~3.5	3.5~4.0	4 以上
棉卷含杂率/%	0.9 以下	1~1.1	1.2~1.3	1.3~1.4	1.4~1.5	1.5~1.6	1.6 以上

表 7-1-94　开清棉工序的总除杂效率

原棉含杂率/%	总除杂效率/%	落棉含杂率/%	棉卷含杂率/%
1.5 以下	30~40	50	0.9 以下
1.5~2	35~45	55	1
2~2.5	40~50	58	1.2
2.5~3.0	45~55	60	1.4
3.0~3.5	50~60	63	1.6
3.5~4	55~65	65	1.8
4.0 以上	60 以上	68	2.0 以下

(二)棉卷含杂率的控制方法(表7-1-95)

表 7-1-95　棉卷含杂率的控制方法

控制方法	主要措施
清梳合理分工	1. 开清棉去除棉籽、籽棉、不孕籽、尘屑、棉花枝叶等较大杂质 2. 梳棉工序去除带纤维籽屑、僵片、软籽表皮等与纤维结合较紧密及较细小的杂质
充分发挥各单机作用	1. 贯彻"早落少碎"的除杂原则 2. 合理配置开清点的数量,适应不同含杂量的原棉 3. 抓棉机应实现精细抓棉,提高开松度有利于杂质暴露去除 4. 设置有打手和尘棒的棉箱机械应采用较大的尘棒隔距,创造大杂下落的机会,防止后期碎裂

控制方法	主要措施
充分发挥各单机作用	5. 提高开棉机的除杂效能，放大隔距、提高速度，控制进补风量，及时清理车肚 6. 精开棉机应根据前期开松除杂质量，确定采取多排杂或是多回收工艺，合理选择打手形式、尘棒隔距及气流配置 7. 清棉机可以提前实现去除部分带纤维籽屑、僵片、软籽表皮等 8. 加强对清棉各单机的落棉含杂内容及棉卷结构的分析，以决定打手速度、尘棒隔距等除杂关键工艺参数 9. 保证设备机构状态，主要部件、输棉通道保持光洁、无毛刺、无生锈、不弯曲、不积油灰等，气流配置充足，保证棉流输送顺畅，以减少棉结产生
不同原棉不同处理	1. 对含不孕籽较多的原棉应充分发挥各类打手机械的作用，减少其在棉卷中的残留 2. 含软籽表皮和带纤维籽屑较多的原棉，应充分发挥梳针打手作用，并对主除杂设备，采用较小的尘棒隔距和少补风多、全死箱等清除细小杂质的工艺 3. 高含杂原棉，皮辊棉含杂率超过 5% 且含大杂较多时，应单独先预处理后再混用。但对含细杂多的锯齿棉不能预处理，因锯齿棉棉结较多，预处理后更易产生棉结 4. 对含水率过高的原棉应采用曝晒、烘棉和松解后自然散发的方法，干燥后再混用；含水率过低(低于 7%)的原棉一般先给湿，放置 24h 后再混用 5. 对长绒棉应采用"多松、轻打、减少翻滚"的工艺原则，如仍采用细绒棉工艺，易造成纤维损伤和棉卷中束丝增多，影响棉卷质量 6. 低级棉一般采用单独并条混合；开清棉工艺采用"多松解、少打击、慢速度、少回收"工艺；打手采用较低速度，以减少纤维损伤

(三)棉卷均匀度的控制方法

棉卷的均匀度分纵向不匀和横向不匀，实际生产中以控制纵向不匀为主。棉卷均匀度的控制方法见表 7-1-96。

表 7-1-96　棉卷均匀度的控制方法

控制方法	主要措施
加强车间温湿度管理	1. 加强车间温湿度管理，稳定回潮。注意季节和气候变化的影响 2. 控制原料回潮率差异，应对回潮率过高或过低的原料进行干燥或调湿处理；控制化纤维的含油率差异
保证设备状态良好	1. 保持成卷机自调匀整装置(天平调节装置)状态正常、动作灵敏 2. 保证各类打手和尘棒处于良好状态，确保打手抓取和开松除杂作用 3. 保证尘笼的工作状态，尘笼吸风均匀，不产生涡流
设置合理工艺参数	1. 调整好整套机组的定量供应，提高各单机的运转率 2. 稳定各设备储棉箱中的存棉高度和密度

续表

控制方法	主要措施
	3. 匹配好成卷机的打手和风机速度,使尘笼吸棉稳定均匀
	4. 选择振动式喂棉箱
做好车间操作管理	1. 做好配棉工作,合理选择原棉,减少混合棉成分差异
	2. 科学设计排包图,严格按排包图上包
	3. 做到"削高嵌缝、平面看齐、松包配松包、紧包配紧包"
	4. 严格控制回花再用棉使用比例和使用方式

第二章　梳棉与清梳联

第一节　梳棉机主要型号、技术特征、传动图及工艺计算

一、国产梳棉机主要型号与技术特征（表7-2-1）

表7-2-1　国产梳棉机主要型号与技术特征

机型		JWF1213型	JWF1216型	JWF1212型	JSC326型	MK7E型
制造厂		青岛宏大	郑州宏大	郑州宏大	卓郎纺机	安徽日发
适纺纤维	长度/mm	22~76	22~76	22~76	22~76	22~76
	种类	棉、棉型化纤、中长	棉、棉型化纤、中长	棉、棉型化纤、中长	棉、棉型化纤、中长	棉、棉型化纤、中长
梳棉机总牵伸倍数		60~300	70~130	70~130	70~130	70~130
锡林宽度/mm		1280	1020、1220	1020、1220	1280	1016
设计最高产量/(kg/h)		200	170(宽幅)	200(宽幅)	150	150
筵棉定量/(g/m)		400~1300	350~720	350~720	340~800	340~930
生条定量/(g/m)		3.5~10	4~10	4~10	3.5~9	3.5~8.0
设计出条速度/ (m/min)		400	最高340	最高360	最高350	最高350
给棉罗拉直径/mm		$\phi100$	$\phi100$	$\phi80$外包锯条	$\phi100$	$\phi100$
给棉方式		顺向给棉	顺向给棉	顺向给棉	顺向给棉	顺向给棉
配置刺辊数量		1,3	1	3		1
刺辊直径/mm		$\phi250,\phi180,$ $\phi180,\phi250$	$\phi250$	$\phi172.5,\phi172.5,$ $\phi250$	$\phi250$	$\phi254$
刺辊转速/(r/min)		594~1172	425~1175	第3刺辊最高1900	761~1313	660~1500

机型	JWF1213 型	JWF1216 型	JWF1212 型	JSC326 型	MK7E 型
固定分梳板数量/块	2	2	2	2	2
除尘刀安装数量/片	2	2	2	2	2
锡林直径/mm	φ1288	φ1290	φ1290	φ1286	φ1018
锡林转速/(r/min)	330~500	250~550	250~550	355~500	425~900
道夫直径/mm	φ706	φ700	φ700	φ700	φ508
道夫转速/(r/min)	最高 150	最高 100	最高 110	最高 150	40~120
盖板工作总根数	30/84	30/84	30/84	30/84	29/84
盖板踵趾差/mm	0.56	0.56	0.56	0.56	
盖板回转方向	倒转	倒转	倒转	倒转	正转
盖板运行线速度/(mm/min)	70~450	96~400	96~400	25~400	61~400
前/后固定盖板数量	(8~12)/(10~14)	棉 8/10,化纤 10/12	12/12	5/5	
前/后棉网清洁器数量	棉 3/3,化纤 2/2	棉 3/3,化纤 2/1	3/3	3/3	
换筒方式	人工/自动换筒				自动换筒
剥棉形式	三罗拉剥棉	三罗拉剥棉	三罗拉剥棉	三罗拉剥棉	三罗拉剥棉
导棉机构	双皮圈导棉	集棉器导棉(可配皮圈导棉)		双皮圈导棉	双皮圈导棉
自调匀整	混合环	混合环	混合环	混合环	闭环式中长片段
吸尘系统总风量/(m³/h)	4000	3800、4600	4000、4800	4500	3700
吸尘系统静压/Pa	-800	-900~-800	-900~-800	-850~-750	-750
吸尘点分布	17	17	16	19	15
装机总功率/kW	13.99	14.6(含棉箱)	15(含棉箱)	12.8	9.49
外形尺寸(长×宽,不包含圈条器)/mm	5825×2480	3560×2030,3560×2230	3850×2030,3850×2230	5830×2210	2985×1900

二、国内外梳棉机技术特点

（一）JWF1211 型、JWF1213 型、JWF1215 型宽幅梳棉机

JWF1211 型、JWF1213 型、JWF1215 型高产梳棉机为青岛宏大系列化、模块化梳棉机,工作幅宽分别为 1m、1.3m、1.5m,其特点如下。

（1）梳棉机梳理区域发生结构性调整。此三个系列的梳理系统发生结构性调整,锡林抬高,道夫、刺辊降低,梳理区弧长增加为 2.8m,梳理弧长增加 17%,实现高效去除棉结、杂质;采取主机、棉箱、圈条器和匀整四项功能一体化设计,使产量高达 50kg/h,出条速度达到 360m/min。

（2）新型给棉机构的应用。新型给棉机构的应用使喂棉更加通畅;刺辊周围设两把除尘刀、预分梳板,可高效去除杂质和短绒;配置给棉金属检测功能,保证设备使用安全。

（3）单刺辊、三刺辊模块化设计,可以根据工艺需要灵活选用。

（4）采用独特工艺整体铸造锡林、道夫、锡林墙板,稳定性好,受热带载变形小,保证主要分梳工艺隔距稳定,确保优质的梳理效果。

（5）阶梯式钢板焊接整体机架,保证主要分梳、转移部件之间的隔距稳定性。

（6）双联固定盖板、棉网清洁器和铝合金罩板采用铝合金型材,针尖平整度良好,隔距调整方便,保证纤维梳理更加充分、细致;模块化设计,可以根据纺纱工艺要求灵活搭配。

（7）回转盖板、刷辊采用单独变频电动机传动,盖板清洁效果好。可通过人机对话功能方便调整其速度工艺。

（8）新型三罗拉机构,配置棉网过厚检测报警安全保护机构,以适应高速输出棉网,生条 CV 质量好,故障率低。

（9）由清花智能供棉、棉箱压力控制与梳棉机 PID 控制系统相融合,稳定地实现短片段、长片段不匀的混合环控制方式的清梳联精确匀整系统,确保棉条 CV 值,并可在线显示不同长度生条重量不匀率、波谱图、不同比例的粗细节。

（10）可选配锡林、盖板隔距在线检测装置和棉结、杂质在线检测装置等新型检测及保护系统,实现对梳理质量和生条质量指标的实时监控。

（二）JWF1204 型、JWF1216 型、JWF1206 型、JWF1208 型、JWF1212 型梳棉机

JWF1204 型梳棉机是 2004 年在第三代 FA 系列梳棉机基础上,结合国内使用特点,自主设计研发的新一代单刺辊高产梳棉机,各型号梳棉机均有 1020mm 和 1220mm 两种工作机幅。JWF1204B 系列梳棉机设计出条速度 260m/min,理论最高产量达到 100kg/h。该机型采用整体

式钢板焊接机架,稳固、不易变形;梳棉机给棉采用顺向给棉方式,给棉分梳工艺可调;给棉板弹性握持加压;给棉罗拉与给棉板设有金属、数字双重防轧保护;刺辊区设两组预分梳板、三把除尘刀和三个负压吸口,分梳、除杂能力更强;刺辊第一落杂区长度可调,适应范围广;锡林抬高,增加了锡林表面的分梳区域面积,固定盖板最多可配置前 10/后 14;锡林、道夫均采用钢板卷圆焊接结构,质量轻,精度高,稳定性好,更换针布时不需要修磨筒体;锡林采用专属变频驱动装置,启动平稳,皮带磨损小,工艺调整连续、方便;从 2004 年开始采用铝合金活动盖板技术,活动盖板单独变频传动,活动盖板/总根数为 30/84;采用倾斜式三罗拉剥棉机构,剥取转移效果好;采用新型气动操纵翻转式棉网集束器,结构简单,消除了高速条件下气流对棉网的影响,适用于高产(可增配皮圈导棉部件);棉箱给棉、梳棉机给棉罗拉、道夫均由自调匀整变频控制,运行稳定;传动系统大量采用单独电动机及齿形带传动,大量简化传动机构,传动效率高,故障率低,运转噪声小。电气配套件选用国内外知名厂家的产品,性能好且经久耐用。

JWF1216 型梳棉机为郑州宏大 2016 年推出的新型单刺辊梳棉机,理论最高产量 170kg/h,设计出条速度 340m/min。该机型的特点为:机架缩短,减少占地面积;刺辊第一落杂区长度可调,第一吸口采用中间吸落棉技术,风耗低,无尘杂堆积;主传动结构优化设计,锡林采用专属变频驱动装置,启动平稳,皮带磨损小,工艺调整连续方便;优化机架及锡林区结构,在 JWF1204B 系列的基础上进一步增大锡林分梳区域,固定盖板与棉网清洁器配置更加灵活;锡林、道夫采用钢板卷圆焊接结构,重量轻,精度高,稳定性好,锡林最高工作转速提升至 550r/min;单独传动的铝合金活动盖板采用踵趾棒技术,运行平稳,摩擦小,能耗低,使用寿命长;活动盖板增加弹性托持机构,盖板更加清洁;大压辊采用一体化轴承技术,高速运行稳定性大幅提高;吸风系统结构全面优化,气流分配更加合理;新增安全罩、安全防护电磁锁;喂棉箱上棉箱加宽,增大储棉量,采用双罗拉主动给棉结构,有利于高产和稳定供棉;增加剥棉罗拉及清洁辊铝合金型材防护罩板;优化了密封结构和密封材料,清洁周期显著延长;创新研发圈条器自动断条装置;多维智能自调匀整技术及在线监测和自适应调节技术;具备信息采集、数据交换等功能,可与局域网、互联网进行组网构建智能系统。

JWF1206 型、JWF1206A 型、JWF1212 型梳棉机为三刺辊高产梳棉机,均设有 1020mm 和 1220mm 两种工作机幅。而 JWF1208 型梳棉机是郑州研发的 1500mm 机幅三刺辊梳棉机,设计最高出条速度 360m/min,理论最大产量 180kg/h。JWF1212 系列梳棉机采用一体化棉箱设计;静压回风箱采用翻转结构,清洁维护简单方便;循环吸风通道采用铝合金型材,密封性更好;给棉罗拉采用特殊设计针布,喂入平稳,握持更加均匀,更加利于高产;梳棉机刺辊采用"两小一大"的三刺辊结构,三个刺辊呈一字排列,每个开松辊附加刺辊分梳板,并配以除尘口;三个刺辊的针布密度逐渐增加,梳理力度逐渐增加,以实现对纤维层的渐进、连续开松;刺辊第一落杂区长度可调,第一吸口采用中间吸落棉技术,风耗低,无尘杂堆积;锡林和刺辊由同一电动机传动,采用专用变频驱动装置控制,启动平稳,调速便捷,皮带磨损小;锡林工作转速可以通过面板参数设定,实现 350~550r/min 无级调速,用户可以根据工艺梳理需要实现梳理力度逐步连续调整;锡林和刺辊处于同一传动系统,便于锡刺比的调节和稳定;锡林、道夫筒体由钢板卷圆焊接而成,经专用设备处理,确保筒体圆整度及直线度,高转速时稳定性好;单独传动的铝合金活动盖板采用踵趾棒技术,运行平稳,摩擦小,能耗低,使用寿命长;活动盖板增加弹性托持机构,使盖板清洁得更加干净;剥棉罗拉前区采用双伺服驱动控制,实现大压辊与压碎辊牵伸在线无级调整,高产时棉网张力更稳定,避免因皮圈结构带来的偶发性纱疵。大压辊采用一体化轴承技术,设备高速运行更加稳定,使用寿命更长,维护保养更便捷。

(三)JSC228A 型、JSC326 型、JSC328A 型高产梳棉机

JSC228A 型梳棉机适用于梳理棉纤维、棉型纤维和中长纤维。该机型机架、锡林、道夫筒体等采用钢板焊接结构,其质量轻、刚性好。采用 φ100mm 的给棉罗拉,柔和地开松和转移,可减轻纤维损伤。优化除尘刀与刺辊、预分梳板与刺辊两个落杂区的结构设计;采用同步带铝合金活动盖板结构。盖板反向回转,总根数 84 根,工作盖板 30 根。设有长短片段混合环自调匀整装置。标准配置为前四双联固定盖板,前二棉网清洁器;后六双联固定盖板,后二棉网清洁器。采用倾斜式三罗拉剥棉和带皮圈导棉的气动操纵翻转式棉网集束器,断条时自动打开,生头后自动关闭。在剥棉罗拉上方装有单独电动机传动的高速安全清洁辊,下方装有适应高速的剥棉拖板。优化了滤尘管道,配置了金属、断条、厚卷、满筒等多处自停装置;采用计算机通信与数字同步技术。可选择人工换筒或自动换筒圈条器。

JSC326 型梳棉机较 JSC228A 型,配置精准的匀整系统,保证稳定的棉条质量和匀整度。优化了新型的机械结构和传动形式:加宽机幅至 1.28m,抬高锡林,使分梳圆弧达到 3.61m,分梳面积比传统的机组提高 60% 以上,梳棉机产量可提高 50% 以上。产量高达 150kg/h,出条速度达到 350m/min。采用独立电动机变频控制的铝合金活动盖板,配置刺辊落杂区长度机外可调系统,进一步优化电气控制系统与气流设计。

JSC328A 型高产梳棉机较 JSC326 型梳棉机,为渐进式增速开松、V 形排列的三刺辊结构梳棉机,并继续秉承 JSC326 型梳棉机宽幅产品设计的经济性、高效能和人性化理念,针对高含杂或机采棉原料进行优化设计。在结构上,JSC328A 型沿袭 JSC326 型梳棉机主梳理区结构,有效分梳圆弧达 3.6m,活动盖板单独变频传动,给棉罗拉采用顺向给棉,刺辊落杂区长度机外可调,配置拆卸方便的铝合金活动盖板和自清洁棉条检测装置,隔距可整体调节,Windows 风格的

图形操作界面,每米生条都能得到匀整,可远程智能监控运行状态等。

(四)MK7E 型、MK8 型梳棉机

MK7E 型梳棉机采用 A 字形三脚架整体机架,抬高锡林,增大梳理区域,使梳理弧面占锡林表面圆周中心 245°,增强梳理效果和工作可靠性,提高了设备的运转效率。采用模块化机架设计及盖板滚动轴承支撑踵趾面的活动盖板技术,活动盖板采用正转技术。全机封闭,多达 15 处吸排杂点,吸点布置合理,气流气压控制精确,全部风管实现前后整体塑模成型技术,光滑透明,外观美观。强大的锡林离心力,更高的盖板速度,均使除杂、排杂可调整到最佳状态。采用 Crosrol 阶梯罗拉式自调匀整系统。

MK8 型梳棉机较 MK7E 型梳棉机,结构与系统进一步优化,更能适应纺纱的要求。

(五)C70 型、C75 型、C80 型梳棉机

C70 型梳棉机模块化设计,设备维护便捷;工作宽度为 1.5m、工作盖板 32 根,实现最大有效梳理面积,通过精确的梳理隔距,配置 AEROfeed 配棉系统成为高产优质成纱基础。

刺辊除尘刀、Q-package 棉网清洁器插板和盖板速度均可调节,控制梳棉机后车肚落物率,提高除杂效率;独特的自动磨针系统 IGS 可确保设备在针布使用寿命期间获得稳定的生条质量;实际生产中使针布的使用寿命延长 20%。采用可靠的自调匀整功能和可控的纤维引导确保生条高产优质;在圈条器上加装牵伸模块,可缩短转杯纺类产品生产工艺流程。

C75 型梳棉机较 C70 型梳棉机,预后梳理区配置得到更进一步优化;配置了能耗诊断模块,喂棉箱压力控制取代了传统的光电控制,这样可以在喂棉时精确控制棉层重量,并将原料种类及其特性考虑在内,使棉层定量不匀率 CV 最小化。给棉罗拉钳口配置金属探测装置,避免针布损伤。

C80 型梳棉机较 C75 型梳棉机,工作盖板配置增至 40 根;配置刺辊除尘刀电子在线调整,灵活设置,提高原料利用率,适应不同原料。

(六)TC8 型、TC10 型、TC19i 型梳棉机

TC8 型梳棉机为顺向给棉、三刺辊型梳棉机;抬高锡林,增大梳理区长度,使梳理弧达到 2836mm;配置 T-CON 隔距诊断模块,确保锡林与盖板两针面的隔距精准,避免出现接针现象;给棉罗拉钳口配置有金属颗粒检测模块;配置精准盖板设定模块 PFS,用于集中、精准的锡林与盖板隔距设定。采用磁性盖板系统,使盖板针布安装便捷、准确;三刺辊的针布与速度配置:转速按纤维流的行进方向逐渐提高,第一刺辊针面配置角钉分梳元件、第二刺辊针面配置锯齿针布,实现柔和分梳;通过机外手柄可以整体调节刺辊下方第一除尘刀的位置,设置第一落杂区大小。采用棉网导桥及成条装置,顺利实现棉网的集束与成条。在线棉结诊断模块与高效的

自调匀整技术,实现了生条的高质量产出。

　　TC10 型梳棉机较 TC8 型梳棉机,将三刺辊按 V 形排列,增加筵棉厚点检测模块、电子锡林刹车系统、生条支数监测功能、生条条干波谱监控与分析系统、中央安全锁系统。此外,在圈条器上增加牵伸模块,解决了梳棉机高产重定量与下游工序喂入品定量要求的衔接。

　　智能 Truetzschler TC19i 型是可自我调节的梳棉机。T-CON 3 确定锡林周围的设置;Gap Optimizer T-GO 可全自动将活动盖板调整至理想位置,并持续检查这一设置。T-GO 及 T-CON 3 通过总线系统将 TC19i 智能自主优化的基本信息提供给梳棉机控制系统,其中包括转速、速度、温度及设置等。

三、JWF1213 型、JWF1216 型、TC10 型梳棉机结构

JWF1213 型、JWF1216 型、TC10 型梳棉机结构分别如图 7-2-1～图 7-2-3 所示。

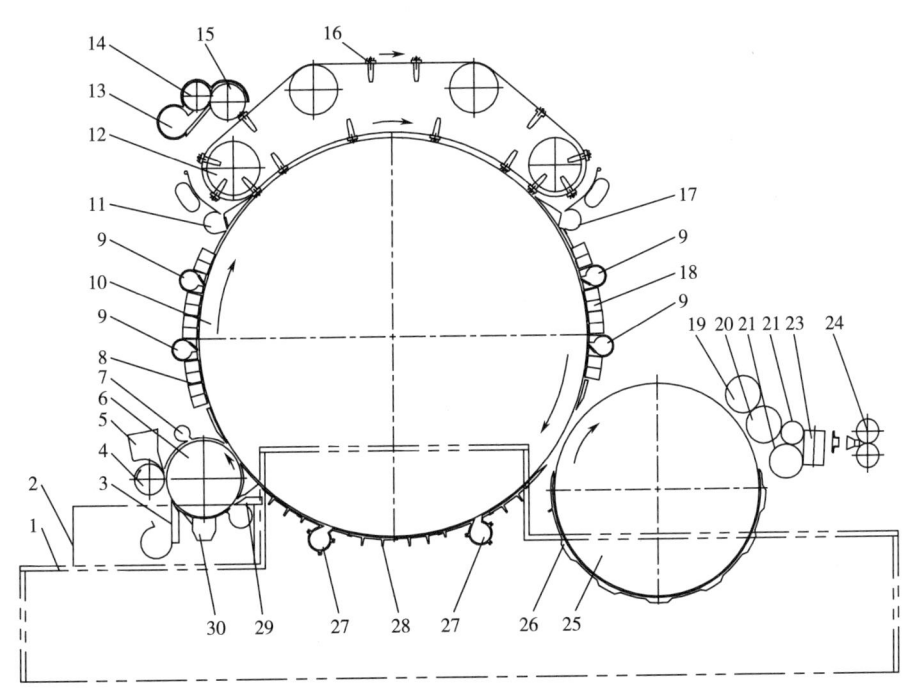

图 7-2-1　JWF1213 型梳棉机结构图

1—大机架　2—小机架　3—第一除尘刀　4—给棉罗拉　5—给棉板　6—刺辊　7—刺辊罩

8—后固定盖板　9—棉网清洁器　10—锡林　11—后上盖板吸罩　12—盖板主传动　13—盖板清洁吸罩

14—盖板清洁辊　15—盖板刷辊　16—活动盖板　17—前上盖板吸罩　18—前固定盖板

19—清洁辊　20—剥棉罗拉　21—下轧辊　22—上轧辊　23—皮圈导棉　24—大压辊　25—道夫

26—道夫漏底　27—漏底吸管　28—大漏底　29—第二除尘刀　30—分梳板

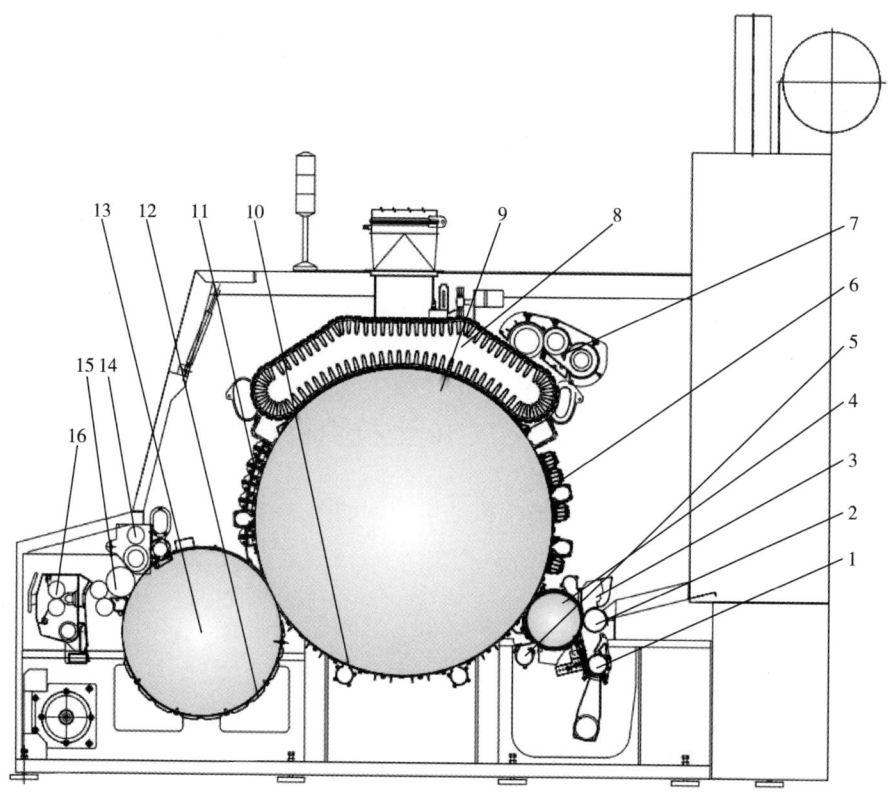

图 7-2-2　JWF1216 型梳棉机结构示意图

1—刺辊下第一除杂单元　2—给棉罗拉　3—给棉板　4—刺辊　5—刺辊下第二除杂单元

6—锡林后固定盖板与棉网清洁器组合　7—盖板花清洁系统　8—盖板　9—锡林　10—大漏底

11—锡林前固定盖板与棉网清洁器组合　12—道夫漏底　13—道夫　14—剥棉罗拉清洁装置

15—三罗拉剥棉装置　16—棉网集束成条系统

四、梳棉机传动图及工艺计算

(一)JWF1213 型梳棉机传动图及工艺计算

1. JWF1213 型梳棉机传动图(图 7-2-4)

2. 速度计算

在计算时,三角胶带和平皮带传动滑移率均取 98%。

(1)锡林转速 n_c。

$$n_c = n_{锡林电动机} \times \frac{D_1}{D_2} \times 98\%$$

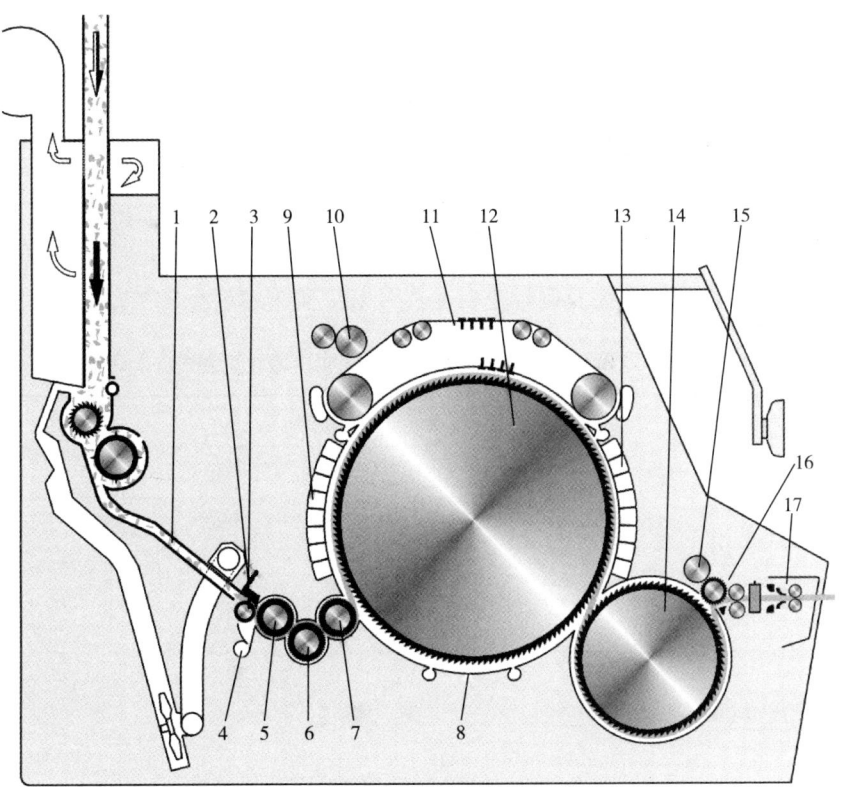

图 7-2-3 TC10 型梳棉机结构示意图

1—导料槽 2—给棉板 3—给棉罗拉 4—刺辊下第一除杂单元 5—第一刺辊

6—第二刺辊 7—第三刺辊 8—大漏底 9—盖板清洁系统 10—锡林后固定盖板

11—活动盖板 12—锡林 13—锡林前固定盖板 14—道夫 15—剥棉罗拉清洁辊

16—三罗拉剥棉装置 17—棉网集束成条输出系统

式中：$n_{锡林电动机}$——锡林电动机铭牌转速，1450r/min；

$\quad D_1$——锡林电动机皮带轮直径，mm；

$\quad D_2$——锡林皮带轮直径，mm。

锡林电动机皮带轮直径对应锡林速度见表 7-2-2。

表 7-2-2 锡林电动机皮带轮直径 D_1 对应锡林速度 n_c

D_1/mm	120	135	150	165
n_c/(r/min)	347	390	433	477

注 1. 锡林皮带轮直径 $D_2 = 492$mm；

2. 适纺棉、化纤。

(2)刺辊转速 n_T(r/min)。

$$n_T = n_{锡林电动机} \times \frac{D_1}{110} \times 0.98 \times \frac{115}{D_3} \times 0.98 = 1455.879 \times \frac{D_1}{D_3}$$

式中: $n_{锡林电动机}$——锡林电动机铭牌转速,r/min;

D_1——锡林电动机皮带轮直径,mm;

D_3——刺辊皮带轮直径,mm。

不同锡林电动机皮带轮直径及刺辊皮带轮直径对应刺辊速度见表7-2-3。

表7-2-3　不同锡林电动机皮带轮直径及刺辊皮带轮直径对应刺辊速度

D_3/mm	D_1/mm			
	120	135	150	165
205	852	959	1065	1172
224	780	877	975	1072
242	722	812	902	993

(3)盖板速度 V(mm/min)。

$$V = f_{盖板电动机} \times \frac{n}{50} \times \frac{66}{150} \times \frac{1}{i} \times 203.721\pi \times 0.98$$

$$= f_{盖板电动机} \times \frac{960}{50} \times \frac{66}{150} \times \frac{1}{1041} \times 203.721\pi \times 0.98$$

$$= 5.09 f_{盖板电动机} = 61 \sim 356$$

式中: $f_{盖板电动机}$——盖板电动机变频供电频率,取 12~70Hz;

i——盖板减速机的减速比。

(4)盖板刷辊转速 n(r/min)。

$$n = \frac{880}{i_{刷辊电动机}} \times \frac{f_{刷辊电动机}}{50} = \frac{880}{53.889} \times \frac{f_{刷辊电动机}}{50} = 0.33 f_{刷辊电动机}$$

式中: $f_{刷辊电动机}$——刷辊电动机的供电频率,Hz;

$i_{刷辊电动机}$——刷辊电动机减速比, $i_{刷辊电动机} = 53.889$。

刷辊电动机转速与逆变器输出电流和频率之间的关系见表7-2-4。

表7-2-4　刷辊电动机转速与逆变器输出电流和频率之间的关系

$f_{刷辊电动机}$/Hz	20	25	30	35	40	45	50
n/(r/min)	6.5	8.2	9.8	11.5	13.1	14.7	16.3

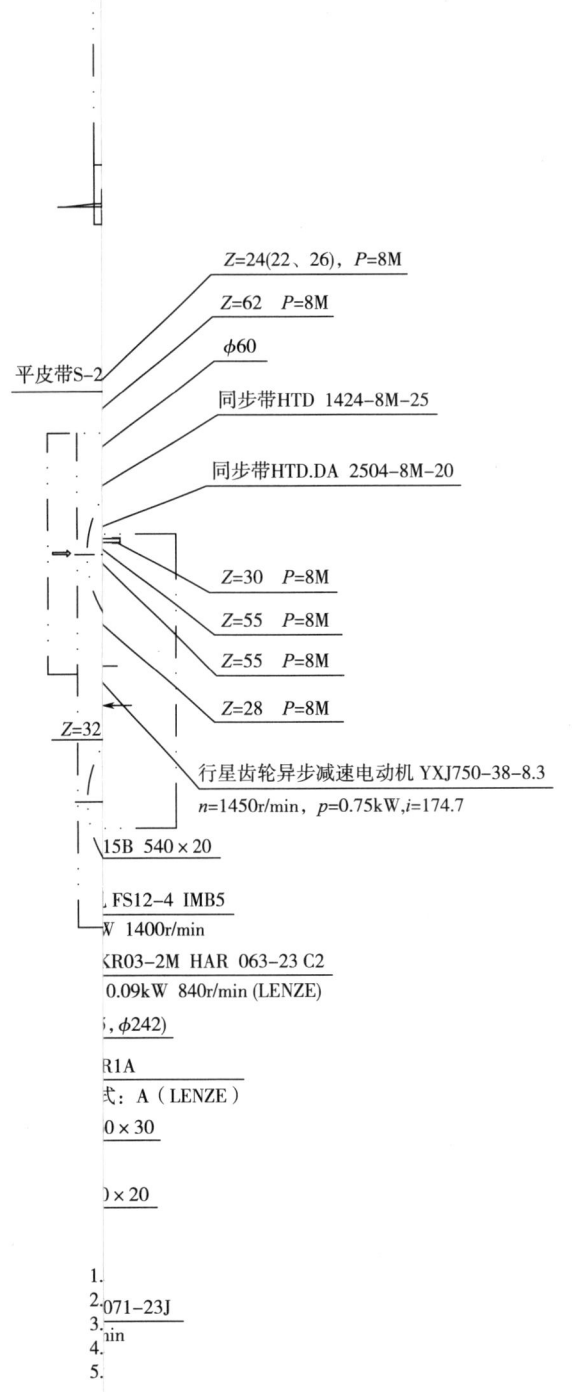

平皮带S-2

$Z=24(22、26)$，$P=8M$

$Z=62$　$P=8M$

$\phi60$

同步带HTD 1424-8M-25

同步带HTD.DA 2504-8M-20

$Z=30$　$P=8M$

$Z=55$　$P=8M$

$Z=55$　$P=8M$

$Z=28$　$P=8M$

$Z=32$

行星齿轮异步减速电动机 YXJ750-38-8.3

$n=1450\text{r/min}$，$p=0.75\text{kW}$，$i=174.7$

15B　540×20

FS12-4 IMB5

W　1400r/min

KR03-2M HAR 063-23 C2

0.09kW 840r/min (LENZE)

, $\phi242$)

R1A

式：A（LENZE）

0×30

0×20

1.

2. 071-23J

3. nin

4.

5.

(5)道夫转速 n_{D}(r/min)。

$$n_{\mathrm{D}} = \frac{1450}{50} \times f_{\text{道夫电动机}} \times \frac{16}{72} \frac{Z_3}{96} = 0.06713 \times f_{\text{道夫电动机}} \times Z_3$$

式中：$\dfrac{1450}{50}$——道夫电动机铭牌转速及电源频率；

　　　　Z_3——道夫皮带轮齿数，取 15,16,18；

　　　　$f_{\text{道夫电动机}}$——道夫电动机调速电流频率，取 30~70Hz。

变换齿轮、道夫电动机调速电流频率与常用工作转速关系见表7-2-5 和表7-2-6。

表7-2-5 变换齿轮、道夫电动机调速电流频率与常用工作转速关系

Z_3	$f_{\text{道夫电动机}}$/Hz	道夫转速 n_{D}/(r/min)
	30	30.2
15	31~69	道夫电动机频率每增加1Hz,道夫转速增加1.01r/min
	70	70.5
	30	32.2
16	31~69	道夫电动机频率每增加1Hz,道夫转速增加1.074r/min
	70	75.2
	30	36.3
18	31~69	道夫电动机频率每增加1Hz,道夫转速增加1.208r/min
	70	84.6

表7-2-6 生头时,变换齿轮、道夫电动机调速电流频率与常用工作转速关系

Z_3	15				16				18			
$f_{\text{道夫电动机}}$/Hz	7	8	9	10	7	8	9	10	7	8	9	10
道夫转速 n_{D}/(r/min)	7	8	9	10	7.5	8.5	9.6	10.7	8.4	9.6	10.8	12

(6)大压辊出条速度 $V_{\text{大压辊}}$。

$$V_{\text{大压辊}} = 76\pi \times \frac{1440}{50} \times f_{\text{道夫电动机}} \times \frac{16}{72} \times \frac{Z_3}{16} \times \frac{Z_5}{Z_6} \times \frac{30}{Z_7} \times \frac{1}{1000}$$

$$= 2.864 Z_3 \times \frac{Z_5}{Z_7} \times \frac{f_{\text{道夫电动机}}}{Z_6} = C \times \frac{f_{\text{道夫电动机}}}{Z_6}$$

而大压辊速度系数 $C = 2.864 Z_3 \times \dfrac{Z_5}{Z_7}$

大压辊速度系数 C 与 Z_3、Z_5、Z_7 之间的关系见表 7-2-7。

表 7-2-7 大压辊速度系数 C 与 Z_3、Z_5、Z_7 之间的关系

Z_3		15		16		18	
Z_5		30	31	30	31	30	31
C	$Z_7 = 23$	56.054	57.923	59.791	61.784	67.265	69.507
	$Z_7 = 24$	53.719	55.510	57.3	59.21	64.463	66.611

式中：$\dfrac{1440}{50}$——道夫电动机铭牌转速及电源频率；

$f_{道夫电动机}$——道夫电动机调速电流频率，取 30~70Hz；

Z_5——剥棉罗拉变换轮齿数；

Z_6——压辊变换轮齿数。

Z_7——大压辊变换轮齿数，取 23，24。

（7）小压辊出条速度 $V_{小压辊}$（m/min）。配 FT209A 型机械传动直线式自动换筒圈条器。

$$V_{小压辊} = 60\pi \times \frac{1440}{50} \times f_{道夫电动机} \times \frac{16}{72} \times \frac{48}{23} \times \frac{23}{Z_4} \times \frac{51}{32} \times \frac{1}{1000}$$

$$\approx 92.287 \times \frac{f_{道夫电动机}}{Z_4}$$

式中：$\dfrac{1440}{50}$——道夫电动机铭牌转速及电源频率；

Z_4——棉条张力牵伸带轮齿数，取 21、22；

取 $f_{道夫电动机} = 30 \sim 70$Hz。

小压辊出条速度与 Z_4 之间的关系见表 7-2-8。

表 7-2-8 小压辊速度与 Z_4 之间的关系

Z_4	21	22
$V_{小压辊}$/（m/min）	131.839~307.625	125.846~293.642

3. 牵伸倍数计算

（1）$E_{剥棉罗拉—道夫}$。

$$E_{剥棉罗拉—道夫} = \frac{119}{706} \times \frac{96}{16} = 1.0113$$

（2）$E_{下轧辊—剥棉罗拉}$。

$$E_{下轧辊—剥棉罗拉} = \frac{110}{119} \times \frac{Z_5}{22} = 0.042Z_5$$

$E_{下轧辊—剥棉罗拉}$ 与 Z_5 之间的关系见表7-2-9。

表7-2-9 $E_{下轧辊—剥棉罗拉}$ 与 Z_5 之间的关系

Z_5	$E_{下轧辊—剥棉罗拉}$	备注
30	1.260	常用
31	1.302	高产

（3）$E_{上轧辊—下轧辊}$。

$$E_{上轧辊—下轧辊} = \frac{75}{110} \times \frac{22}{15} = 1$$

（4）$E_{皮圈导棉—下轧辊}$。

$$E_{皮圈导棉—下轧辊} = \frac{86}{110} \times \frac{22}{Z_6} \times \frac{32}{32} \times 0.98 = 16.856 \times \frac{1}{Z_6}$$

$E_{皮圈导棉—下轧辊}$ 与 Z_6 之间的关系见表7-2-10。

表7-2-10 $E_{皮圈导棉—下轧辊}$ 与 Z_6 之间的关系

Z_6	15	16	17
$E_{皮圈导棉—下轧辊}$	1.1237	1.0535	0.9915

（5）$E_{大压辊—皮圈导棉}$。

$$E_{大压辊—皮圈导棉} = \frac{76}{86} \times \frac{30}{Z_7} \times 0.98 = 25.9814 \times \frac{1}{Z_7}$$

$E_{大压辊—皮圈导棉}$ 与 Z_7 之间的关系见表7-2-11。

表7-2-11 $E_{大压辊—皮圈导棉}$ 与 Z_7 之间的关系

Z_7	23	24
$E_{大压辊-皮圈导棉}$	1.1296	1.0826

（6）$E_{大压辊—道夫}$。

$$E_{大压辊—道夫} = \frac{76}{706} \times \frac{96}{16} \times \frac{Z_5}{Z_6} \times \frac{30}{Z_7} = 19.3768 \times \frac{Z_5}{Z_6 \times Z_7}$$

$E_{大压辊—道夫}$与Z_5、Z_6、Z_7之间的关系见表7-2-12。

表 7-2-12 $E_{大压辊—道夫}$与Z_5、Z_6、Z_7之间的关系

Z_5	Z_6	Z_7	
		23	24
15	30	1.6849	1.6148
	31	1.7411	1.6686
16	30	1.5796	1.5139
	31	1.6323	1.5643
17	30	1.4867	1.4248
	31	1.5363	1.4723

（7）$E_{大压辊—下压辊}$。

$$E_{大压辊—下压辊} = \frac{76}{110} \times \frac{22}{Z_6} \times \frac{30}{Z_7} = \frac{456}{Z_6 \times Z_7}$$

$E_{大压辊—下压辊}$与Z_6、Z_7之间的关系见表7-2-13。

表 7-2-13 $E_{大压辊—下压辊}$与Z_6、Z_7之间的关系

Z_7	Z_6		
	15	16	17
23	1.3217	1.2391	1.1662
24	1.2667	1.1875	1.1176

（8）$E_{小压辊—大压辊}$。配$\phi1000 \times 1100$机械传动直线式自动换筒圈条器时，推荐Z_3用16齿。

$$E_{小压辊—大压辊} = \frac{60}{76} \times \frac{Z_7}{30} \times \frac{Z_6}{Z_5} \times \frac{16}{Z_3} \times \frac{48}{23} \times \frac{23}{Z_4} \times \frac{51}{32} = 2.0132 \times \frac{Z_6 Z_7}{Z_3 Z_4}$$

当$Z_7 = 23$时，$E_{小压辊—大压辊} = 46.3026 \times \dfrac{Z_6}{Z_3 Z_4}$

$E_{小压辊—大压辊}$与Z_4、Z_5、Z_6之间的关系（当$Z_7 = 23$时）见表7-2-14。

表 7-2-14 $E_{小压辊—大压辊}$与Z_4、Z_5、Z_6之间的关系

Z_5	Z_4	Z_6		
		15	16	17
30	21	1.1024	1.1759	1.2494
	22	1.0523	1.1225	1.1926
	23	1.0066	1.0737	1.1408

Z_5	Z_4	Z_6		
		15	16	17
31	21	1.0669	1.1380	1.2091
	22	1.0184	1.0863	1.1542
	23	0.9741	1.0390	1.1040

当 $Z_7 = 24$ 时，$E_{小压辊—大压辊} = 48.3158 \times \dfrac{Z_6}{Z_3 Z_4}$

$E_{小压辊—大压辊}$ 与 Z_4、Z_5、Z_6 之间的关系（当 $Z_7 = 24$ 时）见表 7-2-15。

表 7-2-15　$E_{小压辊—大压辊}$ 与 Z_4、Z_5、Z_6 之间的关系

Z_5	Z_4	Z_6		
		15	16	17
30	21	1.1504	1.2271	1.3038
	22	1.0981	1.1713	1.2445
	23	1.0503	1.1204	1.1904
31	21	1.1133	1.1875	1.2617
	22	1.0627	1.1335	1.2044
	23	1.0165	1.0842	1.1520

（9）$E_{小压辊—道夫}$。配 $\phi 1000 \times 1100$ 机械传动直线式自动换筒圈条器时（$Z_3 = 16$），则：

$$E_{小压辊—道夫} = \frac{60}{706} \times \frac{96}{Z_3} \times \frac{48}{23} \times \frac{23}{Z_4} \times \frac{51}{32}$$

$$= 624.136 \times \frac{1}{Z_3 Z_4}$$

$E_{小压辊—道夫}$ 与 Z_3、Z_4 之间的关系见表 7-2-16。

表 7-2-16　$E_{小压辊—道夫}$ 与 Z_3、Z_4 之间的关系

Z_4	Z_3		
	15	16	18
21	1.9814	1.8575	1.6512
22	1.8913	1.7731	1.5761
23	1.8091	1.6960	1.5076

（10）锡林与刺辊表面的线速度比 $E_{锡林—刺辊}$。

$$E_{锡林—刺辊} = \frac{2\pi D_{锡林} \, n_{锡林}}{2\pi D_{刺辊} \, n_{刺辊}} = \frac{D_{锡林}}{D_{刺辊}} \times \frac{n_{锡林}}{n_{刺辊}} = \frac{1288}{250} \times \frac{110 \times D_3}{115 \times 98\% \times D_2} = 5.0286 \times \frac{D_3}{D_2}$$

（11）总牵伸倍数。

给棉罗拉速度 $V_{给棉罗拉}$（m/min）：

$$V_{给棉罗拉} = \frac{1450}{50} \times f_{给棉电动机} \times \frac{1}{174.7} \times \frac{28}{62} \times 100 \times \pi \times \frac{1}{1000}$$

$$= 0.02355 f_{给棉电动机} \approx 0.7065 \sim 1.8841$$

式中：$\dfrac{1450}{50}$ ——给棉电动机铭牌转速及频率；

$f_{给棉电动机}$——给棉电动机变频供电频率，取 $30 \sim 80\text{Hz}$。

全机机械总牵伸倍数 $E_{总}$：

配 $\phi 1000 \times 1100$ 机械传动直线式自动换筒圈条器。

$$E_{总} = \frac{V_{小压辊}}{V_{给棉罗拉}} = \frac{92.2874 f_{道夫电动机}}{0.02355 f_{给棉电动机} \times Z_4} = \frac{3918.8}{Z_4} \times \frac{f_{道夫电动机}}{f_{给棉电动机}}$$

（12）理论产量计算。

配 FT209A 型机械传动直线式自动换筒圈条器时，理论产量 $Q[\text{kg/（台·时）}]$ 为：

$$Q = \frac{1450}{50} \times f_{道夫电动机} \times \frac{16}{72} \times \frac{48}{23} \times \frac{23}{Z_4} \times \frac{51}{32} \times 60\pi \times \frac{1}{1000} \times W_{生条} \times \frac{1}{1000} \times 60$$

$$= 5.5757 f_{道夫电动机} \times \frac{W_{生条}}{Z_4}$$

式中：$W_{生条}$——生条定量，g/5m。

（二）JWF1216 型梳棉机传动图及工艺计算

1. JWF1216 型梳棉机传动图（图 7-2-5）

2. 工艺计算

（1）锡林转速与主电动机带轮直径之间的关系见表 7-2-17。

表 7-2-17　锡林转速与主电动机带轮直径之间的关系

主电动机带轮直径 J/mm	135	190
锡林转速（变频 35~50Hz）/（r/min）	250~350	350~550

（2）刺辊转速与主电动机带轮直径、刺辊带轮直径之间的关系见表 7-2-18。

表 7-2-18 刺辊转速与主电动机带轮直径、刺辊带轮直径之间的关系

刺辊带轮直径 H/mm	主电动机带轮直径 J/mm	
	135(变频 35~50Hz)	190(变频 35~50Hz)
210	585~835	822~1175
230	535~765	750~1072
250	492~702	690~987
270	455~650	640~915
290	425~606	596~850

（3）回转盖板速度。此数据可在显示屏上进行无级调节，调节范围 96~400mm/min，盖板工艺速度推荐值见表 7-2-19。

表 7-2-19 盖板速度与所纺产品之间的关系

适纺品种	棉中低支环锭纺	棉中高支环锭纺	化纤环锭纺	气流纺
盖板速度/(mm/min)	150~350	200~400	96~200	130~300

（4）给棉罗拉转速 $n_{给棉罗拉}$。

$$n_{给棉罗拉} = \frac{15}{39} n_{给棉罗拉电动机} = 0.3846 n_{给棉罗拉电动机}$$

（5）道夫转速 n_D。

$$n_D = \frac{14 \times 20 \times D}{81 \times B \times C} n_{道夫电动机} = 3.4568 \times \frac{D}{B \times C} n_{道夫电动机}$$

式中：B、C、D 都是变换齿轮齿数，$n_{道夫电动机}$ 是通过梳棉机触摸屏调整设定的，以下同。

（6）上下轧碎辊转速 $n_{轧碎辊}$。

$$n_{轧碎辊} = \frac{14}{14} \times \frac{20}{B} n_{道夫电动机} = \frac{20}{B} n_{道夫电动机}$$

（7）大压辊转速 $n_{大压辊}$。

$$n_{大压辊} = \frac{A}{14} \times \frac{20}{B} n_{道夫电动机} = 1.4286 \times \frac{A}{B} n_{道夫电动机}$$

式中：A——变换齿轮齿数，配套种类：17，18，19。

（8）小压辊转速 $n_{小压辊}$。

$$n_{小压辊} = \frac{39}{30} \times \frac{E}{27} n_{道夫电动机} = 0.04815 E n_{道夫电动机}$$

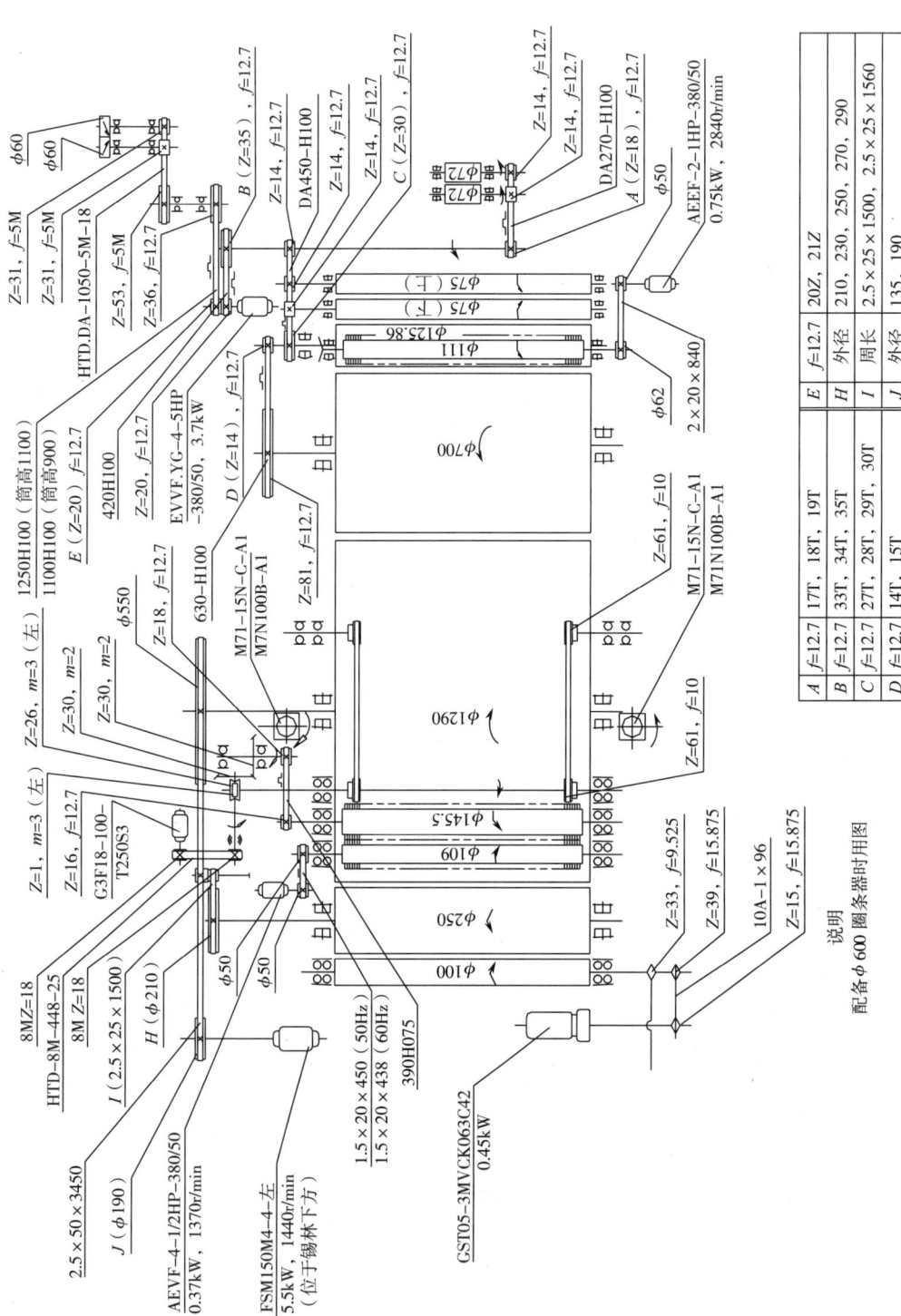

图 7-2-5 JWF1216 型梳棉机传动图

说明

配备 φ600 圈条器时用图

A	$f=12.7$	17T、18T、19T		E	$f=12.7$	20Z、21Z
B	$f=12.7$	33T、34T、35T		H	外径	210、230、250、270、290
C	$f=12.7$	27T、28T、29T、30T		I	周长	$2.5 \times 25 \times 1500$、$2.5 \times 25 \times 1560$
D	$f=12.7$	14T、15T		J	外径	135、190

式中:E——变换齿轮齿数,配套种类:20,21。

3. 各部分牵伸

(1)圈条器小压辊与大压辊之间的张紧牵伸倍数 $E_{小压辊—大压辊}$。

圈条器为 $\phi600$ 时:

$$E_{小压辊—大压辊}=\frac{2\pi D_{小压辊}\ n_{小压辊}}{2\pi D_{大压辊}\ n_{大压辊}}=0.0277\times\frac{BE}{A}$$

式中:A——摆动管内侧同步带轮齿数;

B——摆动管外侧同步带轮齿数;

E——道夫电动机外侧同步带轮齿数。

圈条器为 $\phi600$ 时,$E_{小压辊—大压辊}$ 与变换齿轮齿数 A、B、E 之间的关系见表7-2-20。

表7-2-20 $E_{小压辊—大压辊}$ 与变换齿轮齿数 A、B、E 之间的关系(圈条器 $\phi600$)

B	E	A		
		17	18	19
35	20	1.141	1.077	
	21	1.198	1.131	1.072
34	20	1.108	1.046	
	21	1.163	1.099	1.041
33	20	1.075	1.016	
	21	1.129	1.066	1.010

圈条器为 $\phi1000$ 时:

$$E_{小压辊—大压辊}=\frac{2\pi D_{小压辊}\ n_{小压辊}}{2\pi D_{大压辊}\ n_{大压辊}}=0.0272\times\frac{BE}{A}$$

圈条器为 $\phi1000$ 时,$E_{小压辊—大压辊}$ 与变换齿轮齿数 A、B、E 之间的关系见表7-2-21。

表7-2-21 $E_{小压辊—大压辊}$ 与变换齿轮齿数 A、B、E 之间的关系(圈条器 $\phi1000$)

B	E	A		
		17	18	19
35	20	1.120	1.058	
	21	1.176	1.111	1.052
34	20	1.088	1.028	
	21	1.147	1.079	1.022
33	20	1.056	0.977	
	21	1.109	1.047	0.992

（2）大压辊与轧碎辊之间的张紧牵伸倍数 $E_{大压辊—轧碎辊}$。

$$E_{大压辊—轧碎辊} = \frac{2\pi D_{大压辊}\ n_{大压辊}}{2\pi D_{轧碎辊}\ n_{轧碎辊}} = 0.06857A$$

$E_{大压辊—轧碎辊}$ 与变换齿轮齿数 A 之间的关系见表 7-2-22。

表 7-2-22　$E_{大压辊—轧碎辊}$ 与变换齿轮齿数 A 之间的关系

A	17	18	19
$E_{大压辊—轧碎辊}$	1.166	1.234	1.303

（3）轧碎辊与剥棉罗拉之间的张紧牵伸倍数 $E_{轧碎辊—剥棉罗拉}$。

$$E_{轧碎辊—剥棉罗拉} = \frac{2\pi D_{轧碎辊}\ n_{轧碎辊}}{2\pi D_{剥棉罗拉}\ n_{剥棉罗拉}} = \frac{D_{轧碎辊}}{D_{剥棉罗拉}} \times \frac{n_{轧碎辊}}{n_{剥棉罗拉}} = \frac{75}{125.86} \times \frac{C}{14} = 0.04256C$$

式中：C——剥棉罗拉内侧变换齿齿形带轮齿数。

$E_{轧碎辊—剥棉罗拉}$ 与变换齿齿形带轮 C 齿数之间的关系见表 7-2-23。

表 7-2-23　$E_{轧碎辊—剥棉罗拉}$ 与变换齿齿形带轮齿数 C 之间的关系

C	27	28	29	30
$E_{轧碎辊—剥棉罗拉}$	1.15	1.192	1.234	1.277

（4）剥棉罗拉与道夫之间的张紧牵伸倍数 $E_{剥棉罗拉—道夫}$。

$$E_{剥棉罗拉—道夫} = \frac{2\pi D_{剥棉罗拉}\ n_{剥棉罗拉}}{2\pi D_{道夫}\ n_{道夫}} = \frac{D_{剥棉罗拉}}{D_{道夫}} \times \frac{n_{剥棉罗拉}}{n_{道夫}} = \frac{125.86}{700} \times \frac{81}{D} = 14.5638 \times \frac{1}{D}$$

式中：D——剥棉罗拉外侧变换齿齿形带轮齿数。

$E_{剥棉罗拉—道夫}$ 与变换齿齿形带轮齿数 D 之间的关系见表 7-2-24。

表 7-2-24　$E_{剥棉罗拉—道夫}$ 与齿轮齿数 D 之间的关系

D	14	15
$E_{剥棉罗拉—道夫}$	1.04	0.97

（5）锡林与刺辊两针面线速度之比 $E_{锡林—刺辊}$。

$$E_{锡林—刺辊} = \frac{2\pi D_{\text{C}} n_{\text{C}}}{2\pi D_{\text{T}} n_{\text{T}}} = \frac{D_{\text{C}}}{D_{\text{T}}} \times \frac{n_{\text{C}}}{n_{\text{T}}} = \frac{1290}{250} \times \frac{H}{550} = 9.3818 \times 10^{-3}H$$

式中:H——变换皮带轮直径。

$E_{锡林—刺辊}$与变换皮带轮直径 H 之间的关系见表7-2-25。

表 7-2-25　$E_{锡林—刺辊}$与变换皮带轮直径 H 之间的关系

刺辊转速变换皮带轮 H/mm	145	160	180	200	225
$E_{锡林—刺辊}$	1.3604	1.5011	1.6887	1.8764	2.1109

(6)总牵伸倍数 E。

$$E=\frac{2\pi D_{小压辊}\ n_{小压辊}}{2\pi D_{给棉罗拉}\ n_{给棉罗拉}}$$

(7)梳棉机理论产量 $Q[\mathrm{kg/(台\cdot h)}]$。

$$Q=2\pi D_{小压辊}\ n_{小压辊}\times\frac{1}{1000}\times W_{生条}\times\frac{1}{5}\times\frac{1}{1000}\times60$$

$$=2\pi\times58\times0.04815\times n_{道夫电动机}\times\frac{1}{1000}\times W_{生条}\times\frac{1}{5}\times\frac{1}{1000}\times60$$

$$=2.1056\times10^{-4}\times n_{道夫电动机}\times W_{生条}$$

或

$$Q=2\pi D_{小压辊}\ n_{小压辊}\times\frac{1}{1000}\times W_{生条}\times\frac{1}{5}\times\frac{1}{1000}\times60=1.2\times10^{-5}\times V_{出条速度}\ W_{生条}$$

式中:$W_{生条}$——生条定量,g/5m。

(三)JWF1212 型梳棉机传动图及工艺计算

1. JWF1212 型梳棉机传动图

JWF1212 型梳棉机传动图如图7-2-6 所示。

2. 各部分转速

(1)棉箱给棉罗拉转速。给棉减速电动机与给棉罗拉直联,由变频器控制,输出转速为 0~2.8r/min。

(2)棉箱打手转速。棉箱打手转速与电动机皮带轮直径 J 之间的关系见表7-2-26。

表 7-2-26　棉箱打手转速与电动机皮带轮直径 J 之间的关系

电动机带轮直径 J/mm	93(60Hz 专用)	112(50Hz 专用)
打手转速/(r/min)	778	781

(3)锡林转速。电动机皮带轮配置规格与锡林转速之间的关系见表7-2-27。

表 7-2-27 电动机皮带轮配置规格与锡林转速之间的关系

主电动机带轮直径 J/mm	135	190
锡林转速(变频 35~50Hz)/(r/min)	250~350	350~550

$$n_c = 5.29E \times \frac{H_0}{100}$$

锡林最高转速(50Hz): $n_c(\max) = 5.29 \times 190 \times \frac{50}{100} \approx 500 (\text{r/min})$

注意:梳棉机锡林短时间运行 550r/min 可以使用 190min 皮带盘变频调节,长时间使用推荐更换 210min 直径皮带盘。

(4)刺辊转速 n_T。刺辊转速变换齿轮直径 H(mm):145,160,180,200,225。

第三刺辊的转速计算公式:

$$n_{T3} = 550 \times n_c \times 0.9 \times \frac{1}{H} = 495 \times \frac{n_c}{H}$$

第二刺辊的转速计算公式:

$$n_{T2} = 1.089 \times n_{T3} = 1.089 \times 495 \times \frac{n_c}{H} = 539.055 \times \frac{n_c}{H}$$

第一刺辊的转速计算公式:

$$n_{T1} = 0.697 \times n_{T3} = 0.697 \times 495 \times \frac{n_c}{H} = 345.015 \times \frac{n_c}{H}$$

(5)回转盖板速度。该参数可在显示屏上进行无级调节,调节范围 96~400m/min。盖板工艺速度推荐值见表 7-2-28。

表 7-2-28 盖板工艺速度推荐值

适纺品种	棉中低支环锭纺	棉中高支环锭纺	化纤环锭纺	气流纺
盖板速度/(m/min)	150~350	200~400	96~200	130~300

(6)给棉罗拉转速 $n_{给棉罗拉}$。

$$n_{给棉罗拉} = \frac{26}{56} \times n_{给棉罗拉电动机} = 0.4643 n_{给棉罗拉电动机}$$

(7)道夫转速 n_D。

$$n_D = \frac{20}{27} \times \frac{14}{C} \times \frac{D}{81} \times n_{道夫电动机} = 0.128 \times \frac{D}{C} n_{道夫电动机}$$

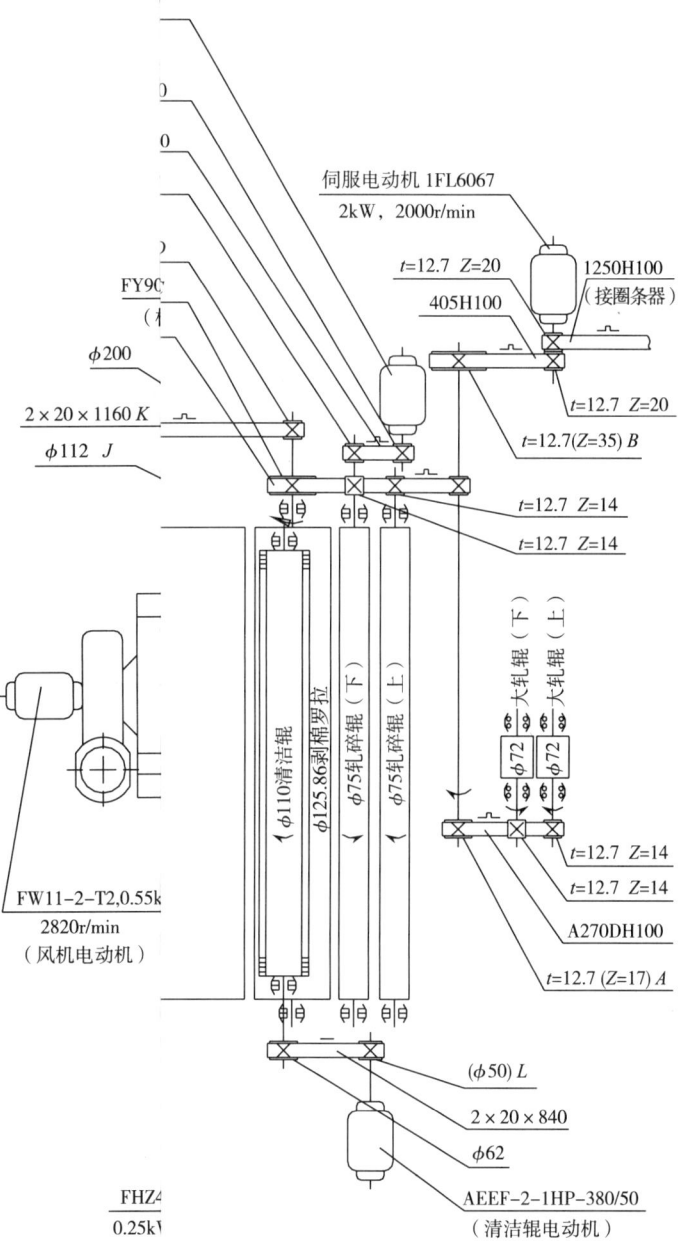

伺服电动机 1FL6067
2kW，2000r/min

1250H100
（接圈条器）

405H100

t=12.7 Z=20

t=12.7 Z=20

t=12.7(Z=35) B

FY9(

ϕ200

$2 \times 20 \times 1160\ K$

ϕ112 J

t=12.7 Z=14

t=12.7 Z=14

大轧辊（下）

大轧辊（上）

ϕ110清洁辊

ϕ125.86剥棉罗拉

ϕ75轧碎辊（下）

ϕ75轧碎辊（上）

ϕ72

ϕ72

t=12.7 Z=14

t=12.7 Z=14

A270DH100

t=12.7 (Z=17) A

FW11-2-T2,0.55k
2820r/min
（风机电动机）

(ϕ50) L

$2 \times 20 \times 840$

ϕ62

AEEF-2-1HP-380/50
（清洁辊电动机）

FHZ4
0.25k

$E_{轧碎辊—剥棉罗拉}$ 与变换齿轮齿数 C 之间的关系见表 7-2-31。

表 7-2-31　$E_{轧碎辊—剥棉罗拉}$ 与变换齿轮齿数 C 之间的关系

C	27	28	29	30
$E_{轧碎辊—剥棉罗拉}$	1.15	1.192	1.234	1.277

(4)剥棉罗拉与道夫之间的张紧牵伸倍数 $E_{剥棉罗拉—道夫}$。

$$E_{剥棉罗拉—道夫} = 14.5638 \times \frac{1}{D}$$

式中:D——齿形带变换齿轮齿数,取 14、15。

$E_{剥棉罗拉—道夫}$ 与变换齿轮齿数 D 之间的关系见表 7-2-32。

表 7-2-32　$E_{剥棉罗拉—道夫}$ 与变换齿轮齿数 D 之间的关系

D	14	15
$E_{剥棉罗拉—道夫}$	1.0403	0.9709

(5)锡林与刺辊的线速度比 $E_{锡林—刺辊3}$。

$$E_{锡林—刺辊3} = \frac{2\pi D_{C} n_{C}}{2\pi D_{T3} n_{T3}} = \frac{D_{C}}{D_{T3}} \times \frac{n_{C}}{n_{T3}} = \frac{1287}{250} \times \frac{H}{495} = 0.0104H$$

式中:H——刺辊转速变换带轮直径。

$E_{锡林—刺辊3}$ 与刺辊转速变换齿轮直径 H 之间的关系见表 7-2-33。

表 7-2-33　$E_{锡林—刺辊3}$ 与刺辊转速变换齿轮直径 H 之间的关系

刺辊转速变换齿轮直径 H/mm	145	160	180	200	225
$E_{锡林—刺辊3}$	1.508	1.664	1.872	2.08	2.34

4. 理论产量 $Q[\text{kg}/(台 \cdot \text{h})]$

$$Q = 2\pi D_{小压辊}\, n_{小压辊} \times \frac{1}{1000} \times W_{生条} \times \frac{1}{5} \times \frac{1}{1000} \times 60$$

$$= V_{出条速度} \times \frac{1}{1000} \times W_{生条} \times \frac{1}{5} \times \frac{1}{1000} \times 60$$

$$= 1.2 \times 10^{-5} \times V_{出条速度}\, W_{生条}$$

(四)JSC328A 型梳棉机传动图及工艺计算

1. JSC328A 型梳棉机传动图(图 7-2-7)

2. 速度计算

(1)刺辊转速。刺辊转速变更对照表见表7-2-34。

表 7-2-34 刺辊转速变更对照表 单位:r/min

刺辊带轮直径/mm	主电动机带轮直径/mm			
	135	155	175	190
157	967	1111	1254	1362
180	842	967	1092	1185
192	789	906	1023	1111

(2)锡林转速。锡林转速变更对照表见表7-2-35。

表 7-2-35 锡林转速变更对照表(锡林带轮直径为550mm) 单位:r/min

主电动机带轮直径/mm	135	155	175	190
锡林转速/(r/min)	368	423	477	518

3. 牵伸计算

(1)大压辊与圈条器小压辊之间的牵伸倍数 $E_{圈条器—大压辊}$。

当变换齿轮 $E=14$ 齿,$F=34$ 齿,有:

$$E_{圈条器—大压辊}=0.9787\times\frac{B}{A}$$

式中:A,B,E,F——变换齿轮齿数,如传动系统图7-2-7所示。

$E_{圈条器—大压辊}$ 与变换齿轮齿数 A、B 之间的关系见表7-2-36。

表 7-2-36 $E_{圈条器-大压辊}$ 与变换齿轮齿数 A、B 之间的关系

B	A	
	28	30
30	1.05	0.98
32	1.12	1.04
33	1.15	1.08

当 $E=14$ 齿,$F=35$ 齿,有 $E_{圈条器—大压辊}=1.0075\times\frac{B}{A}$,$E_{圈条器—大压辊}$ 与变换齿轮齿数 A、B 之间的关系见表7-2-37。

（5）给棉罗拉与棉箱输出罗拉之间的牵伸倍数 $E_{给棉罗拉—棉箱输出罗拉}$。当棉箱输出罗拉工作直径为 100mm 时，$E_{给棉罗拉—棉箱输出罗拉}$ 与变换齿轮齿数 G 之间的关系见表 7-2-41。

表 7-2-41　$E_{给棉罗拉—棉箱输出罗拉}$ 与变换齿轮齿数 G 之间的关系

G	29	31	33
$E_{给棉罗拉—棉箱输出罗拉}$	2.07	2.21	2.38

第二节　工艺配置

一、工艺配置原则

（一）梳棉机的工艺参数

梳棉机的工艺参数主要包括车速（包括牵伸位数）、隔距、加压、分梳工艺长度、针布的选型与规格等。其中：隔距、分梳工艺长度、针布的选型与规格是依据所纺原料的种类与长度及其整齐度而定；加压依据筵棉的定量而定。而车速及牵伸倍数依据所纺纤维的损伤可能性大小、梳理效果、产量三者之间的平衡来确定。

（二）车速的影响因素

第一是锡林转速。锡林转速太大，对锡林的动平衡要求极高，梳棉机的设计与制造成本极大，且维护要求极其严格；其次，如果锡林速度太大，锡林与盖板之间的纤维梳理时，纤维损伤就严重。为了确保梳理过程中，纤维损伤少、轻，一般控制的原则：所纺纤维长，则采取适当的低速；而所纺纤维粗短时，可适当提高锡林的转速。

第二是针布的饱和容纤能力。针布的饱和容纤能力是指针面负荷达到最大时，针面针齿能抓牢的纤维量，决定加工的纤维流能控制的最大纤维流量。如果针的饱和容纤能力较小时，只能通过提高运动机件的运动速度，来提高加工的纤维流量。而要能实现两针面之间正常的梳理与转移，针布的实际针面负荷要低于饱和容纤量。而针布的容纤量是由所选择的针布齿型与规格、纤维的力学性能决定的。

（三）车速的确定

（1）依据所纺纤维种类、纤维的长度及其分布，确定锡林的转速。

（2）依据锡林、道夫所配置针布的齿型及其规格，即锡林、道夫两针面的饱和容纤量，生条的定量，确定道夫的转速，也基本确定了梳棉机的产量。

（3）依据锡林、刺辊的针布齿型与规格及其筵棉的结构，即锡林、刺辊两针面的饱和容纤量，确定锡林与刺辊的最小线速度比，然后设计一个比锡林与刺辊的最小线速度比大得合理的锡林与刺辊的线速比，基本确定刺辊的转速。

（4）依据筵棉定量、刺辊针面的饱和容纤能力及其对筵棉分梳与除杂效能，来确定给棉罗拉与刺辊针面之间的牵伸倍数。此时，给棉罗拉转速不能实现预期的梳棉机总牵伸倍数时，必须协调各运动机件的速度。

二、梳棉机工艺配置

（一）分梳工艺长度

1. 给棉分梳工艺长度

给棉分梳工艺长度是指给棉罗拉与给棉板所组成的握持喂给钳口到刺辊与给棉罗拉的最近点的纤维运动路径长度。它影响刺辊针面对筵棉的分梳质量。给棉分梳工艺长度短，纤维接受梳理的长度长，有利于分梳；但给棉分梳工艺长度过小，处于表面层的纤维就容易被切断而成短绒。在顺向喂给方式时，给棉罗拉起到托持被分梳纤维层的作用。给棉钳口线为 A，给棉罗拉与刺辊两轴心的连心线与给棉罗拉圆周的交点 B，即为刺辊与给棉罗拉分梳隔距点的位置，如图 7-2-8 所示。

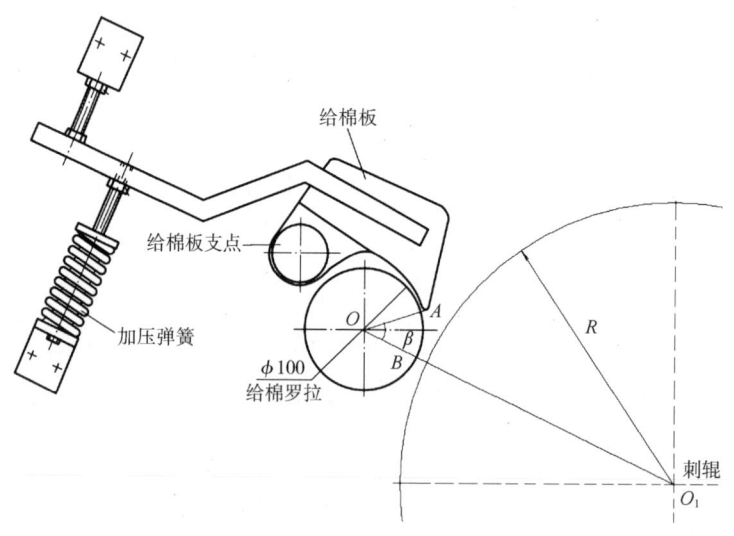

图 7-2-8 JWF1216 型梳棉机给棉分梳工艺长度

因此，给棉分梳工艺长度等于给棉罗拉圆周上 A 点、B 点之间的纤维层包围弧长度；设包围弧正对的给棉罗拉截面圆心角为 β（单位为弧度），给棉罗拉半径为 r，则给棉分梳工艺长度

L_A 为：

$$L_A = \beta r$$

2. 给棉分梳工艺长度调整

（1）JWF1216 型、JWF1212 型等梳棉机给棉分梳工艺长度调整。由于 JWF1216 型、JWF1212 型等梳棉机给棉罗拉的中心位置是不能变的,给棉板的高低位置变化受棉箱给棉波动的影响;因此,预调整 L_A 只能通过调整 A 点的位置,即改变给棉钳口线位置。给棉机构设置时,给棉板支点相对给棉罗拉轴心的高低位置影响给棉分梳工艺长度 L_A,即当给棉板支点相对给棉罗拉轴心位置越高,B 点相对 A 点越近,A、B 两点之间的圆弧长度越短,L_A 也越短。调整方式为:通过给棉板分梳工艺长度调整专用隔距块,调节给棉板支点轴的高低位置,往高调整,使给棉钳口线沿着给棉罗拉圆周向前移动,给棉分梳工艺长度变短;相反,往低调整,给棉分梳工艺长度变长。根据所纺纤维的品质长度,确定给棉分梳工艺长度,选择给棉板分梳工艺长度调整专用隔距块规格,来调整给棉板支点轴的高低位置,以获得生产工艺所需的给棉分梳工艺长度的给棉钳口线 A 点。JWF1216 型、JWF1212 型等梳棉机给棉板支点与机架平面的高低位置影响给棉分梳工艺长度 L_A,给棉板分梳长度 L_A 与给棉板支点轴高度 H 对照表见表 7-2-42;不同长度原棉推荐给棉板分梳工艺长度,见表 7-2-43。

表 7-2-42　给棉板分梳长度 L_A 与给棉板支点轴高度 H 对照表

L_A/mm	15	16	17	18	19	20	21	22	23	24	25	26	27
H/mm	120	118	116	114	112	110	108	106	103	101	99	96	94

表 7-2-43　不同长度原棉推荐给棉板分梳工艺长度 L_A 对照表

原棉纤维长度/mm	25 以下	25~28	28~33 或 人造纤维≥40	33~45 或 人造纤维≥60
分梳工艺长度 L_A/mm	16 以下	16~18	17~21	19~23

（2）JWF1213 型、MK7E 型梳棉机给棉分梳工艺长度调整。对于 JWF1213 型、MK7E 型梳棉机的给棉机构,给棉罗拉中心位置固定不变,而给棉板支点轴可绕给棉罗拉中心旋转,从而实现调整给棉钳口线 A 点位置。如图 7-2-9 所示。

隔距调整:首先调整螺钉 3,调整给棉板与给棉罗拉之间的隔距;按照所纺品种调整螺钉 5,调整给棉板分梳工艺长度 L_A。在调整给棉板握持点和刺辊分梳点的距离时,可以通过测量给棉板旋转轴心到机架面的高度(A)来计算握持距离。计算数据见表 7-2-44。

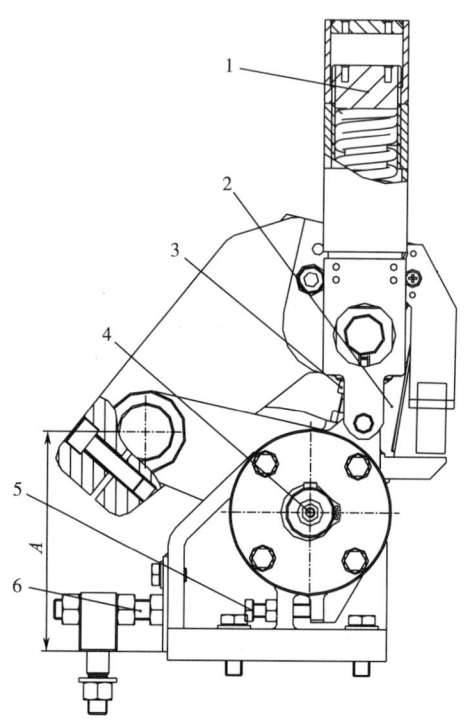

图 7-2-9　JWF1213 型梳棉机给棉机构结构示意图

1—给棉板加压机构　2—给棉板　3—给棉钳口调整螺钉　4—给棉罗拉

5—分梳工艺调整螺钉　A—给棉板旋转轴心相对机架面的高度

表 7-2-44　分梳工艺长度 L_A 与给棉板旋转轴心相对机架面的高度 A 对照表

L_A/mm	18	19	20	21	22	23	24	25	26
A/mm	136.9	134.9	132.8	130.8	128.7	126.6	124.6	122.5	120.3

（3）JSC326 型梳棉机给棉分梳工艺长度调整,如图 7-2-10 所示。首先调整给棉加压值,松开螺母 4,调节螺栓 5 至图中加压标志刻度 0 处(上套筒下沿达到下套筒的标志线中央),锁紧螺母 4,此时加压值为 317N,注意两端一致。松开螺母 7,调节螺栓 6,使给棉罗拉与给棉板在出口点的隔距为 0.20mm。锁紧螺母 7。调节螺母 3,使分梳工艺长度调整到工艺要求长度,复测加压值。分梳工艺长度 L_A 与 E 值对照表见表 7-2-45。

表 7-2-45　分梳工艺长度 L_A 与 E 值对照表

分梳长度 L_A/mm	28	27	26	25	24	23	22	21	20
E/mm	70.5	69.5	68.5	67.5	66.5	65.5	64.5	63.5	62.7

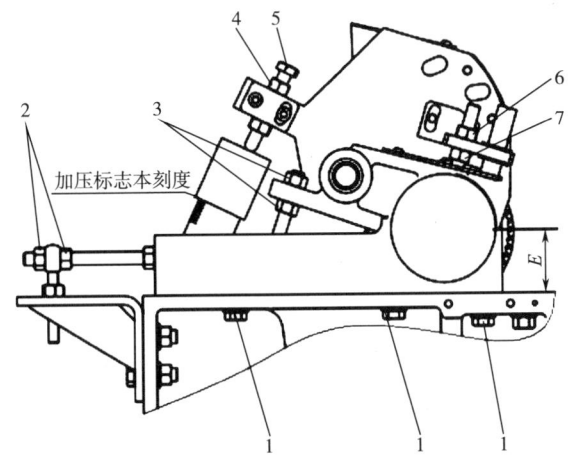

图 7-2-10 JSC326 型梳棉机给棉机构结构示意图

1—给棉机构底座固定螺栓 2—给棉罗拉与刺辊隔距调节螺栓 3—分梳工艺长度调节螺栓

4—加压螺栓紧固螺母 5—调压螺栓 6—给棉钳口调节螺栓紧固螺母 7—给棉钳口隔距调节螺栓

(二)速度配置

1. JWF1213 型梳棉机速度配置(表7-2-46)

表 7-2-46 JWF1213 型梳棉机速度配置

原料种类	棉			化纤	
梳棉机产量 $Q/(\mathrm{kg/h})$	$Q \leqslant 45$	$45 \leqslant Q \leqslant 80$	$Q \geqslant 80$	$Q \leqslant 80$	$Q \geqslant 80$
棉箱打手速度/(r/min)	850	850	1150	1150	1150
锡林速度/(r/min)	390	433	477	390	433
刺辊速度/(r/min)	878	975	1073	878	975
盖板速度(mm/min)	160~220	180~250	250~320	100~150	120~180

随着锡林针布的衰退,锡林速度应该相应提高一档,以格拉夫针布为例,格拉夫针布的寿命为500t,当纺到400t时,建议把锡林速度相应提高一档,以保证正常的分梳质量及适当延长针布使用寿命。

2. JWF1204 型、JWF1216 型、JWF1206 型、JWF1212 型梳棉机速度配置(表7-2-47)

表 7-2-47 梳棉机速度配置

机型	JWF1204 型、JWF1216 型		JWF1206 型、JWF1212 型	
原料种类	细绒棉	黏胶纤维	低级棉、再用棉	再生棉

续表

机型	JWF1204 型、JWF1216 型		JWF1206 型、JWF1212 型	
所纺产量种类	细、中特纱	环锭纱	环锭纱、转杯纱	
梳棉机产量 Q/(kg/h)	30~55	30~65	45~65	60~90
棉箱打手速度/(r/min)	651	651	778	778
锡林速度/(r/min)	458	458	550	550
刺辊速度/(r/min)	1050	900	922,1310,1204	1110,1735,1593
盖板速度/(mm/min)	334	217	253	253

(三)牵伸工艺配置

1. JWF1213 型梳棉机各部位牵伸工艺配置

给棉罗拉—棉箱输出罗拉(给棉罗拉变换齿轮齿数/牵伸倍数):22/1.60,24/1.47,26/1.35,28/1.26;刺辊—给棉罗拉牵伸倍数为变值;锡林—刺辊(刺辊皮带轮变换轮直径/牵伸倍数):205/2.10,224/2.29,242/2.47;剥棉罗拉—道夫:16/1.01;下轧辊—剥棉罗拉(剥棉罗拉变换齿轮齿数/牵伸倍数):30/1.26,31/1.30;皮圈—上下轧辊(大压辊到下轧辊变换齿轮齿数/牵伸倍数):15/1.124,16/1.05;大压辊—皮圈(大压辊变换齿轮齿数/牵伸倍数):23/1.13,24/1.08;传圈条器工艺轮 Z_3 齿数:15,16,18;棉条张力牵伸轮 Z_4 齿数:21,22,23;棉条张力牵伸轮 Z_8 齿数:51,52,53。JWF1213 型梳棉机不同出条速度 V 对应牵伸工艺参数见表7-2-48。

表7-2-48　不同出条速度 V 对应牵伸工艺参数

牵伸部位	不同出条速度 V 对应牵伸工艺参数	
	$V \leqslant 220$m/min	$V > 220$m/min
给棉罗拉—棉箱输出罗拉	1.47(24 齿)	1.60(22 齿)
刺辊—给棉罗拉	变值	
锡林—刺辊	2.29	2.29
剥棉罗拉—道夫	1.01(16 齿)	1.01(16 齿)
下轧辊—剥棉罗拉	1.30(31 齿)	1.30(31 齿)
皮圈—上下轧辊	1.05(16 齿)	1.124(15 齿)
大压辊—皮圈	1.13(23 齿)	1.13(23 齿)
传圈条器工艺轮	16 齿	15 齿

续表

牵伸部位	不同出条速度 V 对应牵伸工艺参数	
	$V \leqslant 220\text{m/min}$	$V > 220\text{m/min}$
棉条张力牵伸轮 Z_4	23 齿	22 齿
棉条张力牵伸轮 Z_8	52 齿	52 齿

2. JWF1204B 型、JWF1206A 型、JWF1216 型梳棉机在相关产品中的牵伸工艺配置

(1)采用品质较好的细绒棉,纺中特纱和细特纱时工艺推荐。纺该品种纱线时,一般推荐使用单刺辊梳棉机,使用 JWF1204B 型梳棉机时,推荐产量为 40~50kg/h。使用 JWF1216 型梳棉机,产量为 50~65kg/h 时,梳棉机工艺调换轮推荐:锡林电动机皮带盘直径为 175mm,刺辊皮带盘直径为 240m,活动盖板皮带盘直径为 136mm,棉箱打手皮带盘直径为 93mm,大压辊与压碎辊间工艺调换轮 18 齿,大压辊与小压辊间工艺调换轮为 34 齿,轧碎辊与剥棉罗拉间工艺调换轮为 30 齿,剥棉罗拉与道夫间工艺调换轮为 14 齿,给棉罗拉与棉箱出棉罗拉间工艺调换轮为 25 齿。

(2)低级细绒棉配清梳落棉、精梳落棉纺粗特纱或转杯纺工艺推荐。纺该品种纱线时,产量较低时可使用单刺辊梳棉机;产量较高、配棉含杂较多时可使用三刺辊梳棉机。使用 JWF1216 型梳棉机时,推荐产量为 50~75kg/h。使用 JWF1212 型梳棉机时,推荐产量为 60~90kg/h。以 JWF1206A 型梳棉机为例,工艺推荐如下:锡林电动机皮带盘直径为 175m,刺辊皮带盘直径为 112m,活动盖板皮带盘直径为 180mm,棉箱打手皮带盘直径为 93mm,大压辊与压碎辊间工艺调换轮 18 齿,大压辊与小压辊间工艺调换轮为 35 齿,轧碎辊与剥棉罗拉间工艺调换轮为 30 齿,剥棉罗拉与道夫间工艺调换轮为 14 齿。

(3)纺化学纤维工艺推荐。纺该品种纱线时,一般推荐使用单刺辊梳棉机。使用 JWF1204B 型梳棉机时,推荐产量为 40~70kg/h。使用 JWF1216 型梳棉机,产量为 50~90kg/h 时,其工艺为:锡林电动机皮带盘直径为 175mm,刺辊皮带盘直径为 280mm,活动盖板皮带盘直径为 210mm,棉箱打手皮带盘直径为 93mm,大压辊与压碎辊间工艺调换轮 18 齿,大压辊与小压辊间工艺调换轮为 34 齿,轧碎辊与剥棉罗拉间工艺调换轮为 29 齿,剥棉罗拉与道夫间工艺调换轮为 15 齿,给棉罗拉与棉箱出棉罗拉间工艺调换轮为 28 齿。

(四)隔距工艺

1. JWF1213 型梳棉机工艺隔距

(1)环锭纺且产量≤80kg/h 时参考工艺隔距(图 7-2-11)。

(2)环锭纺且产量>80kg/h 时参考工艺隔距(图 7-2-12)。

(3)纺化纤且产量≤80kg/h 时参考工艺隔距(图 7-2-13)。

(4)气流纺且产量≤80kg/h 时参考工艺隔距(图 7-2-14)。

(5)气流纺且产量>80kg/h 时参考工艺隔距(图 7-2-15)。

(6)气流纺且产量>80kg/h 时参考工艺隔距(图 7-2-16)。

2. JWF1216(-120)型梳棉机参考工艺隔距(图 7-2-17)

3. JWF1204 型梳棉机参考工艺隔距(图 7-2-18)

4. JWF1212 型梳棉机参考工艺隔距(图 7-2-19)

5. JWF1206 型梳棉机参考工艺隔距(图 7-2-20)

6. MK7 型梳棉机参考工艺隔距

(1)纺棉且产量 50~80kg 时参考工艺隔距(图 7-2-21)。

(2)纺棉型化纤且产量≥60kg/h 时参考工艺隔距(图 7-2-22)。

(3)纺中长 51mm 莫代尔纤维参考工艺隔距(图 7-2-23)。

(4)纺短绒、再生棉参考工艺隔距(图 7-2-24)。

7. JSC328A 型梳棉机参考工艺隔距(图 7-2-25)

(五)刺辊后部工艺配置

1. 后部工艺要求

(1)刺辊针面对给棉钳口喂给的纤维层有分梳作用,形成刺辊针面负荷结构,能在确保向锡林针面有效地进行纤维转移的前提下,实现对在刺辊针齿握持的纤维束进行更进一步分梳,并能在锡林针面形成小纤维束,构成均匀的针面负荷。

(2)刺辊分梳时,纤维损伤要少,给棉分梳工艺长度与所纺纤维品质长度相适应。

(3)除杂效能高,落棉率适当,落棉含杂率控制得当。

2. 国内外几种梳棉机后部工艺示例

(1)国内单刺辊梳棉机。如 JWF1204 型、JWF1213 型、JWF1216 型、MK7 型、JSC326 型梳棉机,其后部工艺基本趋同,都采用两个除杂区与一个配置两条齿条的预分梳板的工艺。JWF1213 型梳棉机后部工艺示例如图 7-2-26 所示。

(2)立达 C70 型、C75 型、C80 型单刺辊梳棉机。其后部工艺都采用单落杂区与一块双齿条固定分梳板配置。

(3)三刺辊梳棉机。其后部工艺分两类:一类是三个刺辊相同直径,如 TC8 型梳棉机,第一刺辊低位、第二和第三刺辊高位呈水平平行排列;或如 TC10 型、TC19i 型、JSC328A 型梳棉机,其三刺辊呈 V 形排列,如图 7-2-27 所示;另一类为非相同直径的三个刺辊轴心呈水平面平行

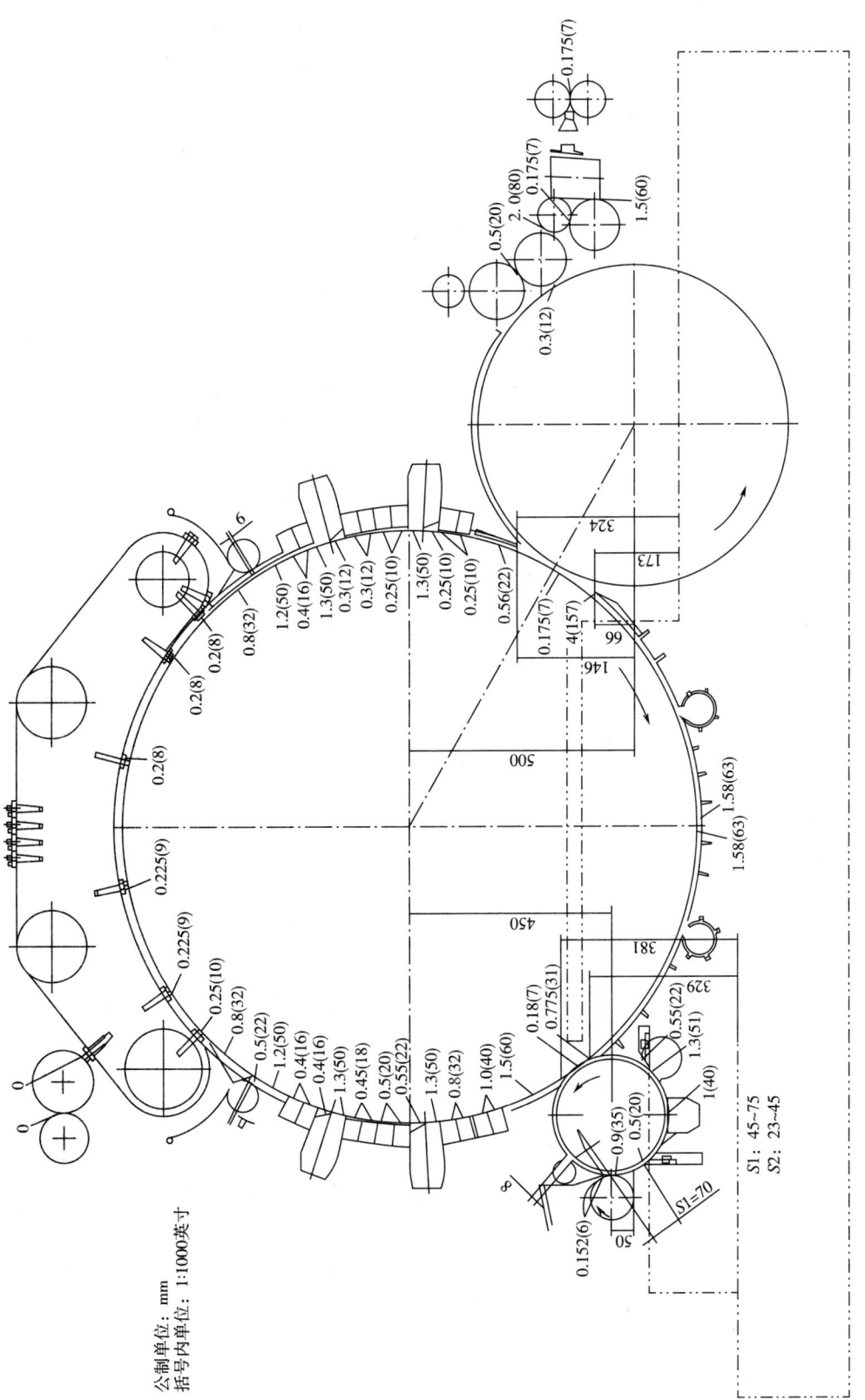

公制单位：mm
括号内单位：1:1000英寸

图 7-2-11　环锭纺目产量≤80kg/h 参考工艺隔距

初装时，盖板六点隔距比隔距图上标注的尺寸加大 0.05mm（2 英丝），正常开车产量 20t 以后，再检查盖板情况，并将隔距调整到隔距图要求。

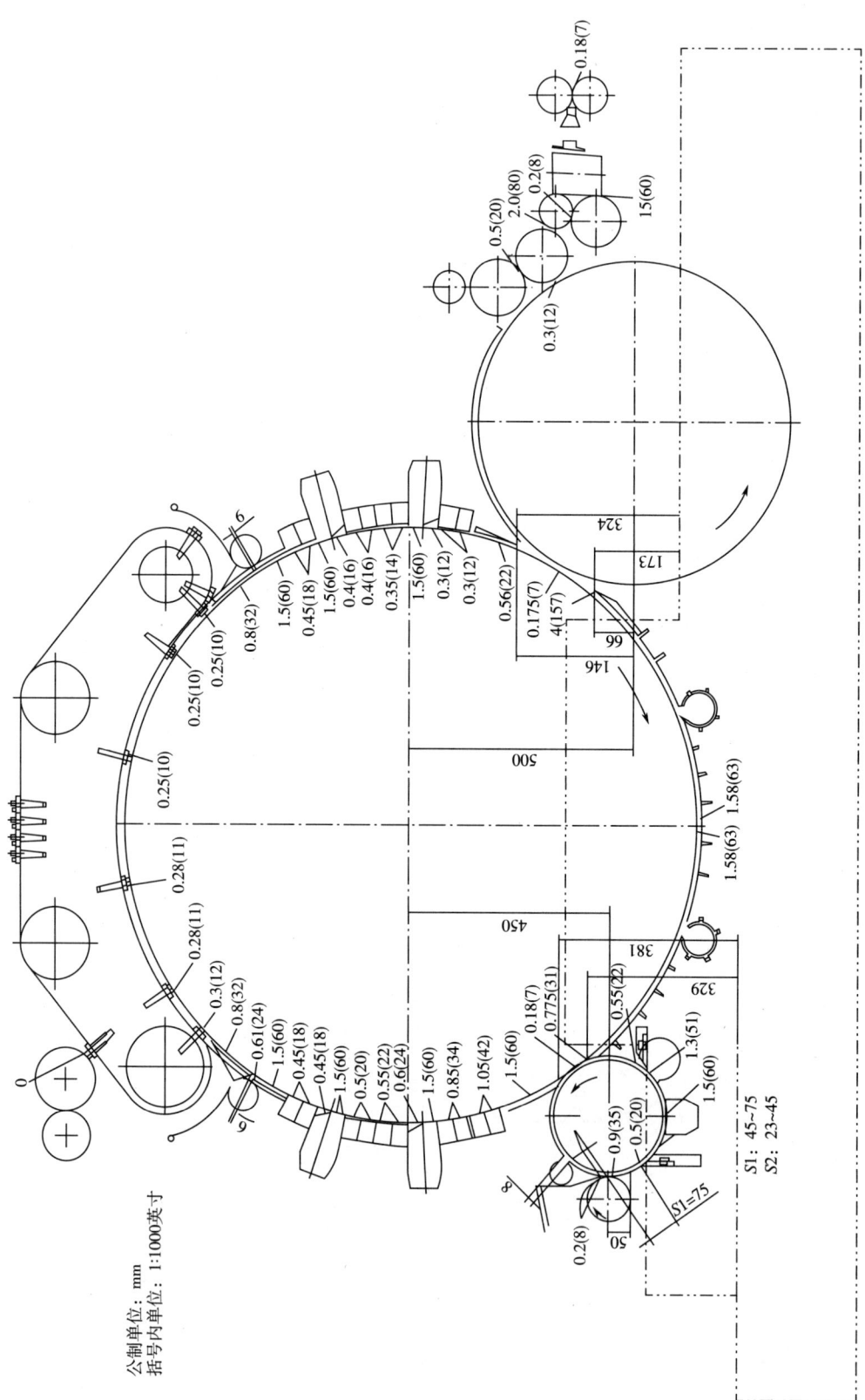

公制单位：mm
括号内单位：1:1000英寸

图 7-2-12　环锭纺（纯棉）且产量>80kg/h 参考工艺隔距

初装时，盖板六点隔距比隔距图上标注的尺寸加大 0.05mm（2 英丝），正常开车产量 20t 以后，再检查盖板情况，并将隔距调整到隔距图要求。

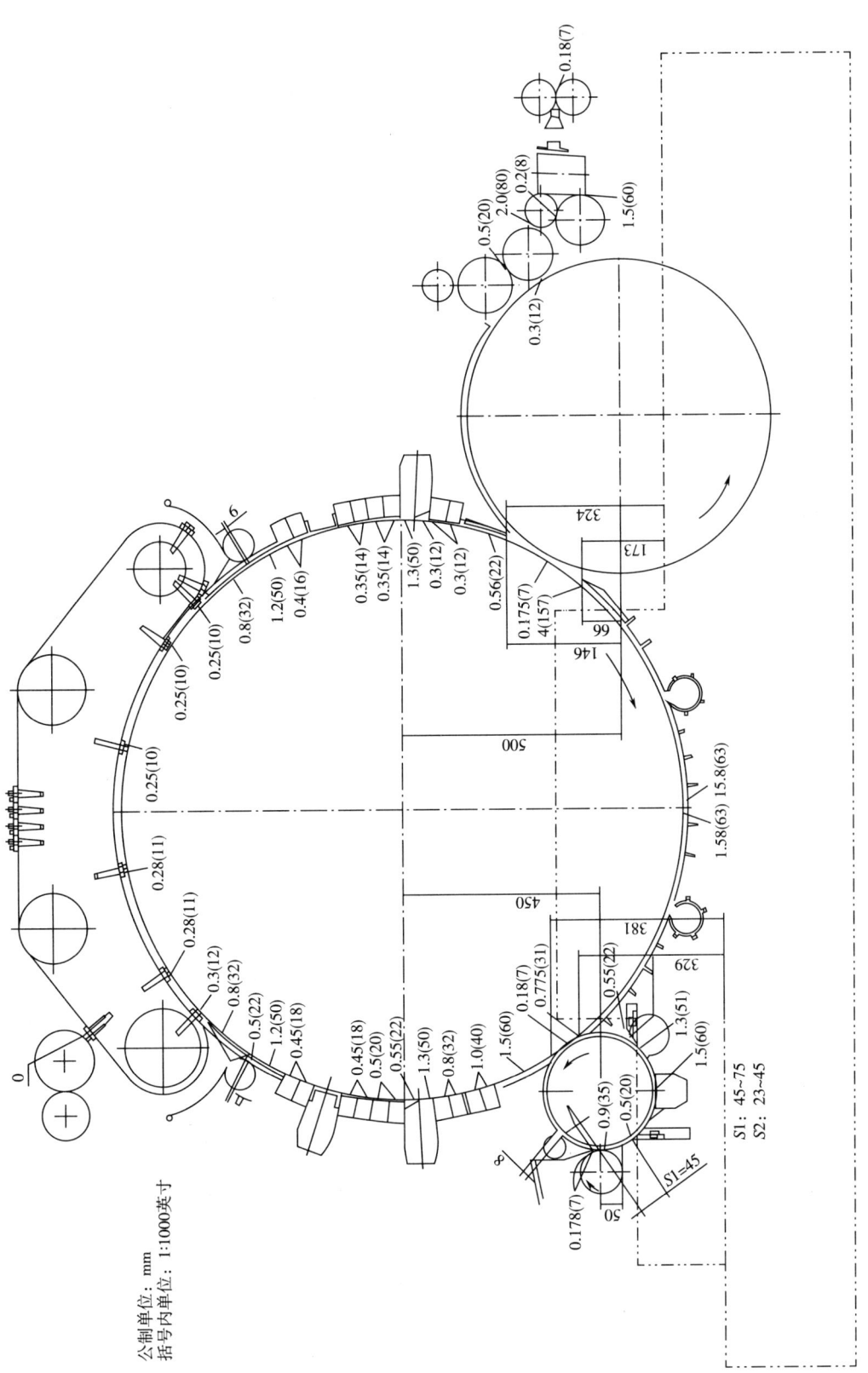

公制单位：mm
括号内单位：1:1000英寸

图 7-2-13　纺化纤且日产量<80kg/h 参考工艺隔距

初装时，盖板六点隔距比隔距图上标注的尺寸加大 0.05mm（2英丝），正常开车产量 20t 以后，再检查盖板情况，并将隔距调整到隔距图要求。

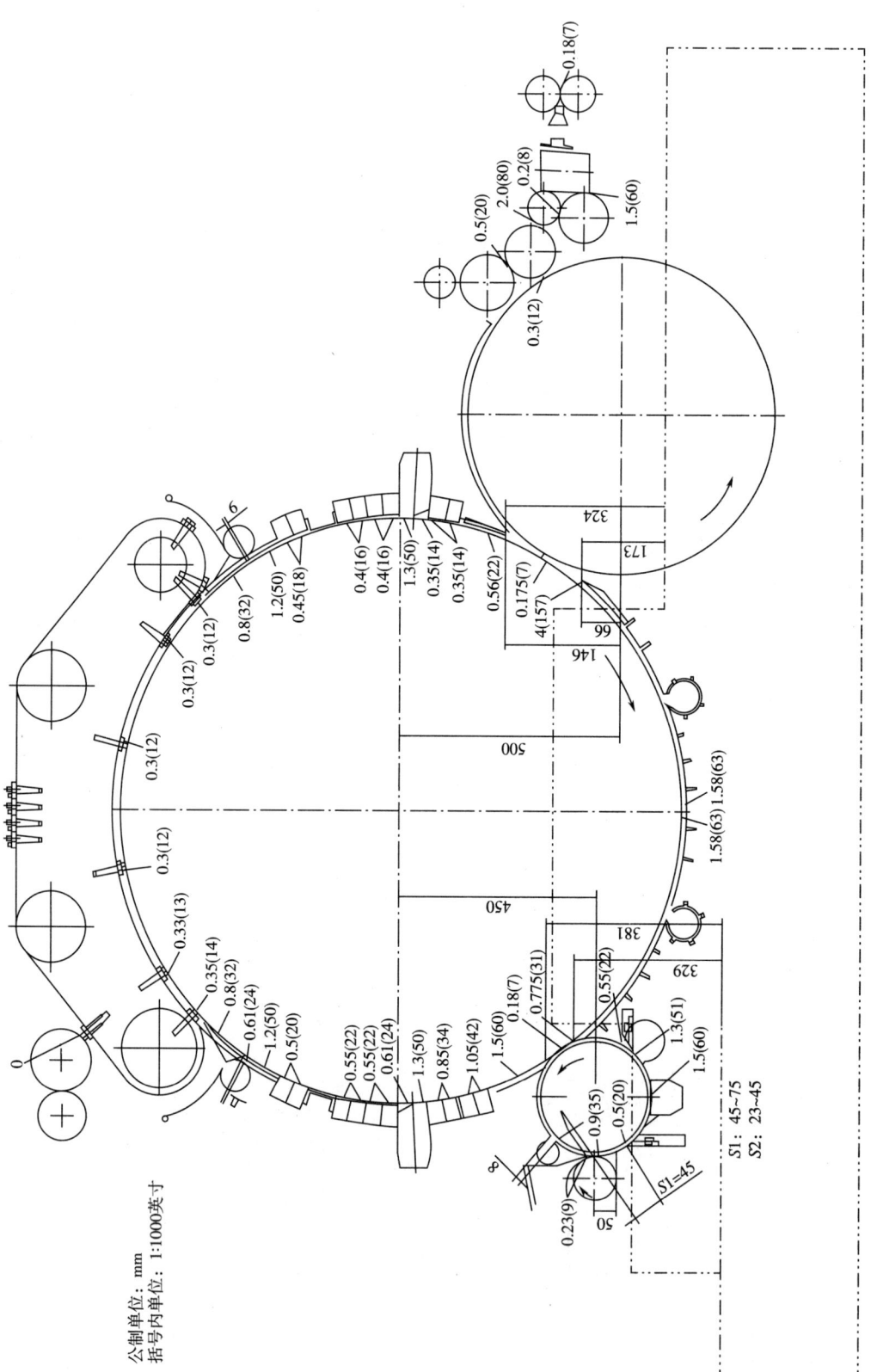

图 7-2-14 纺化纤且产量 >80kg/h 参考工艺隔距

公制单位：mm
括号内单位：1:1000英寸

初装时，盖板六点隔距比隔距图上标注尺寸的加大 0.05mm（2英丝）以后，正常开车产量 20t 以后，再检查盖板情况，并将隔距调整到隔距图要求。

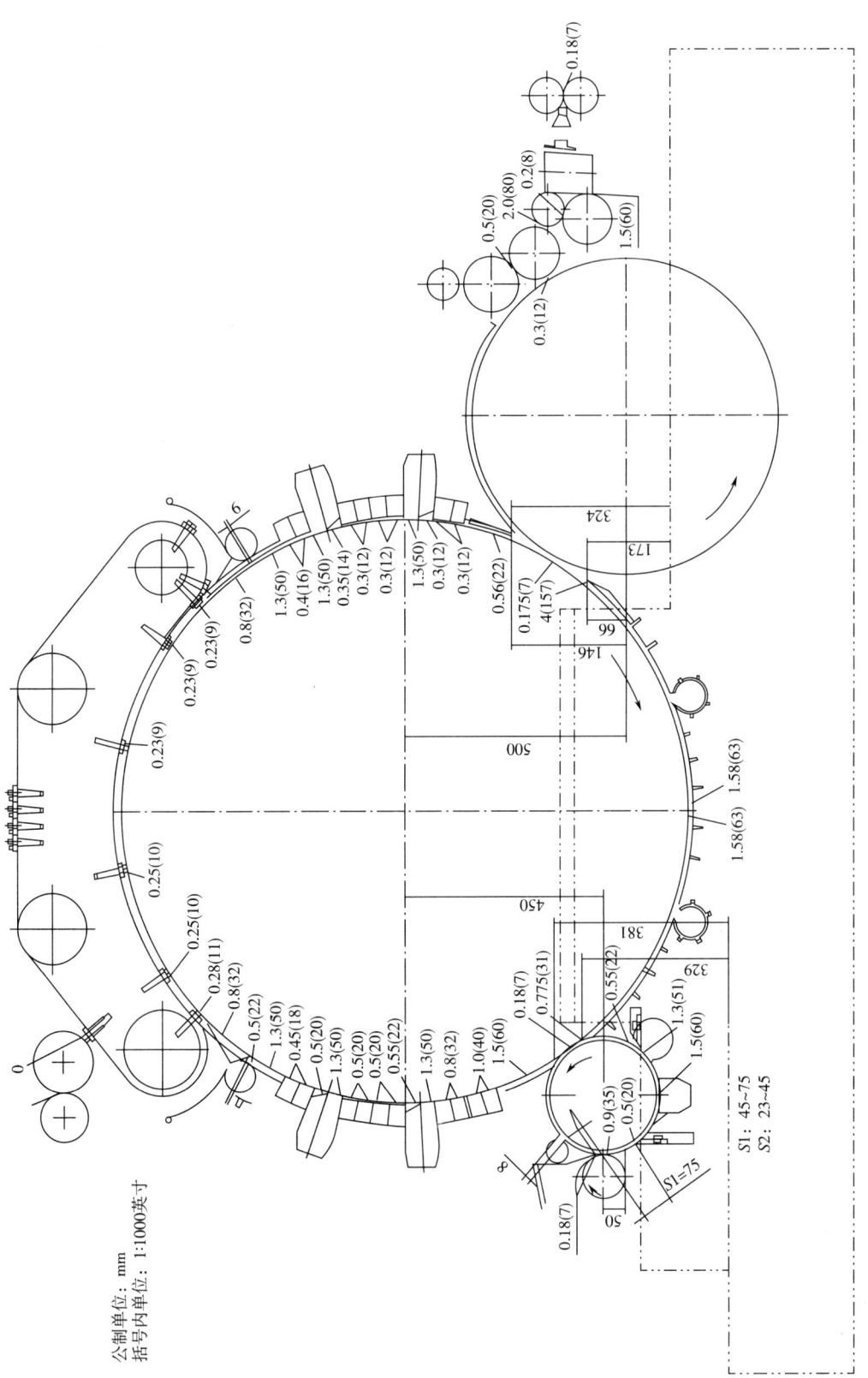

图 7-2-15　气流纺日产量 <80kg/h 参考工艺隔距

公制单位：mm
括号内单位：1:1000英寸

初装时，盖板六点隔距比隔距图上标注的尺寸加大 0.05mm（2 英丝），正常开车产量 20t 以后，再检查盖板情况，并将隔距调整到隔距图要求。

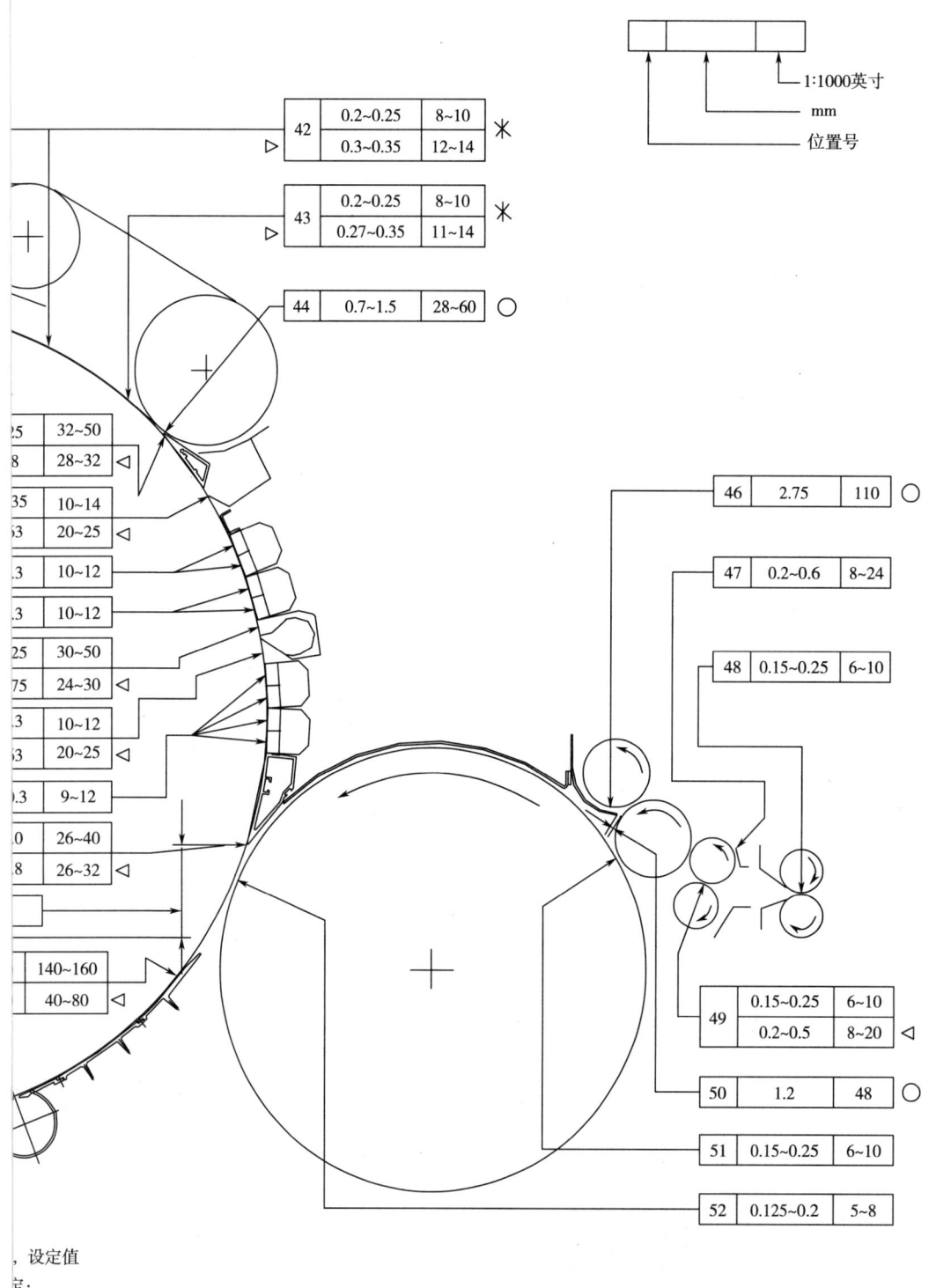

位置号 / mm / 1:1000英寸

| 42 | 0.2~0.25 | 8~10 | ✳ |
| | 0.3~0.35 | 12~14 | ▷ |

| 43 | 0.2~0.25 | 8~10 | ✳ |
| | 0.27~0.35 | 11~14 | ▷ |

| 44 | 0.7~1.5 | 28~60 | ○ |

	25	32~50	
	8	28~32	◁
	35	10~14	
	63	20~25	◁
	.3	10~12	
	.3	10~12	
	25	30~50	
	75	24~30	◁
	.3	10~12	
	63	20~25	◁
	0.3	9~12	
	0	26~40	
	8	26~32	◁
		140~160	
		40~80	◁

| 46 | 2.75 | 110 | ○ |

| 47 | 0.2~0.6 | 8~24 |

| 48 | 0.15~0.25 | 6~10 |

| 49 | 0.15~0.25 | 6~10 | |
| | 0.2~0.5 | 8~20 | ◁ |

| 50 | 1.2 | 48 | ○ |

| 51 | 0.15~0.25 | 6~10 |

| 52 | 0.125~0.2 | 5~8 |

, 设定值
定;
申、车速等

隔距

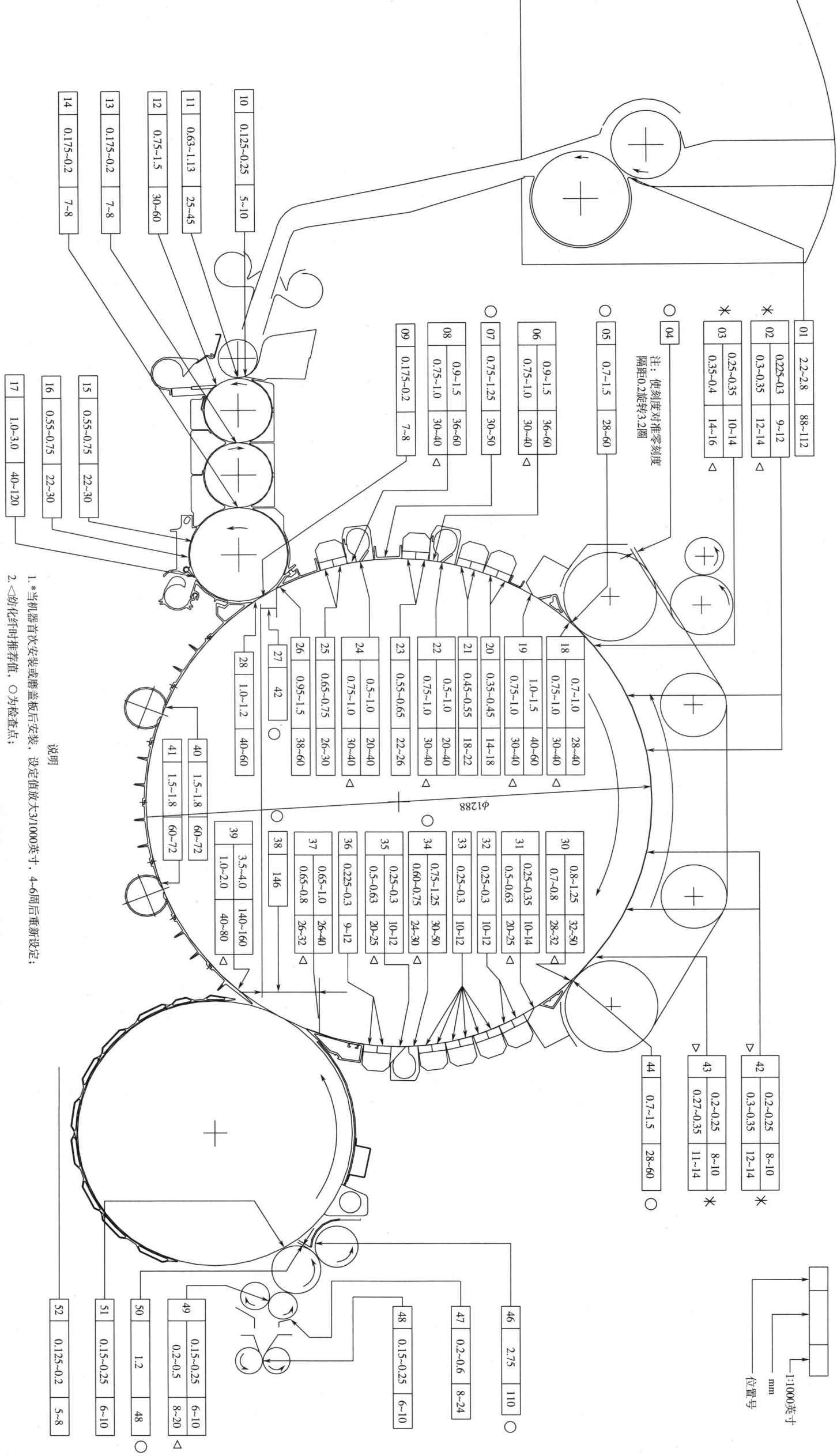

注：使刻度对准零刻度
隔距0.2旋转3.2圈

说明

1. *当机器首次安装或盖板顶后安装时，设定值放大3/1000英寸，4-6周后重新设定；
2. <为化纤时的推荐值，○为检查点；
3. 当单机产量≥60kg/h时，锡林周围分梳，○为隔距放大1/1000-2/1000英寸；
4. 当单机产量≥80kg/h时，锡林周围分梳，除尘隔距放大2/1000-3/1000英寸；
5. 棉切隔距值应根据用户所纺品种、车速等工艺参数确定。

图 7-2-19　JWF1212型梳棉机参考工艺隔距

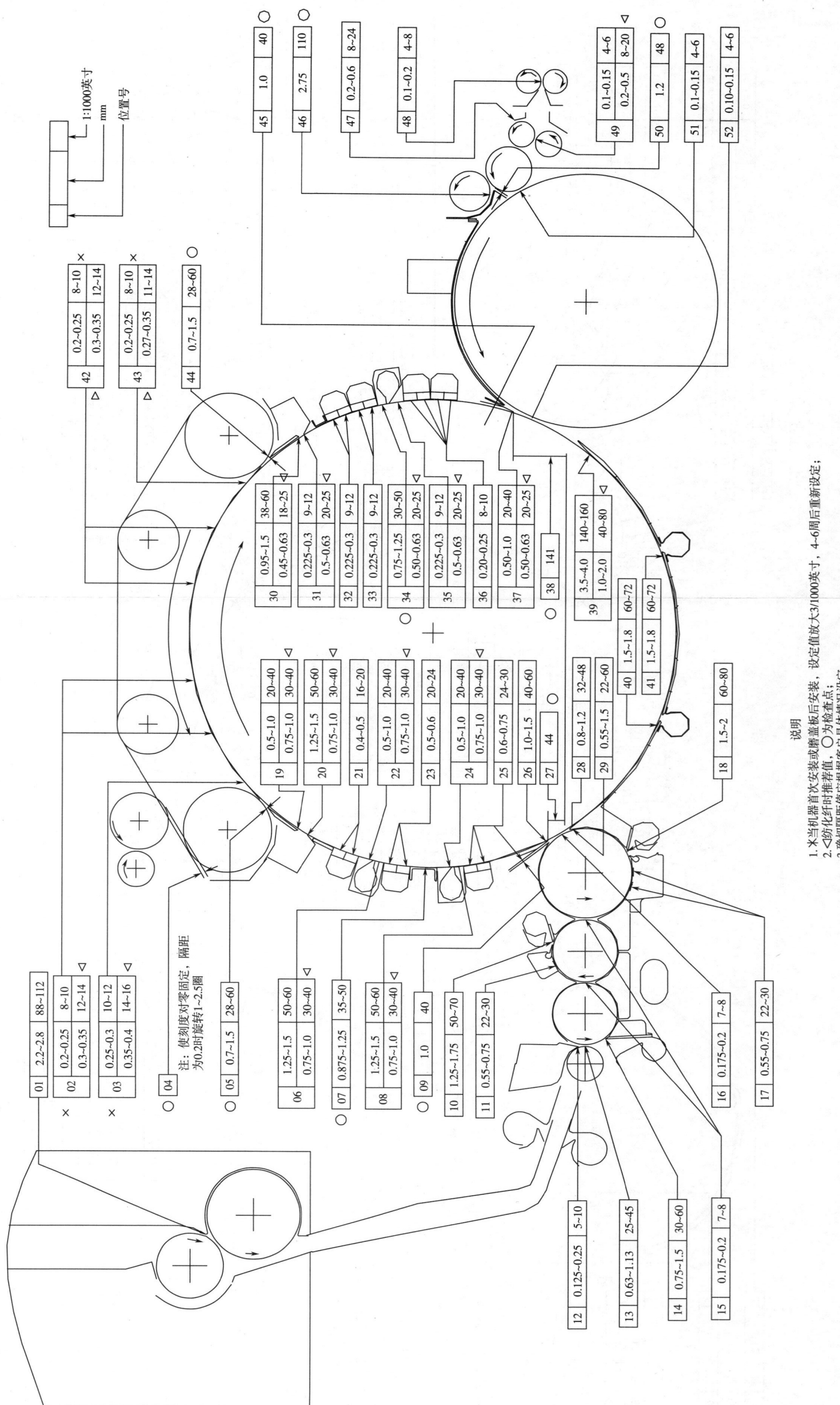

说明

1. 本当机器首次安装或磨盖板后安装，设定值应大3/1000英寸，4-6周后重新设定；
2. <为化纤时推荐值，○为检查点；
3. 确切隔距值应根据客户具体情况设定。

图7-2-20 JWF1206型梳棉机参考工艺隔距

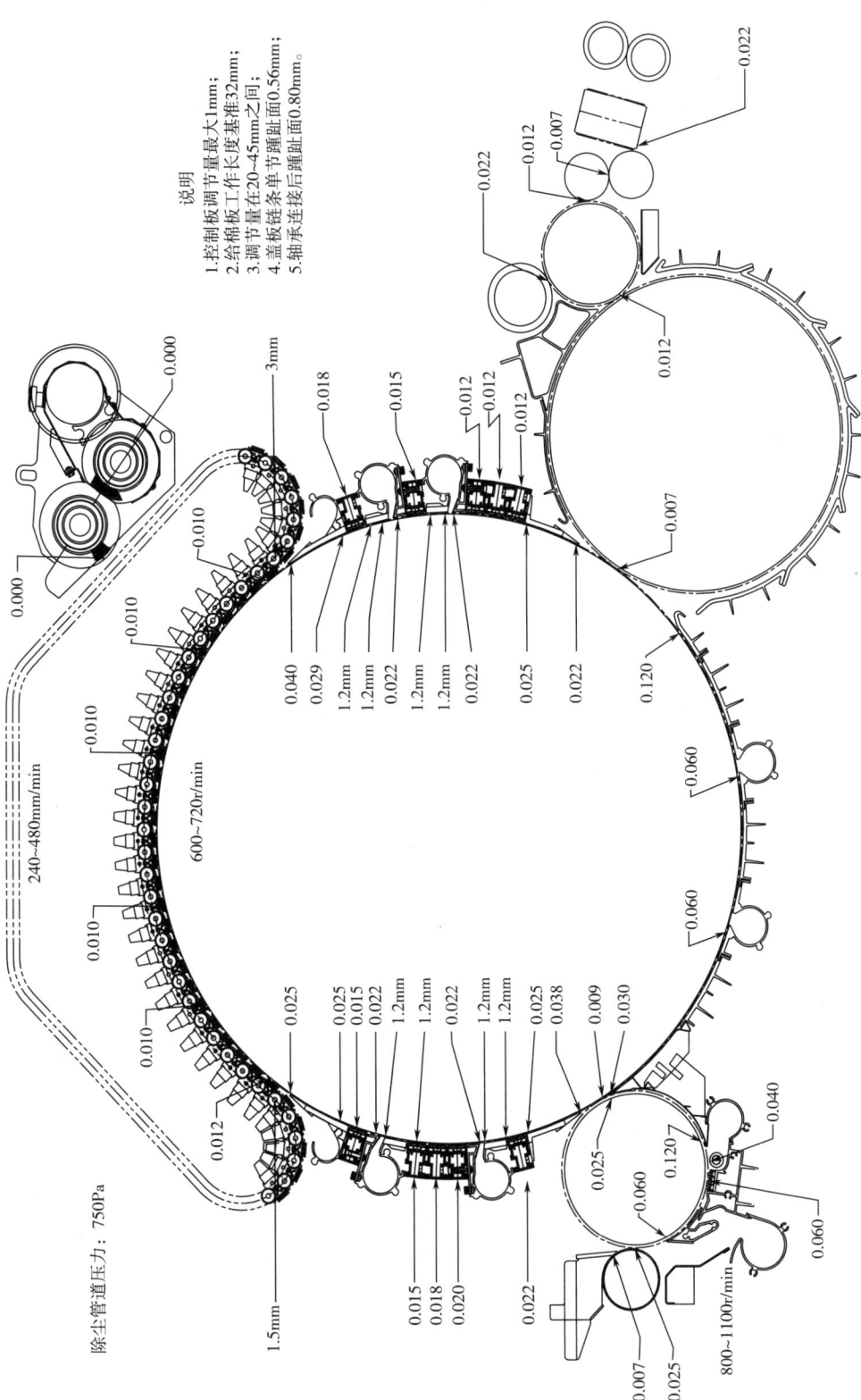

图 7-2-21　纺棉且产量 50~80kg 时参考工艺隔距

说明
1.控制板调节量最大1mm;
2.给棉板工作长度基准32mm;
3.调节量在20~45mm之间;
4.盖板链条单节踵趾面0.56mm;
5.轴承连接后踵趾面0.80mm。

除尘管道压力：750Pa

240~480mm/min

600~720r/min

800~1100r/min

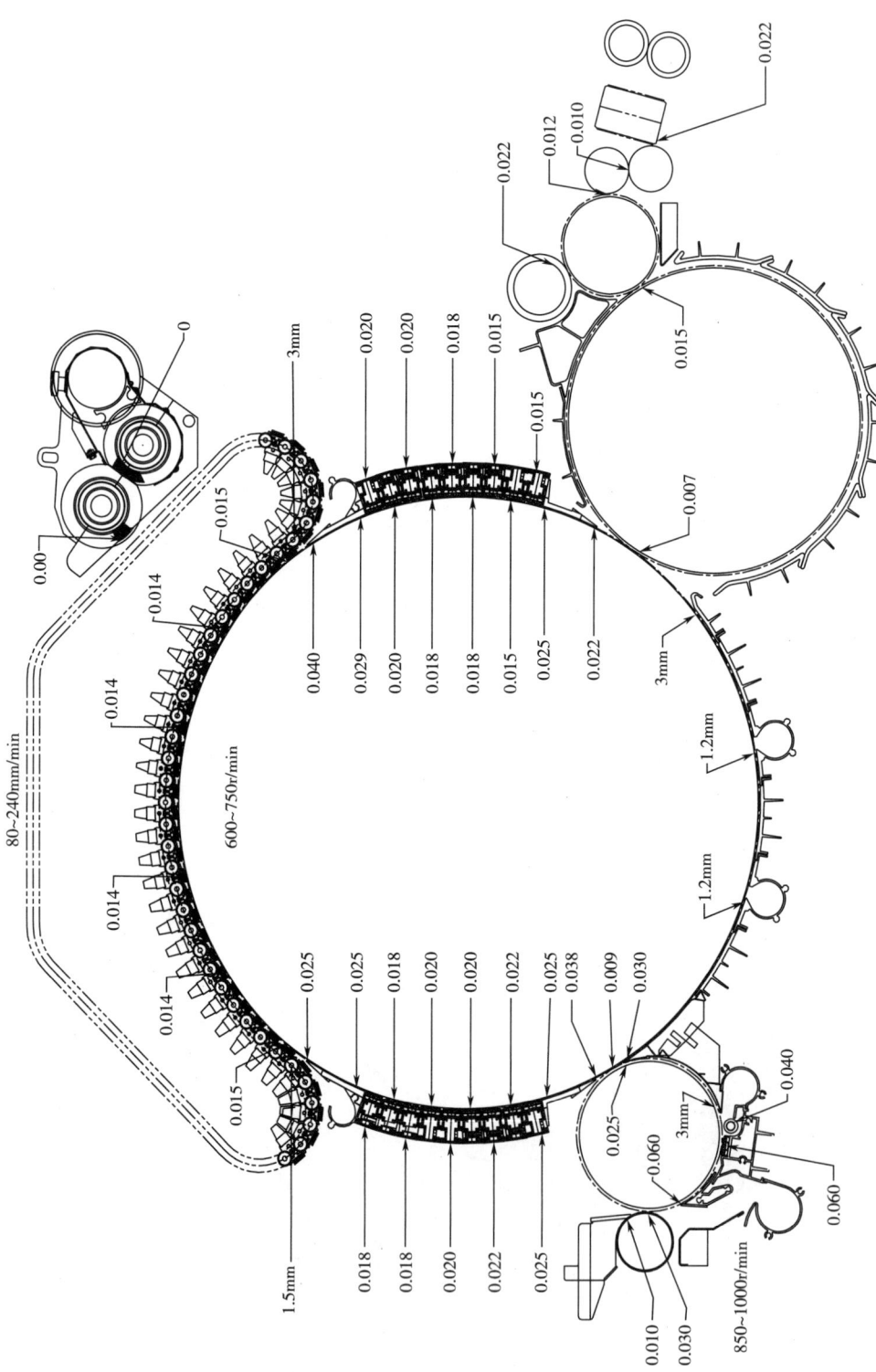

图 7-2-22　纺棉型化纤且产目产量≥60kg/h 时参考工艺隔距

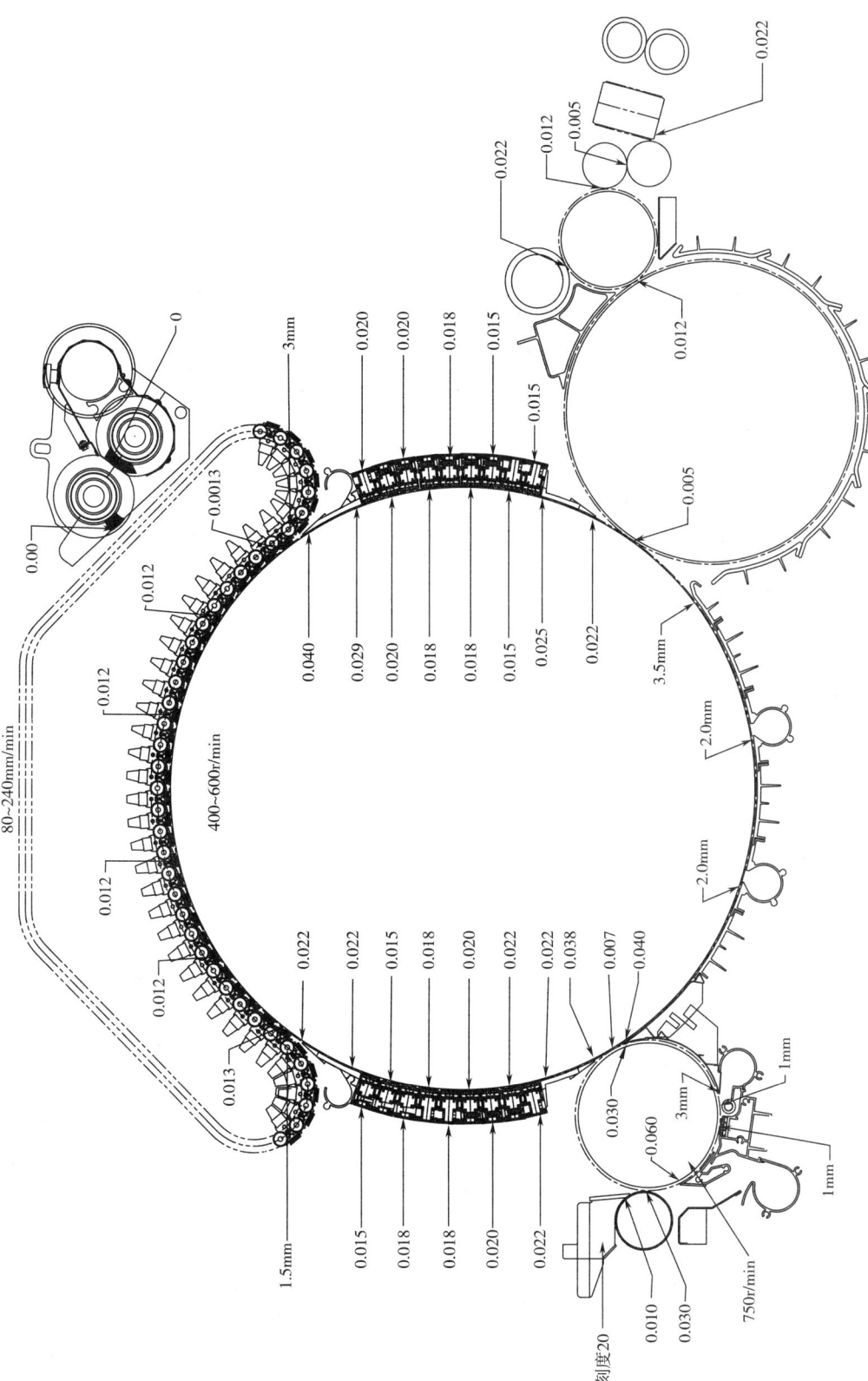

图 7-2-23　纺中长 51mm 莫代尔纤维参考工艺隔距

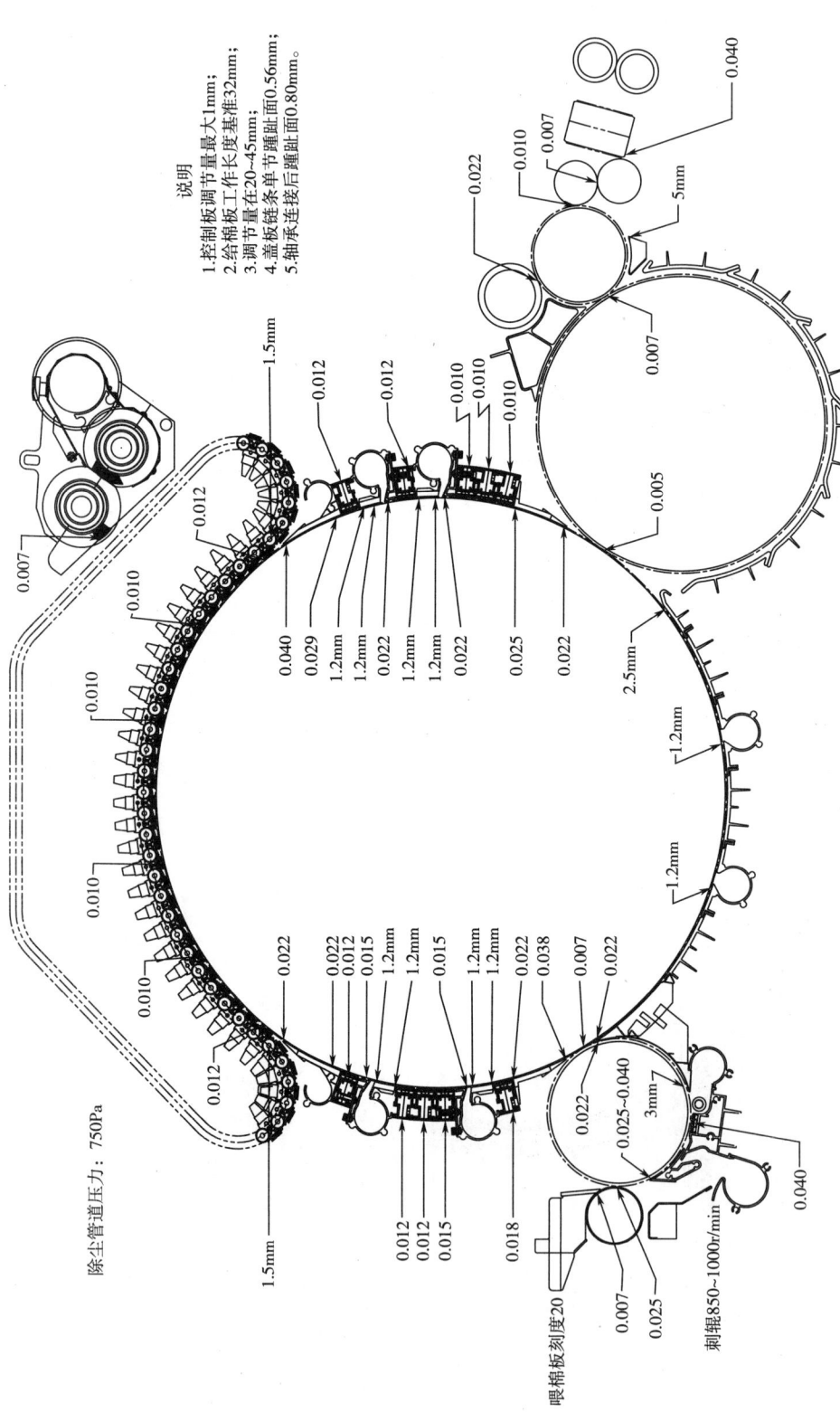

除尘管道压力：750Pa

说明
1.控制板调节量最大1mm；
2.给棉板工作长度基准32mm；
3.调节量在20~45mm；
4.盖板链条单节踵趾面0.56mm；
5.轴承连接后踵趾面0.80mm。

喂棉板刻度20

刺辊850~1000r/min

图7-2-24　纺短绒、再生棉参考工艺隔距

第一除杂区长度为自刺辊与给棉罗拉隔距点到第一除尘刀口刀尖之间的距离。调节方法：松开螺栓7,用专用工具转动轴10使活动罩板调节座8带动除尘刀12绕刺辊1旋转,改变第一落杂区的长度,调节范围为45~75mm;除尘刀12与刺辊之间的隔距分别通过调节调节块11来完成。而第二除杂区长度为自舌板与第二除尘刀尖之间的距离,调节范围为23~45mm;除尘刀3与刺辊之间的隔距分别通过调节调节块2来完成;此外,还可通过调整舌板4与刺辊的隔距来控制。

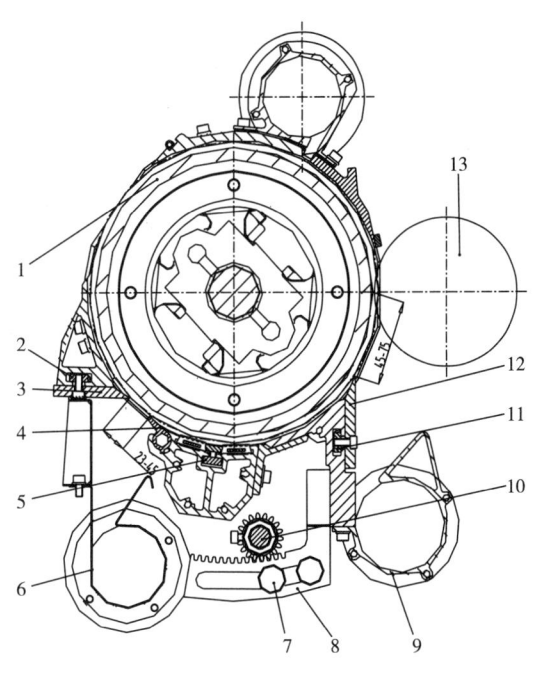

图 7-2-30　JWF1213 型梳棉机刺辊下方除杂区设置

1—刺辊　2—第二除尘刀3与刺辊之间的隔距调节块　3—第二除尘刀　4—舌板　5—预分梳板

6—第二除杂区吸风槽　7—松开螺栓　8—活动罩板调节座　9—第一除杂区吸风槽

10—第一落杂区长度调节轴　11—第一除尘刀与刺辊之间的隔距调节块

12—第一除尘刀　13—给棉罗拉

JWF1216 型梳棉机刺辊下方落杂区的设置如图 7-2-31 所示。

除杂区长度调节:松开图中的螺母7,拆下螺钉6,用手转动除尘刀座结合件3,可使其上除尘刀与竖直方向夹角 θ 及除尘刀与给棉罗拉1之间的落棉区长度 L 不同。除尘刀的位置角度(具体值根据工艺需要而定)可通过除尘刀座上四组不同安装位置调节。4 为支轴,5 为预分梳板。

除尘刀隔距:第一落杂区长度调整完毕后,复查并调整第一除尘刀与刺辊的隔距。松开螺

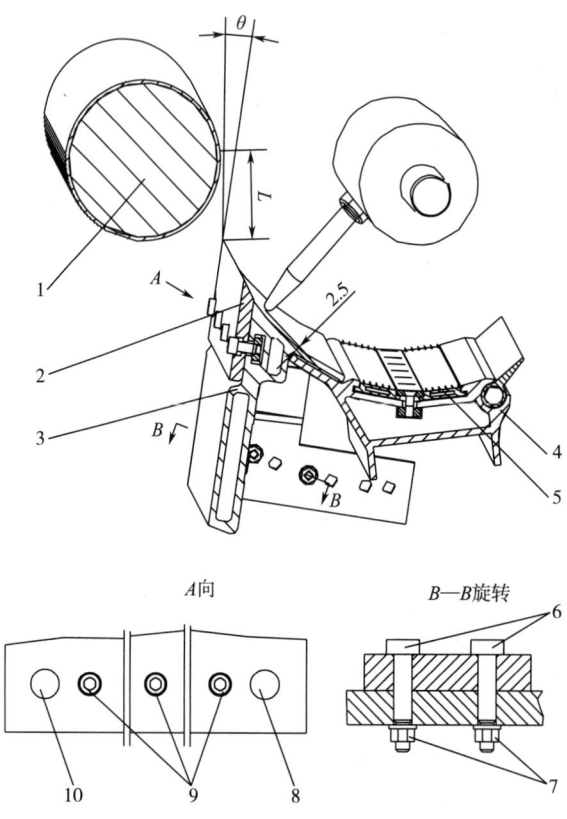

图 7-2-31 JWF1216 型梳棉机刺辊下方除杂区设置

钉 9,调节偏心轴 8 和 10,使除尘刀 2 与刺辊半间隙至要求工艺数值。

落棉区长度 L 与除尘刀和竖直方向夹角 θ 之间的关系见表 7-2-49。

表 7-2-49 落棉区长度 L 与转动指示角度 θ 对照表

$\theta/(°)$	18	14	8	4
L/mm	42	50	63	72

4. 后落物率控制

刺辊分梳区、锡林—盖板梳理区是梳棉机除杂的两个重要部位,前者以除粗大杂质与原棉有害疵点为主,后以除细小杂质与微尘为主,两区除杂功能的协调与分工,是确保生条含结杂数量的关键所在。刺辊分梳区的后落物率应根据筵棉的含杂情况而定。由于现代高产梳棉机都采用吸风式积极除杂方式,有些企业侧重成纱质量,使得后落物率有可能偏高,落物含杂率可能偏低,导致清梳联制成率下降。但是,切忌大落大回、重复处理,本特纱回用。如果企业配置有转杯纺纱设备,可将落物处理后供转杯纺使用。后落物率一般控制范围见表 7-2-50。

表 7-2-50 后落物率一般控制范围

纺纱线密度	筵棉含杂及特征	后落物率与筵棉含杂的比例/%	备注
粗特纱	细杂不多,含杂较多、较大	150~200	落物含杂率应为 30%~40%
中特纱	细杂较多,含杂一般	120~150	
细特纱	细杂多,含杂较少、较小	180~200 及以上	

三、锡林前后固定盖板

(一)后固定盖板

主要对进入锡林、盖板梳理区前的锡林针面所携带的纤维束进行分梳,使之更加有序排列,将不被锡林针齿抓牢的纤维与杂质转移到锡林针面的外围,同时促进锡林针面纤维的内外转移。这样,有利于盖板针面分梳,减少自由纤维产生数量,最终减少盖板花或生条中束纤维的数量。

(二)前固定盖板

主要是通过对走出锡林、盖板梳理区的锡林针面纤维层进行不抓取方式的连续梳理,让走出锡林、盖板梳理区突然松弛、回弹的纤维获得进一步提升作用,促进纤维从锡林针面向道夫针面转移。但要控制好提升的力度,不能出现脱离锡林针面而转移到前固定盖板针齿上的现象。否则,将会出现该类纤维沿着前固定分梳板作不稳定的滑移,最终转移到道夫针面,形成纤维网"云斑"。

(三)棉网清洁器

在前、后固定盖板间安装棉网清洁器(除尘刀+吸风槽),有利于除杂,排短绒;但要遵循高速旋转锡林周围的气流分布,不影响纤维的分梳与转移。

(四)国内外锡林前后固定盖板和工艺示例

1. 固定盖板及棉网清洁器

梳棉机的锡林前后都配置经模块化设计的固定盖板与棉网清洁器,以满足所纺原料、产品质量要求。在现代高产梳棉机上的固定盖板都为双联固定盖板。双联固定盖板是指宽度方向上通过连接螺栓 2 将由两根 33mm 齿条组成的齿片组并排安装到 70mm 固定盖板骨架 1 底部面组成的固定盖板,如图 7-2-32 所示。双联固定盖板尺寸稳定性,更换齿条方便,组合灵活。一般情况下,一个双联固定盖板齿片组齿面与锡林针面的隔距是相同的,但有的设计成踵趾差固定盖板。齿片组结构如图 7-2-33 所示。

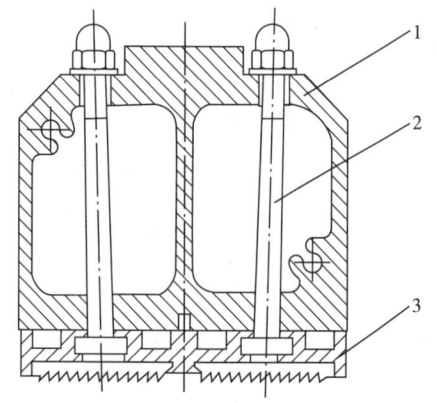

图 7-2-32　双联固定盖板示意图

1—固定盖板骨架　2—连接螺栓　3—齿片组

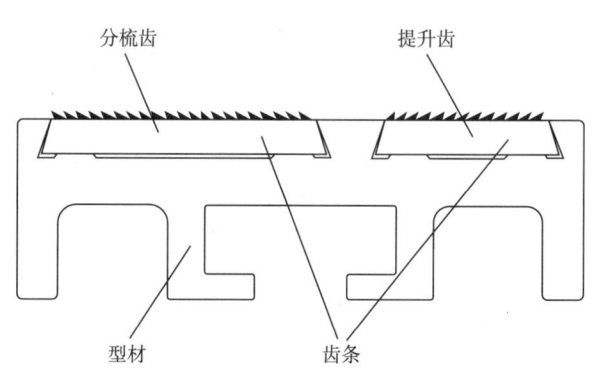

图 7-2-33　单根双列固定盖板齿条

C60 型梳棉机棉网清洁器结构如图 7-2-34 所示,通过棉网清洁器两端的调节板来调节外界补风量控制棉网清洁器开口吸风量的大小。也可以通过插件更改棉网清洁器开口以便控制棉网清洁器的落棉量;安装在棉网清洁器开口处一个头端为三角形的调节板,以控制棉网清洁器的开口吸风量,如图 7-2-35 所示。此外,通过控制除尘刀相对棉网清洁器进风口的安装位置与角度切割锡林针面气流附面层来控制除杂效果,如图 7-2-36 所示。

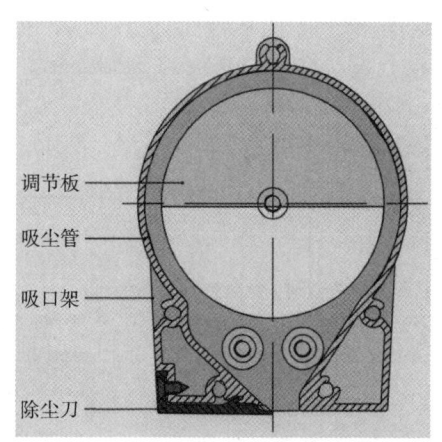

图 7-2-34　棉网清洁器结构示意图

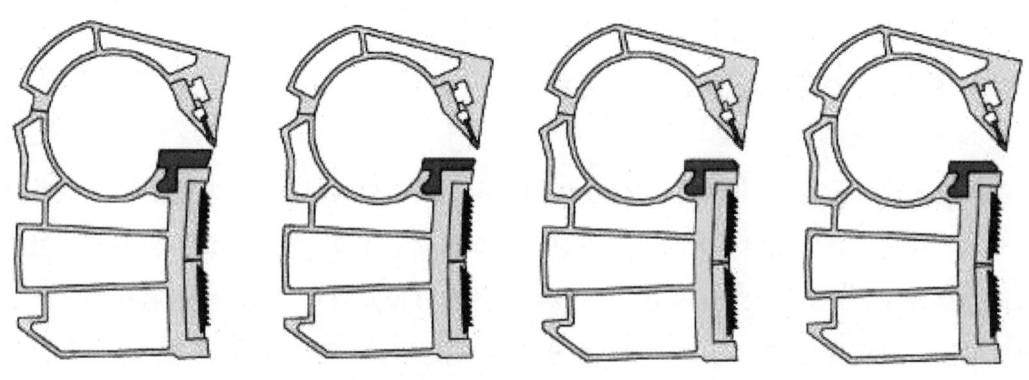

图 7-2-35　C60 型梳棉机棉网清洁器调节开口示意图

2. 国产梳棉机锡林前后固定盖板示例

（1）JWF1213 型梳棉机纺棉时后弓板部件设 5 根双联固定盖板及 2 个棉网清洁器，前弓板部件设 4 根双联固定盖板及 2 个棉网清洁器。

（2）JWF1216 型梳棉机纺化纤时锡林前后各配置 5 组双联固定盖板、2 组棉网清洁器。

（3）JSC326 型梳棉机锡林前、后分别配置 5~6 根双联固定盖板，前、后均配置 3 个棉网清洁器。

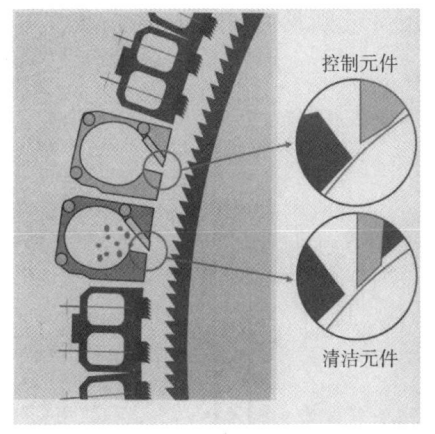

图 7-2-36　除尘刀不同安装位置的示意图

第三节　梳理元件

梳棉机上的梳理元件是指刺辊、锡林、盖板、道夫及其附加分梳件。

一、锡林、道夫金属针布及齿条

(一)主要术语、代号与定义

1. 齿条术语

依据 FZ/T 93038—2018《梳理机用金属针布齿条》，齿条术语如图 7-2-37 所示。

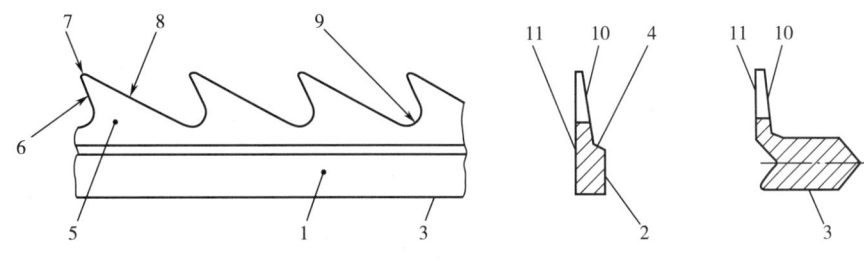

图 7-2-37　齿条术语

1—基部　2—基部侧面　3—底面　4—基部斜面　5—齿部　6—齿前面

7—齿顶面　8—齿背面　9—齿底面　10—齿部斜面　11—侧面

2. 金属针布尺寸代号及其术语、定义

依据 GB/T 24377—2009，包卷在有槽滚筒或无槽滚筒表面上的齿条截面普通基部尺寸名称及定义分别见图 7-2-38 及表 7-2-51。自锁基部(Ⅴ形)齿条尺寸见图 7-2-39 和表 7-2-51。

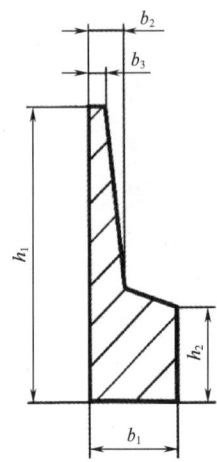

图 7-2-38 普通基部齿条尺寸

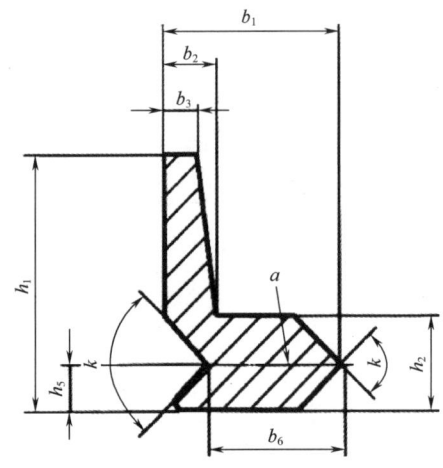

图 7-2-39 自锁基部(Ⅴ形)齿条尺寸

表 7-2-51 齿条尺寸代号及其术语、定义

代号	术语	定义
h_1	齿条总高	齿条基部底面到齿顶面的高度
h_2	基部高	齿条基部底面到基部顶面的高度
h_5	基部基准线	齿条基部底面到 V 形尖端的高度
h_6	齿深	齿顶面到齿底面的距离，即 $h_6 = h_1 - h_2$
b_1	基部宽	齿条基部从前面到背面的宽度
b_2	齿部宽	齿根的宽度
b_3	齿顶宽	齿顶面的宽度
b_6	基部节距	齿条背面到凸榫的宽度
k	Ⅴ形基部的内角	

3. 齿形

(1)齿向(图 7-2-40、图 7-2-41)。

图 7-2-40 左齿向

图 7-2-41 右齿向

（2）角度（图7-2-42、表7-2-52）。

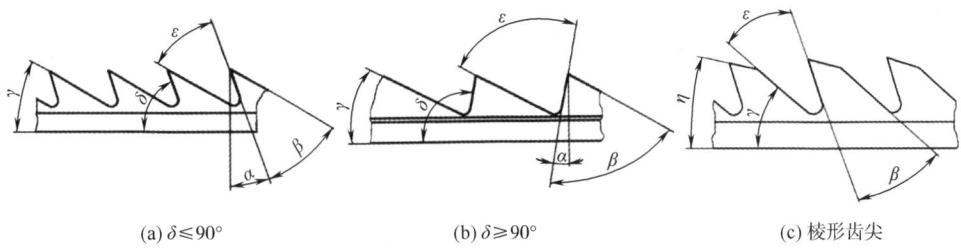

(a) $\delta \leqslant 90°$　　　　　(b) $\delta \geqslant 90°$　　　　　(c) 棱形齿尖

图 7-2-42　针布齿部角度

表 7-2-52　齿部角度及其术语、定义

代号	术语	定　义
α	工作角	齿前面与底面垂线之间的夹角
β	齿尖角	前角 δ 与后角 γ 之间的夹角
γ	后角	齿背面与齿条底面之间的夹角
δ	前角	齿前面与齿条底面之间的夹角
ε	内角	相邻两齿之间的夹角（$\varepsilon = \beta$）
η	背尖角	齿顶面与齿条底面之间的夹角

（3）齿形及尺寸。各种齿形及其尺寸如图7-2-43和表7-2-53所示。

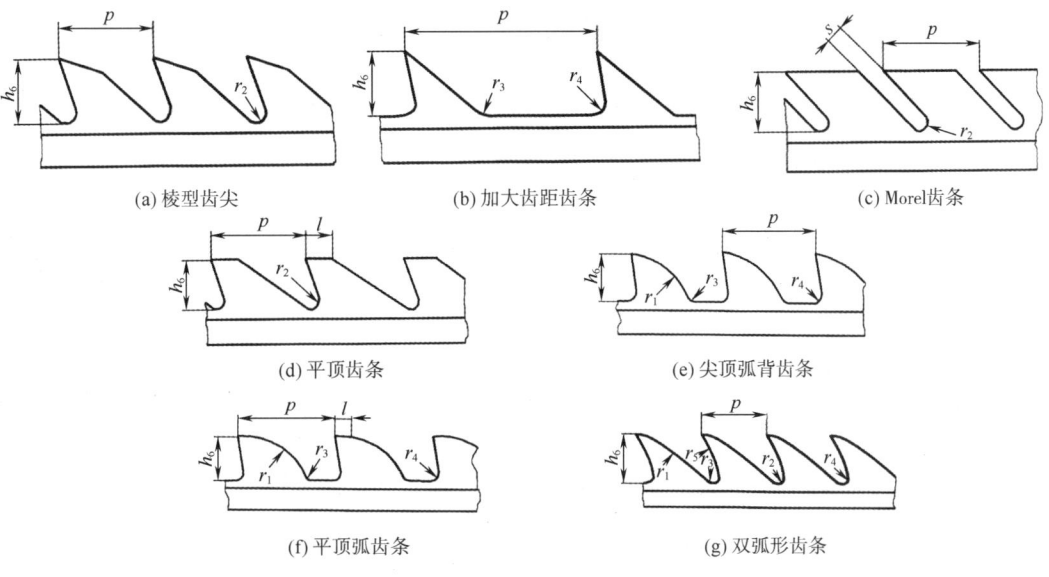

(a) 棱型齿尖　　　　　(b) 加大齿距齿条　　　　　(c) Morel齿条

(d) 平顶齿条　　　　　(e) 尖顶弧背齿条

(f) 平顶弧齿条　　　　　(g) 双弧形齿条

图 7-2-43　各种齿形及其尺寸

表 7-2-53　齿形尺寸代号及其术语、定义

代号	术语	定义
h_6	齿深	切齿深度
p	齿距	两齿顶间平行于齿条底面的距离
l	齿顶长	齿顶平面的长度
s	槽宽	齿片切槽宽度
r_1	齿背半径	凸起的弧背面半径
r_2	齿根半径	齿根部的半径
r_3	背根半径	连接齿背面的半径
r_4	前根半径	连接齿前面的半径
r_5	齿前半径	齿前面圆弧半径

4. 齿条型号的标记方法

（1）适梳纤维类别的代号。齿条分为梳棉机齿条、梳毛机齿条、梳麻机齿条、梳绢绵机齿条和非织造布梳理机齿条等，梳理机类型及其代号见表 7-2-54。

表 7-2-54　梳理机类型及其代号

梳理机类型	棉	毛	苎麻	绢绵	非织造布
代号	A	B	Z	K	N

（2）根据包覆梳理机部件，齿条分为锡林齿条、道夫齿条、刺辊齿条、工作辊齿条、剥取辊齿条、转移辊齿条、除草辊齿条和凝聚辊齿条等，包覆梳理机部件及其代号见表 7-2-55。

表 7-2-55　包覆梳理机部件及其代号

包覆梳理机部件	锡林	道夫	刺辊	工作辊	剥取辊	转移辊	除草辊	凝聚辊
代号	C	D	T	W	S	R	M	N

（3）据基部形式，齿条可分为普通基部齿条（代号为 A）和自锁基部齿条（代号为 V）。

（4）齿条型号标记。金属针布的型号标记规定如图 7-2-44 所示。图 7-2-45 为梳棉机锡林针布齿条的型号标记 AC2815×01385 的意义，图 7-2-46 为梳棉机剥取辊齿条的型号标记 AS45-38×04015 的意义。

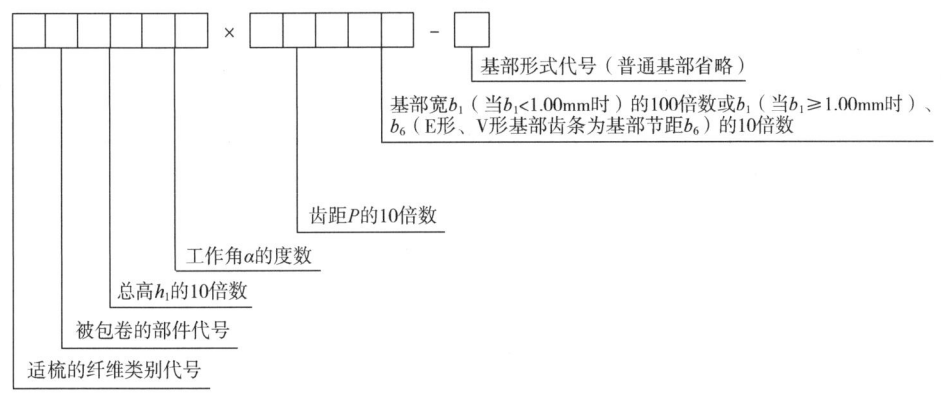

图 7-2-44　金属针布的型号标记规定

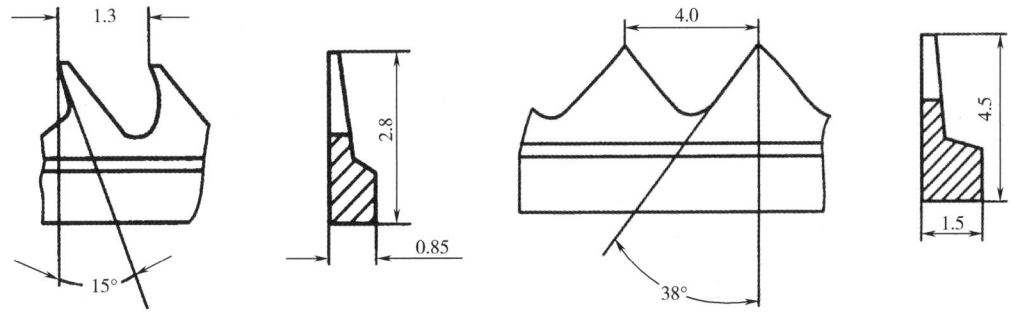

图 7-2-45　梳棉机锡林针布齿条的型号标记　　图 7-2-46　梳棉机剥取辊齿条的型号标记

(二)金属针布的主要特征及参数

金属针布基本要求:第一,具备良好的抓取纤维的能力,以实现对纤维的梳理;第二,针齿工作面与齿底上具备良好的纤维转移能力,实现纤维的混合能力;第三,锡林针齿具备防挤轧能力,确保针齿具备良好的工作性能;第四,具有防充塞杂质的能力。

1. 锡林针布

梳棉机锡林针齿具有矮、浅、尖、薄、密、小(前角小)的特点。

(1)采用矮齿、浅齿。锡林的齿总高由原来的 3.2mm 减小至 1.5~2.5mm,齿深由 1.1mm 减小到 0.4~0.6mm。齿高的选择应考虑梳棉机的产量及纤维类型;低产时可选用齿高为 2.5mm;高产时可选用齿高为 1.5mm、1.8mm、2.0mm;加工线密度超过 3.0dtex 的合成纤维时,选用 3.2mm。

(2)采用较大的工作角。随锡林速度的提高,锡林针齿的工作角增大(或前角减小),以增强锡林针齿对纤维的抓取能力。工作角由原来的 10°~15°增大至 20°~40°。锡林针布工作角的选取范围见表 7-2-56。

表 7-2-56　梳棉机锡林针齿工作角配置

纺纱种类		产量/(kg/h)	工作角/(°)	纺纱种类	产量/(kg/h)	工作角/(°)
环锭纺	棉普梳	<15	25	转杯纺(棉)	<15	25
		15~49	30		15~80	30
		50~70	35		>80	40
		>70	40	转杯纺(再生纤维)		30
	棉精梳	<45	30	喷气纺(棉)	≤60	35
		44~55	35		>60	40
		>55	40	脱脂棉、色纺用棉纤维		15
合成纤维		<1.3dtex	30,低产时 20	再生纤维		25,30
		1.3~1.7dtex	24	混纺		25,30;低产 20
		1.7~2.2dtex	25			
		2.2~3.0dtex	20	多用途梳棉机	100%棉或 100%化纤	30
		>3.0dtex	15			

(3)采用密齿、薄齿。适当增加齿密有利于增强对纤维的握持、分梳能力,有利于降低棉结,改善生条结构。适当减小锯齿的厚度,可提高其穿刺能力。针齿的密度由原来的 600 齿/$(25.4mm)^2$ 增加到 800~1000 齿/$(25.4mm)^2$;锯齿厚度减少至 0.4~0.6mm。

2. 道夫针布

(1)道夫针齿的齿形。齿尖有定角尖顶、圆弧变角尖顶及平顶等。齿面有直线形和齿尖圆弧折线形。齿背有直线形、凸弧背形、双折线形及齿尖圆弧折线形。齿侧面有斜楔形、沟槽形等。当纤维之间的抱合力适中时,可选用弧形齿形;纤维之间的抱合力较小,或加工合成纤维,可选用侧向带细齿的针布;加工抱合力极差的纤维,或经硅处理过的非常蓬松的纤维时,可选用鹰嘴形针布。

(2)道夫针布的工作角。工作角随梳棉机速度、产量的增加而增大。在加工合成纤维或产量低于 15kg/h 时,应选用 20°工作角的道夫针布;纺棉当产量高于 20kg/h 时,道夫针布应采用 25°的工作角;当梳棉机产量在 50kg/h 及以上时,应选用 30°或 32°工作角的道夫针布,以增大转移率。用于人造纤维和混纺产品且产量较高时,选用 35°或 40°工作角的针布。

（3）道夫针布齿深及齿高。适当加大道夫针布的齿深,可使针布接触纤维的长度大,道夫针布的握持抓取力大,有利于纤维向道夫针布的转移和凝聚,促进顺利引导高速气流。但齿深增大,针布的抗轧性能变差,针布易于倒伏和轧伤。齿高普遍选用4.0~5.0mm。

（4）道夫针布的齿尖。采用弧形变角齿尖的设计,可提高道夫针布齿尖梳理转移凝聚纤维的性能。

3. 刺辊针齿

（1）刺辊针齿的齿形。一般刺辊针齿的齿顶为尖顶形,齿面为直线形,齿背为直线形、凸弧背形或驼峰形。

（2）刺辊针齿的工作角。针齿的工作角的大小,影响梳理过程过程中对纤维的抓取能力,一般根据所纺纤维的品种、长度及细度综合考虑。当针齿工作角为0时,适纺线密度大于3dtex的化纤;针齿工作角为5°时,适纺线密度小于3dtex的化纤、长绒棉以及棉与化纤的混纺;针齿工作角为10°~15°时,适纺棉;针齿工作角为20°时,适纺用于三刺辊梳棉机第二、第三刺辊用针布加工棉纤维。

（3）刺辊针齿密度。适当增大纵向齿间距,在分梳时有利于减少纤维间的联系,增强除杂作用。化纤由于没有除杂,而且纤维长度长且整齐度好,因而要适当加大齿距。

（4）刺辊针齿齿尖耐磨性能。由于刺辊是握持分梳,梳理作用剧烈,梳理力大;此外,筵棉中含有一定量杂质,对刺辊针齿尖磨损影响较大;因而刺辊齿条的磨损远较锡针布严重而且迅速。

（5）针齿类型。针齿有厚型、中型和薄型三种,薄齿穿刺能力好,分梳作用强,损伤纤维少,而且刺辊落棉减少而落棉含杂率高,但易被轧伤和倒齿。齿顶厚要根据所纺纤维种类、含杂种类及数量选择。

4. 其他金属针布

FZ/T 93019—2004《梳棉机用弹性盖板针布》规定,盖板针布与盖板骨架连接件术语和定义见表7-2-57。

表7-2-57　弹性盖板针布术语和定义

序号	术语	定义
1	边夹	固定弹性针布和盖板骨的金属夹持板
2	尾夹	封闭盖板针布两端的金属夹

盖板针布与盖板骨架连接方式有机械连接与磁吸连接两类。机械连接标准如上,磁吸连接

尚无标准。

FZ/T 93066—2007《梳棉机用齿条盖板针布》规定:按针布与盖板骨架之间的安装方式可分为边夹式齿条盖板针布(代号 B)、吊装式齿条盖板针布(代号 D)和压条式齿条盖板针布(代号 Y)。而吊装式齿条盖板针布为座板吊装式齿条盖板针布(代号 Z)和无座板吊装式齿条盖板针布(代号 W)。

根据在梳棉机上的安装位置,分为前固定齿条盖板针布(代号 Q)、后固定齿条盖板针布(代号 H)、刺辊上齿条盖板针布(代号 S)和刺辊下齿条盖板针布(代号 X)。齿条盖板针布的标记方法由产品名称、标准号、安装位置代号、固定在盖板骨架上的方式代号和针布密度顺序组成。标记示例:

(1)齿密为 240 齿/(25.4mm)^2,前固定用边夹式齿条盖板针布,其标记为"齿条盖板针布 FZ/T 93066-QB-240"。

(2)齿密为 320 齿/(25.4mm)^2,后固定用座板式齿条盖板针布,其标记为"齿条盖板针布 FZ/T 93066-HZD-320"。

(3)齿密为 62 齿/(25.4mm)^2,刺辊下用压条式齿条盖板针布,其标记为"齿条盖板针布 FZ/T 93066-XY-62"。

二、盖板针布

(一)弹性针布术语、代号和定义

1. 弹性针布术语和定义(图 7-2-47、表 7-2-58 及表 7-2-59)

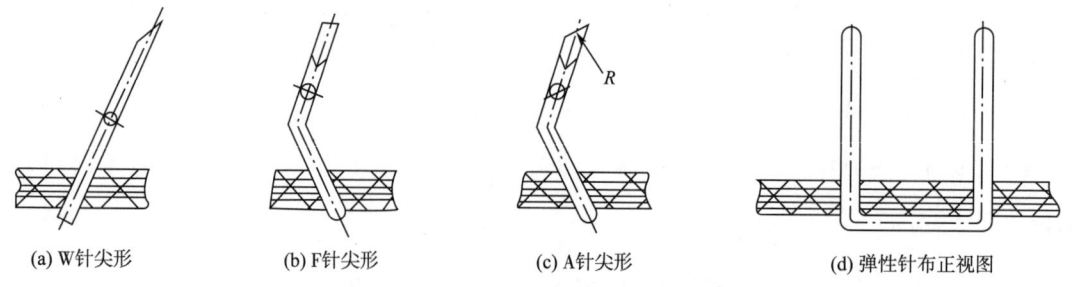

(a) W针尖形　　(b) F针尖形　　(c) A针尖形　　(d) 弹性针布正视图

图 7-2-47　弹性针布的术语和针尖形

表 7-2-58　弹性针布的针身形及其代号

序号	1	2	3	4	5	6
针身形名称	圆形	三角形	卵形[①]	扁平形	菱形	双凸形[②]

续表

序号	1	2	3	4	5	6
代号	R	B	V	F	D	T
针身横截面形状	⌀d	h / b	h / b	h / b	h / b	h / b

①h,b 对应的线规号差不小于 6。

②h,b 对应的线规号(见 GB/T 347—1982)差不大于 4。

表 7-2-59　弹性针布术语和定义

术语	定义
弹性针布	由底布和梳针构成的条、块状挠性体
纵向	底布中织物的经向
横向	底布中织物的纬向
底布	由棉、麻织物,橡胶、塑料、毛毡等组件黏合而成的挠性层压物
梳针	具有特定形状的钢丝针
针尖	梳针的端部
针尖形	针尖的轮廓形状,如图 7-2-47
尖劈形针尖	如图 7-2-47 中(a)所示,用 W 表示
平顶形针尖	如图 7-2-47 中(b)所示,用 F 表示
弧形针尖	如图 7-2-47 中(c)所示,用 A 表示
针向	针尖的前后方向,如图 7-2-47 所示
针前	针尖倾向的一侧
针后	针尖背向的一侧
针身	梳针与底布呈相对竖立的部分
直针	针身无针膝的梳针
弯针	针身有针膝的梳针
针膝	针身的折弯处
上膝	针尖与针膝之间的针身
下膝	针膝与针根之间的针身
针身形	针身横截面的形状,见表 7-2-58

续表

术语	定义
针根	梳针上连接针身的部分
针密	弹性针布单位面积的针尖数(代号 λ),针密用齿/$(25.4\text{mm})^2$ 表示

2. 弹性针布尺寸名称、代号及定义(图7-2-48、表7-2-60)

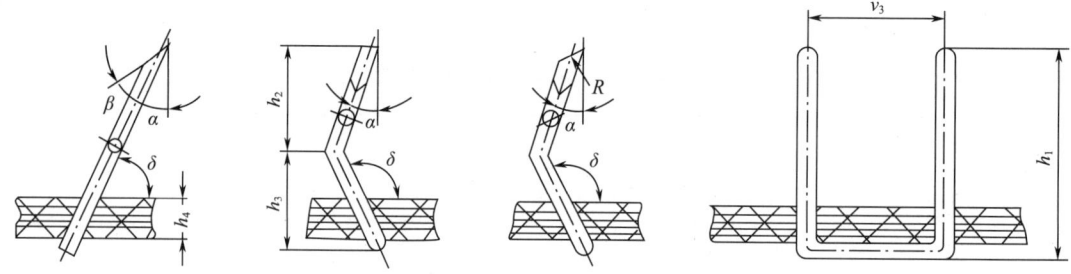

图7-2-48　弹性针布基本尺寸代号

表7-2-60　弹性针布尺寸名称、代号及定义

尺寸名称	代号	单位	定义
总高	h_1	mm	植在底布上的梳针针尖到针根平面的距离
上膝高	h_2	mm	植在底布上的梳针针尖到针膝的垂直距离
下膝高	h_3	mm	植在底布上的梳针针膝到针根平面的距离
底布高	h_4	mm	底布上下两平面间的距离
针宽	b_3	mm	梳针两针尖的中心距
针布工作角	α	(°)	针尖前轮廓线与底布平面垂直线间的夹角
针尖角	β	(°)	尖劈形针尖两轮廓线与底布平面间的夹角
植角	δ	(°)	植入底布的针身轮廓线与底布平面间的夹角
针布长	l_1	mm 或 m	弹性针布纵向两端间的距离
植针长	l_2	mm 或 m	弹性针布纵向两端针尖间的最大距离
针布宽	l_3	mm	弹性针布横向两侧间的距离
植针宽	b_2	mm	弹性针布横向两侧针尖间的距离

(二)弹性针布用底布

底布由硫化橡胶、棉织物、麻织物等多层织物用混炼胶胶合而成,底布是植针的基础。底布必须达到的基本要求包括:强力高、弹性好、伸长小。

1. 术语和定义

FZ/T 90052—2008《弹性针布用底布》规定弹性针布用底布的结构形式及尺寸表示如图 7-2-49 所示。其相关术语如下:

(1)橡皮。由橡胶构成的底布面层。

(2)发泡橡胶。由发泡橡胶构成的底布面层。

(3)橡塑。由橡胶塑料构成的底布面层。

(4)毛毡。由毛毡构成的底布面层。

(5)棉布。由棉布构成的底布面层。

(6)其他材料。由非橡胶、发泡橡胶、橡塑、毛毡、棉布构成的底布面层。

(7)基体。弹性针布工作时,除面层之外的其他承受梳理力的结构体。

(8)棉布层。由棉布构成基体的骨架层。

(9)棉麻布层。由棉麻布构成基体的骨架层。

(10)橡胶层。由橡胶构成基体的骨架层。

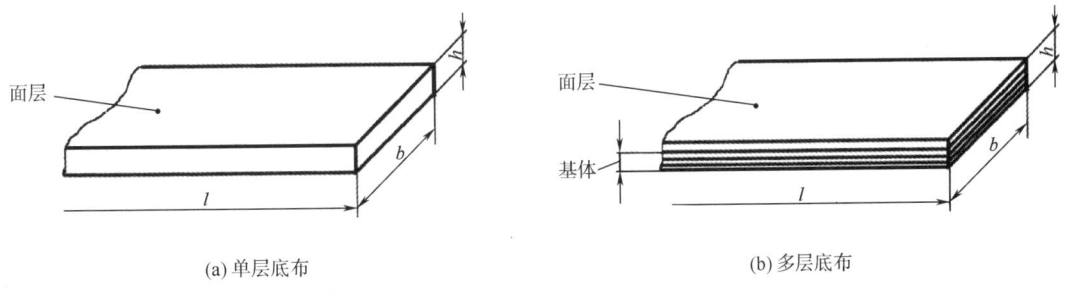

(a) 单层底布　　　　　　　　　　　　(b) 多层底布

图 7-2-49　弹性针布用底布的结构形式及尺寸表示方法

l—长度　b—宽度　h—厚度

2. 分类

(1)按面层分类。根据面层材料,可分为橡皮面底布、发泡橡胶面底布、橡塑面底布、毛毡面底布、棉布面底布和其他材料面底布。

(2)按基体分类。根据构成基体的骨架层材料,可分为棉布层、棉麻布层、橡胶层和其他材料层。

3. 底布分类特征及其代号(表7-2-61)

表7-2-61　底布分类特征及其代号

底布分类特征	面层材料					基体骨架层材料		
	橡皮	发泡橡胶	橡塑	毛毡	棉布	棉布	棉麻布	橡胶
代号①	V	P	S	F	C	C	L	R

①其他材料代号,应按照其特征汉字拼音的首个字母编制;当与同类材料特征代号相同时,应顺延选择。

4. 底布的标记方法

底布的标记方法由产品名称、本标准代号和顺序号、底布分类特征即面层材料代号和基体骨架层材料代号排列、宽度、长度顺序组成。示例:符合本标准,面层材料为橡皮,基体骨架材料顺序为棉布、橡胶、棉麻布、4层棉布,宽度为50.8mm,长度为120m的多层底布,其标记为:底布 FZ/T 92076 VCRLCCCC 50.8×120。

(三)盖板针布的标记方法

在 FZ/T 90052—2004 标准中,梳棉机用弹性盖板针布纵、横向梳针的密度分布形式分为匀密型、横密型、稀密型和渐密型,其分类及代号见表7-2-62。示例:针尖为弧形、针尖密度为 450 针/(25.4mm)^2 的横密型盖板针布应标记为盖板针布 FZ/T 93019 AH 45。

表7-2-62　盖板针布产品分类代号

序号	梳针密度分布形式名称	定义	代号
1	匀密型	针布纵、横向针尖距不变	Y
2	横密型	针布横向最小针尖距不大于 0.5mm	H
3	稀密型	针布横向针尖距呈梯度变化	X
4	渐密型	针布纵向针尖距渐变或部分渐变	J

三、瑞士格拉夫公司针布标记规定

瑞士格拉夫公司针布标记规定如图7-2-50所示。

四、梳理元件的选型与配套

(一)选配原则

针布的选用应根据所纺原料、梳棉机产量及速度等要素来综合考虑。首先确定锡林针布的型号,而后确定盖板、道夫、刺辊等针布型号。

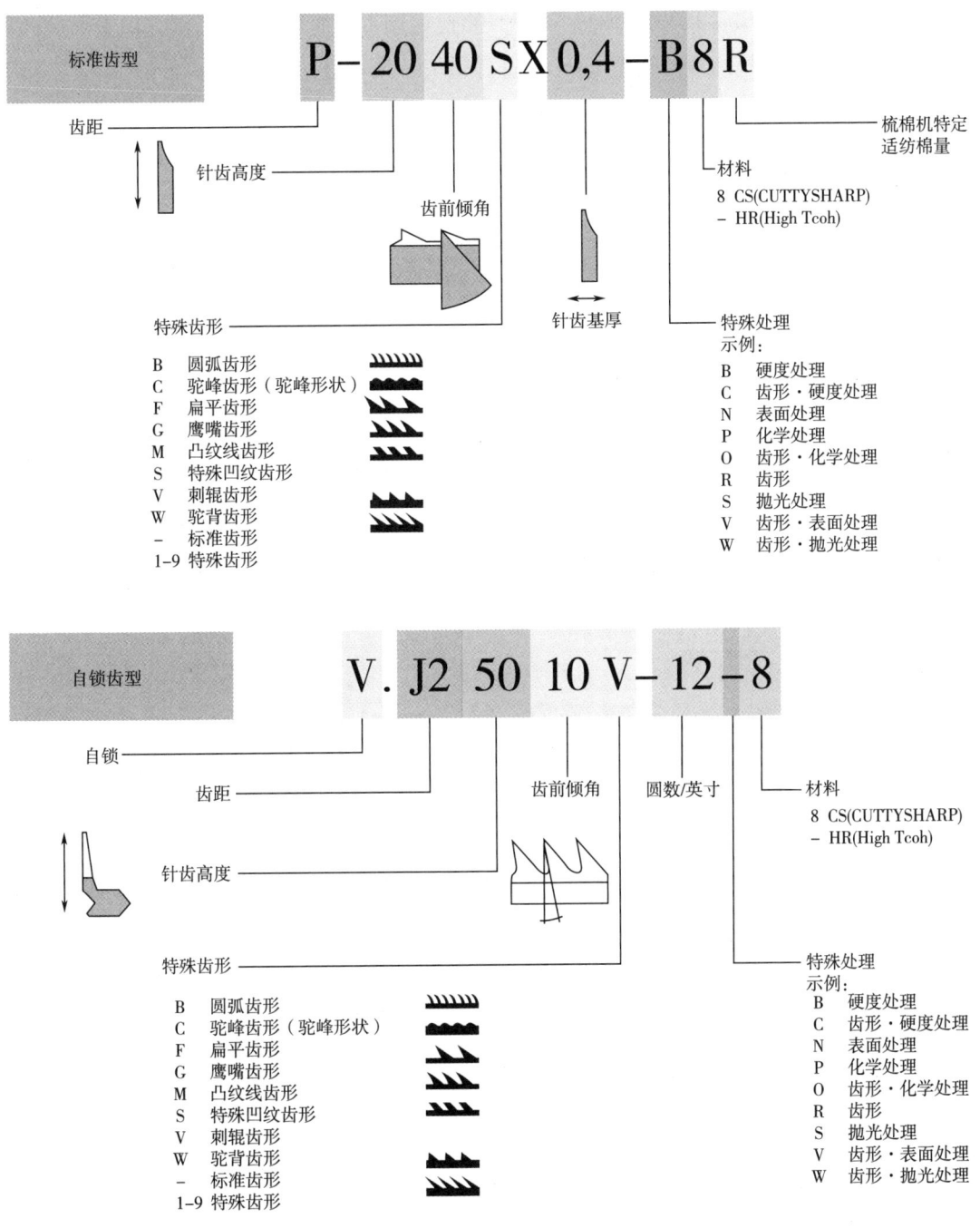

图 7-2-50　瑞士格拉夫公司针布标记规定

　　为充分发挥梳理效能,锡林针布选型应满足"矮、浅、小、尖、薄、密"的基本要求。因道夫针布以转移凝聚为主,为了高产高速时有良好的梳理转移作用,并能形成纤维抱合作用较好的道夫针面,如选用齿尖采用鹰嘴式、圆弧背或驼峰齿背,齿侧采用阶梯形、沟槽形。为了提高高速高产时纤维网的强度,提高道夫针面负荷,可选择道夫针齿高度为4.5~5mm,以加强其凝聚转移功能。

　　盖板针布选型时,主要考虑所纺原料。纺棉时,采用弯脚植针式及植针式针布,如多采用横密型。在类同的密度时可优选花纹形,对提高梳理效能有利,有助于产品质量的提高。盖板针布的密度一般在360~500针/(25.4mm)^2,植针的工作角一般为75°,随锡林针布工作角的减小也相应减小至72°。针布用钢丝截面由△形发展为椭圆形及双凸形,这样制成的针尖为刀口形,在梳理时具有极好的穿刺纤维束的能力。纺化纤时,则采用直脚截切式的半硬性盖板针布较多,也称钻石形,齿尖呈现尖劈角,加大扁平钢丝截面,增强梳理化纤的抗弯强度;密度较稀,一般为180~340针/(25.4mm)^2;180针采用双列式,将中间约1/3不植针,形成双踵趾面。截切形针布也可纺低级棉与粗特纱。

　　刺辊齿条主要选择其工作角,一般在5°~15°,即前角在75°~85°,纺棉偏大,纺化纤宜小些。对于高产梳棉机和清梳联,刺辊等已广泛采用自锁式齿条,避免损伤时影响锡林针布等。

(二)梳理元件四配套示例

1. 郑州宏大梳棉机针布配套方案(表7-2-63)

表7-2-63　郑州宏大梳棉机针布配套方案

产量/(kg/h)		纯棉			化纤		T/C 或 T/R 1.0~1.5dtex
		气流纺	精梳	普梳	中长化纤	棉型化纤	
<25	锡林	AC2525×1550	AC2030×1550	AC2030×1550	AC2520×1860	AC2525×1660	AC2525×1860
	道夫	AD4030B×1890	AD4030B×1890	AD4030B×1890	AD4030B×1890R	AD4030B×1890R	AD4030B×1890R
25~50	锡林	AC2030×1550	AC2030×1550	AC2030×1550	AC2520×1750	AC2525×1550	AC2525×1860
	道夫	AD4030B×2090R	AD4030B×2090	AD4030B×2090	AD4030B×2090R	AD4030B×1890R	AD4030B×1890R
>50	锡林	AC2040S×1740	AC2035×1550(1740)	AC2040×1740 (1540)	AC2520×1660	AC2030×1550	AC2525×1660
	道夫	AD4030BR×2090	AD4030BR×2090	AD4030BR×2090	AD4030B×2090R	AD4030B×2090R	AD4030B×2090R
纺中特纱	回转盖板	PT/43	PT52,MCH45	MCH52,BNT52	MCZ36,MCB40	MCH36,MCH42	MCC36

产量/(kg/h)		纯棉			化纤		T/C 或 T/R
		气流纺	精梳	普梳	中长化纤	棉型化纤	1.0~1.5dtex
纺细特纱	回转盖板	PT/43	QT52,MCH55,MCH60	MCH52,BNT52	MCZ36,MCB40	MCB40,MCB45	MCB40,MCB45
	预分梳板	57,65,88	57,65,88	57,65,88	57,65,88	57,65,88	57,65,88
	后固定盖板	88,160,270	160,260,370	270,330,440	88,160,270	88,160,270	160,270
	前固定盖板	330,440,550	550,660	550,660	440,550	550,660	440,550

2. 卓郎(常州)JSC328A 型梳棉机针布配套方案(表7-2-64)

表7-2-64 JSC328A 型梳棉机针布配套方案

针布类型		锡林针布	道夫针布	回转盖板针布
纯棉	气流纺	AC2040×1740	AD4030B×0.9	MCH42
	普梳	AC2035×1740	AD4030B×0.9	MCH45
	精梳(≤60 英支)	AC2035S×1740	AD4030B×0.9	MCH52,MCBH58
	涤纶	AC2525×1660	AD4030BR×0.9	MCZ30-1
黏胶纤维	1.0~1.5dtex(不含1.5)	AC2030×1550	AD4030BR×0.9	MCBH55
	1.5~2.0dtex	AC2525×1660	AD4030BR×0.9	MCBH45

3. 金轮针布配套方案(表7-2-65、表7-2-66)

表7-2-65 金轮针布配套基本方案

产量	针布名称	气流纺	环锭普梳纺	环锭精梳纺	化纤 1~2dtex	混纺 1~2dtex
15~35kg/h	锡林	AC2030×01550	AC2030×01550	AC2030×01740	AC2520×01850	AC2525×01550
		AC2035×01740	AC2035×01740	AC2035×01740	AC2520×01660	AC2520×01660
	盖板	MCBH40	MCBH50	MCH52	MCC29-1	MCC36
		MCBH50	MCBH55	MCH58	MCB40	MCBH40
	道夫	AD4030BR×02090	AD4030BR×02090	AD4030BR×02090	AD4030×0870	AD4030BR×02090

续表

产量	针布名称	气流纺	环锭普梳纺	环锭精梳纺	化纤 1~2dtex	混纺 1~2dtex
>35kg/h	锡林	AC2035×01550	AC2035×01550	AC2030×01740	AC2520×01850	AC2525×01550
		AC2040×01740	AC2035×01740D	AC2035×01540	AC2520×01660	AC2030×01550
	盖板	MCBH50	MCBH50	MCH52	MCC29-1	MCC36
		MCBH55	MCBH55	MCH58	MCB40	MCBH40
	道夫	AD4030BR×02090	AD4030BR×02090	AD4030BR×02090	AD4030×0870	AD4030BR×02090
—	刺辊	AT5010×05032V	AT5010×05032V	AT5010×05032V	AT5005×05032V	AT5010×05032V
		AT5010×04020V	AT5010×04020V	AT5010×05025V	AT5605×05611	AT5010×05025V
		AT5610×05611	AT5610×05611	AT5610×05611		AT5610×05611

注　锡林针布工作角度的选用要根据锡林速度选择,速度越快,离心力越大,工作角度应越小,提高锡林针布的握持性能,同时还要根据锡林滚筒的直径来选择,直径越小,工作角度也越小。

表 7-2-66　金轮针布(蓝钻)配套方案

产品种类	锡林针布	道夫针布	盖板针布
纯棉高支纱	A1-35-950-NF A2-30-950-NF A2-35-950-NF	H7-30-358-BR-NF J7-30-307-R-NF	TH-520　(总高 8.0mm,工作角 72°) TJ-550　(总高 7.5mm,工作角 70°) TJ-600　(总高 8.0mm,工作角 72°)
纯棉高产	A1-40-950-NF B1-40-860-NF B2-40-860-NF A2-40-860-NF	H7-30-358-BR-NF J7-30-307-R-NF	BH-400　(总高 8.0mm,工作角 72°) BH-500　(总高 8.0mm,工作角 72°) BH-550　(总高 8.0mm,工作角 72°) BH-550-K　(总高 8.0mm,工作角 68°)
化纤及其混纺	B2-30-860-NF A2-30-950-NF	H7-30-358-BR-NF J7-30-307-R-NF	TB-400　(总高 8.0mm,工作角 72°) TH-520　(总高 8.0mm,工作角 72°) BH-550　(总高 8.0mm,工作角 72°) BH-550-K　(总高 8.0mm,工作角 68°)

注　蓝钻型号识别如图 7-2-51 所示。

4. 白鲨针布配套方案(表 7-2-67)

表 7-2-67　白鲨针布配套方案

项目	细绒棉、机采棉	细绒棉和长绒棉	C601 型、C70 型气流纺
锡林针布	AC1840-1640DS	AC1840-1640DS	AC2040-1740,C1840×01640DS

续表

项目	细绒棉、机采棉	细绒棉和长绒棉	C601 型、C70 型气流纺
道夫针布	AD4030-02090-G2	AD4030-02090-G2	AD4530-02110-G4
盖板针布	MCH55(5×9)	MCH60(5×9)	MCH45
刺辊针布	AAT5010-5030V	AAT5010-5030V	AAT5010-5030V

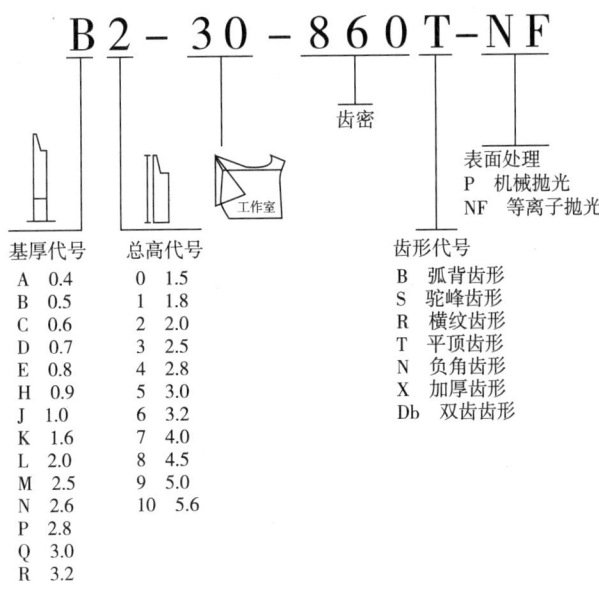

图 7-2-51　蓝钻型号识别

第四节　清梳联

一、清梳联技术

(一)清梳联技术特征

清梳联(清钢联)实现了开清棉与梳棉两工序之间的连接、纤维流的自动分配与平衡调节,完成清梳两工序之间的纤维流连续化、自动化供应与控制;同时实现高产高效,减少了用工,减轻工人劳动强度,提高原料在开清段的制成率,降低生产成本,提高生条、成纱质量。

清梳联工艺流程中的各主机已经向着宽幅化发展。清梳联工艺流程的设置原则:纺棉时"一抓、一开、一混、一清、多梳",纺化纤时"一抓、一混、一清、多梳";其中:"抓"是指抓棉机,

"开"是指开棉机,"混"是指混棉机,"清"是指清棉机,"梳"是指梳棉机。而清梳联机台配置与组合模式通常为:当梳棉机(≤12台)采用"一机、一仓、一线"模式(图7-2-52);当梳棉机(≤20台梳棉机)采用"一机、两仓、两线"模式(图7-2-53);其中:"一机"表示一台抓棉机或一台抓棉机串联一台开棉机的组合;"一仓"表示一台混棉机串联一台清棉机的组合,而"两仓"表示两个"一仓"组合的并联;"一线"表示一个纤维流供应分配系统,将纤维流分配供应同一梳棉机组的多台梳棉机;而"两线"表示两个并联的纤维流供应分配系统,各自供应对应的梳棉机组。清梳联工艺流程中的抓、开、混、清、梳各主机间相互配合,作用互补,协同配合,在力求减少纤维损伤和减少棉结形成的前提下,实现精细抓取、渐进开松、混合均匀、高效除杂的目的。

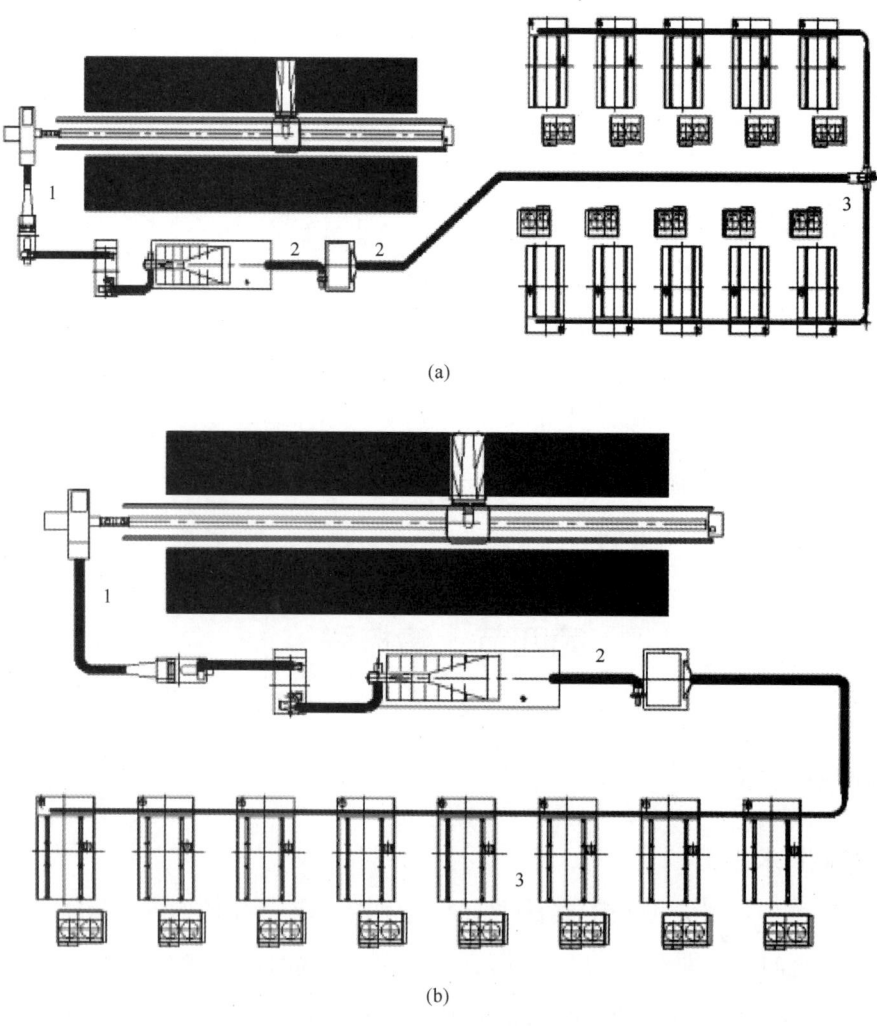

(a)

(b)

图7-2-52　"一机、一仓、一线"模式示意图

1——机　2——仓　3——线

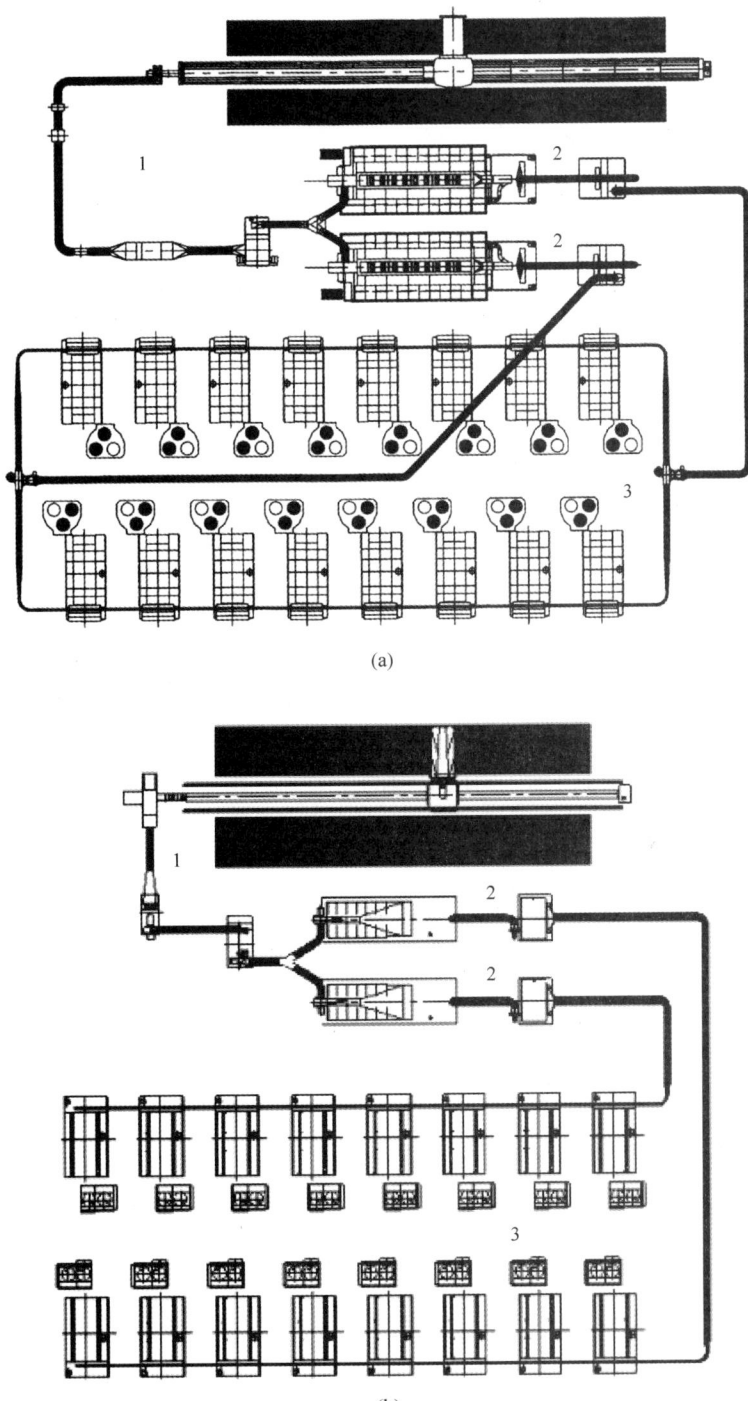

(a)

(b)

图 7-2-53　"一机、两仓、两线"模式示意图

1——机　2—两仓　3—两线

（二）主要设备工艺特征

1. 往复式抓棉机

往复式抓棉机通过纤维原料包的细致排布、抓棉打手的精细抓棉，实现纤维的初步开松与混合，是清梳联工艺流程降低纤维损伤与原料充分混合的基础。按抓棉打手配置多少，可分为单打手往复式抓棉机和双打手往复式抓棉机；按抓棉打手旋转方式，可分为正反转型往复式抓棉机和单方向旋转型往复式抓棉机。智能自动控制技术与分区排包技术的结合，采用单侧分区堆放对应原料，清梳联采用"一机、两仓、两线"的模式，可实现同时生产两个品种，最多可生产三个品种。采用双侧棉包台配置，当一侧原料抓棉结束后，启动抓棉打手转向模块，抓棉机转塔自动旋转到另一侧，实现抓棉打手继续抓取另一侧的原料。往复抓棉机通过抓棉小车带着抓棉打手的往复运动、抓棉器的升降与转向、运用找平技术与抓棉器的连续上升或下降的智能化抓棉，混棉包数多，开松度好。目前，采用转塔结构抓棉机的打手工作幅宽主要为 2300mm、2400mm、2500mm、3500mm。以 JWF1013 型往复式抓棉机为例：采用双侧棉包台，每侧排包数视导轨长度不同而不等，最多排包可达 300 包；采用双打手抓棉方式，每个打手有 24 片刀盘，每盘上设有不同角度的 10 个齿，在工作中，两个打手 48 把刀盘交错排列，打手转速变频可调，抓棉臂抓取深度（0.1~20mm）可调，水平运行速度（2~20mm/min）可调，同时抓棉刀尖与肋条位置可内缩 1mm 以上，打手仅抓取肋条压紧后棉包的上表层纤维，抓取后的棉束小而均匀，重量平均在 25mg 左右，做到"多包取用，精细抓取"，为后续机台的开松、混合、高效除杂创造了条件。

2. 轴流开棉机

轴流开棉机按打手个数可分有单轴流和双轴流两种。单轴流开棉机，纤维流从其辊筒的一端切向向下喂入，沿其辊筒轴向，经多次开松，从辊筒另一端的表面切向向上输出，期间通过打手角钉、尘棒和导流槽共同作用完成开松除杂；而双轴流开棉机，两辊筒旋转方向相同，纤维流从一辊筒一端处，沿着机器内壁，顺其表面旋转方向而下，经过两辊筒的协同开松与除杂，从其另一端对角处，沿机器内壁，顺另一辊筒的旋转方向，向上输出机外。

轴流开棉机结构简单，调节方便，能适应不同品级棉花的处理要求，对纤维块进行自由式打击，除去其中较大的杂质，对纤维损伤小，杂质不易碎裂，达到"先松后混，早落少碎，柔和开松"的工艺目的。单轴流开棉机的理论除杂效率为 25%~35%；双轴流开棉机的理论除杂效率为 15%~25%。现以单轴流开棉机为例，当进入打手室内的棉束，在 V 形角钉的打击作用下，逐渐分解开松，暴露在棉束外部的颗粒性杂质、微尘在尘棒的刮擦作用下，脱离纤维块，通过尘格进入落杂箱内，开松的棉束沿导流槽呈螺旋状在机内回转数圈后输出，尘棒隔距可依据原料含杂量与落杂情况进行调节。要严格控制进棉口、出棉口和排杂口的风量、风压，调整合适的打手转速和尘棒隔距,就能充分发挥高效除杂的作用。

3. 多仓混棉机

清梳联流程大多使用6仓、8仓、10仓三种规格的混棉机来完成原料的进一步混合,多仓混棉机的单仓容量可达30~120kg。多仓混棉机的混棉片段越长,混合效果就好,能使各组分纤维混合得更加均匀,纱线的均匀性指标越好。

多仓混棉机的混合方式可分为:同时喂入不同时输出的时差混合功能,如JWF1029型、JWF1031型、JWF1033型等,储棉仓有6仓和8仓,工作机幅有1200mm、1600mm等;不同时喂入同时输出的时差混合功能,如JWF1024型、JWF1026型等,有6仓和10仓,工作机幅有1200mm、1600mm、1800mm、2000mm等。

4. 清棉机

清梳联用清棉机广泛采用锯齿、梳针进行穿刺、撕扯、开松与打手和尘棒或分梳板相互协同的击打开棉,使开松、除杂效率大大提高。清梳联用清棉机按辊筒多少可分为单辊筒清棉机和三辊筒清棉机:单辊筒清棉机可根据原棉不同,选用更换粗锯齿、细锯齿或梳针等不同的梳理元件辊筒,既可单台,也可两台串联,灵活多变,适应小批量多品种;三辊筒清棉机可进行连续开松、除杂,多用于含杂量较高的生产线。

5. 清梳联喂棉箱

清梳联纤维流分配系统采用无回花技术,实现对同线内的各连接喂棉箱的上棉箱均衡连续喂棉。现代高产梳棉机的喂棉箱多为上、下结构的气压棉箱,以保持下棉箱棉层密度均匀一致。按照结构分,喂棉箱可以分为独立喂棉箱和梳棉机一体化喂棉箱。独立喂棉箱与梳棉机一体化喂棉箱上棉箱工作原理基本相同,不同的是一体化棉箱取消出棉罗拉部件,将下棉箱延伸至梳棉机给棉罗拉附近。清梳联喂棉箱的上棉箱大多采用单罗拉顺向喂棉结构,原料通过给棉罗拉与给棉板,再经过棉箱打手的均棉、剥取,最后在棉箱循环风机和回风箱排风作用下,确保下棉箱储棉高度和密度均匀一致,最大限度地保证供给梳棉机的筵棉均匀稳定。

6. 除微尘机

除微尘机与凝棉器的功能相同,都是依靠气流作用将纤维流送至金属滤网,通过纤维与空气的分离过程控制,实现排除纤维中的微尘与部分短绒的目的;不同的是除微尘机拥有更大的滤网,每块纤维块分散在滤网上,靠自身重力克服过滤时滤网对其的黏附阻力,自由向下滑动,实现对经充分开松的纤维块清除其中的微尘和短绒。

7. 高产梳棉机

新型梳棉机都向提高梳棉产、质量方向协同发展。新型梳棉机采用增加锡林分梳弧长、增加机幅来提高分梳面积,以保证高产后足够的梳理度,实现高速、高产、高质。根据产量和纺纱品种,万锭配套4~8台梳棉机。加装前后固定盖板,增加棉网清洁器数量,使用新型针布以及采用单刺辊或三刺辊,减少回转盖板根数,工作盖板减少到30根左右。此外,通过自调匀整技术、机上在线磨针等技术的运用,为提高和稳定质量奠定了坚实基础。为方便设备维修与工艺调整、质量监控,采用模块化设计,并辅以自动化、微电子、变频等技术,实现质量在线检测、数据显示、工艺在线调整、人机对话等。锡林辊筒采用整体铸造或钢板卷绕成型技术,使锡林滚筒的尺寸稳定性得到大幅提升,提高了锡林的运转稳定性。采用整体机架技术,可提高整台梳棉机的工艺参数上机的可靠性与稳定性。

(三)清梳联配套设备

1. 滤尘及空调系统

清梳联的滤尘系统是实现有效除杂、纤维和空气顺利分离的重要基础,也是确保车间环境能够适合工艺要求、生产稳定、操作人员的身心健康。清梳联滤尘系统在设计时,必须确保工艺重点部位的吸风压力与空气流量的需求,有条件的企业,多套清梳联的滤尘系统,可依据尘杂的种类、特点进行分类集中处理,有利于控制处理后空气中的含尘量,同时有利于落棉的有效使用。一般,设计滤尘风量是各工艺吸风点风量总和的110%~120%,依此来选择滤尘设备规格,根据处理尘杂的种类选择滤尘设备的滤料规格与分级处理工艺。清梳联滤尘系统滤尘方式:机内连续吸、机外间歇吸及机内、外连续吸的滤尘方式。因机内连续吸、机外间歇吸滤尘方式能致使梳棉棉网质量的不稳定已被淘汰。因此,现在清梳联设备已广泛采用机内、外均连续吸滤尘方式。为确保车间人、机的正常工作要求,并不受车间外环境的干扰,必须使车间内处于正压状态;所以空调送风量要大于滤尘系统的排风量。

2. 控制系统

清梳联各机台是通过其运行自动控制系统成为一个有机整体,使各机台各工艺吸风点的风压、风量稳定在工艺控制要求波动的范围内,前后机台的纤维流供应连续稳定,纤维流分配系统对梳棉机后喂棉箱的均衡稳定地配送,最终要保证梳棉机输出生条的结构与条干的均匀一致。采用连续喂棉方式的清梳联,尽可能提高各单机设备运转率,使其尽可能接近100%;间歇式供棉的清梳联流程中,除梳棉机的运转效率可以达到100%,沿着纤维流供应的反方向,距离梳棉机越远,机台的运转效率越低;如果某机台的运转效率始终在100%,则表明该机台对后续机台纤维供应跟不上,会使梳棉生条重量不匀率、生条条干不匀率恶化。

(四)清梳联生产的适应性

清梳联能适应纺化纤原料及其混纺,或精梳、普梳产品的粗、中、细特纱。

1. 纺制小批量、多品种的适应性

（1）采用相同的原料。

①纺制线密度相差不大,在梳棉机上生产相同线密度的生条,可在细纱工序改变牵伸等工艺条件,实现小批量多种生产方式。

②纺制线密度相差较大,或精、普两种不同种类的产品时,可在梳棉机上生产相同线密度的生条,而在后续各工序改变工艺流程或工艺条件,以满足对应品种的生产工艺要求。

③因生产工艺特殊要求,必须生产线密度相差较大的生条时,采用"一机、两仓、两线"模式,在不同线上设置不同的梳棉机生产工艺;也可在不同仓、不同线上设置不同的生产工艺,来满足不同品种的生产要求。

（2）纺制原料相差较大时。当原料是原棉时,其原料的染色性能或其他特殊要求一致或两种原料混纺成纱时,可采用"一机、两仓、两线"模式生产两种产品。其他情况,都不能采用"一机、两仓、两线"模式生产两种产品。注意:如果是已经配置"一机、一仓、两线"清梳联模式生产线,就不能纺原料差异较大、产品质量与使用性能相差很大的产品。

2. 纺制超细特纱的适应性

清梳联流程纺制 10tex 及以下(60 英支及以上)纯棉纱时,要按照棉纤维特性和成纱质量的特殊要求,对清梳联流程的配置、器材(尤其是分梳元件)选用、生产工艺设定进行统筹规划、设计。

3. 纺制色纤维混纺纱的适应性

色纤维混纺纱要求混色均匀,以免产生色差。可采用人工称量棉堆混合、长帘输入或经自动称量棉层混合的初步加工后,再使用清梳联加工纺纱。

二、清梳联系统喂棉箱结构分析

喂棉箱安装在梳棉机的机后,连接开清棉与梳棉机,参与分配及均衡纤维流供给梳棉机,并将清棉机输送的纤维流进行纤、气分离,再经过开松、除杂,形成纵、横向均匀的筵棉,并在梳棉机控制系统的引导下,通过导棉板向梳棉机给棉罗拉钳口同步供给纤维层。

喂棉箱均采用无回棉的上、下双棉箱喂棉箱系统结构,如图 7-2-54 所示。上棉箱 1 接受配棉总管分配系统分配来的纤维流,由过滤箱 9 经排尘管道 10 将空气排走,则纤维块沉入上棉箱底部。在配棉总管中,设有压力传感器,将压力信号转换为电信号,并传给控制器,由控制器控制开清棉中清棉机喂棉罗拉的速度。根据上棉箱内压力大小来控制开清棉设备输送给梳棉系统喂入量,以保证清梳联喂棉箱上棉箱的压力稳定,保证了上棉箱内纤维层密度的均匀。给

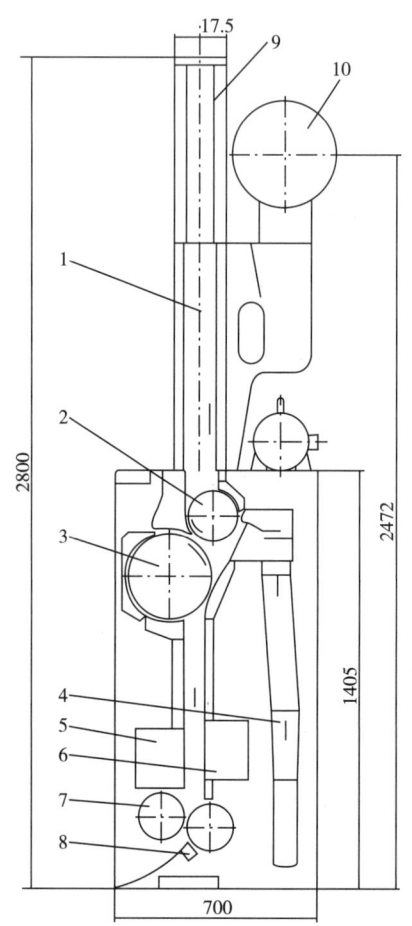

图 7-2-54　JWF1172 型、JWF1177A 型喂棉箱结构示意图

1—上棉箱　2—给棉罗拉　3—开松辊　4—风机　5—前静压箱

6—后静压箱　7—输出罗拉　8—导棉板　9—过滤箱　10—排尘管道

棉罗拉 2 钳口将上棉箱底部的纤维层喂给开松辊 3 开松、除杂,输入下棉箱。下棉箱采用闭路循环气流系统,由风机通过静压扩散循环吹气,使整个机幅内下棉箱压力均匀,这样确保经过前、后静压箱产生的筵棉结构均匀。在下棉箱中设有下棉箱压力传感器,将下棉箱的压力信号转换为电信号,并传给自调匀整控制器,由自调匀整控制器根据下棉箱压力的大小来控制上棉箱给棉罗拉的转速。给棉罗拉的转速通过变频调节来连续喂棉。开松打手将上棉箱给棉罗拉钳口输出的棉层均匀开松后进入下棉箱,保证了下棉箱压力更稳定。下箱在 300Pa 压力工作时波动小于 20Pa,为梳棉机提供均匀稳定的棉层,为保证生条重量不匀率小,且稳定提供了良好的基础。最后,经输出罗拉 7 钳口导出下棉箱,经导棉板导入梳棉机给棉罗拉钳口。

一体化设计的梳棉机机后喂棉系统,其喂棉箱的电气控制系统高度融合于梳棉机的电气控制系统。如JWF1206型、JWF1212型等梳棉机,取消了下棉箱底部的出棉罗拉部件,使喂棉箱的下棉箱延伸至梳棉机给棉罗拉处,如图7-2-55所示。在循环风机的作用下,气流通过静压扩散箱直接将筵棉输送至梳棉机给棉罗拉处。

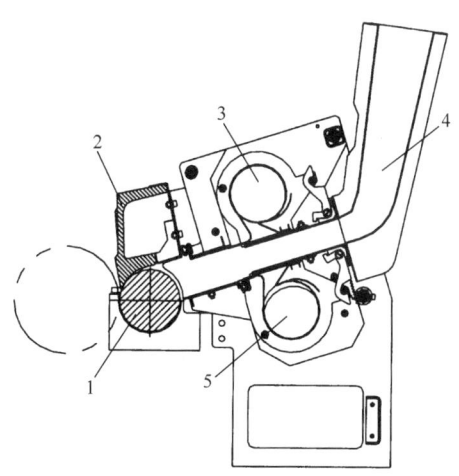

图7-2-55　JWF1206型梳棉机喂棉箱下棉箱底部结构示意图

1—梳棉机给棉罗拉　2—梳棉机给棉板　3—上风箱　4—下棉道　5—下风箱

上棉箱顶部(图7-2-54)的过滤箱9,其结构如图7-2-56所示。前、后各设有一块排气滤网,该过滤箱前、后各设有一块排气滤网,其漏气面积既可水平调节又可倾斜调节,用以调整落棉量并保证落棉横向均匀;下部设有网眼板,保证上棉箱内原料的密度及充实度;棉箱内过棉表面采用不锈钢材料,由上至下逐渐加宽,保证棉层顺利下落。经给棉罗拉及开松打手作用,纤维落入下棉箱。下棉箱中部设有一气孔通过软管与压力传感器连接,根据下棉箱设定压力,自动调整喂棉箱给棉罗拉转速,从而保证下棉箱压力相对稳定。下棉箱设有排气梳子板,实现气纤分离,并保持棉层横向分布均匀。滤网漏气面积调整如图7-2-57所示。调节板向上或向下移动,滤网漏气面积变小或变大;调节板倾斜设置,抬高的一侧,其滤网漏气就变少,而另一侧滤网漏气就增多。

调整滤网面积实质是调整过滤网的通风量,也就引导了纤维块向滤网通风量大的位置运动,通过调整板实现梳棉机组之间供棉的相对均衡性。在实际应用中,调节上棉箱前后过滤网框排气面积来调整梳棉机的供棉量,一般来说将第一台和最末一台网框透气口开的大些,中间机台调整的小些或者完全关闭,如图7-2-58所示。

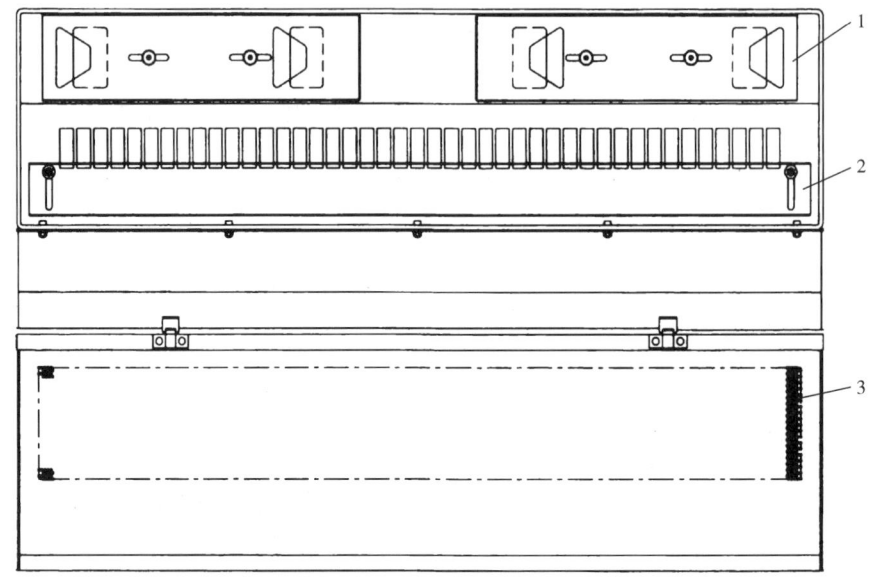

图 7-2-56　JWF1206 型喂棉箱上半部前后排气滤网结构示意图

1—水平调节板　2—上下调节板　3—网眼板

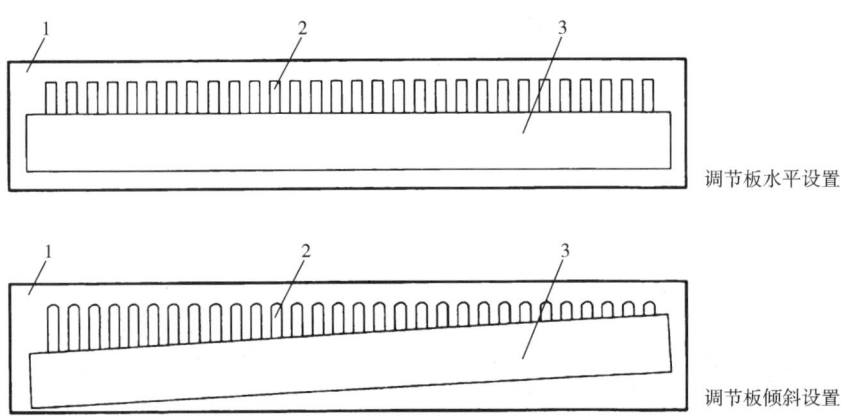

调节板水平设置

调节板倾斜设置

图 7-2-57　JWF1172 型喂棉箱上棉箱滤网漏气面积调整示意图

1—排气滤网框　2—排气格栅　3—调节板

图 7-2-58　沿配棉管道各喂棉箱滤网挡板位置示意图

三、清梳联工艺配置要点

清梳联工艺配置应在特定的清梳工艺流程下,依据产品质量要求与使用要求,根据原料种类及其含杂质的种类与数量按原料开松的方式与进程,合理制订除杂策略,做到"早落防碎,分步实施",兼顾开松与除杂,尽可能减少纤维损伤与降低束丝等有害疵点的产生。

设计清梳工艺流程与单机选型时,应根据预设的产品种类与对应质量、可能获得的原料状况来统筹权衡,参考同类产品所应用的清梳技术装备,科学合理选择配置。清梳联工艺配置应考虑的因素如下。

1. 纤维开松除杂要兼顾棉结与短绒产生

在清梳联流程中,由抓棉机抓取的纤维块在清棉机前面,重点考虑纤维块松解,让纤维块充分蓬松,降低纤维块中纤维彼此间的联系,让结实的纤维块转变为蓬松、柔软的纤维薄片。因此,此时的松解重点在蓬松,不在分解。通过蓬松的过程,让杂质与纤维的联系充分降低,利用可能的机会,除去杂质。在清棉时,让蓬松的纤维块适度减小,使之可以形成结构均匀一致的筵棉,并使筵棉中的各纤维联系力均匀,大小适合梳棉机刺辊分梳与刺辊和锡林之间纤维的转移,为锡林与盖板梳理区获得高效的梳理与彻底地除杂创造条件。因此,抓棉机后,纤维块的开松是为了梳棉梳理的单纤维化创造条件,不是通过过度的开松分解,让梳棉机刺辊不能发挥应有的分梳效能,并且极大地损伤纤维,这样是不可取的。

2. 清梳除杂合理分担

要坚持除杂合理分工,做到非纤维性大杂在清棉前去除,细小的非纤维性杂质、大的纤维性杂质在清棉时除去,细小杂质在刺辊分梳时除去,微小杂质通过盖板花来除去。能否实现除杂合理分工,重点看抓棉效果,即纤维块是否抓匀,是否通过撕扯的方式获得合理大小的纤维块。

3. 合理选择开松、梳理元件速度

一般来说,各运动机件的速度是依据所加工的纤维长度、细度来确定。纤维长而细,则运动机件的速度要选择低些。此外还可根据前后供应情况,如前后供应紧张,则前道必须提高产量,其运动机件的速度也要相应提高。主要原因是运动机件速度高,对纤维打击就严重,纤维损伤严重,产生有害疵点的可能性就高。

(1)抓棉机抓棉打手转速一般控制在 1200r/min 以下。实践证明,如果抓棉打手的转速由 1440r/min 降至 1300r/min 后,短绒率可下降约 3%。

(2)单轴流开棉机的辊筒转速一般控制在 480～780r/min,双轴流开棉机辊筒转速控制在 400～550r/min,不宜过高。

（3）单辊清棉机的辊筒打手的转速根据开松及除杂要求，一般多为 500~850r/min。

（4）喂棉箱开松辊的转速在 600r/min 左右，不宜过高。同时注意控制返花、挂花及给棉罗拉绕花。

（5）梳棉机锡林转速视所纺纤维长度与细度、针布配套情况而定。一般控制在 300~500r/min，锡林与刺辊的线速比控制在 2.5 左右，盖板速度控制在 100~300mm/min。纤维长度长、细度细，锡林转速要降低些，纤维短、粗时，锡林转速可提高些。

4. 优选配套针布

梳棉机经过高精密的装配，刺辊、锡林、道夫、盖板针布的配套，合理的工艺速度，并保持各梳理机件的优良的工作状况是梳棉机实现高产的基础。针布配套方案的优劣关系到生条中所含棉结、短绒率的高低。

5. 清梳主要隔距配置

清梳主要隔距配置一般先依据相关产品的成熟经验制订工艺方案，视运转情况作相应的调整和变化。此外，清梳主要隔距参数选择还得考虑设备的工艺转速，如锡林工艺转速提高，则与周边的分梳元件的相应隔距必须作相应地放大处理，否则纤维损伤会加剧。

四、自调匀整技术

（一）清梳联系统自调匀整的目的和两个环节

1. 清梳联系统自调匀整的目的

其目的在于控制生条的重量不匀率与条干不匀率。在生产应用中，即控制同品种各梳棉机输出生条定量的台差与每台输出生条的条干的粗细不匀。

2. 清梳联系统自调匀整的两个环节

（1）清棉到梳棉的纤维流量均匀性控制。清梳联自调匀整控制分两个层级：上、下位级控制系统。下位级控制系统是各机台自己本位的控制系统，通过检测各工艺检测点的各项指标，综合控制本机台输入、输出纤维流的均匀性和稳定性；上位级控制系统是常常说的清梳联自调匀整系统，包括梳棉机的自调匀整器与连续喂棉系统，通过检测梳棉机各工艺检测点的指标，依据生条质量控制数学模型，干预调控各下位级控制系统，使其机台配合梳棉机组来控制生条质量。

（2）棉箱、梳棉机的自调匀整器。控制筵棉的纵向不匀，由原来的一个匀整点——梳棉机给棉罗拉，转变为喂棉箱给棉罗拉与梳棉机给棉罗拉两个匀整点，这样就可以极大地减少短、中、长片段不匀。

(二)自调匀整系统

1. FT-029B 系列自调匀整系统

FT-029B 系列自调匀整系统分喂棉箱下棉箱纤维流的自调匀整控制与梳棉机整机纤维流匀整控制两部分。

(1)棉箱部分控制原理。棉箱控制部分通过上棉箱的压力传感器检测到的压力对棉箱电动机做 PID 智能控制。使梳棉机的棉层保持平稳喂入;匀整部分是根据棉箱输出棉层的不同厚度对下给棉电动机进行智能控制,达到改善梳棉机重量内不匀和外不匀的目的。

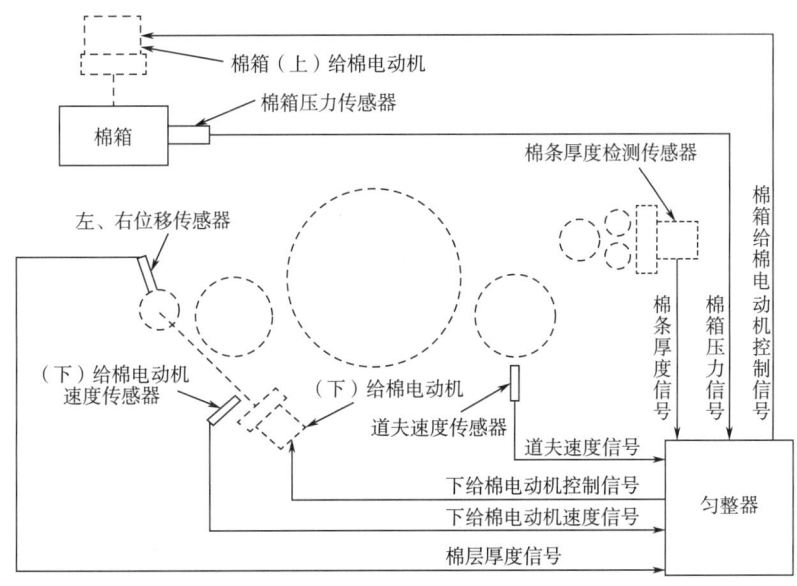

图 7-2-59　匀整部分控制原理图

(2)梳棉机整机纤维流匀整部分控制原理。匀整控制由传感器、变频调速器和给棉电动机、控制器三个部分组成。其中传感器部分包括给棉罗拉处的棉层厚度检测传感器、大压辊位置棉条检测传感器、给棉罗拉速度传感器和道夫速度传感器。其工作原理如图 7-2-59 所示,匀整器的控制器通过接近开关来跟踪检测给棉罗拉和道夫的速度,通过两个厚度位移传感器检测输入棉层的厚度。通过出条部分棉条厚度传感器检测棉条厚度。

FT-029B 系列控制器通过安装在道夫皮带轮上的接近开关检测道夫转速。以此速度作为控制给棉电动机速度的基础。当喂入棉层完全均匀时,给棉罗拉以一固定比例跟随道夫运行。控制器通过接近开关检测给棉罗拉转速。

当喂入棉层厚度变化时,控制器通过厚度传感器检测到棉层厚度变化信号并进行运算分析处理,计算出牵伸补偿量,通过改变给棉电动机转速来改变给棉罗拉与道夫的牵伸比,从而保证恒定的棉条定量输出。

出条处传感器检测最终出条质量,当控制器检测到棉条传感器变化超过一定值时,会通过计算分析改变给棉电动机速度,以保证长片段棉条的出条质量。

2. JWF1204B 型梳棉机自调匀整系统

自调匀整装置共分三大部分,即检测机构、控制机构、执行机构。其中检测机构由在给棉罗拉的上给棉检测机构、梳棉机车头喇叭口处的棉条粗细放大机构及道夫、给棉变频驱动三部分组成。控制机构即自调匀整控制仪,采用混合环的控制方式,可改善长短片段的不匀与重偏;同步控制梳棉机喂棉箱给棉部件,供棉系统更稳定;控制性好,稳定可靠性高;单机采用数字显示装置,可直接显示机台运行状况和生条质量情况,也可以配备计算机监控系统,进行多机集中控制;调试简单,操作方便。

3. 卓郎(常州)JSC328 型梳棉机自调匀整系统

JSC328 型梳棉机自调匀整系统包括连续喂棉控制系统、棉箱下箱连续喂棉控制及片段匀整控制。

连续喂棉控制系统:用于清梳联系统中清花末道开棉机喂棉与梳棉上棉箱管道间输送纤维原料时,根据管道静压力的变化、梳棉机运行机台数而自动改变原料输送量,达到连续均匀输送的目的,直接影响生条的定量,是清梳联系统控制必备装置。

棉箱下箱连续喂棉控制:根据下箱测压传感器测得的储棉高度反馈压力值来调整上箱给棉罗拉的速度,保障均匀、连续地喂入原料。

梳棉机短片段匀整控制:给棉板和给棉罗拉之间喂入的筵棉厚度检测,根据测量结果对给棉罗拉速度进行自动调整,得到均匀的生条定量。梳棉机长片段匀整控制:生条定量由出条端喇叭口位置的非接触传感器进行检测,测量信号经过处理后用来控制给棉系统。超短片段牵伸匀整控制:通过喇叭口位置的非接触传感器进行生条定量的粗细检测,再通过喇叭口后道的超短片段牵伸罗拉进行定量补偿,以获得更好的匀整效果。

五、清梳联设备与工艺流程

(一)青岛宏大清梳联工艺流程

流程 1:一机一仓一线(纺棉环纺及气流纺)

JWF1013 型往复式抓棉机→FT247B 型输棉风机→FT225B 型强力磁铁→FA124A 型重杂分离器→AMPEE01 型鹰眼(火星金属探除器)→FT217-70 型纤维分离器+JWF0007-70 型重物分离器→JWF1111 型轴流开棉机→JWF1031 型多仓混棉机(附 FT222F 型输棉风机+FT218 型重

杂分离装置)→JWF1125 型精清棉机(包含 FT 型连续喂棉控制器)→JWF1053 型除微尘机→119AⅡ型火星探除器→FT202T 型分配器→[(JWF1177A 型喂棉箱+JWF1213 型梳棉机+FT209B 型圈条器+FT029B 型自调匀整器)×6]×2

该流程最高产量为 1400kg/h,JWF1211 型、JWF1213 型、JWF1215 型用于环锭纺和气流纺。

流程 2:一机一仓二线(纺棉环纺及气流纺)

JWF1013 型往复式抓棉机→FT247B 型输棉风机→FT225B 型强力磁铁→FA124A 型重杂分离器→AMPEE01 型鹰眼(火星金属探除器)→FT217-70 型纤维分离器+JWF0007-70 型重物分离器→JWF1111 型轴流开棉机→JWF1031 型多仓混棉机(附 FT222F 型输棉风机+FT218 型重杂分离装置)→FT221B 型双路分配器→[JWF1125 型精清棉机(包含 FT 型连续喂棉控制器)→JWF1053 型除微尘机→119AⅡ型火星探除器→(JWF1177A 型喂棉箱+JWF1213 型梳棉机+FT209B 型圈条器+FT029B 型自调匀整器)×8]×2

该流程最高产量为 1000kg/h,适用于开松除杂要求较高的流程。

流程 3:一机二仓二线(纺棉环纺及气流纺)

JWF1013 型往复式抓棉机→FT247B 型输棉风机→FT225B 型强力磁铁→FA124A 型重杂分离器→AMPEE01 型鹰眼(火星金属探除器)→FT217-70 型纤维分离器+JWF0007-70 型重物分离器→JWF1111 型轴流开棉机→FT221B 型双路分配器→[JWF1031 型多仓混棉机(附 FT222F 型输棉风机+FT218 型重杂分离装置)→JWF1125 型精清棉机(包含 FT 型连续喂棉控制器)→JWF1053 型除微尘机→119AⅡ型火星探除器→(JWF1177A 型喂棉箱+JWF1213 型梳棉机+FT209B 型圈条器+FT029B 型自调匀整器)×8]×2

该流程最高产量为 2000kg/h(纺一种原料),1600kg/h(纺两种原料)。

流程 4:一机一仓一线(纺高含杂纯棉)

JWF1013 型往复式抓棉机→FT247B 型输棉风机→FT225B 型强力磁铁→FA124A 型重杂分离器→AMPEE01 型鹰眼(火星金属探除器)→FT217-70 型纤维分离器+JWF0007-70 型重物分离器→JWF1111 型轴流开棉机→JWF1031 型多仓混棉机(附 FT222F 型输棉风机+FT218 型重杂分离装置)→JWF1125 型精清棉机→JWF1115 型精清棉机(附 FA055 型立式纤维分离器+FT301B 型连续喂棉控制器)→JWF1053 型除微尘机→119AⅡ型火星探除器→FT202T 型分配器→[(JWF1177A 型喂棉箱+JWF1213 型梳棉机+FT209B 型圈条器+FT029B 型自调匀整器)×6]×2

该流程最高产量为 1400kg/h,用于纺高含杂纯棉流程,串联两台清棉机,JWF1211 型、JWF1213 型、JWF1215 型用于环锭纺和气流纺。

流程 5：一机一仓一线（纺涤纶及黏胶）

JWF1013 型往复式抓棉机→FT247B 型输棉风机→FT225B 型强力磁铁→FA124A 型重杂分离器→AMPEE01 型鹰眼（火星金属探除器）→JWF0007-70 型重物分离器→JWF1031 型多仓混棉机（附 FT224 型弧形磁铁+FT218 型重杂分离装置）→JWF1115 型精开棉机（附 FA055 型立式纤维分离器+FT301B 型连续喂棉控制器）→FT201B 型输棉风机→119A Ⅱ型火星探除器→FT202T 型分配器→［（JWF1177A 型喂棉箱+JWF1213 型梳棉机+FT209B 型圈条器+FT029B 型自调匀整器）×6］×2

该流程最高产量 1200kg/h，JWF0007-70 重物分离器选配。

流程 6：一机二仓二线（纺涤纶及黏胶）

JWF1013 型往复式抓棉机→FT247B 型输棉风机→FT225B 型强力磁铁→FA124A 型重杂分离器→AMPEE01 型鹰眼（火星金属探除器）→FT217-70 型纤维分离器+JWF0007-70 型重物分离器→FT221B 型双路分配器→［JWF1031 型多仓混棉机（附 FT222F 型输棉风机+FT218 型重杂分离装置）→JWF1115 型精开棉机（附 FA055 型立式纤维分离器+FT301B 型连续喂棉控制器）→119A Ⅱ型火星探除器→（JWF1177A 型喂棉箱+JWF1213 型梳棉机+FT209B 型圈条器+FT029B 型自调匀整器）×6］×2

该流程最高产量 1800kg/h，该流程最多纺两个品种，JWF0007-70 重物分离器选配。

流程 7：多组分智能称重清梳联流程（适应于色纺及其他混纺）

JWF1007 型圆盘抓棉机→FA240A（F）型输棉风机→JWF1131 型储棉开松机→多组分智能精细混开棉机组（JWF1081 型称重给棉机+JWF1035 型混合输送机+JWF1127 型精细开松机）→JWF1031 型多仓混棉机（附 FT222F 型输棉风机+FT218 型重杂分离装置）→JWF1115 型精开棉机（附 FA055 型立式纤维分离器+FT301B 型连续喂棉控制器）→119A Ⅱ型火星探除器→（JWF1177A 型喂棉箱+JWF1213 型梳棉机+FT209B 型圈条器+FT029B 型自调匀整器）×12

该流程最高产量 1200kg/h，该流程最多可混纺六个品种。

流程 8：手工喂入精梳联（化纤、纯棉）

BG001 型开包机→FA240A（F）型输棉风机→FT225B 型强力磁铁→FA124A 型重杂分离器→AMPEE01 型鹰眼（火星金属探除器）→JWF1111 型轴流开棉机→JWF1031 型多仓混棉机（附 FT222F 型输棉风机+FT218 型重杂分离装置）→JWF1115 型精开棉机（附 FA055 型立式纤维分离器+FT 型连续喂棉控制器）→JWF1053 型除微尘机→119A Ⅱ型火星探除器→（JWF1177A 型喂棉箱+JWF1213 型梳棉机+FT209B 型圈条器+FT029B 型自调匀整器）×8

流程9:手工喂入精梳联(化纤、纯棉)

FB003型喂给机→FA240A(F)型输棉风机→FT225B型强力磁铁→FA124A型重杂分离器→AMPEE01型鹰眼(火星金属探除器)→JWF1111型轴流开棉机→JWF1031型多仓混棉机(附FT222F型输棉风机+FT218型重杂分离装置)→JWF1115型精开棉机(附FA055型立式纤维分离器+FT型连续喂棉控制器)→JWF1053型除微尘机→119AⅡ型火星探除器→(JWF1177A型喂棉箱+JWF1213型梳棉机+FT209B型圈条器+FT029B型自调匀整器)×8

流程8适用于混纺工艺,多种原料比例混合的精细配棉,最高产量为600kg/h。

流程9适用于单一原料或已经混合的原料,例如小批量化纤、毛绒、棉的生产(环锭纺、气流纺),最高产量为600kg/h。

(二)郑州宏大清梳联工艺流程

1. 纯棉环锭纺

JWF1018型往复式抓棉机→JWF0001型多功能分离器→JWF1102型单轴流开棉机→JWF1026型多仓混棉机→JWF1124C型开棉机→JWF1054型除微尘机→AMP-119AⅡ-PD-350型火警→TF2202B型配棉三通→[(JWF1216型梳棉机+TF2513A型自动换筒圈条器)]×2

2. 低支纯棉环锭纺、转杯纺

JWF1018型往复式抓棉机→AMP-3000-300型火星金属探除器→TF50型重物分离器→JWF1102型单轴流开棉机→JWF1026型多仓混棉机→JWF1124C型开棉机→JWF1054型除微尘机→AMP-119AⅡ-350型火警→TF2202B型配棉三通→[(JWF1212型梳棉机+TF2513A型自动换筒圈条器)×9]×2

3. 高含杂纯棉环锭纺

JWF1018型往复式抓棉机→AMP-3000-300型火星金属探除器→TF50型重物分离器→ZF9104-500风机→JWF1104型开棉机→JWF1102型单轴流开棉机→JWF1026型多仓混棉机→JWF1124C型开棉机→JWF1054型除微尘机→AMP-119AⅡ-350型火警→TF2202B型配棉三通→[(JWF1212型梳棉机+TF2513A型自动换筒圈条器)×9]×2

4. 化纤环锭纺清梳联

JWF1018型往复式抓棉机→AMP-3000-300型火星金属探除器→TF45B型重物分离器→JWF1024型多仓混棉机→FA051A-120型凝棉器+JWF1126A-160型开棉机→ZFA9104-500输棉风机→AMP-119AⅡ-350型火警→TF2202B型配棉三通→[(JWF1212型梳棉机+TF2513A型自动换筒圈条器)×8]×2

5. 高精度自动称量清梳联

FA002A 型圆盘式抓棉机 → AMP－3000－300 型火星

金属探除器 → JWF1126B－160 型储棉开棉机

JWF1012 型往复式抓棉机 → AMP－3000－300 型火星

金属探除器 →（JWF1126B－160 型储棉开棉机）×2

→ 3×JWF1062 型自动称量机→

JWF1028 型帘子混棉机→JWF1026 型多仓混棉机→JWF1124C 型单辊筒清棉机→ZF9104－425 输棉风机→AMP－119AⅡ－300 型火警→TF2202A 型配棉三通→［（JWF1204B 型梳棉机＋TF2513A 型自动换筒圈条器）×6］×2

（三）卓郎（常州）纺织机械有限公司清梳联典型工艺流程

流程 1：一机一仓一线（纯棉环锭纺）

JSB008C 型往复式抓棉机→119MD5 型天眼（火星金属探除器）→FA100 型多功能气流塔→JSB103 型单轴流开棉机→［FA025 型多仓混棉机→JSB108 型精开棉机（附 JFA030 型凝棉器＋TF27 型桥式吸铁）→SFA201 型除微尘机→119E 型火星探除器→JFA020A 型输棉风机→（JSC371 型喂棉箱＋JSC328 型梳棉机＋JYH306 型自调匀整）×8］×2

该流程最高产量为 1500kg/h。

流程 2：一机一仓二线纯棉环锭纺

JSB008C 型往复式抓棉机→119MD5 型天眼（火星金属探除器）→FA100 型多功能气流塔→JSB103 型单轴流开棉机→JSB325 型多仓混棉机→［JSB108 型精开棉机（附 JFA030 型凝棉器＋TF27 型桥式吸铁）→119E 型火星探除器→JFA020A 型输棉风机→（JSC371 型喂棉箱＋JSC328 型梳棉机＋JYH306 型自调匀整）×8］×2

该流程最高产量为 1500kg/h。

流程 3：一机一仓二线（纯棉环锭纺）

JSB008C 型往复式抓棉机→119MD5 型天眼（火星金属探除器）→FA100 型多功能气流塔→JSB103 型单轴流开棉机→JSB325 型多仓混棉机→JSB318 型精开棉机（附 TF27 型桥式吸铁）→119E 型火星探除器→JFA020A 型输棉风机→TF80 型分配器→［（JSC371 型喂棉箱＋JSC328 型梳棉机＋JYH306 型自调匀整）×6］×2

该流程最高产量为 1500kg/h。

流程 4：一机一仓二线（纯棉转杯纺）

JSB008C 型往复式抓棉机→119MD5 型天眼（火星金属探除器）→FA100 型多功能气流塔→JSB103 型单轴流开棉机→JSB325 型多仓混棉机→JSB318 型精开棉机→JSB318 型精开棉机（附 TF27 型桥式吸铁）→SFA201 型除微尘机→119E 型火星探除器→JFA020A 型输棉风机→

TF80 型分配器→(JSC371 型喂棉箱+JSC328 型梳棉机+JYH306 型自调匀整)×6×2

　　该流程最高产量为 1500kg/h。

　　流程 5:一机二仓二线(化纤环锭纺)

　　JSB008C 型往复式抓棉机→119MD5 型天眼(火星金属探除器)→FA100 型多功能气流塔→→[FA025 型多仓混棉机→JSB318 型精开棉机(附 TF27 型桥式吸铁)→119E 型火星探除器→JFA020A 型输棉风机→(JSC371 型喂棉箱+JSC328 型梳棉机+JYH306 型自调匀整)×8]×2

　　该流程最高产量为 1500kg/h。

　　流程 6:一机一仓二线(化纤环锭纺)

　　JSB008C 型往复式抓棉机→119MD5 型天眼(火星金属探除器)→FA100 型多功能气流塔→JSB325 型多仓混棉机→JSB318 型精开棉机(附 TF27 型桥式吸铁)→119E 型火星探除器→JFA020A 型输棉风机→TF80 型分配器→(JSC371 型喂棉箱+JSC328 型梳棉机+JYH306 型自调匀整)×6×2

　　该流程最高产量为 1500kg/h。

　　流程 7:高精度自动称量清梳联流程

　　JSB002 × 2 型圆盘式抓棉机—
　　JSB008C 型往复式抓棉机 → FA100 型多功能气流塔 → JSB103 型单轴流开棉机　　　　→ (JSW301 型卧式给棉机×3+JSW311

型称重开松机)→JSB325 型多仓混棉机→JSB318 型精开棉机(附 TF27 型桥式吸铁)→119E 型火星探除器→JFA020A 型输棉风机→TF80 型分配器→(JSC371 型喂棉箱+JSC328 型梳棉机+JYH306 型自调匀整器)×6×2

(四)安徽日发纺织机械有限公司清梳联工艺流程

1. 棉纺单品种清梳联

　　ABOS 型自动抓包机→CHB 型重杂分离器→MTF 型抓棉机风机→AMPEE01 型金属控除及灭火器→CPC 型预开清棉机→MTF 型输棉风机→CBO 型多仓混棉机→CFC 型精细开清棉机→MTF 型输棉风机→CDR 型微除尘机→DMT 型桥式吸铁装置→CECS 型连续喂棉及喂棉风机→MK7E 型高产梳棉机×12

　　该流程最高产量为 750kg/h。

2. 高含杂棉纺单品种清梳联

　　ABOS 型自动抓包机→CHB 型重杂分离器→MTF 型抓棉机风机→AMPEE01 型金属控除及灭火器→CPC 型预开清棉机→MTF 型输棉风机→CBO 型多仓混棉机→CFC 型精细开清棉机→MTF 型输棉风机→CFT 型除尘塔→CFC 精细开棉机→MTF 型输棉风机→CDR 型微除尘机→

DMT 型桥式吸铁装置→CECS 型连续喂棉及喂棉风机→MK7E 型高产梳棉机×12

该流程最高产量为 750kg/h。

3. 棉纺多品种清梳联

ABOM 型自动抓包机→CHB 型重杂分离器→MTF 型抓棉机风机→AMPEE01 型金属控除及灭火器→CPC 型预开清棉机→两路配棉器→（MTF 型输棉风机→CBO 型多仓混棉机→CFC 型精细开清棉机→MTF 型输棉风机→CDR 型微除尘机→DMT 型桥式吸铁装置→CECS 型连续喂棉及喂棉风机→MK7E 型高产梳棉机×12）×2

该流程最高产量为 1500kg/h。

4. 合成纤维单品种清梳联

ABOS 型自动抓包机→MTF 型抓棉机风机→CDR 型微除尘机→AMPEE01 型金属控除及灭火器→CBO 型多仓混棉机→CFC-P 型刺针式精细开清棉机→DMT 型桥式吸铁装置→CECS 型连续喂棉及喂棉风机→MK7E 型高产梳棉机×12

该流程最高产量为 800kg/h。

5. 精细混棉清梳联

MTF 型抓棉机风机→CWT 型精细混棉机→MTF 型输棉风机→（CBO 型多仓混棉机→CFC 型精细开清棉机→DMT 型桥式吸铁装置→CECS 型连续喂棉及喂棉风机→MK7E 型高产梳棉机×6）×2

该流程最高产量为 1500kg/h。

（五）瑞士立达清梳联工艺流程

1. 普梳环锭纺、气流纺经济高效开清棉

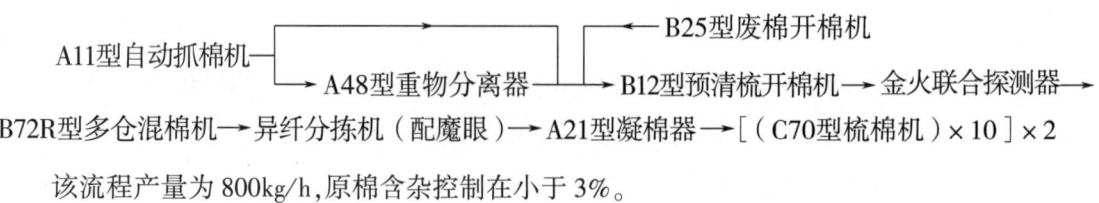

A11型自动抓棉机→A48型重物分离器→预清梳开棉机B12→金火联合探测器→B25型废棉开棉机

B76型多仓混棉机→B17型清棉机→A79型储棉机→异纤分拣机（配魔眼）→A21型凝棉器→（C70型梳棉机）×8

该流程产量为 1000kg/h，原棉含杂控制在小于 5%。

2. 精梳环锭纺开清棉

A11型自动抓棉机→A48型重物分离器→B12型预清梳开棉机→金火联合探测器→B25型废棉开棉机

B72R型多仓混棉机→异纤分拣机（配魔眼）→A21型凝棉器→［（C70型梳棉机）×10］×2

该流程产量为 800kg/h，原棉含杂控制在小于 3%。

3. 精准多仓混合纺纱开清棉

```
                                        ┌─── B25型废棉开棉机 ──────────────────────┐
A11型自动抓棉机 ──→ A48型重物分离器 ──→ B12型预清梳开棉机 ──→ 金火联合探测器 ──┐
                                                                              │
B76型多仓混棉机 ──→ B17型清棉机 ──→ A79型储棉机 ──→ 异纤分拣机（配魔眼）──→ A21型凝
棉器 ─────────────────────────────────────────┐
                                             │
B34型混开棉 ──→ A48型重物分离器 ──→ 金火联合探测器 ──→ A81型精细混棉机 ──┘
〔A79S型储棉机 ──→ 凝棉器 ──→（C70型梳棉机）×4〕×2
```

该流程产量为 900kg/h，原棉含杂控制在小于 5%。

4. 说明

（1）预清梳 B12 型开棉机、B17 型清棉机为带 V 形打手的单轴流开棉机。

（2）A79 型储棉机为带棉箱的豪猪开棉机或带棉箱的单辊筒精开棉机。

（3）B72 型、B76 型多仓混棉机与国产多仓混棉机 JWF1029 型混棉机类似；加除杂模块与国产 JWF1033 型多仓混棉机功能相同，加装开松模块与国产 FA1113 型多仓混开棉机类似。

（4）A21 型凝棉机与国产除微尘机功能相同，但其结构与国产 A045 型凝棉器相同，不同是尘笼下方出棉口附近有补风口，确保经除杂的纤维块再经过补风形成纤维流，实现自动输送。

（5）A81 型精混棉机是一台混开棉机，相当于国产 FA1113 型多仓混棉机，取消角钉帘、均棉罗拉及剥棉打手，其棉箱部分直接与开松模块连接；但喂入部分是每仓上部进口与外部一输纤管道"一对一"连接。该精确混棉机 A81 为三仓，因此外部有三路输纤管道为该混棉机供料。

第五节　清梳联质量控制

一、生条质量参考指标

清梳联的生条质量指标主要是生条重量不匀率、重量偏差、生条结杂含量和短绒率。而生条棉结含量因测试方法不同，又分目测生条结杂指标和 AFIS 单纤维测试仪。

（一）乌斯特 2018 年棉结统计值

1. 乌斯特 2018 年环锭纺（普梳）棉结（表 7-2-68）

表 7-2-68　乌斯特 2018 年环锭纺（普梳）棉结统计值　　　　单位：粒/g

水平	纤维棉结			籽皮棉结			总棉结		
	原棉	筵棉	生条	原棉	筵棉	生条	原棉	筵棉	生条
5%	119.2	220.5	37.0	119.2	220.5	37.0	110.9	265.4	46.5

续表

水平	纤维棉结			籽皮棉结			总棉结		
	原棉	筵棉	生条	原棉	筵棉	生条	原棉	筵棉	生条
25%	176.8	301.7	54.2	176.8	301.7	54.2	171.6	335.8	71.8
50%	219.0	357.7	70.2	219.0	357.7	70.2	224.4	410.7	101.6
75%	266.1	453.3	102.4	266.1	453.3	102.4	298.5	477.6	148.9
95%	349.6	560.1	190.8	349.6	560.1	190.8	377.6	555.5	207.1

2. 乌斯特 2018 年环锭纺(精梳)棉结(表 7-2-69)

表 7-2-69　乌斯特 2018 年环锭纺(精梳)棉结统计值　　　　单位:粒/g

水平	纤维棉结			籽皮棉结			总棉结		
	原棉	筵棉	生条	原棉	筵棉	生条	原棉	筵棉	生条
5%	84.9	198.8	28.8	7.0	8.4	1.7	99.8	193.0	38.4
25%	143.2	274.2	46.3	10.4	12.2	3.4	146.9	262.6	54.3
50%	189.4	327.5	63.2	15.0	17.0	6.2	217.8	365.0	75.3
75%	239.0	400.3	80.4	21.4	24.1	11.3	305.2	476.0	99.8
95%	345.6	496.0	126.7	29.2	32.8	16.6	415.8	640.8	140.8

3. 乌斯特 2018 年转杯纺(普梳)棉结(表 7-2-70)

表 7-2-70　乌斯特 2018 年转杯纺(普梳)棉结统计值　　　　单位:粒/g

水平	纤维棉结			籽皮棉结			总棉结		
	原棉	筵棉	生条	原棉	筵棉	生条	原棉	筵棉	生条
5%	130.0	319.0	54.8	13.7	17.8	6.3	180.4	389.5	109.2
25%	186.8	439.3	84.9	18.9	23.4	11.4	250.9	491.4	167.6
50%	224.8	505.6	122.5	24.2	30.1	18.2	332.3	609.1	257.1
75%	275.5	574.5	209.0	33.1	40.9	27.2	445.6	735.5	371.0
95%	418.1	840.0	370.9	44.7	52.8	38.2	569.0	883.5	509.7

4. 乌斯特 2018 年紧密纺(精梳)棉结(表 7-2-71)

表 7-2-71　乌斯特 2018 年紧密纺(精梳)棉结统计值　　　　单位:粒/g

水平	纤维棉结			籽皮棉结			总棉结		
	原棉	筵棉	生条	原棉	筵棉	生条	原棉	筵棉	生条
5%	69.6	183.0	29.4	5.0	7.2	1.7	90.9	181.2	25.9

续表

水平	纤维棉结			籽皮棉结			总棉结		
	原棉	筵棉	生条	原棉	筵棉	生条	原棉	筵棉	生条
25%	104.9	243.4	39.7	8.2	11.2	2.9	121.4	231.0	43.1
50%	144.5	291.6	51.0	12.9	17.8	5.0	164.6	283.6	62.7
75%	191.5	335.8	69.9	19.1	25.6	8.4	217.4	344.7	85.6
95%	279.9	449.8	111.8	27.5	34.2	14.3	287.3	412.4	122.9

(二)乌斯特 2018 年杂质统计值

1. 乌斯特 2018 年环锭纺(普梳)杂质统计值(表 7-2-72)

表 7-2-72　乌斯特 2018 年环锭纺(普梳)杂质统计值　　　　单位:粒/g

水平	灰尘			杂质			总尘杂		
	原棉	筵棉	生条	原棉	筵棉	生条	原棉	筵棉	生条
5%	103.9	54.4	12.7	20.2	10.6	1.8	109.7	78.8	10.0
25%	173.4	93.3	22.3	37.6	19.4	3.6	217.2	144.1	19.6
50%	297.2	168.7	39.4	62.1	31.8	6.5	386.9	232.7	34.0
75%	492.7	305.3	73.2	96.7	48.7	10.4	625.8	356.6	65.1
95%	789.9	509.6	139.7	147.7	70.8	17.5	1087.9	569.6	169.6

注　杂质颗粒粒径>500μm。

2. 乌斯特 2018 年环锭纺(精梳)杂质统计值(表 7-2-73)

表 7-2-73　乌斯特 2018 年环锭纺(精梳)杂质统计值　　　　单位:粒/g

水平	灰尘			杂质			总尘杂		
	原棉	筵棉	生条	原棉	筵棉	生条	原棉	筵棉	生条
5%	81.0	55.0	8.6	17.9	12.1	1.2	102.2	71.6	7.4
25%	159.1	98.8	16.5	28.4	19.1	2.1	197.0	151.6	19.4
50%	252.5	173.9	30.5	42.0	27.5	3.6	322.1	235.6	30.9
75%	410.9	282.9	51.4	68.4	44.7	6.2	504.4	346.9	48.7
95%	668.0	443.1	87.5	101.5	70.5	10.7	1053.2	592.0	103.6

注　杂质颗粒粒径>500μm。

3. 乌斯特2018年转杯纺(普梳)杂质统计值(表7-2-74)

表7-2-74 乌斯特2018年转杯纺(普梳)杂质统计值　　　　单位:粒/g

水平	灰尘			杂质			总尘杂		
	原棉	筵棉	生条	原棉	筵棉	生条	原棉	筵棉	生条
5%	157.8	96.7	26.7	32.0	23.6	2.9	182.1	127.3	26.2
25%	252.2	144.7	40.1	55.3	36.1	4.9	326.8	225.1	46.4
50%	403.2	214.6	60.7	92.7	58.7	8.8	496.1	284.4	65.6
75%	637.0	339.2	96.3	150.8	92.7	15.2	756.0	409.4	98.6
95%	1095.8	562.6	144.7	237.9	146.3	26.2	1434.0	916.8	211.3

注 杂质颗粒粒径>500μm。

4. 乌斯特2018年紧密纺(精梳)杂质统计值(表7-2-75)

表7-2-75 乌斯特2018年紧密纺(精梳)杂质统计值　　　　单位:粒/g

水平	灰尘			杂质			总尘杂		
	原棉	筵棉	生条	原棉	筵棉	生条	原棉	筵棉	生条
5%	134.8	92.6	9.7	23.4	14.1	0.4	139.3	93.2	6.4
25%	223.1	140.5	14.3	34.0	21.3	0.8	298.7	176.6	12.0
50%	354.4	230.1	21.2	56.6	34.2	1.6	439.8	245.2	18.4
75%	534.7	354.4	31.7	85.3	58.4	3.8	593.8	374.3	27.9
95%	806.8	523.9	47.3	124.5	96.7	9.4	1272.5	597.6	56.0

注 杂质颗粒粒径>500μm。

(三)乌斯特2018年短绒、可见异物统计值

1. 乌斯特2018年环锭纺(普梳)短绒、可见异物统计值(表7-2-76)

表7-2-76 乌斯特2018年环锭纺(普梳)短绒、可见异物统计值

水平	根数百分率/%			可见异物/%		
	原棉	梳棉喂入筵棉(卷)	生条	原棉	梳棉喂入筵棉(卷)	生条
5%	16.1	19.3	18.7	0.60	0.41	0.05
25%	19.1	22.1	21.3	0.99	0.62	0.08
50%	22.1	24.6	24.0	1.55	0.94	0.14

水平	根数百分率/%			可见异物/%		
	原棉	梳棉喂入筵棉（卷）	生条	原棉	梳棉喂入筵棉（卷）	生条
75%	24.9	27.5	26.5	2.35	1.32	0.23
95%	27.8	30.2	29.1	3.45	1.81	0.35

2. 乌斯特2018年环锭纺（精梳）短绒、可见异物统计值（表7-2-77）

表7-2-77　乌斯特2018年环锭纺（精梳）短绒、可见异物统计值

水平	根数百分率/%			可见异物/%		
	原棉	梳棉喂入筵棉（卷）	生条	原棉	梳棉喂入筵棉（卷）	生条
5%	14.0	17.8	17.2	0.42	0.30	0.02
25%	17.3	21.0	20.3	0.69	0.47	0.03
50%	21.0	24.4	23.9	1.05	0.70	0.05
75%	24.5	27.3	27.0	1.60	1.08	0.10
95%	28.5	30.8	30.5	2.39	1.70	0.16

3. 乌斯特2018年转杯纺（普梳）短绒、可见异物统计值（表7-2-78）

表7-2-78　乌斯特2018年转杯纺（普梳）短绒、可见异物统计值

水平	根数百分率/%			可见异物/%		
	原棉	梳棉喂入筵棉（卷）	生条	原棉	梳棉喂入筵棉（卷）	生条
5%	16.2	23.8	20.8	0.72	0.55	0.06
25%	20.2	27.2	24.4	1.21	0.86	0.11
50%	24.1	30.8	28.2	1.88	1.26	0.17
75%	27.9	34.8	32.0	2.84	2.04	0.28
95%	32.1	38.2	36.0	4.75	3.52	0.48

4. 乌斯特2018年紧密纺（精梳）短绒、可见异物统计值（表7-2-79）

表7-2-79　乌斯特2018年紧密纺（精梳）短绒、可见异物统计值

水平	根数百分率/%			可见异物/%		
	原棉	梳棉喂入筵棉（卷）	生条	原棉	梳棉喂入筵棉（卷）	生条
5%	16.9	19.2	16.7	0.49	0.36	0.01

续表

水平	根数百分率/%			可见异物/%		
	原棉	梳棉喂入筵棉(卷)	生条	原棉	梳棉喂入筵棉(卷)	生条
25%	20.0	22.2	19.8	0.81	0.54	0.02
50%	22.7	25.4	23.0	1.23	0.90	0.04
75%	25.8	28.0	26.0	1.84	1.34	0.07
95%	28.1	30.0	28.4	2.74	2.06	0.11

(四)生条条干不匀率、重量不匀率参考指标(表7-2-80)

表7-2-80 生条条干不匀率、重量不匀率参考指标

类别	Y311型仪器条干不匀率/%	重量不匀率/%	
		无匀整装置	有匀整装置
优	<18	≤4	≤1.8
中	18~20	4~5	1.8~2.5
低	>20	>5	>2.5

二、提高质量的主要途径

(一)生条重量不匀率、重量偏差及条干均匀度的控制

(1)提高连续喂棉的运转率,稳定清梳联喂棉箱上、下棉箱的压力,一般要求上棉箱压力波动为±20Pa,下棉箱压力波动为±10Pa。连续喂棉压力的设定值和输棉管道输棉风机的工作送风量与梳棉机配台数、管道长度及产量有关。当配棉管道较长或产量较高时,要适当提高输棉风机的送风量和连续喂棉压力的设定值。

(2)提高长、短片段自调匀整检测部件的灵敏度,应定期检查梳棉机长短片段机械与电气部件状态,保证自调匀整器能够正常灵活工作。

(3)梳棉机给棉钳口原始隔距及加压可适当减小。建议 JWF 系列梳棉机给棉钳口原始隔距控制在 0.10~0.20mm。

(4)控制梳棉机锡林与道夫的上三角区的空气压力,适当调整其工艺隔距,减小气流下冲的可能性,避免影响锡林向道夫的纤维转移。

(5)用于纺同线密度纱的梳棉机的工艺设置应力求统一,减小机台之间的差异,降低生条的外不匀率。

（6）确保清梳联纤维通道光滑无毛刺,不勾挂纤维。

（7）检查锡林底部罩板入口处是否有吸道夫棉网现象,如有应适当加大罩板与锡林的隔距。

（8）若流程中配有三通配棉器将梳棉机分成两路配棉时,每一路喂棉箱的滤网挡板不仅需要调整好,还要求两路中相对应机台的滤网挡板位置相同,保证配棉均匀。

（9）梳棉机前固定盖板与锡林之间的隔距宜较小,并且左右隔距必须一致,否则会引起棉网不匀,导致条干恶化。

（10）控制好抓棉机抓取纤维块大小及其差异,配置合适的开清点,提高纤维的开松与除杂效能,确保喂棉箱上棉箱底部纤维层的横向均匀性,为保障梳棉机自调匀整系统的正常发挥,降低生条的内不匀率及提高生条条干均匀度。

（11）设置合理的梳棉机圈条器压辊到剥棉罗拉之间的张力牵伸倍数,控制纤维网集束张力与引条张力,防止意外牵伸。

（12）合理配套针布、设计合理的工艺速度,做到四锋一准（即刺辊、锡林、盖板、道夫针布锋利,工艺隔距准确）,减少锡林盖板梳理区自由纤维产生的数量,提高单纤维化的能力。

（13）检查道夫底部、剥棉部件和喇叭口吹气压力是否合适,一般情况下应小于 0.05MPa（0.5 巴）。

（14）车间的温、湿度要达到要求且变化较小,一般要求见表 7-2-81。

表 7-2-81　清梳联车间温、湿度要求

工序	温度/℃	湿度/%
清花	冬季 18~23,夏季 30~32	冬季 50~60,夏季 50~65
梳棉	冬季 22~25,夏季 30~32	冬季 50~60,夏季 55~65

（二）生条短绒率控制

1. 一般控制范围

生条（16mm 以下）短绒率控制范围:中特纱短绒率≤8%,细特纱短绒率≤14%。短绒增加率控制范围:开清棉短绒增加率≤1%,梳棉短绒增加率≤1%。

2. 主要技术措施

（1）根据纺纱品种及工艺的要求进行合理配棉,满足生条和成纱对短绒含量的要求。如果所用原棉的短绒含量较高,建议在流程中选配除微尘机。

（2）在满足产量及前后纤维供应的前提下尽量降低打手转速,减少纤维的损伤。如纺中细

特纱时,抓棉机打手速度设为 1000r/min;适当增加轴流开棉机出棉口的工作负压;除微尘机进棉风机的转速,应满足清棉机出棉口处的压力要求,避免出现打手返花现象,使纤维过度打击,短绒增加。

(3)凝棉器的尘笼表面和网孔、除微尘机的网眼板表面和网孔应光滑无毛刺,以免堵塞网孔影响短绒及微尘的排出。

(4)使用三辊筒开棉机时,其下给棉罗拉与第一清棉辊筒之间的隔距在出厂时调为1.3mm,在使用过程中若发现短绒增加过多,可将此隔距适当放大。三辊筒开棉机的三个清棉辊筒的转速比可以任意调节,应根据原棉情况合理设置。控制落棉量调节板的开口大小,少产生短绒,多排除。

(5)合理配置梳棉机各工艺隔距、给棉板工艺分梳长度,合理配置梳棉机各转动机件的转速;合理配套针布,少产生短绒,利用排除盖板花的方式多排除短绒,控制生条短绒含量。

(6)适当提高锡林与刺辊的线速比,利于纤维向锡林表面转移,可降低生条的短绒率。

(三)生条棉结数

1. 控制范围

生条棉结视原棉品级而定,棉结数不大于疵点数的 1/3。开清棉的棉结增长率<60%,梳棉的棉结去除率控制在 80%~85%。落棉率:开清棉落棉率≤3%,梳棉落棉率≤8.0%。除杂效率根据原棉含杂率而变动,一般总除杂率在 95%~98%,其中开清棉除杂率为 30%~60%,梳棉除杂率为 90%~96%。

2. 主要途径

(1)清梳联工艺流程各单机开松分梳元件,如打手刀片、角钉、梳针、锯齿、尘棒、除尘刀等要光洁;不得有毛刺,以免勾挂纤维,形成束丝和棉结。纤维流运行通道密封,各关键节点空气压力要持续稳定在工艺设置范围内,管道壁无毛刺,不阻塞、不挂花。

(2)在混棉中,要注意混用回花不要太多,特别是粗纱头;原棉回潮率不宜过高,各类原棉的回潮率差异要小。

(3)定期检查、清理梳棉机喂棉箱过棉通道及各处滤网、透气栅栏的积尘和挂花。在纤维满足供应的前提下,适当降低打手的转速,以减少棉结产生。

(4)梳棉机刺辊、锡林、道夫、盖板要依据原料种类与纤维长度、细度等指标及梳棉机预期达到的产量,科学选用针布,配套要合理,做好“五锋一准”。锡林针布应尽可能选用免磨型针布。

(5)开清棉和梳棉机要防止返花、绕花,以免纤维搓揉产生棉结和束丝。

(6)做好梳棉机维修保养工作,制订合理的针布磨针、更换周期。

(7)根据原料及纺纱品种合理配置梳棉机工艺隔距。

(8)选择合适的刺辊转速和刺辊与锡林间的线速比。

(9)控制好刺辊、锡林、道夫的针面负荷,特别是当盖板正转时,控制不当,易产生大量棉结。

(10)控制筵棉结构,并合理配置梳棉机各部牵伸。

(11)合理设置除尘刀、棉网清洁器的工艺参数,使其在合理的落棉率范围内,多排除棉结。

(四)纤维籽屑与杂质的控制途径

(1)依据原棉包结构,制订合理的抓棉工艺,控制往复抓棉机抓棉打手抓取的纤维大小及其差异,让尽可能多的结杂从纤维块内部转移到纤维块外部,为后续开棉机除杂创造条件。

(2)轴流开棉机,通过打手的打击与尘棒的阻挡及尘格气流分布,尽可能去除游离于纤维块外表面的杂质。

(3)通过清棉机的握持喂给撕扯开松,使纤维块急剧变小,让杂质与带纤维籽屑游离出来,运用尘格或除尘刀工艺清除。

(4)重物分离器、除微尘机清除短绒、尘杂。

(5)充分运用梳棉机刺辊的分梳作用、除尘刀工艺清除带纤维籽屑;设置合理的刺辊分梳工艺与锡林刺辊两针面纤维分梳转移工艺,形成结构良好、均匀的锡林针面负荷,充分利用锡林后固定盖板的分梳效能,在锡林盖板梳理区入口附近五根盖板宽的区域内,经过盖板针面对锡林针布所带纤维束的尾端分梳,形成盖板花的方式,彻底清除尘杂与带纤维籽屑。此外,通过棉网清洁器辅助清除尘杂。

(6)喂入筵棉中所含杂质数量,特别是矿物性杂质,对针布的使用寿命影响很大。因此,除杂要"早落防碎"。

(7)原料中的布片或包装材料会形成纱线中的异性纤维,造成纱线不适于预定用途;植物性杂质能引起牵伸不良、纱线断裂、充塞梳理针布、污染纱线等,尽可能发动挡车工在抓棉时及时发现,及时清除。或者通过除异纤分拣机清除。

三、清梳联主要单元机的常见故障分析

(一)往复抓棉机

1. 抓棉机停止抓棉

多仓混棉机处于停止要棉,棉机操作台到抓棉小车的通信控制电缆通信中断,金属火星探除器、多功能分离器的火警报警信号消除并复位,保护抓棉区域的行程开关定位不合适,抓棉打手因抓住死包与传动皮带的张力等导致其转速低于保护值,行走电动机的刹车装置不正常,输棉风机出现异常,凝棉器或轴流开棉机出现异常等均会导致抓棉机停止工作。

2. 抓棉臂实际下降量与设定量出现偏差

抓棉臂升降减速电动机的编码器控制系统工作不正常,抓棉臂配重不合适,控制抓棉臂升降的继电器工作状态不良,抓棉臂升降链条的张力不正常,升降离合器工作状态不良等因素会导致抓棉臂实际下降量与设定量出现偏差。

3. 抓棉小车工作时走出设定抓棉区域

行走小车减速电动机的编码器控制系统工作不正常,行走小车校准接近开关工作状态不良,抓棉机收卷电压过大,地面沉降导致地轨变形不平等因素会导致抓棉小车工作时走出工作区。

4. 抓棉机卷绕覆盖带无法正常收放

出现此现象可重新调整和校准抓棉机卷绕覆盖带的收放卷系统各节点的工作电压、电器与电动机的状态。

5. 抓棉机抓棉臂无法升降

抓棉臂上升及下降行程开关机械位置走动、升降离合器的工作状态不良均会导致抓棉臂无法升降。

(二)单轴流开棉机

1. 单轴流开棉机打手堵塞纤维

位于轴流开棉机后部设备的输棉风机工作状态不良、单轴流开棉机出棉口补风状态不良、多仓混棉机的换仓压力设置不符合工艺要求、输棉管道堵塞或挂花、抓棉机抓棉臂的升降工作状态不良、皮带轮或传动轴等机件连接松动均会导致开棉机打手堵塞纤维。

2. 落杂箱内的落棉吸不干净

单轴流开棉机吸落棉管道出口处的工作静压是未达到工艺要求、补风口处补风不顺畅可能导致落杂箱内的落棉吸不干净,可在落杂箱内加装落棉导流斜板;原料含杂较多,且大杂较多时,可在单轴流开棉机滤尘管道中间增加接力风机。

3. 尘格底部糊花

适当降低出棉口处的负压、增大出棉口处的补风口的面积、检查并清除尘棒、提高单轴流开棉机吸落棉管道出口处的工作静压,保证达到-1000Pa左右可消除尘格底部糊花。

(三)多仓混棉机

1. 多仓混棉机全机无法启动或正常生产时全机停止

检测压缩空气的压力(正常达到0.6~0.8MPa)、风机变频器的工作状况。可对应多仓混棉机显示屏故障信息进行故障排除。

2. 正常生产时多仓混棉机给棉突然停止

多仓混棉机平帘测速接近开关工作状态、PLC控制模式与要棉信号是否正常,给棉变频器模拟信号与集中控制柜连续给棉工作参数、管道实际工作压力、连续喂棉控制仪工作参数是否达到要求,给棉罗拉两端是否严重积花。

3. 多仓混棉机个别储棉仓灌仓不实

储棉仓内网眼板上积花或积尘,多仓混棉机回风管道、纤维流输入管道、配棉管道挂花或工作静压不正常、灌仓顺序设计合理性、压力检测系统状态、换仓系统状态。

4. 多仓混棉机在灌仓时可手动换仓,但不能自动换仓

请检查"手动—自动"旋转开关触点是否正常,压力检测系统是否正常。

5. 换仓活门不能正常开启

请检查换仓活门执行系统工程状态及活门工作状态。

6. 输出棉量不足

请检查换给棉工艺是否符合要求及多仓混棉机的储棉量。

(四)清棉机

1. 正常工作时全机停止

请检查清棉机出棉管道、吸落棉管道内工作负压是否低于压力保护值,清棉机打手上安全罩壳是否盖好,打手测速接近开关是否正常工作、机械位置是否正常,给棉罗拉加压系统与棉层过厚保护行程系统是否正常。

2. 清棉机打手出现噬花现象

请检查清棉机设定的打手防轧保护值是否合理,给棉罗拉加压系统与棉层过厚保护行程系统是否正常,出棉口处的工作静压没有达到要求值,产量与清棉机打手的转速不匹配,打手传动轴与辊体间的连接是否松动。

(五)梳棉机

1. 锡林转速未到或低于设定值

请检查显示屏"工作参数设定"中"锡林速度"的设定值是否合适,锡林测速系统是否正常,传动皮带的张力是否合适,锡林电动机工作状态是否正常。

2. 棉箱打手速度未到或低于设定值

请检查显示屏"工作参数设定"中"打手速度"的设定值是否合适,打手测速系统是否正常,传动皮带的张力是否合适,打手电动机工作状态是否正常。

3. 回转盖板故障

请检查活动盖板减速箱离合器是否处于脱开状态,盖板齿轮箱输出轴的安全销是否损坏,回转盖板测速接近开关的检测位置安装是否到位,检查测速接近开关是否损坏,检查回转盖板后轴传动齿形带的张力是否合适。

4. 棉层过厚

请检查筵棉中是否混有异物或硬棉块,检测后位移传感器正常工作时的测量数字量,清除上棉箱、下棉箱梳子板处有无挂花,给棉罗拉与给棉板处的隔距、加压是否合适。

5. 棉网过厚

请检查刮刀板与压碎辊是否贴合紧密,压碎辊间的隔距是否符合要求,道夫下方罩板和剥棉罗拉托持板表面有无勾挂纤维,道夫和剥棉罗拉针布状态是否正常,棉网过厚保护接近开关是否在其安装的准确位置。

6. 牵伸比超限

在自调匀整开启状态下,开启道夫,可在显示屏监视状态下,观察前传感器值的变化,工作范围应在设计范围内的某一数值上下波动。该显示数值越大(小),棉条相对较粗(细),根据传感器反馈信号的大小,自调匀整装置获知棉条的相对重量。牵伸比为出棉罗拉线速与进棉罗拉线速的比值。当牵伸比值调节超出设定波动范围后,实际值依然达不到设定值,即可判定为牵伸式超限故障。

请检查短、长片段位移传感器的工作状况是否正常,清梳联系统供棉是否稳定正常,道夫、三罗拉剥棉部分的隔距和牵伸,给棉和道夫工作状态是否正常,自调匀整装置的工作状态是否正常,"棉条重量"、下棉箱的厚度设定值是否正确,并调整牵伸比在要求范围。

7. 棉网破洞或破边

请检查道夫—剥棉罗拉、剥棉罗拉—压碎辊、压碎辊—大压辊间的牵伸比,锡林、道夫、剥棉罗拉针布中镶嵌的杂质及表面绕花,锡林和道夫三角区是否挂花,道夫下方罩板和剥棉罗拉托持板表面有无勾挂纤维,剥棉箱体吹气压力是否正常,喂棉箱输出的筵棉状态是否正常。

8. 梳棉机筵棉层成型不好

请检查喂棉箱前后梳子板是否挂花,清梳联系统供棉是否稳定,梳棉机喂棉箱给棉罗拉是否噎花,梳棉机喂棉箱静压扩散箱是否堵塞。

第三章 精梳准备与精梳

第一节 精梳准备工艺

一、基本工艺路线

精梳准备工序为精梳机提供伸直平行度好、定量准确、卷绕紧密、边缘整齐、纵横向均匀、不粘卷、卷装较大的纤维卷,它与精梳机的产量、质量、落棉、效率等关系密切。

经精梳准备工序加工后,可以进一步混合均匀纤维,提高纤维平行顺直程度,为精梳机梳理加工做好准备。精梳准备工艺质量与精梳机的生产效率、精梳条质量、精梳落棉率密切相关。

精梳准备工艺主要采用以下三种工艺路线:

(1)梳棉机→条卷机→并卷机→精梳机。

(2)梳棉机→并条机→条卷机→精梳机。

(3)梳棉机→并条机→条并卷联合机→精梳机。

目前第(3)种工艺路线应用较多,第(1)及第(2)种应用较少。

二、工艺路线的特点

三种精梳准备工艺路线的比较见表7-3-1。

表 7-3-1　三种精梳准备工艺路线的比较

准备组合		并条机→条卷机	条卷机→并卷机	并条机→条并卷联合机
工艺道数		2	2	2
并合根数	预并条	5~6	—	5~6
	条卷	20~24	20~24	—
	并卷	—	5~6	—
	条并卷	—	—	24~32

续表

准备组合	并条机→条卷机	条卷机→并卷机	并条机→条并卷联合机
总并合根数	100~144		120~192
总牵伸倍数	6~9		7.2~10.8
小卷定量/(g/m)	39~50	50~65	50~70
小卷结构　粘层情况	少	略差	微差
小卷结构　棉层均匀度	横向不匀,有较明显的条痕	横向均匀,无条痕,不易横向扩散	横向可见条痕,较均匀,扩散情况稍好
小卷定量控制	预并条可控制定量(±1.5%)	没有定量控制	预并条可控制定量(±1.5%)
纤维伸直平行度	较好	较差	最好
精梳机产量与落棉状况	小卷定量轻,配套精梳机产量低,精梳落棉中含短绒率低	小卷定量重、宽度大,精梳机产量提高,精梳落棉中的短绒率比第一类工艺高	小卷定量重,能提高精梳机产量,精梳落棉中的短绒率比第一类工艺高
使用情况	占地面积省,为国内老旧系列设备所采用	有利于提高精梳机的产量、质量	占地面积较大,适纺范围大,可提高精梳机产量、质量
综合评价	传统工艺与低速精梳机配套,经济效益稍差	主要缺点是纤维伸直度提高不多	具第一、第二类工艺的优点综合

注　预并条及工艺见第四章并条。

第二节　精梳准备机械的结构、技术特征、传动和工艺计算

一、条并卷机结构图

(一)JSFA360B 型条并卷机(图 7-3-1)

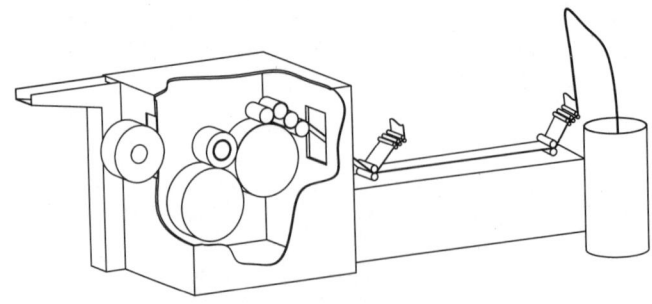

图 7-3-1　JSAF360B 型条并卷机

（二）JSFA3180 型条并卷机（图 7-3-2）

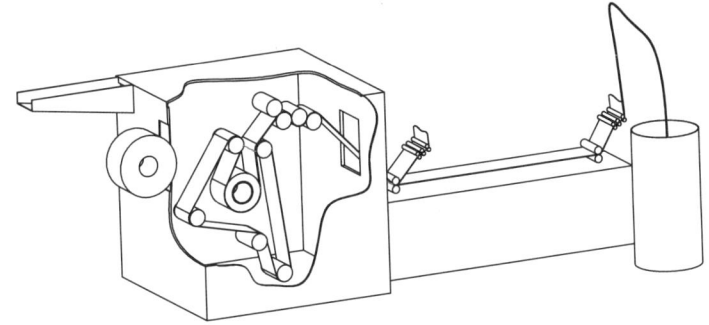

图 7-3-2　JSFA3180 型条并卷机

二、条并卷机主要技术特征、传动和工艺计算

（一）条并卷机主要技术特征（表 7-3-2）

表 7-3-2　条并卷机主要技术参数

型号	JSFA360B	JSFA3180	JWF1386	HC181	OMEGAlapE35	OMEGAlapE36
生产厂家	江苏凯宫机械股份有限公司		经纬纺织机械股份有限公司	河南昊昌精梳机械股份有限公司	立达（中国）纺织仪器有限公司	
喂入方式	14×2	14×2	2	2	2	2
棉条并合根数	（30 根可定制）22~28		24~28	24~32	24~28	最大 28
喂入棉条定量	3.7~6.0ktex,18.5~30g/5m		3.5~6g/m	3.5~5.5g/m	3.7~6.0ktex	3~6ktex
输出棉卷定量/（g/m）	60~80	60~80（推荐最佳 68~75）	60~80	≤80	60~80	≤80
输出棉卷最大直径/mm	600	600	580	650	580	580
输出棉卷宽度/mm	300	300	300	300	300	300
满卷重量/kg	25	25	25	25	25	25
成卷速度/（m/min）	80~120	200	200	80~120	180	230
理论产量/（kg/h）	约 350	470（棉卷定量 70g/m 时）	510	约 350	477（棉卷定量 70ktex 时）	超过 600

续表

型号		JSFA360B	JSFA3180	JWF1386	HC181	OMEGAlapE35	OMEGAlapE36
牵伸机构	主牵伸倍数	1.314~2.285	1.154~2.475	1.39~2.42	1~1.8（共分九档）	1.314~2.285	
	总牵伸倍数	1.395~2.427	1.287~2.556		1.01~1.96	1.395~2.427	1.4~2.4
	牵伸形式	三上三下			二上三下曲线	三上三下	
	加压方式	气动		气动 1200~1300N	气动		
	牵伸罗拉直径/mm	32	32	32	32	32	32
	牵伸皮辊/mm	39(外径)×300(长度)，邵氏硬度85	39(外径)×300(橡胶层长度)，邵氏硬度85	39(外径，最小可到36)	45(外径，最小可磨至42)	39(外径)×300(橡胶层长度)，邵氏硬度85	39(外径)×300(橡胶层长度)，邵氏硬度85
紧压罗拉加压方式		气动					
卷绕形式		成卷罗拉卷绕	皮带卷绕		成卷罗拉卷绕	皮带卷绕	
皮带尺寸（宽×长×厚）/mm		—	301×4950×2.5	—	—	—	—
成卷罗拉直径/mm		700	—		700		
成卷加压方式		气动					
筒管尺寸/mm		φ200×300	φ200×300	φ200×300	φ200×300	φ200×300	φ200×300
喂入方式		高架导条、被动喂入					
供给气压/MPa		0.7~0.8	0.7~0.8	0.7~0.8	0.7~0.8	≥0.7	0.7
耗气量/(Nm³/h)		约14.5(0.7标准大气压力)		12.5~18.5 m³/h	2.5~3.5m³/h (在0.6MPa时)	16.5	16.5
安装功率/kW	主电动机	11(变频调速)	11	7.5(1460r/min)	11(1460r/min)	11	14
	风机	3(2850r/min)			2.2		3
排风量/(m³/h)		2200	2880	约3000	2500	2880	
吸风负压/Pa		≤1000(100mm 水柱)					

型号	JSFA360B	JSFA3180	JWF1386	HC181	OMEGAlapE35	OMEGAlapE36
中央吸废棉 接口管径/mm	300	300	300	300	300	300
条筒直径/mm	400,600,1000	400,600,1000	600,1000	≤600	600	600
外形尺寸 (长×宽×高) (600mm 条筒)/mm	7724×4924× 2825	7434×3781× 2586		7800×6000× 2750		6406×5040× 2950
全机重量/kg	4000	3900	约 4500	约 4500		

(二)JSFA360B 型条并卷机传动和工艺计算

JSFA360B 型条并卷联合机传动图如图 7-3-3 所示。

1. 变换轮代号及范围(表 7-3-3)

表 7-3-3　变换轮代号及范围

名称	代号	变换范围
皮带轮/ mm	G	93.50, 91.50, 89.85, 89.85, 88.15, 88.15, 86.40, 86.40, 84.70, 84.70, 82.95, 82.95, 81.25, 81.25, 79.55, 79.55, 77.80, 77.80, 76.10, 76.10, 74.35, 74.35, 72.65, 72.65, 70.95, 70.95, 69.20, 69.20, 67.50
	H	64.00, 66.10, 67.50, 69.20, 69.20, 70.95, 70.95, 72.65, 72.65, 74.35, 74.35, 76.10, 76.10, 77.80, 77.80, 79.55, 79.55, 81.25, 81.25, 82.95, 82.95, 84.70, 84.70, 86.40, 86.40, 88.15, 88.15, 89.85, 89.95
	E	150,151.5,153
	F	51.5,52,52.5
	J	53.7,55.3,58.0
减速箱变 换齿轮/齿	A	86,88,91,83,86
	B	95,97,100,91,94
	C	57,56
	D	95,93

2. 牵伸

(1)光成卷罗拉和沟槽成卷罗拉之间张力牵伸倍数 V_1。

$$V_1 = \frac{23}{98} \times \frac{A}{83} \times \frac{92}{B} \times \frac{98}{23} \times \frac{700}{700} = 1.108 \frac{A}{B}$$

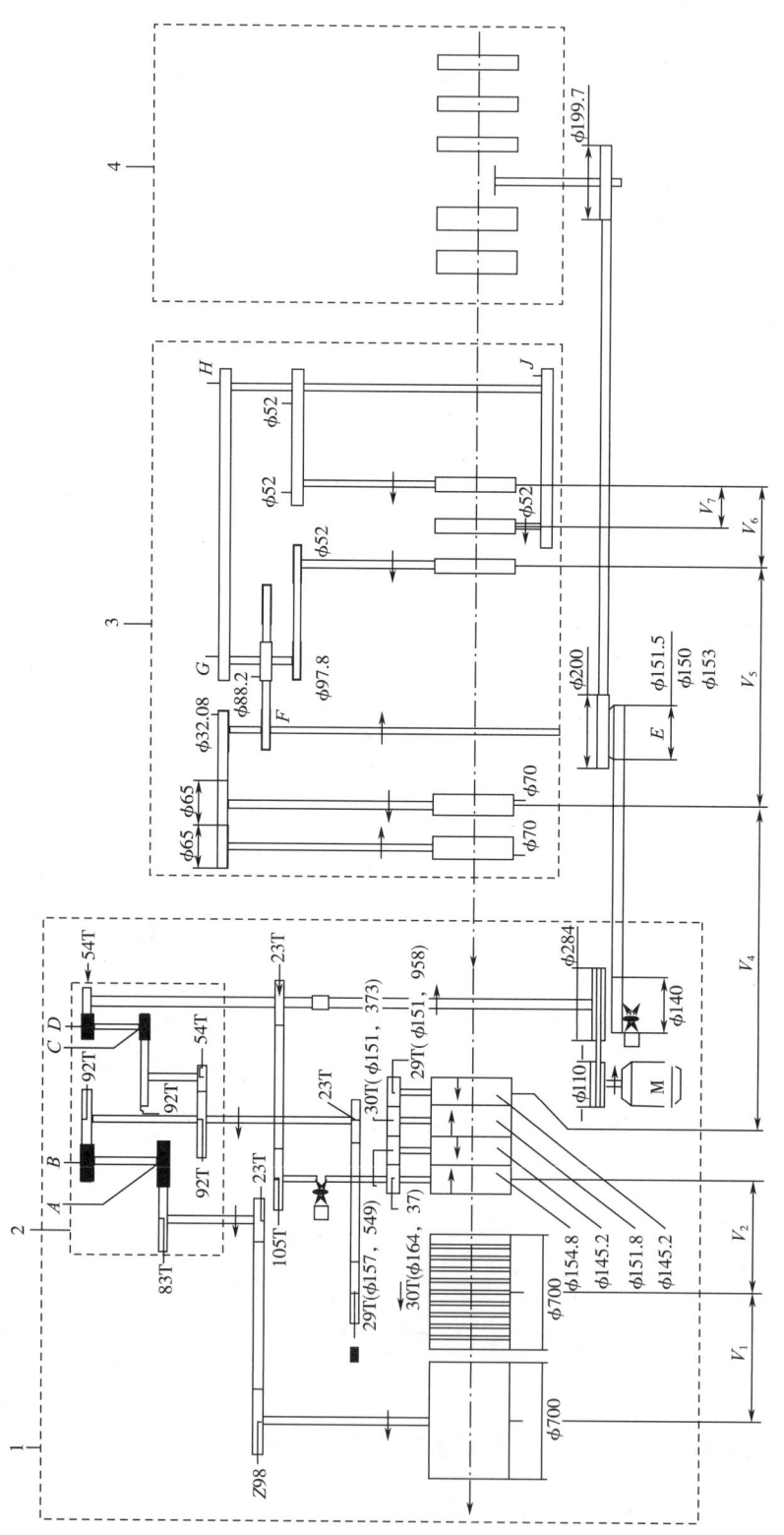

图 7-3-3　JSFA360B 型条并卷联合机传动图

变换齿轮的齿数 A、B 和牵伸倍数 V_1 计算对照见表 7-3-4。

表 7-3-4 变换齿轮齿数 A、B 和 V_1 计算对照

张力牵伸倍数 V_1	减速箱变换齿轮的齿数	
	A	B
1.0030	86	95
1.0052	88	97
1.0083	91	100
1.0106	83	91
1.0137	86	94

（2）紧压罗拉至沟槽成卷罗拉间的张力牵伸倍数 V_2。

$$V_2 = \frac{23}{98} \times \frac{54}{92} \times \frac{C}{92} \times \frac{54}{D} \times \frac{105}{23} \times \frac{700}{154.8} = 1.669 \frac{C}{D}$$

变换齿轮的齿数 C、D 和牵伸倍数 V_2 的计算对照见表 7-3-5。

表 7-3-5 C、D 和 V_2 计算对照

张力牵伸倍数 V_2	减速箱变换齿轮的齿数	
	C	D
1.0014	57	95
1.0050	56	93

（3）轧光辊和轧光辊之间因直径不同产生的张力牵伸倍数 V_3。

$$V_3 = \frac{29}{30} \times \frac{154.8}{145.2} = 1.03$$

（4）车头压光辊与台面紧压辊间的张力牵伸倍数 V_4。

$$V_4 = \frac{30}{29} \times \frac{23}{105} \times \frac{E}{140} \times \frac{65}{32.08} \times \frac{145.2}{70} = 0.0068E$$

皮带轮的直径 E 与 V_4 计算对照见表 7-3-6。

（5）台面压辊与牵伸系统前罗拉间的张力牵伸倍数。

$$V_5 = \frac{32.08}{65} \times \frac{88.7}{F} \times \frac{52}{97.8} \times \frac{70}{32} = \frac{50.916}{F}$$

皮带轮的直径 F 与 V_5 计算对照见表 7-3-7。

表 7-3-6　*E* 与 *V*₄ 计算对照

表 **7-3-6**　**E 与 V_4 计算对照**

张力牵伸倍数 V_3	皮带轮直径 E/mm
1.0200	150
1.0302	151.5
1.0404	153

表 **7-3-7**　**F 与 V_5 计算对照**

张力牵伸倍数 V_5	皮带轮直径 F/mm
0.9887	51.5
0.9792	52
0.9698	52.5

（6）牵伸系统前罗拉与后罗拉间的总牵伸倍数。

$$V_6 = \frac{97.8}{52} \times \frac{H}{G} \times \frac{52}{52} = 1.88077\,\frac{H}{G}$$

皮带轮的直径 H、G 和 V_6 计算对照见表 7-3-8。

表 **7-3-8**　**H、G 和 V_6 计算对照**

总牵伸倍数 V_6	皮带轮直径 G/mm	皮带轮直径 H/mm	总牵伸倍数 V_6	皮带轮直径 G/mm	皮带轮直径 H/mm
1.287	93.50	64.00	1.881	79.55	79.55
1.359	91.50	66.10	1.923	77.80	79.55
1.413	89.85	67.50	1.964	77.80	81.25
1.449	89.85	69.20	2.008	76.10	81.25
1.476	88.15	69.20	2.050	76.10	82.95
1.514	88.15	70.95	2.098	74.35	82.95
1.544	86.40	70.95	2.143	74.35	84.70
1.581	86.40	72.65	2.193	72.65	84.70
1.613	84.70	72.65	2.237	72.65	86.40
1.651	84.70	74.35	2.290	70.95	86.40
1.686	82.95	74.35	2.337	70.95	88.15
1.725	82.95	76.10	2.396	69.20	88.15
1.762	81.25	76.10	2.442	69.20	89.85
1.801	81.25	77.80	2.504	67.50	89.85
1.839	79.55	77.80			

（7）后区牵伸倍数 V_7。

$$V_7 = \frac{J}{52} \times \frac{52}{52} = \frac{J}{52}$$

皮带轮的直径 J 和 V_7 计算对照见表7-3-9。

表7-3-9　J 和 V_7 计算对照

后区牵伸倍数 V_7	皮带轮直径 J/mm
1.033	53.7
1.063	55.3
1.115	58

（8）总牵伸倍数。

$$V = V_1 \times V_2 \times V_3 \times V_4 \times V_5 \times V_6 \times V_7$$

$$= 1.108 \times \frac{A}{B} \times 1.669 \times \frac{C}{D} \times 1.03 \times 0.0068 \times E \times \frac{50.916}{F} \times 1.88077 \times \frac{H}{G}$$

$$= 1.2403 \frac{ACEH}{BDFG}$$

3. 速度

（1）成卷罗拉转速 n（r/min）。

$$n = 1460 \times \frac{f}{50} \times \frac{110}{284} \times \frac{54}{D} \times \frac{C}{92} \times \frac{54}{92} \times \frac{23}{98} = 0.9145 f \frac{C}{D}$$

式中：f——变频器输出频率。

（2）成卷罗拉线速度 V（m/min）。

$$V = \frac{\pi \times 700 \times n}{1000} = 2.199 n$$

4. 罗拉隔距

纤维长度与罗拉隔距的关系见表7-3-10。

表7-3-10　纤维长度与罗拉隔距的关系

纤维长度/mm	后牵伸区罗拉隔距/mm		主牵伸区罗拉隔距/mm	
	罗拉钳口隔距	罗拉座隔距 VVD	罗拉钳口隔距	罗拉座隔距 VVD
25.5	45	1	42	0
28.5	48	4	45	3
30.1	49	5	46	4
31.75	50	6	47	5
36.5	51	7	48	6

5. 加压

改变牵伸胶辊压力可通过调节相应的调压阀来实现。前牵伸胶辊的压力表显示值为 0.25~0.35MPa(2.5~3.5 巴)，中、后牵伸胶辊的压力表显示值为 0.4~0.45MPa(4~4.5 巴)；紧压辊加压 0.25~0.3MPa(2.5~3 巴)。

6. 满卷直径

满卷直径最大 600mm。

(三) JSFA3180 型条并卷机传动和工艺计算

1. 传动图及变换轮(图 7-3-4 和表 7-3-11)

表 7-3-11　变换轮代号及范围

名称	代号	变换范围
皮带轮/mm	G	93.50, 91.50, 89.85, 89.85, 88.15, 88.15, 86.40, 86.40, 84.70, 84.70, 82.95, 82.95, 81.25, 81.25, 79.55, 79.55, 77.80, 77.80, 76.10, 76.10, 74.35, 74.35, 72.65, 72.65, 70.95, 70.95, 69.20, 69.20, 67.50, 66.1
	H	64.00, 66.10, 67.50, 69.20, 69.20, 70.95, 70.95, 72.65, 72.65, 74.35, 74.35, 76.10, 76.10, 77.80, 77.80, 79.55, 79.55, 81.25, 81.25, 82.95, 82.95, 84.70, 84.70, 86.40, 86.40, 88.15, 88.15, 89.85, 89.85, 86.85
	E	157.5, 159, 160.5
	F	51.5, 52, 52.5
	J	53.7, 55.3, 58
	A	97, 98, 99, 100, 101, 102

2. 牵伸

(1)卷绕皮带与紧压辊间的张力牵伸倍数 E_1。

$$E_1 = \frac{A}{101} \times \frac{45}{45} \times \frac{46}{45} \times \frac{150}{152.9} = 0.00993A$$

变换带轮的直径 A 和牵伸倍数 E_1 计算对照见表 7-3-12。

(2)紧压辊之间因直径不同产生的张力牵伸倍数 E_2。

$$E_2 = \frac{46}{45} \times \frac{152.9}{145.2} = 1.076$$

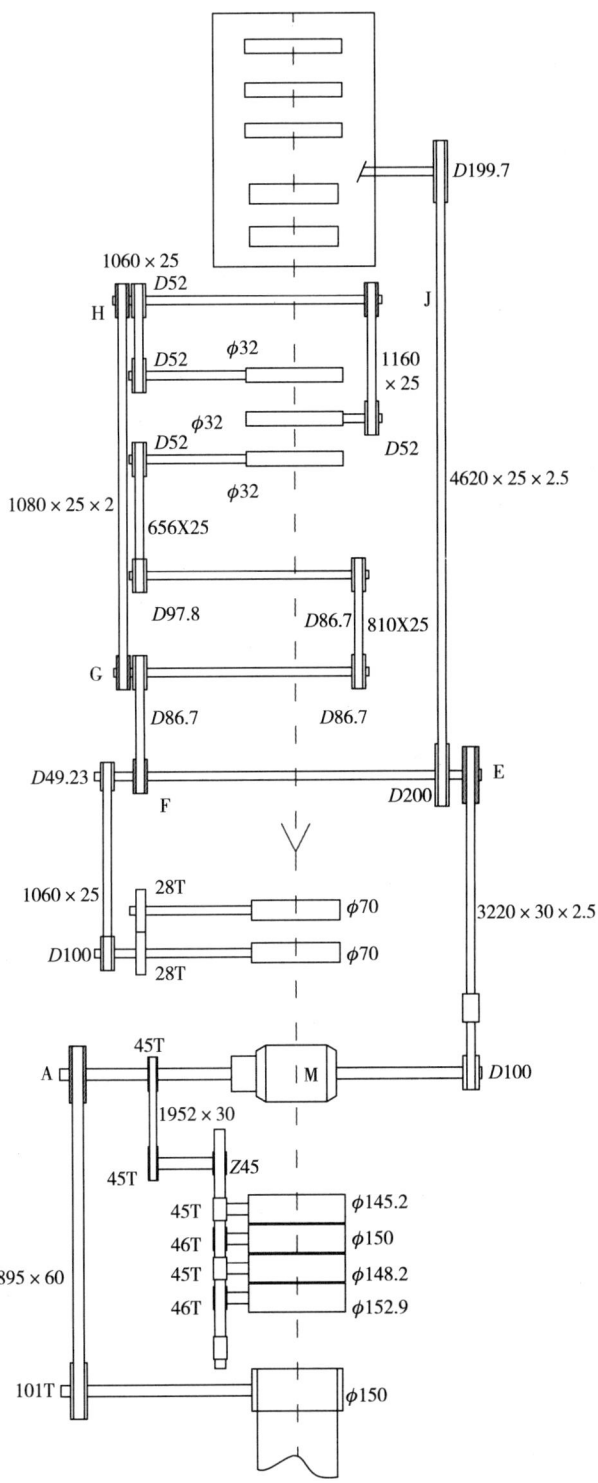

图 7-3-4 JSFA3180 型条并卷联合机传动图

表 7-3-12　A 和 E_1 计算对照

张力牵伸倍数 E_1	皮带轮直径 A/mm
0.9632	97
0.9731	98
0.9831	99
0.9930	100
1.0029	101
1.0129	102

（3）车头紧压辊与台面压辊间的张力牵伸倍数 E_3（电动机减速机的减速比为 1/6.6743）。

$$E_3 = \frac{1}{6.6743} \times \frac{45}{45} \times \frac{45}{45} \times \frac{E}{100} \times \frac{100}{49.23} \times \frac{145.2}{70} = 0.0063E$$

变换带轮的直径 E 与 E_3 计算对照见 7-3-13。

表 7-3-13　E 与 E_3 计算对照

张力牵伸倍数 E_3	变换带轮的直径 E/mm
0.9943	157.5
1.0038	159
1.0133	160.5

（4）台面压辊与牵伸系统前罗拉间的张力牵伸倍数 E_4。

$$E_4 = \frac{49.23}{100} \times \frac{86.7}{F} \times \frac{52}{97.8} \times \frac{70}{32} = \frac{49.643}{F}$$

皮带轮直径 F 与 E_4 计算对照见 7-3-14。

表 7-3-14　F 与 E_4 计算对照

张力牵伸倍数 E_4	皮带轮直径 F/mm
0.9639	51.5
0.9547	52
0.9456	52.5

（5）牵伸系统前罗拉与后罗拉间的总牵伸倍数 E_5。

$$E_5 = \frac{97.8}{52} \times \frac{86.7}{86.7} \times \frac{H}{G} \times \frac{52}{52} = 1.88077 \frac{H}{G}$$

皮带轮直径 H、G 与 E_5 计算对照见表 7-3-15。

表 7-3-15 H、G 与 E_5 计算对照

总牵伸倍数 E_5	皮带轮直径 G/mm	皮带轮直径 H/mm
1.287	93.50	64.00
1.359	91.50	66.10
1.413	89.85	67.50
1.449	89.85	69.20
1.476	88.15	69.20
1.514	88.15	70.95
1.544	86.40	70.95
1.581	86.40	72.65
1.613	84.70	72.65
1.651	84.70	74.35
1.686	82.95	74.35
1.725	82.95	76.10
1.762	81.25	76.10
1.801	81.25	77.80
1.839	79.55	77.80
1.881	79.55	79.55
1.923	77.80	79.55
1.964	77.80	81.25
2.008	76.10	82.95
2.050	76.10	82.95
2.098	74.35	82.95
2.141	74.35	84.70
2.193	72.65	84.70
2.237	72.65	86.40
2.290	70.95	86.40
2.337	70.95	88.15
2.396	69.20	88.15
2.442	69.20	88.85
2.504	67.50	89.85
2.556	66.10	86.85

(6)后区牵伸倍数 E_6。

$$E_6 = \frac{J}{52} \times \frac{52}{52} = \frac{J}{52}$$

皮带轮的直径 J 和 E_6 计算对照见表 7-3-16。

表 7-3-16 J 和 E_6 计算对照

后区牵伸倍数 E_6	皮带轮直径 J/mm
1.0327	53.7
1.0635	55.3
1.1154	58

(7)总牵伸倍数 V。

$$V = E_1 \times E_2 \times E_3 \times E_4 \times E_5 \times E_6$$

$$= 0.00993 \times A \times 1.076 \times 0.0063 \times E \times \frac{49.643}{F} \times 1.88077 \times \frac{H}{G}$$

$$= 0.00628 \frac{AEH}{FG}$$

3. 速度

(1)成卷罗拉转速 n(r/min)。

$$n = 1460 \times \frac{f}{50} \times \frac{A}{189.5} = 0.1541 fA$$

式中: f——变频器输出频率。

(2)成卷罗拉线速度 v(m/min)。

$$v = \frac{\pi \times 150 \times n}{1000} = 0.15 \pi n$$

4. 罗拉隔距

纤维长度与罗拉隔距的关系见表 7-3-17。

表 7-3-17 纤维长度与罗拉隔距的关系

纤维长度/mm	后牵伸区罗拉隔距/mm		主牵伸区罗拉隔距/mm	
	罗拉钳口隔距	罗拉座隔距 VVD	罗拉钳口隔距	罗拉座隔距 VVD
24~26	47	1	44	0
26~29	50	4	47	3
29~31	51	5	48	4

续表

纤维长度/mm	后牵伸区罗拉隔距/mm		主牵伸区罗拉隔距/mm	
	罗拉钳口隔距	罗拉座隔距 VVD	罗拉钳口隔距	罗拉座隔距 VVD
31~35	52	6	49	5
≥35	53	7	50	6

5. 加压

改变牵伸胶辊压力可通过调节相应的调压阀来实现。牵伸前胶辊的压力表显示值 0.25~0.35MPa(2.5~3.5 巴),中、后牵伸胶辊的压力表显示值 0.4~0.45MPa(4~4.5 巴);紧压辊加压 0.25~0.3MPa(2.5~3 巴)。

6. 产量计算

$$单台产量(kg/h)=\frac{生产效率×卷绕速度(m/min)×60×棉条并合根数×棉条定量/(g/m)}{总牵伸倍数×1000}$$

$$生产效率=\frac{机器打卷运行时间}{机器正常生产时间}$$

计算生产效率时减去故障、清洁等原因而导致停车的时间。

三、精梳准备工艺配置示例

JSFA360B 型条并卷联合机工艺配置见表 7-3-18。

表 7-3-18　JSFA360B 型条并卷联合机工艺配置

工艺项目		纺纱线密度/tex		
		CJ18.2	C14.6	CJ7.3
配棉		细绒 100%	细绒 100%	长绒 100%
预并条定量/(g/5m)		20.5	20.5	18.5
并合根数		28	24	24
小卷定量/(g/m)		75	68	62
总牵伸倍数	实际牵伸倍数	1.52	1.455	1.429
	机械牵伸倍数	1.53	1.447	1.432
罗拉隔距/mm	罗拉表面隔距	14	14	18
	预牵伸表面隔距	21	21	25

续表

工艺项目		纺纱线密度/tex		
		CJ18.2	C14.6	CJ7.3
牵伸倍数分配	前—后成卷罗拉 E_7	1.0056	1.0056	1.0056
	后成卷罗拉—前紧压辊 E_6	1.0015	1.0015	$I.0051$
	前紧压辊—台面压辊 E_4	1.009	1.009	1.019
	台面压辊—前罗拉 E_3	1.005	1.005	1.005
	前—后罗拉 E_1	1.062	1.062	1.062
	预牵伸 E_8	1.032	1.032	1.032
加压/MPa	前胶辊	0.45~0.48	0.45~0.48	0.45
	中、后胶辊	0.45~0.48	0.45~0.48	0.45
	紧压辊	0.25~0.3	0.25~0.3	0.25
	成卷	1.2	1.2	1.2
成卷速度/(m/min)		95	95	85
成卷定长/m		280	280	200

第三节　棉卷质量

一、棉卷质量参考指标

棉卷质量参考指标见表7-3-19。

表7-3-19　棉卷质量指标

棉卷质量不匀率	外观质量
≤1%	1. 棉卷两侧光滑平齐,无不良成形 2. 棉卷无明显粘卷,粘条宽度应不超过 20mm

二、主要故障、疵点及形成原因

主要故障、疵点及形成原因见表7-3-20。

表 7-3-20　主要故障、疵点及形成原因

故障及疵点	形成原因
棉卷棉层厚薄不匀及横向不匀	1. 牵伸罗拉隔距过大或过小 2. 皮辊表面形状不良,或弯曲,回转不正常 3. 牵伸倍数与张力牵伸过大 4. 断条自停失灵,形成缺条
在牵伸区出口棉网起皱	牵伸系统与输棉平台压辊之间牵伸不足
棉网侧向变形	1. 棉网在输棉平台上未展开 2. 湿度变化太大
棉层周期性厚薄不匀	1. 牵伸传动齿轮磨损或啮合不良 2. 皮辊轴承润滑不良 3. 皮辊加压不均匀
棉卷边缘不齐	1. 夹盘与成卷罗拉之间间隙太大 2. 夹盘表面不光洁,端面跳动过大 3. 筒管长短尺寸相差太大 4. 棉层通道开挡不正确 5. 棉卷加压压力太小
粘卷	1. 车间相对温、湿度过高 2. 牵伸倍数太高 3. 棉卷加压压力不正确 4. 紧压罗拉轧光压力不够 5. 夹盘表面不光洁,造成毛边引起粘层
棉卷外层过松	1. 棉卷加压压力过低 2. 卷绕张力过小
漏条	1. 成卷罗拉和夹盘间隙不适当 2. 成卷罗拉端面不光,夹盘表面不光,端面跳动过大
棉层出斑	1. 牵伸加压压力不够 2. 牵伸隔距过大 3. 喂入部分张力过大
夹盘气缸活塞动作呆滞	1. 气压不足 2. 气缸密封圈损坏
夹盘张开,闭合时间不正确	1. 气压过低 2. 气缸密封圈损坏
左、右夹盘气缸动作明显不同步	1. 气缸内有污物 2. 其中一个气缸密封圈损坏 3. 气路泄漏或阻力过大

故障及疵点	形成原因
筒管不能被圆盘夹持	升降架最低位置不正确
生头困难	1. 生头吸风系统漏气,真空度不够 2. 筒管与成卷罗拉接触不良
圆盘下降时卡位	1. 夹盘与成卷罗拉之间间隙太小 2. 成卷罗拉移位
自动循环不正确	某动作点接近开关,位置不正确或气缸调节不到位
夹盘中心支撑轴承损坏	更换夹盘中心轴承(注:该轴承损坏异响规律一般为小卷卷绕时频率较高,随着棉卷直径的增大轴承损坏异响频率逐渐降低)
夹盘运动不畅	1. 夹盘气缸气压供给不正常 2. 夹盘气缸密封圈损坏 3. 夹盘打开检测传感器损坏 4. 筒管摆放位置不正确
夹盘旋转异响	夹盘中心支撑轴承损坏
车中牵伸台面大压辊处断棉层或拥堵	1. 压辊传动皮带打滑或损坏 2. 台面大压辊没有压紧 3. 万向联轴器断裂
棉层在进入车头前断裂或拥堵	1. 离合器脱开/闭合延时不正确 2. 离合器间隙过大,推荐摩擦片之间的间隙为 0.8mm 3. 离合器损坏
牵伸传动部件轴承或皮带损坏	皮带张力过高
牵伸罗拉缠花	1. 刮刀被污染或损坏严重 2. 牵伸区下吸风过小
牵伸皮辊缠花	1. 橡胶层表面损伤、磨损、污染 2. 刮刀磨损或被污染:牵伸区上吸风过小
牵伸加压不足	1. 主压力供气不足 2. 气压阀设置不正确 3. 加压气缸气模损坏 4. 气缸压力不足,检测气管有无被压扁、挤压现象,检测气管接头有无漏气现象,检测气缸活塞杆运动是否灵活
牵伸区内棉层断裂或拥堵	1. 牵伸罗拉传动皮带损坏 2. 牵伸罗拉传动皮带损坏 3. 罗拉或皮辊旋转不灵活,检测端部轴承是否损坏

续表

故障及疵点	形成原因
条架棉条频繁断条	1. 棉条筒有缺陷或棉条摆放异常,正确地摆放在条架下面棉条筒的位置,避免棉条在抽出过程中非正常接触 2. 导条圈轮处棉条控制零件圆棒与偏心轮位置不当

第四节　精梳机

一、精梳机主要技术特征

(一)国内高速精梳机主要技术特征(表7-3-21)

表7-3-21　国内高速精梳机主要技术特征

机型	JSFA588	HC500	JWF1286
眼数	8	8	8
眼距/mm	470	470	470
适纺纤维长度/mm	25~51	25~44	25~51
钳次/(r/min)	500	450	500
喂入小卷宽度/mm	300	300	300
小卷最大直径/mm	450(并卷机) 650(条并联)	有存卷架 550 无存卷架 650	550
小卷定量/(g/m)	60~80	50~80	60~80
承卷罗拉直径/mm	70	70	70
给棉罗拉直径/mm	30	30	30
前进给棉长度/mm	4.3,4.7,5.2,5.9	5.2,5.9	4.3,4.7,5.2,5.9
后退给棉长度/mm	4.3,4.7,5.2,5.9	4.3,4.7,5.2,5.9	4.3,4.7,5.2,5.9
有效输出长度/mm	26.68	26.48	26.48
锡林直径/mm	125.4	125.4	125.4
分离罗拉直径/mm	25	25	25
分离胶辊直径/mm	24.5	24.5	24.5

续表

机型	JSFA588	HC500	JWF1286
分离罗拉传动机构特征	平面连杆机构加差动轮系	平面连杆机构加差动轮系	平面连杆机构加差动轮系
台面喇叭头直径/mm	4,4.25,4.5,4.75,5	3.5,3.75,4,4.25,4.5, 4.75,5,5.5,6,6.5	3.5,3.75,4,4.25,4.5, 4.75,5,5.5,6,6.5
牵伸形式	三上三下压力 棒曲线牵伸	三上三下曲线牵伸	三上三下压力棒曲线牵伸
牵伸罗拉直径/mm	35×27×27	35×27×27	35×27×27
牵伸胶辊直径/mm	45×39×39	45×39×39	45×39×39
并合数	8	8	8
总牵伸倍数	9.3~25.63	9.12~25.12	9.12~25.12
后区牵伸倍数	1.13~2.0	1.14,1.25,1.36,1.5,1.65, 1.82,2.00	1.14,1.21,1.36,1.5, 1.64,1.82,2
主牵伸区握持距/mm	41~60	41~62	41~60
圈条形式	单筒单圈条	单筒单圈条	单筒大圈条或单筒小圈条
条筒规格(直径×高度)/mm	600×1200	600×1200	600×1200,1000×1200
输出条定量/(g/5m)	15~30	15~30	15~30
吸落棉形式	集体(中央)	中央吸落棉	集体
供气压力/MPa	>0.6	>0.6	6~8
耗气量/(m³/h)	1.5	1.5	1.5
安装功率/kW	6.85	6.05	7.25
外形尺寸(长×宽×高)/mm	7167×2040×1700	7257×2120×1800	7160×2770×1780
机器重量/kg	5.25	4600	4800
制造商	江苏凯宫机械股份有限公司	河南昊昌精梳机械有限公司	经纬纺织机械股份有限公司

(二)国外高速精梳机主要技术特征(表7-3-22)

表7-3-22　国外高速精梳机主要技术特征

机型	E65	E66	E80
眼数	8	8	8
眼距/mm	470	470	470
适纺纤维长度/mm	25~44.5	25~44.5	25~44.5

机型	E65	E66	E80
钳次/(r/min)	350~450	500	500
喂入小卷宽度/mm	300	300	300
小卷最大直径/mm	650	650	580
小卷定量/(g/m)	60~80	60~80	60~80
落棉率/%	8~25	8~25	8~25
承卷罗拉直径/mm	70	70	70
给棉罗拉直径/mm	30	30	30
前进给棉长度/mm	4.3,4.7,5.2,5.9	4.3,4.7,5.2,5.9	4.3,4.7,4.95,5.2,5.55,5.9
后退给棉长度/mm	4.3,4.7,5.2,5.9	4.3,4.7,5.2,5.9	4.3,4.7,4.95,5.2,5.55,5.9
有效输出长度/mm	26.48	26.48	26.48
锡林直径/mm	125.4	125.4	125.4
分离罗拉直径/mm	25	25	25
分离胶辊直径/mm	24.5	24.5	24.5
分离罗拉传动机构特征	平面连杆机构加差动轮系	平面连杆机构加差动轮系	平面连杆机构加差动轮系
台面喇叭头直径/mm	[3.75],[4],[4.25],4.5,4.75,5,5.25,5.5,5.75,6,6.25,6.5,6.75,7	[3.75],[4],[4.25],4.5,4.75,5,5.25,5.5,5.75,6,6.25,6.5,6.75,7	[3.75],[4],[4.25],4.5,4.75,5,5.25,5.5,5.75,6,6.25,6.5,6.75,7
牵伸形式	三上三下曲线牵伸	三上三下曲线牵伸	三上三下曲线牵伸
牵伸罗拉直径/mm	35×27×27	35×27×27	35×27×27
牵伸胶辊直径/mm	39×39×39	45×39×39	45×39×39
并合数	8	8	8
总牵伸倍数	9.3~25.63	9.3~25.63	9.3~25.63
后区牵伸倍数	1.13~2.0	1.13~2.0	1.13~2.0
主牵伸区握持距/mm	41~60	41~60	41~60
后牵伸区握持距/mm	44~66	44~66	44~66
圈条形式	单筒大圈条	单筒大圈条	单筒大圈条
条筒规格(直径×高度)/mm	600×1200	600×1200	600×1200,1000×1200
输出条定量/(g/5m)	15~30	15~30	15~30
吸落棉形式	集体	集体	集体

续表

机型	E65	E66	E80
供气压力/MPa	7	7	7
耗气量/(m³/h)	1440	1440	1440
安装功率/kW	7.25	7.25	7.25
外形尺寸(长×宽×高)/mm	7160×2770×1780	7160×2770×1780	7160×2770×1780
机器重量/kg	4415(中央吸风装置),4325(纤维分离器)	4760(自动换卷);4415(中央吸风装置),4325(纤维分离器)(手动换卷)	4760(自动换卷);4415(中央吸风装置),4325(纤维分离器)(手动换卷)
制造商	瑞士 RIETER	瑞士 RIETER	瑞士 RIETER
换卷形式	手动	手动或自动	手动或自动

注　[ ]内的数据是不包含于标准供货范围。

二、精梳机传动与工艺计算

(一)JSFA588 型精梳机传动与工艺计算

1. JSFA588 型精梳机示意图(图 7-3-5)和传动图(图 7-3-6)

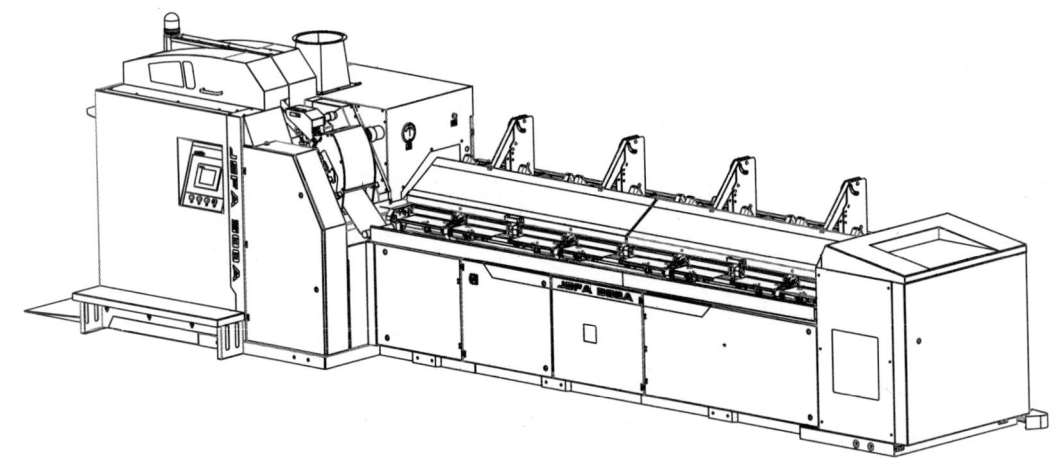

图 7-3-5　JSFA588 型精梳机示意图

2. 速度

(1)锡林速度。采用 DELTA 生产的 VFD-B 变频器驱动主电动机,只需在触摸屏上进行简单操作便能实现钳次的调整。电动机皮带盘直径 $D=144\text{mm}$,输入轴皮带盘直径 $H=168\text{mm}$。

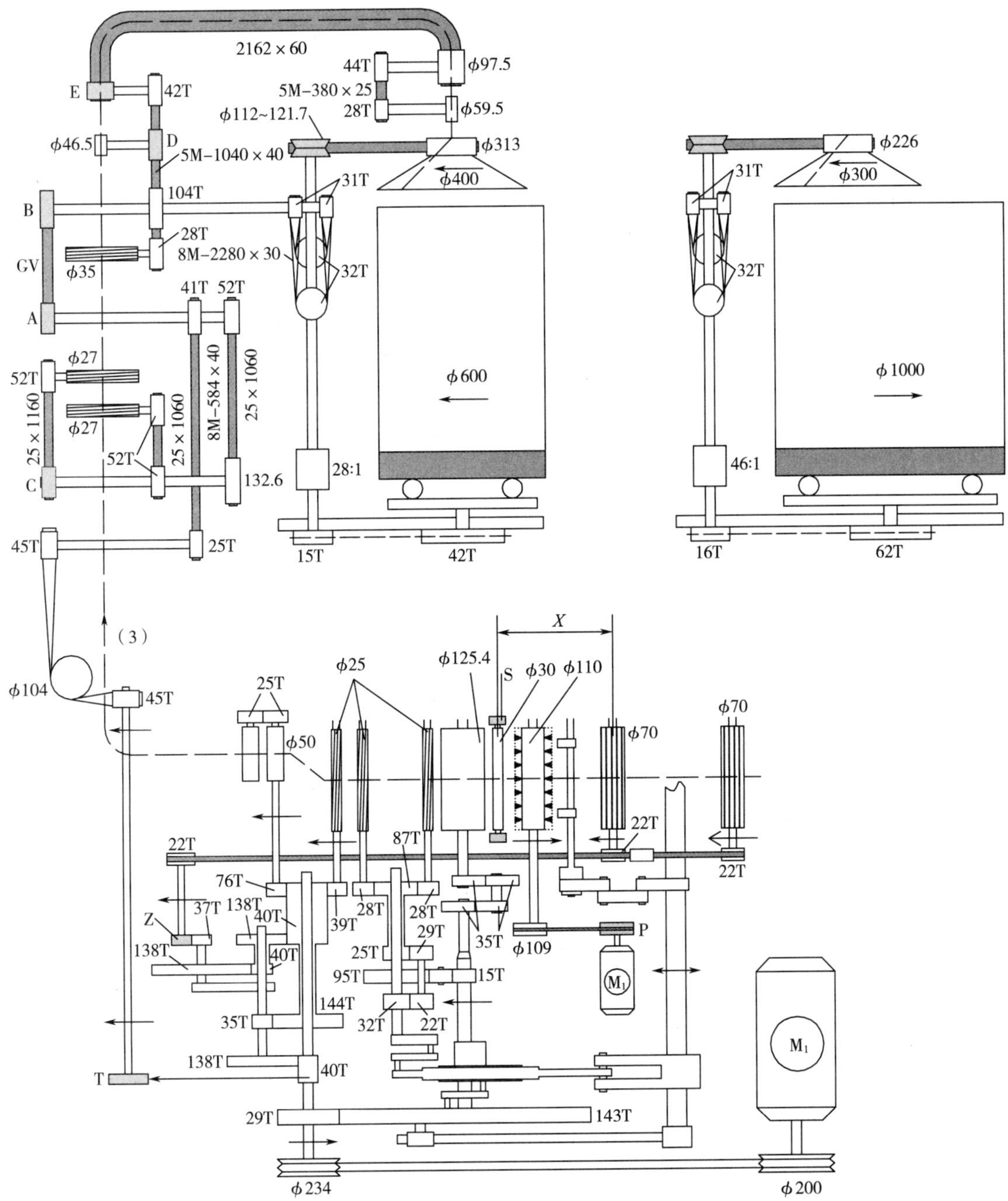

图 7-3-6　JSFA588 型精梳机传动图

锡林平均转速n_1(r/min)：

$$n_1=n\times\frac{29\times D}{143\times H}=n\times\frac{29\times 144}{143\times 168}=0.174n$$

式中:n——主电动机的转速,r/min。

锡林直径 125.4mm,锡林平均线速度 v_1(m/min):

$$v_1 = \frac{n_1 \times \pi \times 125.4}{1000} = 0.394n_1$$

(2)毛刷速度。毛刷转速 n_2(r/min):

$$n_2 = \frac{E}{J}n_0$$

式中:n_0——毛刷电动机的转速,r/min。

皮带盘的直径 E、J 见表 7-3-23。

表 7-3-23　皮带盘直径

皮带盘直径 E/mm	109	137	153
皮带盘直径 J/mm	109	109	109

毛刷直径 110mm,毛刷线速度 v_2(m/min):

$$v_2 = \frac{\pi \times n_2 \times 110}{1000}$$

(3)前罗拉速度。前罗拉转速 n_3(r/min):

$$n_3 = \frac{104 \times A \times 25 \times 43 \times 45 \times 40 \times D \times n}{28 \times B \times 41 \times 45 \times 43 \times I \times H} = 90.592 \frac{AD}{BI}n$$

式中,变换齿轮齿数 A、B、I 见表 7-3-24。

表 7-3-24　变换齿轮的齿数 A、B、I

变换齿轮的齿数 A	25	33	38	40	45	48		
变换齿轮的齿数 B	23	24	25	33	38	40	45	48
变换齿轮的齿数 I	136	137	138	139	140			

前罗拉直径 35mm,前罗拉线速度 v_3(m/min):

$$v_3 = \frac{\pi \times n_3 \times 35}{1000} = 0.110n_3$$

3. 喂给棉长度和有效输出长度

承卷罗拉喂卷长度 L_1(mm/钳次):

$$L_1 = \frac{22 \times 37 \times 40 \times 40 \times 35 \times 40 \times 143}{22 \times F \times 138 \times 138 \times 144 \times 138 \times 29} \times \pi \times 70 = \frac{237.364}{F}$$

承卷罗拉变换齿轮的齿数 F 与喂卷长度对照见表7-3-25。

表7-3-25 变换齿轮的齿数 F 及喂卷长度

变换齿轮的齿数 F	43	44	49	50	54	55	61
喂卷长度/mm	5.52	5.39	4.84	4.75	4.4	4.32	3.89

给棉罗拉的给棉长度 L_2(mm/钳次):

$$L_2 = \frac{\pi \times 30}{G} = \frac{94.2}{G}$$

式中,给棉棘轮的齿数 G 与给棉长度对照见表7-3-26。

表7-3-26 给棉棘轮的齿数 G 及给棉长度

给棉棘轮的齿数 G	16	18	20	22
给棉长度/mm	5.9	5.2	4.7	4.3

有效输出长度 L_3(mm/钳次):

$$L_3 = \frac{15}{95} \times \left(1 - \frac{33 \times 28}{21 \times 26}\right) \times \frac{87}{28} \times 25 \times \pi = 26.68$$

JSFA588型精梳机的分离罗拉运动位移曲线如图7-3-7所示。

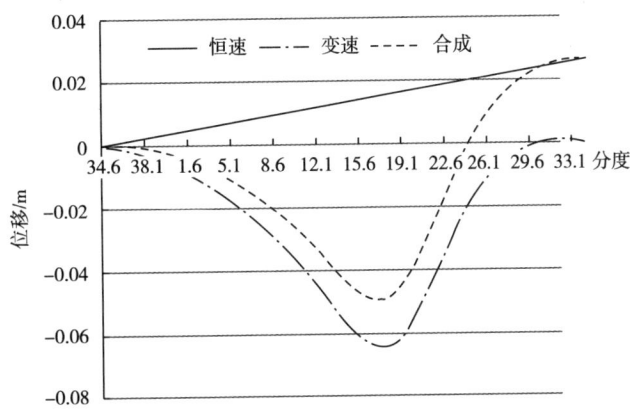

图7-3-7 JSFA588型精梳机分离罗拉运动位移曲线

输出罗拉输出长度 L_4(mm/钳次):

$$L_4 = \frac{143 \times 40 \times 35 \times 40}{29 \times 138 \times 144 \times 39} \times \pi \times 25 = 27.97$$

台面压辊输出长度 L_5(mm/钳次):

$$L_5 = \frac{143 \times 40 \times 35 \times 40}{29 \times 138 \times 144 \times 76} \times \pi \times 50 = 28.71$$

4. 牵伸

给棉罗拉和承卷罗拉间的张力牵伸倍数 E_1：

$$E_1 = \frac{L_2}{L_1} = 0.397 \frac{F}{G}$$

给棉罗拉和承卷罗拉间的张力牵伸倍数的 E_1 具体值见表7-3-27。

表7-3-27　牵伸倍数 E_1

变换齿轮的齿数 F	给棉棘轮的齿数 G	牵伸倍数 E_1	变换齿轮的齿数 F	给棉棘轮的齿数 G	牵伸倍数 E_1
43	16	1.07	54	20	1.07
44	16	1.09	55	20	1.09
49	18	1.08	61	22	1.10
50	18	1.10			

分离罗拉和给棉罗拉间的牵伸倍数 E_2：

$$E_2 = \frac{L_3}{L_2} = 0.283 G$$

给棉棘轮的齿数 G 与分离罗拉和给棉罗拉间的牵伸系数 E_2 具体值见表7-3-28。

表7-3-28　牵伸倍数 E_2

给棉棘轮的齿数 G	牵伸倍数 E_2	给棉棘轮的齿数 G	牵伸倍数 E_2
16	4.52	20	5.68
18	5.13	22	6.20

输出罗拉和分离罗拉间的张力牵伸倍数 E_3：

$$E_3 = \frac{L_4}{L_3} = 1.05$$

台面压辊和输出罗拉间的张力牵伸倍数 E_4：

$$E_4 = \frac{L_5}{L_4} = 1.03$$

第三牵伸罗拉输出长度 L_6(mm/钳次)：

$$L_6 = \frac{143 \times 40 \times 45 \times 25 \times 52 \times 52}{29 \times I \times 45 \times 41 \times 132.6 \times 52} \times \pi \times 27 = \frac{3998.595}{I}$$

第三牵伸罗拉和台面压辊间(台面张力)的张力牵伸倍数 E_5:

$$E_5 = \frac{L_6}{L_5} = \frac{3998.60}{28.72 \times I}$$

式中,变换齿轮的齿数 I 及张力牵伸倍数 E_5 见表7-3-29。

表7-3-29　变换齿轮的齿数 I 及牵伸系数 E_5

变换齿数的齿数 I	140	139	138	137	136
牵伸系数 E_5	0.994	1.002	1.009	1.016	1.024

牵伸机构后区牵伸倍数 E_6:

$$E_6 = \frac{52 \times C}{52 \times 52} = \frac{C}{52}$$

式中,变换带轮的直径 C 及后区牵伸倍数 E_6 见表7-3-30。

表7-3-30　变速带轮的直径 C 及后区牵伸倍数 E_6

变速带轮的直径 C/mm	59	64.9	71.9	78.9	86.9	96	105.7
后区牵伸倍数 E_6	1.13	1.24	1.38 *	1.52	1.67	1.85	2.03

* 指标准值。

牵伸机构的总牵伸倍数 E_7:

$$E_7 = \frac{52 \times 132.6 \times A \times 104 \times 35}{52 \times 52 \times B \times 28 \times 27} = 12.28 \frac{A}{B}$$

变换齿轮的齿数 A、B 和牵伸倍数 E_7 见表7-3-31。

表7-3-31　齿数 A、B 和牵伸倍数 E_7

变换齿轮的齿数 A	变换齿轮的齿数 B	牵伸倍数 E_7	变换齿轮的齿数 A	变换齿轮的齿数 B	牵伸倍数 E_7
25	33	9.30	40	38	12.93
38	48	9.72	48	45	13.10
33	40	10.13	45	40	13.82
33	38	10.66	45	38	14.54
40	45	10.92	40	33	14.88
45	48	11.51	48	38	15.51
38	40	11.67	33	25	16.21
38	38	12.28	33	24	16.89

变换齿轮的齿数 A	变换齿轮的齿数 B	牵伸倍数 E_7	变换齿轮的齿数 A	变换齿轮的齿数 B	牵伸倍数 E_7
33	23	17.62	45	25	22.10
48	33	17.86	45	24	23.03
38	25	18.67	45	23	24.03
40	25	19.65	48	24	24.56
40	24	20.47	48	23	25.63
40	23	21.36			

圈条压辊与前牵伸罗拉间的牵伸倍数 E_8：

$$E_8 = \frac{44 \times X \times 28 \times 59.5}{28 \times 98.5 \times 42 \times 35} \times 1.1$$

因为圈条压辊外圆表面带沟槽,上式中 1.1 为沟槽系数,此系数需在实践中验证。变换带轮的直径 X 和圈条压辊与前牵伸罗拉间牵伸倍数 E_8 见表 7-3-32。

表 7-3-32 变换带轮的直径 X 与牵伸倍数 E_8

变换带轮的直径 X/mm	牵伸倍数 E_8
54	1.079
53.25	1.060

上圈条与圈条压辊间的牵伸倍数 E_9：

$$E_9 = \frac{\dfrac{31 \times 44}{32 \times 123} \times 400}{\dfrac{104 \times 53.25 \times 44}{42 \times 98.5 \times 28} \times 59.5 \times 1.1} = 1.01$$

棉条筒与上圈条间的牵伸倍数 E_{10}：

$$E_{10} = \frac{i_{计}}{i_{设}}$$

棉条直径按 16mm 计算,计算值 $i_{计16}$：

$$i_{计16} = \frac{2\pi e}{16} = \frac{2\pi \times 95}{16} = 37.31$$

设计值 $i_{设}$：

$$i_{设} = \frac{50 \times 28.1 \times 44}{15 \times 1 \times 123} = 33.51$$

$$E_{10} = \frac{i_{计16}}{i_{设}} = \frac{37.31}{33.51} = 1.11$$

5. 定时定位

JSFA588 型精梳机各机构的运动配合如图 7-3-8 所示。

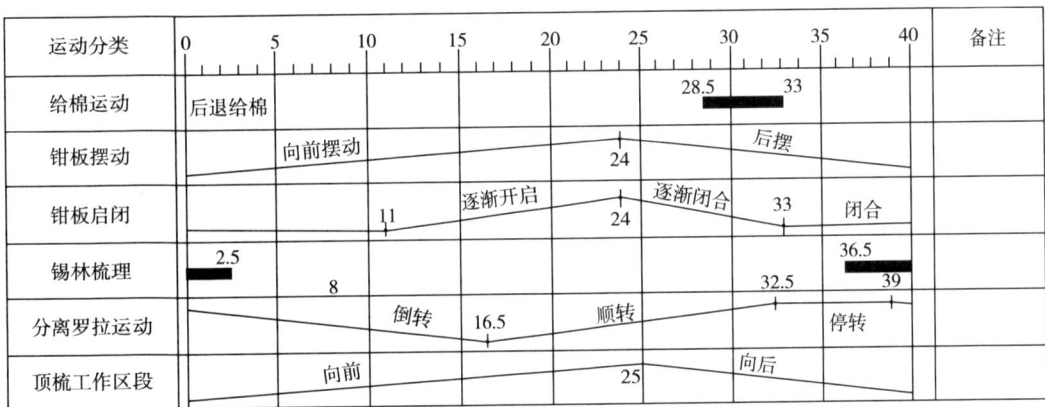

图 7-3-8　JSFA588 型精梳机各机构运动配合图

(二)HC500 型精梳机传动与工艺计算

1. HC500 型精梳机传动图(图 7-3-9)

2. 速度

(1)锡林速度。锡林速度通过屏幕设置,由变频电动机调节速度。电动机皮带轮和输入轴皮带轮端面必须对齐,最大公差值 0.5mm。皮带的张紧力应符合图 7-3-10 的要求。

锡林转速 n_1(r/min)为:

$$n_1 = n \times \frac{29 \times B}{143 \times B} = n \times \frac{29 \times 218}{143 \times 218} = 0.203n$$

式中:n——主电动机的转速,r/min;

B——电动机皮带轮与输入轴皮带轮直径,218mm。

锡林直径为 125.4mm,锡林线速度 v_1(m/min)为:

$$v_1 = \frac{n_1 \times \pi \times 125.4}{1000} = 0.394n_1$$

(2)毛刷速度。毛刷转速 n_2(r/min)为:

$$n_2 = \frac{C}{D}n_0$$

式中:n_0——毛刷电动机的转速,r/min;

皮带轮的直径 C、D 及毛刷转速和直径见表 7-3-33。

前罗拉直径为35mm,前罗拉线速度v_3(m/min)为:

$$v_3 = \frac{\pi \times n_3 \times 35}{1000} = 0.110n_3$$

3. 喂给棉长度和有效输出长度

承卷罗拉喂卷长度L_1(mm/钳次)为:

$$L_1 = \frac{22 \times 37 \times 40 \times 40 \times 35 \times 40 \times 143}{22 \times E \times 138 \times 138 \times 144 \times 138 \times 29} \times \pi \times 70 = \frac{237.364}{E}$$

承卷罗拉变换齿轮的齿数E及喂卷长度见表7-3-35。

表7-3-35　变换齿轮的齿数 E 及喂卷长度 L_1

变换齿轮的齿数 E	44	45	49	50	51	54	55	56	60	61
喂卷长度 L_1/(mm/钳次)	5.39	5.27	4.84	4.75	4.65	4.40	4.32	4.24	3.96	3.89

给棉罗拉给棉长度L_2(mm/钳次)为:

$$L_2 = \frac{\pi \times 30}{F} = \frac{94.2}{F}$$

给棉棘轮的齿数F及给棉长度L_2见表7-3-36。

表7-3-36　给棉棘轮的齿数 F 及给棉长度 L_2

给棉棘轮的齿数 F	16	18	20	22
给棉长度 L_2/(mm/钳次)	5.9	5.2	4.7	4.3

喂入张力与变换齿轮的齿数E及给棉棘轮的齿数F的关系如图7-3-12所示。

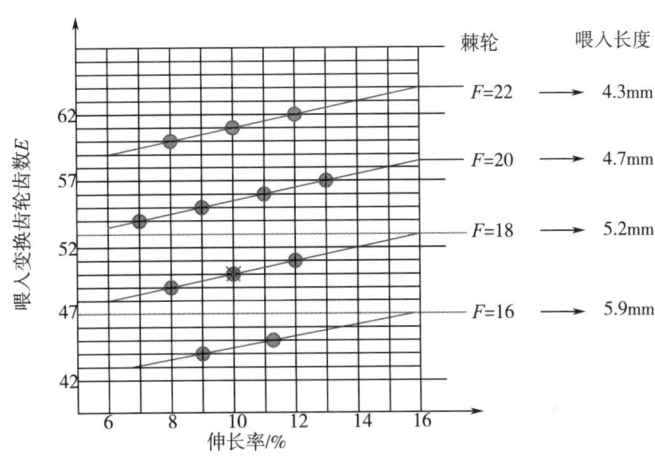

图7-3-12　喂入张力与变换齿轮的齿数 E 及给棉棘轮的齿数 F 的关系

图 7-3-12 中黑圆点为喂入张力为 8%~12% 时推荐选用的喂入变换齿轮齿数。小卷定量大于 70g/m 时，喂入张力可选用偏大张力。图中 ▨ 点表示棘轮为 18 齿，喂入张力为 10% 时，变换齿轮为 50 齿。

有效输出长度 L_3(mm/钳次)为：

$$L_3 = -\frac{15}{95} \times \left(1 - \frac{32 \times 29}{22 \times 25}\right) \times \frac{87}{28} \times 25 \times \pi = 26.48$$

HC500 型精梳机的分离罗拉运动位移曲线如图 7-3-13 所示

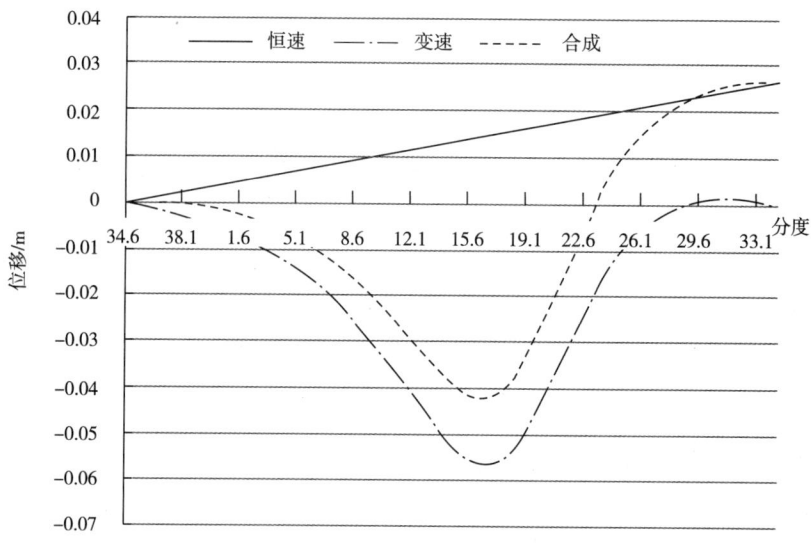

图 7-3-13 HC500 型精梳机分离罗拉运动位移曲线

输出罗拉输出长度 L_4(mm/钳次)为：

$$L_4 = \frac{143 \times 40 \times 35 \times 40}{29 \times 138 \times 144 \times 39} \times \pi \times 25 = 27.98$$

台面压辊输出长度 L_5(mm/钳次)为：

$$L_5 = \frac{143 \times 40 \times 35 \times 40}{29 \times 138 \times 144 \times 76} \times \pi \times 50 = 28.72$$

4. 牵伸

给棉罗拉和承卷罗拉间的张力牵伸倍数 E_1 为：

$$E_1 = \frac{L_2}{L_1} = 0.397 \frac{F}{E}$$

给棉罗拉和承卷罗拉间的张力牵伸倍数 E_1 具体值见表 7-3-37。

表7-3-37　牵伸倍数 E_1

变换齿轮的齿数 E	给棉棘轮的齿数 F	牵伸倍数 E_1	变换齿轮的齿数 E	给棉棘轮的齿数 F	牵伸倍数 E_1
44	16	1.091	55	20	1.091
45	15	1.116	56	20	1.111
49	18	1.080	57	20	1.131
50	18	1.102	60	22	1.082
51	18	1.124	61	22	1.100
54	20	1.072	62	22	1.118

分离罗拉和给棉罗拉间的牵伸倍数 E_2 为：

$$E_2 = \frac{L_3}{L_2} = 0.281 \times F$$

分离罗拉和给棉罗拉间的牵伸倍数 E_2 具体值见表7-3-38。

表7-3-38　牵伸倍数 E_2

给棉棘轮的齿数 F	牵伸倍数 E_2	给棉棘轮的齿数 F	牵伸倍数 E_2
16	4.49	20	5.62
18	5.06	22	6.18

输出罗拉和分离罗拉间的张力牵伸倍数 E_3 为：

$$E_3 = \frac{L_4}{L_3} = 1.06$$

台面压辊和输出罗拉间的张力牵伸倍数 E_4 为：

$$E_4 = \frac{L_5}{L_4} = 1.03$$

第三牵伸罗拉输出长度 L_6(mm/钳次)为：

$$L_6 = \frac{143 \times 40 \times 45 \times 22 \times 28 \times 28}{29 \times M \times 45 \times 36 \times 70 \times 28} \times \pi \times 27 = \frac{4087.63034}{M}$$

第三牵伸罗拉和台面压辊间(台面张力)的张力牵伸倍数 E_5 为：

$$E_5 = \frac{L_6}{L_5} = \frac{4087.63034}{28.72M}$$

变换齿轮的齿数 M 及张力牵伸倍数 E_5 见表7-3-39。

表 7-3-39　变换齿轮 M 的齿数及牵伸倍数 E_5

变换齿数的齿数 M	140	139	138	137	136
牵伸倍数 E_5	1.017	1.024	1.031	1.039	1.047

牵伸机构后区的牵伸倍数 E_6 为：

$$E_6 = \frac{28 \times J}{28 \times 28} = \frac{J}{28}$$

式中：J——后区牵伸变换齿轮齿数。

牵伸倍数 E_6 及相应的变换齿轮齿数和同步带型号见表 7-3-40。

表 7-3-40　牵伸倍数 E_6 及相应的变换齿轮齿数 J 和同步带型号

牵伸倍数 E_6	1.14	1.25	1.36	1.50	1.65	1.82	2.00
变换齿轮的齿数 J	32	35	38	42	46	51	56
同步带型号	HTD-460-5M-25 HTD-475-5M-25		HTD-475-5M-25		HTD-475-5M-25 HTD-500-5M-25		HTD-500-5M-25 HTD-520-5M-25

牵伸机构的总牵伸倍数 E_7 为：

$$E_7 = \frac{104 \times G \times 70 \times 35}{28 \times H \times 28 \times 27} = 12.037 \frac{G}{H}$$

式中：G，H——变换带轮齿数。

变换齿轮的齿数 G、H 与齿形带长度及牵伸倍数 E_7 见表 7-3-41。

表 7-3-41　牵伸倍数 E_7

变换齿轮 齿数 G	变换齿轮 齿数 H	齿形带 长度/mm	牵伸倍数 E_7	变换齿轮 齿数 G	变换齿轮 齿数 H	齿形带 长度/mm	牵伸倍数 E_7
25	33	720	9.12	40	38	800	12.67
38	48	840	9.53	48	45	864	12.84
33	40	800	9.93	45	40	840	13.54
33	38	760	10.45	45	38	840	14.25
40	45	840	10.70	40	33	800	14.59
45	48	864	11.28	48	38	840	15.20
38	40	800	11.44	33	25	720	15.89
38	38	800	12.04	33	24	720	16.55

续表

变换齿轮齿数 G	变换齿轮齿数 H	齿形带长度/mm	牵伸倍数 E_7	变换齿轮齿数 G	变换齿轮齿数 H	齿形带长度/mm	牵伸倍数 E_7
33	23	720	17.27	45	25	760	21.67
48	33	840	17.51	45	24	760	22.57
38	25	760	18.30	45	23	760	23.55
40	25	760	19.26	48	24	800	24.07
40	24	760	20.06	48	23	800	25.12
40	23	760	20.93				

注 同步带型号为 HTD-5M-25。

变换带轮的位置在机尾牵伸罩壳内。按以上公式算出的牵伸倍数和表 7-3-41 所列的牵伸倍数均是理论牵伸倍数,而实际的牵伸倍数和理论牵伸倍数是有差异的,因此在生产中应做生产品种号数的检查,再选择适当的牵伸倍数。

圈条压辊与前牵伸罗拉间的牵伸倍数 E_8 为:

$$E_8 = \frac{L \times X \times 28 \times 59.5}{28 \times 98.5 \times 42 \times 35} \times 1.1 = 0.000452LX$$

因为圈条压辊外圆表面带沟槽,上式中 1.1 为沟槽系数,此系数需在实践中验证。变换齿轮齿数 L、变换带轮直径 X 及牵伸倍数 E_8 见表 7-3-42。

表 7-3-42 牵伸倍数 E_8

变换齿轮齿数 L	变换带轮直径 X/mm	牵伸倍数 E_8	变换齿轮齿数 L	变换带轮直径 X/mm	牵伸倍数 E_8
42	53	1.006	43	53.5	1.040
42	53.25	1.011	44	53	1.054
42	53.5	1.016	44	53.25	1.059
43	53	1.030	44	53.5	1.064
43	53.25	1.035			

上圈条与圈条压辊间的牵伸倍数 E_9 为:

$$E_9 = \frac{\dfrac{31 \times 44}{32 \times 123} \times 400}{\dfrac{104 \times 53.25 \times 44}{42 \times 98.5 \times 28} \times 59.5 \times 1.1} = 1.01$$

棉条筒与上圈条间的牵伸倍数 E_{10} 为:

$$s_{16} = 2\pi\gamma(1-i) = 2\pi \times 200 \times \left(1 - \frac{1}{\frac{2\pi \times 95}{16}}\right) = 1222.9529$$

$$E_{10(16)} = \frac{1222.9529}{\frac{123}{44} \times \frac{32}{31} \times \frac{104}{42} \times \frac{53.5}{98.5} \times \frac{44}{28} \times 59.5\pi} = 1.0727683$$

式中: S_{16}——棉条直径为 16mm 的棉条筒圈条长度, mm/钳次;

$E_{10(16)}$——棉条直径为 16mm 时的牵伸倍数。

$$s_{18} = 2\pi\gamma(1-i) = 2\pi \times 200 \times \left(1 - \frac{1}{\frac{2\pi \times 95}{18}}\right) = 1218.74$$

$$E_{10(18)} = \frac{1218.74}{\frac{123}{44} \times \frac{32}{31} \times \frac{104}{42} \times \frac{53.5}{98.5} \times \frac{44}{28} \times 59.5\pi} = 1.06907$$

式中: S_{18}——棉条直径为 18mm 的棉条筒圈条长度, mm/钳次;

$E_{10(18)}$——棉条直径为 18mm 时的牵伸倍数。

根据实践,在相对湿度较高时,上圈条管易产生涌条,此时可将式中 32 齿的齿形带轮更换为 31 齿。

5. 定时定位

HC500 型精梳机各机构的运动配合如图 7-3-14 所示。

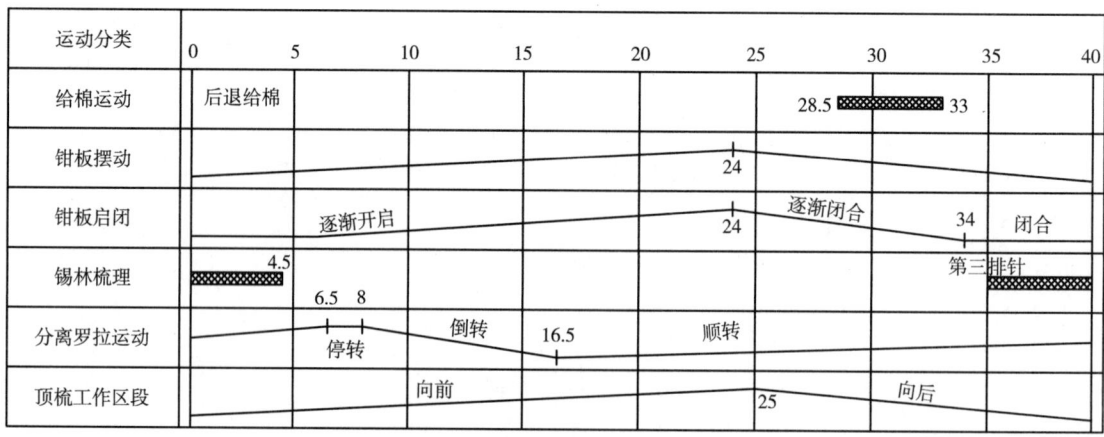

图 7-3-14　HC500 型精梳机各机构运动配合图

(三)E80 型精梳机传动与工艺计算

1. E80 型精梳机示意图(图 7-3-15)和传动图(图 7-3-16)

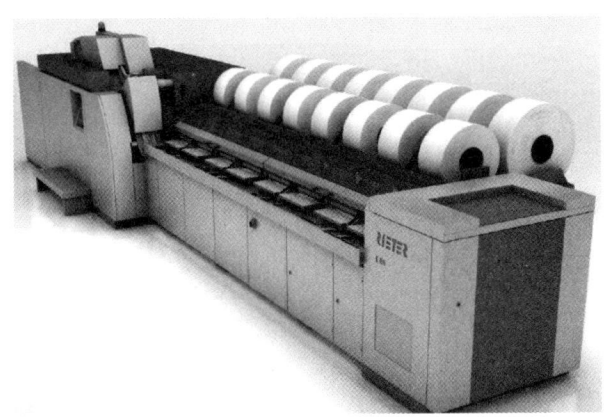

图 7-3-15　E80 型精梳机

2. 速度

(1)锡林速度。锡林平均转速 n_1(r/min)为:

$$n_1 = n \times \frac{29 \times G}{143 \times H} = 0.203n\frac{G}{H}$$

式中:n——主电动机的转速,r/min;

　　G——电动机皮带轮直径,mm;

　　H——被动皮带轮直径,mm;

锡林转速与对应带轮直径见表 7-3-43。

表 7-3-43　锡林转速与对应带轮直径

锡林转速/ (r/min)	带轮直径 G/mm	带轮直径 H/mm	主驱动三角 皮带长度/mm	锡林转速/ (r/min)	带轮直径 G/mm	带轮直径 H/mm	主驱动三角 皮带长度/mm
400	164	238	1987	460	187	238	1987
420	172	238	1987	480	196	238	1987
440	178	238	1987	500	204.5	238	1987

锡林直径为 125.4mm,锡林平均线速度 v_1(m/min)为:

$$v_1 = \frac{n_1 \times \pi \times 125.4}{1000} = 0.394n_1$$

(2)毛刷速度。毛刷转速 n_2(r/min)为:

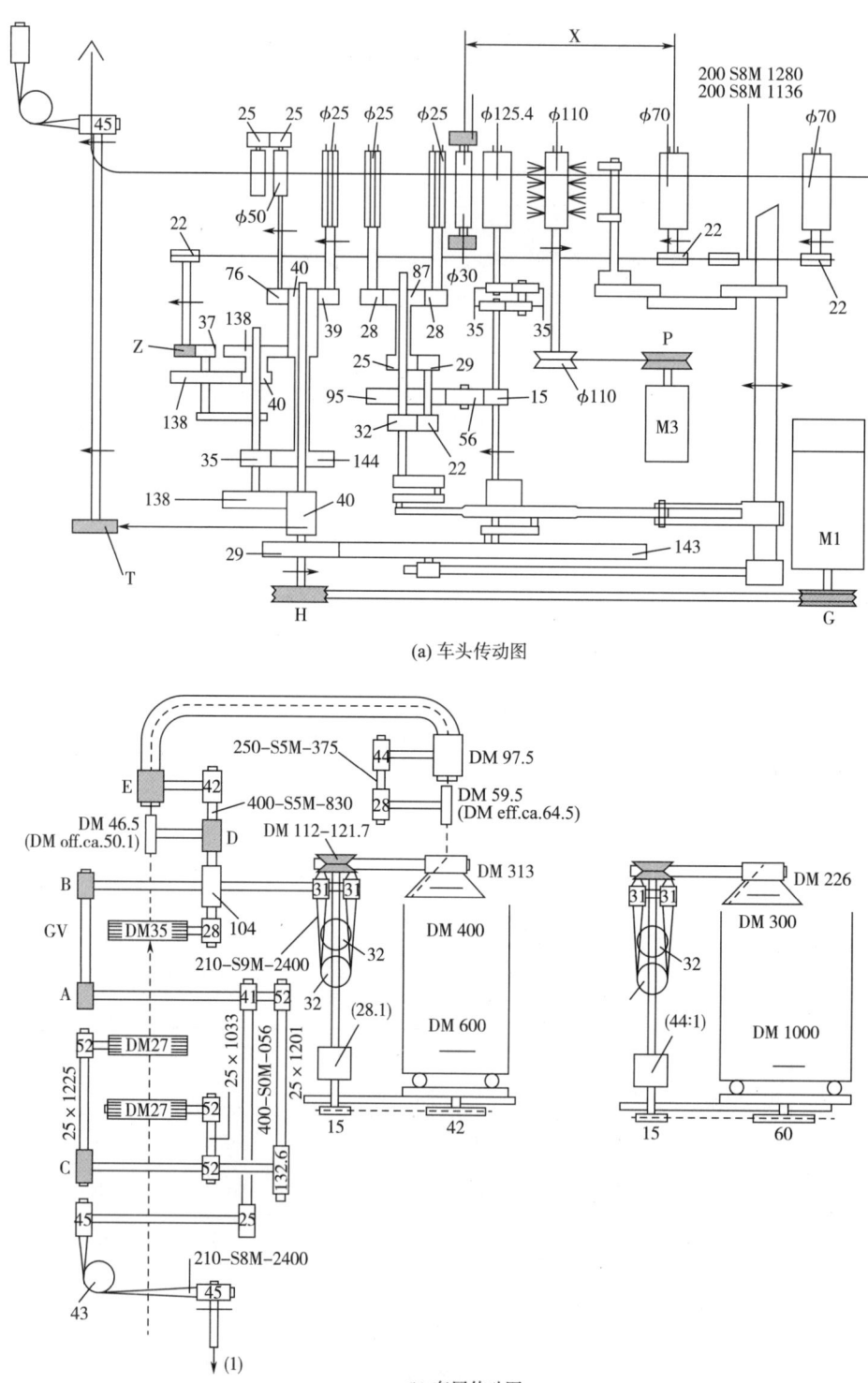

(a) 车头传动图

(b) 车尾传动图

图 7-3-16 E80 型精梳机传动图

$$n_2 = \frac{P}{110}n_0$$

式中：n_0——毛刷电动机的转速（r/min）。

带轮的直径 P 及毛刷转速见表 7-3-44。

表 7-3-44 毛刷转速与对应带轮直径

毛刷转速/（r/min）	带轮直径 P/mm
1200	99
1440	118

毛刷直径为 110mm，毛刷线速度 v_2（m/min）为：

$$v_2 = \frac{\pi \times n_2 \times 110}{1000}$$

（3）前罗拉速度。前罗拉转速 n_3（r/min）为：

$$n_3 = \frac{104 \times A \times 25 \times 45 \times 40 \times G \times n}{28 \times B \times 41 \times 45 \times T \times H} = 90.592\frac{AG}{BTH}n$$

变换齿轮的齿数 A、B、T 见表 7-3-45。

表 7-3-45 变换齿轮的齿数 A、B、T

A	25	33	38	40	45	48		
B	23	24	25	33	38	40	45	48
T	136	137	138	139	140			

前罗拉直径为 35mm，前罗拉线速度 v_3（m/min）为：

$$v_3 = \frac{\pi \times n_3 \times 35}{1000} = 0.110n_3$$

3. 喂给棉长度和有效输出长度

承卷罗拉喂卷长度 L_1（mm/钳次）为：

$$L_1 = \frac{22 \times 37 \times 40 \times 40 \times 35 \times 40 \times 143}{22 \times Z \times 138 \times 138 \times 144 \times 138 \times 29} \times \pi \times 70 = \frac{237.364}{Z}$$

式中：Z——承卷罗拉变换齿轮齿数，取值为 44、45、46、47、48、49、50、51、52、53、54、55、56、
57、60、61、62、63。

给棉罗拉给棉长度 L_2（mm/钳次）为：

$$L_2 = \frac{\pi \times 30}{S} = \frac{94.2}{S}$$

给棉棘轮的齿数 S 及给棉长度见表 7-3-46。

表 7-3-46 棘轮齿数与给棉长度

给棉棘轮的齿数 S	给棉长度 L_2/mm	给棉棘轮的齿数 S	给棉长度 L_2/mm
22	4.3	18	5.2
20	4.7	17	5.55
19	4.95	16	5.9

有效输出长度 L_3(mm/钳次)为:

$$L_3 = \frac{15}{95} \times \left(1 - \frac{32 \times 29}{21 \times 26}\right) \times \frac{87}{28} \times 25 \times \pi = 26.48$$

输出罗拉输出长度 L_4(mm/钳次)为:

$$L_4 = \frac{143 \times 40 \times 35 \times 40}{29 \times 138 \times 144 \times 39} \times \pi \times 25 = 27.98$$

台面压辊输出长度 L_5(mm/钳次)为:

$$L_5 = \frac{143 \times 40 \times 35 \times 40}{29 \times 138 \times 144 \times 76} \times \pi \times 50 = 28.72$$

4. 牵伸

给棉罗拉和承卷罗拉间的张力牵伸倍数 E_1 为:

$$E_1 = \frac{L_2}{L_1} = 0.397\frac{Z}{S}$$

给棉罗拉和承卷罗拉间的张力牵伸倍数 E_1 具体值见表 7-3-47。

表 7-3-47 牵伸倍数 E_1

承卷罗拉变换齿轮的齿数 Z	给棉棘轮的齿数 S	牵伸倍数 E_1	承卷罗拉变换齿轮的齿数 Z	给棉棘轮的齿数 S	牵伸倍数 E_1
44	16	1.092 *	48	17	1.121
45	16	1.117	49	18	1.081
[46]	16	1.141	50	18	1.103 *
46	17	1.074	51	18	1.125
47	17	1.098 *	[52]	18	1.147

续表

承卷罗拉变换齿轮的齿数 Z	给棉棘轮的齿数 S	牵伸倍数 E_1	承卷罗拉变换齿轮的齿数 Z	给棉棘轮的齿数 S	牵伸倍数 E_1
52	19	1.087	57	20	1.131
53	19	1.107*	60	22	1.083
54	19	1.128	61	22	1.101*
55	20	1.092*	62	22	1.119
56	20	1.112	[63]	22	1.137

注 [ ]中数字表示不包含于标准供货范围。

* 标准值。

分离罗拉和给棉罗拉间的牵伸倍数 E_2 为：

$$E_2 = \frac{L_3}{L_2} = 0.281S$$

分离罗拉和给棉罗拉间的牵伸倍数 E_2 具体值见表7-3-48。

表7-3-48 牵伸倍数 E_2

给棉棘轮的齿数 S	牵伸倍数 E_2	给棉棘轮的齿数 S	牵伸倍数 E_2
16	4.496	19	5.339
17	4.777	20	5.62
18	5.058	22	6.182

输出罗拉和分离罗拉间的张力牵伸倍数 E_3 为：

$$E_3 = \frac{L_4}{L_3} = 1.06$$

台面压辊和输出罗拉间的张力牵伸倍数 E_4 为：

$$E_4 = \frac{L_5}{L_4} = 1.03$$

第三牵伸罗拉输出长度 L_6(mm/钳次) 为：

$$L_6 = \frac{143\times40\times45\times25\times52\times52}{29\times T\times45\times41\times132.6\times52}\times\pi\times27 = \frac{3998.595}{T}$$

第三牵伸罗拉和台面压辊间(台面张力)张力牵伸倍数 E_5 为：

$$E_5 = \frac{L_6}{L_5} = \frac{3998.60}{28.72\times T} = \frac{139.227}{T}$$

牵伸机构后区牵伸倍数 E_6 为：

$$E_6 = \frac{52 \times C}{52 \times 52} = \frac{C}{52}$$

牵伸倍数 E_5 具体值见表7-3-49，牵伸倍数 E_6 与变换带轮直径的关系见表7-3-50。

表7-3-49 牵伸倍数 E_5

变换齿轮的齿数 T	[140]	139	138	137	136
牵伸倍数 E_5	0.994~	1.002	1.009	1.016	1.024*

*标准值，~作为例外情况接受。

表7-3-50 变换带轮直径 C 及后区牵伸倍数 E_6

变换带轮的直径 C/mm	59	64.9	71.9	78.9	86.9	96	105.7
牵伸倍数 E_6	1.135	1.248	1.383*	1.517	1.671	1.846	2.033

*标准值。

牵伸机构的总牵伸倍数 E_7：

$$E_7 = \frac{52 \times 132.6 \times A \times 104 \times 35}{52 \times 52 \times B \times 28 \times 27} = 12.28 \frac{A}{B}$$

变换齿轮的齿数 A、B 和牵伸倍数 E_7 见表7-3-51。

表7-3-51 变换齿轮的齿数 A、B 和牵伸倍数 E_7

变换齿轮的齿数 A	变换齿轮的齿数 B	牵伸倍数 E_7	变换齿轮的齿数 A	变换齿轮的齿数 B	牵伸倍数 E_7
25	33	9.30	45	38	14.54
38	48	9.72	40	33	14.88*
33	40	10.13	48	38	15.51
33	38	10.66	33	25	16.21
40	45	10.92	33	24	16.89
45	48	11.51	33	23	17.62
38	40	11.67	48	33	17.86
38	38	12.28	38	25	18.67
40	38	12.93	40	25	19.65
48	45	13.10	40	24	20.47
45	40	13.82	40	23	21.36

变换齿轮的齿数 A	变换齿轮的齿数 B	牵伸倍数 E_7	变换齿轮的齿数 A	变换齿轮的齿数 B	牵伸倍数 E_7
45	25	22.10	48	24	24.56
45	24	23.03	48	23	25.63
45	23	24.03			

* 标准值。

圈条压辊与前牵伸罗拉间的牵伸倍数 E_8：

$$E_8 = \frac{44 \times E \times 28 \times 59.5}{28 \times 97.5 \times 42 \times 35} \times 1.1 = 0.02E$$

因为圈条压辊外圆表面带沟槽，上式中 1.1 为沟槽系数，此系数需在实践中验证。变换带轮的直径 E 及相应牵伸倍数见表 7-3-52。

表 7-3-52　牵伸倍数 E_8

变换带轮的直径 E/mm	牵伸倍数 E_8	适用纤维
53	1.06	短和中长纤维
51.5	1.03	长纤维

上圈条与圈条压辊间的牵伸倍数 E_9 为：

$$E_9 = \frac{\dfrac{31 \times 44}{32 \times 123} \times 400}{\dfrac{104 \times 53.25 \times 44}{42 \times 98.5 \times 28} \times 59.5 \times 1.1} = 1.01$$

第五节　精梳机主要工艺参数及精梳工艺配置示例

一、精梳机主要工艺参数

（一）棉卷定量

棉卷定量是指精梳小卷 1m 棉层的质量克数。当前精梳机发展方向为高速大卷装，棉卷定量的范围通常为 60~80g/m。如果原棉长度较短，成纱线密度较大，纱线质量要求较低，可选择较大的棉卷定量；反之，可选择较小的棉卷定量。

精梳条定量是指 5m 精梳条的质量克数。当前精梳机的精梳条定量范围通常为 15~30g/m。

落棉率是指落棉质量对喂入原料质量之比,通常以百分率表示。落棉过多,会增加用棉量;过少,影响成纱质量。落棉率的范围通常为8%~25%。

(二)隔距

1. 落棉隔距

落棉隔距是指钳板在最前位置时,下钳板钳唇前缘与后分离罗拉表面之间的距离。可根据落棉率的大小设定落棉隔距,落棉隔距的范围为7~13mm,落棉率大,则选择较大的落棉隔距;反之,则选择较小的落棉隔距。落棉隔距过大会影响给棉棘轮的撑动,选配时需注意落棉隔距与给棉罗拉棘轮齿数的关系,调整落棉隔距后必须重新调整顶梳隔距。

梳理隔距是指在锡林梳理过程中,锡林针尖与上钳板钳唇下缘的距离。在锡林梳理阶段,由于钳板钳口的摆动及锡林的转动,梳理隔距一直在变化,梳理隔距变化幅度越小,锡林对棉丛的梳理效果越好。梳理隔距变化范围一般为0.3~0.4mm。

2. 顶梳进出隔距

顶梳进出隔距是指顶梳在最前位置时,顶梳针尖与后分离罗拉表面的隔距。进出隔距越小,顶梳梳针将棉丛送向分离罗拉越近,越有利于分离接合工作的进行。但进出隔距过小,易造成梳针与分离罗拉表面碰撞,顶梳的进出隔距通常在1.5~2mm。

3. 顶梳高低隔距

顶梳高低隔距是指顶梳在最前位置时,顶梳针尖到分离罗拉上表面的垂直距离。顶梳高低隔距共分五档,分别用-1、-0.5、0、+0.5、+1来表示,标值越大,顶梳插入棉丛越深,梳理作用越好,精梳落棉率越高。顶梳高低隔距每增加一档,精梳落棉约增加1%。高低隔距过大时,会影响分离接合开始时棉丛的抬头。

4. 罗拉握持距

罗拉握持距是指牵伸装置中两对罗拉钳口之间的距离,是牵伸的主要工艺参数之一,根据加工纤维长度及其离散程度而定,常以纤维品质长度为依据。采用三上三下曲线牵伸时,主牵伸区的罗拉握持距范围为41~60mm,预牵伸区的罗拉握持距范围为44~66mm。

(三)定时

1. 钳口开启定时

指钳板钳口开始打开时分度盘指示的分度数。根据分离接合的要求,在梳理结束时钳板应及时开口,以便使棉丛抬头顺利到达分离钳口。

2. 钳口闭合定时

指上、下钳板闭合瞬间分度盘指示的分度数。根据梳理的要求,应该在精梳锡林开始梳理棉丛前使钳板钳口闭合,以防止纤维被锡林抓走。钳口闭合定时通常在33~34分度。

3. 锡林梳理定时

锡林第一排针开始接触棉丛时,分度盘指针指示的分度数,称为梳理开始定时;锡林末排针脱离棉丛时的分度数,称为梳理结束定时。锡林梳理开始定时的早晚与锡林定位及落棉刻度有关。锡林定位早,锡林梳理定时均提前;锡林定位晚,锡林梳理定时均推后。落棉刻度不同,意味着钳板从最前位置开始后退的起点不同,钳板后退途中与锡林头排针相遇的时间(分度)和位置也不同。落棉隔距小,钳板开始后退的起点靠前,钳板与锡林头排针相遇的分度迟,位置靠前;落棉隔距大,钳板开始后退的起点靠后,与锡林相遇的分度早,位置靠后。

4. 分离罗拉顺转定时

分离罗拉由倒转结束开始顺转时,分离盘指针指示的分度数。分离罗拉顺转定时的早晚影响分离罗拉与钳板、分离罗拉与锡林的运动配合关系。根据分离接合的要求,分离罗拉顺转定时要早于分离接合开始定时,否则分离接合工作无法进行。分离罗拉顺转定时可通过分离罗拉定时调节盘来调节,定时调节盘的刻度与分离罗拉顺转定时的关系见表7-3-53。

表7-3-53　搭接刻度与分离罗拉顺转定时

搭接刻度	+1	+0.5	0	−0.5	−1	−1.5
分离罗拉顺转定时/分度	14.5	15	15.5	16	16.5	17

锡林定位也称弓形板定位,其目的是改变锡林与钳板、锡林与分离罗拉运动的配合关系,以满足不同纤维长度及不同品种的纺纱要求。锡林定位的早晚,影响锡林第一排及末排梳针与钳板钳口相遇的分度数,即影响开始梳理及梳理结束时的分度数。锡林定位早时,锡林开始梳理定时、梳理结束定时均提早。要求钳板闭合定时要早,以防棉丛被锡林梳针抓走。锡林定位的早晚,影响锡林末排梳针通过锡林与分离罗拉最紧隔距点时的分度数。锡林定位晚时,锡林排针通过最紧隔距点时的分度数亦晚,有可能将分离罗拉倒入机内的棉网抓走形成落棉。锡林定位通常可在36~38分度选择。

(四)给棉

1. 前进给棉

钳板在前摆过程中给棉罗拉给出棉层,称为前进给棉。前进给棉落棉率较低。

2. 后退给棉

钳板在后摆过程中给棉罗拉给出棉层,称为后退给棉。后退给棉落棉率较高,当落棉率大于15%,通常选择后退给棉。

3. 给棉长度

精梳机每钳次给出的棉层长度。给棉长度可在 4.3~5.9mm 选择。

(五)牵伸

1. 牵伸倍数

须条被拉长拉细的倍数称为牵伸倍数,牵伸倍数可以表示牵伸的程度。

2. 机械牵伸倍数

不考虑落棉与胶辊滑溜的影响,用输出、喂入罗拉线速度求得的牵伸倍数,称为机械牵伸倍数。精梳机的牵伸装置分为前、后两个牵伸区,后区为张力牵伸区,牵伸倍数通常为 1.13~2;前区为主牵伸区,总牵伸倍数一般为 9.12~25.12。

3. 实际牵伸倍数

考虑落棉与胶辊滑溜的影响,用牵伸前后须条的线密度或定量之比求得的牵伸倍数,称为实际牵伸倍数。

二、精梳工艺配置示例

(一)JSFA588 型精梳工艺配置示例(表 7-3-54)

表 7-3-54　JSFA588 型精梳工艺配置示例

工艺项目		品种		
		18.5tex	9.8tex	7.4tex
定量和落棉	小卷定量/(g/m)	72	66	63
	精梳条定量/(g/5m)	21	18	16
	落棉率/%	12	17	19
牵伸	实际牵伸倍数	120.69	121.73	127.58
	机械牵伸倍数	116.99	118.55	123.58
	承卷罗拉—给棉罗拉牵伸倍数 E_1	1.1	1.07	1.1
	给棉罗拉—分离罗拉牵伸倍数 E_2	5.13	5.68	6.2
	分离罗拉—输出罗拉牵伸倍数 E_3	1.05	1.05	1.05
	输出罗拉—台面压辊牵伸倍数 E_4	1.03	1.03	1.03
	台面压辊—后分离罗拉牵伸倍数 E_5	1.04	1.02	1.02
	后区牵伸倍数 E_6	1.5	1.65	1.65
	总牵伸倍数 E_7	15.51	14.88	13.82

工艺项目		品种		
		18.5tex	9.8tex	7.4tex
牵伸	前牵伸罗拉—圈条压辊牵伸倍数 E_8	1.06	1.06	1.06
	圈条压辊—上圈条牵伸倍数 E_9	1.01	1.01	1.01
	上圈条—条筒牵伸倍数 E_{10}	1.11	1.11	1.11
	给棉长度/mm	5.2	4.7	4.3
	分离罗拉顺转定时刻度	-0.2	-0.1	0
隔距	落棉隔距/mm	9	9	10
	梳理隔距/mm	0.3	0.3	0.3
	顶梳进出隔距(与分离胶辊间隙)/mm	0.2	0.2	0.2
	顶梳插入深度/mm	-0.2	0	0.5
	牵伸机构后区握持距/mm	55	58	62
	牵伸机构前区握持距/mm	45	48	52
加压	牵伸胶辊(前×中×后)/MPa	0.27×0.4×0.4	0.25×0.3×0.3	0.25×0.3×0.3
	分离胶辊/MPa	0.35	0.3	0.3
速度	锡林转速/(钳次/min)	420	400	380
	毛刷转速/(r/min)	1131	1131	1132

(二)HC500 型精梳工艺配置示例(表 7-3-55)

表 7-3-55　HC500 型精梳工艺配置示例

工艺项目		品种		
		18.5tex	9.8tex	7.4tex
定量和落棉	小卷定量/(g/m)	70	66	63
	精梳条定量/(g/5m)	22	18	16
	落棉率/%	13	17	19
牵伸	实际牵伸倍数	120.69	121.73	127.58
	机械牵伸倍数	116.99	118.55	123.58
	承卷罗拉—给棉罗拉牵伸倍数 E_1	1.1	1.07	1.1
	给棉罗拉—分离罗拉牵伸倍数 E_2	5.13	5.68	6.2

工艺项目		品种		
		18. 5tex	9. 8tex	7. 4tex
牵伸	分离罗拉—输出罗拉牵伸倍数 E_3	1.05	1.05	1.05
	输出罗拉—台面压辊牵伸倍数 E_4	1.03	1.03	1.03
	台面压辊—后分离罗拉牵伸倍数 E_5	1.04	1.02	1.02
	后区牵伸倍数 E_6	1.5	1.65	1.65
	总牵伸倍数 E_7	15. 51	14. 88	13. 82
	前牵伸罗拉—圈条压辊牵伸倍数 E_8	1.06	1.06	1.06
	圈条压辊—上圈条牵伸倍数 E_9	1.01	1.01	1.01
	上圈条—条筒牵伸倍数 E_{10}	1.11	1.11	1.11
	给棉长度/mm	5. 2	4. 7	4. 3
	分离罗拉顺转定时刻度	−0.2	−0.1	0
隔距	落棉隔距/mm	9	9	10
	梳理隔距/mm	0. 3	0. 3	0. 3
	顶梳进出隔距(与分离胶辊间隙)/mm	0. 2	0. 2	0. 2
	顶梳插入深度/mm	−0.2	0	0. 5
	牵伸机构后区握持距/mm	55	58	62
	牵伸机构前区握持距/mm	45	48	52
加压	牵伸胶辊(前×中×后)/MPa	0. 27×0.4×0.4	0. 25×0.3×0.3	0. 25×0.3×0.3
	分离胶辊/MPa	0. 35	0. 3	0. 3
速度	锡林转速/(钳次/min)	420	400	380
	毛刷转速/(r/min)	1131	1131	1132

第六节　精梳质量控制

一、精梳质量参考指标

精梳条质量指标应根据所纺纱支、原料、精梳准备工艺、精梳设备型号等因素综合考虑,精梳条质量参考指标见表7-3-56。

表 7-3-56　精梳条质量参考指标

重量不匀率/%	乌斯特条干不匀率/%	精梳条含短绒率/%	棉结清除率/%	杂质清除率/%
<1.0	<3.8	<8	>50	>60

注　棉结、杂质清除率与生条相对比。

二、精梳落棉率参考指标

精梳落棉多少影响纺纱成本及成纱质量,应根据所纱支粗细、质量要求、原料情况等综合考虑。精梳落棉率参考指标见表 7-3-57。

表 7-3-57　精梳落棉率参考指标

纱线线密度/tex	精梳落棉率/%	落棉含短绒率	备注
14~30	14~16		
10~14	15~18	应根据生条的短绒含量及成纱质量要求而定,一般要大于60%	单机平均落棉率控制在设定指标的1%范围内,落棉率差应小于2%
6~10	17~20		
6	19		

三、提高精梳条质量的途径

精梳条的质量与精梳小卷质量、精梳机喂棉工艺、梳理工艺、定时定位、牵伸工艺、梳理专件规格、车间温湿度等因素密切相关。

(一)提高精梳条的梳理质量

(1)合理选择喂棉工艺参数,如棉卷定量、给棉长度、落棉隔距等。棉卷定量及给棉长度对梳理质量及精梳机产量均有影响。减小棉卷定量或减小给棉长度,均会使锡林对纤维的梳理度加大,提高梳理效果,但精梳机的产量降低。当落棉隔距加大时,不但会使落棉率增加,还会使棉丛的重复梳理次数增加,显著改善梳理效果。

(2)合理选择梳理专件的规格及类型,如锡林的针齿密度及针齿面角度、顶梳针齿密度等。适当增居锡林针齿密度,可提高纤维的伸直、分离及平行度,增大短绒、棉结排除的概率;但锡林针齿密度过大,难以穿透棉丛,会出现漏梳。锡林针面角度有 90°、110°及 130°三种,针面角度越大,参与梳理的针齿越多,梳理效果越好。顶梳的针齿密度有 26 针/cm、28 针/cm、30 针/cm、32 针/cm 等规格,可根据实际需要选择。

（3）合理调整顶梳插入棉丛的深度。顶梳插入棉丛的深度影响梳理与落棉率。加大顶梳插入棉丛的深度,纤维通过顶梳时阻力增大,除去短绒及棉结的能力增强,但精梳落棉率提高,也会对棉丛抬头产生不良影响。

（4）合理调整锡林定位。锡林定位应与钳板的闭合定时及分离罗拉的顺转定时相配合。如果锡林定位过早,会出现锡林第一排针到达钳板钳口下方时钳板钳口尚未完全闭合,使落棉中长纤维增多。当锡林定位过晚时,锡林末排针会干扰分离罗拉倒入机内棉网,也会使落棉中长纤维增多。当采用较大的锡林针面角时,锡林定位应适当提早,以防止锡林末排针对分离罗拉倒入机内棉网的干扰。

（5）合理选择毛刷转速及毛刷的维护。增加毛刷转速,可增强毛刷对锡林针齿的清洁效果,但会降低毛刷寿命,在生产中应根据锡林转速及毛刷直径合理选择毛刷的速度。毛刷使用一段时间后,直径变小、弹性变差,会影响对锡林的清洁效果,因此应定期对毛刷调换方向,并定期校正毛刷插入锡林针齿的距离。

（6）合理调整吸落棉风量。精梳机吸落棉的风量应根据纺原料性能、落棉量及精梳机速度变化进行适当的调整。当原料长度较长或落棉量较大以及精梳机的速度提高时,应适当加大吸风量。另外,要保持落棉通道的光洁与畅通。

（7）合理控制车间温湿度,减小精梳过程中棉结的产生及纤维的断裂。

（二）降低精梳条的条干不匀率

（1）合理调整精梳机分离罗拉顺转定时,及时消除精梳生产过程出现的棉网搭接波、鱼鳞斑、纤维弯钩等疵病。

（2）合理调整精梳机的牵伸工艺参数,包括牵伸机构的牵伸分配、加压、罗拉隔距以及精梳机各部张力牵伸倍数。

（3）保证机械良好,消除罗拉弯曲、胶辊偏心、钳板压力失衡、胶辊压力不实等不良机构状态,减少因机械状态不良而引起的规律性的条干不匀。

（4）合理控制车间温湿度,以减少精梳过程中纤维的缠绕、断网及破网等现象。

四、精梳条疵点及其主要产生原因

精梳条疵点及其主要产生原因见表7-3-58。

表 7-3-58　精梳条疵点及其主要产生原因

疵点名称	产生的主要原因	疵点名称	产生的主要原因
棉网成形不良	1. 分离罗拉顺转定时过早或过迟 2. 分离罗拉与钳板运动配合不良 3. 棉网张力过大 4. 锡林定位过迟,使锡林末排针对分离罗拉倒入机内的棉网产生干扰 5. 顶梳定位或隔距走动 6. 分离胶辊回转不灵活	棉网边缘不良	1. 分离胶辊表面粗糙、涂料处理不当、调换胶辊环境温湿度不适应 2. 锡林及顶梳两端针齿损伤较多 3. 后分离胶辊加压不良、弹性不足或直径太小 4. 分离罗拉集棉器开挡不适或高低位置失准 5. 三角气流板与毛刷接触过多 6. 车间温湿度过低或过高
棉网云斑或清晰度良	1. 钳板开口太迟或顶梳未发挥作用 2. 锡林针齿损伤太多 3. 锡林嵌花多,梳理效果差 4. 顶梳嵌花多或断针、并针多 5. 锡林梳理隔距过大 6. 上下钳板握持不匀,加压失衡或钳口嵌塞杂物 7. 钳板或分离胶辊运动不正常 8. 三角气流板与毛刷隔距过大 9. 分离胶辊直径太小或硬度低,缺乏弹性 10. 落棉隔距走动	棉网破洞	1. 锡林嵌花太多 2. 钳板闭口定时太早或开口太迟 3. 分离罗拉弯曲 4. 分离弯曲或凹陷或直径过小,弹性不足 5. 三角气流板位置失准 6. 钳板压力不足
		棉网横向断网	1. 钳板最前位置定时走动 2. 顶梳定位走动或顶梳插入棉网太深 3. 给棉棘轮撑空
落棉不匀	1. 吸风量太小 2. 毛刷状态不良 3. 落棉输送通道不光洁,落棉积聚 4. 锡林针面状态不良	精梳条条干不匀	1. 棉网接合不良或棉网破边 2. 分离胶辊或牵伸胶辊状态不良 3. 分离罗拉或牵伸罗拉弯曲 4. 分离罗拉顺转定时不当 5. 牵伸齿轮磨损或啮合不良,齿轮与轴配合松动,牵伸传动弯曲 6. 胶辊加压失效或加压不足 7. 牵伸罗拉隔距过大或过小 8. 各部张力牵伸配置不当 9. 集棉器毛糙或开挡过小
落棉中长纤维较多	1. 分离钳口握持不良 2. 上下钳板钳口嵌塞杂物,握持不良 3. 锡林顶梳状态不良 4. 落棉率过大 5. 棉卷有严重的粘层或纤维伸直度差 6. 分离罗拉顺转定时与锡林定位配合不当		
精梳条短绒及结杂过多	1. 落棉率偏小或落棉眼差过大 2. 梳理机件状态不良或梳理隔距过大 3. 锡林、顶梳定时配置不当 4. 落棉吸风量偏小 5. 毛刷转速低或状态不良 6. 生条中棉结、杂质及短绒过多 7. 车间温湿度过高	锡林嵌花	1. 针齿生锈、碰伤或有弯钩 2. 毛刷插入锡林过浅或毛刷弹性不足、毛束脱落 3. 毛刷转速较低 4. 吸风量不足 5. 加工长绒棉时,棉卷定量过大

第七节　精梳机主要工艺部件规格

一、整体锡林

精梳锡林分别经历了植针梳片焊接式锡林、梳针整体锡林、粘接式锯齿整体锡林、嵌入式锯齿整体锡林及可调节梳理隔距的梳针锯齿整体锡林五个阶段。由于植针梳针焊接式锡林焊接高温退火等因素,最后几排针又细又密,运转中常有脱针、断针现象,新针片使用3~4个月便要返修,维修费工费时,梳针消耗较多,也不适应高速;梳针整体锡林因梳针密度太低导致锡林梳理效能太差。这两种规格的锡林终因不适应高速、器材消耗多及成纱质量波动大而退出市场。

目前市场上主要以粘接式锯齿整体锡林和嵌入式锯齿整体锡林两种组装形式。整体锡林有90°~135°多种梳理弧面,可满足各种纺纱品种和质量的要求(图7-3-17~图7-3-20)。

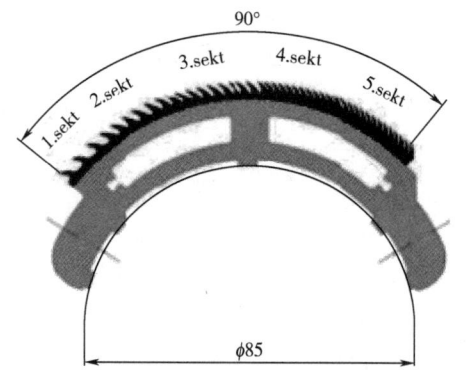

图7-3-17　Graf 9015型精梳锡林

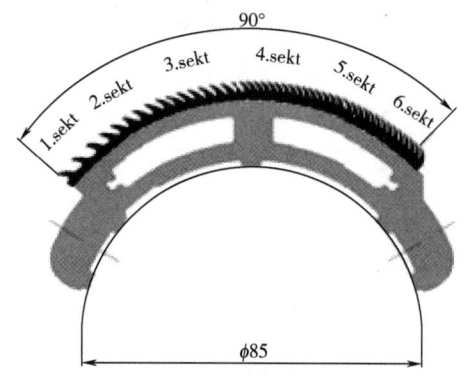

图7-3-18　Graf 9030型精梳锡林

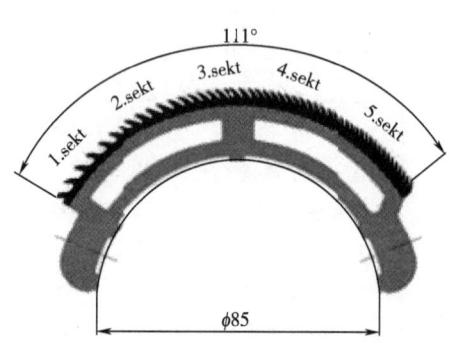

图7-3-19　Graf 5030型精梳锡林

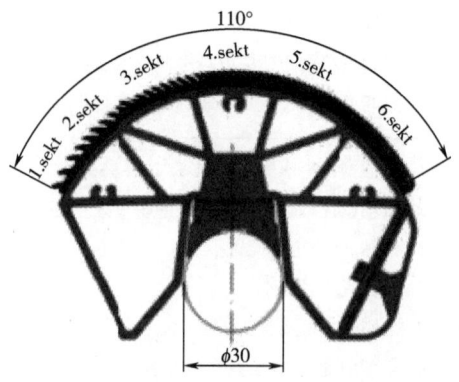

图7-3-20　Grafi 700flex型精梳锡林

(一)金轮针布系列整体锡林

1. E 系列精梳机用整体锡林

(1)棉精梳锡林 125-90×85B(表 7-3-59)。

表 7-3-59　棉精梳锡林 125-90×85B 锡林型号、参数及适纺品种

锡林型号	外径/mm	齿面圆心角/(°)	内径/mm	宽度/mm	安装孔位	组数	总齿数	密度	参考适纺品种
GJX-E-90-X							21200	稀型(X)	细绒棉、半精纺、色纺、棉型化纤
GJX-E-90-P							32600	普密型(P)	细绒棉、棉麻混纺
GJX-E-90-B	125.4	90	85	324	210mm×120°	5	36000	标准型(B)	细绒棉
GJX-E-90-J							40000	加密型(J)	细绒棉、长绒棉
GJX-E-90-T							44100	特密型(T)	细绒棉、长绒棉、中高支纱
GJX-E-90-G							49600	高密型(G)	
GJX-E-90-TG							52100	特高密型(TG)	

(2)棉精梳锡林 125-112×85(表 7-3-60)。

表 7-3-60　棉精梳锡林 125-112×85 锡林型号、参数及适纺品种

锡林型号	外径/mm	齿面圆心角/(°)	内径/mm	宽度/mm	安装孔位	组数	总齿数	密度	参考适纺品种
GJX-E-112-X							28900	稀密型(X)	细绒棉、半精纺、色纺、棉型化纤
GJX-E-112-P	125.4	112	85	324	210mm×120°	6	30500	普密型(P)	细绒棉、棉麻混纺
GJX-E-112-B							45900	标准型(B)	细绒棉、长绒棉、中高支纱
GJX-E-112-J							49300	加密型(J)	

续表

锡林型号	外径/mm	齿面圆心角/(°)	内径/mm	宽度/mm	安装孔位	组数	总齿数	密度	参考适纺品种
GJX-E-112-T							53400	特密型（T）	细绒棉、长绒棉、特种纱线
GJX-E-112-G	125.4	112	85	324	210mm×120°	6	57400	高密型（G）	
GJX-E-112-TG							59900	特高密型（TG）	

注　1. 适用机型:立达(RIETER)E7/4 型、E7/5 型、E7/5A 型、E7/6 型、E60H 型、E62 型、E65 型;太行(TAIHANG)FA299 型;恒鑫(HENGXING)SXFA299B 型;昊昌(HAOCHANG)HC350 型;凯宫(KAIGONG)JSFA288 型、JSFA388 型;宏源(HONGYUAN)HY68 型、HY69 型;贝斯特(BEST)BS290 型;鸿基(HONGJI)SXF1268 型、SXF1269 型、SXF1278 型;宝成(BAOCHENG)BHFA296 型;经纬(JINWEI)F1275 型;马佐里(MAZUOLI)CM500 型、CM600 型;合力(HELI)FA261 型、FA266 型、FA269 型。

　　2. 产品适纺不同档次、纱支的精梳要求,也可根据用户需求提供特殊配置。

（3）棉精梳锡林 125-130×30(表 7-3-61)。

表 7-3-61　棉精梳锡林 125-130×30 锡林型号、参数及适纺品种

锡林型号	外径/mm	齿面圆心角/(°)	内径/mm	宽度/mm	安装孔位	组数	总齿数	密度	参考适纺品种
GJX-E-130-P							40500	普密型（P）	细绒棉、棉麻混纺
GJX-E-130-B							41800	标准型（B）	细绒棉、长绒棉、中高支纱
GJX-E-130-J	125.4	130	30	308	3 个安装孔位,间距 90mm	5~7	44500	加密型（J）	
GJX-E-130-T							48000	特密型（T）	细绒棉、长绒棉、特种纱线
GJX-E-130-G							51000	高密型（G）	
GJX-E-130-TG							58600	特高密型（TG）	

注　1. 适用机型:立达:E80 型、E85 型、E86 型、E90 型。

　　2. 产品适纺不同档次、纱支的精梳要求,也可根据用户需求提供特殊配置。

（4）棉精梳锡林 125-130×85（表 7-3-62）。

表 7-3-62　棉精梳锡林 125-130×85 锡林型号、参数及适纺品种

锡林型号	外径/mm	齿面圆心角/(°)	内径/mm	宽度/mm	安装孔位	组数	总齿数	密度	参考适纺品种
GJX-E-130-P	125.4	130	85	320	210mm×154°	7	40500	普密型（P）	细绒棉、棉麻混纺
GJX-E-130-B							41800	标准型（B）	细绒棉、长绒棉、中高支纱
GJX-E-130-J							44500	加密型（J）	
GJX-E-130-T							48000	特密型（T）	细绒棉、长绒棉、特种纱线
GJX-E-130-G							51000	高密型（G）	
GJX-E-130-TG							58600	特高密型（TG）	

注　1. 适用机型：凯宫 JSFA588 专用型及 JSFA588 改进型。

　　2. 产品适纺不同档次、纱支的精梳要求，也可根据用户需求提供特殊配置。

2. PX2 系列精梳机用整体锡林

（1）棉精梳锡林 127-90×85B（表 7-3-63）。

表 7-3-63　棉精梳锡林 127-90×85B 锡林型号、参数及适纺品种

锡林型号	外径/mm	齿面圆心角/(°)	内径/mm	宽度/mm	安装孔位	组数	总齿数	密度	参考适纺品种
GJX-PX2-90-X	127	90	85	320	295mm×120°	5	26700	稀型（X）	细绒棉、半精纺、色纺、棉型化纤
GJX-PX2-90-P							32100	普密型（P）	细绒棉、棉麻混纺
GJX-PX2-90-B							39400	标准型（B）	细绒棉
GJX-PX2-90-J							42100	加密型（J）	细绒棉、长绒棉
GJX-PX2-90-T							45700	特密型（T）	细绒棉、长绒棉、中高支纱
GJX-PX2-90-G							47600	高密型（G）	
GJX-PX2-90-TG							51300	特高密型（TG）	

（2）棉精梳锡林 127-112×85（表 7-3-64）。

表 7-3-64　棉精梳锡林 127-112×85 锡林型号、参数及适纺品种

锡林型号	外径/mm	齿面圆心角/(°)	内径/mm	宽度/mm	安装孔位	组数	总齿数	密度	参考适纺品种
GJX-PX2-112-X	127	112	85	320	295mm×135°	6	28500	普密型(X)	细绒棉、半精纺、色纺、棉型化纤
GJX-PX2-112-P							30100	普密型(P)	细绒棉、棉麻混纺
GJX-PX2-112-B							45200	标准型(B)	
GJX-PX2-112-J							48500	加密型(J)	细绒棉、长绒棉、中高支纱
GJX-PX2-112-T							52500	特密型(T)	
GJX-PX2-112-G							55000	高密型(G)	长绒棉、特种纱线
GJX-PX2-112-TG							58900	特高密型(TG)	

注　1. 适用机型：马佐里 PX2 型精梳机，CJ40 型、CJ60 型精梳机等。

　　2. 产品适纺不同档次、纱支的精梳要求，也可根据用户需求提供特殊配置。

（二）锦峰可调梳针锯齿整体锡林

1. E 系列棉精梳机整体锡林

（1）棉精梳可调梳针锯齿整体锡林 125-95×85（表 7-3-65）。

表 7-3-65　棉精梳锡林 125-95×85 锡林型号、参数及适纺品种

锡林型号	锡林代号	外径/内径/mm	宽度/mm	安装孔位	组数	总齿数	适纺品种
JZX-5T-E（齿面圆心角95°）	JF130-00/343	125.4/85	324	210mm×120°	6	34280	细绒棉、长绒棉
	JF130-00/379					37914	中长绒棉、高支纱
	JF130-00/417					41732	细绒棉、中高支纱
	JF130-00/451					45054	长绒棉、特高支纱、细绒棉
	JF130-00/482					48152	长绒棉、特高支纱、细绒棉
	JF130-00/522					52282	特长纤维、特细纱

（2）棉精梳可调锯齿整体锡林 125-90×85（表 7-3-66）。

表7-3-66　棉精梳锡林125-90×85锡林型号、参数及适纺品种

锡林型号	锡林代号	外径/内径/mm	宽度/mm	安装孔位	组数	总齿数	适纺品种
JZX-4TC1-E（齿面圆心角90°）	JF108TC1-00/299A	125.4/85	324	210mm×120°	5	29957	细绒棉、长城棉、色纺
	JF108TC1-00/356A					35608	细绒棉、长绒棉
	JF108TC1-00/397A					39736	长绒棉、高支纱

（3）棉精梳可调锯齿整体锡林125-111×85（表7-3-67）。

表7-3-67　棉精梳锡林125-111×85锡林型号、参数及适纺品种

锡林型号	锡林代号	外径/内径/mm	宽度/mm	安装孔位	组数	总齿数	适纺品种
JZX-4TC1-E（齿面圆心角111°）	JF109TC1-00/499A	125.4/85	324	210mm×137°	6	49908	长绒棉、高支纱
	JF109TC1-00/521A					52136	长绒棉、高支纱
	JF109TC1-00/564A					56453	特长纤维、特细纱

（4）棉精梳梳针锯齿整体锡林125-130×30（表7-3-68）。

表7-3-68　棉精梳锡林125-130×30锡林型号、参数及适纺品种

锡林型号	锡林代号	外径/内径/mm	宽度/mm	安装孔位	组数	总齿数	适纺品种
JZX-5-E80（齿面圆心角130°）	JF134-00/566	125.4/30	310	3个安装孔位，间隔90mm	8	56636	长绒棉、特高支纱
	JF134-00/603					60382	特长纤维、特细纱

注　1. 适用机型：立达 E7/5 型、E7/5A 型、E7/6 型、E60H 型、E62 型、E65 型、E66 型、E67 型、E80 型；太行 FA299 型；恒鑫 SXFA299B 型；昊昌 HC350 型、HC500 型、HC600 型；凯宫 JSFA288 型、JSFA388 型、JSFA588 型；宏源 HY68 型、HY69 型；贝斯特 BS290 型；鸿基 SXF1268 型、SXF1269 型、SXF1278 型；宝成 BHFA296 型；经纬 JWF1268 型、JWF1272A 型、JWF1275 型、JWF1276 型；马佐里 CM500 型、CM600 型；经纬合力 FA261 型、FA266 型、FA269 型、FA1278 型。

2. 产品适纺的不同品种、棉精梳要求，也可根据用户需求提供特殊配置。

3. 立达 E7/4 系列锡林可提供。

2. CJ 系列棉精梳机整体锡林

（1）棉精梳可调梳针锯齿整体锡林127-95×85（表7-3-69）。

表 7-3-69　棉精梳锡林 127-95×85 锡林型号、参数及适纺品种

锡林型号	锡林代号	外径/内径/mm	宽度/mm	安装孔位	组数	总齿数	适纺品种
JZX-4TC1-CJ60（齿面圆心角95°）	JF131-00/343	127/85	321	295mm×120°	6	34280	细绒棉、长绒棉
	JF131-00/379					37914	中长绒棉、高支纱
	JF131-00/417					41732	细绒棉、中高支纱
	JF131-00/451					45054	长绒棉、特高支纱、细绒棉
	JF131-00/482					48152	长绒棉、特高支纱、细绒棉
	JF131-00/522					52282	特长纤维、特细纱

（2）棉精梳可调锯齿整体锡林 127-90×85（表 7-3-70）。

表 7-3-70　棉精梳锡林 127-90×85 锡林型号、参数及适纺品种

锡林型号	锡林代号	外径/内径/mm	宽度/mm	安装孔位	组数	总齿数	适纺品种
JZX-4TC1-CJ60（齿面圆心角 90°）	JF112TC1-00/307A	127/85	320	295mm×120°	5	30764	细绒棉、半精纺、色纺
	JF112TC1-00/351A					35134	中长绒棉、高支纱
	JF112TC1-00/392A					39214	细绒棉、长绒棉、高支纱

（3）棉精梳可调锯齿整体锡林 127-112×85（表 7-3-71）。

表 7-3-71　棉精梳锡林 127-112×85 锡林型号、参数及适纺品种

锡林型号	锡林代号	外径/内径/mm	宽度/mm	安装孔位	组数	总齿数	适纺品种
JZX-4TC1-CJ60（齿面圆心角 112°）	JF113TC1-00/402A	127/85	320	295mm×120°	6	40228	细绒棉、长绒棉
	JF113TC1-00/514A					51454	长绒棉、特高支纱

注　1. 适用机型：PX2 型精梳机、CJ40 型、CJ60 型、CJ66 型精梳机等。

　　2. 产品适纺不同品种、精梳纱要求，也可根据用户需求提供特殊配置。

（三）Graf 整体锡林（表 7-3-72、表 7-3-73）

表 7-3-72　Graf 整体锡林型号及参数

锡林型号		纤维长度/mm	锡林轴直径/mm	分区	针齿密度/(齿/英寸²)	锥形喂入齿区	工作角/(°)	精梳落棉/%	钳次/min
COMB-PRO	F14	25.4~31	85	4	22580	—	90	10~22	400
	F15	27~41.3	85	5	28470	—	111	14~22	400
	H15	27~41.3	85	4	25710	—	90	14~22	400
PRIMACOMB	5014	25.4~31	85	4	22580	—	90	10~22	300
	5015	27~38.1	85	5	28470	—	111	14~22	300
	5025	27~38.1	85	5	28470	—	90	14~22	300
	5030	34.9~41.3	85	6	41680	—	111	16~21	300
	7015	27~38.1	85	4	25710	—	90	14~22	300~350
	8011	27~31	85	4	22580	1	90	7~11	400
	8014	25.4~31	85	4	22580	1	90	10~22	400
	8015	27~38.1	85	4	25710	1+2	90	14~22	400
	9015	27~38.1	85	5	28270	1+2	90	14~22	500
	9030	34.9~41.3	85	6	31550	1+2	90	16~21	500
Ri-Q-Comb flex	i400	25.4~31	30	5	41835	1+2	130	10~22	550~700
	i500	27~38.1	30	5	41835	1+2	130	14~22	550~700
	i700	34.9~41.3	30	6	44795	1+2	130	16~21	550~700
	i400f	25.4~31	30	5	41835	1+2	130	10~22	550~700
	i500f	27~38.1	30	5	41835	1+2	130	14~22	550~700
	i700f	34.9~41.3	30	6	44795	1+2	130	16~21	550~700

表 7-3-73　Graf S+U VARIO-Comb 锡林型号及参数

Graf S+U VARIO-Comb 型号			齿条代号	颜色标识	针齿密度			总齿数
					齿/片	齿/cm²	齿/英寸²	
9015	LN 50	1	6025C	LI-RS	6	37	241	28160
		2	9025C	OR-BL	9	56	361	
		3	1225C	OR-LI	12	97	623	
		4	1820C	RO-GR	18	162	1043	

Graf S+U VARIO-Comb 型号			齿条代号	颜色标识	针齿密度			总齿数
					齿/片	齿/cm²	齿/英寸²	
9015	LN 60	1	6025C	LI-RS	6	37	241	29760
		2	9025C	OR-BL	9	56	361	
		3	1225C	OR-LI	12	97	623	
		4	1815C	BL-GR	18	182	1173	
	LN 66	1	6025C	LI-RS	6	37	241	30640
		2	9025C	OR-BL	9	56	361	
		3	1220C	RO-LI	12	108	695	
		4	1815C	RL-GR	18	182	1173	
	LN 56	1	6025C	LI-RS	6	37	241	32320
		2	1225C	OR-LI	12	97	623	
		3	1220C	RO-LI	12	108	695	
		4	1820C	RO-GR	18	162	1043	
9030	LN 68	1	6025C	LI-RS	6	37	241	32000
		2	9025C	OR-BL	9	56	361	
		3	1825C	OR-GR	18	145	938	
		4	1820C	RO-GR	18	162	1043	
	LN 58	1	6025C	LI-RS	6	37	241	33920
		2	1225C	OR-LI	12	97	623	
		3	1220C	RO-LI	12	108	695	
		4	1815C	BL-GR	18	182	1173	
	LN 69	1	6025C	LI-RS	6	37	241	34960
		2	9025C	OR-BL	9	56	361	
		3	1820C	RO-GR	18	162	1043	
		4	1815C	BL-GR	18	182	1173	
	LN 59	1	6025C	LI-RS	6	37	241	35280
		2	1225C	OR-LI	12	97	623	
		3	1825C	OR-GR	18	145	938	
		4	1820C	RO-GR	18	162	1043	

（1）Graf S+U VARIO-Comb 90°锡林规格参数（表7-3-74）。

表7-3-74　Graf S+U VARIO-Comb 90°锡林齿条规格及参数

产品代号	颜色代号	针齿密度			总齿数
		齿/片	齿/cm²	齿/英寸²	
6025C	LI-RS	6	37	241	2960
9025C	OR-BL	9	56	361	4480
1225C	OR-LI	12	97	623	7760
1220C	RO-LI	12	108	695	8640
1825C	OR-GR	18	145	938	11600
1820C	RO-GR	18	162	1043	12960
1815C	BL-GR	18	182	1173	14560

（2）Graf S+U VARIO-Comb 111°锡林规格参数（表7-3-75）。

表7-3-75　Graf S+U VARIO-Comb 111°锡林规格参数

Graf S+U VARIO-Comb 型号			产品代号	颜色标识	针齿密度			总齿数
					齿/片	齿/cm²	齿/英寸²	
i400/i500	LN 80	1	6025C	LI-RS	6	37	241	36800
		2	9025C	OR-BL	9	56	361	
		3	1225C	OR-LI	12	97	623	
		4	1220C	RO-LI	12	108	695	
		5	1820C	RO-GR	18	162	1043	
	LN 86	1	6025C	LI-RS	6	37	241	38400
		2	9025C	OR-BL	9	56	361	
		3	1225C	OR-LI	12	97	623	
		4	1220C	RO-LI	12	108	695	
		5	1815C	BL-GR	18	182	1173	
	LN 82	1	6025C	LI-RS	6	37	241	39760
		2	9025C	OR-BL	9	56	361	
		3	1225C	OR-LI	12	97	623	
		4	1825C	OR-GR	18	145	938	
		5	1820C	RO-GR	18	162	1043	

Graf S+U VARIO-Comb 型号			产品代号	颜色标识	针齿密度			总齿数
					齿/片	齿/cm²	齿/英寸²	
i400/i500	LN 83	1	6025C	LI-RS	6	37	241	41360
		2	9025C	OR-BL	9	56	361	
		3	1225C	OR-LI	12	97	623	
		4	1825C	OR-GR	18	145	938	
		5	1815C	BL-GR	18	182	1173	
i500/i700	LN 87	1	6025C	LI-RS	6	37	241	42720
		2	9025C	OR-BL	9	56	361	
		3	1225C	OR-LI	12	97	623	
		4	1820C	RO-GR	18	162	1043	
		5	1815C	BL-GR	18	182	1173	
	LN 88	1	6025C	LI-RS	6	37	241	49840
		2	1225C	OR-LI	12	97	623	
		3	1825C	OR-GR	18	145	938	
		4	1820C	RO-GR	18	162	1043	
		5	1815C	BL-GR	18	182	1173	
	LN 89	1	6025C	LI-RS	6	37	241	43920
		2	1225C	OR-LI	12	97	623	
		3	1220C	RO-LI	12	108	695	
		4	1825C	OR-GR	18	145	938	
		5	1820C	RO-GR	18	162	1043	
	LN 90	1	6025C	LI-RS	6	37	241	45520
		2	1225C	OR-LI	12	97	623	
		3	1220C	RO-LI	12	108	695	
		4	1825C	OR-GR	18	145	938	
		5	1815C	BL-GR	18	182	1173	

(四)施尔整体锡林

1. 施尔 S+U VARIO-Comb 90°锡林规格参数(表7-3-76)

表7-3-76　施尔 S+U VARIO-Comb 90°锡林型号及规格

型号		齿条代号	齿条标识		针齿密度		总齿数
					齿/片	齿/cm²	
V2.0	9075	5025	OR	SC	5	25	25520
		1025	OR	GE	10	62	
		1220	RO	BR	12	97	
		1515	BL	BE	15	135	
	9095	5025	OR	SC	5	25	27440
		1025	OR	GE	10	62	
		1520	RO	BE	15	121	
		1515	BL	BE	15	135	
V3.0	9601	9030	GR	BL	9	52	28640
		1225	OR	BR	12	88	
		1220	RO	BR	12	97	
		1520	RO	BE	15	121	
	9602	9030	GR	BL	9	52	32640
		1225	OR	BR	12	88	
		1220	RO	BR	12	97	
		1815	BL	GU	19	171	
	9603	9030	GR	BL	9	52	33280
		1225	OR	BR	12	88	
		1220	RO	BR	12	97	
		2120	RO	OR	21	179	
	9604	9030	GR	BL	9	52	31680
		1225	OR	BR	12	88	
		1520	RO	BE	15	121	
		1515	BL	BE	15	135	
	9605	9030	GR	BL	9	52	32480
		1225	OR	BR	12	88	
		1520	RO	BE	15	121	
		1820	RO	GU	18	145	
	9606	9030	GR	BL	9	52	35200
		1225	OR	BR	12	88	
		1520	RO	BE	15	121	
		2120	RO	OR	21	179	

续表

型号	齿条代号	齿条标识		针齿密度		总齿数
				齿/片	齿/cm²	
V3.0	9607	9030	GR	BL	9	52	36480
		1225	OR	BR	12	88	
		1820	RO	GU	18	145	
		1915	BL	GU	19	171	
	9608	9030	GR	BL	9	52	37120
		1225	OR	BR	12	88	
		1820	RO	GU	18	145	
		2120	RO	OR	21	179	
	9805	9030	GR	BL	9	52	35120
		1520	RO	BE	15	121	
		1520	RO	BE	15	121	
		1820	RO	GU	18	145	
	9806	9030	GR	BL	9	52	39120
		1520	RO	BE	15	121	
		1820	RO	GU	18	145	
		1915	BL	GU	19	171	
	9807	9030	GR	BL	9	52	39760
		1520	RO	BE	15	121	
		1820	RO	GU	18	145	
		2120	RO	OR	21	179	
	9808	9030	GR	BL	9	52	40560
		1520	RO	BE	15	121	
		1820	RO	GU	18	145	
		2115	BL	OR	21	189	

2. 施尔 S+U VARIO-Comb V3.0 齿条规格参数(表7-3-77)

表7-3-77 S+U VARIO-Comb V3.0 齿条规格参数

齿条代号	齿条标识	齿距/mm	针齿密度		
			齿/片	齿/cm²	齿/英寸²
7030	GR-WE	0.30	7	40	258
9030	GR-BL	0.30	9	52	335

齿条代号	齿条标识	齿距/mm	针齿密度		
			齿/片	齿/cm²	齿/英寸²
5025	OR-SC	0.25	5	25	161
1025	OR-GE	0.25	10	62	400
1225	OR-BR	0.25	12	88	569
1525	OR-BE	0.25	15	110	710
1825	OR-GU	0.25	18	133	858
1020	RO-GE	0.20	10	67	432
1220	RO-BR	0.20	12	97	626
1520	RO-BE	0.20	15	121	782
1820	RO-GU	0.20	18	145	935
2120	RO-OR	0.20	21	179	1155
1215	BL-BR	0.15	12	108	697
1515	BL-BE	0.15	15	135	871
1915	BL-GU	0.15	19	171	1101
2115	BL-OR	0.15	21	189	1220

3. 施尔 S+U VARIO-Comb 111°锡林规格参数(表7-3-78)

表7-3-78 施尔 S+U VARIO-Comb111°锡林规格参数

型号		齿条代号	颜色标识		针齿密度		总齿数
					齿/片	齿/cm²	
V2.0	1295	5025	OR	SC	5	25	38240
		1025	OR	GE	10	62	
		1520	RO	BE	15	121	
		1515	BL	BE	15	135	
		1515	BL	BE	15	135	

续表

型号	齿条代号	颜色标识		针齿密度		总齿数
				齿/片	齿/cm²	
V3.0	1601	7030	GR	WE	7	40	34800
		1020	RO	GE	10	67	
		1220	RO	BR	12	97	
		1525	OR	BE	15	110	
		1520	RO	BE	15	121	
	1602	7030	GR	WE	7	40	39280
		1225	OR	BR	12	88	
		1220	RO	BR	12	97	
		1520	RO	BE	15	121	
		1820	RO	GU	18	145	
	1605	9030	GR	BL	9	52	41200
		1225	OR	BR	12	88	
		1220	RO	BR	12	97	
		1825	OR	GU	18	133	
		1820	RO	GU	18	145	
	1606	9030	GR	BL	9	52	44240
		1225	OR	BR	12	88	
		1220	RO	BR	12	97	
		1820	RO	GU	18	145	
		1915	BL	GU	19	171	
	1805	9030	GR	BL	9	52	45760
		1520	RO	BE	15	121	
		1520	RO	BE	15	121	
		1825	OR	GU	18	133	
		1820	RO	GU	18	145	
	1806	9030	GR	BL	9	52	48800
		1520	RO	BE	15	121	
		1520	RO	BE	15	121	
		1820	RO	GU	18	145	
		1915	BL	GU	19	171	

二、顶梳

目前高速精梳机都采用钳板固定式顶梳,主要由托脚、针板和梳针组成。顶梳结构如图7-3-21所示。

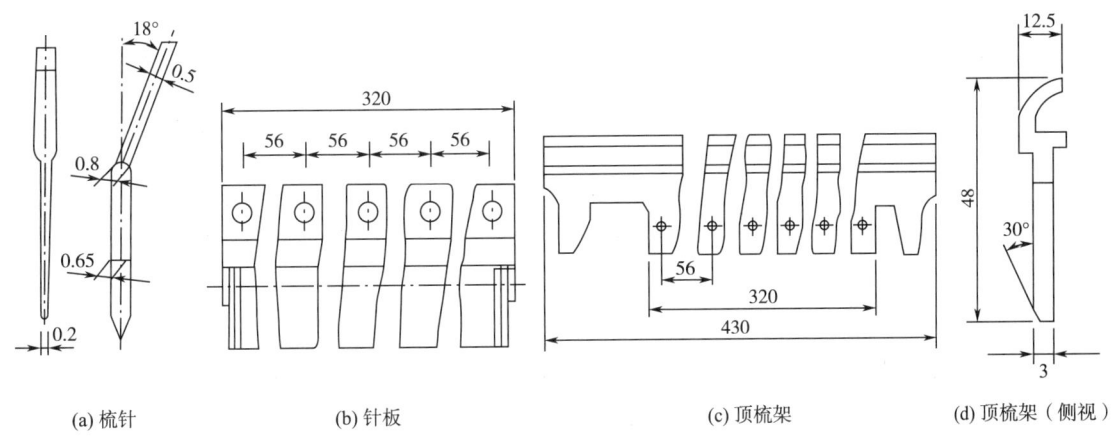

| (a) 梳针 | (b) 针板 | (c) 顶梳架 | (d) 顶梳架（侧视） |

图7-3-21 顶梳结构

(一)金轮顶梳

1. E系列精梳机用顶梳(表7-3-79)

表7-3-79 E系列精梳机用顶梳规格参数及适纺品种

顶梳型号	宽度/mm	高度/mm	齿条长度/mm	针齿密度/(齿/100mm)	密度类型	参考适纺品种
GJD-E-240-X				240	稀密型（X）	棉麻混纺、棉型化纤
GJD-E-260-P				260	普密型（P）	细绒棉、长绒棉、中高支纱、棉型化纤、棉麻混纺
GJD-E-280-B				280	标准型（B）	
GJD-E-300-J	320	40	328	300	加密型（J）	中高支纱、特种纱线
GJD-E-320-T				320	特密型（T）	
GJD-E-340-G				340	高密型（G）	高支纱、特种纱线
GJD-E-360-TG				360	特高密型（TG）	

注 1. 适用机型:立达E7/4型、E7/5型、E7/5A型、E7/6型、E60H型、E62型、E65型、E66型、E80型、E86型、E90型;太行FA299型;恒鑫SXFA299B型;昊昌HC350型;凯宫JSFA288型、JSFA388型;宏源HY68型、HY69型;贝斯特BS290型;鸿基SXF1268型、SXF1269型、SXF1278型;宝成BHFA296型;经纬F1275型;马佐里CM500型、CM600型;合力FA261型、FA266型、FA269型。

　　2. 产品适纺不同档次、纱支的精梳要求,也可根据用户需求提供特殊配置。

2. PX2 系列精梳机用顶梳(表 7-3-80)

表 7-3-80　PX2 系列精梳机用顶梳规格参数及适纺品种

顶梳型号	宽度/mm	高度/mm	齿条长度/mm	针齿密度/(齿/100mm)	密度类型	参考适纺品种
GJD-PX2-240-X				240	稀密型(X)	棉麻混纺、棉型化纤
GJD-PX2-260-P				260	普密型(P)	细绒棉、长绒棉、中高支纱、棉型化纤、棉麻混纺
GJD-PX2-280-B				280	标准型(B)	
GJD-PX2-300-J	320	46	318	300	加密型(J)	中高支纱、特种纱线
GJD-PX2-320-T				320	特密型(T)	
GJD-PX2-340-G				340	高密型(G)	高支纱、特种纱线
GJD-PX2-360-TG				360	特高密型(TG)	

注　1. 适用机型为马佐里 PX2 型精梳机,CJ40 型、CJ60 型精梳机等。

2. 产品适纺不同档次、纱支的精梳要求,也可根据用户需求提供特殊配置。

(二)锦峰顶梳

1. 镶嵌式整体顶梳

(1)E 系列棉精梳机镶嵌式整体顶梳(表 7-3-81)。

表 7-3-81　E 系列棉精梳机镶嵌式整体顶梳规格参数及适纺品种

顶梳型号	顶梳代号	宽度/mm	高度/mm	总长度/mm	针齿密度/(齿/100mm)	适纺品种
JZD-E 系列	JF267-00C/280	328	40.4	328	280	细绒棉、半精纺
	JF267-00C/300				300	细绒棉、长绒棉、中高支纱
	JF267-00C/330				330	细绒棉、长绒棉、中高支纱
	JF267-00C/360				360	中高支纱、特种纱线
	JF267-00C/380				380	特长纤维、特细纱

注　1. 适用机型:立达 E7/5 型、E7/5A 型、E7/6 型、E60H 型、E62 型、E65 型、E66 型、E67 型、E80 型;太行 FA299 型;恒鑫 SXFA299B 型;昊昌 HC350 型、HC500 型、HC600 型;凯宫 JSFA288 型、JSFA388 型、JSFA588 型;宏源 HY68 型、HY69 型;贝斯特 BS290 型;鸿基 SXF1268 型、SXF1269 型、SXF1278 型;宝成 BHFA296 型;经纬 JWF1268 型、JWF1272A 型、JWF1275 型、JWF1276 型;马佐里 CM500 型、CM600 型;经纬合力 FA261 型、FA266 型、FA269 型、FA1278 型。

2. 产品适纺的不同品种、棉精梳要求,也可根据用户需求提供特殊配置。

3. 立达 E7/4 系列锡林可提供。

（2）CJ 系列棉精梳机镶嵌式整体顶梳（表7-3-82）。

表7-3-82　CJ 系列棉精梳机镶嵌式整体顶梳规格参数及适纺品种

顶梳型号	顶梳代号	宽度/mm	高度/mm	总长度/mm	针齿密度/（齿/100mm）	适纺品种
JZD-CJ60/40	JF268-00C/280	328	46	328	280	细绒棉、半精纺
	JF268-00C/300				300	细绒棉、长绒棉、中高支纱
	JF268-00C/330				330	细绒棉、长绒棉、中高支纱
	JF268-00C/360				360	中高支纱、特种纱线
	JF268-00C/380				380	特长纤维、特细纱

注　1. 适用机型：PX2 型精梳机，CJ40 型、CJ60 型、CJ66 型精梳机等。
　　2. 产品适纺不同品种、棉精梳要求，也可根据用户需求提供特殊配置。

2. 自清洁整体顶梳

（1）E 系列自清洁整体顶梳（表7-3-83）。

表7-3-83　E 系列自清洁整体顶梳规格参数及适纺品种

顶梳型号	顶梳代号	宽度/mm	高度/mm	总长度/mm	针齿密度/（齿/100mm）	适纺品种
JZD-E 系列	JF265-00/220	320	40	318	220	化纤
	JF265-00/240				240	棉麻混纺
	JF265-00/260				260	细绒棉、半精纺、色纺
	JF265-00/280				280	细绒棉、半精纺、色纺
	JF265-00/300				300	细绒棉、长绒棉、中高支纱
	JF265-00/330				330	细绒棉、长绒棉、中高支纱
	JF265-00/360				360	中高支纱、特种纱线
	JF265-00/380				380	特长纤维、特细纱

注　1. 适用机型：立达 E7/5 型、E7/5A 型、E7/6 型、E60H 型、E62 型、E65 型、E66 型、E67 型、E80 型；太行 FA299 型；恒鑫 SXFA299B 型；昊昌 HC350 型、HC500 型、HC600 型；凯宫 JSFA288 型、JSFA388 型、JSFA588 型；宏源 HY68 型、HY69 型；贝斯特 BS290 型；鸿基 SXF1268 型、SXF1269 型、SXF1278 型；宝成 BHFA296 型；经纬 JWF1268 型、JWF1272A 型、JWF1275 型、JWF1276 型；马佐里 CM500 型、CM600 型；经纬合力 FA261 型、FA266 型、FA269 型、FA1278 型。
　　2. 产品适纺的不同品种、棉精梳要求，也可根据用户需求提供特殊配置。
　　3. 立达 E7/4 系列锡林可提供。

（2）CJ 系列棉精梳机自清洁整体顶梳（表 7-3-84）。

表 7-3-84 CJ 系列棉精梳机自清洁整体顶梳规格参数及适纺品种

顶梳型号	顶梳代号	宽度/mm	高度/mm	总长度/mm	针齿密度/（齿/100mm）	适纺品种
JZD-CJ60	JF205B-00/240	320	46	318	240	棉麻混纺
	JF205B-00/260				260	细绒棉、长绒棉、半精纺
	JF205B-00/280				280	细绒棉、长绒棉、半精纺
	JF205B-00/300				300	细绒棉、长绒棉、中高支纱
	JF205B-00/330				330	细绒棉、长绒棉、中高支纱
	JF205B-00/360				360	中高支纱、特种纱线

注 1. 适用机型：PX2 型精梳机、CJ40 型、CJ60 型、CJ66 型精梳机等。

2. 产品适纺不同品种、棉精梳要求，也可根据用户需求提供特殊配置。

3. 棉精梳机顶梳架（铝大板）（表 7-3-85）

表 7-3-85 棉精梳机顶梳架（铝大板）规格参数及适用机型

顶梳型号	顶梳代号	宽度/mm	高度/mm	适用机型	备注
JZD-E 系列	JF214-03A	469	47.5	立达：E7/4、E7/5、E7/5A、E7/6、E60H、E62、E65、E66、E67、E80；太行：FA299；恒鑫：SXFA299B；昊昌：HC350、HC500、HC600；凯宫：JSFA288、JSFA388、JS-FA588；宏源：HY68、HY69；贝斯特：BS290；鸿基：SXF1268、SXF1269、SXF1278；宝成：BHFA296；经纬：JWF1268、JWF1272A、JWF1275、JWF1276；马佐里：CM500、CM600；经纬合力：FA261、FA266、FA269、FA1278	
JZD-PX1	JF207-03	468	50	PX1	不吹气
JZD-PX2	JF205-200	468	55	PX2、CJ40	吹气
JZD-CJ60	JF223-200	468	55	CJ60、CJ66	吹气
JZD-CM500	JF224-210	470	47.5	CM500、CM600	吹气

4. Graf 顶梳(表7-3-86)

表 7-3-86　Graf 顶梳规格参数

顶梳型号		纤维长度/mm	颜色	棉卷克重/(g/m)
Ri-Q-Top	2026	25.4~31.8	红色	60~80
	2030	31.8~41.3	蓝色	60~72/78
	2035	31.8~41.3	棕色	60~72/76
	2040	34.9~41.3	煤黑色	60~72
FIXPRO	C26	25.4~31.8	橙色	60~80
	C30	31.8~41.3	氰	60~72/78
	C35	31.8~41.3	黄色	60~72/76
	C40	34.9~41.3	浅绿色	60~72

三、精梳钳板

精梳机上、下钳板如图7-3-22 和图7-3-23 所示,锦峰系列钳板规格参数见表7-3-87。

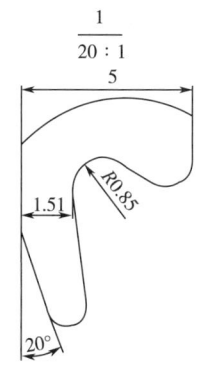

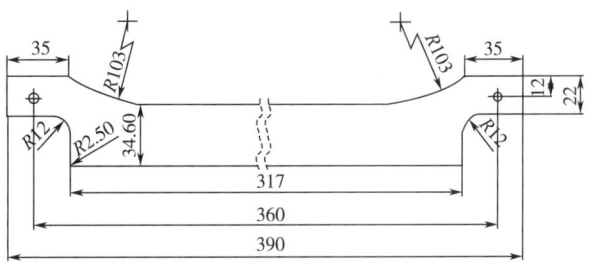

图 7-3-22　精梳机上钳板

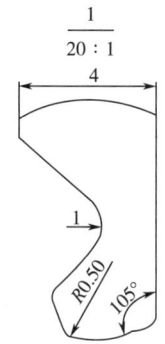
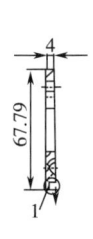
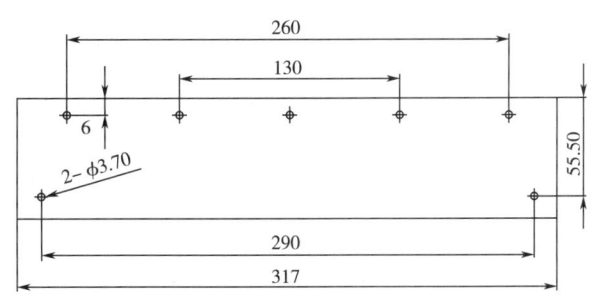

图 7-3-23　精梳机下钳板

表 7-3-87　锦峰系列钳板规格参数

钳板型号	钳板代号	总宽度/mm	下钳唇前棱线至中轴线高度/mm	下钳唇顶端至下座后轴承孔轴线高度/mm	上钳唇顶端至下座前支承孔轴线高度/mm	钳板有效高度/mm
QJ-E7/4	JF501-00	428	76.5	188	10.5	320
QJ-E7/5	JF502-00	470	76.5	188.5	10.5	305
QJ-E60H	JF504a-00					
QJ-E62	JF504T-00					
QJ-E62	JF504M-00					
QJ-E65	JF504TM65-00					
QJ-E80	JFE80-00					

注　钳板代号带"T"的为钛合金钳板。

四、给棉机构

给棉机构各部分结构如图 7-3-24~图 7-3-30 所示。

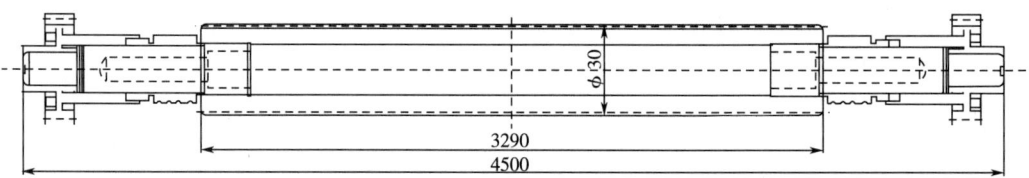

图 7-3-24　精梳机给棉罗拉

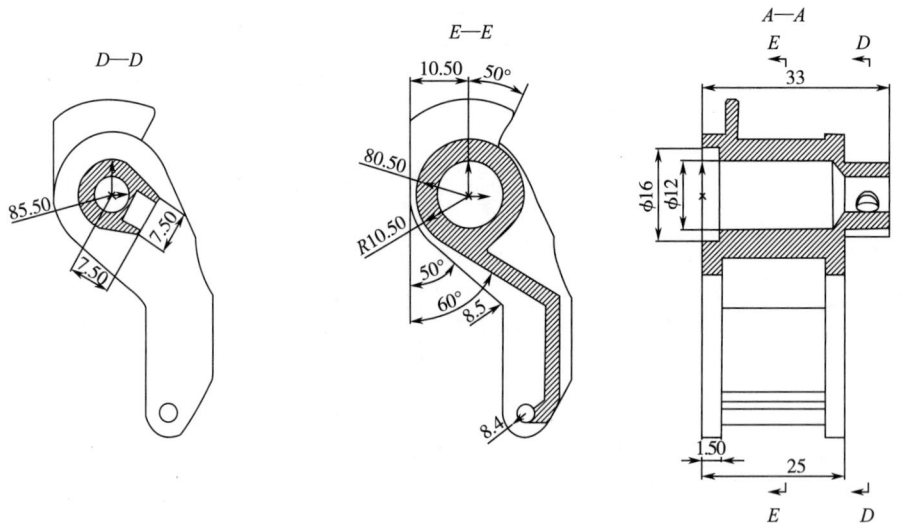

图 7-3-25　前进给棉(左)棘爪

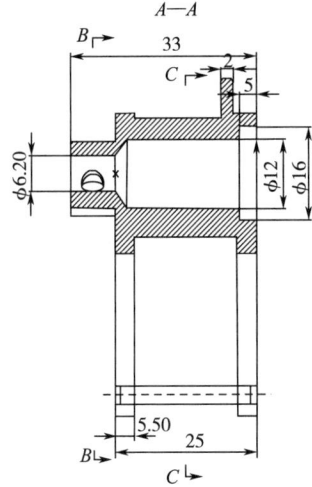
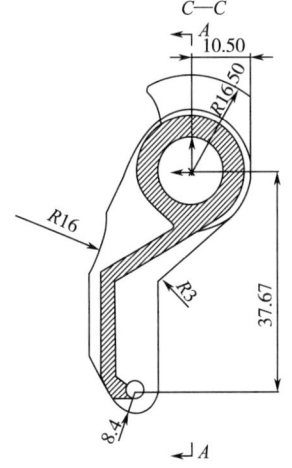
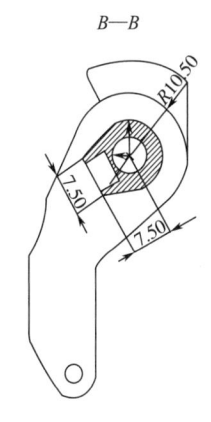

图 7-3-26　前进给棉(右)棘爪

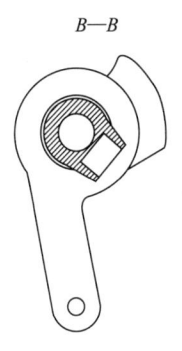
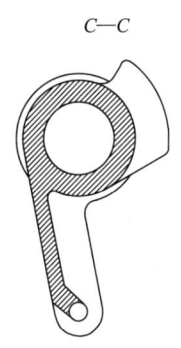
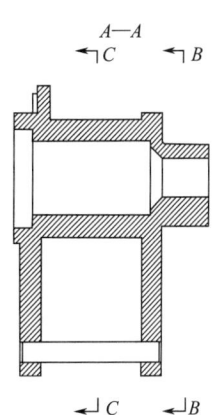

图 7-3-27　后退给棉(左)棘爪

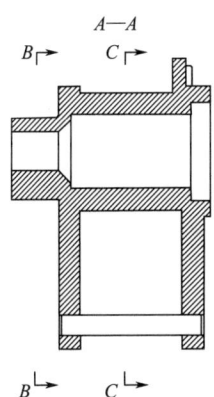
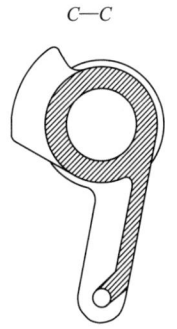
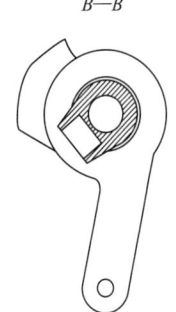

图 7-3-28　后退给棉(右)棘爪

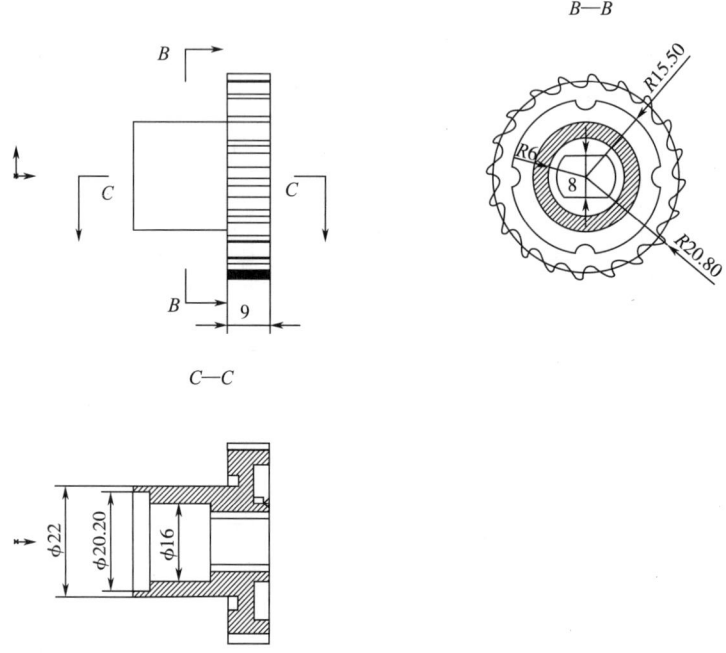

图 7-3-29　给棉棘轮(20 齿左)

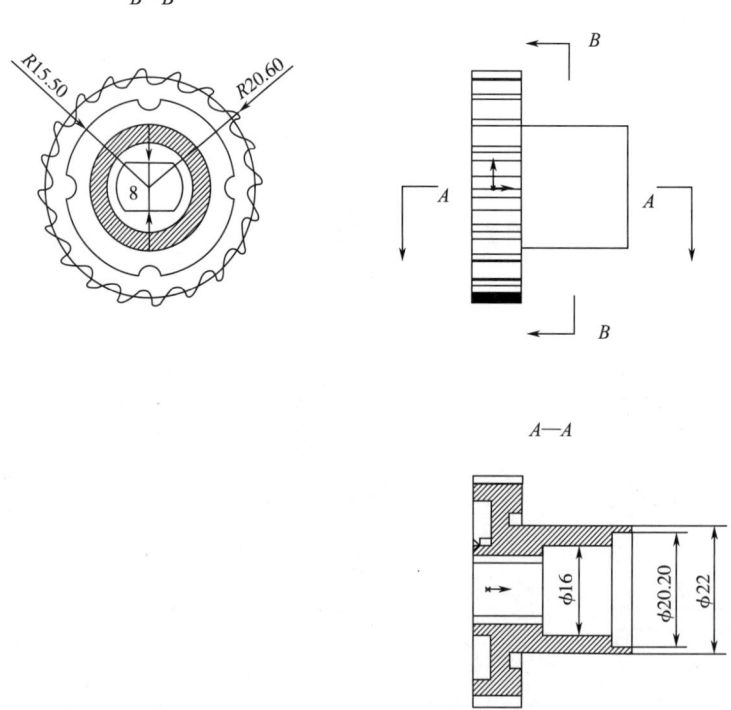

图 7-3-30　给棉棘轮(20 齿右)

五、分离罗拉与胶辊

(一)分离罗拉(图7-3-31)

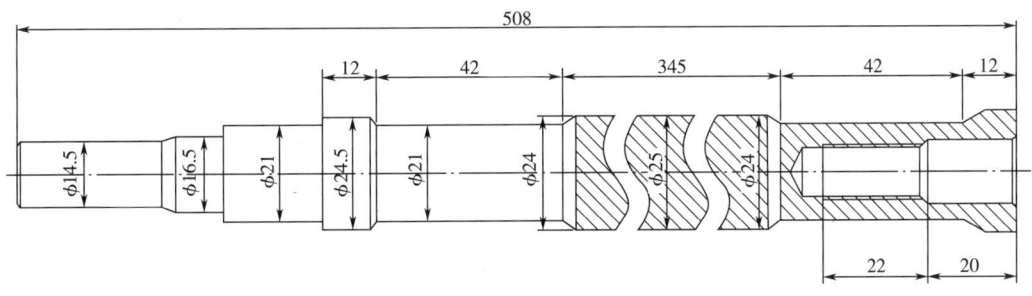

图7-3-31　精梳机分离罗拉

(二)胶辊(图7-3-32、表7-3-88)

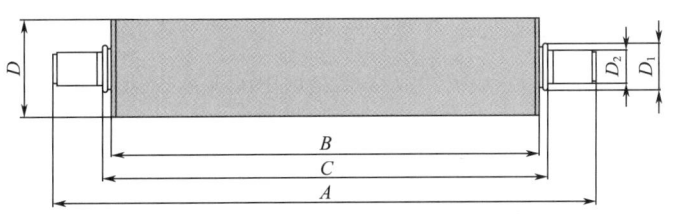

图7-3-32　精梳机胶辊示意图

表7-3-88　精梳机胶辊参数

胶辊类型	A/mm	B/mm	C/mm	D/mm	D_1/mm	D_2/mm
牵伸前胶辊	253	200	207	42~45	20.5	15
牵伸中后胶辊	253	200	207	36~39	20.5	15
分离胶辊	408.5	348	354	23~25	13.7	10
输出胶辊	418	339	374	45	15.5	12

六、毛刷

梳理过程中产生的落棉由锡林下方高速回转的毛刷清除。目前,精梳毛刷的毛刷体为 ABS 塑料,棕毛为墨西哥优质白棕,采用热植技术,将棕毛与毛刷体紧密结合为不可分的整体。毛刷示意图如图 7-3-33 所示。

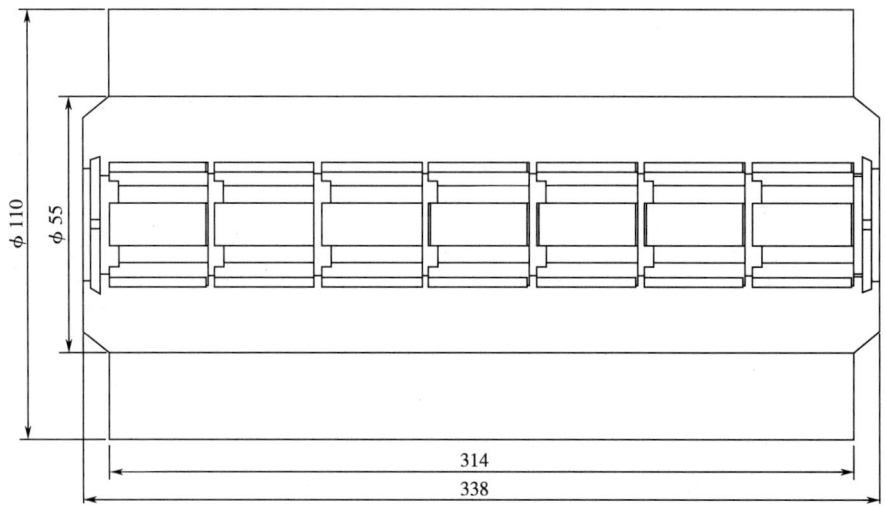

图 7-3-33　毛刷示意图

第四章 并条

第一节 并条机主要型号及技术特征

一、国产并条机主要型号和技术特征（表 7-4-1）

表 7-4-1 国产并条机机型和技术特征

机型	JWF1310E	JWF1312B	JWF1313	JWF1316	TMFD81(S)	TMFD81L	FA2388	FA2398	DV₂-AL	HSD-961AL
眼数	2	2	2	1	2		1+1	1+1	2	2
眼距/mm		570			670		1320	1320	650	570
适用品种	棉、棉型化纤及中长纤维的纯纺与混纺									
适纺纤维长度/mm	22~76	22~76	22~76	22~80	16~76	14~76	15~80	15~80	22~57,57~80	
设计速度/(m/min)	800	600	800	1000	800	800	1000	1000	800	600
牵伸形式	三上三下压力棒附导向皮辊牵伸	三上三下压力棒附导向上罗拉曲线牵伸	三上三下压力棒附导向上罗拉曲线牵伸	三上三下压力棒附导向上罗拉曲线牵伸	三上三下附导向皮辊下压式压力棒双区曲线牵伸	三上三下附导向皮辊下压力棒双区曲线牵伸	三上三下压力棒附导向上罗拉牵伸	三上三下压力棒附导向上罗拉牵伸	四上四下（或三上三下）下压式压力棒曲线牵伸	四上四下附导向上罗拉下压式压力棒双区曲线牵伸

续表

机型		JWF1310E	JWF1312B	JWF1313	JWF1316	TMFD81（S）	TMFD81L	FA2388	FA2398	DV₂-AL	HSD-961AL
总牵伸倍数		3~13，无级调整（电子齿轮）	3.79~11.00	建议5~10，无级调整（电子齿轮）	4.75~12.06	5.29~9.96	5.67~9.8	4.38~11.14		5~14	
罗拉直径/mm	紧压罗拉	60	60	60	54.1	50		54.1		51	
	牵伸罗拉（前后）	45×35×35	45×35×35	45×35×35	40×30×30	40×35×35		40×30×30		40×35× 35（35）	35×35× 35×35
	给棉罗拉	45	70	60	60	34.5		51		51	
	导条罗拉	60	60	50	80	54		50	80	50	
压力棒形式		8×12	8×12	8×12	8×12	与第二胶辊一体下压式		固定位置扁圆		固定中心距下压式，瓜瓣形三弧段连接	
皮辊直径（由前至后）/mm		36×36×36×36	36×36×36×36	36×36×36×36	38×38×38×38	34×34×34		36×36×36×36		34×34×34×34	34×34×34× 34×34
罗拉加压（由前至后）/mm			110×352× 382×352	110×320× 320×320	110×320× 320×320	147×314×343×314		110×320×320×320		294×294× 392×392	294×294×294 ×392×392
罗拉加压方式						摇臂弹簧加压					
棉条喂入方式						高架导条顺向积极喂入					
喂入条筒规格（直径×高）/mm		1000（适用） 600/400× 1200/ 1100/900	400/500/600（标配），900/1000（适用）×1200/1100 /900	600×1400（最大）	400/500/ 600/800/ 1000× 1100/1200	400/500/ 600/800/ 900×900/ 1100	400/500/ 600/900 /1100	400/500/600/800/1000×1200/100		406/457/508/ 610/914/1016 ×1067/1143/ 1219/1270	406/457/508/ 610/914/1016 ×1067/1143/ 1219/1270

续表

机型	JWF1310E	JWF1312B	JWF1313	JWF1316	TMFD81(S)	TMFD81L	FA2388	FA2398	DV₂-AL	HSD-961AL
输出条筒规格（直径×高）/mm	600/300× 900/1100/1200	500×1200, 500×1100, 400×1100, 350×1100, 400×900, 350×900	600×1200	400/500/600× 1100/1200	350/400/ 500×1100/900	350/400/500× 1100/900	400/500/600/1000× 1200/1100		229/305/356/ 406/457/ 508/610× 914/1067/ 1143/1219/ 1270	229/305/356/ 406/457/508 ×914/1067/ 1143/1219/ 1270
喇叭口直径/mm	2.4~6.0（每隔0.2一档）	2.4~6.0（每隔0.2一档）	2.4~6.0（每隔0.2一档）	2.4~6.0（每隔0.2一档）	2.8~3.4（每隔0.2一档）		2.4,2.8,3.0,3.2,3.4, 3.7,4.1,4.5,4.9		2.4,2.8, 3.1,3.3, 3.5,3.7, 4.0,4.3	2.4,2.8, 3.1,3.4, 3.7,4.1, 4.5,4.9
换筒形式	自动换筒（气动）	后进前出气动直线换筒	自动换筒（气动）机构，换筒臂可旋转折叠	单独电动机带动皮带推杆，推出满筒同时喂入空筒	程序控制	气动控制	后进前出气动直推式		横推杆后进前出式	
自调匀整装置	—	UQA型自调匀整系统或EDA型自调匀整系统	—	UQA型自调匀整系统或EDA型自调匀整系统	—	UQA短片段自调匀整，开环控制	—	USG短片段匀整装置	东夏THD-901AL自调匀整装置	东夏THD-901AL自调匀整装置
开关车控制	主电动机采用变频调速，控制系统采用可编程控制器（PLC）控制	主电动机采用变频调速，控制系统采用可编程控制器（PLC）控制	主电动机采用变频调速，控制系统采用可编程控制器（PLC）控制	主电动机采用变频调速，控制系统采用可编程控制器（PLC）控制	双速电动机电容刹车		变频调速，能耗制动，开关车变速可调		变频调速，能耗制动，电磁制动	变频调速，电磁制动

续表

机型	JWF1310E	JWF1312B	JWF1313	JWF1316	TMFD81(S)	TMFD81L	FA2388	FA2398	DV₂-AL	HSD-961AL
主电动机	4	7.5 2900r/min	5.5 1500r/min	4	3.5	4.7	4.0×2	4.0×2	11	7.5
伺服电动机	1.8	1.34,2个(LTI)	2 3000r/min	1.64	1.5×2眼	1.5×2眼	2×2眼	1.5×2眼	1.5×2眼	1.0×2眼
换筒电动机		0.25 910r/min	0.25 910r/min	0.18	—	—	—	—	0.2	0.2
风机 有匀整	2	1.5 2850r/min	0.75 2800r/min	0.75	0.75	1.5	1×2	1×2	1.5	1.5
风机 无匀整							—	—		
清洁电动机		0.2 22r/min	0.2 22r/min							
全机功率			8.25	6.57			14	13	14.95	10.45
占地面积/mm 400		5820×1800	5200×2400	—	3070×2565	3070×2726	3795×5460	3840×6675	6620×2560	6620×2560
占地面积/mm 500		5820×2200		5578.5×3570	3070×2865	3070×3026	3795×5860	3840×6675		
占地面积/mm 600		5820×2600		5578.5×3570	3070×3165	3070×3326	3795×6260	3840×6875		
自停方式和显示	光电自停,接触自停	光电自停	光电自停,接近开关自停	圈条器采用光电自停,导条架、牵伸摇架采	光电、微动开关自停,导条架兼有接触自停	光电、微动开关自停,导条架兼有接触自停	光电和微动开关触点停,柱状信号和显示屏自停	光电和微动开关触点停,柱状信号和显示屏自停	光电感应器、微动开关,另增加计算机控制系统	光电感应器、微动开关,另增加计算机控制系统

注:电动机功率/kW

续表

机型	JWF1310E	JWF1312B	JWF1313	JWF1316	TMFD81(S)	TMFD81L	FA2388	FA2398	DV₂-AL	HSD-961AL
	用接触自停方式和显示		停,双色柱状信号灯		停,五色柱状信号灯	停,前压辊和集束器采用接近开关自停				
主机外形尺寸(长×宽×高)/mm	2300×800×1995(筒高1100),2300×800×1795(筒高900)	2060×800×1595(筒高900),2060×800×1795(筒高900)	5200×2400×2500	5311×2317	1368×2800	1655×3070	3795×3460×1870	3840×2760×1870	1182×2295×(1750~1953)	950×2120×(1645~1848)
制造厂商	沈阳宏大				湖北天门		青岛云龙		杭州东夏	

二、国外并条机主要型号和技术特征(表7-4-2)

表7-4-2 国外并条机主要型号和技术特征

制造厂商	瑞士立达				德国特吕茨勒			
型号	RSB-D50	SB-D50	RSB-D26	SB-D26	DT8	DT10	DT7	DT9
自调匀整装置	有,自行开发	无	有,自行开发	无	有,自行开发	有,自行开发	无	无
眼数	1	1	2	2	1	1	1	1
适纺纤维及长度/mm	棉纤维,化纤,混纺纤维,长度小于等于60				60以下			
设计速度/(m/min)	250~1200	250~1200	2×1200	2×1200	1000	1000	1000	1000
牵伸形式	带压力棒的四上三下牵伸				带压力棒的四上三下牵伸			

续表

制造厂商	瑞士立达				德国特吕茨勒			
总牵伸倍数	4.0~11.6	4.5~11.6	4.0~11.6	4.5~11.6	4~11	4~11	4~11	4~11
并合数	4~8				4~10			
喂入棉条/ktex	12~50				15~50		15~50	
输出棉条(ktex)	1.25~7.00				1.25~7.00			
罗拉直径/mm　紧压罗拉	56.1							
罗拉直径/mm　牵伸罗拉(由前至后)	40×30×30				40×35×35			
罗拉直径/mm　给棉罗拉	45							
罗拉直径/mm　导条罗拉	80							
皮辊直径/mm	38×38×38×38				34×34×34×34			
加压方式	气动加压			弹簧加压	气动加压,独立调节	通过触摸屏单独无级调节上罗拉的气动加压	气动加压,独立调节	气动加压,独立调节
喂入条筒直径/mm	1200×1520				1000或1200	1000或1200	100或1200	
输出条筒(直径×高度)/mm	(300~600)×(900~1524)			(400~600)×1520	(400~600)×(900~1500)	(400~600)×(900~1500)	600×(1050~1500)	(1000~1200)×(1075~1500)
压缩空气/(NL/h)	100			2×0.05巴	240	240	240	280
吸风量/(m³/h)	1000~1200				800	840	600	600
吸风负压/Pa	1000				450	430	400	400

续表

制造厂商	瑞士立达		德国特吕茨勒			
换筒形式			地下安装,自动旋转式换筒	自动旋转换筒	地下安装,自动旋转式换筒	地下安装,自动线盘换筒
主机外形尺寸(长×宽×高)/mm	3100×1350×2000			5076×2100×2100	5076×2448×1855	2990×1950×1790
电动机功率/kW — 主电动机	3.9	2×3.9				
给进电动机	3.9	2×3.9				
伺服导条电动机	0.25		0.6	0.6	0.6	0.6
换筒电动机		2×0.12	0.5	0.5	0.5	0.25
伺服轨道电动机			0.3	0.3	0.3	—
风机 — 有匀整	1.5	1.5	0.9	0.9	—	—
风机 — 无匀整	—	—	—	—	0.9	0.9
圈条电动机	1.1	1.1×2				
总功率	10.9		9.8	9.8	5.0	5.25

第二节　并条机传动图及传动计算

一、并条机传动图

1. JWF1310 型并条机(无自调匀整)传动图(图 7-4-1)

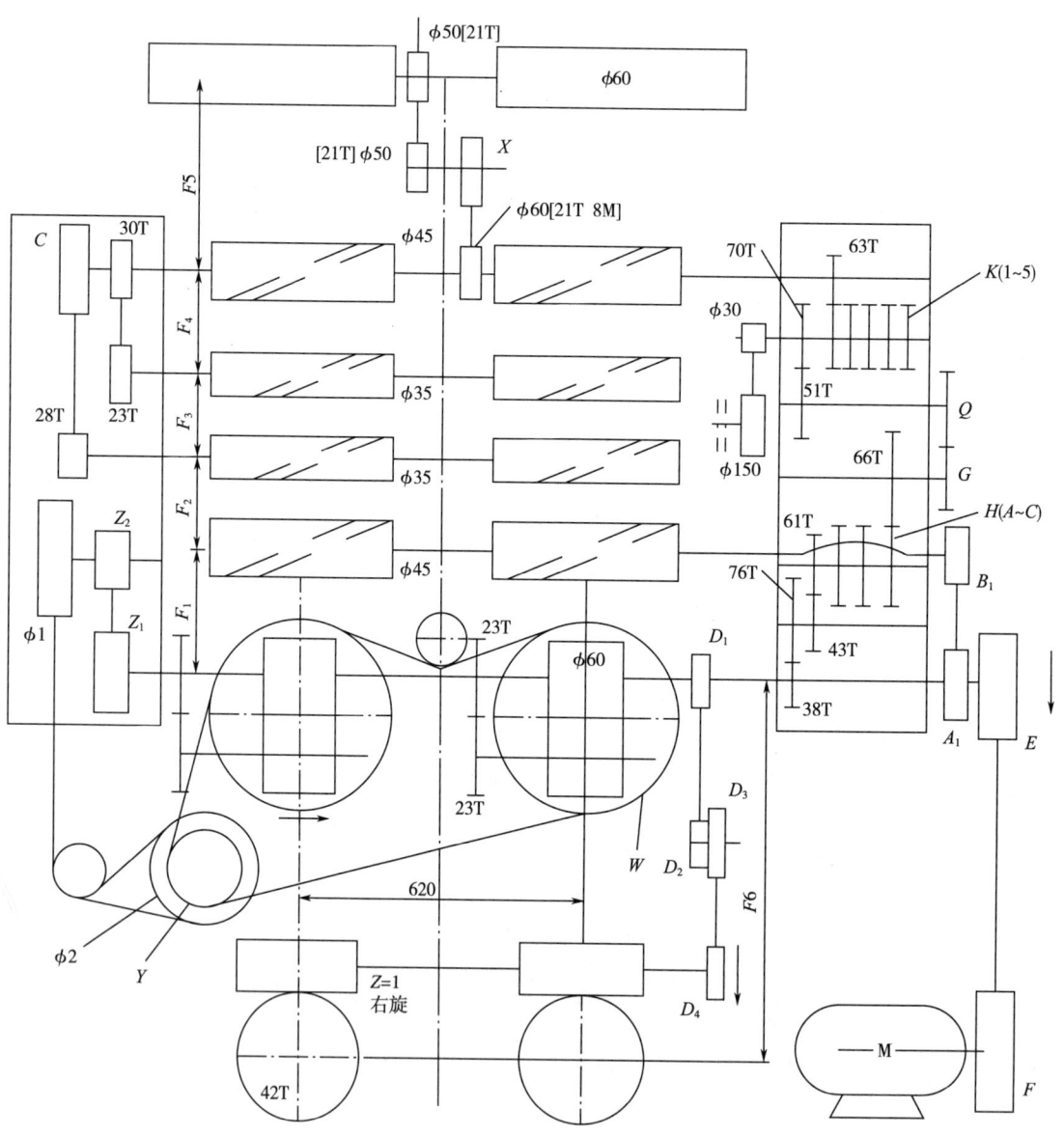

图 7-4-1　JWF1310 型并条机(无自调匀速整)传动图

2. TMFD81L 型并条机(有自调匀整)传动图(图 7-4-2)

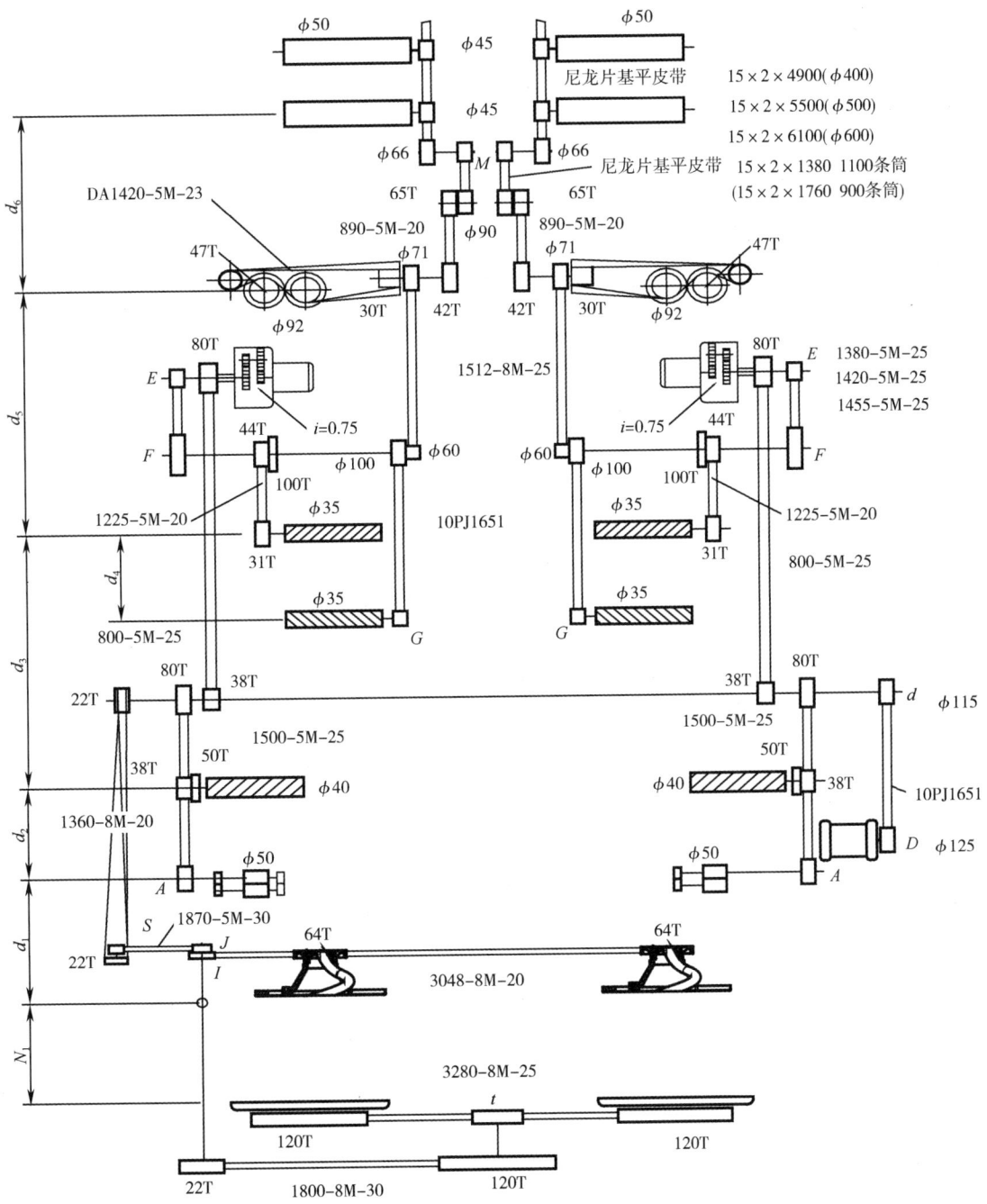

图 7-4-2 TMFD81L 型并条机传动图

二、并条机传动计算

(一)JWF1310 型并条机(无自调匀整)传动计算

1. 速度及产量计算

(1)压辊转速 N(r/min)。

$$N = M_1 \frac{F}{E}$$

式中:N——压辊转速,r/min;

　　M_1——电动机转速,r/min,取决于电动机的频率;

　　E——压辊皮带轮直径,mm;

　　F——电动机皮带轮直径,mm。

(2)压辊输出速度 V(m/min)。

$$V = \frac{\pi \times d \times N}{1000} = 0.1885N$$

式中:V——压辊输出速度,m/min;

　　d——压辊直径,mm。

计算得到变频器的频率与压辊速度的关系见表 7-4-3。

表 7-4-3　变频器频率与压辊速度对照表

频率/Hz	$F=180\text{mm}, E=100\text{mm}$		$F=150\text{mm}, E=140\text{mm}$	
	压辊转速/ (r/min)	压辊输出速度/ (m/min)	压辊转速/ (r/min)	压辊输出速度/ (m/min)
20	1130	213.06	626	117.96
25	1413	266.34	782	147.42
30	1577	297.24	939	176.94
35	1840	346.74	1905	206.4
40	2102	396.24	1251	235.86
45	2365	445.8	1408	265.38
50	2628	495.36	1564	294.84
55	2891	544.92	1721	324.36
60	3154	594.42	1877	348.42

（3）并条机产量 $Q[\mathrm{kg/(台\cdot时)}]$。

$$Q = \frac{2\times60\times V\times q}{5\times1000} = 0.024Vq$$

式中：q——条子定量，g/5m。

2. 牵伸计算

（1）压辊至前罗拉张力牵伸倍数 e_1。

$$e_1 = \frac{60\times B_1}{45\times A_1} = 1.3333\frac{B_1}{A_1}$$

式中：A_1——压辊变换齿轮齿数；

$\quad B_1$——前罗拉变换齿轮齿数。

压辊至前罗拉张力牵伸倍数 e_1 计算对照见表7-4-4。

表7-4-4 压辊至前罗拉张力牵伸倍数

B_1	A_1			
	37	36	35	34
26			0.990	1.020
27		1.000	1.029	1.059
28	1.009	1.037		
29	1.045			

注 表中35齿、27齿装机；34齿、26齿随机备用；37齿、36齿、29齿、28齿为选用件。

（2）前罗拉至第三罗拉的牵伸（总牵伸）倍数 e_2。

$$e_2 = \frac{45\times A_1\times76\times61\times66\times Q\times70\times63\times23}{35\times B_1\times38\times43\times H\times G\times51\times K\times30} = 15960.8044\frac{A_1 Q}{B_1 HGK}$$

式中：H——前变速箱变速齿轮齿数，有25齿、26齿、27齿三种；

$\quad G、Q$——变换齿轮齿数，G 取38齿、40齿、…、64齿，Q 取34齿、36齿、…、60齿，G、Q 之和

$\qquad$ 为98齿；

$\quad K$——后变速箱变速齿轮齿数，有121齿、122齿、123齿、124齿、125齿5种。

A_1 为35齿，B_1 为27齿时，前罗拉至第三罗拉的牵伸倍数对照见表7-4-5，其他情况见

JWF1310型并条机说明书。

表 7-4-5　前罗拉至第三罗拉的牵伸倍数对照表

Q	G	H	K				
			121	122	123	124	125
64	34	25	12.875	12.769	12.665	12.563	12.463
		26	12.379	12.278	12.178	12.080	11.983
		27	11.921	11.823	11.727	11.633	11.539
62	36	25	11.779	11.683	11.588	11.494	11.402
		26	11.326	11.233	11.142	11.052	10.964
		27	10.907	10.817	10.729	10.643	10.558
60	38	25	10.799	10.711	10.624	10.538	10.454
		26	10.384	10.299	10.215	10.133	10.052
		27	9.999	9.918	9.837	9.758	9.679
58	40	25	9.917	9.836	9.756	9.678	9.600
		26	9.536	9.458	9.381	9.305	9.231
		27	9.183	9.108	9.034	8.961	8.889
56	42	25	9.120	9.045	8.971	8.899	8.828
		26	8.769	8.697	8.626	8.557	8.488
		27	8.444	8.375	8.307	8.240	8.174
54	44	25	8.394	8.325	8.258	8.191	8.125
		26	8.071	8.005	7.940	7.876	7.813
		27	7.772	7.709	7.646	7.584	7.524
52	46	25	7.732	7.668	7.606	7.545	7.484
		26	7.434	7.373	7.314	7.255	7.196
		27	7.159	7.100	7.043	6.986	6.930
50	48	25	7.125	7.066	7.009	6.952	6.897
		26	6.851	6.794	6.739	6.685	6.631
		27	6.597	6.543	6.490	6.437	6.386
48	50	25	6.566	6.512	6.459	6.407	6.356
		26	6.314	6.262	6.211	6.161	6.111
		27	6.080	6.030	5.981	5.933	5.885

Q	G	H	K				
			121	122	123	124	125
46	52	25	6.050	6.001	5.952	5.904	5.857
		26	5.818	5.770	5.723	5.677	5.632
		27	5.602	5.556	5.511	5.467	5.423
44	54	25	5.573	5.527	5.482	5.438	5.395
		26	5.359	5.315	5.272	5.229	5.187
		27	5.160	5.118	5.076	5.035	4.995
42	56	25	5.130	5.088	5.046	5.006	4.966
		26	4.932	4.892	4.852	4.813	4.775
		27	4.750	4.711	4.673	4.635	4.598
40	58	25	4.717	4.678	4.640	4.603	4.566
		26	4.536	4.498	4.462	4.426	4.390
		27	4.368	4.332	4.297	4.262	4.228
38	60	25	4.332	4.296	4.261	4.227	4.193
		26	4.165	4.131	4.097	4.064	4.032
		27	4.011	3.978	3.946	3.914	3.883

（3）第二罗拉至第三罗拉间的牵伸（后区牵伸）倍数 e_3。

$$e_3 = \frac{35 \times C \times 23}{35 \times 28 \times 30} = 0.0274C$$

式中：C——第二罗拉至第三罗拉之间牵伸变换齿轮齿数，有 38 齿、44 齿、48 齿、49 齿、52 齿、56 齿、60 齿、64 齿、70 齿 9 种。第二罗拉至第三罗拉间的牵伸倍数对照见表 7-4-6。

表 7-4-6　第二罗拉至第三罗拉间的牵伸倍数对照表

C	38	44	48	49	52	56	60	64	70
e_3	1.04	1.20	1.31	1.34	1.40	1.50	1.64	1.75	1.92

（4）第三罗拉至给棉罗拉间的牵伸（后区牵伸）倍数 e_4。

$$e_4 = \frac{35 \times 30}{45 \times 23} = 1.0145$$

（5）给棉罗拉至导条辊间的张力牵伸倍数 e_5。

当采用 4×4 排导条架时，有：

$$e_5 = \frac{45X}{60 \times 65} = 0.0115X$$

式中：X——导条轮直径，mm。

给棉罗拉至导条辊间的张力牵伸倍数对照见表 7-4-7。

表 7-4-7　给棉罗拉至导条辊间的张力牵伸倍数对照表

X/mm	80	85	88	90	92
e_5	0.932	0.981	1.015	1.038	1.062

（二）TMFD81L 型并条机（有自调匀整）传动计算

1. 速度与产量计算

（1）压辊输出速度 V(m/min)。

$$V = \frac{80nd_{\mathrm{T}}D}{1000dA}$$

式中：d_{T}——后压辊直径，mm；

　　　D——电动机带轮直径，mm；

　　　d——主轴带轮直径，mm；

　　　n——电动机转速，r/min，取决于主电动机变频器频率；

　　　A——压辊变换齿轮齿数，有 46 齿、47 齿两种。

根据 TMFD81L 型并条机传动图中的 d_{T}、D、d、n 值，求得压辊输出速度 V 为：

$$V = \frac{22321.02}{A}$$

（2）理论产量 Q[kg/(台·h)]。

$$Q = \frac{2 \times 60Vq}{5 \times 1000}$$

式中：q——棉条定量，g/5m。

当 A 为 47mm 时，计算得到 TMFD81L 型并条机输出速度及理论产量，见表 7-4-8。

表 7-4-8　TMFD81L 型并条机输出速度及理论产量

主电动机变频器频率/Hz	35	40	45	50	55	60
后压辊线速度/(m/min)	299	342	384	427	470	512
理论产量/[kg/(台·h)]	35.9	41.0	46.0	51.2	56.4	61.4

2. 牵伸计算

(1)压辊至第一罗拉间的张力牵伸倍数 e_1。

$$e_1 = \frac{50 \times 38}{40 \times A} = 47.5A$$

式中: e_1——压辊至第一罗拉间的张力牵伸倍数;

A——压辊至第一罗拉张力牵伸变换齿轮齿数。

压辊至第一罗拉间的张力牵伸倍数对照见表7-4-9。

表7-4-9 压辊至第一罗拉张力的牵伸倍数对照表

A	47	46
e_1	1.011	1.033

(2)第一罗拉至第三罗拉间的牵伸倍数 e_2。

$$e_2 = \frac{40 \times 31 \times F \times 80 \times 80}{35 \times 44 \times E \times 38 \times 38 \times 0.75} = 4.76 \frac{F}{E}$$

式中: e_2——第一罗拉至第三罗拉间的牵伸倍数;

E、F——牵伸变换齿轮齿数。

第一罗拉至第三罗拉间的牵伸倍数对照见表7-4-10。

表7-4-10 第一罗拉至第三罗拉的牵伸倍数对照表

E	F						
	91	90	89	88	87	86	85
48	9.02	8.93	8.83	8.73	8.63	8.53	8.43
52	8.33	8.24	8.15	8.06	7.96	7.87	7.78
56	7.74	7.65	7.57	7.48	7.40	7.31	7.23
60	7.22	7.14	7.06	6.98	6.90	6.82	6.74
64	6.77	6.69	6.62	6.55	6.47	6.40	6.32
68	6.37	6.30	6.23	6.16	6.09	6.02	5.95
72	6.02	5.95	5.88	5.82	5.75	5.69	5.62

(3)后区牵伸倍数 e_3(表7-4-11)。

$$e_3 = \frac{35 \times 31 \times 100}{35 \times 44 \times G} = \frac{70.45}{G}$$

式中：G——后牵伸变换皮带轮直径，有 40mm、50mm、53mm、60mm 四种。

表 7-4-11　后区牵伸倍数

G/mm	40	50	53	60
e_3	1.75	1.41	1.33	1.14

（4）后张力牵伸倍数 e_4。

$$e_4 = \frac{35 \times 47 \times 30 \times 44}{92 \times 30 \times 25 \times 31} = 1.015$$

（5）导条张力牵伸倍数 e_5（表 7-4-12）。

$$e_5 = \frac{92 \times (45-2) \times (M-2) \times 65 \times 30}{50 \times 66 \times 90 \times 42 \times 47} = 0.013158 \times (M-2)$$

式中：M——导条张力变换轮直径，mm。

表 7-4-12　导条张力牵伸倍数 e_5

M/mm	78.5	80	81
e_5	1.006	1.026	1.039

3. 圈条计算

（1）圈密 N。单位时间内圈条盘圈放棉条圈数与棉条筒转速之比，称为圈密，计算式为：

$$N = \frac{I \times 120 \times 120}{64 \times 22 \times t} = 10.2273 \frac{I}{t}$$

式中：I——圈条盘变换齿轮齿数，有 52 齿和 56 齿两种；

t——圈条底盘变换齿轮齿数，有 22 齿、27 齿、29 齿、35 齿四种。

当变换齿轮 I、t 齿数不同时，计算得到对应的圈密对照见表 7-4-13。

表 7-4-13　圈密 N 对照表

条筒直径/mm	I	t	N
500	52	22	24.17
400	56	27	22.21

条筒直径/mm	I	t	N
350	56	29	19.75
300	56	35	16.36

（2）圈条牵伸倍数 d_0（表7-4-14）。

$$d_0 = \frac{2 \times R \times S \times I \times \left(1 - \dfrac{1}{N}\right)}{50 \times 80 \times J \times 64}$$

式中：R——圈条半径，mm，当条筒直径分别为 500mm、400mm 及 300mm 时，R 分别为 168mm、133mm 及 115mm；

S、J——圈条变换齿轮齿数，S 有 29 齿、30 齿及 31 齿三种，J 有 65 齿、75 齿及 89 齿三种。

表 7-4-14　圈条牵伸倍数 d_0

条筒直径/mm	A	S			备注
		29	30	31	
500	47	1.002	1.037	1.071	$R=168, I=52,$
	46	0.98	1.014	1.048	$J=89$
400	47	1.008	1.042	1.077	$R=133, I=56,$
	46	0.987	1.021	1.055	$J=75$
350	47	1.002	1.036	1.071	$R=115, I=56,$
	46	0.974	1.014	1.041	$J=65$

第三节　并条机的工艺配置

一、条子定量

条子的定量影响并条机的产量及纺纱质量，在配置时应根据纺纱线密度（tex）、纺纱品种、纺纱原料、机器性能、配台数量和对产品质量的要求等因素综合考虑决定，一般在 10～30g/5m。纺低特纱及化纤混纺纱时，产品质量要求较高，定量应偏轻；在罗拉压力足够、后工序设备牵伸能力较大的情况，可以适当加重定量。在头、二、三道的条子定量选配上一般逐道减轻。

1. 条子定量配置参考因素(表7-4-15)

表7-4-15　条子定量配置参考因素

参考因素	纺纱线密度		产品品种				加工原料		工艺道数		罗拉加压		设备数量	
	细	中、粗	色纺纱	本色纱	精梳纱	梳棉纱	化纤及混纺	纯棉	二并	头并	不足	充足	较多	较少
条子定量	宜轻	宜重	宜轻	宜重	宜轻	宜重	宜轻	宜重	宜轻	宜重	宜轻	宜重	宜轻	宜重

2. 条子定量选用范围(表7-4-16)

表7-4-16　条子定量选用范围

纺纱线密度/tex	干定量范围/(g/5m)	纺纱线密度/tex	干定量范围/(g/5m)
32 以上	20~25	9~13	13~17
20~30	17~22	7.5 以下	13 以下
13~19	15~20		

二、并条机的工艺道数及喂入条子排列

并条机的工艺道数和并合数,对于提高纤维的伸直度、平行度及混合效果具有重要作用。并条工艺道数还受纤维弯钩方向的制约,一般梳棉纱工艺道数应符合奇数配置,精梳纱工艺道数应符合偶数配置。在精梳后的并条工序,喂入条子纤维已充分伸直平行,生产中容易产生意外牵伸,所以精梳后的并条工序可以采用一道带有自调匀整装置的并条机。

为了保证质量,一般梳棉纱采用两道并条,并合数通常为6×8或8×8。涤/棉精梳纱采用三道混并,并合数则随混纺比不同而改变。增加并合数对于改善重量不匀率、提高纤维混合均匀有效,但过多的并合道数和过大的牵伸倍数,会使纤维疲劳、条子熟烂而影响条干均匀并产生纱疵。使用有预牵伸和自调匀整的梳棉机,可以减少并条道数。

1. 纯棉纺工艺道数

纯棉纺并条机的工艺道数应视品种而定。在使用自调匀整装置后,工艺道数可以减少,特别是精梳后的并条宜采用一道。常规并条机的工艺道数一般不少于两道,色纺或混色要求高的品种可以增加道数。精梳前预并的道数应根据精梳准备工艺要求确定。纯棉纺工艺道数见表7-4-17。

表 7-4-17　纯棉纺工艺道数

品种	精梳棉纱		细特纱及特种用纱	粗、中特纱	转杯纱
	预并	精并			
有自调匀整并条机	1	1	2~3	2	1~2
无自调匀整并条机	1	2	2~3	2	2

2. 混纺和色纺工艺道数

棉与化纤的混纺,在混并前一般采用化纤预并工艺,以改善化纤条的内在结构,提高纤维分离度和伸直度,降低化纤条的重量不匀率和正确控制定量,保证混纺纱有较好的匀染性以及棉与化纤混纺比例符合规定。同样,其他不同性质纤维的混纺,在混并前,宜将某种纤维内在结构较差、重量不匀率较高的生条采用预并工艺。使用清梳联和自调匀整装置,生条质量提高、重量不匀率较低,可根据品种质量要求,选用或不用预并工艺。

有色纤维和本色纤维或不同有色纤维的混纺工艺道数,应视色纱的色样、用途及工艺路线而定。对于色纱要求混色均匀度高的,并条工艺道数适当增加;对于色纱混色均匀度要求较低的,并条工艺道数可适当减少。混纺和色纺工艺道数示例见表 7-4-18。

表 7-4-18　混纺及色纺工艺道数示例

品种	化纤混纺纱				色纺纱			
	传统工艺		有预牵伸和自调匀整的生条		均匀混色		非均匀混色	
	化纤预并	混并	化纤预并	混并	清、梳、精梳工序先混色	不同色条混并	不同色条分别预并	不同色条混并
工艺道数	1	3	—	3	2~3	3~4	1	2

3. 混纺纱和色纺纱条子排列方法

不同混纺比混纺纱的条子排列顺序对混合均匀性、缠绕性能以及染色均匀性均有较大影响。为实现不同条子混合均匀,一般均在头道并条机上采取不同纤维条子间隔排列的方法,也有采用将一种条包覆在中心的排列方法。色纺纱同样要求混色均匀,所以排列方法基本上同混纺纱。对于有特殊用途色纱的条子排列方法,应根据成纱色泽风格要求而定,也可在二道并条机上混合。不论混纺纱或色纺纱,棉条排列位置一经确定,不可随意更改。混纺纱和色纺纱棉条排列方法示例见表 7-4-19。

表 7-4-19 混纺及色纺棉条排列方法示例

品种	涤棉混纺		棉腈混纺		棉涤色纺
混纺比	65∶35		50∶50		87∶13(色)
混合方法	条子混棉		条子混棉	棉/腈按62∶38棉堆混合后再棉条混合	棉或棉经预处理后和涤(色)按61∶39棉堆混合制成色条,色条与棉条再混合
喂入根数	6	8	6		
喂入条子排列	1②34⑤6 ①2345⑥	1②3④5⑥78 ①23④567⑧	①②③④⑤6	123④56	1②34⑤6
备注	有○的条为棉条		有○的条为纯腈条(补足腈纶混纺比)		有○的条为色条(混纺比在确定清梳落棉率和回花使用量后以定量调节)

三、牵伸倍数配置

1. 总牵伸倍数

并条机的总牵伸倍数应接近于并合数,一般选用范围为并合数的 0.9~1.2 倍。总牵伸倍数一般根据前后工序的条子定量、机器状态、牵伸能力等综合考虑。总牵伸倍数配置范围见表 7-4-20。

表 7-4-20 总牵伸倍数配置范围

牵伸形式	曲线牵伸		单区牵伸
并合数	6	8	6
总牵伸倍数	5.5~7.5	7~12	5.5~6.5

2. 各道并条机的牵伸倍数分配

头、二道并条机的牵伸倍数配置,既要注意喂入条子的内在结构和纤维弯钩方向,又要兼顾逐次牵伸造成的附加不匀率增大。头道并条机喂入的生条纤维排列紊乱,前弯钩居多,若配置较大的牵伸倍数,虽可促使纤维伸直平行、分离度提高,但对消除前弯钩效果不明显;二道并条机喂入条的内在结构已有较大改善,且纤维中后弯钩居多,可配置较大牵伸倍数消除后弯钩,但对条干均匀度不利。头、二道牵伸倍数分配参考因素见表 7-4-21。

表 7-4-21 头、二道牵伸倍数分配参考因素

头、二道牵伸倍数分配	头道小于二道	头道大于二道
对熟条质量的影响	有利于弯钩纤维伸直	有利于条干均匀

3. 主牵伸区牵伸倍数

在进行主牵伸区牵伸倍数配置时,应参考机械状态、条子中纤维结构等因素,具体见表 7-4-22。

4. 后区牵伸倍数

主牵伸能力大时,后区牵伸倍数可适当减小。进行后区牵伸倍数配置时考虑的因素见考表 7-4-23,后区牵伸倍数配置的一般范围见表 7-4-24。

表 7-4-22　主牵伸区牵伸倍数配置参考因素

参考因素	主牵伸区摩擦力界布置合理	纤维伸直度好	加压足够并可靠	纤维后弯钩居多
主牵伸倍数	较大	较大	较大	较大

表 7-4-23　后区牵伸倍数配置参考因素

参考因素	工艺道数	纯棉和化纤混纺	中长纤维和棉型化纤混纺
后区牵伸	头道大于二道	化纤混纺大于纯棉	中长化纤大于棉型化学纤维

表 7-4-24　后区、中区牵伸倍数配置范围

牵伸形式	曲线牵伸(三上四下牵伸、五上三下牵伸、压力棒牵伸)		
原料类别	棉	棉型化纤及混纺	中长化纤及混纺
中区	0.98~1.02		
后区	头道 1.4~1.8,末道 1.1~1.5	1.3~1.8	1.5~1.9

5. 张力牵伸倍数

(1)前张力牵伸倍数(压辊至前罗拉之间的牵伸倍数)。前张力牵伸倍数与加工的纤维类别、品种(普梳、精梳)、出条速度、集束器、喇叭头口径和形式、温湿度等有关,一般控制在 0.99~1.03 倍。纺纯棉时前张力牵伸倍数取 1 或略大于 1;纺精梳棉时,如棉条起皱,可比普梳纯棉略大;化纤的回弹性大,可取 1 或略小于 1;当喇叭头口径偏小或采用压缩喇叭头形式时,前张力牵伸倍数应略放大。前张力牵伸倍数的大小应以棉网能顺利集束下引,不起皱、不涌头、不断条为准。较小的前张力牵伸倍数对条干均匀有利。调节前张力牵伸倍数的各种因素见表 7-4-25。

表 7-4-25　前张力牵伸倍数配置因素

因素	出条速度		相对湿度		纺纱原料		喇叭头形式	
	高	低	高	低	化纤	纯棉	压缩形小口径	普通形
前张力牵伸倍数	较大	较小	较大	较小	较小	较大	较大	较小

（2）后张力牵伸倍数。后张力牵伸倍数（导条张力牵伸倍数）应根据纺纱品种、纤维原料类型、棉条喂入形式和前工序圈条成形的情况做调整。棉条喂入形式目前主要有平台转向导入式和悬臂导条辊高架顺向导入式（有上压辊或无上压辊）两种。导条喂入装置主要应使条子不起毛，避免意外伸长，使棉条能平列（不重叠）顺利进入牵伸区。后张力牵伸倍数配置见表 7-4-26。

表 7-4-26　后张力牵伸倍数配置范围

高架式顺向导入		平台式转向导入			
带上压辊	不带上压辊	后罗拉至给棉罗拉		给棉罗拉至导条辊	
纯棉	化纤		纯棉	化纤	纯棉	化纤
1.0~1.02	0.98~1.01	1.00~1.03	1.01~1.02	1.00~1.01	1.01~1.02	0.98~1.00

四、压力棒工艺配置

压力棒在牵伸区内产生附加摩擦力界，增强了对纤维运动的控制，有利于提高牵伸质量，改善条子内在结构，降低条干不匀率。在现代并条机上，压力棒的支撑及调节方式有插入式和悬挂式两种，两种形式作用原理和效果相同。

1. 插入式压力棒工艺配置

（1）压力棒结构及调整方式。在 JWF1310 型并条机上采用插入式压力棒结构，如图 7-4-3，可利用改变调节环直径的方式调整压力棒的高低位置。压力棒为扇形金属棒，与纤维接触的下端面圆弧曲率半径约为 6mm，压力棒中心至第二罗拉中心垂直距固定。根据所纺纤维长度、品种、品质和定量等参数，变换不同直径（颜色）的调节环，使压力棒在牵伸区中处于高低位置不同，从而获得对棉层的不同强度的控制。调节环直径越小控制力越强，反之则越弱。

（2）压力棒位置调整及插口的选择。确定压力棒位置高低时考虑的因素见表 7-4-27。JWF1310 型并条机压力棒插口分前后两档位置，如图 7-4-4 所示；根据所纺纤维长度不同，分别插入不同插口，纤维长度在 22~40mm 时，压力棒应放在后插口；纤维长度在 40mm 以上时，压力棒可放在前插口。JWF1310 型并条机调节环的颜色、直径及适纺纤维品种对应关系见表 7-4-28。

表 7-4-27　调节压力棒高低位置考虑因素

因素	原料		品种		工艺道别		棉条定量		纤维整齐度		前区隔距		牵伸倍数		胶辊		加压	
	棉	化纤	梳棉纱	精梳纱	混纺头并	二并三并	重	轻	好	差	大	小	大	小	大	小	大	小
位置高低	宜低	宜高	宜低	宜高	宜高	宜低	宜高	宜低	宜高	宜低	宜低	宜高	宜低	宜高	宜低	宜高		宜高

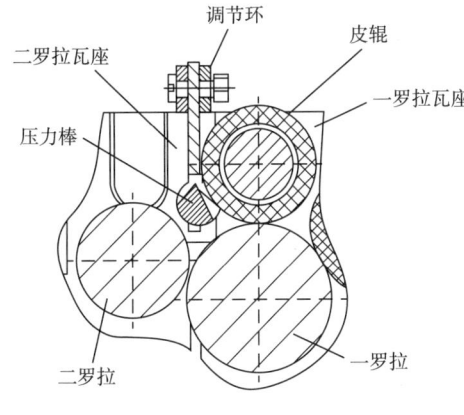

图 7-4-3　独立插入式压力棒

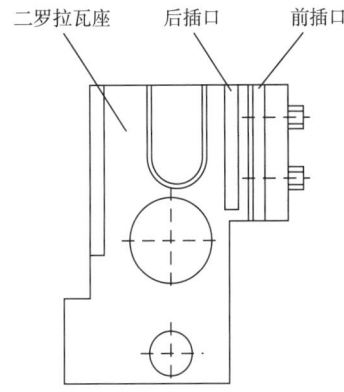

图 7-4-4　压力棒插口位置

表 7-4-28　压力棒不同直径调节环使用示例

颜色	红	黄	蓝	绿	白
直径/mm	12	13	14	15	16
纤维主体长度/mm	>30	30~35	32~38	38~45	>45

2. 悬挂式压力棒工艺配置

在 JWF1316 型及 TMD81L 型并条机牵伸机构中,压力棒的支架活套在第二胶辊轴套上,压力棒与二胶辊间距保持不变,二胶辊相对二罗拉中心可前后移动,用来调节棉网在压力棒、罗拉和皮辊上的包围角、包围弧长度、浮游区长度及握持距,以适纺不同纤维(图 7-4-5 和图 7-4-6)。压力棒与二罗拉表面的间距 G 等于 2~3mm,如图 7-4-7 所示。

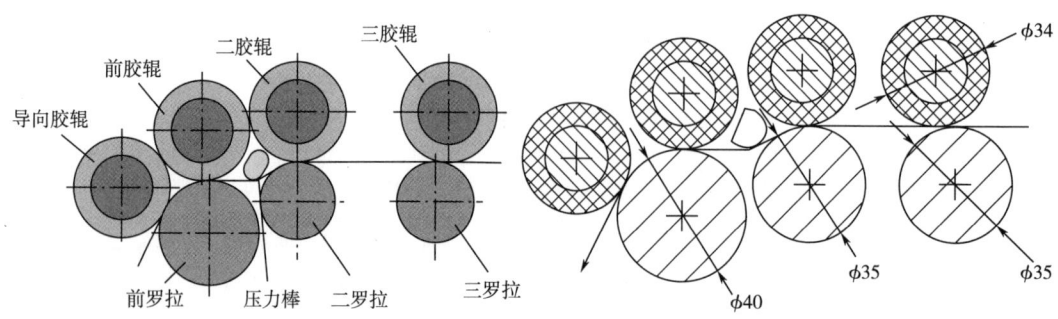

图 7-4-5　JWF1316 型并条机牵伸机构　　　图 7-4-6　TMD81L 型并条机牵伸机构

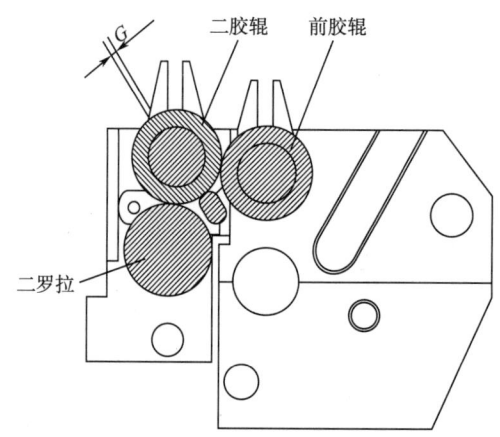

图 7-4-7　压力棒与二罗拉的相对位置

五、罗拉握持距

罗拉握持距的配置正确与否对提高牵伸质量至关重要。纤维长度、整齐度及摩擦性能是决定罗拉握持距的主要因素。当罗拉握持距过大时,会使条干恶化、纤维伸直平行效果差、成纱强力下降;过小时,则牵伸力过大,易形成粗节和纱疵。化纤整齐度好,牵伸力大,应适当放大握持距。棉与化纤混纺时,握持距应按化纤长度配置。配置罗拉握持距的参考因素见表 7-4-29;罗拉握持距配置范围见表 7-4-30。

表 7-4-29　配置罗拉握持距的参考因素

各项因素	棉条定量		罗拉加压		纤维整齐度		纤维性质		输出速度		工艺道数		牵伸倍数		喂入条紧密度		附加摩擦力界机构	
	轻	重	轻	重	差	好	棉	化纤	快	慢	头道	二道	大	小	紧	松	有	无
罗拉握持距	宜小	宜大	宜大	宜小	宜小	宜大	宜小	宜大	宜小	宜大	宜小	宜大	宜小	宜大	宜大	宜小	宜大	宜小

表 7-4-30 罗拉握持距配置范围

纺纱品种	牵伸形式	罗拉握持距/mm		
		前区	中区	后区
纯棉	三上四下曲线牵伸	$L_p+(3\sim5)$	L_p	$L_p+(10\sim16)$
	五上三下曲线牵伸	$L_p+(2\sim6)$		$L_p+(8\sim15)$
	三上三下压力棒曲线牵伸	$L_p+(6\sim12)$		$L_p+(8\sim14)$
棉型化纤纯纺或混纺	三上四下曲线牵伸	$L_p+(4\sim9)$	L_p	$L_p+(12\sim20)$
	五上三下曲线牵伸	$L_p+(3\sim8)$		$L_p+(10\sim18)$
	三上三下压力棒曲线牵伸	$L_p+(6\sim12)$		$L_p+(10\sim15)$
毛型化纤纯纺或混纺	三上四下曲线牵伸	$L_p+(5\sim10)$	L_p	$L_p+(12\sim20)$
	五上三下曲线牵伸	$L_p+(4\sim9)$		$L_p+(10\sim18)$
	三上三下压力棒曲线牵伸	$L_p+(6\sim12)$		$L_p+(10\sim15)$

注 L_p 为棉纤维品质长度或化纤主体长度(mm)。

六、罗拉(胶辊)加压

各罗拉压力配置应根据并条机的牵伸形式、前罗拉速度、条子定量和原料性能等综合考虑,一般在罗拉速度快、棉条定量重及加工棉型化纤时,罗拉加压应适当加重;在加工中长化纤时,罗拉加压应比纯棉增加30%左右。

1. 确定罗拉加压轻重的主要因素(表7-4-31)

表 7-4-31 加压轻重主要因素

因素	棉条定量		输出速度		罗拉隔距		并合数		纤维伸直度		胶辊硬度	
	重	轻	高	低	小	大	多	少	差	好	硬	软
加压轻重	宜重	宜轻	宜重	宜轻	宜重	宜轻	宜重	宜轻	宜重	宜轻	宜重	宜轻

2. 牵伸形式、出条速度与加压重量的关系(表7-4-32)

表 7-4-32 牵伸形式、出条速度与加压重量的关系

牵伸形式	出条速度/(m/min)	罗拉加压/N					
		导向辊	前上罗拉	二上罗拉	三上罗拉	后上罗拉	压力棒
三上四下曲线牵伸	150以下		150~200	250~300		200~250	

续表

牵伸形式	出条速度/(m/min)	罗拉加压/N					
		导向辊	前上罗拉	二上罗拉	三上罗拉	后上罗拉	压力棒
三上四下曲线牵伸	150~250		200~250	300~350		200~250	
五上三下曲线牵伸	200~500	140	260	450		400	
三上三下压力棒曲线牵伸	200~800	150~200	300~350	350~400		350~400	50~100

七、圈条工艺

1. 圈条容量

$$G = \frac{1}{5 \times 1000} Lq$$

式中：G——满筒重量，kg；

L——满筒长度，m；

q——公定回潮率时棉条定量，g/5m。

2. 常用条筒直径与圈条容量参考值（表7-4-33）

表7-4-33　常用圈条容量参考值

条筒(圆)规格(直径×高)/mm		225×900	250×900	300×900	350×900	400×900	500×1100
圈条容量/kg	纯棉	3~4	4.5~5.5	7.5~8.5	9.5~11.5	12~14	15~18
	化纤及混纺		4~5	6~8	7.5~9.5	8~10	10~13

3. 条筒直径和圈条最大容量时的气孔直径及其比值（表7-4-34）

表7-4-34　条筒直径和圈条最大容量时的气孔直径及其比值

大圈条	条筒直径 D/mm	300	400	500	600
	气孔直径 d_0/mm	92	134	175	214
	比值 d_0/D	0.307	0.335	0.350	0.360
小圈条	条筒直径 D/mm	500	600	800	1000
	气孔直径 d_0/mm	175	240	320	400
	比值 d_0/D	0.35	0.40	0.40	0.40

4. 不同条筒直径的偏心距、速比的工艺配置

(1)偏心距 e(mm)。

$$e=\frac{D}{2}-\left(\frac{d}{2}+r+C\right)$$

式中:D——条筒直径,mm;

d——棉条压后宽度,mm;

r——圈条盘斜管入口中心到出口的距离,mm;

C——棉条与条筒内壁的间隙。

(2)圈条速比 N(条子在以 e 为半径的圆上铺放圈数)。

$$N=\frac{2\pi e}{d}$$

(3)配置原则。条筒直径大时,偏心距大,选用速比大,反之则小;棉条粗时应选用较小速比,反之则大;条筒直径相同时,小圈条速比大,大圈条速比小;圈条速比的配置必须保证成形清晰、层次分明,相邻两圈间不重叠粘连,尽量使棉条在棉条筒内分布均匀。实际配置时应比理论计算所得小一些。

(4)条筒直径、偏心距、速比配置参考值(表7-4-35)。

表7-4-35 条筒直径、偏心距、速比参考值

条筒直径/mm		300	350	400	500	600	800	1000
偏心距/mm	大圈条	35~45	45~55	60~70	70~80	80~100	100~120	120~140
	小圈条	70~80	85~95	95~120			290~305	340~350
速比	大圈条	(15~20):1	(16~22):1	(20~25):1	(22~28):1	(25~40):1		
	小圈条	(25~35):1	(30~40):1	(38~50):1			(40~53):1	(90~100):1

5. 圈条牵伸倍数的选用

圈条牵伸倍数大小影响圈条成形质量,过大时造成圈条直径缩小,发生意外伸长;过小则条子打褶或不能顺利通过斜管。纺纯棉时圈条牵伸倍数一般取1~1.05;纺化纤时,因化纤条比纯棉条较蓬松,通过斜管时摩擦阻力较大,圈条牵伸倍数应比纺纯棉时略大,选用范围为1.02~1.07。若棉条压缩紧密,则可采用较小的圈条牵伸倍数。

八、喇叭口

喇叭口孔径(mm)的大小主要根据条子定量而定,合理地选择孔径,可使棉条抱合紧密,表面光洁,减少纱疵。

$$喇叭口孔径 = C\sqrt{G_m}$$

式中:C——经验常数;

G_m——棉条定量,g/5m。

使用压缩喇叭口时,C 为 0.6 ~ 0.65;使用普通喇叭口时,C 为 0.89 ~ 0.90。遇到下列情况时,孔径应偏大掌握:并条机速度较高;张力牵引较小;相对湿度较高;喇叭头出口至紧压罗拉握持点距离较大;化纤及混纺。条子定量与喇叭口孔径配备见表7-4-36。

表 7-4-36　条子定量与喇叭口孔径

条子定量/(g/5m)	12 以下	12	14	16	18
压缩喇叭孔径/mm	2.0 ~ 2.2	2.1 ~ 2.3	2.2 ~ 2.4	2,4 ~ 2.6	2.6 ~ 2.8
普通喇叭孔径/mm	2.8 ~ 3.0	2.9 ~ 3.1	3.2 ~ 3.4	3.4 ~ 3.6	3.6 ~ 3.8
条子定量/(g/5m)	20	22	24	24 以上	
压缩喇叭孔径/mm	2.7 ~ 2.9	2.8 ~ 3.0	3.0 ~ 3.2	3.2 ~ 3.4	
普通喇叭孔径/mm	3.8 ~ 4.0	4.0 ~ 4.2	4.2 ~ 4.4	4.4 ~ 4.6	

第四节　棉条质量

一、棉条质量参考指标(表 7-4-37)

表 7-4-37　棉条质量参考指标(无自调匀整装置)

纺纱类别	萨氏条干不匀率/%	重量不匀率/%	Uster 条干不匀率/%
梳棉中、粗特纱	<21	<1.0	<4.3
梳棉细特纱	<18	<0.9	<3.6
精梳细特纱	<13	<0.8	<3.5
化纤或混纺纱	<13	<0.8	<3.6

二、提高棉条质量的主要方法

1. 提高棉条质量的主要途径(表7-4-38)

表7-4-38 提高棉条质量的主要途径

项目	内容
原料	纤维整齐度及分离度好,棉结、杂质少,喂入生条条干均匀
设备	1. 机台运转平稳,无明显振动 2. 罗拉、胶辊偏心弯曲不超过许可范围,滚动轴承完好灵活、不缺油,压力棒平整光洁 3. 胶辊直径符合规定,表面平整光洁,加压柱位置正确,加压着实,两端压力一致 4. 牵伸齿轮精度达到规定等级,啮合适当,键销配合良好,油浴润滑良好;各部传动带无损、张力正常 5. 自停装置反应灵敏,低速启动符合要求 6. 清洁装置和吸尘效果良好,吸尘箱自洁装置工作良好,棉条通道部分光洁,无飞花短绒积聚 7. 喇叭头口径符合规定,无损伤毛刺 8. 导条叉、导条块位置正确,表面光洁,梅条排列整齐,无叠条现象 9. 自动换筒、自调匀整装置处于良好工作状态
工艺	牵伸分配合理,加压、隔距、速度和压力棒位置配置适当;选择适当的工艺道数和棉条的排列方法,保证混合均匀(化纤混纺或色纺时更重要),调换齿轮无差错
操作管理	按规定巡回检查,实行固定供应,接头包卷质量符合规定,后部翻筒不过高,无缺根多根现象,加强满筒定长管理,无条筒过满现象
环境	温湿度正常,光照合理,车间含尘量达到标准

2. 日常管理工作

(1)做好全面质量管理工作,严把质量关。

(2)实行前后固定供应,条筒按眼定台对号供应,条筒上应有明显的责任标记,便于发生纱疵时追踪检查。

(3)绕胶辊和罗拉时应将筒内不正常的棉条拉去,并检查胶辊和压力棒,若有弯曲、变形应调换。

(4)牵伸部分机械坏车,修复或调换部件,工艺翻改后必须试验重量和条干,合格后方可开车。

(5)寸行开关不宜过多地连续使用,以防罗拉启动产生顿挫造成条干不匀。

（6）严格执行操作法，做好清洁巡回工作。

（7）定时查看操作面板和质量控制显示屏。

（8）按表7-4-37棉条质量参考指标，由专人定期试验条子的条干均匀度，对供应纬纱的机台需缩短测试周期。

3. 常见熟条疵品及其产生的主要原因（表7-4-39）

表7-4-39　常见熟条疵品及其产生的主要原因

疵品名称	产生原因
棉条重量不符合标准	1. 牵伸变换齿轮调错或牵伸微调操作手柄制动位置搞错（JWF1310等机型） 2. 喂入生条搞错 3. 断头自停装置失灵，后罗拉加压失效，喂入棉条有缺条或多条
油污条	1. 棉条、棉网通道有油污 2. 齿轮箱或小齿轮盒漏油 3. 棉条落地沾污
粗条	1. 棉条接头包卷过长或过紧（纺化纤时容易产生） 2. 棉条在喂入时有打褶现象 3. 牵伸变换齿轮用错 4. 后罗拉加压失效
棉条条干不匀，粗节、细节	1. 胶辊加压太轻或失效，两端压力差异太大，加压轴偏离胶辊中心 2. 罗拉隔距走动，过小或过大 3. 胶辊偏心或弯曲，表面严重损坏或直径不当，轴承缺油回转失灵 4. 罗拉跳动及严重弯曲，罗拉联轴节松动，罗拉颈磨灭，罗拉滚动轴承损坏，A272型的集束罗拉接头松动等 5. 严重绕罗拉、绕胶辊使罗拉弯曲，胶辊中凹，隔距走动 6. 牵伸齿轮爆裂、偏心、缺齿，键与键槽松动或齿轮啮合不良 7. 牵伸部分同步带张力不当或齿形缺损 8. 部分牵伸配置不当，前张力牵伸倍数配置太大 9. 导条张力太大或导条压辊滑溜，棉条在导条台上产生意外伸长 10. 喂入棉条重叠牵伸不开，导条块开档太小或有部分在导条块外使棉条失去控制 11. 压力棒弯曲变形 12. 压力棒位置过低（上托式过高），对棉网控制力过强，出现牵伸不开现象 13. 上下清洁器作用不良，飞花卷入棉网 14. 刹车过猛 15. 轴承磨损

续表

疵品名称	产生原因
细条	1. 喂入棉条缺根 2. 棉条接头包卷搭头太细或脱开 3. 前罗拉或前胶辊绕薄花 4. 清洁器吸风太大 5. 牵伸变换齿轮用错
条子发毛	1. 棉条通道不光洁、挂花 2. 集合器开口宽 3. 喇叭头孔径太大、毛刺、挂花 4. 罗拉或胶辊不光洁、吸风效果不良 5. 凹凸紧压罗拉宽度与喇叭头口径、棉条定量不相配 6. 圈条斜管内壁不光洁,底板有化纤油污积聚

参考文献

[1]上海纺织控股(集团)公司,《棉纺手册》编委会.《棉纺手册》[M].3 版.北京:中国纺织出版社,2004.

[2]郁崇文.纺纱学[M].3 版.北京:中国纺织出版社,2019.

[3]谢春萍.纺纱工程[M].3 版.北京:中国纺织出版社,2019.

[4]任家智.纺纱工艺学 [M].上海:东华大学出版社,2010.

[5]李泉.清梳联合机使用手册[M].北京:中国纺织出版社.2015.

[6]史志陶.现代棉纺工程[M].北京:化学工业出版社.2018.

[7]费青.梳理针布的工艺特性、制造和使用[M].北京:中国纺织出版社.2007.

[8]史志陶.梳棉纤维流中纤维形态与质量控制剖析[J].纺织器材.2013,40(6):20-24.

[9]史志陶.锡林与盖板梳理区自由纤维转移机理研究[J].棉纺织技术,2018(7):22-26.

[10]任家智,杨玉广.精梳系统技术的新进展[J].棉纺织技术,2007(10):25-28.